Namen-
und
Sach-Verzeichniß
zu
Carl Ritter's
Erdkunde von Asien

bearbeitet
von
Georg Friedrich Hermann Müller.

Zweiter Band.

West-Asien.

(Zu Band VII. bis XI. des ganzen Werkes.)

Berlin.
Gedruckt und verlegt bei G. Reimer.
1849.

Vorrede.

Der vorliegende Band umfaßt das Namen- und Sachverzeichniß der östlichen Hälfte von West-Asien (Bd. VII.—XI. der Erdkunde), nämlich einen Theil der Indus-Gebiete, Turkestan, Iran, so wie die Stufenlandschaften des Tigris- und Euphratsystems (Kurdestan, Armenien, Mesopotamien), und bildet mit dem früher erschienenen Bande zu Ost-Asien gewissermaßen ein Ganzes für sich, indem den westlichen Gliederungen (Arabien, Sinai-Halbinsel ꝛc.) der größeren Bequemlichkeit wegen besondere Register beigegeben werden.

Nächst den rein-geographischen Artikeln machen die naturhistorischen und geschichtlichen den Hauptbestandtheil dieses Werkes aus, zugleich aber ist in literärischer Beziehung auf die orientalischen und classischen Autoren, insbesondere auf die Reisenden und ihre Entdeckungen, so viel Rücksicht genommen, daß vorläufig bis zum Erscheinen einer Gesammtliteratur über diesen Erdtheil dem allgemeinsten Bedürfniß genügt sein dürfte.

Durch die dem Orient eigenthümlichen Völkerfluctuationen, durch das dortige Hordenleben und die großartigen, meist ephemeren Eroberungen asiatischer Weltstürmer, so wie durch das gewaltsame gouvernementale Aneinanderketten heterogener Elemente ohne natürlichen innern Zusammenhang, herrscht über den Begriff und die zeitweiligen Begränzungen dieser noch ungemessenen, wenig erforschten Länderräume zum Theil eine solche Unsicherheit (vgl. Turkestan, Khorasan, Kurdestan, Armenien), daß die Localisirung vieler Oertlichkeiten nur eine allgemein annähernde sein konnte, daher denn — auch schon der Kürze wegen — unter den Einzelnamen von Gebirgen, Flüssen, Städten rc. zugleich die ihnen zugehörigen größeren oder kleineren Gebiete und Landschaften mitbegriffen sind.

Noch größere Schwierigkeiten erwuchsen aber der vorliegenden Arbeit nicht selten durch abweichende Berichte oder offenbare Widersprüche einzelner Autoren, durch mannichfaltige, im Laufe der Zeiten einander durchkreuzende Benennungen derselben oder mehrerer Localitäten, so wie endlich durch die verschiedenartigsten Schreibarten in theils ausgestorbenen, theils lebenden Sprachen. Es war daher nothwendig, neben dem Bestreben der Centralisation die individuellen und speciellen Namen selbständig zu erhalten, das Nachschlagen aber und Vergleichen identischer oder lautähnlicher Artikel durch zahlreiche Verweisungen und Andeutungen möglichst zu erleichtern, ohne der häufig noch unermittelten Etymologie überall besondere Rechnung zu tragen, da für ein solches Unternehmen auf einem so länder- und sprachenreichen Gebiete die Kräfte eines Einzelnen kaum zureichend sein dürften.

Wie äußerst mühevoll unter solchen Schwierigkeiten die Vollendung der vorliegenden Arbeit sein mußte, deren Manuscript drei starke Foliobände betrug und deren Druck allein ein volles Jahr die ungetheilteste Aufmerksamkeit in Anspruch nahm, werden diejenigen am besten beurtheilen, welche ähnliche Versuche nicht scheuten; hoffentlich werden einzelne Mängel und Irrthümer aber auch bei denjenigen Gelehrten eine nachsichtige Beurtheilung finden, welchen diese Zusammenstellung wenigstens eine leichtere Benutzung der umfangreichen Erdkunde von West-Asien gewährt.

Berlin, im Juni 1849.

M.

Namen-

und

Sach-Verzeichniß

zu

West-Asien.

A.

Aalem, Distrikt Hamadans. VIII, 125.
Aabidun, in Mesopotamien. XI, 276.
Aafar, s. Tel A., Tell a.
Aafizan (arab.), Vogelart am Tigris. X, 226.
Aakar, Schloß bei Amadia. IX, 717.
Aal, s. Aleppo-A.
Aalan, Distrikt im südl. Kurdestan. IX, 587. 606.
Aalschani, Distrikt Schirwans. VIII, 126.
Aamdim, s. Tur-a.
Aarab, s. Tahhkik al a.
Aaranbet, s. Ebi A.
Aarian, Dorf am Heratfluß. VIII, 241.
Aarif, s. El Wali el A.
Aaron, s. Aharon.
Aaschuk (d. h. der Liebhaber), Cypresse bei Schiraz. XI, 573.
Aascün, s. El A.
Aasem (Aazem), s. Imami A., Scheich Abdul A.
Aasim, s. Ebn A., Tarikh i A. e Cufi.
Aasvogel (Vultur percnopterus), in Mesopotamien. XI, 507.
Aawaze, s. Zikr ul A.
Aazem (Aasem), s. Scheich Abdal (Abdul) A.
Ab (Aw), d. i. ac, aqua. IX, 90. — s. Armandab, Bi Ab, Derwazeh Ab, Dschul Ab, Gamash Ab, Gurm-ab, Khosch-ab, Khusch-ab, Kir Ab, Kusch-ab, Lub i Ab, Margh-ab Mouru-ab, Murd-ab, Murg- od. Murghab, Nilab, Paru (Parv) ab, Pul ab guine, Schakar-ab, Schurab, Ser-Ab, Siri ab, Suhr-ab, Surk- od. Surkhab, Urghand(Urghund)ab, Zirab. Vgl. auch Chai, Tschai, Rud, Su.
Aba, Quellberg des Euphrat. X, 80.
Abad (pers.), d. i. Stadt. X, 576. — s. Abaff-, Abbas-, Abrind-, Abér-, Adji-, Ahmed-, Ahmin-, Ali-, Asad-, Asd-, Aser-, Asman-, Aster-, Aurung-, Badr-, Bakhsch-, Bekr-, Bikk-, Bill-, Bolu-, Brahman-, Byram-, Churem-, Currim-, Deroud-, Dewlet-, Djanat-, Doch-, Dowlat-, Erovant-, Fakhr-, Farah-, Farrah-, Fat-; Feiz-, Firus-, Firuz-, Furrah-, Gebr-, Guebern-, Gunah-, Hadji-, Hamet-, Harun-, Hassan-, Hez-, Hyder-, Hydr-, Jamal-, Jehan-; Isfend-, Islam-, Kelhur-, Kerd-, Kerim-, Kesem-, Khanu-, Kharachan-, Kharbuzeh-, Kheir-, Khire-, Khoda-, Khorasan-, Khorram-, Khosru-, Khyr-, Kizzil-, Korum-, Kum-, Kunh-, Mahmud-, Mahomed-, Mean-, Mehemed-, Mehr-, Merhemed-, Mikr-, Mir-, Mohun-, Mumin-, Narendsch-, Nasr-, Nazir-, Nizam-, Ordu-, Rahim-, Rahmed-, Rehun-, Rescht-, Reza-, Rokn-, Rustam-, Rutn-, Saad-, Sad-, Sahad-, Said-, Saied-, Salih-, Sardar-, Schah-, Schahjehan-, Schahmirz-, Schakk-, Schehr-, Scheitan-, Scherif-, Schitan-, Schujur-, Sefi-, Seid-, Seif-, Siadet-, Sied-, Sin-, Sokhman-, Suffi-, Sufi-, Suleiman-, Suliman-, Sultan-,

Surkar=, Surkh=, Suzchar=, Syed=, Tab=, Taleb=, Tark=, Uschtun=, Urd=, Vagharsch=, Zeng=, Zer=, Ziterabad.
Abada, am Euphrat, astr. Lage. XI. 976.
Abadah, Dorf bei Abuschähr. VIII, 783.
Abadah, in Persien. IX, 14.
Abadan (pers.), d. i. ein angebauter, starkbewohnter Ort. IX, 105.
Abadan, Abbadan (Apphadana), am Schat el Arab (Euphrat). X, 50. 53. 176. 182. 280.
Abadan Firuz, d. h. Wohnort der Glückseligkeit, Beiname für Ardebil. IX, 792.
Aba il Khan (Abakaï Khan), Sohn und Nachfolger Hulaku Khans (—1282). IX, 841. 1041.
Abakaï Khan, s. Aba il Khan. X, 1041.
Abakasek, Ort. VII, 510.
Abaku=Meer, d. i. kasp. Meer. VIII, 682.
Aballah (Oboleh), s. Nahr el A.
Abal Us (Abul Us), Bergkette am Euphrat XI, 736. 738.
Abar, Zufl. zum Araxes. X, 371.
Abar al Arab, d. h. Brunnen der Araber, bei Wasit. X, 188.
Abaran (auch Karpi oder Garpi tschai, Khasagh, Kharsakh, Khasal), Fluß von Etschmiadzin, zum Araxes. X, 376. 398. 399. 456. 463. 515.
Abaran Pol, s. Basch=Abaran.
Ab=Aras, s. Araxes.
Abaris, Göttin (?). X, 360.
Abarne, Flecken in Gumathena. XI, 27. — warme Bäder das. XI, 110.
Ab=Arraghian, Fluß in Daschtistan. IX, 134. — s. Arosis.
Abas (Ibas, Abbas), s. Bender A., Mar A., Issa Ibn Ali Ibn Abdullah Abas.
Abas, arab. Wollmäntel, in Bagdad. XI, 822. — s. Abba.
Abassabad, russ. Fort am Aras. IX, 915. — vgl. Abbasabad.
Abasse, s. Affyne A.
Abassi, s. Bender A.
Abassiden, s. Abbassiden.
Abba, d. i. arab. Mäntel, in Dorak, Mosul rc. IX, 161. 720. 743. — in Bagdad. XI, 822.
Abbadan, s. Abadan. X, 53. 280.
Abbas (Abas), s. Abdul A. Sefa, Abul A., Ali A., Delli A., Isa Ben Abdolla Ben A., Nidschel el A., Schah A., Sikket el A.
Abbasabad, Stadt Khorasans. VIII, 333.
Abbasabad, Revier u. Vorstadt Ispahans. VIII, 125. IX, 48. 49. — vgl. Abassabad.
Abbas Ali (Bruder von Imam Hasan u. Hussein), Luren=Heiliger, Grab in Kerbela. IX, 402.
Abbas Ben Amru, ägypt. Statthalter in Sindschar. XI, 449.
Abbas Bey=Berge, in Kurdestan. VIII, 616.
Abbas Bulagh, Station in Aderbidjan. IX, 827.
Abba Seen, s. Abu Sin.
Abbasis, Frucht am Demawend. VIII, 566.
Abbas Khuli Khan, Chef von Larijan. VIII, 502.
Abbas Mirza, Sohn Feth Ali Schahs, pers. Kronprinz (stirbt 1833). VIII, 397. 422. 441. IX, 371. — seine Kurden=Kolonisation am Urmia=See. IX, 598. 688. — (Schah Zadeh Abbas Mirza) in Tabriz. IX, 854. — seine Europäisirung. IX, 862 ff.
Abbassiden, Khalifen. VII, 424. IX, 718. X, 257. XI, 35.
Abbassiyah, Insel im Euphrat. XI, 733.
Abbastoff (?) aus Mosul. IX, 720. — s. Abba.
Abbeste, Abeste (Bost), pers. Stadt am Hirmend. VIII, 64. 120. 151.
Ἀββόρα (Theophyl. Simoc.), d. i. Chabur. XI, 253.
Abburden (?), Berg:. VII, 740.
Abd, s. Abu Abd Mohammed.
Abdah, Zweig der Schammar. XI, 471.
Abdal, Bezeichnung für alle Ar=

ten von Einsiedlern, Märtyrern. X, 282. XI, 237. — s. Khan A., Scheich A. Aazem.
Abdal Aazem, s. Scheich A. A. VIII, 597.
Abd al Aziz (Abdal Haffiz), Bergzug in Mesopotamien. XI, 261. 368. 390. 478. 497. — vgl. Abdulasis.
Abdal Kaiasi, d. i. Derwisch-Fels, bei Ninive. XI, 237.
Abdall, s. Husn A.
Abdalla, Abdallah (Abdolla), s. Abu A. Mohammed Ibn Ahmed al Ammi, Abu A. Mohammed ibn Ayas, Achmed Schah A., Al Scheikh Ben A. Ben Sina, El Salih el Wali el Abid A. el Kurdi, Hadji A. Bey, Hassan A., Khoja A. Ansarri, Sultan A., Talhah ben A., Zor A.
Abdalla, Chef d. Sibki-Kurden. X, 340.
Abdallah, Kastell am Euphrat. XI, 726.
Abdallah, Hakim Beg von Uschi. VII, 525.
Abdallah, Fürst der Taheriten (Ende des 9. Jahrh.). VIII, 243.
Abdallah, Sohn Omars, seine Moschee in Rijab. IX, 469. — Christenfeind (751). XI, 294.
Abdallah, Kurden-Chef in Sauk Bulak. IX, 940.
Abdallah, Wellsteds Führer. XI, 778.
Abdallah Ansari, Heiliger von Herat. VIII, 244. — sein Grab. 253. 256.
Abdallah Ibn Ali, Pilgerort am unt. Tigris. XI, 945.
Abdallah Mohammed, Emir von Mesopotamien. XI, 177.
Abdallah Schirazi, Schriftsteller (blüht 1299—1319). VIII, 777.
Abdallahzye, früh. Name für Durani. VIII, 202.
Abdalla Khan, von Zenjan. VIII, 619.
Abd-Allatif, Arzt, Naturforscher aus Bagdad (st. 1231). XI, 519.
Abdalmag, Kloster zu, in Mesopotamien. XI, 178.
Abdal Malek (Abdul Malek, Abdulmelik rc.), Khalif (reg. 684 bis 705). X, 188. 1130. XI, 313. 314. — s. d. f.
Abdalmelik, Sohn Merwans. XI, 273. — s. Abdolmelik.
Abdalrahman, s. Abderrhaman.
Abdalrahman, arab. Fürst, erbaut Kom. IX, 32.
Abdalrahman, Verf. des Hamadan-nameh. IX, 117.
Abdas, von Dorkena. X, 59.
Abdel asis, Yeziden-Dorf am Zab Ala. IX, 696.
Abd-el-Aziz, s. Abd al Aziz. XI, 390.
Abdel Dsjelil (Imam), Ahnherr der Paschafamilie in Mosul. XI, 189. 198. 210.
Abdelmalek, Ommajade. X, 1089.
Abdel Mesih, arab. Unterhändler in Hira. X, 65.
Abdereh. VII, 253.
Abderrhaman, Neffe Al Mansurs. X, 861. — vgl. Abdurrahman.
Abder risaki, Türkisgrube bei Nischapur. VIII, 328.
Abdheran Dagh, in Kurdestan. IX, 533.
Abdilla, s. Chor A.
Abdillah Bin Ali, arab. Scheikh XI, 945.
Abdin, s. Thur-a., Tur A., Zun (Sein) el A.
Abdo, osrhoënischer Fürst. XI, 340.
Abdolasif, s. Omar Ben A.
Abdolla (Abdalla), s. Ibn Ali Ben A., Isa Ben A. Ben Abbas.
Abdolmelik, aus Merorud. XI, 448. — s. Abdal Malek.
Abdui, Station in Fars. VIII, 843. — Stufenthal. IX, 144.
Abdul, s. Kodja A. Kurrim, Mir A. Sulif, Mirza A. Jowaut, Mirza A. Wahab, Scheich A. Aasem, Scheich A. Kadir Gilani.
Abdul Aazem. VIII, 600. s. Scheich A. A.

Abdul Abbas-Sefa, erster abbassid. Khalif. X, 147. 184.
Abdulasis, Berg bei Mardin. IX, 754. — vgl. Abd al Aziz.
Abdul-harab, Kurdendorf. X, 851. 887. 888.
Abdul Kerim, Bucharen-Prinz. VII, 514.
Abdul Kerim Beg, Fürst von Khokand. VII, 773.
Abdul Kerym (Kodja oder Khojeh Abdulkurrim), Mekkapilger aus Kaschmir, Lobredner Nadir Schahs. VIII, 281. IX, 376. 481. 482. XI, 185. 187.
Abdulkurrim, s. d. v.
Abdullah, s. Elhadsch A., Issa Ibn Ali Ibn A. Abas, Sultan A.
Abdullah ben el Mobarek, Grab zu Hit (st. 797). XI, 751.
Abdullah ibn Anna, Grab bei Alt-Basra. XI, 1047.
Abdulla Pascha, in Bagdad. IX, 569.
Abdull Jellul (Imam), s. Abdel Dsjelil. XI, 198.
Abdul Malek, s. Abdal Malek. X, 188.
Abdulmeleki, Familie der Lak. VIII, 402. — Ilat-Tribus. VIII, 404.
Abdulmelik, s. Abd al Malek.
Abdulraschid, s. Kais A.
Abdul Wahhabs-Halbinsel am Euphrat. X, 827.
Abdurrahman Pascha, in Sulimaniyah (reg. 1802—1813). IX, 452. 454. 617. — vgl. Abdalrahman.
Abdur-rizak, Beg von Diyadin. X, 335.
Abe, s. Beth A., Sir A. Sea.
Abe Burschore, Fluß Afghanistans. VIII, 165.
Abed Jesu, s. Hebed J.
Ab-e-germ, s. Abigerm.
Abel, s. Sanct A.
Ab el Dsjelil. XI, 210. — s. Abd el Dsj.
Aberglaube, bei Kurden. IX, 434.
Aberwiz, s. Khosru A.
Abeste (pers.), d. h. Garten. VIII, 64. — s. Abbeste.
Ab Fraat, d. i. Wasser Frat. X, 725.
Abgaben, in Turkestan. VII, 468. — s. Steuer, Zoll u. a.
Abgar, Königstitel und Dynastie in Osrhoëne. XI, 328. 339.
Abgarassudo (arab.), s. Abgar Uchomo. XI, 341.
Abgar bar Abgar, Königstitel in Osrhoëne. X, 114. XI, 339.
Abgar bar Maanu (Manu), letzter osrhoën. Fürst (reg. 200 bis 224). XI, 340. 342. 344.
Abgar Sulaca (d. h. der Rothe), König von Osrhoëne. XI, 341.
Abgar Uchomo (d. h. der Schwarze), König von Osrhoëne (8 bis 45 n. Chr.). XI, 341.
Abgarus (Αὔγαρος), Fürst von Osrhoëene. X, 116. 117. 453. XI, 339.
Ab-germ (Ab-gorum), d. h. Warmwasser. VIII, 544. — s. Abigerm.
Abher (Abhor, Avher, Ebhar), Stadt bei Kazwin, Judencolonie? VIII, 574. 589. 590. IX, 42. 424. — s. Habor.
Abi (Ab), s. Belal ben Abi Bordeh, Rah-abi.
Abi Ahwaz, d. i. Fluß von Ahwaz. IX, 225.
Abiat (weiß), s. Dschebel A., Naphtha A., Tscha Spi. XI, 166.
Abid, s. El Salih el Wali el A. Abdalla el Kurdi.
Abi Dellu, irrig st. Ali Dellu. IX, 545.
Abi Diz (Nahri Diz), Fort am Dizfulfluß. IX, 195.
Abi Elwand (Ewan), d. i. Holwan. IX, 476.
Abi Fazlabad, Fluß bei Ispahan. IX, 40.
Abi Forat, d. i. Euphrat. X, 725.
Abi Gargar (Abi Gurgur), Kuran-Kanal bei Shuster. IX, 164. 188.
Abigarm, Abigerm, pers. Bezeichnung für warme Quellen, z. B. in Armenien ꝛc. X, 406.

Abi Garm, im Kerkha-Thal. IX, 335. 337. 408.
Abi Garm, Zufluß zum Kerkha, IX, 409.
Abigerm (Salzkaser), Stadt in Masenderan, mit heißer Quelle. VIII, 433. 543. 544. 546. 549.
Abigerm Ginau, warme Bäder bei Bender Abassi. VIII, 744.
Ab i Gurgur, s. Abi Gargar.
Abi Harasam (Harasim), Zufluß zum Kerend. IX, 386. 392.
Ab i Kur, s. Kur. VIII, 768.
Abil, s. Nahr A. Asad, Nahr A. Ma'akel.
Abil Chocaib, Tigrisarm. X, 194.
Abilenus, s. Agathangelus A.
Abi Miyandeh, s. Nahri Dariyan. IX, 190.
Abi Schapur, s. Schapur. IX, 292.
Abi Schirwan, d. i. Diyalah. IX, 414. 416. — s. Abi Sirwan.
Abi Seimarrah (Sadmarrah), d. i. Kerkhafluß. IX, 408.
Ab i Shuster, Fluß von Shuster, d. i. Kuran. IX, 164.
Abisiah, Fluß in Turkestan. VII, 564.
Abi Sirwan, Zufluß zum Kerkha. IX, 399. 403. — s. Abi Schirwan.
Abistanda, See Afghanistans. VIII, 165.
Ab-istandeh (pers., d. h. Fluß u. stillsteh. Wasser), in Afghanistan. VIII, 143. 144.
Ab i Tuster, d. i. Fluß von Shuster. IX, 162. — s. Karun.
Abiverd, Ort in Attock. VIII, 260. 282.
Abi Zal (contrah. aus Zalal), linker Zufluß des Kerkhah (verschieden vom Baladrud u. Dizful). IX, 193. 203. 327. — Quellen. IX, 410. — s. Ab-Zal.
Abi Zard (d. h. gelber od. klarer Strom), Zufluß zum Jerahi. IX, 147. 150.
Abkurren, s. Murghab. VIII, 875.
Ablah (Ableh, Obollah, Oboleh), Stadt Babyloniens. IX, 167. X, 177. XI, 1025. — s. Nahr Ailah.
Ableh, s. Hawer A.
Ablestan, Stadt. X, 939.
Ablunmuhan, s. Sultan A.
Abora (Amm. Marc.), d. i. Chabur od. Khabur, Zufluß zum Euphrat. X, 139. 1148. XI, 253.
Ἀβώρας (Zosim.), d. i. Chabur. XI, 253.
Aboriginer-Tribus, in Mara. VII, 149. — in Kafirestan. VII, 211.
Ἀβόῤῥας (Strab.), d. i. Chabur. X, 247. 1148. XI, 248. 253.
Aborrhoa, s. Roha. X, 961.
Abos (Strabo), Quellberg des Euphrat u. Araxes. IX, 786. X, 77. 78. 79. 82. 359. 360.
Abou, Aboul, s. Abu, Abul.
Ἀβουρας (Isid. Charac.), d. i. Chabur. XI, 253.
Abowian, armen. Diaconus am Ararat. X, 485. 490.
Abra (Pehlwi), d. i. Cypresse. XI, 369.
Abraham (Avraham, Uraham, Ibrahim), s. Mar A.
Abraham, Patriarch, Geburtsort 2c. X, 118. 159. 243. 1140. XI, 294. 320. 333. — seine Feuerstelle in Babylon. IX, 150. X, 188. 204. 225. XI, 793. — Tempel, Moschee in Carrhä, Orfa. XI, 298. 330.
Abraham, nestor. Bischof der Meder (5. Jahrh.). IX, 151.
Abraham, nestor. Priester. IX, 686.
Abraham, armen. Patriarch in Cilicien. X, 633.
Abraham, Bischof von Edessa. XI, 350.
Abrawatz, d. i. Parviz. X, 162.
Abreschim (pers.), d. i. Seide. VIII, 709. — s. Dirakht i a.
Abrindabad, Dorf bei Jezd. IX, 26.
Abrocomas, pers. Feldherr. X, 11.
Abru, s. Hafiz A.
Abserd, Dorf bei Demawend. VIII, 506.

Absinthium, in Mesopotamien. XI, 478. 495. 696. — am Euphrat. XI, 703. 741.
Abtah, verehrte Tochter des Scheich Binnaya. XI, 470.
Abu, s. Dschebel A.
Abuab, s. Bab al a.
Abuabbad, am Euphrat. XI, 978.
Abu Abdallah Mohammed Ibn Ahmed al Ammi (?), Vezier. IX, 156.
Abu Abdalla Mohammed ibn Ayas, Schriftsteller. IX, 120.
Abu Abd Mohammed, Ortokide, Fürst von Amida (1183). XI, 35.
Abu Ansar, s. Abdallah Ansari.
Abu Bara (Abu Horaireh), Hügel am arab. Euphrat. X, 1066. — Grotten. X, 1073. 1076.
Abubekr, s. Hamdullah ben A. Almostawfi Alkazwini, Mirza A.
Abubekr, als Königstitel. XI, 339.
Abu Bekr, erster Khalif (623). X, 61. XI, 339. — s. Ebubekr.
Abu Cuba, Dorf am unt. Euphrat. XI, 995.
Abu Djawary (El Buziyory), Dorf am Tigris. XI, 667.
Abu Dolaf Adjalita, Dichter. IX, 98.
Abu Dula, arab. Tribus am Tigris. XI, 671.
Abu el Tir, Ort am untern Euphrat. XI, 987.
Abu farwa, d. i. Kastanie. XI, 501.
Abu Fazl Muhamed, Chronist aus Baihak. VIII, 541.
Abu Geger, arab. Bezeichn. für Baba Gurgur. IX, 530. 556.
Abu Ghalghal, syr. Zufluß des Euphrat. X, 1065. 1073. — vgl. Abu Khalkhal.
Abu Gharib (Abu Grahb), Euphrat-Festung. X, 766. 770. 771. 779. — s. Abu Gheraïb.
Abu Ghenam, Euphrat-Insel. XI, 737.
Abu Gheraïb (Gharib), Euphrat-Kanal. XI, 770. — s. Abu Gharib.
Abu Ghurut (Abu Ghunnet), Trümmerberg im unt. Mesopotamien. XI, 990.
Abu Giafar al Mansur, Khalif. X, 184. 196. 210. — s. Al Mansur.
Abu Grahb, s. Abu Gharib.
Abu Haff Hadad, Scheich aus Nischapur. VIII, 322.
Abu Hamed El Ghazale, Imam in Tus. VIII, 288.
Abu Hanifa, s. Imam A. H.
Abu harrk, am Euphrat, astr. L. XI, 976.
Abu Herarah, Thurm am Euphrat. X, 1002. — Felsenhöhlungen. X, 1067. — vgl. Abu Bara.
Abu Hilla, Euphrat-Canal. XI, 900.
Abu Horaireh, s. Abu Bara.
Abu Jamu od. Samidah, Kanal des Kerkhaft. IX, 328.
Abu Ischak, arab. Stamm am Tigris. XI, 677.
Abu Ischak alfaresi el Istakhri, Autor (10. Jahrh.), über Manbedsch ꝛc. X, 1051. 1071. — Diarbekr. XI, 47. — Miafarekin. XI, 68. — Djezireh ibn Omar. XI, 155. — Dschebel Dschudi. XI, 156. — das nordöstl. Mesopotamien. XI, 162. — Mosul. XI, 179. — Stationen in Djezireh. XI, 268 ff. — über Mardin. XI, 383. — Nisibis. XI, 418. — Sindjar. XI, 445.
Abu Ischaki, Türkise. VIII, 326.
Abu Keshmeh, arab. Stamm am Tigris. X, 230.
Abu Khalkhal, Ort am untern Tigris. XI, 947. — vgl. Abu Ghalghal.
Abu Khanzir, Trümmerhügel im unt. Mesopotamien. XI, 989.
Abul, s. Al Kadhi A. Ali ꝛc., Mirza A. Cassim, Mullah A. Cassim.
Abu'l Abbas (Balibas), Dorf am Abi Zard. IX, 147. 149.
Abuleth, in Georgien. X, 442.
Abul Fadhl, Schriftsteller aus Hamadan (st. 1007). IX, 120. — vgl. Abu Fazl, Abul Fazil.

Abulfaradsch, s. Gregorius A.
Abulfarhan, erbaut Rai. VIII, 599.
Abulfarras, Quelle bei Palmyra. X, 1093.
Abulfatah Ibrahim, s. Sultan Ibrahim.
Abul Fazil (Fazl), Geschichtschreiber, Verfasser des Ayeen Akbery, Minister Akbar's (1600). VII, 25. 182. 211. 241. 251. 263. 274. 280. 821. — vergl. Abul Fadhl.
Abulfeda, Ism., Fürst von Hamah, Geograph (1273—1331). VII, 274. 276. — über Ferghana. VII, 749. — Badakhschan. VII, 791. — Ahwaz. IX, 227. — Urmia. IX, 943. — die Vertheilung der Tigris-Arme unter Wasit rc. X, 193. 208. — Bagdad. X, 233. — kennt den Murad nicht. X, 647. — üb. d. Euphrat. X, 723. — vor Romkalah. X, 939. — über Manbedsch. X, 1055. — Diarbekr. XI, 47. — Miafarekin. XI, 69. — Djezireh ibn Omar. XI, 156, 162. — Mosul. XI, 181. — den Hermasfluß. XI, 262. — Mardin. XI, 384. — Sindjar. XI, 446.
Abul Haidja Obeid Allah, Sohn Hamdans, Abbasside. X, 187.
Abul Hasan Ali Ben Isa, Vizier El Moktaders. X, 207.
Abul Hassan Khan, pers. Gesandter in England. IX, 865.
Abul Hiti, Canal zum Tigris. XI, 771. 780.
Abul Kasem Mohammed, s. Ebn Haukal.
Abul Khassem, Sanctus in Mosul. XI, 198.
Abul Maurice, s. Bell marice.
Abul m'ris, s. Wadi A.
Abul Murice, s. Wadi A. m'ris.
Abulpharag, s. Gregorius A.
Abul Rara, Hügel am Euphrat. X, 1066.
Abulsewar, Fürst v. Ani (1124). X, 441.
Abul Us, s. Abal Us.
Abulvelid, s. Khodja Mohammed A.
Abu malak, d. i. Anas clypeata, Löffelente. XI, 509.
Abu Marri (Abu Maryam), Dorfruine in Mesopotamien. XI, 423, 432. 453.
Abu Merwan, Emir von Miafarekin (reg. 1011—1061 n. Chr.) XI, 71.
Abu Mohammed, seichte Stelle am Euphrat. XI, 782.
Abu Mohammed, arab. Stamm im südl. Irak Arabi. XI, 942. 944.
Abu Mokhnif Lut Ben Yahya. Historiker. X, 64.
Abu Moslem, Statthalter in Khorasan, VII, 663.
Abu Mousa el Achari, s. Abu Musa Alaschaari.
Abu Muhammed Ahmed. IX, 307.
Abu Musa Alaschaari (Ash'ari, Ashoari), arab. Feldherr, entdeckt Daniels Grab rc. (638 n. Chr.). IX, 183. 184. 294. 307. — s. Misan A.
Abu Muzrun, Ort am unt. Tigris. XI, 947.
Abuna, d. i. Vater, Titel der nestor. Bischöfe. IX, 677.
Abu Nasir, Keppel's Führer. XI, 872.
Abunasr, in altpers. Inschriften. VIII, 922.
Abu Osman Chairi, Scheich aus Nischapur. VIII, 322.
Abu-risk, Emir in Anah. XI, 720.
Abu Saad Kazeruni, zerstört Naubindsjan. IX, 141.
Abu Saed, Archimandrit zu Mosul (1028). XI, 201.
Abu Saïd, Ort am Euphrat. X, 256. XI, 684.
Abu Said, Sultan von Irak u. Khorasan. X, 282.
Abu Said, Gewährsmann Abulfeda's. X, 328. — s. Ibn Said.
Abu Said Bahadur Khan, Mongholen-Fürst, in Sultanieh, Bagdad (reg. 1317—35). X, 281.

Abusaid Mansur, der Merwanide (c. 1045). XI, 49.
Abu Sasend-Canal des Euphrat. XI, 978.
Abuschähr (Buschähr, Buschir), Hafen v. Persis. VIII, 724. 739. 746. 779 ff. 817. 846. — Einw. IX, 898. — Ausfuhr. XI, 1060. 1072.
Abu Schaib, s. Buscheab.
Abuschir, s. Abuschähr. XI, 1060. 1072.
Abu Sef, Dorf am unt. Euphrat. XI, 995.
Abu Serai (Sere), Schloß am Euphrat. XI, 268. 693.
Abu Sereir, Stadt am mesopot. Chabur. XI, 266.
Abu Sin (Abba Seen), rechter Zufluß zum Indus. VII, 15.
Abu Sisa, Kameelfurth am Euphrat. XI, 765.
Abu Tauk, Hügel am südl. Euphrat. XI, 781.
Abuzatha, Castell am Tigris. X, 156.
Abuzeid el Haçen, aus Siraf, seine Schifferberichte. IX, 286.
Abyadh, s. Dschebel A.
Abydenus, babylon. Schriftsteller. IX, 722. X, 49. 357.
Abyssinien, Feigen das. XI, 545. — s. Aethiopien.
Abyssinisches Meer, d. i. erythräisches. X, 64.
Ab-Zal, r. Zufluß zum Kuran. IX, 159. 163. — s. Abi Zal.
Ab Zeruzem, Fluß bei Herat. VIII, 257.
Aça (Keilschrift, Sanskrit), d. h. Stein, Fels. VIII, 99.
Acacien, in Kurdestan. XI, 650. — Bagdad. XI, 813. — am unt. Euphrat. XI, 988. — Schat el Arab. XI, 1025. — s. Zwerg-Acacie.
Acad, s. Accad. X, 242.
Academie, s. Akademie.
Açagart, d. i. Land der Felshöhlen. VIII, 99.
Acali (Akhali), fanatische Sekte der Seikhs. VII, 59.
Acali bunga (d. h. Haus der Unsterblichen), Tempel in Amritsir. VII, 59.
Acamp (Akami), Ort in Syrien. X, 1041. 1042.
Acanthopterygii, d. i. Stachelflosser. XI, 1027.
Accad, A. Nimrod (Aggada), Stadt in Sinear. X, 242. XI, 839. 847. 851.
Acceta, s. Syncaa.
Acer pseudoplatanus, s. Ahorn.
Acesines, Akesines, s. Chinab. VII, 27. 32. 33.
Ach, s. Djennès Ach Caleh.
Achad III, armen. König. X, 481.
Achämeniden, d. i. Abkömmlinge Dschemschids. VIII, 36. 74. 113. — ihre Insignien. 913. 916. — Grabmale in Nakschi Rustan. 929 ff.
Achagha Bach, Ilat-Tribus. VIII, 400.
Achaïa, unbek. Stadt bei Artakoana in Ost-Iran. VIII, 239.
Achaja chala, Festung am Euphrat. X, 142. 143. XI, 729. 736.
Achalzik, s. Akhalzik.
Achâm, s. Abschem A.
Achap, Dorf in Laristan. VIII, 750.
Achari (Ashoari), s. Abu Mousa el A.
Achas, Fluß in Ferghana. VII, 747.
Achatamulete, babylonische. IX, 464.
Achatsiegel, in Ninives u. Babylons Ruinen. XI, 232. 918.
Achatvasen, in Samarkand. VII, 668.
Ach-baba, Bergrücken im Osten von Kars. X, 396. 421. 427.
Achdhab, s. Dschebel A.
Acheju sse to, Hptst. v. Schambala, Changmi. VII, 493. 582.
Achek, Gränzstadt von Fars, bei Shuster. IX, 177.
Acheznik (Aghdsnikh), i. e. Mesopotamia septentrionalis. X, 586. XI, 414.
Achla (Acle, Agle, Hagle, Hhagla, Höckle), syr. Dorf. X, 1098.

Achlath, d. i. Akhlat. X, 326.
Achmar (Ahmar), s. Dsjami el a.
Achmed (Ahmed), s. Kior A.
Achmed, Sohn Musa's, Astronom. XI. 447.
Achmed-Khan, Afghanenfürst. VII, 796. — s. Ahmed Kh.
Achmed Pascha, von Bagdad (1732), XI, 828. — s. Ahmed P.
Achmed Schah, s. Ahmed Sch.
Achmed Schah, König von Ladakh. VII, 77.
Achmed Schah Abdallah, Gründer der Afghanen-Herrschaft. VII, 802. VIII, 169. 178. 193. 202. 294. X, 602.
Achmed von Tus, s. Ahmed von Tus.
Achmet, s. Kiaja A.
Achmeta, d. i. Hamadan, Ekbatana. IX, 98. 105.
Achny, Berg von Kars. X, 428.
Achoali (Plin.), arab. Tribus am Euphrat. X, 183.
Achouan, auch Owan, Stadt. VII, 700. — s. Ahouan.
Ach Sachkali (d. h. Weißbärte), Familienhäupter der Turkmannen. VIII, 368.
Achsicath, s. Akhsi.
Ach tschai, Zufluß zum Araxes. X, 337. 396. — s. Alsas, Aksu.
Achuns, Priester in Turkestan. VII, 461. 463.
Achur, Achuri (tatar.). X, 418. 481. — s. Aghuri.
Achwand, s. Alem A.
Achznik, Provinz der östl. Tigrisquellen. X, 586. XI, 414.
Acilisene (Strabo, Anaitis bei Plin., Lisene), armen. Provinz am Euphrat. X, 73. 81. 550. 576. 774. 796. — s. Arzendjan.
Acinaces (pers.), d. i. Dolch. VIII, 913.
Ackerbau, erster, nach pers. Sage VIII, 37. — bei Afghanen. VIII, 197. — in Persien. IX, 34. — uralt in Kurdestan. IX, 608. XI, 138. — Aufblühen in Transkaukasien. X, 610. — früher blühend am Euphrat. XI, 714.
Acle, s. Achla.
Aconsersee, Ort in Turkestan. VII, 449.
Acorn, d. i. Eicheln. XI, 461.
Açpa (Zend), d. h. Pferd. VIII, 39. 49. 66. IX, 41.
Acraba (Ἀκράβα Ptol.), Stadt im obern Mesopotamien. X, 1123.
Acran, s. Sherab A.
Acridium, s. Heuschrecke, Akridophagen.
Acridium migratorium. VIII, 800.
Acridium peregrinum. VIII, 814.
Acropatene (Amm. Marc.), s. Atropatene. IX, 768.
Actuarius, Titel byzant. Leibärzte. IX, 289.
Actynolit, im Taurus. X, 913.
Acul, s. Dair el A.
Acurlu, s. Aghuri. X, 481.
Ada, nestor. Bischofssitz am Urmia-See. IX, 676. 678. 971. — s. Coin Adasey.
Adäk, d. i. Ruheplatz, Poststationen am Euphrat. XI, 976.
Adalia. XI, 56.
Adam, sein Garten zu Scharakhs. VIII, 279. — angebl. Grab in Kufa. X, 184. — als erster Prophet der Sabier. XI, 301. 793.
Adam, Buch der Mendaïten. XI, 302.
Adana Keuy, Dorf im Diyalah-Thale. IX, 489. 493. 514. X. 229.
Adarbigan (Ἀδαρβίγανα, Procop.), d. i. Aderbidjan. IX, 769.
Adasey, s. Coin A.
Adda, s. Schah A. Khan.
Addes (arab.), d. i. Linsen. XI, 501.
Ad-Descht, Plaine in N. Kurdestan. IX, 728.
Addin (Eddin), s. Schams A. Div, Schem a.
Ade, s. Schech A.
Adeiganen (Diganen), erste Magistratspersonen in Seleucia. X, 70.
Adel, erblicher, in Persien. IX, 886. — fehlt bei Türken. 895.
Ad-el-jivaz (Adeldjewas, Ad-

ildschuwas, Aldjewas, Ardzke), Stadt am Van-See. IX, 988. X, 287. 324. 328. 332.
Adem-khor (d. h. Menschenfresser), Bezeichnung für Turkmannen. VIII, 406. — s. Adum khur.
Aden, in Arabien. X, 1026.
Adenysträ (Dio Cass.), Festung in Mesopotamien. X, 119. XI, 442.
Ader (Pehlvi), d. i. Feuer. IX, 769.
Ader-abad, d. h. Haus d. Feuers. IX, 769.
Aderabadegan, d. i. Aderbidjan. IX, 769.
Aderbad, d. i. Feueranbeter, Ehrenname. IX, 768.
Aderbadagan (bei Ariern), d. i. Aderbidjan. IX, 768. — s. Kandsag A.
Aderbaddjets ergir, d. i. Aderbidjan. IX, 768.
Ader badekan (arm.), d. i. Aderbidjan. VIII, 615.
Aderbadunikh, Gau von Vasburagan. IX, 768.
Aderbeiagan, d. i. Aderbidjan. IX, 768.
Aderbidjan (spr. Aderbeidschan, Aserbeidschan), d. h. Feueranbeter-Ort, Feuerland. VIII, 614. IX, 112. 768. 922.
Aderbidjan (Atropatene, Vasburagan), das Alpenland zwischen Iran u. Armenien. VIII, 13. Höhe. 15 ff. 113. 124. Districte. 126. 797. — Armenier das. IX, 50. — das Alpenland des Urmia- u. Van-Sees, westl. Gränzprovinz von Persien, Naturgränzen. IX, 764 ff. Namen. 768 ff. — nordöstliches. IX, 788 ff. — südöstliches. IX, 803 ff. — östliches. IX, 828 ff. Einw., Einkünfte. IX, 879. Charakt. seiner türk. und pers. Bewohner. IX, 885 ff. — westliches. IX, 972 ff. — Nachträge. IX, 1009 ff.
Aderekhsch, s. Azerekhsch.
Aderewan, Feuerberg in Chusistan. IX, 177.
Aderkent (Awerkend, Urkend, Uzkend), Gebiet u. Stadt Ferghanas. VII, 744. 746. 748. — s. Urkend.
Adhaeddoula (Adhed eddewleh, Azzed od Doulah, Asadod Devlet), Sohn Rokneddoulahs, Buide (st. 983 n. Chr.). VIII, 768. 855. 921. IX, 289.
Adhaym, d. i. Adhem. IX, 537.
Adhba, s. Al A.
Adhed eddewleh, s. Adhaeddoula.
Adhem, linker Zufl. zum Tigris, Mündung. IX, 537. — Quellflüsse rc. IX, 457. 528. 538 ff. 561. X, 226. 229. XI, 526. — s. Physcon.
Adhiari, Sandbänke der Kori. VII, 166.
Adi, s. Scheikh A.
Adiabene (Aturia), das Land der Zabflüsse im alten Assyrien. X, 118. 252. — Bekehrung seiner Fürsten zum Judenthum rc. X, 253. XI, 173.
Adiabener, in Tigranes Heer. XI, 108.
Adiaman (Hassn manna, kurd.), Ort am Südfuße des Taurus. X, 884. — ob Perre? X, 894. — (Hasan Mansur) am Erkenek-Passe, Höhe. X, 903. — Kurden das. XI, 144.
Adiaman, Fluß von, zum Euphrat. X, 883.
Adijaman, in Kurdistan, X, 870.
Adildschuwas, s. Ad-el-jivaz.
Adile, s. Khan A.
Adinahpur, Paß von. VII, 220. — Feste am Surkh-rud. VII, 230. 231.
Adinabpur, Garten bei Kabul. IX, 254.
Adineh Bazar, Ebene am kasp. See. IX, 870.
Adirbaga, spr. Göttin. X, 1048.
Adirsiah, Fluß von Balkh. VIII, 213. 219.
Aditen, Kurdenstamm. IX, 97.
Adiyamen, d. i. Adiaman. X, 884.
Adjalita, s. Abu Dolaf Adj.
Adjeri, s. Tel A.

Adjerlu, Ilat-Stamm. VIII, 405.
Adjia, syr. Dorf. X, 1034.
Adji abad, Ruinenstadt in Aderbidjan. VIII, 632. IX, 770. — s. Hadji abad.
Adjibayram (ruff.), s. Hadji Beïramlu.
Adjima, in Mesopotamien. X, 237.
Adler, in Turkestan. VII, 457. — in Ghilan. VIII, 431. — weißer. VIII, 647. — in Fars. VIII, 845. — in Aderbidjan. IX, 800. — in Armenien. X. 718. — armen. Königszeichen. X, 586. — als Wappen in Erzerum. X, 766. — in Sculpturen bei Mambidsch. X, 1042. — s. Schwarz-A., See-A.
Adon, Adonis, phöniz. Gottheit. XI, 312. 551.
Adonis, am mittl. Euphrat. XI, 702.
Adonis flava, im östl. Mesopotamien. XI, 484.
Adormaanes, Feldherr Hormuzd's. X, 1129.
Adr, s. Marian el A.
Adrachne (Theophr.). XI, 514.
Adragan, Dragant-Gummi. IX, 20.
Adragiananta, unbek. Stadt in Medien. VIII, 117.
Adrah, s. Tell A.
Adrama, Stadt im ob. Mesopotamien. XI, 162. 272.
Adra Melech, Sohn Sancheribs, flieht nach Armenien. X, 585.
Adrascund, s. Rud e A.
Adrehin, Dorf bei Hamadan. IX, 121.
Adschaibol Machlukat Ahmed, s. Ahmed von Tus.
Adschem, s. Irak A., Laschkar-e Arabo A.
Adschem Acham, d. i. Persien. VIII, 113.
Adschemi, s. Kutta a.
Adschigöf, s. Hadschi göf.
Adschi su, Bach zum Tigris. XI, 436. — s. Aigi.
Adsjik, s. Bir a.
Adtle, s. El A.
Adum khur (d. h. Menschenfresser), Bezeichn. für Belludschen. VIII, 158. — s. Adem-khor.
Adur (Atun), pers. = Aether, Feuer. IX, 112.
Adylla, Goldmünze. X, 353.
Aegäische Inseln, Cypressen das. XI, 577.
Aegypten, von Heuschrecken heimgesucht. VIII, 806. — Zuckerrohr das.? IX, 238. 275. — Baumwolle. X, 1059. — Oliven das. XI, 519. — Feigen. XI, 545. — Granaten. XI, 553.
Aegyptische Künstler, in Chusistan. IX, 308.
Aegyptischer Einfluß auf pers. Architektur. VIII, 948.
Aeipolis (Isid. Char.), d. i. Hit am Euphrat. XI, 738. 749.
Ämadi, s. Bab el ä.
Aene, s. Anaitis. IX, 109.
Aenezeh, Tribus. XI, 743. — s. Anezeh.
Aera, s. Zeitrechnung.
Ἀερόμελι. IX, 232.
Aesculap-Tempel in Pantikapäon. XI, 557.
Äsraki, s. Johannes el ä.
Aethiopen, asiatische, d. i. Gedrosier. VIII, 60. 88. 718.
Aethiopien, Armenier das. X, 603. — s. Abyssinien.
Aethusa, syr. Stadt. X, 1047.
'Afad, s. Tel 'A.
Afadel-Araber, am Euphrat. XI, 684.
Afâr, s. Tel A.
Afas Umir, rechter Zufluß zum Tigris. XI, 672.
Aff Dien (Thye-tein), Hügel am Euphrat. X, 1080. 1093. 1110. 1112.
Affej(?), in Irak arabi. XI, 931.
Affen, Gränze in Hindostan. VII, 226. — in Kabulestan ꝛc. VII, 311. 684. — fehlen in Mesopotamien. XI, 502. — in Abyssinien. XI, 545.
Afghan, d. h. Stamm. VII, 309. — s. Barukzye A., Mehmend A.
Afghanen, Eintheilung, Verfas-

sung, Herkunft. VIII, 107. 190 bis 206. — ihre angebl. jüdische Abstammung. VIII, 189. 204. X, 246. 632. — am Westufer des Indus. VII, 29. — in Kabul. VII, 242. 307. — am Nordrande Irans. VIII, 377. — in Schirwan. IX, 442. — große Liebhaber von Zuckerrohr. IX, 254. — ihre Sprache (Afghani). VII, 242.
Afghanen-Dörfer, in Kurdestan. IX, 442.
Afghanen-Räuber, im Süden des Kabulstr. VII, 308.
Afghani, Sprache, in Kabul. VII, 242. 307.
Afghanistan, im engern Sinne. VII, 304. VIII, 129 ff. — Aboriginer. VIII, 185. — Kolonien. VIII, 188. XI, 568. — s. Thsav. VII, 564.
Afis, s. Kasr-a.
Afiz, s. Jubal A.
Aflatum, d. i. Weltweiser, ein Plato. VIII, 303.
Afradohos-Berge, in Armenien. X, 723.
Afranius, röm. Feldherr in Mesopotamien. X, 1134. XI, 292.
Afrasiab, mythischer König Persiens. VIII, 26. — erbaut Scharakhs ꝛc. VIII, 277. — Isferian ꝛc. VIII, 396. 542. — in Rai. VIII, 603.
Afrasiab (Modhaffer Eddin Afrasiab), der letzte Atabeke (1339). IX, 152.
Afrasiabs Pauken. VII, 479.
Afredkhemesch, Ort in Armenien. X, 723.
Afridin, Ort. VIII, 471.
Afrika, Oelbaum das. XI, 520.
Afrin, Flußthal. X, 1029. — Trümmerhügel im unt. Mesopotamien. XI, 989.
Affchar, Affcharen, Ilat-Tribus. VIII, 400. 401. IX, 211. 344. — in Kurdestan. IX, 442. — in Aderbidjan. IX, 806. 822. 885. — zu Urmia. IX, 949. — s. Kadjar-A., Kossimlu A.
Affchian, Dorf in Dilem. VIII, 575.
Aga, d. i. Dorfschulz, Pächter, allgem. Kurdentitel. VII, 270. IX, 625. 1033. X, 657.
Aga, Agha, s. Ali A., Baschi A., Bekr A., Chelly A., Faris A., Fel'hullah A., Hadji Zilal A., Hadschi Dsirdschis A., Hassan A., Husein A., Hussein A., Ibrahim A., Jirgis A., Kasim A., Khan A., Killaha A., Killati A., Kossim A. Pascha, Omar A., Rahmed Ullah A., Stephan A. Melik, Sultan A., Tahir A., Tschil A., Tummin A., Jusuf A.
Agababa, s. Agha baba.
Aga Barsegh, engl. Agent in Basra. XI, 1055. 1056. 1073.
Aga Derbend, Paß in Khorasan. VIII, 279. 280.
Aga-dewa, Berg von Kars. X, 428.
Aga Khan, Gouverneur von Demawend. VIII, 505.
Aga Khan, in Murghab. VIII, 875.
Aga Khani, arab. Ilats in Farsistan. VIII, 392.
Agamen, in Mesopot. XI, 510.
Aga Mohammed Khan, Kadjare (st. 1796). VIII, 215. 350. 441. — in Masenderan ꝛc. VIII, 479. 531. 560. — erbaut Tehran. VIII, 605. 606. — zerst. die Feste Ekbatana's, Hamadans. IX, 103. 123.
Aganes, Ort am Van-See. IX, 994.
Agaphit, Türkis-Art. VIII, 326.
Agasi, s. Jüs A.
Agathangelos, armen. Geschichtschreiber. X, 531. 532. — Cancellar Tiridates (286—342). X, 543. 565.
Agathangelus Abilenus, in griechischen Inschr. zu Taiba. X, 1096.
Agathodämon, Prophet der Haranier. XI, 310.
Agathodämons Karte, Euphratquellen. X, 722.
Agathos, s. Mar A.
Agatsch (Szagath od. Genges im Kaukasus), Wegmaß. X, 354.

Agatsheh, s. Hadji Jusuf A.
Agat, s. Achat.
Agavat, d. i. kurd. Gentleman. IX, 626.
Agbatana, d. i. Ekbatana. IX, 98. 100.
Agbatana, das syrische, am Karmel. IX, 114.
Agda (Dogda, Augdeh), Ort bei Jezd. IX, 27.
Agdja Arkh, am Araxes. X, 462. 464.
Agdje Dagh, X, 842. s. Aghjah Tagh.
Agehane, d. i. Hadschi Hane, Prinzessin von Kaschghar. VII, 391.
Ageil (Agyl), arab. Trib. in Bagdad. XI, 839. — in Diwanijeh. XI, 951.
Agerkuf, s. Aker Kuf. XI, 847.
Ager Romanorum, bei Dara. XI, 400.
Aggada, s. Accad.
Agger, s. Tel el A.
Ag gojunli, türk. Stamm. X, 786. — s. Akkojunli.
Ag gojun Padischah, von Türken verehrt. X, 786.
Agha, s. Aga.
Aghababa (Hauwbaba), Ort in Irak adschem (bei Kazwin). VIII, 593. 640. 643.
Agha Dagh, X, 916. s. Aghjah Dagh.
Aghadir, s. Al A.
Aghadj, s. Kisil a. Moghan.
Aghai, s. Armud A.
Aghaj, s. Kizil A.
Aghalar, s. Sakalli A.
Agharun (armen., kurd. Khanzir, d. h. Eber), Dorf in Kurdestan. X, 695.
Aghdjah-Kurden, XI, 144. s. Aghjah-K.
Aghdsnikh, s. Acheznik.
Agher oder Agherh Dagh, X, 77. 273. 359. s. Aghri Dag.
Aghi, s. Taranaghi.
Aghiovid, d. h. Salzthal. X, 699. — s. Alihovid.
Aghjah Dagh (Agdji, Agha, Akjah Dagh), d. h. kleiner weißer Berg, Taurus-Kette. X, 797. 842. 848. 850. 890. 892. 916.
Aghjah-, Aghjak-, Aghdjah-Kurden. X, 849. — von Hafiz Pascha gebändigt. X, 1009. — in Kurnak. XI, 144.
Aghjalar, Distrikt in Kurdestan. IX, 450.
Aghlaber-Paß der Talisch Alpen. VIII, 658. 663. 668 ff.
Aghovans (armen.), d. i. Albanier. X, 546.
Aghpag, s. Albak. IX, 644.
Aghpiur parcham, Quelle des Sepuh. X, 775.
Aghpur, s. Khan A.
Aghri Dagh (Agher, Agri, Arghi, Dagher D.), d. i. Ararat. X, 77, 273. Höhe 344. 345. 359. 361. 428. 435. — s. Ararat, Agridagh, Arghi D.
Aghri Gol, See im Sipan Tagh. X, 329.
Aghtamar, s. Akhtamar.
Aghts, Ort am Alaghez. X, 463.
Aghuan, s. Afghanen. VIII, 190.
Aghuri (Achur, Akhuri, Arghuri, Arkhuri, Agorri, Akhori), Dorf am Ararat. X, 363. 369. 379. 479 ff. — von Kurden geplündert. X, 418. — durch Erdbeben zerstört. X, 508. 511.
Aghvanen, Geschichte ihres Ursprungs. X, 632. — s. Afghanen.
Aghveran, Kurdendorf. X, 386. 667.
Aghz, s. Sach A.
Agi, s. Aigi.
Agiafi, wol = Hadschi? VII, 392.
Agil, s. Egil. XI, 43.
Agil-Araber, in Mesopotamien. XI, 778.
Aginis, Gau in Chusistan. IX, 229.
Aginis, Ort in Susiana (= Hawaz?), IX, 320. X, 28. 29.
Agios, s. Khan A.
Agisu (Adschisu). IX, 908. — s. Aigi.
Ἀγχωβαρῖτις (Ptol.), Euphrat-Landschaft. X, 1090.
Agle, s. Achla.
Aglydscha, Berg v. Kars. X, 428.

Ag=Manlan, Berghöhe im russ. Armenien. X, 512. 513.
Agn. X, 638. s. Egin.
Agnus castus, in Mesopotamien. XI, 358.
Agob, s. Mal A.
Agorhi, Agorri, X, 363. — s. Aghuri.
Agostino Hindi, chald. Erzbischof in Diarbekr. XI, 59.
Agra, am Ganges. XI, 558.
Agra=Araber, am unt. Euphrat. XI, 986.
Agradates. VIII, 866.
Agricultur, s. Ackerbau.
Agri Dagh, X, 344. 345. 428. s. Aghri Dagh, Kutschuk A. D.
Agridagh, Vorberg des Ararat. X, 503.
Agrippa der Jüngere. X, 252.
Agrostis-Arten, im unt. Mesopotamien. XI, 1015.
Agrumi, in Masenderan. VIII, 516. — in Kerman. VIII, 728.
Agsböuk (tatar.), Paß, Höhe. X, 370 ff.
Agub, s. Tel A.
Aguntsi, d. i. Armenier von Agn. X, 639. — s. Egin.
Agvanen, s. Afghanen. VIII, 190.
Agwa, d. i. geistl. Führer. VII, 183.
Agyl, s. Ageil.
Agyl Ibn Mohammed, Scheikh der Montefik. XI, 1002. 1003.
Agzi Gaduk, höchste Gebirgspassage in Aderbidjan. IX, 796.
Ah, Dorf bei Tehran. VIII, 559. — s. Ali.
Ahad, s. Suk el A.
Ahangeran, Hauptst. in Ghur. VIII, 128.
Ahar (Aher, Ahhar), Zufluß zum Karasu in Aderbidjan. IX, 791. 795. 798.
Ahar, Hauptort in Kara Dag. IX, 798. 799. — Eisenwerke bei Tauris. X, 710.
Aharon, armenischer Dichter. X, 549.
Ahasverus, d. i. Artaxerxes (Longimanus?). IX, 126. — in Susa. IX, 305. — s. Xerxes.
Ahava (hebr.), Fluß bei Korna. X, 269.
Aheaipoon, s. Gurdunee A.
Ahema, d. i. Ahmed. VII, 509.
Ahengeran, alte Hptst. in Ghurian. VIII, 265. — s. Julgeh A.
Aher, s. Ahar.
Aherdage (vulgär=armen.), d. i. Aghri Dag. X, 359.
Ahhar, s. Ahar.
Ahiyun, s. Gurduni Sirdara, VIII, 11.
Ahiyun Robat (Aiouan, Gurdunee Aheaipoon), Karawanserai in Khorasan. VIII, 461. 462.
Ahkevank (Arkavank), armen. Kloster u. Dorf. X, 682. 815.
Ahma, Sümpfe bei Basra. X. 182.
Ahmar (Achmar, d. h. roth), s. Wadi el A.
Ahmed (Achmed), s. Abu Abdallah Mohammed Ibn Ahmed al Ammi, Abu Muhamed A., Adschaibol Machlukat A., Amin A., Fakih A., Hadji Jekda A., Hafi A., Melek A. Pascha, Mir Wuzir A., Schahzadah A., Scheikh A., Seid A. Beg Riski, Seyud A., Sultan A. Mirsa.
Ahmed, Hakim von Aksu. VII, 451.
Ahmed, Enkel Khalils (1478). VII, 509.
Ahmed, Bohtanide, erob. Jezireh (1459). IX, 709.
Ahmed, Scheikh der Basra=Araber. XI, 1044.
Ahmed von Tus (Adschaibol Machlukat Ahmed), altpers. Autor. IX, 90. (pers. Städteverzeichniß) 184. 379.
Ahmedabad, bei Yezd. IX, 26.
Ahmedabad, Ort in Aderbidjan. IX, 910.
Ahmedabad (?), am Euphrat. X, 63. — s. d. f.
Ahmedava (kurd., richtiger Ahmedabad), Dorf bei Banne. IX, 585.
Ahmed Beg, Gouverneur von Erbil. IX, 937. — s. Ahmed Bey.

Ahmed Beglu, Station in Aderbidjan. IX, 800.
Ahmed ben et Tayib, Autor. XI, 309.
Ahmed ben Jakub, Schriftst. X, 179.
Ahmed Bey, Dorf in N.Kurdestan. IX, 739.
Ahmed Bey, Kurde in Schehrezur. IX, 616.
Ahmed Bey, Pascha in Bayazed. X, 340. — s. Ahmed Beg.
Ahmed Dschami, Dichter (stirbt 1492, nicht 1486). VIII, 257. 264. 265. X, 279.
Ahmed Dschelair, Ilchanen-Fürst. X, 770. XI, 790.
Ahmed el Mastovfi, pers. Autor (1200). IX, 307.
Ahmed Eya, Dorf in Aderbidjan. VIII, 668.
Ahmedi, s. Mal A.
Ahmed Ibn Basher, Dichter. IX, 120.
Ahmed Khan, s. Achmed Kh.
Ahmed Khan, Lurenfürst (1836). IX, 218.
Ahmed Khan, Wali von Puschtikuh. IX, 218. 399.
Ahmed Khan, Beglerbeg v. Maragha (1810). IX, 834. 1035.
Ahmed Kiahya, Pascha. XI, 870. — s. Kiaja A.
Ahmed Kulwan, Avroman-Kette. IX, 428.
Ahmed Kulwan, Ort im Kizzelji-Gebiet (Süd-Kurdestan). IX, 460. 578. 608.
Ahmed Mirza, König von Samarkand. VII, 737.
Ahmed Pascha, Gouv. von Mosul. XI, 432. — s. Achmed P.
Ahmedpur, Stadt in Daudputra. VII, 40. 42.
Ahmed Schah, Fürst in Iskardo. VII, 215. 217. — s. Achmed Sch.
Ahmeïdat, Ort am Tigris. XI, 453.
Ahmerani, Schloß in N.Kurdestan. IX, 717.
Ahminabad, Gränzort von Fars u. Irak. IX, 21.
Ahnaf, s. El A.
Ahorn, in Ghilan. VIII, 427. — Masenderan. VIII, 512. 538. — N.Armenien. X, 434. — (Acer pseudoplatanus) im Taurus. X, 919.
Ahosa, Vater Sabits. XI, 314.
Ahouan, Hptst. der Yueti, VII, 568. 571. 700.
Ahouas. IX, 228. s. Ahwas.
Ahriman, das Prinzip des Bösen. VIII, 29 ff.
Ahrun, Dorf bei Demawend. VIII, 506.
Ahu, d. i. Antelope. VIII, 608.
Ahuaz, d. i. Ahwaz. IX, 229.
Ahu bareh (d. h. junge Antelope), Name für Trappe. VIII, 590. 787.
Ahuesurkh, Rothwild. VII, 312.
Ahuewerak, Jagdthier. VII, 733.
Ahura mazda (Zend), d. h. göttliches Wesen. VIII, 27. 79.
Ahuran, s. Kars tschai. X, 397.
Ahvazi, d. i. Einwohner aus Ahwaz. IX, 229.
Ahwadah, Grabmal im unt. Mesopotamien. XI, 989.
Ahwaniyah (Ahweineh), Ruinen im unt. Mesopotamien. XI, 989.
Ahwas (Ahouas), Etymologie. IX, 228.
Ahwas, pers. Landschaft (Susiana). VIII, 113. 124. 127. — s. Ahwaz.
Ahwaz, s. Ab i A., Al A., Diglat el A., Dodjail (Didjel) A., Dujeïli A., El A., Suk al A., Sus al A., Sus el A.
Ahwaz (arab.), d. i. Chusistan. IX, 227. — s. Ahwas.
Ahwaz (Hawaz, Haweiza, Havīza), Stadt am Kuran. VIII, 127. IX, 160. 163. — Ruinen ꝛc. IX, 219—230. 291. 321. X, 180. 281. — Sabier das. XI, 301. — Dist. IX, 292. X, 192.
Ahweineh, s. Ahwaniyah.
Aidah, s. Schat A.
Aidaj, District v. Al Ahwaz. IX, 228. — s. Idhaj.
Aidej, Aidedj, s. Idhaj.
Aidkian (Andidjan?), Gebiet Ferghanas. VII, 746.

Aidoghan, s. Eye Dagemisch.
Aid'us, d. i. Indien. VIII, 103.
Aien e werzan (Aineh verzoon), Dorf bei Demawend. VIII, 506.
Aigher Ghul, d. h. Hengstsee, in Armenien. X, 399. 464.
Aigi, Agi (richt. Audjan od. Oujan, gespr. Udschan), Fluß von Tabriz. IX, 798. 829. — Salzfluß zum Urmia See. IX, 788. 850. 908. 956.
Aijun Sud, Station in Irak Arabi. XI, 1039.
Ai Khodja. VII, 528. 530.
Aikoti, Grasart. VII, 736.
Aila, s. Helin.
Ailah, s. Nahr A.
Ailak, Gränzberge Ferghanas. VII, 745.
Aimak, s. Eimak.
Aiman, d. i. Horde. VII, 524.
Ain (d. h. Quelle), s. Rasain, Ras el Ain, Scheikh A. Alkodat.
Ain, Münze. XI, 821.
Ain al Forat, d. i. Quelle des Frat. X, 736.
Ain al Kum (Ain il Kom, Ain il Koom, Alcome), syr. Station d. Palmyra-Wüste. X, 1090. 1099. 1108. — s. Kom.
Aineh, s. Ineh, Kara A.
Aineh-kâri, d. i. eingelegtes Spiegelwerk. VIII, 609.
Aineh verzoon, s. Aien e werzan.
Ain el Dschebal (Djebel), d. h. Bergquelle, in Mesopotamien. XI, 273. 446.
Ain el Gyan (Gaim), im euphrat. Arabien. XI, 1039. 1043.
Ain el Safrah, Gebirgskette in N. Kurdestan. IX, 732. — s. Ain u. S., Ain S.
Ain el Tha'leb, Bach im östl. Mesopotamien. XI, 469. 477.
Ain el Zeheb, bei Haleb. X, 1069.
Ain el Zilkah, Teich bei Orfa. XI, 320.
Ain Habuz, Ain Hambus, Ain Housch } s. Ain ol Haus.
Ainianen (Strab.). X, 360.
Ain il Kom (Koom), s. Ain al Kum.
Aining, s. Raso A.
Ain Zophata, am Euphrat. X, 266.
Ainkawa, Ort bei Bagdad. IX, 964.
Ain Moallique, Mineralquelle in Syrien. X, 1107.
Ain ol Haus (A. ol Housch, A. Housch, A. Hambus od. Habuz, A. ol Hawuz, Ayn al haoudh), d. h. Quelle des Beckens, Arm des Batman Su in Kurdestan. X, 79. 93. XI, 69.
Ain Safra, Berg bei Ninive. XI, 222. — s. Ain el S.
Ain-ser, Dorfruine im ob. Mesopotamien. XI, 118.
Ain Siffin, kurdest. Ebene. XI, 586.
Ainsworth, W., engl. Arzt und Reisender in Kurdestan 2c. IX, 7. — über Süd-Kurdestan. 526 ff. — geognost. Angaben über Jebel Judi 2c. 728 ff. — in Divrig. X, 797. — Bitlis — Erzerum. X, 812 ff. — in Kl. Asien. 840. — Malatia. 855. — über das Taurus-Gebirge. 899. — in Bir. 1004. — in Syrien. 1030. — in Diarbekr. XI, 13. 19. — Sert — Bitlis. 95 ff. 105. — Djezireh ibn Omar — Sert. 119 ff. 157. — in Eski Mosul. 159 ff. — Mosul — Djezireh ibn Omar. 164 ff. 197 ff. — in Ninive. XI, 223. — Mesopotamien. 282. — Orfa — Mardin. 315. 367 ff. 395. — in Dara. 407. — Al Hadhr. 476 ff. — über Mesopotamiens Naturverhältnisse. 493. — in Kurdistan. 583 ff. — Mosul — Amadia. 585 ff. — Djulamerk — Urmia. XI, 635 ff. 639 ff. — Urmia — Zab Ala. 644 ff. — am rechten Tigris. 660 ff. — über den Isa-Canal. 769. — am untern Euphrat. 949.
Aintab (Antheb, Aintheb, Antiochia ad Taurum, Hamtab, spr. Antab), syr. Gränzfestung. X, 633. 863. 895. 931. 1034 ff.
Ain u Safra od. Sari Bulak, d. h. gelbe Quelle, bei Mosul.

IX, 734. — s. Ain el Safrah.
Ain werd, d. i. Rosenquelle, bei Ras al ain. XI, 379.
Ainyeh Ber, Dorf am Kisil Osen. VIII, 642.
Aiouan, s. Ahiyun Robat.
Aiounack, Aiounak, in Persien. VIII, 447. 452.
Aipolis (Isid. Char.), Stadt Mesopotamiens. X, 143.
Aira, Frühlingsgras bei Mosul. XI, 219.
Airarad, s. Araratia.
Airaratjan ljarn, d. i. der airaradische Berg (Ararat). X, 359.
Airats, d. i. überwölbte Cisternen. X, 876.
Airavati (d. h. Weltelephant), d. i. Ravi-Strom. VII, 33.
Airkh, s. Mania a.
Airya (Arya, Aryya), d. i. Aria. VIII, 18. 20. 21. 40.
Airya, d. i. Arier. VII, 722. VIII, 91.
Airya Barta, d. i. das heilige Land, Land der Würdigen, der Arier. VII, 722. VIII, 18. 40. 109.
Airyo Chayanem (Zend), d. h. die Lage Arias. VIII, 18.
Aischk, s. Robat e A.
Aisuma mons, im ob. Mesopotamien. XI, 150. 151.
Aït, Ende der Fastenzeit. VII, 465. — s. Kurban A.
Aitallaha, Bischof in Edessa. XI, 350.
Αἰτυμανδροι, s. Etymandri. VIII, 63.
Aiu (turk.), d. i. Bär. VIII, 677.
Aiuan Kesra, d. i. Khosroes Tempel in Ctesiphon. XI, 801. 852. — s. Tak i Kesra.
Aiva, in Masenderan. VIII, 436.
Aivan Khesri (Ivan Kh.), Pallast in Ctesiphon. X, 171. — s. Tak i Kesra.
Aiwan, Schloß Rustans. VIII, 184.
Aiwanet, Bach in Mesopotamien. XI, 431.
Aiwan i Keif (Eywani Kai), d. h. Königswohnung, Dorf bei Tehran. VIII, 448. 449. 456. 480.
Aiwan Kesri (Iwan K., Taki Eiwan), Pallast in Madain. X, 198.
Aiyat, s. El A.
Aiyescha, Tochter Abubekrs, Mohammeds dritte Frau. XI, 1047.
Ajaghi, s. Dag A.
Ajagui, s. Tak A.
Ajaï ab al Makhlukat, d. h. Wunder der Schöpfung, Werk Zacaria Kazwini's. VIII, 566. — s. Ayapilu-l-M.
Ajaib al Baladan, versteinernde Quelle bei Maragha. IX, 834.
Ajaieb al Beldan, d. h. Wunder der Regionen, pers. Werk. IX, 24.
Ajâl, d. i. Adel in Basra. XI, 1037.
Ajalet, d. i. Banner, Distrikt. IX, 617.
Ajazet, Ajazeth, s. Maanu bar A.
Ajebschir, Dorf in Aderbidjan. IX, 845. 848.
Ajeli Dagh (Ayeli D.), Taurus-Kette. X, 802. 914.
Ajeli-Paß, im Taurus. X, 909.
Ajil, s. Beni Ajil.
Ajrum, Bergzug Afghanistans. VIII, 165.
Ajrumli, in russ. Kaukasien. X, 610.
Ajub, Vater Saladins. IX, 616.
Ajube, Häuptling der Beni Meilan. XI, 364.
Ajud Pascha, in Basra. XI, 1034.
Ajur, s. Al-ajur.
Ajus, s. Tell A.
Ajwad, Abtheilung der Montefik. XI, 1001.
Ak, s. Deh-ak.
Ak (pers.), d. i. Herr. IX, 105.
Ak, d. i. Zuckerrohr. IX, 236.
Akabah, s. Dhar al A.
Akabah Hamadan, Paßhöhe des Elwend. IX, 79. 91.
Akabah i Holwan, d. h. Abstieg, Engpaß von Holwan, Zagros-Paß. IX, 388.

Akad, Pik von, am Van-See. IX, 870. 1001.
Akademie, in Herat. VIII, 247. — in Jondi Schapur. IX, 174. — in Amadia. 717. — in Maragha. 837. — zu Basra. X, 178. — vgl. Medresse.
Akademien, jüdische (Geonim), in Mesopotamien. X, 266. 267. 268. XI, 311.
Akadjuk, Berg u. Kurdenstamm in Klein-Asien. XI, 144.
Aka Kemal bala, d. i. das obere Karawanserai b. Kohrud. IX, 38.
Aka Kemal paiin, d. i. das untere Karawanserai bei Kohrud. IX, 38.
Akalim, s. Sur al a.
Akal-khalaki, s. Vagharschabad. X, 527.
Akami, s. Acamp.
Akar, s. El A., Tel A.
Akar en Nimrud, s. Aker Kuf. XI, 847.
Akarkuf, s. Aker Kuf.
Akascha Ibn Mohsin El Sahabi, sein Grab zu Balkh. VIII, 224.
Akaska, Stadt. X, 619.
Akatir, s. El A.
Akavansk, Dorf am Van-See. X, 291.
Akbar, s. Allah A., Danipali A., Tang i Allah A.
Akbar, indisch-mogulischer Kaiser, erbaut Attock. VII, 24. — erobert Sewistan rc. VII, 160. 207. 265. IX, 862. — Beförderer der Obstcultur. XI, 558. — sein Name ist eigentlich nur Königstitel. XI, 339.
Akbar, arab. Scheikh. XI, 338. 339.
Ak Bartläun, d. h. weißes Moor. VIII, 370.
Akbasch, in Armenien. X, 400.
Ak-Beiat (Bayat), Ilat-Stamm in Persien. VIII, 403. — s. Beiat.
Akbek, Prinz von Aksu. VII, 511.
Akber, s. Allahu A.
Akbery, s. Ayeen A.
Akbig, Station in Ferghana. VII, 485.
Akbigar, ob = Khan Aghpur? XI, 19.
Akbulak, s. Akhbulak.
Akchah, s. Mar A.
Ak Dag, s. Ak Tag.
Ak Dag (d. h. weißer Berg), in Aderbidjan. VIII, 634. 661.
Ak Dagh, in Armenien. X, 661. 667. 671. 821. 892.
Ak Daghleri, d. h. weißer Berg, Taurusgipfel. X, 886.
Akd Dagh, am Van-See. IX, 1001.
Ak Dereh (d. i. Weiß-Thal), Zufl. zum Göksu. X, 894. 895. 896.
Akeoukhiang, Königreich. VII, 711. 712.
Aker, s. Ali A. Beg, Jel al A.
Aker, Akereh, s. Akra.
Aker i Babil (türk.), s. Aker Kuf. XI, 847.
Aker Kûf (d. i. Ort der Empörung wider Allah?), Nimrods-Thurm, Ruinengruppe in Babylonien. X, 214. XI, 767. 769. 799. 847 ff.
Akes (Herod.), problem. Fluß in Iran. VIII, 98. 150.
Akesines, s. Chinab.
Akevelor, Dorf in Talisch. VIII, 669.
Akhali, s. Acali.
Akhalzik (Achalzic, Akhaltsikhe, Akhaltzike), Festung am Kur, von Russen erobert. X, 418. — Handel. 426. — Armenier das. 638. 643. 751. — das Paschalik. XI, 528.
Akhawain, s. Kesur el a.
Akhbulak, Gebirge. X, 355. 428.
Akhchahs, Ziegen in Yarkand. VII, 397.
Akheri, s. Kilai A.
A khi mu pe khi (chines.), d. i. Hakim Beg. VII, 417.
Akhirkaleh, Armenier das. X, 643.
Akhlak al Nassyry, philosoph. Werk Nasr eddins. IX, 839.
Akhlat (Khelat, armen. Ghelath), Stadt am Van-See. IX, 980. 987. 988. 997. 1002. X, 324 ff. XI, 70.

Akhmanmat, Dorf im russ. Armenien. X, 383. — am Araxes. X, 476.
Akhmet, s. Mulla a.
Akhori. X, 363. — s. Aghuri.
Akhschu, Ort bei Balkh. VIII, 220.
Akhsi (Akhsikat, Achsicath), Hptst. u. Distrikt Ferghana's. VII, 645. 735. 743. (Asikan?) 746. astr. L. 749.
Akhsi, Zufluß des Sihun. VII, 736. — vgl. Aksu.
Akhtamar (armen., Aghtamar, pers. u. türk.), als Bezeichn. für Artemita. IX, 996.
Akhtamar, armen. Kloster u. Insel des Van-Sees. IX, 992. X, 291. — armen. Patriarchensitz. X, 529. 621. 624.
Akhtamar-See, d. i. Van-See. IX, 996.
Akhund (d. h. Lehrer), Titel. VII, 270.
Akhundzada, Titel. VII, 270.
Akhur, s. Sir A.
Akhur, armen. Bergstrom zum Akhurean. X, 449.
Akhura (vulg. armen.), s. Kars tschai. X, 397.
Akhurean, Hauptquelle des Kars tschai. X, 412. — der vereinte Kars u. Arpa tschai (s. d.), Zufluß zum Araxes. X, 433 ff. 448.
Akhurean-Thal, in Armenien. X, 401.
Akhuri, s. Aghuri.
Akili, Dorf bei Shuster. IX, 176.
Akilisene, s. Acilisene.
Akim Beg, Akimbek, s. Hakim Beg.
Akin. X, 638. 790. — s. Egin.
Ak-ir, Station in Ferghana. VII, 486.
Akisik, s. Ekisek. VII, 480.
Akiska, Paschalik von Armenien. X, 753.
Akjah Dagh. X, 797. — s. Aghjah Dagh.
Ak Kallah, das weiße Fort, in Asterabad. VIII, 361.
Akkand (d. h. Weißstadt), Stadt in Chalcal. VIII, 614. 624.
Ak Kapu, das weiße Thor, in Bagdad. XI, 796.
Ak Kirpi (d. h. weißer Igel), Arm des Zemzem-Dagh bei Van. IX, 991. X, 315.
Akko-Berge, s. Sikeneh-A.
Akkojunli, Herrscherfamilie. X, 409. — s. Ag gojunli.
Aklah, s. Athlah. XI, 990.
Aklides, d. i. Euclid. VIII, 299.
Aklim, s. Haft A.
Akona, unter Seikhs. VII, 146.
Akorba, Ort. VIII, 469.
Akos, s. Mar köi a.
Akosi, Christendorf in Dez. XI, 600.
Akpungar, Quelle bei Melitene. X, 836.
Akra (Aker, Akereh), Festung an der Makluba-Kette in N. Kurdestan. IX, 659. 694. 718. 727. 737. 756. 937. 1030.
Akra, Zufl. zum Zab Ala. XI, 657.
Akra, Milchpflanze in Sind. VII, 159.
Akraba, s. Acraba.
Akrabi, schwarzer Scorpion, in Mesopotamien. XI, 361.
Akrad, s. Tarik el A.
Akrakli, Kurdendorf am Murad. X, 710.
Akridophagen, d. i. Heuschreckenesser. VIII, 808.
Akrobat, Paß des Hindu Kusch. VII, 259. 265. 266.
Akroual (Akronal? Herawel Dagh), Berg im nördl. Kurdestan. IX, 643. XI, 644.
Aksai (d. h. Weißwasser), Fluß in Khokand. VII, 779.
Aksakal, d. h. Aeltester, Schiedsrichter. VII, 394.
Aksakal-li, d. h. Weißbart, Kurden-Aeltester. X, 386.
Aksalyr, Station in Ost-Turkestan. VII, 487.
Aksankar, s. Amadeddin Sengi Aksankar.
Akschi Dengis, bittre Seen u. Moräste. VII, 560.
Akserai (Aksu), Zufluß zum Oxus. VII, 809. — s. Aksu.
Aksu, Stadt in Turkestan. VII,

415. 431. astr. L. 432. 449. 513. — Distanz. VII, 416. 470. 614.
Aksu (Akserai, Aksurrai), Zufluß zum Oxus (Dschihun). VII, 740. 787. 809. X, 891. 894. — s. Akhsi.
Aksu (auch Khurmati), Bergstrom zum Adhem. IX, 457. 540. 545. — s. Arba.
Aksu, Zufluß zum Tigris aus Lahijan. IX, 941.
Aksu (d. i. Weißbach), bei Musch. X, 817.
Aksu, s. Achtschai.
Aksu Daria, Zufluß des Tarim. VII, 328.
Aksukal, d. i. Aelteste der Turkmannen. VIII, 406.
Aksurrai, Südarm des Oxus. VII, 787. — s. Aksu.
Ak-Tag, Ak Tak, Gebirge. VII, 529. 734. 740. — s. Ak Dagh.
Ak Taghlik, d. h. weiße Bergbewohner. VII, 529.
Ak tappeh, am Karasu in Aderbidjan. IX, 797. 801.
Aktasch, Distrik Schirwans. VIII, 126.
Aktcheh-kalaa (türk.), s. Aktsche k., Erovantagerd. X, 398.
Ak Tepe (d. h. weißer Hügel), am kaspischen See. VIII, 367. 370.
Aktschai, s. Deghmod. X, 337.
Aktsche kalaa, Sandschakat von Diarbekr. XI, 43. — s. Aktche-k.
Aku, s. Ikschava-A.
Akúl, s. Schik a.
Akula, d. i. Kufa. X, 183. XI, 177.
Akulasch, s. Mal-a.
Akulis, Stadt im N. des Araxes. X, 583. — armen. Collegium das. X, 633.
Akurtah, Station in Kurdestan. IX, 941.
Akuschan, Gebirgszug des Zagros. IX, 393.
Akuschi, Tigris-Canal. XI, 1016.
Akustila, Christendorf in Berrawi. XI, 598.
Ak Yakusch, heutiger Name der Stadt Van. IX, 642.
Ala, s. Ala Dagh, Zab A.
Alabar (d. h. Brunnen), Gebiet von Wasit. X, 188.
Alabaster, in Irak Adschem. IX, 434. — in Bayazed. X, 346. — bei Mosul. XI. 205. — in Babylons Ruinen. XI, 918.
Alabeid (Alabied?), arab. Stamm am Tigris. XI, 676. 677.
Alabsar, s. Mesalek A.
Ala Dagh (russ. Tschir Gebuk), d. h. schöner Berg, Quellgebirge des Murad, Tauruskette im N. des Van-Sees. X, 24. 79. 82. 335. 339. 345. 346. 369. 379. 382. 427. 470. 647. 814. Höhe 901. — vgl. Alatagh, Ali Dagh.
Al Adhba (d. h. frische Wasser), Thal im östl. Mesopotamien. XI, 482.
Aladja, türkischer Seidenstoff. XI, 822. — s. Alajas, Alladsch.
Aladschen, Rauschtrank aus Kuhmilch. VII, 436.
Ala-eddin (Alo-eddin), der Alte vom Berge (s. d.). VIII, 578. — vgl. Alaueddin.
Ala-eddin, pers. Geschichtschr. VII, 592.
Alaeddin Kaikobad, Seldschucke. X, 771.
Al Aghadir (Leckadahr, Leghadder), Berg u. Insel im Euphrat. XI, 729. 730.
Alaghes, Alaghez (türk. Ali Guz; armen. Arakadz, Aragaz), Gebirge Armeniens. IX, 870. X, 368. 376. 399. 463. Quellenmangel. 477. 512. 513. — Höhe. 371. 436. 900.
Alagma (Ἄλαγμα), Festung und Königsstation im obern Mesopotamien. X, 1120.
Alah-sai, jetzt Tungow. VII, 245.
Al Abwaz, El Ahwaz, d. i. das Gebiet von Ahwaz. IX, 227. 228.
Alaï, pers. Festung. VII, 770.
Alain (d. h. das Auge), astron. Werk Debirrans von Kasbin. IX, 841.
Alaja, Dorf am ob. Frat. X, 739.
Alajak, s. Alajeh.
Alajas, Seiden- u. Baumwollen-

zeuge in Ispahan. IX, 56. — s. Alidja.
Alajeh, Alajak, d. h. tragbare Hütte, Zelt. VIII, 385.
Al-ajur (pers.), d. i. Backstein. X, 263.
Alak, s. Sayid Mohammed A.
Alak köpri, am Euphrat. X, 874.
Alá koi, d. h. schönes Dorf, am Van-See. X, 319.
Alalam, s. Ibn A.
Alalis, s. Alatis.
Alalisus, Castell im Izala. XI, 153.
Alamundar, Alamundari, s. Almundar.
Alamut (Ala Mout), Burg in Dilem. VIII, 574. 576. 578. 581. — Zerstörung. 585. — Wiederentdeckung. 592. 594. IX, 840.
Alan, Alanen, Volk. VII, 559. 560. 574. 609. 625. 655. — in Armenien rc. X, 261. 559. 590. — vgl. Kisil A., Yelk-a., Serir Allan, Yanthsai, Aloni u. a.
Alanmi, Alanmy, Hauptstadt von Bokhara. VII, 575. — der Ast. VII, 654. 657.
Alanna, s. Alanen. VII, 625.
Alapatu, d. i. Sclaven. VII, 433.
Alarodier (Herod.), Volk. VIII, 91. 92.
Al Arkah, s. Arka.
Alâs, Quelle bei Ras al ain. XI, 378.
Al Asaniyah, Dorf am untern Euphrat. XI, 995.
Alaschaari, s. Abu Musa A.
Alaschar, s. Misan Abu Musa A.
Alaschgerd, Alaschgert (Alischgert, Arischkerd), Sandschakat v. Bayazed, Gebiet am ob. Murad. X, 330. 345. — Einwohner. 348. 351. 648. 655. — Armenier das. 637. 643. — s. Aleschkerd.
Alaschgerd (Arishkerd), moslem. Bezeichnung für Toprakaleh. X, 654.
Alaschter. IX, 339. s. Alischtar.
Alaster, s. Aly Ibn ica A.
Ala Tag, Scheidegebirge von Ferghana u. Taschkend, nördl. Begleiter des Sihun. VII, 722. 741. 742. 750. 775. — s. Ala Dagh.
Alatak, Ort u. Fluß in Turkestan. VII, 487. — Sommerlager Aba Khans. IX, 805.
Alat Aly, Dorf im euphrat. Arabien. XI, 1043.
Alatar, Station in Turkestan. VII, 487.
Al Athur (Assur), Stadt am Tigris. XI, 662.
Al Athy, s. El Adtle.
Alatis, Alalis (Ptol.), Dorf am Euphrat. X, 14. 1002. 1003. 1076. 1081.
Alauda, s. Lerche.
Alauda alpestris, d. i. Schneelerche. VIII, 432.
Alauda alpestris, calandra, tartarica, in Mesopotamien. XI, 508.
Alauda arvensis, s. Feldlerche.
Alauda cristata, s. Haubenlerche.
Alaueddin Beg, Kurdenhäuptling. X, 672. — vgl. Ala-eddin.
Alaun, in Steinsalzketten. VII, 95. — im Pendschab. 116. — bei Nischapur. VIII, 329. — am Demawend. 502. — im Dillo. IX, 458. — bei Kifri. 547. — in Bayazed. X, 346. — s. Federalaun.
Alaun-Efflorescenz, am Van-See. X, 293.
Alaunige Bestandtheile, in der arab. Wüste. XI, 747.
Alaun-Minen, im Elburs. VIII, 592.
Al Awasem, syrisch-mesopotam. Gränzfesten. X, 1116.
Alawerdi, Paß, Höhe. X, 370. 372. — Kupfergrube. 374. — vgl. Alyverdi Khan.
Ala-y, Dorf in Kurdestan. IX, 456.
Alaya, s. Manikya-a.
Al Aziz, s. El Aziz.
Albach, s. Albak.
Al Badi, Dichter aus Hamadan, in Bagdad. IX, 120.
Albagh, s. Albak.
Albak, Albakh (Albach, Albagh,

Ali Baug, Elbak), Plateauland zwischen Urmia- u. Van-See. IX, 644. 973. 998. XI, 639. — Gränzen. IX, 650. — Höhe. VIII, 16. IX, 642. 764.
Alban, d. i. Kopfsteuer. VII, 393. — s. Albaum.
Albaner, s. Albanier.
Albanesen, als Militär in Bagdad. XI, 788.
Albania (Tab. Pent.) VIII, 116.
Albanien, Königreich im Norden Armeniens, das jetzige Schirwan. X, 117. 576.
Albanier (armen. Aghovans), erhalten ihr Alphabet durch Mesrop. X, 75. 546. — in Tigranes Heer. XI, 108.
Al Bariat, am syr. Euphrat. X, 1090.
Al Batheni (Albatani, Al Battani, Al Bettanius, Albategnius Aractensis), sabischer Astronom aus Batne, in Racca (st. 912 n. Chr.). IX, 843. X, 238. 1091. 1116. 1141. XI, 289. 298.
Albaum, Abgaben in Turkestan. VII, 468. — s. Alban.
Alben, Berge auf Creta. XI, 576. 581.
Albert, s. Emanuel de St. Albert.
Albettanius, s. Al Batheni. X, 1141.
Al-Biad, kurdisch-arab. Stamm bei Kifri. IX, 516.
Albira, Al Birat (Abulf.), d. i. Bir. X, 943. 950.
Albit, feldspathartige Masse, am Euphrat. X, 1068.
Albok, Stadt am Van-See. IX, 980.
Albordj, Albordji (Elburs), der Berg der Berge. VIII, 42 ff. 554. IX, 82. (als Götterberg zu unterscheiden von dem geographischen.)
Al Bostan, s. El Bostan.
Al Botom (Botm), d. h. weißes od. Schneegebirge, an d. Gränze Ferghanas. VII, 734. 747. 771.
Albu Ferasch, Morast von Bagdad. IX, 513.
Albu Hammed, Araber am Tigris. XI, 680.
Albu Hussein, arab. Tribus am Tigris. XI, 671.
Al Bu Mohammed, arab. Tribus in Mesopotamien. XI, 474. am Tigris. XI, 680.
Albuquerque, portug. Feldherr. VIII, 739.
Alburs, Alburz. VIII, 551. 554. s. Elburz.
Albu Selman, arab. Stamm am Tigris. XI, 671.
Alcassan, s. Mohammed Ben A. Okail.
Alcatas, Thier in d. arab. Wüste. XI, 700.
Al Causaj, s. Sahel Ebn Sabur.
Alcedo, s. Eisvogel.
Alceghet, s. Hancialix a.
Alch, s. Kizil-alch.
Al Chabor, Alchabur (Edrisi), d. i. Chabur. XI, 253. 349.
Alchamra, d. i. die Rothe, Bez. für Rahaba. XI, 696.
Alcharani, d. i. aus Carrhae, s. Al Batheni. X, 1141.
Al Chaschischin, Land des Zagros-Gebietes. IX, 403.
Alchathir, s. Aly ben Ibrahim A.
Alchemilla alpina, in Tiyari. XI, 615. — in Kurdestan. 658.
Alcoma, s. Ain al Kum.
Alcus, d. i. El Kosch. IX, 742.
Alcyonien, in Mesopotamien. XI, 508.
Al Dakabia, Quelle im obern Mesopotamien. X, 1125.
Al Deschebal (Plur. von Dschebal), d. i. das Gebirgsland, Name für Hoch-Medien. IX, 58.
Al Dhahabiyah, s. Dahabenia. XI, 252.
Aldjaitou, s. Khodabende A.
Aldjewas (kurd.). IX, 988. — s. Ad-el-jiwaz.
Al Dschebal, s. Dschebal.
Aleh, Thal in Kurdestan. IX, 533.
Aleïkum, s. Selam A.
Alek, s. Schat el A., Tel A.
Alekek, Ort im Osten des Van-Sees. IX, 642.

Alem, Distrikt von Hamadan. IX, 121. — s. Tohfat el A.
Alem Achwand, Beamter. VII, 395.
Al Emam Al Phacar, s. Al Rhazi. IX, 290.
Alemani-khan, Ruinen am Van-See. X, 288.
Alendschan, Distrikt Ispahans. VIII, 125.
Alep, Ruinen am Euphrat. X, 1114.
Aleppo (Haleb), Stadt in Syrien. X, 254. 622. 652. 955. 978. XI, 35. 530. 543. 562. — Distanz. X, 798. 1020. 1034. 1052. 1053. 1072. 1074. 1091. 1098. 1100. 1117. XI, 803.
Aleppo-Aal, in Mesopotamien. XI, 509.
Aleppo-Geschwüre, in Mardin. XI, 390.
Al Erzi (Irzah, Izrah), Ruinen am Euphrat. XI, 705 ff. 716.
Aleschkerd, Sandschakat von Erzerum. X, 754. — s. Alaschgerd.
Alexander d. Gr. (Dhul-Karnein, Dulkarnein, Sulkarnein, Zulcarnein, Iskander, Iskender, Sekander, Secunder, Padischah Iskander rc.), König von Macedonien, angeblich Erbauer von Iskardo. VII, 14. — gräbt Brunnen im Indusdelta. 174. — im Hindu-Khu. 198 ff. — angebl. in Baltistan. 216. — Colonie in Indien. 398. — sein angebl. Tod in Ferghana, Marghinan. 484. 485. — seine Nachkommen in Khokand. 780. — Sage in Badakhschan. 821 ff. — in Meschhed. VIII, 292. — in Parthyäa. 456. — in Amol. 540. — in Rai. 598. 604. — in Gedrosien. 717. — zerstört Schahpur. 841. — in Persepolis. 37. 866. — erbaut Ispahan. IX, 43. — Landroute von Susa nach Ekbatana. 107. 117. 309. 317. 329. — in Bagistan (Bisutun). 358. — erbaut Schehrezur. 443. — stirbt das. 446. — sein angebl. Grabmal im Ali Dag. 552. — Sieg bei Gaugamela. IX, 694. 699 ff. — Grotte in Aderbidjan. 830. — angebl. Erbauer v. Bitlis. 1004. XI, 127. — in Mesopotamien. X, 24 ff. — angebl. an der Tigris-Quelle. 102. — überbrückt den Euphrat bei Bir. 989. — angebl. Erbauer von Kalaat Jiaber. 1077. — erbaut Nicephorium. 1117. 1126. — Uebergangsstelle über den Tigris bei Eski Mosul. XI, 152. — in Babylon. 880. 897. 906.
Alexander, J., röm. Legat. X, 122.
Alexander Khan, Kronprätendent von Georgien. IX, 966.
Alexandrette, Golf von. X, 880.
Alexandria, s. Iskanderiah.
Alexandria, Stadt Sakastenes. VIII, 121.
Alexandria, unbek. Stadt bei Artakoana in Ost-Iran. VIII, 239.
Alexandria, Stadt am Deïra(?) IX, 479.
Alexandria, Stadt an der Tigrismündung. X, 33. 51.
Alexandria, Stadt an den Pallacopas-Sümpfen, am Euphrat. X, 42. 43. 51. 57.
Alexandria, Stadt in Aegypten. X, 51. — Armenier das. X, 560. 603. — Dist. 1026.
Alexandria ad Caucasum (sub Caucaso). VII, 271. 278. 280. 295.
Alexandria apud Arios. VIII, 120.
Alexandria Charax (Charax Pasinu), Stadt an der Kerkha-Mündung. IX, 328. X, 55.
Alexandropolis, Stadt Sakastenes. VIII, 121.
Alexandropolis, Hauptstadt in Arachosia. VIII, 121.
Alexandropolis, d. i. Gümri. X, 437.
Alexius, s. Kir A.
Aley-Thal, in Kurdestan, Höhe. IX, 574. — s. Aleh.
Alfaadin (Alfaadein?), s. Motla a.

Alfaresi, s. Abu Jschak alfaresi el Jstakhri.
Alfergani (Alfraganus, Al Ferganus), Astronom aus Ferghana (st. 833). X, 1141. 1145.
Algantara (arab.), s. Alkantara.
Al Ghafari, Schriftsteller (13. Jahrh.). VIII, 541.
Al Ghelani, Kirche der Antilopen. XI, 200.
Alghet, Seitenfluß des Kur. X, 373.
Algust, ob El Kosch? IX, 945.
Al Guzail, in der arab. Wüste. XI, 744.
Al Habat-Araber, am untern Tigris. XI, 938.
Al Hadhr (Hadr, Chadr, Khadr, Kazr, Chadrah, Chardah, Chisr, El Höddur, Hadra, Hatra, Atra), mesopotam. Stadt u. Oase am Tharthar-Fluß. X, 125. 129. 133. 134. 159. 218. 222. 256. XI, 262. 287. 455. 466 ff. 485 ff. — Etymol. XI, 492. — Distanz. X, 224. XI, 455. 672.
Al Haman, arab. Wüstenstrich. XI, 745.
Al Hamman, richtiger Al Hammam, heiße Quelle in Syrien. X, 1029. 1098.
Al Hamman, El Hammam (Il Oman), Kameelfurth im Euphrat bei Rakka. X, 14. 983. 1080. 1111. 1113.
Al Hamman, Ruinen am Tigris. XI, 772. 859. 930.
Al Harawi (El H.), Reisender. X, 282. 284.
Al Hasan Jbn Bouya. IX, 156.
Al Hasaniyah, Dorf am Euphrat. XI, 783. — s. Hasania.
Al Hauali, Al Huali, Zufluß zum Chabur. XI, 256. 257. 260. 261. 272. 274. — Distanz. XI, 162. 181. — s. Holi.
Al Heimer (Heymer, El Gheymar), östl. Ruinengruppe von Babylon. XI, 783. 870. 875. 891 ff. 958.
Al Hisn, d. i. Hösn Keif. XI, 89.
Al Huali, s. Al Hauali. XI, 257. 260.
Ali (Aly) s. Abbas A., Abdallah Jbn A., Abdillah Bin A., Abul Hasan Ali Ben Jsa, Al Kadhi Abul Hassan A. ꝛc., Amran Jbn A., Ark A. Schah, Bagh Scheikh A. Khan, Biat A., Charaph A., Chesmeh A., Derwisch A., Djamia A. Burmäki, Dschamia A. Barmäki, Emir Syed A., Fath A. Khan, Fath A. Schah, Faty A., Feth A. Schah, Futeh A. Khan, Hadji A. Pascha, Haider A. Bajouri, Hamam A., Hasan A., Hassan A. Khan, Hassan A. Mirza, Hassan ben A., Hed A., Jbn A. Ben Abdolla, Jebel A., Jibel A., Jmam A., Jmam Musa A. Kasim, Jssa Jbn A. Jbn Abdullah Abas, Kalb A. Khan, Kelb A. Khan, Khilich A. Beg, Khoja A. Moamiad, Kurm A., Mahmud A. Mirza, Mohamed A. Beg, Mohamed A. Hazin, Mehmed A., Meschhed A., Mesdjid A., Mir A., Mir Khalich A. Khan, Mir Murad A. Khan, Muhammed A. Hazin, Mullah A., Murad A. Beg, Nujjuf A. Khan, Nahmed A. Khan, Saad Ben A. Vacas, Scheich A., Scheikh A., Scheikh A. Mirza, Seid A., Tacht A., Tel Hadschi A., Tscheschmeh A., Yar A.
Ali, Jmam, Khalif (7. Jahrh. n. Chr.), sein Grab in Balkh. VIII, 224. — besondere Verehrung bei Jlat-Stämmen. 402. 403. — Glaubensheld der Kurden. IX, 463. — Grab am Euphrat. X, 64. — in Kufa. 184. — Abdruck u. Lanze in den Felsen zu Gamach. 785. — bei Saffaïn. 1077. — Betstelle in Hilleh. XI, 789. 793. — Stab in Babel. 919. — Fußtapfe zu Ali Scherki am Tigris. 941. — besiegt die Aiyescha. 1036. 1047.
Ali-Verehrer, in Yarkand. VII, 398.
Ali, Sohn Alferri's, Kurde. VIII, 921.
Ali, Sohn Jsa's, genannt Astrolabicus. XI, 448.

Ali, Dorf am Elburs. VIII, 503. — s. Alh.
Aliabad, Dorf in Masenderan. VIII, 495. 545.
Ali Abbas, pers. Arzt. IX, 289.
Ali Agha, Yeziden-Dorf in N. Kurdestan. IX, 725.
Ali Aker Beg, in Lahidjan. VIII, 645.
Ali Allahi, Sekte. VIII, 447. — vgl. Ali Illahi.
Alian, Zweig der Schammar. XI, 472.
A liao tsan, Fürst in Houmin. VII, 575.
Aliavarr, Ort in Masenderan. VIII, 495.
Ali Awsut Zein ul Aubidin, Sohn Husseins. VIII, 302.
Ali Bagh, Kurdenort. IX, 674. — s. Elbak.
Ali Baug, s. Al bakh.
Ali Baug, d. i. der obere Lauf des Zab Ala. IX, 641.
Ali Begli, Dorf in Aderbidjan. IX, 1018. 1019.
Alibeglu, Ort am Urmia-See. IX, 961.
Ali Bend, s. Bend i Barbar.
Ali Ben Hussein, am Karun-fluß. IX, 292.
Ali ben Musa el Redha (Radhi), sein Grab u. seine Moschee zu Meschhed. VIII, 288. — s. Imam el Risa.
Alichangi, Dorf in Farsistan. VIII, 818.
Alichiter, arab. Tribus in Chusistan. IX, 178.
Ali Dagh (Jebel Ali, Jibel Ali), Taurus-Kette (Niphates), kurdestanisches Gränzgebirge gegen den Tigris, Berg bei Arghana rc. IX, 448. 525. 528 ff. 549. 551. X, 813. (Höhe) 904. XI, 5. 15. 98. (Höhe) 106. — s. Ala Dagh.
Ali Dellu (nicht Abi Dellu), im Kara Dagh. IX, 540. 545. — s. Dillo.
Aliden, Imams. X, 281. — ihre Gräber in Samarra. X, 228.
Alidjahs, Seidenstoffe. VIII, 269. — s. Aladja.
Ali ebn Mohammed, Prinz der Zaugis, Astronom. IX, 225.
Ali Ebn Musa el Kazim. VIII, 288.
Ali Ebn Zein al Câteb, Autor. VIII, 565.
Ali en Naki, Imam der Aliden. X, 228.
Aligez, Aliguz (türk.), s. Alaghez. IX, 870. X, 376.
Ali Heremi, Paß im westl. Aderbidjan. IX, 1020.
Alihovid (Aghiovid, d. h. Salzthal), armen. Provinz in Duruperan. X, 588. 669.
Ali Illahi (Ilahi), Lichtauslöscher, Sekte im Hindu Khu. VII, 263. — in Luristan, Kurdistan rc. IX, 292. 217. 219. 370. 402. 748. 753. — in Holwan, ob jüdische Ueberreste? IX, 471 ff. — vgl. Tscheragh Sonderan, Ali Allahi.
Alikam, Fluß in Ghilan. VIII, 658.
Alikamarli, am Araxes. X, 384.
Ali Kapu, d. i. die Hohe Pforte(?) IX, 46.
Ali Khan, Lurenfürst, Prinz von Puschti-Kuh (1836). IX, 218.
Ali Khan, Chef der Affschar. IX, 806.
Ali Khan, Chef des Biaut-Tribus. IX, 919. 922.
Ali Kiasi (Kirli Kia), Felsen bei Kemakh. X, 785.
Alikor, Dorf von Bayazed. X, 346.
Alim, s. Yalk-a.
Alim Khan, Fürst von Khokand. VII, 753. 773.
Ali Mardan Khan, in Persien. IX, 212.
Ali Mirza, s. Mohammed A. M.
Ali Mirza, Sultan von Herat. VIII, 221.
Ali Mirza, Fürst in Kermanschah. IX, 341.
Ali Murad, Amir in Mirpur. VII, 185.
Alinghar, Alinghur, Distrikt in Kohestan. VII, 245. 250.
Ali Pascha, Name verschiedener Statthalter in Aleppo, Bagdad

(1762. 1802. 1827. 1832). X, 1010. — Krieg gegen die Sinjarli ꝛc. XI, 451. 805. 808. 829. 837.
Ali Pascha's Graben, bei Hilla. XI, 877.
Ali Pascha's Moschee, in Amida. XI, 55.
Alipoar, Canal in Diarbekr. XI, 54.
Alipur, Dorf am Indus. VII, 155.
Ali Riza, Pascha von Bagdad. XI, 1063. 1065.
Alischa, Furth des Meruflusses. VIII, 231.
Ali Schah, Station im Urmia-Gebiet. IX, 850. — s. Schaholan.
Ali Schah, Häuptling von Khonsar. IX, 64.
Ali Schahs Moschee, in Tabriz. IX, 855.
Alischan, Dorf am Murad. X, 709.
Alischehr Dagh, Taurus-Gruppe. X, 890.
Alischeng, Distrikt u. Strom in Kohestan. VII, 229. 245. — Einwohner. 250.
Alischer, Dorf am Araxes. X, 510.
Ali Schergi, s. Ali Schurki.
Alischgert, s. Alaschgerd.
Alischtar, Alischter (Alaschter), Ebene u. seichter Strom in Luristan. IX, 339. 365.
Ali Schurki (A. Schergi, Imam Scherki, d. i. des östl. Imams Sanctuar), Pappelgruppe am unt. Tigris. XI, 941.
Al Iskanderiyah, Alexanders-Insel im Euphrat. XI, 781.
Alismaceen, im unt. Mesopotamien. XI, 979.
Alithsi, Königstitel der Ta Wan. VII, 645.
Aljarak, Armenier das. X, 637.
Aljarree, s. Iljarri.
Al Judi (Dschudi). XI, 155. — s. Dschebel Dschudi.
Al Kader, s. El Chäder.
Al Kadhi Abul Hassan Ali ibn al Hassan Mianadjila, Dichter. IX, 94.
Al Kahweh, s. Al Kaoui.
Alkantara (arab.), d. i. Altun Kiupri. IX, 638.
Al Kantarah, Brücke des unt. Tigris. XI, 940.
Al Kaoui (Al Kahweh?), Station in Mesopotamien. XI, 357. 360.
Al Karkh, s. Al Korch.
Al Kaschi, Tigris-Canal. XI, 945.
Al Kasr (Diacira), am mittl. Euphrat. XI, 737. — s. El Kasr.
Al Kawaschi, s. El Kosch. IX, 698. 741.
Al Kapparah (d. i. Pechplatz), Hügel am Tigris. XI, 669.
Alkazwini, s. Kazwini.
Al Khipan, Berge am Euphrat. XI, 729.
Al Khudr (Khuddr, Khuddr, Khidr, Okhudhr, Okuhther), Dorf und Ruinen am untern Euphrat. X, 47. XI, 961. 978. 989. 995.
Alkodat, s. Scheikh Ain A.
Alkoloub, s. Nozhat a.
Al Korch (Karkh), Vorstadt Bagdads. X, 200, 210. 261.
Al Kosch, Al Kosh, s. El Kosch.
Al Kotsoneath, Stadt am Euphrat. X, 266.
Alkou, Dorf in Aderbidjan. IX, 848. 849.
Al Kufani, als Bezeichnung für Basra. X, 185.
Al Kuschi, Station am unt. Tigris. XI, 945.
Al Kut, s. Kut. XI, 1000.
Alla Dagh, s. Allah Dagh.
Alladsch, d. h. bunt. X, 804. — vgl. Aladja.
Alladscha Han, Dorf in Armenien. X, 804.
Allaghez. X, 900. — s. Alaghez.
Allah, s. Abul Haidja Obeid A., Futallah, Masch A., Subhan A., Tang i A. Akbar, Zil A.
Allah Akbar, d. h. Lob Gottes. VIII, 850.
Allah Dagh, d. h. Gottes-Berg. X, 339. 345. — s. Ala Dagh.
Allahi, s. Ali A.
Allahu akber, d. h. Gott ist groß, als Thürüberschrift. IX, 977.

Alla Khuli-Khan, Fürst v. Khiwa. VIII, 287.
Allaman, d. i. Räuber. VII, 269. — Raubhorden der Turkmanen. VIII, 231. 280.
Allan (Alanen), s. Serir A.
Allan, Station am Euphrat. XI, 267. 691.
Allard, Officier in Runjit Singhs Dienst. VII, 144.
Allatif, s. Abd-Allatif.
Al Lazurd, d. i. Lapis lazuli. VII, 803.
Alleghur, Dorf am obern Murad. X, 652.
Alley, s. Jung A.
Alli, s. Puschte Khaneh A.
Alligatoren, im Drachensee. VII, 495.
Allium roseum, im östl. Mesopotamien. XI, 484. — s. Lauch.
Al Lobab (El L.), Schriftsteller. VII, 276. IX, 94. X, 199.
Al Lokkha, Berg in Syrien. X, 1062.
Allum, s. Bhuli Khen e A., Khan A., Rukki A.
Alluvialboden, fruchtbarer, in Mesopotamien rc. IX, 39. X, 149. 1066. — am Tigris. X, 229. — ohne Steine. IX, 495. — bei Haran. XI, 317. — am Euphrat. XI, 684. 1021. 1063. — am Schat el Arab im unt. Chusistan. 1030. — s. Schlammboden.
Alluvialpläne, am obern Araxes. X, 390.
Alluvium, im Taurus. X, 910. — thoniges, am Euphrat. XI, 690. 759.
Ally Khan, Chef in Bala Murghab. VIII, 229.
Al Maarra, Ort. X, 1054. XI, 446. — vgl. Mahara.
Al Madaïn, s. Madaïn, Ctesiphon.
Almagest, i. e. magna constructio. IX, 839.
Al Mahadi. IX, 477. — s. Al Mahdi.
Al Mahadi Billah. VIII, 603.
Al Mahdi (El M., Ol M.), Sohn Al Mansurs, abbassid. Khalif (reg. 775—784). VII, 766. — sein Grab in Sirwan rc. IX, 402. 477. X, 200. 1053.
Al Mahmun, s. Al Mamun.
Al Maksum, Ort am unt. Tigris. XI, 947.
Al Malek al Modhaffer, Khalif. XI, 383.
Almalidagh, armen. Gebirgspaß. X, 733. — vgl. Elmali.
Almalig, in Nord-Turkestan. VII, 731, 742.
Almaliyah, s. Elmali.
Almalla, unbek. Fluß in Bayazed. X, 346.
Almalü (d. i. äpfelreich), in Mesopotamien. XI, 277.
Al Mamun (Al Mahmun, Almamon), Khalif (reg. 814—833). VIII, 232. IX, 230. 843. X, 233. 1145. XI, 306. — erste Gradmessung in Sindjar. XI, 447.
Almanli (El m.), Kurdendorf. X, 691. 896.
Al Mansur (El M., Abu Giafar al Mansur), zweiter abbassid. Khalif (reg. 753—775), gründet Bagdad, Mansurah rc. IX, 256. 477. X, 62. 174. 184. 196. — Samarra, el Giafar. 210. 211. — restaur. Malatia. 861. — erbaut Rafika. 1146.
Al-Mansureh, Stadt in Multan. IX, 286. — s. Masurin.
Almasary (wol = Almas Seai), Station am Urmia-See. IX, 961.
Almas Seai, s. Almasary.
Almatu, in Nord-Turkestan. VII, 731.
Al Mauzar, Castell bei Mosul. XI, 177. — s. Elmausil.
Al Meschhed, s. Meschhed.
Al Mokana, d. h. der Verschleierte. VII, 666.
Al Monadherah, Fürstenhaus von Hira. X, 60. s. d. f.
Al Mondari, christl.-arabisches Fürstenhaus in Hira. X, 60. XI, 178. — s. Al Mundar.
Al Mostanser, Khalif, stiftet eine Akademie in Bagdad. IX. 287. XI, 797.

Almostavfy, s. Hamdalla A. Kazwini.
Al Motazzem, Khalif (868). IX, 230.
Almundar (Alamundar, Elmundhir), Fürst v. Hira (6. Jahrh.). X, 1129. XI, 34. — s. Al Monadherah.
Al Nil, s. En Nil.
Alnus cordifolia. X, 919. — s. Erle.
Aloat Khan, in Mosul. XI, 209.
Alo-eddin, s. Ala-eddin. VIII, 578.
Aloho, d. h. der Gott. XI, 339. — s. Manu A.
Aloni (Plin., Alani d. Kurden), Volk in Kurdestan. IX, 1027. — vgl. Djeilun.
Alore, Ruinen am Indus. VII, 154.
Ἀλούακα (Ptol.), ob Al bakh? XI, 639.
Alou Bokhara, s. Alu B.
Alouty, Hauptst. von Khangkiu. VII, 652. 660.
Alp Arslan (Arslan Schah), Scheldschukide. VIII, 231. — erobert Ani rc. (1064). X, 441. 442. 537. 597. XI, 179.
Alpenflora, im Hindu Kusch. VII, 260. — im Görün Dag. X, 841.
Alpenkräuter, in Ghilan. VIII, 428.
Alpenland, am Urmia-See. IX, 907 ff.
Alpenmaus (Mus alpinus), in Ghilan. VIII, 432.
Alpenmeise (Parus alpinus), in Ghilan. VIII, 432.
Alpenseen, im Demawend. VIII, 564. — in Aderbidjan. IX, 779 ff. — in Armenien. X, 397. — im Taurus. X, 908. — vgl. Goktschai.
Alpenweiden, vorz. im Schahu. IX, 581. — im Vingheul. X, 918.
Alphabet, der Uiguren. VII, 439. — d. Johannes-Christen in Basra rc. XI, 1037. — s. Schrift u. a.
Alphasates, d. i. Arpharad. IX, 356.
Al Rhazes, Al Rhazi (El Emam Al Phacar (Phacroddin) Al Rhazi Mohammed Ebn Omar), Arzt aus Rai (st. 923). VIII, 604. IX, 288. 290.
Al Roha, s. Roha (Edessa).
Alrum, s. Arzan Alrum.
Alsaadein (Alsaadin?), s. Motla a.
Alsas (auch Makhu, Maku, arm. Deghmod), Fluß von Bayazed, r. Zufluß des Araxes. IX, 918. 920. X, 80. 337. 338. 380. 385. 396.
Alschedjerah, Moschee in Rai. VIII, 600.
Al Scheikh Ben Abdallah ben Sina, d. i. Avicenna. IX, 118.
Al Sirawan, s. Sirwan. IX, 402.
Al Soghd, s. Soghdo. VIII, 51.
Alson, Christendorf in Djellu. XI, 600.
Al Tabari od. Tabri (Muhammed ebn Jarir Al T.), arab. Geschichtschreib. (914 n. Chr.). VIII, 113. 275. 542. IX, 407. (pers. Uebersetzung) 794. 1047.
Altae Bayazed, d. h. das untere Bayazed. X, 90.
Altah Sali, Land am Euphrat. XI, 739.
Al Tak, Usbeken-Abtheilung. VII, 467.
Altar, s. Feuer-Altar.
Altas (Tab. Peut.), am Euphrat. X, 1000.
Altawarikh, s. Maudjmel A.
Al Tawelah (Tewilah, Towelah), Minareh von Mosul. X, 797. XI, 196. 668.
Altchek, s. Ardchek. X, 299.
Altedzekkur, s. Charh a.
Alter, Beispiel von hohem, in Kurdestan. IX, 433. — in Arabien. X, 65.
Alterthümer, im Tope Manikyala. VII, 102.
Alte vom Berge, der, VIII, 576. IX, 403. — s. Ala-eddin.
Al Tewilah, s. Al Tawelah.
Althaeoides, im östl. Mesopotamien. XI, 484.

Altiranische Sprache u. Völker-Abstammung. VIII, 105. — s. Altpersisch.
Al Tork, d. i. Turkestan. VII, 694. 702.
Al Toschi, Gebirgsgau in Hekkari. XI, 598.
Altoubei, s. Uratupa. VII, 543.
Al Towelah, s. Al Tawelah.
Altpersischer Dialekt der Tadschik. VIII, 186.
Altpersische Sprache. VIII, 106.
Altpersische Stammesverhältnisse, verglichen mit afghanischen. VIII, 202. — s. Iranisch.
Altschukha (Altun Tschubba), Gebirgskette. VII, 709.
Altün Daghi (türk.), s. Altun Dag, Tel Dhahab.
Altun, d. h. Gold. IX, 638.
Altun, Thor von Yarkand. VII, 392.
Altun Chai, s. Altun Su.
Altun Dag (d. h. Goldberg), im südl. Kurdestan. IX, 637. — s. Altün Daghi.
Altun Dasch, d. i. Castell des Goldfelsen, Kegelhügel des Karasu. X, 897.
Altun Kiupri (Kupri), d. i. Goldbrücke, Ort am Kl. Zab, Höhe. VIII, 17. IX, 523. 637. — Dist. IX, 539. 633.
Altun Su, Altun Chai (Tschai), d. i. Goldfluß, mittl. Lauf des Zab Asfal. IX, 447. 523. 534. 558. 561. 563. 595. 633. 638. — vgl. Tayiat.
Altun Tschubba, s. Altschukha.
Aluanis (Ptol.), Ort am Khabur. X, 248.
Alubala, d. i. saurer Kirschbaum. VII, 305.
Alu Bokhara (Alou B.), eine vorzügl. Pflaumenart. VIII, 286. IX, 55.
Alvande, Alvend, Festung bei Hamadan. VIII, 75. IX, 91. 119.
Alwan, s. Zobeir ibn A.
Alwand, s. Elwend.
Alwand-Div. VIII, 491.
Alwar, Dorf in Aderbidjan. VIII, 636.
Alwardi, s. Ebn. A.
Alwend, s. Elwend.
Al-Wischal, Ort in Syrien. X, 1094.
Aly (Ali), s. Alat A.
Aly ben Ibrahim Alchathir, dessen Studienreform im Orient. IX, 843.
Alyber, Volk am Pontus. X, 768.
Alydscha, Berg v. Kars. X, 428.
Aly Ibn ica Alaster laby, Titel des Hofastronomen Al Mamums. IX, 840.
Alyverdi Khan, Gouverneur v. Schiras. VIII, 754. — vgl. Alawerdi.
Al Zariah, s. Zaheritidis.
Al Zeitun (arab.), d. h. die Olive. IX, 135. — s. Zeitun.
Alzer, in Aderbidjan. IX, 796.
Alzonos, Christendorf in Dschulamerk. XI, 599.
Amadeddin Sengi Aksankar, turkom. Fürst. IX, 717.
Amadeddin Zenghi (Senghi), muhamed. Fürst (1142 n. Chr.). XI, 355. — erobert Amadia. XI, 591.
Amadia (Amadiyah, spr. Imadyah), Stadt auf den Vorbergen Kurdestans. IX, 667. 688. 714. 716. 717 ff. — Yeziden das. 760. — von Mustapha Khan geplündert. 935. — Höhe. X, 905. XI, 591 ff. — astr. L. 660. — Dist. IX, 659. 695. 716. 725. 726. 727. 741. 1030.
Amadia, Kurdenherrschaft. IX, 630. 656. — Gränze. 741. XI, 651.
Amadia-Berge. IX, 691. 728.
Amadia-Fürsten. IX, 719.
Amadiah Dagh, Taurus-Verzweigung. XI, 428.
Amadiah-Strom. XI, 168.
Amadia-Kurden. IX, 618. 631. — bei Mosul. XI, 203.
Amadia-Thal. XI, 591.
Amadiyah, s. Amadia. IX, 717.
Amaduni, s. Oda A.
Amady, richtiger Amuda. XI, 405.

Amah, d. i. der Wanderer. IX, 166. — s. Karun el A., Schat el A.
Amahnuni, Christendorf in Berrawi. XI, 598.
Amalah, Tribus der Luri kutschuk IX, 216. 405.
Amal Rustemdar (Amol), Distrikt Masenderans. VIII, 126.
Amamli, s. Hammamlu.
Amani, Ort. VII, 743.
Aman ullah Khan, Fürst in Senna. IX, 432. 435.
Amanus-Ketten, in Kl. Asien. X, 71. 802. 909.
Amanut. VIII, 728.
Amar, s. Gul-a.
Amara, Amarah (Imarah), s. Karun el A., Kut el A.
Amarat (Amaret), Dorf im Kerkha-Gebiet. IX, 66. 337.
Amarat, Fluß in Aderbidjan. IX, 815.
Amarat, Fort im russ. Armenien. X, 382. 383. 384. 476.
Amarder, Volk. VIII, 90. — s. Marder. VIII, 615.
Amardus, d. i. Kisil Osen. VIII, 615. IX, 782.
Amare, s. Hossa Ibn A.
Amaret, Amarat (kurd.), d. i. Kastell. IX, 585.
Amari, s. Kuhi A.
Amaryllideen, am Euphrat. X, 1031. — in Mesopotamien. XI, 500.
Amasia, am Pontus. X, 791. 853. XI, 528.
Amasiyah. X, 751.
Amathusia, s. Venus A.
Amaude (bei Geogr. Rav.), d. i. Amid. XI, 22.
Amazonen, in Medien zu Alexanders M. Zeit. IX, 359. 441.
Amban (Mandschu), chines. Beamter. VII, 353. 395. 398.
Ambar, s. El A., Sebbeneh Su. XI, 5.
Ambar, d. h. Thal. VIII, 575.
Ambarlier. VIII, 645.
Ambarlu, Bewohner von Dilem. VIII, 575. — Kurdentribus. XI, 96.
Ambar Su, s. Anbar su.
Amber, zu Kerzen verbraucht. X, 233.
Amberan, Dorf in Aderbidjan. IX, 796.
Amber-Erde (?), in indischen Topes. VII, 105.
Ambergries, in Arabien. XI, 822.
Amboina, Zuckerrohr das. IX, 260.
Ambu, d. i. reines Silber. VII, 469.
Amed (syr.), d. i. Amida. XI, 20. 36.
Amedi (d. i. Stadt der Meder), ob Bezeichnung für Amadia? XI, 594.
Amedija, s. Amuda.
Ameise, moslem. Fabel von der Speisung Salomos. XI, 185.
Ameisen, sehr große, in Mesopotamien. XI, 484. 1007.
Ameiva, in Mesopotamien. XI, 510.
Amelia Depôt, Lager am Orontes. X, 1027.
Amera Das, Nachfolger Nanacs, VII, 133.
Amerika, s. Nordamerika.
Amid, Sohn El Somaids. X, 284.
Amid, Fürstentochter, nach ihr angeblich die Stadt benannt. XI, 20.
Amid, d. h. onusta, beladen, od. kornreich. XI, 22.
Amid, Amida, s. Kara A., Diarbekr.
Amida Apadnas (Procop.), Festung bei Amida. XI, 82. 381.
Amin, s. Emin.
Amin Ahmed Razi, Schriftst. aus Rai. VIII, 603. IX, 41.
Amin ed Dowla, d. i. zweiter Minister u. Gouverneur. IX, 48. 891.
Amin eddowlah, Gouverneur von Ispahan. IX, 21.
Amin ed Dowleh, Gouverneur von Kaschan. IX, 34.
Amin Pascha, in Mosul (1766), XI, 189. 207.

Amir (Emir), d. i. Häuptling. XI, 118. — s. Mal A.
Amir, die drei, von Sinde. VII, 184.
Amireh, s. Baba A.
Amiri (Emir), Gau am Demawend. VIII, 501.
Amir Khan (Omar Khan), Fürst von Khokand. VII, 754. 773. 774. — (Kurde?) IX, 824.
Amir Sayyid, Nachkomme Mohammeds, in Kurdestan. XI, 595.
Amir ul Mumenin Abi'l Abassi'l Kayemi, in Hit. XI, 751.
Amir Vali miani (d. h. Schutzfürst des Mittelreichs), Fürstentitel in Khokand. VII, 763. 773.
Amit, s. Amid. XI, 20.
Amithai, s. Jonah ben A.
Amitrochates, indischer König. XI, 538.
Amluk, Obstart(?) in Kabul. VII, 305. — s. Chob A.
Amma, s. Bab el A.
Ammaea, mesop. Göttin? XI, 22.
Ἀμμαία (Ptolem.), ob Amid? XI, 21.
Ammi, s. Abu Abdallah Mohammed Ibn Ahmed al A.
Ammianus Marcellinus, als Krieger im Orient. IX, 521. — üb. Armenien. X, 574. — China. 591. — Amida. XI, 21 ff.
Ἀμμώδιος (Proc.), s. Amuda. XI, 404.
Ammodium, s. Amuda. XI, 398.
Ammon, s. Rabbat A.
Ammoniak-Salz, in Kutsche. VII, 446. — bei Ferghana. 746. — im Botom-Gebirge. 747. — in Belludschistan. VIII, 732. — in Persien. XI, 822. — in Bagdad. 822.
Ammoniten, im Pir Omar Gudrun. IX, 532.
Ammuris, s. Beith A.
Amol (Amul, Amu), Hauptstadt in Masenderan. VII, 657. VIII, 436. 500. 517. 525. 539 ff. 545. — s. Amal Rustendam, Rudi A.
Amomon(?), aromat. Gewächs in Mesopotamien. XI, 285.
Amomum zingiber, in Indien. XI, 822.
Amostac (Tab. Peut.), Station in Mesopotamien. XI, 264.
Amotschi, Königstitel in Kaschghar. VII, 423.
Ampe (Ἄμπη, Herod.), an der Euphratmündung. X, 7. 29. 56.
Amphila-Bay. VIII, 807.
Amphipolis (Plin.), d. i. Thapsacus. X, 12. 960. 982. 1114. 1115.
Amr, Dorf der Sindschar-Berge. XI, 459. 464.
Amran, s. Aran, Khojeh A.
Amran-Hügel, am babylon. Euphrat. XI, 875.
Amran Ibn Ali, Trümmerberg Babylons. XI, 921 ff.
Amri, am Indus. VII, 160. 163.
Amri, arab. Tribus in Khorasan 2c. VIII, 340. 391.
Amrilkais, s. Amrulcais.
Amritsar, d. i. Umritsir. VII, 58. 136.
Amrovan, Dorf Khorasans. VIII, 463.
Amru, s. Abbas ben Amru.
Amru, arab. Autor. IX, 173.
Amru, Sohn Maleks, König in Irak Arabi. X, 59. — erob. mesopot. Städte. XI, 382.
Amru, Häuptling in Bukrah. XI, 456.
Amru ben Leith, Fürst in Nischapur. VIII, 320.
Amrulcais, Beiname des Nooman Ben el Mondar. X, 60.
Amrulcais (Amrilkais), arab. Dichter. XI, 34.
Amryn, s. Dschebel A.
Amschaspands, ihre Verehrung bei Ormuzd-Dienern. VIII, 37. — in den Sculpturen des Tak i Bostan. IX, 385.
Amseln, in Kabul. VII, 241. — in Ghilan. VIII, 432. — s. Rosen-, Schwarz-Amsel.
Amsterdam, armen. Druckerei das. X, 632.
Amu (Gihon), Hauptarm d. Oxus. VII, 811. VIII, 219. — s. Amol, Oxus.

Amu (genannt Modhareth el Hegiarat), König von Hira. X, 61.
Amu al Bulad, d. h. Mutter der Städte, Balkh. VIII, 221.
Amuda (Amudieh, Amedija, Tell Amuda, Ἀμμώδιος), Dorf in Mesopotamien. XI, 393. 398. 404. 405.
Amul, s. Amol.
Amulete, in Khotan. VII, 378. — in Kurdestan rc. gebräuchlich. IX, 464. 944. — in den Sindschar-Bergen. XI, 462. — von Derwischen verkauft. XI, 1007.
Amur, s. Bab el A.
Amurad IV., Sultan (seit 1638). X, 1021. — erobert Bagdad. XI, 1034.
Amuris, s. Beth-A.
Amursana, Dsungaren-Fürst (st. 1756). VII, 509.
Amus, Castell am ob. Murad (?). X, 714.
Amut, s. Ilah a.
Amygdalus, am mittl. Euphrat. XI, 702.
Amygdalus communis, s. Mandel. XI, 501.
Amygdalus nana, d. i. Zwergmandel. XI, 617. — in Kurdestan. XI, 658.
Amyrgier, Sakenstamm. VIII, 104.
Amyrtäus, ägypt. König, als Verbannter in Susa. IX, 308.
An (Ngan, Pouho, Ansi, Asi), Tschaowu-Herrschaft. VII, 630. 652. 654.
An, d. h. Brücke, Uebergang. IX, 522.
Ana, s. Anah, Ani.
Anab, d. i. Rhamnus ziziphus. XI, 501.
Anabasis, Soda gebend, im hohen Medien. IX, 70.
Anabon, parth. Provinz. VIII, 120.
Anachoreten (Einsiedler), auf den Inseln des Van-Sees. IX, 995.
Anag, Arsaciden-Prinz. X, 525.
Anah (Ana, Anat, Anath, Anatho), Stadt u. Insel des Euphrat. X, 141. 142. (Hena der Bibel?) 236. 1097. XI, 254. 527. 712. 716 ff. — Dist. XI, 698. 699. 711. 726. — vgl. Ani.
Anahid, s. Anaïtis.
Anahra, s. Anarah.
Anaïdi. XI, 480.
Anairyâo danghavo, d. i. die nicht arianischen Provinzen. VIII, 18.
Anaïtis, Anahid (Aene), die persische, armenische Diana od. Venus. VII, 109. — ihr Tempel zu Ekbatana. IX, 109. — Orgien ders. IX, 218. — Heiligthümer ders. IX, 314. 345. 481. — in Arbalene. 520. — bei Kerkuk. 556. — Verehrung in Armenien. X, 82. 83. 528. 550. 778. — Tempel in Haran. 243. 1138. — in Erzingan. 270. 773. 786. — vgl. Artemis, Atargatis, Nanaia, Venus.
Anaïtis, Anahid, d. i. Semiramis. X, 859. XI, 793.
Anaitis (Plin., Acilisene, Strab.), armen. Provinz. X, 81.
Anak, Ort in Irak Adschem. IX, 71.
Analiba (Analipla), Stadt. X, 788.
Anamis (bei Nearch). VIII, 727.
Anana, Dorf, Hügel bei Babylon. XI, 900.
Anania, Sct., Grab in Kerkuk. IX, 553. — in Etschmiadzin. X, 520.
Ananias, Maler oder Briefbote Abgars. XI, 342.
Ananias-Kloster, am Euphrat. X, 1072. — bei Mardin. XI, 383.
Anapaid, armen. Distrikt. X, 590.
Anar (pers.), d. i. Granatbaum. XI, 554.
Anarah, l. Zufluß zum Abi Zal. IX, 202. — s. Kuhi A.
Anariaken (Strab.), Volk. VIII, 24.
Anarianen, d. i. die Nicht-Arianen. VIII, 23.
Anarisch, Vorkette des Zagros. IX, 422. 481.
Anas boschas. XI, 509. s. Ente.

Anas clypeata, s. Löffelente.
Anas nigra, in Mesopotamien. XI, 509.
Anas nubica, am mittl. Euphrat. XI, 702.
Anaseyd, Station im euphrat. Arabien. XI, 1043.
Anasseram, im Elburs. VIII, 507.
Anastasiopolis, d. i. Dara. XI, 398.
Anastasius, Kaiser (reg. 491—518), befestigt Erzerum. X, 759. — Melita. X, 860. — Batne, Dara 2c. XI, 29. 76. 288. 398.
Anat, Anath. X, 236. XI, 699. s. Anah.
Anatha, Anatho. X, 141. XI, 712. 716. — s. Anah.
Anatolius, Theodosius General, erbaut Erzerum (415 n. Chr.). X, 271. 726. 759.
Anavi, Ort in N. Kurdestan. IX, 687.
Anazarba, in Cilicien. X, 916.
Anazeh, am Euphrat. X, 1070. XI, 364. — s. Anezeh.
Anbar, Ambar, s. El A.
Anbar Dara, großer Bau bei Dara. XI, 404.
Anbar od. Ambar su (d. h. Kornfluß), Zufluß zum Nymphius, Tigris. X, 97. — Quelle bei Ḥineh. X, 700. 904.
Anchale, Kloster zu, in Mesopotamien. XI, 178.
Anchi, s. Scheikh A.
Anchialus, armen. Gebirgsfürst. X, 116.
Andamisch, ehemal. Name für Dizful. IX, 195.
Andedschan (Andejan), s. Kitschik A.
Andejan, d. i. Laserpitium. IX, 147.
Andejan (Andedjan, Andidjan, Antechyen; sprich Andedschan), Distrikt u. Hauptstadt von Ferghana. VII, 309. 310. 411. 469. 477. 480. 483. 516. astr. L. 543. 645. 732. 746. 752. 755. 770. 778. — s. Andukan.
Andejan-Fluß, zum Sihun. VII, 481. 733.
Andejanis, Andejans, chines. Bezeichnung für die Handelsleute des Westen. VII, 477. — für die Städter West-Turkestans. VII, 752.
Andekan, Ort bei Schiraz. VIII, 859.
Andekhâd, s. Andkhu.
Anderab (jetzt Inderab), Ort in Kaferistan. VII, 207. 304. 701. 787. 811.
Anderab, Fluß. VII, 253. 787.
Anderan, d. i. inneres Land. VIII, 487.
Anderawi, pers. Inseln. VIII, 127.
Anderun, d. i. Harem. IX, 399. — Empfangzimmer. 868.
Anderun Schahi, d. i. Privatwohnung des Königs. VIII, 609.
Andidjan (Antechyen), s. Andejan. VII, 483. 516. 543. 746.
Andina-Bazar, in Talisch. VIII, 662.
Andjodan, d. i. Assa foetida. IX, 183.
Andkho, Andkhu (Andkhui, Andekhâd), bei Balkh. VIII, 218. 227. 800.
Andreas, s. Sanct A.
Andreyas, s. Enderez. X, 751.
Andronicus aus Rhodus, armenische Uebersetzung. X, 568.
Androsthenes von Thasos, Seecapitain Alexanders. X, 39.
Andruka, Ort Badakhschans. VII. 787.
Andschir, d. i. Feige. XI, 539.
Andudjan, s. Andejan. VII, 411.
Andukan (Andedjan?), Stadt Ferghanas. VII, 745.
Andzian (mandsch.), d. i. Andejan. VII, 483. 750.
Andzidjan, s. Andejan. VII, 753.
Aneïzeh, s. Anezeh. XI, 476.
Anemonen, in Loristan. IX, 158. — Kurdestan. X, 692. — im syr. Taurus. 918. — bei Mosul. XI, 218. — in Mesopotamien. 410.
Anemone pulsatilla, VIII, 796.

Anethum foeniculum, s. Fenchel.
Anezeh (Anazeh, Aneïzeh), arab. Tribus in Mesopotamien, bes. an der Westseite des Euphrat. IX, 749. X, 1030. 1070. XI, 360. 362. 364. 452. 460. 473. 476. 480. 743. 838. 1002. 1070.
Angad, s. Guru A.
Angaria, d. i. Frohndienst. XI, 135.
Angelo, Pater, in Bassora. XI, 301.
Angelus, s. Sanct A.
Angird, Dorf in Aderbidjan. IX, 799.
Angora, in Kl. Asien. X, 1010.
Angora, d. i. taurische Ziege, in Mesopotamien. XI, 506.
Angur Fackhri, vorzügl. Weintrauben. VIII, 244.
Angur Mahal-Berge, bei Kazwin. VIII, 590.
Angurruk, Ort am Kysarfluß. VIII, 229.
Anguvien, am Euphrat. XI, 691.
Ani (pers. u. arab. Any; syr. Ana; bei Cedren. Ἄνιον), armenische Stadt am Arpa tschai, Patriarchensitz. X, 398. 429. 431. 433. 434. 435. 439 ff. 529. — durch Alp Arslan zerstört (1064). X, 537. 587. — Auswanderungen. X, 597. 624. — Höhe. 1150.
Ani (Gamach, Kamach, Κάμαχα, Kumach, Kemakh), Festung, Tempelort, Schatzhaus, Arsacid. Begräbnißort am Frat. X, 440. 550. 727. 772. 774. 782 ff. — vergl. Anah.
Aniana (Ptol.), am Euphrat. X, 1000.
Anikagaë, d. h. Stadt Ani. X, 433.
Ani Kaphak, s. Van Schehri. X, 298.
Anikos, verstümmelt aus Nicephorium (Rakka). X, 238. 1127. 1142.
Aniläus, jüd. Raubfürst in Babylonien. X, 146.
Ἄνιον (Cedren.), s. Ani. X, 440.
Anis, in Basra. XI, 1071.
Anisenen (Anizes), Volk. IX, 1022. 1027.
Aniset-Liqueur, in Basra. XI, 1071.
Anizes, s. Anisenen. IX, 1027.
Anjel Tschai, Fluß zum Van-See. X, 293. — vgl. Anjil.
Anjerud, Distrikt in Aderbidjan. IX, 1048.
Anjil, s. Kusch-ab. IX, 999.
Anjir (Injil?), Strom bei Herat. VIII, 257.
Anjukân, Ort (?). VIII, 138.
Anka, Vogel. XI, 41.
Anka (Phoenix?), Ruinen am Euphrat. XI, 710.
Ankath, Gebiet Ferghanas. VII, 746.
Ankech. X, 554.
Ankiu-tscheou, Stadt in Khotan. VII, 376.
Ankowa, Chaldäer-Dorf bei Erbil. IX, 659.
Ankri, Christendorf in Berrawi. XI, 598.
Ankud tschairi, d. i. Wiese der Fee Ankud, am ob. Tigris. XI, 277.
Anna, s. Abdullah ibn A., Haji A.
Anna. XI, 254. 717. — s. Anah.
Annan (= Hannan), s. Mar A.
Anne (Dankali), d. i. Heuschrecke. VIII, 807.
Annucas, Kastell bei Kerkisia am Euphrat. XI, 695.
Annuri, s. Kala Beït A.
Anodonten, im Murad. X, 818.
Anoma, Dorf in Kurdestan. XI, 655.
Anomien, bei Al Hadhr. XI, 487.
Anquetil Duperron, seine Verdienste um Zend u. Pehlvi. VIII, 70. 71.
Ansar, s. Abu A., Jabir A., Jakub A.
Ansari, s. Abdallah A., Djanah A., Ibn Zair A., Mahmud el A.
Ansari-Araber, in Multan. VII, 65.
Anschi, Usun-Fürst. VII, 622.
Anschwemmungsland, s. Alluvialbildung.
Anser, s. Gans.

Ansi, weitschichtiger Völkername bei Chinesen, z. B. für Bocharen, Perser, Parther ꝛc. VII, 634. 635. 636. 654. 655. 715. — s. An, Asi.
Antab, s. Aintab.
Antabalus (ob aus Constantinopel entstanden?), s. Dizful. IX, 195. 196.
Antah, s. Dschebel Tel A.
Antakieh (Antiochia), in Syrien. X, 1028.
Antape, d. i. Aintab. X, 1035.
Antar, arab. Heros. XI, 999. — s. Nahr A., Toul Antor.
Antari, Kaftan od. Mantel der Kurden. IX, 624. X, 854.
Antariani. VIII, 39.
Antchilien, s. Purut Ertchiyen.
Antechyen, d. i. Andejan. VII, 483. 543.
Antelope, s. Antilope.
Antheb, s. Aintab. X, 633.
Anthemis, bei Mosul. XI, 218.
Anthemis montana, auf den Pyrenäen. X, 499.
Anthemis nobilis, im östl. Mesopotamien. XI, 484.
Anthemis rigescens, am Ararat. X, 499.
Anthemis rudolphiana, im Kaukasus. X, 499.
Anthemus, Anthemusia, Anthemusias (d. h. die blühende), Hellenenstadt und Landschaft in Mesopotamien. X, 12. 118. 998. 1118. XI, 284. 285. — s. Sarudsch. X, 917. 945. 1054.
Anthimosian, Arsen., Mechitarist. X, 566.
Anthoxanthum odoratum, am mittl. Euphrat. XI, 702.
Anthropomorphiten, s. Incarnationen.
Anthropomorphiten-Sekten, s. Ali Ilabi, Luri, Motagals, Muschabbihs. IX, 121.
An Thsai, s. Yan thsai. VII, 625.
An-thun (chines.), d. i. Antoninus. VII, 539. 557. VIII, 695.
Anticaglien, in Babylons Ruinen. XI, 891. — in Mogeïyer. XI, 994.
Antigonus, Alexanders Feldherr, seine Feldzüge im Kossäer-Lande, Iran. IX, 333. 365. — in Maragha. 833.
Antillen, französische, Zuckerrohr das. IX, 261.
Antilopen, am Demawend. VIII, 560. — im Elburs. 590. — bei Tehran. 611. — bei Abuschähr. 787. — in sassanid. Schlössern gehalten. IX, 504. — in Kurdestan. 541. 584. 611. — zahlr. bei Erbil. 693. — sehr große, in Aderbidjan. 797. — Heerden um Khoi. 911. — in Mesopotamien. X, 141. XI, 679. 859.
Antilope dorcas, häufig in Mesopotamien. XI, 505.
Antilope subgutturosa, am Euphrat. XI, 505.
Antilopen-Kirche, in Mosul. XI, 200.
Antimi, Usun-Fürst. VII, 622.
Antimonium, in Steinsalzketten. VII, 95. — bei Bamiyan. 259. — im Puschtikhur. 492. — in Demawend. VIII, 565.
Antimonium-Salben, in Khubis. VIII, 728.
Antiochia, s. Chosro A., Khosro-A.
Antiochia (Antiocheia), Stadt in Margiana. VIII, 120. — später Merv. 228. 230. 231.
Antiochia, am Tigris. IX, 522. — vgl. Opis.
Antiochia, die Weststadt, d. i. Edessa (Orfa). X, 114. XI, 315. 333. 335. — s. Antiochia Mixobarbara.
Antiochia, Residenz in Pierien. X, 69. 70. 122.
Antiochia ad Taurum (Ptol.) X, 896. 1036. — s. Antheb.
Antiochia magna, Stadt am Orontes in Syrien (Antakie). X, 966. 980. XI, 337. 338.
Antiochia Mixobarbara, d. i. Orfa. XI, 338. — s. Antiochia die Weststadt.
Antiochia Mygdonica (Polyb.), d. i. Nisibis. X, 1131. XI, 249. 255. 335. 413.

Antiochus I. (reg. 282—262 v. Chr.). X, 69.
Antiochus III., d. Gr. (reg. 224—187 v. Chr.), in Hekatompylon ꝛc. VIII, 467. 476. 477. — Herrscher von Medien. IX, 113. — sein Zug nach Elymais ꝛc. IX, 155. X, 69. 1126.
Antiochus IV., Seleucide, in Kommagene. X, 928.
Antiochus V. (Eupator, 163 v. Chr.). X, 55.
Antiochus (XIII?), Sohn der Kleopatra Selene, in Samosat. X, 927.
Antiochus Epiphanes. IX, 314.
Antiphoros(?), zu Edessa. XI, 355.
Antipolis, d. i. Tela (Constantina). XI, 370.
Antisana, Höhe. VII, 340.
Antitaurus (Strabo), Gebirge. X, 71. 74. 803. 831. — s. Dusjik-Kette. X, 769.
Antogh Dagh, Taurus-Kette. X, 76. 693.
Antoninopolis, in Mesopotamien, d. i. Tela. XI, 21. 370.
Antoninupolis, s. Nicephorium. X, 1127.
Antoninus, M., Gesandtschaft nach China (166 n. Chr.). VII, 557.
Antonius, M., Feldzug gegen d. Parther (36 v. Chr.). IX, 114. — belagert Vera. 770. — am Urmia-See ꝛc. 783. X, 927. 1047.
Antonius, s. Sanct A.
Antor (Antar), s. Toul A.
Antoun, s. Matran A.
Anture, syr. Kastell bei Tadmor. X, 1094.
Anubis, s. Mari Canum.
Anuisch, Gemahlin Astyages. X, 588.
Anurajapura, Ruinen. VII, 300.
Anuschiravan, s. Tapahi A.
Anuschirwan, s. Kasr A., Khosroes A.
Any, s. Ani.
Anzaba (Amm. Marc.), d. i. Zab. IX, 522.
Anzabae pons (Anzebae p., Amm. Marcell.), = pons ad Zabam? XI, 173.
Anzewazier, Volk. X, 554.
Aoniga, Tigrisinsel bei Mosul. XI, 193.
Aornos, die Vogelsburg Alexanders d. Gr. VII, 207. 227.
Aorsen, am nördl. Kaukasus. X, 568. — am kasp. See. 595.
Aoulia, d. i. Fromme, Heilige. XI, 513.
Aouman, Dorf bei Hamadan. IX, 121.
Apabarctica (Isid. Char.), St. VIII, 119.
Apachtaria, Land. VIII, 55. — s. Apâkhtara.
Apadnas, s. Amida A.
Apâk (Zend), d. i. Norden. VII, 824. VIII, 55.
Apâkhtara (apakhdhara, Zend), d. i. septentrionalis, Nordland. VII, 824. VIII, 55. — s. Apachtaria.
Apamea (Apamia), Stadt in Choarene. VIII, 118.
Apamea, Stadt in Persien. VIII, 599.
Apamea (Isid. Char.), Stadt am Euphrat. X, 923. 961. 964. 1118. XI, 779.
Apamea, Stadt des Seleucus Nicator, ob = Korna? XI, 1021.
Apamia, Stadt am Orontes. X, 965. 980. — s. Famieh.
Apammaris, s. Arimera.
Aparner, Zweig der Daai. VII, 670.
Aparytae, Volk. VIII, 98. 101.
Apavarktikena, parth. Provinz. VIII, 119.
Apenninen, persische, unpassende Benennung. IX, 144.
Apfel, Apfelbaum, bei Kote. VII, 60. — bei Sehwun. 161. — in Peschawer. 220. — in Kabul. 240. 305. — am Hindu Kusch. 261. — in Yarkand. 396. — berühmte, von Samarkand. 735. — in Ghazna. VIII, 142. — Ausfuhr aus Afghanistan. 175. — in Ghilan. 427. 676. — in Tehran. 611. — in Kerman.

VIII, 735. — bei Kohrud. IX, 37. — in Ispahan. 44. 55. — in Senna. 432. — in Kurdestan. IX, 597. XI, 658. — in Ardebil. IX, 790. — vorzügliche, in Tabriz. 856. — in Selmas. 966. — in Bitlis. 1005. X, 687. — in Bagdad. X, 215. — wilde, in Armenien. 334. 434. — am Ararat. 480. — bei Musch. 679. — bei Malatia. 854. — im Taurus. 921. — in Mardin. XI, 388. — in Mesopotamien. 501. — in Tiyari. 610. — in Basra. 1052.

Apfel-Lieder, von Khonsar. IX, 64.

Aphle (Plin.), Ort Mesopotamiens. X, 29.

Aphte, Station in Irak Adschem. IX, 64.

Aphrodite, s. Venus.

Apis, von Persern verehrt. IX, 308.

Apobatärium, Bedeutung. IX, 723. — der Arche Noahs am Ararat. X, 356 ff. — am Dschebel Dschudi. XI, 154. — vgl. Noah.

Apobatana (Isid. Charac.), Metropole, im obern Medien. VIII, 117. IX, 98. 115. — s. Ekbatana, Hamadan.

Apolion, d. i. Sonne. XI, 309.

Apollo Parnopius, d. i. Heuschreckentödter. VIII, 801. — Tempel auf Ikaros. X, 39. — Comeischer. X, 123.

Apollo-Kopf, in Al Hadhr. XI, 490.

Apollonia, die Seleucidenstadt am Tigris. IX, 501. 508. 513. 540. X, 71.

Apolloniatis (Strab.), parth. Provinz. VIII, 115. — früher Sitakene. IX, 332. — Gränzprovinz zw. Medien u. Syrien am untern Diyalah. IX, 508.

Apollonides, griech. Autor. X, 330.

Apollonius, Tyrann von Zenobotium. X, 1136.

Apollonius v. Tyana. IX, 200.

Apologus, Emporium am Euphrat. X, 52. — s. Oboleh.

Ἀπομερμάνης (Cedren.), d. i. Abu Merwan. XI, 71.

Apostel-Kirche, in Edessa. XI, 351.

Appenzell, in d. Schweiz, Höhe. IX, 565.

Apphadana, s. Abadan.

Aprikosen, bei Kote. VII, 60. — in Kabul. 240. 305. — am Hindu Kusch. 261. — in Marghinan. 733. — getrocknete, Ausfuhr aus Afghanistan. VIII, 175. — reichlich in Balkh. 226. — in Aderbidjan. 666. IX, 909. 910. — in Ghilan. VIII, 676. — in Ispahan. IX, 44. 55. — bei Hamadan. 94. — in Senna. 432. — gute, in Rijab. 470. — bei Tuz Khurmati. IX, 545. — bei Tauk. 549. — vorzügliche, in Tabriz. 856. — in Selmas. 966. — in Bitlis. IX, 1005. X, 687. — getrocknete, am Van-See. X, 295. — am Araxes. 430. — am Ararat. 480. 500. — bei Etschmiadzin. 522. — bei Malatia. 854. — im Taurus. 921. — am Masius. XI, 87. — am ob. Tigris. 121. — in Mosul. 208. — in Orfa. 326. — in Mesopot. 495. — am Diyalah. 540. — in Bagdad. 812. — in Basra. 1052.

Aqâmnôsoh (Keilschrift), d. i. Achämeniden. VIII, 74. 113.

Aquäduct, s. Wasserleitung.

Aquae frigidae (Tab. Peut.), d. i. Mejacarire. XI, 380.

Ara, d. i. Buscheab. VIII, 778.

Ara, s. Jehan A., Kafar A.

Arab, s. Abar al Arab, Ras el ain al A., Sabat el A., Schat el A., Zubeir A.

Arab, als allgem. Bezeichnung des von Horden durchstreiften wüsten Landstrichs im Gegensatz des Fruchtbodens von Syrien. X, 21.

Araba, Arabah, d. i. Zweiräder-Karren. IX, 972. X, 323. 682. — s. Khatun A.

Arabab, Zolleinnehmer in Dörfern. VII, 517.

Arabah, s. Araba.

Arabâh (Keilschr.). VIII, 89. — s. Arbâh.
Arabah Ovah-si, d. i. Arabah-Ebene. X, 896.
Araban, Stadt am Chabur. XI, 270.
Araban, Fluß zum Euphrat. X, 934.
Arab Baba, Berghöhen in Armenien. X, 797.
Arabdallah, Insurgentenchef in Uschi. VII, 526.
Arabdan, s. Tse vang A.
Ara beheſcht, d. h. Weg zum Paradies. IX, 761.
Arabela, d. i. Arbela, Erbil. IX, 701.
Arab el Belad, d. i. ackerbauende Araber, Fellahs, in Mesopotamien. XI, 360.
Araber, in Kabul. VII, 307. — ihre Händel in Ost-Turkestan. 424. — zahlreich in Afghanistan. VIII, 188. — Horden am kasp. See, in Khorasan. 340. 377. — Tribus in Iran. 391. — zerstören Rai. 599. — in Mogbestan. 740. — Kolonien bei Abuschähr. 782. — erobern Hamadan. IX, 116. — als Erfinder der Zuckerbereitung. 274. — in Kermanschah. 371. — in Kerkuk. 553. — (Idumäer) als Handelsvolk. X, 50. — ackerbauende, in Babylonien. 147. — stürzen die Sassaniden. X, 160 ff. — in Mosul. 273. — ihr Einfluß auf Armenien. 548. — erobern Erzerum. 759. — erobern Malatia. 861. — Gränze am Euphrat. 1070. XI, 692. (schiitische) 977. 981 ff. — Einfall in Palästina, Mesopotamien. X, 1129. 1139. — besetzen Amida. XI, 33. — in Tigranes Heer. 108. — Gränze gegen Kurden. 138. 139. — in Orfa. 327. 355. — in Mardin. 394. — erobern Dara. XI, 403. — Eintheil. in Kasten. 720. — in Hilleh. 787. — in Bagdad. 807. 808. — am untern Tigris. 947. — ganz reine, in Zobeir. XI, 1048. — bei Basra. 1055. — s. Beduinen.
Araber-Strom, s. Schat el Arab. X, 1141.
Arabes scenitae (Sceniten, Zelt-Araber), am Euphrat ꝛc. X, 1070. 1081. 1131. XI, 287. 765.
Arabgir (Arabker, Arapker, Arabkir), Stadt westl. vom Frat. X, 619. 727. 793 ff. 797. — Höhe. 901. — Gebirgsarten. 914.
Arabgirsui, westl. Zufluß des Frat. X, 794.
Arabi, s. Irak A.
Arabien (Xenoph.), als Bezeichnung des öden Landstrichs am untern Euphrat. X, 21. — des mittl. Mesopot. XI, 495. — das Land der Specereien. X, 37. — zu Alexanders Zeit wenig gekannt. X, 38. — früherer Mangel an Pferdezucht. IX, 367. — ohne Oelbäume. XI, 521. — Feigen das. 544. — Granaten. 554. — Exporten nach Bagdad. 822.
Arabische Autoren, üb. Kaschghar. VII, 411. — über Siraf. VIII, 774.
Arabische Bauten, in Masenderan. VIII, 524.
Arabische Inschriften, in Gurkan. VIII, 358. — zu Persepolis. 921. 922. — im Takht i Soliman. IX, 811. — in Bitlis. IX, 1006. — in Ani. X, 446. — in Gerger. 872. — zu Mosul. XI, 197. — in Orfa. XI, 321. — zu Mardin. 387. — in Sindschar. 459. — in Al Hadhr. 489. — in Bagdad. 800.
Arabische Manuscripte, in J. Richs Sammlung. IX, 745.
Arabische Schrift, bei Ost-Turk. VII, 604.
Arabische Sprache, in Kabul. VII, 307. — unter Uiguren. 598. — ihre Gränze gegen die türkische. IX, 493. — gespr. von den syrischen Christen in den Städten Kurdestans. IX, 682. — Verwandtschaft zu der neusyrischen.

IX, 685. — in El Kosch. 726. — in pers. Schulen. 886. — Gränze in Syrien. X, 1036. — bei Amida. XI, 61. — in Mosul, Mardin. 190. 211. 214. 327. 395. — bei Kurden. 439. — Vulgärsprache, bei versch. Christensecten in Bagdad. 845.
Arabisch-euphratensische Wüste. XI, 742 ff.
Arabische Wörter, in der kurd. Sprache ꝛc. IX, 628.
Arabissus, in Armenien. X, 1071.
Arabistan (Arabien in weiterem Sinne), das Land der Heuschrekken. VIII, 809.
Arabiten (Strab.), jetzt Urbu. VIII, 717.
Arabius, jetzt Puralli. VIII, 717.
Arab kail, d. i. Arabgir. X, 799.
Arabker, s. Arabgir.
Arabkerlu, Dorf in russ. Armenien. X, 383. — am Arares. 476.
Arabkir, s. Arabgir. X, 619.
Arabrake (byzant.), d. i. Arabgir. X, 798.
Arabo, s. Laschkar-e A. Adschem.
Arabs, Seidenart. VIII, 688.
Arabschah, der Schimpfredner Timurs. XI, 41.
Arabtepa, Stadt Khokands. VII, 753.
Aracandab, Zufluß des Hindmend. VIII, 122.
Aracha (Amm. Marc.), im unt. Mesopotamien. XI, 990.
Arachosia, Arachosien, Landschaft in Persien. VIII, 31. 35. 61. 101. 103. 114. 121. — s. Sabulistan.
Ἀράχωτοι (Arrian.), Volk. VIII, 61.
Ἀράχωτος (Arrian.), Hauptstadt in Arachosien. VIII, 61.
Arachotus, Fluß in Arachosien. VIII, 61. 121.
Arachperi, Tataren-Dorf am Aras. X, 382.
Aracia (Ptol.), d. i. Buscheab. VIII, 778.
Aracta, falsche Schreibart für Araca (Rakka). X, 1116.
Arabus, Insel des pers. Golfs (Bahrain). X, 40.
Aradzani (Armen.), d. i. Arsanias (Kara Su). X, 100.
Arae fines Romanorum. X, 1090.
Aragau (Arku), Stadt Kaschghars. VII, 419. 516.
Aragaz, s. Arakadz.
Aragla, s. El Haraklah.
Arahan (sanskr.), d. h. Ehrwürdiger. VII, 366. — s. Raha.
A'raï, s. Tarikh-Aulum A.
Araï der Schöne, armen. Patriarch. X, 359. 467.
Arai-jarat, d. i. Niederlage des Araï, Bezeichnung der Ararat-Ebene. X, 359.
Arak, s. Arrak.
Arakadz (Aragaz), Sohn Armenaks. X, 436. 466. — s. Alaghez.
Arakadzodn, Arakadzoden, d. i. Fluß des Arakadz, Ebene in Armenien. X, 399. 535.
Ἀράκκα (Ptol.), im unt. Mesopotamien. XI, 990.
Arakli, am Murad. X, 712.
Aral-See. VII, 751.
Aralüch, Dorf am Ararat. X, 509.
Aram, Stammvater d. Armenier. VIII, 91.
Aramaei. VIII, 39.
Aramäische Sprache. IX, 682. 683. — Vulgärsprache, bei Nestorianern. IX, 971.
Aramäische Wörter, in der kurd. Sprache. IX, 629.
Aramazd, s. Ormuzd.
Aramier, bisw. als Bezeichnung für Armenier. X, 578.
Aramin, Volk. VIII, 91.
Aram-Naharaim (hebr.), d. i. das Aram od. Syrien der beiden Flüsse, Mesopotamien. X, 10.
Aramonk, armen. Patriarchensitz. X, 529.
Aran, Theil des pers. Armenien. VIII, 124. 126. — vgl. Iran.
Aran (Amran), Uferwaldung am Euphrat und Chabur. X, 1148. XI, 505. 683.
Aranes, d. i. Haran. XI, 333.

Araniya. VII, 171.
Arapachitis, Theil Assyriens. VIII, 89.
Arapger, Arapker (armen.), d. i. Arabgir. X, 727. 798.
Araqati (Zend), Landschaft. VIII, 61.
Araqatis (Keilschr.). VIII, 103.
Arar, Vater Otba Ben Gazwans. X, 175.
Ararat, syrischer, d. i. Dschebel Dschudi. IX, 721. X, 273.
Ararat, großer, armenisches Hochgebirge, Höhe. VIII, 13. 16. IX, 764. X, 378. 486. 900. — östl. Verzweigung bis zum Daroo. IX, 598. — älteste Erwähnung. IX, 721. 722. — angebl. früher feuerspeiend. 858. 915. X, 76. 77. 79. 82. 273. 330. 345. — Apobatärium das. IX, 95. X, 356 ff. 362. — nördl. Zugänge. X, 367 ff. — nächste Umgebung. 377 ff. 456 ff. — Quellenmangel. 477. — Nordfuß. 479 ff. — Ersteigungsversuche. 486 ff. — Gebirgsbeschaffenheit. 496. — Flora. 497. — Schneegränze. 500 ff. — Seitenattraction. 503. — Erdbeben u. Einsturz (1840). 507 ff. 740. — s. Aghri Dagh, Masis.
Ararat, kleiner (Kutschuk dagh, Kutschuk Aghri dagh). IX, 915. X, 345. — Höhe. X, 378. 486. — Ersteigung. 504 ff.
Ararat (der Bibel), armen. Königreich. X, 358. — Provinz Central-Armeniens. 389. 589.
Araratgestein, schwarzes. X, 460.
Araratia (Airarad), d. i. die armen. Landschaft des Ararat. X, 358. 515.
Ararat Minni (chald.). X, 359.
Arar-Bäume (Berg-Cypresse), bei Herat. VIII, 241. 242. XI, 569.
Aras (Araxes?), Zufluß zum Sihun. VII, 739.
Aras, s. Araxes.
Arasbar (türk.), s. K'haravaz.
Araskin, s. Raskam.
Aras Oglu, Dorf in Armenien. X, 439.
Aratan, Dorf am Ararat. X, 509.
Arath, armen. Berg (Ararat). X, 362.
Aratschuk (Kartschuk?). VII, 708.
Aratuschi (Eutorche), Stadt in Kaschghar. VII, 418. 516.
Arawan, Stadt Khokands. VII, 753.
Araxenii campi. IX, 914.
Araxenus campus. X, 577.
Araxes, Fluß zum Bakhtegan See in Persis. VIII, 866. 869. — s. Bendemir.
Araxes (Aras, Ab-Aras, Nahr A., Rud i A.), Zufluß zum Kur und kasp. See. VII, 714. — nördl. Gränzstrom Aderbidjans. IX, 766. 767. 791. 797. — des pers. u. russ. Reichs. IX, 869. — zw. Armenien u. Medien. 909. 915. — Fluß u. Ebene. X, 367. 466 ff. — Niveau. 372. — Stufenland u. Zuflüsse. 377 ff. — Quellen, Quellflüsse. 385 ff. 429. 661. — hypsometr. Verhältnisse. 900. — Namen. 389.
Araxes (Xenoph.), d. i. Chaboras, Khabur, Zufluß zum Euphrat. X, 13. 15. 247. 1148. XI, 253. 349.
Araxilvanc, armen. Apostel. X, 481.
Arayawa. VIII, 20. 100. — s. Aria.
Arayu. VIII, 20.
Ἀραξηνὸν πεδίον (Strab.). X, 577.
Arb (sanskr.), d. h. gehen, laufen. VIII, 49.
Arba, Narba (Theophan.), d. i. der unt. Dipalah. IX, 418. 457. 505. — Quellfluß des Adhem. IX, 540. — s. Aksu, Nahrawan, Narba.
Arbach, Arbâh (Keilschr.), d. i. Araber. VIII, 79. 89.
Arbain, s. El Erbayn.
Arbalene, Landschaft am Zab. IX, 520.
Arban, St. am Chabur. XI, 271.
Arbea, s. Souc el A.

Arbeh (d. h. viel sein), Heerdenheuschrecke. VIII, 810. 812. 813.
Arbela (jetzt Erbil, Erdebil), Stadt in Assyrien. VIII, 89. — ihre angebl. Erbauung. IX, 519. 698. — Schlacht bei (Gaugamela). IX, 113. 700. — Residenz. XI, 172. 173. 575. 594. 665.
Arbet, Gränzort von Schehrezur. IX, 443. 459.
Arbil (arab.), Kurdenstadt. IX, 535. 636 ff. 692. — s. Erbil.
Arbondes, Prinz von Edessa. X, 117.
Arbusen, d. i. Wassermelonen, in Masenderan rc. VIII, 371. 436. — bei Kazwin. 588. — am Aras. X, 382. 522.
Arbutus unedo, im Taurus. X, 919.
Arbuzunk, Dorf am Van-See. X, 332.
Arca (Ptol.), s. Arka. X, 848.
Arcamo (Tab. Peut.), Stadt in Mesopotamien. XI, 371.
Archak, d. i. Arsacide. VIII, 79.
Arche, Etymol. X, 273. 361. — auf den Sindschar-Bergen. XI, 449. — s. Apobatärion, Noah.
Archeh (Artschah?), d. i. Berg-Pinus. VII, 310. 481.
Archelaus, König Kappadociens. X, 857.
Archelia, Flecken auf Cypern. XI, 551.
Archias, Seecapitain Alexanders. X, 39.
Archigenes, Arzt. IX, 234.
Architektur, s. Bauart rc.
Archur, Dorf am Murad. X, 106. 713.
Arcengifa, s. Hösön Keif. XI, 81.
Arçqy, d. i. Arsacide. VIII, 79.
Arctomys marmotta, s. Murmelthier.
Ardabil, s. Ardebil.
Ardachar, am Araxes. X, 475.
Ardaghan, Festung in Armenien. X, 418. 751.
Ardahan, Sandschakat von Kars. X, 424.
Ardaneh, Ort in Ferghana. VII, 483.
Ardanoutche, Armenier das. X, 643.
Ardasch, schlechte Seide. VIII, 687.
Ardaschad (Artaschad), Residenz der Arsaciden am Araxes. X, 83. 113. 400. 454. — s. Artaxata.
Ardasches, Sohn Sanadrugs. X, 453.
Ardasches II. (90 n. Chr.). X, 590.
Ardaschir II., Fürst von Tabrestan (st. 1242). VIII, 541. — s. Ardeschir.
Ardaschir ibn Babec, Geschlecht. X, 1056. — s. Ardeschir Babegan.
Ardavan, s. Artabanus.
Ardaz, Distrikt in Persarmenia. IX, 920.
Ardbaba, Kegelspitze des Zagros. IX, 428. 580.
Ard Babel, die Flur Babels, Umgegend von Hilleh. XI, 785.
Ardchek (Erdjik, Erchek, Erchekjun), Süßwasser-See im Osten des Van-Sees. IX, 642. 923. 974.
Ardchek (Altchek), Dorf am gleichnamigen See. IX, 924. 975. X, 299.
Ardebil, Stadt am Kara Su im nordöstl. Aberbidjan. VIII, 15. 126. 661. IX, 788 ff. — astr. L. 836. — Dist. VIII, 671. IX, 800. 801. — vgl. Saba A., Erdebil.
Ardeku, Flecken bei Yezd. IX, 27.
Ardelan, ursprünglich Name eines Vorfahren der Fürstenfamilie in Senna. IX, 437.
Ardelan, das östl. Kurdestan. IX, 365. 433. — Ursitz der Kurden. XI, 141. — s. Senna A.
Ardenjan, Arm des Heratflusses. VIII, 241.
Arderikka, Ort in Assyrien, Kolonie der Eretrier. IX, 200. X, 8.
Ardeschir (Ardaschir, Artaxerxes), Königstitel. VII, 580. — s. Destur A., Takht A., Ardasches.
Ardeschir I. (Babegan), d. i. Artaxerxes Sohn Babecs, Gründer der Sassaniden-Dynastie

(226—239). VIII, 23. 276. 770. 783. IX, 98. 103. 146. X, 135. 525. 590. XI, 24. — s. Ardaschir ibn Babec.
Ardeschir II. (Artaxerxes), reg. 381—388. X, 169.
Ardeschir, gelehrter Parse aus Sistan. VIII, 72.
Ardeschir Koureh (Kureh, Khureh), Ardeschirs Residenz in Fars. VIII, 770. XI, 525.
Ard es Seikal, Ebene in Syrien. XI, 742.
Ardestani, arab. Ilats. VIII, 392.
Ardidj Dagh, s. Ardschisch Dagh.
Ardikone, bei Schiraz. IX, 134.
Ardil Mohamedy, s. Mohamedy.
Ardimet-Khaghakh (d. h. Stadt der Artemis oder Diana), alter Name für Vagharschabad. X, 360. 515.
Ardisch, s. Ardjisch.
Ardischah, Ardischai, Nestorianer-Ort in N. Kurdestan bei Urmia. IX, 682. 944. 945.
Arditheos, armen. Priester (300 n. Chr.). X, 565.
Ardjaa, s. Arka.
Ardjah, Arjah(?), Station am Euphrat. XI, 819. 963.
Ardjek, bei Van. IX, 993. — s. Ardchek.
Ardjisch (Ardjiz, Argisch, sprich Ardisch; Arsissa, Dargiz), Castell u. Stadt im Norden des Van-Sees. IX, 785. 923. 980. 989. 994. X, 271. astr. L. 287. 318. 322. 334. 660. 666.
Ardjisch-See, d. i. Van-See. IX, 784. 923.
Ardjiz, s. Ardjisch.
Ardos (Ordooz), Dorf in Armenien. X, 421.
Ardoui-sur, Quelle. VIII, 48.
Ardri çûra (Zend), Quelle. VIII, 48.
Ardsan, arm. Geistlicher. X, 573.
Ardschak, Flecken in Aderbidjan. IX, 801.
Ardsche, s. Arka. XI, 974.
Ardschir, s. Ardeschir. VII, 539.
Ardschisch Dagh (Argäus), Berg in Kl. Asien. X, 837. XI, 144. 145.
Ardsje, s. Arka. X, 32. XI, 976.
Ardukend, d. i. die Stadt Kaschghar. VII, 410. — vgl. Artuche.
Arduschi, s. Artuschi.
Ardzati, in Armenien. X, 643.
Ardzen, s. Arzen.
Ardziv (armen.), d. i. Adler. X, 586.
Ardzke (armen.), IX, 988. — s. Ad-el-jivaz.
Ardzruni, armen. Geistlicher. X, 573.
Ardzrunier (Ardzruni, d. h. Adlerträger), armen. Fürstengeschl. IX, 981. 1000. X, 554. — Abfall vom Christenthum. X, 573. — ihr Ursprung. 586.
Arebkir, s. Arabgir.
Areb Tagh, Berg in Kurdestan. XI, 640.
Areb-Zeban, d. h. arab. Zunge. VIII, 381. — s. Ilats A.-Z.
Areca (Ptol.), ob = Arka? X, 848.
Areësa palus, d. i. Van-See. IX, 785.
Areg, s. Ark. VIII, 464.
Areh, Distrikt Ferghanas. VII, 745.
Areia, Areier (Arrian.), Volk. VIII, 20.
Areias (Arrian.), Fluß. VIII, 20.
Arem (Irem), s. Bahr al A.
Arenaria recurva, am Ararat. X, 499.
Areobindes, röm. Feldherr, von Kobad geschlagen. XI, 30.
Ares (Mars), s. Aris.
Aresch, Distrikt Schirwans. VIII, 126.
Arethas, Aretas, Saracenen-Fürst. XI, 402. 1135.
Arethusa (Plin.), Tigris-See. IX, 785. X, 85. 90. 101. — Quelle. XI, 105. — vgl. Arsene.
Aretien, in Kurdestan. XI, 647.
Arevorti (d. h. Kinder d. Sonne), Secte in Khinis. X, 668.
Arfah-Zad, d. i. Arpharad. IX, 356.
Arg (Pehlv.), Fluß. VIII, 49.

Arga, s. Arka.
Argäus (Ardschisch Dagh), Berg Kappadociens. X, 837. XI, 144. 145. — s. Ἄργος.
Argaf, Tigris-Kanal. X, 189.
Argalang (mandsch.), d. i. Marghinan. VII, 484.
Argali (tatar.), d. i. wilde Schafe. VII, 312. 457. 733. 736. — (Ovis ammon) im Taurus. XI, 506.
Argamak, edle Pferderaçe in Khokand ꝛc. VII, 644. 763.
Argana, Ort in Armenien. X, 717. — s. Arghana.
Argeon, Weidenart. VIII, 844.
Argerosch Dagh, Arjerosch Daghi, s. Erdosch Tagh. IX, 1003. X, 289. XI, 169.
Argha (ind.), d. i. Schiff. X, 361.
Arghana, A. Maaden, Kurden-Stadt am obern Tigris. X, 101. 103. 105. 717. — Höhe. 104. 905. — Lage, Einwohner ꝛc. XI, 4. 15. 16. 17. 19. 42. — ob Martyropolis? XI, 74.
Arghana-Berge, mit Kupfergruben. X, 701. — Höhe. 904.
Arghandab, Fluß. VIII, 122.
Argh-anel (armen.), d. h. setzen, pflanzen. X, 481.
Arghani, Sandschakat von Diarbekr. XI, 43.
Arghestan, Bach bei Kandahar. VIII, 162.
Arghidagh, Arghitagh. X, 77. 273. — s. Aghri Dagh.
Arghi Dagh, Berg in Kurdestan. XI, 642.
Arghni (armen.), d. i. Arghana. XI, 17.
Arghun, Emir in Syrien. X, 1034.
Arghuri. X, 479. — s. Aghuri.
Arghwan, Baum in Kohestan. VII, 250.
Argia, s. Arka.
Argiron, verderbter Name für Erzerum. X, 269. 270.
Argisch, s. Ardjisch. IX, 785. 923.
Ἄργος (Strabo), Bergfeste am Taurus in Kappadocien. X, 849. — s. Argäus.
Argrud, d. i. Jaxartes. VIII, 49.
Argub, Dorf in Baz (Kurdestan). XI, 600.
Argun Aga, monghol. Statthalter Syriens (nach 1258). X, 1034.
Arg-vat (Pazend), d. i. Jaxartes. VIII, 49.
Arhakhelots Vankh, d. i. Apostel-Kloster. X, 666.
Arhan, s. Rahan. VII, 361.
Arhaparin, s. Surb Grigor A.
Arhnoïodn, armen. Provinz am Ararat. X, 363.
Arhp'ha tschaie (arm.), s. Arpa tschai. X, 398.
Arhu, s. Schamirama a.
Arhun, Zufluß zum Araxes. X, 464.
Aria, Bezeichnung verschiedener Landschaften; vergl. Chorassan (Khorasan), Eeriene.
Aria, Arien, persische Provinz, Landschaft im engeren u. weiteren Sinne. VIII, 4. 20. 38. 100.
Aria (Ἀρία, Ἀρεία, Strab.), kl. Landschaft von Parthien, an der Ostseite des kasp. Sees. VIII, 19. 120.
Aria, an der medischen Gränze, am Anfange der Haphton-Berge. IX, 424.
Ariacae. VIII, 39.
Ariana, Ariane, d. i. Iran im Gegensatz v. Turan. VIII, 4. 19. 21 ff. 38. — Lage nach Eratosthenes. 21. — nach Strabo's Beschreibung. 22. 37. — s. Eeriene.
Arianen, Arianer. VIII, 77. 100. X, 578. — in Edessa. XI, 350. — s. Arier.
Ariania (Ἀριάνια, Steph. Byz.), Land im äußersten Westen des kasp. Sees. VIII, 18.
Aria palus, s. Zareh-See. VIII, 132. 153.
Ariarethes, König. X, 837.
Ariaspen, Reitervolk in Aria. VIII, 66.
Arier, Bezeichnung für verschiedene Völker, z. B. die östl. Inder, Meder ꝛc. VIII, 17. 18. 19. 20. 21. 91. — s. Arianen.

Arigaeum (Arrian.). VII, 201.
Ariklan, Bach bei Orfa. XI, 320.
Aril, Flecken in Syrien. XI, 564.
Arima, d. i. Iran im weiteren Sinne. VIII, 38.
Arimaspen, Etymologie. VIII, 39.
Arimera (Ptol.; Apammaris), am Euphrat. X, 1000.
Arimsu, Zufluß zum Frat. X, 1150.
Arin, Dorf am Van-See. X, 323. 332.
Arinj, Dorf in Armenien. X, 637.
Arinthäus, röm. Feldherr. X, 140.
Ariobarzanes, perf. Feldherr. VIII, 871. — vertheid. die Uxier-Päffe. IX, 136.
Arioch, Ebene von. IX, 423. — f. Hara.
Arion (Keilschr.), d. i. Arran. VIII, 79.
Ariôu, in persepolit. Keilschrift. VIII, 19.
Aris, d. i. Ares, Mars. XI, 309. — in Haran. 313.
Arisch, f. El A.
Arische Sprache. VIII, 107.
Arischkerd, f. Alaschgerd.
Arisdages, Patriarch. X, 779.
Aristagoras, seine Landkarte v. Vorder-Asien (494 v. Chr.). IX, 309.
Aristhathalis, Aristhatalis, d. i. Aristoteles. VIII, 292. — Alexanders Vizier. IX, 831.
Aristobulos, Zeitgenoffe Alexanders M. IX, 700. X, 31. 37. XI, 898.
Aristokratie, vorherrschend in Persien. IX, 886.
Aristolochia, in Mesopotamien. XI, 358.
Aristoteles, seine Unkunde von der Natur des Zuckers. IX, 232. — armen. Uebersetzg. X, 568. — von Haraniern citirt. XI, 310. — f. Aristhathalis.
Arius, Fluß im Lande der Arier. VIII, 19.
Ariwan, Station in Ferghana. VII, 486.
Ariyaman, d. i. Arianen. VIII, 39.
Ariyana, das reine Iran, Aderbidjan. IX, 1045.
Ariyu-han, die Ruinen v. Zarnah. IX, 423.
Arja Atis, f. Erza Atis. IX, 644.
Arjah, f. Ardjah.
Arjamand, Stadt im Elburs. VIII, 498.
Arjen, f. Arzhen.
Arjerosch Dagh, f. Argerosch D.
Arjisch, f. Ardjisch. X, 287.
Arjun, f. Descht A.
Ark, Areg, d. i. arx, Burg. VIII, 300. 323. 464. 607. IX, 102.
Ark, Citadelle v. Balkh. VIII, 225.
Arka (Arga, Argia, Ardjaa, Ardsche, Arria, Al Arkah), Dorf u. Zollstätte am unt. Euphrat. X, 32. 848. XI, 973. 974. astr. L. 976. 992. 995. 1044. — f. Ardjah.
Arkali, Weißwild. VII, 312.
Ark Ali Schah, Burg von Tabriz. IX, 857.
Arkam, f. Zaid Ibn A.
Arkan, Dorf am unt. Euphrat od. Schat el Arab. X, 52. 61. 175.
Arkar ghalcheh, Rothwild. VII, 312.
Arkavank, f. Ahkevank.
Arkechs, Stamm. VII, 702.
Arkeko. XI, 545.
Arkh, f. Agdja A.
Arkhuri. X, 479. — f. Aghuri.
Arkidyakono, Geistlicher der Nestorianer. IX, 677.
Arkoui (Aragau?), Stadt in Ost-Turkestan. VII, 516.
Arktakana, f. Artakoana.
Arktakene (Ptol.), parth. Provinz. VIII, 119.
Ἀρκτακόανα (Arrian.), ob Herat? VIII, 20. — f. Artakoana.
Arku, f. Aragau. VII, 419.
Arkukli, f. Kyk-hurnali.
Armaeus, Nachkomme Armenacs, X, 466.
Ἀρμακάλη, f. Nahar malcha. X, 49.
Armalchar (syr.), f. Nahar malcha. X, 49.

Arman (Armen), s. Schach-A.

Ἀρμαουϊάρα, Ἀρμαουρία (Ptol.), d. i. Armavir. X, 465.

Armavir, Enkel Armenacs. X, 465. — Sohn des Armaeus. 466.

Armavir (Ἀρμαουϊάρα, Ἀρμαουρία, Ptol.), alte Feste in Armenia major (Hoch-Armenien). X, 449. 454. 465. 473. XI, 571.

Armavirsche Platane, im altarm. Cultus. X, 467.

Armeghaneh, in Persien. VIII, 624.

Armek, kurzer Kaftan. VII, 752.

Armen, d. i. Armenien. X, 359.

Armenac, Sohn od. Enkel Haiks. X, 436. 466.

Armenas. X, 922.

Armenia Cilicia. X, 596.

Armenia major (Strabo), d. i. Hoch-Armenien. X, 73. 116. 269. 715. 737.

Armenia maritima, d. i. die Krimm. X, 441. 597.

Armenia minor (Strabo). X, 73. 116. 737. 790. 796.

Armenia Persica. IX, 916. X, 574. — s. Aderbidjan, Persarmenien.

Armenia quarta. X, 713. 793.

Armenia secunda. X, 790.

Armenien, Etymol. IX, 721. X, 359. — Weltstellung. X, 115. — Hochland. 285 ff. — geograph. Quellen u. Hülfsmittel. 365 ff. — Gränze des türk. u. russ. 386. — Theilung in ein östl. persisches u. westl. byzantinisches (387 n. Chr.). X, 559. — Einwanderungen. 584 ff. — Areal Volksz hl. 604. 753. — zum Theil von Kurden bewohnt. XI, 145.

Armenier (Erminier, arab. und türk.), nichteinheim. Benennung. X, 577. — in Kabul. VII, 242. — fehlen in Khokand. 779. — Kolonien in Afghanistan rc. VIII, 91. 188. — in Reschd. 650. IX, 50. — Seidenhändler. VIII, 683. — in Schiraz. 852. — Ansiedlung bei Ispahan. IX, 47. — aus Persien nach Europa versetzt, ihre geistige Erniedrigung. IX, 50. — von Schach Abbas in Iran angesiedelt. 66. — Dörfer in Irak Adschem. 66. — in Hamadan. 123. 128. — in Kermanschah. 371. — in Senna. 432. 434. — am Adhemfluß. 504. — in Kerkuk. 553. — in Kurdestan. 658. — in Amadia. IX, 719. XI, 592. — Volkszahl in Persien. IX, 890. — um Khoi. 911. — in Selmas. 967. — in Jamalawa. 971. — in Kotur. 974. — in Van. IX, 977. X, 290. 297. 317. 318. 334. — in Bitlis. IX, 1004. X, 687. XI, 94. — in Merhemed abad. IX, 1017. — in Mosul. X, 274. XI, 186. — in Diyadin. X, 336. — in Bayazed. 339. 348. 349. — in Lori (Georgien). 374. — in Kars. 426. 432. — Ansiedlungen in Polen, Südrußland, Krimm. 441. 815. — in Astrakhan. 442. — am kasp. Meer. 567. — ihre Auswanderungen u. Zerstreuung. X, 594 ff. — am Pontus. 597. — Characteristik. 634 ff. — in Musch. 664. 676. — mit kurdischer Sprache, am ob. Murad. 674. — in Ilijeh. 698. — in Hineh. 699. — in Piran. 701. — in Palu. 713. — in Erzerum. 756. 757. 761. — in Erzingan. X, 770. — in Gamach. 785. — in Egin. 791. — in Arabgir. 799. — in Kieban Maaden. 801. — in Kharput. 810. — in Gurun 842. — in Manjulik. 847. — in Malatia. 863. — in Gerger. 871. — in Süvereh. X, 876. — in Behesni. 895. — am Euphrat. 924. — im nördl. Syrien. 938. — in Aintab. 1036. — Partherfeinde. X, 1134. — in Arghana. XI, 15. — in Maaden Kapur. XI, 17. — in Diarbekr (Amida). 57. 59. 61. — in Orfa. 327. — in Kodsch Hissar. 373. — in Mardin. 387. 390. 392. — in Dara. 405. — in Basch Kala. 642. — in Hilleh. 787. — in Bagdad. 799. 815. 844. — in Basra. XI, 1037. — s. Katholische Armenier.

Armenische Aera (551 n. Chr.). X, 485.
Armenische Baukunst. X, 550.
Armenische Congregation, auf St. Lazaro. X, 540.
Armenische Druckereien. X, 632.
Armenische Fürsten, in Kurdestan. IX, 717. — in Miafarekin. XI, 70.
Armenische Hochschulen. X, 633.
Armenische Inschriften, in Ani. X, 444.
Armenische Kirche. X, 611 ff. — ohne Gemeinschaft mit der chaldäischen der Nestorianer. IX, 668. — in Hamadan. 123. — s. Kirche.
Armenische Lieder. X, 546.
Armenische Literatur u. Studien. X, 538 ff. 549. 558 ff.
Armenische Patriarchate. IX, 996. X, 620 ff. — in Romkalah. X, 936. 988.
Armenische Pylen (Eratosth.). X, 985.
Armenisches Alphabet. X, 580.
Armenische Schrifterfindg. X, 544. — angebl. in Palu. X, 715.
Armenisches Klosterleben. X, 627.
Armenische Sprache. X, 538 ff. 577 ff. — Gränze in Aderbidjan. VIII, 631.
Armenistan s. Deria A.
Armi, d. i. Urmia. IX, 942.
Armia, d. i. Urmia-See. IX, 942.
Armin, Volk. VIII, 91. IX, 768.
Armon, d. i. Armenien. X, 359.
Armon (hebr.), ob Platane? XI, 516.
Armotulli, Plateaufläche des Elburz. VIII, 351.
Armstrong, Mr., in Tabriz. IX, 865.
Armud Aghai, Dorf bei Urmia. IX, 947.
Arnardin, Distrikt von Hamadan. IX, 121.
Arnat, Dorf v. Bayazed. X, 347.
Arneb, d. i. Kaninchen. XI, 505.
Arnis, Dorf am Van-See, astr. L. X, 287. 302. 321.
Arnoug (od. Garbnic), armen. Anachoret. X, 625. 781.
Arocha, s. Felix d'A.
Arodhy, s. Mu Woyyad al A.
Aroei (Keilschr.), Volk. VIII, 79.
Aròi (Keilschr.), d. i. Haroyu. VIII, 79.
Aromatische Pflanzen, in Nord-Persien. IX, 20.
Aromea, d. i. Urmia. IX, 650.
Aroos, s. Aruz.
Arosis, Oroatis (Nearch und Arrian), Küstenfluß des pers. Golfes. IX, 134. — jetzt Tab-Fluß. X, 27. — s. Zab. IX, 134.
Arost, Fluß in Armenien. X, 394.
Arovestania. VIII, 36.
Arpa Ghöl, armen. See. X, 398. 427.
Arpagi, d. i. Arpa tschai. X, 434.
Arpag Pagur, chines. König. X, 590.
Arpa-tschai (Arpa su, armen. Arhp'ha tschaie), d. h. Gerstenfluß, Gränzfluß des russ. u. türk. Armenien zum Araxes. IX, 870. X, 386. 398. 401. 427. 428. 433 ff. — vgl. Akhurean, Harpasus.
Arphachsad, Arpharad (Alphasates), ob = Phraortes? VIII, 89. IX, 104. 356.
Arraca, d. h. die Bewässerung, Bezeichnung für viele Orte. X, 1145.
Arraca, Ar Rakka, d. i. die Stadt Rakka. X, 1116. 1143.
Arradschin (arm.), d. i. was zur Rechten ist was vorliegt. X, 582.
Arraghian, Stadt am Jerahi. IX, 136. — s. Ab-Arraghian.
Arrak, aus Weintrauben. VII, 462. — in Kerkuk. IX, 553. — in Bitlis. XI, 94.
Arrakhadz, s. Alaghez.
Arran, bei Orientalen des Mittelalters Bezeichnung für das Land der Arier. VIII, 19. 79.
Arran, s. Charran.
Arrendy, Seidenwurmart. VIII, 703.

Arret, s. Scheikh A.
Arrhene, Landschaft. X, 85.
Arria, s. Arka.
Arrian, über Mesopot. X, 32.
Arrischa, chald. Gemeinde bei Amadia. XI, 592.
Arriuz (Ἀζίρις, Ptol.), Gau Hoch-Armeniens. X, 774. — d. i. Erzingan. X, 773.
Arroasia, d. i. Landschaft von Roha (Osrhoëne). XI, 340.
Arrokadsch, s. Arachosien. VIII, 121.
Ar Roszafat, d. i. Sergiopolis. X, 1089.
Arrul, Indus-Arm. VII, 158.
Ars, Dorf im unt. Pasin. X, 390.
Arsacavana, armen. Asyl am Ararat. X, 339.
Arsaces, Etymol. VIII, 75. 79. — s. Arschag.
Arsaces(?), Gründer von Arsacavana. X, 339.
Arsaces, armen. Commandant in Sura. X, 1082.
Arsaces I. (Aschek, Aschkanier), Stifter der parth. Monarchie (256 v. Chr.). IX, 115.
Arsaces II., Krieg mit Antiochus d. Gr. VIII, 467. IX, 76. X, 559.
Arsaces III. X, 515.
Arsaces V., besiegt die Marden (c. 181 v. Chr.). IX, 753. — s. Phraates I.
Arsaces d. Gr. (Arschag), Parther-König (reg. 173 — 136). X, 556. 563.
Arsaciden, armen. Könige. VIII, 79. — Schatzhaus u. Grabstätten in Ani. X, 787. — in Erbil. IX, 693.
Arsak, s. Bal A.
Arsakia, d. i. Rai. VIII, 599.
Arsalan, pers. Fürstenfamilie (6. Jahrh.). X, 506.
Arsamon, s. Arzamon.
Arsamosata, Schloß in Sophene. XI, 107.
Arsan, s. Arzen.
Arsanene, s. Arzanene. XI, 75.
Arsanias (Plin.), südl. Euphrat-Arm (Murad, Kara Su?). X, 85. 98. 101. 646. XI, 110.
Arsann, Kurdenort. X, 92. 99. — s. Arzanene.
Arsareth, Land der zehn jüdischen Stämme. VIII, 204.
Arschag I., König (reg. 127 — 114). X, 564. 589. — s. Arsaces.
Arschak II., König (reg. 363 — 381). X, 467.
Arscharunik, armen. Distrikt. X, 629.
Arschcharbi, s. Midschoz a.
Arschdischad, Erbauung. X, 556.
Arschek, Feuertempel bei Herat. VIII, 244.
Arsene, od. Thonitis, Tigris-See in Groß-Armenien. IX, 784. X, 84. 90. — s. Arethusa.
Arsenik, in Hakari. IX, 665. — s. Schwefelarsenik.
Arsenikhaltige Hügel, bei Tabriz. IX, 857.
Ἄρσες, Ἄρζες (Constant. Porphyr.), d. i. Ardjisch. IX, 786.
Arsesa palus, d. i. Van-See. IX, 785.
Arsines (Procop.), d. i. Arsanias. X, 99. 646.
Arsinia (Tab. Peut.), die heutige Arghana. XI, 17.
Arsinoë, in Aegypten, Oelbaum das. XI, 519.
Arsissa (Ptol.), Gegend im Norden des Van-Sees. IX, 785. — s. Ardjisch.
Arsissa palus (Arsesa, Arcëssa), als Bezeichn. für Van-See. IX, 785.
Arslan, s. Alp A., Kilidge A.
Arslan Dede, s. Uslam D.
Arslan Schah, s. Alp Arslan.
Arslán Tágh, d. h. Löwenberg, im ob. Mesopotamien. X, 1119. XI, 280.
Arslan Togmisch. X, 751.
Arsoffa, A. Emir, d. i. Sergiopolis, Resapha. X, 1090. 1093. 1109.
Artaban, parth. Prinz. X, 1137.
Artabanus IV. (Ardavan, Artavan), parth. König, von Ardeschir besiegt (226 n. Chr.). IX, 146. — seine Residenz. 220.

Artabazanes, Satrap in Medien. IX, 113.
Artabazes, armen. König. X, 1047.
Artacabene (Plin.), Stadt. VIII, 239.
Artacauan, Stadt in Aria. VIII, 120. — s. Artakoana.
Artagerae (Artagira), armen. Stadt am Euphrat. X, 84.
Artakoana (Arktakana), das heutige Herat, von Alexander unterworfen. VIII, 239.
Artama (japan.), d. i. Ju-Stein. VII, 386.
Artamit, s. Artemid. X, 295.
Arta-rum (Arza-rum), d. i. Erzerum. X, 760.
Artaschad, s. Ardaschad, Artaxata. X, 576.
Artases, Vater Tigranes. X, 786.
Artavan, s. Artabanus.
Artavast II., König von Armenien (reg. 129—136). X, 507.
Artavazt, Sohn Tigranes M., X, 543.
Artaxata (Artariasata), Residenz der Arsaciden am Araxes. IX, 770. X, 83. 113. 400. 454. 475. 476. — Juden und Alanen das. X, 588. 590. — s. Ardaschad.
Artaxerxes, Name desselben in Keilinschriften. VIII, 23. — s. Ardeschir.
Artaxerxes, König (1. Jahrh.). X, 565. — vgl. Ardasches, Ardeschir.
Artaxerxes Longimanus, d. i. Ahasverus. IX, 126.
Artaxias, Sohn des Tigranes, armen. König. X, 83. 88.
Artaxiasata, s. Artaxata.
Artemid (b. Osmanen; Artamit, Atramit der ält. Zeit), Dorf am Van-See. IX, 991. 996. X, 294. 295. — s. Artemita.
Artemidor von Ephesus, Geograph (bl. 100 v. Chr.). X, 857. — über Ephesus—Babylon. X, 984.
Artemis (Diana), die pers., syr. u. taurische Göttin, ihr Tempel zu Erzingan ꝛc. IX, 345. X, 360. 786. — in Kongawer. IX, 345. — zu Basilia ꝛc. XI, 267. 287. 687. — zu Carrhä. 292. — in Biynau. 690. — ihr Orakel auf Ikaros. X, 39. — vgl. Anahid.
Artemisia abrotanum, in Masenderan. VIII, 547.
Artemisia fragrans, absinthium, im östl. Mesopotamien. XI, 484.
Artemisien, in der Chaldäer-Ebene. IX, 731. — in Kurdestan. XI, 586.
Artemis Persica, d. i. Semiramis. X, 859.
Artemita (Tacit.), Stadt am Arsissa-See. IX, 470. 508. 509. 513.
Artemita (Ptol.), Stadt in Apolloniatis. VIII, 115.
Artesischer Brunnen, eine Art, im Elburs. VIII, 582.
Artoschi Baschi, Gebirgsgau in Hekkari. XI, 598. — s. Artuschi, Erdosch.
Artschah-Bäume (Archeh?), in Turkestan. VII, 481.
Artuasde, König Atropatenes. IX, 114.
Artuche, Stadt in Kaschghar. VII, 418. — vgl. Ardukend.
Artuin, Armenier das. X, 643.
Artúschi (Ardúschi), Kurdenstamm. XI, 641. — s. Artoschi Baschi, Erdosch.
Ἄρτζε (Cedren.), s. Arzen. X, 270.
Aruamba (Arvand), d. h. laufendes Wasser. VIII, 48. IX, 82. — s. Elwend.
Arudi (Harudi), s. Scheikh A.
Arudis od. Arulis, am Euphrat. X, 941.
Arum. VII, 269. — Arten in Mesopotamien. XI, 358. 500.
Arum colocasia, als Papier gebraucht in Mesopotamien. XI, 502.
Arundo arenaria, XI, 1027.
Arus su, s. Aruz su. X, 819.
Aruthion, s. Sanct A.

Aruz (Aroos), Dorf am Kaleh su in Armenien. X, 673. 819.
Aruz su (Arus su), d. i. Kaleh su. X, 668. 819.
Arva (Zend, d. i. das Fließende), Quelle auf dem Elwend. IX, 90.
Arvab, s. Arzab. X, 338.
Arvand (Pazend), d. i. Elwend, Ervend. VIII, 48. 49. — s. Aruamba.
Arvand, pers. Bezeichnung für Tigris. IX, 90.
Arvanus. VIII, 837.
Arvat, Aurvat (Zend), d. i. Pferd. VIII, 39.
Arvat (Zend), d. i. das Fließende. IX, 90.
Arvestanoue (Pehlvi), Land im Westen Persiens, in Ober-Assyrien am Tigris und Euphrat. VIII, 36.
Arvouat, Dorf in Ost-Turkestan. VII, 516.
Arwand, als Bezeichnung für Tigris. VIII, 49. — s. Elwend.
Arwanz, s. Jskele Koï. X, 304.
Arwat, Name der Luri Buzurg für Susan. IX, 315.
Arwend, s. Elwend. IX, 92.
Arxama (Ptol.), Stadt in Mesopotamien. XI, 371.
Arxata, armen. Stadt. X, 83.
Arya (Airya, Aryya), richtige Schreibart f. Aria. VIII, 18. 20.
Ἀρυάνδης. IX, 90.
Aryas. VIII, 91. — s. Airya.
Arya Varta, s. Airya Varta.
Aryawa. VIII, 20.
Aryya, d. i. Aria. VIII, 18. 20.
Arz-ab, Kurdendorf. X, 338. 340.
Arzach, armen. Provinz. X, 630.
Arzamener, Volk in Mesopotamien. XI, 371.
Arzamon (Arzamones, Arsamon, Theophyl. Simoc.), römisch-pers. Gränzfluß in Mesopotamien. XI, 151. 152. 257. 371.
Arzan (d. h. Idol), indischer Oberpriester. X, 554.
Arzan, s. Arzanene.
Arzan Alrum, d. i. Erzerum, X, 723.
Arzanene (Arsanene, Arzanena, Arzan, Erzen, Ersen, Arsann, Herzin), Stadt u. Provinz in Kurdestan. IX, 785. X, 90. 92. 99. 158. XI, 30. 75. 105.
Arza-rum, d. i. Erzerum. X, 760.
Arzdrunier, s. Ardzrunier.
Arze, einer der Erdgürtel in der pers. Kosmogonie. VIII, 43.
Arzemidokht, Sassaniden-Fürstin (636 n. Chr.). VII, 580. X, 61.
Arzen, See zw. Van u. Urmia. X, 90.
Arzen (Arsan), östl. Quellarm des Tigris. IX, 710. X, 98. — vgl. Erzen Tschai.
Arzen, Stadt am östl. Tigrisarm in Kurdestan. IX, 785. — Gau von Hazu. XI, 90. 100.
Arzen (Ardzen, Ἀρτζὲ b. Cedren.), Stadt östl. von Erzerum, wird 1049 durch Seldschukiden zerstört. X, 270.
Arzen (Arzhen), s. Deschti A., Erzen.
Arzendjan (arab.), s. Erzingan. X, 270. 550.
Arzen er Rum, Römerstadt. X, 270. 723. 757 ff. — s. Erzerum.
Arzengan (pers.), s. Erzingan. X, 270.
Arzenka (armen.), s. Erzingan. X, 770.
Arzenruma, d. i. Erzerum. X, 723.
Arzerum, s. Erzerum. X, 401. 426. 642.
Ἀρζὲς (Constant. Porphyr.), d. i. Ardjisch. IX, 786. — ob Erzerum? X, 773.
Arzhen (Arsen), wilder Mandelbaum. VIII, 844.
Arzhenk, s. Div i A.
Arzingan, d. i. Erzingan. X, 269. 641.
Arzneikunde, blüht in Jondi Schapur. IX, 174. — in Bagdad. IX, 288. — s. Heilmethode.
Arzneimittel, chines. Tribut v. Kipin. VII, 687.
Arzrum, d. i. Erzerum. X, 80.
Arzt, Aerzte, mit erblichem Ge-

werbe in Bayazed. X, 348. — berühmte, aus Ahwaz. IX, 229.
Arzunita, s. Jesujabus.
As, Gewicht. VIII, 256.
Asaac, Stadt in Astabene. VIII, 118.
As'ad, Asad, s. Nahr Abil A.
Asadabad, s. Sahadabad. IX, 344.
Asadegan. XI, 568.
Asadod Devlet. VIII, 768. 921. s. Adhaeddoula.
Asadköw (Azatchek), Dorf bei Kars. X, 416.
Asa foetida, s. Assa f.
Asak, kurd. Sandschakat v. Diarbekr. XI, 43.
Asalim, Gränzdistrikt von Ghilan. VIII, 658.
Asalumeh, s. Mohammed Khan Asalumeh.
Asana, Parfüm. VII, 661.
Asaniyah, s. Al A.
Asayi, bei Dorak. IX, 158.
Asayiah, s. El A.
Asbana (Tab. Peut.). VIII, 118.
Asbekan, Stadt Ferghanas. VII, 745.
Asbest, bei Bamiyan. VII, 259. — s. Baumwollenstein.
Asbeste, s. Beste.
Asbestfabrikation, in Chin Chintalas. VII, 440.
Asbestgewand, in Kaschghar. VII, 422.
Asbest-Grube, bei Turfan. VII, 422.
Asbusu (Uspusi, Isbusan), Sommerstation v. Malatia. X, 851. 852. 853 ff. XI, 56.
Ascalon, s. Askalon.
Ascar, d. i. das Lager, am Tigris. X, 208. — s. Askar.
Ascatancas-Gebirge. VII, 691.
Ascetisches Leben, bei Usbeken. VII, 602.
Aschagah, d. i. Unter-Pakengog, kurd. Dorf in Armenien. X, 706.
Aschak, s. Coin Adasey.
Ascham, s. Cai a.
Aschar, Canal bei Basra. XI, 1026.
Aschar, s. El A.
Aschareti, s. El A.
Aschchem, armen. Königin. X, 780.
Aschdischad, Aschdidad (d. h. Stadt der Gebete oder Opfer), Capitale von Daron. X, 528. 553. 666.
Aschenreste, bei Etschmiadzin. X, 378. — s. Salzasche, Vulkan-Asche.
Aschek, s. Arsaces. IX, 115.
Aschekitcheh, Citadelle von Herat. VIII, 244.
Ascher Etrek (russ.), d. i. Attreckfluß. VIII, 343.
Ascheta, Dorf der Nestorianer. IX, 686.
Aschetarag, armen. Dorf. X, 535.
Aschetie, Kurdenfamilie im Dschebel Tur. XI, 439.
Aschferek, Stadt Khokands. VII, 755.
Aschidi Dagh (Aschytt Dagh), Taurus-Verzweigung. XI, 113. 428.
Aschik, Insel im kasp. See. VIII, 514.
Aschik (d. h. die Liebende), Trümmer am Tigris. X, 220. 226. XI, 772.
Aschik Dereh-si, d. i. Liebhaber-Thal, am Tokma su. X, 846.
Aschik wa Maschuka (d. i. der Liebhaber u. die Geliebte), Ruinen am Tigris. XI, 772. — s. Aschik.
Aschin, s. Para A.
Aschirah (arab.), d. h. Familie, Stamm, Land. VIII, 375.
Aschirat-Araber, s. Mosul-A.
Aschiret, s. Assireta.
Aschitah, Aschita, Christendorf in Tiyari. XI, 599. 612.
Aschiti, Kurdenstamm. XI, 113.
Aschkah, Dorf in Kurdestan. XI, 97.
Aschkal (altpers.), d. i. Schakal. IX, 579.
Asch kalab, Poststation am Frat. X, 735. 737. 740. 743. 751. 824.
Aschkanier, s. Arsaces. IX, 115.

Aschkarh, s. Kortaikh a.
Aschlik, Salzsee in Mesopotamien. X, 218. XI, 476. 481. — s. El Milh.
Aschnaghar, früher pers. Provinz. VIII, 123.
Aschoari (Achari), s. Abu Mousa el A.
Aschod, Bagratide, befestigt Ani. X, 440.
Aschod II., reg. 888. X, 587.
Aschod III., in Ani (961). X, 440.
Aschoud, Dorf bei Hamadan. IX, 121.
Aschraf, s. Malekh al A., Ashref.
Aschraf, Dorf am Van-See. X, 323.
Aschraff (Aschreff, Aschruff, Eschreff), Stadt Masenderans. VIII, 433. 436. 437. 469. 523 ff. — Granaten das. XI, 556.
Aschreff-Busen, im kasp. Meer. VIII, 514.
Aschtahak (Astyages). X, 588.
Aschtukan, Trümmerhügel bei Kara Tepe. IX, 515. 543.
Aschuned, Dorf bei Hamadan. IX, 121.
Aschur, s. Rauzah A.
Aschur Dagh, Taurus-Berg am Euphrat. X, 871. 872. 892.
Aschytt Dagh, s. Aschidi D.
Asdabad, s. Sahadabad. IX, 344.
Asdod. XI, 531.
Asduadschin, d. h. zum Gottessohne, zwei armen. Kirchen in Erzerum. X, 761.
Aseddin, Fürst. X, 409. — vgl. Azeddin.
Aseerd, d. i. Sert. XI, 100.
Asef Barchias, Grabmal zu Osch. VII, 482.
Asek, s. Ask.
Aseka, Thal in Judäa. XI, 531.
Asenachuni, Fürst in Ferghana: VII, 575.
Asenk, s. Sepid A.
Aser (armen.), d. i. Feuer. VIII, 615.
Aserabad (Tajrud?), Fluß in Kurdestan. IX, 429.
Aserbeidschan, s. Aderbidjan.
A'serd, d. i. Sert. XI, 90. 99.
Ases, s. Asi. VII, 654.
Asfal, s. Zab A.
Asferah, Distrikt von Ferghana. VII, 734. 745.
Asferah-Gebirge. VII, 725. 734. 745. 747. 771.
Asfur el Tin, d. i. Beccafigue. XI, 508.
Asgangs, d. i. Afghanen. VIII, 190. 205. 206.
Asgar, Asghar (klein), s. Zab ol A., Daniyali A.
As-hab, d. i. Gefährte Mohammeds. IX, 404. — vgl. Askhab.
Ashab i Kahaf, d. h. die Gefährten der Höhle, Siebenschläfer. IX, 174.
Ashari, s. Abu Musa A.
Ashereh (Asferah), Berge bei Ferghana. VII, 745.
Ashparis, Gebirgstribus in Ferghana. VII, 739.
Ashref, s. Najaf A., Aschraf.
Asi (vgl. Ansi, Asiani, An, Ngan), Name verschiedener asiat. Völker, bei Chinesen als Bezeichn. der äußersten Westvölker (Bocharen, Perser, Parther), häufig als Gesammtname der Völker zw. Syr und Gihon. VII, 373. 426. 548. 552. 556. 557. 559. 570. 574. 609. 630. 654. 657. 664. VIII, 695.
Asiah-demian, Ort bei Hamadan. IX, 119.
Asianen. VII, 552. 696. — s. Asi.
Asiatische Städte, merkwürdige Erscheinung ihrer Unvertilgbarkeit. IX, 118.
Asicha, Station am Euphrat. XI, 699.
Asien, Klein-, Oelbaum, Feigen das. XI, 536. 548.
Asien, Mittel-, ethnogr. Verhältnisse. VII, 583 ff. 689 ff.
Asien, West-, die Uebergänge in den Naturformen von Ost- zu West-Asien. VII, 5 ff. — das Hochland od. Iran. VIII, 3 ff.
Asikan (Akhsi?), Gebiet Ferghana's. VII, 746.
Asikur, s. Niphates. X, 911.

Asilanpoti, Fürst von Khodjend. VII, 574.
Asinäus, jüd. Raubfürst in Babylonien. X, 146.
Asis (Aziz), s. Abdel a., Abdul a.
Asitcheou, d. h. Distrikt der Asi. VII, 574.
Asipah, s. Dschebel Kaïfel Rusajah.
Ask (Asek), Station Masenderans am Demawend. VIII, 10. 435. 500. Höhe. 501. 565. 568.
Askalon (Askulan), Stadt. X, 1048. XI, 531.
Askar (Oskar), Lager, Lagerstadt. IX, 192. X, 200. 228. — s. Asker.
Askari Mukram, s. Asker Mokarrem. IX, 192.
Askar Khan, pers. Gesandter in Frankreich. IX, 650.
Askar ol Mahdi, d. i. Lager Mahdi's, bei Bagdad. X, 200.
Askekedak, d. i. Goldbach, zum Frat. X, 728.
Askenas, Nachkomme Gomers. X, 358.
Asker, d. i. Festung. IX, 182. — s. Ascar.
Askeri, Name zweier Aliden-Imams. X, 228. XI, 793. — s. Hassan al A.
Asker Mokarram (Mokrem, Moskrem, Mukran, Askari Mukram), Stadt am Karun in Chusistan. IX, 153. 154. 182 ff. 192. 227. 228. — vgl. Laschkar.
Askhab, d. i. Schüler des Propheten. VII, 528. — vgl. As-hab.
Askulan, s. Askalon.
Asl, s. Schejerat el-A.
Aslam, Zweig der Schammar. XI, 471.
Aslandus, Station am mittl. Arares. IX, 791. 796.
Aslan Tepe (Athlan Tepehssi), d. i. Tamariskenberg, in Mesopotamien. XI, 428. 431.
Asmai, Lehrer Harun al Raschids. IX, 1047.
Asmanabad, s. Sahrai-A.
Asmari, s. Kuhi A.
Asnaur (Asnaour, Aznowar, Haznaour), Jakobiten-Dorf in Mesopotamien. XI, 256. 257. 440. 441.
Asnaur-Fluß (Hassawi, Nahr Hesawi, Hawasi, Hasnawi, Dagora su), zum Chabur. XI, 265.
Asolich, armen. Autor. X, 776.
Aspad, Bach zum Abi Zal. IX, 202. — s. Kal A.
Aspadane (Ptolem.), s. Ispahan. IX, 40. 41.
Aspagani (Plin.), Volk. VIII, 206.
Aspahan, d. i. Ispahan. X, 588.
Asparagus, am Euphrat. X, 1075.
Asparagus officinalis, s. Spargel.
Aspedzihun, Aspedzisun, s. Aspidschin.
Asper, Münze. XI, 691.
Asphalt, am kasp. See. VIII, 549. — zu Arderikka. IX, 200. — bei Hit. XI, 749. — am Euphrat. 757. — s. Erdharz.
Asphaltartiger Schlamm, zu Samosat. X, 926.
Asphalt-Quellen, am Tigris. XI, 669. 670.
Asphalt-See. IX, 955.
Asphodelien, am Euphrat. X, 1031. — in Mesopotamien. XI, 499. 500. — in Central-Kurdestan. 619.
Aspidschin (Aspedzihun), Dorf in Tenkabun. VIII, 544. 549.
Asp Iredj, d. i. Bollwerk von Iran. IX, 85.
Aspisische Berge, am Jaxartes. X, 261.
Aspuga, Dorf in Armenien. X, 420.
Assad, arab. Stamm am Tigris. X, 232.
Assad-Khan, bei Bagdad. XI, 870. 871. — vgl. Azad Khan.
Assad Pascha, in Bagdad. XI, 823.
Assa foetida, im Hindu Kusch. VII, 260. — in Kabulestan. VII, 686. — Ausfuhr aus Afghanistan. VIII, 168. — reichlich bei Herat. VIII, 175. 249. 252. — um Kelat. 715. — gute, in La-

ristan. VIII, 751. — s. Andjodan.
Assah al Tuarikh, hist. Werk. VIII, 839.
Assakanen, s. Afghanen. VIII, 102. 190. — s. Assekanen.
Assam, Granaten das. XI, 560.
Assan (pers.), d. h. bewohnte Gegend. VIII, 113.
Assanchiph, d. i. Hößn Keif. X, 94.
Assassinen (Haschaschin, Assissinen, Haschischin), d. h. Berauschte. VIII, 576. 583. 591. IX, 403.
Asschab er râs (Kopfanbeter), Secte. XI, 307.
Assekanen (Assakanen), Vorväter der Afghanen. VIII, 102. 109. 206.
Asseln, bei Mosul. XI, 218.
Asselon, s. Bender A.
Assena (Osseno), Turk-Fürst. VII, 571. 586. 700.
Assena Chuni, Turkfürst (642 n. Chr.). VII, 645.
Asseran, Ort in Khorasan. VIII, 508.
Assireta (Aschiret, Assyrier), Kriegerstämme der Kurden. IX, 570. 573. 657. — Nestorianer von Dschulamerk. IX, 673.
Assissinen, s. Assassinen.
Assuany, s. Ibn Selym el A.
Assur, erbaut Ninive. XI, 662.
Assur, d. i. Assyrien. VIII, 89.
Assur, Assyrier, Reste des Namens in Kurdestan. IX, 570. 573. 620. — s. Athur.
Assyab i Schah (d. h. Königsmühle), Ruinen bei Kaschan. IX, 36.
Assyl eddin, Sohn Nasr eddins. IX, 843.
Assyne Abasse, arab. Emir. X, 1072. 1073. 1095.
Assyrer, nach Ansicht der Alten. X, 108. — bei Van. X, 313. — Geschichte ders. 571. — s. Assireta, Soran-Kurden.
Assyrien, Namen. VIII, 89. — Ausdehnung nach griech. Ansicht. VIII, 114. X, 108. 122. 242. XI, 575. — d. i. Babylonien. X, 145. — oft als Syrien der Griechen. X, 7. XI, 293. — s. Adiabene, Aturia.
Assyrische Einwanderung, nach Armenien. X, 585.
Assyrische Grabstätten, bei Babel. XI, 923.
Assyrische Schrift. VIII, 80. 105. — in Armenien. X, 554. — Schriftzeichen bei Van. 315.
Assyrische Schriftsprache, der Semiramis. X, 308.
Ast, Ort. VIII, 469. — s. Schapurkh-Ast.
Astabene, parth. Provinz. VIII, 118. — s. Asterabad. 341.
Astanek, Gränzdorf Masenderans. VIII, 464.
Astara, Astarah, kleine Festung in Ghilan am kasp. See, Höhe. VIII, 15. 656. 660. IX, 796.
Astarte, d. i. Semiramis. X, 859.
Aster, am kasp. See. VIII, 517. — im südl. Mesopotamien. XI, 959. — alpinus, auf dem Ararat. X, 498. — pulchellus, am Ararat. 499. im östl. Mesopotamien. XI, 484.
Asterabad, Astrabad (Astabene?), Stadt, Landschft u. Golf des kasp. Sees. VIII, 12. 118. 123. 126. 341. 360. 473. 512. 514 ff. 688. XI, 556. — Dist. VIII, 469. 523. — s. Tambraka.
Asterabad Jamud, Tribus. VIII, 410.
Asterik, Dorf Masenderans. VIII, 518.
Asterscheineh. VII, 746.
Asthianene, ob Haschtean der Armenier? XI, 78.
Astini, s. Pir A.
Astisat, Stadt. X, 787.
Astrabad, s. Asterabad. XI, 556.
Astrachan, s. Astrakhan.
Astragalen, als Heerdenpflanze vorherrschend im hohen Vorder-Asien. IX, 20. — bei Hamadan. 77. — am Aras. X, 382. — in Armenien. 818. — in Kurdestan. XI, 167. — in Mesopotamien. 499. — am mittl. Euphrat. XI, 702.

Astragalus alopecuroides, guttatus, in Mesopotamien. XI, 502.
Astragalus austriacus, sulcatus, in bocharischen Steppen. XI, 499.
Astragalus christianus, dumetorum, in Kl. Asien. XI, 499.
Astragalus mollis, am Ararat. X, 499.
Astragalus poterium, in Mesopotamien. XI, 499. 502.
Astragalus spinosus, bei Mosul. XI, 218.
Astragalus tragacantha, in Kurdestan. X, 689. XI, 658. — in Mesopotamien. XI, 499. 502. — (Ziegendorn) in Tiyari. 617. — s. Gummi Traganth.
Astragalus verus, in Kurdestan rc. IX, 20. XI, 658.
Astrakhan, Stadt an der Wolga. VIII, 543. IX, 871. — Armenier das. X, 442. 597. — armen. Druckerei. 633.
Astrolabium, kolossales, auf der Sternwarte in Maragha. IX, 842.
Astrologie, allgemeine, bei Persern. VIII, 786. IX, 814. — prophetische, Nasir-eddins. 838. — in Bagdad. X, 277.
Astronomen, in Maragha. IX, 840.
Astronomen-Congreß, in Sindjar. XI, 447.
Astronomie, in Kurdestan. IX, 626. — unter Mendaïten. XI, 303.
Astronomische Bücher, in Kipin. VII, 687.
Asturdjeh, Kurdenlager. IX, 924.
Asturen, Dorf bei Hamadan. IX, 121.
Astyages, Sohn Kyaxares. IX, 73. 106. X, 588.
Astyazatsin. X, 315.
Asus, d. i. Ipas. X, 1139.
Aswad (d. h. das Schwarze), beiliges Buch der Yeziden. IX, 761. — s. Simmak el A.
Aßperudschj, d. i. große Bergveste. IX, 85.
Ata, die Spuds der Turkmannen. VIII, 407. 408.
Atabeg (Atabek), s. Jadahi-A., Mohammed bi A.
Atabegs, Atabeken (Väter der Fürsten), bei Luren = Statthalter. IX, 152. — Herrschergeschl. IX, 118. 218. X, 257. — in Malatia. X, 862. — erobern Behesni. 895. — in Ninive. XI, 176. — in Mosul. 181. 182.
Atachas, Feste in Diarbekr. XI, 82. 381.
Atak, turkm. Pferderace. IX, 364.
Atak, Fluß u. Schloß in Kurdestan. X, 93. XI, 39.
Atamelik Dschowaini, Vezier u. Chronist. VIII, 586.
Atargatis (Atergatis), syr. Göttin. X, 1044. 1048. 1132. — Cultus in Carrhae. X, 1138. — Tempel zu Besechana. XI, 763. — vgl. Derketo, Anaitis, Dea Syra, Dea Luna, Deus Lunus.
Atas, Stadt Ferghanas. VII, 748.
Atchour (Khartchu?). VII, 520.
Ated, armen. Dorf. X, 675.
Atergatis, s. Atargatis.
Atesch, d. h. Feuer. IX, 769.
Ateschga, Ateschgah (Ateschkadah), d. i. Feuertempel der Guebern. VIII, 268. 272. IX, 36. — zu Manjanik. IX, 151. — bei Satelmisch. 827. — bei Scheber Sabz. 828. — bei Chilik. 1015. — bei Amadia. XI, 593.
Ateschga (Ateschkadah), Berg bei Isvahan. IX, 54.
Atesch-kadah i Tebriz, d. h. Feuertempel zu Tabriz. IX, 769.
Atesch kaddah (Atesch kaddeh), Feuertempel bei Schahpur. VIII, 829. — bei Firuzabad. 770. — bei Murghab. 944. — s. Kala A., Sang i A.
Atesch kaik, d. i. Feuer- oder Dampfschiff. X, 954.
Ateschperest, d. i. Gueber. VIII, 782.
Athakh, Ort. X, 715.

Athambilis, Herrscher v. Charax Pasinu. X, 56. 121.
Athanasius, Episcopus Sahdalensis et Maipheractae. XI, 73.
Athara-l-baldan (Athar al belad, Atharol beldan), arab. Geographie Zakaria Kazwini's. VIII, 601. IX, 361. 1047.
Athele, heiliger Baum bei Babel. XI, 919.
Athen, von Armeniern besucht. X, 531. 560. — heilige Olive das. XI, 533.
Athene (Minerva), ihr Standbild in Thiln. X, 786. XI, 126. — zu Pasargadä. XI, 548.
Athene Cyrrhestica. X, 929.
Athim, d. i. Addem. IX, 536. 537.
Athis (Ptol., Altas Tab. Peut.), am Euphrat. X, 1000.
Athlah (Aklad), Ruinenhügel im unt. Mesopotamien. XI, 990.
Athlan Tepehssi, d. i. Tamariskenberg, s. Aslan Tepe. XI, 431.
Athmen, schweres, Zeichen großer Höhe. VII, 474. 476.
Athmone, attischer Demos. IX, 698.
Athos, Berg, griech. Kloster. X, 631.
Athro, auf Münzen. VII, 108.
Athullabi, arab. Ilats in Kerman. VIII, 392.
Athur (Atur, Assur, Atschur; wol das jetzige Nimrud, das frühere Larissa), Stadt u. Diöcese von Mosul. XI, 181. 201. 202. — s. Al Athur, Atur.
Athy, s. Al A.
Atik, d. i. das alte Bett des Euphrat. X, 64. — s. Masr el a.
Atis, s. Erza A.
Atmeidat, kleiner Ort bei Mosul. XI, 159.
Atmosphärilien, in Sarug (765). XI, 290.
Atmarani, Vezier Murad Begs. VII, 815.
Ator, Commandant in Artagerae. X, 84.
Atra, Atrae (Ἀτραί bei Steph. Byz.), d. i. Al Hadhr. X, 125. 129. XI, 466.
Atrak (Plur. von Turk). VII, 586.
Atramit, s. Artemid. X, 295.
Atrener (Dio Cass.), arabischer Stamm in Mesopotamien. X, 125. XI, 466.
Atriplex, in Mesopotamien. XI, 502.
Atro (Zend), d. i. Aether, Feuer. IX, 112. 769.
Atropa Mandragora L., in den Wäldern Ferghanas. VII, 736.
Atropatana, Ruinen von. IX, 772.
Atropatene (Ἀτροπατία), d. i. Aderbidjan. VIII, 90. 615. IX, 112. 763. 766. 768. 833.
Atropateni. IX, 763.
Atropates, Satrap in Medien. IX, 113. 359. 769.
Atropatia, s. Media A., Atropatene.
Atrpatakan (arm.), d. i. Aderbidjan. VIII, 615. IX, 768.
Atschan, s. Schat ul A.
Atschekal, in Armenien. X, 717.
Atschikzye, Räubervolk in Afghanistan. VIII, 159. 161.
Atschur, s. Athur. XI, 181.
Attacori (Ottorocorrae), Volk. VII, 695.
Attagen, s. Rebhuhn. X, 749.
Attalus I., König von Pergamus (150 v. Chr.). XI, 562.
Attar, s. Scheich Ferieddin A.
Attock, d. i. der Verbotene, Indus. VII, 22.
Attock, Festung am Indus, astr. Lage. VII, 19. 21. 24. — von Runjit Singh erobert. 142. — Platane das. XI, 512.
Attock, Attok, Gebirgslandschaft im Norden Khorasans. VIII, 260. 341. 344.
Attreck, östl. Zufluß zum kasp. See aus Gurkan. VIII, 213. 342 ff. 364. — Mündung. 370.
At Tschogur, syr. Gränzmark gegen Mesopotamien. X, 1116.
Attun, afghan. Ringeltanz. VIII, 163.

Atun, s. Adur.
Atun padegan, d. i. Aderbidjan. IX, 1014.
Atur, früh. Name für Mosul. XI, 202. — s. Athur.
Aturia (*Ἀτυρία* Dio Cass., *Ἀτουρία* Strab.), d. i. Assyrien. VIII, 89. IX, 699. XI, 178. — im engern Sinne die Tigrislandschaft um Ninive u. Arbela. X, 108. — s. Adiabene.
Atved-div, Männername in Persien. IX, 90.
Atwal, Geogr. X, 181. 187.
Atyria, s. Aturia.
Au (Ab), s. Bi Ab.
Auat, s. Um el a.
Aub, s. Gul-aub, Mean-aub.
Aubi, Türkis-Mine bei Nischapur. VIII, 328.
Aubidin, s. Ali Awsut Zein ul A.
Auchally (Auckally), Dorf im euphrat. Arabien. XI, 1042.
Aucuba japonica. VII, 586.
Audipur, Zuckerrohr das. IX, 250.
Audjan, s. Aigi.
Audkeh, Ort u. Distrikt bei Yezd. VIII, 268.
Auen, am Euphrat. X, 1074.
Auenâd (Awenâd), Station in Mesopotamien. XI, 421. 424. 431. 436.
Αὔγαρος, s. Abgarus. XI, 339.
Augdeh, s. Agda.
Augen, tiefliegende, starre, der Kurden. IX, 622.
Augenkrankheiten, häufig in Ferghana. VII, 735. — in Kars. X, 430. — in Amida. XI, 59. — häufig zu Mardin. 390. — der Sperlinge. VII, 735. — s. Blindheit.
Auggi-Daghler, armen. Bergkette. X, 739.
Aughan, d. h. Stamm. VII, 309.
Augit, in Basalten bei Diarbekr. XI, 19. — im Dschebel Buschir. 689.
Augitbasalt, in Sarudsch. XI, 280.
Augitcristalle, im Taurus. X, 897.
Augit-Feldspath, im Dschebel Dschudi. IX, 731. — im Taurus. X, 897. 914. 916. 917. — bei Diarbekr. XI, 19. — bei Orfa. 316. — s. Feldspath-Augit.
Augitgesteinfelsen, bei Jezireh ibn Omar. IX, 711. — im Dschebel Dschudi. 731.
Auglat al Hurraun, d. i. Wadi Hauran. XI, 743.
Augurien, der Harranier. XI, 313.
Augusteuphratensis, röm. Provinz am Euphrat. X, 929. 1082.
Augustorum castrum (Procop.), Festung am Masius. XI, 82. 381.
Augustus, Kaiser, schwächt Armenien. X, 115. — richtet den Antiochus hin. 927.
Auhad, s. Malek el A. Ayub.
Auhormizdi, d. i. Ormuz. VIII, 921.
Aujan, s. Oujan.
Auk Khan, d. h. weißer König, russ. Czar. VII, 782.
Aul, d. i. Lager. VIII, 367 u. öft.
Aulad, s. Div i A.
Auladis (Ptol.), in Mesopotamien. XI, 285.
Auleng, d. i. Matten. VII, 243. — Wiesengrund. VII, 306. — s. Sagleauleng, Yeke A.
Aulinjan, Distrikt Herats. VIII, 254.
Aulum, s. Tarikh-A.-A'rai.
Auna, s. Beth A.
Aunab, s. Samaani Kitab al A.
Auraham (Abraham), nestorian. Priester in Aschita. XI, 613.
Αὐρανῖτις χώρα (Ptol.), s. Hauran. XI, 735.
Aurelian, Kaiser, in Mesopotamien (273 n. Chr.). X, 133. — seine Tochter an Schapur vermählt. IX, 174.
Aureng, s. Koh Aureng Rudbar.
Aurengzeb, in Multan. VII, 66. — zerstört Heidendenkmale. 283. — seine Moschee in Lahore. 54.
Aurest, Distrikt u. Stadt Ferghanas. VII, 745.

Auripigment, d. i. geschwefelter Arsenik, in Van. X, 301. — in Bayazed. 346. — in Kurdestan. XI, 634. — s. Schwefelarsenik.
Aurmzda (Keilschr.), d. i. Ormuzd. VIII, 79.
Aurtang, Ortung (Aurteng), d. i. Gränzzollamt, Postort. VII, 393. 395. 469. 470. 473.
Aurungabad. XI, 567.
Aurvat, Arvat (Zend), d. h. laufen. VIII, 39. 49.
Ausajiyah (d.i. Vorborn), Bergabhang und Thal am Euphrat. XI, 729.
Ausch, s. Usch. VII, 749.
Ausschlag, s. Hautausschlag.
Αὐσταυῖτις (Ptol.), Provinz v. Groß-Armenien. XI, 78. — s. Haschtian.
Austermuscheln, im Pirnaer Quadersandstein. IX, 511. — im Pir Omar Gudrun. 532. — versteinerte, am Urmia-See. 953. — am Euphrat. X, 922.
Austerschalen, in Laristan. VIII, 752.
Austerusch, Berglandschaft. VII, 740. — s. Osruschnah.
Australischer Kontinent, Mangel an nährenden Gewächsen. IX, 249.
Auti, s. Butkeh-auti.
Αὔζαρα (Ptol.), am Euphrat. X, 1076.
Av, d.i. Wasser. X, 693. — s. Ab, Avi.
Avak Vank, armen. Kloster. X, 778. 779.
Avan, d. i. Marktflecken. X, 776. — s. Thiln-a., Vardsches-A.
Avants, s. Awanz.
Avar, i. e. purum, album, Beiwort für Araber. X, 1146.
Avatak, Dorf am Van-See. X, 289.
Ave Mazen, d. h. Groß-Wasser. IX, 751.
Avenik, d. i. Van. IX, 981.
Avernus. IX, 830.
Aversudsch, Stadt Khorasans. VIII, 340.
Avesta, s. Zend A.
Avetis, armen. Bischof. X, 775.
Avezeh (Pehlvi), d. h. licht, rein, klar, vortrefflich. IX, 228.
Av-fraat, d. i. Wasser Frat. X, 725.
Avghier, armen. Gelehrter. X, 542.
Avgour, Kurdendorf bei Mardin. XI, 389.
Av halaeh (Pehlvi), d. h. reines, klares, treffliches Wasser. IX, 311. — s. Ulei.
Avher, s. Abher.
Avi, s. Ben-avi.
Avicenna (al Scheikh Ben Abdallah Ben Sina), Naturforscher, Philosoph, Arzt, Vizier des Sultan Schamseddowla von Hamadan (st. 1036). IX, 92. 118. 290. — sein Grab in Hamadan als Pilgerort muhamed. Gelehrter. IX, 127.
Avicula, in der Araxes-Ebene. X, 406.
Avi Masi (wol Mahi?), d. i. Fischfluß, zum Murad. X, 661.
Avirer, s. Mannuorrha A.
Avireth, s. Mannurrhoa A.
Avramis, als Leibwache in Senna. IX, 434.
Avroman, Zagros-Kette in Kurdestan. IX, 353. 415. 427. 428. 434. 525. 530 ff. 564.
Avroman, Provinz von Senna. IX, 437.
Awajuk Chalderan, in Armenien. IX, 920. X, 338.
Awanz (Avants, armen.), Hafenort am Van-See. IX, 989.
Awasch (Uschi?). VII, 702.
Awasem, Al A.
Awdei, s. Beila A.
Aweineh, Trümmergegend im südl. Mesopotamien. XI, 961.
Awel, d. i. der erste, ältere. XI, 301. — s. Djumadyl-a., Zebur'-i-a.
Awenâd, s. Auenâd.
Awend, s. Nouh-A. (Nahawend).
Awerkend, s. Aderkend.
Awesch (Osch?), Ort in Ferghana. VII, 744. 748. — s. Usch.

Awlad, s. Kalaa i Dukhter i Div e Awlad.
Awlia, d. i. Frommer. X, 282.
Awsut, s. Ali Awsut Zein ul Aubidin.
Axum, Höhe. VII, 340.
Ayacqui, s. Tac A.
Ayan, d. i. Markgraf. X, 803.
Ayas, s. Abu Abdalla Mohammed ibn Ayas, Hisn Ayas-si, Mathia ibn A.
Ayas, Bai von Iskenderum. X, 1027.
Ayayilu-l-Makhlukat, Werk Zakarya Kazwinis. IX, 361. — s. Ajaï ab al M.
Aye Dogmusch, d. i. Eye Dagemisch. VIII, 629.
Aye Durwesch, turkm. Stamm. VIII, 408.
Ayeen Akbery, Werk Abulfazils. VII, 25.
Ayeli-Dagh, s. Ajeli Dagh.
Ayeli-Paß, s. Ajeli-Paß.
Ayescha, Schiiten-Heilige. XI, 1046.
Ayn al haoudh, s. Ain ol Haus.
Ayni, s. Esmay A.
Ayub (Hiob), s. Malek el Auhad A.
Ayura (Keilschr.), Volk. VIII, 79.
Azad (? altarm.), s. Karhni tschai, Medzamor. X, 400.
Azad Khan, Afghanenherrscher, seine Ermordung. IX, 442. — vgl. Assad Khan.
Azalea procumbens, in Tiyari. XI, 617.
Azam, Bazar am Shuster-Fluß. IX, 195. 227.
Azara, Tempel in Elymais. IX, 155. 315.
Azarah Dagh, Centralkette des Taurus. X, 911. 913. — Höhe. 904.
Azar Djerib (Gerib), Obstgarten zu Ispahan. IX, 54 ff. XI, 555.
Azarethes, Feldherr der Sassaniden. X, 1084.
Azaris, Göttin. X, 360.
Azaria, Prophet, sein Grab in Kerkuk. IX, 553.
Azarmahan, pers. Fürst. IX, 307.
Azatchek, s. Asadköw.
Azaz, heiße Quelle in Syrien. X, 1029.
Azaz, Pflaumenart in Mesopotamien. XI, 501.
Az de Nalim (d. h. ich will klagen), Kurdenlied. IX, 623.
Azed, Stamm in Jemen. X, 59.
Azeddin (Azzedin, Aseddin), s. Malek A.
Azeddin Masud, syr. Atabege (st. 1190). XI, 489.
Azek, Fürstenhaus in Hira. X, 60.
Azenkandu, Iliyat-Station in Aderbidjan. IX, 826.
Azer, d. h. Feuer. IX, 769.
Azer, s. Il A.
Azerekhsch (Aderekhsch, Derekhsch), d. h. Blitz u. Donner, arab. Bezeichn. für den Feuertempel zu Takht i Soliman. IX, 1047. — zu Schiz. 1048.
Azhdihe, versteinerter Drache in Aderbidjan. IX, 1043.
Azim Khan, Gouverneur von Kaschmir. VII, 315.
Azim Kind, Dorf in Armenien. IX, 921.
Αζιρις (Ptol.), s. Arriuz. X, 774. — ob Erzingan? X, 773.
Aziz, s. Abd al A., Abd-el-A., Al A., El A.
Aziz Beg, Kurdenchef (1838). IX, 1028.
Azizi, Anfangswort eines Kurdenliedes. IX, 623.
Azmir, Berg in Schehrezur. IX, 459. — s. Giozeh.
Azmir Dagh, Bergkette in Kurdestan. IX, 532. 574.
Aznowar, s. Asnaur. XI, 256.
Azones (Plin., wol die Anizes, Anisenen), Volk in Kurdestan. IX, 1027.
Azou, Azu, wol = Hasu, Hazu? X, 95. XI, 95.
Azrak, s. El A.
Aζurâ, d. i. Assyrien. VIII, 89.
Azur-Schloß, bei Tehran. VIII, 447.
Azzedin, s. Malek A.
Azzed od Doulah. VIII, 855. 921. s. Adhaeddoula.

B.

Baab, s. Dyn il B.
Baad, s. unter Badi.
Baadli, Hptst. der Yeziden in N. Kurdestan. IX, 740. 741. 749. 757.
Baadli, d. i. Papst der Yeziden. IX, 740.
Baad Raz, d. i. Ostwind. VIII, 587.
Baad Schehriar, d. i. Westwind. VIII, 587.
Baal, d. i. Jupiter. XI, 309. — s. Bel.
Baal Chammam, babyl. Gottheit. X, 868.
Baal Samin, babyl. Gottheit. X, 868.
Baal Semes, in palmyr. Inschriften. X, 868.
Baaltis (Balti, Berut, Venus Melanis), d. i. die Schwarze, Göttin des Libanon, der Harraner. X, 1048. XI, 309. 312. 581.
Baarem Dagh (Dschebel B.), südöstl. Fortsetzung des Jebel Tur, Höhe. X, 905. 912. XI, 157. 256. — vergl. Barema-Berge.
Baarsares, s. Naarsares. X, 45. 57.
Baascheka, Dorf am Makluba-Berge bei Mosul. IX, 733. 749. 756. 757. 759. 761. XI, 526.
Βαασπρακάν, d. i. Vaspuragan. IX, 981.
Baaweiza, Kurden-Dorf. IX, 747.
Baazani, Dorf der Makluba-Berge bei Mosul. IX, 733. XI, 526.
Bab (Para bei Ammian. Marc.). X, 559.
Bab, in Syrien. X, 1041.
Baba, s. Ach B., Aga B., Arab B., Deli B., Hadji Mulla B., Kara B., Koh i B., Korkuk B., Suliman B., Tangi B. Girippa, Ura B.
Baba (Tab. Peut.), Ort in Mesopotamien. XI, 445.
Baba, Kurdenstamm. IX, 631. — s. Bebbeh.
Baba Amireh, Mickri-Chef. IX, 1033.
Baba Beg, Uzbeken-Fürst. VII, 270.
Bababeg, s. Schuhri B.
Baba-Buzurg (Buzurk), d. h. Großvater, Name Sultan Ibrahims. IX, 202.
Baba Buzurk, größter Heiliger der Luren. IX, 217. — sein Grab in Luristan. 340.
Baba Dagh (?), in Kurdestan. IX, 617.
Babaeus, Erzbischof von Seleucia. X, 170.
Babagerger, Dorf in Aderbidjan. IX, 834.
Baba Gurgur (arab. Abu Geger, türk. Korkub Baba), d. h. Vater des Kochens, Erzeuger des Erdöls, Bitumen-Quellen im südl. Kurdestan. IX, 530. 554. 556.
Babahan, s. Bebahan.
Baba Koul, s. Weihu. VII, 447.
Bab al abuab, der Derbend am Kaukasus. VIII, 554.
Babal Tauk Kesafeh, Quartier bei Bagdad. X, 201.
Baban, s. Bebbeh. IX, 570. 1019.
Baba Nanac, s. Nanac Schah. VII, 133.
Baba Pascha, erobert Rumkalah. X, 935.
Baba Suliman, Kurdenheld (1677 n. Chr.). IX, 614. 617. 688. — s. Bebbeh S.
Baba Taher's Grab in Hamadan. IX, 121.
Babawa, Christendorf in Djellu. IX, 600.
Baba Yadgar, Heiliger d. Kurden. IX, 468. 472.
Bab Bostan, d. h. Gartenthor, in Bagdad. X, 234.
Babdicene, d. i. Zabdicene. XI, 149.
Bab Dsjusser, das Brückenthor in Bagdad. XI, 796.

Babec, s. Ardaschir ibn B.
Bab ed sjedid, Südthor Mosuls. XI, 196.
Bab ed sjüsser, Brückenthor Mosuls. XI, 196.
Babegan, s. Ardeschir B.
Babek, Stammvater der Sassaniden. IX, 151. 208.
Babel, Dorf bei Babylon. X, 204. — s. Ard B., Babylon.
Bab el ämadi, d. i. Amadia- od. Nordthor Mosuls. XI, 182. 196.
Bab el Amma, d. h. Volksthor, in Bagdad. X, 234.
Bab el Amur, Amurs Thor in Bagdad. X, 234.
Bab el Bäd, SW.Thor Mosuls. XI, 196.
Bab el Gorba, d. h. Thor der Pilgerschaft, in Bagdad. X, 234.
Babeli, s. Erah B.
Babellonia, Bezeichnung für Bagdad. X, 276.
Bab el Marateb, das Stufenthor in Bagdad. X, 234.
Bab el Mardin, das Mardin-Thor, Berglücke des Masius. XI, 260. 393. 464.
Bab el Nar, d. i. Thor des Feuers, Trümmerberg am Tigris. XI, 993.
Bab el tob, Ostthor Mosuls. XI, 196.
Bab en nubi, d. h. Thor der Präfecten, in Bagdad. X, 234.
Baber, Babr, d. h. Tiger. VII, 737. VIII, 483. — s. Sultan B.
Baberiden. VII, 309.
Baberi Hand, Schrift in Kabulistan. VII, 310.
Bab er Rum, das Römerthor in Diarbekr. XI, 50.
Babik, s. Schure B.
Babil, s. Aker i Babil.
Babilin, Dorfruinen am Tigris. X, 215.
Bâbis'us, d. i. Babylon. VIII, 89.
Bab Lidsjisch, SO.Thor Mosuls. XI, 196.
Babolouch (Keilschr.), d. i. Babylonier. VIII, 79.
Babon, s. Bebbeh. IX, 572.
Babr, s. Baber.
Bab Sari, Thor Herats. VIII, 241.
Babschin, s. Khan B.
Bab Sindsjar, Westthor Mosuls. XI, 196.
Bab Suc et Tamr, d. h. Thor des Dattelmarkts, in Bagdad. X, 234.
Babuge, d. i. Silurus. XI, 509.
Babul, d. i. Mimosa arabica, in Indien. VII, 38. 159. — am Bolan-Paß rc. VIII, 172. 180.
Babul (Bawul), Zufluß zum Talar in Masenderan. VIII, 479. 484. 535. 538.
Babul, Zufluß zum Tigris. XI, 390.
Babur, s. Baber.
Bab wostani, das mittlere Thor in Bagdad. XI, 796.
Babylon, ein auf verschiedene Localitäten übertragener Name. X, 216. — als Bezeichnung für Bagdad. XI, 799. 801.
Babylon, Babel (Herod.), Residenz am Euphrat. IX, 8. X, 7. 35. 60. 188. 262. XI, 226. — Ruinengruppe. 865 ff. 896 ff. — von pers. Königen geplündert. X, 25. — Armenier das. X, 595. — Dist. X, 9. 17. 28. 57. 969. 1126.
Babylonien (Xenoph.), Landschaft. VIII, 89. X, 16. 21. 108. XI, 522. 575. 622. — Dist. X, 1082. — s. Ard Babel.
Babylonier, Kolonie in Kurdestan (?). IX, 464. — auch als Bezeichnung für die Einwohner von Seleucia. X, 69.
Babylonier, Schlachtroß Julians. X, 138.
Babylonische Schriftart. VIII, 80.
Babylonische Sümpfe, am unt. Euphrat. XI, 980.
Babylonisch-syrische Fragmente, bei Moses v. Khorene. X, 550.
Bac, s. El B.
Bacchus, Sergius Bruder. X, 1087.
Bach, s. Achagha B., Jokaru B.

Bachanalien, der Ali Illahi. VII, 263.
Bachecou, s. Baschkoi. X, 719.
Bacheh, s. Kurd-B.
Bachter, s. Bakhter. VII, 824.
Bachtersemin, s. Bakhterzemin.
Backobst, Ausfuhr aus Afghanistan. VIII, 168. — aus Herat. VIII, 252.
Backsteine, gebrannte, in Ninive. XI, 228. 233. 238. — mit Keilschrift zu Nimrud. XI, 663. — in Kala Scherkat. 674. — hellgelbe, in Bagdad. 830. — (an d. Sonne gebackene) im Aker Kuf. 847. 849. 851. — am Tak i Kesra. 854. — — in Babylon. 881.
Backsteinmauern, um Nisibis. XI, 415.
Bacon, Major, in Tabriz. IX, 880.
Bacoui, s. Bakui.
Bacru bar Bacru, Königstitel. XI, 339.
Bactiaris, Tribus d. Hezareh (?) VIII, 56. — s. Bakhtiyari.
Bactra 2c., s. Baktra 2c.
Bad, s. Breidja B., Tschesmeh B.
Bad, Bäder, in Basman. VIII, 732. — zu Abarne. XI, 110. — warme, bei Bender Abassi. VIII, 744. — in Serdebe. IX, 803. — in Erzingan. X, 269. — bei Hassan kaleh. 390. — bei Elija. 731. 736. — bei Aintab. 1035. — s. Schwefelbad, Quelle.
Bada, Dorf in Kurdestan. XI, 96.
Badad, Nestorianer. IX, 686.
Badaka (Diod., Patak, Patakah), Ruinenort am Choaspes in Chusistan. IX, 333. 334.
Badakhschan (auch Feizabad, Pathien, Jadscha), Hauptstadt im gleichnam. Lande. VII, 379. 469. 490. 501. (Lage) 543. 608. 683. 701. 704. 707. 752. 778. 793. 797. 802. 816. IX, 254. — ob zwei Städte? VII, 802.
Badakhschan (Balaschan, Bedachschan, chines. Patakhischan, Pataheschan), das obere Stufenland des Gihon. VII, 501. 503. 707 ff. 785 ff. — jetziger Zustand. VII, 816. — früher pers. Provinz. VIII, 123. 128.
Badakhschan-Kette. VII, 491. — Gränzpaß gegen. 522.
Badakhschan-Routen. VII, 487 ff. 798.
Badakhschan-Strom, s. Kokscha, Kokſu.
Badakhschan-Traube, ausgezeichnete Art in Herat. VIII, 252.
Badakhschi's, d. i. Einwohner von Badakhschan. VII, 802.
Badakschanat. VII, 310.
Badam, d. h. Mandel. VII, 735.
Badam chesmeh (d. h. Mandel-Quelle), Gebirgspaß des Hindu Khu. VII, 230.
Badaraja, s. Dor kena.
Badascia, d. i. Badakhschan. VII, 503. — s. Tengi B.
Badaverd, d. h. vom Winde gebracht. IX, 507.
Badawin, d. i. Beduinen. X, 278.
Bade, s. Ader bade kan.
Badegan, d. h. Guardian, Wächter. IX, 769.
Bade-Perwan, d. i. Nordluft, VII, 252.
Badger, Distrikt Schirwans. VIII, 126.
Badghis (Badgis, Passin), pers. Stadt u. Landschaft bei Herat. VIII, 57. 247. 522. XI, 564. 565.
Badi, s. Al B., Baad.
Badia, Episcopat. XI, 201.
Badi Firuzkuh, d. i. Wind von Firuzkuh. VIII, 480. 483.
Badikanli, Kurdenstamm. X, 694.
Badinan, s. Bahdinan.
Badindjan, s. Beydendjan.
Bad i Schahriari, verderbl. Wind im Elburs. VIII, 507.
Badi Scham, d. h. Wind v. Damascus, Westwind. IX, 725. — s. Baad.
Badjera, s. Nadjera.
Badjeran. X, 1116.
Badjerwan, Stadt in Mesopotamien. XI, 273. 275.
Badjesa, am Tigris. X, 237.
Badjilan (Bajilan), Kurdentri-

bus in Erbil ꝛc. IX, 216. 692. 739.
Badjilan, Badjillan, östl. Gränzdorf Aderbidjans, Höhe. VIII, 15. 637. 668.
Badlis (syr.), d. i. Bitlis. IX, 1003.
Badman, Gewicht. VIII, 681. 689. — s. Batman.
Badnal, Tigris-Kanal. X, 191.
Bados (?), Stadt am Tigris. X, 207. — s. Badus.
Badrabad, Dorf bei Jezd. IX, 27.
Badrai, Thal in Luristan. IX, 404.
Badraja, s. Dor kena.
Badrengs, Gurkenart, in Kabul. VII, 306.
Badrik, s. Hassan b.
Badsch, d. i. Wegzoll. X, 952. — s. Bädsch.
Badschah, d. i. Kaiserstraße. VII, 380.
Badschrewan, Distrikt Mokans. VIII, 126.
Badschwanli, Sandschakat von Mosul. XI, 185.
Badu, Jeziden-Dorf in N. Kurdestan. IX, 726.
Badus, Ort am obern Tigris. XI, 159. — s. Bados.
Badzachschan, d. i. Badakhschan. VII, 791.
Badzagis (Padachiz), s. Badghis. VIII, 247. XI, 565.
Bazrouia, Stadt am Isa-Kanal. X, 202.
Baeberdon (Procop.), s. Baiburt. X, 272.
Bäd, s. Bab el B.
Bädsch, d. i. Weggeld, Zollabgabe. XI. 204. 426. — s. Badsch.
Baeénbur, Zweig der Goklan. VIII, 408.
Bäldi, Bewohner von Iskardo. VII, 216.
Bäldistan, einheim. Name für Baltistan. VII, 216.
Bären, in Kaschmir. VII, 77. — im Elburs. VIII, 483. — in Ghilan. 677. — in Farsistan. 757. — in Irak Adschem. IX, 68. — auf dem Gudrun-Berge. 454. — bei Bayazed. X, 347. — am Murad. X, 663. — schwarze, braune, schwarzgraue, im Taurus, in Kurdistan. IX, 454. 584. 611. XI, 504. 618.
Bäsi, Baumwollenzeug. VII, 753.
Bäton, Alexanders Wegmesser. VIII, 716.
Baffa, auf Cypern. XI, 551.
Bafron, Dorf bei Jezd. IX, 27.
Baft (Taft), Dorf bei Jezd. VIII, 267. 268.
Bag, s. Bagh.
Baga, s. Chandara B.
Bagadet, d. i. Bagdad. XI, 779. 799.
Bagaran, s. Pakaran. X, 449. 454.
Bagarinz, in Armenien. X, 786.
Bagas, Episcopat. XI, 201.
Bagdad (Baghdad, Baldacco, Baldach), Stadt am Tigris. IX, 287. — Friedenstractat (1823). 372. — astr. Lage. 413. — Ausfuhr. 569. — Holzmangel. 610. — von Hulaku Khan erobert (1258). 838. — Handelsmarkt. 893. — die Khalifenstadt. X, 21. 123. 195 ff. 211. 233. 257. 275. 276. 281. 1113. XI, 179. 314. 554. — die Türkenstadt. 789. 790 ff. — Produkte, Fabrikate. 822. — Zustände in der neuesten Zeit. 823 ff. 869. — Dist. IX, 419. 513. 667. X, 9. 17. 185. 192. 208. 232. 688. XI, 182. 194. 681. 721. 724. 767. 773. 782. 786. 927. 928. 935. 936. 1019. — s. Eski B.
Bagdad, Paschalik. X, 232. XI, 804 ff. — Gouvernement. 814 ff.
Bagdad-Straße, große. IX, 387 ff.
Bagdad-Wind, d. i. Südwind in Ghilan. VIII, 674.
Bagdhis (Bakhiz), in Khorasan. VIII, 388.
Bagh (Bag), d. i. Garten. VIII, 525. IX, 360. X, 196. — s. Begh, Albagh, Ali B., Bala B., Chaibagh, Charbagh, Kagli ca bagh, Kara b., Mahalla b., Mehalla B., Nichate b., Pul i Cheher B.,

Saif[illegible]n-b., Sarb., Schali-b., Tchat B., Tscheher B., Zerekb.
Bagharaz, Taurus-Berge. X, 843.
Bagharghar, Volk. VII, 702.
Baghedscia, Stadt bei Mardin. XI, 382.
Bagh e Jehannemah, Garten zu Schiraz. VIII, 849.
Bagh-e-kilan, d. h. der große Garten, bei Istalif. VII, 249.
Bagh e Schah, s. Bagh Schahi.
Baghe Vafa (d. h. Garten der Treue), am Hindu Khu. VII, 231.
Bagh Gulnar, in Kerman. VIII, 726.
Baghi, s. Rihan b.
Baghi-Malik (d. h. Königsgarten), Ebene am Abi Zard. IX, 148. 153. 211.
Baghi Minijah (d. h. Garten Minijahs), Feuertempel b. Holwan. IX, 475.
Baghin, Gartenlandschaft an der Tigris-Quelle. X, 102. — s. Schatti B.
Baghina, Stadt im obern Mesopotamien. XI, 162. 272.
Baghistan (contr. Bostan), d. h. Ort der Gärten. IX, 360. — s. Bagistan.
Baghlar, Gartenstadt von Van. X, 298.
Baghli Khanli Dagh (vulg. Ballä Daghleri), d. i. Berg des Garten-Khan, Taurus-Kette am Euphrat. X, 827. 850.
Baghran, Distrikt. X, 841.
Bagh Schah (d. h. Königsgarten), Ort bei Demawend. VIII, 505. 506.
Bagh Schahi (Bagh e Schah), Königsgarten zu Herat. VIII, 253.
Bagh Scheikh Ali Khan, Garten der Merdascht-Ebene. VIII, 860.
Baghwan, d. i. Gärtner. IX, 856.
Bagh Zemerud (Zemrud), d. h. Smaragdkuppel, Smaragdgarten, Dorf am Elburs. VIII, 503. 558. 559.
Bagistame, s. Bisutun. IX, 319. 332.
Bagistan (Baghistan, Bagstam), heiliger Berg in Kambadene. VIII, 116. IX, 208. 357. — s. Bisutun.
Bagistanon, s. Bisutun. IX, 110. Batan. 360.
Baglane, in Ghilan. VIII, 678.
Baglos, große arab. Schiffe. XI, 1069.
Bagrakala, s. Rebhuhn. X, 749.
Bagratiden, s. Pangratiden.
Bag Schah, s. Bagh Schah.
Bag Schah Cheragh, Bach bei Schiras. VIII, 846.
Bagstam, s. Bagistan. VIII, 116.
Bagtschi Bogaz, Paß bei Erbil. IX, 693.
Bagur, s. Serebrenoi B.
Bahadur (Behadur), s. Abu Said B. Khan.
Bahaira, s. Baheire.
Bahamschir (Khor Bakmeschir), Arm des Kuran oder Schat el Arab. IX, 166. XI, 1028. 1062.
Baharam, s. Bahram.
Baharam Gudarz, d. i. der Sassanide Gotarzes. IX, 355.
Baharitische Mameluken, in Syrien u. Aegypten. X, 1079.
Baharlan, türk. Tribus in Aderbidjan. IX, 849.
Bahasna (arab.), s. Behesni. X, 895.
Bahdinan (Badinan, nicht Baldinan), d. h. Rechtgläubige, kurdische Herrscherfamilie, Einwohner von Amadia. IX, 618. 631. 656. 7[illegible]8. 719. 935. — Zweig d. Jezidi-Kurden. IX, 730. — bei Mosul rc. XI, 203. 590.
Bahdinan, Distrikt von Amadia. XI, 169. 594.
Baheire (Bahaira, Buheire), Bezeichn. für Seen, Versumpfungen. X, 46. — s. El B., Batajeh.
Baheiret Sawe (Buheiret Sawe, Bahhr Nedsjef rc.), Sumpf-

u. Seegegend am unt. Euphrat (Pallacopas). X, 44. 46. 58. 162. XI, 888. 956. — s. Batajeh.
Baheral Nudjef, Euphrat-See. XI, 888. — s. d. f.
Bahhr Nedsjef (Nedscheff), d. i. See Nedsjef, am Euphrat. X, 44. 46. — s. Baheiret Sawe.
Bahlan deoken, westl. Bergkette von Erzerum. X, 762.
Bahlikas (sanskr.), d. i. Baktrier, im Pendschab. VIII, 102.
Bahman, aus Jezd. VIII, 274.
Bahman, Isfendiars Sohn. IX, 40.
Bahman, s. Jou hon man.
Bahmani, Brunnen zu Nischähr. VIII, 781.
Bahmeia, Erdwall am Tigris. XI, 932.
Bahr (d. i. Meer), als Bezeichn. für die mesop. Wüste. XI, 434.
Bahr, s. Dsjeraad el b., El B., El Buheire B. Nedsjef.
Bahrain, s. Bahrein.
Bahral Arem (Irem), d. h. Garten des Paradieses, Villa in Balfrusch. VIII, 536.
Bahram (Baharam, Behram), s. Balak B., Schah B., Serai B., Tiridates. XI, 716.
Bahram, d. i. Vararanes der Klassiker. VIII, 275. 858.
Bahram, als Kurdenname. IX, 440.
Bahram, Herrscher in Amadia (178...). IX, 717.
Bahram (Varamus), Sassanide (c. 590). IX, 419. XI, 71. 236. 444.
Bahram (Vararanes IV., reg. 388—399), erbaut Kermanschah 2c. IX, 374. X, 59.
Bahram Gour (Bahran Gur), Ehrentitel Vararanes V. (reg. 420—438 od. 421—442). VIII, 874. 937. IX, 16. 19. — sein Kastell bei Hamadan. IX, 95. — sein Kastell u. Jagdrevier in Farsistan. VIII, 761. 874. 876.
Bahram'jei. IX, 43.
Bahran Khan, Chef der Firuzkuhi. VIII, 388.
Bahreïn, d. h. Verein zweier Flüsse. IX, 193.
Bahrein (Bahrain), Inseln des pers. Golfs. VIII, 127. IX, 893. X, 39. 180. XI, 1060. 1070.
Bahr el Nil, s. El Nilh. XI, 778.
Bahri, d. i. Küstenland. VIII, 127.
Bahsna, s. Behesni. X, 939.
Bai, s. Paitsching.
Baiat, Tribus u. Dorf in Armenien. X, 477. — vgl. Beiat.
Baiburt (Baibort, Baiburth, Baibuth, Byaboot, Booboordy, Paipurt, Paipert, Papert; Baeberdon), Kastell am Tschorukh. X, 272. 391. 619. 742. 789. Höhe 1150. — Sandschakat von Erzerum. X, 754.
Baida, s. El B.
Baidsü, chines. Würde. VII, 395.
Baigries, Dr., in Bagdad. XI, 757.
Baihak, in Khorasan. VIII, 541.
Baijah, d. h. Zollstätte, bei Schiraz. VIII, 859.
Baikal-See, Niveau. VII, 338. 339. VIII, 796.
Baimur, Ort. VII, 492.
Bair (?), Wüstenpflanze in Sind. VII, 159.
Bairak Tagh. VII, 329.
Bairaktar, s. Mohammed Indsja B.
Bairam, s. Beiram.
Bairamlu (Beïramlu), s. Hadsji B.
Bairam Pascha, Vorstadt von Kars. X, 417.
Bairan Schalli, Turkstamm. VIII, 411.
Bairanawand, s. Beiranawend.
Βαισαμψα, d. i. Barsampse. X, 1001.
Baitawand, Ebene am obern Kuran. IX, 170. 175 ff.
Bajan, Euphrat-Insel. XI, 729.
Bajan Su, Zufluß zum Araxes. X, 396.

Bajazed, Sultan, erobert Malatia (1396). X, 862.
Bajazid, s. Bayazed.
Bajera, s. Holcus spicat., Juari B.
Bajeri (Panic. spicat.), im Indus-Delta. VII, 174.
Bajesid, s. Bayazed.
Bajilan, Distrikt am Diyalah. IX, 488.
Bajour, s. Bijore.
Bajouri, s. Haider Ali B.
Bak, Bakh, s. Albuk.
Bak (Muskito), s. Omu el B., Umm el B.
Bakal, d. i. Eßwaarenhändler. X, 792.
Bakao, Ebene am obern Tigris. XI, 163.
Bakerda, d. i. Djezireh ibn Omar. IX, 712.
Bakh, s. Bak.
Bakhdi (Baktrien), Provinz von Ormuzds Reich. VIII, 30. 35. 53. — ob zwei Orte? VIII, 57.
Bakhhtrosch (Keilschr.), d. i. Baktra. VIII, 55. 79.
Bakhiz, s. Bagdhis.
Bakhschabad, Karawanserai bei Dewletabad. VIII, 464. 465.
Bakhtan, Berg in Sepahan. IX, 41.
Bakhtegan, großer Salzsee u. Dorf in Farsistan. VIII, 766.
Bakhter, Bachter (pers.), d. i. orient. VII, 824. VIII, 54. 55.
Bakhterzemin (Bachtersemin, Bakhthur zumin, Bakhtur zamin), d. h. Morgenland, das Land zw. Balkh u. Kabul (Sabulistan). VIII, 54. 127. 224. 824.
Bakhtiyari, Ilat-Tribus in Farsistan. VIII, 389. 870. IX, 15. 39. — d. i. Luri Buzurk. IX, 210. — ihr Dialekt. 631. — s. Bactiaris.
Bakhtiyari-Berge. IX, 18. 58. 142.
Bakhtiyari wand, Tribus der Haft-Leng. IX, 211.
Bakhthur Zumin, s. Bakhterzemin. VIII, 54.
Bakhtnassar, Bakhtnasser, d. i. Nebuchadnezar. IX, 43. 308.
Bakhtrösch (Bakhtrosch), d. i. Baktrien. VIII, 55. 79.
Bakhtur zamin, s. Bakhterzemin. VII, 824.
Baki Cheghaniani, Begleiter Sultan Babers. VII, 253.
Bakilah, s. Beni Bokailah.
Bakin, s. Tel B.
Bakiyeh, Distrikt im Ali Dagh. XI, 98. — s. Geli B., Kakeh B.
Bakiyeh, westl. Hauptarm des Bitlis Tschai? XI, 98. 99.
Bakkah, s. Tel B.
Bakmeschir, s. Khor B.
Bakoui, s. Bakui.
Baksun, Rauschtrank aus Hirse. VII, 463.
Bakteh, s. Kal'ehi-b.
Baktra, Hauptstadt von Baktrien, das heutige Balkh. VII, 549. VIII, 34. 56. 221.
Baktrien, Bactriana, Landschaft. VIII, 53. 55. 100. 218. — d. i. Khorasan. 681. — Pistacien, Feigen das. XI, 539. 562. 564.
Baktrier. VIII, 100. — im Pendschab. 102.
Baktris, d. i. Baktrien. VIII, 53. 55. 100.
Baktrisch, s. Soghdisch-b.
Baktrische Schriftzeichen. VII, 292.
Baktrisch-medische Fragmente bei Moses von Khorene. X, 550.
Baktscha, Ackerland der Turkmannen. VIII, 368.
Baku, Stadt. XI, 566.
Bakuba (Bakubi), Dorf am Diyalah od. Nahrowan. IX, 498. X, 231. 232.
Bakuba, bei Tabriz. IX, 858.
Bakui (Bacoui), Autor, über Badakhschan, Akhlat rc. (1403). VII, 791. IX, 375. 789. X, 328.
Bakydere, Zufluß zum Euphrat. X, 902.
Bal, s. Rud B.
Bala, s. Aka Kemal b., Hafrek B.

Bala Bagh, Thal des Hindu Khu. VII, 230.
Balaban, Falkenart. IX, 693.
Balabanli, Kurdentribus. X, 769.
Balad, s. Belad, Beled.
Bala Dâbân, d. h. oberer Paß. VIII, 138.
Baladan, s. Ajaib al B.
Balad ol Chathbi, i. e. urbs calamitatis, praedicationis. XI, 163. — s. Beled.
Baladeng, d. i. Stadt Balad. XI, 162.
Baladrud, Fluß v. Dizful, zum Karun. IX, 196 ff. 410. 411.
Balagatsis, s. Palagatsis.
Bala Giriva, Tribus der Luri kutschuk. IX, 216.
Balahat, Klippenpaß am Euphrat. XI, 712.
Bala Hissar, Citadelle von Kabul. VII, 239.
Balai (pers.), d. h. oben. VIII, 260.
Balai Murghab (Bala M.), d. h. das obere Murghab, Ort am Meru-Fluß, Distrikt der Hezareh-Berge. VIII, 229. 233. 260.
Balairud, s. Merutschak.
Balak, Fluß. VII, 226.
Balak Bahram, Ortokide. X, 811. 1054.
Balakhaneh, d. i. oberes Stockwerk. IX, 868.
Balakhligheul, s. Ballik Göl. X, 383.
Bala Murghab, s. Balai M.
Balanduz (Burandur), Dorf, Gebirgsstrom in Aderbidjan. IX, 928.
Balanjik (d. h. Schlucht), Defilé im westl. Aderbidjan. IX, 974.
Balanos-Eiche, am obern Tigris. XI, 125. — s. Balonia u. a.
Balarud, Fluß im nördl. Aderbidjan u. Mogan. IX, 796.
Balas (syr.), d. i. Balis. X, 1072.
Balaschan, s. Badakhschan. VII, 501. 789.
Balass-Rubin, in Badakhschan. VII, 789. — s. Rubinbalais.
Balastia. VII, 501.
Balausa, Berg in Mesopotamien. XI, 418.
Balaxiam, s. Badakhschan. VII, 789.
Balbi, G., venetianischer Reisender, auf dem Euphrat (1580). X, 1021. XI, 688.
Balch, s. Balkh.
Baldac, d. i. Bagdad. XI, 799.
Baldacco (ital.), d. i. Bagdad. X, 276.
Baldach (ital.), d. i. Bagdad. IX, 283. X, 276.
Baldachini, Prunkstoffe aus Bagdad. X, 275. 276.
Baldak, d. i. Bagdad. X, 275.
Baldan (Beldan), s. Athara-l-b., Maajem al B., Mu'jamul B.
Baldewa, Mori-Kette. VII, 84.
Baldinan, falsche Schreibart für Bahdinan. IX, 718.
Balduc, türk. Emir. X, 930.
Balduin, Graf von Edessa, erobert Behesni ꝛc. (1116). X, 895. 930. — Niederlage am ob. Belikh ꝛc. XI, 252. 355.
Balduin II., Fürst von Edessa (1123). X, 1054.
Balduin III., König von Jerusalem (1151). X, 931.
Balech, d. i. Balis. X, 13. 1077.
Baleech, d. i. Belikh. X, 1115. 1124.
Βάλειχα (Isid. Char.), d. i. Belikh. XI, 250.
Balek (Balig), Kurdengebiet. IX, 940.
Balensan, Thor von Rai. VIII, 601.
Balentia (Balentia), Neu-, am Euphrat (Balis?). X, 1072.
Balerâma, indische Gottheit. X, 557.
Bales, s. Balis. X, 241.
Balfrusch (Balfurusch, Bar-furusch, d. h. Marktort), Stadt in Masenderan. VIII, 436. 437. 535 ff. — Dist. 469. 544.

Balgassu, s. Tsagan B.
Balghabsi, s. Peri B.
Balghami, d. i. Tabriz-Marmor. IX, 845.
Balhanan, Oberst über Davids Oliven- u. Maulbeer-Gärten. XI, 517.
Bali, Zuckerrohr das. IX, 260.
Balibas, s. Abu'l Abbas.
Balich s. El B.
Balidia, Dorf in Tenkabun. VIII, 549.
Balig, Baligh, Balik, s. Balek, Balluk, Beluk, Bisch B., Mu-b., Taschb.
Baligban, s. Kuhi Tschihil Na B.
Balikh Ghöl (russ.), s. Ballik Göl.
Baliki, Kurdenstamm. IX, 1027. 1028.
Baliklu su (Bolok lu su, d. h. Fischfluß), Zufluß zum Tokma su. X, 846. — vgl. Ballik Su.
Balis (Balos, Baulis, Baulus, Barbalissa, Barbalisus, Barbarisus, Beles), Festung am Euphrat. X, 10. 241. 882. 980. 1000. 1001. 1002. 1052. 1065 ff. 1110. XI, 716. — s. Balech.
Balisbiga, Ort in Armenien. X, 715.
Balisch, monghol. Münze. IX, 837.
Balissus (Appian.), d. i. Belikh. X, 1121. XI, 250.
Balivoz, d. i. Consul. XI, 470.
Balk, s. Balkh.
Balkas-Berge (Balkasch), in Aderbidjan. VIII, 15. 618. IX, 764. 766. 804. 807. 809.
Balk Bami (Balkh B.), Stadt. VII, 281. VIII, 57.
Balkh (Balk, Balch, Polo), Stadt in Turkestan, astr. L. VII, 255. 274. Höhe. 340. 649. 676. VIII, 11. 127. 218 ff. XI, 179. — Zuckerrohr das. IX, 254. — ob zwei Städte? VIII, 57. — Dist. VII, 786. VIII, 234. — s. Baktra.
Balkh, früher pers. Provinz, später im Besitz der Usbeken. VIII, 53. 123. 127. 243.
Balkhâb, d. i. Fluß von Balkh. VIII, 219.
Balkh Bami, s. Balk Bami.
Balkh-Ebene. VII, 256.
Balkh-Strom, s. Dehas. VII, 249.
Balkis (Belkis), Königin von Saba, angeblich in Ispahan, Aderbidjan rc. IX, 53. 1022. 1043. 1068. — s. Takti B., Tell B.
Ballä Daghleri, vulgäre Bezeichn. für Baghli Khanli Dagh. X, 850.
Ballah Koh, s. Bara K.
Balla Khan, in Talisch. VIII, 663. 669.
Ballanicos, verstümmelter Name für Kallinikum. X, 1127.
Balley, Etymol. VIII, 254. — s. Balluk.
Ballik Göl (Balikh Ghöl, Belik Ghol, Paluktey Gul, Balakhli gheul), See im Westen des Ararat. X, 339. 346. 383.
Ballik Su, Fluß in Bayazed. X, 346. — vgl. Baluk Chai.
Ballistan, Dorf am Urmia-See. IX, 928.
Balluk (Ballogh, Beluk, richtiger Baligh), d. i. Balley, District, Provinz. VIII, 317. IX, 437. 605. 1028. — s. Balik, Belukat.
Balos, s. Balis. X, 1052. 1074.
Balsam, s. Belessun, Mekka-, Naphta-B.
Balsara, Balsora, d. i. Bassora, Basra. X, 175. 276.
Βάλκαι (Ptolem.). VII, 216.
Balti, s. Baaltis. XI, 309.
Baltistan, d. i. Klein-Tübet. VII, 216. 284.
Baluch, wol = Beludschen. VIII, 388.
Baluchlu, Bach bei Ardebil. IX, 790.
Balucht, s. Kondar B.
Balül Pascha, s. Behlul Pascha.
Baluk Chai, d. i. Fischfluß, bei Ardebil. IX, 793. — vgl. Baliklu su.
Baluklü, d. h. die fischreiche, Quelle bei Amid. XI, 27. 54.

Balyklawa su, Zufluß zum Tokma su. X, 846.
Balysche, d. i. Belikh. X, 1117. 1121.
Bam, s. Bumm. VIII, 734.
Bamakuh, s. Bamu.
Bambaki, s. Pambak. X, 370.
Bambidsch, s. Mambidsch. X, 1041.
Bambudsch, Bambug, s. Kara B., Pambuc.
Bambusrohr, in Khiung. VII, 551. — in Kabulestan. 683. — s. Sand-B.
Bambyke, Bambyx (richt. Bambyg), alter Name für Hierapolis. X, 998. 1045. 1064. XI, 335. — s. Mambidsch.
Bami, s. Balk B.
Bamié (Zend), d. h. die Reiche, Bamiyan. VII, 272. VIII, 57.
Bamischire, Kuran-Arm. IX, 163.
Bami tscha guin vosesch (Pehlvi), d. h. Paradies, Bamiyan. VII, 273.
Bamiyah (Hibiscus esculentus), bei Mosul. XI, 194. 220. — bei Tel Afar. 454. — bei Bagdad. 813.
Bamiyan, Stadt u. Reich am indischen Kaukasus (Hindu-Khu). VII, 197. 199. 202. 253. 259. 266. — seine Geschichte, Höhlen u. Kolosse. VII, 271 ff. 687. 788. VIII, 138. — s. But B., Zohak B., Fanyan.
Bamiyan-Berg. VII, 249.
Bamiyan-Fluß, zum Oxus. VII, 254.
Bamiyan-Pässe. VII, 261.
Bamiyan-Thal. VII, 261.
Bamiyeh, s. Bamiyah.
Bamj (Barru), Dorf am Urmia-See. IX, 957.
Bamu (eig. Bamakuh), Berg des Zagros. IX, 462.
Ban, s. Marz-ban.
Banabe (Ptol.), am Euphrat. XI, 716.
Bana-Khilan (Bani Kh.), Furth am Diyalah. IX, 416. 442. 459. 460. 461. 606.
Banane, am Kabulstrom. VII, 231. — fehlt in Bagdad. XI, 812. — s. Banjane.
Banasymeon, Feste in Diarbekr. XI, 82. 381.
Band, s. Bend, Div-band.
Bandalli (Bandally), Hafen, Karawanserai bei Gomrun in Laristan. VIII, 741. 743. 750. 773.
Bandel, d. i. Bender. VIII, 740.
Bandemir, s. Bendemir. VIII, 768. IX, 25.
Banderpur Panjahl, Kaschmir-Paß. VII, 87. 88.
Bandhana (sanskr.), s. Nau-b.
Band i Dukhtar, am Dizful. IX, 164.
Bandi Kaisar, bei Shuster. IX, 187.
Bandi Khak, d. h. Erddamm, am Kuran. IX, 190.
Bandi Kir (richtiger als Bendi Kil), d. h. Damm des Erdpechs, am Kuran. IX, 163. 165. 178. 193. 219. 291. 321.
Bandi Merwan, am Zendehrud. IX, 25.
Bandi Mizan, d. i. Damm des Gleichgewichts, am Kuran. IX, 190.
Bandi Nasin. IX, 423.
Bandi Schahzadeh, bei Shuster. IX, 187.
Bandi Schamschab, Kluft der Charmin-Berge. IX, 399.
Band-Jaspis, in Ferghana. VII, 733. 746.
Band Kuli Khan, am Zendehrud. IX, 25.
Bang, berauschender Trank. VIII, 583.
Bang, s. Cap Baungk.
Bangabir, Silberberg bei Bamiyan. VII, 276.
Bangash, Gebiet und Paß von Kabul. VII, 307. 308.
Banghalla, d. i. Bengalen. IX, 276.
Bangratiden (Bangratier, Ban-

gration, Bagratiden), Fürstenhaus in Kars (928—961). X, 423. — in Ani. 440. — in Pakaran. 450. — Abstammung. X, 586. — den Orpeliern verwandt. 592. — in Armenien (859—1045). 600.
Banhall Panjahl, Kaschmir-Paß. VII, 89.
Banianen, indische Großhändler in Tatta. VII, 182. 183. — in Sinde. 188. — in Afghanistan. VIII, 188. — in Herat. 249. — in Rescht. 650. — in Laristan. 739. — in Ispahan. IX, 47. — in Basra. XI, 1034. 1037. — s. Inder.
Bani Khilan, s. Bana-Kh.
Banjane (Ficus Indica), in Indien. VII, 1597 XI, 538. — s. Banane.
Banjour, s. Bijore. VII, 201.
Banka, beste grüne Theesorte. VII, 477.
Bankok, Zuckerrohrbau das. durch Chinesen. IX, 262.
Banna, Provinz v. Senna, Kurdenlager im Schahu. VIII, 616. IX, 428. 437. 560. 585. — Dist. IX, 579. 600.
Bannafluß, s. Berozeh, Tahite, Tenguschi.
Banna-Plateau. IX, 565. 581 ff.
Banni Khilan, s. Bana Khilan. IX, 606.
Banquier, s. Serraf. IX, 978.
Bansch, s. Chummum e Bansch Kellah. — s. d. f.
Bans Kellah, Bergthal in Khorasan. VIII, 336. 344. — s. d. v.
Bânu, Ebene. VII, 304. VIII, 143. — s. Schahr B.
Ban Zardah (d. i. über Zardah), Feste von Holwan. IX, 467.
Ba-patan, die Stadt Patan. IX, 360. — s. Baptana.
Baphomet. XI, 308.
Bapir, Yeziden-Dorf in Sinjar. IX, 754.
Baptana, Stadt in Kambadene. VIII, 116. IX, 359. 360. — s. Bisutun.
Bar, d. h. Landung. VIII, 535. — Land. 639.
Bar, pers. Provinz. VIII, 127.
Bar (d. h. Sohn), s. Khamis bar Kardahi, Magnu bar Ajazeth.
Bara, s. Abu B.
Bara, d. i. großer Reis, in Peschawer. VII, 223.
Barackpur, bei Calcutta. VIII, 793.
Baradäus, s. Jakobus B.
Baradan, am Diyalah. IX, 513. X, 232.
Baradan Tepeh, Ruinen im Diyalah-Thal. IX, 491.
Baradotus, Priester in Tela. XI, 371.
Baradud, Tigris-Kanal. X, 191.
Barah, Sindschar-Dorf. XI, 465.
Baraket, s. Scheikh B.
Bara Koh (Balla K.), Berg in Usch. VII, 733.
Baram, Berg in Mesopotamien. XI, 496.
Barama (Carema), Berg am Tigris. X, 237. — s. Barema.
Baramule, am Jilum. VII, 80. — Berge. 85. — doppelter Kaschmir-Paß. 89.
Baran, d. i. der vereinte Ghurkend u. Penjhir, Hauptquellfluß des Kabulstromes. VII, 226. 244. 248. 251.
Baran, s. Omm el B.
Baranki, Kurdenstamm. IX, 741.
Baran Lukh, in Beludschistan. VIII, 714.
Barasroth, Jagdschloß der Sassaniden am Diyalah. IX, 487. 504. 506.
Baravan, syr. Dorf am ob. Tigris. XI, 124.
Barar malcha, s. Parar malcha. X, 143.
Barazjun, s. Branzjun.
Barbalissa (Barbalisus, Barbalisso, Barbarisus), d. i. Balis, X, 10. 980. 1001. 1065. 1071.
Barbar, s. Bend i B.
Barbara, s. Sancta B.
Barbaricus campus (Proc.), am syrischen Euphrat. X, 1087. 1090.

Barbarino, d. i. Barbalisus (Balis). X, 1002.
Barbarissus (Barbarisso, Barbarisus, Barbalisus), d. i. Balis. X, 1000. 1002. 1071.
Barbaro, J., Reisender in Kurdestan (1471). X, 94. — in Palu. 713. — in Erzingan. 770. — im ob. Mesopotamien. XI, 87. — in Mardin. 384.
Barbary, Dorf von Urmia. IX, 964.
Barbe (Cyprinus barbus), in Mesopot. XI, 331. 509. 787.
Barbed, berühmte Sängerin. IX, 488.
Barbezi, s. Chasar B.
Barbier-Brücke, s. Pul-Dallak.
Barbosa, O. (E. Barbessa), Magellans Gefährte. IX, 257. 276.
Barcaïd (Barkid), Marktort in Mesopotamien. XI, 162. 181. 260. 272.
Barchias, s. Asef B.
Barda, Stadt Sakastenes. VIII, 121.
Bar Daizan, d. i. der am Daisan Geborne, Bardesanes. XI, 349.
Bardaks, irdene Krüge, kühlen das Wasser ab. XI, 216.
Bardanes, Arsacide. IX, 115.
Barden, der Yeziden. IX, 740.
Bardendsch, Tigrisbrücke. X, 103.
Bardes (Bardus, Barutha bei Ptol.), Ort im Araxes-Thal. X, 405. 407. 408. 409. 420. 824.
Bardesanes, syr. Geschichtschreiber aus Edessa (211 n. Chr.). X, 565. 787. XI, 342. 344. 349.
Bardes Su, Fluß in Armenien. X, 408. 409.
Bardjin, bei Yezd. IX, 27.
Bardus, s. Bardes. X, 409.
Bareh, s. Abu bareh.
Bare'i, s. Kassr ebn Bare'i.
Bar el Scham (Baresch Scham), Sandwüste. XI, 318. 361.
Barema, s. Deir B.
Barema-Berge, in Kurdestan. X, 96. — vgl. Baarem Dagh, Barama.
Barendi, Dorf u. Paß von Kohestan. VII, 252.
Barene, Stadt bei Ekbatana. IX, 98.
Baresch Scham, s. Bar el Sch.
Bar-furusch, s. Balfrusch. VIII, 535.
Bargi ka'leh (Beigir, Bargerey, Berghiri, Begere), Kurdenschloß am Van-See. IX, 980. 989. X, 321.
Bargiri, s. d. v.
Bar Gregorios, armen. Prinz in Romkalah (1190). X, 938.
Barguet, Dorf in Armenien. X, 433.
Bar Hebräus, Bischof von Seleucia (486 n Chr.). IX, 738.
Bar Hebräus s. Gregorius B. H.
Bariat, s. Al B.
Barid, Roß Khosru Parviz. IX, 507.
Baridier, um Basra. X, 178.
Barima, d. i. Batman sui. X, 95. XI, 85. 114.
Baris, armen. Berg (Ararat). X, 359.
Baris, Göttin (?). X, 360.
Barischi, Dorf in Tenkabun. VIII, 549.
Barkanier (Βαρκάνιοι, Steph. Byz.), Volk. VIII, 61.
Barkid, d. i. Barcaïd. XI, 162.
Barkijarok, Seldschucke. XI, 577.
Barkschük, Stadt Yarkands. VII, 402.
Barkul. VII, 434. 511.
Barlahas-Tempel, in Edessa. XI, 351.
Barma-Berge, in Kurdestan. X, 96. — s. Barema.
Barmäki, s. Dschamia Ali B.
Barmakiden. X, 197. 1144. XI, 1053.
Barman, Fluß in Kurdestan. X, 96.
Barmaschiz Dagh, Berg in Armenien. X, 819.
Barmekiden, s. Barmakiden.
Barn, s. Burri.
Bar-Nemre (d. i. Tigers Sohn, Dionysos), in Haran. XI, 309.

Barn Hill (d. i. Schemnenberg), am pers. Golf. VIII, 778.
Baroach, in Guzurate. VIII, 793.
Baroche, s. Barygaza.
Baroda, in Guzurate. VIII, 793.
Barometer-Messungen, in N.Kurdestan. IX, 711. — auf dem Ararat. X, 495. 505. — s. Höhenmessung.
Baropthas, im Osten des Tigris. X, 157.
Baroubant (Burabund), in Irak Adschem. IX, 72.
Barra, s. Om B.
Barren, im Schat el Arab. XI, 1061.
Barri Duab. VII, 47.
Barru, s. Bamj. IX, 957.
Barsalium, Barsalum (Tab. Theod.), Festung am Euphrat. X, 831. 884. — ob = Tokariz? X, 903.
Barsampse (Ptol.), am Euphrat. X, 1000.
Barschamin (Parscham), armen. u. syr. Gottheit. X, 528. 553. 777.
Barschemaia (chald.), d. h. Sohn des Himmels. X, 777.
Barschemsche (chald.), d. h. Sohn der Sonne. X, 777.
Barsegh (Basilius), armen. Patriarch in Ani (1082 — 1113). X, 441. — s. Aga B.
Barsimäus, Bischof von Edessa. X, 118.
Barsita (Ptol.), in Mesopotamien. XI, 870.
Barsuma (Barzemius, Beth Seme, d. h. Haus d. Sonne), Fürst von Atra. X, 130.
Barsuma, Bischof von Nisibis. X, 170.
Bartfänger, s. Sakel Toutan. IX, 490.
Barthema, Lodovico. IX, 276.
Bartholomäus von Bologna, in Armenien. X, 613.
Bartholomäus-Convent, armen. Kloster im nördl. Kurdestan. IX, 644.
Bartläun, s. Ak B.
Barukzye-Afghanen, Herrscherfamilie. VII, 222. 314.
Barun Juldus, Zufluß zum Tarim. VII, 329.
Barygaza, d. i. Baroche im Cambaja. IX, 235.
Barzala, Barzalo (jetzt Bersel; ob = Gerger?), Festung u. Dorf am Euphrat. X, 831. 870. 884. 985.
Barzeman (armen.), s. Marsisan. X, 938.
Barzemius, s. Barsuma.
Barzil, in Aderbidjan. IX, 800.
Basalt, im Demawend. VIII, 567. 570. — im Jebel Judi. IX, 731. — im Sipan Tagh. X, 331. — in der Arares-Ebene. 406. — im Soghanlu dagh. 410. — im Taurus. 808. — am Tokma su. 844. — am Euphrat. X, 871. 922. 946. 1068. XI, 690. — bei Orfa. XI, 316. — in Mesopotamien. 317. — in Kurdestan. 644. — im Dschebel Buschir. 689. — mit Augit, Titaneisen, bei Diarbekr. XI, 19. — schwarzer, in Syrien. X, 1107. — schwarzer, bei Amida ꝛc. XI, 53. — s. Augitb., Säulenb., Porphyrgestein.
Basaltblöcke, am Ararat. X, 480. — am südl. Euphrat. 1107. — schwarze, in Mesopotamien. XI, 365.
Basaltfelsen, bei Djezireh ibn Omar. IX, 711. — in Aderbidjan. 801. — in Kurdestan. X, 684. — am Murad. 818. — bei Amida. XI, 52. — am Westufer des Tigris. 121.
Basaltgänge, am Euphrat. X, 830. — im Taurus. X, 914. — schwarze, bei Nisibis. XI, 430.
Basaltmassen, bei Arabgir. X, 799.
Basalt-Mauer, um Djezireh ibn Omar. XI, 149.
Basaltquadern, in den Mauern Diarbekrs. XI, 45.
Basaltsäulen, im Soghanlu dagh. X, 411. — bei Kars. 435.
Basalttrümmer, im Karadscha Daghlar. X, 876.
Basaltzüge, im nordöstl. Aderbidjan. IX, 795. — in Kl. Arme-

nien. X, 797. — in Mesopotamien. XI, 257. 367. 431.
Basamsa (arab.), s. Batman su. X, 92.
Basanisa (türk.), s. Batman su. X, 92.
Basanit, in Sarudsch. XI, 280. — im Dschebel Buschir. 689. — am Euphrat. 690. — s. Hauran-Gestein.
Basaro, s. Lacus B.
Basato'l Ard, Buch. VII, 680.
Basch (vgl. Bach), s. Akbasch, Kara B., Kizilbasch, Kojah B., Jokari B.
Basch, Christendorf in Berrawi. XI, 598.
Basch-Abaran (tatar.; Abaran Pol, russ.), Gegend im russ. Armenien. X, 376. — Höhe. 372.
Baschak, am Tigris. IX, 729.
Baschboot, Dorf in Diarbekr. XI, 113.
Bascher, s. Ahmed Ibn B., Tell B.
Baschi, s. Artoschi B., Bulak b., Ferah B., Göl B., Gu B., Haram B., Hekimbaschi, Jusbaschi, Khajahi B., Kurzibaschi, Kuzzil B., Ming B., Mullah B., Nusai B., Pandschab., Pugai B., Su-B., Topschi B., Tüsenkdschi B., Tukaib., Jezdan B.
Baschi Agha, Castell am untern Euphrat. XI, 987.
Baschi-Bosuks, türk. Militärgattung. XI, 136.
Basch Kala, Basch Kaleh, d. h. Castell am Flußhaupt, in Kurdestan. X, 813. XI, 625. 631. 642. — s. Basch Kulla.
Baschara, in N. Kurdestan. IX, 717.
Baschkegh, Armenier das. X, 637.
Basch khan, d. i. Khan am Quellhaupt, am Bitlis tschai. X, 813.
Baschkoi, Buschkoi (Bachecou), Dorf in Armenien. X, 716. 717. 719.
Basch Kulla, Burg in Ali Baugh. IX, 653. — s. Basch Kala.
Basch Schuraghel, Dorf in Armenien. X, 429.
Bascht, Ebene in Fars. IX, 143.
Basch Tabiyah, Gebäude bei Mosul. XI, 198.
Baseler Mission, in Urmia. IX, 948.
Basenia, d. i. Pasin. X, 396.
Baseri, arab. Ilats. VIII, 392.
Basileios, Basilius (Strab.), der Königsfluß, ob Khabur, Belias? X, 247. XI, 248. 251.
Basileis (Basilius), s. Mar B.
Βασιλέων φρούριον, am Masius. XI, 82.
Basilia, Station am Euphrat. XI, 266. 267. 687.
Basilica Confessorum, zu Edessa. XI, 353.
Basilikon-Gärten, bei Amida. XI, 52. 56.
Basilimsa, s. Batman su. X, 92. XI, 76.
Basilius, s. Barsegh, Mar B.
Basilius, Jakobitenpatriarch aus Sert. XI, 100.
Basilius I., Arzdrunier, byzant. Kaiser. X, 586.
Basi Rani, Schloß in N. Kurdestan. IX, 717.
Basjarum, s. Tell bascher. X, 1033.
Basman, Ort Beludschistans. VIII, 720. 728. 731. 732. 733.
Basoropeda (Strabo), Landschaft am obern Frat. X, 822.
Basra (Bassora, Balsora), Stadt u. Emporium am Schat el Arab. IX, 285. X, 44. 62. 268. 278. 280. XI, 811. 819. astr. L. 976. 1032 ff. 1071. — Dist. IX, 124. 167. 327. X, 29. 192. 688. 1025. 1100. XI, 788. 800. 927. 928. 1022. 1023.
Basra, Alt-, X, 52. 175 ff. XI, 1033. 1046 ff. — s. Mah al B., Rusâfa Basrae.
Basra-Fluß, Arm des Schat el Arab. XI, 1028. — s. Bassora Creek.
Basratan (d. h. die beiden Basra), Bezeichnung für Basra u. Kufa. X, 179. 198.
Basreliefs, in Ninive. XI, 238. 241. — s. Sculptur.
Basri, Ehrentitel moslem. Dich-

ter u. Gelehrten. X, 178. — ſ. Haſſan el B.
Baſſadur, Hafen von Kiſchem. XI, 1059.
Baſſora, ſ. Basra.
Baſſora-Creek, Seiten-Canal des Schat el Arab. XI, 1024. — ſ. Basra-Fluß.
Baſt (kurd.), d. i. Aſyl. IX, 399.
Baſtam, ſ. Mah B.
Baſtera (Baſterra), ſ. Derbent i B.
Baſtora-Höhen, bei Erbil. IX, 693.
Baswola, Dorf in Diarbekr. XI, 113.
Baſyrchan, Zufluß zum Araxes. X, 396.
Baß, neſtor. Diſtrikt in Kurdeſtan. IX, 675. XI, 629. — ſ. Tohabi B., Bazi.
Bataih Kufa, Landſtrich am Euphrat. X, 58.
Bataja, ſ. Chesn B.
Ba'tajeh (Ba'ticha, Betaiah), Seen, Sümpfe im ſüdl. Meſopotamien. X, 182. 193. — ſ. El B., Baheire, Batayih ꝛc.
Batan, ob = Bagiſtanon? IX, 360. — Chaldäerdorf am obern Tigris. XI, 126. — ſ. Cham B.
Batana, Stadt u. Gebiet im ob. Meſopotamien. X, 119. 1118.
Batana, Bataneae, ſ. Batna. XI, 288.
Batani, ſ. Al B.
Batavia, Zuckerrohr daſ. IX, 258.
Batayih, d. i. abzweigender Flußarm. XI, 942. — ſ. Ba'tajeh.
Batech, d. i. Melone. XI, 501.
Bateniten (d. h. Innerliche), Sekte. VIII, 580.
Batheni, ſ. Al. B.
Bath Nahrin (ſyr.), d. i. Meſopotamien. X, 9.
Bathnas Mari (Itin. Ant.), d. i. Batna XI, 289.
Ba'ticha, ſ. Ba'tajeh. X, 193.
Batila, kleine arab. Schiffe. XI, 1069.
Batlanim (etwa Laien?), gelehrte jüdiſche Vorſtände in Bagdad. X, 260.
Batman (perſ.), Maaß, Gewicht. VII, 466. IX, 124. 912. X, 353. XI, 17. 820. — ſ. Badman.
Batman, Stadt in Kurdeſtan. X, 96.
Batman köpry, Brücke über den Batman Su. X, 93. XI, 67.
Batman ſu (B. ſui, B. tſchai, Nymphäus, Nymphius, türk. Baſilimſa, Baſanifa, arab. Baſamſa; Bulespema, Barima), Zufluß zum Tigris. X, 92. 95. XI, 6. 76. 85. 91. 114. — ſ. Chaye B.
Batna (Batnae, Batne), Stadt in Osrhoene, Capitale von Anthemuſia. X, 137. 996. 1118. XI, 286. 288. — ſ. Batna Sarugi.
Batna, Stadt in Syrien. XI, 286.
Batnae, Zufluß zum Euphrat. X, 1063.
Batnai, d. i. Batna. XI, 289.
Batnaia, Chaldäer-Dorf in N. Kurdeſtan. IX, 747. XI, 166.
Batna Sarugi, d. i. Batna in Sarudſch. X, 1132. 1139. XI, 280. 282. 284. 289. — ſ. Sarudſch.
Batn el Fauhi, altes Tigrisbett. X, 207.
Batnis (Tab. Peut.), d. i. Batna. XI, 289.
Batrik, ſ. Haſan B.
Batſchin, d. i. Communication mit China. VII, 473.
Battal, ſ. Sid al B.
Batu Khan, Dſchingiskhanide. VIII, 440.
Batum, Feſtung am Schwarzen Meere. X, 409. 415.
Batuta, ſ. Ebn B.
Bauart, in Gurkan. VIII, 357. — in Perſepolis. 889. — neuperſiſche. IX, 51. — mediſche. 108. — armeniſche, ſaraceniſche. 812. 916. X, 550. — in Ani. X, 443 f. — eigenthümliche, in Ninive. XI, 243. — ſ. Haus, arabiſche, armeniſche, griechiſche, römiſche, ſaſſanidiſche ꝛc., Kirchen-Architectur.
Baudascia, ſ. Badakhſchan. VII, 501. 788.

Baudra, in N. Kurdestan. IX, 741.
Bauernstand (Güran), gedrückt in Kurdestan. IX, 571. 619. — fehlt in Hakkari u. Amadia. IX, 661.
Baug, s. Ali B., Siral B.
Baugh, Hindu-Stadt. VIII, 174.
Bauholz, auf Jebel Judi. IX, 724. — im Soghanlu. X, 430. — fehlt in Erzerum. 756. — s. Holz.
Baujin, d. i. Peking. VII, 781.
Bauker Khan, Kurdenchef. IX, 214. — s. Mohammed B. Kh.
Baulis, d. i. Balis. X, 10. 1072.
Baulus, d. i. Balis. X, 1065. 1073. 1110.
Baum, Kurden-Kolonie. VIII, 395. 396.
Baum, Bäume, in Kurdestan. IX, 429. — Vegetation in Georgien. X, 374. — am ob. Murad. 674. — schwer bestimmbare Gränze am Ararat. X, 499. — Mangel daran in Iran. IX, 430. in den Hamrin-Bergen. 514. zwischen Erzerum u. Hassan kalah. X, 389. 747. in Hocharmenien. 403. 672. 738. 918. am obern Murad. 651. in Mesopotamien. XI, 500. — s. Zwergbaum, Waldung u. a.
Baum, goldener, in Bagdad. X, 235. — heiliger, im Koslan Koh. VIII, 626. bei Babel. XI, 919. 922. in Alt-Basra. 1047.
Baumae (Ptol.), am Euphrat. X, 1001. 1113.
Baum der Sonne, d. i. Platane. XI, 513.
Baum-Orakel, in Armavir. XI, 571.
Baumverehrung, bei asiatischen Völkern. XI, 513.
Baumwolle, bei Sehwun. VII, 162. — in Yarkand. 39?. — in Kaschghar. 410. — in Turfan. 435. — in Khokand. 777. — in Khorasan. VIII, 332. — in Masenderan. 538. — fehlt in Ghilan. 676. — in Yezd. IX, 26. — bei Isfahan. 40. 50. 54. — bei Kermanschah ꝛc. IX, 252. 369. — in Kurdestan. 448. 449. 454. 608. 657. 728. — am Diyalah. 488. 493. 514. — selten zu Banna. 581. — in Sinjar. IX, 760. XI, 465. — am Urmia-See. IX, 823. 972. — bei Tabriz. 852. — in Aderbidjan. 909. 941. 928. — bei Sert. 1007. — am Tigris. X, 231. XI, 117. — in Mardin. X, 275. — am Arares. 476. 522. — in Kharput. 810. — im Taurus. 911. 920. — in Vorder-Asien. 1058. — bei Taibe. 1106. — bei Arghana. XI, 16. — bei Amida. 56. — in Mosul. 208. — häufig bei Ras el Ain. 270. — am Chabur. 270. — in Mesopotamien. XI, 317. 501. 812. — am Euphrat. 691. 713. — in Bagdad. 816. 822. — in Basra. 1071.
Baumwollenbusch (Gossypium herbaceum), gedeiht nicht im Pendschab. VII, 116. — Bäume, in Khokand (?) VII, 767. — bei Abuschähr. VIII, 787. — in Kurdestan. X, 696.
Baumwollenfärberei, in Erzerum. X, 758.
Baumwollenspinnereien, in Schehrezur. IX, 446. — in Bagdad. XI, 822.
Baumwollenstein (Asbest). VII, 259. 422. — s. Sung i pumbu.
Baumwollenweberei, in Multan. VII, 67. — in Ispahan. IX, 49. — in Shuster. 179. — in Musch. X, 679. — in Bitlis. X, 688. XI, 94. — in Arabgir. X, 799. — in Orfa. XI, 326.
Baumwollenzeuge, im Pendschab. VII, 117. — in Khokand. 768. — gute, in Merv. VIII, 232. — gestreifte, in Bitlis. IX, 1005. — in Erzingan. X, 269. — in Mardin. X, 275. XI, 387. — in Bagdad. XI, 813.
Baumzweige, zu Hängebrücken benutzt. IX, 339.
Baunae, s. Baumae.
Baungk, s. Cap B.

Bauri Kesch, Waarenraum in Khanen. XI, 872.
Bauten, hydraulische. IX, 37. — s. Sassaniden-B.
Bauwuth, der Perser. IX, 434.
Baww, s. Kala B.
Bawab, s. Hom al B.
Bawai, Tribus der Dinaruni. IX, 211.
Bawalin, s. Kuh B.
Bawan, Thal in Fars. IX, 141.
Bawul, s. Babul.
Bayah-Beg, Gouverneur. X, 923. — s. Boyah B.
Baya Risch (kurd.), d.h. Schwarzwind. IX, 607.
Bayat, Ilat-Stamm. VIII, 402. — s. Beiat.
Bayazed (Bajazid, Bajesid), St. am Alsas in Armenien. IX, 791. 872. 917. 920. 922. X, 287. 321. 339 ff. 384. (Genuesen-Station?) 391. 418. 619. — Armenier das. X, 635. — Höhe. 901. — Dist. 337. 751. — s. Altae B.
Bayazed, Paschalik, statist. Nachrichten. X, 344 ff. — Gebirge. 345. — Mineralien. 346. — Klima. 347. — Bevölkerung. 348. — Münzen und Gewichte. 353. — Straßenzüge. 354. — Erdbeben das. 510.
Bayazed-Fluß, s. Alsas.
Baybahoon, s. Bebahan.
Bayburt, s. Baiburt.
Bayendereh (Beyendereh), Kurdendorf im Schahu. IX, 581. 584.
Bayern, Plateau. VII, 340.
Baynis, s. Scharaf B.
Baylakan, von Tamerlan erbaut. X, 556.
Baytrees (Lorbeern?), in Sindschar. XI, 460. 461. 465.
Baytusch (Baytousch, Beitusch, Beytoosch), Ort in Kurdestan. IX, 587. 591. 596. 942. 1036.
Baz, s. Lal Schah B., Bazi.
Bazabda, s. Bezabde.
Bazal, Euphrat-Kanal. XI, 994.
Bazar, in Yarkand. VII, 397. — in Herat. VIII, 250. — sehr schöner, in Laristan. VIII, 754. — zu Ispahan. IX, 48. — s. Adineh B., Ordu B., Peri B., Scheitan B., Tulu B.
Bazarak (Bazaruk), Paß von Kohestan. VII, 252.
Bazardschik ovassi, in Kurdistan. X, 891.
Bazaruk, s. Bazarak.
Baze, s. Djan B.
Bazergaun, Dorf im Norden Aderbidjans. IX, 922.
Bazi, Gebirgsgau in Hekkari. XI, 598. — Dörfer das. 600. — vgl. Baß.
Bazian (Baziyan, Gazian), Ebene und Dorf in Kurdestan. IX, 449. 454. 456. 606. — s. Derbent i B.
Bazian-Dagh, kurdest. Gränzkette gegen den Tigris. IX, 450. 525. 530. 533. 535. 729.
Bazigan. X, 921.
Bazigars, zigeunerähnliche Bande in Indien. IX, 543.
Bazigers, d. i. Tänzerinnen, Sängerinnen. VIII, 558.
Bazir Khani, Berge in Persien. IX, 431.
Bazis, s. Schah-b.
Baziyan, s. Bazian.
Bazradunier, Abstammung. X, 586.
Bazuft, in Luristan. IX, 211.
Beas (Beyas, Bedscha, Bipasa, Hyphasis), rechter Zufluß des Ssetledsch. VII, 32. 37. 46.
de Beauchamp, Abbé, General-Vikar zu Bagdad, in Kurdestan. IX, 376. — (franz. Consul in Mascate), in Syrien. X, 1098. — in Diarbekr. XI, 62. — in Mardin. 391. — in Anah. 724. — in Bagdad. 802 ff. — am Tak i Kesra. 854. — am Birs Nimrud. 876. — Bagdad-Hilla. 869. — Euphratbeschiffung von Hilla nach Basra. 948 ff. — in Diwaniyeh, Lemlun, Semawa, Al Khudr. 969 ff.
Beaufort, Capt., Küstenaufnahme Karamaniens. X, 932.
Beauvoilier, Pater, in Erzerum. X, 619.
Beazit. X, 619.

Bebaham (Bebahan?), in Persien. VIII, 817.
Bebahan (Babahan, Baybahoon,) Hauptstadt von Khogilora. IX, 135. 136. 143.
Beban-Dynastie. IX, 1021. — vgl. Bebbeh.
Bebase (Amm. Marc.), Festung im Masius. XI, 150. 370. 380.
Bebbeh (Böbbe, Baba, Babon), Kurdenstamm, kurdischer Adel. IX, 570. 572. 583. — Ursprung ꝛc. 613 ff. — Kurden von Karatscholan. 631. 656. 1019. 1021.
Bebbeh-Fürsten. IX, 720.
Bebbeh Kurdestan, d. i. Sulimaniyah. IX, 460.
Bebbeh Suliman. IX, 570. — s. Baba S.
Bebdarch, Jagdschloß der Sassaniden. IX, 487. 504. 512.
Beberaci, s. Lacus B.
Bebis, Titel in Schikarpur. VII, 153.
Beboutoff, russ. General in Armenien. X, 381. 472.
Becassinen, am Murad. X, 714.
Becca, d. i. Mekka. X, 1057.
Beccafigue, s. Feigenschnepfe. XI, 506.
Becharlu, s. Reser B.
Beck, s. Togrul B.
Beckani, Dorf in Armenien. X, 436.
Becr, s. Bekr.
Beda, s. Kalai B.
Bedachschan, s. Badakhschan. VIII, 123. 128.
Bedagan (Bithiga, Ptol.), in Mesopotamien. XI, 257.
Be-dánâ, d. i. kernlos. XI, 559.
Bedar, Chaldäerdorf. XI, 169.
Beddescht, Station in Khorasan. VIII, 337.
Beddi al Zeman, Mirza v. Herat. VIII, 246.
Bedendon, d. i. Bodondun. XI, 307.
Beder Khan Beg, Kurdenfürst. VIII, 349.
Bedewi (Beduinen), d. i. Wüstenbewohner. XI, 492. 720.
Bedi, geistl. Oberhaupt d. Seikhs. VII, 124.
Bedi mischk, d. i. duftende Weide. VII, 44.
Bedjrenk, Gebiet Ferghanas. VII, 746.
Bedlis, d. i. Bitlis. X, 643. XI, 68.
Bedlisen, s. Scheref eddin B.
Bednore, Zuckerrohr das. IX, 254.
Bedra, Ort in Irak Arabi. XI, 932.
Bedran Jessen, in Kurdestan. IX, 573.
Bedreddin, s. Lulu B.
Bedrow, Distrikt in Kohestan. VII, 245.
Bedrowas, Dorf in Armenien. X, 406.
Bedscha, s. Beas.
Beduine, s. Bedewi, Araber.
Beduinenspeise, VIII, 809. XI, 472. 475. 776. 998. 1007.
Beduinenleben, der Montefik. XI, 1005 ff.
Beduinenschaf, in Mesopotamien. XI, 506.
Bedusta, einh. Name für Dschilum. VII, 31. — s. Behut.
Beelsemin (d. i. Jupiter), in Haran. XI, 309.
Beenwansoory, s. Dewan Derrah. IX, 813.
Beer, d. i. Bir. X, 949.
Beere, gelbe, zum Lederfärben. XI, 617.
Beg, Bek, Bey, d. i. Herr, Fürst, Gebieter. VII, 601. IX, 973. — s. Ahmed B., Alaeddin B., Ali Aker B., Aziz B., Baba B., Bayah B., Beglerbeg, Beiram B., Boyah B., Buneardbeg, Bunyad B., Chaled B., Dereh B., Djalil B., Dschemschid Beg Merdisi, Emin B., Hadji Abdallah B., Hadji Osman B., Haïdar B., Hakim B., Jemschid Beg, Irdana B., Kaffre B., Kai Khosru B., Kara Oglan B., Kasim B., Keser B., Khilich Ali B., Kouschk-bey, Khurschid B., Luti B., Mahmud B., Mohammed

Ali B., Mohammed B., Mohammed Hakim B., Murad Ali B., Murad B., Musa B., Mustapha B., Nurullah B., Rachim B., Rejeb B., Saleh B., Sayd Bey, Sayd Bey Kalessi, Schah B., Scheref B., Scherif B., Sedak B., Seid Ahmed B. Riski, Seid Beg, Sekander B., Selim B., Sir Hasan B., Soliman B., Suliman B., Suliman B. Ghazi, Tahi'ruldi'n B., Temir B., Ulug B., Ulúg B. Mirza, Bedehan B., Junas-B.
Begar, s. Kar-B.
Begere. IX, 980. s. Bargi ka'leh.
Begger, s. Tell B.
Beggi, s. Murud B.
Beghram, Ebene am Hindu Khu. VII, 229. 295.
Begi, s. Dewan B., Hamzeh B., Khusch B.
Beg-Kapüsi, Nordthor v. Orfa. XI, 318.
Beg Koti, chald. Gemeinde bei Amadia. XI, 592.
Beglali, Jagdschloß der Sassaniden. IX, 487. 504. 522. — s. Beklal.
Begler Beg, Fürst der Fürsten, od. Pascha von drei Roßschweifen. X, 752. — Beludschen-Titel. VIII, 718. — s. Schadi B.
Begler Khan. VIII, 399.
Begli, s. Ali B.
Beglu, s. Ahmed B., Ali B.
Begnuzzer (Begnezzin), Dorf im Meschhned-Thale (Khorasan). VIII, 312. 397.
Begräbniß, s. Grab, Todtenbestattung.
Begrüßung, s. Gruß.
Beg Tagh, Felswand am Euphrat. X, 827.
Beg Vang, Titel in Jarkand. VII, 399.
Beg Zadeh, Yeziden-Familie. IX, 757.
Behaarung, starke, der Kräuter in Ghilan. VIII, 646.
Behadur (Bahadur), s. Khodja B. Khan, Tegh B.
Behadur Khan, Fürst von Bokhara. VII, 780.
v. Behaghel, M., Geognost, Parrots Begleiter nach Armenien rc. X, 366. 379. 490.
Behescht, Behischt (perf.), d. i. Himmel des Ormuzd u. d. himmlischen Geister, Paradies. VIII, 34. 76. IX, 362. — s. Ara d., Hescht-d.
Behesni (Behesne, Besni d. Türken, arab. Bahasna, syr. Beit hesna), syrische Gränzfestung. X, 863. 885. 888. 894. 895. 903. 939.
Behischt, s. Behescht.
Behistun, d. i. Bisutun. IX, 363.
Behkat (Beikend), in Osruschnah. VII, 740.
Behli, Kurdenstamm. IX, 717.
Behlul Pascha (Balül P.), von Bayazed. X, 335. 341. 418.
Behram, s. Bahram.
Behran, s. Mat B.
Behut (Jelum, Jilum, Dschilum, Dscheilum), Zufluß des Chinab im Pendschab. VII, 14. 31. 32. — oberer Lauf. 70. — unterer Lauf. 93.
Beiat, s. Ak B., Kara B., Baiat, Bayat, Byat, Kayat.
Beiat-Ebene, im südl. Kurdestan. IX, 544.
Beiat-Turkomannen, im südlichen Kurdestan. IX, 544. — vgl. Baiat.
Beidao, Beidhao, s. Ol B.
Beiendereh, s. Bayendereh.
Beig (Beg), s. Ulug B.
Beïgi, s. Darnah B.
Beigir, s. Bargi.
Beigy, in Masenderan. VIII, 539.
Beikend, s. Behkat.
Beil, s. El B.
Beila-Awdei, Hakim Beg in Jarkand. VII, 403.
Beilatha, Christendorf in Tiyari. XI, 599.
Bein Remaz, kl. Fluß bei Arghana. XI, 75.
Βεϊουδαές (Theophyl. Sim.), im obern Mesopotamien. XI, 84.

Beirak, d. i. Fahne, Truppenabtheilung. XI, 207.
Beiram, Ort in Aderbidjan. IX, 941.
Beiram Beg, von Ilijeh. X, 699.
Beiram Khan (1787). VIII, 233.
Beïramlu (Bairamlu), s. Hadji B.
Beiranavend (Pairanawand), Lak-Familie. VIII, 402. IX, 216.
Beirut (Berytus), in Syrien. VIII, 84. X, 652. XI, 530. 531. 581. — Dist. XI, 739. 818.
Beisa, in Farsistan. VIII, 764.
Beisan, in N. Kurdestan. IX, 717.
Beït (Beth), s. Kala B. Annuri.
Beith Ammuris, d. i. Wohnung Amuris. X, 1001.
Beit hesna (syr.), s. Behesni. X, 895.
Beit Hunun, in Syrien. XI, 531.
Beitusch, s. Baytusch.
Beiza, s. Kila B.
Bek (Beg, Bey), s. Erdeni B., Togrulbek.
Bekadjik, Christendorf in Dschulamerk. XI, 599.
Bekdillu, Ilat-Tribus. VIII, 404.
Bekhr Uschaghi, s. Bekr U.
Bekir, s. Karasu bekir, Schatti Diar B.
Bekir Effendi, in Mosul. XI, 223.
Bekirs, d. i. Befehlshaber. XI, 794.
Beklal, Beklam, Jagdschloß d. Sassaniden. IX, 487. 504. — s. Beglali.
Beklu, s. Djihan B.
Bekr, Sohn Wails. X, 223. 1142. — s. Abu B.
Bekrabad, Felder in Tabaristan. VIII, 359.
Bekrabad, Distrikt von Gurkan. VIII, 702.
Bekr Aga, Kurdenchef im Byram Khoi. XI, 85.
Bekr U'schaghi (Bekhr U.), Kurdenstamm. X, 848. — Nomadentribus am Tokma su. XI, 144.
Bekr Wail, Araberstamm, besetzen Diarbekr. XI, 34.
Bektimur, Regent in Akhlat. X, 327.
Bel, s. Kara B.
Bel, chald. Gottheit, ihr Tempel in Babylon. X, 26. XI, 490. — s. Baal.
Bela. VIII, 714. — s. Sewan B.
Belad (Beled), s. Arab el B., Athar al b., Scheich al b., Seir al b.
Bela Druz, Diyalah-Kanal. IX, 418. 491.
Belaghani, chald. Gemeinde bei Amadia. XI, 592. 594.
Belaidun, in Kurdestan. XI, 92.
Belajani, s. Belaghani.
Belal ben Abi Bordeh. X, 176.
Belath, d. i. Beled, Etymol. XI, 163.
Belawli. VII, 776.
Belban (Belian), Ort am Chabur. XI, 271.
Belbas, Flecken in Kurdestan. IX, 619. — s. Bulbassi.
Bel Bunar, in den Gok Dilli-Bergen. X, 843.
Beldan (Baldan), s. Ajaïb al B., Atharol b., Sur al b.
Beldargi, d. i. Grundsteuer. X, 753.
Beled, Bezeichnung verschiedener Orte. XI, 163.
Beled (Balad), Ort am obern Tigris. X, 216. 220. XI, 152. — ob = Eski Mosul? 161. — Distrikt von Diar Rebia. XI, 162. — Dist. IX, 155. 156. 161. 162. 181. 260. 269. 272. 273. 446.
Beleda, s. Beled. XI, 163.
Beled'lhatab, d. i. Beled. XI, 163.
Beledschik, d. i. Bir. X, 943.
Beled Surieh, s. Sura. X, 1080.
Belejik, s. Belias.
Belek, s. Belikh.
Belemniten, im Pir Omar Gudrun. IX, 532.
Belendsch, am Tigris. XI, 278.
Beles, d. i. Balis. X, 1065. 1069. XI, 716.

Beles, Belias (Amm. Marc.), d. i. Belikh. XI, 250.
Belesi biblada, am mittl. Euphrat. XI, 716.
Belespena (?), d. i. Batman sui. X, 95.
Belessun (Balsam), Erdöl. VIII, 737.
Belesys, d. i. Balis. X, 1071.
Belesys, Statthalter Syriens. X, 10. 1002. — sein Pallast. X, 1074.
Beleth, s. Haga b.
Belgiwan, Länderstreif im Oxus-Gebiet. VII, 819.
Belgrad, an d. Donau. XI, 792.
Belhara (Nehrwala), d. i. Narwar. VII, 682.
Belian, s. Belban.
Belias (Amm. Marc.), d. i Belikh. X, 138. 1120. XI, 250.
Belicha, Fluß. X, 1143. — vgl. Belikh.
Belik Ghol, s. Ballik Göl. X, 346.
Belikh, Belik (Belek, Belejik, Bilecha, Balissus, Belias, Baleech, Balysche, Belitz), Zufluß zum Euphrat im nördl. Mesopot. X, 1115 ff. 1143. XI, 250 ff.
Belinas, d. i. Plinius. IX, 120.
Belisar, römischer Feldherr, sein Feldzug gegen die Sassaniden. X, 981. 995. 1051. 1084. — in Edessa. XI, 354. — in Dara. XI, 402.
Belitz, s. Belikh. X, 1117. 1125.
Beljan, Ort in N.Kurdestan. IX, 687.
Belka, s. Dschebel B.
Belkis, s. Balkis. IX, 1022.
Bell, Obstart bei Kote. VII, 61.
Bell, Mr., Reisender. X, 1028.
Bellaru, s. Schapur. IX, 298.
Bellaur, s. Ol B.
Bel-li Gedük, Trappgebirge des Taurus. X, 848. 902.
Bellino, Gesandtschaftssekretair J. Rich's (st. 1820). IX, 74. 354. — in Bagdad. XI, 824. — über den Aker Kuf. 850.
Bell marice (Abul Maurice), im euphrat. Arabien. XI, 1043.
Bellote (Bellut, Belut, Quercus bellote?), Eichenart in Luristan, Kurdistan ꝛc. VII, 250. IX, 339. 404. 422. 448.
Belludschen, s Beludschen.
Belon. XI, 359.
Belor, Beloro, s. Belur Tagh, VII, 478. 502.
Belos, s. Belus.
Belsazar (Nabonnid der Klassiker), letzter König Chaldäas. IX, 310. XI, 899.
Beluches, s. Beludschen. VII, 29.
Beludschen, Belludschen (Beluches), Afghanen-Stamm am Indus, Herrscher in Sinde ꝛc. VII, 29. 149. 151. 156. 180. 184. 187. 677. 681. VIII, 158. 193. 388. 718. 726. 732. — am N. Rande Irans. VIII, 377.
Beludschen-Sprache, westl. Gränze. VIII, 731.
Beludschi (Belûgj), Herrscher. VII, 680.
Beludschian, d. i. Beludschen. VII, 680.
Beludschistan (Joe leou tscha), VII, 549. — das Terrassenland. VIII, 713 ff. — Berge. VII, 157. — Sandwüste. VIII, 721.
Belûgj, s. Beludschi. VII, 680.
Beluk (Ballogh, Baligh), d. i. Distrikt VIII, 254.
Belukat (Balluk), d. i. Distrikt. VIII, 450. 767.
Belur, Dorf an der Ostseite des Indus, Tope das. VII, 114. VIII, 38.
Belur, Name für Bergcrystalle. VII, 501.
Belur Tagh (Belor, Beloro, Bolor, Poli), Scheidegebirge von Kaschghar u. Badakhschan. VII, 349. 413. 475. 478. 487 ff. 497. 500. 502. 520. 643. 801. — s. Belut Tagh, Bolor, Thsungling.
Belus, König von Babylon, wird von Haik erschlagen, sein Grab u. Tempel in Babylon. X, 35. 578. 585.
Belus-Thurm (Herod.), in Babylon, s. Birs Nimrud. XI, 786. 876.

Beluß, d. i. Beludschen. VIII, 719.
Belut-Eiche, s. Bellote.
Belut Tagh (türk.), d. h. Eisengebirge. VII, 14. 491. 501. — s. Belur Tagh.
Belveren, Kurdendorf. X, 891. — s. Pelvere.
Bematra (Ptol., richt. Beth Atra), Ort in Mesopotamien. XI, 728.
Bember, Bergstaat im Pendschab. VII, 128.
Bember-Paß. VII, 61.
Bemeriga, Ort in Central-Kurdestan. XI, 627.
Bemmaris (Itin. Ant.), Ort in Mesopotamien. XI, 282.
Ben (pers.), d. i. Pistacia sylvestris. XI, 566.
Bena, s. Guebri B.
Bena i Schahpur, d. h. Bau Schahpurs. VIII, 841.
Benak, Gewürzkraut, bei Schahpur. VIII, 828.
Benakat, s. Finakat.
Benaketi, Chronik von, (1317). VIII, 837.
Benaru, Dorf u. Gränzthal von Laristan. VIII, 755.
Benat el Hasan, am Tigris. X, 229.
Ben-avi (arab.), d. i. Schakal. IX, 579.
Benawilli, Dorf bei Sulimaniyah. IX, 565. 575.
Bencoolen, auf Sumatra, Zuckerrohr das. IX, 258.
Bend, d. i. Steilweg, Bergpaß. VII, 247.
Bend, Band, Bund, d. h. Damm. VIII, 768. (bei Shuster) IX, 180. XI, 661. — s. Ali B.
Benda, Guckerstadt im Pendschab. VII, 104.
Bendar, s. Kala B.
Bendehlu, s. Khoda-B.
Bendemir (Araxes, Kyros, Kur), Fluß zum Bakhtegan-See in Farsistan. VIII, 866. 869. 735. 766. 767. 768. 859.
Bendemir (d. h. Fürstendamm), Dorf in Farsistan. VIII, 752. 767. 768. 921.
Bender (d. i. Hafen), als Bezeichnung für Herat. VIII, 249. — für Gombron. VIII, 742. — s. Kalai B.
Bender Abassi (B. Abas), d. i. Schah Abbas Hafen, in Laristan. VIII, 726. 739 ff. XI, 1072. — s. Gombron.
Bender Asselon, in Farsistan. VIII, 755.
Bender Gamron, s. Gombron.
Benderikil, am Karun. XI, 758.
Bender Kongun (Kongo, Congo, Konkun, Gogana), Hafen v. Farsistan. VIII, 755. 773. 778.
Bender Nakhilu (Nakhilan, Nakhl, Nachl, Nachel), d. h. Palmenhafen, in Laristan. VIII, 752. 755. 777.
Bender Rigk (Bender-regh), Hafen des pers. Golfs. IX, 134. — s. Rig.
Bender Siraf, s. Siraf. VIII, 773.
Bend e Rustan, Dammbauten in Sedschestan. VIII, 184.
Bend i Barbar (Ali Bend), Damm am Koh i Baba. VIII, 219.
Bendi Dadan, Stadt Khokands. VII, 753.
Bend i Kil, s. Bandi Kir. IX, 163.
Bendi Mahi Su (Bund y mohey), d. i. Fischuferfluß, zum Van-See. IX, 923. 998. X, 321.
Bendjehir, Ort im Hindu Khu. VII, 787. 788.
Bend Kuran. IX, 161.
Bend-ma, Stadttheil von Van. IX, 983.
Bendosabiron, d. i. Paß Sabir. XI, 83.
Bend y mohey, s. Bendi Mahi Su.
Benedictus, Erzbischof v. Edessa. XI, 252.
Ben el Danischmend, d. i. Sohn des Gelehrten, kappadoc. Dynastie im 12. Jahrh. X, 862.
Bengalen, Indigo, Zucker rc. das. IX, 242. 893. XI, 1072.
Ben Hadad, syr. Königsname. XI, 551.
Benhoudel, s. Bandi Kir. IX, 291.

Beni Azil, arab. Tribus am Diyalah. IX, 488.
Beni Bokailah (Bakilah, d. h. der grüne), Festungswerk von Hira. X, 64.
Beni Djoumah, Kanal in Mesopotamien. X, 237.
Beni Djuffeyeh, arab. Stamm im südl. Mesopot. XI, 997.
Beni Eblouth, bei Haran. XI, 308.
Beni Esed, arab. Stamm in Mesopotamien. XI, 34.
Beni Feckahal, arab. Stamm am Euphrat. X, 1065.
Beni Hadidil, arab. Stamm in Mesopotamien. XI, 364.
Beni Hahkem (Hakhem), arab. Stamm am untern Euphrat. X, 60. XI, 977.
Beni Hamdan, s. Hamdaniten.
Beni Havirah. XI, 652.
Beni Hayakim (Hakim), arab. Trib. am unt. Euphrat. XI, 981.
Beni Henderin, Gebirgsjoch in Kurdestan. IX, 1027.
Beni Hindavin. XI, 652.
Beni Hissar, Dorf bei Kabul. VII, 291.
Beni Kais, Distrikt von Orfa. XI, 320.
Beni Kaithran, bei Haran. XI, 308.
Beni Karak. XI, 652.
Beni Lam (Ben Ilam), arab. Tribus in Chusistan, Mesopotamien. IX, 178. 328. X, 209. XI, 775. 936. 937. 942. 1017. 1024. 1066.
Beni Ma el Sama (d. i. Söhne von himmlischer Aussaat), arab. Tribus. X, 279.
Beni Malek, arab. Stamm am untern Tigris. XI, 948. — Abtheilung der Montefik. XI, 1001.
Beni Meilan, in Mesopotamien. XI, 362. 364.
Beni Mezra (d. i. Sohn der Lanze), Bandit im Dauasir. XI, 1064.
Beni Ommaiyeh, Bewohner v. Anah. XI, 725.
Beni Othman, Araber am unt. Euphrat. XI, 996.
Beni Said, arab. Stamm am Euphrat. X, 1070.
Beni Sakr, arab. Stamm. XI, 748.
Beni Tamur (Söhne Tadmors), Stamm in der Palmyra-Wüste. XI, 742.
Beni Temen, arab. Stamm am Tigris. X, 230.
Beni Thamian, am Tigris. X, 238.
Benjamin, von den Ali Illahi verehrt. IX, 472.
Benjamin von Tudela, Spanier (1160—1173), über Susa &c. IX, 305. 402. — über Mesopotamien u. die verloren gegangenen 10 Stämme Israels. X, 240 ff. — in Carrhae. XI, 291.
Benk (armen.), d. i. vornehmer Herr. X, 349.
Benna, s. Kuhi B.
Ben Tajib, arab. Stamm und Fürstenhaus der Zobeir. XI, 1049. 1065.
Ben Tauk (Tawak), Statthalter in Mesopotamien. XI, 694. 696.
Beor, s. Bileam ben B.
Beraalti, Kloster am Bumadus. IX, 745.
Beradust (B. Lahijan), Kurdentribus und Gau bei Urmia. IX, 944. 1021. 1027.
Berahan, Distrikt im pers. Irak. IX, 25.
Berai, s. Kar Berai.
Berali, Ort. VII, 79.
Berastik, Berastik, Dorf. X, 797. — Engthal. 901. 915.
Berbent, Berg in Kerman. VIII, 737. 756.
Berberis, am obern Tigris. XI, 117.
Berde, Distrikt von Fars. VIII, 127.
Berdi, s. Chadi b.
Berdistan (Verdistan), s. Ras B.
Berdi-Záwi, d. i. kleiner Zab, Fluß in Kurdestan. XI, 621.
Berd-samusak, Distrikt Masenderans. VIII, 126.
Beredschik, d. i. Bir. X, 943.
Bereki, Trib. in Kabul. VII, 307.

Berenda, s. El B.
Berendeh, Thal und Stadt am Kisil Osen. VIII, 636.
Berenzini, am Schahrud. VIII, 592.
Bereste, s. Boro-d.
Bĕrĕzat, d. h. erhaben sein. VIII, 47. 49.
Berezato Gairi, d. i. hoher Berg. VIII, 47.
Bergäsik, Bergkette in Aderbidjan. IX, 969.
Berge, heilige, von Sterbenden aufgesucht. IX, 31. — künstlich aufgeworfene, zu Castellen rc., häufig in Syrien u. a. O. X, 956. — s. Feuer-, Kegel-, Salz-, Sand-, Sandsteinberg u. a., der Alte vom Berge, Gebirge, Dschebel, Kuh, Schan, Tur u. a.
Bergbau, bei Bendjehir. VII, 788.
Bergcrystall, in Kaschmir. VII, 78. — in Babylons Ruinen. XI, 918.
Berg-Cypresse, s. Arar.
Bergera Königii. VIII, 307.
Berg-Granaten, im Himalaya. XI, 559.
Berghiri. IX, 989. — s. Bargi ka'leh.
Berg-Ju, Stein. VII, 382.
Bergiès Pistài (pers.), Pistacienart. XI, 566.
Bergochsen, in Kafirestan. VII, 212. — eine Art Rothwild in Kurdestan. IX, 584.
Bergöl, im Ali Dag. IX, 528.
Berg-Pinus (Pinus Deodara?). VII, 310.
Berg-Seide, in Khotan rc. VII, 351. 597.
Bergut, Raubvogel. VII, 394.
Bergziege. VIII, 263. — wilde, im Elburs. 506. — am Demawend. 560.
Berhan Kattea, Lexic. XI, 569. — vgl. Borhani Pataa.
Beridgik. X, 712. — s. Bir.
Beridjai, Christendorf in Tobi. XI, 600.
Beridschik. X, 834. — s. Bir.
Berje, bei Ispahan. IX, 134.
Berkaid, s. Barcaïd. XI, 163.
Berkamma, Dorf in Kurdestan. XI, 650.
Berkeou, Distrikt in Kurdestan. IX, 606.
Berkeschad, Distrikt in Mokan. VIII, 126.
Bermeh Delek, Sculpturen bei Schiraz. VIII, 858.
Berna tschai, Zufluß zum Kars tschai. X, 428.
Bernier, Fr., Reisender in Kaschmir. XI, 512.
Beroea, Berrhöa, Ort in Syrien (Aleppo). X, 978. 1050. XI, 562.
Beroea, Stadt am Euphrat. X, 1070.
Berosch, Beroth (hebr.), d. i. Cypresse. XI, 579.
Berosus, babylon. Schriftsteller. IX, 722. 723. X, 356. — armenische Uebersetzung. X, 568.
Beroth, s. Berosch.
Beroudjird (Beroudjerd, Borudscherd, Borujird, Burujird, Ouroudgerd, Ologurd), Kurdendorf in Luristan. IX, 68. 156. 209. 210. 341.
Berozeh (Berrozeh), eigentlicher Name für Banna. IX, 585.
Berozeh- oder Banna-Fluß, östl. Quellfluß des Kleinen Zab, Gränzstrom des pers. und türk. Reichs. IX, 532. 560. 585. 586. — s. Tahite, Tenguschi.
Berrawi (Berwari, Berwer), Gebirgsgau u. Nestorianer-Stamm in Hekkari. IX, 663. 675. 741. X, 87. XI, 103. 168. 593. 597. 598.
Berret, Dorf am obern Tigris. XI, 120.
Berrhöa, s. Beroea. X, 978.
Berri, d. i. Binnenland. VIII, 127.
Berrozeh, s. Berozeh.
Berruder, Dorf in Kurdestan. IX, 430.
Bersel, s. Barzalo. X, 831. 884.
Bersima (Birsima), am Euphrat. X, 1001.
Bert, s. Chort B.

Berut, Beruth, s. Baaltis. X, 1048.
Berwari (Berwaree, Bervari), s. Berrawi.
Berwer, s. Berrawi. IX, 675.
Berygeon, d. i. Bir. X, 947.
Berytus, d. i. Beirut. VIII, 84. XI, 581.
Besa, s. Jaffa. VIII, 759.
Bescharik, Stadt Khokands. VII, 753.
Beschavur, d. i. Schahpur. VIII, 841.
Beschech, s. Hest B.
Beschgetschid-Furth. X, 934.
Beschikerem, Stadt in Kaschghar. VII, 419.
Beschiri, s. Bischeri.
Beschisch, Berg in Kurdestan. XI, 596.
Beschneidung, in Ost-Turkestan. VII, 463. — ob bei Jeziden u. Sinjarlis? IX, 751. 756. 757. 761.
Beschparmak, s. Peischbermak.
Besch tepe (d. h. die fünf Hügel), s. Schikkat Chani.
Besechana (Isid. Char.), Castell am Euphrat. XI, 763. 782.
Besestins, d. i. Bazare. IX, 123. — s. Bezestine.
Besgut tschai, Zufluß zum Kars tschai. X, 428.
Besin (d. i. Luna), Gottheit in Haran. XI, 309.
Besi sutun, d. h. dreißig Säulen. IX, 362.
Be-situn, d. h. ohne Säule. IX, 362. — s. Bisutun.
Besker, Distrikt. VIII, 126.
Besni, s. Behesni. X, 894.
Besobdal, Paß. X, 370 ff. 375.
Bestay Zeirin, Distrikt Ferghanas. VII, 745.
Beste, Asbeste (d. h. Garten), pers. Stadt am Hirmend. VIII, 64. 120.
Bestia (Tab. Peut.), d. i. Beste. VIII, 64.
Besuchis, Festung in Mesopotamien. X, 151.
Betaiah, s. Batajeh.
Betakan, s. Tebakan.
Betekend, Grasart. VII, 736.
Beth (Beit), d. i. Haus. X, 130.
Beth, Stadt bei Mardin. XI, 382.
Beth Abe, Kloster zu, in Mesopotamien. XI, 178.
Bethammaria (Ptol.), am Euphrat. X, 999. 1000. 1001. — s. d. f.
Bethammaris (Tab. Peut.), am Euphrat. X, 999. XI, 282. — s. d. f.
Beth-Amuris, in Mesopotamien. XI, 282. — s. d. v.
Beth Ana (syr.), s. Anah. XI, 716.
Beth Atra, s. Bematra.
Beth Auna (Ptol.), d. i. Anah. XI, 254. 716.
Bethe, i. e. ruptura. X, 193.
Beth-Cales, Zufluß zum Euphrat. X, 1143.
Bethe Sirin, Tigrisarm. X, 193.
Beth Daraja, s. Dor kena.
Beth Garme, Ort. X, 1142.
Beth Gebar, Dorf am Tigris. XI, 201.
Beth Lapetha, s. Ahwaz. IX, 173.
Beth Maadak, Kloster in Mesopotamien. XI, 294.
Bethnis, d. i. Batna. XI, 289.
Beth Seme (d. h. Haus d. Sonne), s. Barsuma, Betschemesch.
Beth Zabda, s. Bezabde.
Betki, Christendorf in Tiyari. XI, 599.
Betlis, d. i. Bitlis. IX, 1005.
Betlisi, d. i. Kurden von Betlis. IX, 630.
Betschemesch, i. e. fanum Solis. X, 1001. — s. Beth Seme.
Bettanius, s. Al B.
Bettler, in Multan. VII, 65.
Betuma (Ptolem.), am obern Tigris, = Bezabde? XI, 13. 163.
Beulenkrankheit, in Mosul. XI, 216. — in Bagdad. 816. — s. Gesichtsbeulen.
Beutel, als Geldsumme. X, 753. XI, 207.
Bewässerungsanstalten, sinnreiche, zur Zuckerkultur am Popengsee. IX, 265. — merkwürdige, bei Malatia. X, 855.

Bewässerungsmethode, künstliche, macht das Mehl minder nahrhaft. IX, 692. — s. unter Wasser, Kanal.
Bewan, s. Schaab B.
Bewareh, s. Medinet el B.
Bey, Kurdentitel. IX, 625. 709. — s. Beg.
Beyah, s. Umm al B.
Beyan, Ort am Indus. VII, 163.
Beyas, s. Beas.
Beyazlou, türk. Seidenstoff. XI, 822.
Bey Dagh, d. i. Fürstenberg, bei Malatia im Taurus. X, 851. 887.
Beydendjan (Baidindjan, Solanum melongena), auf den Tigrisinseln bei Mosul. XI, 194. 220. — in Mesopot. 501.
Beyendere, s. Bayendereh.
Beykoti, Chaldäer-Dorf bei Amadia. XI, 594.
Bey Mansur, Dorf in Armenien. X, 824.
Beyrut, s. Beirut.
Beytoosh, s. Baytousch.
Bezabde (Bazabda, Bizabda, Beth Zabda, Castrum Zabdaeum, Zebedaeum), die Stadt Adiabs (Zabs) am Tigris in Zabdicene (Djezireh ibn Omar). IX, 700. 712. X, 25. 90. 129. 169. 253. (verschieden von Phönice) XI, 121. 122. 147. 148. 163. — s. Cardoa, Saphe.
Bezaga (Bezay), in Syrien. X, 1041.
Bezestine, d. i. Bazar. XI, 394. — s. Besestins.
Bezizu, Christendorf in Tiyari. XI, 599.
Bezoar, in Kerman. VIII, 737.
Bezou, Berg am Westufer des Urmia-Sees. IX, 951.
Bhadraivavarcha. VII, 496.
Bhag, Stadt. VIII, 130. — vgl. Bagh.
Bhang, d. i. Hanftrank. VII, 164.
Bharata, s. Maha Bh.
Bhawul, Sanctus in Multan. VII, 45.
Bhawulhug, Schutzpatron der Daud Khane, sein Grab in Multan. VII, 67.
Bhawul-Khan, sein Land. VII, 38 ff. — Urspr. des Namens. 45.
Bhawulpur, Residenz in Daudputra. VII, 40. 41. 42.
Bhilsa, in Central-Indien. VII, 295.
Bhim, Idol zu Bamiyan. VII, 282.
Bholbas (?), Stamm in Kaferistan. VII, 205. — vgl. Bulbassi (Bilbas).
Bhopal. VII, 295.
Bhoteas, Volk. VII, 216.
Bhuli Khen e Allum (d. h. Brunnen des Herrn der Welt), Wassergrotte in Afghanistan. VIII, 163.
Bi, d. i. Beg. VII, 524. — s. Suleiman Bi.
Bi Ab, Bi Au, Berghöhe in Luristan. IX, 202.
Biad, s. Al B.
Biat Ali, Imam Ali's Tochter. XI, 459.
Bi Au, s. Bi Ab.
Biaut, Tribus in Maku, im nördl. Aderbidjan. IX, 919.
Bibabi, ob Bilabi? XI, 592.
Bibal, Christendorf in Berrawi. XI, 598.
Bibars, s. Dhaher B.
Bibas, Ort. XI, 151.
Bibawa, Dorf in N. Kurdestan. IX, 727.
Bibel, sehr selten in Tiyari. XI, 613.
Biber (Castor fiber), am Euphrat. X, 1031. XI, 504.
Bibescher, Schloß in N. Kurdestan. IX, 717.
Bibinani, Station am Bolan-Paß. VIII, 172.
Biblada, s. Belesi b.
Bibliothek, in Schikarpur. VII, 152. — in El Kosch. IX, 726. — in Ardebil. 794. — in Maragha. 840. — in Bagdad, ihre Vernichtung. X, 235. — in der Grabstadt Ezechiels. 265. — in Utsch kilissa. 352. — in Etschmiadzin. 532 ff. — von oriental. Fürsten vernichtet. X, 537. — zu Nisib,

Edessa. X, 563. 564. 1132. — in armen. Klöstern. 630. — in Deir ez Zafaran bei Mardin. XI, 394. — s. Buch.
Bibokra, Christendorf in Djellu. XI, 600.
Biby, s. Nur B.
Bichinna, s. Brelimmah.
Bickli Mohammed Pascha, erobert Mesopotamien (1515). X, 1142. — s. Bijiklü M. P.
Bidamas, mesopot. Festung. XI, 377.
Bidehan, Distrikt v. Fars. VIII, 127.
Bidek, Dorf bei Demawend. VIII, 506.
Bidistan (pers., bei Kurden contrah. Bistan), d. h. Ort der Weiden, Weideland, Zufluß zum Kizzelji od. Zab. IX, 427. 578. 621. 639. — s. Kuru Bistan.
Bidjin, s. Pidschan. VII, 432.
Bidlis, d. i. Bitlis. IX, 980. XI, 38.
Bienen, in Kabul. VII, 305. — in Kurdestan. IX, 611. — s. Honig.
Bienenfresser (Merops apiaster), bei Mosul. XI, 218. — in Mesopotamien. 508. 702.
Bienenstockähnliche Hütten, im westl. Mesopot. XI, 283.
Bienenzucht, in Ghilan. VIII, 677. — in Süd-Kurdestan. IX, 584. — in Erzerum. X, 756.
Bier, bei Jeziden. IX, 762. — s. Gerstenbier.
Bijah, Station in Aderbidjan. IX, 801.
Bijiklü Mohammed Pascha, Feldherr Selims I. XI, 38. 40. 44. — s. Bickli M. P.
Bijore (Bajour, Banjour), Distrikt und Thal im Hindu-Khu. VII, 201. 212. 227. 307. 310. 821.
Bikkabad, ob Bilkabad? IX, 844.
Bil, s. Dascht i Bil, Sub-B.
Bilabi (Bibabi?), Chaldäer-Dorf bei Amadia. XI, 592. 594.
Bilad el Lur, s. Lur. IX, 197.
Bilad os siklein, Dämonenland der Araber (Nisibis). XI, 277.
Bilbas, Bilbos (Belbas, Bilbassi, Bilbossi, Bulbassi), Kurdenstamm bei Uschnu, Sulduz, im Zagros rc. IX, 581. 591. 597. 614. 618. ff. 934. 939. 1035. — s. Bholbas.
Bilbossi-Thal, in Kurdestan. IX, 929.
Bilder, verboten in den Kirchen der Nestorianer. IX, 664.
Bilderdienst, in Ho. VII, 572.
Bildergallerie, in Tehran. VIII, 610.
Bileam ben Beor, in Beles. X, 241.
Βιλήχα (Isid. Char.), d. i. Belikh. X, 1115. 1117. XI, 250.
Bilga, Dorf in Armenien. IX, 921.
Bilkabad (Bikkabad?), Ort bei Maragha. IX, 832. 844.
Billa, s. Tel B.
Billah, s. Al Mahadi B., Mostasem B.
Billen, s. Jillen B.
Billudsch, am Murghab. VIII, 388.
Bimbaschi, Offizier über tausend Mann. VIII, 383.
Bimsstein, im Demawend. VIII, 563. 570. — am Van-See. X, 289. 331. — am Ararat. 502.
Bimssteinartiges Geröll, am Ararat. X, 460. 490.
Bimssteinporphyr, am Araxes. X, 473.
Bin, s. Kela B.
Bina, s. Gebr b.
Binab (Dinab? Binaub), kleine Stadt am Urmia-See. IX, 828. 834. 845. 849. 954.
Bin Ali, s. Abdillah B. A.
Binamarah, Ort in N.Kurdestan. IX, 687.
Binari, s. Schehr b., Schuhud b., Udsch b.
Binaub, s. Binab.
Bin bir direk, d. i. die tausend u. eine Säule, unterird. Gewölbe in Constantinopel. XI, 409.
Bing, s. Jaku B. taghlar.

Binghöl-Tagh (Bingheul, Binghiol, Bingol), d. h. Berg der tausend Quellen, Quellberg des Araxes, Murad ꝛc. (Paryadres). X, 75. 79. 81. 330. 375. 385. 386. 402. 647. 662. 669. 724. 727. 820. Höhe. 900. — Kurden das. XI, 145.
Binghöl-Su, südl. Quellfluß des Araxes. X, 385. 386. 387. 821. — s. Kaleh su. 668.
Bini Kieu, Dorf in Aderbidjan. VIII, 632.
Bin Kudreh (Kudrah), Dorf am Diyalah. IX, 417. 467. 486. 488.
Binnaya, s. Scheich B.
Binnensee, früherer, in Pasin. X, 390.
Binsen, in Mesopotamien. XI, 499. — im südl. Chusistan. 1029.
Bintha (Notit. dignit.), Castell in Osrhoëne. X, 976. XI, 691.
Binyah, Dorf am Euphrat. XI, 691.
Bir, Ruinen am Nahrawan oder Katul. X, 229.
Bir (Bira, Beredschik, Beridschik, Beridgik ꝛc.; nicht Bithra), Stadt am Euphrat. X, 137. 712. 834. 903. 925. 943 ff. 975. 989 ff. 1004. 1018. 1032. XI, 527. — Distanz. X, 961. 971. 1025. XI, 276. 282. 692. — s. d. f.
Bira, d. i. Bir. X, 931. 943. 965. — s. d. f.
Bir adsjik (türk. = Brunnenthal?), d. i. Bir. X, 943. 951. — s. d. f.
Biraidgik, d. i. Bir. X, 948. — s. Biredghschik.
Birat, s. Al B.
Birdi, s. Khoda b.
Birdschun (Birdschim), Stadt d. Khorasan-Wüste. VIII, 262. 263. 340. 391.
Bire, d. i. Bir. X, 948.
Biredghschik, Biredschik, d. i. Bir. X, 874. XI, 42.
Birinj, s. Sangi-B.
Birka, Dorf am ob. Tigris. XI, 120.
Birken, in Kaschmir. VII, 74. — im Elburs. VIII, 498. — in Armenien. X, 334. — in Bayazed. 346. — am Ararat, Gränze im Kaukasus. 500. 505.
Birkenrinde, als Schreibmaterial. VII, 292.
Birket Ibrahim el Chalil, Teich bei Orfa. XI, 320. 325. 330.
Birki (?), armen. Stadt. X, 915.
Bir Nemrud, s. Birs Nimrud.
Birnen, berühmte, in Peschawer. VII, 220. 240. — am Hindu Kusch. 261. — in Kabul. 305. — in Ghilan. VIII, 427. 676. — in Tehran. 611. — in Ispahan. IX, 55. — wilde, in Kurdestan. 429. 586. 597. 609. XI, 658. — in Senna. IX, 432. — bei Kerkuk. 552. — selten zu Banna. 581. — in Ardebil. 790. — in Aderbidjan. 849. — vorzügliche, in Tabriz. 856. — in Selmas. 966. — in Bagdad. X, 215. — wilde, in Armenien. 334. — am Ararat. 480. — bei Musch. 679. — in Bitlis. 687. 1005. — vorz. in Erzingan. 771. — bei Malatia. 854. — im syr. Taurus. 918. 921. — im Derej Tasul. XI, 97. — vorz. in Sarug. 291. — in Mardin. 388. — in Mesopotamien. 495. 501. — bei Basra. 1054.
Birnus (Bir-un-nus), s. Khan B.
Birrah, d. i. Bir. X, 1021.
Birralis (Tab. Peut.), in Mesopotamien. XI, 271.
Birr Payssa, Gewicht in Khokand. VII, 784.
Birs, Etymol. XI, 878.
Birsima, s. Bersima.
Birs Nimrud (B. Nemrud, Nimrod), Nimrods Thurm zu Babylon. X, 36. 186. 263. (Borsippa) XI, 674. 875 ff. 785. 902.
Birt, s. Suda-b.
Birtha castellum (Ptol.), ob Tekrit, Bir? X, 222. 965. 975. XI, 691. — s. Bithra.
Birunus, s. Khan Birnus.
Birzund, Gummi in Herat ꝛc. VIII, 252. 307.
Bis, Stadt Irans. VIII, 120.

Bisamratze, fehlt in Ghilan. VIII, 677.
Bischbalig, Bisch Balik, die Pentapolis. VII, 423. 445. 560.
Bischeri (Beschiri), Distrikt am obern Tigris. XI, 87. 90.
Bi Scherra, Euphrat-Klippen. XI, 728.
Bischiwah, Distrikt am Holwanfluß. IX, 470. 473.
Bischöfe, von Dakoka. IX, 549.
Bischofswürde, erblich bei Nestorianern. IX, 657. — s. Khalfa.
Bischsuffragan, bei Palu. X, 713.
Bisgousch, Berge in Aderbidjan. VIII, 630.
Bismideon, mesopot. Festung. XI, 377.
Bismillah (d. h. im Namen Gottes), Ausruf der Verwunderung rc. VII, 153.
Bismiyah, Christendorf in Berrawi. XI, 598.
Bisonochse, indischer, in Bagdad. XI, 812. — s. Bizon.
Bissutun, s. Bisutun.
Bistakion. XI, 562.
Bistan, s. Bidistan, Kuru B.
Bistana, s. Hallejo B.
Bistanzur, in Schehrezur. IX, 443.
Bisutun, Zubach zum Kerkha. IX, 325.
Bisutun (griech. Bagistan, oriental. Behistun), Berg, Sculpturfels, Dorf bei Kermanschah. VIII, 116. IX, 79. 319. 332. 338. 348. 349. 350 ff. 360. — Etymol. IX, 362.
Bitara (Ptol.), in Persien. VIII, 247. XI, 565.
Bithias (Ptol.), Ort in Mesopotamien. XI, 280.
Bithiga (Ptol.), s. Bedagan.
Bithlis, s. Bitlis. IX, 1003.
Bithra, Stadt in Mesopotamien. X, 149. 151. 974. 975. 976. XI, 770. — vgl. Bir, Birtha.
Bithynien. XI, 528.
Bitlis (vulgärarmen. Bithlis; syr. Bedlis, Betlis, Badlis, Bidlis; früher Paghesch), Stadt u. Beglik im Norden Kurdestans. IX, 630. 987. 995. 1001. 1003 ff. — Klima, Gewerbe rc. IX, 1005. X, 88. 102. (Armenier das.) X, 643. 665. 685 ff. — Einwohner, Handel rc. XI, 91. 92 ff. 94. 127. — Höhe, astron. Lage. VIII, 16. IX, 711. X, 287. 813. 903. — Dist. X, 289. 326. XI, 68. 102.
Bitlis-Paß. IX, 1003.
Bitlis-Route. IX, 707.
Bitlis Tschai (B. Tsai, B. Chai, B. Sui, Centrites?), nordöstl. Zufluß zum Tigris. IX, 707. 724. 1002. 1003. 1006 ff. X, 23. 88. 664. 686. XI, 7. 94. 96. 99. (verschieden vom Buhtan Tschai) 103. 105. 168. — vgl. Erzen Tschai, Sert Tschai.
Bitumen, Quellen od. Lager, im Thale des Baladrud. IX, 199. — bei Kerkuk. 519. — bei Ziaber. X, 1025. 1076. — bei Mosul. XI, 200. — in Ninive's Ruinen. 235. — am Euphrat. 495. 692. 697. 705. — in Hamam Ali. 668. — am Tigris. 669. 757. — bei Hit. XI, 737. 738. 750. — jetzige Anwendung. 752. — schwarzes (Naphta), in Bagdad. 822. — s. Erdharz, Erdöl, Naphta, Petroleum.
Bitumen-dyke. IX, 193.
Bitwar, Kurdenflöte aus Schilf. IX, 622.
Bitwein, Ort im Zagros. IX, 585. 588. — Distrikt am Kl. Zab. 634.
Biunan, Station am Euphrat. XI, 267.
Biur (armen.), d. i. zehntausend. X, 582.
Bivalven, marine, im Haman Muk. IX, 534. — in den Anah-Bergen. XI, 726.
Biwanij, Engpaß des Zagros. IX, 389.
Biyah, s. Hodaï b.
Biyama, Biyami, Station am Zamakan im Zagros. IX, 389. 416.
Biynau, parth. Station am Euphrat. XI, 690.

Biyt, Stadt Arachosiens. VIII, 121.
Bizabde (Amm. Marc.). IX, 712. — s. Bezabde, Djezireh ibn Omar.
Bizdan, Ebene in Farsistan. VIII, 762.
Bizmirava, in Kurdestan. IX, 460.
Bizon, Bergochse, in Kafirestan. VII, 212. — s. Bisonochse.
Biztak (semit.), d. i. Pistacie. XI, 562.
Bjan, Bzhan, Dorf im Zagros. IX, 584.
Bjcullu (pers.), d. i. Epheu. VIII, 516.
Blackfisch, in den Taurus-Flüssen. XI, 510.
Blatta orientalis L. (auch americana, daurica, germanica, gigantea), in Turkestan. VII, 459.
Blattformation, verschiedene, an d. Euphrat-Pappel. XI, 988.
Blauer See, d. i. Urmia-See. IX, 783.
Bleichsucht, in Laristan. VIII, 739.
Bleiglanz, in Aderbidjan. VIII, 619. — in Tiyari. XI, 615.
Bleiminen, bei Bamiyan. VII, 259. — in Turkestan. 479. — zu Kurghaschim. 482. — bei Ferghana. 746. — in Badakhschan. 789. — bei Herat. VIII, 252. — bei Yezd. 269. — bei Abbasabad. 335. — in Aderbidjan. 619. — bei Murghab. 875. — bei Dschulamerk. IX, 663. — in Hekkari. 665. — bei Amadia. 718. — bei Tabriz. 858. — in Tiyari. XI, 621. — s. Silberhaltiges Blei.
Bleschane, pers. Feldherr. XI, 401. 403.
Blinde, an den Gräbern oriental. Heiliger geheilt. IX, 549.
Blindheit, in Laristan. VIII, 739. — s. Augenentzündung.
Blindmaus (Spalax typhlus), in Mesopotamien. XI, 505.
Blohm, Capitain, in Kars. X, 429.
Blondhaarige Völker, mit blauen Augen, bei Kaschghar. VII, 421.
Blu-Berge (Bloo-mounts), im Zagros. IX, 585.
Blumenreichthum, bei Shuster. IX, 176.
Blutberg, im Soghanlu Dagh. X, 412.
Blutfehde, bei Kurden. XI, 128.
Blutflüsse, in Mosul. XI, 210.
Blutopfer, zu Holwan. IX, 476.
Blutpreis, für Mord, bei den Bulbas-Kurden. IX, 619.
Blutrache, bei Afghanen. VIII, 167. — bei Luren. IX, 215.
Blutschwitzende Pferde, der Ta Wan. VII, 633. 642.
Bluz, s. Johann von Erzingan. X, 583.
Boattan, s. Bohtan.
Boban Tescher, Dorf in N. Kurdestan. IX, 726.
Boccassini, Baumwollenzeuge. X, 275.
Bochara, s. Bokhara.
Bocksbart, s. Tragopogon orientalis.
Bocksdorn (Lycium), am Euphrat. XI, 729.
Bodak, s. Pir B.
Boddhisattwa (sanskr.), d. h. Sohn vollendeter Güte. VII, 285.
v. Bode, russ. Gesandtschaftssekretär in Teheran. XI, 303.
Bodensee, mit dem Urmia verglichen. IX, 849.
Bodhimör. VIII, 699.
Bodondun, Quelle in Syrien. X, 1145.
Böbbe, s. Bebbeh. IX, 572.
Böhtan, s. Buhtan.
Bölem, Kurdendorf. X, 887.
Bölem su, Zufluß zum Euphrat. X, 888.
Böoter, von Xerres in Persien angesiedelt. IX, 3
Bogaz (Boghaz), s. Bagtschi B.
Bogazl, s. Kulabad B.
Βογχναι (Steph. Byz.), s. Bonchae.
Bogh, Bagh, Idol bei Bagdad. XI, 314.

Boghaz (Bogaz), s. Dawah B., Kulé B.
Boghdadier (d. h. Gottgegebene), relig. Versammlungen der Harranier. XI, 314.
Boghlan, Kurdendorf. X, 705.
Boghlan Kaz, d. i. wilde Gänse. VIII, 144.
Bogos (Paulus), s. Surp B. Kilisasi.
Bogota, Plateauhöhe. VII, 340.
Bohaddin, Geschichtschreiber Saladins (1182). XI, 182. 378.
Bohaur, am Buggaur. VII, 169.
Bohnen, in Yarkand. VII, 394. — in Kaschghar. 418. — in Turfan. 435. — bei Malatia. X, 854. — in Amadia. XI, 56. — in Mosul. 219. — in Mesopotamien. 501. — in Bagdad. 813. — in Basra. 1052.
Bohtan (Bottan, Boattan), Kurdenstamm in Djezireh ibn Omar ꝛc. IX, 631. 656. 709. 713. — s. Buhtan.
Boia (Krapp), in Erzerum. X, 758.
Boïni (Boyunu), s. Dewe B.
Boïnurd, s. Bujnurd. VIII, 393. 395.
Boi Sanghar Mirza, Sohn Schah Rokhs. VIII, 314.
Bojunu (Boyunu), s. Dewe B.
Bojurüldi, d. i. Regierungspaß. XI, 975.
Bok, s. Nahr el B.
Bokailah, s. Beni B.
Bokara Kara, schwarzbrüstiges Rebhuhn. VIII, 560. IX, 799. 850. — s. Bagrakala.
Bokhara (Bochara, Bukhara), Königreich. VII, 574. IX, 254. — Produkte. IX, 894. XI, 539. 558. — vergl. Ansi, Bucharen. Ngan.
Bokhara, Stadt in Sogdiana. VII, 654. IX, 118. — Dist. VII, 802. VIII, 234. — s. Pouho.
Bokhara-Pflaumen. VII, 240. — s. Alu Bokhara.
Bokra, s. Kara B.
Bokydere, Zubach zum Murad. X, 105. 107. 904.
Bolaid. X, 284.
Bol'aïti, Ebene bei Shuster. IX, 175. — am Kuran. 189.
Bolak (Bulak), s. Kara B.
Bolan-Paß, in der Soliman-Kette. VII, 151. 155. VIII, 130. 171.
Bologesias (Steph. Byz.), d. i. Vologesia. X, 57.
Boloklu su, s. Baliklu su.
Bolor (Poloeulh), Stadt in Badakhschan. VII, 522. 543. — Gebiet. 793.
Bolor-Fluß, nördl. Quellarm des Oxus. VII, 492. 495.
Bolor-See. VII, 521.
Bolor Tag, s. Belur Tag. VII, 349. 497. 643.
Bolouche, d. i. Beludschen. VII, 681.
Bolouies, d. i. Beludschen. VII, 681.
Boluabad, in Farsistan. VIII, 756.
Bolun, seltsames Wasserthier im Navi. VII, 49.
Bomaspan, Paß u. Gebirge in Kurdestan. IX, 535. 635.
Bombace, Baumwolle. X, 1060.
Bombädsch, Dorf in Syrien. X, 1041.
Bombagio, Baumwolle. X, 1060.
Bombassino, Baumwolle. X, 1060.
Bombassins, d. i. Baumwollenzeuge. X, 269.
Bombax ceiba, in Palästina. X, 1060.
Bombay, Stadt in Ostindien, Armenier das. X, 602. Handel ꝛc. 1025. XI, 559. 1069. 1072.
Bombazin, Baumwolle. X, 1060.
Bombyx, Seidenwurm und Gespinnst. X, 1058. 1060.
Bonamer-Araber, am Euphrat. XI, 731. 734. 736.
Bonchae (Βογχαι, Steph. Byz.), Nachbarn von Carrhae. XI, 292.
Bonda Khan, Gouverneur in Sauk Bulak. IX, 603.
Bondehpore, in Kaschmir. VII, 77.
Bony, s. Cassisa B.

Boo, s. Chas B.
Booboordy, s. Baiburt. X, 742.
Boorkhonge, d. i. Mastir. VIII, 252.
Boote, auf d. Euphrat. X, 1023. — aus Flechtwerk zu Hit. XI, 756. — s. Schiff.
Booz, s. Schauk a b.
Borax, in Bagdad. XI, 822.
Borazjun, Dorf in Fars. VIII, 818. — Einwohner. IX, 898. — s. Branzjun.
Bordeh, s. Belal ben Abi B.
Bordin-Araber, am Euphrat. XI, 764.
Bordj, d. h. der Erhabene. VIII, 47. — s. Borj, Bourdj, Burdsch.
Bordschi-Gebirge, s. Burs-Gebirge.
Boré, E., franz. Gelehrter, in Kurdestan. IX, 473. — in Armenien. X, 352. — über die Inschriften in Ani. 448. — in Etschmiadzin. 533. — üb. die kathol. Armenier. 639. — in Turdan. 777.
Borg (Borj), s. Kafir B.
Borhan al Phulpk, s. Joseph. X, 254.
Borhani Pataa, pers. Lexikon. IX, 228. — s. Berhan Kattea.
Boriyah, s. Bu B.
Borj, s. Kasr B., Bordj.
Borja, Dorf in N. Kurdestan. IX, 726.
Borneo, Zuckerrohr das. IX, 260.
Bornun, s. Joschua B.
Boronitu, Rebelle. VII, 793.
Borsippa (Strab.), Stadt in Babylonien. XI, 870. 878. — s. Birs Nimrud. XI, 674.
Borsippäer, chald. Secte. XI, 894.
Bortscha, s. Tabedah. X, 370.
Borudscherd, Borujird, s. Beroudjird.
Bosa, eine Art Bier in Khokand. VII, 784.
Bosar, bei Basra. X, 181.
Bos bubalus, s. Büffel.
Boscha, Zigeunervolk in Armenien. X, 610.
Bosmah, s. Dugh B.
Bosmitch, Dorf u. Fluß in Aderbidjan. IX, 829. 831.
Bosnien, türk. Provinz. XI, 44.
Bosporus, Jeziden-Kolonie das. IX, 758.
Bost, s. Abbeste.
Bosta, Gebiet Ferghanas. VII, 746.
Bostam, kl. Stadt in Khorasan. VIII, 339. — Dist. 337.
Bostam, s. El B.
Bostami, arab. Ilats. VIII, 392.
Bostan (contrah. aus Baghistan), d. i. Gartenlaube. VII, 462. IX, 360. — s. Bab B., El B., Tak B.
Bostan (wahrsch. das alte Comana), am Sarres su in Cataonien. X, 842. 848.
Bostana, s. Cap B.
Bostandibi, in Musch. X, 666.
Bos taurus, in Mesopotamien. XI, 507.
Bosteng Nor (Bostu Nor), See in Turkestan. VII, 329. 434.
Bosuks, s. Baschi-B.
Bothnim, d. i. Pistacie. XI, 562.
Botom, Botm, s. Al Botom.
Botsra (wol Bostan), Thor von Bagdad. X, 259.
Botta, franz. Consul zu Mosul, Ausgrabungen in Ninive. XI, 238. 240 ff.
Bottan, s. Bohtan.
Βουάνα (Ptolem.), ob Van? IX, 786.
Bouchindj, Bouchindji, s. Busith. XI, 569.
Boudo, d. i. Traube. VII, 637.
Boulak, s. Bulak.
Boulatun. VII, 530.
Boulytagh (uigur.), d. h. Wolkengebirge. VII, 501. — s. Belur Tagh.
Boumpeen, s. Bu me hen.
Bouna, s. Cassisa Bony.
Bourbon cane, Zuckerrohr. IX, 261.
Bourdj, d. h. Thürme. VII, 291. — s. Bordj.
Bourdj i Kemri, bei Kabul. VII, 292.
Bourdj von Tscheferibala, bei Kabul. VII, 291.

Βούῤῥας (Aelian.), d. i. Chabur. XI, 253.
Boury, s. El B.
Bousih, s. Busih.
Bouton d'Alep, s. Beulenkrankheit. XI, 216.
Boupa, s. Al Hasan Ibn B.
Bouzendserd, Flecken bei Hamadan. IX, 119.
Bové, Botaniker. XI, 533.
Bowater, engl. Lieutnant, in Korna. XI, 1022.
Bowny, s. El B.
Bowring, Dr., in Syrien. XI, 530.
Bowusah, Fluß in Kurdestan. XI, 166.
Boyah Beg, kurd. Commandeur. X, 878. — s. Bayah B.
Boym, Pater M., gelehrter Pole. IX, 264.
Boyunu, s. Deveneh B.
Bozan, Dorf in N. Kurdestan. IX, 757.
Bozra (in Hauran?), Stadt. XI, 734.
Bozuk, s. Kerkun B.
Bracelet, in Ninive gefunden. XI, 223.
Brachelytra, s. Staphelinen.
Brachypodium, bei Mosul. XI, 219.
Braga, ruff. Rauschtrank. VII, 463.
Brahmanabad, Stadt in Sinde. VII, 182.
Brahmanda, d. i. das Weltei. VII, 134.
Brahmanen, in Kaschmir. VII, 92. — am westl. Indus. 297. — Land der. 375. — hellfarbige Stämme, ihre Wanderungen. VIII, 40. — s. Polonen.
Brahmanen-Schrift, in Yarkand. VII, 407.
Brahmavarta. VIII, 109.
Brahooe, Volk am Indus. VII, 30. 150. — in Beludschistan. VIII, 719.
Brohooe-Gebirge, am untern Indus, in Beludschistan u. Süd-Iran. VIII, 129. 131. 711.
Branntwein, von Nestorianern an Fasttagen getrunken. IX, 946. — in Basra. XI, 1051. — s. Maulbeer-Br., Liqueur, Wein u. a.
Brant, J., engl. General-Consul in Erzerum (1838), über den Van-See. X, 286. — ersteigt den Sipan Tagh. 328 ff. — üb. Armenier. 640. — am Murad. X, 24. 652. — in Musch. 666. 671. — Musch-Bitlis. 680. — Musch-Kharput. 690 ff. — am Frat 731 ff. 768. — in Ani (Kemakh). 783. — in Egin. 790. — in Maaden Kapur 2c. XI, 17. 18. — in Diarbekr. 50.
Branzjun (Barazjun), in Iran, Höhe. VIII, 8. — s. Borazjun.
Braschipah, Tigris-Canal. XI, 1016.
Brasse, Fisch in Ghilan. VIII, 659.
Brassica, am mittl. Euphrat. XI, 701.
Brathy (Plin.), Cypresse. XI, 580.
Bratsiunai, Dorf in Hekkari. XI, 600.
Breccie, im Elburz. VIII, 347. — in Laristan. 752. — am Turk Schah. IX, 730. — am Euphrat. X, 921. 1068. 1112. XI, 697. 710. 731. — bei Arghana. XI, 16. — in Syrien. 683. — im Dschebel Buschir. 689. — bei Hit. 761. — s. Kalkstein-, Kiesel-, Knochen-, Vulkan-Br.
Breccienfels, in den Kaschkarbergen. IX, 534.
Bredaun (Ul Burdaun), Mineralquellen im euphrat. Arabien. XI, 1041.
Bree, Südwand der kurd. Blu-Berge. IX, 587.
Breidja Bad, Fels am Tigris. XI, 677.
Brelimmah (Bichinna), Berge am Euphrat. XI, 730.
Brennholz, reichlich in Kabulestan. VII, 312.
Brieftauben, in Bagdad. XI, 800. — s. Post.
Brizana, Fluß in Daschtistan. IX, 134.

Brocate, im Pendschab. VII, 119. — in Kazwin. VIII, 589. — in Schuster. IX, 181. — s. Goldbr.
Broccoli, in Basra. XI, 1052.
Brombeeren, in Gurkan. VIII, 354. — in Ghilan. 428. — in Masenderan. 538. — am Euphrat. X, 1075. XI, 980. — am ob. Tigris. XI, 117.
Bromus, bei Mosul. XI, 219.
Bronze-Büchse, im Tope Manikyala. VII, 102.
Bronze-Vase, bei Kabul. VII, 293.
Brosset, über die Bibliothek in Etschmiadzin. X, 538. — Verdienste um die armen. Literatur. 631.
Brot, berühmtes v. Herat. VIII, 251. — selten in Ghilan. 431. — von Yezidkhast, sprüchwörtlich. IX, 21. — aus Reis, bei Nestorianern in N. Kurdestan. 660. — s. Gerstenbrot.
Brotkuchen, bei Kurden. X, 693.
Browne, W. G., sein Tod in Aderbidjan. VIII, 620. IX, 803. 876. — in Erzerum. X, 747. — in Kl. Asien. 838. — in Afrika. XI, 521.
Bruce, J., in Palmyra. X, 1093.
Brücke, geflochtene, über den Karatscholan. IX, 594. — orientalische Bauart. 637. — mit Bogen von 80 Fuß Sehne. 407. — am Murad. X, 708. — am ob. Frat. 728. — am Kara su. 818. — fliegende, auf Hautflooßen, über den Euphrat. 864. 937. — merkw., am Saiheh. 942. — am Chabur. XI, 270. — colossale Reste am Kaschaghan. IX, 337. — am Buhtanfluß. XI, 127. — s. Barbier-, Ketten-, Schiff-, Stein-, Tigris-Br.
Brüder, vereinigte, in Armenien. X, 614.
Bruguière, Oliviers Begleiter. IX, 83. XI, 773.
Brunnen, im Richna. VII, 62. — bittere, am Tigris. XI, 679. — salzige, im euphratensischen Arabien. XI, 700. — s. Artesischer, Naphtha-, Salz-, Sauer-Br., Quelle.
Brusa, Stadt Kl. Asiens. IX, 78. X, 853.
Brydges, H. J., in Persien. VIII, 421.
Bryonia cretic im Taurus. X, 919.
Bu, s. unter Albu.
Bua Minyak (malai.), d. i. Oelbaum. XI, 516.
Bubia, s. El Bubia.
Bu Boriyah (el Boury), Tigris-Canal. XI, 1016.
Buccinus, am untern Euphrat. XI, 987.
Bucephalus-Pferde, in Badakhschan. VII, 790.
Buchal, Tigris-Canal. XI, 1016.
Bucharei, die kleine, d. i. Ost-Turkestan. VII, 508.
Bucharen. VII, 726. — s. Bokhara.
Buch, Bücher, gedruckte, fehlen den chald. Christen. IX, 667. — armen. u. griech., durch Mehruschan verbrannt (381). X, 573. — Abbildungen auf Mollah-Gräbern. IX, 837. — Markt, in Schiraz. VIII, 853. in Ispahan. IX, 56. — s. Bibliothek.
Buchen (Fagus silvatica), in Gurkan. VIII, 353. — in Ghilan. 427. — in Masenderan. 512. 516. 524. — in N. Armenien. X, 434.
Bucherame, Baumwollenzeuge. X, 269.
Buchun, Dorf in Fars. VIII, 876.
Buchur, s. Tscharbuchur.
Buckelochsen (Zebu), indische. VII, 684. — in Kerman. VIII, 726. — in Mesopotamien. XI, 507. — auf Münzen. VII, 107.
Buckingham, J. S., engl. Reisender. IX, 9. 759. — in Bir. X, 951. — am syr. Euphrat. 1037. — in Diarbekr. XI, 46. — in Mosul. 199. — Orfa — Mardin. 317. 360 ff. — in Nisibis. 430. — in Bagdad. 823. — über den Aker Kuf. 850. — am Tak i Kesra. 855.

Budakh Keighan, Kurde. IX, 614.
Budasni, Sandschakat von Mosul. XI, 185.
v. Budberg, über den Ararat. X, 479.
Budd, s. But. VII, 281.
Buddas. VII, 277.
Buddha, sein Tod. VII, 285.
Buddha-Baum, heiliger. VII, 361.
Buddha-Bild, bei Kabul. VII, 291. — od. Plan (Thurm). 677.
Buddha Dagopa, Bauwerke. VII, 112.
Buddha-Gewand, unverbrennbares. VII, 422.
Buddha-Höhlen, bei Kutsche. VII, 446.
Buddha Schakyamuni. VII, 355.
Buddha-Statuen, in Khotan. VII, 369. 370.
Buddha-Topf. VII, 678.
Buddhismus, im Westen des Indus. VII, 272. 273. 281. — in Schen schen. 331. — in Khotan eingeführt. 353. 354. 361. 366. — in Ost-Turkestan. 424. 427. — in Kaschghar. 421. — in Dschuldus. 438. — in Khangkiu. 667. — bei Beludschen. 678. — bei Tokharen. 699.
Bu Dji Heirat (Bu Ji Heïrat), Tigris-Canal. X, 189. XI, 998.
Budri, Dorf in Mesopotamien. XI, 411.
Budschnurd, s. Bujnurd.
Bu Dukan, Tigris-Kanal. X, 189.
Budur, Fluß Beludschistans. VIII, 181.
Budur al Jamal, See. VII, 160.
Budurkah, d. i. Escorte. VIII, 170.
Büffel (Bos bubalus), am Indus. VII, 149. 173. — in Masenderan. VIII, 516. — fehlt in Ghilan. 677. — in Aderbidjan. IX, 911. — Lastthier in Uschnu. 933. — am Tigris. X, 216. XI, 930. 942. — in Kars. X, 431. — auf d. Arares-Ebene. 522. — in Mesopot. XI, 507. 1007. — am Euphrat. 764. 970. 983. 1012. — häufig in Bagdad. 812. — im südl. Chusistan. 1029.
Büffelleder, in Rowandiz. XI, 654. — in Bagdad. 822.
Bürhne, Distrikt von Hamadan. VIII, 125.
Büsürgomid, s. Kia B.
Buffaad-Araber, am Euphrat. XI, 765.
Buga-Tapassy, Berg des Tschildyr. X, 427.
Bugduli, s. Chakur.
Buggaur (d. h. Zerstörer), westl. Indusarm. VII, 168. 169.
Buggotora, in den Lukki-Bergen. VII, 162.
Bughulgiri, Kurden-Gruß. VIII, 395.
Bughwar (Dust, Duschti), Fluß in Mekran. VIII, 181.
Bugisch, Gott des Wassers, in Caumbaisch. VII, 209.
Bugtis, Tribus der Gandari-Berge. VII, 150.
Bugum, Ort in Farsistan. VIII, 744.
Bugur, s. Bukur.
Buheire, s. Baheire.
Buheiret Sawe, s. Baheiret S. X, 44.
Buhtan (Bohtan, Böhtan), Gebirge u. Landschaft in Kurdestan. Höhe. VIII, 17. IX, 711. X, 905. IX, 656. 705. 707. 709. 712. 731. 1008. XI, 5. 8. 104. 114. 120. 169. 597. — vergl. Dschebel Dschudi, Gordyäische Berge.
Buhtan-Kurden. XI, 113. — s. Bohtan.
Buhtan Tschai, Zufluß zum Tigris. X, 88. XI, 95. 103. 111. 115. 116. 126. 169. — vgl. Centrites, Sert tschai.
Buhur, s. Tschar B.
Buiden (Bujeh, Bujiden). VIII, 572. — in Rai. 600. — erobern Amida (949). XI, 35. — in Mosul. 181.
Bu Jamus (Abu Jamu), Kerkhah-Canal zum Tigris. IX, 328. XI, 1017.

Bujeh (Buide), s. Schedscha B.
Bujiden, s. Buiden.
Bu Ji Heïrat, s. Bu Dji H.
Bujiyory, s. El B.
Bujnurd (Budschnurd, Burujud, Boïnurd), Stadt im Attreck-Thale. VIII, 12. 260. 344. 347. 393. 395. — Kurden-Kolonie. 399.
Bujpatra. VII, 292.
Bujuruldi, d. i. Polizeipaß. XI, 427.
Bukelimue, d. i. Kamäleon-Vogel. VII, 247.
Bukhara, s. Pouho. VII, 654.
Bukhsh, s. Jezidan Bukhsh.
Bukhtu-n-Nasr. IX, 472.
Bukhur, Bukkur, Stadt am Indus. VII, 27. 120. 154. — vgl. Bukur.
Bukrah, Jeziden-Dorf v. Sindschar. XI, 456. 465. 541.
Bukschir, in Irak Arabi. XI, 1027.
Bukur (Bugur, Yougur), Stadt in Turkestan. VII, 432. 444. — vgl. Tscharbuchur.
Bulad (Balad), s. Amu al B.
Bulagh, s. Abbas B.
Bulahiyah, Hügel bei Susa. IX, 303.
Bulak (Volak), d. h. Quelle. VII, 479. — s. Akb., Kizelb., Ming B., Sari B., Sauk B., Soudj B., Scham b., Schorbulak.
Bulak, Castell am Euphrat. XI, 716.
Bulakbaschi (d. i. Kopf d. Quelle), Fuß des Ararat. X, 383. 477.
Bulatun, s. Djagan Khodja. VII, 510.
Bulbassi, s. Bilbas.
Bulbul, d. i. Schwarzamsel. VII, 91. — Nachtigall. VIII, 852. — in Syrien. XI, 508. — Turdus-Art in Persien. 508.
Bulbul i huzar Dastan, d. h. Nachtigall von tausend Weisen. VII, 241.
Bulespena, d. i. Batman su. XI, 85. 114.
Bulgar. VIII, 541.
Bulgaren (Bulgharen), Volk. VII, 702. — Kolonien in Armenien. X, 564. 589.
Bulgur, d. i. Gerstengrütze. X, 887.
BuLilchi, arab. Tribus. X, 1030.
Bull, s. Nahr B.
Bullach, s. Kodschah B.
Bullanlyk, Stadt in Musch. X, 665.
Bulunghir, Steppenfluß. VII, 330.
Bulwerdi, Ilat-Stamm. VIII, 405.
Bumadus (Bumodus, Bumelius), Zufluß zum Zab Ala. IX, 654. 694. 697. 706. XI, 586. 657. — s. Ghazir su, Gomel.
Bumaseja, Gewebe in Aksu. VII, 450.
Bumbas, Stamm in Kaferistan. VII, 205.
Bumehen (Boumpeen), Dorf bei Tehran. VIII, 559. 561.
Bumelius, s. Bumadus. IX, 697.
Búmi, d. i. Strix bubo. XI, 507.
Bumm (richtiger wol Bam), in Kerman. VIII. 728. 733. 734.
Bumodus, s. Bumadus. IX, 697.
Bun, d. i. unten. VIII, 494. — s. Hormus sefit bun, Sara bun.
Buna, s. Deri B.
Bunar, s. Bel B., Gökdscheh B., Gok B., Kara B., Kodja B.
Bunarbaschi (d. i. Quellenhaupt), Zufluß des Tokma su. X, 851. — vgl. Gok Bunar.
Bund, s. Bend.
Bundanah, Ort in N. Kurdestan. IX, 725.
Bun-Dehesch, d. h. das Ur-Erschaffene. VIII, 42.
Bunder, Euphrat-Kanal. XI, 994. — s. Bender, Schah B., Scheikh B.
Bund y mohey, s. Bendi Mahi Su. IX, 923.
Buneardbeg, Hezarehfürst. VIII, 286. — vgl. Bunyadbeg.
Bunga, s. Acali B.
v. Bunge, Profil-Aufnahme der östl. Gobi. VII, 337.
Bun i kela, Paß Masenderans. VIII, 494.

Bunpur, Dorf in Beludschistan. VIII, 731.
Bunyadbeg (B. Bey), Hezareh-Chef. VIII, 234. 388. — vgl. Buneardbeg.
Bur, s. Tang Schemschir B., Teng Schemschir B.
Burâ (bengal.), d. i. brauner Zukker. IX, 241.
Burabund, s. Baroubant.
Búrak, d. i. Cyprinus cephalus. XI, 509.
Burana, Gemahlin Al Mamuns. X, 233.
Burandur, s. Balanduz.
Burbas, d. i. Schleier. VII, 777.
Burburud, in Luristan. IX, 211. 365.
Burckhardt, J. L., Route von Damascus nach Hit. XI, 742 ff.
Burd, s. Sar i B.
Burdân, s. El B.
Burdasur, Berg in Kurdestan. XI, 659.
Burdaun, s. Bredaun.
Burdenisch, in Kurdestan. X, 716.
Burdgah, Beludschen-Tribus. VII, 149.
Burdis, Raubhorden am mittl. Indus. VII, 150. 187.
Burdj, **Burdjiheh**, Bezeichn. für weit ausgedehnte Flüsse mit Schilfwäldern und Schilfinseln. XI, 1018.
Burdsch, s. Bordj.
Burdsch al ewlia, d. i. Burg d. Heiligen (Schiraz). VIII, 850. — s. d. f.
Burdschul-ewlia, d. i. Bollwerk der Heiligen, Bagdad. XI, 791. — s. d. v.
Bureypasch, s. Kala B.
Burgen, der Kurdenchefs. IX, 643. — vgl. Hisn, Kala ꝛc.
Burhaneddin, s. Kasi B.
Buri, Afghanen-Tribus. VII, 308.
Burik, Tigris-Kanal. XI, 678.
Burj, d. i. Thurm. IX, 195. — s. Bordj, Guzel B., Sumum B.
Bur-jullah, s. Tur B.
Burkhonge, d. i. Mastix. VIII, 307.
Burmâki, s. Djamia Ali B.
Burnes, Al., üb. den oberen Induslauf. VII, 12 ff. — Ravi-Beschiffung nach Lahore. 47 ff. — Hindu Kusch-Passage. 254 ff. 261 ff. — üb. Badakhschan. 808 ff. — in Kabul. IX, 906.
Burnubat. X, 407.
Burom-See, russ. Ausdruck für die Bai bei Rescht. VIII, 653.
Buron (Theophyl. Simoc.), Perserfluß. XI, 152.
Burreah, das offene Meer, Wüstenblachfeld in Mesopotamien. XI, 318. 361. 365.
Burri (Burry, Barn), Ort in Aderbidjan. IX, 826. — s. But b.
Burs- oder **Bordschi-Gebirge**. VIII, 513. — vgl. Elburz.
Bursa Schischara, Ruinenkegel in Mesopotamien. XI, 870. 874.
Burshore, Bergland Afghanistans. VIII, 164. 165. — s. Ab e Burshore.
Burtschellah, Christendorf in Dschulamerk. XI, 599.
Burujird, s. Beroudjird. IX, 68.
Burujud, s. Bujnurd. VIII, 392.
Burun, s. Tasch b.
Burur, Dorf in Hekkari. XI, 600.
Burut (Pourut, Purut), Bezeichnung für verschiedene Kirghisen-Horden. VII, 578. — Berg-Kirghisen. 419. 451. 480. — bei Kaschghar. 516. 521. 751.
Burzund, Distrikt u. Dorf Aderbidjans. IX, 796.
Busan, Römerburg im obern Mesopotamien. XI, 28. 150.
Busbek. IX, 742. 745.
Buschähr, s. Abuschähr.
Buschaf, s. Buscheab.
Buschank, s. Busih.
Bu Schatrah, Kanal in Mesopotamien. X, 189. XI, 994.
Busch Chan, in Kurdestan. X, 716.
Buscheab (d. i. Abu Schaib, Schech Schaaib), Insel des pers. Golfs. VIII, 752. 778.
Buscheng, s. Puscheng. VIII, 240.

Buschgusch-Berge (Koh Busgusch). VIII, 661.
Buschinaker, Kanal in Mesopotamien. XI, 994.
Buschindsch, s. Busih.
Buschir, s. Abuschähr, Dschebel B.
Buschiyah, im südl. Mesopotamien. XI, 958.
Buschkoi, s. Baschkoi.
Buschrewgah, Stadt der Khorasan-Wüste. VIII, 263.
Buschwerk, im Taurus. X, 919. reichlich bei Hit. XI, 756.
Busgur, bei Afghanen = Meier. VIII, 201.
Busgusch, s. Buschgusch.
Bushel, Maß. X, 656.
Busih (Bousih, Bouchindj, Bouchindji, Buschindsch, Buschank, Puschenk, Puschang, Fuschang, Fuscheng, Fuschendsch), Stadt in Khorasan. VIII, 142. 238. 240. XI, 569.
Bu Sipahi, arab. Tribus. X, 1030.
Busráuwi, s. Dik B.
Bussoora, Obstart bei Kote. VII, 61.
Bussul, Dorf bei Jellallabad. VII, 228.
Busta, am Kori. VII, 166.
Bustion, s. Cap Bostana.
Busuat, d. i. Frühlingsfest, in Lahore. VII, 56.
But, bei Arabern und Persern = Idol. VII, 238. 281. — s. Chingh-B., Surkh-B.
Buta, s. Zuhr b.
Butakie, Kurdenfamilie im Dschebel Tur. XI, 439.
But Bamiyan, die Colosse Bamiyans. VII, 265. 275.
Butburri, d. i. Anas boschas. XI, 509.
Buteh, d. i. Bündel. VII, 310.
Butkeh, s. Kah-b.
Butkeh-auti, Grasart. VII, 310. 736.
Butkhak, Dorf bei Kabul. VII, 238.
But Khaneh (d. i. Idolentempel, Idolenhaus), Ruinen in Kurdestan. VIII, 858. IX, 462.
Butm (syr.), d. i. Pistacie, Terebinthe. XI, 563.
Butma Dagh, Kastell am Tigris. XI, 13. — Vorgebirge. 163. 429. 432.
Butomus, in Kaschmir. VII, 74. — umbellatus, in Kurdestan. XI, 641.
Butta, s. Kara B.
Buttak, s. Yakut B.
Buttecote, Steinwüste. VII, 227.
Butter, zu Bukur. VII, 445. — Ausfuhr aus Sulimaniyah. IX, 569. — mit Honig, in Kurdestan. 584. — von Büffeln, am untern Euphrat. XI, 983.
Buttik, s. Kara b.
Buttma Dagh, s. Butma D.
Buxbaum, in Ghilan. VIII, 427. 428. 673. (den Kameelen tödtlich) 676. — im Elburs. 498. — in Masenderan. 516. 524. — (Buxus sempervirens) im Taurus. X, 919.
Buyuk, d. i. klein. X, 1037.
Buyurultus, d. i. ausgefertigte Pässe. X, 764.
Buzeilah (Buzeila), Erdfort am Tigris. XI, 931. 934.
Buzes, röm. Feldherr. X, 995. 1049.
Buzkur, Gebirgsgau in Aderbidjan. IX, 824.
Buzorg (Buzurg), s. Mir B.
Buzu, Rauschtrank aus Pferdemilch. VIII, 234.
Buzurg (Buzurk), d. h. der größere. IX, 176. — s. Baba B., Husein Khani B., Luri B., Masjidi Suleïmani B., Mir B., Mirza B.
Byaboot, s. Baiburt. X, 742.
Byat, türk. Tribus bei Nischapur. VIII, 317. — s. Beiat.
Bypasa, contrah. in Beas. VII, 32.
Byram-abad, Ruinenstadt am Kisil Osen. VIII, 638.
Byram Koi (Khoi), Kurdendistrikt am obern Tigris. XI, 84. 85.
Byrthum (Proc.), Festung bei Amida. XI, 82. 381.
Bys, s. Narbuta B.
Bysaki, Fest der Seikhs. VII, 138.

Byssus, Leinwand in Bagdad. XI, 448.
Byssus, rother, in Quellen bei Ninive. XI, 236.
Byssus thermalis, in den Bitumenquellen bei Hit. XI, 756.
Byzaco, Umgegend von Hösn Keif. XI, 83.
Byzantinische Münzen, in Orfa. XI, 329. — s. Constantinopel.
Bzhan, s. Bian.

C.

Cabaisse, Cabassa, s. Kubessa.
Cabolitae (Ptolem.), Stamm. VII, 200.
Cabrestan (Cowrestan), in Laristan. VIII, 751. — vgl. Kabristan.
Cabura (Ptolem.), d. i. Kabul. VII, 200.
Cabus, s. Kaous. VIII, 530.
Cacholong, s. Kascholong. VII, 387.
Cacisces, Priestername in Khotan(?). VII, 346.
Cadesiah, s. Kadesia.
Cäciliana, Ort am Euphrat. X, 996.
Caenae (Καιναί, Xenoph.), St. am Tigris. IX, 518. X, 210. XI, 469. 666. 675. — s. Kala Scherkat.
Cäsar, Cl., in Mesopotamien. X, 105. 106.
Cäsarea (Kaisarieh, Mazaca), Stadt in Cilicien, Hauptstadt in Kappadocien, armenische Metropole. X, 526. 528. 596. (Armenier das.) 623. 641. 837. 838. — vgl. Neocäsarea.
Cäsars Thron, s. Takhti Kaïsar. IX, 175.
Caffra, Marktort am Euphrat. X, 1019. — vgl. Kaffre Beg.
Cahlav, s. Mahrad ben C.
Cai ascham, d. h. Königswohnung. IX, 35. — s. Kaschan.
Cailac (Cealac, Cialis, Calacia, Kalacha 2c.), Stadt in Ost-Turkestan (Groß-Dschuldus). VII, 392. 434. 437. 439. 440. 442.
Cainari, Erklärung. X, 812.
Caipha, s. Hesno'l C.
Cair, Pallast am Tigris. X, 208. 210.
Cairns, nordische Steinblockhaufen. XI, 159.
Cairo, Armenier das. X, 603.
Cair Tekin, s. Karatigin. VII, 762.
Çaka (Keilschr.), d. i. Saken. VIII, 104. 106.
Cala (Kala), s. Kali cala.
Calabaugh (Karrabag), Ort am obern Indus. VII, 19. 20. — s. Karabagh.
Calach, Nimrods Stadt in Assur (ob Holwan?). IX, 464. 470. 471. 473. — s. Calah, Chalach.
Calachene (Strab.), am Zagros (Chalonitis, Holwan?). IX, 464. X, 248.
Calacia, s. Cailac. VII, 439.
Calah, Ort am Khabur. X, 248. — s. Calach.
Calcaschendi, Autor. X, 1056. XI, 302.
Calcia(?). VII, 421.
Calcitrapa, in Mesopotamien. XI, 500.
Calcutta. X, 602. XI, 1069. 1072.
Caleh (Kalah), s. Djennès Ach C., Ketchcaleh.
Calehchai (Kallag), Fluß zum Urmia-See. IX, 849. — vergl. Kalehtschai.
Caleï-khum, Stadt der Kafirn. VII, 794. 820.
Calender, s. Kalender.
Calendula officinalis, im östl. Mesopotamien. XI, 484.
Cales, s. Beth-C.
Calico, grober, in Kerkuk. IX, 551.
Callaïs, d. i. Türkis. VII, 671.
Calligonum (Polygonoides or. Tournef.), am Ararat. X, 478.

Callinicum &c., s. Kallinikum &c.
Calluca, s. Khabuca. X, 237.
Calmet. IX, 721.
Calno, ob Chalne? X, 242.
Calo genbar, s. Kalat Jiaber. X, 1074.
Caloongeh, s. Kulliga.
Caltha palustris, in Central-Kurdestan. XI, 624.
Camalis, irrige Schreibart statt Kermalis. IX, 698.
Cambadena (Isid. Char.), parthische Provinz. VIII, 116. IX, 332. 359. 360.
Cambalidus, Berg. IX, 332.
Camelus bactrianus u. dromedarius, in Mesopotamien. XI, 506. — s. Kameel.
Cammer, d. i. Kiamir. VIII, 773.
Campania Misan. X, 121. — s. Mesene.
Campanula caespitosa, in den Pyrenäen. X, 499.
Campanula glomerata, im östl. Mesopotamien. XI, 484.
Campanula rupestris, im Kaukasus. X, 499.
Campanula saxifraga, am Ararat. X, 499.
Campbell, brit. Capitän, in Persien &c. IX, 675. 877. 1008.
Campi Nisaei. IX, 363. — s. Nisäa.
Camsar, s. Gamsar.
Camsia, Gamsia (chines.), Zukkerrohr. IX, 259.
Can (Khan?), s. Massamet C.
Canaan, Produkte. XI, 552. 577.
Canal, s. Kanal.
Canats (Canauts), d. i. Wassergräben. VIII, 254. — Bewässerungsanstalten. 317. — s. Kerises. 847.
Candari (Plin.). VIII, 103.
Candia (Creta), Cypressen das. XI, 575.
Candidus, Bischof von Sergiopolis. X, 1083. 1088.
Candiszucker, bester, in China. IX, 280.
Candye, d. i. Babul (Mimose). VIII, 172.
Caneïn, s. Kayn. VIII, 262.
Canisapur, Ort. X, 1142.
Canis aureus, s. Schakal. XI, 504.
Canis corsac, Fuchsart am Euphrat. XI, 504.
Canis lupus, d. i. Wolf. XI, 504.
Canis Lycaon, d. i. schwarzer Wolf. XI, 504.
Canis vulpes, im Taurus. XI, 504. — s. Fuchs.
Canna alba (auch fusca, rubra, Batavia, Guinea). IX, 259.
Canna creolica, Zuckerrohr auf den Antillen. IX, 260.
Canna melle, d. i. Zuckerrohr. IX, 238.
Canopus, Stern. VII, 253.
Cantal, s. Tübet Panjahl.
Cantharis phosphorica, in Ghilan. VIII, 433.
Canton, chines. Candiszucker. IX, 280.
Canum, s. Mari C.
Caouc, Land in Kaferistan. VII, 207.
Caouc, d. i. Turban. X, 658.
Capard, Volk. VIII, 92. s. Cyrd.
Cap Baungk (Bang), am Perser-Golf. XI, 1061.
Cap Bostana (Bustion, Sidodona bei Nearch), in Carmanien. VIII, 773.
Capersana (Amm. Marc.), Uebergangsort am Euphrat. X, 929. 986.
Capessana (Amm. Marc.), am Euphrat. X, 987.
Caphartuta, Stadt bei Mardin. XI, 382.
Cap Jask (Tsjaask). VIII, 732. XI, 566.
Capitäle, im Susianischen Baustyl. IX, 303.
Cap Koralla (Kerelis), am Pontus. XI, 528.
Cap Monze (Mowarek, Mowari), in Lus. VIII, 129. 713.
Cap Mussendom, arab. Vorgebirge. X, 39. — s. Maceta.
Capotes (Plin.), das blaue Gebirge, Quellberg des Euphrat (Dujik Tag). IX, 783. X, 80. 653. 801. 823.

Capparis spinosa, s. Kapernstrauch.
Capper, Col., Reisender (1778). X, 1100. — in der arab. Wüste. XI, 734.
Capra aegagrus L., s. wilde Ziege. X, 484.
Capra caucasica, im Taurus. XI, 506.
Capra hircus, s. wilde Ziege. VIII, 677.
Capra ibex, s. Steinbock. XI, 506.
Caprimulgus europaeus, d. i. Ziegenmelker. XI, 508.
Caprus, s. Kapros.
Cap Sertes (Ras el Djerd, Tarsia b. Nearch). VIII, 773.
Capuziner-Mission, in Tabriz. IX, 964. — in Diarbekr. XI, 57. 58. — in Mosul. 186. — in Bagdad. 804.
Cap Yoros (Hieron oros b. Xenoph.), am Pontus. XI, 543.
Car, d. i. Flottille. XI, 1072.
Cara, armen. Dorf in Mesopotamien. XI, 363. 366. — s. Kara.
Caracalla, A., röm. Kaiser (reg. 211—217), zerstört die pers. Königsgräber. IX, 692. — in Mesopotamien. X, 134. 1138. XI, 23. 280. — in Carrhä. XI, 291. — erobert Osrhoëne. 344.
Caraccas, Zuckerrohr das. IX, 261.
Carachemet, d. i. Kara Amid. XI, 37.
Caracoulac, s. Karakulak. X, 731.
Caracta, d. i. Kischm. VIII, 773.
Carae, maced. Colonie am Pasitigris. XI, 292. — vgl. Carrhä.
Caramania, s. Kerman. VIII, 681. 711.
Caramania deserta. VIII, 740.
Caramit, verderbt aus Kara Amid. XI, 37.
Carangoutas, s. Karangui Tak. VII, 350.
Caranitis, s. Karanitis, Garin.
Caraway Pillay (tamul.), d. i. Bergera Königii. VIII, 307.
Caraway-Samen(?), in Herat. VIII, 252.
Caraway-Seeds(?), in Herat. VIII, 307.
Carbanum (Tab. Peut.), ob Adiaman? X, 885.
Carber, Stadt Ferghanas. VII, 748.
Carcam, d. i. Karkan. VII, 390.
Çarçar, s. Sarsar. X, 202.
Carcaria, s. Kerek esch Schobek.
Carcathiocerta, s. Karkathiokerta.
Carcha (Καρχαρωμάν), im obern Mesopotamien. XI, 151. 380. — s. Charcha.
Carcham, Carchan, s. Karkan. VII, 390.
Cardaei montes. IX, 132.
Cardaliabeda, Chaldäerstadt in Mesopotamien. XI, 675.
Cardarigan, pers. Feldherr (584 n. Chr.). XI, 150.
Cardelan, s. Kurdelan.
Cardin, s. Dada C.
Cardoa insula (Cardu), s. Djezireh ibn Omar. X, 253. XI, 148. — die große u. kleine. XI, 156. — s. Gordyene, Gozarta C., Kardu.
Carduchia insula, s. Djezireh ibn Omar. X, 253. XI, 148. 156.
Carduchi montes. IX, 132.
Cardueni montes. IX, 132.
Carduus (rusticus, incrassatus), am kasp. See. VIII, 517. — bei Ninive. XI, 238. — in Mesopotamien. 500. 502. 987.
Care, s. Schebon c.
Carema, s. Barama.
Carex arenaria. XI, 1027.
Carices, in Central-Kurdestan. XI, 624.
Carina, d. i. Kerend. VIII, 116. IX, 359. 391.
Carire (arab.), d. i. kalt. XI, 380. — s. Meja c.
Carmania, s. Kerman. VIII, 114.
Carmasin, s. Karmisin.
Carmeliter-Mission, in Bagdad. XI, 804.
Carmichael, engl. Reisender.

X, 1100. — in der arab. Wüste. XI, 734. — Basra — Haleb. XI, 1040.
Carneol-Cylinder, babylonische. IX, 299.
Carneole, geschnittene, in den Ruinen v. Babylon u. Nischähr. VIII, 782. IX, 224.
Carotten, in Tehran. VIII, 611.
Carpurth, d. i. Kharput. X, 811.
Carrhae (Charan, Haran, Harran), Stadt in Mesopotamien. erste Römer-Kolonie. X, 138. 1122. 1134. XI, 23. 25. 291 ff. 376. — s. Tharrana.
Carthamus tinctorius, s. Saflor.
Carruben-Baum (Ceratonia siliqua), in Kurdestan. X, 697.
Carteron-Berg, am Euphrat. XI, 703.
Carthan, d. i. Karkan. VII, 390.
Cartwright, J., engl. Reisender, auf dem Euphrat (c. 1599). X, 1021.
Carwan, Marktort Indiens. VII, 787.
Caryophylaceen, im östl. Mesopotamien. XI, 484.
Casch, Gewicht. VII, 519. — vgl. Kas.
Casciani, Ort in Turkestan. VII, 449.
Casciar, d. i. Kaschghar. VII, 409.
Casdim (der Bibel), d. i. Chaldäer, Kurden. IX, 630. X, 243. XI, 294. — s. Ur C.
Casem, in Masenderan. VIII, 539.
Cashcar, d. i. Kaschghar. VII, 410.
Casii montes (Ptolem.). VII, 409. — s. Kasion, Jupiter C.
Caspiae Pylae (Arrian.). VIII, 118. 456. 482. 486. s. Kaspisch.
Caspii (Herod.), Volk. VIII, 100. — in Armenien. X, 590.
Casr, s. Kasr.
Casri Chirin, s. Kasri Schirin. IX, 484.
Cassab-Rohr, d. i. Zuckerrohr. IX. 237.
Cassia, in Arabien. X, 37.
Cassim (Kasim), s. Mir Abul C., Mullah Abul C.
Cassisa Bony (Bouna), Mündungsarm des Schat el Arab. XI, 1062.
Cassius, Av., zerstört Seleucia. X, 124. — röm. Proconsul in Parthien. IX, 356.
Cassius, C., röm. Feldherr, am Tigris. XI, 172.
Cassr (Casr), s. Kazr.
Cassubs, Seidenstoffe. VIII, 269.
Cassye, Tribus in Shaul. VIII, 169.
Castania vesca, s. Kastanie. X, 919.
Castellum Graecorum, d. i. Romkalah (Kalat ol Rum). X, 931.
Castor fiber, s. Biber.
Castoröl, in Mosul. XI, 221.
Castra Maurorum, in Mesopotamien. X, 158. XI, 150. 444.
Castron, ob Hammel? XI, 708.
Castrum, s. Askar, Ordu. IX, 192.
Castrum Cephe, d. i. Hösn Keif. XI, 81.
Castrum Zabdaeum (Zebedaeum), s. Bezabde. X, 253.
Catacomben, s. Katakomben.
Cataonien, Präfectur von Kl. Armenien. X, 845.
Catara, Kloster in Mesopotamien. XI, 294.
Cateb, s. Ali Ebn Zein al C.
Cathaei, s. Kattia. VII, 48.
Caton (Khatun), s. Despina C.
Catrabbol (Ca'trobbol, wol = Kotrobbol?), Gau bei Amida am Tigris, berühmt durch Trauben. X, 208. XI, 30. 89.
Catul, s. El C.
Caffers (= Kafer), s. Tor C.
Caumdaisch, Hauptort in Kafiristan. VII, 204. — Dorf bei Badakhschan. VII, 800.
Caunus, Feige vom. XI, 549.
Caus, s. Kaous. VIII, 530.
Causai, s. Al C.
Cavades (Kobad), Vater Khosroes, Sassaniden-König. X,

1125. 1140. XI, 29. 68. — erobert Batne (502). 288.
Caver, Name. VII, 206.
Caviar, in Erzerum. X, 758.
Cavus, s. Kaous. VIII, 530.
Cawjuk Tatar, Turkstamm. VIII, 411.
Cawker, Land der (?). VIII, 169. 170.
Caxamarca, Höhe. VII, 340.
Cayenne, Zuckerrohr das. IX, 260.
Cay thach-lun (chines.), d. i. Granatbaum. XI, 560.
Cazala (?), an der Euphratquelle. X, 723.
Cazhdun, d. i. Skorpion. VIII, 484. — s. Kazhdem.
Cham, s. Sarim ch.
Cealac, s. Cailac.
Cechmié, türk. Verstümmelung für Zeugma. X, 947.
Cecilia, Ceciliana (Ptolem., Tab. Peut.), Stadt am Euphrat. X, 946. 996. 1040.
Cedern, in Kaschmir. VII, 74. — im Ghilan. VIII, 427. — fehlen im Elwend. IX, 84. — in Hekkari. 665. — am obern Frat. X, 738. — Art bei Babel. XI, 919.
Cedernholz, in den Bauten Ekbatanas. IX, 84. 109.
Cedrat-Bäume, in Masenderan. VIII, 545. — in Mosul. XI, 208. — in Mesopotamien. 495. — in Bagdad. 812.
Cedrenus, G., Historiker (1058 n. Chr.), üb. Erzerum. X, 757. — Miafarekin. XI, 71.
Celebes, Zuckerrohr das. IX, 260.
Celer, röm. Feldherr, fällt in Arzanene ein. XI, 76.
Celh, s. Fommec Celh.
Cement, in dem Tope Manikyala. VII, 103.
Centaurea, in Mesopotamien. XI, 484. 500. — pulcherrima u. ochroleuca, am Ararat. X, 499.
Centrites (Xenoph.), Gränzfluß der Karduchen u. Armenier, linker Zufluß des Tigris. IX, 1006. X, 23. XI, 7. 95. 104. 111. 126. — s. Bitlis Tschai.
Cepa allium, in Mesopotamien. XI, 502.
Cephe castrum, s. Pösön Keif. XI, 81.
Ceransu, wol = Karangu? VIII, 629.
Cerastium Kasbek, auf dem Kaukasus, Elburs, Ararat. X, 498.
Cerasus, s. Kerasun.
Ceratonia, in Masenderan. VIII, 516.
Ceratonia siliquastrum, am Taurus. X, 919. — s. Carrubenbaum.
Cercis siliquastrum, in Kurdestan. XI, 650. — s. Judasbaum.
Cercusium, s. Circesium. X, 139. XI, 267.
Cerealien, s. Getraide.
Ceremonien, in der armen. Kirche. X, 636.
Cerithia-Kalkstein, bei Ninive. XI, 238.
Cerithium, in den Bazian-Bergen. IX, 536. — bei Ninive. XI, 238. — bei Anah. 726.
Cervus elephas, s. Rothhirsch. XI, 505.
Cetbuga, monghol. Anführer. X, 1054.
Cetraria, im östl. Mesopotamien. XI, 483.
Ceylon, Exporten rc. IX, 257. 893. — Granaten das. XI, 560.
Cha (kurd.), d. i. Berg, s. Tscha. XI, 652.
Chab, Chab Scheikh (Chaab, Chabab, Ka'ab), Araber-Stamm und Gebiet in Chusistan rc. IX, 158. 159. XI, 1038. 1063.
Chabor, s. Habor, Khabur, Al Chabor.
Chaboras (Ptol.), d. i. Khabur. X, 989. XI, 253. — s. Araxes.
Chabu, s. Khabur. XI, 693.
Chabur, s. Khabur, Nahr Ch.
Chabura (Χαβώρα, Ptol.), Ort in Mesopotamien. XI, 267. 694. — s. Khabur.
Chaburas. X, 120. XI, 349. — s. Khabur.

Chach, Gränzland von Kaschghar. VII, 411.
Chache gabran, d. h. Feueranbeter-Brunnen. VIII, 818.
Chader Nischin, Zeltbewohner. IX, 980.
Chadi berdi, Fürst von Aksu. VII, 511.
Chadir, weiße Musseline von Ispahan. IX, 56.
Chadr, Chadrah. X, 256. XI, 466. — s. Al Hadhr.
Chadschaly, Schlucht in Kurdestan. X, 886.
Chadschaly su, Zufluß zum Euphrat. X, 888.
Chadschi Geduk, s. Chatsch-G.
Chadschi-topa, Berg von Kars. X, 428.
Chäder, s. El Ch., Kara ch.
Chagan, s. Haft Ch.
Chagasia (Chowgasia, Chazan), Kastell in Irak Adschem. IX, 68.
Chaghdi(?), Gegend. X, 775.
Chagriar, Ort d. Araxes-Ebene. X, 465.
Chahab, s. Chab.
Chahar Dangha, s. Nahri Tuster.
Chahar-Daur, s. Chardawar.
Chahardeh, Dorf in Masenderan. VIII, 510.
Chahardjé, s. Schahardje.
Chahar Mahel, in Luristan. IX, 211.
Chahaur Occmauk, s. Eimak. VIII, 135.
Chaher-Leng (d. h. vier Fuß), Zweig der Bakhtiyari-Ilats. VIII, 390. IX, 211.
Chah kutah, in Fars. VIII, 818.
Chahorcha, s. Kakig I.
Chai, s. Tschai.
Chaibagh (d. h. Flußgarten), Dorf in Aderbidjan. IX, 834. — vgl. Charbagh.
Chaidam, kl. Stadt Khokands. VII, 759.
Chaidar (Jaidar), s. Chul Ch.
Chaider, s. Kaor Ch.
Chai Pereh, Zufluß zum Araxes. IX, 914.
Chairan, in Kurdestan. XI, 40.
Chairi, s. Abu Osman Ch.
Chaitia, Chaitya, d. h. Tempel, heiliger Feigenbaum, Bauwerke. VII, 112. 113. 301.
Chaje, d. i. Kaschghar, Taschkent. VII, 409. 598. 609. 701. 731. 743. — s. Schasch.
Chak, s. Meru chak, Sarichi ch.
Chakur (Bugduli), Turk-Stamm. VIII, 408.
Chal, s. Tschal, Dana Ch.
Chala, s. Achaja chala, Kala.
Chala (Isid. Charac.), Stadt in Chalonitis (Holwan). VIII, 116. IX, 396. 470. 508. X, 71. — s. d. f.
Chalach, Chalah, Stadt in Assyrien, Judencolonie das. (ob Holwan?). IX, 464. 470. — s. Calach, Chala, Halah.
Chalach (Chalcal), Provinz am Kisilusen. VIII, 590.
Chaladin (Schaladin), s. Mulah Sch.
Χαλακηνή (Strab.), am Zagros (Chalonitis, Holwan?). IX, 465. — s. Calachene.
Chalame, s. Chaluk.
Chalandschan, Revier Ispahans. VIII, 125.
Chalandsholz. VIII, 602.
Chalasar, Hauptstadt in Apolloniatis. VIII, 115. — am Diyalah. IX, 508.
Chalasea, s. Tschalessie.
Chalat, in Mesopotamien. XI, 270.
Chalcal, s. Chalach, Chalchal, Khalkhal.
Chalcedon, Concil das. (451). X, 536.
Chalcedone, in Persien. VIII, 822. IX, 39.
Chalchal (Khalcal), Distrikt von Aderbidjan. VIII, 126. 634. 636. 662. 666. — vgl. Chalcal.
Chalchal, Distrikt von Dilem (Gilan?). VIII, 126.
Chalcidice, Landschaft. X, 977.
Chalcis, Stadt in Syrien. X, 113. 1084.
Chaldäa. X, 29.
Chaldäer, Volk in Babylonien,

ihr Verhältniß zu Kurden ꝛc. IX, 629. 679. X, 40. 68. 742. — in Miafarekin. XI, 71. — am Buhtanfluß. 126. — an der Ostseite des Tigris. 294.

Chaldäer, Bezeichnung für die der römischen Kirche unirten Nestorianer und syrischen Christen (irrig auch für Nestorianer überhaupt). IX, 658. 679. 680. 747. XI, 845. — in Dakoke. IX, 549. — in Sulimaniyah. 567. — in Dschulamerk. 645. — im nördl. Kurdestan. 662. — in El Kosch. 726. 742. — von dunkler Farbe. 747. — in Selmas. 963. — in Bitlis. XI, 94. — am obern Tigris. 120. — in Dschezireh ibn Omar. 157. — in Mosul ꝛc. 199. 211. 215. — in Mardin. 390. 394. — in Amadia. 592. — in Bagdad. 815. — s. Khaldier, Katholiken, Nestorianer.

Chaldäer-Dörfer, in Kurdestan. XI, 590. — am obern Tigris. 126.

Chaldäer-Ebene, in N. Kurdestan, Flora, geognost. Beschaffenheit. IX, 731. XI, 164. — Thal am Perischabur. XI, 169.

Chaldäersecten, babylonische. XI, 334.

Chaldäische Inschriften, in Al Hadhr. XI, 489. — in Bagdad. 800.

Chaldäische Kirche (seit 1681). IX, 680. 681. — Patriarchat zu Diarbekr ꝛc. 434. 964. XI, 58. — Geistlichkeit, Schulen, in Mosul. XI, 212. 213.

Chaldäisches Idol. X, 777.

Chaldäische Sprache, der Nestorianer in Kurdestan ꝛc. IX, 658. 682. XI, 211. 213. — Dialekt der Mendaïten. XI, 302.

Chalderan, s. Awajuk Ch.

Chaldiran, s. Tschaldiran. XI, 38.

Chaldschi (Khiljiees?). VII, 702.

Chaldy Dagh, Berg in Kurdestan. XI, 112.

Chale, Stadt am Tigris. X, 71. — s. Chala.

Chaled (Khaled), Feldherr Abu Bekrs, erobert Hira. X, 61. 64. — Vizier Al Mansurs. 197. — Sohn Welids, seine Moschee u. sein Grab in Amida. XI, 55. 56. — s. Chalid, Scheikh Kh.

Chaled Beg, pers. Statthalter in Bitlis. XI, 39.

Chalekani, s. Ibn Ch.

Chalfa, s. Khalfa.

Chaliah, d. i. Holwan. IX, 471.

Chalid (Khalid), Sohn Abdolmeliks, Astronom. XI, 448. — s. Chaled, Tell Kh.

Chalil, Khalil, s. Birket Ibrahim el Ch., Dizeh Kh., El Ch., Haji Kh., Ibrahim Kh., Malek Chalil.

Chalilerrachmân, Moschee in Orfa. XI, 319.

Chalkonmisch (Shelkomeesh, wol = Satelmisch), Dorf in Aderbidjan. IX, 822.

Chall, s. Kopper Ch.

Challath, d. i. Akhlat. X, 326.

Challicani, s. Ibn Ch.

Challoo, s. Schallu.

Chalmon, s. Tschalman.

Chalne (hebr.), d. i. Callinicum (Rakka). X, 238.

Chalne (der Bibel), Stadt in Sinear. X, 242. — s. Chaluk.

Chalonitis, Landschaft in Assyrien, parth. Provinz. VIII, 116. IX, 323. 390. 465.

Chalsatun, d. h. 40 Säulen. VII, 483.

Chalu od. Sidd Nimrud, d. i. die medische Mauer. X, 213. 219.

Chalui, Yeziden-Stamm. IX, 754.

Chaluk (Chalame, Chalne), Stadt in Mesopotamien. XI, 266.

Chalumbel, im pontischen Taurus. X, 920.

Chalus, Fluß in Syrien. X, 10. — s. Koweik.

Chalvar, Kupfergruben bei Baiburt. X, 272.

Chalyafs, Distrikt von Bayazed. X, 345.

Chalyber (Xenoph.), Volk. X,

398. — am ob. Araxes. 670. — am Pontus. 768.
Chalybonitis, Landschaft. X, 977.
Chalys, s. Chalus.
Cham, Ort. XI, 645.
Chamabatan, Distrikt am Gamaschab. IX, 359. 360. — s. Cambadene.
Chamäleon, in Aderbidjan. IX, 910. — in Mesopotamien. XI, 510.
Chamani, Christendorf in Tiyari. XI, 599.
Chamar, Araberstamm bei Mosul. XI, 9.
Chamba, Bergstaat. VII. 33.
Cham Batan, d. i. Fluß der Enten. IX, 360.
Cham chai, s. Tscham tschai.
Chamelik, s. Tscharmelik. XI, 281.
Chami Zamakan, s. Zamakan.
Chamkie, Sindjarli-Stamm. XI, 450.
Chammam, s. Baal Ch.
Chamomilla, am mittlern Euphrat. XI, 702.
Chamuni, Thal am Euphrat. X, 871.
Chamur, Sandschakat v. Bayazed. X, 345. — Stadt. 348.
Chamur, s. Tscharmur. X, 662.
Chan, d. i. Stamm-Oberhaupt bei Afghanen. VIII, 198. — s. Khan, Busch Ch., Gidr ach Ch., Orta Ch., Sardar Hussein Ch.
Chanassad, in Mesopotamien. XI, 787.
Chancellor, R., engl. Reisender (1553). VIII, 682.
Chandara Baga (sanskr., d. h. Mondesgabe, Mondfluß), d. i. Chinab. VII, 32. 60.
Chandkoh, Gebiet am Indus. VII, 147.
Chandosch Dagh, s. Khandosch Dagh.
Chanedsje, in Armenien. X, 716.
Chancke, Station in Irak Arabi. XI, 1039.
Chanes, s. Teh-Ch.
Changa, Ort am Ravi. VII, 52.
Changeri, Kloster am obern Murad. X, 351. 553. 703.
Changeri (Tschangeri, Tschangeurei, Tchangeurei, Surp Ohannes, Surp Garabied; früher Innagnean Vank, Klag Vank), armen. Kloster bei Musch. X, 553. 650. 665. 677. 703.
Changmi (Schangmi, Khiuweï), Stadt, Land. VII, 493. 582.
Changu, d. i. Fugiu. IX, 269.
Chani, s. Schiffkat Ch.
Chankah-Thor, in Yarkand. VII, 393.
Chansir, s. Um el ch.
Chan siuan, chines. Generalinspektor. VII, 621.
Chao-che. VII, 405.
Chaoi (Xenoph., Diodor.), Volk in Armenien. X, 387. 389. 670.
Chaone (Diod.), in Medien, Lustort der Semiramis im Zagros. VIII, 117. IX, 347. 357. — s. Choana, Kongaver.
Chao wou, s. Tschao wu.
Chao wou khaï tchoue, Fürst von Mi. VII, 574.
Chapacur rud, Stadt in Masenderan. VIII, 534.
Chapman, englischer Reisender (1568). VIII, 683.
Char (Tschar), s. Tel Ch. Pera.
Chara, d. i. Reisiger. VII, 139.
Chara, kurd. Gebirgsdistrikt. IX, 674.
Charachemit, d. i. Kara Amid (Diarbekr). XI, 45.
Charadrius, in Mesopotamien. XI, 509.
Charadsch (Karatsch), d. i. Kopf- oder Personensteuer aller Nichtmoslemen. X, 1130. XI, 58. 207. 816. 820.
Charagh Kuschan, Orgien der Luren. IX, 218. 392. — vergl. Chiragh Kusch, Tscheragh Sonderans.
Charan, Abrahams Geburtsort. X, 243. XI, 294. — s. Carrhä, Haran.
Charaph Ali, über Iskardo. VII 215 ff.

Charar, d. i. das mit Pallisaden umschanzte Lager. X, 55.
Charar, Stadt in Medien, unweit der kaspischen Pforten. VIII, 118. XI, 381.
Charar Pasinu, Ch. Spasinu, Stadt am Kerkha (Alexandria am Tigris). IX, 328. X, 52.
Charbagh, d. i. Park. VII, 231. — s. Chaibagh.
Charbanus mons (Plin.), im Zagros. IX, 209. 332.
Char Bukur Su, s. Tscharbuchur.
Charcha, Festung im Masius. XI, 150. 380. 389. — s. Carcha, Sumera.
Charchemis (Circesium), Stadt am Euphrat. X, 1054.
Chardah, Chadrah, ob Al Hadhr? X, 134.
Chardauri, Lurenstamm in Sian Kala. IX, 1037.
Chardawar (Chahar-Daur), Ebene von Masabadhan, Theil des Puschti Kuh. IX, 397. 398.
Chardih, Ort der pers. Salzwüste. VIII, 266.
Chardin, Reisender, in Laristan (1674). VIII, 736. — über Tabriz. IX, 854. — in Ardebil. 790. — in Etschmiadzin. X, 517.
Charedsch, Insel des pers. Golfs. XI, 1038.
Chareg, s. Tscharrak.
Charej, s. Charey. IX, 942.
Charekur, s. Tscharikar.
Charey (Charej), Fluß zum Urmia-See. IX, 642. 647. 789. 942.
Charghalik, Stadt v. Yarkand. VII, 402.
Charh altedzekkur, geogr. Werk Nasr eddins. IX, 843.
Charin (Garin), d. i. Erzerum. X, 553.
Charinda (Amm. Marc.), Fluß in Medien (Schahrud?). VIII, 628.
Charire, s. Meja carire. XI, 40.
Charisi, Rabbi. X, 268.
Charlewood, Mr. X, 1028.
Charmaghzar. VII, 252.
Charmande (Xenoph.), ob die Erdharzquellen bei Hit? X, 16.
Charmehal, d. i. vier Distrikte. IX, 24.
Charmin Kuh, d. h. Weißberg, im Kerkha-Gebiet. IX, 399.
Charmodara, s. Cholmadara.
Charpote (Cedren.), d. i. Kharput. X, 811.
Charput, s. Kharput. XI, 43.
Charra, s. Charris.
Charrack, Küstenberg in Laristan. VIII, 752.
Charrae, s. Haran.
Charran (arab. Arran), d. i. Ekbatana. IX, 1046.
Charran, s. Haran.
Charrhae (Κάῤῥαι, Steph. Byz.), Fluß im obern Mesopotamien. X, 1124.
Charris (Charra), zwei Orte in Mesopotamien. XI, 268. — s. Carrhae. XI, 289.
Charsu, Marktplatz in Kaschghar. VII, 414. — Bazare in Herat. VIII, 250.
Chart, Ort. VII, 776.
Chartbirt, d. i. Kharput. X, 811.
Charwar, d. h. Räuber. VIII, 411.
Char Yar (d. h. vier Freunde), Herrscher in Hydrabad. VII, 185.
Chas, d. i. Ju. VII, 384. — s. Kasch.
Chasaël, s. Kasaël. XI, 977.
Chasar Barbezi, armen. Geschichtschreiber (5. Jahrh.). X, 544.
Chas Boo, Herrschersiegel Tschingiskhans. VII, 384.
Chaschischin, s. Al Ch.
Chaschmi Kazim, Kerkha-Quelle IX, 325.
Chasepi, d. i. Kesch. VII, 572.
Chaser su, s. Ghazir Su. IX, 697.
Chasig, s. Haiegaz.
Chasil, d. h. Fresser, Heuschrecke. VIII, 805. 810. 813.
Chasine we Kilar. X. 227.
Chasrovi-bucht. X, 780.
Chass (monghol.), s. Kasch. VII, 386. 388.

Chass-Tschilohn (monghol.), d. i. Ju-Stein. VII, 386.
Chasu, s. Hasu. XI, 43. 85.
Chatakli, Taurus-Wald auf der Gränze Kappadociens u. Armeniens. X, 772. 918.
Chat Derehsi, Bergthal in Armenien. X, 656.
Chathbi, s. Balad ol Ch.
Chatib, s. Nehrol-ch.
de Chatillon, franz. Ingenieur, in Sivan Maaden. X, 710.
Chatonia, s. Khatuniyah.
Chatsch, d. h. Kreuz. X, 345.
Chatsch-Geduk (Chats-Geruk, Chadschi G.), Gebirgszug des Aghri Dagh. X, 345. 354.
Chatschu (Kartchou). VII, 402.
Chattab (Khatab), s. Omar ben Al Kh.
Chattah, d. i. Sonnenschirm. VII, 112. 301.
Chatu, Gebiet im Hindu Khu. VII, 310.
Chatunie, Insel im Khatuniyah-See. XI, 450.
Chau, d. i. geschnittenes Stroh. VIII, 169.
Chaunaeus, König. X, 992.
Chauon (Χαύων), Ort in Medien. VIII, 68.
Chausser, s. Chosar.
Chavass, Polizeidiener. X, 440.
Chavasse, s. Chevasse.
Chawan, Ebene u. Dorf am Urmia-See. IX, 848. 954.
Chawar. VIII, 118. — s. Serderei Ch.
Chawernak (Khawarnak), Pallast bei Hira. X, 62. 227. 278.
Chayanem, s. Airyo Ch.
Chayar (Schayar), Stadt in Turkestan. VII, 329. 447. 448.
Chayar Daria, Zufluß zum Tarim. VII, 329. 446. 447. 448.
Chaye Batman, wol Batman Tschai, od. ein Arm desselben? XI, 91.
Chayina (Tschayina), Distrikt am Bitlis Tschai. XI. 99.
Chazan, s. Chagasia.
Chazaren-Meer, d. i. kasp. See. VIII, 617.
Che (Se), Volksstamm. VII, 494. — s. Kesch, Se.
Chebar (Khebar), d. i. Khabur. X, 249. XI, 248.
Chebly, s. Gerder Ch., Gidon Ch.
Cheghanian (Schughnan, Schoagnaun, Sikinan, Siknan), Gebirgsland am Oxus. VII, 789. 796. 801. 817. 820.
Cheghaniani, s. Baki Ch.
Cheghan-serai. VII, 213. 226.
Chegir (Dschegirk?), Dorf bei Nischapur. VIII, 318.
Cheher, s. Pul i Ch. Bagh.
Chehoun, d. i. Executor. VII, 517.
Chei, ob = Chaje (Kaschghar)? VII, 609.
Cheiranthus, bei Mosul. XI, 218.
Cheirisophos, griech. Feldherr. IX, 706.
Chejest, s. Khojest.
Chekaki, kurd. Ilats. VIII, 393.
Chekin-taleh, Grasart in Kohestan. VII, 248.
Chekonan, s. Siknan.
Chel, d. i. Ju-Stein. VII, 387.
Chelek, s. Tschelek.
Cheli, Buddha-Reliquien. VII, 370.
Chelil (Chalil), s. Melek Ch.
Chelk s. Schelk.
Khellaub (Kelab), Katarakte im Tigris. XI, 677.
Chelly Aga (wol Dschelika), Ort im obern Mesopotamien. XI, 149. 158.
Cheloki, s. Tscheloki.
Chelonii, s. Landschildkröten.
Chemen, s. Tschemen.
Chemen e Aujan } s. Tschemen i Ujun.
Chemen e Oujan }
Chemo, kl. Königreich. VII, 582.
Cheni, Hindi-Name für Zuckerrohr. IX, 238.
Cheragh, s. Bag Schah Ch., Tscheragh.
Cheram, s. Scheram.
Cherazoul, d. i. Schehrezur. IX, 447.
Chereffeddin, s. Scheriffeddin.

Cheri, s. Schahri, Schehri.
Cheri Subz, s. Subz.
Cherim Pascha, in Nisibis. XI, 9. — vgl. Kerim.
Cherki (Khehrki, Dschir, Djir), Arm des Heri-rud. VIII, 238. 241.
Chert, s. Quarzknoten. IX, 19.
Cherubim-Relief, zu Parsargadä. VIII, 946.
Cherubnas, s. Lerubnas.
Cherukoobodi, Telinga-Name für Zuckerrohr. IX, 238.
Chesbe, Ort am untern Tigris. XI, 944.
Chesmeh, s. Badan ch.
Chesmeh Ali, s. Tscheschmeh Ali.
Chesn, s. Hisn.
Chesn Bataja, Schloß. X, 1063.
Chesney, Fr., engl. Reisender. IX, 7. — Euphrataufnahme. X, 265 ff. 932. 959. 1012. — über Rakka. 1148. — im westl. Mesopotamien. XI, 279. — Euphratkarte. 682 ff. — in Anah. 724. — auf dem untern Tigris. 928. — auf dem unt. Euphrat. 949.
Chesn Mambegi, d. h. Schloß Mambedsch. X, 1063.
Chevasse, Mr., Kinneirs Begleiter. XI, 158. 412. 429. 671.
Chevermeh, Dorf bei Musch. X, 676.
Chevjo (Hevias), s. Orrhoï bar Ch.
Chevli, Ort in Armenien. X, 706.
Chevi, s. Scheher Ch.
Chezedum, Knollenwurzel in Kurdestan. IX, 543.
Chi. VII, 645.
Chiam, s. Omar Ch.
Chiar, Flecken in Aderbidjan. IX, 801.
Chiaspi, s. Tscha Spi, Dschebel Ch.
Chibakchur, s. Tschabaghdschur. X, 706.
Chiberto, s. Schibertu.
Chibli, Ziyaret am Euphrat. XI, 703.
Chic, s. Kulla Ch.
Chichak-li, Berggipfel. X, 848.
Chichawutni, Dorf am Ravi. VII, 51.
Chidekel, Chiddekel (Genes.), Paradiesfluß. X, 6. — s. Heizel. IX, 716. Tigris. X, 206.
Chidhr Elias, s. Khidder Elias.
Chiflik, Thal. X, 733. — vgl. Tschiftlik.
Chigeen, in Aderbidjan. IX, 832.
Chigr (Schighr), s. Saaveki.
Chi han na (Tsche han na), Königreich u. Stadt von Fanyan. VII, 568. 688.
Chihil Na-Balighan, d. h. vierzig Martyre. IX, 339. — s. Kuhi Tschihil Na Balighan.
Chikaran, Station in Diarbekr. XI, 91.
Chikhini, kleiner Gebirgsstaat in Turkestan. VII, 564. 571.
Chilafet (Khalif), s. Dar ul Ch.
Chilik (Chillik), Dörfer in Aderbidjan. IX, 823. 1014.
Chiliocome (Ptol.), in Adiabene. X, 816.
Chillah, Tafelland von Luristan. IX, 398. 421.
Chillik, s. Chilik.
Chin (Tschin), d. i. Hinter-Indien od. China. VII, 244. X, 64. 590. — s. Ba tschin, Sukus Ch.
China (Dschenasdan, Tsinä, Sina, Thinä rc.), Namen. VII, 537. — Handel nach Turkestan. 469. — das Seidenland. VIII, 690 ff. — Zuckerrohr das. IX, 264. 278. X, 590. 592.
China, als Schutzmittel gegen Pest? X, 348.
Chinab (Acesines, Akesines), Zufluß zum Indus (Dschilum). VII, 27. 32. 33. 40. 60. 194.
Chinar, s. Tschinar.
Chinaram, s. Tschinaram.
Chincheu (Chinchew), chinesischer Candis. IX, 272. 280.
Chin Chintalas (Schenschen?) Berglandschaft. VII, 422. 440.
Chinesen, als Kaufleute in Yarkand. VII, 397. — ihr Mißtrauen. 415. — gehen nicht üb. Ost-Turkestan hinaus. 467. 471. 589. — ihr Einfluß auf Central- u. West-

Asien. VII, 531 ff. — ihr Verdienst um die Kenntniß Central-Asiens. 693. — Wanderung ihrer Stämme. VIII, 40. — in Siraf. 776. — auf den Philippinen. IX, 241. — Kolonien in Armenien. X, 590 ff.
Chinesische Berichte, üb. Ferghana (Khokand). VII, 750 ff. — üb. Badakhschan. 792.
Chinesische Mauer. X, 20.
Chinesische Schrift, bei Uiguren. VII, 598.
Chingh-But, d. h. das graue Idol. VII, 281.
Chini (bengal.), d. i. roher Zucker. IX, 238.
Chinnaram, s. Tschinnaram.
Chintalas, s. Chin Ch.
Chinto, Chintou, d. i. Sind, Hindu. VII, 550. 551. 635. — s. Hiantu, Jintu.
Chinut Duab. VII, 47.
Chios, Feigen das. XI, 549.
Chiragh Kusch, d. h. Lampenlöscher. VII, 263. — vgl. Charagh Kuschan, Tscheragh Senderan.
Chiran, s. Chugh ch.
Chirar, Stadt in Kaschmir. VII, 92.
Chirbipiro, s. Herbo Peri.
Chirdjan, s. Kerman. VIII, 726.
Chirin (Schirin), s. Casri Ch.
Chirkhli, Münze. XI, 456.
Chiroptera (Flatterthiere), in Mesopotamien. XI, 503.
Chisdai, s. Daniel Ben Ch.
Chisel, s. Heizel.
Chisr, Hüter der Lebensquelle. X, 133.
Chisr, s. Al Hadhr. X, 133. XI, 466. 467.
Chitragupta, Richter des letzten Gerichts. VII, 134.
Chitraka (sanskr.), d. i. Felis jubata. XI, 503.
Chitral (Tschetrar), Gebiet und Stadt am Kama. VII, 14. 15. 794. 815. 821.
Chivaneh, Dorf in Aderbidjan. IX, 1019.
Chliat, armen. Festung. X, 773.
Chlorit, in großkörnigem Quarz. IX, 39. — Lager im östl. Mesopotamien. XI, 479.
Chloritschiefer, im Taurus. X, 914. — im Ali Dagh. XI, 99.
Chnad, armen. Kloster. X, 630.
Chnusa, s. Tschar Chn.
Cho (pers.), d. i. Kuh, Berg. IX, 23.
Choabedeh, Landschaft am untern Schat el Arab. XI, 1026.
Choana (Owan), in Nagaea. VIII, 68. 88. — verschieden von Chaone. IX, 357.
Choarene (Choara), parth. Provinz. VIII, 118. — s. Khavar.
Choaspes, d. i. Kerkhafluß. IX, 302. 310. 317. 319. 323. 334. XI, 566.
Chob Amluk, Fruchtbaum (?). VII, 226.
Chobanlu, s. Khan Ch.
Chocaib, s. Abil Chocaib.
Choche, s. Coche.
Chockchok (Chokeechook), Dorf in Aderbidjan. IX, 808.
Choeidsung, chines. Generalinspektor. VII, 622.
Choi, Distrikt in Aderbidjan. VIII, 126.
Chojandah, s. Khodjend. VII, 749.
Chokand, s. Khokan.
Chokeechook, s. Chockchok.
Choki, Thal Afghanistans. VIII, 163.
Choki Schumschu Khan, Zollposten in Afghanistan. VIII, 164.
Cholera, in Kaschmir. VII, 92. — in Turkestan. 470. — in Khokand. 783. — in Balfrusch. VIII, 537. — in Abuschähr. 787. — in Schiraz. 852. — in Kerkuk. IX, 554. — in Djezireh. 711. — in Aderbidjan (1821). 873.
Cholle (Ptolem., Tab. Peut.), Ort in Syrien. X, 1086. 1091.
Cholmadara (Charmodara), am Euphrat. X, 831. 884. 885.
Cholpah Chai (Tschalpa), Dorf in Aderbidjan. IX, 796.
Chomar, Schloß in Ghurian. VIII, 265.

Chonos, Sandschakat von Erzerum. X, 754.
Choo-an, s. Tschuan. IX, 455.
v. Chopin, in Transkaukasien. X, 609.
Chopper Khanehs, d. i. Posthäuser. VIII, 629.
Chor Abdilla, innerster Winkel des pers. Meerbusens bei Basra. X, 28. — alte Euphratmündung. X, 44. XI, 783.
Choran, s. Kara Ch.
Chorasan, s. Khorasan.
Chorasmien (Kharizm). VIII, 100. — s. Chuaresm.
Chorasmier. VIII, 98.
Chorassan, s. Khorasan.
Chordiraza, Stadt im obern Mesopotamien. X, 1131.
Chorek Tepe, Dorf in Aderbidjan. IX, 1044.
Chorene (Khorene), s. Moses von Kh.
Choris, Castell. X, 956.
Chorma su, d. h. Dattelfluß, in Cilicien. X, 839.
Chormudje, Chormuz (d. i. Ormuz), Berg bei Abuschähr. VIII, 783.
Chorochoad, Stadt Arachosiens. VIII, 121.
Choronaschad, Kloster der vielen Altäre, in Armenien. X, 630.
Choros, Castell am Euphrat. X, 831. 874.
Chors (pers.), d. i. Bär. VIII, 677.
Chors (Churse), fester Ort in Aderbidjan. IX, 914.
Chorsa (Ptolem.), ob Kars. X, 423.
Chort Bert, d. i. Kharput. X, 931.
Chorten, Grabgebäude. VII, 113.
Choruni, s. Khoren, Moses von Khorene.
Chorzene, Landschaft. X, 81. — s. Vanant.
Chosar (Chozar), Fluß bei Ninive. XI, 224. 231. 232.
Choschalik, Stadt Yarkands. VII, 402.
Chosrewije, Collegium in Amida. XI, 56.
Chosro Antiochia, d. i. Rumia. X, 171. — s. Khosro-A.
Chosroes, Chosru, s. Khosroes, Khosru, Osroes.
Chosrudschend, alter Name für Sebsewar. VIII, 331.
Chossol Dagh (?), Berg Armeniens. X, 346.
Chotan, s. Khotan.
Chou, d. i. Kaschghar (Sule). VII, 419. 423. 623.
Chouchout, Bazar in Kabul. VII, 238.
Choudur, Turk-Tribus. VIII, 407.
Choug, s. Soug Ch.
Chougni, s. Schughani dsur.
Choui-Ju, d. h. wasserheller Ju. VII, 384.
Chou le (Schule), d. i. Sule, Kaschghar. VII, 419. — Volk. 611.
Chountchi, chines. Kaiser (1642). VII, 508.
Chouq, s. Souq-Ch.
Chowgasia, s. Chagasia.
Chozan (Χόζαν), s. Khozan. X, 793.
Chozar, s. Chosar.
Chram, Zufluß zum Kur. X, 372. 373.
Chrez (Chregh), Ebene um Etschmiadzin. X, 515.
Chriiki (Khri-Egi), berühmter Weinberg bei Etschmiadzin. X, 519.
Christen, Kaufleute in Yarkand. VII, 472. — bei Herat. VIII, 240. 244. — in Aderbidjan. 633. — in Kermanschah. IX, 371. — in Kurdestan. 657. — in Maragha. 835. — im Verkehr mit Persern u. Türken. 887. — Gemeinden am Urmia-See. 962 ff. — in Bitlis. 1004. — in Hira. X, 62. — in Tekrit. 222. — in Divrig. 797. — in Adiaman. 884. — in Siria. 1098. — in Edessa (Roha). 1133. — Kolonie in Amida (Diarbekr). XI, 28. 57. 58. —

in Sert. XI, 101. — in Djezireh ibn Omar. 148. — in Mosul. 186. 211. — in Ninive. 176. — in Kafar Ara. 180. — in Mardin. 386. — in Nisibis. 418. — in Sindschar. 449. — in Tel Afar. 454. — (Johannes-?) in Khorasan. XI, 513. — s. Chaldäer, Griechische Chr., Jakobiten, Johannes-Chr., Katholiken, Nazaräer, Syrische Chr., Thomas-Chr. rc.

Christenthum, in China (?). VII, 428. — in Mesopotamien. X, 168. — frühzeitige Bekehrung in Bezabde (Djezireh ibn Omar). 253. XI, 147. — in Armenien. X, 551. — in Osrhoëne. XI, 342. — s. Kirchen, Klöster rc.

Christenverfolgung, in Persien unter Khosru. IX, 173. — in Mesopotamien. X, 227. — unter Sapor II. (352 n. Chr.). 253. — ihr Druck in Syrien u. Mesopotamien. 1130.

Christie, engl. Capitän in persischem Dienste (st. 1812). VIII, 25. 152. — über Herat. 248. — in Aderbidjan. IX, 864. 877.

Christus. VII, 278. — angeblich von den Yeziden im Symbol der Sonne verehrt. IX, 761. — Bildniß in Edessa. XI, 341. 342. — sein Todesspeer in Etschmiadzin auch von Muselmännern verehrt. X, 351. — sein Schweißtuch in Edessa (Orfa), Brief an Abgar. XI, 325..341.

Chronicon Dionysianum, Edessenum. X, 1133.

Chroniken, der Uiguren. VII, 594. 595.

Chrysanthemum, im östl. Mesopotamien. XI, 484. — am mittl. Euphrat. 702.

Chryse, Baumeister aus Alexandrien. XI, 400.

Chrysurus, bei Mosul. XI, 219.

Chu, ob = Tschu? VII, 551.

Chuar, Revier Ispahans. VIII, 125.

Chuaresm (Daraz miah), als pers. Provinz. VIII, 128. — See von, d. i. Aral-See. ibid. — s. Chorasmien, Kharesmien.

Chuast, früher pers. Provinz. VIII, 123.

Chubana, Station am Euphrat. XI, 267. 687.

Chuch, s. Dschudsch.

Chuchta, s. Elphaph.

Chughchiran, s. Schekherân.

Chukea, s. Sukur Ch. Misul.

Chul, d. i. unbewohnte Wüste, der neutrale Boden zw. Aderbidjan u. Kurdestan. IX, 1039.

Chul Chaidar (Chuli-Jaidar), d. h. Wüste Jaidar. IX, 337. 408.

Chulk, d. i. Dune der Bergziege. VIII, 263.

Chumin, Stadt in Persien. IX, 71.

Chumman, s. Vizier Ch.

Chummin, Brücke bei Kara Tepe. IX, 515.

Chummum, d. i. Wiese, Trift. VIII, 312. 351.

Chummum e Bansch Kellah, Plateaufläche des Elburz. VIII, 351. — s. Bans Kellah.

Chumur, d. h. Festgesiedelte. VIII, 411.

Chund, s. Misur Dewan Ch.

Chunda, s. Kenda. XI, 182.

Chun Dag, Niphates-Kette. X, 708. XI, 4. 5.

Chunder, unbek. Fluß in Turkmanien. VIII, 409.

Chuni, s. Assena Ch., Yamud Ch.

Chun-i-wang, d. i. König, der dem Recht gehorcht. VII, 570.

Chupao, s. Tschapau.

Chupawul, d. i. Reiterparteien. VII, 814.

Chupeyan, Stadt in Kaschmir. VII, 92.

Chupi, lurischer Weibertanz. IX, 405.

Chupow, s. Tschapau.

Churbar, s. Khobar.

Churemabad, s. Khorramabad.

Churgi, s. Schurgi.

Churhawa, d. i. Opfergabe. VII, 132.

Churistan, s. Chusistan. IX, 133.

Churmatu (Khurmati), s. Tuz Kh.

Churram Sarai, Flecken in Ferghana. VII, 773.
Churse, s. Chors.
Churudsch (Khurooch), d. h. die neue Erscheinung, Türkisgrube bei Nischapur. VIII, 328.
Churut Sing (Shing), Großvater Runjit Singhs. VII, 138. 140.
Chuschmeh, s. Imarut e Ch.
Chusistan (Susiana, Susia, Kissia), pers. Provinz. VIII, 123. 124. 127. IX, 129. 144 ff. — Zuckerrohr, Sabier das. IX, 228. 284. XI, 301. 526.
Chuster, s. Shuster. IX, 178.
Chut, s. Sukur Ch.
Chutudschen, Prinz. VII, 406.
Chuz (pers.), d. h. Zucker. IX, 228.
Ciacor, Ort in Turkestan. VII, 449.
Cialis, Königreich u. Stadt in Ost-Turkestan. VII, 392. — s. Cailac.
Ciarciunar (Ciarciunor), d. i. Kartchou. VII, 402. 505.
Cibeben, in Bagdad. XI, 800.
Cicalla, Genuesen-Admiral. IX, 553.
Cicer arietinum (Gram), in Malwa. VII, 37. — bei Sehwun. 161. — in Mesopotamien. XI, 501.
Cicer monsspessulanus, im Taurus. X, 919.
Cicero, als Proconsul in Cilicien. X, 1097.
Cid el Campeador, der spanische Ritter. X, 861.
Ciecialith, Berg des Puschtikhur. VII, 391. — d. i. Tchetchetlagh-Dawan. VII, 505.
Cilicien, armen. Königreich. X, 108. 596. 622. XI, 548.
Cilicischer Taurus. X, 848. 916. 919.
Ciliza (?), in Euphratesia. X, 940.
Cimolit, im Ararat. X, 513.
Cina, s. Sina. X, 233.
Cingilla (Plin.), Gränzstadt von Syrien u. Kommagene. X, 981. 998.
Ciphas, s. Höfsn Keif. XI, 82.
Ciracos Birapksi, armen. Patriarch (1441). X, 624.
Circesium, Stadt am Euphrat. X, 139. 237. 1054. 1129. XI, 268. — s. Kerkisia, Khabur.
Cirkassier, Gränze. X, 487.
Cisternen, in Dara. XI, 399. 409. — bei Tel Afar. 454. — s. Wasserbehälter rc.
Cistus incanus, im Taurus. X, 919.
Citharizon, Kastell in Armenien. XI, 76. 78.
Citronen, bei Kote. VII, 60. — in Kuner. 226. — in Kabul. 305. — in Masenderan. VIII, 427. 432. 436. 538. 545. — selten in Ghilan. 676. — am untern Diyalah. IX, 498. — bei Tauk. 549. — in Van. 978. — in Mesopotamien. XI, 495. — am Euphrat. 691. — in Bagdad. 812. — fehlen in Ispahan. IX, 55. bei Ardebil. 790.
Claietsi (Klaietsi), s. Nerses Cl.
Clans, der Kurden. IX, 571.
Clarke Abel, Dr. VII, 385.
Clarus, Erucius, röm. Legat. X, 122.
Claudias, Laudia (Tabul. Theod.), Festung u. Passageort am Euphrat. X, 831. 884. 985.
de Clavigo, Gonz., Castilianischer Gesandter bei Tamerlan. VIII, 246. 605.
Cleaveland, engl. Lieutnant. X, 1027.
Clematis, am mittl. Euphrat. XI, 702.
Clematis orientalis vitalba, im Taurus. X, 919.
Clerus, der Nestorianer. IX, 676.
Clima, s. Klima.
Climax megale (Plin.). VIII, 712. 771. IX, 143.
Clissurae, Paß von Persarmenien nach Sophanene. XI, 75. 78.
Cludieh, Festung am Euphrat. X, 831. — s. Claudias.
Clunicojo, d. i. Kallinikum. X, 1127.
Cnicus, in Mesopotamien. XI, 500.

Cobab, s. Tel C.
Cobitis, mehrere Arten in Mesopotamien. XI, 509. — barbatula, s. Schmerle.
Coccinellen, zahlreich in Mesopotamien. XI, 510.
Coccus polonicus, in Persien. X, 458.
Cochakhan (Cochakan), in Diarbekr. XI, 91. — ob Karkusch Khan? 100.
Coche (Choche), Vorstadt von Seleucia am Tigris. X, 69. 123. 166. 198. 1142. XI, 771.
Coche, Stadt in Mesopotamien. X, 153. 154. 155.
Cochenille (Coccus cacti). X, 458.
Cochinchina. IX, 263.
Cochlearia, am mittl. Euphrat. XI, 702.
Cochoon, s. Kutschan.
Cockburn, Lieutn. X, 1028.
Codjiaser, s. Kodsch Hissar. XI, 366.
Coele Persia (Strab.). VIII, 865.
Coelestinus III., Pabst. X, 613.
Cölibat, bei nestor. und chald. Geistlichen. IX, 664. 965. X, 534. XI, 630.
Coene, s. Senn. X, 237.
Coenobium St. Silae, in Sarug. XI, 290.
Cohat, Gränzberge von Peschawer. VII, 194. 222. 223.
Cohi Zur (d. h. Berg der Kraft), im Zahreh-See. VIII, 153. — s. Koh.
Cohun Dil Khan, in Kandahar. VII, 317.
Coin Adasey (Aschak, Ada), d. i. Schafinseln, im Urmia-See. IX, 952.
Col, d. i. Wasserscheide zweier Längenthäler. IX, 65.
Colchicum-Art (Merendera Caucasica), am Ararat. X, 483. — in Mesopotamien. XI, 358. 500.
Colchis, Stadt u. See am obern Tigris. X, 101. 102. 103. 808. — s. Göldschik, Kolchis.
Col de Prunch (Poonch), Gebirgspaß. VII, 79. 85. 89. 93.
Coleoptera, in Mesopotamien. XI, 510.
Collegien, in Yarkand. VII, 397. 405. — s. Schulen u. a.
Colombo, Zuckerrohr das. IX, 246.
Colonica, d. i. Kallinikum. X, 1127.
Coloquinten (Cucumis colocynthus), in Irak Arabi. XI, 961.
Colosse, zu Bamiyan. VII, 280 ff.
Columba, s. Taube.
Columba risoria, s. Lachtaube.
Columba testaceo incarnata Forsk., in Mesopotamien. XI, 508.
Columbien, Zuckerrohr das. IX, 252.
Colut, Dorf bei Amida. XI, 32.
Colymbus auritus, in Mesopotamien. XI, 509.
Comagene, s. Kommagene.
Comana, Name verschied. Städte in Pontus, Kappadocien u. Acilisene. X, 773. — das jetzige El Bostan. 71. 842. 848.
Comana aurea, in Acilisene. X, 773.
Comanen, s. Contomanen.
Comasche Yazdi, Brocate. VIII, 681.
Combru, d. i. Gombrun. VIII, 741.
Comesch, s. Kumis.
Comillah, in Tiperah. VIII, 793.
Comisene, s. Komisene.
Commagene, s. Kommagene.
Commeroun, s. Gambron. VIII, 742.
Commercium barbarorum (Tab. Peut.). X, 1090.
Commisimbela (Κομμισιμβήλα), Kastell im obern Mesopotamien. X, 1120.
Compositae, in der Chaldäer-Ebene. IX, 731. — im Taurus. X, 911. — in Kurdestan. XI, 167. — bei Mosul. 219. — in Mesopotamien. 500.
Concar. VII, 748.

Concha (M. Polo), d. i. Fukian. IX, 268.
Conchylienhaltige Steine, in Mespila. XI, 175. 238.
Concile, armenische, in Etschmiadzin. X, 516.
Concobar, d. i. Kongaver. IX, 347.
Condil, s. El C.
Condil Dag, s. Kondil Dag.
Condoli, s. El C.
Confitüren, mit Dragantgummi, in Persien. IX, 20.
Confitüriers, in Ispahan. IX, 49.
Conföderativstaat, republikanischer, im Orient. IX, 216.
Conglomerate, seltsame, in Irak Adschem. IX, 39. — im Haman Muk. 534. — bei Sivan Maaden. X, 740. — im Hamrin. XI, 478. — in Kurdestan. 650.
Conglomeratfelsen, im Kleinen Zab. IX, 639. — Gestein, in N. Kurdestan. 732. — Lager, am Euphrat. X, 1069. — Schichten, in Fars. IX, 19. — s. Sandstein-, Serpentinstein-C.
Congo, s. Bender Konkun.
Coniferen, fehlen auf den Dschulamerk-Alpen. XI, 658.
Cono, Bischof in Edessa (313). XI, 350.
Conolly, A., Reisender im Orient VII, 151. — über Kabulestan. 314 ff. — im Quelllande des Helmund, von Herat nach Schikarpur. VIII, 153 ff. 249 ff. — Asterabad — Schahrud. 473 ff.
Considine, Colonel, am Tigris. X, 1008.
Constantia, Constantina, Name verschiedener Städte in Mesopotamien (Telkiuran, Antoninupolis, Nicephorium, Tela, Suma). X, 90. 1127. XI, 30. 34. 370.
Constantinopel, d. i. Folin bei Chinesen. VII, 540. VIII, 701. — Armenier das. X, 560. 596. — armen. Druckerei u. Hochschule. 633. — Cypressen das. XI, 575. 582. 817. — s. Byzanz.
Constantinus Dukas, byzant. Kaiser (1064). X, 423.
Constantinus Kopronymos, griech. Kaiser (755). X, 759. — zerstört Malatia. 861.
Constantinus Monomachos, byzant. Kaiser. X, 441.
Constantinus Porphyrogeneta, seine Abstammung 2c. X, 586. 796.
Constantius, Kaiser, in Mesopotamien (reg. 337 — 350). X, 136. — befestigt Amida. XI, 21. — erbaut Tela (Constantina). XI, 370. — bei Singara. 443.
Contomanen (Comanen?), Mongholenstamm. VII, 438.
Conus, in den Bazian-Bergen. IX, 536. — in Armenien. X, 848. — am Euphrat. 873. — bei Arghana. XI, 16. — bei Anah. 726.
Convolvulus, am kasp. See. VIII, 517. — im östl. Mesopotamien. XI, 484.
Coond, Hochgipfel des Hindu-Khu. VII, 198. 225.
Cooner (Kooner, Kuner), Südabhang des Coond, Gau von Kabul. VII, 198. 199. 225. 226. 308.
Coote, s. Kut. XI, 936.
Copan oder Coplan Daghi (d. h. Tigerberge), an der N. Gränze Aderbidjans. IX, 914. — s. Koflan Koh.
Cophene, s. Kophene.
Coracias garrula, d. i. Mandelkrähe. XI, 507.
Coraea, Kastell im mesopot. Batana. X, 1118. XI, 280. 286.
Corbiene, s. Korbiane.
Corbulo, Domitius, Statthalter in Syrien (63 n. Chr.). X, 80. — zerstört Artaxata. 115. 454. — in Daron. 649.
Corcoub. VIII, 760.
Cordiaei montes. IX, 132.
Cordiaorum regiones. IX, 722.
Corduba, s. Rusâfa Cordubae.
Corduene. IX, 722. X, 158. — s. Gordyene.
Cores, d. i. Cyrus. X, 250.
Corinthische Mauer. X, 20.

Corinthische Säulen, in Orfa. XI, 321. — in Dara. 412.
Corma, s. Korma.
Cormick, Dr., Leibarzt Abbas Mirza's, in Kurdestan. IX, 435. — in Persien. 559. 583. — Hazar—Senna. 813. 880.
Cormoran, s. Kormoran.
Corne, s. Korna.
Cornus mas, s. Kornelkirsche.
Cornus sanguinea, s. Hartriegel.
Coros (Cyrus), s. Korad C.
Correng, unbek. Ort am Kuran, bei Isspahan. IX, 163.
Corrha, ehemal. Name für Lar. VIII, 754.
Corsaren, auf dem untern Euphrat u. Schat el Arab. XI, 972. 1036
Corsote (Xenoph.), Ort am Euphrat. X, 15. XI, 254. 705. 706.
Cortes, Don Fern., legt Zuckerplantagen in Mexico an. IX, 253.
Corvus corax, s. Kolkrabe.
Corvus cornix, s. Nebelkrähe.
Corvus corone, s. Rabenkrähe.
Corvus monedula, s. Dohle.
Corylus avellana, s. Haselnuß.
Corylus coturna, s. Haselstaude.
Corzala, in Armenien. X, 817.
Cosanguicascio, d. i. Karangoui Kasch. VII, 383.
Cosmas-Tempel, in Edessa. XI, 351.
Cosrut, Fluß. VIII, 468. — vgl. Kosru, Kyros.
Costas ben Jahia, Oberhaupt der Harranier. XI, 314.
Coß, s. Koß.
Cotacene (Ptol.), armen. Provinz. X, 515.
Cotam, d. i. Khotan. VII, 345.
Cotasir, am Kori. VII, 166.
Cothbeddin, s. Scheikh C. Haidar.
Cothb-eddin Ismael, Seldschukide in Aderbidjan. X, 326.
Cothbi, s. Sokman el C.
Cotoneaster, am Ararat. X, 490.
Cotoneaster uniflora. X, 499.
Cotoura, Cotourah, s. Kotoor.
Cotton, Etymol. X, 1061.
Cotuals, d. i. Kommandanten. VIII, 582.
Coturnix, s. Wachtel.
Coumasur (ob Khorasan?), Dorf am Araxes. X, 402.
Courier, s. Post, Tatar.
Court, A., Reisender im Pendschab. VII, 9. 103.
Courtches, s. Kurdschr.
Cousasar, s. Kodsch Hissar. XI, 366.
Couzli, armen. Dorf. X, 670.
Covad, s. Kobad.
Cowacand, Stadt. VII, 748. 749.
Cowrestan, s. Cabrestan.
Cyrd (Keilschr.). VIII, 80. 92.
Crassulae, im südl. Mesopotamien. XI, 959. 1028.
Crassus, überschreitet den Euphrat rc. X, 991. 1047. — Niederlage am Balissus, und Tod. 1120 ff. — in Mesopotamien (54 v. Chr.). 1135. — in Osrhoëne. XI, 338.
Crepis, im östl. Mesopotamien. XI, 484.
Creta, die Cypresseninsel. XI, 581.
Cricetus vulgaris, s. Hamster.
Crocodile, langnasige, im Ravi. VII, 49. — ob im Euphrat? X, 1031. XI, 510. 723.
Crocodilus biporcatus (?), fehlt im Ravi. VII, 49.
Crocus, im syr. Taurus. X, 918. — in den Sindschar-Bergen. XI, 463. — in Mesopotamien. 500. 502. — s. Saffran. IX, 93.
Crocus alpestris, in Kurdestan. XI, 658.
Crocus alpina, in Tiyari. XI, 617.
Crore, in Münzangaben. VII, 129. 147.
Cruciferen, bei Orfa. XI, 328.
Crystallbüchsen, aus Samarkand. VII, 668.
Crystalle, im Dschebel Mardin.

XI, 384. — s. Augit-, Berg-, Olivin-Cr.
Ctesias, über Van. X, 303. — über Ninive. XI, 227.
Ctesiphon (Madaïn), Partherstadt am Tigris. IX, 115. 675. X, 21. 70. 154 ff. 163. XI, 575. 771. 852. — von Sapor II. erbaut. IX, 383. — von Trajan erobert. X, 121. — durch Severus zerstört. X, 129. — Concil das. (414 n. Chr.). XI, 73.
Cuba, Insel, Zuckerrohr das. IX, 261.
Cuba, Kloster in Mesopotamien. XI, 294. — s. Abu Cuba.
Cubessa, s. Kubessa.
Cubitus, d. i. Elle. VII, 281. — niger, regius. XI, 227. 448.
Cuculus canorus, s. Kuckuck.
Cucumerinae, am untern Euphrat. XI, 980. — bei Bagdad. 813.
Cucumis citrillus, in Mesopotamien. XI, 501.
Cucumis colocynthus, s. Coloquinten.
Cucumis melo, in Mesopotamien. XI, 501.
Cufa (Kufa), s. Mah al C.
Cufi, s. Tarikh i Aasim e C.
Cughd, Çugd (Keilschr.), d. i. Soghd. VIII, 79. 100.
Çughdha, s. Soghdo. VIII, 51.
Cukier (spr. Zukier, poln.), d. i. Zucker. IX, 237.
Cukorus (litth.), d. i. Zucker. IX, 237.
Cul de Paris, in Badakhschan. VII, 791.
Culi, Gebiet am Diyalah. X, 209. 230.
Culkatche, s. Guljeki.
Culub (Kolub), s. Nuzhat al C.
Cummeh, Cummerl, Ghilan-Dolch. VIII, 664.
Cummeree, s. Kemeri.
Cunara, Schlachtfeld in Babylonien. X, 9. 17. 20. XI, 767.
Cuppuk, d. i. Buttermilch. VIII, 413.
Cupressus sempervirens, s. Cypresse.
Cupressus thyoides, auf dem Libanon. XI, 580.
Cupressus torulosa. XI, 568.
Cûra, s. Ardri ç.
Curachi, Haupthafenort v. Sinde. VII, 161. 176. 178. 188. (Irus) VIII, 711.
Curculionidae, s. Rüsselkäfer.
Curdi, s. Dschebel C.
Currimabad. Stadt. VIII, 88. — vgl. Kerimabad.
Cursores, s. Laufvögel.
Curtius, Q., getreuer Bericht v. Balkh. VIII, 226. — armen. Uebersetzung. X, 568. 632.
Curugudon (Gurdugli), Ort der Araxes-Ebene. X, 465.
Cutha, Landschaft um Babylon. X, 249. — s. Kutha.
Cuthäer, Mischlingsvolk in Samaria. X, 249.
Cutom, Stadt in Dilem. VIII, 572.
Cuunnebda, Dorf am unt. Euphrat. XI, 1045.
Cuzestan, s. Chusistan. IX, 305.
Cycladeen, am Euphrat. X, 1067.
Cylan, Berg am Van-See. IX, 642. — s. Erlan Dagh.
Cylinder, von Bergcrystall, am Tak i Kesra. XI, 864. — in Babylons Ruinen. IX, 464. XI, 918. — s. Carneol-C.
Cynips, Insecten-Art in Kurdestan. XI, 591.
Cynodon, im südl. Chusistan. XI, 1030.
Cynoglossum, bei Derendah. X, 846.
Cyparission, Hain bei Arbela. XI, 578.
Cyparissus (Strab.), Fluß, Cypressenhain? IX, 520.
Cyperaceen, im südl. Chusistan. XI, 1029. — in Mesopotamien. 960. 1028.
Cyper-Blume. XI, 578.
Cypern, Insel. VIII, 804. IX, 672. X, 37. — Feigen, Granaten, Cypressen das. XI, 549. 551. 577.

Cyperoideen, in Mesopotamien. XI, 960.
Cyperus. XI, 1026.
Cyperus conglomeratus, im südl. Chusistan. XI, 1029.
Cypresse (Cupressus sempervirens), bei Kote. VII, 61. — im Pendschab. 116. — in Khokand. 777. — von Kischmer. VIII, 242. — bei Herat. 247. — Verehrung bei Parsen u. Mohammedanern. 275. — in Ghilan. 427. 676. — in Masenderan. 516. — einsame, bei Schiras. VIII, 758. 850. 852. — in Farsistan. 759. — bei Kazerun. 826. — auf persepolit. Monumenten. 915. 916. — am kasp. See. IX, 55. — fehlen im Elwend. 84. — in Babylonien. X, 37. XI, 919. — in Mesopotamien. X, 155. — im Taurus. 919. — in Orfa. XI, 332. — asiatische Heimath und Verbreitung, Symbolik 2c. 567. 581. — wilde(?), am mittlern Euphrat. 709. — s. Arar-Bäume, Berg-, Zwergcypresse.
Cypressenholz, in den Bauten Ekbatanas. IX, 109.
Cyprinus barbus (Barbe). XI, 331.
Cyprinus cephalus, in Mesopotamien. XI, 509.
Cypripedium, in Tiyari. XI, 620.
Cyrenais, Oliven das. XI, 520.
Cyrene-Muschel, in Kurdestan. IX, 535. — am untern Euphrat. XI, 987.
Cyreschata (Cyropolis), Stadt am Jaxartes. VII, 822. 824.
Cyriakus, armen. Geschichtschreiber (13. Jahrh.). X, 760. — s. Ciracos.
Cyropolis, d. i. Firuzabad. VIII, 763. 770. — s. Cyreschata.
Cyrrhestica (Kyrrhestica), syr. Provinz am Euphrat. X, 928.
Cyrrhus (Κύῤῥος, jetzt Koros), Stadt am syr. Euphrat. X, 928. 1035. 1049. 1052.
Cyrus (Kyros), s. Mar C.
Cyrus, in Keilinschriften. VIII, 75. — Apotheose. 948. — Grabstätte in Pasargadä. 875. 949. — führt Pferdezucht u. Reitkunst bei Persern ein 2c. IX, 161. 366. — entläßt die exilirten Juden (536 v. Chr.). X, 250. — s. Cores, Cosrui, Kai Kaous, Kai Khusru, Kyros.
Cyrus der jüngere, Feldzug nach Babylon (401 v. Chr.). X, 9 ff.
Cytherea, bei Ninive. XI, 238.
Cytisus, im östl. Mesopotamien. XI, 484.
Czernichef, Reisender. VII, 13.

D.

D und Z von Kurden verwechselt. IX, 421.
Da, d. h. Knochen. VII, 113.
Daadschi, d. i. Beter für den Sultan. XI, 386.
Daaï (Δάοι, Δάαι), Volksstamm. VII, 627. 629. 644. 668. 669. — s. Dahae, Tahia, Ta Wan.
Dab (Zab, Zabar?), Dorf in N. Kurdestan. IX, 654. 689. 690. XI, 656.
Daba (Debba), Barren des Schat el Arab. XI, 1063.
Dabagan (Mandschu), d. i. Passage, nicht Berg. VII, 478. — s. Dabahn, Dawan.
Dabahn, Dâbân (monghol.), d. i. Passage, nicht Berg. VII, 478. — s. Davan, Dawan, Bala D., Mirdschai D., Mussur D., Payan D., Tartesch D., Yengi Daban.
Δαβανάς (Proc.), Kastell in Diarbekr. X, 1124. XI, 82. 381. — vgl. Davana.
Dach, Dächer, auf altpers. Pallästen mit Silberplatten gedeckt. IX, 744.

Dachac, Feldherr. XI, 155.
Dachaully (Dehatty), Fluß zum unt. Euphrat. XI, 1045.
Dachon, Ruinen in Armenien. X, 650. — vgl. Daron.
Dachs, in Ghilan. VIII. 677.
Dacira (Zosim.), s. Diacira. XI, 737.
Dactylis, im südl. Chusistan. XI, 1030.
Dactylis litoralis, vorherrschende Grasart am Araxes und in Hoch-Armenien. X, 458. 478.
Dactyloctenium, bei Mosul. XI, 219.
Dad, d. i. Idol. X, 196.
Dada Cardin (Duda C.), Dorf in Mesopotamien. XI, 363. 370.
Dadan, s. Bendi D.
Dadara, s. Eddara.
Dadas, Bischof von Batna. XI, 289.
Dadea, kl. Stadt in Armenien. X, 464.
Dadiken (Herod.), Volksstamm. VII, 715. VIII, 101.
Dâdima (sanskr.), d. i. Granatbaum. XI, 558.
Dadimadalim (bengal.), d. i. Granate. XI, 560.
Dadischu, s. Rabban D.
Dadjik, armen. Bezeichnung für Araber, Mohammedaner. VII, 718. 719. — vgl. Tadjik.
Dadun, s. Pind D. Khan.
Dadur, Stadt Hindostans. VIII, 130. 172.
Daeara (*Δαίαρα*), Ort in Mesopotamien. X, 1118. — vergl. Deära, Dera.
Däkschorie, Kurdenfamilie im Dschebel Tur. XI, 439.
Dämonen, s. Dschinnen.
Daêna (Zend). IX, 631.
Där, s. Deir, El Dar.
Där Mar Mälki, Jakobiten-Kloster im Dschebel Tur. XI, 440.
Daftri (?), am Tigris. X, 207.
Dag, Dagh, d. i. Berg, weichere türkische Aussprache für Tagh der östl. Völker. X, 288. — vergl. Daghi, Daghlar, Tagh ꝛc.
Dag Ajaghi (Tak Ajagni, Tac Ayacqui), Zagros-Paß. IX, 388.
Dagdaga, Station in Kurdestan. X, 875.
Dagemisch, s. Eye D.
Dagher-Dagh. X, 77. 273. — s. Aghri Dagh.
Daghestan, s. Daghistan.
Dagh Jaazit, s. Dschebel Dekazayat.
Daghi, s. Copan D., Ghük D., Mukusch D.
Daghistan (Daghestan), d. h. Bergland, früher pers. Provinz. VIII, 124. 126. 341. 797.
Dagh Kapussi, Bergthor von Amida. XI, 50.
Daghlar, s. Karadscha D.
Daghlari (Douglery), s. Hasru D., Mardin D.
Daghler, s. Auggi D.
Daghleri, s. Ak D., Ballä D., Karadscha D.
Daghli, s. Karadscha D.
Daghop, s. Dagop.
Daghus Khatun, Gemahlin Hulaku Khans, ihr Grab bei Maragha. IX, 836. 837.
Dagoba, colossaler Bau auf Ceylon. VII, 300. — s. Dagop.
Dagon, Göttin der Philistäer. X, 1048.
Dagop (Daghop, Dagopa, Dagoba, contrah. aus Dehagopa), d. i. körperverbergendes Denkmal, Heiligthum. VII, 111. 113. 298. — die buddhistischen, von Manikyala u. Belur. 98—115. — in den Khyber-Bergen. 224. 289. — s. Buddha D., Tope.
Dagorasu (Asnaur-Fluß), östl. Quellfluß des mesopot. Khabur. XI, 257. 265.
Dagun, d. i. Gott bei den Tsokui. VII, 208.
Dagyn, d. i. Provinz. VIII, 18.
Dahabenia (Al Dhahabiyah, d. i. die Goldene; Debenca, Davana), Quelle des Belikh im Haran-Gebiet. XI, 252.
Dahae (Plin.), Volksstamm. VII, 668 ff. — auch Tadjik genannt. VII, 721. — vgl. Daaï, Tahia,

Ta Wan. VII, 551. 629. 644. 668.
Dahama, Brücke über den Nahr Isa. X, 147. 203. XI, 768.
Dahar, Dehar, d. i. Felsplatten, Felsklüfte. VIII, 141. 178.
Dahar, Dorf Armeniens. X, 655. 657.
Dahemsan, s. Dahestan.
Daher, Kurdendorf. IX, 989. 993.
Daher, König. X, 950. — vergl. Dhaher Bibars.
Dahestan (auch Dahemsan, richt. wol Dost Misan), Episcopat bei Basra. X, 181.
Dahistan (Dahestan), pers. Provinz. VIII, 61. 123. 124.
Dahli, s. Od D.
Dahu (Keilschr.), d. h. Volk. VIII, 97.
Dahuk, Dorf in N.Kurdestan. IX, 718.
Δαίαρα, s. Daeara.
Daik, armen. Provinz. X, 589.
Daimeh (Dimeh), d. i. Demawend. VIII, 566.
Daiñghu, d. h. Völker. VIII, 106.
Dair (Deir), s. Ed D., Nahar D.
Dair el Acul (nicht Acus), i. e. monasterium anfractus, am Tigris. X, 191. 192. 232.
Dair kona } s. Dor kena.
Dair kuni }
Daïs, d. i. Statthalter, Missionar. VIII, 579. 580.
Daisan (Scirtus), i. e. saltator, fluvius violentus, Fluß von Orfa, zum Dschlulab. XI, 251. 324. — Anschwellungen. 346 ff.
Daizan (Deizan), s. Bar D.
Daizy, Christendorf in Dschulamerk. XI, 599.
Dajaka. VIII, 58.
Dakabia, s. Al D.
Dakah, Ort in N.Kurdestan. IX, 725.
Dake, s. Sato d.
Daken, Volk. VII, 627. 670. VIII, 222. — s. Tahia. VII, 551.
Dakheil, s. Scheich D.
Dakhmah (Dakhmeh), d. i. Todtenhaus, Todtenstätte. VIII, 270. IX, 744. XI, 672. — Orte der Feueranbetung. IX, 492.
Dakhmah, Gewölblabyrinth zu Sirwan. IX, 401.
Dakhter (pers.), d. i. Tochter. VIII, 489. — s. Docht, Dokhter, Dukhter.
Dakira (Zosim.), s. Diacira. X, 142.
Dakkhal, Ruinen am Tigris. XI, 931.
Dakmeh, s. Dakhmah.
Dakoka, s. Tauk. IX, 547.
Dakower, Tigris-Kanal. XI, 1016.
Dakuk, d. i. Tauk. IX, 548.
Dakuksu, s. Tauk Chai.
Dalabi, Ort in Persien. IX, 898.
Dalahu (contr. aus Dala kuh), Berg bei Holwan. IX, 389. 462. 467. — s. Dara Kuh.
Dalaki, Paß u. Dorf in Daschtistan. VIII, 8. 818.
Dalakuh, s. Dalahu, Dara-Kuh.
Dalanda (Ptol.), in Kl. Armenien. X, 844. 845.
Dalem-Araber, am Euphrat. XI, 765.
Dalgarali, Distrikt von Hamadan. IX, 123.
Dalia, Ed-Dalijah (d. i. Weinrebe, Weinberg), Ort am Euphrat. X, 236. XI, 717.
Dalim, s. Dadima D.
Dallak, s. Pul-D.
Dalu (Ta lo), Usun-Prinz. VII, 616. 618.
Dalun, s. Tenghi D.
Damaghan, s. Damghan.
Damagsan, irrig st. Damghan. VIII, 126. 341.
Daman, Indus-Land. VIII, 130. 132. 146. — s. Damaun.
Daman, Ort in Musch. X, 665.
Damascener Esel, in Mesopotamien. XI, 505.
Damascenus, s. Nicolaus D.
Damasci, s. Damaske.
Damascus, Hauptstadt von Coele-Syrien. X, 652. XI, 296. 530. Höhe. 746. — Kolonie von Schwertfegern in Herat, Mesch-

heb. VIII, 253. 304. — Dist. XI, 739. 818.
Damascus, Klein-, d. i. Nischapur. VIII, 321.
Damaste (Damasci), in Bagdad fabricirt. X, 276.
Damaun (d. i. Gebirgssaum), Terrassenland am Indus. VII, 29. — s. Daman.
Dambam, Ort in N.Kurdestan. IX, 687.
Damghan (Damghaan, Damaghan, Dameghan, Damgan, Timochaim, Hekatompylon; irrig Damagsan), Stadt in Khorasan, Hauptstadt in Komis. VIII, 11. 118. 126. 341. 463. 469. 728. XI, 513. 514. 558.
Damgully. VII, 93.
Damianus-Tempel, in Edessa. XI, 351.
Damin e Koh, d. i. Bergsaum, Bergrand. VIII, 260. — nördl. Gebirgssaum v. Khorasan. 344.
Damlamajeh, Brunnen in Ninive. XI, 230. 236.
Damm, Dammweg, bei Shuster im Kuran. IX, 186. — angebl. im Urmia-See. 954. 1013. — im Tigris. X, 225. — bei Sura. 1112. — im Euphrat. XI, 687. 710. 737. — s. Zikr.
Dammhirsche, häufig im Taurus. XI, 505.
Damoan, d. i. Demawend. VIII, 606.
Dampfschiffahrt, ihre Möglichkeit auf dem Indus. VII, 176. 194. — auf dem Euphrat. X, 954. 1012 ff.
Damsans, Obstart in Kabul(?). VII, 305.
Dan, s. Don, Robat D.
Dáná, s. Be-dáná.
Danabae (Davana), am Belias. X, 1125.
Dana Chal, Gränzfluß von Ghilan. VIII, 658.
Dana kilan (d. h. Großkern, Großsamen), Granaten-Art. VII, 733. XI, 558. — s. Dannas.
Danale, im Osten des Tigris. X, 157.
Danawisch, Zagros-Kette. IX, 479.
Daneyan (Danyeen), Dorf in Irak Adschem. IX, 66.
Dangeli, Ruinen im Pendschab. VII, 104.
Dangha (Dangah), s. Chahar D., Du D.
Danghavo, s. Anairyâo d.
Dañghâwa (Keilschrift, Zend), d. h. Land. VIII, 97.
Danghu (Zend), d. h. Volk. VIII, 97.
Danial, Ort Khorásans. VIII, 285.
Danial Hakim, d. h. Daniel der Weise. IX, 308.
Daniel, Prophet, erbaut einen Thurm in Ekbatana, Susa. IX, 112. — sein Grab in Susan. 168. 183. 298. 302. 305. 307. — in Kerkuk. 553. — Statthalter in Babylon. X, 60. XI, 915. — s. Mar D.
Daniel Ben Chisdai, Rabbi in Bagdad. X, 260.
Daniel Tirer Garikinis, in einer Inschrift zu Etschmiadzin. X, 531.
Daniels-Tempel, in Edessa. XI, 351.
Daniels-Thurm(?), in Mesopotamien. XI, 779.
Danischmend, s. Ben el D.
Daniyali Akbar, d. h. der große Daniel, Grab in Susan. IX, 168. 311.
Daniyali Asghar, d. h. der kleine Daniel, Grab in Sus. IX, 168.
Dannas, Granaten-Sorte. XI, 559. — s. Dana kilan.
Danyall, d. i. Daniel. IX, 298.
Danyeen, s. Daneyan.
Daochatara, i. e. occidentalis. VIII, 69.
Δάοι, s. Daaï.
Daoud (David), s. Daud, Saidna Ben D., Syud D.
Daouda, Distrikt Kurdestans. IX, 606.
Dapah (d. i. Tapa, Tepeh), künstlicher Berg am Diyalah. IX, 417.

Daphne, Ort bei Antiochien. XI, 501.
Daphne pontica, ericea, im Taurus. X, 918. 919.
Dapraschin, Dorf in Hekkari. XI, 600.
Daqyu (Zend), d. h. Räuber. VIII, 106.
Dar, s. Där, Deir, Der, Deor-D., El D., Mihan-D.
Dar, Baumklasse im Bun-Dehesch. XI, 569.
Dara, s. Anbar D., Eddara, Kalaton, Khaneh i D., Nahr D., Wadi D.
Dara, d. i. Darius. IX, 103. — s. Darah.
Dara, Vater Arsaces. XI, 407.
Dara (Doira, Dueira, Kara Dara, Kara Dereh 2c.), Römerfestung am Kordes in Mesopotamien, angeblich von Darius erbaut. X, 284. — von Arabern erobert 2c. X, 1130. XI, 31. 72. 249. 257. 258. 277. 371. 384. 398 ff. — Distanz. XI, 272. 275. 377. 380. 418.
Dara (Dareïum), Festung in Parthien. XI, 407.
Darab, s. Darjabin, Kalaa i D., Kalai now D., Mal i D., Sabhra-i-D.
Darab (Darhawus), d. i. Darius. VIII, 591. 762.
Darab (Darabgerd, Darabgherd, Darabdscherd), Distrikt u. Stadt in Farsistan. VIII, 127. 737. 762. 763.
Darab'jei, Parsen-Name. IX, 43.
Daraba (Tholy?), Königreich. VII, 369.
Darabar, Dardes (Xenoph.), syr. Zufluß zum Euphrat. X, 10. 1065. 1071.
Daradi, Volk. VII, 216.
Daradrae, s. Dardi.
Dara-Fluß (Kokab, Kordes), zum Khabur. XI, 265.
Darah (d. i. Darius), angebl. Erbauer von Erbil. IX, 693. — s. Dara.
Darah Schahr (d. i. Stadt des Thales), Bezeichnung für Seimarrah. IX, 406.
Daraja, s. Beth D.
Daraji, am Buggaur (Indus). VII, 169. 178.
Darakol, Dorf an den südl. Vorketten des Taurus. X, 93. 696. 698. Höhe. 903.
Dara-Kuh, Berg in Farsistan. VIII, 737. — vergl. Dalahu, Daru.
Dar al Maraphtan (arab. Dar al Morabittan, d. h. Haus der Angeketteten), Irrenanstalt in Bagdad. X, 260.
Dar al Scheffa, d. i. Krankenhaus. VIII, 533.
Dar al ylm, d. i. Sitz der Wissenschaft (Schiraz). VIII, 848.
Δαραντσσα, s. Taranaghi. X, 774.
Daranta, s. Derendah. X, 798. 843.
Darassun, Trank. VII, 384.
Darbend, s. Derbend.
D'Arcy Todd, E., Major, Route von Amol nach Demawend. VIII, 499 ff. 757. — in Aderbidjan. IX, 796. 877.
Δαρδάνεες (Herod.). IX, 420.
Dardes, s. Darabar.
Dardi (Daradrae), Volk. VII, 14.
Dareh, s. Dereh, Zer D.
Dareïun, s. Dara. XI, 407.
Dareiusch, d. i. Darius. IX, 988.
Dar el Salam, d. i. Stadt od. Sitz des Friedens, Bagdad. X, 195. 199. — s. Darus selam.
Dargiz, s. Ardjisch. X, 271.
Darhawus (Keilschr.), d. i. Darius. VIII, 77. 591.
Dârhiuch (Darius), i. e. coercitor. VIII, 77.
Dari, in Khokand. VII, 759.
Dari, d. i. indisches Korn. IX, 493.
Daria, s. Aksu D., Chayar D., Kara D., Kaschghar D., Khotan D., Kuktscheh D., Syr D., Ukiat D., Yarkend D.
Daria Schirin (süßes Meer), s. Göktschai. X, 399.

Dariausa (Ptolem.), in Medien. IX, 1022.
Dariben (kurd.), d. i. Terpentinbaum. IX, 610.
Daridäus (?) IX, 201.
Dari Ganga, d. i. Aral-See. VII, 751.
Darischmana, Hauptort d. Bebbeh-Kurden. IX, 573. 613.
Daritae (Herod.), VIII, 100.
Darius, s. Dara.
Darius Codomannus, bei Gaugamela besiegt. IX, 54. 604. 700. X, 977.
Darius Hystaspis (Gustaspis), pers. König, Etymol., sein Name in Keilinschriften. VIII, 26. 74 ff. IX, 89. 357. — die ihm tributären Völker. VIII, 70. — Grab in Nakschi Rustan. VIII, 931. 933. — Erbauer der Tschöban Köpri. X, 394. — Bauten am Euphrat. XI, 687. — erobert Babylon. XI, 891. — sein Kameel. IX, 700.
Darivan, s. Nahri D.
Darivas, ob = Dariausa? IX, 1022.
Darjabin (Darab, Kalaton), Fluß in Laristan. VIII, 777.
Darjavesch (hebr.), d. i. Darius. VIII, 77.
Darkhan, Porphyrberg. VII, 339.
Darkusch Tagh (Dharkusch D.), südl. Taurus-Kette. X, 76. 94. 693. 694. 743. Höhe. X, 903.
Dar M'licha, d. h. lieblicher Aufenthalt, Bezeichn. für Ezechiels Grab. X, 265.
Darmoden, Gränzberg gegen Pader. VII, 87.
Darnah (Darna, Derne), am Schirwan. IX, 415. 420. 465.
Darnah Beïgi, d. i. Fürst von Darnah, Titel der Paschas von Zohab. IX, 415.
Dar Narsite, Kirche in Romkalah. X, 936.
Darnawend (Demawend), Berggruppe bei Ispahan. IX, 130.
Dar Rewischt (pers.), d. i. Haus der Schriften, Theil des Pallastes von Ekbatana. IX, 105.
Daroga, Beamter. IX, 579.
Darol-imaret, d. i. Regierungspallast. VIII, 321.
Darol-mumenin, d. i. Haus der Gläubigen, Bezeichnung für Asterabad. VIII, 517.
Daron, d. i. Musch. X, 100. — Gebirgsthal am Murad. X, 544. 552. 553. 585. 586. 649. 664. 817. — vgl. Dachon.
Daroo-, Daru-Berge (contrah. aus Dara kuh), in Kurdestan. IX, 462. 591. 594. 598. 941. — s. Blu-Berge, Deroo.
Daru-Paß. IX, 598.
Daruga, in Daschtistan. VIII, 227.
Dar-ul Amanut, d. h. Ort der Sicherheit d. Eigenthums. VIII, 728.
Dar ul Chilafet, d. i. Haus des Khalifenthums, Bagdad. XI, 790.
Dar-ul Dschihad, d. i. Haus des heiligen Kampfes, Belgrad. XI, 792.
Dar ul Ibadut (Haus der Anbetung), d. i. Jezd. VIII, 266.
Darus-selam, d. i. Haus des Heils, Bagdad. XI, 792. — s. Dar el Salam.
Darvin, Festung in N. Kurdestan. IX, 689. 691. 728.
Darwah, s. Imam D.
Darwar, Plateau in Dekhan, Zuckerrohr, Feigen das. IX, 253. XI, 538. 560.
Darwasa Dawan Terek, d. h. Thor, Paß des Terek nach Darwaz. VII, 413. 478. 480. — s. Dawan Terek.
Darwaz, s. Derwauz.
Darwazahi Laschkar, Südthor von Shuster. IX, 192.
Darziz, verstümmelter Name für Arsissa (Ardjisch) am Van-See. X, 269. 271.
Das, s. Amera D.
Dasa, s. Rasa. X, 236.
Dasch (Tasch), s. Altun D., Dram D. Dschani D., Jas D., Kara D., Schama D., Tikme D. — vgl. Dagh, Tagh.

Daschagul (ger), Dorf in Aderbidjan. IX, 928.
Daschbasch, s. Karabana.
Dasch i Surieh, Felsinsel im Euphrat. X, 1114.
Daschkend, s. Taschkent.
Daschkesen, Dorf in Aderbidjan. IX, 1011.
Dascht (vgl. Descht), s. Kuh D., Marv D., Nav D., Sardascht.
Dascht i Bil, Bergplateau am westl. Aderbidjan. IX, 932.
Daschtistan, pers. Gestadelandschaft. VIII, 723. 773. 816. 817. IX, 134.
Dascusa (Plin.), am Euphrat. X, 823. 858.
Dascuta (Ptol.), am Frat. X, 800. 831.
Dasena, Episcopat. XI, 201.
Dasin, Dorf in Hekkari. IX, 756.
Dasin (Dassini, Tasini, Dauasin, Duwasin), Jezidenstamm. IX, 733. 748. 754. (Etymol.) 756. 760.
Daskara (Deskara, Daskerat el Melik, Daskari el Maleki), am Diyalah. IX, 509. X, 232.
Dassin Dagh, Bergkette. X, 777.
Dassini, s. Dasin.
Dast (Pehlvi), d. i. Wüstenland, Fläche. VIII, 723. — vgl. Descht.
Δασταγερ χοσάρ, d. i. Dastagerd Kasr. IX, 506.
Dastagerd (Destagerd), Ruinenstadt der Sassaniden am Diyalah. IX, 445. 500—511. — von Römern zerstört. X, 161.
Dastah, Dorf in Farsistan. VIII, 761.
Dastan, s. Bulbul i huzar D.
Dastira (Δάστειρα, Strab.), St. in W. von Akilisene. X, 796.
Dastistan, s. Daschtistan. VIII, 723.
Dasyu, d. h. Räuber. VIII, 106.
Dathev-Kloster, s. Eustathius-Kloster. X, 614.
Dattel (russ. Finiki), d. i. Jujuben. VII, 455.
Dattel, Dattelpalme, in Multan. VII, 28. 64. 65. — bei Kote. 60. — am mittl. Indus. VII, 154. 159. — äußerstes Vorkommen in Peschawer. VII, 220. VIII, 208. — zu Kuner. VII, 226. — fehlt in Kabul. 226. 240. — einsame, am Bolan-Paß. VIII, 171. — in der Khorasan-Wüste. 263. — in Kerman. 728. 737. — in Beludschistan. 731. — in Laristan. 738. 740. 755. — in Moghistan. 744. — in Fasa. 760. — zu Zahedan. 761. — Gränze in Farsistan. VIII, 765. — bei Abuschähr ꝛc. 787. 816. — in Dalaki. 819. — in Khescht. 821. — Art bei Kazerun. VIII, 825. — bei Jezd. IX, 27. — fehlt in Ispahan. 55. — in Chab. 159. — in Goban. 161. — in Chusistan. 181. — von Muchircan. 183. — in Ligurien zum Behuf der Kirchenfeste angebaut. 250. — in Al Mansureh ꝛc. 251. 256. — am Gangir. 422. — früher bei Holwan. 477. — am Diyalah. IX, 489. 498. 515. X, 232. — bei Kifri. IX, 543. — bei Tuz Khurmati. 545. — reifen zuerst bei Tauk. 549. — bei Kerkuk. 552. — fehlen am Van-See. 978. — in Babylonien, Mesopotamien. X, 18. 67. 151. 911. XI, 445. 495. 874. 901. 964. (weniger verspeist) XI, 1007. — 25 Sorten in Basra. X, 179. XI, 1050. — am Tigris. X, 231. (seltener) XI, 939. 943. 948. — bei Miafarekin (?) XI, 68. — bei Mosul ohne Früchte. 203. — in Sindjar. 445. — am Euphrat. 690. 691. 703. 734. 778. 953. 995. 1008. 1012. — bei Anah. 712. 719. 724. — bei Hit. 762. — in Bagdad. IX, 514. XI, 800. 812. 816. — am Schat el Arab. XI, 1023. 1025. — im euphrat. Arabien ꝛc. 1042. 1069. — ihre Verehrung bei Parsen und Mohammedanern. VIII, 275. — ihre Vegetationslinie als Gränze zwischen Kurden und Arabern. XI, 138. 489. 490. — als Kennzeichen dauernder arabischer Herrschaft. 203. — als Gränz-

baum der Oliven-Zone. XI, 526. 527. 531.
Dattelbranntwein, am untern Euphrat. XI, 1069. — s. Palmwein.
Dattelkerne, als Futter für Rindvieh. XI, 1033.
Dattelkernförmige Münzen, in Laristan. VIII, 754.
Dattelmonat, in Haran. XI, 313.
Dauasin, s. Dasin.
Dauasir, d. i. Wasserland, Uferinsel am Schat el Arab. X, 29. XI, 1026. 1028. 1038.
Daud (Daoud, Davud, Dawud, David), s. Dekkani D., Mir D. Khan, Rehabeh Malek ben D.
Daudan, heiße Badequelle in Aderbidjan. IX, 803.
Daud Khan, Vasall von Kabul. VII, 39. 67.
Daud Pascha, in Bagdad, Feldzug gegen die Ufer-Araber des Euphrat, Montefiks. IX, 570. XI, 823 ff. 982. 983. 1002. — s. Dawud P.
Daudputra (d. h. Davids Söhne), Land. VII, 38 ff. — Volk. VII, 45.
Daulah (Daulet, Dewlet), s. Seifeddaulah.
Dauli Ganga. VIII, 795.
Dauneck (Daurek?), d. i. Transportschiff. XI, 1037. 1038.
Daur, s. Dur, Chahar-D.
Daurak, s. Dorak.
Dausar, Diener Romans. X, 1078. — s. Kalaat D.
Δαύσαρα (Steph. Byz.), am Euphrat. X, 1076.
Δαυσαρών (Proc.), Festung bei Circesium. X, 1076. XI, 377.
Dausas, Bischof in Bezabde. X, 169.
Dauser (Kalat Jaber), Kastell am Euphrat, astr. Lage. X, 13. 1076.
Dauxar, s. Kalat Dauser. X, 1074.
Davan (Turk), d. h. Paß. VII, 327. — Hochgebirgspaß. 413. — s. Dabahn, Dawan, Dina D. Ekisek, Keriya D.
Davana (Dahabenia, Danabae), Station an den Belias-Quellen im ob. Mesopotamien. X, 138. 1124. 1125. XI, 252. 253.
Davar (Devar), Kanalreste am Tigris. XI, 860. 930. — s. Dawar.
Davatsi, Dsungaren Khan. VII, 509.
David, s. Daud.
David, Schutzheiliger der Ali Illahi. IX, 471. 472. — seine Schmiedestädte. IX, 475. — von Yeziden verehrt rc. 761. X, 260.
David, armen. Erzbischof von Akhtamar (1113). IX, 996.
David, armen. Schriftsteller, Philosoph (bl. 490). X, 569.
David, armen. Priester. X, 621.
David, Bischof von Dara (755). XI, 403.
David, König von Georgien, erobert Ani (1124). X, 441.
David, georg. Fürst (1802). X, 587.
Davrēsch, Thavrez (d. h. diese ist zur Rache des Hasses), Bezeichnung für Ekbatana (Tabriz). IX, 779. 852.
Davsche, s. Frede-D., Bide-D.
Davud (David), s. Dekhani D.
Davud, römisch-kathol. Chaldäer, Ainsworths Dolmetscher. XI, 590.
Dawa Dhiyah, Euphrat-Kanal. XI, 771.
Dawah Boghaz, Felswand am Euphrat. X, 827.
Dawah Boïni, s. Deveh Boyunu.
Dawan (Dabahn, Dabagan), d. i. Passage, nicht Berg. VII, 478. — s. Darwasa D. Terek, Kaschghar D.
Dawanmasar, Station in Turkestan. VII, 479.
Dawan Terek (Terek Dawan), Terek-Paß. VII, 476. 478. 480. 486. 487. 776. — s. Darwasa D. T.
Dawan Tesa, Paß. VII, 480.
Dawar-Araber, am Tigris. XI, 931. — s. Davar.
Dawasi, Ruinen b. Susa. IX, 303.

Dawliyah, s. Hajar el D.
Dawud Pascha, in Babylonien. XI, 769. — s. Daud P.
Dawurri, Tribus am Tigris. XI, 862.
Dayiman-Berge, in Aderbidjan. IX, 796.
Dazi, d. i. Pinusfackeln. XI, 313.
Dduaibhek, s. Il Dd.
Deära, Station in Mesopotamien. XI, 286. — s. Daeara, Thiar.
Dea Syra (Here, Atargatis), in Hierapolis. X, 1035. 1039.
Deba (Ptolem.), am obern Tigris, ob = Eski Mosul? XI, 161.
Debadah, s. Tabedah. X, 370.
Debala, d. i. Fluß. VIII, 268.
Debba, s. Daba.
Debel, Stadt Ferghanas. VII, 745.
Debelim, d. i. Feigenkuchen. XI, 547.
Debenca (d. h. die goldene), Quelle des Belikh im obern Mesopotamien. X, 1125. — s. Dahabenia.
Debirran, aus Kasbin, Astronom in Maragha. IX, 841.
Decapolis. XI, 322.
Deczin, Chaldäer-Dorf bei Amadia. XI, 594.
Deddé (Dede), s. Uslam D.
Dedjlet el Ghauza (Ghaur), Kanal in Mesopotamien. X, 192. — s. Diglat.
Deear, Paß. IX, 873.
Déemi, s. Kara Moscok.
Deer, s. Dir. VII, 17.
Dees, Dorf in Aderbidjan. VIII, 666. — vgl. Diss.
Defazayat, s. Dschebel D.
Defterdar-Effendy, d. i. Staatssecretär. XI, 814.
Defter Khaneh, d. i. Archiv. VIII, 609.
Defters (διφθέρα), d. i. Pergamentrollen. XI, 455.
Degan, s. Tadjik. VIII, 186.
Degarra, Kastell am Euphrat. XI, 952.
Degerman su, Zufluß zum Gök su. X, 894.
Degermeni, s. Jilan D.
Deggauns, Bewohner des Kuner-Thals. VII, 226.
Deghirdu, d. h. Dorf der Wallnüsse, in Persien. VIII, 9. IX, 14. 15.
Deghmod (armen. Deghmud, türk. Aktschai), Zufluß zum Aras. X, 337. 396. — s. Alsas.
Degleh, s. Schat el D.
Deguignes, seine Irrthümer in den Berichten Tschangkians. VII, 547.
Deh, Dhey, d. h. Dorf. VIII, 186. 469. 535. IX, 142. — s. Roh D.
Dehagopa (contr. Dagop), d. h. körperverbergend. VII, 113.
Deh-ak, Dorf in Persien. IX, 61. — s. Zohak. VIII, 274.
Dehaliyah, Dorf am unt. Euphrat. XI, 1045.
Dehally, s. Dachaully.
Dehanehs (d. h. Mäuler), Pässe zw. Bergthälern. VIII, 482. 560.
Dehar, s. Dahar.
Dehâs, Strom von Balkh. VII, 249. VIII, 219. — Rudi Haas.
Dehayeh, s. Kalaa i D.
Deher, Quadratbau in Babylonien. XI, 958. 964. 968. 989.
Dehesch, s. Bun-D.
Dehi Kerkan, s. Dehkhargan. IX, 1011.
Deh i nemek, s. Deh Nimmuck.
Dehi Nu (Dihnu), Stadt. VII, 819. — vgl. Noh Deh.
Dehistan, Distrikt Masenderans. VIII, 126.
Dehkan, s. Tadjik. VIII, 186.
Dehkat, Berggau in Uratippa. VII, 740.
Dehkhargan (Dekhargan, Deygurgan, Dokhergan, richtiger wol Dehi Kherkan), kl. Stadt in Aderbidjan. IX, 845. 849. 1011.
Deh Kiz (Deh Liz?), Dorf in Luristan. IX, 335.
Dehlij, Augensalbe in Mosul. XI, 217.
Deh Liz (Deh Kiz?), Station in Luristan. IX, 336.

Deh Mullah (Deh Mollah, Deymollah), Dorf Khorasans. VIII, 11. 466. 469. 470.
Dehnedsch, s. Jaspis. VIII, 289.
Dehneh, Augensalbe in Mosul. XI, 217.
Dehneh Derkesch, Gebirgspaß des Elburz. VIII, 344. 351.
Deh Nimmuck (Deynemek, Deh i nemek), Dorf der pers. Salzwüste. VIII, 457. 471.
Deh-Nischin, d. i. Dorfsitzer, Angesiedelte, Bezeichnung für Nichtnomaden. IX, 408. 479.
Deho, s. Khaki-D.
Dehra, s. Kirtipur D.
Dehwar, s. Tadjik. VIII, 186.
Deibid, Station in Fars. VIII, 873.
Deik Scheik, Dorf am obern Tigris. XI, 120.
Deilan, Deilem, Deilman, s. Dilem.
Deinawar, s. Dinawar.
Deir, d. i. Kloster. XI, 258. 459. — vgl. Dar, Där, Dair, Der, Duweir, El D., Nahr D.
Deir, Distrikt von Orfa. XI, 320.
Deïr, Insel im Euphrat. XI, 730. — vgl. El Dar.
Deir, Ruinen im südl. Irak Arabi. XI, 1025.
Deïra, Zufluß zum Holwan. IX, 478. — Thal. 479. — s. Sahraï D.
Deira, Dorf im südl. Kurdestan. IX, 588. — s. Deire.
Deir Barema, am Diyalah. X, 232.
Deire, s. Deira, Harir. IX, 620.
Deir el Mankusch (Munkush), d. i. das gemalte Kloster, Nestorianer-Kloster zu Mosul. X, 199. XI, 200. 201.
Deir ez Zafaran (Der i Zaferan), d. i. das gelbe Kloster, bei Mardin. XI, 368. 383. 387. 394. 396.
Deiri Scheikh Ibrahim, Grabstätte in Aderbidjan. IX, 1021. 1023.
Deirmaklub, Schloß in N. Kurdestan. IX, 717.
Deir Mesih (türk.), d. i. Kloster des Messias, Zufluß des Tokma su. X, 851.
Deir Robât, armen. Kloster bei Mardin. XI, 389.
Deir Saed (d. i. Mar Elias), Kloster bei Mosul. XI, 201.
Deizan, s. Daizan, Ibn D.
Dejal, angebl. Messias in Ispahan. IX, 44.
Dejar Modhar, s. Modhar. X, 238.
Dejleh, d. i. Tigrisarm. X, 189. — s. Diglat.
Dejokes, Stifter des altmedischen Reichs (700 v. Chr.). IX, 73. — gründet Ekbatana rc. 100. 104. 105. 1045. — s. Johak. VIII, 274.
Dekan, das südl. Indien. VIII, 795. — Handelsartikel. IX, 893.
Dekan, s. Sidekan.
Dekhani Davud (Dekkani Daud), d. i. Davids Herberge, Schmiedestätte, Wallfahrtsort in Holwan. IX, 396. 475.
Dekhargan, s. Dehkhargan.
Dekkeh, Dorf am Diyalah. IX, 488.
Dekkilan, in Irak Adschem. IX, 431.
Delac (Dallak), s. Pul i D.
Delal, d. i. Antiquar, Cicerone. VIII, 853. — Büchermäkler. IX, 56.
Delaram, s. Dilaram.
Delas (Tacit.), d. i. Diyalah. IX, 323. 412. 413. 418. X, 206.
Delek, s. Bermeh D.
Delhi, s. Scheikh D.
Delhi, in Hindostan. VII, 192. 243. — Zuckermarkt rc. IX, 256. 276. XI, 558.
Deli Baba, Dely B. (d. h. verrückter Vater), Dorf in Pasin, am Araxes. X, 355. 393. 400. 656. 658.
Deli chai (d. h. toller Fluß), Thal u. Dorf im Elburs. VIII, 480. 506. — s. Delisu.
Delikly Tasch (d. h. der durchbrochene Stein), Taurus-Kette. X, 802. 846. Höhe. 901. XI, 144.

Deliman (Deilman). VIII, 576. — s. Dileman.
Delisu, s. Deli chai, Zi8r D.
Della Cella, Dr. P., Reisender. XI, 520.
Dellai, Ort in Turkestan. VII, 449.
Della Valle, P., Reisender (1622), in Laristan. VIII, 735. — in Syrien. X, 1097. — in Taiba. 1103. — in Persien 2c. XI, 385. 574. — am Euphrat. 708. 991. — in Anah. 719. — in Bagdad (1616). 801.
Dellawer Mallick, Bergfürst in Kaschmir. VII, 88.
Dellenkan (Delli kar), in Mesopotamien. XI, 277.
Delli Abbas, am Diyalah. IX, 492. 505. 514. X, 229.
Delli Doman, Caste in Kurdestan. IX, 543.
Delli Havar, Distrikt in Kurdestan. IX, 441.
Delli kar, s. Dellenkan.
Dellu, s. Ali D.
Delouc (wol Doliche), Festung am Euphrat. X, 1052.
Delphine, im Indus. VII, 158.
Deltaland, der Lemlun-Marschen. XI, 979.
Delun (ceylones.), d. i. Granatbaum. XI, 560.
Dely, Tille (verkürzt aus Didschlei), Bezeichn. für den Zab Ala. IX, 695.
Dely Baba, s. Deli B.
Dely Mussa Purun, in Armenien. X, 420.
Dely Ouent, d. i. Holwanfluß. IX, 484.
Dem (arab.), d. i. Agricultur ohne künstl. Bewässerung. IX, 453. 608.
Demahah, Tigris-Kanal. XI, 1016. 1017.
Demawend, Stadt bei Teheran in Persien. VIII, 9. 10. 480. 500. 503. 504. 558 ff. 606.
Demawend-Fluß. VIII, 505.
Demawend-Gruppe. VIII, 550 ff.
Demawend-Paß. VIII, 502.
Demawend-Thal. VIII, 425.
Dembeden, Festung bei Urmia. IX, 824.
Demendi, in Afghanistan. VIII, 145.
Demeter, in Armenien verehrt. X, 528. 553. 557.
Demeter, indischer Priester, Fürst. X, 554. 556.
Demetrias, Stadt Arachosiens. VIII, 121.
Demetrias (Strabo), Stadt bei Arbela. IX, 520. 554.
Demetrius, Bischof von Antiochia. IX, 172.
Demetrius, Statthalter v. Syrien (310). X, 68.
Demetrius, Präfect von Roth-Rußland. X, 598.
Demian, s. Asiah-D.
Demir Dagh (d. h. Eisenberg), am Westende des Van-Sees. IX, 1001. 1002.
Demirkapi, Felsspalt der Hamrin-Berge. IX, 539.
Demir Kapi, Sindscharfluß. XI, 257.
Demir kapu, Station in Mesopotamien. X, 103. XI, 428.
Demir Kapussi, Kastellthor von Amida. XI, 50.
Demir Pascha, in Bayazed. X, 342.
Demukhs, arabischer Stamm in Daschtistan. VIII, 818.
Demurkami, Zufluß zum Araxes. X, 396.
Denar, s. Hazar-D., Min-D.
Dengis, s. Alschi D.
Denia, am Euphrat. XI, 712.
Denier, Münze. VII, 416.
Denizli, Kurdendorf. X, 732.
Dennädi, Sindjarli-Stamm. XI, 450.
Deodara, s. Cypresse. VII, 93. 116.
Deoken, s. Bahlan D.
Deor-Dar, d. i. der Götterbaum, Cypresse. XI, 570.
Der, s. El Dar.
Dera, Distrikt v. Orfa. XI, 320.
Derabend, Ort im Indus-Thale. VII, 30. VIII, 124. 126. 130. 145. — s. Derbend.

Derabgherd, s. Darabgerd. VIII, 763.
Dera Gez, d. h. Thal von Gez. VIII, 219.
Dera Ahazi Khan, Stadt am mittl. Indus. VII, 29. 127. — unter Seikhs. 146.
Derah, s. Harir. IX, 620.
Dera Ismael Khan, Stadt am mittl. Indus. VII, 30. — unter Seikhs. 146.
Deraji, mit Gold u. Silber durchwirkte Seidenstoffe. VIII, 267. — vgl. Dereis.
Derak, s. Jeschi d.
Derakan, Ebene in Farsistan. VIII, 765.
Derakht, Baumklasse im Bun-Dehesch. XI, 569.
Deralini-Berge, in Kurdestan. XI, 606.
Deraweisch, Dorf am Tigris. XI, 662. 664. — s. Nimrud.
Derayeh, in Nedschd. XI, 1048.
Derbar, s. Kudi D.
Derbend, Derbent, d. h. Thor, Paß. VIII, 620. IX, 454. — s. Kara D.
Derbend (Darbend), Gränzpaß v. Khorasan. VIII, 280. 283. — s. Aga D.
Derbend (d. h. Paßenge), zwei Dörfer in Aderbidjan. IX, 1019. 1031.
Derbent, die Pforte der Alanen. X, 261.
Derbent, Paßthor u. Dorf des Antitaurus. X, 717. 803.
Derbent Fakhera, in Schehrezur. IX, 459.
Derbent i Basterra, Paß in Kurdestan. IX, 451. 536.
Derbent i Bazian (Baziyan), Gränzpaß des türk. und pers. Reichs, in Kurdestan. IX, 449. 453. 456. 533. 535.
Derb i Khaneh, d. i. Königsresidenz. VIII, 609.
Derb Sultani, d. i. Königsstraße von Orfa nach Mardin. XI, 356. 361.
Derceto, s. Derketo.
Derdat, d. i. Tiridates. X, 525. 543. 593.
Dĕrĕ (Zend), i. e. continere. VIII, 77.
Deré, s. Dereh.
Deredsch Tasil, s. Derej Tasul.
Dereguz (d. h. Engthal), Ort in Attock. VIII, 260. 282. 343. — Kurden-Kolonie. 392. 395. 399.
Dereh (Deré, Dareh), d. h. Paß, Engthal, Schlucht. VIII, 451. XI, 662. — s. Ak D., Guzel D., Hezar D., Karadasch D., Kara D., Kiemonter D., Schor D., Zelan-D.
Dereh Bey, d. i. Thalhäuptling, Thalfürst. X, 627. 782. 803. — in Rumkalah. 935.
Dereh jik, d. h. kleines Thal, Kalksteinklippen am Tokma su. X, 844.
Dereh Nur (d. h. Lichtthal), in Kohestan. VII, 226. 245.
Dereh-si (Deresi), s. Aschik D., Chat D., Giogan D., Scheitan D.
Dereis, Seidenstoffe. VIII, 269. — vgl. Deraji.
Derej Tasul (spr. Deredsch Tasil), Taurus-Paß. XI, 97.
Derekhsch, s. Azerekhsch.
Derendah (Derende, armen. Daranta, syr. Turandah), Thal u. Stadt am Tokma su. X, 798. 842. 843. 844. 845.
Deresi, s. Derehsi.
Derfek Dag, Berg des Elburs. VIII, 642. 661.
Dergali, Christendorf in Berrawi. XI, 598.
Dergen, in Kurdestan. X, 87. XI, 103.
Derghezin (Durgazin), Dorf in Kurdestan. IX, 449. 454. 456. 532. — vgl. Derjazin.
Deri, pers. Dialekt. VII, 723.
Deri, Chaldäer-Dorf bei Amadia. XI, 592. 594.
Deri, Insel an der Mündung des Schat el Arab. XI, 1062.
Deria, s. Deryah, Kabul D.
Deria Armenistan, d. i. Urmia-See. IX, 951.

Deriacheh, d.i. das kleine Meer, Bezeichn. für Urmia=See. IX, 951.
Deriah=Schiun. VII, 172.
Deria i Niriz, Stadt u. Salzsee in Farsistan. VIII, 766.
Deria Maragha, d. i. Urmia=See. VIII, 617. IX, 951.
Deria Urmia, d. i. Urmia=See. IX, 951.
Deri Buna, Mündungsarm des Schat el Arab. XI, 1062.
Derideſcht, Ort Ispahans. IX, 43.
Deri Firuz (Peruz), Thor Herats. VIII, 241.
Derija (Derije), Dorf der Sindschar=Berge. XI, 117. 462.
Deriki, Christendorf in Dschulamerk. XI, 599.
Der i kuschk, Ort Ispahans. IX, 43.
Deris, Dorf in Fars. VIII, 824. 827. 828.
Derischki, Christendorf in Berrawi. XI, 598.
Derisko (Dirisko), Dorf u. Fähre am Euphrat. X, 873. 985.
Deri Zaferan, s. Deir ez Z.
Derjazin, Distrikt v. Hamadan. IX, 123. — vgl. Derghezin.
Derkesch, s. Debneh D.
Derketis, Derketo, syr. Göttin. X, 1042. 1048. — s. Atargatis.
Derman (d.i. wirksame Medizin), kurd. Bezeichn. für Schießpulver. IX, 624.
Derne, s. Darna.
Deroo (Daru), d. h. Eiche. IX, 601.
Derou, Dorf in Aderbidjan. VIII, 668.
Deroudabad, Dorf bei Hamadan. IX, 121.
Derrah (Durah), s. Dewan D.
Derrawul, Festung in Daudputra. VII, 39. 42.
Derre, s. Kara D.
Derrie, Kloster im nördl. Kurdestan. IX, 643.
Derrik, Dorf am Masius. XI, 368. — s. Dschebel D.
Derrud, Paß u. Dorf bei Nischapur. VIII, 316. 317.
Dertad Medz, s. Tiridates II. X, 526.
Dertenk, s. Derna. IX, 415.
Dervisch, s. Derwisch.
Derwar, Distr. Schirwans. VIII, 126. — s. Du D.
Derwaz (Derwas, Derwauz, Darwaz, Durwaz), d.h. Thor, Durchgang, Gebirgsland des Bolor. VII, 413. 478. 480. 492. 744. 778. 819.
Derwazeh (d. h. Thor), Elburs=Paß nach Masenderan. VIII, 512.
Derwazeh (Durwaz?), Stadt der Kafirn. VII, 794.
Derwazeh Ab, d. h. Wasserthor. VII, 744.
Derwaz=, Derwazeh=Fluß. VII, 795. 801. — s. Oxus.
Derwazeh Kouh, d. h. Bergthor. VII, 744.
Derwazeh Moghkedeh, Thor der Magiertempel. VII, 744.
Derwisch Ali (Elliot), britischer Abenteurer. XI, 984.
Derwische, Sekte, in Armenien. X, 671. — Kloster bei Orfa. XI, 320. — Orden u. Klöster in Bagdad. XI, 803. 843. — (Bettelmönche) im unt. Mesopotamien. 1007. — vagabunde, am untern Euphrat. 1043. — s. Ha=D., Dreher=D., Heuler=D., Kalender=D.
Derwisch=Kanal, des Tigris. XI, 1016.
Derwisch Pascha, in Van. IX, 661. X, 300.
Derxene (Plin.), s. Xerxene.
Deryah (Deria), d. h. Meer. VII, 172.
Deryai, s. Melekh D.
Derya i Nemek, Salzsee bei Schiras. VIII, 758.
Derya Schar (Schor), d. h. Salzmeer. VII, 29. 172.
Deryeh, s. Meta D.
Derzin, chaldäische Gemeinde bei Amadia. XI, 592.
Desatir, heil. Buch der Parsen. VIII, 784.

Deschebal, s. Al D.
Descht, d. i. Steinwüste. VII, 227. — Hochthal. VIII, 843. — vgl. Dascht, Dast, Ab-D., Murgh-D.
Descht Arjun, s. Deschti Arzen.
Deschteh, in Kurdestan. IX, 460.
Deschtehur, in Kurdestan. IX, 460.
Deschte Scheikh, d. h. Scheikh-Ebene, in Kohestan. VII, 248.
Deschti Arzhen (Descht Arjun), Bergpaß, Station in Fars. VIII, 8. 843.
Descht Kiptschak, die Turkomannen-Wüste. VIII, 513.
Dési, Seidenwurm in Bengalen. VIII, 710.
Deskara, s. Daskara.
Desmâl, seidene Turbane für Weiber, in Bagdad. XI, 822.
Desmaure, s. Dizmar.
Despina Caton, Fürstin. X, 812. — in Kharput. XI, 259.
Dest, d. i. Reihen v. Gemächern. VIII, 609.
Destagerd, s. Dastagerd.
Destanzur, in Schehrezur. IX, 459.
Desteh Mordeh, in Kurdestan. IX, 460.
Destillationen, in Bitlis. XI, 94. — s. Branntwein ꝛc.
Destur, d. i. gelehrter Parse. VIII, 72.
Deutsche Stammverhältnisse, Analogie bei Afghanen. VIII, 196 ff.
Devanagari, Sanskrit-Schrift. VII, 596. VIII, 105.
Devar, s. Davar.
Deve, d. i. Zab. IX, 521.
Devegetschid (Deve Kiechet), Zufluß zum obern Tigris. XI, 18. 41.
Deveh Boyunu (Deveh Boïni, Dewe Bojunu, Devepoinou), d. h. Kameelhals, Paß des Kameeles, Bezeichnung verschiedener Tauruspässe, die Wasserscheide zw. Euphrat u. Araxes im Osten v. Erzerum (russ. Karatschly Dagh). X, 388. 646. 740. 762. 900. 908.
Deveh Boyunu, Wasserscheide zw. Murad, Euphrat u. Tigris am Goljik-See. X, 904. 908. XI, 14.
Devehli, s. Tura D.
Devehlu (Devellu), Ilat-Familie. VIII, 401.
Deve Kiechit, s. Devegetschid.
Devellu, s. Devehlu.
Devi, s. Tricota D.
Devlet, Armenier das. X, 643.
Devlet, s. Doulah, Asadod D.
Dewa, s. Aga-dewa.
Dewali, Fest d. Seikhs. VII, 138.
Dewan, s. Misur D. Chund, Diwan.
Dewan Begi, d. i. erster Vezier. VII, 815.
Dewan Derrah (Dewan Durah, Beenwansoory), Station in Ardelan. IX, 813. 815.
Dewângi, Defilee von Beludschistan. VIII, 171.
Dewan Khaneh, s. Diwan Kh.
Dewans, s. Hindu D.
Dewe Bojunu (Dawah Boïni), s. Deveh Boyunu. XI, 14.
Dewlah, s. Doulah.
Dewletabad, s. Dowlatabad.
Deygurgan, s. Dehkhargan.
Deyim, d. i. Regen. VIII, 508.
Deymoullah, s. Deh Mullah.
Deynemek, s. Deh Nimmuck.
Dez, Berg Luristans. VIII, 390. — s. Diss.
Dezi, s. Zinjan rud.
Dezi miyunedezu (Dezi miyaneh Dezu), Berg Luristans. VIII, 390.
Dezkarra, Ort in Schehrezur. IX, 444.
Dezu, s. Dezi miyaneh D.
Dgezek (kurd.), Manna-Art. XI, 385.
Dgezzar, d. h. Schlächter. IX, 895.
Dgiabar, Dgiaber, s. Jaber.
Dhaar, s. El Dh.
Dhahab (Gold), s. Tel Dh.
Dhahabiya, s. Al Dh.
Dhahak, = Zohak? IX, 444.
Dhaher Bibars, Romanzenheld. XI, 201. — vgl. Daher.

Dhaheria, s. El Dh.
Dhahr al Akabah. XI, 544.
Dhai-nain, Ort bei Kaschan. IX, 34.
Dharkusch Dagh, s. Darkusch Tagh.
Dharmasttih, d. h. Erhaltung des Gesetzes. VII, 496.
Dharwis, d. i. Raubbanden. VII, 136.
Dhat Khan, d. i. Vicekönig. VII, 769.
Dhayadh, s. Dschebel edh Dh.
Dherma Raja. VII, 134.
Dhey, d. h. Dorf. VIII, 469. — s. Deh.
Dhib, s. Dib.
Dhiyab, s. Nahr Dh.
Dhiyah, s. Dawa Dh.
Dhizan, arab. Fürst in Mesopotamien. X, 133.
Dhohak, s. Zohak. VIII, 274.
Dhoheriyeh, s. Edh-Dh.
Dhri (Sanscr.), i. e. continere. VIII, 77.
Dhulaktaf, d. h. Schulternbrecher. IX, 384. — s. Schabur Dh.
Dhulhadjah, Monat. IX, 843.
Dhul-Karnein (Dulkarnein), d. i. Alexander d. Gr. IX, 43. — s. Iskender Dh., Sulkarnein.
Dhulkarnein, Schloß von Bitlis. X, 88. XI, 127.
Diab, Abtheilung der Tai-Araber. XI, 671.
Diabolici. IX, 752.
Diacira (Amm. Marc., Dacira b. Zosim., Idicara b. Ptolem.), Stadt in Mesopotamien. X, 142. 144. XI, 737. — s. Al Kasr.
Diaconen, nestor. IX, 676.
Diadin, s. Diyadin.
Diala, Dialah, s. Diyalah.
Dialas (Amm. Marc.), d. i. Diyalah. IX, 418.
Dialekt, eigenthümlicher, in Masenderan. VIII, 438.
Diallage-Gestein, in den Avroman-Bergen. IX, 531. 565. — am Zabfluß. 535. — in Kurdestan. IX, 730. XI, 650. — in der Chaldäer-Ebene. IX, 731. — im Taurus. X, 913. — am Euphrat. 1068. — bei Arghana. XI, 16. — im Dschebel Buschir. 689.
Diamanten, bei Nischapur (?). VIII, 323. — sehr großer, Runjit Singhs. VII, 56. — s. Edelstein.
Diamol, Bergpyramide der Tübet-Kette. VII, 87.
Diana, taurische, in Aurea Comana. X, 773. — persische. 774. — s. Anahid, Artemis.
Dianthus arboreus, im Taurus. X, 919.
Dianthus petraeus, am Ararat. X, 499.
Diar (Diyar), d. i. Landschaft. X, 1142. — s. Schatti D. Bekir.
Diarbekr (Diyarbekr, Diarbekir), d. i. das Land Bekr's im nördl. Mesopotamien. X, 1142. — das Paschalik u. seine Sandschakate. XI, 4. 43. — Culturgewächse. 56. — Völkergränze. 61. — Thal u. Hochebene IX, 705. 904. 905. XI, 63. 113. — Routiers. 90 ff.
Diarbekr (Amida, Amid, Kara Amid), Stadt am obern Tigris, Patriarchensitz. IX, 434. 698. 714. 964. — Jeziden das. 760. — Capitale v. Sophene. X, 73. 102. 136. 159. 169. 571. 771. (Brücke das.) XI, 44. — früher Gränzstadt v. Mesopotamien u. Armenien, ihre Gründung ꝛc. XI, 20 ff. — die moderne Stadt. 37 ff. 90. (= Tigranocerta?) 106. 150. 151. 183. 382. 416. — Dist. X, 90. 679. 688. 699. 713. 716. 876. 930. XI, 18. 19. 68. 74. 76. 77. 92. 104. 155. 269. 274. 275. 284. 371. 388.
Diarku (tübet.), d. i. Seidenwurm. VIII, 709.
Diar Modhar (Modzar, Masar), das nordwestl. Mesopotamien. X, 243. 1142. 1143.
Diar Rebia (Rabia), d. i. das obere Mesopotamien am Tigris und Khabur. X, 238. 1142. XI, 418. 445.
Diaspro, d. i. Kasch. VII, 382. 386.
Dib, s. Divdar. XI, 570.

Dib (Dhib, Tib), d. i. Wolf. XI, 504.
Dibb, d. i. Gottesurtheil. VII, 130.
Dibbin, Plaine am Euphrat. X, 923.
Dibs, s. Hadjar ed-Dibs.
Dickson, Dr. E. J., in Armenien. X, 287. — über Musch. 667. — in Erzerum rc. 747. 813.
Didigua (Ptol.), ob = Korna? XI, 1021.
Didjeil, Didjel (Didschlei), Bezeichnung für Tigris, Diyalah, untern Euphrat rc. IX, 181. 418. X, 54. 87.
Didjlahi-Kudak (pers.), d. i. kleiner Tigris. IX, 321.
Didjleh (d. i. pfeilgeschwind), arab. Name des Tigris. IX, 90.
Didschjeil, d. h. kleiner Tigris (Diyalah). X, 206.
Didschjile, Didschjlat, d. i. Tigris. X, 206.
Didschlei (Didjel, Tiglito, Tigris), als Bezeichnung für die Zabflüsse. IX, 419. — allgem. Appellativ der Tigriszuflüsse. IX, 420. — contrah. in Dely, Tille. 695. — s. Diglit rc.
Didschlei Muschircan, s. Dujeili Masrucan.
Didschlej Tuster, s. Dijelat T., Nahri T.
Didsjel, s. Diglit.
Diebstahl, einheimisch an orient. Pilgerorten. VIII, 295. IX, 32. — bei Kurden nicht entehrend. IX, 619. X, 352.
Dien, s. Aff D.
Diese, Ort von Van. X, 355.
Diganen, s. Abeiganen.
Digban (Plin.), ob = Korna? XI, 1021.
Digl, Tigla, Diglad, d. i. Tigris. X, 102. 191. 219. — s. Diglit.
Diglat el Ahwaz (Didjel A., Dodjail A., Dujeïli-A.), d. i. der Tigris od. Fluß von Ahwaz. IX, 181. 227. 322.
Diglit (Didsjel, Didschlei, Diglad), appellative Bezeichnung für die obern Tigrisarme. IX, 517. — vgl. Dedjlet, Dejleh.
Diglito (Plin.), d. i. Tigris. X, 85. 206.
Digr, s. Dijeil, Tigris. X, 219.
Dihbaschi, Officier über zehn Mann. VIII, 383.
Dihnu, s. Dehi Nu.
Dijala, s. Diyalah.
Dijeil (Diminutiv von Dijlah), d. h. kleiner Tigris, Bezeichnung für verschiedene Kanäle und Tigrisarme. X, 214. 219.
Dijelat Tuster, d. i. reißender Fluß. IX, 162. — s. d. f. und Kuran.
Dijeli Shuster, d. i. Fluß von Shuster. IX, 322. — s. Didschlei T.
Dijlah (Dujeïl, Didschlei), Diminutiv von Tigris. IX, 322. — s. Dijeil.
Dik Busráuwi, Fasanen-Art im Taurus. XI, 509.
Dikran, d. i. Tigranes. X, 588.
Dil, s. Cohun D. Khan, Maher D., Rahim D.
Dilaim-Araber, im südl. Mesopotamien. XI, 770.
Dilaman, Dilan, s. Dileman, Dilem.
Dilaram (Delaram), in Afghanistan. VIII, 154.
Dilem (Dilan, Deilan, Deilman, Direum, Dirrum), Alpenland des Elburs (Demawend) im Süden des kasp. Sees. VIII, 113. 123. 124. 126. 418. 543. 571 ff.
Dilem-Alpen. VIII, 553. 575. 642. 647. 661. — s. Demawend.
Dileman (Deliman, Deilman), Stadt in Dilem. VIII, 572. 576. 645. — vgl. Dilman.
Dilemiten, Dynastie (erlischt 1056 n. Chr.). VIII, 529. 572. IX, 44. 116.
Dilem-See. VIII, 571.
Dilfun, Tribus der Luri kutschuk. IX, 216.
Dili, Usun-Prinzessin. VII, 618.
Διλιμνῖται (Agathias). VIII, 572. — s. Dilemiten.
Dilkesme, am Tigris. XI, 278.

Dilkuscha (d. h. herzerheiternd), Garten bei Schiraz. VIII, 852.
Dill, Dilli, s. Gok D.
Dilleo (Dillo), Distrikt u. Berg in Kurdestan. IX, 452. 457. 606.
Dilman, Zufluß zum Charey. IX, 642.
Dilman, Hauptort von Selmas am Urmia-See. IX, 961. 962. 973. — vgl. Dileman.
Dilschad, Moschee zu Herat. VIII, 247.
Dimeh (Daimeh), d. i. Demawend. VIII, 566.
Dimel, Dorf in N. Kurdestan. IX, 718.
Dime vand, d. i. Demawend. VIII, 566.
Din, s. Eddin.
Dina, Brücke des Isa-Kanals. X, 202.
Dinab (wol Binaub?), Distrikt in Aderbidjan. IX, 834. 849.
Dina Davan Ekisek, s. Ekisek. VII, 480.
Dinar, s. Ibn D.
Dinarsun, das alte Elymais. IX, 169.
Dinarunis, Abth. der Bakhtiyari am obern Kuran. IX, 211.
Dinaskey (Dineskey, Tinaskeh), indischer König. X, 556. 557.
Dinawer (Deinawar), Ort bei Hamadan. IX, 118. 444. 563.
Dindiladar, ehemal. Name für Schahpur. VIII, 841.
Dine (kurd.), i. e. fides, religio. IX, 631.
Dingis, Seeschiffe. VII, 176.
Dinnadi, Dinnedi, Yeziden-Stamm. IX, 757.
Dinte, rothe, aus Purpurwürmern. X, 459.
Diocletian, Kaiser, befestigt Circesium, Nisibis ꝛc. X, 139. 1086. XI, 416. 686.
Diodor von Sicilien, über Van. X, 303. — armen. Uebersetzung. 568. — über Ninive. XI, 226.
Diogenes, s. Mar D., Romanus D.
Diognetes, Alexanders Wegmesser. VIII, 716.
Dionysius, Jakobiten-Patriarch (bl. 775 n. Ch.). X, 997. 1141. 1143. XI, 256. 339.
Dionysius Thrax, armen. Uebersetzung. X, 568.
Dionysos, in Indien. VII, 279. — von Arabern verehrt. X, 37. — angebl. Erbauer der Euphratbrücke bei Bir. X, 989. XI, 309. — von Nysa, Mythus. XI, 523. 551.
Diorit (Grünstein), im Taurus. X, 913. — am Euphrat. 1068.
Diospage, Stadt Mesopotamiens. XI, 285.
Diphilus, Commandant in Babylon. X, 68.
Dipus gerboa, jaculus, sagitta, pygmaeus in Mesopotamien. XI, 505.
Dir (Deer), Ort im Indusgebiet. VII, 17.
Dir (Deir?), am Euphrat. XI, 507.
Dir, s. Tyrus. X, 358.
Dirakhan, Distrikt in Kurdestan. XI, 593.
Dirakht i abreschim (d. h. Baum der Seide), in Ghilan u. Masenderan Name für Maulbeerbaum. VIII. 710.
Dirakti Fazel, d. i. beglückender, geweihter, herrlicher Baum (Platane). XI, 513.
Diran, armen. König (322 ...). X, 463. 559.
Direk, s. Bin bir d.
Direum (Strab.), d. i. Dilem. VIII, 113. 418.
Dirhem, pers. Gewicht. XI, 820.
Diridotis (Teredon), Hafen an der Euphrat-Mündung. IX, 320. X, 27. 30.
Dirikawend (Dirikawand), Tribus in Luristan. IX, 202. 205. 411.
Dirisko, s. Derisko.
Dirrum (Solin.), s. Dilem. VIII, 571.
Dischi, s. Hokhi d.
Disheh, in Kurdestan. IX, 460.
Dishoo, Nestorianer. IX, 687.
Dis (Dez), Gebirgsgau u. Tri-

dus der Nestorianer in Hekkari. IX, 664. 674. XI, 598. 600. 627. 629. 641. — vgl. Deez, Diz.
Disteln, im südl. Mesopotamien. XI, 773.
Disr, s. Gisr, Jisr.
Disr Hadid (Djissar H., Jisr H.), in Syrien. X, 1028. 1029.
Diu. VIII, 72. XI, 559.
Diudas, Bakhtiyari-Ort. IX, 145.
Div, Divs (pers.), d. i. Riesen, Recken, Dämonen, Teufel. VIII, 25. 167. 443. XI, 570. — in Masenderan. VIII, 484. 490. — in Mekran. 730. — ihre angeblich unterirdische Stadt bei Van. X, 315. — Ehrentitel. VIII, 491. IX, 90. — s. Alwand-Div, Kalaa i Dukhter i Div e Awlad, Khaneh i Div i Sefid, Schams Addin D.
Divan, s. Diwan.
Div-band, d. h. Dämonenbändiger. VIII, 841.
Divdar (pers.), d. i. Dämonenbaum, Cypresse. XI, 570.
Div i Arzhenk, Riese. VIII, 491.
Div i Aulad, Riese. VIII, 491.
Div i Sefid (Div Sefid), d. h. der weiße Held, Riese, Teufel. VIII, 438. 488. 491. 498. 836. — der weiße Dämon von Gurkan. 183. — s. Meidan D.
Div i Surkh, der rothe Riese. VIII, 491.
Divrig (Divrigi, Divrigui, Tephrike; Nicopolis?), Ort in Armenien. X, 795. 797. 863. 901. 915.
Div Sefid, s. Div i S.
Diwan, s. Dewan, Kaschkar D., Terjab d.
Diwaniyeh (Diwaniyah, Diwanijeh), Capitale von Hasca, am Euphrat. X, 43. XI, 788. 950. 969. 977.
Diwan Khaneh (Dewan Kh.), d. i. Audienzsaal, Thron. VIII, 522. IX, 1011. — Trümmerpallast bei Zardeh. IX, 468.
Diwar, s. Tschebar D.
Diwisefid, s. Div i Sefid.
Diwriki, s. Divrig. X, 797.
Diyabat, Sindjarlis. XI, 680.
Diyadin (Diadin), Sandschakat von Bayazed, Dorf am Murad, mit Schwefelminen. IX, 858. X, 79. astr. L. 287. 335. 345. Einwohner. 348. 418.
Diyalah (Dijala, Diala, Dyala, Dialas, Delas, d. i. Didschjeil od. kleiner Tigris), linker Zufluß zum Tigris. IX, 318. 323. 412 ff. 418. — oberer Lauf. 424 ff. — mittl. Lauf. 461 ff. — unterer Lauf rc. 494 ff. X, 206. XI, 526. — vgl. Abi Schirwan.
Diyalah-Kanal, zum Tigris. X, 229.
Diyarbekr, s. Diarbekr.
Diyar Mosul, die Provinz Mosul. X, 274.
Diz (kurd.), d. h. Brücke, Fort, Bergwand. IX, 194. 195. 687. — s. Dis, Abi D., Esfid D., Rewan D.
Diz (d. h. Fort), Ort der Rowandiz. IX, 1027.
Dizak (Jizzikh), Zufluß zum Zarafschan. VII, 740.
Dizbul. VIII, 390. — s. Dizful.
Dizdan (?), Hauptstadt in Schehrezur. IX, 446.
Dizeh Khalil, Dorf in Aderbidjan. IX, 912.
Diz el Sal, in Mesopotamien. X, 192.
Dizful (Dizbul, Diz i Ful), Stadt in Chusistan. VIII, 390. IX, 194. — Sabier das. XI, 301. — Dist. IX, 123. 295. 411.
Dizful, Zufluß zum Kuran. IX, 164. 193 ff. 322.
Dizisefid (d. h. Weißschloß), s. Kala Sefid. IX, 138.
Dizmar (Desmaure), Dorf in Aderbidjan. IX, 217.
Diz Siyah (schwarzes Schloß), früh. Name für Khorramabad. IX, 208.
Dizzei, Kurdenstamm. IX, 639.
Dizziaicesh (Dizziairesch?), Distrikt von Karabagh, am Diyalah. IX, 459. 606.
Djaaber, Scheikh der Ka'ab. XI, 1039. 1064. — vgl. Jaber.

Djaal, Berge am Euphrat. XI, 738.
Djabar, Djaber, s. Jaber.
Djabet, am Tigris. X, 192.
Djadjeroud, s. Jagerud.
Djafar (Dschafer, Jaffer, Dschiafar), s. Imam Dj.
Djafar Kuli Khan, Gouverneur von Khoi. VIII, 404. — s. Jafer K. Kh.
Djagan Khodja, Fürst in Yarkand. VII, 510.
Djage, d. i. Phasianus colchicus. XI, 508.
Djahhun, Aral-See. VIII, 44.
Djahiyah, d. i. Kanal-Fluß durch Schilfufer. XI, 1018.
Djakdjak, s. Dschakdschakdschah. XI, 256.
Djalik-Beg, Prinz in Agdja Arkh. X, 464.
Djallab (Dschulab?), Fort in Mesopotamien. XI, 275. 276.
Djamah, Rock aus Ziegenhaaren. VII, 217.
Djamah el Wezir, d. i. Moschee des Vezirs, in Orfa. XI, 332.
Djamea, s. Mosjedjamea.
Djami, s. Dschami.
Djamidah, Euphrat-Kanal. XI, 994.
Djammal (d. i. Kanal), s. Um al Dj.
Djan, s. Dschan, Hormuz-djan.
Djana, d. i. Ewigkeitsgedanken. VII, 297.
Djanah Ansari, sein Grabmal bei Hamadan. IX, 93.
Djanan, Stadt in Mesopotamien. XI, 274. — vgl. Janam.
Djanat-abad (d. h. Ort des Paradieses), Dorf am Araxes. X, 382. 476. 477.
Djan Baze, d. i. pers. Fußvolk. IX, 879. 892.
Djaouli, Atabeke, restaurirt Naubindian. IX, 141.
Djara (Kuro), Kastell am Euphrat. XI, 729. 736.
Djaroun, s. Jahrun.
Djawary, s. Abu Dj.
Djawur (Jawur), s. Djellu, Dschawur Dagh.
Djay, die alte Stadt von Ispahan. IX, 43.
Djayithah, s. Jayithah.
Djebbar, s. Kalaat el Dj.
Djebel, s. Dschebel.
Djebilo (Djebilah, Djobeilah), Stelle am unt. Tigris. XI, 942.
Djebul, Ort in Syrien. X, 1084. 1098.
Djebul-Araber, am Euphrat. XI, 703. 704.
Djedek (d. i. Gedük), Bergpaß in Armenien. X, 657. — s. Kusseh Dagh. X, 655.
Djedid, Dschedid (d. i. neu), s. Kahr al Dj., Khan Dj., Nizam Dsch.
Djedid Turkmen (d. i. neue), Ilat-Stamm. VIII, 404.
Djedjerud, s. Jajerud. VIII, 500.
Djeffuli, Dorf in Kurdestan. XI, 650.
Djehanghir, s. Djihangir, Jehangir.
Djehanguiri, s. Farhang Dj.
Djehar, s. Il Dj.
Djehennem, s. Jeheina, Wadi Dj.
Djeilun (Aloni, Ghilon), Stadt am Tigris. X, 237.
Djelab, Distrikt von Orfa. XI, 320. — s. Dschulab, Nahr el Dj.
Djelair, Ahne der Kadjaren. VIII, 440.
Djelair (Dschelair), Stamm der Ilat. VIII, 405. — s. Ahmed Dsch., Kadjar Dj.
Djellawi, Gebirgsgau in Hekkari. XI, 598. — s. d. f.
Djello (Jelooi), Stamm der Nestorianer in Kurdestan. IX, 663. 664. 988. — vgl. Jenu.
Djellu (Dschellu, Jeloo, Jelu, Jilloo, Djawur), Gebirgsgau der Nestorianer in Kurdestan. IX, 673. 674. 675. 677. XI, 598. 600. 629. 648. — s. Dschawur Dagh, Tura Dschellu.
Djem, s. Jham.
Djemal-eddin, Astronom. IX, 838. — vgl. Jemal.
Djemalha, Christendorf in Tiyari. XI, 599.

Djemase, Distrikt von Urfa. XI, 320.
Djemel (d. i. Kanal), s. Um al Djamal.
Djemilah, Euphrat-Kanal. XI, 994.
Djemscheid. XI, 765. — s. Dschemschid.
Djen, d. i. Chinesen. VII, 573.
Djendaki, arab. Ilats. VIII, 392.
Djennès, Dschunis, am Kara su. X, 824. — s. d. f.
Djennès Ach Caleh, d. i. Asch kalah. X, 740.
Djinuie, Sindjarli-Stamm. XI, 450.
Djerad, s. Dsjerad, Dsjeraad.
Djerad-Dsabhaf, d. i. fressende Heuschrecken. VIII, 805.
Djerad-Nedschdyat (Teynar), d. i. fliegende Heuschrecken. VIII, 805.
Djerahi, s. Jerahi.
Djerai, s. Djir Dj.
Djerasat, Dorf am Euphrat. XI, 764.
Djerboa (Djerbah, Jerboah), arab. Stamm in Mesopotamien. XI, 778. 837. 894. 1002. — s. Djirbah.
Djerboa, s. Jerboa.
Djerd, s. Milad djerd Waset, Ras el Dj.
Djerdan, in Mesopotamien. XI, 272.
Djerdjeraia (Gargaraja), Stadt am Tigris. X, 192. 209.
Djeriah, Erdfort am untern Euphrat. XI, 1043.
Djerib (Gerib), s. Azar Dj.
Djerid, d. i. Lanzenwerfen. X, 475.
Djerrah, Distrikt in Irak Adschem. IX, 71.
Djerrara, gelbe Scorpione. IX, 183.
Djerra Supli (Djerrah S., Sera Sub-li), Trümmerhügel im untern Mesopotamien. XI, 960. 989.
Djesayir (Plur. v. Djezireh), d. h. Inseln, Insellãnder, Marschland am untern Tigris. XI, 1013. 1016.
Djesayir Montefik (d. i. Inseln der Montefik), s. Umm el Bak. XI, 1017.
Djescham-Araber (Djesham), in Babylonien. XI, 963. 966.
Djesed, s. Iskal beni Dj.
Djesireh, s. Djezireh.
Djevislik, Höhe. X, 1150.
Djezireh (Jezireh, Gezira, Dschesirei, Plur. Djesayir), d. h. Insel, Inselland, Bezeichnung für Mesopotamien u. einzelne Theile desselben. IX, 709. X, 44. 54. 1142. XI, 925.
Djezireh ben Omar, s. Djezireh ibn Omar. XI, 155.
Djezireh Dagh, Taurus-Verzweigung. XI, 428.
Djezireh ibn Omar (Dj. ben Omar, Jezerat al Omar, Jezireh Omaniyeh, Omar al Djezireh ꝛc.), d. h. Insel der Söhne Omars, Stadt u. Kurdenherrschaft am obern Tigris. IX, 630. 656. 667. 700. 705. 709. (Yeziden das.) 760. X, 25. 54. 158. 252. 253. 283. XI, 6. 11. 43. 118. 119. 146 ff. (Etymol.) 155. 385. 925. — Höhe. VIII, 16. X, 905. — Dist. IX, 724. X, 688. XI, 110. 155. 170. 400. — s. Cardoa, Zabdicene.
Djeziret Khader, Landschaft am untern Schat el Arab. XI, 1026.
Dji, s. Ji.
Djibbah, s. Jubbah.
Djifri (Jifri), Dorf der Sindschar-Berge. XI, 462.
Djihan, s. Jehan, Pehlevani du Dj.
Djihan Beklu, kurdische Ilats. VIII, 393.
Djihangir (Jehangir), s. Khodja Dj.
Djihan-numa, s. Dschihannuma, Jehan-numa.
Djilouieh, Gränzgebirge v. Loristan. IX, 142.
Djinai, Abtheil. des Sindschar-Gebietes. XI, 464.

Djir (Dschir), s. Cherki.
Djirbah (Djerboah?), arabischer Stamm in Mesopotamien. XI, 870.
Djir Djerai, Ort am Nahrowan. X, 231.
Djissah, Christendorf in Tobi. XI, 600.
Djissar Hadid, s. Dißr H.
Djivanchir, Ilat-Stamm. VIII, 405.
Djobeilah, s. Djebilo.
Djondi Sabour, s. Jondi Schapur.
Djordjan, Djorkan, s. Gurkan.
Djorokh, s. Tschorokh.
Djouhesteh, Gau v. Hamadan. IX, 94.
Djoumah, s. Beni Dj.
Djouyum, Ort in Fars. IX, 142.
Djouzi, s. Ebn Dj.
Djowal Mulik, s. Jowal M.
Djowana, Abtheil. d. Sindschar-Gebietes. XI, 464.
Djowari-Araber, s. Jawari-Araber.
Dju, d. i. Vasalle, Häuptling. VII, 217.
Djubaïlah, d. h. Hügelkette, im östl. Mesopot. XI, 482. 667.
Djubbah, s. Jubbah.
Djubbarah (arab. Umrah), Kurdendorf in Sindschar. XI, 456. — s. Jubareh.
Djubur (d. h. Wiederhersteller), arab. Tribus im östl. Mesopotamien. XI, 482.
Djudi, s. Dschudi.
Djuffeyeh, s. Beni Dj.
Djuhaïsch (Jeyusch), d. h. Eselsfüllen, arab. Tribus im östl. Mesopotamien. XI, 483.
Djulamergi, Djulamerk, s. Dschulamerk.
Djuleimin, s. Um Dj.
Djulfa, s. Dschulfa.
Djulpaiy, Hindi-Name für Oelbaum. XI, 516.
Djumadyl-awel, d. i. Monat Februar. IX, 839.
Djumbul, am Tigris. XI, 934.
Djunúb, das Südland von Basra am Schat el Arab. XI, 1025. 1026.
Djurum, d. i. außerordentliche Erpressungen. XI, 1073.
Djuz (arab.), d. i. Wallnuß. XI, 501.
Diyat, Christendorf in Berrawi. XI, 598.
Doban, Gebiet in N. Kurdestan. IX, 741.
Dobeisi, arab. Ilats. VIII, 392.
Dochabad, Stadt in Khorasan. VIII, 249.
Docht, s. Irandocht, Ducht, Dukhtar.
Dochteran, s. Tschehel D.
Dodjail (jetzt Didjeil), d. h. kl. Tigris, Kanal. X, 212.
Dodjail Ahwaz, s. Diglat el A.
Dodonäische Eiche, analoger Cultus bei Alt-Armeniern. X, 467.
Doghabeh, jetzt Gori. VII, 249.
Doghan, s. Ai D.
Doghan sui, Furth am Sertfluß. X, 89.
Dogmusch (Dagemisch), s. Aye D.
Dogoambrasan, Dorf am Zabfluß. IX, 143.
Dogur, Volk am Ssetledsch. VII, 36.
Dohak, s. Zohak. VIII, 25.
Dohle, mit rothen Füßen und Schnabel, in Ghilan. VIII, 647. — (Corvus monedula) in Mesopotamien. XI, 507.
Dohok, Chaldäerstadt in N. Kurdestan. IX, 741.
Doidge, Mr., Zeichnung des Aker Kuf. XI, 849. — am Tak i Kesra. 852.
Doira, s. Dara. XI, 258.
Dokhala, Dorf am Tigris. IX, 512. 514. 540. X, 230.
Dokhergan, s. Dehkhargan.
Dokhter (Dokhtur), s. Dukhter, Kala D., Kotul i D., Kuh i D.
Dolab (d. h. Wasserrad), Dorf bei Mosul. XI, 433.
Dolabiyah, Dorf am Tigris. XI, 453.
Doladreizh (d. h. Längenthal), Dorf in Süd-Kurdestan. IX, 576.

Dolaf, s. Abu D. Abjalita.
Dolche, von Yezd. VIII, 267.
Doldenblumen, am mittl. Euphrat. XI, 702.
Dolerite, im Taurus. X, 897. — bei Diarbekr. XI, 19. — bei Orfa. 316.
Doleritfelsen, in Georgien. X, 374.
Dolica, s. Doliche.
Doliche (Doluc, Dolica, Dolicum, Δουλίχια), syr. Festung bei Aintab. X, 1034 ff. — s. Delouc.
Dolichenus, s. Jupiter D.
Dolicum, s. Doliche.
Dollan, Dorf in Kurdestan. IX, 458. — am Seghirmeh-Paß. 636.
Δολομῖται (Procop.). VIII, 572. — s. Dilemiten.
Dolon, s. Tanghy D.
Doltova (Doltawa), Dorf am Diyalah. IX, 513. 514. X, 230.
Doluc, s. Doliche.
Doman, Bezeichnung für armen. Hochebenen. X, 667. — s. Delli Doman.
Dominikaner, in Armenien. X, 613. 614. — in Mosul. XI, 210.
Domitian, Kaiser. X, 115.
Domitianus, Bischof von Miafarekin. XI, 72.
Domitius-Tempel, in Edessa. XI, 351. — s. Sanct D.
Domli Dagh, s. Dümmli Dagh.
Don, Dan, d. h. Wasser, Fluß. VII, 489. 628. — als appellative Flußbenennung vom Kaukasus bis zur Donau. IX, 517.
Donau, Armenier das. X, 597.
Dongola, Baumwolle, Oliven das. XI, 520.
Donnai, Zucker von. IX, 263.
Doob, kriechendes Gras, im Pendschab. VII, 38.
Doob, Dub, Karawanserai bei Darab. VIII, 763.
Door, s. Dur.
Dooshak, s. Duschak.
Dor, s. Dura.
Dara, Flußname. VII, 489.
Dora (Polyb.), ob Durine? X, 55.
Dora, d. i. Durra-Brot. XI, 719.
Dorak (Daurak, Dourek, Fellahi, Felahi, Felahiyah, Falahiyah), Scheikh-Residenz im südl. Chusistan am Jerahi. IX, 158. 160. XI, 1028. 1060. — Dist. IX, 135. 227. X, 237. — s. Hor D.
Dorakistan (vulg. Dorghestan), Teltaland im südl. Chusistan. XI, 1028. — s. Dorak.
Dorfschaften, sehr zahlreich in Persien. IX, 48. — Bauart in Kars. X, 431. — s. Deh, Wanderdorf.
Dorghestan, s. Dorakistan.
Dorischer Baustyl, in Persien. IX, 346.
Dorkena (Dair kona, Dair kuni, Beth Daraja, Badraja, Badaraja), Ort bei Madain (Seleucia) am Tigris. X, 59. 167.
Dosb (armen.), d. i. Van-See. IX, 785. X, 85. — Gau u. Insel das. X, 938. — s. Dsopkh.
Doschakh, Ort am Hindu Khu. VII, 253. — vgl. Duschak.
Doskaki, Kurdenstamm. IX, 741.
Dost Misan, s. Dahestan. X, 181.
Dost Mohammed Khan, Herrscher von Kabul. VII, 316. IX, 906.
Douche, s. Dusle. X, 717.
Doudeheï. VIII, 645.
Doulah, Douleh (Dewlah, Dowla), s. Azzed od D., Ruknad D., Taje ad D. Yezdejerd.
Δουλίχια, s. Doliche.
Dour, s. Dur.
Dourek, s. Dorak.
Dovaradzadaph, armen. Gau. X, 668.
Dow, s. Mean D.
Doweisa, Dorf von Hassanabad. IX, 431.
Dowin, im Koi Sandschak. IX, 616.
Dowla, Dowlah (Doulah), s. Amin ed D., Rokn ad D. Hassan.
Dowlatabad (Dowlutabad, Dewletabad), Ort in Khorasan. VIII, 11. 157. 462. 464.
Draba incompta, am Ararat. X, 499.
Drache, durch Salomo versteinerter, in Aderbidjan. IX, 1043.

Drachensee, s. Lungtschi, Karakul.
Drachenstadt, Drachenthal, in Armenien. X, 556.
Drachme, Gewicht. XI, 820.
Dracunculus sinus persici. VIII, 739.
Dragantpflanze, im hohen Vorder-Asien. IX, 20.
Δράγγαι, Δραγγιανή, s. Drangen, Drangiana.
Drahtpapier(?). VIII, 314.
Dram Dasch Dschani Dasch, Berg des Aghri Dagh. X, 345.
Drangen (Drangaei, Δράγγαι), Volk. VIII, 64. 65. 97.
Drangiana (Δραγγιανή, Sedschistan), pers. Provinz. VIII, 64. 114. 120.
Draz (Draus), Station am Kischen Ganga. VII, 6. 13.
Drega, Drenga (Tab. Peut.). X, 845.
Dreher-Derwische. X, 326. — in Bitlis. 687.
Drenga, s. Drega.
Dreschen, geschieht durch Ochsen u. Maulthiere in Kurdestan. IX, 430.
Drhanghâ, s. Dranga. VIII, 97.
Droguerien, in Ispahan. IX, 49. — in Erzerum. X, 758.
Dromedar, als Seltenheit in Khotan. VII, 378. — in Mesopotamien. XI, 506.
Drossel, in Kabul. VII, 241. — in Ghilan. VIII, 432. — im südl. Kurdestan. IX, 575. — in Mesopotamien. XI, 507. — s. Rosen-, Schwarz-, Sing-, Stein-, Wein-Dr.
Drouville, G., Reisender in Persien. VIII, 422. IX, 879.
Druckerei, armenische. X, 535. 632.
Druiden, Ursprung des Namens. IX, 601.
Druiden-Steine, in Aderbidjan. VIII, 632.
Drumtore, Drumtur, Ort u. Thalspalt im nördl. Pendschab (Indus). VII, 99. 213.
Drusen, Volk. VIII, 580. IX, 753.
Druz, s. Bela Dr.
Dsahhaf, s. Djerad Ds.
Dsao, s. Scha Ds.
Dsarikkul, s. Surikul.
Dschaaber, s. Jaber.
Dschaafarije (Giafar, Gesarense, auch Hira), Khalifenpallast am Tigris. X, 210. 211. 227.
Dschaafer, gelehrter Zeitgenosse Selims I. XI, 38. — vgl. Dschiafar, Jaffer.
Dschaber (Jaber), s. Kalat Jiaber.
Dschabscherm (Jah Jerm), Bergort Khorasans. VIII, 335. 520.
Dschärri Zaade (Dscharri Z., Dsjärri Z., Haffar Z., Pallacopas), Euphrat Kanal. X, 43. 47. 58. XI, 783. 787. 951. 978. 991. 1017. 1026.
Dschaf, s. Jaf.
Dschafer (Djafar, Jafer), s. Tel Dsch.
Dschagatai, Volk. VII, 263.
Dschagatai Turki (Dschaghatai T.), Turk-Dialekt. VII, 467. VIII, 368. IX, 794. — in Khokand. VII, 780.
Dschagatu (Jagatty, Jaghatty, Jyguttee), Fluß zum Urmia-See, Quellen. VIII, 15. IX, 559. 562. 766. 788. 804 ff. 822. 956. 1013. 1017. 1033. 1036. 1038.
Dschagatu, Ufergau am Urmia-See. IX, 805.
Dschagatu-nagatu (monghol.), d. i. Dschagatu-Fluß. IX, 805.
Dschaggari, Palmwein. IX, 241.
Dschaggetai-Berge (Khu Juggetai), des Elburs. VIII, 331.
Dschakdschaka, s. Nahr Dsch.
Dschakdschakdschah (Jakjakjah, Jah-jakjah, Djakdjak), zwei Zuflüsse zum Khabur. XI, 255. 256. 260. 265. 365. 372. 425. 427. 464. — s. Mygdonius, Nisibis-Strom.
Dschala, Zufluß zum Arpa tschai. X, 429.
Dschallal Ogluh (Dschellal Oglu), Ort in Georgien. X, 370. 372. 374. 414.

Dscham, Stadt Khorasans. VIII, 265. — s. Turbut e Schaikh Dsch.
Dschama (Jamah), s. Dschami, Mesjed Dsch.
Dschamah, d. i. Moschee, bei Herat. VIII, 257.
Dschami (Djami, Jami), d. i. Hauptmoschee. XI, 373. — in Bitlis. XI, 94. — vergl. Dsjami, Ahmed Dsch., Mulla Dsch., Scheikh J., Turbut Dsch., Ulu Dsch.
Dschamia Ali Barmäki (Burmäki), Moschee in Alt-Basra. XI, 1046. 1053.
Dschamia Saffrän, Moschee in Alt-Basra. XI, 1046.
Dschami el tevarikh, Werk Raschid eddins. IX, 794.
Dschaminijah, Dorf am Buhtanfluß. XI, 127.
Dschami Nur, die Lichtmoschee in Mosul. XI, 190.
Dschamus, s. Tagab el Dsch.
Dschan, Gan (Pehlvi), d. i. Land. IX, 112. — vgl. Djan.
Dschanfesa tschairi, d. i. seelenvermehrende Wiese, am ob. Tigris. XI, 277.
Dschang choi, s. Tschang choi.
Dschangghiün, chines. Militärstatthalter. VII, 395.
Dschangyung, chines. General-Inspektor. VII, 620.
Dschani, s. Dram Dasch Dschani Dasch.
Dschaote (Tschaote), chines. General. VII, 685.
Dschaoti, chines. Kaiser (reg. 86 bis 74 v. Chr.). VII, 618.
Dscharri Zaade, s. Dschärri Z.
Dschatun, s. Simir Dsch.
Dschawari, s. Jowari. VIII, 230.
Dschawheri, Lexicograph aus Nischapur. VIII, 322.
Dschawur Dagh (Djawur, Jawur), Bergkette in Central-Kurdestan. X, 906. XI, 106. 624. 640. Höhe. 648. — vgl. Djellu, Dschidda Tag, Tura Dschellu.
Dschebal, Al Dschebal (d. h. Gebirgsland), arab. Bezeichn. für das persische Irak, Hochmedien. VIII, 125. 262. IX, 58. 97. — s. Kuhestan, Ain el Dsch., Scheikh al Dsch.
Dschebel (Djebel, Jebel, Jabali, Jibel, Gibel ꝛc.), d. i. Berg, auch als Bezeichnung für niedere Hügel. XI, 730.
Dschebel Abiat (Abyadh, bei Arabern, kurd. Jebel Chiaspi, Tscha Spi), d. h. weiße Berge, in Kurdestan. IX, 730. XI, 166.
Dschebel Abu, am Euphrat. XI, 729.
Dschebel Achdhab, Bezeichnung für die Sindschar-Berge. XI, 448.
Dschebel Ali, kurdest. Gränzkette gegen den Tigris. IX, 525. — vgl. Ali Dag.
Dschebel Amryn, s. Hamrin-Berge. IX, 495.
Dschebel Baarem, s. Baarem Dagh. XI, 256.
Dschebel Belka, in Syrien. XI, 544.
Dschebel Buschir, am syr. Euphrat. XI, 682. 689.
Dschebel Curdi, d. i. Berg der Kurden. XI, 156. — vgl. Dschebel Kardu.
Dschebel Defazayat (Dag Faazit), am Euphrat. XI, 729.
Dschebel Derrik, Masiuszug. XI, 368. 629.
Dschebel Dschudi (Dschüdid, Djebel Djudi, Jebel Jeudi, Judi, auch Dschebel Kardu, Masius mons), Gebirge Kurdistans. IX, 710. 721. 722. (Gebirgsbeschaffenheit) 731. XI, 12. 120. 154. 155. 464. — vgl. Buhtan.
Dschebel Gharah (der Araber, syr. Tura Gharah od. Ghararah, kurd. Tscha Gharah), in Kurdestan. XI, 166. 432. 588. — vgl. Gharah Surgh.
Dschebel Haïr, in Kurdestan. XI, 589.
Dschebel Hamrin, in Armenien. X, 717.
Dschebel Hauran, in Syrien. XI, 742.

Dschebel Hussein, am Tigris. XI, 671.
Dschebel Kaïfel Rusajah (Kasal u. Asiyah), am Euphrat. XI, 729.
Dschebel Kardu, d. i. Kurdenberg. IX, 722. — s. Dsch. Curdi, Dsch. Dschudi.
Dschebel Karrha, in Arabien. XI, 544.
Dschebel Khanukah, s. Dsch. Makhul.
Dschebel Khernina, am Tigris. XI, 680.
Dschebel Laha, in der arab. Wüste. XI, 734. 742. 746.
Dschebel Macklub, s. Makluba.
Dschebel Madura, in Mesopotamien. XI, 776.
Dschebel Makhul (Dsch. M. Khanuka), am Tigris. XI, 672. 676. 679.
Dschebel Maklub, s. Makluba.
Dschebel Mardin, s. Mardin Daghlari.
Dschebel Mordam, auf der Sinai-Halbinsel. XI, 544.
Dschebel Munkbar, am Euphrat. XI, 684.
Dschebel Musch, oberhalb Eski Mosul. XI, 432.
Dschebel Ruak, in Syrien. XI, 742.
Dschebel Sindjar, s. Sindschar-Berge.
Dschebel Tel Antah, am Euphrat. XI, 729.
Dschebel Tur (Tor), früher Izala. XI, 151. 157. — s. Mardin Daghlari.
Dschedid, s. Djedid.
Dscheghamath (armen.), d. i. Dschulamerk. IX, 662.
Dschegirk, s. Chegir.
Dschehangir, s. Jehangir.
Dschehelmendschi, d. i. Dictator. VIII, 199.
Dschehennem, s. Djehennem, Jeheina.
Dscheilum (Jilum), d. i. Behut. VII, 70.
Dscheiran, wilde Ziegenart am Attreck. VIII, 372.
Dschekiang, chines. Provinz. VII, 403.
Dschelair, s. Djelair.
Dschelaleddin Rumi. X, 770.
Dschelalleddin, Khan von Kharezmien, erobert Akhlat (1229). X, 327.
Dschelika, s. Chelly Aga.
Dschellalleddin, Sultan, sein angebl. Grabmal in Urmia. IX, 944.
Dschellal Oglu, s. Dschallal O.
Dschellu, s. Djellu.
Dschemar (Jemar), Bezeichnung der Nestorianer für Dschulamerk. XI, 625.
Dschemeid, s. Scheich Dsch.
Dschemjid, s. Bar Dsch.
Dschemschid (Jemschid), Heros, goldenes Zeitalter. VIII, 3. — seine Herrschaft. 25. — Culturzug durch die drei Haupttheile der Erde. 31. — sein Golddolch (Pflugschaar, als Symbol des Ackerbaues). 35. 41. — in Rai ꝛc. VIII, 603. 785. 916. — gründet Hamadan. IX, 103. — Grab am Euphrat. XI, 765. — s. Harem Dsch., Takt i Dsch., Zendan Dsch.
Dschemschid Beg Merdisi, erobert Palu. XI, 39. — s. Jemschid Beg.
Dschemschids Musikfels, in Farsistan. VIII, 769.
Dschemschids Söhne, Achämenidenstamm. VIII, 36.
Dschemschids Thron. VIII, 37.
Dschen (Dschin), d. i. China, Chinese. X, 591. — s. Tschin.
Dschenab, Distrikt von Fars. VIII, 127.
Dschenan (Jenan), Dorf in Kurdestan. XI, 607.
Dschenari Göl, See. X, 895.
Dschenasdan, d. i. China. X, 590.
Dschenazi, in Georgien. X, 592.
Dschenus, d. i. Genien, Dämonen. X, 708. — s. Dschinnen.
Dscherablus (Jerabolos, Jerabulus, Jerabees, Europus), Ort

am Euphrat. X, 13. 946. 973. 996. 1032. 1038 ff.
Dschera su (Dsjärrahhi), Sindscharfluß. XI, 257. — vergl. Dscherral suji.
Dscherdis (Dscherdschis), d. i. Georg. XI, 184. 191. — s. Nebbi Dsch., Dschürdschis, Dsirdschis, Jirgis, Jurgis.
Dschermik, Kurdenschloß. XI, 42.
Dschermug, s. Tschärmük.
Dscherrahi, s. Jerahi.
Dscherral suji, d. i. Wundarztwasser, in Mesopotamien. XI, 277. — vgl. Dschera su.
Dscherun, pers. Insel. VIII, 127.
Dschesira, Dschesireh, s. Djezireh.
Dschesirei Ben Omar, s. Djezireh ibn Omar. IX, 709.
Dschesmanije, d. i. Gethsemane. XI, 534.
Dschewan kaleh, Sandschakat von Kars. X, 424. — vgl. Jewan.
Dschewis, s. Ütsch Dschewis. XI, 102.
Dschewres, Distrikt Aderbidjans. VIII, 126.
Dschewsak, d. i. Devegetschid. XI, 41.
Dschezirah, Dschezire, s. Djezireh.
Dschiafar, s. Giafar, Djafar, Ismael ben Dsch. al Sadek.
Dschibbah, s. Jubbah.
Dschibukhi, Dorf in Mesopotamien. XI, 367.
Dschidda Dag (Jidda D., Jewar, Juwar, Juwal Malek, Jowal Mulik), Alpenstock in N. Kurdestan. VIII, 16. IX, 646. 654. 664. 706. 764. 931. — vergl. Dschawur Dagh.
Dschigarma, Gewicht in Khokand. VII, 784.
Dschihad, s. Dar-ul Dsch.
Dschihan, s. Djihan, Jehan.
Dschihannuma (Djihan-numa), türk. Geographie Hadschi Khalfa's (1640 n. Chr.). VII, 348. — über Kaschghar. 411. — Yarkand. 399. — Herat. VIII, 246. — Yeziden rc. IX, 184. 751. — Sinjar. 754. — Tabriz. 853. — Bitlis. 1004. — Amida rc. XI, 34. 70. — Bagdad. 798. — s. Jehan Nemah.
Dschihun, s. Jaïhun.
Dschik, s. Sarai Dsch., Jik.
Dschilaus, Zufluß zum Kars tschai. X, 428.
Dschilum (Dscheilum, Jilum), s. Behut. VII, 31. 32.
Dschimi, Usun-Prinz. VII, 620.
Dschin, s. Hoki Dsch.
Dschin (Dschen), d. i. China, Chinese. X, 591.
Dschiu, Stadt in Chusistan. VIII, 127.
Dschindila, Berg in Armenien. X, 511.
Dschingiskhan, überfällt Bamiyan (1221). VII, 274. — zerstört Herat. VIII, 245. — Hamadan. IX, 116. 118. — erobert Maragha. 838.
Dschingiskhaniden, erobern Akhlat. X, 327.
Dschingki, chines. General. VII, 620.
Dschinnen, Dschins (Dschenus), d. i. Genien, Dämonen. VIII, 167. X, 708. — als Erbauer von Tempeln, Schlössern rc. IX, 346.
Dschintsching, s. Kaschghar Dsch., Tsching tschung.
Dschir (Djir), s. Cherki.
Dschirga, d. i. Versammlung der Afghanen-Chefs. VIII, 200.
Dschirgalan Tau, Höhe. VII, 338.
Dschisr Mambedsch, s. Gisr M.
Dscholabad, Revier Ispahans. VIII, 125.
Dschondisabur, s. Jondi Schapur. IX, 173.
Dschordjan (Dschordschan), s. Gurkan.
Dschordschania, Stadt in Chuaresm am Oxus (Kurkendsch). VIII, 128.
Dschortluk, Dorf am Ararat. X, 509.

Dschowaini, s. Atamelik Dsch.
Dschu, s. Scha=dschu.
Dschudaminschah, Steinbrücke am Murad. X, 647.
Dschudi (Djudi, Judi, Jeudi, Gioudi, Dschüdi, Dschüdid), Etymol. XI, 156. — s. Dschebel Dsch.
Dschudsch (Chuch, Juz), Dornbusch. VIII, 226.
Dschüdi, Dschüdid, s. Dschudi.
Dschün ho ölh, d. i. Dsungaren. VII, 453.
Dschürdschis (Georg), s. Dscherdis, Mar Jurgis.
Dschugha (armen.), d. i. Dschulfa. X, 580.
Dschulab (Jul=ab, Giulab, Nahr el Djelab, Jalab, Gallabae od. Medorum fluvius), östl. Quellbach des Belikh. X, 1119. 1124. 1125. XI, 251.
Dschulab (wol Fort Djallab bei Edrisi), Ort am gleichnamigen Flusse. XI, 276. — vgl. Djelab.
Dschulamerk (Djulamerk, Djulamergi, Djulamerik, G'ulamerik, Julamerk, Giulamerk rc.), Kurdenherrschaft, Hauptort der Chaldäer in Hekkari. IX, 630. 645. 656. 661 ff. 666. X, 586. XI, 598. (Dörfer) 599. 625 ff. 630. 635. (astr. L.) 660. (Jeziden das.) IX, 760. — Sprache. IX, 682. 683. 685. 1029. — Dist. X, 296. 724. 741. 817.
Dschulamerk=Alpen, XI, 657.
Dschulbän, Ebene und Dorf in Mesopotamien. XI, 284. 318.
Dschuldus, s. Cailac, Julduz.
Dschulfa (Eski Julfa, d. i. das alte Dschulfa, Djulfa, Sjulhfa, Dschugh), armen. Stadt am Araxes. IX, 791. X, 580. 597. 601. — von Abbas zerstört. X, 601.
Dschulfa (Yegni Julfa, d. i. das neue Dsch.), armen. Kolonie u. Vorstadt von Ispahan. IX, 47. 49. X, 520. 539. 601. 619. 623. 632.
Dschumdschuma (Jumjuma), Dorf bei Babel. XI, 912. 921.
Dschundister, Distrikt Ispahans. VIII, 125.
Dschunis, s. Djennès.
Dschur (Dsur), d. h. Wasser. X, 822. — s. Erzerum Dschur, Pydschnoïdsch., Sardschamudsch., Sur dsch., Tschabaghdsch., Dsor, Tschar, Tschur.
Dschur (Cyropolis, d. i. Firuzabad), Stadt in Farsistan. VIII, 763. 770.
Dschurtemi, Station in Irak Arabi. XI, 1039.
Dschuts, Stamm. VII, 150. — s. Jut.
Dschuwal. XI, 633. — s. Jowal Mulik.
Dseghamath, urspr. armenischer Name für Dschulamerk. IX, 662.
Dseren. VII, 457.
Dsianggbiün (Junjum), chines. Beamter. VII, 471. 476.
Dsianggbiün Wang, s. Yunis Wang. VII, 476.
Dsie yü, chines. Prinzessin. VII, 618. 620.
Dsi ki zao (Zikizao), Pflanze in Kurli. VII, 444. — in Turkestan. 456.
Dsirdschie, s. Hadschi Ds. Aga, Dscherdis.
Dsjäbbel Tör, d. i. Dschebel Tur. XI, 439.
Dsjärrahhi, s. Dschera su.
Dsjärri Zaade, s. Dschärri Z.
Dsjami, s. Dschami.
Dsjami el achmar, Moschee bei Mosul. XI, 197.
Dsjami el kebir, Hauptmoschee Mosuls. XI, 196.
Dsjaur Koij, d. i. Heidendorf, Kermalis. IX, 698. — vergl. Giaur Kiouri.
Dsjerad, s. Djerad, Sultan Dsj.
Dsjelil, s. Abd el Dsj.
Dsjeraad, d. i. Heuschrecke. VIII, 807. — s. Djerad.
Dsjeraad el bahr (arab.), d. i. Seeheuschrecke. VIII, 815.
Dsjesire (d. i. Inselland), am unt. Euphrat. X, 44. — s. Djezireh.
Dsjobla, s. Kara Dsj.

Dsjusser (sjüsser), s. Bab D.
Dsö, s. Hoei-dsö.
Dsophk (armen.), d. i. Sophene. X, 576.
Dsopkh, armen. Patriarchensitz (ob Dosb?). X, 938. — s. Dzovk'h.
Dsor (armen.), d. i. Thal. X, 576. — s. Dsur, Schughni Ds.
Dsordsor-Bank, armen. Kloster. X, 630.
Dsugh, s. Dschulfa. X, 597.
Dsungaren (Dzungaren), Volk. VII, 453. 604. — s. Ili.
Dsur (Dschur), d. h. Wasser. X, 822. — s. Schughani dsur.
Dsyche (Kyche), Gränzland von Badakhschan. VII, 708.
Duab, d. i. Zweistromland. VII, 34. — ihre Namen im Pendschab. VII, 47.
Duab, Dorf am Khulumfluß. VII, 269.
Dub, s. Doob. VIII, 763.
Dub, Euphrat-Kanal. XI, 994.
Dúba, d. i. brauner Bär. XI, 504.
Dubbo, Ort im obern Mesopotamien. X, 1124.
Dubois de Montpéreux, Fr., Reisender in Armenien ꝛc. X, 366. 439. — am Ararat. 379. — Umwanderung der Araxes-Ebene. 463 ff. — üb. Etschmiadzin. 523.
Duchak, s. Duschak.
Ducht (Docht), s. Chasrowi-d.
Duda Cardin, s. Dada C.
Du Dangah (d. h. zwei Theile), Kuran-Arm bei Shuster. IX, 188. — s. Nahri Tuster.
Duderran, Paß im Elburs. VIII, 594.
Dudge, d. i. Turdus musicus. XI, 507.
Dudjik-Berge, s. Dujik Tag.
Dudsile, s. Schat el D.
Dübs, Ort in Mesopot. XI, 424.
Dümli Dagh (Domli, Dumly), armen. Gebirge im Norden von Erzerum. X, 739. 762.
Dünger, von Vieh, als Brennstoff. VII, 36. — s. Mist.
Dueira, s. Dara. XI, 249. 398.
Düsd, s. Gümbesi D.
Düss, s. Milly D.
Duseh Dag, Berg des Elburs. VIII, 642.
Dugh Bosmah, Taurus-Gipfel. X, 904.
Duhebanie, Quelle im ob. Mesopotamien. X, 1125. — s. Dahabenia.
Duhrs, Aboriginer-Stamm am Indus. VII, 149.
Dujaka (Zend), d. h. Ort der Schmerzen. VIII, 58. — s. Duzakh.
Dujakh, Fluß in Aderbidjan. IX, 800.
Dujeïl, Diminutiv von Tigris. IX, 322.
Dujeïli-Ahwaz, s. Diglat el A.
Dujeili Masrukan (Didschlei Muschircan). IX, 188.
Dujeili-Tuster (Dijelat Tuster, d. h. reißender Fluß). IX, 162. 198. — s. Kuran, Nahri Tuster.
Dujik, Kurdenstamm. X, 694.
Dujik Tag (Dudjik, Capotes, Paryadres, Antitaurus), armen. Gebirge. X, 75. 653. 690. 703. 717. 769. (Höhe) 900. von Kurden besetzt. XI, 145.
Duka, am Kabulstrome. VII, 225.
Dukan, s. Bu D.
Dukaten, türk. Bezeichnung dafür. XI, 44.
Dukhtar, Dukhter, s. Dakhter, Dokhter, Docht, Ducht, Band i D., Kalaa e D., Kalaa i D. i Div e Awlad, Pul i D.
Duki, in Afghanistan. VIII, 143. 144.
Dula, s. Abu D.
Dulb (arab.), d. i. Platanus orientalis. XI, 512.
Dulbeh, s. Khan D.
Dulbo (syr.), d. i. Platanus orientalis. XI, 511.
Dul des Khalfi Ji, Bedeutung. VII, 138.
Duleib-Berge, in N. Kurdestan. IX, 729.

Duleïm, arab. Stamm in Mesopotamien. XI, 483. — s. d. f.
Du Lem, arab. Stamm in Mesopotamien. XI, 775. — s. d. v.
Dulichia, s. Doliche.
Dul Kaphal, Kapelle bei Arghana. XI, 15.
Dulkarnein (Dhul-Karnein), d. i. Alexander d. Gr. VIII, 841. IX, 446. — s. Sekander D.
Dullan, d. i. Alauda arvensis. XI, 508.
Dullu, s. Schah D.
Dulom, Dorf in N. Kurdestan. IX, 705. 725. XI, 165.
Dumba, d. i. Schaf mit dem Fettschwanz. VII, 397.
Dumbalu, s. Dumbelu.
Dumbavand, d. i. Demawend. VIII, 567.
Dumbelu (Dumbalu), Ilat-Stamm im Norden Aderbidjans. VIII, 404. IX, 915.
Dumbu Dagh (Dumbugh Tagh), Taurusberg. X, 797. 913. 915.
Dumdum, Kurden-Residenz, Fort bei Rewandoz. IX, 935. 1024.
Dumi-schah, Pik des Kebir Kuh. IX, 411.
Dumly, s. Dümli Dagh.
Dummheit der Kurden, sprüchwörtlich bei Türken. IX, 571.
Dun, s. Räs D., Sabat D.
Dunässer, s. Kodsch Hissar. XI, 366.
Dunaiser, s. Kodsch Hissar. XI, 374.
Duncan, A., Factorei-Arzt in Canton. IX, 270.
Dundan Schikan (d. h. Zahnbrecher), Paß im Hindu Kusch. VII, 259. 268.
Dundi's, plumpe Indusschiffe, Flachboote. VII, 148. 175. 181.
Dunia, s. Yanki D.
Duniser, Duneisir, alter Name für Kodsch Hissar. XI, 374. 384.
Dunni, gute Pferderaçe im Pendschab. VII, 38. 117.
Dupré, Reisender in Persien (1808). VIII, 422. — in Laristan. 735. — in Kharput. XI, 14. — Arghana—Diarbekr. XI, 18. 46. — in Mosul. 210. — in Mardin. 390. — im östl. Mesopotamien. 427. — üb. die Sindjar-Berge. 450. — in Bagdad. 814. — in Basra. 1051.
Dupuis, Jesuit, in Armenien. X, 617.
Dur (Dour), s. Dura, El D., Mohammed D.
Dur (Durri, Door, Daur), Dorf an der Gränze Ispahans. IX, 62.
Dura, s. Schah D.
Dura (Polyb., jetzt Dor od. Imam Dour), Stadt am Tigris. IX, 513. X, 71. 157. 225. XI, 264. 681.
Dura (Europus), Stadt Nicanors am Euphrat. X, 140. 994. XI, 699. 715.
Durafa, s. Imam D.
Durah (Derrah), s. Dewan D.
Dura i Zundan (d. h. Thal der Kerker), im Hindu Kusch. VII, 258. 269.
Duraki, Tribus der Haft Leng. IX, 211.
Durän, s. Schah Duri D.
Durani, afghanischer Herrscherstamm (seit 1747), seine Heimath in Kandahar rc. VII, 241. 314. 316. VIII, 179. 193. 197. 202.
Duraut, s. Saa d.
Durbeta (Ptol.), ob = Amid (Diarbekr)? XI, 21. 161.
Durdun Dagh, cilicische Pässe. X, 894. 916.
Durgah, d. i. Wallfahrtsort. VIII, 293.
Durganli, Kurdentribus. X, 871.
Durgazin, s. Dergbezin. IX, 456.
Duri, s. Schah D. Durän.
Duri, Hauptstadt der Burdis. VII, 150.
Duri, Fluß in Afghanistan. VIII, 162.
Duri, kurd. Dorf und nestor. Bischofssitz in Berrawi. XI, 593. 597. 598. 602.
Durine (Plin., vielleicht Dora d. Polyb.), Stadt am Tigris. X, 55. — vgl. Dura.

Durino, Bach zum Kerkha. IX, 325.
Durli, s. Imam D.
Durma. VII, 338.
Duron, linker Zufluß zum Tigris. X, 157.
Duroperan (Duruperan), altarmenische Provinz. X, 544. 552. 569. 649. 817.
Durr, Dorf in Chusistan. IX, 146.
Durra (Holcus sorghum, auch bicolor), in Mesopotamien. XI, 501. — s. Jowari, indianische Hirse.
Durra-Brot. XI, 719.
Durrah, s. Zahreh-See. VIII, 153.
Durram, Thal zum Kisil Osen. VIII, 637.
Durri, s. Dur.
Duruperan, s. Duroperan.
Durwaz. VII, 492. 744. 794. 819. — s. Derwaz.
Durwesch, s. Aye D.
Duz, d. i. Adhem. IX, 537.
Duschak (Duschah, Duchak, Dooshak, jetzt Jelalabad), Ruinenstadt in Sedschestan. VIII, 59. 152. — s. Kulla D., Doschak.
Duschmenzeri, Dorf in Fars. IX, 143.
Duschti, s. Bughwar.
Dus Chhurmatu, s. Tuz Khurmatu. IX, 537.
Duscuta, Stadt am Euphrat. X, 81. — s. Dascuta.
Dusd, s. Khoed.
Duslassi(?), Salzquelle in Bayazed. X, 347.
Duske (Douche), Dorf in Armenien. X, 716. 717. 719. — s. Tusla.
Dust, s. Bughwar.
Duster, s. Shuster, Tuster. IX, 178.
Dusuria, arab. Chef. X, 1078.
Dutu Gameny, ceylon. König (150 v. Chr.). VII, 300.
Duwarij, Steppenfluß in Chusistan. IX, 334.
Duwasin, s. Dasin.
Duweir (arab.), Diminutiv von Deir. XI, 258.
Duzakh (Dujak, Zend), d. h. Hölle. VIII, 58. 59.
Dwight, H. G. O., nordamerik. Missionar in Kurdestan. IX, 11. 651. 671. — in Tabriz. 880. — über die Christengemeinden am Urmia-See. 962.
Dyala, s. Diyalah. X, 206.
Dyana, Dorf bei Rowandiz. XI, 653. — vgl. Tyana.
Dyn il Baab, d. h. Distrikt von Bab. X, 1041.
Dystagerd, s. Dastagerd. IX, 504.
Dzaghats learhn, d. i. Berg der Blumen, in Kurdestan. X, 692.
Dzaghge, Berg in Kurdestan. X, 692.
Dzamentav (Dzamendav), Stadt in Klein-Asien, armenischer Patriarchensitz. X, 423. 529.
Dzanbalas(?). VII, 512.
Dzovk'h (Dzovk), Festung am Goldschik, armenischer Patriarchensitz. X, 529. 811. — vgl. Dsopkh.
Dzungaren, s. Dsungaren.

E.

Eark-Ura, schlechte russ. Schreibart für Arghuri. X, 479.
Ebab, s. Ebbab.
Ebad, Ibad, i. e. servus Dei, Bezeichnung der christl. Einwohner in Hira. X, 62. — s. Ibaditen.
Ebadiensis, d. i. aus Hira gebürtig. X, 62.
Ebbe u. Fluth, im Indus, Ganges. VII, 194. — im Euphrat u. Tigris. X, 32. XI, 943. 974. — s. Windebbe, Springfluth.
Ebed, wol = Ibas? X, 60.

Ebedjesus, Bischof in Bezabde (392). X, 59. 169. — s. Hebed Jesu.
Ebenholz, in Siraf. VIII, 775.
Eber, s. Schwein.
Ebhar. VIII, 574. s. Abhor.
Ebi Aaranbet, Doctor des Koran. XI, 308.
Ebi Said Wehed Ben Ibrahim, christl. Autor im Fihrist. XI, 309.
Ebi Zeraret, Doctor des Koran. XI, 308.
Eblouth, s. Beni E.
Ebn Aasim, arab. Geschichtschreiber aus Kufah (stirbt 735 n. Chr.). IX, 35. 41. 307. 776.
Ebn Alwardi, Geograph. IX, 843.
Ebn Aly, sein Grab am untern Euphrat. XI, 1044.
Ebn Batuta (Ibn B.), aus Tanger in Mauritanien, im Hindu Kusch (1340). VII, 199. 244. 251. — über Herat. VIII, 243. — üb. Elymais. IX, 152 ff. — Wanderungen in Mesopotamien (1346). X, 240. 277 ff.
Ebn Caraba, Gelehrter. IX, 287.
Ebn Djouzi, Schriftsteller. VIII, 599.
Ebn Habal, Gelehrter. IX, 287.
Ebn Hanbal, s. Ibn H.
Ebn Hasan, Heiliger, sein Grabmal am Euphrat. XI. 736.
Ebn Haukal (Ibn H., Abul Kasem Mohammed), Geschichtschreiber (950 n. Chr.), über Kafirestan, Kohestan rc. VII, 205. 239. 251. 274. 281. — Tokharestan. 701. — Ferghana. 743. — Badakhschan. 786. — Herat. VIII, 240. — Ispahan. IX, 41. 42. — Shuster rc. 180. 184. — Ahwaz rc. 226. 344. 361. 374. 402. — Tabriz. 852. — Urmia. 942. — Miafarekin rc. XI, 68. 162. — Stationen in Mesopotamien. 269.
Ebn Khalkan, Schriftsteller. VIII, 566. — vgl. Ibn Chalekani.
Ebn Sina, s. Avicenna.
Ebubekr, Timurs Enkel, Statthalter von Irak Arabi u. Diarbekr. XI, 37. — s. Abubekr.
Ebu Mussa Elaschari, s. Abu Musa Alaschaari.
Ebu Said (auch Ebu Schaabe, d. i. Vater des Glücklichen), Station am Tigris. XI, 153. 277.
Ebu Jusuf Ischa el Kathii, christl. Schriftsteller. XI, 307.
Ecbatana, s. Ekbatana.
Ecclesia, s. Kilisa rc.
Ecbeh, am Euphrat. X, 832. 837.
Echinaria, bei Mosul. XI, 219.
Echinitenstacheln, in Chalcedonen. IX, 39.
Echinitenversteinerungen, am obern Tigris. XI, 19.
Echo-Berg, in Mekran. VIII, 730.
Ec-Sarà, s. Es Sara.
Ed Dair (Deir), Tigrisarm. X, 193. 194.
Ed-Dalijah, s. Dalia.
Eddara (Dadara), am Euphrat, astr. Lage. X, 974. — s. Dara, El Dar.
Edder, s. El Dar.
Eddewleh, s. Adhed e.
Eddin (Eddyn, Addin), s. Ala-, Alau-, Amad-, Af-, Assyl-, Az-, Bedr-, Cotbb-, Djemal-, Dschelal-, Fakhr-, Feri-, Kemal-, Kerim-, Madsjahed-, Mir Kamar-, Molla Moßlih-, Mollana Moiyen-, Nasr-, Nur-, Raschid-, Rokn-, Sabak-, Salah-, Scheikh Säad-, Schelab-, Schems-, Scheref-, Scheriff-, Schuja-, Seif-Eddin.
Eddy, s. Khanuka e.
Edelsteine, in Badakhschan. VII, 469. 797. — im Dschebel Mardin. XI, 384. — in Bagdad. XI, 800. — s. Diamant.
Eden, s. Paradies.
Eden, Dr., Begleiter Lynch's. X, 1028. XI, 476.
Edesia (armen.), d. i. Edessa. XI, 348.

Edessa (Ur Abrahams, Kallirrhoe, Antiochia, Roha, Orha, Orfa, Urfa, Osrhoëne), Stadt im nordwestl. Mesopotamien. IX, 151. X, 60. 113. 114. 117. (von Römern verheert) 125. 129. 134. 169. 243. 284. 471. (Armenier das.) 531. 560. 564. (durch Aegypter zerstört im J. 1144) 549. 692. 917. 939. (verschieden von Bambyke) 1046. 1120. (von Arabern erobert) 1130. (als Kolonie und Metropole unter Römern) XI, 24. 25. 276. 288. 294. 315 ff. — Dist. X, 932. 937. XI, 269. 275. 276. 284. 291. 299.
Edessenische Aera. XI, 340.
Edhdhar, s. Ithahr.
Edh-Dhoheriyeh, Dorf in Syrien. XI, 531.
Edidardin, Distrikt Hamadans. VIII, 125.
Edziger Khodza, Häuptling in Khokand. VII, 773.
Edle Bazar (Idle Bazar, Haidli Bazar), Dorf am Euphrat. X, 922.
Edlib, in Syrien. X, 924. XI, 530.
Edom, Land. X, 255.
Edris, d. i. Enoch, Vater Sab's. XI, 301. — s. Molla E.
Edrisi, über Tokhareftan. VII, 702. — Ferghana. 746. — Badakhschan. 786. — Herat. VIII, 241. — Shuster. IX, 181. — üb. Ahwaz. 226. — Madain. X, 198. — Bagdad-Routen. X, 236. — kennt den Murad nicht. 647. — üb. den Euphrat. 723. — (1150 n. Ch.) Manbedsch. 1053. — Diarbekr. XI, 47. — Miafarekin. 71. — Djezireh ibn Omar. 155. — Beled. 162. — Mosul. 179. — Routen in Mesopotamien. XI, 271 ff. — Mardin. 384. — Nisibis. 418. — Sindjar. 446.
Edwards, engl. Reisender (1567). VIII, 683.
Eed, s. Til-E., Ul-E.
Eel, s. Ilat. VIII, 374.
Eelchi, d. i. Ilitsi. VII, 349. 352.
Eelhaut, s. Ilat. VIII, 374.
Eeriene (Aria, Ariane, Iran), im engeren u. weiteren Sinne das nördl. Stammland der Iranier u. das von ihnen bevölkerte bekanntere Südland. VIII, 4. 20. 21. 24. 38. 40.
Eeriene Veedjo (Zend), das reine Iran. VIII, 27. 30. 32. 38.
Effendi, s. Bekir E., Defterdar-E., Ewlia E., Ibrahim E., Schems E.
Eflun, König von Ninive. XI, 192.
Efra-siab, Fürst von Basra. XI, 1034.
Egecheaz, Egegheats, Egeghets (armen.), d. i. Acilisene, Erzingan. X, 550. 576.
Eghiazaron Vankh, d. i. Eleazars Kloster. X, 666.
Eghin, s. Egin. X, 728.
Egi, s. Kbri-Egi.
Egil, Festung am obern Tigris, Hukumet von Diarbekr. X, 98. 701. XI, 4. 39. 43.
Egin (Ekin, Eghin; Agn, Aguntsi, armen.; Akin, türkisch; Eguin), Stadt am ob. Euphrat. X, 638. 639. 724. 727. 728. 772. 790. 795. — Dist. X, 784. 793.
Egriar, Ort in Turkestan. VII, 449.
Egri Dag, d. h. hoher Berg. IX, 721. — vgl. Aghri Dagh.
Egrigaia, das Land der Uiguren. VII, 440.
Eguin, s. Egin. X, 790.
Ehbab (Ebab), Jakobitendorf im ob. Mesopotamien. XI, 8. 118.
Ehe, in Turkestan. VII, 463. — der nestor. Priester. IX, 677. — der chald. Geistlichen. 965. — vgl. Cölibat.
Ehebruch, bei den Bulbas-Kurden mit dem Tode bestraft. IX, 619.
Ehwaz, s. Ahwaz. IX, 230.
Ei, s. Ei-Symbol, Vogelei.
Eibisch (Sambucus ebulus), in Masenderan. VIII, 538.
Eiche, in Bala Bagh. VII, 230. — ihre Gränze in Nijrow. 246. — in Kohestan. 250. — in Ka-

bul. VII, 310. 312. — in Gurkan. VIII, 353. — (Quercus castaneae) in Ghilan. 427. 548. 665. — in Elburs. 498. 506. — in Masenderan. 512. 524. 538. — in Fars. 843. — bei Khorramabad. IX, 205. — im Zagros. 391. — in Kurdestan. 429. 577. 601. 609. 657. XI, 97. 591. 619. 650. 658. — in Ardelan. IX, 433. — selten zu Banna. 581. — in Hekkari. 665. — im Erdoz. 1007. — in Armenien. X, 434. 706. 707. — bei Musch. 679. — mit sägenartigen Blättern. 718. — im Taurus. 919. — am Euphrat. 1076. — am obern Tigris. XI, 117. — in Sindjar. 460. 461. 465. — in Bagdad. 813. — s. Balanos-, Belut-, Gallapfel-, Krüppel-, Manna-, Valonia-, Zwerg-Eiche.
Eichelarten, süße, v. Armeniern gegessen. XI, 813.
Eichhörnchen, sehr zahlreich in Ghilan. VIII, 677. — in Mesopotamien. XI, 505. — rothe, in Hekkari. 604. — fliegendes. VII, 247.
Eid, s. Schwur.
Eidechse, in Masenderan. VIII, 517. — in Salzwüsten. IX, 30. — in Aderbidjan. IX, 910. — in Mesopotamien. XI, 510. — in Kurdestan. 586. — im südl. Chusistan. 1029. — beschuppte, am Van-See. X, 318. — s. Hauseidechse.
Eidechsenkönig, eine Art, am Van-See. X, 318.
Eidij, s. Idhag. IX, 153.
Eifersucht, ist den Kurden fremd. IX, 370.
Eigur, d. i. Uigur. VII, 592.
Eilung Dagh (d. h. Schlangenberg; wol = Ilan Dagh?), im Norden Aderbidjans. IX, 918.
Eimaks (Aimaks), Hirtenstamm in Kohestan. VII, 248. 281. — in Kabul. 307. — in Yarkand rc. 400. 739. — Bergvolk im nördl. Afghanistan, im südl. Khorasan rc. VIII, 101. 135 ff. 139. 387. — vgl. Ilat, Tschar E.
Eimallu, Ilat-Tribus. VIII, 404.
Einhorn, auf persepol. Monumenten. VIII, 908.
Einsiedler, s. Anachoreten.
Eipler, Ort am obern Araxes. X, 385. 387. 661.
Ἐλρινόν (Arrian.). VII, 171.
Eis, auf dem Hianfluß. VII, 376. — in Dschuldus. 442. — auf dem Yarkandfluß. 467. — im Yengi Daban. 474. — in Balfrusch. VIII, 537. — von Persern genossen. IX, 67. — fehlt in Germsir und Chusistan. VIII, 816. IX, 181. — ewiges, am Ararat. X, 492. — zuweilen auf dem Tigris bei Mosul. XI, 203. 216. — in Bagdad. 802. — in Babylonien. 894. — Keller, in Amida. XI, 60. — s. Schnee.
Eisen (Erze, Gruben), im Pendschab. VII, 116. — blaues, in Khotan. 378. — im Puschtikhur, 492. — in Ferghana. 645. 737. 746. — in Herat. VIII, 252. — Einfuhr in Masenderan. 538. — bei Amol. 540. — bei Ispahan. IX, 60. — Einfuhr in Hamadan. 124. — in Hekkari. 665. — in Erzerum. 568. — bei Dschulamerk. 663. — in Ahar (Aderbidjan). 799. — (Eisengehalt) im Ararat. X, 504. — in Sivan Maaden. 700. 710. — in Armenien. 718. — bei Divrig, Zeïtun. 798. 799. — im westl. Armenien. 804. — am Euphrat. 866. — gediegenes, im Karsi-Thal. 915. — bei Arghana. XI, 16. — in den Duribergen. 605. — s. Schwefel-, Titan-Eisen.
Eisenbaum, in Ghilan. VIII, 676.
Eisenhaltige Quellen, im Sahend. IX, 831. 834. — bei Mosul. XI, 200.
Eisenhaltige Steinblöcke, schwarze, bei Sivan Maaden. X, 709.

Eisenkalke, staubige, bei Kerkuk. IX, 556.
Eisenkeulen, Beduinen-Waffe. XI, 840.
Eisenoxyd, im Ali Dag. IX, 529. — rothes, im Sahend-Gebirge. 831. — im Tigris. XI, 20. — in Hekkari. 605.
Eisensand, magnetischer, im Tigrisschlamme. XI, 20.
Eisenschmiede, in Ghilan. VIII, 667. — zahlreich in Erzerum. X, 767. — fehlen bei Musch. 682.
Eisenstein, in Kurdestan. IX, 533. — im Kamschukah. 535. — im Khan Dagh. X, 821. — am Euphrat. XI, 731. — s. Magneteisenstein.
Eisensteinblöcke, kuglige, schwarze, bei Sivan Maaden. X, 710.
Eisensteinknollen (Limonit), bei Bir am Euphrat. X, 944.
Eisenwaaren, in Khangkiu. VII, 668. — im Botom-Gebirge. VII, 747. — berühmte, von Akhlat. X, 328.
Eisenwerke (Hammer, Gießereien), in Ghilan. VIII, 667. — in Ahar. IX, 799.
Eiserner Berg. VII, 406.
Eisernes Thor, Paß. VII, 653.
Eisvögel (Alcedo), in Mesopotamien. XI, 508. — am untern Euphrat. 980.
Ei-Symbol, auf den Schapur-Sculpturen. VIII, 833. 834.
Eiwan, s. Taki E.
Eiz Oghlu, s. Isoglu. X, 865.
Ejadh, s. Iyas. XI, 34.
Ekbadan, Ekbaden, s. Ekbatana. IX, 719.
Ekbatana (Agbatana, d. i. Hamadan), alte Königsstadt in Medien. VIII, 88. 117. IX, 72. 99 ff. 357. — Dist. IX, 329. 335. 358.
Ekbatana (Gaza, Gazaka, Ganzaka), die Metropole Atropatene zw. Tauris u. Miana, im Osten des Urmia-Sees, die alte Hauptstadt in Aderbidjan (Tauris, Takht i Soliman?). IX, 113. 114. 770. 775 ff. 1040. 1045.
Ekbatana (d. h. Schatzhaus), einheimischer Name für Amadia in Kurdistan. IX, 719. XI, 594.
Ekbatana, syrische Stadt am Karmel. IX, 114.
Ekin, s. Egin.
Ekisek, Zwillingspaß. VII, 480.
Eklid, s. Yeklid.
Ekmah Tschai, Fluß von Divrigi, zum Keumarsu. X, 915.
El, s. Al, Er, Il.
El Aascün (d. h. Mutter der Bohnen), Euphrat-Kanal. XI, 952.
El Adtle (El Athy), Station in Irak Arabi. XI, 1039.
Elaeagnus, am Ararat. X, 480. — s. Oleaster, Pschat.
Elaeagnus hortensis B. angustifolia, am Pontus. XI, 528.
Elaeagnus spinosa, im Taurus. X, 919.
Elagabal, röm. Kaiser (reg. 217 bis 222), vernachlässigt Mesopotamien. XI, 24.
El Ahnaf, Präfect von Basra. X, 194.
El Ahwaz, s. Al Ahwaz.
El Aiyat (das Mirakel), bewegliche Sandhügel im südl. Mesopotamien. XI, 958.
El Akar, am untern Tigris. X, 191. — vgl. Tell A.
El Akatir, Höhlen am Euphrat. X, 1000.
Elam, s. Elymais.
El Ambar (Anbar, Anbara), Stadt an der Abzweigung des Isa-Kanals vom Euphrat. X, 146. 147. 184. 203. 236. XI, 269. 751. 766.
Elamiten, s. Elymäer.
Elam magna. IX, 305. — s. Elymais.
El Arisch, s. Rhinocolura.
El'asar Ben Tsemach, Rabbi in Bagdad. X, 260.
El Asayiah, d. h. Ort der Kiesel. XI, 990. — vgl. Asayi.
El Aschar (Schara), Stadt am Euphrat. XI, 703. 708.

El Aschareti, Ziyaret am Euphrat. XI, 703.
Elaschari, s. Ebu Mussa E.
Elat, s. Ilat. VIII, 230. 256.
El Aziz, arab. Schriftsteller. X, 88. 198. XI, 47. 379. 419. 751.
El Azrak (blauer Strom), d. i. Abi Zard. IX, 150.
El Bac, Festung des Mardin-Berges. XI, 384. — vgl. Elbak.
Elbactân, Ruinenort im Norden des Urmia-Sees (Ekbatana?). IX, 114.
El Baheira (El Buheire), d. i. die Seen, Sumpf- u. Salzniederung am untern Euphrat. X, 44. XI, 956. — s. Baheiret Sawe.
El Bahr, d. i. das Meer, große Wasser, Bezeichnung für den Euphrat. XI, 923.
El Baida, weißer Thurm zu Hira. X, 64.
Elbak, s. Albak, El Bac.
Elbak, Kurden-Dorf in Hekkari. XI, 600. — s. Ali Bagh.
El Balich (Abulf.), d. i. Belikh. XI, 250.
El Basra, s. Basra. X, 175.
El Ba'tajeh (Baticha), Bezeichnung für Seen, Versumpfungen im südl. Mesopotamien. X, 46. 192. (Paludes) XI, 979. — vgl. Baheire, Rumabieh.
Elbatsna, d. i. Sarug. XI, 177.
El Beil, Station in Mesopotamien. XI, 361.
El Berenda, Flecken am obern Tigris. XI, 180. — vgl. Berendeh.
Elbeschir, Dorf am Zab Ala. IX, 695.
El Bostan, d. i. der Garten, Ruinen bei Ctesiphon. XI, 858. 945. — s. Comana.
El Boury, s. Bu Boriyab.
El Bowny, Euphrat-Klippen. XI, 728.
El Bubia, Ort am Euphrat. XI, 712.
El Buheire, s. El Baheira. X, 44.
El Buheire Bahr Nedsief, s. Baheiret Sawe. X, 58.
El Bujiyory, s. Abu Djawary.
El Burdân, Station im euphrat. Arabien. XI, 1040.
Elburs, Elburz, Name verschiedener Berge in Persien. VIII, 46. — Ostgränze des westl. Zuges. 284. — das kaspische Gebirge. 417 ff. 426. — Kette des Taurus-Systems. VIII, 550 ff. — analoge Gebirgsarten mit denen des Ararat. X, 496. — s. Alberdj, Kuh-elburs.
El Casr, s. El Kasr.
El Catul (Kutail), vier Tigris-Kanäle. X, 208. 226. 229.
El Chäder (Al Kader, El Khadr), Kastell in Irak Arabi. XI, 1039. — vgl. Al Hadhr.
El Chalil, d. h. Freund Gottes, Abraham. XI, 320.
Elchi (Ilitsi?), Stadt. VII, 415.
Elchis, d. i. die Gesandtschaften. IX, 903.
El Condoli, Tigrisarm. X, 194.
Elcose, s. El. Kosch. IX, 657.
El Dar (Ed Dar, Där, Der, Deir), d. h. Thor, Passage, Ort am Euphrat. X, 13. 960. 974. XI, 266. 690. 692. — s. Eddara.
El Dhaar, Vorfahre Sinjars. X, 284.
El Dhaheria, Romanze. XI, 201.
El Djudi, auch als Bezeichnung für Dschebel Tur. XI, 156. — s. Dschebel Dschudi.
Eldred, J., engl. Reisender. X, 1021.
El Dur-Araber, am unt. Euphrat. XI, 996.
Eleazar, Bruder des Zenobius. X, 552.
Elegia (Elegia Armeniae, trans Euphratem), Stadt in Groß-Armenien, an den Euphratquellen bei Erzerum. X, 100. 116. 737. 829. — s. Ilidscha.
Elegia (Plin.), Stadt in Klein-Armenien, am rechten Euphrat-Ufer bei Malatia. X, 100. 116. 737. 829. 858.
Elegosine (Plin.), Euphrat-Halbinsel, das angebl. Quell-

land des Tigris in Groß-Armenien. X, 85. 100. 103. 702. 829. 830.
Eleja (Amm. Marc.), Ort in Mesopotamien. XI, 443. 458.
El Emam Al Phacar Al Rhazi Mohammed Ebn Omar, s. Al Rhazes. IX, 290.
Elephanten, Tribut von Khotan an China. VII, 360. 378. — fehlen in Vorder-Asien. VIII, 210. — verheeren die Zuckerpflanzungen. IX, 251. — Reichthum der Sassaniden. 507. — vor Amida. XI, 28.
Elephanten-Sculptur, zu Schahpur. VIII, 833. — in Babylon (?). XI, 915.
Elephantiasis, geheilt durch die warmen Quellen in Hamadan. IX, 121.
El Erbayn (d. h. die Vierzig), Kloster auf der Sinai-Halbinsel. VIII, 809.
El Falluga, i. e. terra sementi idonea. X, 203. — s. Feludja.
El Farareth, in Mesopotamien. X, 192.
El Fardha, Waarenlager in Mesopotamien. X, 237.
El Fatt'hha, Tigrisdurchbruch der Hamrin-Ketten. XI, 678. 681.
Elfenbein, in Siraf. VIII, 775.
El Gabal, bei Haran in Mesopotamien. XI, 298.
El-Gami'ain, d. h. die beiden Tempel, bei Hille. X, 187.
El Gamida, bei Basra. X, 192.
El Gef, d. i. Taurus-Gebirge. VIII, 553. — s. El Kaf.
El Ghorbi, am Tigris. X, 30.
El Giafar. X, 211. — s. Dschaafarije.
El Gog (Ghog), d. i. Taurus-Gebirge. VIII, 551. 553.
El Guman, Kastell am mittlern Euphrat. XI, 726.
El Hadjar, in Arabien. X, 40.
El Hadka, Citadelle von Mosul. X, 283. XI, 181.
Elhadsch Abdullah. VIII, 125.
El Haiadie, Station in Irak Arabi. XI, 1039.
El Hammam (Hamam), s. Al H.
El Haraklah (Aragla, Hereglé, Heraclea), Kastell am Euphrat. X, 14. 1113.
El Harawi, s. Al H.
Elhareth, Fürst der Kende-Familie in Hira. XI, 34.
El Harim, Khalifenpallast in Bagdad. X, 233. 258.
El Harun, Stadt am Tigris. X, 210.
El Hawanit (d. i. Marktbuden), in Mesopotamien. X, 192.
El Hedjaj Ben Jusuf. X, 206.
El Hella, s. Hilleh.
El Her, s. El Hir.
El Hermas, s. Hermas.
El Wheymer, s. Al Heimer.
El Hijeh, s. Schat el H.
El Hir (El Her, Il Hhair), Kastell in Syrien. XI, 1103. 1104.
El Hödbur, d. i. Al Hadhr. XI, 455. 466.
El Hossian, Station in Irak Arabi. XI, 1039.
El Huky, am Euphrat. XI, 782.
El-Hur (Hores), Seen in Mesopotamien. X, 193.
El Huweiza, d. i. Hawiza. IX, 327.
Eli (Elia, Elias), s. Mar Eli, Sch'muel Ben E.
Elias (Ellias, Ilipas), s. Khizr, Kazzar E., Khidder E., Kidder E.
Elias, Prophet, von Mohammedanern verehrt. IX, 386. 398. X, 219. — sein angebl. Fortleben bei Holwan. IX, 472. 551.
Elias (früher Hormisdas), nestor. Bischof (c. 1555). IX, 669. — Patriarch in Mosul (1616). IX, 671. 673.
Elias, von Damaskus. X, 181.
Eliasch, Dorf in Kurdestan. IX, 448.
Eligum, Geschlechtsname bei Orpeliern. X, 592.
Elija, s. Ilidscha.
Elis, in Griechenland, Baumwolle, Oelbaum das. X, 1060. XI, 534.

Elisä, armen. Geschichtschreiber (fl. 480). X, 561. 573. 574. 612.
Elivas, d. i. geflügelte Dämonen. VII, 590.
El Jamin, am Euphrat. X, 63.
Eljaras, Stadt am Van-See. IX, 980.
Eljon, Gatte der Beruth. XI, 581.
El Juba, s. Juba.
El Kadesia (Kadesiyah, Kadisia), s. Kadesia.
El Kaf, d. i. Taurus-Gebirge. VIII, 551. 553. — Weltberg des Koran. VIII, 554.
El Kaim (El Kayim), am Euphrat. X, 983. 1013. 1022. XI, 710.
El Kam (Kiam), d. i. Taurus-Gebirge. VIII, 551. 553.
El Karayin, s. Kalat el Gerah. XI, 978.
El Karayun, am Euphrat. XI, 952.
El Karin, Grabhügel am Euphrat. XI, 726.
El Kasr (Casr), in Mesopotamien. XI, 477. — s. Al K., Es K.
El Katif (Khatif), arab. Hafen. X, 40. 180. XI, 1048. — s. Gerrha.
El Katr, Bergrücken der Hamrin-Kette. XI, 472. 478.
El Kayim, s. El Kaim.
El Khabur, s. Khabur. X, 247.
El Khadr, s. El Chäder.
El Khair, Gebirge von Amadia in N.Kurdestan. IX, 727. 728.
Elkhar, s. Sgayer E.
El Khatif, s. El Katif.
Elkher, s. Tiber E.
El Kobäse, s. Kubessa.
El Kobb es Scharki, Dorf am Tigris. X, 207.
El Kosch (Elcose, Alcus, Al Kosch, Al Kawaschi), Residenz des chald. Patriarchen in N.Kurdestan. IX, 657. 661. 675. 698. 725. 729. 741. 742. XI, 165. 212. 527. — s. Kara Kosch.
Elkoshi, s. Nachum Haelkoshi.
El Koueit, s. Grän. XI, 1062.
Elléli, Fluß in Mesopotamien. XI, 359.
Ellenmaß, in Khokand. VII, 784. — in Aleppo, Bagdad. XI, 820.
Elliot, Wellsted's Reisegefährte. X, 1014. XI, 778.
Elliot, britischer Abenteurer. XI, 984.
Ellis, H., brit. Gesandter in Persien. IX, 905.
El Lobab, s. Al Lobab.
El Lur, Gebirgsland der Luren, Atabeken (verschieden von Laristan). IX, 152.
El Mabrak, in Mesopotamien. XI, 272.
Elmacin, Autor. XI, 176.
Elmakin (el Mekkin), s. Gergis el Mekkin.
El Madain, s. Madain.
El Madar, Stadt bei Basra. X, 181.
El Magog (Mayog), d. i. Taurus-Gebirge. VIII, 551. 553.
El Mahdi, s. Al Mahdi.
El Maksura, s. Muck surreyeh.
Elmali (Elmaleu, Almaliyah), d. h. Aepfelstadt, Dorf am Van-See. IX, 1000. 1001. X, 289. — vgl. Almali Dagh.
El Malik el Mansur, in Mardin. X, 284.
El Malik el Salih, Sultan v. Mardin. X, 284.
El Mamun, s. Al M.
Elmanai, Station im euphrat. Arabien. XI, 1040.
Elmanli-Kurden, s. Almanli.
El Mansur, s. Al Mansur.
El Marras, Flugsanddünen am Tigris. XI, 679.
El Masudi, s. Masudi.
Elmausil, d. i. Mosul. XI, 178.
El Mazar (Mizar), arab. Lager in Mesopotamien. XI, 362. 367.
El Meftah (Manbeg), Stadt bei Basra. X, 181.
Elmeï, s. Robar E.
El Mendelia, Ort am untern Tigris. XI, 938. — vgl. Mendelli.
El Merdj (d. h. die Wiesen), Gebiet am ob. Tigris. XI, 180.
El Merdsch, Strom u. See in Syrien. XI, 748.

El Meussui, Ruinen am Tigris. XI, 931.
El Milh (Milhh, Aschlik, Tharthar), Salzsee in Mesopotamien. X, 218. XI, 476. 481. 776. 778.
El Mina, d. h. der Hafen, am untern Euphrat. X, 54. 176.
El Mohawwul (Mahul), am Tigris bei Bagdad. X, 203. — vgl. Mahawil.
El Moktader, Khalif. X, 207. 235.
El Morra, Tigrisarm. X, 193.
Elmundhir, s. Almundar. XI, 34.
El Nahareïn, Station am Khabur. XI, 274. 446.
El Obolla, s. Nahr O.
Elphaph (Elpeph, Chuchta), Berg, Kloster bei Ninive. IX, 738.
Elphinstone, M., Reisender. VII, 8. 16. — üb. Badakhschan. 800.
El Rephaa, Secte. X, 279.
El Ressafa, d. i. Sergiopolis. X, 1089. — vgl. Er Rosapha.
El Roha, s. Edessa. XI, 315.
El Rud, ob Rudbar? IX, 402.
El Salih el Wali el Abid Abdalla el Kurdi, Scheikh in Sinjar. X, 284.
El Sanam, Idol am Tigris. X, 228.
El Seramum, Schloß u. Hügel bei Mosul. XI, 200. 667. 688.
El Sirra, s. Nahr Sirra.
El Somaid. X, 284.
El Talisman, Thurm in Bagdad. XI, 796.
El Tartib, arab. Autor. X, 228.
Elternmord, früher in Tipari. XI, 612.
Elton, Mr., sein Tod. VIII, 666.
Eltschi Guddan, Dorf d. Meschhed-Thales. VIII, 312.
El Tuktegane, Station in Irak Arabi. XI, 1039.
Elugo, s. Feludja. XI, 779.
El Uz (Us), Euphrat-Insel und Stadt. X. 1015. 1022. XI, 717. 731. 733 ff. — vgl. Abal Us.
Elve, Flußname. VII, 489.
Elvend, s. Elwend.
El Walid, Khalif. VII, 425. X, 163.
El Wali el Aarif, Grabmal bei Wasit. X, 279.
Elwan, s. Holwan. IX, 395. 414.
Elwand, s. Abi E.
El Wasa, Bergschlucht bei Nisibis. XI, 418.
El Wathec, Bruder Motawakkels. X, 210.
Elwend (Alwand, Arwand, Aruamda, Elvend, Ervend, Orontes), Berg bei Hamadan. VIII, 48. 75. 617. IX, 58. 71. 73. 79. 82 ff. Umgebung. 93 ff.
El Yahudi (Judäi), Tigris-Kanal. X, 191. 194.
El Yerman, am Euphrat. X, 63.
Elymäer (Elamiten), altes Volk in Medien, Loristan (Zagros). VIII, 95. IX, 70. 129. 139. 157. 423.
Elymais (Elam), pers. Landschaft. VIII, 89. 96. IX, 24. 131. 152 ff. 169. 284. — s. Elam magna.
Elymais (Susan?), Stadt. IX, 314. 315.
El Zaidain, richtige Schreibart für Zeitun. IX, 135. XI, 526.
Emaille, s. Ziegelstein.
Emam, s. Imam, El Emam 2c.
Emanuel de St. Albert, apostol. Vicarius in Bagdad. IX, 376.
Emaon, s. Imaus.
Emaret, s. Imaret.
Emaret i Khurschid, Sommerpallast in Tehran. VIII, 609.
Emaret i Serviſtan, d. i. Pallast des Cypressenhains, in Tehran. VIII, 609.
Emaret Schahi, d. i. Sommerpallast des Königs. VIII, 631.
Emberiza citrinella, d. i. Goldammer.
Emberiza hortulana, s. Ortolan.
Emchirvan, s. Nuschirvan. IX, 59.
Emed (syr.), d. i. Amid. XI, 20.
Emesa, s. Höms.
Emet (b. Syr. u. Sarac.), d. i. Amid. XI, 22.
Emin (Amin), s. Nehr E.

Emin Bey, türk. Oberst. X, 864.
Eminé, Distrikt von Kaswin. VIII, 126.
Emini, s. Maden E.
Emin Pascha, in Musch. X, 672. 678. XI, 133.
Emir (Amir), d. h. Fürst. VIII, 768. — Titel des Chefs der Rewandoz. IX, 689. — s. Arsoffa E., Bendemir, Amiri.
Emir von Khokand. VII, 482.
Emir al Mumenin, d. h. Gebieter der Gläubigen. X, 257. — s. Amir ul M.
Emir al Omra. X, 257.
Emir Feiad. X, 1098. XI, 720.
Emir Hadji, Fürst der Yeziden. IX, 757.
Emiri, Tigrisarm. X, 194.
Emir Mohammed Mozaffer. IX, 140.
Emir olumera, d. i. Majordomus. X, 234. 258.
Emir Scheikh Abu Jschak (1353). IX, 140.
Emir Seïd, Feste von Hamadan. IX, 119.
Emir Syed Ali, von Hamadan, sein Grab in Kuner. VII, 226.
Emmaus, s. Nikopolis. XI, 348.
Emraulu, Jlat-Tribus. VIII, 405.
Emwarlu, Jlat-Tribus. VIII, 405. — s. Enbarlu.
Emodus (Ptolem.), Gebirge. VII, 199.
Emydae, d. i. Flußschildkröten. XI, 724.
Emys caspia, Schildkröte in Masenderan. VIII, 538.
Enar, Flecken in Aderbidjan. IX, 801.
Enbarlu, kurd. Jlats. VIII, 393. — s. Ambarlu, Emwarlu.
Enderes (Enderez, Andreyas), Stadt in Armenien. X, 751. 797.
Enderun, s. Mawz-e.
Endian, s. Hindian. IX, 135.
Endieler (Procop.), Dorf der, bei Amida. XI, 32.
Endigi, s. Lubie E.
Endres. IX, 858. s. Enderes.
Engelskirche, in Rabban Hormuz. IX, 743.
Engländer, über Badakhschan. VII, 799 ff. — in Bender Abassi. VIII, 745. — früher in Jspahan. IX, 47. — in Basra. XI, 1034. 1037.
England, in Khokand noch völlig unbekannt. VII, 783. — Politik und Macht in Persien. IX, 877. 904. — im pers. Golf. XI, 1058. — Consulate in Erzerum. X, 767. in Bagdad. XI, 825.
Englisches Kommando, bei den pers. Truppen. IX, 437.
Englische Sprache, unter den Montefik-Arabern in Suk el Scheyukh. XI, 1010.
Enischith, Chaldäer-Dorf bei Amadia. XI, 594.
En Nahrowan, s. Nahrowan.
En Najaf (Nedschef), am untern Euphrat. X, 59. 64. — s. Bahhr Najaf.
En Nil (Al Nil), zwei Dörfer am Euphrat. X, 205. XI, 783. 911. — s. Nahr Nil.
En Romania (Naamanie, Romanian), Stadt am Tigris. X, 191. 233.
En Nooman Jbn Mondhar, s. Nooman ꝛc.
Enoch (Edris), Vater Sab's. XI, 301.
Enten, in Masenderan. VIII, 525. — in Persien. 623. — in Ghilan. 678. — bei Abuschähr. 787. — bei Kohrud. IX, 37. — in Uschnu. 933. — am Arares. X, 382. — bei Mosul. XI, 217. — am untern Tigris. 941. — am untern Euphrat. 971. — wilde, auf dem Ravi. VII, 49. — am Murad. X, 651. 714. 818. — (Anas boschas) in Mesopotamien. XI, 509. — s. Krik-, Löffel-Ente.
Entführung der Geliebten, gewöhnlich bei den Kurden. IX, 619.
Entorche (Eutorche?), wol irrig st. Artuche. VII, 418.
Enzelli (Jnzelli, russ. Sinsili),

Bai im kasp. See, Hafenort von Ghilan. VIII, 520. 652 ff. XI, 556.
Enzelli-See. IX, 766.
Epardus, s. Murghab. VIII, 227.
Ephesus, in Kl. Asien. XI, 287.
Epheu, in Ghilan. VIII, 428. — in Masenderan. 516.
Ep'hrad (armen.), d. i. Euphrat. X, 81.
Ephraem Syrus (Ephraim), Kirchenschriftsteller. IX, 723. (armen. Uebersetzung) X, 571. 1088. XI, 293. (Grab in Orfa) 327. 420. — s. Jephrem.
Ephrat (altarmen.), d. i. Euphrat. X, 726.
Ephrem, s. Ephraim, Jephrem.
Epicactis, bei Mosul. XI, 218.
Epilobium alpinum, in Central-Kurdestan. XI, 624.
Epiphanius, s. Sanct E.
Episcopat, s. Bischofswürde.
Equus Khur (Hemionus), in Mesopotamien. XI, 505.
Eraciza (Eragiza, Erazica, s. Rajik), Ort am syr. Euphrat. X, 1000.
Erah Babeli (arab.), d. i. Irak Babylon. X, 195.
Erani(?), Prophet der Haranier. XI, 310.
Erasches, d. i. Arares. X, 379. 467.
Erask (armen.), d. i. Arares. X, 389.
Eraskhadsor (armen.), d. i. Thal des Arares, Ararat. X, 577.
Eraft, Sohn des Armavir. X, 467.
Eratosthenes, über Mesopotamien rc. X, 110. 968.
Erazica, s. Eraciza.
Erazkavors, Residenz der Bagratiden. X, 450.
Erbayn (Arbain), s. El E.
Erbfolge, in Kurdestan. IX, 440. — in Dschulamerk. 657.
Erbil (Erdebil, Arbela), Stadt in Kurdestan. VIII, 89. IX, 689. 691 ff. 737. — Dist. IX, 519. 535. 620. 633. 659. 1025.
Erblichkeit der Bischofswürde bei den Nestorianern vom Vater auf den Neffen IX, 657.
Erbsen, in Turfan. VII, 435. — in Mosul. XI, 208. — in Bagdad. 813.
Erbsenbaum, in Kabulestan. VII, 683.
Erchek, Erchekjun, s. Ardchek.
Erdbeben, in Lahore. VII, 57. — in Turkestan. 467. — in Khokand. 783. — in Badakhschan. 816. — zu Nischapur. VIII, 321. — zu Bostam. 340. — im Elburs. 426. 582. — in Masenderan. 525. — in Sari. 528. — in Amol. 540. — (Erdbebensphäre) im Demawend. VIII, 563. 570. — in Teheran. 611. — in Gambron. 741. — in Laristan. 754. — in Jahrun. 756. — in Abuschähr. 781. — in Rai. 597. 599. — starke, in Jbadj. IX, 155. — in Kurdestan. 616. — häufig in Aderbidjan. 792. 794. — in Tabriz. 829. 853. 854. 857. — in Madain. X, 162. — in Ani (1319). 442. — bei Kulpi. 471. — im Ararat, Armenien. 507 ff. — häufig bei Erzingan. 771. — zu Mosul (1667). XI, 187. — in Mesopotamien. 264. — in Batna Sarugi. 290. — zu Edessa. 346. 348.
Erdbeeren, in N. Armenien. X, 434.
Erde, eßbare, bei Nischapur. VIII, 321.
Erdebil. VIII, 89. 126. — s. Erbil, Ardebil.
Erdeni Bek, s. Irdana Beg.
Erdeschir, Distrikt von Fars. VIII, 127.
Erdeschir, Stadt in Kerman. VIII, 127.
Erdfälle, am Tigris bei Mosul. XI, 432.
Erdfeuer, bei Kerkuk. IX, 555.
Erdgürtel, in der pers. Kosmogonie. VIII, 44.
Erdharz, am mittl. Tigris. X, 222. — in den Ruinen Babylons. XI, 882. 916. — in den Ruinen Mogeïyer. XI, 993. —

vgl. Asphalt, Bitumen, Erdöl, Naphta, Petroleum ꝛc.
Erdil, chald. Gemeinde bei Amadia. XI, 592. 594.
Erdisch Tagh, s. Erdosch Tagh. XI, 624.
Erdjek, s. Ardchek. IX, 924.
Erdöl, schwarzes, in Dara. VIII, 737. — Quelle bei Tuz Khurmati. IX, 545. — bei Kerkuk. 554. — in Mesopotamien. X, 142. — s. Erdharz, Mumie.
Erdosch Tagh (Erdesch, Erdisch, Erdoz; irrig Haterasch, Hertowschi, Hertoshi), Gebirgskette im Süden des Van-Sees. IX, 975. 998. 999. 1003. 1007. 1008. X, 289. 293. 296. XI, 95. 624. 642.
Erdoz-Kurden. XI, 641. — s. Artuschi.
Erech, Nimrods Stadt in Sinear. X, 242. XI, 334. 990. — ob Alt-Basra? XI, 1052.
Erechlu, Zweig der Afschar. VIII, 401.
Erekschi, Dorf in Aderbidjan. IX, 813.
Erës (Zend), d. i. rein, fromm. VIII, 78.
Eretrier-Kolonie, in Arderikka. IX, 200. — im östl. Kurdistan. XI, 337.
Erez (armen.), s. Erzingan. X, 270.
Erezi (Zend), d. i. steil. VIII, 48.
Erghi. VII. 338.
Ergh mayum (d. h. Herr der Berge), Titel des Fürsten von Iskardo. VII, 217.
Ergir, s. Aderbaddjets e.
Ergouo göl, d. i. Tarim. VII, 328.
Erica arborea, scoparia, im syr. Taurus. X, 920.
Erigeron, am kasp. See. VIII, 517.
Erinaceus auritus, Igelart in Mesopotamien. XI, 503.
Eriwan (Erivan), Hauptstadt in Aran. VIII, 124. 126. 688. — Gouvernement u. Stadt des russ. Armenien. IX, 770. X, 386. (Höhe) 456. (Erdbeben) 510. 609. 610. (armen. Hochschule) 633. — Dist. X, 354. 355. 401.
Eriwan-Fluß (Zewang), zum Araxes. X, 456.
Eriza (armen.), s. Erzingan. X, 270. 786.
Erkenek (Erkeneh), Dorf in Kurdestan. X, 888. 891. 892.
Erkenek-Fluß, zum Gök su. X, 892.
Erkenek-Paß, im Taurus. X, 870. 889 ff. Höhe 902.
Erlan Dagh (Eylan, Haleb), Gebirgskette zw. dem Van- u. Urmia-See. IX, 642. 767. 916.
Erle, in Gurkan. VIII, 353. — in Ghilan. 427. — in Masenderan. 538. — in Armenien. X, 334. — (Alnus cordifolia) im Taurus. 919.
Ermenan, s. Keriwei E.
Erminier (arab. u. türk.), d. i. Armenier. X, 577.
Ernte, 3—5fache, in Peschawer. VII, 223. — sehr reiche, in Susiana (Chusistan). X, 177. — Zeit, in Mosul. XI, 219.
Ernuz, Dorf im obern Mesopotamien. XI, 8. 118.
Erodium, im östlichen Mesopotamien. XI, 484.
Erovand, Arsacide. X, 787.
Erovant II., erbaut Pakaran. X, 449. — Erovantaschad. X, 453.
Erovantabad, s. Erovantaschad. X, 398.
Erovantagerd (türk. Aktchehkalaa), armen. Stadt am Araxes. X, 398. 452. 454.
Erovantaschad (Erovantabad), alte armen. Hauptstadt am Arpa tschai. X, 398. 449. 453 ff. — Juden das. 588.
Erovantuni (armen.), s. Rowandiz. IX, 1027.
Erovaz, Oberpriester in Pakaran. X, 450. 454.
Errachaby. XI, 693. — s. Rahaba.
Errachmân, s. Chalil e.
Er Rahabeh. X, 694. 696. — s. Rahaba.
Er Rocafa, s. Russafa. X, 201.

Er Roha (Rohha), s. Roha (Edessa). X, 961. XI, 315.
Er Rosapha (Russafa), als Bezeichnung für Bagdad. X, 1113.
Ersari, Turk-Tribus. VIII, 407.
Ersas, s. Nahr ul E.
Ersen, s. Erzen.
Ersendschan, d. i. Erzingan. X, 770. 789.
Erserum, s. Erzerum.
Ersingan, s. Erzingan.
Ersngatzi, J., armen. Autor. X, 774.
Ersy, d. i. Al Erzi. XI, 708.
Ertchiyen, s. Purut E.
Ertuche, s. Paha e.
Erumbet Tagh. X, 797.
Ervend, s. Elwend. VIII, 48.
Erwan (d. h. Bestie), armen. Dorf. X, 814.
Erwandi, s. Rowandiz. IX, 1026.
Erwend, s. Elwend.
Erymanthos (Polyb.), d. i. Etymander. VIII, 63.
Erysimum, am mittl. Euphrat. XI, 702.
Erythräisches Meer, d. i. das persisch-arabische. X, 39.
Erz, Erzgruben, in Peschawer. VII, 223. — bei Nischapur. VIII, 323. — in Farsistan. 761. — aus Bagdad nach Hamadan. IX, 124. — bei Jdadj. 155. — in Babylons Ruinen. XI, 918. — s. Ocher-, Kupfer-Erz rc.
Erza Atis (Arja Atis), Burg im nördl. Kurdestan. IX, 644.
Erzen (Arzen, Gharzen, Arzanene), Kurden-Ort am Bitlis Tschai. X, 86. 89. XI, 39. 105. — s. Arzanene.
Erzendjan, s. Erzingan. X, 724.
Erzen Tschai (Erzensiai, Ersen, Arsanias), oberer Lauf des Jesidhane. IX, 710. X, 89. 90. 91. 98. XI, 6. 85. 105. — vgl. Bitlis Tschai.
Erzerum (Erserum, Arzerum, richtiger Arzen-er Rum, d. h. die Stadt Arzen der Römer), armen. Stadt an den Euphrat-Quellen. IX, 882. X, 80. 270. (Genuesen-Station?) X, 391. (Handel) 426. 619. (Armenier das.) 637. 642. (Namen) 723. (Erbauung) 726. 729. 757ff. 821. (Höhe) VIII, 13. X, 900. 1150. — Dist. X, 270. 388. 401. 659. 670. 716. 735. XI, 69.
Erzerum, die Hochebene. X, 746 bis 752. — das Paschalik. 752—757. — s. Garin.
Erzeruma Dschur, d. i. Fluß von Erzerum. X, 727. (Kara su) 728.
Erzerum-Thor, in Amida. XI, 50.
Erzeugungsprinzip, sein Kultus. IX, 218.
Erzgebirge, im Taurus. X, 911.
Erzi, s. Al E.
Erzingan (Ersingan, Erzendjan, Erz-Jnghian, sprich Ersendschan; Arzingan, Arzenka, Erez, Eriza, Egegheats, Egeghets, Acilisene), Stadt am Kara su (Frat), Sandschakat v. Erzerum. X, 75. 269. 270. 550. 576. (Armenier das.) 641. 724. 754. 770 ff. 782. 789.
Erzingan Kapi, Thor von Erzerum. X, 763.
Erzirrum, d. i. Erzerum. X, 727.
Erzväter, s. Patriarchen.
Es'ad Pascha, in Erzerum. X, 342.
Esa Khel (Esau-Khail, d. h. Esaustamm), Ebene am obern Indus. VII, 20.
Esbiyah, Dorf am untern Tigris. XI, 944.
Eschams-Moschee, in Hilleh. XI, 789.
Eschbelun, Pallast zu Madain. X, 199.
Esche (Fraxinus excelsior), in Ghilan. VIII, 427. 665. — in Masenderan. 512. 517. 538. — in Kurdestan. IX, 429. — in N. Armenien. X, 434. — (Fraxinus parvifolia, lentiscifolia) im Taurus. X, 919.

Eschimetis Tak. VII, 350.
Eschkaf Sake (Saka), Dorf in Kurdestan. IX, 620. 636.
Eschreff, s. Aschraff.
Esch Scharki Ben el Katami, Historiker. X, 64.
Eschta, s. Wadi E.
Escof, s. Tel E.
Escol, Thal Canaans. XI, 552.
Esdras, armen. Patriarch in Tabriz (628—640). IX, 778. X, 471. — s. Esra.
Esdrelom, Ebene Palästinas. X, 1054.
Esel, in Kars. X, 431. — als Pflugthier in Kurdestan. IX, 544. — drei Sorten im Taurus. XI, 505. — am unt. Euphrat. 1044. — auf persepolit. Sculpturen. VIII, 917. — wilde, am Surkhrud. VII, 312. — in Turkestan. 457. — (Onager) in Ghilan. VIII, 432. 433. 677. — am Demawend. 464. — im Elburs. 590. — in Persien. IX, 19. — in der pers. Salzwüste rc. 30. 71. — auf den Inseln des Urmia-Sees. 952. — (Gur, Khur) in Mesopotamien. X, 15. XI, 437. 495. — in der arab. Wüste. XI, 747.
Eselinsel (Jspera), im Urmia-See. IX, 952.
Eserd, d. i. Sert. XI, 100. 101.
Esfid-Diz, s. Kala Sefid. IX, 141.
Eshkaf rc., s. Eschkaf rc.
Esirijan, Distrikt Schirwans. VIII, 126.
Es Kasr, alte Pascha-Residenz am Tigris bei Mosul. XI, 667. — s. Al K., El K.
Eske, s. Jmam E.
Esker, Distrikt Kurdestans. IX, 606. — vgl. Asker.
Eskerdu, Jskardo. VII, 216.
Eski (türk.), d. h. alt. XI, 160.
Eski Bagdad (Uske B., d. i. Alt-Bagdad), Bezeichnung vieler Trümmerstrecken. X, 216. — Ruinenstadt am Tigris od. Dijala. IX, 500. 501. X, 196. 211. 226. 227.
Eski Julfa, d. i. Alt-Dschulfa, am Arares. X, 601.
Eski Kellek (d. h. Alt-Kellek), Jeziden-Dorf am Zab Ala. IX, 690. 691. 695. 697. XI, 656.
Eski Kifri, d. i. Alt-Kifri. IX, 542.
Eski-Mosul, d. i. Alt-Mosul, Ruinen am obern Tigris. XI, 159 ff. 424. (verschieden v. Singara) 161. (Sandschakat v. Mosul) 185. — Dist. 153. 278. 455.
Eski Ninive (türk.), s. Ninive. XI, 221.
Eski Sar, Dorf bei Jezd. IX, 26.
Eslapa, Thal in Central-Kurdestan. XI. 624.
Esmasek (?), in Kurdistan. XI, 40.
Esmay Ayni, Euphrat-Insel. XI, 980.
Esnan, s. Mazdeï e.
Espen, am Euphrat. X, 1075. XI, 683.
Espin, Christendorf in Dschulamerk. XI, 599. 640.
Espinha, Jesuit. VII, 346.
Esra (Ezra), Prophet, in Kalat Jaber. X, 242. — führt die Juden zurück rc. 250. 253. — Grab zu Korna. X, 268. XI, 793. 946. — häufiges Vorkommen des Namens am Euphrat. XI, 705. — s. Jl Azer, Oeser, Esdras.
Es Salibiyeh, s. Salabiyah.
Essame Ben Scherik, Gefährte Mohammeds, sein Grab im Sahend. IX, 832.
Es Sara (Ee-Sarà), d. i. der untere Euphrat. X, 205.
Esschair, s. Tel e.
Essed, s. Beni E.
Esseide, Jakobiten-Kloster im Dschebel Tur. XI, 440.
Es Sendia, kl. Stadt am Jsa-Kanal bei Bagdad. X, 203.
Es Sib, am Tigris. X, 191.
Es Sib, Provinz am Euphrat. X, 205.
Essig, aus Dattelpalmen. IX, 514.
Essnig, s. Jesnick.
Essul, s. Schähhr E.

Effuria, See am Euphrat. X, 267.
Es Szalt, Ort in Syrien. XI, 544. 554.
Estcourt, Maj., Tigrisschiffahrt. X, 1028. XI, 927.
Esther, ihr Grab in Hamadan. IX, 124.
Estranghelo (Seringheli), altsyr. Schrift. IX, 736. 737. 947. XI, 631. — ihre Aehnlichkeit mit der neusyrischen der Nestorianer. IX, 682. — Manuscripte in Rabban Hormuz. 745. — Inschriften in einer alten Kirche bei Mosul. 748. bei Ninive. XI, 234.
Esßed, s. Beni E.
Etalon, chines. Maßstab. VII, 384.
Etar, Gewicht. X, 1023. XI, 757.
Etaweh, am Jamuna. VIII, 794.
Etesia (armen.), d. i. Edessa. XI, 348.
Ethnographische Verhältnisse, in Mittel-Asien. VII, 583 ff. 689 ff. — s. Volk.
Etrek, s. Attreck. VIII, 366. — s. Ascher E.
Etschmiadzin (i. e. descensus; Utsch Kiliseh, d. h. Dreikirchen), Kloster, Patriarchensitz im russ. Armenien. X, 372. 378. 456. 514 ff. 532. 620. 624. (Bibliothek) 535. 631. (armen. Hochschule und Druckerei) 587. 633. 900. — vgl. Vagharschabad.
Etschmiadzin-Fluß, zum Araxes. X, 456. 515. — s. Karpi tschai.
Et Tafuf, am Euphrat. X, 63.
Et Tharthar, s. Tharthar. X, 218.
Et Tur. XI, 395. — s. Dschebel Tur.
Etymander (Ἐτύμανδρος), Fluß in Drangiana. VIII, 63.
Etymandri (Αἰτύμανδροι), Volk. VIII, 63.
Euchame (syr.), d. h. schwarz. XI, 341.
Eudoria, Theodosius Gemahlin, angebl. Erbauerin der 72 Thürme in Diarbekr. XI, 46.
Euergeten (Εὐεργέται, Evergeten), Volk in Drangiana. VIII, 66.
Eugen III., Papst. X, 613.
Eugenis, Insel im kasp. See. VIII, 514.
Euklides, von Mangu Khan studirt ꝛc. VIII, 299. IX, 838. — arab. Uebersetzung. IX, 843. — armen. Uebersetzung. X, 569.
Eukratides-Münze. VII, 684.
Euläus (Ulai), Fluß in Susiana. IX, 312. 314. 319. X, 28. — s. Kuran, Pasitigris.
Eulak, s. Ulek. XI, 99.
Eulchitching, in Ferghana. VII, 638.
Eulen, vier Arten im Taurus, Mesopotamien. XI, 507. — s. Schleier-E.
Eulogius, s. Mar E.
Eumenes, Statthalter in Syrien. X, 67.
Eunuchen, ehemal. Handelsartikel aus Bengalen. IX, 277.
Eu Ogli, s. Jsoglu. X, 865.
Euphemia, aus Sura, Khosroes Gefangene. X, 1083.
Euphorbiaceen, bei Mosul. XI, 219.
Euphorbia pyrrhus, in Mesopotamien. XI, 500.
Euphorbien, im syr. Taurus. X, 918. — in Mesopotamien. XI, 499. — in Central-Kurdestan. 624.
Euphotite, in den Avroman-Bergen. IX, 531. — bei Maaden Kapur. X, 913. — im Deredj Taful. XI, 97.
Euphrasia, am Ararat. X, 490.
Euphrat (Frat, bei Einheimischen auch Murad), westl. Gränzfluß Mesopotamiens, Etymolog. X, 714. 718. 721. 725. — System dess. X, 3 ff. — Histor. Rückblick: nach Herodot. 6 ff. (Quellströme) 23. — zur Zeit Alexanders. 24 ff. (früher mit besonderer Mündung) 27. (höhere Lage zum Tigris) 33. — unter Seleuciden. X, 66 ff. — Quellgebiet nach Strabo. 71 ff. 103. 107 ff. — sein angebl. un-

terirdischer Lauf. X, 338. — Quellen u. oberer Lauf. 645 ff. 661. 722 ff. — mittler Lauf, erste Beschiffung von Kjeban Maaden bis Samosat. X, 826 ff. — Höhenmessungen am. 902. — Schiffbarkeit unter Bir. X, 1012 ff. XI, 265. — von Rakka bis Zelibi. XI, 682 ff. — Zelibi—Rehabeh. 690 ff. — Rehabeh—Anah. 703 ff. — Anah—Hit. 716 ff. 726 ff. — Hit—Hillah. 749 ff. — Hit—Nahr Isa Saklawea. 762 ff. — Feludja—Hillah. 780 ff. — Uferland und Beschiffung von Hilla bis Diwaniyeh. XI, 948 ff. — Diwaniyeh—Lemlun. 969 ff. — Lemlun—Korna. 994 ff. — unterer Lauf. 1020.

Euphrat-Anschwellungen. X, 1023. XI, 1012.

Euphrat-Barre, unterste. XI, 994.

Euphrat-Brücke, bei Anah. XI, 725. — bei Haditha. 732. — bei Feludja. 779. — bei Hilleh. 784. — in Babel. XI, 923. — vergl. Zeugma.

Euphratesia (Euphratensis), Landschaft am Euphrat. X, 894. 929. 1048. — vgl. Komagene.

Euphrat-Inseln. XI, 710. 753. 763. 782. 995.

Euphrat-Kanäle, nach Abulfeda. X, 204. — s. Kanal.

Euphrat-Katarakten, ihre Beschiffung. X, 826 ff. 829. 875. 912.

Eurak, Dorf in Kurdestan. XI, 97.

Euranis, Christendorf in Dschulamerk. XI, 599.

Eurdek, Dorf am Zab Ala. IX 697.

Europa, von Heuschrecken heimgesucht. VIII, 798. — Exporte nach Bagdad. XI, 821.

Europäer, in Bagdad. XI, 815

Europäischer Menschenschlag und Fruchtarten, in Peschawer VII, 221.

Europäisirung, in Aderbidjan. IX, 861.

Europos, d. i. Rai. VIII, 599.

Europus, Name verschiedener Orte in Syrien, am Tigris rc. X, 994.

Europus (Ptol.), Euphratpassage. X, 946. 979. 980. 981. 994 ff. 1040. 1051. 1081. — vgl. Amphipolis, Dscherablus, Dura. X, 1032. XI, 699. 715.

Eusebius Chronik, armen. Uebersetzung. X, 563. 568. — in Edessa. XI, 341.

Eusofzyes (Jussufzye), östl. Afghanen-Stamm, in Kafirestan rc. VII, 6. 144. 203. 205. 213. VIII, 198.

Eustathius-Kloster (Dathew-Kl.), in Armenien. X, 614.

Euthu, s. Zerthu.

Eutorche, s. Aratuschi.

Eutychius, seine Lehre unter den Armeniern. X, 612. — Bischof in Dara. XI, 398.

Eva, ihre Verführung. IX, 755. — vgl. Adam.

Evagrius. X, 1087.

Evedjek, s. Ardchek. IX, 924.

Evergeten, s. Euergeten.

Evers, Reisender in Mesopotamien (1779). XI, 777.

Evilmerodach, babylon. König. X, 256.

Ewan, s. Abi E.

Ewlia, s. Burdsch al E.

Ewlia Effendi, türk. Autor, üb. Sindjar. IX, 754. XI, 448. — Bitlis. IX, 1004. — Tigris-Quellen rc. X, 102. 194. — Diarbekr rc. XI, 55. 194. 420.

Ewlia's Reisen, poetisches Produkt im Soran-Dialekt. IX, 630.

Exedarus, armen. König. X, 115.

Exerciermeister, russischer, zu Senna. IX, 437.

Eya, s. Ahmed E.

Eyas Oghlu, s. Isoglu. X, 865.

Eyd, Jubelfest über Zohaks Todtschlag. VIII, 561. — s. Aït.

Eyd Kurdi, d. h. Kurdenfest. VIII, 562.

Eye Dagemisch (Ai Doghan), Zufluß zum Karangu od. Schahrud. VIII, 618. 620. 628. IX, 809.

Eyet-tschai, Bach zum Euphrat. X, 884.
Eyguren, d. i. Uiguren. VII, 440.
Eyub (Hiob), Scheinkönig in Peschawer. VII, 315.
Eywani Kai, s. Aiwan i Keif.
Ez, s. Jez.
Ezèbe, Khan in Mesopotamien. XI, 869.
Ezechiel (Hesekiel, J'chesfel), Prophet, über Armenien. X, 595. — sein Grab bei Hilla od. Kufa am Euphrat. X, 257. 263. 264. XI, 793. 888. — s. Kefil.
Ezer, s. Sar-E.
Ezher Khane (d. h. alle Häuser), d. i. Kena. VII, 747.
Ezheruzewan, Ort Badakhschans. VII, 786.
Eznig, s. Jesnick.
Ezra, s. Esra.
Ezuga (Eriza?), am obern Frat. X, 728.
Ezzodin, Herrscher von Mosul. XI, 182.

F.

Faazit, s. Dagh F.
Fabrikate, in Kaschghar. VII, 417. — Herat. VIII, 252. — Meschhed. 304. — Laristan. 753. — Ispahan. IX, 56. — Diarbekr. XI, 57. — Miafarekin. 70. — Bagdad. 813. 822. — s. Gewerbe, Handel, Produkte rc.
Fackhri, s. Angur F.
Fadak, s. Schahri F.
Fadhl (Fazhl), s. Abul F.
Fadhla, s. Imam F.
Fähre, bei Hit am Euphrat. XI, 753. — vgl. Brücke, Zeugma.
Färberei, in Multan. VII, 67. — in Ispahan. IX, 49. — in Penjwin. 577. — in Kars. X, 426. — in Bitlis. 688. XI, 94. — in Resapha. X, 1110. — in Sert. XI, 105. — s. Baumwollen-F.
Färbererde, in Bayazed. X, 346.
Färberröthe, in Ghazna. VIII, 142. — in Kandahar. 175. — bei Jezd. IX, 26. 124. — in Rowandiz. XI, 654. — s. Farbstoff.
Faghuz, d. i. Tamariske. VIII, 715.
Fagus castanea, s. Kastanie.
Fagus silvatica, s. Buche. VIII, 427.
Fahan, Fahanna, d. i. Ferghana. VII, 563. 633. 644.
Fahender, Kastell bei Schiraz. VIII, 856.
Fa-Hian, buddhist. Priester, seine Reiseberichte. VII, 272. 278. 284. 289. 290. 299. 331. 354.
Faïli, früher als Bez. für Luri kutschuk. IX, 219. — s. Feïli.
Fakfur, d. i. Himmelssohn. X, 590.
Fakhera, s. Derbent F.
Fakhrabad, Dorf bei Hamadan. IX, 121.
Fakhrakah, in Aderbidjan. IX, 1016.
Fakhr eddin, s. Imam F.
Fakhreddin, Emir, erbaut die Tigrisbrücke bei Hösn Keif (1122). XI, 88.
Fakhr eddin Khelaty, Astronom aus Tiflis, in Maragha. IX, 841.
Fakhr eddin Meraghy, aus Mosul, Astronom in Maragha. IX, 841.
Fakih Ahmed, Kurdenheld. IX, 614.
Fakir, bei Afghanen = Hörige. VIII, 201.
Fakire, indische, bei Kurden. IX, 440. — im euphrat. Arabien. XI, 1041.
Fakir Meah Hadji Ullah, in Schikarpur. VII, 152.
Falahiyah (Felahi), s. Dorak.
Falco gentilis, in Mesopotamien. XI, 507.
Falco lanerius. VII, 790.
Falco milvus, s. Gabelweihe.

Falco ossifragus, in Mesopotamien. XI, 507.
Falco sacer. VII, 790.
Falco tinnunculus, Thurmfalke. XI, 507.
Fali, Pilger. VII, 706.
Falkar, Stadt Khokands. VII, 753.
Falken, im Hindu Khu. VII, 269. — in Badakhschan. 790. — in Ghilan. VIII, 431. — in Masenderan. 546. — bei Abuschähr. 787. — bei Amadia ꝛc. IX, 693. 719. — am Araxes. X, 382. — am untern Euphrat. XI, 980. — s. Thurmfalke.
Falkenjagd, in Sinde. VII, 181. — in Turkestan. VII, 466. — in Ferghana. 736. — in Persien. VIII, 623. — auf Gazellen. XI, 813.
Fallayun, kl. Stadt am Zab. IX, 137. 143.
Falluga, s. El F.
Falmouth, in England. X, 1025.
Famerin, Dorf bei Hamadan. IX, 121.
Fam es Selhi, s. Fommes Selh.
Famié, Famieh (Apamea, Seleucobelos), Stadt Syriens. X, 964. 965. 980. 1030.
Familienleben, in Ost-Turkestan. VII, 463.
Fan (chines.), d. i. Fremdling. VII, 508.
Fanak, d. i. Finik. XI, 122.
Fanda, Flecken am obern Tigris. XI, 180.
Fanmi, Ort in Khangkiu. VII, 614.
Fanyan, Fan yan na (chines.), d. i. Bamiyan. VII, 272. 284. 563. 564. 572. 687. 688.
Fara, s. Scham al Moluk Fara Merz.
Farah-abad, s. Furrahabad.
Fa-rareth, s. El F.
Farasch, d. i. Fläche, Ebene. VIII, 438.
Faraschwad, d. h. Niederland. VIII, 418. — alter Name für Masenderan. 438.
Farbe, s. Hautfarbe.
Farbestoff, rother, in Schirwan. X, 689. — s. Färberröthe.
Fardha, s. El F.
Farekin, s. Meïa F.
Fargards (d. h. Bruchstücke), Abtheilungen der Zend-Avesta. VIII, 29.
Fargunat, Ort in Laristan. VIII, 739.
Farhang Djehanguiri. XI, 569.
Faridi's, ägypt. Name für Heuschrecken. VIII, 808.
Faris, s. Mohammed el F.
Faris Aga, Kurdenhäuptling. IX, 639.
Farka, d. i. Heuschrecke. VIII, 792.
Farkeussan, Fluß in Irak Adschem. IX, 65.
Farkhan, Gründer Sari's. VIII, 530.
Farkin, s. Meja F.
Farmenie, Dorf bei Hamadan. IX, 121.
Far Modanlu, Ilat-Tribus. VIII, 393. 404.
Farrah (hebr.), d. i. fruchtbar machen. X, 725. — s. Furrah.
Farrahabad, s. Furrahabad.
Farrnkräuter (Polypodium filix mas), in Ghilan. VIII, 428. — in Masenderan. 517.
Fars, Farsistan, das alte Persis. VIII, 123. 124. 127. 771 ff. IX, 898.
Fars, s. Rebiat ol F.
Farsak (Farsakh, Fursukh, Farsang), Wegmaß, gegen 1¼ Stunden. VII, 249. 306. VIII, 156. 160. 284. 446. (von verschiedener Länge) 587. IX, 375. 392. 419. 427. 431. 673. 801. 963. 977. 995.
Farsinjin, bei Kazwin. VIII, 590.
Farsistan, s. Fars.
Farwa, s. Abu farwa.
Farwar, früh. Name des Polwar-Flusses. VIII, 863.
Fasa (Fassa, Faza, Fesa; früher Pasa, Besa), Stadt in Fars. VIII, 728. 729. 737. 756. 759. XI, 574.

Fasa-Brücke. VIII, 758.
Fasane, in Khokand. VII, 732. 767. — in Gurkan. VIII, 356. — in Ghilan. 432. — in Masenderan. 495. — in Aderbidjan. IX, 797. — bei Mosul. XI, 202. — (Phasianus colchicus) in Mesopotamien. 434. 508.
Fas el Namli, Cascade bei Tekrit. X, 223.
Faseolen, s. Phaseolae.
Fassa, s. Fasa.
Fasten, Fasttage, in Turkestan. VII, 464. — bei Yeziden. IX, 757. — der Nestorianer. 664. 970. — der Harranier. XI, 312.
Fatabad, in Fars. VIII, 868. 881.
Fata Morgana, s. Luftspiegelung.
Fath Ali Khan, s. Feth A. Kh.
Fathom, = 6 Fuß. VII, 148.
Fatihah, d. i. das erste Kapitel des Koran. IX, 215.
Fatihah-Berg, im untern Mesopotamien. XI, 1016.
Fatimah, ihr Grab zu Kom. IX, 32.
Fatimiden, d. i. Ismaelier. VIII, 580.
Fatsu, s. Oxus. VII, 495.
Fatt'hha, s. El F.
Fatul, d. i. Wirbelwind. XI, 704.
Faty Ali, d. h. Triumph Alis. VIII, 420.
Fauhi, s. Batn el F.
Faukani Maraka, Kastell am Tigris. XI, 432.
Faulfieber, in Armenien. X, 430.
Fauna, in Kaschmir. VII, 77. — im Pendschab. 117. — im Indus-Delta. 175. — in Kabulestan. 311. — in Turkestan. 456. — in Ghilan. VIII, 431. 677. — am Demawend. 560. — bei Abuschähr. 787. — in Kurdestan. IX, 609. — bei Kars. X, 431. — bei Mosul. XI, 202. 217. — in Mesopotamien. 502. — bei Bagdad. 812. — s. Produkte, Heerden-, Raubthiere rc.
Fausthuhn (Syrrhaptes Pallasii, ob paradoxus?), in Mesopotamien. XI, 508.
Faustkämpfer, berühmte, in Marghinan. VII, 734.
Faustus von Byzanz, armen. Autor. IX, 777. 778. X, 574. 588. 595.
Fay, Quelle bei Balis am Euphrat. X, 10. 1073. 1095.
Fayum, in Aegypten. XI, 56.
Faza, s. Fasa.
Fazel (Fazil, Fazl), s. Abul F., Dirakt i F.
Fazil Khan, Medresse in Meschhed. VIII, 299.
Fazilpur, Dorf am Chinab. VII, 34.
Fazilschah, Dorf am Chinab. VII, 34. 47.
Fazl, s. Fazel.
Fazlabad, s. Ab i F.
Fazlun, Fazlaieh, Chefs der Schebankareh. IX, 214.
Feckahal, s. Beni F.
Fedaïs (Fedavi), d. h. innerlich Geweihte. VIII, 580.
Federalaun, am Euphrat. X, 944.
Federigo, Caesar, venetianischer Kaufmann (1563), am Euphrat. X, 1017. — in Bagdad. XI, 798. auf dem Tigris. 927.
Federvieh, in Kars. X, 431. — s. Vogel.
Fedorow, W., russ. Astronom, Begleiter Parrot's nach Armenien. X, 366. — Messung des Ararat. X, 494.
Feiad, s. Emir F.
Feigen (Ficus carica), asiatische Heimath und Verbreitung. XI, 537—549. — bei Kote. VII, 60. — Kandahar. 240. — am Hindu Kusch. 261. — bei Heiduk. 270. — Khulum. 812. — in Afghanistan. VIII, 151. — bei Yezd. 268. — in Gurkan. 354. — Ghilan. 427. 676. — Masenderan. 538. — bei Rai. 602. — Ispahan. IX, 55. — Kala Sefid. 141. — (Mala punica) Holwan. 470. 476. — Tuz Khurmati. 545. — Tauk. 549. — Sulimaniyah.

IX, 575. — in Kurdestan. 550. 610. 728. — fehlen am Ararat. X, 480. — bei Bitlis. 687. — Erzingan. 772. — im Taurus. 920. — bei Sert. XI, 100. — am obern Tigris. 121. — bei Mosul. 202. 208. 667. — Orfa. 326. 332. — sehr reichlich in Sinjar. IX, 760. XI, 449. 456. 459. 460. 465. — bei Tel Afar. 454. — in Mesopotamien. 495. 501. — Tiyari. 610. — zu Anah. 719. — Bagdad. 801. 812. — am untern Euphrat. 953. — bei Basra. 1052.
Feigen, wilde, bei Schahpur? VIII, 828. — in N.-Kurdestan. IX, 691. — am Urmia-See. 958. — am Euprat. X, 886.
Feigenkuchen, in Palästina. XI, 547.
Feigenschnepfe, s. Beccafigue.
Feigensperling, s. Beccafigue.
Feïli (Filli), Ilat-Tribus in Luristan, Fars. VIII, 389. 870. IX, 66. 206. — s. Faïli, Kut el F.
Feishabur, ob = Pischabur? IX, 721. 724.
Feitse, Regent in Tsin (897 v. Chr.). X, 593.
Fei-wang, Usun-Fürst. VII, 612. 618.
Feizabad (Fyzabad), s. Badakhschan. VII, 469. 490. 793. 797. 802.
Feizabad-Fluß, s. Kokscha. VII, 801.
Feiz Ullah, Pascha von Van. IX, 979.
Felahi (Felahiyah), s. Dorak.
Feldbrände, bei Mosul. XI, 204.
Feldhühner, zahlreich bei Erbil. IX, 693. — in Mesopotamien. XI, 508.
Feldlerche (Alauda arvensis), in Mesopotamien. XI, 508.
Feldmarder, in Ghilan. VIII, 677.
Feldspath, im Besobdal. X, 375. — glasiger, am Ararat. X, 496. 502. — weißlicher u. gelblicher, glasartiger, im Ararat. X, 513.
Feldspath-Augitgestein, am obern Tigris. XI, 19. 125. — in Mesopotamien. 496. 683.
Feldspath-Porphyr, bei Kohrud. IX, 38.
Fel'hullah Aga, in Penjwin. IX, 577.
Felis chaus Güldenst., in Mesopotamien. XI, 503.
Felis domestica (gemeine Hauskatze), in Mesopotamien. XI, 504.
Felis jubata. XI, 503.
Felis lynx, s. Luchs. XI, 504.
Felis pardina, häufig im Amanus u. Taurus. XI, 504.
Felis pardus. XI, 504. — s. Panther.
Felis tigris, fehlt in Mesopotamien. XI, 503.
Felis venatica, in Mesopotamien. XI, 503.
Felithou, s. Heii F.
Felix d'Arocha, Jesuiten-Pater in China. VII, 346. 522.
Fellahi, s. Dorak.
Fellahs, d. i. Angesiedelte, Ackerbauer. X, 1070. XI, 720.
Felsbank, im Euphrat. XI, 711.
Felsblöcke, altes Vertheidigungsmittel in Bergfestungen. VIII, 476. IX, 137.
Felsen, schwarze, in Kohistan. VIII, 731.
Felsensprünge, kühner Gebirgsbewohner. IX, 407.
Felsformen, phantastische. IX, 849.
Felskammern (Hallen, Gräber), bei Persepolis. VIII, 899 ff. — bei Sahanah. IX, 349. — berühmte, im Tak i Bostan. 379. — zu Inderkusch. 1016. — am obern Tigris. XI, 124. — in Mesopotamien. 317. — s. Grotten, Katakomben rc.
Felsschloß, bei Van. X, 303 ff.
Felssculpturen, bei Firuzabad. VIII, 770. — Schahpur. 827 ff. — Serpul. IX, 395. — Scheïkhan. 464. — Holwan. 473. — Amadia. XI, 591.
Felsspalten, eigenthümliche, im Elburs. VIII, 510.

Feluchia, d. i. Feludja. X, 1017. XI, 799.
Feludja (Feluja, Feludscha, Felugo, Elugo, Feluchia), Hafenort Baghdads am Euphrat. X, 16. 17. 148. 219. 1014. 1017. XI, 762. 766. 779. 780.
Feludje, Insel des pers. Golfs. X, 39.
Felujia (El Falluga, i. e. terra sementi idonea), Gebiet am Euphrat. X, 203.
Felujo, s. Feludja. XI, 779.
Fenchel (Fennel; Anethum foeniculum?), in Sindschar. XI, 457. — in Tiyari. 615. 618.
Fenid (arab.), d. i. Farinzucker. IX, 274.
Fenik, s. Finik. XI, 122.
Fenkheu, Wachtelart. VII, 457.
Fennel, s. Fenchel. XI, 615.
Fensterscheiben, bunte, pers. Lieblingsluxus. IX, 835. — aus dünnem Marmor. 846.
Feouthou (Fo, Buddha?), in Khangkiu. VII, 667.
Ferah Baschi, d. i. Ober-Zeltlager-Inspektor. VIII, 511.
Ferakh-kand (das Meer), Erdgürtel der pers. Kosmogonie. VIII, 43. 44.
Ferasa, s. Tel F.
Ferasch, s. Albu F.
Ferdedjan, Festung bei Hamadan. IX, 119.
Ferdusi, s. Firdusi.
Ferganus, s. Al F.
Ferghana (jetzt Khokand), das obere Stufenland des Sihun, Stadt das. VII, 403. 425. 575. 729 ff. (astr. L.) 749. XI, 558. 565. — s. Ta Wan. VII, 633. 644.
Ferghana-Route. VII, 476.
Ferhad, Kurdenprinz, Geliebter der Schirin. IX, 349. 382. 406. 578. — s. Kalaa i F., U'taki F.
Ferhan, Lurensitz. IX, 216.
Feridun, Sohn Alefians, pers. Heros. VII. 280. VIII, 25. 562.
Feridun, Gueber, Ouseley's Banquier. VIII, 270.
Feridun, Gau in Luristan. IX, 24. 64. 211. 365.
Feriedin, s. Scheich F. Attar.
Ferik Pascha, in Mosul. XI, 189.
Feringhi, Feringi, d. i. Europäer, Franken, auch Engländer. VIII, 350. 613. XI, 923. — s. Frangi, Iltschi F.
Feringi kutschik, d. i. halber Europäer. VIII, 303.
Ferischta, Autor. VII, 274. 821.
Feriwar, Distrikt Hamadans. VIII, 125.
Fermed, Ort in Khorasan. XI, 571.
Fernouar, Distrikt Hamadans. IX, 121.
Ferokhzad, s. Rustam. X, 172.
Ferospur, Kaschmir-Paß. VII, 89.
Ferrokhzad, Dorf in Aderbidjan. IX, 1019.
Ferruchabad, Hauptstadt Taberistans. VIII, 126.
Ferrudsch, Statthalter in Bagdad. XI, 790.
Ferula assa foetida Linn., wilde Heimath im Hindu Kusch. VII, 260. — s. Assa foetida.
Fervers, die höchsten Schutzgeister der Menschen. VIII, 45. 109. 932. IX, 353.
Fesa, s. Fasa.
Feste, religiöse, fehlen den Yeziden. IX, 752. — s. Frühlingsfest.
Festuca, bei Mosul. XI, 219.
Festung, jungfräuliche, d. i. Mungascht. IX, 149.
Feth Ali Khan (Fath A. Kh.), Großvater Feth Ali Schahs (st. 1726). VIII, 402. 441. — vgl. Futeh A. Kh.
Feth Ali Schah, Kadjare in Persien (st. 23. October 1834). VIII, 420. 440. (Geburtsort) 464. 605. IX, 47. 864. 875. 901.
Feticha (?). VII, 676.
Fettvogel, in Turkestan. VII, 458.
Feuchtigkeit, Ausschwitzen von, im südl. Mesopotamien. XI, 959.

Feuer-Altar, Feuer-Tempel (Pyreum), bei Herat. VIII, 243. — in Farsistan. 759. 882. — bei Fasa, Darab. 746. — bei Kazerun. 841. — bei Ispahan. IX, 40. 44. — zu Tabriz. 769. 777. — am Urmia-See. 647. 961. — bei Takht i Soliman, Schiz. 1042. 1046. — bei Mambedsch. X, 1056. — s. Ateschga.
Feueranbeter, Kultus u. Gesetzbücher in Persien. VIII, 270 ff. — in Yezd. 266. — bei Schehrezur. IX, 444. — in Aderbidjan. 769. — s. Guebern.
Feuer-Anschüren, Schwierigkeit desselben auf großen Höhen. VII, 501. 502.
Feuerberg, in Chusistan. IX, 177.
Feuerbildungen, bei Erzerum. X, 748. — vgl. Vulkan.
Feuerland, s. Aderbidjan. IX, 112.
Feuer-Seide, eine Art Watte. VII, 598. — s. Asbest.
Feuersteine, am Euphrat. X, 921. 1068. — bei Hit. XI, 761.
Feuersteinkiesel, Lager im Hindu Kusch. VII, 259. — in Kurdestan. IX, 732. XI, 19.
Feuertempel, s. Feuer-Altar.
Fez Oglu, irrig st. Isoglu. X, 827.
Fichten, in Kaschmir. VII, 74. — Sogdiana. 626. — am Soghanlu Dagh. X, 407. 430. 738. — an der Gränze Armeniens. 772. — in Kurdestan. XI, 138. — in Bagdad. 813.
Fichtenkerne, chines. Name für Pistazienkerne. VII, 456.
Ficus carica, s. Feige.
Ficus indica, s. Banjane.
Ficus sycomorus, s. Sycomore. XI, 545.
Fidjerud (Tujurud), Stadt in Khorasan. VIII, 249.
Fieber, böse, in Ghilan. VIII, 672. — in Laristan. 739. — bei Basra. XI, 1051. — s. Gallen-, Sumpf-Fieber.
Fieber, intermittirende, in Senna. IX, 435. — in N.Kurdestan. 746. — Kars. X, 430. — Diarbekr. XI, 59. — Mosul. 210. — Tiyari. 611.
Fieber, kurdisches. IX, 609.
Fig, Station in Kurdestan. X, 875.
Figueroa, s. Silva F.
Fihrist, üb. Harranier. XI, 305 ff.
Filaria medinensis, in Laristan. VIII, 739.
Filfileh, Ort am untern Tigris. XI, 940.
Filkus (Philipp), s. Sekander F.
Filli, s. Feïli. IX, 206.
Filz, in Ost-Turkestan. VII, 518.
Filzkleidung, in Nang mi. VII, 494.
Filzteppiche, berühmte, von Kayn. VIII, 263.
Finakat (Benakat), Stadt an der N. Seite des Sihon. VII, 731. 739.
Finderisk, Dorf in Gurkan. VIII, 360.
Findük (arab.), d. i. Haselnuß. XI, 501.
Finduk (Fündük), Kurdendorf am obern Tigris. XI, 124. 170. — vgl. Fyndyk.
Finik (Fenik, Phinek, Phoenice), d. i. Pinaka in Gordyene, Kurdendorf am obern Tigris. IX, 709. XI, 121 ff. 170. — s. d. v.
Finiki (russ.), d. i. Datteln, Jujuben. VII, 455.
Finken (Fringilla), mehrere Arten in Mesopotamien. XI, 508. — s. Gold-, Schneefinke.
Finlay, Mr., Frasers Begleiter. XI, 864.
Finn, Ort in Laristan. VIII, 739.
Firdusi (Ferdusi), Dichter, Verfasser des Schah Nameh (c. 1000 v. Chr.). VII, 265. VIII, 25. 182. (Geburtsort) 289. 291. X, 725. 1050. 1085. XI, 570.
Firnißbaum, fehlt in Ferghana. VII, 642. — in Kabulestan. 683.
Firomalli, Theatiner, in Armenien (geb. 1633). X, 614.
Firoze, s. Mulla F.
Firus, s. Firuz. VIII, 440.

Firusabad, Dorf bei Damghan. VIII, 466. — vgl. Firuzabad.
Firusan, s. Firuzan.
Firuse, s. Firuzeh.
Firuskuh, Stadt in Ghur. VIII, 123. — vgl. Firuzkuh.
Firuz (Firus, Peruz), d. h. siegreich, glücklich. VIII, 327. — s. Phirouz, Abadan F., Deri F., Taschnia F.
Firuz, d. h. der Glückliche, Beiname Schapurs II. VIII, 440. XI, 28.
Firuz, Fürst in Laristan. VIII, 753.
Firuzabad, Stadt in Farsistan. VIII, 756. 769. — vgl. Cyropolis, Dschur, Firusabad.
Firuzabad, Flecken von Yezd. IX, 27.
Firuzah, s. Firuzeh.
Firuzan (Firusan, früher Taschnia Firuz), in Persien. IX, 23. 153.
Firuzeh (Firuse, Firuzedje, arab.), d. i. oriental. Türkis. VIII, 289. 305. 325.
Firuzeh, Ort im Norden Khorasans. VIII, 397.
Firuzkuh, s. Badi F.
Firuzkuh, Bergort am Demawend. VIII, 327. 401. 435. 452. 465. 481. 482. 484. 498. 506. — vgl. Firuskuh.
Firuzkuhi, Zweig der Eimak. VIII, 388.
Firuz Sabor (Pheruz Sapor, Peruz Sciabbur, Pirisabora), Festung bei Anbar am Euphrat. X, 147. XI, 766.
Firuz Schah, Enkel Nuschirwans. VIII, 770.
Firzan, Sassanidenfeldherr. IX, 96.
Fische, im Drachensee. VII, 495. — in Mesopotamien. XI, 509. — reichlich im Palagatsis. X, 397. im Euphrat. XI, 1069. — fehlen in den überirdischen Flüssen bei Nischapur. VIII, 309. im Urmia-See. IX, 953. — gesalzene, in Bitlis. X, 688. — heilige, bei Schiraz ꝛc. VIII, 851. IX, 168. Ali's, angeblich mit nur einem Knochen, im Gok Bunar. X, 844. bei Orfa. XI, 325. — von Kurden nicht gegessen. IX, 575. 584. 933. selten von Moslemen. XI, 813. — s. Weißfisch.
v. Fischer, in türk. Diensten. X, 1010.
Fischerei, bedeutend im Indus. VII, 175. — im Baran. 313. — unbedeutend im Van-See. IX, 997. X, 302.
Fischervolk, am Indus. VII, 150. — am Lop-See. 331. — in Iran. VIII, 711.
Fischköpfe, als Viehfutter. XI, 1033.
Fischottern, in Ghilan. VIII, 677.
Fischteich, heiliger, bei Hierapolis. X, 1044. — dem Abraham geweihte, in Orfa. XI, 320.
Fissenia (Φισσηνία), Stadt in Babylonien. X, 148. XI, 770.
Fistak, Fistuk (semit.), d. i. Pistacie. XI, 501. 562. 563. — s. Fostak.
Fitch, R., engl. Reisender. X, 1021.
Fitzjames, Mr., auf dem unt. Euphrat ꝛc. X, 1028. XI, 985.
Flachs, in Kaschghar. VII, 410. — in Masenderan. VIII, 538. — unbekannt in Kurdestan. IX, 608. — in Armenien. X, 433.
Flamingo (Phoenicopterus), in Afghanistan. VIII, 144. — in Ghilan. 431. 678.
Flavele, s. Ibn Fl.
Flavia Firma Sura, d. i. Sura. X, 1082.
Flechten, s. Lichenen.
Fledermaus, zahlreich in Mosul. XI, 218. — in Mesopotamien. 503.
Fleischspeisen, den zu nestor. Patriarchen bestimmten v. Kindheit an verboten. IX, 673.
Fliege, s. Muskito.
Fliege, spanische, in Mesopotamien. XI, 510.
Flöte, s. Schilfflöte.

Flözbildungszone, im Taurus. X, 910.
Flözkalk, am Euphrat. XI, 759.
Flora, bei Doch. VII, 44. — in Multan. 64. — Kaschmir. 73. — im Pendschab. 116. — in Sind. 159. — bei Sehwun. 161. — im Indus-Delta. 174. — in Kaferistan. 203. 204. — von Nijrow. VII, 246. — Turkestan. 455 ff. — Khokand. 777. — Kandahar. VIII, 147. — Afghanistan. 151. — im Meschhed-Thale. 313. — in Gurkan. 353. 354. — Ghilan. 427. 548. 674. — Masenderan. 436. — Kelat-Plateau. 715. — b. Schahpur. 842. — im Elwend. IX, 83. 84. — in Kurdestan. 609. — der Chaldäer-Ebene. 731. — im Soghanlu dagh. X, 405. — am Ararat. 490. — bei Mosul. XI, 202. 218. — in Mesopotamien. 483. 499. — am mittlern Euphrat. 702. — bei Bagdad. 812. — s. Alpenflora, Gemüse, Getraide, Obst, Produkte 2c.
Florenz, Concil zu (1439). X, 613.
Flori sikkei ifrendschije (türk.), d. i. Zechinen fränkischer Münze, venetianische Dukaten. XI, 44.
Flotte, Alexanders. X, 37. — türkische, zu Korna. XI, 1022. — aus Cypressenholz. 578.
Floyd, Mr., auf dem Euphrat. X, 954.
Flugsand, in Beludschistan. VIII, 721. — Dünen im südl. Mesopotamien. XI, 958.
Fluß (Kanal), Namen für. VII, 489. XI, 1018. — s. Ab, Dschur, Nahr, Rud, Schat, Su, Tschai, Wadi, Salzfluß 2c.
Flußlauf, in Ost-Iran. VIII, 182. — unterirdischer, des Zendeh-rud. IX, 23. bei Makhu. X, 337.
Flußschildkröten (Emydae), in Mesopotamien. XI, 510.
Fluth, s. Ebbe.
Fo, s. Foe.
Fochi, i. e. Mangeur de Buddha. VII, 657.
Foe (Fo), d. i. Buddha. VII, 290. 301. 356. — in Khangkiu. 661. 667. — s. Pitschi-Foe.
Föhren (Kiefer?), in Nijrow. VII, 246. — in Kabulestan. 310. — im Soghanlu dagh. X, 408. — am obern Tigris. XI, 117.
Foe koue ki, d. i. Fa Hians Pilgerreise. VII, 114. 297. 678. 687.
Foe leou tscha, d. i. Beludschistan. VII, 549. — Hauptstadt der Klein-Yueti. 677.
Foeniculum, in Kurdistan. XI, 658.
Foggia, s. Fukian.
Fo king i tsang, ein Buch des Fo. VII, 599.
Folin (Fulin), d. i. das byzant. Reich. VII, 426. 540. 653. 656.
Fomen (Fumen), Stadt in Ghilan. VIII, 126. 615. 662. 664. 666.
Fommeç Çelh (Fom ec Celh, Fam es Selhi, Fum el filh, i. e. ostium pacis), am Tigris. X, 191. 233.
Fonduk, türk. Münze. XI, 821.
Fontänen, 1600 in Hamadan. IX, 121.
Fontanier, V., französ. Consul in Bassora. XI, 981. 1037. 1048. 1058.
Forad, Forat, d. i. Frat, Euphrat. X, 725. — s. Ain al F.
Forbes, Dr. Fr., in N. Kurdestan. IX, 724. — über Jeziden. 749. — in Sindjar. IX, 749. XI, 442. 452 ff. — in Mesopotamien. XI, 259.
Forda, i. e. Portus. X, 1071.
Forelle (Salmo), in Ghilan, Masenderan 2c. VIII, 431. 564. 658. — im Sertschinar. IX, 448. — in Kurdistan. 611. — im Arares. 793. — im Murad. X, 346. — im Kars tschai. 428. — im Frat. 730. 737. — häufig in den Taurus-Flüssen. XI, 510. — s. Lachsforelle.
Forg, Stadt in Laristan. VIII, 738.

Formoza, s. Ormuz. VIII, 726.
Forster, G., in Kabulistan (1783). VII, 234. — Route in Ost-Iran. VIII, 154. — über Herat. 249. — Tauck — Sari. 475.
Fossile Bildung, am mittlern Euphrat. XI, 706.
Fostac (arab.), d. i. Pistacie. XI, 562. — s. Phostac.
Fotheringham, engl. Lieutn., sein Tod. IX, 219.
Fou, d. h. sich mit kreuzweisen Beinen setzen. VII, 363.
Fou, d. i. Distrikt erster Klasse. VII, 566.
Fouchi, Stadt in Bamiyan. VII, 572.
Fou hou man (Bahman), König Samarkands. VII, 573.
Foulin, s. Folin.
Fou phao sse thian, Capitale der Tiaotchi. VII, 568.
Fouté, chines. Adjutant. VII, 513. 520. 522.
Fouyeti. VII, 688.
Fraat, s. Frat, Av-fr.
Fragaria, am Ararat. X, 490.
Franciz, d. i. Franzose. VIII, 613.
Frangi, bei Kurden als Bezeichnung für Fremde. IX, 593. — s. Frengi.
Franken, in Mesopotamien. XI, 364.
Franken-Armenier, als Gegensatz schismatischer Armenier. X, 614. 677.
Frankenstadt, s. Scheher Sabz. IX, 827.
Frankolin (Perdix francolinus), in Mesopotamien. XI, 164. 508. — (Tetrao francolinus Linn.) in Bagdad. 812.
Französisches Consulat, in Bagdad. XI, 826.
Fraser, J. B., Nachrichten über Khokand. VII, 776. — Badakhschan. 802. — Persien. VIII, 422. — Tehran — Schahrud. 445 ff. — Amol — Lahidja. 545 ff. — Ghilan. 644 ff. — Aderbidjan. IX, 795. 871. — Tabriz. 882. — Persiens Zustände. 896 ff. — Urmia — Sulimaniyah. IX, 930 ff. — Hilleh. XI, 789. — Bagdad. 829. — Aker Kuf. 851. — Tak i Kesra. 863. — Iskurriah. 895. — untern Euphrat. 949. — mesopot. Wüste. 960 ff. — Suk el Scheyukh. 1009.
Frat (Fraat, Forat, Phrat, Perath), nördl. Quellarm des Euphrat. X, 24. (Quellberg) 79. (auch als Bezeichn. der Murad-Quellen) 648. 718. 722 ff. 768 ff. 800. (Höhenmessungen) 900. — s. Kara su.
Frauen, ihre höhere Achtung in Khotan. VII, 363. in Yarkand. 472. in Ferghana. 642. — sehr schöne, in Schiraz. VIII, 848. in Khonsar. IX, 64. in Harunabad. 391. in Baiburt. X, 789. — Arbeitsamkeit der kurischen. IX, 217. — kurdische, von Mahagonifarbe. IX, 359. ihr Leben. 597. 625. ihre Ungastlichkeit. X, 479. — nestorianische, in Tiyari. XI, 610. — s. Mädchen.
Frauengemeinschaft, s. Polygamie.
Frauenglas, im Mardin-Berge. XI, 384.
Fraxinus, s. Esche.
Frazer, Reisender in Khorasan. XI, 513.
Frede-davsche, Erdgürtel der pers. Kosmogonie. VIII, 43.
Frederick, E., Capt., in Babylon. XI, 885.
Frengi (Franke), s. Feringhi, Kulahi Fr.
v. Freygang, russ. Unterhändler in Aderbidjan. IX, 877.
Friedenstractat, zw. Persien und Rußland (1828). IX, 869. 880. — zw. Persien u. der Türkei (1821). 873.
Fringilla, s. Finke.
Fringilla domestica, s. Sperling. XI, 508.
Fringilla nivalis, d. i. Schneefinke. VIII, 432.
Fritillaria imperialis, s. Kaiserkrone.

Fritillaria meleagris (?), im Elwend. IX, 83.
Frosch (Rana cachinnans), in Masenderan. VIII, 517. 538. — in Ghilan. VIII, 677. — s. Laubfrosch.
Fruchtbarkeit, am Van-See. X, 324. — in Mesopotamien. XI, 421.
Frühlingsfeste, der alten Perser. IX, 87.
Fuchs, in Schapar. VII, 447. — am Attreck. VIII, 372. — im Elburs. 483. — am Demawend. 560. — fehlt in Ghilan. 677. — bei Abuschähr. 787. — in Hamadan. IX, 123. — in Aderbidjan. 850. — am Euphrat. X, 1031. — häufig in Mesopotamien. XI, 504.
Fuchs, fliegender, in Nijrow. VII, 246.
Fueh, Dorf in Irak Arabi. XI, 1027. 1028.
Füllenschloß Schapurs, in Kurdestan. IX, 486.
Fündük, s. Finduk.
Fürsten von Amadia, ihre Heiligkeit. IX, 719.
Füschend (Füschend-ek, wol richtiger Füschen-deh), Dorf bei Tehran. VIII, 593.
Fugiu, Fugui, s. Fukian.
Fukian. IX, 268. 270.
Ful, s. Dizful.
Fulad e Khorassan, berühmtes Stahl. VIII, 304.
Fulad Mahalleh, Dorf in Masenderan. VIII, 508.
Fuladut, Ort im Hindu Kusch. VII, 259.
Fulaili, östl. Indus-Arm. VII, 165.
Fuli, Usun-Fürst. VII, 622.
Fulica, d. i. Wasserhuhn. XI, 509.
Fulin, s. Folin.
Fulur, Stadt der Seikhs am Ssetledsch. VII, 35. 47.
Fum el filh, s. Fommeç Çelh.
Fumen, s. Fomen.
Fung, d. i. Wind. VII, 434.
Fung-fung-schi, chines. General. VII, 406.
Fung liao, chines. Hofdame. VII, 620.
Furia infernalis, in Laristan. VIII, 739. 755.
Furkar, s. Furukhah.
Furrah (Farrah, Parrah, Phra), Stadt im westl. Afghanistan. VIII, 120. 135. 153. 157. 25
Furrahabad (Farah-, Farrahabad, d. h. Wohnung der Freude), Hafenstadt in Masenderan. VIII, 438. 532. 538.
Furrah-rud, Fluß zum Zareh-See. VIII, 157.
Furrpun, Dorf in Kurdistan. IX, 425.
Fursukh, d. i. Farsang. VIII, 156. 160.
Furukhah (Furkar), Zufluß des Amu. VII, 806. 809. 811. 812.
Furusch, d. h. Verkauf. VIII, 535.
Furze, Nadelholz. VII, 260.
Fusa (arab.), d. i. Medicago sativa. XI, 501.
Fuschang (Futcheng, Fuschendsch), s. Busih, Puscheng.
Fuschi, Stadt von Bamiyan. VII, 688.
Fustanelle, d. i. Waffenrock. VIII, 831. 833.
Fusus, bei Ninive. XI, 238.
Fuß, Dr., Profil-Aufnahme der östl. Gobi. VII, 337.
Fußtapfe Buddha's, in Khotan. VII, 363.
Futallah, s. Kullah F., Putallah.
Fu tcheou fu, in Fokien, Zucker das. IX, 264. 268. 269.
Futeh Ali Khan, Fürst in Kelat. VIII, 283. — vgl. Feth A. Kh.
Futeh Ali Khan, pers. Dichter. IX, 895.
Fu tschu fu, s. Fu tcheou fu.
Futteh Khan, Vezier der Afghanen (1813). VII, 21. 232. 314. — sein Tod. 315.
Futtih, s. Khalsaji ka f.
Futtipur, Stadt am Ravi. VII, 48.

Futtyghur, am Ganges. VIII, 793.
Fuzluyah(?), Herrscherfamilie. IX, 154.
Fy, königl. Familie in Kaschghar. VII, 423.
Fyád, d. i. großer Sandhaufen, Sandhügel im südl. Mesopotamien. XI, 958.
Fyndyk, am Sultan su. X, 850. — vgl. Finduk.
Fyzabad, s. Feizabad.

G.

G, von Armeniern mit L vertauscht. X, 470.
Ga, d. i. Kuh. IX, 325.
Gabal, s. El G.
Gabaru, osrhoënischer Fürst. XI, 340.
Gabbol (Jubbul), Stadt am Tigris. X, 232.
Gabbro- (Eupholiden-) Felsen, in Armenien. X, 824.
Gabbula (Procop.), Ort in Syrien. X, 1084.
Gabelweihe (Falco milvus), in Mesopotamien. XI, 507.
Gaben Maaden, s. Kjeban Maaden. X, 727.
Gabiane, Statthalterschaft von Elymais. IX, 155. 157.
Gabinius, Pompejus Feldherr. X, 1134.
Gaboid (armen.), d. i. blau, häufige Bezeichnung armen. Berge. IX, 783. X, 81.
Gabr (Guebr), s. Kal'ahi G.
Gabran (Gueber), s. Chache g., Khaneh i G., Mal i g.
Gabrian (Gueber), s. Kabristan e Gabrian.
Gabriel, nestorianischer Bischof. IX, 678. — s. Mar G.
Gabriel, armen. Commandant in Malatia. X, 862.
Gabriel Schevris, chaldäischer Bischof (st. 1830). IX, 632. 678. 681. 945.
Gabris (Ptolem.), ob = Tabriz? IX, 770.
Gacha, s. Youlong-g.
Gachin (Guichi), Station in Laristan. VIII, 751.
Gad, Judenstamm, in assyr. Gefangenschaft. IX, 424.
Gadamalis, s. Gamarga. IX, 833.
Gadar (Keilschr.), Stadt. VIII, 102. 103.
Gadara, in der Decapolis. XI, 322.
Gader, s. Gaidar.
Gadesia, s. Kadesia. X, 211.
Gadirtha, am syr. Euphrat, astr. Lage. X, 974.
Gadlat, i. e. textrix Minerva, in Haran. XI, 309.
Gaduck, s. Geduk.
Gagat, hartes Bitumen. VIII, 549.
Gagates, s. Gangites.
Gaghzovan, Gaghzvan (armen.), s. Khagizman. X, 403.
Gaglig, d. i. Rebhuhn. VII, 767.
Gah, s. Kazar G., Schikar G., Takhti G.
Gaha, d. i. Selbstvertheidigung. VII, 139.
Gahan, s. Hohan.
Gahoroo, s. Garro. IX, 426.
Gahwarah (Galwarah), Residenz des Guranchefs im Zagros. IX, 389. 416.
Gaiane (Kaiane, Kajane), Wärterin der Hripsime. X, 527.
Gaïane-Kloster und Kirche, in Etschmiadzin. X, 516. 519. 532.
Gaidar (Gader, Gardar, Garder, Gardur), Fluß zum Südende des Urmia-Sees. IX, 824. 926. 1018. 1020. 1031. XI, 645.
Gaim, s. Ghaim, Ain el Gyan.
Gairi (Zend), d. h. Berg. VIII, 47. — s. Berezato G.
Gajassedin Mohammed Sam, Sultan, erbaut Herat (1200 n. Chr.). VIII, 2 4.

Gakchal Tak, Fortsetzung des Mussur Tag. VII, 419.
Gakhty (syr.), d. i. Kakhtah. X, 870.
Gala, s. Urhum g.
Galabatha, Ort am Euphrat. XI, 251. 687.
Galabus, s. Dschulab. X, 1125.
Galam, am Senegal. VIII, 807.
Galanus, K., Theatiner, in Armenien (st. 1666). X, 614.
Galater Ramady, s. Ramadi. XI, 765.
Galbanum, Harz in Persien. XI, 822.
Galdan, Herrscher der Oelöth (1696). VII, 509.
Galentza, Schloß am Euphrat. X, 1019.
Galenus, armen. Uebersetzung. X, 568.
Galerius, s. Maximinianus.
Galilá, Bergspitze bei Dschulamerk. XI, 625.
Galisch, d. i. Hirten. VIII, 575.
Galitha, Kurdendorf. XI, 618. 629.
Galizien, Armenier das. X, 597.
Gallabae fluvius, s. Dschulab. X, 1125. XI, 251.
Galläpfel, in Luristan. IX, 212. — Ardelan. 433. — Kurdestan. IX, 553. 610. 657. 665. X, 689. 701. XI. 591. — Musch. X, 679. — Armenien. 706. 707. — Erzerum. 756. 758. — im Taurus. 921. — in Diarbekr. XI, 59. — Bitlis. 94. — Mosul. 186. 209. — Rowandiz. 654. — Bagdad. 822.
Galläpfeleiche (Valonie oder Palamut), in Kurdestan. X, 696. XI, 138. 588. 651.
Gallenfieber, häufig in Süd-Kurdestan. IX, 580. — Armenien. X, 430.
Gallenkrankheiten, in Tiyari. XI. 611.
Gallienus, Kaiser (reg. 261 bis 268 n. Chr.). X, 1126.
Gallyat, Iliyat-Station in Aderbidjan. IX, 826.
Galula, ob Halus? IX, 508. 509.
Galun, s. Tache G.
Galwarah, s. Gahwarah.
Galwaz, Dorf in Aderbidjan. IX, 928.
Gamach (Kemakh), d. i. Ani. X, 727. 774.
Gamakh (armen.), d. h. Knochenreste. X, 788.
Gamardsch (Gamardschazor), armen. Kloster. X, 629.
Gamarga (Diod. Sic.), s. Maragha. IX, 833.
Gamasch-Ab (Gamas, Gamasu), südl. Quellarm des Kerkha. IX, 324. 325. 338. 342. 348. 349.
Gamaschan, s. Puli G.
Gambo, s. Srangson G.
Gambron, s. Gombron.
Gameny, s. Dutu G.
Gami'ain, s. El G.
Gamida, s. El G.
Gamron, s. Gombron.
Gamsar (Camsar), Prinzen in Ani. X, 440.
Gamsia, s. Camsia.
Gamul, s. Gomel. IX, 654.
Gamurdsch, s. Twiniki G.
Gan, s. Dschan.
Gandari-Berge. VII, 150.
Gandarii (Ptol.), Volk. VIII, 101. 103. 200.
Gandis (javan.), d. i. Zucker. IX, 281.
Gandisapor, s. Jondi Schapur. IX, 172.
Gandoman, in Chusistan. IX, 211.
Ganesa, indisches Idol. VII, 67.
Ganga, s. Dari G., Dauli G., Kischen G.
Gangalius mons (Sozom.), bei Diarbekr. XI, 32.
Ganges-System, mit dem Indus verglichen. VII, 189 ff.
Gangia regia (Ptol.). VII, 206.
Gangir, Steppenfluß von Mendelli, zum Tigris. IX, 397. 420.
Gangites (Gagates), in Mesopotamien. XI, 285.
Ganjak, s. Ganzaka. IX, 1046.
Ganj nameh (syr. Gendschname), d. i. Schatzbuch. IX, 88. 91. — s. Gunj Nauma.

Gans (Anser), in Ghilan. VIII, 678. — am Araxes. X, 382. — wilde, am Murad. 651. 818. — rothe am Tigris. XI, 218. 941. — zehn Arten in Mesopotamien. 509. — s. Kropf-, Löffelgans.
Gansi, Gansy, falsche Schreibart für Asi. VII, 426. 552.
Ganzak, d. i. Eingeweide, Inneres, Magazin, Thesaurus. IX, 779.
Ganzaka, Stadt am Urmia-See, Residenz in Medien. IX, 445. 505. 774. (das jetzige Tabriz) 775. 776. 852. (verschieden von Leilan?) 1018. 1022. (die zweite Ekbatana) 1040. 1046. — vgl. Gaza, Gazaka.
Ganzak Schahastan, d. h. die Königs-Residenz Ganzaka. IX, 779.
Ga-oche, d. i. Dsch. VII, 482.
Gaolachan, s. Droschan.
Gaoumazo, falsche Schreibart für Gamasch-Ab. IX, 348.
Gapan, Dorf in N. Kurdestan. IX, 725.
Gapiron, Distrikt in Kurdestan. IX, 606.
Gar, s. Gur. VIII, 134.
Gara, s. Gharah, Ziad Ibn G., Takt i G., Tel el G.
Gara-Berge, in Kurdestan. XI, 217. — s. Gharah.
Garabied (Garabiet), s. Surp G.
Garan(?), in Kurdestan. IX, 429. — vgl. Gharanis.
Garangoo, s. Karangu. IX, 832.
Garaphaigan, wüste Ebene in Farsistan. VIII, 761.
Garb, Gharb (arab.), Pappelart am Euphrat. XI, 691. 702. 741. — s. Gharab.
Gardanahi, s. Gardeneh.
Gardanahi Taki Girrah, Zagrospaß. IX, 388. — s. Taki G.
Gardanne, franz. General in Persien. VIII, 421. IX, 792. 862.
Gardar, s. Gaidar. IX, 926.
Gardeneh, d. i. enger Bergpaß. IX, 38. — s. Gardanahi.
Garder, s. Gaidar.
Gardil, Fort am Bitlis Tschai. XI, 115.
Gardjestan (Gardj al schar, Garistan), Gebirgsland in Khorasan. VIII, 135. — vgl. Guristan.
Gardner, Mr., am Tak i Kesra. XI, 852.
Gardur, s. Gaidar.
Gargar, Station in Aderbidjan. IX, 909. — vgl. Abi G.
Gargar (syr.), d. i. Gerger. X, 871.
Gargaraja, s. Djerdjeraia.
Gargouf (arab.), d. i. Aker Kuf. XI, 849.
Garhnic, s. Arnoug.
Gari, Stadt in Anabon. VIII, 120.
Garikinis, s. Daniel Tirer G.
Garin (Karin, *Καρινῖτις, Καρηνῖτις*), einheimische Bezeichnung für Erzerum, Gau Hoch-Armeniens. X, 80. 271. 531. 553. 726. 759. 774.
Garistan, s. Gardjestan.
Garitepa, Stadt Khokands. VII, 753.
Garm (Germ), s. Abi G.
Garmatschai (russ.), s. Karhni tschai.
Garme, s. Beth G.
Garmir Vank, d. i. das rothe Kloster, in Cilicien. X, 630. — s. Karmir v.
Garnace (Ptol.), ob Gurun? X, 841.
Garnspinnerei, in Ispahan. IX, 50.
Garo, s. Garro. IX, 387.
Garongoo, s. Karangu. IX, 832.
Garouts (altarmen.), d. i. Kars. X, 423.
Garperd, d. i. Kharput. X, 811.
Garpi, s. Karpi.
Garpi tschai, s. Abaran.
Garra, einheim. Name für Ssetledsch. VII, 32. 40.
Garran, Zufluß zum Diyalah. IX, 429. 460.
Garran, Zagros-Paß in Kurdestan. IX, 430.
Garrni, armen. Dorf. X, 780.
GarrnuWankh, s. KarnuWankh.

Garro (Garo, Gaboroo, Gohoroo, Goharoo), Zufluß z. Schirwan (Diyalah). IX, 387. 415. 425. 426.
Garro (Garo), Kurdendorf. IX, 387. 426.
Garsavera Dagh, in Kurdestan. XI, 97.
Garta (sanskr.), d. h. Höhle. VIII, 99.
Garten, Gärten, zahlreich zu Herat. VIII, 251. — fehlen bei Turkmannen. 279. — vorzügliche, zu Sarug ꝛc. XI, 56. 291. — hängende, in Babel. 916 ff.
Garus, Landschaft im westl. Persien. IX, 1044.
Garvar, kurd. Gebirgsdistrikt. IX, 674.
Garzit (Harzuk), Dorf am Van-See. IX, 1001. X, 289.
Garzoni, M., Pater, über Kurdestan (1764—1782). IX, 628. 655 ff. — Jeziden. 748.
Gas, Turkname für Ju-Stein. VII, 386. — s. Kasch.
Gasali, Philosoph aus Meschhed. VIII, 289.
Gasan Khan, s. Gazan Kh.
Gaschappery (Gashapooree), Dorf in Aderbidjan. IX, 808.
Gasch Nor, in Turkestan. VII, 330.
Gasna, Hauptstadt von Chuast. VIII, 123. — s. Ghazna.
Gasteropoden, am unt. Euphrat. XI, 987.
Gastfreundschaft, der Afghanen. VIII, 194. — Shouls. IX, 140. — Kurden. 600. 626. 814. — Ali Jllahi. 753.
Gat, s. Ghat, Gazer G.
Gatch, feiner weißer Mörtel. VIII, 775.
Gath, s. Kali G.
Gath Rimmon (d. h. Kelter der Granaten), Ort in Palästina. XI, 553.
Gati, Bergreihe in Afghanistan. VIII, 162.
Gau (sanskr.), d. h. Ochs. VII, 368.
Gau (armen.), d. i. Lage, bewohnter Landstrich. X, 580.
Gaubil, Pat., chines. Uebersetzer. VII, 429.
Gaugamela, d. h. Kameelswohnung. IX, 700.
Gaugamela, Dorf in Assyrien, Schlachtfeld. IX, 520. 698 ff.
Gauher Schahud, Moschee in Meschhed. VIII, 297.
Gaum (Zend). VIII, 51.
Gaur, d. i. Ungläubige, Nichtmoslemen, auch als Völkername. VII, 206. — s. Ghaur, Giaur.
Gaur, Stadt. VII, 206.
Gaura (sanskr.), d. i. roher Zukker. IX, 241.
Gauran, s. Tel G.
Gaurazig, Mori-Gipfel. VII, 83.
Gaur-khan, d. h. Fürst der Ungläubigen. VII, 206.
Gaurteppe, d. i. Feueranbeter-Hügel, am Urmia-See. IX, 962.
Gautama, der Friedensbringer. XI, 523.
Gauzanitis (Gozan, jetzt Kauschan), assyr. Provinz. X, 248. XI, 247.
Gavain (Gavian), Dorf in Kurdestan. IX, 574. 592.
Gavanis, Christendorf in Dschulamerk. XI, 599.
Gavial, Crocodil-Art. VII, 49.
Gavian, s. Gavain.
Gavra Kalaa (d. h. großes Kastell), Ruinen in Schehrezur. IX, 444. 606. — vgl. Gheura K.
Gavro(?), Ort in Kurdestan. IX, 430.
Gawakun, in Farsistan. VIII, 767.
Gawan, s. Mila-g.
Gawani, s. Kelo G.
Gawazen, Hirsch. VII, 735. 736.
Gawurluk (Gurluk), d. i. Donnergetöse, Stromwirbel im Euphrat. X, 945. 1032. 1063.
Gawvanan(?), Zufluß zum Karasu. IX, 391.
Gaz (Jaz, Guiez), Dorf bei Jspahan. IX, 39. 60.
Gaz, Gazu, Honigart. IX, 212.

Gaza, südl. Gränzstadt des Salomon. Reichs. X, 11. XI, 531.
Gaza (Gazae, Gazaka), Sommerresidenz der atropatenischen Könige am Urmia-See. IX, 113. 770 ff. 773. 775. 777. 778. 1046. XI, 79. — vgl. Ganzaka.
Gazaka, Stadt in Medien. IX, 113. 505. 770. 777. — vgl. Gaza, Ganzaka.
Gazam, d. i. Heuschrecke. VIII, 813.
Gazan Khan (Gasan Khan), Mongholen-Kaiser (st. 1304), zerstört Rai ꝛc. VIII, 600. 632. — befestigt Tabriz. IX, 853.
Gazellen, zahlreich in Persien. IX, 71. — in Aderbidjan. 910. — in Mesopotamien. XI, 428. 434. 496. — in der arab. Wüste. 700. 747. — bei Bagdad. 813. — im südl. Chusistan. 1029. — s. Ghazál.
Gazellen-Grab, zu Hamadan. IX, 117.
Gazer Gat, Dorf bei Herat. VIII, 253.
Gazerkaneh, Dorf im Elburs. VIII, 594.
Gazhala, Jezidin aus Sinjar. IX, 740.
Gazian, s. Bazian.
Gazira, s. Djezireh. XI, 147.
Gaziraei, Bewohner von Djezireh ibn Omar. XI, 147. — als Besatzung in Edessa. 347.
Gazna, s. Ghazna.
Gazo, s. Ditograch G.
Gazu, s. Gaz. IX, 212.
Gazwan, s. Otba Ben G.
Geb, d. h. Bauch, Gefäß. VII, 113.
Gebar, s. Beth G.
Gebein-Urnen, bei Abuschähr. VIII, 783.
Geberi (Guebern, Parsen?), Sprache in Kabul. VII, 307.
Gebern, s. Guebern.
Gebetschnüren (Rosenkränze), von Derwischen verkauft. XI, 1007.
Gebirge, im Pendschab. VII, 82. 84. — fehlen am mittl. Euphrat. XI, 701. — Vegetationsverhältnisse. X, 497. — s. Secundär-, Uebergangs-, Urgebirge, Berge, Geognostisch, Orographisch.
Gebirgsbewohner, ihre kühnen Felsensprünge. IX, 409.
Gebirgsknoten, tangutischer, an der Gränze von China u. der Mongholei. VIII, 14.
Gebirgs-Pässe, die sieben, von Kohestan. VII, 251 ff.
Gebirgsstraße, durch Keli Schin in Kurdestan. IX, 1025.
Gebirgsziege, in Khodjend. VII, 735. — s. Bergziege.
Gebler Bellauk, Talisch-Paß. VIII, 669.
Gebrabad (d. h. Guebernstadt), Thal bei Kaschan. IX, 36. — s. Guebernabad.
Gebr bina, s. Guebri Bena.
Gebrek, Gränzgebiet gegen Kabulestan(?). VII, 307.
Gebuz e Selm e Tur, richtiger Gümbesi e Salem e Tur. VIII, 529.
Gecko, mehrere Arten in Mesopotamien. XI, 510.
Gedik, s. Geduk.
Gedrosia, d. i. Mekran. VIII, 114. 711.
Gedrosier. VIII, 60.
Geduk (Gedük, Gaduck, Djedek), d. h. Engpaß, Gebirgsrücken. VIII, 473. 497. X, 345. — s. Agzi G., Bel-li G., Chatsch-G., Hassanlu G., Renat G., Robat i G., Sahra i G., Sar G., Sor G., Tschetel G., Tschir G.
Geduk-Dagh, d. i. der gespaltene Berg, in Armenien. X, 657.
Geez, = 2 Fuß. VII, 231. VIII, 143.
Gef, s. El G.
Gefarense, s. Giafar.
Geger, Zufluß zum Tabedah. X, 375. — vgl. Abu G.
Gegbu, s. Tschar G.
Gehörgang, seine charakteristisch hohe Stellung bei Juden u. Kurden. IX, 473.
Geier (Vultur), im Hindu Khu. VII, 269. — in Ferghana? 735.

736. — in Mesopotamien. X, 1018. XI, 507. — im südl. Chusistan. XI, 1029.
Geiklasch (d. i. Hirschessprung), Flußenge des Euphrat. X, 829.
Geirigi, Karpfenart. X, 1018.
Geïser (arab.), d. i. Bitumen. XI, 756.
Gelacunia, Meer oder See in Armenien. X, 465.
Gelae (Γῆλαι), Volk in Hyrkanien rc. VIII, 123. 590. — s. Ghilaner.
Gelbar, Distrikt Ispahans. IX, 44.
Gelbe Schuhe, den Christen u. Juden im türk. Reiche verpönt. XI, 816.
Geld, bei Ilats ungebräuchlich. VIII, 386. — s. Münze, Papiergeld.
Geli Bakiyeh, Thalschlucht im Ali Dagh. XI, 98.
Geli Muzukakh, Gebirgspaß in Kurdestan. XI, 596.
Geli Scherafi, Dorf am obern Tigris. XI, 122.
Gelmas, s. Giden G.
Gelpeghian, s. Gilpaigan.
Gelpo, d. i. König in Iskardo. VII, 217.
Gelus, s. Tel G.
Gemächer, verborgene, in Erzerum. X, 763.
Gemeri. X, 751.
Gemi-Dagh, Paß. XI, 144.
Gemmen, antike, in Schiraz. VIII, 853. — in Mardin. XI, 391.
Gemse, in Kaschmir. VII, 77. — asiatische, in Kurdestan. XI, 590.
Gemüse, zu Ispahan. IX, 54. — Bitlis. IX, 1005. X, 687. — Malatia. 854. — Taibe. 1106. — Orfa. XI, 326. — in Mesopotamien. 501. — Bagdad. 813. — Basra. 1052. — s. Flora.
Genbar, s. Calo g.
Gendis (javan.), d. i. Zucker. IX, 281.
Gendsch, Hukumet von Diarbekr. XI, 43.
Gendschawer, s. Kongaver. IX, 345.
Gendsche, frühere Hauptstadt in Eriwan. VIII, 126. — vgl. Kanzag.
Gendschname, s. Ganjnameh.
Gendseh, am Murad. X, 648.
Genges, s. Agatsch.
Genista, am Kabulstrom. VII, 227. — (scoparia, tinctoria) im Taurus. X, 919.
Genius, in Schafgestalt. VII, 457. — vgl. Dschinnen.
Genjek, s. Gevenjik.
Genkin, Dorf am Euphrat. X, 874.
Genneſareth-See. XI, 547.
Gennis, s. Khan G.
Gentiana, im Elwend. IX, 83. — (asclepiades) in Kurdestan. XI, 658. — (campestris) im östl. Mesopotamien. 484.
Genuesen, in Kaffa. X, 597. — angebl. in Djezireh ibn Omar. XI, 149.
Genuesenbau, Bezeichnung für ältere Bauten in Diyadin. X, 336.
Genuesen-Kastell, in Bayazed. X, 342.
Genuesenstation, zu Hassan kaleh rc. X, 390.
Genz, s. Kirk genz.
Geognostische Verhältnisse, im Demawend. VIII, 570. — in Fars rc. VIII, 821. IX, 38. — im südl. Kurdestan. IX, 526 ff. — im Dschebel Dschudi rc. 728 ff. — der Chaldäer-Ebene. 731. — am Arares. X, 451. — im Binghöl Dagh. 819. — im Taurus. 909.
Geomantik (Geometrie?), in Bagdad. X, 277.
Geon Ja'acob, jüd. Collegium in Bagdad. X, 260.
Geonim, d. i. jüdische Akademie. X, 266. 267. 268.
Geopothr, in griech. Inschriften bei Bisutun. IX, 355.
Georg, s. Sanct G., Dscherdis, Dschürdschis, Gergis, Ghiorghio, Girki, Jirgis, Jurgis.

Georg III., König von Georgien, erobert Ani (1161). X, 442.
Georg XIII., König v. Georgien. X, 587.
Georg Eben Balhtischua, Al Mansurs Leibarzt. IX, 287.
Georgien (Grusien), früher pers., jetzt russ. Provinz. VIII, 124. 126. 681. 797. X, 368. 586. (Handel) 426. (Orpelier das.) 592.
Georgien, Wali von. IX, 436.
Georgier, Kolonie in Abbasabad. VIII, 334. — in Kermanschah ꝛc. IX, 371. X, 434. (Gränze) X, 437. — als Leibwache in Bagdad. XI, 788. 824.
Georgische Schrift, durch Mesrop erfunden. X, 546.
Georgius, nestor. Bischof in Tekrit (560). X, 222.
Georgius Periodeuta, Bischof in Amida (770). XI, 32.
Gerah, s. Kalat el G.
Gerard, Dr. J. G., Burnes Begleiter. VII, 9. 84. 287. 288. VIII, 253.
Gerbadecan, ehem. Name für Gilpaigan. IX, 63.
Gerberbaum (Rhus cotinus), im Taurus. X, 921.
Gerberei, in Hamadan. IX, 124. 127. — in Kars. X, 426. — in Bitlis. 688. — in Diarbekr. XI, 59. — in den Sindschar-Bergen. 461. — s. Haut, Saffian.
Gerbillon, Jesuit. VII, 338.
Gerbillus nova spec., in Mesopotamien. XI, 505.
Gerbillus tamaricinus. XI, 505.
Gerd, gird (pers. u. armen.), d. h. umgeben, Stadt (z. B. Darabgerd, Medschingert, Melazgherd). VIII, 763. X, 576. — s. Kerta.
Gerder Chebly (d. h. Col von Ch.), Paßhöhe in Aderbidjan. VIII, 633.
Geredis, Dorf in Diarbekr. XI, 114.
Gerger (Kharkar, Gurgur), Stadt u. Kastell am Euphrat. X, 830. 833. 869 ff. (Höhe) X, 903. 985. (Kurden das.) XI, 144. — s. Baba G., Juliopolis.
Gergereh (Gerger), Festung in Georgien. X, 371. 372. 414.
Gerger Kalesi, d. i. Schloß Gerger. X, 870.
Gergis el Mekkin (Elmakin), nestor. Annalist (13. Jahrh.). X, 222. — vgl. Georg.
Gerib (Djerib), s. Azar G.
Gerichte, s. Rechtspflege.
Gerizler, Dorf in Diarbekr. XI, 114.
Germ (d. h. warm), s. Ab-germ, Abigern.
Germab, Ort im Norden Khorasans. VIII, 397. — s. Gurmab.
Germah, Dorf am Demawend. VIII, 10. 568.
Germanicia (Tabul. Anton.), Stadt in Syrien. X, 896. 1035.
Germanidsch, s. Kermanj. IX, 572.
Germanische Sprachspuren, in Khotan. VII, 357. 362.
Germanische Stammverhältnisse, Analogie bei Afghanen. VIII, 198 ff. — s. Indogermanisch.
Germasir (Germesir, Germsir, Gurmsir, Gurmsil, Kermasir), d. h. warmes, glutheißes Klima, Ufergebiet am Hirmend, in Farsistan ꝛc. VII, 220. 230. VIII, 150. 151. 180. 268. 723. 744. 765. 816. — s. Janniki-G.
Germi (Guermey), Hauptstadt v. Ujarud in Aderbidjan. IX, 796.
Germipan, in Kurdestan. IX, 1036.
Germlis, Schloß in N. Kurdestan. IX, 717. — vgl. Kermalis.
Germrud (Germerud), Distrikt v. Mianeh in Aderbidjan. VIII, 621. IX, 828.
Germsil, Germsir, s. Germasir.
Gernawuck (Gernauk), Arm des Alsas zum Araxes. X, 337. 338. 346.
Geröll-Ebene, am untern Zab Ala. XI, 656. — s. Rollkiesel.

Gerrha, arabische Küstenstadt (El Katif). X, 39.
Gerrhae (Gerrhe b. Ptol., richt. Serrhae der Tab. Peut.), Stadt am Euphrat. X, 1000. 1040. 1064.
Gerrhäer, Handelsvolk. XI, 50. 51.
Gerste, in Malwa. VII, 36. — Sehwun. 161. — im Indus-Delta. 174. — in Peschawer. 223. — Yarkand. 394. 396. — im Orusthal. 810. — in Herat, Ertrag. VIII, 254. — Masenderan. 434. — Persien. 484. — Ghilan. 676. — Yezd. IX, 26. — Chab. 159. — Kermanschah. 369. — Ardelan. 433. — im südlichen Kurdestan. 550. 597. — bei Sulimaniyah. 608. — fehlt in Hekkari. IX, 660. — in Sinjar. 760. XI, 465. — Aderbidjan. IX, 974. 800. — am Tigris. X, 231. — Arares. 393. — in Kars. 430. — als Pferdefutter am Ararat. 485. — in Erzerum. 756. — zwei- u. sechszeilige, im Taurus. X, 920. — bei Taibe. 1106. — in Diarbekr. XI, 56. — Orfa. 326. — Mardin. 387. — Nisibis. 427. — Mesopotamien. 501. — bei Hit. 752. 762. — Bagdad. 812. 822. — Basra. 1051. — wilde, bei Al Hadhr. XI, 471. am mittleren Euphrat. 713. — ohne Grannen, im Hindu Kusch. VII, 261. 262. in Badakhschan. 790.
Gerstenbier, bei Armeniern. X, 683.
Gerstenbrot, in Sindschar. XI, 465.
Gertschanis, türk. Distrikt von Hamach. X, 789.
Gerustan, Gebirge(?). VIII, 615.
Geruun, pers. Küstengebirge. VIII, 744.
Gesang, beliebt bei Afghanen. VIII, 169. — s. Lied.
Geschwüre, s. Aleppo-G.
Geschwulst, s. Wurmgeschwulst.
Gesichtsausschläge, in Bagdad. XI, 816.
Gesichtsbeulen (bouton d'Alep), bösartige, in Diarbekr. XI, 59. — in Orfa. 328.
Geskar, s. Keskar. VIII, 663.
Gesna, Christendorf in Dschulamerk. XI, 599.
Geenak, Dorf in Hekkari. XI, 600.
Gestirne, s. Planetencultus.
Geten (Jeta, Yetha, Yeiita, Yta, Youechi, Yuetschi, Yueti rc.), Volk. VII, 272. 362. 421. (durch Timur vertilgt) 440. 441. 548. 568. 571. 604. 615. 672. 701. 703. — vgl. Jatae.
Gethsemane, d. h. Oelpresse. XI, 533. 534.
Getränke, starke, von Yeziden geliebt. IX, 756. — s. Rauschtrank.
Getränk-Maaß, in Khokand. VII, 784.
Getraide, in Kaferistan. VII, 203. — Peschawer. 223. — im Hindu Kusch. 261. — unergiebig in Kabul. 306. — in Yarkand. 394. 396. — Aksu. 450. — im Meschhed-Thale. VIII, 313. — berühmtes, von Yezidkhast rc. IX, 21. 24. — in Yezd rc. 26. 178. — im südl. Kurdestan. 597. — wird am Van-See ausgetreten. X, 323. — in Kars. 430. — Erzerum. 756. — gutes, in Erzingan. 771. — in Mosul. XI, 208. — Orfa. 326. — in Mesopotamien. 501. — am Euphrat. 691. — in Bagdad. 812. — s. Ackerbau, Dreschen, Flora rc.
Geulli, s. Gol-li.
Geum orientale, am Ararat. X, 490.
Geurney, in Aderbidjan. IX, 796.
Geuzlu, s. Kara G.
Gevenjk (Gevenjik, Genjek), Station in Aderbidjan. IX, 798. 799.
Gewar, Bergland von Kohestan. VII, 245. — vgl. Jewar.
Gewaschir, Hauptstadt in Kerman. VIII, 127.
Gewehrfabriken, in Gilpaigon. IX, 64. — in Kermanschah. 371.

Gewerbe, in Kaschghar. VII, 417. — in Aksu. 450. — ganz unbedeutend in Sulimaniyah. IX, 569. — in Bitlis. 1005. — in Diarbekr. XI, 59. — s. Fabrikate, Handel, Produkte ꝛc.
Gewichte, in Yarkand. VII, 394. — Khokand. 784. — Bagdad. XI, 820. — s. Maß.
Gewitter, sind der Seidencultur nachtheilig. VIII, 686. — häufig in Kars. X, 429.
Gewizen, unbekanntes Jagdthier in Kafirestan. VII, 213.
Gewölbbogen, römische, in Diarbekr. XI, 49. — fehlen in Babel. 915. 917. — s. Gothisch.
Gewrakalaa, Ort im Karadagh. IX, 606. — vgl. Gavra K.
Gewürzhändler, in Bagdad. XI, 800.
Gez (pers.), d. i. Tamariske. IX, 20. — s. Dera G.
Gezerta (syr.), d. i. Djezireh ibn Omar. XI, 147. — s. Gozarta.
Gezingebin, Manna. XI, 822.
Gezira, s. Djezireh.
Gh, von Armeniern mit L vertauscht. X, 580.
Ghadari, Station in Irak Arabi. XI, 1039.
Ghadirs, d. i. Vertiefungen, Einsenkungen in Ebenen. XI, 742. 745. 1018. — vgl. Wadi ꝛc.
Ghafari, s. Al Gh.
Ghafur-Khan, Chef von Uschnej. IX, 1020.
Ghai, Turk-Zweig. VIII, 408.
Ghaib, s. Pir Gh.
Ghaim, Mauerwerk am Tigris. X, 227. 228. — vgl. Gaim.
Ghalcheh, s. Arkar gh.
Ghalghal, s. Abu Gh.
Ghalghala, s. Ghulghula.
Ghaltschas, s. Goltschi.
Ghara, s. Ghulu-gh.
Gharab, Pappelart am untern Euphrat. XI, 702. 988. — s. Garb.
Gharah, s. Gara, Dschebel Gh.
Gharah, Zufluß zum Zab Ala. XI, 167. 168. 588.
Gharah Surgh, Kalksteinkette in Kurdestan. XI, 655. 656. — vgl. Dschebel Gh.
Gharan, Ort Badakhschans. VII, 817.
Gharanis, Chaldäer-Dorf in Kurdestan. XI, 640. — vgl. Garan.
Ghara Tobi. XI, 649. — s. Tobi.
Gharb, s. Garb.
Gharbi, Abtheilung des Sindschar-Gebietes. XI, 465. — s. Imam Gh.
Gharek, s. Tscharrak.
Gharib, s. Abu Gh.
Ghari sefid (Khaur suffeed), die weiße Mine bei Nischapur. VIII, 328.
Gharjistan, s. Guristan. VII, 311. VIII, 137.
Gharmia, am Diyalah. IX, 490.
Gharzen, s. Erzen. XI, 105.
Ghasarapad, Pilgerhaus in Etschmiadzin. X, 518.
Ghasna, s. Ghazna.
Ghat, s. Gat, Kahiren Gh.
Ghaur (Gour), d. i. Hezareh. VIII, 238. — s. Gaur.
Ghauri, s. Giath Oddin el Gh.
Ghauza (Ghaur), s. Dedjlet el Gh.
Ghavan, s. Ur Gh.
Ghayara, s. Tell Gh.
Ghayn, s. Kayn, Ghaim.
Ghaza, d. i. Raubexpedition. XI, 476.
Ghazál, i. e. Antilope dorcas. XI, 505. — s. Gazelle.
Ghazale, s. Abu Hamed el Gh.
Ghazantschai, Fluß des Elburs. VIII, 498.
Ghazaron Vankh, d. i. Lazarus-Kloster. X, 666.
Ghazel, s. Scheriat el Gh.
Ghazi, s. Dera Gh. Khan, Suliman Bey Gh.
Ghazian (Kaziun), Station in Fars. VIII, 872.
Ghazie, d. i. Religionskrieg. VII, 52. 144. 205.
Ghazir Su (Khaser sui, Chaser, Hazir, Khazir, Bumadus), Quellfluß des Bumadus, Zufluß zum Zab Ala. IX, 690. 694. 697. 706.

IX, 724. 727. 731. 737. XI, 165. 168.
Ghazna (Ghasna, Ghazni, Ghaznein, Ghisni, Ghizni, d. i. Siegesstadt), Stadt u. Plateauland Kabulistans. VII, 15. 30. 233. 234. 240. 274. 309. 317. 688. VIII, 141 ff. — s. Gasna.
Ghaznaviden, Herrscherstamm (reg. 976—1184). VIII, 179.
Ghaznein, Ghazni, s. Ghazna.
Ghazun, s. Sullur Gh.
Gheckers, s. Guckers.
Ghedjich, s. Kisil=gh.
Gheebaum, in Indien. XI, 522.
Ghelani, s. Al Gh.
Ghelath (armen.), s. Akhlat. X, 326.
Ghele, Seide von Ghilan. VIII, 682.
Ghellala (Ghellaleh), Ort u. District in Kurdestan. IX, 588. 606.
Ghellali, Kurdentribus. IX, 439. 573. 612.
Ghenam, s. Abu Gh.
Gheradeh, Ort in Kurdestan. XI, 540. — s. Gherrada.
Gheraïb (Gharib), s. Abu Gh.
Gherak Tippa, Kastell in Aderbidjan. IX, 808.
Gheraniti (d. h. Schwere), kurdisches. Fieber. IX, 609.
Gheranmusi (Gheranmoosi, d. h. Filzhüte), Bezeichnung für Nestorianer bei Amadia. IX, 660. 663.
Gherbat, am Euphrat. X, 1076.
Gherbi, s. Imam Gh.
Gherbil, Gewicht. VII, 394.
Gherd, s. Gerd.
Gherradah, Dorf im südl. Kurdestan. IX, 575. 610. — s. Gheradeh.
Gheschki (Ghesghi), wilder Kurdenstamm. IX, 433. 813.
Ghetschewan (Ketschiwan), Sandschakat von Kars. X, 424.
Gheul, s. Ghöl, Balakhli gh.
Gheura Kulaa, Ruinen in Kurdestan. IX, 454. — vgl. Garra Kalaa.
Ghewun, Gummipflanze in Sulimaniyah. IX, 611.
Ghi, s. Gotchen Ghi.
Ghi, d. i. Butter. VIII, 145. 175.
Ghias, s. Lenger Mir Gh.
Ghiasoddin, Sultan zu Herat. VIII, 257.
Ghiaur, s. Giaur, Girghiaur.
Ghilan (Gilan, Kilan), Küstenland am kaspischen See. VIII, 123. 124. (Distrikte) 126. 425 ff. 442. 571. 643 ff. (Küstenweg) 656. (Produkte, Seidenzucht rc.) 671 ff. 680 ff. XI, 542. 556. — s. Koh Gh.
Ghilaner (Gelae). VIII, 434. — ihre Sprache. 589. 647.
Ghilan Kutem. VIII, 617.
Ghiliwan (?), Dorf in Aderbidjan. VIII, 666. 668.
Ghiljis, Ghiljies, s. Gildschis.
Ghillaweizh (kurd.), d. i. Sirius. IX. 609.
Ghilli, Gränzort von Kurdestan. IX, 452.
Ghilon, s. Djeilun.
Ghime (arab.), d. i. Trüffeln. XI, 746.
Ghioll, s. Gheul, Kip=Gh.
Ghiorghio (Georg), s. Mar Gh. Karkal.
Ghischab Khan=Route. IX, 452.
Ghisni, s. Ghazna.
Ghiul=pai=gan, s. Gilpaigan.
Ghizelan (Ghizilan), Kloster bei Mosul. XI, 200. 201.
Ghizni, s. Ghazna.
Ghobeir, Morastbildungen am unt. Tigris. XI, 939.
Ghöl, s. Göl, Arpa Gh.
Ghog, s. El Gog.
Ghol, s. Göl, Belik Gh.
Gholam, s. Ghoolam.
Ghomel, s. Gomel.
Ghoolam, d. i. Page des Prinzen, Leibgarde des pers. Schah. VIII, 403. IX, 67. 916.
Ghorbend, s. Ghurbend.
Ghorbi, s. El Gh.
Ghorchuras (d. h. Reiter), irreguläre Truppen der Seikhs. VII, 125.
Ghore, Trümmerstadt in Afghanistan. VIII, 158. 255.
Ghorkund, Fluß. VII, 229. 233.

Ghouràb, Felsschloß bei Van. X, 303 ff.
Ghozz, s. Uzen.
G-Hu (tübet.), d. i. Ju-Stein. VII, 387.
Ghuasta, Stadt. VIII, 123.
Ghük Daghi, in Armenien. X, 745.
Ghul (Gul), s. Aigher Gh.
Ghulambar, s. Khulambar.
Ghulaneh (Gulaneh), Gränzdorf von Senna. IX, 580. 581.
Ghul Dagh, s. Göl Dag.
Ghulghula (Ghalghala), alte Stadt im Hindu Kusch. VII, 276. — s. Gulghulu.
Ghulu-ghara, Niederlage der Seikhs (1762). VII, 137.
Ghulumkova, Station in Kurdestan. IX, 539.
Ghumer Khan, Fürst von Khokand. VII, 773.
Ghundi, s. Kullah Gh. Mansur Khan.
Ghunnet, s. Abu Gh.
Ghunus, s. Khinis. X, 303. 659.
Ghur (Gur), d. h. Berg. VII, 330. — s. Ghurian, Guristan, Govind-, Rai-, Spin-ghur.
Ghuraba, Flugsanddünen am Tigris. XI, 679.
Ghuraibah (Ghuraibeh), Ort am Jerahi. IX, 158. 166.
Ghuraigel, s. Schuragel. X, 435.
Ghurbend (Ghorbend, jetzt Gurbund), d. h. Ansteigen durch Ghur, Distrikt in Kohestan. VII, 241. 245. 247. 252.
Ghurian (Ghur), Landstrecke zw. Herat u. Turkut. VIII, 254. 265. — vgl. Guristan.
Ghurrum Seran, Distrikt Khokands. VII, 776.
Ghurun, s. Gurun.
Ghurut, s. Abu Gh.
Ghuryal, Crocodil-Art. VII, 49.
Ghus, Turk-Tribus. VIII, 322. — vgl. Gus.
Ghuzkan, Dorf Persiens. VIII, 283.
Ghwozhe, Paß in Afghanistan. VIII, 165.
Giafar, Familienname Al Mansurs u. Motassems. X, 210. — s. Dschaafarije, Dschiafar, El G., Abu G. al Mansur.
Giath Oddin el Ghauri, Vater Hosains d. Gr. VIII, 243.
Giaur, Giaour, d. i. Ungläubige, Nichtmoslemen. VII, 206. — s. Dsiaur, Ghiaur, Mauli G.
Giaur Dagh, armen. Gebirge. X, 739.
Giaur Kiouri (G. Kieuy), d. i. Dorf der Ungläubigen, in Mesopotamien. XI, 358. — vgl. Dsiaur Koij.
Giaur Kulla, Heidenschloß am Kisil Osen. VIII, 638. — vgl. Gour K.
Giaur Nischins, d. h. Heidenschlösser. VIII, 464.
Gibea, Ort im Stamme Benjamin. XI, 554.
Gibel, s. Dschebel.
Gibel Bisutun, d. i. Bisutun-Berg. IX, 360.
Gibin, armen. Dorf in Mesopotamien. X, 925.
Gibraltar-Felsen. IX, 15.
Gickers, s. Guckers.
Giddan, Stadt am mittl. Euphrat. XI, 716.
Giden Gelmas, Bergkuppe bei Kom. IX, 31.
Gidon Chebly, Paßhöhe in Aderbidjan. VIII, 633.
Gidr ach Chan, Euphrat-Kanal. XI, 954.
Gidr-ach-Schat, Euphrat-Kanal. XI, 952. 978.
Gieuk Tepe, Schutthügel bei Altun Kiupri. IX, 639.
Gihiagin (Ras al Ain, das alte Resen?), Stadt in Mesopotamien. X, 244. 262.
Gil, s. Kah gil.
Gilan, s. Ghilan.
Gilan, Ebene u. Zufluß zum Holwan. IX, 417. 421. 478. 481.
Gilani, Fluß von Rai. VIII, 601. — s. Scheich Abdul Kadir G.
Gilard, s. Jilard.
Gilaß, s. Tschuschmahe G.
Gildschis (Ghiljis, Ghiljies), Af-

ghanenstamm. VII, 232. — in Alinghur ꝛc. VII, 250. 251. 317. VIII, 193. 197. — in Nurmanschir. 734. — vgl. Goltschi.
Gilgird, Ruine am Kuran. IX, 168.
Gilgird-Kette, in Persien. IX, 168.
Gilgit, Gilgitty, Stadt, Zufluß zum Indus. VII, 14. 15. 216. 821.
Gili, s. Rah-g.
Γιλιγέρδων φρούριον (Theoph. Simoc.), s. Hösön Keif. XI, 81.
Gilkerd (pers.), s. Hösön Keif. XI, 81. 83.
Gilla (Taut), Sprache in Tarim, am obern Kisilusen. VIII, 589.
Gilpaigan (Gilpaigon, Gelpeghian, Goolpyegon, Gueulpeghian, Ghiulpaigan), Stadt in Persien. IX, 22. 63.
Gimel, Stadt u. Landstrich am Euphrat. XI, 718.
Gimmo, Berggipfel in Süd-Kurdestan. IX, 579. 588.
Ginai, pers. Küstengebirge. VIII, 744.
Ginau, s. Abigerm G.
Gindaros, Burgstadt in Cyrrhestica. X, 929.
Gingember (Amomum Zingiber), in Indien. XI, 822.
Ginow, s. Kohe G.
Giodrl (Gudrun), s. Pera-mi-g.
Giöloran, schlechte Schreibart für Gol Beran. X, 745. 825.
Giogan-deresi (russ.), s. Schughani dsur. X, 727.
Giok (japan.), d. i. Ju-Stein. VII, 386.
Gioudi, arab. Form für Curdi. XI, 156. — s. Dschudi.
Giozeh (Giozheh, Jiozeh), Gebirge Kurdestans. IX, 459. 532. — s. Azmir Dagh.
Giozeh-Paß, bei Sulimaniyah. IX, 565. 574.
Gir (Gur), arab. Name für Bitumen. IX, 546. 554.
Girani, in Afghanistan. VIII, 154.
Gird, s. Gerd, Kuhi G., Kunar i gird.
Girdaschir, Dorf bei Erbil in N.Kurdestan. IX, 694. 695.
Girdgoran, Dorf in N.Kurdestan. IX, 727.
Gird Khaber, Distrikt Kurdestans. IX, 606.
Girdkuh, s. Kirdkuh.
Gireh e Tazian (d. h. Araber-Lager), Ebene v. Kohestan. VII, 248.
Gireili, Tribus in Gurkan, Masenderan ꝛc. VIII, 350. 357. 527.
Girezeh, in Schehrezur. IX, 459.
Girghiaur, d. i. Berg der Ungläubigen, bei El Kosch. IX, 741.
Giri (sanskr.), d. i. Berg. VIII, 47.
Girischk (Grischt), Ort am Hirmend. VIII, 120. 154. 159.
Giriva, s. Bala G.
Girippa, s. Tang-Baba-G.
Girki Pedros (d. i. Georg Peter), Chaldäerdorf. XI, 169.
Girrah, s. Taki G., Gardanahi T. G.
Giru, Station in Masenderan. VIII, 494.
Girun-Berge, in Luristan. IX, 340.
Gisr Mambegi (Dschisr Mambedsch), d. i. Brücke von Manbedsch. X, 1062. XI, 269. — vgl. Jisr.
Giürgen, s. Gurgan. VIII, 366.
Giulab, s. Dschulab. X, 1124.
Giulamerik, Giulamerk, s. Dschulamerk. IX, 645. 656.
Giunchi, d. i. chinesische Junken. IX, 277.
Giurdi (arab.), d. i. Curdi. XI, 156.
Giurdschi Kapi, Thor von Erzerum. X, 763.
Giv, Sohn od. Vater des Gudarz. IX, 355. 356.
Givers, Dorf in Kurdestan. X, 92. XI, 112.
Givputr (Zend), d. i. Sohn des Giv. IX, 355.
Gizama (Ptol.), in Mesopotamien. XI, 373.

Gizeh, arab. Tribus. X, 1030.
Gjabar, Gjaber, s. Jaber.
Gladiolus segetum, byzantinus, im östl. Mesopotamien. XI, 218. 484.
Glahorhomagan (arm.), d. i. Romkalah. X, 931.
Glas, Glashütte, in Kaschghar. VII, 429. — bei den Jueti. 676. — in Tahrie. VIII, 778. — in Schiraz, Maragha. 852. IX, 835. — in Kadesia. X, 187. 228. — in Mardin. XI, 387. — in Bagdad. XI, 822. — s. Frauen-, Irak-, Marien-, Obsidianähnliches, Vulkanisches Glas.
Glascott, A. J., Begleiter Brants. X, 287. 685. XI, 63.
Glasirte Backsteine, in Babel. XI, 918.
Glasmaterial, im Mardinberge? XI, 385.
Glasopal, am Ararat. X, 502.
Glasscherben, farbige, bei Ahwaz. IX, 223. — am Tigris. X, 229. — am Tak i Kesra. XI, 864. 865. — in Babels Ruinen rc. 910. 965.
Glasziegeln, gute, in Persien. X, 229. — s. Ziegelstein.
Glaubersalz, auf der Araxes-Ebene. X, 461.
Gleditschia caspia, in Masenderan. VIII, 538.
Gletscher, in Karakorum. VII, 399. — in Kurdestan. IX, 451. XI, 647. — am Ararat. X, 482. 488. 491. — im Taurus. XI, 106. - in Tiyari. XI, 616. 617. 618.
Glieder, geschwollene, in Jarkand. VII, 309.
Gliederwurm, in Laristan. VIII, 739.
Glimmerschiefer, am Binghöl Dagh. X, 819. — im Taurus. 913. 916. — bei Bitlis. XI, 93. — unter Kalkstein, im Ali Dagh. 99. — in Tiyari. 607.
Glimmerschiefer-Gebirge, zu Duka. VII, 227.
Glires, in Mesopotamien. XI, 502.
Glocken, der Buddhisten. VII, 438. — in den Kirchen zu Bitlis. X, 687. — in Kanda Kilissa. XI, 643.
Glycimeris (laeviuscula, vitrea, plicata), Muschelarten am kasp. See. VIII, 517.
Glycyrrhiza (glabra, echinata), in Mesopotamien, Kurdestan rc. IX, 77. XI, 500. 502. 586. 658. 768. 980. 1028. 1052.
Gmelin, S. G., in Persien. VIII, 419. — auf dem kasp. See. 516.
Gnaphalium, in Armenien. X, 818. — im östl. Mesopotamien. XI, 484.
Gneuß, im Hindu Kusch. VII, 258. — im Taurus. X, 913. 914.
Go, d. i. Erde. VIII, 51.
Goadsjeh, Urmutter der Arier. VIII, 44.
Goands, Hochland der. VIII, 135.
Goban (Gobba), am Persergolf. IX, 158. 161. 163. XI, 1038.
Gobares, pers. Präfekt. IX, 356.
Gobba, s. Goban.
Gobechook, Dorf in Aderbidjan. IX, 816.
Gobi, d. h. Wüste. VII, 326. — hypsometr. Verhältnisse. 337.
Gobius, d. i. Meergrundel. XI, 1027.
Gocklan, s. Goklan.
Godaik (Godakh), armen. Provinz. X, 515.
Gögtaza, Dorf bei Urmia. IX, 944.
Goeibe, s. Dui. VII, 599.
Gökdscheh Bunar, von Kurden besetzt. XI, 145.
Gökrun, zu Meraasch. XI, 56.
Gök su (Gök sui, Gok su, d. h. Himmelswasser), rechter Zufluß zum ob. Euphrat. X, 850. 889. 941.
Gökſu, Bach bei Mardin. XI, 389.
Gökſu, Khan in Mesopotamien. XI, 277.
Gök Tenah, Taurus-Berg. X, 891.
Göktschai (Kuktscheh Daria, Kuktscheh Tengis, d. h. blaues Meer, auch Sevan, Zewanga), Alpen-

See im russ. Armenien. X, 377. 399. 456.
Göl (Ghöl, Ghol, Gheul, Ghiol, Gol, Gul, Kol, Kul), s. Ballik G., Dschenari G., Ergouo g., Maden G., Nasik g., Tarim g., Tschildyr G.
Göl (d. i. See), Christendorf bei Mardin. XI, 375.
Göl Baschi, Taurus-See am Ak su. X, 894.
Göl Dagh (Ghul D.), d. h. Seeberg, im Taurus. X, 902. 909. 914. — s. Göl Tagh.
Göldschik (Goldschik, Goljik, Gölendschik, Gorjik Gol, Gueuktscheh, Colchis, Thospites), d. h. kleiner See, See des westl. Tigris in Groß-Armenien. X, 101 ff. 811. 829. (Spiegelhöhe) 902. 904. XI, 14. 1[illegible]
Göldschik, Ir[illegible]chen im gleichnamigen See. XI, 14.
Gölendschick, s. Göldschik.
Gölli, Dorf bei Mardin. XI, 443.
Göl Tagh (Kara Baba), Tiefthal von Arabgir. X, 799. — s. Göl Dagh.
Gölweran, s. Gol Veran.
Görün, s. Gurun. X, 841.
Görün Dag, Bergkette in Klein-Asien. X, 811.
Gös, s. Hadschi g.
Goës, B., Jesuit, in Khotan ꝛc. (1604). VII, 345. 383. 386. — Yarkand. 391. — Cialis. 442. — Kartchou-Route. 503.
Gösene, s. Gozenah.
Götter, griechische u. römische, in Armenien. X, 550.
Göttercultus, in Verbindung mit Welthandel. XI, 296.
Götzendienst, der Kafern. VII, 209. — s. Heidnisch, Idol, Indischer G.
Gog (Ghog), s. El Gh.
Gogana, am pers. Golf. VIII, 778. — s. Bender Konkun.
Gogarene (Strabo), in Armenien. XI, 524.
Goghp (armen.), d. i. Kulpi. X, 470. 580.
Goh, s. Ser a goh.
Goharoo, s. Garro. IX, 425.
Goher Schad, Timurs Tochter. VIII, 257.
Gohoroo, s. Garro. IX, 415.
Gojun, s. Ag g. Pascha.
Gojunli, s. Ag gojunli.
Gok Bunar, d. i. blauer Strom, Himmelsquell, zum Tokma su. X, 844. — vgl. Bunarbaschi.
Gok Dill (Dilli), Taurus-Gebirge. X, 843. 902.
Goklan (Gocklan), Turk-Tribus. VIII, 307. 345. 350. 352. 354. 407. 409.
Gok su, s. Gök su.
Goktschai, s. Göktschai.
Gol (Göl), s. Agbri-, Kaidu-, Surik-, Yechilgol.
Gold, Golderz, ob im Südabhange des Indus-Gebirgslandes? VII, 23. — als Münze in Iskardo. 217. — bei Fuladut. 259. — in Khotan. 353. — in Ferghana. 645. 745. — im Elwend. IX, 92. — bei Kufra. XI, 96.
Goldammer (Emberiza citrinella), in Mesopotamien. XI, 508.
Goldarbeiter, in Kaschan. IX, 35. — in Erzerum. X, 762. — in Orfa. XI, 326. — in Bagdad. 813.
Goldbrocate, berühmte, von Kaschan, Ispahan. IX, 35. 56.
Goldbüchse, bei Kabul gefunden. VII, 292.
Goldfinke, in Mesopotamien. XI, 508.
Goldmünzen, im Tope Manikyala. VII, 101. — in Kabul. 293. 295. — kufische, in den Ruinen von Ahwaz. IX, 222.
Goldsand, Goldstaub, in den Bergen und Thälern des obern Indus. VII, 15. — in Kabul ꝛc. 23. — im Pendschab. 116.
Goldsandführender Bach, zum Euphrat. X, 866.
Goldschick, Goljik, s. Göldschik.
Goldstickereien, in Fasa. VIII, 760.

Goldstoff-Fabriken, in Marghinan. VII, 485. — in Fasa. VIII, 760.
Goldtraube, von Kasbin. VIII, 252.
Goldwäscherei, in Khotan. VII, 354. — im Derwaz-Fluß. 795. 820.
Goljik, s. Göldschik.
Gol-li (Geulli), Dorf am Van-See. X, 290.
Golosel, Christendorf in Dez. XI, 600.
Golowin I., russ. Gouverneur in Transkaukasien. X, 508.
Goltschi (Ghaltschas, Karatigin), östl. Perser. VII, 759. 762. 795. — vgl. Gildschis.
Golunaee, s. Gulhundi.
Gol Veran (Gölweran, Gölöran, Gulura), d. i. trockner See, in Armenien. X, 745. 825.
Gomach, s. Kemkh. X, 728.
Gomar Su, s. Gomel. IX, 525. XI, 588.
Gomati, d.i. heilige Kuh. VII, 355.
Gombron (Gamron, Komron, Commeroun, Combru, Gomrow, Bender Gamron), ehem. Name für Bender Abassi. VIII, 739 ff. astr. L. 741. 742.
Gomel (Ghomel, Gamul, Gomar Su), Quellarm des Bumadus, Gränzfluß zw. Mosul u. Amadia. IX, 525. 654. 694. 706. 727. 736. 737. 739. 741. XI, 588.
Gomer, Japhetide. X, 358.
Gomidas, armenischer Patriarch (618). X, 516. 519. 529.
Gomorrha, s. Sodom.
Gomrow, s. Gombron. VIII, 742.
Gomruk (Gumruk, Gümruk, Gümrük), d. i. Zollhaus, Zollstätte. X, 1022. XI, 936. 947. 948. 1016.
Gomüsch, s. Maaden G.
Gomul, rechter Zufluß zum Indus. VIII, 144.
Gondaisabur, s. Jondi Schapur. IX, 171.
Gondar, Höhe. VII, 340.
Gondi Schapur (G. Sapor), s. Jondi Schapur. IX, 171.
Goozers, Stamm in Kaferistan. VII, 205. — s. Guckers.
Goola (malai.), d. i. Zucker. IX, 241.
Goolcheen, Gooler, Obstart bei Kote. VII, 61.
Goolpygon, s. Gilpaigan.
Gooltap, s. Kultup.
Goom (Gooum), Ort in Fars. IX, 142. 143.
Goor, eine Art Zuckerrohr, im Indus-Delta. VII, 174.
Goorgaun, s. Gurkän. VIII, 61.
Goorzei, wandernder Kurdenstamm. IX, 613.
Gooshlav, s. Kischlak. IX, 800.
Gooum, s. Goom.
Gopara, Schuttberg in Kurdestan. IX, 454.
Gopher (hebr.), d. i. Cypresse. XI, 577.
Gor, Armenier das. X, 638.
Gora, Indusmündung. VII, 169.
Gora-Bank, am Indus-Delta. VII, 178.
Gorab, d. i. Transportschiff. XI, 1037.
Gorba, s. Bab el G.
Gordiani, d. i. Kurden. IX, 630.
Gordianus, in Mesopotamien, Syrien. XI, 25. 416. — sein Grabmal am Euphrat. X, 140. XI, 376. 703.
Gordisch, Hauptstadt von Kharesmien. VII, 572.
Gordon, Mr., Ouseley's Begleiter. VIII, 855. IX, 295.
Gordy (Kardu), d. i. Karduchen-Gebirge. X, 357.
Gordyäer (Gordyener, Korduenen), d. i. Kurden. VIII, 90. IX, 129. 630. XI, 108. 336. — s. Karduchen.
Gordyäische Gebirge (Strabo). IX, 701. 1003. X, 76. 101. 119. 132. XI, 153. — s. Buhtan.
Gordyene (Corduene, Gorgodylene), Kurdenland. VIII, 90. IX, 722. X, 78. 158. 1131. 1134. XI, 141. 148. 156. — s. Carduchia.
Gordyener, s. Gordyäer.
Gordys, Sohn des Triptolemos. XI, 337.

Goreh=khar, s. Gour Khur. VII, 312.
Gorgan, Dorf am Ararat. X, 491.
Gorgodylene, s. Gordyene. X, 78.
Gorgos (Ptol.), d. i. der Wilde, Fluß in Assyrien. IX, 521.
Gori, Zufluß zum Orus. VII, 249. 811. 812. XI, 542.
Gorioun (Gorium), armen. Geschichtschreiber. X, 544. 561.
Gorjaik, armen. Provinz. IX, 644.
Gorjik Gol, s. Göldschik. X, 103.
Gormah, d. i. Dattel. VIII, 724. — s. Kurmah.
Gorno, Festung am untern Euphrat (Schat el Arab). XI, 1033.
Gorsi, Christendorf in Dez. XI, 600.
Gortovats aschkarh (armen.), d. h. Land der Kurden. IX, 644.
Gorün, am Tokmasu. X, 902.
Gorum (Germ), s. Ab=g.
Goryaea (Ptolem., Arrian.), Landschaft. VII, 200. 201.
Gosan (Gozan), Fluß u. Landschaft in Assyrien. VIII, 591. 616. IX, 471. X, 244. 245. 246. 248. XI, 296. — s. Khabur, Kisil Osen.
Goschtaspa (Keilinschr.), d. i. Gustaspes. VIII, 74.
Gosein, Khalif. IX, 748. s. Hosein.
Goseins, Tribus. VII, 183.
Gosen, s. Gosan.
Gosseie=Berge. VII, 87.
Gossypium, erstes Vorkommen des Namens. X. 1059.
Gossypium herbaceum, in Kurdestan? IX, 608. — in Vorder=Asien, Aegypten, Griechenland. X, 1059. — s. Baumwolle.
Gotarzes, in griech. Inschriften bei Bisutun. IX, 351. 355. 480.
Gotchen Ghi (tübet.), d. i. Seide. VIII, 709.
Gothische Gewölbbogen, in Bitlis? IX, 1004.
Gothischer Völkerstamm, in Central=Asien. VII, 623. 708.
Gottfried v. Bouillon, pflanzt den Olivenwald bei Ramla. XI, 532.
Gottheiten, s. Götter ꝛc.
Gou (mandsch.), d. i. Ju=Stein. VII, 387.
Gouch Khaneh, Moschee bei Ispahan. IX, 40.
Goudscha=dagh, Berg bei Kars. X, 428.
Gougerchene Kala, zwei Citadellen am Ost= u. Westufer des Urmia=Sees. IX, 850. 953. 957.
Gouldereh, Tope von. VII, 295.
Gouma, Stadt. VII, 415.
Gour (Gur), s. Bahram G., Senb=g.
Gour, d. i. das centrale Bengalen. IX, 242.
Gour (Ghaur), s. Hezareh. VIII, 238. — Guebern. IX, 464.
Gouristan, s. Guristan.
Gour Khur (Goreh=khar), d. i. wilder Esel. VII, 312. VIII, 464. — s. Gur.
Gour Kulla, Burg in Aderbidjan. VIII, 618. — vgl. Giaur K.
Gour Sefid, d. h. weißes Grab. VIII, 484. 508.
Gouvernement, in Persien. IX, 899.
Gou=wekde (mandsch.), d. i. Ju=Stein. VII, 387.
Govan, Dr., Botaniker. XI, 522.
Govind, s. Guru G. Singh, Har G.
Govindghur (Govind=gurh), d. h. Govindsburg, Citadelle v. Umritsir. VII, 58. 142.
Gozan, s. Gosan, Gauzanitis.
Gozarta (Gozartha), i. e. insula, Djezireh ibn Omar. X, 253. XI, 147.
Gozarta Cardoa, d. i. Djezireh ibn Omar. XI, 148.
Gozarta di Kerdu (syr.), d. i. Insel der Kurden, Djezireh ibn Omar. IX, 712.
Gozarta Zabdyta, d. i. Djezireh ibn Omar. IX, 712.
Gozenah (Gösene, eigentl. Goz Khana, d. i. Ursprung d. Quelle), Dorf. X, 850.

Goziten, s. Tojik G.
Goz Khana, s. Gozenah.
Grab, Grabstätten, im Indus-Delta. VII, 182. — heilige, zu Herat. VIII, 244. Meschhed. 297. — der Achämeniden. 929 ff. — der Sassaniden, in Nakschi Rustan. 936. — zu Hamadan. IX, 124. — Bisutun. 352. — Holwan. 475. — der Arsaciden, in Erbil. 693. Ani. X, 787. — seltsame, bei Maragha. IX, 836. — auf dem kl. Ararat. X, 506. — am Frat. 786. — in Ninive. XI, 233. — antike, in Babel. 922. 923. — s. Katakomben, Todtenbestattung 2c., Griechische, Heiligen-, Königs-, Ratten-, Riesen-, Sassaniden-, Satans-Gr.
Grabhöhlen, Grabkammern, in Felswänden am obern Tigris. XI, 124. — in Ninive. 223. — s. Felskammer, Grotte.
Grabsteine, bei Abuschähr. VIII, 785. — turische. IX, 404. — alte armen. od. sassanidische, in Tabriz. 856. — bei Erovantagerd. X, 452.
Grabstein-Inschriften, zu Amadia. IX, 718.
Gradmessung, erste, in Sindjar. XI, 447.
Grä, in Fars. VIII, 827.
Gräberstadt, von Orfa. XI, 322. 323. — von Kohrasar in Mesopotamien. 369.
Grän, s. Grane.
Gränzen, schwankende, des pers. Reichs. IX, 897. — zw. Fars u. Irak Adjem. IX, 21. — russisch-türkische, gegen Bayazed. X, 384. — persisch-türkische. IX, 395. 916. X, 401. — zw. Kermanschah u. Kurdistan. IX, 426. — zw. Sulimaniyah und Senna. 427. — zw. Irak Adschem u. Irak Arabi. 490. — zw. Persern u. Kurden. 604. 825. — zw. Kurdestan und Aderbidjan. 815. — persisch-russische. IX, 870.
Gränzmauer, von Masenderan. VIII, 433.
Gränzstrom, des pers. u. türk. Reichs. IX, 586.
Grahb, s. Abu Grahb.
Grahim Inlet, s. Kalat el Gerah.
Graïm, s. Kalat el Gerah.
Grallatores, s. Wadvögel. XI, 509.
Gram, i. e. Cicer arietinum. VII, 37. 161. — in Yarkand. 396.
Gramineen, in Kurdestan. IX, 731. XI, 624. — in Mesopotamien. XI, 499. 768. 1015. — im südl. Chusistan. 1030. — vergl. Gras.
Gran, s. Grane.
Grän, s. Um G.
Granadas (span.), d. i. Granaten. XI, 550.
Granatbaum (Punica granatum), asiat. Heimath und Verbreitung, Symbolik 2c. XI, 549 ff. — bei Kote. VII, 60. — in Peschawer. 220. — kernlose, in Bala Bagh. 230. — in Kabul. 240. 305. — gute, in Kohestan. 245. — am Hindu Kusch. 261. — in Marghinan. 733. — vorzügliche, von Khodjend. 735. — zu Kandahar. VIII, 148. — Ausfuhr aus Afghanistan. 175. — bei Yezd. 268. — in Gurkan. 354. — in Ghilan. 427. 657. 673. (wilde) 676. — vorzügliche, von Dehmullah. 470. — in Masenderan. 517. 538. 545. — in Tehran. 611. — in Kerman. 735. — bei Holwan. IX, 477. — am untern Diyalah. 498. — bei Tuz Khurmati. 545. — bei Tauk. 549. — in Kurdestan. 551. 597. 728. — in Bitlis. X, 687. — in Djezireh ibn Omar. XI, 11. — in Sert. 100. — am obern Tigris. 121. — berühmte, von Schus. 190. — bei Mosul. 202. — vorzügliche, in Sarug, Orfa. 291. 326. 332. — bei Tel Afar. 454. — in Sindschar. 461. — in Mesopotamien. 495. 501. — in Tiyari. 610. — zu Anah. 719. — am untern Tigris. 943. — am unt. Euphrat. 953. — in Basra.

XI, 1052. — fehlen bei Ispahan. IX, 44. 55. bei Ardebil. 790. — s. Berg-Gr.
Granatenwein. XI, 553.
Grane (Gran, Grän, Kout, El Koueit), arab. Hafenstadt am Persergolf. VIII, 724. XI, 1048. 1060. 1062.
Granis (Nearch), Fluß in Persis. IX, 134.
Granit, im Hindu Kusch. VII, 258. — bei Schahrud. VIII, 337. — bei Kohrud. IX, 38. — in den Zagros-Vorbergen. 490. — am Alawerdi. X, 373. — im Taurus. 913. 914.
Granit-Are, der kurdischen Gebirge. XI, 648.
Granitblock, im Tak i Kesra. XI, 862.
Granitfelsen, in Masenderan. VIII, 545.
Granit-Gebäude, am Sirdara-Paß? VIII, 453.
Granitgebirge, in westl. Persien. IX, 64.
Granitklippen, im Hindu Kusch. VII, 259.
Granitmassen, im Kabulstrom. VII, 227.
Granitpfeiler (Säulen), im Elwend. IX, 88. — in Nisibis. XI, 429.
Granitregion, in Central-Kurdestan. XI, 624.
Grant, Dr. A., in Kurdestan rc. IX, 11. (sein Tod) 219. 880. — in Urmia. 944. — Dschulamerk. 1029. XI, 583. 627 ff. — Mardin. 394. 396. — über die Nestorianer in Kurdestan. 602 ff.
Granth, d. i. Bibel der Seikhs. VII, 56. 68. — s. Odi Gr.
Granth Sahib, d. h. heilige Bücher. VII, 58.
Gras, fehlt stellenweise im Hindu Kusch. VII, 258. — reichlich am Palagatsis. X, 397. — in Mesopotamien. XI, 258. 431. 773. — s. Gramineen, Weide, Löwen-, Riedgras.
Graucasus (Plin.), d. i. Hindu-Khu. VII, 196.
Graum, irrig st. Urum. X, 944. 1023. 1070.
Gravakasas (sansk.), d. h. glänzendes Felsgebirge. VII, 196.
Gravino, s. Kalat el Gerah. XI, 990.
Gregor, Abt des Eusthatius-Klosters (st. 1410). X, 614.
Gregor III., armen. Patriarch (1113—1166), sein Grab in Romkalah. X, 613. 621. 811. 938. XI, 15.
Gregor IX., armen. Patriarch (1441). X, 622.
Gregorius, s. Grigor, Bar Gr., Sanct Gr.
Gregorius Abulfaradsch (Gr. Bar Hebräus), Geschichtschreiber u. Arzt aus Malatia (geb. 1226, gest. 1286). VII, 410. 589. IX, 229. (Grab in Mar Mattei) IX, 737. X, 862. 989. 1053. 1133. XI, 71. 293. 394.
Gregorius Illuminator, Apostel der Armenier, wird auch von Chaldäern verehrt (geb. 257, gest. 3??). IX, 663. 668. 775. X, 270. 363. (Schädelreliquie in Gaghzovan) 403. (gründet die Kirche in Etschmiadzin) 516. (Geburtsjahr) 525. 526. (Grab zu Thortan) 553. 620. (seine rechte Hand, Todesjahr) 623. 625. (zerstört die Götzenbilder in Ani) 787.
Gregor Khoroian, armen. Priester in Bitlis. X, 643.
Gregor Magistros, parth. Prinz u. Gelehrter (bl. 1040 n. Chr.). X, 549. 569.
Greife, auf Vasen am Tigris. X, 224. — Ornamente in Al Hadhr. XI, 490.
Greisenalter, hohes, bei Kurden. IX, 622.
Griechen, in Seleucia. X, 124. — Armenien. 536. — Kjeban Maaden. 801. — Mesopotamien. 530. — Maaden Kapur. XI, 16. 17. — Diarbekr. 35. — Edessa. 335. — Kurdestan. 337. — verehren den Oelbaum. 518. 533.

Griechische Bauart, in der Kirche zu Etschmiadzin. X, 530. — zu Finek. XI, 124.
Griechische Christen, in Erzerum. X, 757. 761. — in Diarbekr. XI, 59. 61. — in Mosul. 186. — in Bagdad. 815.
Griechische Götterstatüen, in Ani. X, 786.
Griechische Grabstätten, in Babel. XI, 921.
Griechische Inschriften, auf Münzen des Tope Manikyala. VII, 101 ff. — am Nakschi Redscheb. VIII, 886. — Nakschi Rustan. 938. 939. 940. — in Bisutun. IX, 351. 355. — Etschmiadzin. X, 531. — Erzerum. 766. — Gerger. 870. 872. — am Euphrat. 946. — in Taiba. 1096. 1103. — in Resapha. 1109. — Diarbekr. XI; 48. — Dara. 411.
Griechische Künstler, in Persien. IX, 342. — unter Sassaniden. 381.
Griechische Münzen, in Ekbatana. IX, 104.
Griechischer Einfluß, in Ostasien. VII, 109. — in Armenien. X, 543. 548.
Griechische Schrift, in der armen. Liturgie 2c. X, 531. 544. 554.
Griechisches Leben und Bildung, in Mesopotamien. X, 70.
Griechische Sprache, in armen. Klöstern. X, 630. — im obern Mesopotamien. 1131.
Griechische Wörter, in der kurd. Sprache 2c. IX, 629.
Griechisch-scythische Typen, auf Münzen. VII, 105 ff.
Griechisch-unirte Armenier. X, 638.
Grigor (Gregor), s. Surb Gr. Arhaparin.
Grillenarten, in Ghilan. VIII, 433.
Grimm, J., Karte v. Hoch-Asien. VII, 251.
Grischt, s. Girischk.
Groschi, Dorf am Urmia-See. IX, 957.
Grotten, Grottenwerke, zahllose, bei Bamiyan. VII, 265. 276 ff. — Keresto. IX, 816. — Maragha. 844. — Maku. 918 ff. — in Kurdestan. X, 95. — bei Ani. 443. 444. 448. — Hösön Keif. XI, 89. — in Mesopotamien. 358. — s. Fels-, Grabkammern 2c.
Grottenleben, der Buddhisten. VII, 285.
Grottentempel, zu Maragha. IX, 836.
Groves, Missionar in Bagdad. XI, 833.
Gruber, Reisender, auf dem Indus (1665) VII, 11.
Grün, Farbe der Aliden. X, 1146.
Grüne Turbane, Abzeichen für Abkömmlinge des Propheten. X, 957.
Grünstein, in Khorasan. VIII, 337. — im Demawend. 570. — am Alawerdi. X, 373. — jaspisartiger, im Besobdal. 375. — am Ararat. 377. — bei Sivan Maaden. 710. — s. Diorit.
Grundel, s. Meergrundel.
Grundlinge, im Baluk Chai. IX, 793.
Grusien, s. Georgien.
Grußart, in Turkestan. VII, 464. — der Kurden. VIII, 395. — orientalische. XI, 872.
Gryllus aegyptius. VIII, 814.
Gryllus italicus L. VIII, 796. 800.
Gryllus migratorius, die Wanderheuschrecke. VIII, 796.
Gryllus stridulus. VIII, 796. 812.
Gryllus tataricus. VIII, 798.
Gryllus verrucivorus. VIII, 796.
Gryllus viridissimus Linn. VIII, 797.
Guarh, indischer Prinz in Armenien. X, 556.
Guarhs (Kuars), Stadt in Armenien. X, 553. 554. 555.
Guarhsadan, armen. Landschaft. X, 554.
Guava, Obstart. VII, 60.

Guba, Ruinen bei Susa. IX, 303.
Gu Baschi (d. h. Haupt des Sees), syr. Dorf. X, 1029.
Gubr (Guebr), s. Kohe-G.
Gubri Bena, s. Guebri B.
Gubur Jumdir, Hügel am unt. Tigris. XI, 941.
Guckers (Gheckers, Gickers), Volk in Indien, Kabul ꝛc. VII, 99. 104. VIII, 205. — s. Goojers.
Gudamuck. VII, 220.
Gudarz, myth. Held zu Rustams Zeit. IX, 355. — s. Baharam G.
Gudarz Ibn Giv. IX, 355.
Guddan, s. Eltschi G.
Gudraha, Kurdenvolk. VIII, 90. IX, 630. 768.
Gudrun-Kette, in Kurdestan. IX, 448. 450. — s. Pir Omar G.
Gudry, s. Pera-mi-g.
Guebern (Gebern), Feuerdiener, Etymol. VII, 206. — in Indien, Persien, Yezd ꝛc. VIII, 29. 266. 267. 269. 270 ff. 449. 454. 726. — in Fars. 842. — Kermanschah. IX, 371. — Volkszahl in Persien. 890. — bei Mardin. XI, 391. — bei Arabern als Bezeichnung für alles Vormohammedanische. XI, 714. — s. Gabr, Gabran, Feueranbeter ꝛc.
Guebernabad, Vorstadt Ispahans. IX, 59. — s. Guebrabad.
Guebern-Berg, im Buschkurd-Gebirge. VIII, 730.
Guebern-Ort, in Farsistan. VIII, 761.
Guebrabad, d. i. Guebernorte. VIII, 450. — s. Gebrabad.
Guebri Bena (Gubri B., Gebr bina), d. i. Guebern- od. Feuer-Tempel, Name verschiedener Localitäten am Tigris, in Babylon ꝛc. IX, 499. XI, 861. 872. 932.
Guedeser (pers.), d. i. Seleucia. IX, 505.
Gueizakwera, Dorf in Kurdestan. IX, 429.
Gümbesi Düsd, d. h. Diebsthurm. VIII, 458.
Gümbesi e Kaous, s. Gumbuz.
Gümbesi e Salem e Tur (d. h. Thurm des Salem u. Tur), in Sari. VIII, 529.
Gümischkane, s. Gumischkhane.
Gümri, russ. Gränzfestung am Arpatschai in Georgien. X, 371. 409. 414. 436. (Alexandropol) 645.
Gümruk, s. Gomruk.
Günieh, Distrikt in Aderbidjan. IX, 675. 913.
Guepard, Tigerart. XI, 503.
Gürghen (russ.), d. i. Gurganfluß. VIII, 343.
Guermessand, indische Zeuge. XI, 822.
Guermessoud, türk. Seidenstoff. XI, 822.
Guermey, s. Germi.
Güshler, Dorf in Armenien. X, 410.
Gueuktscheh, s. Göldschik. X, 811.
Gueulpeghian, s. Gilpaigan.
Guezi, türk. Seidenstoff. XI, 822.
Guhsciatazades, Hofbeamter Sapors. X, 168.
Guichi, s. Gachin.
Guieulnabad, Dorf von Ispahan. IX, 28.
Guiez, s. Gaz. IX, 39.
Guilleminot, franz. Gesandter. IX, 653.
de Guilleragues, franz. Minister in Constantinopel. X, 619.
Guine, s. Pul ab g.
Guinea-Wurm, in Laristan. VIII, 739.
Guioskun (Gulchkoo?), Station in Ispahan. IX, 28.
Gujem, Ort am Euphrat. XI, 748.
Gujiyeh, Dorf am Van-See. X, 332.
Gul (Ghul, Ghöl, Kol, Kul), s. Aigher G., Kara G., Kasley G., Paluktey G.
Gula (sanskr., malay.), d. i. roher Zucker. IX, 239. 241. 242.
Gulab, s. Kala G.
Gulabatu (javan.), d. i. Steinzucker, Zuckerkand. IX, 281.
Gulab Singh, Raja von Jummo. VII, 79.

Gulah, Dorf am Van-See. IX, 1001.
Gulam. IX, 75.
Gul-anar (hindost.), d. i. Granatapfel. XI, 559.
G'ulamerik, d. i. Dschulamerk. IX, 630.
Gulaneh, s. Ghulaneh.
Gula Tibu, d. i. Rohrzucker. IX, 241.
Gul-aub (d. h. Rosenwasser), Dorf in Persien. IX, 71.
Gulchkoo, s. Guioskun.
Gul Dagh, s. Göl Dagh.
Guleidschaan, Dorf in Tenkabun. VIII, 549.
Guleza, Dorf von Selmas. IX, 963.
Gulghulu, Ort im Norden Khorasans. VIII, 397. — s. Ghulghula.
Gulgir, Ebene in Luristan. IX, 157.
Gulhundi (Golunaee, Kulkendy), Ort in Aderbidjan. IX, 826.
Gul i pueghumbur, die Rose des Propheten, in Peschawer. VII, 221.
Gulistan (d. h. Rosenhain), Distrikt Aderbidjans. VIII, 126. 609. IX, 869.
Guljeki (Culkatche), Dorf am Urmia-See. IX, 958.
Gulkakh, Vorstadt von Aksu. VII, 450.
Gulnar, s. Bagh G.
Gultape, Dorf in Aderbidjan. IX, 848.
Gulura, s. Gol Veran.
Guman, s. El G.
Gumathene (Ammian.), armen. Landschaft, im Westen v. Diarbekr. X, 774. XI, 27. 110.
Gumbad, s. Uetsch G.
Gumbadan, s. Zur G.
Gumbed, s. Kebud G.
Gumbed i Surkh, d. h. rother Thurm, in Fars. VIII, 874.
Gumbuz, Ruinenstadt in Beludschistan. VIII, 182.
Gumbuz, in Farsistan. VIII, 764. — s. Kebud G.
Gumbuz e Kaous (Gümbesi e K.), d. h. Dom der Kaous. VIII, 358.
Gumgum, arm. Dorf am Tschar Buhursu. X, 670. 671. 902.
Gumisch Dagh, d. h. Silberberg, in Armenien. X, 272.
Gumischkhane (Gümischkane, Gumiskhana), d. h. Silberhaus, armen. Bergwerksstadt. X, 272. 619. 643.
Gumischkhane, Fluß von, zum Schwarzen Meer. X, 272.
Gumisch Tepe, der Silberhügel des kasp. Sees. VIII, 366 ff.
Gummi, süßer, aus Gewächsen ausschwitzend. IX, 233. — in Kurdestan. 553. — Musch. X, 679. — Persien. XI, 822. — Suk el Scheyukh. 1011. — Abuschir. 1072.
Gummi Mastik, in Luristan. IX, 212. — s. Mastix.
Gummipflanze, bei Sulimaniyah. IX, 611.
Gummi-Traganth (Astragalus tragacantha), im hohen Vorder-Asien. IX, 20. — Kurdestan. X, 689. — Armenien. 706. 707. — Bitlis. XI, 94. — Mosul. 208. — Persien, Syrien. 502.
Gumri, s. Gümri.
Gumruk, s. Gomruk.
Gunässer (Dunässer), einheim. Name für Kodsch Hissar. XI, 366. 373.
Gunah, s. Mir G. Khan.
Gunabad, Stadt der Khorasan-Wüste. VIII, 261. 263.
Gunda, am Pinvari. VII, 167.
Gundagaïli, Dorf der Sindschar-Berge. XI, 459.
Gundamuk, Ort am Surkh-rud. VII, 231.
Gundar, am Schirwanfluß. IX, 415. 416.
Gundava. VII, 186. — s. Kutch Gundava.
Gundehvur, Afghanen-Stamm. VIII, 202.
Gunders, d. i. Brüderschaften der Rohilla. VII, 214.
Gunduk, Gunduka, Christendorf in Tobi. XI, 600. 606.

Gundutsan, Ort Afghanistans. VIII, 157.
Gunduzlu, Tribus der Afschar. IX, 211.
Gungra, d. i. der mittlere Lauf des Pinpari. VII, 167.
Guni, s. Gunni.
Gunj Nauma (Ganj-nameh), d. h. Geschichte, Buch des Schatzes, Felsen des Elwend. IX, 85.
Gunjun, Ort im Indusgebiet. VII, 17.
Gunjut, Gebirgsstaat. VII, 14.
Gunluk su, Zufluß zum Murad. X, 706.
Gunni (Guni), östl. Indusarm. VII, 165. 171. — s. Kori.
Gunni murgh, in Afghanistan. VIII, 158.
Gunnis, Vater Ipas'. X, 1139.
Gur, d. i. Ungläubige. VII, 206.
Gur (Gaur), d. i. Lucknoti. VII, 206.
Gur (Gour, Ghur, Khur), d. i. wilder Esel od. Pferd. VIII, 590. IX, 19. XI, 437. 505. — s. Bahram G.
Gur (d. h. Berg), drei Orte im Paropamisus. VIII, 192. — s. Ghur.
Gur, d. i. Guristan. VIII, 134.
Gur (Jur, Dschur, Cyropolis), früh. Name für Firuzabad. VIII, 770.
Gur (Gour, Gaura, sanskr.), d. i. roher Zucker. IX, 241.
Gur (Gir), d. i. Bitumen. IX, 554.
Gura, Tigranes Bruder. X, 1135.
Guräer. VIII, 102.
Gura Kalau, in Schehrezur. IX, 459.
Guran, verachtete Bauernkaste in Kurdestan (Aboriginer?). IX, 396. 430. 437. 438. 466. 472. 567. 570. 619. (Charakteristik) 621. XI, 141.
Gurani (Guran), südl. Kurdendialekt. IX, 432. 621. 631. 632.
Guraz, d. i. Bär. VIII, 483.
Gurbend, Gurbund, s. Ghurbend.
Gurchali, Volk in Nepal. VII, 206.
Gurchan (Gaur-khan), d. h. Fürst der Ungläubigen. VII, 206.
Gurd, s. Kurd. IX, 572.
Gurdschistan, s. Georgien. VIII, 126.
Gurdugli, s. Curugudon.
Gurdunee Aheaipoon, s. Ahipun Robat.
Gurduni Sirdara (G. Ahipun, Sirdara Khawar, Ser dereh Kh., Serderei Chawar, Serdari Khär, Ser dere Khar), Karawanserai, östl. Paß von Tehran nach Khorasan. VIII, 11. 118. 451. 453.
Gurers, Thal von Iskardo. VII, 218.
Gurg, d. i. Wolf. VIII, 483.
Gurgan, Zufluß zum SO.Ende des kasp. Sees. VIII, 213. 342 ff. 345. 352 ff. 363.
Gurgis, d. i. Georg. XI, 194.
Gurgorti, d. h. Donner. VII, 591.
Gurgur, Dorf bei Musch. X, 663. — vgl. Gerger, Ab i G., Baba G.
Gurch, s. Govind-g.
Gurigur, Dorf m Herirud. VIII, 241.
Gurikhtah, Felsrücken bei Schiras. VIII, 758.
Guristan (Gouristan, Gur, Ghur, Ghour, Gar), Gebirgsland der Eimaks u. Hazaras im Paropamisus. VII, 304. 311. VIII, 123. 128. 134 ff. 304. — vgl. Gharjistan, Ghurian.
Guridan o Puschtan, Distrikt Herats. VIII, 254.
Gurjestan, d. i. Georgien. VIII, 554.
Gurkän, das alte Hyrkanien. VIII, 341 ff. XI, 539.
Gurkän (Gurkana, Djorkan, Dschordjan, Dschordschan, Goorgaun, Jorjan, Kurkan), Capitale Taberistans. VIII, 61. 123. 126. 358. 359. 440. 702. — vgl. Dschordschania.
Gurken, bei Sehwun. VII, 161. — in Masenderan. VIII, 436. — Bitlis. IX, 1005. — Malatia. X, 854. — am obern Tigris.

XI, 117. 121. — in Mesopotamien. 501.
Gurkhend, d. i. ungläubiges Hind. VII, 206.
Gurkus, s. Junguk.
Gurluk, s. Gawurluk.
Gurm-ab, am Bolan-Paß. VIII, 172. — s. Germab.
Gurmasir, am Hirmend. VIII, 180. — s. Germasir.
Gurmelah, Dorf bei Mardin. XI, 375.
Gurmesch, Christendorf b. Orfa. XI, 367.
Gurmsil, Gurmsir, s. Germasir.
Gurmukha, Pendschab-Dialekt. VII, 129.
Gurmutta, s. Guru-Mata.
Gurschu, Station in Turkestan. VII, 487.
Guru, d. i. Schüler, Seikhs-Priester. VII, 68. 133.
Guru Angad, d. i. Lehana. VII, 133.
Gurubah, am Hirmend. VIII, 184.
Guru Govind Singh, Begründer der Seikhs-Herrschaft. VII, 59. 124. 135.
Gurula (Kebhur), armen. Dorf. X, 745. — s. Gulura.
Guru Mata, Staatsrath der Seikhs. VII, 136. 138. 142.
Gurun (Ghurun, Görün), Stadt am Tokma su. X, 805. 841. 847.
Gurz, d. i. Keule. VIII, 183.
Gurzewan, Bergland Khorasans. VII, 311.
G'us, s. Guz.
Guscht, s. Pansan g.
Guschtasp, s. Gustaspes.
Gusserman, s. Tut e G.
Gustaspes (Guschtasp), Achämenide. VIII, 26. 76. — s. Darius Hystaspis.
Gusunjun, Dorf in Fars. IX, 143.
Gutha, Bezeichnung für die Garten-Landschaft um Tabriz. IX, 853.
Gutha, Thal bei Damaskus. XI, 742.
Guthrie, Moorcrofts Gefährte, sein Grab zu Balkh. VIII, 226.
Gutlubeh, Land im babylon. Mesopotamien. XI, 963. 966.
Guz, s. Ali G. (Alaghez), Rud e Guz.
Guz (G'us), d. i. Kouszu. VII, 602. — vgl. Ghus.
Guz (pers.), Baumart. XI, 919.
Guzail, s. Al G.
Guzara, Distrikt Herats. VIII, 254.
Guzelbuluk, s. Kizelbulak.
Guzel Burj (d. h. schöner Thurm), syr. Dorf. X, 1028.
Guzel Dereh, d. i. das schöne Thal, am Van-See. X, 289.
Guzideh, s. Tarikhi G.
Guzolbulauk, s. Kizelbulak.
Guzurate. VIII, 793.
Gwanka, s. Kohe Gw.
Gyan, s. Ain el G.
Gyani Khasis, Geierart. X, 1018.
Gyk-tschenak (d. h. Hirschbecher), Doldenblume. VIII, 237.
Gymnias (Xenoph.), in Groß-Armenien. X, 389. 740.
Gyndes (Herod.), Fluß im Süden Assyriens, ob Diyalah? IX, 161. 413. 419. 517.
Gyps, Gypslager, im Hindu Kusch. VII, 259. — Sirdara-Paß. VIII, 452. — in Laristan. 751. — Fars. 822. — Kifri-Bergen. 527. — körniger, fasriger, im Ali Dag. 528. — Karatschuk Dagh. 530. 534. — bei Mosul. 734. XI, 205. — Külpi. X, 462. — im Binghöl Dagh. 819. — Taurus. 915. — am Euphrat. 1068. 1079. XI, 704. 705. 710. 731. 755. — in den Hamrin-Bergen. IX, 495. XI, 478. — in Mesopotamien. 481. 482. 495. — im Dschebel Buschir. 689. — bei Hit. 760. — s. Kalkgyps.
Gypsbänke, am Euphrat. X, 921. 1067.
Gypsberge, im Zagros. IX, 410.
Gypsboden, bei Yezd. IX, 27. — in Luristan. 411. — am Frat.

X, 789. — bei Mosul. XI, 432. — am Euphrat. 683. — bei Hit. 751.
Gypsfelsen, bei Tuz Khurmati. IX, 545.
Gypsformation, bei Mosul. XI, 200. — am Tigris. 670.
Gypsgestein, am Euphrat. XI, 741.
Gypsklippen, am Euphrat. XI, 690.
Gypsstücke, in Ninive. XI, 233.
Gypsthal, in Persien. IX, 25.

H.

H, fällt im Altpersischen zu Anfang der Wörter fort. VIII, 20.
Haafis, s. Hafis, Mohammed H.
Haare, lange, der Haranier. XI, 307. — s. Behaarung.
Haarflechten, um Grabobelisken gewunden, als Trauerzeichen bei den Lor. IX, 219.
Haarfrisur, seltsame, auf den Sculpturen zu Al Hadhr. XI, 488.
Haart, s. Hart.
Haas, Missionar in Persien. IX, 948.
Haas, s. Rudi H.
Hab, s. As-hab.
Habáb, Dorf in Armenien. X, 707.
Hababat, Tai-Tribus, als Jeziden in Sinjar. IX, 750.
Habad'ara, indische Gottheit. X, 557.
Habal, s. Ebn H.
Habat, s. Al H., Hebata.
Habessinier, in Afghanistan. VIII, 189. — s. Abyssinien.
Habib, erobert Kerkesium ꝛc. X, 1139. XI, 696.
Habichte, in Badakhschan. VII, 790.
Hablehrud, Dorf im Elburs. VIII, 481.
Hablizl, C., Assistent Gmelins. VIII, 420. 549 ff.
Habor (Chabor, Abhor?), am Kisilusen, alte Juden-Kolonie das. VIII, 590. IX, 42. 424. X, 248. — s. Khabur.
Habuca, s. Khabuca.
Habunos, Dorf in Armenien. X, 794.
Habuz, s. Ain Habuz.
Haçen, s. Abuzeid el H.
Haçn Kejfa, s. Höisn Keif. X, 94.
Had, s. Hadd, Ras el H.
Hadad, s. Abu Hafs H., Ben H.
Hadad, Hadad-Rimmon, syr. Gottheit (Sonnengott). XI, 551.
Hadatha, Bischofssitz. XI, 201. — s. Haditha.
Hadawer, Distrikt Schirwans. VIII, 126.
Hadd, s. Had, Ser-h.
Haddara (Hadderck), Ruinen am Tigris. XI, 772. 930.
Hadeh, Dorf in Armenien. X, 407.
Ha-dervisch, Steppe in Ferghana. VII, 735.
Hadgi, s. Hadji, Schir H.
Hadgi Saleh, Kaufmann in Amol. VIII, 500. — vgl. Hadschi Salech.
Hadheifa, Ort am südl. Tigris. XI, 859.
Hadhr (Hadr), s. Al Hadhr.
Hadhri, d. i. arab. Städtebewohner. XI, 720.
Hadi, s. Scheikh H.
Hadiça, s. Haditha. XI, 717.
Hadid, s. Dißr H., Hedid.
Hadidil, s. Beni H.
Hadidiyin (d. h. Männer von Eisen), Araber-Stamm im östl. Mesopotamien. XI, 482.
Hadidscha, s. Ol H. (Haditha).
Hadira, Ort Khorasans. VIII, 287.
Hadisa (Hadisah), s. Haditha.
Hadith, heil. Traditionen. VII, 732.
Hadith (Haditha), Ort bei Bagdad. X, 201. XI, 732.

Haditha (Hadith, Haditza Mausili), Handelsstadt bei Mosul. X, 237. XI, 664. 665. 666. 732.
Haditha (Hadithah, Hadiça, Hadisah, Haditscha, d. h. Neapolis; Olabus), Insel, Stadt am Euphrat. X, 1023. XI, 527. 717. 727. 731. 732. 736. 750. 753. 782. — vgl. Hadatha.
Haditza Mausili, d. i. Haditha bei Mosul. XI, 665.
Hadjar, s. Hajar, El H.
Hadjar ed-Dibs, Berge am Euphrat. XI, 753.
Hadjar Rasas (H. Rassus), Felsinsel im Euphrat. X, 1114.
Hadji, d. i. Fürst, Richter. VII, 392. 517. — s. Hadgi, Hadschi, Haji, Emir H., Fakir Meah H. Ullah.
Hadjiabad, Ort in Fars. VIII, 874. 877. 879. — vgl. Adji abad.
Hadji Abdalla Bey, in Erbil. IX, 693.
Hadji Ali Pascha, in Konia. X, 1010.
Hadji Beïramlu (H. Bairamlu, russ. Adjibayram), türk. Dorf am Arpatschai. X, 395. 398. 453. 468.
Hadji Jekda Ahmed, Janitscharen-Feldherr Selims. XI, 40.
Hadji Khalfa, s. Hadschi Khalfa.
Hadjiler, Hadjillar, Ilat-Tribus in Gurkan ꝛc. VIII, 359. 405.
Hadjim, Dorf am Euphrat. XI, 952.
Hadji Mahommed Hussein, Großhändler aus Khescht. VIII, 820.
Hadji Mohammed Hussein Khan, Fürst der Karaguzlu. IX, 78.
Hadji Muhammed Hussein Khan, Gouverneur von Ispahan (1811). IX, 48.
Hadji Mulla Baba, üb. Rescht. VIII, 651.
Hadji Osman Bey, restaurirt die Kirche zu Mar Mattei. IX, 735.
Hadji Suleiman, Khan in Mesopotamien. XI, 874.
Hadji Veli Kieui, Dorf in Kars. X, 435.
Hadji Jusuf Agatscheh, in N. Kurdestan. IX, 693.
Hadji Zilal Agha, Kurdenchef. X, 695.
Hadka, s. El H.
Hadr, Hadra. X, 125. — s. Al Hadhr.
Hadrian, Kaiser. X, 1096. — tritt Mesopotamien an die Parther ab. XI, 23.
Hadrianopolis, d. i. Palmyra. X, 1097.
Hadro, Kalksteinschlucht u. Dorf am Euphrat. X, 873. 874. 875.
Hadsch, s. Elhadsch Abdullah.
Hadschi, s. Hadji, Tel H. Ali.
Hadschi Chalfa, s. Hadschi Khalfa.
Hadschi Dagh. X, 842. — vgl. Aghjah Dagh.
Hadschi Dsirdschis Aga (Jirgis Aga), Baumeister in Mosul. XI, 193. 228.
Hadschi göf (richt. Adschigöf), d. i. Bitterauge, Bitterquell, in Mesopotamien. XI, 277.
Hadschi Hadscho, d. i. Mekka-Pilgerfürsten, Schwalben. VIII, 678.
Hadschi Jemal, in Aderbidjan. VIII, 666.
Hadschi Khalfa (H. Chalfa), Verfasser des Dschihannuma (st. 1658 n. Chr.). IX, 184. 751. X, 1144. XI, 45. 70. 798. — vgl. Elhadsch Abdullah.
Hadschi Omar, in Tekrit. XI, 476.
Hadschi Salech, Seraskier. X, 419. — vgl. Hadji Saleh.
Hadscho, s. Hadschi Hadscho.
Hälte, s. Khor H.
Hänflinge, in Ghilan. VIII, 432.
Hängebrücken, von geflochtenen Baumzweigen, bei Ilyats sehr gewöhnlich. IX, 339.
Häringe, im kasp. See. VIII, 659. — im Van-See. IX, 997.
Haëtumat (Heetomeante, Zend),

d. h. voll Licht u. Glanz, elfte von Ormuzd erschaffene Gegend der Welt. VIII, 31. 35. 63. — s. Hindmend.
Häuserbau, in Kunduz. VII, 270. — Turkestan. 462. — Masenderan. VIII, 437. — Diarbekr. XI, 53. — in Sindschar. 465. — bei Kurden. 138. — s. Bauart.
Hafa, s. Scheikh H.
Hafar, alte Feste am Karun-Arm. IX, 166.
Hafar, Karun-Arm zum Schat el Arab. IX, 159. 161. 163. 166. 322. 323. X, 31. 56. XI, 1024.
Hafer, im südlichen Kurdestan. IX, 550. — wilder, im westl. Aderbidjan. IX, 974. — fehlt in Persien. IX, 974. am Ararat. X, 485.
Hafergras, im östl. Mesopotamien. XI, 483.
Haffar Zaade, s. Dschärri Z.
Hafis, s. Haafis.
Hafis-sade. VIII, 125.
Hafiz, Dichter in Schiraz (st. 1388). VIII, 848. 850.
Hafiz Abou lala Hamadani, sein Grab in Hamadan. IX, 121.
Hafiz Abru, pers. Schriftsteller (15. Jahrh.). VIII, 760. 775. 825.
Hafiz Pascha (Hafisz P.), seine Kriege gegen die Sinjarli, Yeziden. IX, 749. XI, 451. — gegen die Kurden. X, 672. 681. 809. 849. XI, 128 ff. — seine Militärstraße in Kurdestan. X, 702. — Versuche zur Euphrat-Beschiffung. 720. — Schlacht bei Nisib. 1006 ff.
Hafrek Bala, Distrikt von Fars. VIII, 876.
Hafs, s. Abu H. Hadad.
Haftad, s. Kuhi H. Pehlu.
Haft Aklim, d. h. sieben Klimate. VIII, 603. IX, 41.
Haft Chagan, Hügel bei Susa. IX, 303.
Haft Leng (Heftleng, d. h. 7 Fuß), Abtheilung der Bakhtiyari. VIII, 389. 390. IX, 211.
Haft-tan, die sieben Heiligen der Ali Illahi. IX, 202. 472.
Hafu, s. Nahr H.
Haga beleth, Ort in Turkestan. VII, 449.
Hagedorn, in Sindschar. XI, 465.
Hagel, im Indus-Delta. VII, 174. — häufig in Shuster. IX, 192. — in Kars. X, 429.
Hagen, seine Zeichnung des Ararat. X, 487.
Hagiag, s. Hedschasch.
Hagle, s. Achla.
Hahkem, s. Beni H.
v. Hahn, Baron, Verdienste um die armen. Literatur. X, 631.
Hahnenfeder, dunkelgrüne, Schmuck der Tiyari-Prinzen. XI, 620.
Hai (Meer), s. Han H., Si H., Sungsu H.
Hai (Hie, Hijeh), s. Kut H., Schat el H.
Hai, Rabbi. X, 267.
Haiadie, s. El H.
Haiasdan, das Land der Armenier. X, 577. — s. Haijasdan.
Haibuk, s. Heibuk.
Haidar, s. Heidur, Scheikh Kothbeddin H., Scheikh Sefi H.
Haïdar Beg, Dorf am Van-See. X, 322.
Haider Ali Bajouri, Gebirgs-Sultan im Kindu Khu. VII, 308.
Haideran-li (Haideranlu), Kurdentribus am Van-See ꝛc. IX, 980. X, 323. 332.
Haidja, s. Abul H. Obeid Allah.
Haidli Bazar, s. Edle B.
Haiegaz (Hazegaz, Hazig, Chafig), Ort am Murad. X, 544.
Haigasan, d. i. die Abkömmlinge Haik's. X, 585.
Haigaschen (d. i. Haiks-Bau), älteste armen. Ansiedlung in Daron. X, 585.
Haigs, Christendorf in Berrawi. XI, 598.
Haijasdan, d. i. Armenien. X, 576. — s. Haikistan.
Haik, Stammvater der Armenier. X, 358. 436. 578. 585. — s. Partor-H.

Haik, Station am Keli Schin-Paß. IX, 1025.
Haikistan, d. i. Armenien. X, 436. — s. Haiasdan.
Haïnu, Dorf in Mesopotamien. XI, 260. 464.
Hair (armen.), d. i. Vater. X, 553. 585. — s. Hark.
Haïr, s. Dschebel H.
Hair Ben Zeid (?). VIII, 576.
Haismavurs, d. i. die Biographien der armen. Heiligen. X, 775.
Haithon, armen. Fürst u. Mönch. X, 362.
Hajar, s. Hadjar.
Hajar el dawliyah, Berge am Euphrat. XI, 753.
Hajas, Dorf am Euphrat. X, 884.
Hajathaliten. VIII, 247. XI, 565. — s. Hejatile.
Haji, s. Hadji.
Haji Ahmed, Zagros-Kette. IX, 429.
Haji Anna, Kurdendorf. X, 697.
Hajiguk, Paß u. Ort im Hindu Kusch. VII, 255 ff. 262. 264.
Haji Jo, Yeziden-Dorf in N. Kurdestan. IX, 734.
Haji Kara, Station am Holwan-fluß. IX, 483.
Haji Khalil, Kurdendorf in Armenien. X, 656.
Haji Mohammed, Kurdendorf im Kharkura-Thal. IX, 584.
Hakari, Hakarya, s. Hekkari.
Hakas (Kian kuen), indogermanisches Nomadenvolk. VII, 587. 594. 603. 611. 625.
Hakem, Gelehrter aus Nischapur. VIII, 322. — s. Hakim.
Hakhem (Hakim), s. Beni H.
Hakib es seayer, Tamerlans Historie v. Khondemir. IX, 794.
Hakim (Hakhem), s. Beni Hayakim.
Hakim, Gouverneur-Titel in Schikarpur ꝛc. VII, 152. 517. XI, 784. — d. i. Doctor der Medicin. X, 815. — s. Hekim, Danial H., Mohammed H. Beg.
Hakim Beg (Akimbek), d. i. mohammed. Oberhaupt, in Yarkand ꝛc. VII, 351. 398. 403. 408. — s. Akimbek.
Haki Pascha, in Armenien. X, 421.
Hakkam, Dorf am Euphrat. XI, 952.
Hakkari, s. Hekkari.
Hakr, s. Nur H. Dagh.
Hala, Gebirge Beludschistans. VII, 157. 183. 188. VIII, 711.
Hala, Ort am Indus. VII, 163.
Hala (Chalach), s. Holwan. VIII, 590. IX, 424.
Halach, s. Av halach.
Halah, Ort am Chaboras? X, 248. — s. Chalach.
Halah, s. Hatara.
Hala ha che, d. i. Kara tasch. VII, 349.
Hala ho dschu, s. Karakhodjo. VII, 432. 435.
Halai, in Abyssinien. XI, 545.
Halal, d. h. schuldlos. VIII, 390.
Halasnu, Halasni, Dorf bei Sert. XI, 95.
Halavan, Halawan, IX, 465. 470. X, 248. — s. Holwan.
Halbmond, geflügelter, im Tak i Bostan. IX, 379. — Uebertragung v. Sassaniden u. Chorasmiern auf Osmanen. IX, 1048.
Haldinah, Dorf der Sindschar-Berge. XI, 459.
Haleb, s. Aleppo.
Haleb Dagh, s. Erlan Dagh. IX, 642.
Halebji, s. Hallabji.
Halekoi, Dorf am Euphrat. X, 951.
Halia, Ort in Mesopotamien. XI, 358.
Halibi, s. Subian Seleby.
Halicarcara, armen. Dorf am Araxes. X, 402.
Halieus carbo, s. Kormoran.
Halifar, W., in Syrien. X, 1096.
Halilah, Berg bei Abuschähr. VIII, 783. 818.
Halimi, berühmter Sprachkenner u. Lehrer Selims I. XI, 38.
Halim Khan, Gouverneur in Khoi. IX, 911.

Halitha, Ort am Tigris. X, 210. 237.
Halla, Kastell am Murad tschai. X, 812.
Halla ben Mezid (H. beni M.), d. i. Hille. X, 187. XI, 783.
Hallabji (Hallebji, Halebji), Stadt in Kurdestan. IX. 441. 442. 459. 460. 606.
Halladsch, s. Scheich Mansur H.
Hallebji, s. Hallabji.
Halleja, Ort der Sindschar-Berge. XI, 458.
Hallejo Bistana, Ebene am Kl. Zab. IX, 639.
v. Hallerstein, Jesuit. VII, 346. 410.
Hallevy, s. Rabbi Jehudah H.
Halvad, armen. Kloster. X, 630.
Halsübel, in Laristan. VIII, 739.
Haltu, s. Takh h.
Haluan, s. Holwan. IX, 470.
Halula, am Diyalah. X, 232. — s. d. f.
Halus (Tacit.), Stadt am Diyalah, ob = Galula? IX, 470. 508. — s. d. v.
Halwá, d. i. Brot, Butter und Mehl. XI, 633.
Halwah, Christendorf in Berrawi. XI, 598.
Halwan, Halwan Chala, s. Holwan. VIII, 116. IX, 388.
Haly, d. i. Khalil. VII, 509.
Halyb Pascha, Seraskier, seine Verbannung. X, 419.
Halys, s. Kizil Irmak.
Hama, Stadt in Syrien. X, 964.
Hamad, d. i. wilde Feige. XI, 544.
Hämadan, Enkel Sems. IX, 119.
Hamadan (Ekbatana), Stadt am Elwend in Persien. VIII, 124. 125. — Zugänge. IX, 74 ff. — Umgebung zc. 93 ff. 98 ff. 116. 568. 719. 853. — Kolonie aus Erzerum das. X, 759. — Dist. IX, 57. 314. 427. 431. 577. — s. Ak bab H.
Hamadani, s. Hafiz Abou lala H.
Hamadaniten, arab. Herrscherfamilie in Miafarekin. XI, 69. 70. — in Mosul (929—979). XI, 181. — in Mardin (892). 384.
Hamadan-nameh, d. h. Hamadan-Buch. IX, 117.
Hamadanrud, Zufluß zum Karasu. IX, 77.
Hamadavend, wandernder Kurdenstamm. IX, 612.
Hamakasur. IX, 75.
Hamakesi, in Irak Adschem. IX, 431.
Hamal, d. i. Lastträger. X, 792.
Hamalkendi, s. Kemaleddin.
Hamàm, Hammam (arab.), d. i. Bad, warme Quellen in Syrien. X, 1098. — s. Al H.
Hamam Ali (d. i. Bad Ali's), warme Quelle und Baddorf am obern Tigris. XI, 191. 477. 667.
Haman, s. Al H., Schat H.
Haman Muk, Berg in Kurdestan. IX, 534.
Hamari, Yezidendorf. XI, 166.
Hamath. X, 249.
Hambrain Khan, König in Lar (1605). VIII, 754.
Hambus, s. Ain H. (Housch).
Hamdallah Kazwini (H. Mestufi, Mastowfi, Almostavfy K., Hamdullah ben Abubecr Almostawfi Alkazwini), Verfasser des Nozhat al kolub (st. 1349). VIII, 289. — üb. den Elburs zc. 554. 566. 588. 825. — Ispahan zc. IX, 43. 111. — Hamadan. 121. — Kermanschah. 375. — Tabriz. 852. — Uschnej zc. 1022. 1041. 1048. — Nisibis zc. XI, 419. 555. — vgl. Ahmed el Mastovfi.
Hamdan, Abbasside. X, 187. — Sohn Hassans. XI. 384. — s. Beni H., Hamadaniten.
Hamdullah zc., s. Hamdalla Kazwini.
Hamed (pers.), d. i. Amid. XI, 36.
Hamed, s. Hammed, Abu H. El Ghazale.
Hameira (?), am Tigris. XI, 931.
Hamerin (Hamerun), s. Hamrin.
Hametabad, zerst. Stadt in Irak Adschem. IX, 62.

Hami, Stadt, astr. Lg. VII, 430. 432.
Hami, s. Wader a H.
Hamidelliman, Waldung am Euphrat. XI, 696.
Hamid el Thamir, Scheikh der Montefik. XI, 1002.
Hamid-Ili, Etym. VIII, 375.
Hamiditen, Kurdenstamm. IX, 97.
Hamilton, A., in Tatta ꝛc. (1727). VII, 11. 173.
Hamilton, W., Keppels Begleiter in Armenien. X, 434. — Ani ꝛc. 439. 744. — Kl. Asien. 840. — Mesopotamien. XI, 861. — Bagdad 936.
Hamir, Thal in Irak Arabi. XI, 1002.
Hamirat, Dorf am Tigris. X, 216.
Hamith, d. i. Amid. XI, 20.
Hamiyayan, Berge der vordern Tauruskette. X, 895. 903.
Hamliyah, s. Tel H.
Hammam (Hamman), d. i. Bad. VIII, 849. IX, 370.
Hammamlu (Amamli), Dorf. X, 375. — s. Hammanlu.
Hamman (Hamam), d. i. Bad. IX, 861. — s. Al Haman.
Hammanlu (Hammanluh), in Georgien. X, 372. 375. 436.
Hammed, Scheich der Kasaël. XI, 971. — s. Hamed, Albu H.
Hammel, turkom. Fürsten vom schwarzen u. weißen. XI, 37.
Hammelfleisch, Hauptnahrung in Khotan. VII, 376. — in Bagdad. XI, 812.
Hamra, s. Wadi el Ahmar.
Hamrewat, die rothe Quelle, in Diarbekr. XI, 54.
Hamrin-Kette (Hamrine, Hamerin, Hamerun, Dschebel Amryn), an der Ostseite des Tigris, Gränzwall zw. Assyrien u. Kurdestan. IX, 411. 418. 489. 491. 494. 495. 515. 525 ff. XI, 471. 477. 672. 676. 678. 931. 939. — vgl. Dschebel Hamrin.
Hamster (Cricetus vulgaris), in Mesopotamien. XI, 505.
Hamtab, s. Aintab.
Hamu, s. Orus. VII, 801.
Hamza (Hamzeh), am unt. Euphrat. X, 189. XI, 995. — s. Tel el H.
Hamza Hassan, Ort in Aderbidjan. IX, 939.
Hamzeh Begi, Kurdenstamm. IX, 980.
Hamzelu, s. Kara H.
Hamziyah, chald. Gemeinde bei Amadia. XI, 592. 594.
Han, s. Alladscha H.
Han, d. i. Distrikt dritter Klasse. VII, 566.
Han, chines. Dynastien (reg. 140 v. Chr. — 58 n. Chr., 163 v. Chr. bis 196 n. Chr.). VII, 358. 545. 613.
Han-Annalen. VII, 405. 633. 715.
Hanan, s. Ananias, Hannan.
Hanaugar, Fluß zum Urmia-See. IX, 956.
Hanbal, Sekte in Bagdad ꝛc. X, 282. XI, 842. — s. Ibn H., Imam H.
Hancialir alceghet, Ort in Turkestan. VII, 449.
Hand, s. Baderi H.
Hand, offene, als Ornament auf Esras Grabmal. XI, 946.
Handel, Handelsartikel, im Pendschab. VII, 119. — in Indien. 175. 176. VIII, 307. — Khotan, Yarkend. VII, 354. 378. — Turkestan. 466 ff. 476. — zw. Afghanistan u. Hindostan. VIII, 174. — in Herat. 252. 307. — Meschhed. 305. — Yezd. 306. — Kaschan, Kerman, Hind. 307. — Kaschmir, Bokhara, China, Rußland. 307. — Rescht. 651. — Bender Abassi. 744. — Siraf, Schiraz. 307. 774. 853. — Ispahan. VIII, 306. IX, 55. — Hamadan. 123. — der Bakhtiyari. 212. — der Luri kutschuk. 216. — in Kerkuk. 553. — Sulimaniyah. 568. — zw. Rußland, Persien ꝛc. 871. 892 ff. — in Tabriz. 881. — Van. IX, 978. X, 300. — Kars. X, 426. — in Musch unbedeutend. 679. — in Bitlis. X, 688.

XI, 94. — Erzerum. X, 758. — am Euphrat. 1024. 1025. — in Basra. X, 180. XI, 1052. 1055. 1071. — Diarbekr. XI, 60. — Mosul. 208. — Orfa. 326. — Hilleh. 788. — Bagdad. 800. 813. 817. 821. — Suk el Scheykh. 1011. — s. Produkte.
Handelsgeist, der Armenier. X, 602.
Handelsmärkte, berühmte, in Kaschghar. VII, 420. — s. Jahrmarkt.
Handelsstraßen, durch West-Asien. VII, 563. — s. Route.
Handipah, s. Nahr H.
Handschar, Messer. X, 887.
Handschrift, s. Manuscript.
Handu, s. Hapta H.
Hane, Prinzessin von Kaschghar. VII, 391.
Hanefi (Hanefiten, Hanife), Sunniten-Sekte, in Rai. VIII, 602. — in Mesopotamien. X, 282. XI, 184. 211. 841. — s. Imam Abu H.
Hanf, in Khotan. VII, 363. — Kaschghar. 410. 418. — Ghilan. VIII, 428. — am Euphrat. X, 950. 1038. — in Mosul. XI, 221. — (Cannabis sativa) in Mesopotamien. 501.
Hanftrank, berauschender. VII, 164. VIII, 583.
Han Hai, das trockne Meer. VII, 323.
Hanife, s. Hanefi, Imam Abu H.
Hanifijja, s. Mohammed Ibn el H.
Hanna, Hannan (Johannes), s. Annan, Hanan, Mar H., Matran H.
Hannes, s. Kotsch H., Scheikh H.
Hannibal, in Armenien. X, 83. — erbaut Artarata. 400.
Han van to, s. Kie van tho.
Hantha, ob = Kandahar? VII, 675.
Hanuman, indisches Idol. VII, 67.
Hanway, J., Reisender in Persien. VIII, 420. 514.
Haohan, s. Khokand. VII, 543.
Haorum (Urma?), am Euphrat. X, 1023.
Haoudh, s. Ain ol Haus.
Haousch Kerek, Ruinen in Kurdestan. IX, 486. 542.
Haphton-Berge, an d. Gränze von Medien. IX, 424. 472.
Hapta Hendu (Handu, Hindu, Hapte Heando, Sapta Heando), d. h. die sieben Indien, funfzehnter von Ormuzd erschaffener Segensort, die Stromlandschaften des Indus vom Kabulstrom bis zum Ssetledsch. VIII, 31. 35. 68.
Hara (Arioch), in Assyrien. IX, 424. X, 248. — s. Aria, Harra.
Harab, s. Abdul-h.
Haraclea, s. El Harakla.
Haradan, chald. Gemeinde bei Amadia. XI, 592.
Harae (Tab. Peut.), Ort in Syrien. X, 1086. 1092.
Harah Zad (Jirzad), Brücke bei Idadj. IX, 154. 155.
Harakla, s. El H.
Haram Baschi, d. i. oberster Beamter im Harem. XI, 210.
Harameïn, d. i. die beiden heil. Moscheen zu Mekka u. Medina. X, 842.
Haram khanah, d. i. der innere Wohnpallast Jezdegerds, Ruinen bei Zardah. IX, 468. 469.
Haran (Charan, Aranes), Bruder Abrahams. XI, 295. — sein Grab in Orfa. 333.
Haran (Harran, Charan, Charran, Charrhae, Carrae, Karrhae), Stadt in Mesopotamien, Distrikt v. Orfa. X, 134. 243. 939. 1063. 1124. XI, 283. 293. 300. 320. — Dist. X, 238. 1143. — s. Carrhae, Hauran.
Haranier, nach dem Fihrist. XI, 305 ff.
Haranit, als gleichbedeutend mit Sabier. XI, 299.
Haran-Thor, in Orfa. XI, 319.
Haraoïu, s. Haroiu.
Harapa, Stadtruinen am Ravi. VII, 50.
Haraqaita, Fluß. VIII, 122.
Haraqaiti (Herekheeti, Zend.),

d. h. einen See habend, der zehnte von Ormuzd erschaffene Segensort (Arachosia). VIII, 31. 35. 61. 103.
Harasam (Harasim), s. Abu H.
Harat, s. Orus. VII, 801.
Harawi, s. Al H.
Harbach, Brücke von, am Tigris. X, 216.
Harburtschi, Bach zum Euphrat. X, 884.
Harem Dschemschids, in Fars. VIII, 879. 888.
Harem khanah (Schahr banu), Doppelhöhle bei Holwan. IX, 468. 469.
Haretbaret, d. i. Kharput. X, 811.
Hareth, s. Elhareth.
Har Govind, Guru der Seikhs (stirbt 1661). VII, 135.
Harharai, s. Hazara.
Harhaz, s. Herhaz.
Hariana, Ort im Hindu Khu. VII, 787.
Harim, s. El H., Harsem.
Harime, Quelle bei Ras al ain. XI, 378.
Harin (Hoarin), Kurdendorf in Mesopotamien. XI, 385. 406. — s. Harsem.
Harir, Alt-, Hauptstadt der Soran-Kurden an der assyr. Gränze. IX, 620. 688. 1024. 1025. 1027.
Harir, Neu- (auch Deire, Derah), Stadt bei Erbil. IX, 620.
Harir, Fluß im südl. Kurdestan. IX, 576.
Harire (kurd.), ob Mesacarire? XI, 380.
Hariur, jeriur (armen.), d. i. hundert. X, 582.
Hark (Plur. von hair, Vater), d. i. Land der Väter, uralte armen. Ansiedlung in Daron. X, 553. 569. 585.
Harkanim, Distrikt von Kaswin. VIII, 126.
Harkari, s. Hekkari. IX, 650.
Harkis, Kurden-Tribus. IX, 940.
Harlekin, bei den Kurden. IX, 623.
Harmas, s. Ol H.
Harmini, i. e. mons Minni. X, 359.
Harmozia (s. Minab), Hafenstadt in Carmanien. VIII, 727. 772.
Haroïu (Haròyu, Zend.), d. h. Mutter der Völker, sechster von Ormuzd erschaffener Segensort (Herat). VIII, 20. 30. 35. 58. 237.
Harpasus (Xenoph.), d. i. Arpa tschai. X, 389. 398.
Harra, Stadt in Aria. VIII, 120.
Harr n, s. Haran.
Harranier, s. Haranier.
Harsem (Harim), in Mesopotamien. XI, 277. 408. — s. Harin.
Harsim, Gränzprovinz von Luristan. IX, 210.
Harsin, Bach zum Kerkha. IX, 325.
Harsin (Kuhi H.), Dorf u. Berg an der Südgränze von Kermanschah. IX, 339. 340. 341. 343. 386.
Hart, H., brit. Captain, in pers. Diensten. IX, 500. 823. 879. XI, 861.
Hartriegel (Cornus sanguinea), in Ghilan. VIII, 646.
Harudi, s. Scheikh H.
Harudsch, afrikan. Wüste. XI, 520.
Harûk, s. Abu h.
Harun, s. El H., Oglet H.
Harun-abad, Ort im Kerendthal. IX, 390.
Harun al Raschid, Khalif (reg. 786—808). VII, 427. — sein Grab zu Meschhed. VIII, 288. — seine Moschee in Amol. 541. — Geburtsort, Residenz rc. VIII, 604. IX, 478. X, 201. 235. 1052. 1115. 1143. 1144.
Harunsu, Zufluß zum Karasu? IX, 391.
Harut, verzauberter Engel. XI, 793. 910.
Harz, in Bagdad. XI, 822.
Harzuk, s. Garzit.
Hasah, s. Mohammed Abu H.
Hasain Kaini, s. Kayn. VIII, 582.

Hasan, s. Hassan, Abul H. Ali Ben Isa, Al H. Ibn Bouya, Benat el H., Ebn H., Imam H., Kütschük H., Mulla H., Pir H., Sir H. Beg.
Hasan, Vizier Al Mamuns. X, 233.
Hasan Ali, Kurdenstamm von Musch. X, 333.
Hasanawand, Tribus in Luristan. IX, 408.
Hasan Batrik, s. Hassan b.
Hasan Dagh, s. Hassan Dagh.
Hasania, Ort am Khabur. XI, 271.
Hasaniyah, s. Al H.
Hasan Khan (Hussein Kh.), Wali von Puschti Kuh. IX, 218. — s. Hassan Kh.
Hasan Khan, am untern Tigris. XI, 938.
Hasan Khan Kadjar. VIII, 441.
Hasan Mansur, s. Adiaman. X, 884.
Hasan Mirza, Timuriden-Sultan. VIII, 257.
Hasan Ova (H. Ovah, d. h. Hasans Ebene), Dorf am Frat. X, 783. 790. 793.
Hasarbalg, d. h. Tausenblätterbaum. VIII, 676.
Hasar Khan, Gouverneur von Erivan. X, 352.
Hasbeia, im Jordan-Thal. XI, 530. — vgl. Hesbon.
Hasca, Provinz am untern Euphrat. XI, 950.
Haschar, s. Kaschkar-H.
Haschaschin (Haschischin), d. i. Berauschte, Assassinen. VIII, 576. 583. 591. IX, 403.
Haschcuffsuk, s. Eschkaf Saka.
Haschdeank, Fürst. X, 553. — vgl. Haschtian.
Hasched, Montefik-Häuptling. XI, 1002.
Haschcha eul, d. i. Kaschghar. VII, 416.
Haschem (Hariam), Khalif der Ommajaden (reg. 724 — 743). X, 1089. 1109. 1143. XI, 35. — s. Haschim.
Haschemia, Dorf bei Mosul. IX, 733. XI, 226. 241.
Haschemiah (Haschimijet), Stadt bei Kufa. X, 184. 196. 1089. — s. Rusafa H.
Haschim, s. Haschem, Imam Zade H.
Haschimi, s. Zerib H.
Haschimijet, s. Haschemiah. X, 196.
Haschisch (Hyoscyamus), d. i. Hanf. VIII, 583.
Haschischin, s. Haschaschin.
Haschnagar, s. Haschtnagar.
Haschterud, s. Haschtrud.
Haschtnagar, Stadt in Peschawer. VII, 223. 308.
Haschtian (Haschdeank, Austanitis b. Ptol.), armen. Landschaft. X, 627.
Haschtrud (Haschterud, d. h. Distrikt der acht Flüsse), l. Zufluß zum Kisil Osen. VIII, 616. 618. IX, 803. 828. 832. — s. Karangu.
Hase, in Ferghana. VII, 735. 736. — am Demawend. VIII, 560. — bei Tehran. 611. — in Ghilan. 677. — bei Kohrud. IX, 37. — Erbil. 693. — in der arab. Wüste. XI, 700. — bei Bagdad. 812. — am unt. Tigris. 937. 945. — s. Wüstenhase.
Hase, turkomanischer, in Mesopotamien. XI, 505.
Haselnuß, in Gurkan. VIII, 354. — N. Armenien. X, 434. — (Corylus coturna) im Taurus. 919. — in Mardin. XI, 388. — (Corylus avellana) Mesopotamien. 501.
Hasen, Sohn Musa's, Astronom. XI. 447.
Haseran, Taurus-Kette. X, 872.
Hasi, berühmte Weintrauben von Hösn Keif. XI, 89.
Hasir-ol, d. h. sei bereit, Wachtruf. XI, 130.
Hasmaniyah, Zufluß zum Kuran. IX, 165.
Hasnawi, s. Hassawi.
Hasskeui, s. Khasskoi.
Hasru (Hazero, Khazero), Kur-

denstadt u. Zufluß zum Tigris. X, 91. 96. 697. 699. XI, 6.
HasruDaghleri (H. Daghlari), Niphates-Kette. X, 89. 94. XI, 6.
Hassan (Hasan, Hössein, Hosein, Houssain, Husein, Hussein), s. Abul H. Khan, Al Kadhi Abul H. 2c., Hamzah H., Imam Zade H., Kako H., Kara H., Mirza Abul H. Khan, Mullah H., Rokn ad Dowlah H., Scheich H., Syed Mohammed H.
Hassan II., Assassine (1162). VIII, 584.
Hassanabad, Ort bei Kazwin. VIII, 587.
Hassanabad, Vorstadt Ispahans. IX, 48.
Hassanabad, Distrikt u. Dorf im pers. Kurdestan (Senna). IX, 425. 431. 437.
Hassan abad, Dorf in Armenien. X, 477.
Hassan Abdallah, Scheikh der Tai. IX, 750.
Hassan Agas, Ort in Aderbidjan. IX, 941.
Hassan Agha, Dorf am Tscha Spi. XI, 167.
Hassan al Askeri, Imam der Aliden. X, 228.
Hassan Ali Khan, Dorf in Fars. IX, 142.
Hassan Ali Mirza, Gouverneur in Khorasan. VIII, 302. 324. IX, 874.
Hassan badrik (Hasan Batrik, d. h. Patriarch Hassan), Dorf bei Melitene. X, 836. 863.
Hassan ben Ali, Stifter der Assassinen (stirbt 1124). VIII, 580 ff.
Hassan chiph, d. i. Hösn Keif. XI, 81. 87.
Hassan Dagh (Hasan Dagh), Taurus-Kette in Kurdestan. X, 695. 795. XI, 104.
Hassané-Berge, in Luristan. IX, 68.
Hassan el Basri, Grab in Alt-Basra. XI, 1046.
Hassani, s. Seïd H.
Hassan kalah (H. kala, kalaa, kaleh), Festung am obern Araxes. IX, 858. X, 271. 349. 387. 390 ff. 619. 637. (Höhe) 900.
Hassan kaleh Su, d. h. Strom der Feste Hassans. X, 388. — s. Kaleh Su.
Hassan Khan, Fürst von Tschinnaram. VIII, 396. — s. Hasan Kh.
Hassan Kuli, turkom. Ansiedlung am Attreck. VIII, 367. 370.
Hassanlu Geduk, armen. Gebirge. X, 356.
Hassan Mervi, aus Yarkand. VII, 404. 408.
Hassan Pascha, in Bagdad (1638). XI, 804.
Hassan Pascha II., in Bagdad (1702. 1723). IX, 123. XI, 805.
Hassan Schami, Dorf in N. Kurdestan. IX, 745.
Hassan Tschelebn, türk. Dorf in Armenien. X, 804.
Hassar, in Schehrezur. IX, 459.
Hassaräer. VIII, 136. — s. Hazareh.
Hassawi (Nahr Hesawi, Hewaß, Hawaß, Hasnawi, Asnaur), mesopot. Zufluß zum Dschakdschakdschah (Khabur). XI, 256. 260. 265. 427. 464. — s. Asnaur-Fluß.
Hassawur, Dorf in Aderbidjan. VIII, 671.
Hasselquist, in Palästina. XI, 531.
Hassiz, s. Abdal H.
Hass-keuy, armen. Dorf. X, 816.
Hassn manna (kurd.), s. Adiaman.
Haste (Tab. Peut.), Station in Mesopotamien. XI, 264.
Hasu (Hazou, Hazu, Chasu, Azu, Ha-zour, das alte Zoroanda), Stadt in Kurdestan, Hukumet v. Diarbekr. X, 86. 90. 91. 95. XI, 43. 85. 91. 133.
Hatara, Dorf in Kurdestan. XI, 166.
Hatchoute, s. Kartschu. VII, 402. 503.
Hatem, Stammvater der Tai. IX, 750.

Haterasch, irrig st. Erdoz. IX, 998. 1003.
Hatra, Hutra (chald.), d. i. Scepter, Residenz. XI, 492.
Hatra, d. i. Al Hadhr. X, 125. 159. XI, 287. 466.
Hatrepaidchan, d. i. Aderbidjan. IX, 768.
Hauali (Holi), s. Al H.
Haubenlerche (Alauda cristata), in Mesopotamien. XI, 508.
Hauchechel, s. Ononis.
Haukal, s. Ebn H.
Hauli, s. Holi.
Hauna, d. i. Anah. XI, 724.
Haur, s. Hor.
Hauran, s. Dschebel H., Uklet H., Wadi H.
Hauran (Αὐρανῖτις χώρα b. Ptol., richtiger Haran), babylon. Landschaft am Euphrat. X, 243. 1116. XI, 735.
Haurangestein. XI, 365. — s. Basanit.
Haus, s. Ain ol H.
Haus, s. Häuserbau.
Hausaly, am Tokma su. X, 846.
Hauseidechsen, bei Mosul. XI, 218.
Hausen, s. Stör.
Hauskatze, s. Felis domestica.
v. Hauslab, Major. VIII, 125.
Hausschwalben, in Ghilan. VIII, 678.
Hausthiere, im Taurus. XI, 505. — in Bagdad. 812.
Haut, Häute, Ausfuhr aus Kurdestan. 977. — in Bagdad. XI, 822. — s. Gerberei.
Hautausschläge, in Ghilan. VIII, 673.
Hautfarbe, graugelbe, dunkle, in Ghilan. VIII, 429. — in Masenderan. 435. — sehr dunkle, der Chaldäer in N. Kurdestan. IX, 747. — der Yeziden. 759.
Hauwbaba, s. Aghababa.
Havar, s. Delli H.
Havirah, s. Beni H.
Haviza, s. Ahwaz.
Havla, assyr. Prinzessin. IX, 738.
Hawaisilat, Ruine am Tigris. X, 221.
Hawaizeh, s. Hawiza.
Hawak, s. Khewak.
Hawali, bei Edrisi irrig als Fluß in Diar Rebia. XI, 256. 260. 272. — Dist. XI, 162. 181. — s. Al Hauali.
Hawalie, Ort in Mesopotamien. XI, 450.
Hawalin, s. Holi.
Hawanit, s. El H.
Hawaozeh. IX, 227. — s. Ahwaz, Hawiza.
Hawasi, s. Hassawi.
Hawatu, Insel u. Dorf des Chatonia-Sees. XI, 259.
Hawaz, s. Ahwaz.
Haweh, d. i. Luft. X, 853.
Haweiza, s. Ahwaz, Hawiza.
Hawer Ableh, gefährliche Euphrat-Stelle. X, 177.
Hawi (arab.), d. i. Einbiegung, Alluvialebene, Plaine, am Tigris. X, 212. 217. 1066. XI, 126. 163. 667.
Hawil ubsa, Trümmerhügel am Tigris. X, 226.
Hawis, d. i. Ufergestripp, am obern Tigris. XI, 164.
Hawiza (Hawisa, Hawaizeh), Stadt am Kerkha. IX, 166. 227. 228. 292. 295. 327. XI, 943. — s. Nahr H., Howeise.
Hawiza, Wali von. IX, 436.
Hawuz, s. Ain ol H.
Hawz i Sultan, Ort in der pers. Salzwüste. VIII, 555. — bei Tehran. IX, 30.
Haxiam, s. Haschem. X, 1109.
Hayakim, s. Beni H.
Hayder (Haidar), s. Scheikh Sefi H.
Hayis, Chaldäerdorf in Kurdestan. XI, 601.
Hazar, s. Hisar.
Hazara (Hazaureh, Hezareh, Huzura), Volk und Berginsel im Paropamisus rc. VII, 200. 205. 247. 253. 262. 267. 304. (sprechen mongholisch) 307. 309. 311. 804. VIII, 10. 56. 101. 134 ff. 188. 388. — s. Kullah i H., Scheah H., Sultan Masaudi H., Sunni H., Tatar H., Turk H.

Hazarasf, Atabeke. IX, 140.
Hazar-Denar, Münze. VIII, 689.
Hazard Mird, Stelle bei Sulimaniyah. IX, 444.
Hazareh, d. h. Abtheilung, Regiment von Kriegern. VIII, 136. — s. Hazara.
Hazarmany, Ort zw. Ispahan u. Hamadan. IX, 60.
Hazarnow (Huzarnow), am Kabulstrome. VII, 225. 227.
Hazar ve yekmezar, d. h. die 1001 Grabmäler. VIII, 849.
Hazaureh, s. Hazara.
Hazegaz, s. Haiegaz.
Hazero, s. Hasru.
Hazer Su, s. Ghazir Su, Heizel.
Hazhan, s. Hassan Dagh.
Hazig, s. Haiegaz.
Hazil (Heizel), Fluß in N. Kurdestan. IX, 730.
Hazin, s. Mohammed Ali H.
Hazir, s. Ghazir Su. IX, 697.
Hazirjut, in N. Kurdestan. IX, 727.
Hazir-Khan (d. h. tausend Quellen), Ort in S. Kurdestan. IX, 588.
Hazita, s. Joseph H.
Haznaour, s. Asnaur.
Hazor (armen.), d. i. tausend. X, 582.
Hazou, Ha-zour, s. Hasu.
Hazrel i Mevletna, d. i. der geliebte Heilige. IX, 440.
Hazu, s. Hasu.
Heando, s. Hapta H.
Hebata (Plin.), Stadt in Mesopotamien. X, 1118. XI, 281. — vgl. Habat.
Hebeb-Araber, am Euphrat. XI, 707.
Hebed Jesu (Abed Jesu), chald. Bischof von Saba (1550). IX, 669. 673. — s. Ebedjesus.
Heber, Bischof in Calcutta. X, 634.
Hebondiah, Kastell am Euphrat. XI, 726.
Hebräer, s. Juden.
Hebräische Inschriften, zu Hamadan. IX, 125. — in Diarbekr. XI, 55. — Al Habhr. 489. 492.
Hebräische Manuscripte, häufig in El Kosch. IX, 726.
Hebräische Sprache, Verwandschaft zur neusyrischen. IX, 685.
Hebräus, s. Gregorius Abulfaradsch.
Hebron, Höhe. XI, 531.
Hebungs-Land, am Jilum. VII, 94.
Hecatompylon, s. Hekatompylon.
Heckenrosen, im Hindu Khu. VII, 269.
Hector, Mr. X, 1028.
Hed Ali, Distrikt Ferghanas. VII, 745. 746.
Hedayut Khan, in Rescht. VIII, 650.
Hedhed Beni Suliman, d. i. Kinder Salomonis, Wiedehopf. XI, 360.
Hedid, s. Hadid, Scheich H.
Hedineh, Dorf im Meschhed-Thal. VIII, 310.
Hedjaj, s. El H. Ben Jusuf.
Hedscham, Thor von Rai. VIII, 601.
Hedschasch (Hagiag), Statthalter von Irak. X, 188.
Hedsjas, in Arabien, Feigen das. XI, 544.
Hedyphon, Hedypnus (Strab.), ob Abi Zard? IX, 315.
Hedysarum alhagi (Kameelsdorn), bei Kelat. VIII, 715. — in Fars. VIII, 845. IX, 223.
Hedysarum caucasicum, am Ararat. X, 499.
Heerdenpflanzen, in Kurdestan. XI, 167. — am mittl. Euphrat. 702.
Heerdenthiere, im Pendschab. VII, 117. — Reichthum in Yarkand. 397. — Ghilan. VIII, 677. — vgl. Fauna, Hausthiere.
Heetomeante, s. Haëtumat.
Heft Bescheh (d. h. die sieben Jungen), Pässe von Kohestan. VII, 252.
Heftleng, s. Haft Leng.

Heft-Tscheschmeh (sieben Quellen), Station bei Astrabad. VIII, 474.
Hegiarat, s. Modhareth el H. (Amu).
Hehn, J., Begleiter Parrots nach Armenien. X, 366. 493.
Heho, d. i. Abisiah. VII, 564.
Heibuk (Haibuk), Ort am Khulum, im Hindu kuh. VII, 256. 259. 269. 270. 811. XI, 539.
Heidearten, im syr. Taurus. X, 920.
Heidnische Gebräuche, in der armen. Kirche. X, 618. 636. — vgl. Opfer.
Heidnisches Heiligthum, in Carrhae. XI, 287. — s. Götzendienst.
Heidur, s. Haidar, Mirza H.
Heifli, Ruinenort am unt. Tigris. XI, 940.
Heii Felithou, Prophet Johannes. XI, 303.
Heilige, armenische. X, 780. — s. Säulenheilige.
Heiligenanbetung, bei den Kurden. IX, 434. — den Nestorianern verboten. 664.
Heiligengräber, in Multan. VII, 65. — Kerkuk. IX, 553. — ihre häufige Verlegung an verschiedene Orte. X, 263.
Heilmethode, eigenthümliche, der Kurden. IX, 619. — s. Arzneikunde.
Heimer (Heymar), s. Al H.
Heïni (türk.), s. Hineh. X, 97.
Heirat, s. Bu Dji H.
Heizan, in Kurdestan. XI, 103.
Heizel (Hisel, Hazil, Chisel, Hazer su), Zufluß zum Khabur od. Fluß von Zakhu. IX, 716. 730. XI, 168.
Hejatile, Land der. VIII, 128. — s. Hajathaliten.
Hejil, Gold-Bracelet. XI, 223.
Hejjaj Ben Jusuf (El Hedjaj B. J.), in Mesopotamien. X, 163. 206.
Hekari, s. Hekkari.
Hekatompylon (Hekatompylos, Hekatonpolis), Arsaciden-Residenz in Parthien. VIII, 119. 360. 457. 463. 469. 598. X, 1058. XI, 513. — s. Damghan.
Hekimbaschi, d. i. Leibarzt des Pascha. XI, 210.
Hekim ben Jahia, Oberhaupt der Haranier. XI, 314.
Hekimchan, Oberhaupt der Salera. VIII, 277.
Hekimchan, Flecken am Kuru tschai. X, 805. 836.
Hekkari (Hakkari, Hakari, Hakarya, Harkari, Hukkaney), Volk u. Gebirgsland in N.Kurdestan. IX, 630. 631. 643. 644 ff. 650. 660. (Sprache) 682. 1027. XI, 597 ff.
Hekkari-Strom, d. i. Zab Ala. IX, 645. 654. 666. 1030. XI, 602.
Helena, Königin von Adiabene. X, 252.
Helfer, Dr. (nicht Helfrich), auf dem Euphrat, in Mesopotamien. X, 954. 1074. XI, 502. 692. — in Syrien. X, 1030.
Heli (Hed Ali?), Gebiet Ferghanas. VII, 746.
Helin (Aila), auf der Sinai-Halbinsel. XI, 532.
Heliodorus, Bischof in Bezabde. X, 169.
Heliopolis, s. Mabuga.
Helios, Name auf Münzen. VII, 108.
Heliotrop (Mineral), im Dschebel Buschir. XI, 689.
Helix guttata, Landschnecke bei Orfa. XI, 328.
Hella (El H.), Name verschiedener Städte. X, 187. — s. Hilleh.
Helleborus hyemalis, in Kurdestan. XI, 658.
Hellenopolis (i. e. paganorum civitas), d. i. Carrhä, Haran. XI, 293. 297.
Helmund, s. Hindmend.
Hemawaran, Felsburg b. Astrabad. VIII, 522.
Hemionus, s. Equus Khur.
Hems, s. Höms.
Hena (der Bibel), s. Anat. X, 236.
Henda, Kloster. XI, 177.
Henderin, s. Beni H.

Hendmand, s. Hindmend. VIII, 63.
Hendu, Handu (Zend), d. i. Indien. VIII, 103. — s. Hapta H.
Heni (armen.), s. Hineh.
Heniocher, Volk in Armenien. X, 116.
Henna (Henné, Kena), rothe Thonerde in Laristan. VIII, 753. — Mesopotamien. XI, 502. — Bagdad. XI, 812. 822. — als Schutzmittel gegen Pest? X, 348.
Henoch, s. Enoch.
Heou, chines. Würde. VII, 524.
Hephästion, Alexanders Feldherr, sein Tod. IX, 101. 108. 319.
Her, armen. Distrikt. X, 574.
Her, s. El H.
Herab, s. Herou.
Heracles, Vater Hekim ben Jahia's. XI, 314.
Heracles, im Hindu Khu. VII, 279. — Jagdgott, Tempel auf dem Sambulos. IX, 480. — in Aftisat. X, 786.
Heracles Kornopion, der Heuschreckentödter. VIII, 802.
Heraklea, Hellenenstadt bei Rhagae in Parthien. VIII, 599.
Heraklea, am Euphrat. X, 1113. — s. El Haraklah, Herakleion.
Herakleion, Tempelort in Cyrrhestica. X, 929. — s. Heraklea.
Herakldes, Alexanders Feldherr. VII, 713. VIII, 439. X, 36. XI, 429.
Heraklius, Kaiser (reg. 610 bis 642), seine Feldzüge gegen die Sassaniden rc. IX, 113. 445. 503. 505. 773. 776. 822. 942. 1042. X, 161. 471. (seine Kirche in Diarbekr) XI, 32. 79. 153.
Heraovi, d. i. Einwohner von Herat. VIII, 251. — s. Heri.
Herarah, s. Abu H., Hezarah.
Heras, s. Herhaz.
Herat (Heri, Haroïu), Hauptstadt u. Gebiet in Khorasan. VII, 274. 318. VIII, 20. 58. 120. 123. 127. 175. 237 ff. IX, 874. XI, 179. 564. 568. — Distanz. VIII, 153. 234. 262. 266. 284.
Heratemis, Fluß in Daschtistan. IX, 134.
Herat-Route, nach Kandahar. VIII, 155 ff.
Heratu, Fort an der pers. Salzwüste. VIII, 457.
Herawel Dag, Bergkette zwischen dem Van- u. Urmia-See. VIII, 16. — s. Akroual. 643.
Herbahs, Wurfgeschoß der Beduinen. XI, 840.
Herba medica, s. Musu.
Herbert, Th., in Persien (1626). VIII, 736. IX, 45.
Herbo Peri (Chirbi Piri, Chirbipiro), Distrikt von Diarbekr. X, 92. XI, 112.
Hercan, s. Herthan.
Here, assyrische. X, 1048. XI, 551. — s. Dea Syra.
Hereglé, s. El Haraklah.
Herehk (Herekh), Station in Masenderan. VIII, 500.
Hereklheeti, s. Haraqaiti.
Heremi, s. Ali H.
Herhaz (Harhaz, Herasrud, Herirud, Herrouz), kasp. Zufluß in Masenderan. VIII, 484. 499. 500. 539.
Herhemeh, Dorf am Frat. X, 783.
Heri, ältere Form für Herat. VIII, 20. 58. 237. — s. Pir H.
Herir, Ebene in Kurdestan. XI, 655.
Heri-rud, d. i. Fluß von Herat. VIII, 20. 58. 155. 213. 238 ff. 277. 278. — vgl. Herhaz.
Herkules, s. Heracles.
Hermand, s. Hindmend. VIII, 63.
Hermas (el Hermas, Hormiz), Zufluß zum Khabur in Mesopotamien. X, 247. XI, 248. 255. 262. 265. — s. Nisibis-Fluß.
Hermeline, in Ghilan. VIII, 677.
Hermes (Merkur), Verehrung auf Keisch. VIII, 776. — in Haran. XI, 310. 312. — Orfa. 339.
Hero u. Leander, ähnliche Sage am Tigris. X, 221.
Herodot, Verzeichniß der pers. Völkerschaften. VIII, 85. — über Ekbatana. IX, 100. — Susa.

IX, 304. — Euphrat u. Tigris. X, 6. — Armenier. 595.
Heroengräber, alter Pehlwihelden. IX, 21.
Heroïnen, unter Kurdinnen. IX, 625.
Herou (Herow, Herab), Hauptstadt von Khalcal in Aderbidjan. VIII, 15. 634. 637. 668. 869. IX, 771.
Herpestes ichneumon, s. Ichneumon.
Herrmann, C. A., über Armenien. X, 367.
Herrouz, s. Herbaz.
Hersen, ob = Erzen? XI, 39.
Herschel (Hershel), Ebene in Schehrezur (Kurdestan). IX, 459. 463.
Herschem (türk.), d. i. Seide. VIII, 709.
Herthan (Hercan, Merken), armen. Dorf. X, 569. 666.
Hertosbi, Hertowschi, irrig st. Erdoz. IX, 998. X, 296.
Hertowschi, Kurden-Stamm im Van-Gebiet. IX, 999. — s. Erdoz-Kurden.
Herujane, Sandschakat von Mosul. XI, 185.
Herun, bei Diarbekr. XI, 185.
Herzin, s. Arzanene.
Hesaardere (d. h. tausend Hügel), Gebirge in SW. von Ispahan. IX, 130.
Hesav, Dorf in Diarbekr. XI, 116.
Hesawi, s. Hassawi.
Hesbon, Stadt in Palästina. XI, 544. — s. Hasbeia.
Hescham, s. Roszafat H.
Hescht-behischt (d. h. acht Paradiese), Prachtgärten zu Ispahan. IX, 49.
Hesekiel, s. Ezechiel.
Hesenanli, Kurden-Tribus am Tigris. IX, 713.
Hesham Ben Mohammed el Kelbi, Historiker. X, 64.
Hesmae-Kloster, in Mesopotamien. XI, 294.
Heen, d. i. Hößn Keif. XI, 101. — s. Hisn.
Hesna, s. Beit H. (Beesni).
Hesn Kefa (armen.), s. Hößn Keif.
Hesn Keif, s. Hößn Keif.
Hesn Mahdiji, s. Hysn Mohdi.
Hesno'l Caipha, s. Hößn Keif. XI, 81. 88.
Hespedun, Jeziden-Dorf in N. Kurdestan. IX, 726.
Hesudrus, d. i. Sfetledsch. VII, 31. 32. 35.
Heteromeren, in Mesopotamien. XI, 510.
Heu, bei Kurden am Van-See. X, 291. — fehlt im Oriente. XI, 422.
Heude, W., engl. Lieutnant, Reisender in Kurdestan. IX, 455. 457. 559. 635. 759.
Heuler-Derwische, in Bagdad. XI, 843. — s. Kreisler-Derwische ꝛc.
Heuschrecke, geographische Verbreitung und Plage in der alten Welt. VIII, 789 ff. — in Europa. 798 ff. — Afrika. 806. — bisweilen in Kurdestan. IX, 611. — in Mosul. XI, 204. — Mesopotamien. 510. 692. 774. — in der arab. Wüste. 747. — häufige Anwendung in hebr. Gleichnissen. VIII, 812. — Lieblingsspeise der Araber ꝛc. VIII, 797. 805. 807. 808. 809. 810. XI, 1048.
Heuschreckenkönig. VIII, 800. 810.
Heuschreckenladen, in Arabien. VIII, 809.
Heuschreckennester, sind den Lastthieren nachtheilig. XI, 422.
Heuschreckentödter, s. Turdus roseus.
Heuzé (Heuzen), s. Kizil H.
Heviada, s. Osrhoës H.
Hevias, Vater Osrhoës. XI, 339. 349.
Hewasi, s. Hassawi.
Hexamilia, Schutzmauer im thrak. Chersones. X, 20.
Heymer, Al Heimer.
Heyne, Dr., Richs Begleiter. XI, 869.
Heza, Ort in Mesopotamien. X, 1142.

Hezabad, Flecken bei Yezd. IX, 26.
Hezar, s. Sih h.
Hezarah (El Herarah, Harharai), Stadt am Euphrat. X, 53.
Hezar Dereh (d. h. tausend Thäler), Gegend um Ispahan. IX, 22.
Hezareh, s. Hazara.
Hezar situn, d. h. tausend Säulen. VIII, 889.
Heznarit, Distrikt von Hamadan. IX, 123.
Hhagla, s. Achla.
Hhair, s. El Hir.
Hharman, Berg in Farsistan. VIII, 759.
Hheimra, Ort am Tigris. X, 225.
Hheir, s. El Hir.
Hheymar (Hheymer, Heimer), s. Al Heimer.
Hhud, s. Hud.
Hian (chines.), d. i. Stadt. VII, 567.
Hian, Fluß in Khotan. VII, 376.
Hiang-tang, d. i. Festmahlzucker. IX, 282.
Hiantu (Hianthu, richtiger Chintu; auch Thian, Thiantu, Pe Hiantu, Intu, Yintu, Khiantu), d. i. Nord-Hindostan. VII, 290. 297. 331. 549. 550. 552. 635. 669. 676. 687. 712.
Hiantu-Paß. VII, 709 ff.
Hiao yuan tu, s. Yuanti.
Hiarchan, Hiarkan, d. i. Yarkand. VII, 345. 391. 506.
Hiawouti, chines. Kaiser (reg. 142—87 v. Chr.). VII, 546. — vgl. Wuti.
Hia zao tung tschung, fabelhaftes Thier in Turkestan. VII, 456.
Hibba, Hütten im Khyber Dag. IX, 558.
Hibiscus esculentus (Bamiyah), in Mesopotamien. XI, 501.
Hichehan, chines. Beamter. VII, 517.
Hiddekel. X, 697.
Hie (Hijeh, Hye, Hai), s. Kut H., Schat el H.
Hien, Geist des Feuers. VII, 427. 428.
Hieou-siun (Siusiun), Gouvernement von Ferghana. VII, 422. 575. — Provinz der Ta Wan. 645. 647. — s. Siusiun.
Hieousioun (Usun?), Volk. VII, 604. 683.
Hieracium, im östl. Mesopotamien. XI, 484. — fruticosum, am Ararat. X, 490.
Hierapolis, s. Pambuk Kalessi.
Hierapolis, alter Name für Tschimischgesek. X, 793.
Hierapolis (Mambedsch), Stadt in Euphratesia. X, 137. 930. 946. 980. (astr. L.) 996. (Heiligthum der syr. Göttin) 1041 ff. 1054. XI, 335.
Hieriphthon, Feste in Diarbekr. XI, 82. 381.
Hieroglyphen, auf dem Kohe Gubr. VIII, 731. — bei Susa rc. IX, 298. 308.
Hieron, aus Soli in Cilicien, Steuermann Alexanders. X, 40.
Hieron oros (Xenoph.), s. Cap Yoros.
Hieropolis, s. Hierapolis.
Hijeh, s. Hie, Schat el H.
Hileia, Ort in Mesopotamien. XI, 443. 458.
Hilla, s. Abu Hilla.
Hillcun, d. i. Spargel. XI, 502.
Hilleh (Hille, Hillah, Hella), Stadt am Euphrat. X, 36. 47. 187. 262. 281. XI, 783 ff. 835. 869. (astr. L.) 976. — Dist. X, 43. 57. XI, 743. 767. 782. 892. 950. 955.
Hilmend (Hilmind), s. Hindmend.
Himalaya, Gebirge. VII, 15. VIII, 44. X, 357. — s. Kulu Kaschmir H.
Himay, Ort am San Pu. VII, 13.
Himar (d. i. Esel), s. Masar ol h.
Himawat, d. i. Himalaya. X, 357.
Himbeeren, in N. Armenien. X, 434.
Himjaritische Schrift, in Armenien. X, 554.

Himmelspferde, berühmte Art der Ta Wan. VII, 638. 642.
Himpari, s. Muhammed ben Sabbah H.
Hindakan, Fluß in Ghilan. VIII, 658.
Hindavin, s. Beni H.
Hindi, s. Agostino H., Mellik H., Sayed H.
Hindi, Sprache, in Kabul. VII, 307. — s. Hindki.
Hindian (Hinduan, Endian), Stadt am Tabfluß in Daschtistan. IX, 134. 135. X, 27.
Hindian, pers. Küstenfluß. IX, 134. — s. Arosis, Tab.
Hindie, Euphrat-See. XI, 888.
Hindki, die Hindu's in Peschawer, Afghanistan. VII, 220. VIII, 188. — ihre Sprache. VII, 298. — s. Hindi.
Hindmend (Hendmand, Hirmend, Hermand, Hilmend, Helmund, Etymander), Steppenfluß zum Zareh-See in Sedschestan. VII, 249. 329. VIII, 31. 35. 63. 147. 150 ff. 160. 176.
Hindostan, Nord-, s. Hiantu.
Hindostani, s. Hindustani.
Hindostani-Pilger, im Alagbez. X, 463.
Hindostani-Route, nach Ladakh. VII, 473.
Hindsch, Stadt am obern Murad. X, 665.
Hindu, s. Chinto, Hapta H.
Hindu, Volk am Ostufer des Indus. VII, 29. — als Handelsvolk in Daudputra. 42. — im Indus-Delta. 180. — in Sinde. 188. — Kabul. 242. — Kolonie in Khotan? 352. — spärlich in Yarkand. 397. — erste Kenntniß in China. 550. — in Khokand. 779. — Kandahar. VIII, 148. — Baugh. 174. — Herat. 250. — spärlich in Yezd. 267. — ihre weiten Pilgerfahrten. IX, 797. — Kolonie in Daron, ihre Bekehrung. X, 552 ff. 555. 589.
Hinduan, s. Hindian.
Hindu Dewans, Geschäftsführer in Sinde. VII, 188.
Hindu-Dialekt, in Sinde. VII, 152.
Hindu Khu, der indische Kaukasus. VII, 15. 196 ff. VIII, 4. 44. 50.
Hindu Kusch (d. h. Hindu-Tödter), die westl. Ketten u. Paßhöhen des Hindu Khu zw. Bamiyan u. Balkh. VII, 199. 230. 244. 254 ff.
Hindu-Schrift, in Yarkand. VII, 407.
Hindustani, Sprache in Hindostan, als Verständigungsmittel bis Kurdestan. IX, 759. — unter Montefiks. XI, 1010.
Hineh (Khini, Heïni, Heni), Ort am obern Tigris in N. Kurdestan. X, 97. 699. (Höhe) 715. 904.
Hing (arm.), d. i. fünf. X, 582.
Hing, Hingu (ind.), d. i. Assa foetida. VII, 260. VIII, 751.
Hinga (sanskr.), d. i. Assa foetida. VII, 260.
Hingiseh (pers.), d. i. Assa foetida. VIII, 751.
Hinglaj, Wallfahrtsort in Mekran. VII, 182.
Hing nieï, König v. Kipin. VII, 687.
Hingu, s. Hing. VII, 260.
Hing youe lu, chines. Astronom. VII, 609.
Hiob, s. Agub, Ajub, Ayub, Eyub.
Hiog Tepe, d. h. grüner Hügel, am kasp. See. VIII, 366. 371.
Hiongnu, Turkstamm. VII, 359. 548. 549. 585.
Hiouan-tchin (d. h. tiefe Wahrheit), s. Ju-Stein. VII, 386.
Hiouantsoung, chines. Kaiser. VII, 577.
Hipparch. X, 967. 970.
Hipparener, babylon. Sekte. X, 146.
Hipparenum, Stadt in Babylonien. X, 146.
Hippobotos (Strabo), die Roßweide in Medien. IX, 363.
Hippokrates, armenische Uebersetzung. X, 568.
Hir, s. El H.
Hira (Mundarorum regia), Stadt

auf der Westseite des untern Euphrat. X, 43. 58 ff. (Schlacht das.) 61. 169. 183. 185. (astr. L.) 187. XI, 954.
Hira, Pallast am Tigris. X, 210. 277. — s. Dschaafarije.
Hircan, Oberpriester der Juden. IX, 981.
Hirkanien, s. Hyrkanien.
Hirmend, s. Hindmend.
Hirrus, Dorf Khorasans. VIII, 477.
Hirsche, in Ferghana. VII, 735. 736. — Ghilan. VIII, 677. — s. Rothhirsch.
Hirse, in Turfan. VII, 435. — spärlich in Banna. IX, 581. — in Kurdestan. 608. 1030. — bei Musch. X, 692.
Hirse, indianische (Mais, Durra, Holcus sorghum?), am Euphrat. XI, 691. 709. 718.
Hirse, welsche, d. i. Mais. XI, 719.
Hirtenhunde, große, in Armenien, Kurdestan. X, 652. — in Mesopotamien. XI, 504.
Hirtenstämme, Wanderhorden, im Indus-Delta. VII, 175. 179. — am Zahreh-See. VIII, 153. — unter Afghanen. 197. 232. — in Persien. 372 ff. — am Khabur. XI, 271. — Verfall des Nomadenlebens in Transkaukasien. X, 610. — s. Wanderdorf.
Hisar (Hazar), Station im Süden Aderbidjans. IX, 813. 822. 1037. — s. Hissar.
Hisarbischen, Wall von Erzerum. X, 761.
Hisciam, d. i. Haschem. X, 1143.
Hisel, s. Heizel.
Hisigine, Ort in Aderbidjan. VIII, 636.
Hiskiah, Judenkönig. X, 248.
Hisn, d. i. Burg, Fels. XI, 89. — s. Al H., Chesn, Hösn, Hößn, Hysn.
Hisna di Zayd, s. Hisn Zayd.
Hisn Ayas-si, Thal am Degermensu. X, 896.
Hisn Keif, s. Hößn Keif. XI, 81.
Hisn Mansur, s. Hysn M.
Hisn Zayd (Hisna di Zayd), d. i. Schloß, Feste der Zayd, Kharput. X, 811.
Hisperitis, Hispiratis, Landschaft in Groß-Armenien. X, 272. 411. 586. 595. 727. 774.
Hissar, s. Bala H., Beni H., Kodsch H., Schebb Khanah Kara H., Jengi H.
Hissar, Gebirgsstaat im Norden Badakhschans. VII, 794. 819.
Hissar, Ort zw. Hamadan u. Ispahan. IX, 64. — s. Hisar.
Histar, Berg in Aderbidjan. IX, 796.
Hiszar, s. Jengi H.
Hit (Is), Stadt am Euphrat. X, 6. XI, 739. 749 ff. 777. 1014. — Dist. X, 43. 236. XI, 726. 1039.
Hiti, s. Abul Hiti.
Hitze, in Multan. VII, 65. — sehr große, in Schikarpur. 151. — in Sehwul. 161. — in Diarbekr, Ursache. XI, 49. — in der Palmyra-Wüste. 700. — in Basra. 1049. — s. Klima.
Hiüan Thsang, buddhist. Priester, seine Wanderungen (630—650 n. Chr.). VII, 272. 284. 290. 327. 492 ff.
Hivel-Zivo, i. e. Deus creator der Mendaïten. XI, 303.
H'lassa (richtiger Lha-sa), Capitale von Tübet. VII, 326. 424.
Ho (Khor), Tschaowou-Herrschaft. VII, 563. 572. 652.
Hoaïhoa (d. h. innere Bekehrung), König in Schasch. VII, 570.
Hoai nan tseu, chines. Philosoph. VII, 546.
Hoaïte (d. h. Tugend im Herzen), chines. Königstitel. VII, 649.
Hoamen, Region. VII, 509.
Hoangti, chines. Kaiser (2600 v. Chr.). VIII, 691.
Hoarin, s. Harin. XI, 406.
Hobeira (Hobairah), s. Jezid Ben Omar Ben H., Kasr el H.
Hochi (Kesch?), Reich der Kleinen Ün. VII, 656.
Hochpad, Kloster bei Tiflis. X, 629.

Hochwald, fehlt in Kabulistan. VII, 235.
Hochzeitsgebräuche, in Turkestan. VII, 463. — bei chald. Christen. IX, 965. — s. Ehe.
Hocki, s. Hohan.
Hodaï bipah, d. h. rauhes Bergland, im Norden Mesopotamiens. XI, 163.
Hoda Sandjak, Berge bei Hit. XI, 753.
Hodge Keler, armen. Oberhaupt in Ispahan. X, 601.
Hodschr, Vater Amrulcais, Fürst der Beni Esed. XI, 34.
Höckle, s. Achla.
Höddur, s. El H.
Höflichkeit, große, der Perser. IX, 79. 886.
Högkne (Hokneh), Ort in Mesopotamien. XI, 421. 424. 431. 436.
Högne su, Zufluß zum Tigris. XI, 424.
Höhenmessungen, in Ost-Turkestan. VII, 336. — Iran. VIII, 3 ff. — Khorasan. 11. — Georgien, Armenien. X, 371. 1150. — auf der Kars-Ebene. 428. — im Taurus. 899 ff. — in Mesopotamien. XI, 496. — s. Barometer-Messung.
Höhlen, Höhlenbildung, bei Jellallabad. VII, 228. — am mittl. Euphrat. X, 830. 877. — in Sindschar. XI, 451. 452. — s. Grabhöhle.
Höhlendorf, kurdisches, am Jesidhane. XI, 112.
Höhlenopfer, bei Yeziden. IX, 754.
Hoei, d. i. Mohammedaner, Turkstämme. VII, 401. 416. 432. 436.
Hoei-dsö (Hoeihe), d. i. Bewohner von Ost-Turkestan. VII, 404. 416.
Hoeihe (gewöhnlich Hoeihoei, chines. Hoeihou), d. i. Turk, Ost-Turk, chines. Name für alle Mohammedaner. VII, 332. 378. 384. 404. 588. 592. 595. 599. 603. — s. Oui.
Hoeïlo, chines. General. VII, 581.
Hoei pu, d. h. Horde der Mohammedaner. VII, 509. — kleine Bucharei. 515.
Hoei seng, buddhist. Pilger. VII, 498.
Hoeitsching, s. Kaschghar H.
Höms (Emesa), syrische Stadt. X, 1053. 1089.
Hörnle, Missionär in Kurdestan. IX, 621. 746. — Tabriz. 880. — Urmia. 943.
Hösn, s. Hößn.
Hösn Mambegi, d. i. Schloß Mambedsch. X, 1063.
Hössein, s. Meschhed H., Hussein.
Hössein-Pascha, von Basra. XI, 1036. — s. Hussein P.
Hößn, s. Hisn.
Hößn Keif (H. Keifa, Haçn Keifa, Hesnol Caipha, Kiphas), das Schloß der guten Laune, am ob. Tigris, Sandschakat von Diarbekr, Mosul. X, 86. 94. XI, 10. 39. 42. 43. 81 ff. 185. 381. — vgl. Tel Keif.
Hößn Muslema, Ort in Mesopotamien. XI, 273.
Hofastronomen, in Sulimanijah. IX, 626.
Hogasur, armen. Dorf. X, 709.
Hohan (Gahan, Yokin, Hochi, Hocki), Capitale der Kleinen An. VII, 656.
Hojan Schan (d. h. feuriger Berg), in Turfan. VII, 435. — s. Ho Schan.
Hokhi dischi, Fürst von Kaschghar. VII, 418.
Hoki dschin, Khodja. VII, 401.
Hokien, chines. Provinz. VIII, 707.
Hokneh, s. Högkne. XI, 436.
Hol (Holi, Hauli; Plur. Hawalin), d. h. veränderlich, Zufluß zum Khabur. XI, 260. 265. — s. Al Hauali.
Holaku Khan, s. Hulaku Khan.
Ho lao lo kia, Stadt(?). VII, 333.
Holcus Sorghum, s. Durra, Jowari.
Holcus spicatus (Bajera), in Malwa. VII, 36.

Holford, Reisender in Mesopotamien ꝛc. X, 1100. XI, 777.
Holi, s. Hol.
Holländer, in Bender Abassi. VIII, 743. 745. — Ispahan. IX, 47. — ob Erbauer von Korna? XI, 1022. — in Basra. XI, 1034.
Hollunder (Sambucus nigra), in Ghilan. VIII, 548. — in N. Armenien. X, 434.
Holly (Ilex aquifolium?), am obern Tigris. XI, 117.
Holo, Capitale der Yetha. VII, 568.
Holuan, s. Holwan. IX, 465. 470.
Holwan (Halawan, Halwan, H. Chala), Stadt in Kermanschah. VIII, 116. IX, 388. 424. 465. 470 ff. X, 248. XI, 540. — Dist. IX, 444. X, 232. 236. — s. Hala, Hurin, Zohab.
Holwan (Elwan), Zufluß zum Diyalah. IX, 388. 395. 414. 469. 483.
Holz, s. Brenn=, Krumm=, Zimmerholz, Waldung.
Holzarchitektur, in Medien. IX, 108.
Holzflöße, auf dem Frat. X, 793.
Holzkeulen, der Jaf=Kurden. IX, 624.
Holzkohlen, in Luristan. IX, 212. 216. — Kurdestan. X, 701. — Armenien. 719.
Holzmangel, stellenweise im Hindu Kusch. VII, 258. — in Persien. VIII, 348. — Bagdad. IX, 441. — Bayazed. X, 346. — Basra. XI, 1050.
Holzwaaren aus Nedschd, im unt. Mesopotamien. XI, 1011.
Homa, heilige Pflanze. VIII, 76.
Homai, fabelhafte Königin. VIII, 879. 888.
Hom al Bawab, See bei Idadj. IX, 155.
Homer, armenische Uebersetzung. X, 568.
Homes, amerik. Missionar, in Mardin. XI, 394. 396.
Honain Ebn Isaak, christl. Leibarzt in Bagdad. X, 62.
Honig, in Kabulestan. VII, 683. — Tehran. VIII, 611. — Kazerun. 826. — vorzüglicher, in Kurdestan. IX, 553. (mit Butter genossen) 584. (künstlicher) 611. 1030. — Bagdad. XI, 816. 822. — s. Steinhonig, Bienen.
Honigart (Manna), in Luristan. IX, 212.
Honigberger, Dr. M., ungarischer Reisender, in Kabul, Bamiyan ꝛc. VII, 9. 30. 229. 275. 287 ff. — Derabend — Ghazna. VIII, 130. 144 ff.
Honigthau, s. Manna. IX, 233.
Hoobaras, d. i. Trappe. VIII, 787.
Ho ölh (kar), d. h. Wohnungen aus Ziegelsteinen. VII, 416.
Hopfen, in Ghilan. VIII, 428.
Hophopa, Dorf am Tigris. X, 230.
Hopu=Nor (Hop=Nor), d. i. Sternensee, in Turkestan. VII, 447.
Hor, Nomadenvolk. VII, 326.
Hor (Haur), Tribus in Mekran. VIII, 717.
Horaban, Chaldäer=Dorf bei Amadia. XI, 594.
Horaireh, s. Abu H.
Horchean, indischer Prinz in Armenien. X, 556.
Horchun, Ort in Armenien. IX, 994. X, 660.
Hordeum nudum Linn. VII, 790.
Hordeum pratense, im östl. Mesopotamien. XI, 484.
Hor Dorak, Sumpfland am Jerahi. IX, 159.
Hordzril, Armenier das. X, 643.
Hore's (El Hur), d. i. Versumpfungen, Morastfelder, Schilfsümpfe am untern Euphrat ꝛc. X, 190. 193. XI, 992. 1000.
Horhan, Dorf in Ost=Turkestan. VII, 516.
Horhomagan, s. Gla h.
Horhor, in Armenien. X, 716.

Horma, Ort in Turkestan. VII, 449.
Hormasin (Plur. von Hormuz), s. Nahri-H.
Hormisda, nestor. Kloster. IX, 669.
Hormisdas, s. Elias.
Hormisdas, pers. Prinz (363 n. Chr.). X, 140.
Hormisdas I. (Hormuz), Fürst (271 n. Chr.). IX, 152.
Hormisdas IV. (Hormuzd), Fürst (6. Jahrh.). X, 1129.
Hormiz, s. Hermas. XI, 255.
Hormus, s. Kaz H.
Hormus, pers. Provinz. VIII, 127. — s. Ormuz.
Hormus sefit bun (d. h. Ormuz weiße Erde), in Laristan. VIII, 751.
Hormuz, s. Hormisdas, Ormes, Ormuz, Rabban H., Ram H., Sanct H.
Hormuzan, pers. Prinz. IX, 41.
Hormuzd, s. Hormisdas.
Hormuz-djan, d. h. Ebene von Hormuz. IX, 146.
Hormuz Schehr (Hürmüzd), früh. Name für Ahwaz. IX, 226. 227.
Hornaïd, d. i. Rumex acetosa. XI, 501.
Hornblende, in der Chaldäer-Ebene. IX, 731. — bei Sivan Maaden. X, 710. — im Taurus. 897. — bei Maaden Kapur. 913.
Hornblendegestein, in den Avroman-Bergen. IX, 531. — am Zab. 535.
Horre, Festung im Masius. XI, 150. 380.
Hosain d. Gr., Sultan von Herat (reg. 1331—1370). VIII, 243. — vgl. Sultan Hussein.
Ho Schan, d. h. Feuerberg. VII, 431. — s. Hojan Schan.
Hoscher, Kastell. XI, 112.
Hosching, Urvater der Arier. VIII, 44.
Hoschmat, armen. Dorf. X, 707.
Hoschyarpur, im Pendschab. VII, 117.
Hose, s. Khose.
Hosea, Juden-König. X, 248.
Hosein, Mohammeds Enkel. IX, 755. — s. Gosein, Hussein, Meidan H.
Hoshun, Dorf am Euphrat. X, 877.
Hosindum, Berg in der parsischen Kosmogonie. VIII, 44.
Hosou, Königreich. VII, 568.
Hospital, in Edessa. XI, 351.
Hossa Ibn Amare, Distrikt von Fars. VIII, 127.
Hossein (Hussein), s. Meschhed H.
Hossian, s. El H.
Hotan (Hutan), d. i. Khotan. VII, 364. 448.
Hotapuchu, Eberart. VII, 180.
Hot-hon, s. Ot-hon.
Ho tian mien, d. h. Feuerseide. VII, 598.
Hotschan, d. i. Khodja. VII, 510. — s. Mahmud Khodja.
Hotscheou, Vulkan. VII, 430.
Hou chi kian, Königreich. VII, 569.
Houeul, König der Alan. VII, 626.
Hough, Pflaumenart in Mesopotamien. XI, 501.
Houliou (Ouliou), chines. Wüste. VII, 375.
Hou lou han, Statthalter in Tabarestan. VII, 581.
Houmi, kl. Gebirgsstaat in Turkestan. VII, 563. 564. 571.
Houmin, Stadt. VII, 575.
Hou mi to, chines. Landschaft. VII, 569.
Hounanian, s. Vartan H.
Hour (arab.), d. i. Pappel. XI, 515.
Housch, s. Ain H.
Houschousch (Keilinschr.), ob Orus, Ochus? VIII, 77.
Houseb, Ort Badakhschans. VII, 787.
Houseena, s. Husuna. XI, 86.
Houssain, s. Hussein.
Houta (arab.), d. i. Waizen. XI, 501.
Houte (Khoute), indogerm. Volk. VII, 611. 623.

Hovhannes, d. i. Johann. X, 598.
Hovid (armen.), d. i. Einsenkung. X, 577.
Howadsche, Turkstamm am Euphrat. X, 1070.
Howeida, Dorf am Diyalah. IX, 498.
Howeisch, Dorf am Tigris IX, 513. X, 230. XI, 681.
Howeise, Stadt in Chusistan. VIII, 127. — s. Hawiza.
Howeizah, s. Zikr ul Aawaze.
Howel, Dr., Reisender in Kurdestan (1788). IX, 705.
Howinah, Zeltdorf in Mesopotamien. XI, 260. 464.
Hraztan (Hurasdan, Rhazdan, Zanguked, Zengy sui, Zeng Seng, Pdschnoï-dschur), linker Zufluß zum Araxes. X, 399.
Hrhip'hsime, s. Sancta Hripsime.
Hrhomgla, Hrhomglaï (armen.), d. i. Romkalah. X, 931.
Hripsime, s. Sancta Hripsime.
Hromcla, s. Romkalah. X, 529.
Hsasemitischer Khabur. X, 246. XI, 168.
Huali (Holi), s. Al Hauali.
Huanna, d. i. Khotan. VII, 364.
Huaré (Zend), d. i. Sonne. VIII, 77.
Hubbe, General Dschingiskhans. VIII, 603.
Hubeïsi, i. e. Malva rotundifolia. XI, 501.
Hud (Hhud, Khudd), Name verschiedener Tigris-Kanäle. XI, 943. — s. Schat el H., Sedd el Kh.
Hudjandje, s. Mudduk el H.
Hud Mutsir, Schutthügel im Diyala-Thal. IX, 499.
Hudschet, d. h. Beweis. VIII, 584.
v. Hügel, K. Freiherr, Reisender, in Kaschmir. VII, 9. 70. 81.
Hügelstationen, auf oriental. Heerzügen. IX, 449.
Hürmüzd (Hormuz), d. h. Diospolis, Name für Ahwaz. IX, 227.
Hüte, aus Reisstroh, von Nestorianern getragen. IX, 660.
Hüttenwerk, s. Schmelzhütten.
Hufeisen, von Erzerum. X, 768. — s. Schmiede.
Huftur, Ort in Beludschistan. VIII, 728. 731.
Huhn, Arten in Ghilan. VIII, 678. — s. Feld-, Klippen-, Sand-, Schnee-, Stein-, Steppen-, Wald-, Wasserhuhn.
Hujamri, Indus-Mündung. VII, 169.
Huk, Schloß in N. Kurdestan. IX, 717.
Hukairya (Zend, d. h. der Wohlthätige), Berg. VIII, 67.
Hukkaney, s. Hekkari. IX, 643. 650.
Hukumet, d. i. erbliche, independente Herrschaft. IX, 717. XI, 43.
Huky, s. El H.
Hul, s. Pul Hul.
Hulakiden (Holakuiden), in Hamadan. IX, 116. 119.
Hulaku Khan (Hulagu, Holaku Kh.), der Städtezerstörer (stirbt 1264). VII, 263. VIII, 440. — stürzt die Assassinen rc. VIII, 579. 584. IX, 141. 283. — zerstört Holwan. IX, 477. — sein Tod u. Grab bei Maragha. 836. 837. — stürzt das Khalifat. X, 195. — erobert Bagdad. X, 234. — Malatia. 862. — Romkalah. 937. — überbrückt den Euphrat. 989. 1054. — verwüstet Rakka. 1147. — Miafarekin. XI, 70. — Mosul. 183. — Harran. 315. — Mardin. 383. — Mesopotamien. 766.
Hulby, d. i. Trigonella foenum graecum. XI, 501.
Hulilan, im obern Kerkhathal. IX, 202. 337. 339.
Hulilani, Tribus. IX, 216.
Hulm, s. Khulum. VII, 786. 787.
Hulun, s. Hurin. IX, 470.
Humám, i. e. Cuculus canorus. XI, 508.
Humayun, Kaiser. VII, 160.
v. Humboldt, Al., über die Hö-

hen-Verhältnisse Ost-Turkestans 2c. VII, 337. 492.
Humeiniya (Humeinya), Ruinen am Tigris. XI, 931. 934. 935.
Humi, s. Houmi.
Humil, kurdest. Gebirgspaß der Daroo-Kette. IX, 941.
Hummes (arab.), i. e. Cicer arietinum. XI, 501.
Humsajeh (Humsayeh), d. i. Nachbar, Schutzverwandter, Fremdangesiedelter. VIII, 166. 201.
Humus, thoniger, in Irak Arabi. XI, 957.
Hunà, Hunas, Volk. VIII, 92.
Hunde, im Indus-Delta. VII, 175. — große, rothe. 684. — schwarze, von Yeziden verehrt. IX, 754. — große, in Erzerum. X, 756. 764. — schaarenweis auf allen Bazaren in Mesopotamien. XI, 504. — s. Hirtenhund.
Hunde, turkomannische. VIII, 416. — in Mesopotamien. XI, 504.
Hunde-Ornamente, in Babylons Ruinen. XI, 918.
Hungersnoth, in Kaschmir. VII, 92. — Diarbekr. XI, 58. — Mosul. 204. — Bagdad. 834.
Hung-tsche (chines.), d. h. rothes Zuckerrohr. IX, 255. 266.
Hunn, Dorf am Murad. X, 712.
Hunnen, Volk. VIII, 92.
Hunta, s. Um el h.
Hunter, Reisender (1767). X, 1100.
Hunun, s. Beit H.
Hupian, Paßhöhe des Kipchak. VII, 253.
Hupo Dyakono, d. i. Unter-Diacon der Nestorianer. IX, 676.
Hur, s. Hores, El H.
Hurasdan, s. Hraztan.
Húrdle (arab.), i. e. Sinapis orientalis. XI, 502.
Hurin (Hulun), Ebene, Ort in Chalonitis. IX, 463. 470. — s. Holwan.
Hurkaun, d. i. Hyrkanien. VIII, 61.
Hurmundur, Tempel der Seikhs. VII, 137.
Hurraun, s. Auglat al H.
Hurri, Stadt am Verein des Beas u. Ssetledsch. VII, 32. 35.
Hurri-ka-puttun, Dorf im Pendschab. VII, 37.
Hurru, Fluß mit Goldsand. VII, 23.
Hurs, d. i. Packtuchsäcke. IX, 216.
Huru, in Luristan. IX, 365.
Hurum, in Schehrezur. IX, 459.
Hurunli, s. Kyk-h.
Husa-Ordu, d. i. Hof von Huse. VII, 411.
Huscheng (Huschang), Enkel Kajumorts (1000 v. Chr.). VIII, 464. — erbaut Rai. 601. 603. — s. Kalan i H.
Huschiar, Gau von Ferghana (Khokand). VII, 734. 741.
Huschikian, Land (?). VII, 688.
Huscon, s. Sanct H.
Huseïn, s. Hussein, Schah H.
Husein Aga, Beg von Ilijeh. X, 699.
Husein Agha, Chef der Zelanli-Kurden. X, 336. — vgl. Hussein Aga.
Huseini-Ebene, in Luristan. IX, 411.
Husein Khani Buzurk, berühmter Lurenfürst (1599 n. Ch.). IX, 407.
Huse u ulh tu, d. i. Hof von Huse, Kaschghar. VII, 411.
Husina (Ghazna?), Capitale von Sieiju. VII, 688.
Husistan (arab.), d. i. Chusistan, Ahwaz. IX, 227.
Huskan, s. Sanct Huscon.
Husn Abdall, Thal zum Indus. VII, 99.
Husny (Osni), Karawanserai zw. Ispahan u. Hamadan. IX, 60.
Hussanabad, s. Kaul e H.
Hussein (Hasan, Hassan, Hössein, Hosain, Hosein, Hossein, Husein), s. Albu H., Ali Ben H., Dschebel H., Hadji Mohammed H., Hadji Mohammed H. Khan, Imam el H., Mohammed H., Mirza Abul H. Khan, Moham-

med H. Mirza, Mulla H., Nahr H., Sardar H. Chan, Schah Sultan H., Sultan H.
Hussein Aga, Berichterstatter Rich's. IX, 723. — vgl. Husein Aga.
Hussein Islam, Dorf im südl. Kurdestan. IX, 550.
Hussein Khan, s. Hasan Kh., Husein Khani Buzurk.
Hussein Kort, in Herat. VIII, 247.
Hussein Pascha, Commandant von Mosul (1743). XI, 187. — s. Höffein-Pascha.
Husuna, Kastell am Masius. XI, 86.
Hutan, s. Hotan.
Huthung (d. h. fremder Thung), Pflanze. VII, 455.
Hutra, s. Hatra.
Huweiza, s. El H.
Huyu, d. i. Mongholen-Sprache. VII, 331.
Huzar, s. Bulbul i h. Dastan.
Huzara, s. Hazara.
Huzara-Mütze, Nadelholzart. VII, 260.
Huzarnow, s. Hazarnow.
Huz e Muddat Khan, Station in Afghanistan. VIII, 160.
Huzia (syr.), d. i. Chusistan. IX, 227.
Huzita vicus, s. Ahwaz. IX, 227.
Huziten, Land der, d. i. Chusistan. IX, 151.
Huzitidis, d. i. Susiana. IX, 172.
Huzru, Marktort der Lahore-Route. VII, 21.
Huzrutiman, Stadt am Kokscha. VII, 491.
Huzurut Imam, Distrikt von Kunduz. VII, 811.
Huzvaresch, Volk. VIII, 136.
Hwang (chines.), d. i. Heuschrecke. VIII, 795.
Hyacinthen, in Gurkan. VIII, 353. — Orfa. XI, 328. — Tiyari. 617. — Bagdad. 800.
Hyacinthen, s. Smaragde. VII, 803.
Hyaena striata, häufig in Mesopotamien. XI, 504.
Hyänen, in Ost-Persien. VIII, 173. — bei Abuschähr. 787. — in Chusistan. IX, 296. XI, 1029. — in den Hamrin-Bergen. IX, 491. — weiße, in Mesopotamien. XI, 504. 599.
Hyänen-Jagd, in Pischin. VIII, 166.
Hyanha, Dorf am Euphrat. X, 922.
Hyarotis, s. Ravi.
Hydaria-Sekte, in Indien. X, 279.
Hydaspes, d. i. Dschilum, Behut. VII, 31. 70.
Hyde, Th., Professor in Oxford (1700). VII, 281.
Hyde, J., üb. Babylon. XI, 885.
Hyderabad, Ruinen in Gurkan. VIII, 356. — s. Hydrabad.
Hydere, die Anhänger Scheikh Kothbeddin Haidars. VIII, 285. — s. Turbut H.
Hydernagar, Zuckerrohr das. IX, 254.
Hyder Schah, König v. Bokhara. VIII, 350.
Hyderzye, Ort Afghanistans. VIII, 165.
Hyderzye-Syuds. VIII, 166.
Hydrabad (Hyderabad), Hauptstadt von Sind. VII, 27. 168. 178. 180. 185. 188.
Hydraotes, d. i. Ravi. VII, 33.
Hydraulische Bauten, in Persien. IX, 37. 185. 341. — s. Wasserleitung ꝛc.
Hye, s. Hie.
Hygrometerstand, in Kutschan. VIII, 313. — Schahrud. 339. — Sari. 532. — Borazjun. 819.
Hyndebeg, Dorf am Sultan su. X, 852.
Hyoscyamus, s. Haschisch.
Hypatius, röm. Feldherr, von Kobad besiegt. XI, 31.
Hyphasis, d. i. Beas, Ssetledsch. VII, 32.
Hypochondrie, in Ghilan. VIII, 672.
Hypotaurus, Gebirge. IX, 132.

Hypsometrie, s. Höhenmessung.
Hyrcaniae fauces. VIII, 639.
Hyrcaniae Pylae. VIII, 639.
Hyrkania (Kurkan), Capitale. VIII, 61. 113. 123.
Hyrkanien (Gurkân), Landschaft an der Südküste des kasp. Sees. VII, 714. VIII, 61. 113. (parth. Provinz) 118. 341 ff.
Hyrkanier. VIII, 98.
Hysn, s. Hisn.
Hysn Mansur, d. i. Adiaman, Schloß bei Samosat. X, 885. 930.
Hysn Mobdi (Hesn Mahdiji), in Chusistan. IX, 167.
Hystaspis (Guschtasp), s. Darius H.
Hystrix cristata, d. i. Stachelschwein. VIII, 677.

J.

Ja'acob, s. Geon J.
Jaafer, s. Jaffer.
Jaafer Sadik. VIII, 288.
Jabakjur, s. Tschabakdschur.
Jabali, s. Dschebel.
Jabali Bisutun, d. h. Bisutun-Berg. IX, 350. 360.
Jaballa, uighurischer Mönch. IX, 1021.
Jaber (Jiaber, Djaaber, Djaber, Sjabar), s. Kalat J., Sabakeddin J.
Jabir Ansar, sein Grab in Masabadhan. IX, 404.
Jachja ibn el Khassem (Abul Khassem), Sanctus in Mosul. XI, 198.
Jackson, amerik. Missionar, in Erzerum. X, 824.
Jacob, s. Jakob.
Jacobaea, am Ararat. X, 490.
Jacolit (Jacolich), d. i. Katholikos. X, 274.
Joconich, Stadt(?). VII, 506.
Jacquemont, V., in Pendschab, Kaschmir rc. VII, 9. 59. 70 ff.
Jacquet, E., Berichte über die Tope's v. Jellallabad. VII, 288.
Jacquet, J., Orientalist. VII, 493.
Jacuti, s. Jakuti.
Jad, s. Jyas.
Jadahi-Atabeg (Atabek), Kunststraße in Elymais (Bakhtiyari). IX, 154. 312.
Jade, d. i. Ju, oriental. Jaspis. VII, 349. 388. — am Euphrat. X, 1068.
Jadoons, Stamm in Kaferistan. VII, 205.
Jadpur. XI, 559.
Jadrauns, afghan. Bergtribus. VIII, 130.
Jadu, d. i. Zauberei. VII, 130.
Jäger, der wilde, ähnliche Sage in Kurdestan. IX, 480.
Jänkscha, Dorf im südl. Kurdestan. IX, 539. 546.
Jaf (spr. Dschaf), Kurdenstamm in Senna, Sulimaniyah, Schehrezur rc. IX, 428. 429. 438 ff. 582. 612. 617. — ihre Sprache. IX, 631.
Jafali, Dorf. X, 848.
Jafer Kuli Khan, Häuptling der Dumbelu. IX, 915. — s. Djafar K. Kh.
Jaffa, in Syrien. XI, 531.
Jaffer (Jaafer, Djafar, Dschaffer, Dschaafer), s. Mullah J., Tel J.
Jag, Iliyat-Tribus in Kurdestan. IX, 463.
Jagannath, in Indien. X, 554.
Jagatty, s. Dschagatu.
Jagd, wilde, Sage. IX, 480.
Jagd, in Turkestan. VII, 466. — Kurdestan. IX, 624.
Jagdreviere, große, im Indus-Delta. VII, 175. — ergiebige, am Baran. 312. — der alten Perserkönige. IX, 16.
Jagdschlösser, sassanidische. XI, 483.
Jagdtiger, in Mesopotamien. XI, 503.

Jagera, Dorf in Kurdestan. IX, 594.
Jagerud, s. Jajerud.
Jaghatu, Jaghatty, s. Dschagatu.
Jaghi (türk.), d. h. Rebelle. VIII, 396.
Jaghiri, Lehngut für Militärdienste. VIII, 254. — s. d. f.
Jagirdars, eine Art Lehne. VII, 139. — s. d. f.
Jagirs, d. i. Domänen. VII, 146. — s. d. v.
Jaglydscha, Berg Armeniens. X, 396. — vgl. Aglydscha.
Jagory, Palmwein. IX, 241.
Jagrag, Gebirgsstamm in Ferghana. VII, 739.
Jahanis Aschkalu-l Alam. IX, 154.
Jahbun, Ort am Demawend. VIII, 506.
Jah-jakjah, s. Dschakdschakdschah.
Jah Jerm, s. Dschadscherm.
Jahresanfang, bei Harraniern. XI, 312.
Jahresrechnung, in Turkestan. VII, 464.
Jahrmärkte, in Diarbekr, Batne. XI, 26. 286. — s. Handelsmarkt, Suk.
Jahrun (Jarrun, Djaroun), Stadt in Farsistan. VIII, 756. — s. Jarun, Mali J.
Jaidar-Ebene (Chaidar), Tafelland am Kerkha in Luristan. IX, 326. 335. 337. 339. 408.
Jaïhun (spr. Dschihun, Pyramus), Fluß in Cilicien. X, 848. 891.
Jaïla, s. Uluku J.
Jajerud (Jajrud, Jagerud, Djadjeroud, Djedjeroud), Dorf und Fluß bei Tehran am Demawend. VIII, 10. 448. 500. 503. 556. 559.
Jajitha, s. Jayithah.
Jajrud, s. Jajerud.
Jakal, s. Schakal.
Jakjakjah, s. Dschakdschakdschah.
Jaklay, s. Ufa J.
Jakob, s. Ja'acob, Jakobus, Jakub, Yakub.
Jakobiten, in Kurdestan. IX, 658. 680. 725. 971. — Amadia. 719. — Mesopotamien. X, 59. — Tekrit. 222. — Mosul. 273. XI, 199. 211. — Bitlis. X, 687. — Diarbekr. XI, 33. 57. 61. — Tschelek. 116. — Kermo. 117. — Chbab. 118. — Mardin, Sonnenanbeter. 299 ff. 382. 387. 390. 394. 395. — Orfa. XI, 327. — Nisibis. 419. — im Dschebel Tur. 439 ff. — in Basra. 1035. — als Schimpfwort bei den syrischen Christen in Bagdad. XI, 845. — ihre neusyrische Sprache. IX, 682.
Jakobiten-Dörfer, in N. Kurdestan. IX, 698.
Jakobiten-Klöster, in N. Kurdestan. IX, 733. 735.
Jakobiten-Patriarch, in Diarbekr. XI, 58.
Jakobs-Kirche (Mar Yacub), in Nisibis. XI, 425. 429. 435. 437.
Jakobs Pilgermuscheln, in Laristan. VIII, 752.
Jakobs-Stäbe, ob von der Platane? XI, 516.
Jakobus, Mönch in Diarbekr. XI, 32.
Jakobus, Bischof von Sarudsch. XI, 289.
Jakobus (Magnus), Bischof von Nisibis (338). X, 59. XI, 416. 420.
Jakobus Baradäus, Stifter der Jakobiten (st. 578). IX, 738. X, 59.
Jakub, s. Jakob, Yakub, Ahmed ben J.
Jakub, Fürst vom weißen Hammel. XI, 38.
Jakub ben Leith, Soffaride, in Jondi Schapur (st. 878 n. Chr.). IX, 171.
Jakubi, d. i. Jakobiten. XI, 117.
Jakuti, Autor (st. 1229 n. Chr.), über Mesopotamien rc. X, 1052. 1072. 1146. XI, 419. — vergl. Yakut.
Jalab, s. Dschulab. XI, 367.

Jalk, Stadt in Beludschistan. VIII, 730.
Jallach, s. Yailasch.
Jallayer, Turk-Tribus. VIII, 283.
Jallehs, Flooße. VII, 180.
Jallinder, Stadt. VII, 46.
Jallinder Duab, Pendschab-Land. VII, 47.
Jam, s. Turbut e Schaikh Dscham.
Jama, s. Schekh J.
Jamada. IX, 287.
Jamah (Dschama), s. Mesjid J.
Jamaika, Zucker das. IX, 261.
Jamal, s. Budur al J.
Jamalawa (Jamalabad), Nestorianer-Dorf im nördl. Aderbidjan. IX, 673. 675. 948. 957. 969 ff. (Armenier das.) X, 635.
Jamasp, Gueber. VIII, 271.
Jamblichus, arab. Emir. X, 1097.
Jambu, Obstart. VII, 60.
Jambudwipa (Tschhinpu), der Norden Hindostans. VII, 327. 495.
Jamburan, in Afghanistan. VIII, 156.
Jami, s. Dschami.
Jamin, s. El J.
Jaminiyah, Dorf am Buhtan. XI, 127.
Jamischewskaja. VIII, 796.
Jamu, Jamus, s. Abu J., Bu J.
Jan, s. Kasim J. Khaja.
Janam, Ruinen im unt. Mesopotamien. XI, 989. — vgl. Djanan.
Janbal, am Tigris. XI, 934.
Jandjir (pers.), i. e. Ficus carica. XI, 539.
Jangal, d. i. Buschwald. VIII, 488. 514. — s. Rah-jangali.
Jangu, d. i. Kriegsberathung. VIII, 632.
Janiki, s. Janniki.
Janitrix, haranische Gottheit. XI, 309.
Janitscharen, in Erzerum. X, 753. 758. — Mosul. XI, 207.
Jan Mskal, Gewicht in Khokand. VII, 784.
Janniki (Tulghar), Distrikt im Süden Chusistans. IX, 147. 149. 315.
Janniki-Germasir, Tribus. IX, 148. 211.
Janniki-Sardasir, Tribus. IX, 211.
Jansau, Ort Afghanistans. VIII, 157.
Japalak, Sommerlager der Lur. IX, 211. 365.
Japara, Provinz von Java. IX, 258.
Japetisches Sprachsystem. VIII, 80.
Japhetiden. X, 358. 768.
Jarat, s. Araj-j.
Jardava (Zerdava), Marderart in Erzerum. X, 758.
Jarimdscha, s. Jeremdscha. XI, 656.
Jarir, s. Mohammed ebn J.
Jarjaraya es Sib, in Mesopotamien. X, 191.
Jarkiang, d. i. Yarkend. VII, 350.
Jarrun, s. Jahrun.
Jarümdsche, s. Jeremdscha. XI, 239.
Jarun (Ormuz), Insel des pers. Golfs. VIII, 777. — vgl. Jahrun.
Jarzun, Dorf in Chusistan. IX, 146.
Jaschma (russ.), Stein. VII, 388.
Jaschpeh (hebr.), d. i. Jaspis. VII, 389.
Jasd, s. Jyas.
Jas Dasch, Berg des Aghri Dagh. X, 345.
Jasdus, d. i. Jyas. X, 1139.
Jasir Menje, Stadt am Euphrat. X, 930. 942.
Jask, s. Cap J.
Jasmin, in Ghilan. VIII, 428.
Jasmineen, in Kurdestan. XI, 650. 658.
Jasminum fruticans, im Taurus. X, 919.
Jasonius mons. IX, 85.
Jasonium (Strab., Amm.Marc.), d. i. Demawend. VIII, 550. 561.
Jasoukh, Gebiet Ferghanas. VII, 746. 747.

Jasp, Jaspis, der Alten, als Bezeichnung für Ju-Stein. VII, 346. 380. 386. 389.
Jaspis, bei Meschhed. VIII, 289. — in Fars. 822. — am Zab. IX, 535. — in der Chaldäer-Ebene. 731. — am Euphrat. X, 1068. — im Dschebel Buschir. XI, 689. — s. Band-Jaspis.
Jaspisähnliche Felsart, gelbliche, in Armenien. X, 407.
Jaspisartiger Grünstein, im Besobdal. X, 375.
Jaspisstücke, in Babels Ruinen. XI, 893.
Jasr Manbidji, d. i. Brücke v. Mambedsch. X, 1052. — s. Gisr M.
Jassi, d. i. Seidenzeuge aus Jezd. VIII, 681.
Jassikitschu, in Kaschghar. VII, 487.
Jassyghi (armen.), d. i. Autor. X, 349.
Jat (Jet, Jut), Wanderstämme am Indus, im Pendschab ꝛc. VII, 63. 124. 135. 150. 179. 549. 604. VIII, 173.
Jatae (Ἰατιοι, Ἰατιοι, Ptolem.), ob Jueti? VII, 697. — s. Jeta, Geten.
Jaubert, A., in Persien. VIII, 421. IX, 12. 889 ff. — Erdebil. 792. — Tabriz. 855. — Van. 993. — Armenien. X, 340. 657. 660.
Java, Produkte. IX, 258. 893.
Jawari-Araber (Djowari), in Mesopotamien. XI, 680. 736.
Jawarri, s. Jowari.
Jawaschir, Gummi-Art. XI, 822.
Jawr, d. i. Firuzabad. VIII, 273.
Jawur, s. Dschawur Dagh.
Jaxartes, Fluß zum Aral-See. VIII, 38. 49. — s. Sihun.
Jayithah (Djayithah, Jajitha), Trümmerhügel im unt. Mesopotamien. XI, 979. 989.
az, s. Gaz. IX, 39.
Jazid, Bruder Haschems. X, 1089.
Jazrun, Salzsee am Euphrat. XI, 765.
Jbad, s. Ebad.
Jbaditen, Etymol. X, 60.
Jbadut, s. Dar ul J.
Ἰβάν (Cedren.), d. i. Van. IX, 787. 981.
Jbas, s. Abas, Mar J.
Jbas, Bischof von Edessa (435 n. Chr.). X, 60. XI, 293. 352.
Jberen, Volk. X, 75.
Jberien, Königreich im Norden Armeniens. X, 117.
Iberis, bei Mosul. XI, 218. — saxatilis, im östl. Mesopotamien. 484.
Jblis, d. i. der Böse. X, 126. XI, 469.
Jbn, s. Ebn.
Jbn Alalam, Astronom in Bagdad (st. 985 n. Chr.). IX, 843.
Jbn Ali Ben Abdolla, Abbasside. X, 1053. — vgl. Ebn Aly.
Jbn Batuta, s. Ebn B.
Jbn Chalekani (Challicani), Schriftsteller. IX, 402. X, 233. — vgl. Ebn Khalkan.
Jbn Deizan, d. i. Bardesanes. XI, 349. — vgl. Bar Daizan.
Jbn Dinar, Priester in Mambedsch. X, 1056.
Jbn Flavele, Hügel am untern Tigris. XI, 940.
Jbn Hanbal, Sektirer in Bagdad (st. 855). X, 235. 282. — s. Jmam H.
Jbn Haukal, s. Ebn Haukal.
Jbn Junis, Astronom in Kairo. IX, 843. X, 1116. XI, 447.
Jbn Kafta, Autor. XI, 315.
Jbn Khalawi, pers. Dichter. IX, 120.
Jbn Maljim, Mörder Ali's. X, 281.
Jbn Mukaffa, Autor. IX, 330.
Jbn Nedim, Autor. XI, 315.
Jbn Said (Sayd), Geograph. (st. 1274 n. Chr.). X, 181. 1062. 1146. XI, 446. — vgl. Abu S., Ebi S.
Jbn Schahna, Autor. XI, 302.
Jbn Selym el Assuany. XI, 520.

Ibn Sibyah, Araber-Stamm am unt. Tigris. XI, 944.
Ibn Sina, s. Avicenna.
Ibn Tathir, Astronom. X, 1116.
Ibn Zair Ansari, mohammed. Heiliger. X, 885.
Ibolköiler, Dorf am Euphrat. X, 831.
Ibrahim, s. Aly ben I. Alchathir, Birket I. el Chalil, Deiri Scheikh I., Ebi Said Weheb Ben I., Makâm I., Sayyed I., Scheikh I., Seyed I., Sultan I.
Ibrahim, d. i. Abraham. XI, 299.
Ibrahim, syr. Heiliger in Orfa. XI, 327.
Ibrahim, Emir. IX, 709.
Ibrahim, seine türkische Karte (1728). VIII, 125.
Ibrahim, Dorf im obern Mesopotamien. XI, 158.
Ibrahim Agha, in Feludja. XI, 766.
Ibrahim Effendi, Kurdenchef am Masius. XI, 86.
Ibrahim jue, Bach in Afghanistan. VIII, 159.
Ibrahim Kangi, s. Ibrahim Khangi.
Ibrahim Khalil, mohammed. Kapelle bei Babylon. XI, 879. — vgl. Birket Ibrahim rc.
Ibrahim Khan, in Talisch. VIII, 663.
Ibrahim Khanji (Khangi, Kangi), Dorf im südl. Kurdestan. IX, 452. 457. 540. 545.
Ibrahim Pascha, erbaut Sulimaniyah. IX, 566.
Ibrahim Pascha, Mehmed Ali's Sohn, zerstört Romkalah. X, 935.
Ibrahim Schah Zada, heil. Mekkapilger im Tak i Bostan. IX, 385.
I'cheskel, s. Ezechiel.
Ichil, Etymol. VIII, 375.
Ichnae, Hellenenstadt im obern Mesopotamien. X, 1120. 1123 1136.
Ichneumon (Herpestes ichneumon), in Mesopotamien. XI, 504.
Ichthyophagen, s. Fischervolk.
Ichtiared, Schloß bei Herat. VIII, 246.
Ichtjar (kurd.), d. i. Häuptling. X, 887.
Ida, Berg auf Creta. XI, 581.
Idadj, s. Idhag.
Idhag (Idhai, Idadj, Aidej, Aidedj, Eidij), Gränzstadt gegen Ispahan. IX, 153. — s. Aidaj.
Idicara (Ptol.), s. Diacira. XI, 737.
Idi Kut, s. Idukhu.
Idji (türk.), s. Senj.
Idle Bazar, s. Edle Bazar.
Idole, colossale, bei Bamiyan. VII, 259. — von Mohammedanern zertrümmert. IX, 308. XI, 993.
Idolencultus, in Dschuldus. VII, 438. — Carrhae. XI, 293. — s. Götzendienst.
Idschmandegi (d. i. Ort der Herabkunft des Eingebornen), Hauptaltar in Etschmiadzin. X, 516.
Idukhu (Idi Kut), uigurische Herrscherfamilie. VII, 593.
Idumäa, s. Edom.
Jean (Johann), s. Bartabed Pater J.
Jebel, s. Dschebel.
Jebel Chiaspi (kurd.), s. Dschebel Abiat.
Jebel Judi, s. Dschebel Dschudi.
Jedan, ob Schreibfehler st. Paran? XI, 298.
Jedideh, Dorf am Tigris. X, 229.
Jehan, s. Djihan, Isfahan nisf e j., Khan J. Khan, Merv Schahi J., Schah J.
Jehan, Kastell in Mesopotamien. XI, 406.
Jehanabad, Dorf in Irak Adschem. IX, 77.
Jehan Ara. VIII, 541.
Jehane, s. Tuarikh e Khan J.
Jehangir, s. Djihangir Khodja.
Jehangir (Diehanghir, Dschehangir, d. h. Eroberer d. Welt), Kaiser (reg. 1605—1627). VII, 54. 74.

Jehangir Mirza, pers. Prinz (1834). IX, 883. 968.
Jehan Nemah (d. i. Weltschau), Gipfel des Elburs. VIII, 512. — s. Bagh e J., Dschihannuma.
Jehan Numa, Pallast in Farahabad. VIII, 532.
Jehan Pahlawan (d. h. Held der Tapfern), Titel Rustams. VIII, 184. — vgl. Pehlevani du Djihan.
Jeheina (Dschehennem, d. i. Hölle, niedere Region), Dorf am Tigris. XI, 668. — s. Wadi Djehennem.
Jehennam (d. h. Hölle), Morastgebiet in Ghilan. VIII, 643. — s. Djehennem.
Jehud, s. Nehr J.
Jehuda, d. i. Juda. X, 265. — s. Yehudia, Rabbi J. Hallevy.
Jehudan, s. Kalaa i J.
Jehudi, d. i. Juden. VIII, 756.
Jehun, Gueber. VIII, 271.
Jei, s. Djay.
Jeïm, Gemahlin Odoui's. VII, 526.
Jekda, s. Hadji J. Ahmed.
Jekieghaz (Jekieghiatz), Gau Hoch-Armeniens. X, 774. 775.
Jelalabad, d. i. Duschak. VIII, 152. — vgl. Jellallabad.
Jel al Aker, Wirbelstelle im Tigris. XI, 671.
Jelalli (Jelali), Kurdenstamm am Ararat ꝛc. IX, 917. X, 342. — vgl. Yelali.
Jelallpur, am Jilum. VII, 93.
Jelam, in N. Kurdestan. IX, 691.
Jelek, d. i. Heuschrecke. VIII, 813.
Jelghuzek, ob der eßbare Pinuszapfen von Deodara? VII, 305.
Jelilavend, Familie der Lak. VIII, 402.
Jellallabad, Stadt am Kabulstrom. VII, 197. — Topes das. 229. 288. — s. Jelalabad.
Jellallia, Indusfelsen. VII, 20.
Jellu Dagh, in Kurdestan. XI, 106. — s. Jeloo.
Jellul, s. Abdul Jellul (Abdel Djjelil).
Jeloo, Jelooi, s. Djello, Tura Dschellu, Jellu Dagh.
Jelu, Nestorianer-Kloster in Kurdestan. IX, 677. — s. Djellu, Jenu.
Jelum (Jilum), d. i. Behut. VII, 93.
Jelum, Stadt. VII, 93.
Jemal, s. Djemal, Hadschi J.
Jemanin, ob Thomanum, Themanin? XI, 155.
Jemar, s. Dschemar.
Jemen, in Arabien, Exporten. IX, 893.
Jemet, s. Yamud. VIII, 410.
Jemieme, am Euphrat. X, 922.
Jemschid Beg, Kurdenchef. IX, 398. — vgl. Dschemschid Beg Merdisi.
Jemschidi, Turk-Tribus. VIII, 229. — Zweig der Eimaks. 388.
Jenan, s. Dschenan.
Jenawera, Kurden-Dorf. IX, 430.
Jengi, s. Samsat-J.
Jengi Kapu (Jeni Kapu), d. i. Neues Thor, in Diarbekr. XI, 48. 50.
Jeni Kupru, am obern Tschoruk. X, 1150.
Jenkinson, A., engl. Reisender (1556). VIII, 682.
Jenu (Jelu), Bez. für Sinjarlis. IX, 757. — s. Djellu.
Jephrem (Ephraim), Patriarch in Etschmiadzin. X, 523. 532.
Jephta, Prophet in Atur. XI, 202.
Jeraan, Distrikt Jspahans. VIII, 125.
Jerabees, Jerabolos, s. Dscherablus.
Jerahi (Jerrahi, Djerahi, Dscherrahi), Fluß in Chusistan, oberer Lauf. IX, 144 ff. — unterer Lauf. IX, 158 ff. XI, 1029.
Jerbai, kurdisch-arab. Stamm bei Kifri. IX, 516. — s. d. f.
Jerboah, s. Jerbai, Djerboa.
Jerboas, Springratten, bei Abuschähr ꝛc. VIII, 787. IX, 37. — in der arab. Wüste. XI, 700.
Jerembscha (Jerimbscha, Jarimbscha, Jarümbsche, Yaremje, Ya-

rimjeh), Trümmerberg u. Dorf am obern Tigris. XI, 175. 222. 225. 226. 239. 656.
Jèreste, Borod-j.
Jerib, Distrikt von Khorasan u. Masenderan. VIII, 508.
Jerib Haschimi. IX, 1048.
Jerimdscha, s. Jeremdscha.
Jeriur, s. Hariur.
Jerjeh (arm.), d. i. drei. X, 582.
Jerken, s. Yarkand. VII, 391.
Jerku (arm.), d. i. zwei. X, 581.
Jerm, s. Jah J.
Jerme, s. Killaat Jy J.
Jerobeam, König (reg. 975 bis 954). XI, 228.
Jerr (armen.), d. i. drei. X, 582.
Jerrahi, s. Jerahi.
Jerret, Chaldäer-Dorf am obern Tigris. XI, 120.
Jerthu, Euthu (arm.), d. i. sieben. X, 582.
Jerusalem, Königsgräber das. IX, 61. — Aquädukte, Quellen. 111. — Concil (1036). X, 613. — Armenier das. 622. — Höhe. XI, 531.
Jes, Kastell in Fars. VIII, 273.
Jesaias, über den Euphrat. X, 724.
Jesar, s. Maquel Ben J.
Jesd, d. i. Yezd. VIII, 265.
Jesdedjerd, s. Yezdedjerd.
Jesdem(?). IX, 503.
Jesid, s. Jezid, Yezid.
Jesiden, Jesidier, s. Yeziden.
Jesidhane (Yezidhane), d. i. Erzen-Fluß, Zufluß zum Tigris. X, 91. XI, 6. 112.
Jesidkoi, im Paschalik Musch. X, 666.
Jesireh al Omra, s. Djezireh ibn Omar. X, 688.
Jesnick (Essnig, Eznig), armen. Priester. X, 471. 561. 573.
Jessen, s. Bedran J.
Jessore. VIII, 793.
Jesu, s. Hebed J.
Jesuiten-Mission, in Armenien. X, 614. 616.
Jesujabus Arzunita, Katholikos der Nestorianer (581). XI, 177. 201.
Jesus, s. Christus.
Jet, s. Jat.
Jeta (Yuete), d. i. Geten. VII, 563. — s. Jatae.
Jeudi, s. Dschebel Dschudi.
Jewan, Ort in N.Kurdestan. IX, 727. — vgl. Dschewan kaleh.
Jewar, s. Dschidda Dag, Gewar.
Jeyusch, s. Djuhaïsch.
Jez, Ez (armen.), d. h. eins. X, 581.
Jezani, Ort am Tigris. X, 230.
Jezdedjerd, s. Yezdedjerd.
Jezerat al Omar, s. Djezireh ibn Omar. IX, 709.
Jezid Ben Omar Ben Hobeïra, Gouverneur von Irak Arabi. X, 205.
Jeziden, Jezidier, s. Yeziden.
Jezira, s. Djezireh.
Jezira Oka, Dorf am obern Tigris. X, 90.
Jezireh Omaniyeh, s. Djezireh ibn Omar. IX, 709.
Jgda (tatar.), d. i. Oleaster. X, 522.
Jgdir, in Armenien. X, 382 ff. 477. 512.
Jgel, in Mesopotamien. XI, 503.
Jghin (Yanghin?), in Ost-Turkestan. VII, 487.
Jghuren, d. i. Uiguren. VII, 440.
Jgnaou, Ort im Norden des Sihun. VII, 795.
Jgnatius, röm. Feldherr. X, 1122.
Jgnatius, beständiger Name des Jakobiten-Patriarchen in Diarbekr. XI, 58.
Jgnaz, Missionar in Mardin. XI, 63. 391. — s. Mar J.
Jgu, Stadt. VII, 563.
Iguana, s. Leguane.
Jguren, s. Uiguren. VII, 438.
Jhagatu, Fluß. IX, 1017. — vgl. Dschagatu.
Jhaise, s. Naher J.
Jhapau, Dorf in Ardelan. IX, 816.
Jhareja. VII, 180.
Jhou, d. i. König der Youechi (Geten). VII, 571.
Jhoukhokan, s. Khakan-Jhou.

Ji (Dji), s. Bu Ji Heïrat, Dul des Khalfi Ji, Imamzadeh Ji.
Jiaber (Jaber), s. Kalat J.
Jian, s. Jianben J.
Jianben Jian, d. i. Stadt des Prinzen der Dschin, Höhle in Kurdestan. IX, 458.
Jibba, s. Jubbah.
Jibban (arab.), d. i. Lathyrus sativus. XI, 501.
Jibbarah, Ruinen in Mesopotamien. X, 219.
Jibbel, s. Dschebel.
Jibbel edh Dhayadh, syrischer Bergzug. X, 1064.
Jibbes, s. Cucumis citrillus. XI, 501.
Jibel Ali, s. Ali Dagh.
Jibel Tur. X, 912. — s. Mardin Daghlari.
Jidda Dag (J. Daug), s. Dschidda D.
Jidzi, d. i. Neujahr in Turkestan. VII, 464.
Jifri, s. Djifri.
Jik (klein), s. Dschik, Dereh j.
Jilan, Dattelart. VIII, 825.
Jilan Degermeni, d. i. Schlangenmühle, gefährliche Euphrat-Stelle. X, 828. — vgl. Ilan.
Jilard (Gilard), Dorf am Demawend. VIII, 560.
Jilguzeh (Pinus Deodara), in Nijrow. VII, 246. XI, 570.
Jillen Billen, Weiler im Elburs. VIII, 475.
Jillifri, am Gambia. VIII, 807.
Jilloo. IX, 675. — s. Djellu.
Jilum (Dscheilum), d. i. Behut. VII, 14. 70.
Jimud, s. Yamut. VIII, 368.
Jinan, d. i. Tonking. VII, 557.
Jini, s. Nahr J.
Jinjir (Zinjir?), s. Zunjera.
Jins, s. Ins.
Jin tsoung, chines. Kaiser (reg. 1022—62). VII, 599.
Jiozeh, s. Giozheh.
Jirandey, am Schahrud. VIII, 592.
Jirgis (Georg), s. Dscherdis.
Jirgis Aga, s. Hadschi Dschirdschis A.
Jirzad, s. Harah Zad.
Jisr, vgl. Dißr, Gisr, Jasr.
Jisr, Ort. X, 922.
Jisr Delisu, d. h. Brücke des tollen Flusses, am kurd. Khabur. IX, 730.
Jisrein, s. Tell J.
Jisr Hadid, s. Dißr H.
Jitschak Napacha, Rabbi (3. Jahrh.). X, 263.
Jivaz, s. Ad-el-jivaz.
Jizzikh, s. Dizak.
Jjadh, s. Jyas.
Jjad Ibn Gara, Omars Feldherr. XI, 299. — s. Jyas.
Jjo, Land. VII, 421.
Ik (bengal.), d. i. Zuckerrohr. IX, 236.
Ikaros, Insel des pers. Golfs. X, 39.
I'khoniah, s. Jojachim.
Iki (vulgär-armen.), d. h. Garten. X, 519. — s. Megrdumenziki.
Ikkala (Kalakala, Kalikala), Festung von Erzerum. X, 762. XI, 69.
Ikschava (sanskr.), d. i. Zuckerrohr. IX, 236.
Ikschava-Aku, indische Sonnen-Race. IX, 236.
Ikschu, Ikschus (sanskr.), d. i. Zuckerrohr. IX, 236.
Ikschura (sanskr.), d. i. Zuckerrohr. IX, 236.
Il, s. Al, El, Er.
I'l, Ili (türk.), d. h. Familie, Stamm. VIII, 375. — s. Ilats.
Ilahamut, d. h. Geier-, Adlernest. VIII, 581. — vgl. Alamut.
Ilahi (Illahi), s. Ali J.
Ilakes, s. Talymenus J.
Ilallik, Stadt Yarkands. VII, 402.
Ilam, s. Beni Lam.
Ilan, s. Jilan.
Ilan Dagh (Ilan Daghi, Ilantasch), d. h. Schlangenberg, Schlangenfels, im Norden des Van-Sees. IX, 914. 918. 989. 993. X, 318.
Ilanjilu, Dorf am Kars tschai. X, 428.

Ilantasch, s. Ilan Dagh.
Ilatchi, s. Ardeschir I.
Ilats (Iliyats, Illiyats, Elats, Ils, Eels, Eelhauts, Illeyauts, d. h. Tribus, Familie), die Wanderhorden und Kriegerstämme Irans. VIII, 227. 230. 233. 256. 311. 372 ff. 874. IX, 70. 205. 392. 890. X, 673. XI, 862. 939. 944. — s. Lak I., Eimaks.
Ilats Areb-Zeban, d. h. Ilats von der arabischen Zunge. VIII, 381. 391 ff.
Ilats Kurd-Zeban, d. h. Ilats von der kurdischen Zunge. VIII, 381. 392 ff.
Ilats Lur-Zeban, d. h. Ilats von der lurischen Zunge. VIII, 381. 388.
Ilats Turk-Zeban, d. h. Ilats von der türkischen Zunge. VIII, 381. 400 ff.
Il Azer, Esra's Grab in Korna. X, 268. XI, 946. — s. Esra.
Ilchan, d. h. König des Landes. VIII, 375. — vgl. Ilek Khan.
Ilchane, monghol. Fürstenhaus. XI, 790.
Il Dduaibhek, Bergzug Syriens. X, 1104.
Ildekiz (Ildigbiz), Atabeke, gründet eine Moschee in Hamadan. IX, 118. X, 442.
Il Djehar, Ort in Syrien. X, 1104.
Ilduz, d. i. Dschulduz. VII, 442.
Ilechanicae tabulae, s. Zydje Ilekhany.
Ilek Khan, Turkfürst. VII, 702. — vgl. Il Khaneh.
Ilekhani, s. Ilkhani, Zydje I.
Ilex aquifolium, suber, aegilops, conifera, infectoria, im Taurus. X, 919.
Il Hhair, s. El Hir.
Ili, s. Hamid-I., Khodja-I., Rum-I.
Ili, Emporium. VII, 218. 402. 415. 419. 471.
Ili, die moderne Dzungarei. VII, 604. — s. Il.
Iliats, s. Ilats.
Ilidscha (Illidscha, Ilidjah, Ilidje, Illidje, Ilija, Ilijeh, Elija), d. h. warme Quelle, armen. Ort am obern Frat bei Erzerum. IX, 858. X, 116. 270. 729. 735. 736. 737. (Höhe) 900. — s. Elegia.
Ilidscha, Ort am Batman Su in N. Kurdestan. X, 96. 116. 698.
Ilidsche Su, Zufluß zum Frat. X, 730.
Ilidsche Su, Zufluß zum Batman Su. X, 904.
Ilitsi (Eelchi), jetzige Hauptstadt von Khotan. VII, 343. 347. 349. 352. 415. 514. — s. Khotan.
Iliyas (Elias), s. Khidr I.
Iliyats, s. Ilats.
Iljarri (Aljarree), d. i. Miliz, Landwehr, Truppen der Ilats. VIII, 315. 331. 375.
Il Kawe, s. Al Kahweh.
Il Kawn, Mineralquelle in Syrien. X, 1108.
Il-Khaneh, d. i. Hordenhäuptling, Fürstentitel. VIII, 314. 394. 396. — vgl. Ilchan.
Ilkhani (d. h. die königliche), Name der Sternwarte zu Maragha. IX, 841. — s. Ilekhani, Or-I.
Il Khedher, Ort in Syrien. X, 1104.
Illahi (Ilahi), s. Ali I.
Illeyauts, s. Ilats.
Illidje, Illidscha, s. Ilidscha.
Illiyats, s. Ilats.
Illyrisis, Zugang zu den Clissurae. XI, 78.
Il Meudeme, Stadt in Syrien. X, 1104.
Ilolo, jetzt Kutsche. VII, 445.
Il Oman, s. Al Hamman. X, 1111.
Ils, s. Il, Ilats.
Il Sabkh, Salzsee in Syrien. X, 1084. 1098. 1107.
Iltesam, d. i. jährliche Steuerverpachtung. XI, 135.
Iltis, in Mesopotamien. XI, 504.
Iltschi Feringhi. VIII, 315.
Ilwow (Lwow, Leopol), d. i. Lemberg. X, 598.
Il Zawr, d. i. Uferland. X, 1076.
Imadyah (syr.), s. Amadia. IX, 717.

Imam, Imame, ihre Gräber bei Samarra u. Bagdad rc. X, 228. XI, 793. — als Bez. für Grabstätten mohammed. Märtyrer. IX, 499. — s. Emam, Huzurut I.
Imam Abu Hanife, Sektirer (st. 767 n. Chr.). X, 282. — sein Grab zu Bagdad rc. XI, 791. 795. 841. — s. Hanefi.
Imam Ali, schiitischer Wallfahrtsort am untern Euphrat. XI, 951.
Imam Darwah, Ruinenhügel im unt. Mesopotamien. XI, 990.
Imam Djafar. VII, 217.
Imam Dour (I. Dur), s. Dura.
Imam Durafa, Sandberge, Fort im untern Mesopotamien. XI, 989.
Imam Durli. X, 228.
Imam Ebn Jusuf, Grab in Bagdad. XI, 798.
Imam el Hussein (Houssain), Sohn Ali's, Verehrung in Meschhed. VIII, 298. — Todtenfest in Khangkiu, Tehran. VII, 662. VIII, 609. — Grab zu Kerbela rc. X, 187. 281. XI, 793.
Imam el Risa, s. Imam Risa.
Imam en Naçer, Khalif (reg. 1179—1225). X, 234.
Imam Eske, am Diyalah. IX, 498.
Imam Fadhla, Dorf in N. Kurdestan. IX, 739.
Imam Fakhr Eddin Razi, sein Grab in Herat. VIII, 244.
Imam Gharbi (Gherbi), Ort, Grabmal am untern Tigris. XI, 938. 940.
Imam Hanbal, Grab in Bagdad. XI, 797. — s. Ibn Hanbal.
Imam Hanife, s. Imam Abu H.
Imam Hasan. XI, 793.
Imami Aasem, der größte Imam, in Bagdad. XI, 795.
Imam Kadem, irrig st. Imam Musa Ali Kasim. XI, 795.
Imam Kuli Khan, Gouverneur von Schiras. VIII, 757.
Imam Mehdi (d. i. der Führer), Messias der Moslemen. X, 281.
Imam Mousa Alkaçim. IX, 843. XI, 795.
Imam Mudschtebidi, Grab in Bagdad. XI, 798.
Imam Muhammed, Grab in Bagdad. XI, 798.
Imam Musa, Moschee bei Bagdad. XI, 773.
Imam Musa Ali Kasim, Grab in Bagdad. IX, 843. XI, 795.
Imam Risa (Reza, Imam el R.), sein Grab in Meschhed (st. 818 n. Chr.). VIII, 287. 288. 289. 293. — Grab seiner Schwester in Kom. IX, 32.
Imam Scherki, s. Ali Schurki.
Imam Seyd Mokdad al Kundi, Ort im Diyalah-Gebiet. IX, 500.
Imam Zadahi Pir Mar, Grab in Luristan. IX, 203.
Imam Zade, Dorf bei Abuschähr. VIII, 781.
Imam Zadeh (Seide), d. i. Heiligengrab. VIII, 314. 849. — zahlreich bei Kom rc. IX, 32. 303.
Imamzadeh, Thurm in Masenderan. VIII, 524.
Imam Zade Hassan, Grabstätte in Ispahan. IX, 28.
Imam Zadeh Haschim, Demawend-Paß, Thal zum Kisil Ofen. VIII, 503. 642.
Imamzadeh Ji, sein Grab bei Tehran. VIII, 556.
Imaos, d. i. Himalaya. VII, 199.
Imarah (Amara), s. Kut el I.
Imaret (Emaret), s. Darol-I.
Imarut e Chuschmeh, Gartenpallast der Quellen, in Masenderan. VIII, 525.
Imasdaser, Titel Davids. X, 569.
Imaschaya, Minareh am Euphrat. XI, 765.
Imaum, s. Oniki I.
Imaus (Emaon, Ptol.), südöstl. Fortsetzung des Paropamisus. VII, 199. 491. VIII, 50. 550.
Imbaros, s. Nibaros.
Imhammed, s. Scheriff I.
Iming, s. Khodja I.
Imintu, chines. General. VII, 511.

Immareti (Immirette), russische Provinz an der Ostseite des Schwarzen Meeres. X, 587. XI, 543.
Importen, s. Handel.
Imra, Name für Gott in Caumdaisch. VII, 208.
Imr-Umma. VII, 209.
Inai, Gau in Tokharestan, zw. Kaschghar u. Yarkand. VII, 420. 421. 707. 708.
Incarnations-Glaube, der Luren. IX, 217. — der Ali Ilahi. 472.
Incrustate, mächtige, bei Takht i Soliman. IX, 810.
Inderab, s. Anderab. VII, 207. 811.
Inderkusch, Felskammern das. IX, 1016.
India aquosa, am Ganges-Delta. IX, 243.
Indien, Lage, Namen. VIII, 21. 103. — das Seidenland. 690 ff. — Importen. IX, 894. — Armenier das. X, 602. — Oliven, Granaten das. XI, 522. 558. — Exporten nach Bagdad. 822.
Indien, die sieben. VIII, 69.
Indien, Nord-, als pers. Satrapie. VIII, 135.
Indien, Weiß- (Ἰνδικὴ λευκή). VIII, 121.
Indier, in Hilleh. XI, 787. — vgl. Banianen, Hindu rc.
Indigo, in Doch. VII, 44. — Multan. 64. — im Pendschab. 116. — in Sehwun. 162. — Masenderan. VIII, 432. — Shuster. IX, 192. — Bitlis. X, 688. — Mosul. XI, 190. — Mesopotamien. 812. — Bagdad. 817. — Basra. 1071. — Bengalen. XI, 1072.
Indike, s. Indien.
Indische Baureste, am mittl. Euphrat. XI, 711.
Indische Kaufleute, in Batnae. XI, 286. — s. Banianen.
Indische Mauer, in Myßoore. X, 20.
Indischer Götzendienst, zu Harran. XI, 313.
Indischer Kaukasus, s. Hindu-Khu. VII, 14. 196.
Indja (Indsche), s. Mohammed I. Bairaktar.
Indjeh, Zubach zum Altun Su. IX, 637. — vgl. Injehsu.
Indjidjan, s. Indschidschean.
IndjirKoi, Feigenbaumdorf bei Aleppo. XI, 543. — s. Indschir.
Indo-germanischer Sprachstamm. VIII, 38.
Indo-germanische Völkergruppe, in Ost-Turkestan. VII, 604 ff.
Indo-griechische Typen, auf Münzen. VII, 105 ff.
Indo-persisches Gränzgebirge. VIII, 129.
Indo-Skythen, im Indus-Delta rc. VII, 179. 607. 676.
Indo-skythische Münzen, im Tope Manikyala rc. VII, 102 ff. 107. 684.
Indsche Bairaktar (Indja B.), s. Mohammed I. B.
Indschidschean (Indjidjan), Lucas, armenischer Historiker, über Van rc. IX, 768. 779. 986. X, 367. — Etschmiadzin rc. X, 518 ff. 575. — Murad. 663. — Euphrat. 726.
Indschil, Brücke zu Herat. VIII, 247.
Indschir (pers.), i. e. Ficus carica. XI, 538. — s. Indjir Koi.
Indus (Sind), Stromsystem. VII, 5 ff. — hydrogr. Karte. 10. — oberer Lauf. 12 ff. — Gränze der Schiffahrt. 22. — Goldsand führend. 23. — mittler Lauf. 26. 147 ff. — unterer Lauf. 165 ff. — Mündungsarme. 165. — Namen. 170 ff. — verglichen mit dem Ganges-System. 189 ff.
Indus-Delta. VII, 165 ff. — Bodenbeschaffenheit. 173. — Klima, Produkte. 174. — Schiffahrt. 175. — Bevölkerung, Ortschaften. 178.
Industrie, s. Gewerbe, Handel, Produkte rc.
Ineh (Aineh), s. Kara I.
Ingachar (Ingazar, Inggachar),

s. Jengi Hissar. VII, 396. 400. 420.
Inghian, s. Erz-J. (Erzingan).
Inglez, d. i. Engländer. VIII, 613.
Ingwer, = Zinjibil? VIII, 542.
Ingwer-Thee, von Montefiks getrunken. XI, 1010.
Inip, Thal bei Bitlis. XI, 99.
Injehsu (d. h. enger Fluß, Schmalwasser), Zufluß zum Tokma su. X, 842. — vgl. Indjeh, Inscha Su.
Injeh su Koï, Dorf. X, 843.
Injil, Distrikt Herats. VIII, 254. — s. Anjir.
Inkatsarhan, s. Jengi Hissar. VII, 516.
Inkesal, s. Jengi Hissar. VII, 400.
In mo fu (Jin mo fu), Fürst von Kipin. VII, 685.
Inn (armen.), d. i. neun. X, 582.
Innagnean, d. h. die neun Quellen. X, 555.
Innagnean Bank, s. Changeri. X, 553.
Innocenz II., sein Verhältniß zu der armen. Kirche. X, 613.
Innocenz XI., Papst. IX, 680.
Inns, Ort in Armenien. X, 643.
Ins, s. Nafahat el J.
Inschallah Taullah, Fluch. VIII, 162.
Inscha Su, Bergstrom zum Araxes. X, 396. 421. — vgl. Inschu su.
Inschriften, in Masikha. VII, 740. — Maku. IX, 918. — Van. 987. — Etschmiadzin. X, 530. — Ninive. XI, 223. — Nisibin. 426. — Diarbekr. XI, 46. 48. — rohe, im Savellan. IX, 802. — unlesbare, bei Abuschähr. VIII, 783. am Rewandoz-Paß. IX, 934. 936. (syrische?) in Taiba. X, 1103. bei Kas Scherridsch. XI, 424. — s. Griechische, Hebräische, Keil-, Kufische, Lateinische, Persische, Tatarische, Uigurische Inschrift.
Inschrifttafeln, werden für Talismane gehalten. IX, 342. 401.
Inschu su, östl. Gränzfluß von Kars. X, 427. — vgl. Injehsu.
Insekten, achtbeinige, in Turkestan. VII, 558. — giftige, in Mianah. VIII, 621. — in Mesopotamien. XI, 510.
Inseln, im Schat el Arab. XI, 1023. — s. Euphrat-, Tigris-, Pferde-, Schaf-, Platanen-Insel.
Instrumente, musikalische, in Ost-Turkestan. VII, 463. — astronomische, in Maragha. IX, 842.
Intu, s. Si J., Hiantu.
Invalidenhaus, in Edessa. XI, 351.
Inzelli, s. Enzelli.
Jo, s. Haji Jo.
Joannes, Johannes, s. Hanna, Hannes, Ohannes, Jahia, Johanna, Juhannah, Mar J., Sanct J.
Joannes, Feldherr des Mauricius. XI, 150.
Joannes, edessenischer Großer. XI, 354.
Joannes aus Milet, römischer Architekt. XI, 687.
Joannes, Bischof in Mardin (st. 1165). XI, 382.
Joannes, Patriarch der chald. Christen (1553). IX, 669.
Joannes Sulaca (Joan S.), chald. Patriarch. IX, 745. XI, 23.
Job Schiadiab, Vater Saladins. IX, 616.
Jochoui(?). VII, 715.
Jökha, s. Jokhah. XI, 989.
Johann (Hovhannes), s. Sempad IV.
Johann, armen. Mönch in Etschmiadzin. X, 535.
Johann der Mamigonier, armen. Bischof. X, 704.
Johann von Erzingan (genannt Bluz), armen. Autor (von 1326). X, 583.
Johann VI., armen. Patriarch. X, 781.
Johannes, Patriarch in Etschmiadzin. X, 524.

Johannes XXII., Papst. X, 613.
Johannes Baptista, Buch der Mendaïten. XI, 302.
Johannes-Christen, Sternanbeter in Bassora, Susiana. XI, 300. 1033. 1035. 1037. — vgl. Sabäer.
Johannes der Täufer, Reliquien in Utsch Kilisa, Grabmal in Musch. X, 650. — ihre Translation von Cäsarea nach Daron. X, 704. — von Montesiks statt Mohammed verehrt. XI, 1035. — armen. Gesang auf ihn. X, 548. — s. Surp Garabied.
Johannes der Täufer, sein Kloster in Utsch Kilissa. X, 648. — seine Kirche in Diarbekr. XI, 32. in Edessa. 351.
Johannes el äsraki, Heiliger in Mosul. XI, 198.
Johannes Katholikos, arm. Pilger. X, 776.
Johannes-Kirche, bei Van. IX, 992. X, 305.
Johannes Sureneam (d.i. aus Surena), armen. Vartabed. X, 831.
Johannisbeeren, in Gurkan. VIII, 354.
Johannisbrot, in Bagdad 2c. XI, 812. 864.
Johann Rolandt (?), Pascha in Aleppo. X, 1020.
Johann Tzimisces, byzantin. Kaiser. X, 793.
Johnit, Türkis-Art. VIII, 326.
Johnson, Missionar in Trapezunt. X, 824.
Jojachim (J'khoniah), Juden-König, gründet Chadrah 2c. X, 249. 256. — sein Grab in Kufa 2c. 265. 266.
Jokaru Bach, s. Jokari-Basch.
Jolci, Ort in Turkestan. VII, 449.
Jomud, s. Jamut. VIII, 368.
Jonach, s. Sanct J.
Jonah ben Amithai, seine Synagoge in Mosul. X, 254.
Jonas, Sohn Sa's, Prophet, in Beled. XI, 163. — sein Grab in Ninive. 180. 184. 187. 221. 233. — vgl. Junis, Junas, Junis, Junus.
Jondi Schapur (Jundi Sch., Gondi Sch., Djondi Sabour, Jondisapur, Gondaisapur), Ruinen am obern Kuran. IX, 164. 170 ff. 180. 228. 284. — vergl. Schabur.
Jondscha, Futterkraut in Armenien. X, 522.
Jonier, s. Javanas. VII, 680.
Jonischer Prachtpallast, zu Kharni. X, 530.
Jophata, s. Ain J.
Jorjan, s. Gurkan.
Jorkut, Festung der Siapusch. VII, 207.
Josah, s. Nahr J.
Joscelin, von Saracenen gefangen. XI, 252.
Joschu, Bergkette in Aderbidjan. IX, 844.
Joschua Bornun, Primas des Orientes (824). XI, 201.
Josem, s. Nahr J.
Joseph, s. Jusef, Jusof, Jussuf, Jusuf, Jusuf, Mar Joseph.
Joseph, Prophet der Israeliten. VII, 217.
Joseph, genannt Borhan al Phulpk, Astronom. X, 254.
Joseph, armen. Gelehrter. X, 471. 561.
Joseph, Bischof von Rasiphta. X, 1089.
Joseph Hazita, Nestorianer. X, 170.
Josephs-Kanal (Jusufie), des Euphrat. XI, 952. 978.
Josephus, Fl., über Ekbatana. IX, 112.
Josia, von Recho besiegt (611). X, 1053.
Josimath, Höhe. VIII, 795.
Josuah, sein Grab in Hilleh. XI, 789.
Josua Stylites. X, 1125. 1140. XI, 30. 370.
Jouan jouan, Volk. VII, 676. 677. 705.
Joui joui, Horde. VII, 695.
Joum (kurd.), Wanderhorden. VIII, 376.

Jouroung-tach, s. Jurungtasch.
Jouza, Moschee von Osch. VII, 733.
Jovian, Kaiser, in Mesopotamien. X, 157. XI, 29. — verliert Zabdicene. XI, 149. — in Edessa ꝛc. 264. 293. 444.
Jovlan, Nestorianer-Dorf am Urmia-See. IX, 957.
Jowal Mulik (J. Malik, Djowal M.), d. i. Territorium des Malik von Dschuwal, Gebirgsstaat. IX, 11. 646. 652. XI, 633. — s. Dschidda Dag.
Jowari (Jawarri, Dschawari, Juari, Durra, Holcus sorghum), in Khorasan, Turkestan ꝛc. VII, 394. VIII, 230. 279. 364.
Jowassa, d. i. Kameelsdorn. VIII, 845.
Jowaut, s. Mirza Abdul J.
Jowdur, Dorf in Aderbidjan. IX, 826.
Jowgaut, d. i. Dschagatu. IX, 805.
Iparie, die mit Moschus übertünchte Moschee in Diarbekr. XI, 55.
Iphigenie, gründet einen Tempel der Diana in Comana. X, 774.
Ir, Ort. XI, 662.
Iräoti, d. i. Ravi. VII, 33.
Irak, s. Erak.
Irak, das alte Medien. VIII, 123. 124.
Irak Adschem, das persische Irak. VIII, 125. IX, 58.
Irakab (Irak, Irka), Trümmerberg im unt. Mesopotamien. XI, 990.
Irak Arabi (Oerak A.), das arabische Irak, das Chaldäerland, das südl. Mesopotamien unterhalb der größten Euphrat- und Tigris-Einschnürung. IX, 58. X, 59. 212. XI, 742. 925.
Irak-Glas. X, 228.
Iraki, Ort bei Schehrezur. IX, 445.
Iran (wol Aran?), Distrikt Mokans. VIII, 126.
Iran, als Gegensatz von Turan. VIII, 21. — im engeren u. weiteren Sinne. 38. — vgl. Eeriene, Persien, Ummibilad J.
Irandocht, Irans Tochter. VIII, 26.
Iranier, ihr Stammland. VIII, 38.
Iranisch, s. Alt-iranisch, Neuiranisch.
Iranische Landschaften, nach Zendtexten und Keilinschriften. VIII, 50 ff.
Iranisches Völkerverzeichniß, in persepolit. Keilinschriften. VIII, 84 ff.
Iranische Wanderhorden. VIII, 372 ff.
Iran-Plateau, das westl. Hoch-Asien, Literatur, Quellen. VIII, 421 ff. 713 ff. IX, 3 ff. — physikalische Uebersicht, Höhenmessungen. VIII, 3 ff. — Namen. 17 ff. — archäolog. Uebersicht. 27 ff. — Eintheilung nach Zendtexten u. Keilinschriften. 50 ff. — nach Angabe der Alten. 111 ff. — bei Mohammedanern u. in der Gegenwart. 122 ff. — Ostrand. 129 ff. — Nordrand. 212 ff. — Südrand. 711 ff. — westl. Gliederung. IX, 3 ff. — Uebergänge zum Tieflande u. Vorder-Asien. X, 3 ff. XI, 3 ff. — vgl. Persien.
Iran Schehri, d. h. Stadt Irans, Nischapur. VIII, 239. 322.
Iran Veji, d. h. das reine Iran. VIII, 27. — s. Eeriene.
Iraz, Tücher aus Miafarekin. XI, 69.
Irdana Beg (Erdeni Bek), Fürst von Khokand. VII, 750. 751. 773.
Irdene Krüge, kühlen das Wasser ab. XI, 216.
Iredj, s. Asp. J.
Iredsch, Sohn Feriduns. VIII, 25. 26. 438.
Irem, s. Bahr al Arem.
Iretch, Ort in Farsistan. VIII, 765.
Iridschir, arm. Dorf bei Musch. X, 682. 816.

Iris, Fluß in Pontus. X, 778. XI, 528.
Iris-Arten, im Araxes-Thal. X, 405.
Iris pervinca, in Mesopotamien. XI, 358.
Iritsu-kegh, Dorf, Armenier das. X, 637.
Irka, s. Irakah.
Irk-medini, d. i. Gliederwurm. VIII, 739.
Irmak, s. Kizil I., Yeschil I.
Irmeh, s. Sejh i.
Iroon(?), in Kurdestan. XI, 102.
Irrenanstalt, in Bagdad. X, 260.
Irrigation, s. Bewässerung.
Irtschilak, Ort in Turkestan. VII, 478. 481.
Irtysch, in Sibirien. VIII, 796.
Irus (Nearch), d. i. Hala-Gebirge. VII, 183. — Curachi. VIII, 711.
Irwin, Reisender, in Mesopotamien (1781). X, 1100. XI, 777.
Irzah, s. Al Erzi.
Ἴs (Herod.), Stadt am Euphrat (Hit). X, 7. 120. 143. 236. XI, 749.
Is, Zufluß zum Euphrat. XI, 749. 757.
Isa, s. Abul Hasan Ali Ben Isa.
Isa, Kurden-Dorf am Zab Ala. XI, 656.
Isaak (Ischak), s. Honain Ebn I.
Isaak, Prinz. VII, 525.
Isaak, Bagratide, armen. Fürst. X, 563.
Isaak, Mönch in Mar Mattei (590 n. Chr.). IX, 738.
Isaak I. (Sahak), armen. Patriarch (390—428). X, 528. 561.
Isa Ben Abdolla Ben Abbas, Oheim Al Mansurs. X, 203. — s. Issa Ibn Ali rc.
Isai, s. Matran I.
Isa-Kanal, s. Nahr Isa.
Isa Khail, Afghanen-Stamm. VIII, 144. — vgl. Esa Khel.
Isa Khan, von Turbut. VIII, 285. 384.
Isatichae (Ptolem.). VIII, 106. 266. — s. Yezd.
Isaurien, Armenier das. X, 596.
Isbir, Stadt. X, 619. s. Ispir.
Isbusan, s. Asbusu. XI, 56.
Ischa, s. Ebu Yusuf I. el Kathii.
Ischak (Isaak), s. Abu I., Emir Scheikh Abu I., Is-hak.
Ischak, Khodja von Kaschghar.
Ischak, Sohn Ibrahims, gräbt den Nahr Ischaki. X, 212.
Ischaki, s. Abu I., Nahr I., Khiyat el Suk.
Ischak Khan, s. Isa Khan.
Ischak Pascha, in Van. IX, 979. 988. X, 292. 297.
Ischekans, armen. Große. X, 644.
Ischilkul, s. Issikul.
Ischim, Fluß. VII, 782.
Ischiyah, Bischof von Berrawi. XI, 601.
Ischkend, Dorf am Van-See. X, 291.
Isdedjerd (Isdegert), s. Yezdedjerd.
Ised, in den Sculpturen von Tak i Bostan. IX, 385.
Isenkotlok, Mongholenfürst, restaurirt Hamadan. IX, 119.
Ise'rd, I'serd, s. Sert. IX, 1008. XI, 102.
Isfahan, moderne Aussprache für Ispahan. IX, 40.
Isfahani, s. Sadek I.
Isfahan nisf e jehan, d. h. Ispahan ist die halbe Welt. IX, 45.
Isfendabad, Provinz von Senna. IX, 437.
Isferian (Isferjan, Isferain, Isferayin), Stadt Khorasans. VIII, 331. 392. 396. IX, 898.
Isfezaur, s. Subzaur. VIII, 135.
Is-Geriah, s. Iskeriah.
Is-hak, s. Ischak.
Ishora, Stadt Khokands. VII, 753.
Ishr, s. Khan I.
Isidorus, römischer Architect. XI, 687.
Isidorus Characensis, parthische Stationen. VIII, 114 ff. X, 1118 ff. XI, 267. 715. 738.

Isilkol, s. Issikul.
Isitalchan, ob = Talikhan? VII, 543.
Iskal beni Dieseb, Ort am Nahrowan. X, 231.
Iskandaria, d. i. Iskardo. VII, 216.
Iskander, s. Iskender.
Iskandereh (Iskanderia), s. Iskardo.
Iskanderiah (Alexander), Dorf u. Grotte im Sahend. IX, 830. — vgl. Iskenderiah.
Iskanderiyah, s. Al I.
Iskardo (Iskardu, Eskerdu, Schekerdu, Iskandereh, Iskanderiah), Stadt, Festung in Baltistan, am San Pu (Indus). VII, 14. 87. 215 ff. 280. 822.
Iskele kapusi (Kapussi), d. i. Hafenthor von Van Kalesi. IX, 987. X, 304.
Iskele köi (Arwanz), Dorf am Van-See. X, 304. 319.
Iskender (Secunder, Iskander, I. Dhulkarnein), d. i. Alexander d. Gr. VII, 821. IX, 443. 446. X, 1077. XI, 127. — s. Padischah I.
Iskenderiah-Khan, in Mesopotamien. XI, 869. 871. 873. — vgl. Al I., Iskanderiah.
Iskender Pascha, seine Moschee in Diarbekr. XI, 55.
Iskenderum. X, 1070.
Iskeriah (Is-Geriah), Klippen am Euphrat. XI, 704.
Iskhurriah (d. h. die Steinige), Ruinengruppe in Irak Arabi. XI, 894. 960.
Iskul, s. Issikul.
Islam, s. Hussein I., Kubbetol-I., Ulemai I., Mohammedanismus.
Islamabad, Stadt in Kaschmir. VII, 92.
Isle de France, Zuckerrohr das. IX, 260.
Ismael, s. Cotbb-eddin I., Dera I. Khan, Schah I., Wilayet Beni I., Zikr I.
Ismael, armen. Bischof von Tabriz. IX, 644.
Ismael, Melik der Tiyari. XI, 619.
Ismaelan, s. Scheich I.
Ismael ben Dschiafar al Sadek, Sektirer. VIII, 580. — vgl. Jaafer Sadik.
Ismaeli, s. Scheikh I.
Ismaëlier, Sekte, in Aegypten. VIII, 580. — Persien. 593. — Tuz Khurmati. IX, 545. — am untern Tigris. XI, 947. — armen. Bezeichnung für Araber. X, 549. — vgl. Ismaili.
Ismaëlische Schrift (d. i. arabische), in Armenien. X, 554.
Ismael Kara Sassan, Dorf im südl. Kurdestan. IX, 558.
Ismael Khurdeh Ymak, Häuptling. VIII, 346.
Ismael Sefi, Schah von Persien (1510). VIII, 233.
Ismail, Samanide (stirbt 907 n. Chr.). VIII, 321.
Ismaili, Ort am Kuran. IX, 163. 166. 292.
Ismaili, Sekte in Syrien. IX, 753. — vgl. Ismaelier.
Ismail Khan, Feïli-Chef. IX, 401.
Ismaret, Gueber in Yezd. VIII, 274.
Isoglu (Iz Oglu, Eiz Oghlu, Eyas Oghlu, Tuz Oglu, Eu Ogli), Kurdenstadt, Überfahrtsstelle am Euphrat. X, 712. 827. 865.
Ispahan (Isfahan, Ißfahan, Aspadane, Aspahan, Sepahan, Spahan), Sefiden-Residenz in Persien. VIII. 9. 123. 125. IX, 14. 28. 40 ff. 888. — Einwohner. IX, 898. X, 588. 601. — Platanen, Granaten das. XI, 179. 514. 555. — Dist. VIII, 266. IX, 28. 57. 206.
Ispahanek (d. h. Klein-Ispahan), Dorf im pers. Irak. IX, 22.
Isper, s. Ispir.
Ispera (Eselinsel), im Urmia-See. IX, 952. — vgl. Ispir.
Ispera-Fluß, s. Tschoruk. X, 825.

Ispert, Gebirgsherrschaft im Süden des Van-See. IX, 999.
Isperud, d. i. Sefid rud. VIII, 640.
Ispir (Isper, Ispera, Sber, Sper, Hispiratis), Ort am Tschoruk, Sandschakat von Erzerum. X, 272. 391. 411. 586. 619. 627. 727. 754. 774.
Ispiruck, gelber Farbstoff in Herat. VIII, 252. 307.
Ispiskan, Stadt Khokands. VII, 753.
Ispurran, Distrikt Khokands. VII, 776.
Israel, armenischer Bischof in Tabriz. IX, 644.
Israeliten, s. Juden.
Israfanipah, Euphrat-Insel. XI, 952.
Israpil, s. Scheich I.
Issa Ibn Ali Ibn Abdullah Abas, Sultan. X, 17. 203. — s. Isa Ben Abdalla &c.
Issaw, s. Scheikh I.
Issekul, s. Issikul.
Isset (Izzet), s. Mir I. Ullah.
Issetse (chines.), d. i. Jezdedjerd. IX, 539. 580.
Issicus sinus. X, 108. 966.
Issiderik, s. Jeschi derak.
Issikul (Issekul, Isilkol, Ischilkul, Iskul, Temurtu Nor), See an der Gränze Badakhschans in Ost-Turkestan. VII, 419. 432. 437. 480. 521. 598. 710.
Issus, s. Issicus sinus.
Istabolat (Isthabolat), Ruinen am Tigris. X, 217. 218. 220.
Istakbals, d. i. Große. VIII, 607.
Isthakhar (Istakhr, Istachr), Sassaniden-Stadt in Fars (Persepolis). VIII, 127. 265. 865. 879. 888. — s. Kalaa I., Kuh I., Kureh I.
Istakhri, s. Abu Ischak alfaresi el I.
Istakkal, d. i. erste Begrüßung. IX, 868.
Istalif, Landschaft im Ghurbend (Hindu Kusch). VII, 241. 249.
Istan, d. i. Land. XI, 574.
Istan, im südl. Kurdestan. IX, 601.
Istanas, bei Adalia. XI, 56.
Istandeh, s. Ab-istandeh.
Isterghach, s. Sirghach.
Isthabolat, s. Istabolat.
Isthakri, s. Istakhri.
Isthmus, medischer. VIII, 6. 13.
Isti-Ssu (türk.), d. i. warme Quellen. VIII, 547.
Isti-Ssu Sachtissar (türk.), s. Sakhtaser. VIII, 544.
Isumbus (Tabul. Peut.), ob = Musch? X, 817.
Ißfahan, s. Ispahan.
Ißfeh, Isfehhed (pers.), d. i. Reiter. VIII, 78.
Ißtachr, s. Istakhar.
Italiäner, in Basra. X, 1038.
Itatchi, d. i. Ardeschir. VII, 539. 580.
Iteba, am Euphrat. X, 884.
Itha, Dorf, Thal, Fluß in Tiyari. XI, 618.
Ithaguri, Volk in Serica. VIII, 22.
Ithahr (Edhdhar), Trümmerhügel im unt. Mesopotamien. XI, 960. 989.
Itilla, s. Murasidu l I.
Itomandrud (Pehlvi), Fluß in Sedschestan. VIII, 63.
Itsch, Demawend-Thal. VIII, 453. 461.
Itschimi, Usun-Fürst. VII, 622.
Itsch Kala, Kastell von Mosul. XI, 196.
Itsch Kalah, d. i. das innere Schloß von Van Kalesi. X, 308.
Itsch Kalah, d. i. Inner-Kastell, bei Akhlat. X, 326.
Itsch Kalah, d. i. Feste Itsch von Erzerum. X, 760.
Itsch Kaleh, Kastell von Diarbekr. XI, 45.
Iu, d. i. Regionen, Naturabtheilungen. VII, 559.
Iu, Jaspis der Alten. VII, 328. 346. 349. 351. 359. — Fundort in Khotan, Verbrauch, Handel. 380. ff. — Farbe, Gewicht. 367. 377. 378. 381. 385. — Preis. 385. 388. — medizinische Kraft. 389. — auch als Name einer durchsichtigen Quarzart. 384. —

ob Achate? VII, 386. — s. Berg-, Ou-, Pe-Ju.
Ju, Tarimfluß. VII, 328. 367. 377.
Juaher Nameh, pers. Manuscript üb. Edelsteine. VIII, 326.
Juanru, Provinz von Senna. IX, 427. 437. — s. Kalai J.
Juari Bajera, in Yarkand. VII, 396. — s. Jowari.
Juba (El J., El Jubar), Judenstadt in Nehardea am Euphrat (Pombeditha). X, 266. 267. 268. — vgl. Jubbah.
Jubal Afiz, arab. Stamm am südl. Tigris. XI, 936.
Jubareh, Ortschaft Ispahans. IX, 43. — vgl. Djubbarah.
Jubbah (Juba, Djubbah, Djibbah, Jibbah, spr. Dschibba), Insel und Stadt am Euphrat. X, 1023. XI, 467. 527. 733. 735. 738. — vgl. Juba.
Jubbul, s. Gabbol.
Ju-chi, Ju-schi (chines.), d. i. Ju-Stein. VII, 387.
Juda, s. Judäa.
Juda ben Patära, jüdischer Heiliger zu Nisibis. XI, 426.
Judäa, Volk und Land. X, 250. XI, 531.
Judaei, s. El Yahudi.
Judasbaum (Cercis siliquastrum), am Euphrat. X, 886.
Juden, fehlen in Yarkand. VII, 398. — sehr zahlreich in Afghanistan. VIII, 189. — Herat. 250. — Yezd. 267. — Scharakhs. 279. — verachtet in Meschhed. 301. — in Rescht. 650. — Darab. 738. — Jahrun. 756. — Kazerun. 826. — Schiraz. 852. — Kaschan. IX, 35. — Hamadan. 123. 126. 128. — Susa. 306. — Kermanschah. 371. — Rudbar. 403. — Hara (Aria). 424. — Senna. 432. 434. — Zohab. 465. — Kifri. 543. — Kerkuk. 553. — Sulimaniyah. 567. — zahlreich in Penjwin, Banna. IX, 577. 585. — in Bistan. 579. — Urmia. 685. 944. — Zakho. 716. XI, 169. — Aakar. IX, 717. Amadia. IX, 719. XI, 592. — El Kosch. IX, 726. — Maragha. 835. — Selmas ꝛc. 967. — Van. 981. — Merhemed abad. 1017. — Sauk Bulak. 1033. — Hira. X, 62. — Seleucia. 124. — Al Hadhr. 134. — Mesopotamien. 151. 241 ff. — Beles. 241. — Kalat Jaber. 242. 1078. — Nisibin. 244. — schwarze u. weiße, im östl. Asien. 246. — Djezireh ibn Omar. 253. — Mosul. 254. 274. XI, 205. — Rahaba. X, 255. — Chadrah, Okbara. 256. — Bagdad. X, 260. XI, 804. 815. 843. — Hillah. X, 262. XI, 787. — Al Kotsoneath. X, 266. — Kufa. 266. — Waset, Basra, Korma. 268. XI, 1037. — Zarehavan. X, 336. — Erovantaschad. 455. — im russ. Armenien. 610. — in Diarbekr. XI, 59. 61. — in Mosul verachtet. 211. — sind von Jonas Grab in Ninive ausgeschlossen. 233. — wallfahrten nach Haran. 299. — in Edessa (Orfa). XI, 327. 335. — Mardin. 386. 390. 392. 394. — Nisibis. 419. — Hekkari. 602. — Basch Kala. 642.
Juden-Kolonie, in Khokand. VII, 779. — in Rai, am Kisil Osen. VIII, 67. 590. 595 ꝛc. — in Ispahan. IX, 42. — Hamadan. 125. — Susa, Elymais. 305. 311. 471. — Holwan. 471. — am Araxes. X, 364. — in Vagharschabad. 515. — Armenien. 586 ff. — Al Hadhr. XI, 492. — am Euphrat. 705.
Judensöhne, Schimpfname für die Tai's. IX, 750.
Judenstämme, die verlornen X. IX, 42. 402. X, 246 ff. 250.
Judenthum, in Djezireh ibn Omar. XI, 147.
Judenverfolgungen, in Mesopotamien. X, 227.
Judi, s. Dschebel Dschudi.
Jue, s. Ibrahim i.
Jüdischer Einfluß, auf die armen. Poesie. X, 548.
Jüdischer Raubstaat, in Babylonien. X, 146.

Jüs Agafi. XI, 207.
Jütsch Kilissa, s. Utsch Kiliseh. X, 516.
Jugduluk, bei Kabul. VII, 232.
Juggetai, s. Khu J.
Jugkerk, richtiger Dschegirk. VIII, 318.
Juglans regia, s. Wallnuß. XI, 501.
Juguren, s. Uiguren. VII, 434. 438.
Juinan, Dorf in Irak Adschem. IX, 37.
Jui Sarv (pers.), d. h. Cypressen-Quelle. IX, 23.
Jujuben (Rhamnus zizyphus), in Kabul. VII, 305. — Turkestan. 455. — Ghilan. VIII, 676. — Sindschar. XI, 461. — Bagdad. 812. — Basra. 1056.
Jukeas, Gebirgsvolk am Indus. VII, 179.
Jukelar, Dorf in Aderbidjan. IX, 848.
Jukrias, s. Jukeas.
Jukutschi, s. Kusch-j.
Julab, s. Dschulab.
Julai, d. i. Buddha. VII, 361.
Julal, alter König v. Bamiyan. VII, 276.
Julamerk, s. Dschulamerk.
Julbar, Dorf am Urmia-See. IX, 928.
Julerli, Kurdentribus. X, 871.
Julfa, s. Dschulfa.
Julgeh Abengeran, d. h. Thal der Eisenschmiede. VII, 743.
Julianus Apostata, röm. Kaiser, sein Feldzug gegen die Perser in Mesopotamien (363 n. Ch.). X, 19. 137 ff. — überschreitet den Euphrat 2c. X, 996. 1016. 1087. 1127. XI, 28. — am Khabur. XI, 267. — in Carrhae 2c. 291. 293. 296. 350. — besiegt die Perser bei Rhaesaena 2c. XI, 376. 736.
Julia Paula, Gemahlin Elagabals. XI, 23.
Juling, Land. VII, 421.
Juliopolis, am Euphrat (Gerger?). X, 831. 870.
Julius Afrikanus, von Moses Khoren. benutzt. X, 564. — armen. Uebersetzung. X, 568.
Julmairi, Volk am Ssetledsch. VII, 36.
Julraiz (pers., d. h. fließend Wasser), Station im Hindu Kusch (Kabul). VII, 238. 261.
Juma, s. Siwai Juma.
Jumbo, s. Jummo.
Jumdir, s. Gubur J.
Jumeila, im südl. Kurdestan. IX, 533. 549.
Jumjuma, s. Dschumdschuma.
Jumla, Tigris-Insel. XI, 934.
Jummo (Jummoo, Jumbo), Gebirgsstadt des Pendschab. VII, 32. 60.
Jun (d. h. Wanderer, Nomaden), Tribus am Ravi im Pendschab. VII, 48. 49. 62.
Juncus, in Masenderan. VIII, 517.
Jund, Rankengewächs im Pendschab. VII, 38.
Jundisapur (Jundi Schapur), s. Jondi Schapur.
Junglu, Provinz von Khotan. VII, 367.
Junim, in Ghilan. VIII, 662.
Juniperus, in China. XI, 567.
Juniperus oxycedrus, am Ararat. X, 499.
Juniperus phoenicea, macrocarpa, s. Wachholder. X, 919.
Juniperus sabina, d. i. Sebenbaum. XI, 580.
Junis (Jonas), s. Ibn J.
Junium, s. Dsiangghiün.
Juno, s. Here.
Juphan, Stamm in Samarkand. VII, 571.
Jupiter (Zeus), Heiligthum in Ani. X, 786. — Carrhae. XI, 292. 293. 297. — vergl. Beelsemin.
Jupiter Casius, in Syrien. XI, 552.
Jupiter Dolichenus. X, 1035.
Juppe, Stadt am Euphrat. XI, 733.
Jur, d. i. Firuzabad. VIII, 770.
Jurgis, d. i. Georg. XI, 213.
Jurimana, d. i. Strafgeld. VII, 130.

Jurruck, Stadt am Indus. VII, 167. 179.
Jurungkhasch, Stadt in Khotan. VII, 350.
Jurung-tasch (d. h. weißer Stein), Fluß in Khotan. VII, 349. 350. 377. 383.
Jury, s. Rechtspflege.
Jusbaschi, Officier über hundert Mann. VIII, 383.
Ju sche lu tse (chines.), d. i. birmanischer Jade. VII, 388.
Ju-schi, d. i. Ju-Stein. VII, 387.
Jusef, Sohn Matta's, in Baladong. XI, 163.
Jusof (Joseph), beständiger Name des Chaldäer-Patriarchen in Diarbekr. XI, 58. 59.
Jussuf Abul Modaffer, Abbasside, sein Tod (1170). X, 257.
Jussufzye, s. Eusofzyes. VIII, 198.
Justar, Distrikt von Al Ahwaz. IX, 228.
Justinian, Kaiser, der Städteerbauer in Mesopotamien (reg. 527 – 565). X, 96. 860. 988. 1088. 1110. — in Rakka. 1116. — Kallinikum ꝛc. 1129. — Diarbekr. XI, 31. 76. 81. — Martyropolis. 77. — Batne. 288. — Edessa ꝛc. XI, 322. 354. 380. — Dara. 399. — Zenobia. 686. — Kerkisia. 695.
Justinian II. (565—568 n. Chr.). XI, 403. 444.
Justinopolis, d. i. Orfa. XI, 388.
Justiz, s. Rechtspflege.
Justus, Neffe Julians. X, 995.
Jusuf (Joseph), s. Hejjaj Ben J., Imam Ebn J., Kara J.
Jut (Dschut), Wanderstämme am Indus. VII, 150. 179. — s. Jat.
Juthian, alter Name für Khotan. VII, 343. 350. 351. 354. 358.
Jutsch-kurusch-besch-paralych, Silbermünze. X, 353.
Jutsiang, Ju-Steinschneider in China. VII, 385.
Juttuis, Stamm in Burdgah. VII, 150.
Jutun, Hiongnu-Name für Khotan. VII, 364.
Juvan mard, Gueber. VIII, 272.
Juwal Malek, s. Dschidda Dagh.
Juwaniki, Tribus in Persien. IX, 147.
Juwar, s. Dschidda Dagh, Juwar.
Juwassa (ind.), d. i. Kameelsdorn. VIII, 845.
Juwelenschmuck, in Orfa. XI, 326. — s. Diamant.
Juzkend (?). VII, 349.
Ivan, Orpelier-Prinz, Statthalter von Ani (1174). X, 442. — vgl. Iwan, Aivan.
Ivan Kesra (Aivan Khesri), s. Tak i Kesra. XI, 852.
Ives, Edw., brit. Reisender. IX, 376. — in Diarbekr. XI, 50. — in Mosul. 187. 190. — üb. Aker Kuf. 848. — Tak i Kesra. 852.
Iwa, s. Scheikh-i.
Iwan, Ebene u. Dorf am Zagros. IX, 332. 398. 422.
Iwani Kerkh, d. h. Pallast Kerkh, bei Susa. IX, 300. 317.
Iwan Kesri, s. Aiwan Kesri.
Iwola Mukhi, Ort am Beas. VII, 83.
Ixia, in Mesopotamien. XI, 500. 502.
Iy, s. Killaat Iy Jerme.
Iyas (Jasd, Jad, Ijadh, Ejadh), erobert Mesopotamien (636 n. Chr.). X, 1052. 1139. XI, 34. 176. 299.
Iyguttee, s. Dschagatu. IX, 804.
Ἴυρκαι (Herod.). VII, 696.
Izala mons, Ostende des Dschebel Tur (Masius). XI, 74. 150. 151. 380. 400.
Izani, s. Miyah.
Izannesopolis (Isid. Charac.), ob Diacira am Euphrat? XI, 738. 750.
Izates, König in Adiabene. X, 252.
Izeddeh (Ized, Izedei, Izzut), Dorf in Masenderan. VIII, 544. 545.
Izeds, die guten Geister des zweiten Ranges. VIII, 32. 38. 78.

Izeds, s. Yeziden.
Izeschné (Pehlv.), s. Yaçna.
Iz Oglu, s. Isoglu. X, 865.
Izrah, s. Al Erzi.
Izza, s. Khan I.
Izzet (Iffet), s. Mir I. Ullah.
Izzet Pascha, in Angora. X, 1000.
Izzut, s. Izedei.

K.

Ka'ab, s. Chab.
Kaabur, d. i. Kabul. VII, 237.
Kaar, arab. Einsenkung zum Euphrat. XI, 743.
Kaarbur, d. i. Kabul. VII, 237.
Ka'b, s. Chab Scheikh. IX, 158.
Kabach-tapa, Zweig des Tschildyr. X, 427.
Kabah, i. e. Cubus, Tempelhaus. VIII, 935.
Kabah Zaratuscht, d. h. Tempel Zoroasters. VIII, 935.
Kabaiz, herrschender Stamm der Bulbas-Kurden. IX, 619.
Kabale, Distrikt Schirwans. VIII, 126.
Ka'ban, der nördl. Theil v. Dorghestan. XI, 959. 1029.
Kabandha, s. Kophanto.
Ka'ban-Kanal, zum Kuran. IX, 166.
Kabarie, Sindjarli-Stamm. XI, 450.
Kabh, d. i. Rebhuhn. VIII, 608.
Kabilah (arab.), d. h. Stamm. VIII, 376. — vgl. Kabylen.
Καβοῦρα (Ptolem.), d. i. Kabul. VII, 237. 290. VIII, 58.
Kabr al Djedid, d. h. neues Grab, am unt. Tigris. IX, 942.
Kabristan e Gabrian, d. i. Gottesacker der Guebern. VIII, 782. — vgl. Cabrestan.
Kabr y Seyd, Flußhemmungen im Tigris. X, 226.
Kabudan (armen.), Bezeichnung für Urmia-See. IX, 783.
Kabul (Kipin, Kophene, Utschang), Hauptstadt in Sabulistan. VII, 202. 231. 237 ff. 255. 274. 340. 549. 675. VIII, 4. 58. 123. IX, 254. 256. X, 603. XI, 558. 568. — Dist. VII, 798. VIII, 131. 142. — s. Sabul, Schah K., Subah K.
Kabul Deria. VII, 229. — s. Kabul-Strom.
Kabulestan, Terrassenland im östl. Persien. VII, 219. 233 ff. 253. (Topes das.) 289. — nach Sultan Baber (Einwohner, Sprachen rc.) 303 ff. — politischer Zustand der Gegenwart. 313. — chines. Königreich rc. 568. 682 ff. (Produkte rc.) 686. VIII, 4. 58. 132. IX, 254. — s. Sabulestan.
Kabul-Strom, zum Indus. VII, 15. 19. (mit Goldsand) 23. 197. 229. 249. VIII, 4.
Kabura (Ptolem.), ob Kabul? VII, 237. 290. VIII, 58.
Kabuschan, s. Kutschan.
Kabut, Zufluß zum Araxes. X, 396.
Kabylen. VIII, 756. — vgl. Kabilah.
Kachah, Distrikt in Kohestan. VII, 248.
Kachar, d. h. fliehend. VIII, 401.
Kacheti, s. Kakheti.
Kachimilo, d. i. Kaschmir. VII, 370.
Kachkaï, Ilat-Stamm. VIII, 405.
Kacht, Stadt in Georgien. VIII, 127.
Kadack, kurd. Winterkleid. IX, 56. 369.
Kadah (Kaddah), s. Atesch k.
Kadamet, Hakim Beg von Bai. VII, 511.
Kadaris, Sekte. VII, 531.
Kaddah, s. Atesch k.
Kadek, Baumwollenzeug. IX, 56.
Kadem, s. Imam K.
Kader, s. Al Kader (El Chäder).
Kades, Stadt von Merwer Rud. X, 228.
Kadesia (Kadesiah, Cadesia, El

Kadesiyah, El Kadisiah), Stadt am Westufer des Euphrat bei Kufa, Gränzfestung von Irak u. Arabien, Schlacht das. (636 n. Chr.). IX, 35. X, 61. 172. 185. 277. XI, 751. 956.
Kadesia (El K., Gadesia), Stadt am Tigris bei Samarra. X, 187. 210. 211. 228. 237.
Kadhi (Kadi), d. i. erster Richter. VII, 393. XI, 387. — s. Al K. Abul rc.
Kadhi al kuzzet, d. i. Groß-Kadhi. VII, 395.
Kadhimeïn, s. Kasmin.
Kadi, s. Kadhi.
Kadig, armen. Kloster. X, 630.
Kadi Kend, s. Kadi Köi.
Kadikljär, Zufl. zum Arpa tschai. X, 429.
Kadi Köi, Dorf bei Ninive. XI, 221. 222. 225. 234.
Kadim Turkmen (d. i. alte), Ilat-Stamm. VIII, 404.
Kadir, s. Scheich Abdul K. Gilani.
Kadisia, s. Kadesia.
Kadjar, Dorf in Armenien. X, 477.
Kadjar, s. Hasan Khan K., Tacht i K.
Kadjar-Affschar (Katschar), Ilat-Tribus. VIII, 400. 401. — s. Affschar.
Kadjar Djelair, Stamm. VIII, 440.
Kadjaren, pers. Königsfamilie. VIII, 312. 349. 439 ff. IX, 885.
Kadjar Kazwini, Ilat-Familie. VIII, 401.
Kadjars, Stamm in Asterabad. VIII, 349.
Kadjurin, s. Khan K.
Kadphyses, s. Mokadphyses.
Kadusier, Volk. VIII, 90.
Käfer, in Mesopotamien. XI, 510. — in Kurdestan. XI, 586. — s. Leucht-, Rüsselkäfer.
Kaein, s. Kayn. VIII, 262.
Kälte, starke, in Ghazna. VIII, 144. 147. — Tabriz. IX, 860. — Diarbekr. XI, 50. — Mosul. 204. — Bagdad. 803. — Babylonien. XI, 894. 967. — vgl. Eis, Schnee, Klima rc.
Kämpfer, E., in Schiraz. XI, 573.
Kaen, s. Kayn. VIII, 262.
Käs, s. Keisch.
Käse, Ausfuhr aus Bagdad. IX, 569. — gute, in Tusla. X, 784.
Käuzchen (Strix passerina), in Mesopotamien. XI, 507.
Käw, s. Kang-k.
Kaf, s. El K., Koh Kaf.
Kafal, s. Dschebel Kaïfal Rusajah.
Kafar Ara, Stadt am obern Tigris. XI, 180.
Kafar tuta (K. Tutscha, Kafartut, Kafr Tuça, Kafertouma), d. h. Maulbeerenort, Stadtruinen in Mesopotamien. XI, 273. 374. 404. — vgl. Tut.
Kafer (Caver), d. i. Ungläubige. VII, 206.
Kaferistan (d. h. Land der Ungläubigen), Gebirgsland von unsicherer Ausdehnung an der Nordseite des Hindu Khu. VII, 201 ff. 246.
Kafern (Kafirn), Alpenvolk im Hindu Khu. VII, 198 ff. 203. 208 ff. 245 ff. 279. — vgl. Spin K., Tor K.
Kafertouma, s. Kafartut.
Kaffa (Kaffah), d. i. Salzwüste. VIII, 556. IX, 30.
Kaffa, in der Krimm. X, 597. 614.
Kaffee, in Bitlis. X, 688. — in Kurdestan noch unbekannt. 887. — in Mosul. XI, 208. — Ehrentrank bei Beduinen. 776.
Kaffeehandel, in Basra. XI, 1038. 1071.
Kaffeehaus, in Orfa. XI, 332.
Kaffre Beg (Kefer Beg), bei Romkalah am Euphrat. X, 943. — vgl. Caffra.
Kafilah-Lied. VIII, 170.
Kafilan Kuh, s. Koflan Kuh. IX, 813. 815.
Kafir Borg (Borj), d. i. ungläubiger Thurm, in Kurdestan. X, 684.

Kafirkoi (Ungläubigen-Dorf), in Armenien. X, 717.
Kafirn, s. Kafern.
Kafir's, s. Spin K., Tor K.
Kafre, in Farsistan. VIII, 756.
Kafrisi (Kiverzo), Chaldäerdorf. XI, 113.
Kafr Tuça, s. Kafartut.
Kafta, s. Ibn K.
Kaftan, persischer, Tracht der Hazanier. XI, 307.
Kaghisman, s. Khagisman. X, 424.
Kagli ca bagh, Gartenlandschaft in Radjasthan. XI, 559.
Kagseman, Kaguisgan, s. Khagisman. X, 401.
Kahab, Distrikt Ispahans. VIII, 125.
Kahaf, s. Ashab i K.
Kahan, Vater Aharons. X, 549.
Kaharin, s. Nahr el K.
Kah-butkeh, Grasart in Kabulistan. VII, 310.
Kaheurt, Elburs-Berg. VIII, 448. 452. 453.
Kahgil, Thonziegel mit Stroh. VIII, 557.
Kahira, Alt-, s. Masr el atik, Cairo.
Kahiren Ghat (Kahirin), Indus-Fähre, astr. L. VII, 27. 30. 120.
Kahn, runde Art aus Weidenzweigen, auf dem Euphrat. X, 7.
Kahrise, s. Karize.
Kahrize, Stadt Khorasans. VIII, 286.
Kahrizek, Dorf bei Teheran. IX, 29.
Kahweh, s. Kawe, Al K.
Kai. VIII, 77. — s. Aiwani K.
Kai, Seidenzeug aus Multan. VII, 67. 118.
Kaiana, s. Gaïane.
Kaianier-Dynastie. VIII, 26. 77. 491. IX, 43. 1048.
Kaiasi, s. Abdal K.
Kaidu gol (Khaidu), Fluß von Julduz, zum Tarim. VII, 329. 330. 431. 434. 436. 444.
Kaïfel, s. Dschebel K. Rusajah.
Kaihbeiz, Dorf in Ardelan. IX, 813. — s. Killakej.
Kaik, s. Atesch k., Keik.
Kai Kaus (Kaikaou, Keikawus), d. i. Cyrus, altpersischer König. VIII, 77. 225. 443. 491. IX, 356. — angebl. Nimrods Sohn. X, 196. 592. — Erbauer des Aker Kuf. XI, 849. — s. Kai Khosru.
Kai Khosru, Heros der pers. Sage. VIII, 26. 77. — Kaianier-Fürst, sein Thron in Schiz. IX, 1047. 1048. — s. Kai Khusrau.
Kai Khosru Bey, Chef der Jaf-Kurden. IX, 428. 438. 440.
Kai Khusrau, d. i. Cyrus. VIII, 591. — s. Kai Kaous.
Kai Kobad, Stifter der Kaianier-Dynastie. VIII, 491. IX, 43. — s. Alaeddin K.
Kail, s. Khail, Arab k.
Kail (d. h. Wolf, Lycus), Zufluß zum Frat. X, 727. 769. 778.
Kailasa, Quellberg des Indus(?). VII, 13.
Kaïlod (d. h. Wölfe), alter Name des Aigher-Sees. X, 464.
Kaïlun, Vorkette u. Paß des Zagros am linken Kerkha-Ufer in Luristan. IX, 204. 331. 336. 409. — s. Schahri K.
Kaim, s. El K., Rasch K.
Kaima, s. Khan al K.
Kaïmak, d. i. Crème, Festspeise der Ilats. VIII, 386. X, 334.
Kaimakan, d. i. Premier-Minister, Groß-Vezier, Ministerstellvertreter im Innern. IX, 877. 881. XI, 814.
Kaimandu, s. Katmandu.
Kai-muras, s. Key umursch.
Kain, seine Vertreibung aus dem Paradiese. VIII, 41. — s. Thubal K.
Kain, in Persien. VIII, 340. 391.
Καιναί, s. Caenae.
Kaini, s. Hasain K.
Kainli, Dorf in Armenien. X, 420.
Kaïoudhan, s. Kabudan. IX, 783.
Kairaat, s. Seruj K.
Kairo, Zeit der Erbauung. IX, 283. — s. Cairo, Kahira.
Kairun, s. Keron.

Kais, s. Beni K.
Kais, Seidengewebe in Multan. VII, 67.
Kais Abdulraschid, Stammvater der Afghanen. VIII, 197.
Kaisar, s. Band i K., Puli K., Takhti K.
Kaisariah, Königsquartier in Ispahan. IX, 49.
Kaisarieh, Bazar in Tabriz. IX, 856.
Kaiseriah (Caesarea), Johannis Reliquien daselbst. X, 704.
Kaiserkrone (Fritillaria imperialis), in Central-Kurdestan. XI, 619.
Kaiserstraße, s. Königsstraße.
Kaissaks, in Khokand. VII, 779.
Kaisun, am Euphrat. X, 942.
Kaitaken. VIII, 126.
Kaithran, s. Beni K.
Kaitok, s. Kan K.
Kai tu ho (Khai tu ho), s. Kaidu gol. VII, 436. 444.
Kaja, s. Khaga, Kisil K.
Kajane, s. Gaïane.
Kajanier, s. Kaianier.
Kajawas (Kajaweh), d. i. Doppelkörbe der Kameele. VIII, 146. 364. 384.
Kajiane, s. Gaïane.
Kajomorts, der Urmensch der Zend Avesta. VIII, 43. — vgl. Kajumers.
Kajooli (bengal.), rothes Zuckerrohr. IX, 236. 244.
Kajuma, Archiepiscopus von Seleucia. X, 60.
Kajumers. VIII, 438. — vgl. Kajomorts, Key umursch.
Kakagawan, Bergstrom des Zagros. IX, 404.
Kakheti (Kacheti), im Georgien. X, 587. XI, 542.
Kakhtah (Kiachta, Gakhty), Kurdenfeste am Euphrat. X, 870.
Kakhtah, Paß, Zufluß zum Euphrat. X, 872. 874. 883. 887.
Kakig I., genannt Chahorcha, König v. Armenien (993). X, 441. 481.
Kakig II., der letzte Bangratide (st. 1079). X, 423. 441. — siedelt n. Kappadocien über (1029). X, 587. 596.
Kakin, s. Nagra k.
Kakischur Kiebban, am Euphrat. X, 873.
Kakmaktam, d. h. Feuersteinkoppe. VII, 487.
Kako Hassan, d. i. Bruder Hassan, Oberhaupt der Bulbas-Kurden. IX, 619.
Kakoli, Heilkraut gegen Arthritis. IX, 155.
Kakor Zekria, Fluß in Kurdestan. IX, 430.
Kakumisar, Gebirge. VIII, 647.
Kala, d. i. Kastell, bei Tekrit. X, 224. — s. Cala, Caleh, Kalaa, Kalaasi, Kalaat, Kalah, Kalai, Kalassi, Kalat, Kaleh, Kalesi, Kalessi, Kallah, Kela, Kelaat, Killaat, Killah, Kulla, Bagra k., Basch K., Gougerchene K., Hassan k., Ischt K., Kali k. Dagh, Kara K., Sain K., Sian K., Surch k., Tope K., Toprak K., Zingir K.
Kalaa (Kala), s. Aktsche k., Gavra K., Gheura K., Tschubuk K.
Kalaa, Kastell von Ninive. XI, 232.
Kalaa e Dukhter, das Jungfernschloß, am Kisil Osen. VIII, 626. 627. — s. Kalaa i Dukhter 2c., Kala Dokhter.
Kalaa i Darab, Schloß des Darius. VIII, 591. — s. Kalai now Darab.
Kalaa i Dehayeh, Schloß bei Darab. VIII, 762.
Kalaa i Dukhter i Div e Awlad, d. h. Schloß der Tochter des Div Awlad. VIII, 498. — s. Kalaa e Dukhter.
Kalaa i Ferhad, Ferhads Burg in Fars. VIII, 823.
Kalaa i Jehudan, Judenschloß, bei Karzerun. VIII, 843.
Kalaa i Rai, d. h. Kastell von Rai. VIII, 597.
Kalaa Istakhar, Kastell in Fars. VIII, 864. — s. Istakhar.
Kalaa i Zohak, d. i. Zohaks-

Burg, in Farsistan. VIII, 761. — s. Kala Z., Zohaks-Burg.
Kalaa Sewka, Distrikt Kurdestans. IX, 606.
Kalaasi (Kala), s. Kiz K., Kuschlar K.
Kalaat, Kalaats, d. i. Schloß, Schlösser, mohammedanische am Euphrat. X, 1080.
Kalaat Dausar, s. Kalat Jaber. X, 1002.
Kalaat el Djebbar, d. h. Tyrannenschloß, am Tigris. XI, 677.
Kalaat el Gerah, s. Kalat el G.
Kala Ateschkaddah, d. h. Kastell des Feuertempels, in Farsistan. VIII, 759.
Kalaat Gjaber (Jaber), s. Kalat Jaber.
Kalaat on Nedschm (Kalat Nesjm, Kàlat Nedjm, Kalat Nagjm), d. h. Gestirnschloß, Sternkastell, am Euphrat. X, 949. 997. 999. 1019. 1062 ff.
Kalaat Putschan, bei Schiraz. VIII, 859.
Kalaat ul Schirgath, s. Kala Scherkat.
Kalabaugh, s. Calabaugh.
Kala Bawa, Kastell bei Dschulamerk. XI, 625.
Kala Beit Annuri (d. h. Haus des Feuers), Kastell in Hekkari. XI, 602.
Kala Bendar, bei Schiraz. VIII, 856.
Kala-Berg, in Masenderan. VIII, 547.
Kala Bureypasch, Fort am Tigris. XI, 679.
Kalacha, Stadt in Ost-Turkestan. VII, 439. — s. Cailac.
Kala Dokhter, Kastell bei Schahpur. VIII, 829. — s. Kalaa e Dukhter.
Kala Dschulamerik, s. Kala Kin.
Kala d'Seringa, Nestorianer-Kastell in Central-Kurdestan. XI, 629.
Kala Gulab, d. h. Kastell des Rosenwassers, in Fars. VIII, 869.
Kalah (Kala), s. Asch k., Kumri K., Nidschim K., Paï K., Romkalah, Sadi Khan Kalah-dji.
Kalah (d. h. Festung), Hirten-Standlager. VII, 753.
Kal'ahi, d. i. Plaine. IX, 411.
Kal'ahi Gabr, das Guebernschloß, in Kurdestan. IX, 464.
Kal'ahi Gilgird, Sassanidenschloß am Kuran. IX, 168.
Kal'ahi Kuhnah, altes Fort bei Holwan. IX, 476.
Kal'ahi Riza, altes Fort am Kerkha. IX, 327. 410. 411.
Kal'ahi Tangawan (Tengawan), Felsschloß am Baladrud bei Dizful. IX, 194. 197. 199.
Kalahi Yezdegird, Festung von Holwan. IX, 467.
Kal'ah-schahi (d. h. Königsschloß), Bergfort am Dizfulfluß. IX, 194.
Kal'ah Schahin (Königsstein), Fort bei Holwan. IX, 476.
Kal'ahsi, s. Kilisa k.
Kalah Su, s. Kaleh Su.
Kalai Beda (d. i. Schloß des Beda), Kastellberg von Bir. X, 943. 956.
Kalai Bender, Schloß bei Schiraz. VIII, 852.
Kalai Juanru, in Kurdestan. IX, 460.
Kalai now Darab, das Neuschloß Darab, in Farsistan. VIII, 762. — s. Kalaa i D.
Kalai Rum, Kastell bei Bir am Euphrat. X, 948. — s. Kalat ol Rum.
Kala i Schusch (Kala i Sus), Trümmerhaufen von Susa. IX, 296. 309.
Kalai Selzi, Wachtposten am Holwanfluß. IX, 483.
Kala i Sus, s. Kala i Schusch.
Kalait (Schönstein), d. i. orient. Türkis. VII, 671. VIII, 326.
Kalak, s. Kellek. IX, 175.
Kalakala, s. Kalikala.
Kala Karani, Kastell in Kurdestan. XI, 643.
Kala Kin (auch Kala Dschulamerik), Kastell in Kurdestan. XI, 655.

Kala kuschi, d. h. Festungsfluß, in Ghilan. VIII, 660.
Kalan i Huschang, Burg bei Amol. VIII, 540.
Kalanis, Christendorf in Dschulamerk. XI, 599.
Kalan Tepessi, Schutthügel am Diyalah. IX, 489.
Kalar, Ort in Dilem. VIII, 572.
Kalarag, Berg in Luristan. IX, 400. 406.
Kala Reschedieh, Ruine bei Tabriz. IX, 858.
Kala Robat, Dorf in Kurdestan. IX, 601.
Kala Rumitha (syr.), d. i. Romkalah. X, 931.
Kala Schabah, d. i. das weiße Schloß v. Mardin. XI, 41. 385.
Kala Scherkat (Schirgath, Toprak Kala, Caenae), das Erdschloß am Tigris. XI, 467. 468. 666. 671 ff. 681.
Kala Schubah, d. i. Weißschloß, bei Mardin. XI, 41. 385.
Kala Sefid (Kaleh-S.), d. h. weißes Schloß, Felswand an der Gränze von Merdascht, östlich von Persepolis. VIII, 391.
Kala Sefid, das Trutzschloß in Farsistan, westlich von Schiraz, Skulpturen das. VIII, 836. IX, 137 ff. 143.
Kalaserai, s. Kullaserai.
Kal Aspad (d. h. weißer Pik), Zagros-Gipfel, in Luristan. IX, 202. 410.
Kalassi (Kala), s. Kiz K.
Kalasur, Ort am obern Murad. X, 652.
Kal'at, Dorf in S. Kurdestan. IX, 535.
Kalat, Trümmergruppe im unt. Mesopotamien. XI, 989.
Kalata, Schloß bei Amadia. IX, 717. — s. d. f.
Kalatani, Christendorf in Tiyari. XI, 599. — s. d. v.
Kalat Dagh, Taurusberg, Höhe. X, 904. 905. — Fels von Arghana am Tigris. XI, 15.
Kalat Dauser, s. Kalat Jaber.
Kalat el Gerah (El Karayin, Grayino, Grahim inlet, Graïm), am unt. Euphrat. XI, 976. 978. 987. 990. 994.
Kalat el Mudik. X, 922.
Kalat er Rum, s. Kalat ol Rum.
Kalat Jaber (K. Jiaber, Dschaber, Dschaaber, Sjabar, Gjabar, Dgiabar, Calo genbar, früher Kalat Dauser, Daurar), Kastell am Euphrat. X, 13. 241. 1002. 1020. 1023. 1067. 1074 ff. XI, 152.
Kalat Makhul, Ruinenschloß am Tigris. XI, 676. — s. Makhul.
Kalat Nagim (Nedjm, Nesjm), s. Kalaat on Nedschm.
Kalat ol Rum (K. or Rum, K. er Rum, Castellum Graecorum), syrische u. arabische Bezeichnung für Romkalah. X, 931. 937. — vgl. Kalai Rum.
Kalaton (Darjabin, Data), Fluß in Laristan. VIII, 752. 777.
Kalat or Rum, s. Kalat ol Rum.
Kalatschik, armen. Dorf bei Van. IX, 992. X, 318.
Kalau, s. Gura K.
Kala Zohak (Kulla Chic), Zufluß zum Kisil Osen. VIII, 620.
Kala Zohak (Kulla Z.), Ruinen am Kisil Osen in Aderbidjan. VIII, 620. IX, 772. 832. — vgl. Kalaa i Z.
Kalb (Kelb), s. Ras el K.
Kalbagh, Vorstadt von Kaschghar. VII, 413.
Kalb Ali Khan, s. Kelb A. Kh.
Kalchas, d. i. Holwan. IX, 470.
Kaldani, d. i. Chaldäer, Nestorianer. IX, 648.
Kaldiran, s. Tschaldiran.
Kalé (Kala), s. Zervin K.
Kaleeh Van, s. Van Kaleesi.
Ka'leh (Kala), s. Bargi k., Basch k., Dschewan k., Molla k., Naryn K., Paschvansk K., Sultan Suleiman k.
Kaleh Bakiyeh, Kastell im Ali Dagh. XI, 98.
Kal'ehi-bakteh die Ruinen von Leilan. IX, 1017.
Kaleh-radsch, Schanze bei Melazgherd. X, 666.

Kaleh-Sefid, s. Kala S.
Kaleh Su (Kalah Su, Kaleh-tschai), Fluß von Khinis, zum Murad. X, 648. 659. 668. 673. 901.
Kaleh Su (Hassankaleh Su, Nabi Tschai, Tatu-su), nördlicher Quellarm des Araxes. X, 387. 388.
Kaleh Surkh, rothes Schloß im Elburs. VIII, 486. 507.
Kalehtschai, s. Calehchai, Kaleh Su.
Kalemah des Islam. IX, 219.
Kalencar, indische Zeuge. XI, 822.
Kalendar, d. i. Mittelbehörden in Persien. IX, 67.
Kalendar (Calender), Gründer der Kalender-Derwische. XI, 843.
Kalender, ihre Wichtigkeit in der chines. Verwaltung. VII, 543.
Kalender (Derwische), die vier, Skulptur am Tak i Bostan. IX, 378.
Kalender (Derwische), die drei, Skulptur am Tak i Bostan. IX, 385.
Kalender-Derwische. VII, 465. — in Bagdad. XI, 843.
Kaleobater, d. i. Leibgarde. VII, 763.
Kalesi (Kala), s. Gerger K., Sultan Mahmud K.
Kalessi (Kala), s. Keuz K., Pambuk K., Perteck K., Tscheitan K.
Kalfa, d. i. Baumeister. X, 792. — vgl. Khalfa.
Kalfatern der Schiffe mit Naphtha. IX, 546.
Kalhakh, s. Karnu K.
Kalhur, Ilipat-Tribus in Luristan, Ghilan ꝛc. IX, 422. 472. 479. 481. 482. — s. Mansuri K.
Kali, in Mesopotamien. XI, 495.
Kalibav, Bergzug des Demawend. VIII, 455.
Kali cala, s. Kalikala.
Kali Gath, in Indien. X, 554.
Kalik, Stadt in Ost-Turkestan. VII, 516.
Kali Kala, Elburs-Gebirge am Euphrat. VIII, 554.
Kalikala (Ikkala), Festung von Erzerum. X, 723. 724. 757.
Kali kala Dagh, Bergzüge im N. Erzerums. X, 723.
Kalimaks, s. Kalmücken.
Kalipha (Khalfa), mohammed. Titel des nestor. Patriarchen. IX, 645. 650. 662. 677.
Kaliun, d. i. Rauchtabacks-Wasserflasche. VIII, 610.
Kalka Simmak, Ort in Kurdestan. IX, 534.
Kalkboden, bei Ardebil. VIII, 672. — Meschhed Ali. XI, 956.
Kalkcement, im Tak i Kesra. XI, 855.
Kalkgyps, im Karatschuk Dagh. IX, 530. — bei Mosul. 732.
Kalkhalah, s. Khalkala.
Kalk-Mergel, am Turk Schah. IX, 730. — bei Erzerum. X, 388. — in Armenien. 744. — in den Anah-Bergen. XI, 726.
Kalksandstein, bei Hit. XI, 761.
Kalkschotten, s. Stalactiten.
Kalksinter, bei Tabriz. IX, 846. — im Takht i Soliman. 1041.
Kalkspathhöhlen, bei Diarbekr. XI, 19.
Kalkstein, (hellbrauner) im Hindu Kusch. VII, 259. — bei Schahrud. VIII, 337. — (dichter) im Elburz. VIII, 347. — im Sirdara-Paß. 452. — in den Talisch-Alpen. 670. — in Fars. 821. IX, 19. — in den Kifri-Bergen. IX, 527 ꝛc. — (tertiärer) im Mazaragh Dagh. 533. — vorherrschend bei Kerkuk. 556. — (harter) bei Amadia. 729. — am Turk Schah. 730. — in der Chaldäer-Ebene. 731. — (sehr muschelreicher) bei Mosul. 732. 734. XI, 200. 238. — (dichter) im Norden Aderbidjans. IX, 921. — am Van-See. X, 302. — am Ararat. 377. 503. — bei Sivan Maaden. 710. — im Taurus. 805. 824. 913. 914. 916. — (eisenreicher) im Binghöl Dagh. 819. — am Euphrat. 871. 1066.

1068. (rother, bituminöser) XI, 731. — bei Arghana. XI, 16. — (petrefactenreicher) in Ninive. 238. — im Dschebel Mardin. 365. — im Abd al Aziz. 478. — (schiefriger) in Tivari. 615. — in den Anah-Bergen. 726. — (magnesischer, thoniger) bei Hit. 755. 762. — s. Flöz-, Madreporen-, Muschel-, Nummuliten-K.
Kalksteinbildung, im westl. Himalaya. VII, 61. — am oberen Tigris. XI, 124.
Kalksteinbreccie, am Euphrat. XI, 697.
Kalksteinbrennerei, in Hit. XI, 754. 758.
Kalkstein-Conglomerat, in den Duleib-Bergen. IX, 729. — am Turk Schah. IX, 730. — im Dschebel Dschudi. 731. — am Sultan su. X, 849.
Kalksteinfelsen (Klippen), charact. Eigenheit der kurdest. Gebirge. IX, 536. — bei Van. X, 304. — Hineh. 700. — am Euphrat. 877. — im Taurus. 892. — auf rothem Sandstein, am Buhtanfluß. XI, 127.
Kalksteinketten, im Ketiven-Paß. X, 387. — am obern Tigris. XI, 19. — bei Bitlis. 93. — Orfa. 316. — im Dschebel Mardin. 368. — im östl. Mesopotamien. 482.
Kalksteinmasse, bei Amadia. XI, 591. — Hit. 759.
Kalksteinpaß, auf Glimmerschiefer, bei Bitlis. XI, 99.
Kalksteinrücken des Masius, bei Diarbekr. XI, 52.
Kalksteinschichten, am Van-See. X, 296.
Kalktufflager, im Demawend. VIII, 570.
Kalkutta, s. Calcutta.
Kalla el Marra, Kastell bei Mardin. XI, 386.
Kallag, s. Calehchai.
Kallah (Kala), s. Ak K., Naringa K.
Kallah-no (d. h. neues Fort), bei Merutschak. VIII, 234.
Kalla Nunia, Kastell bei Mosul. XI, 222.
Kallasi (Kala), s. Tarchän k.
Kalligraphie, große Verehrung in Bokhara. VII, 599. 602.
Kalli Khan, Station am Attreck. VIII, 344. — vgl. Killa Khan.
Kalli Khan, Zagros-Paß. IX, 461.
Kallimachos, armenische Uebersetzung. X, 568.
Kallimachus, Ingenieur in Nisibis. X, 1135.
Kallinikum (Callinicum, d. h. die schön siegende; Nicephorium, Philiskum, Rakka, Leontopolis), Festung am Euphrat. X, 138. 1071. 1082. 1085. 1086. 1125 ff.
Kallinikus Sutorius, Sophist. X, 138. 1126.
Kallirrhoë (Callirrhoë), d. i. Edessa. X, 118. 247. 1120. XI, 276. 315 ff. 330. 338. 379.
Kallirrhoë, Quelle, Fluß bei Edessa. XI, 320. 335.
Kalm, d. i. Rohr. IX, 56.
Kalmak, d. i. Kalmücken. VII, 411.
Kalmdans, Schreibzeuge in Persien. IX, 56.
Kalmücken (Kalmaks, Kalimaks), in Kutsche rc. VII, 411. 447. — Yarkand. 472. — Afghanistan. VIII, 136. 188.
Kalonikus, d. i. Kallinikum. X, 1126.
Kaloo, s. Kalu.
Kaloozug, s. Kaluzug.
Kalorni, Ruinen am Murghab. VIII, 236.
Kalpurukan, Distrikt in Beludschistan. VIII, 731.
Kalsabur, am obern Tigris. XI, 155.
Kalu, Paß des Hindu Khu. VII, 255. 264.
Kalu, s. Tal K.
Kaluada, s. Kelwada.
Kaluzug (Kaloozug), nördlicher Quellfluß des Kl. Zab. IX, 562. 600.

Kam, s. El K., Kam rud.
Kama, s. Kameh. VII, 198.
Kamach (arab.), d. i. Kommagene. X, 1048.
Κάμαχα (Const. Porph.), s. Ani. X, 782.
Kamäleon-Vogel, in Nijrow. VII, 247. — s. Chamäleon.
Kamar, s. Mir K. eddin, Mullah K.
Kamarah, Dorf in Fars. VIII, 861. 883.
Kamarah, Bakhtiyari-Berg. IX, 135.
Kamatsor, armen. Dorf in Pasin. X, 637. 659.
Kamaun, Himalaya-Landschaft. VIII, 795. XI, 559.
Kambadene, s. Cambadena.
Kambar, Berg von? X, 284.
Kameel, des Darius Hystaspis. IX, 700.
Kameelberg, s. Uschturan Kuh.
Kameeldorn (Hedysarum alhagi, Schuter Kar), im Murghab-Thale. VIII, 237. — häufig in Fars. 845. — in Chusistan. IX, 223. — Acacienart, bei Mosul. XI, 433. — in Babylonien. 967.
Kameeldung, als Heizung in Bagdad. XI, 813.
Kameele, wilde, in Turkestan. VII, 325. 457. — Kaschghar? 412. — Turfan. 435.
Kameele, im Pendschab. VII, 117. — im Indus-Delta. 175. — in Khotan. 363. — Aksu. 450. — der Lohani. VIII, 146. — der Beludschen. 158. — sind in Indien nicht heimisch. 210. — zahlreich bei Meru. 231. — in Khorasan. 279. 307. — Reichthum bei Turkmannen. 411. — fehlen in Ghilan. VIII, 433. 677. — Masenderan. 520. — Kazwin. 588. — Aderbidjan. 671. — Laristan. 753. 755. — Ispahan. IX, 42. — Reichthum der Sassaniden. 507. — gute, in N.Kurdestan. 691. — Bagdad. XI, 822. — Heerden, im unt. Mesopotamien. 506. 966. 1044. — ihre Schnelligkeit. VIII, 158. 279. — Preise. VIII, 414. 416. — Tragkraft 2c. XI, 506. — bisweilige Wildheit auf Reisen. 778. — leiden sehr durch Gewitter. 1042.
Kameele von Tadvan, d. i. knollige Felsrücken am Van-See. X, 289.
Kameelfleisch, in Bagdad 2c. XI, 812. 1048.
Kameelfurthen, im Euphrat. X, 983. 1015. XI, 711. 735.
Kameelhals, d. i. Geldbeutel. VIII, 411.
Kameelhandel, in Basra. XI, 1035.
Kameel-Karawanen, am Arares. X, 522.
Kameel-Opfer, bei Mohammedanern. X, 259. — Haraniern. XI, 312.
Kameelschritte, als Wegmaß in Wüsten. X, 1099 ff.
Kameel-Sculpturen, zu Schahpur 2c. VIII, 832. 917.
Kameelvogel, d. i. Kasoar, Strauß. VII, 571. VIII, 590.
Kameh (Kama, der kleine Sinde od. Sintheou), Zufluß zum Kabulstrom. VII, 14 ff. 198. 226. 284. 489.
Kameh (Kama), Dorf am Kabulstrom. VII, 16. 198.
Kamekh, s. Kemkh.
Kamichi, Capitale. VII, 569.
Kaminiecz (Kaminez), Armenier das. X, 598. 615.
Kamkh, s. Schagha K.
Kamm, mit einer oder zwei Reihen Zähne, Symbol des männlichen od. weiblichen Geschlechts in Persien. IX, 405.
Kammmuscheln, am untern Euphrat. XI, 987.
Kampfer, zur Erleuchtung verwendet. X, 173.
Kampfhahn (Tringa pugnax), in Mesopotamien. XI, 509.
Kamran, Sohn Mahmud Schahs, Fürst in Herat. VII, 314. 318. VIII, 157. 248. 256. IX, 874.
Kamrud, das kasp. Meer. VIII, 44.

Kamschukah (Khamschukah), Bergkette in Kurdestan. IX, 525. 531. 533. 535.
Kamsir-Berge. VII, 85.
Kamüsch, s. Ser K.
Kamurd, Dorf im Hindu Kusch. VII, 268.
Kamperam (Karimpearin), Dorf in Kurdestan. IX, 426.
Kampsch, s. Schara k.
Kampschkurgan, Stadt in Khokand. VII, 761.
Kan, s. Atr pata kan, Khan.
Kan (chines.), d. h. süß. IX, 239.
Kana, d. h. Einauge. VII, 140.
Kanaan, s. Canaan.
Kanaaniter, fliehen nach Armenien. X, 585.
Kanagioz, an dem Nordende Ninives. XI, 224.
Kanak, s. Kunk. VIII, 127.
Kanakir, bei Erivan. X, 487.
Kanal, Kanalbauten, zwischen dem Euphrat u. Tigris. X, 16. — am Euphrat. 108. — bei Deir. XI, 266. — sehr großartige, bei Hilleh. XI, 787. bei Basra. X, 179. XI, 1053. — s. Euphrat-K., Wasserleitung ꝛc.
Kanalland, am Ostufer des Tigris. X, 206. — im südl. Mesopotamien. XI, 773 ff.
Kananiter, s. Kanaaniter.
Kanarah (Kiemerrè), Distrikt in Irak Adschem. IX, 65.
Kanat, d. i. unterirdischer Wasserstollen. IX, 197. — s. Canat.
Kanbadam, Stadt Khokands. VII, 755. — vgl Kandbadan.
Kand, Kend (türk.), d. h. Stadt, Festung. VII, 735. VIII, 178. IX, 174.
K'anda (Khanda), d. i. trockner Zucker. IX, 274. 281.
Kandahar (Gandhara, Kan tho lo, Kiantbowei), d. h. Klippenburg, Stadt u. Gebiet in Afghanistan. VII, 114. 240. 241. 274. 317. 549. 580. 675. 676. 678. VIII, 60. 122. 123. 128. 147. (Etymol.) 178. — Distanz. VII, 797. VIII, 153.
Kandahar-Plateau. VII, 233. 234. VIII, 132. 147 ff. — Produkte. VIII, 175. XI, 539.
Kandahar-Route, nach Pischin. VIII, 162 ff.
Kandake, Stadt in Aria. VIII, 120.
Kanda Kilissa, Kloster in Dschulamerk. X, 905. XI, 642. 643.
Kandalan (Kundaylan), Station in Irak Adschem. IX, 72.
Kandbadan (Kandbadam), d. h. Mandelstadt, in Ferghana. VII, 735. 772. — vgl. Kanbadam.
Kandigan, Dorf in Irak Adschem. IX, 66.
Kandil, s. Nehr K.
Kandil Dag (Condil Dag, Kandilan), Zagros-Kette in Kurdestan. IX, 453. 531. 562. 1028. 1034. XI, 649.
Kandi Schin, Dorf am Karatscholan. IX, 592.
Kandiszucker, seine Bedeutung am Hofe zu Tehran. IX, 246.
Kandosch Dagh, s. Khandosch Dagh.
Kandribal Panjahl, Kaschmir-Paß. VII, 87. 88.
Kandsag, Name verschiedener Städte. IX, 777. — vgl. Ganzaka, Kanzag.
Kandsag Aderbadagan, die Hauptstadt von Aderbidjan. IX, 777.
Kandsag Schahasdan, d. h. Ganzaka die Königsstadt. IX, 777. 852. 1046. — s. Tabriz.
Kane (Puschtu), d. h. Stein. VIII, 178.
Kaneh, s. Khaneh, Gazer-, Schiri K.
Kanerkos, indischer König. VII, 102. 108.
Kang, s. Khang.
Kanghi, s. Khanghi.
Kangi, s. Ibrahim K.
Kangiu, s. Concha. IX, 269.
Kang-käw, Dorf in Armenien. X, 431.
Kangkiu (Kangkiü), s. Khangkiu.
Kangra, s. Kote-K.
Kanguruka (sanskr.), rothes Zuckerrohr. IX, 236.

Kani Maram, Dorf in N.Kurdestan. IX, 739.
Kaninchen, selten in Mesopotamien. XI, 505.
Kanireſch (d. h. ſchwarze Quelle), Gebirgsgau in Kurdeſtan. IX, 1027.
Kaniſchka, Herrſcher in Kaſchmir (120 v. Chr.). VII, 109.
Kan i Zenian (d. h. Fülle von Z.), Karawanſerai in Fars. VIII, 845.
Kan Kaitok, Schnepfenart. VIII, 371.
Kankiwar, ſ. Kasr K.
Kankli, d. i. Kaotſche. VII, 595.
Kanly, ſ. Khanli, Mateck K.
Kanmi, Provinz von Khotan. VII, 367.
Kannunname, Werk. X, 754.
Kanoje, ſ. Nao K.
Kanonen, in Kaſchghar. VII, 519. — Gießerei zu Ahar in Aderbidjan. IX, 800.
Kanſa, indiſcher König. X, 557.
Kanſche, ſ. Camſia. IX, 259.
Kan tagh, ſ. Khan Dagh.
Kantakuzenus, Joh. (1355 n. Chr.). VII, 303.
Kantar, Gewicht. XI, 209. 820.
Kantarah (d. h. Brücke), Kurdendorf am Euphrat, nördl. von Samoſat. X, 875. 877. 985. — vgl. Kentereh, Al K.
Kantarah el Riſſaſi, d. h. Bleibrücke, am Tigris. X, 226. XI, 678.
Kantareh, ſ. Saihah.
Kan tho lo, ſ. Kandahar. VII, 676.
Kan to po lo (?), als Tribut. VII, 701.
Kantſchak, ſ. Schorbulak Yeſſa Kantſchak.
Kân tſché (chineſ.), d. i. Zuckerrohr. IX, 239.
Kantſcheou, Ort in Khotan. VII, 376.
Kantſcheou, chineſ. Handelsmarkt. VII, 560.
Kanudhan, ſ. Kabudan. IX, 783.
Kanying, chineſ. General. VII, 554.
Kanzag (jetzt Gendſche), am Kur. X, 630. — vgl. Kandſag.
Kanzagor, armen. Kloſter. X, 630.
Kanzaka (Κάνζακον), ſ. Ganzaka. IX, 776.
Kaofu, ſ. Kabul. VII, 675.
Kaoli, ſ. Niaz K., Kauli.
Kaopi, d. h. vorſtehende Naſen. VII, 651. 661.
Kao ſian tchi, chineſ. General (747 n. Chr.). VII, 571. 578.
Kaotſchang, d. i. Turfan. VII, 356. 357. 431. — das Uiguren-Land. 437. 563. 593. — ſ. d. f.
Kaotſche (d. h. hohe Räderkarren), d. i. Uiguren, Turkſtamm. VII, 437. 595. 599. 704. — ſ. Oui u. d. v.
Kao tſung, chineſ. Kaiſer. VII, 422.
Kaoui, ſ. Al K.
Kaouly, Tribus in Perſien. VIII, 378.
Kaous, ſ. Kaus.
Kapan, ſ. Khan Kara K.
Kapanektſchai, Zufluß zum Araxes. IX, 870.
Kapaneſtan, Diſtrikt Mokans. VIII, 126.
Kaparturi, ſyr. Ort. X, 986.
Καπαῦτα (Strab.), ob Σπαῦτα? IX, 783.
Kapellen, zahlreich in Armenien. X, 528. — ſ. Kirchen ꝛc.
Kapernſtrauch (Khuril), im Pendſchab. VII, 38. — in Sind. 159. — (Capparis spinosa) in Meſopotamien. XI, 501. 961. — (nova spec.) am Euphrat. 741. — bei Hit. 762. — am untern Tigris ꝛc. 864. 929. 980. — am Schat el Arab. 1023.
Kaphal, ſ. Dul K.
Kaphar, d. i. Zollhütte. X, 1095.
Kapi, d. i. Thor. X, 763. — ſ. Kapu, Kapuſſi, Demir K., Erſingan K., Giurdſchi K., Kiska K., Tauris K.
Kapidſchi, d. i. Kammerherr. XI, 829.
Kapila. VII, 110. 302.

Kapk, d. i. rothfüßiges Rebhuhn. VIII, 559.
Kappadokien. VIII, 92.
Kappadokier. X, 71. 108. — Kolonien in Armenien. X, 588. 596.
Kapros, Caprus (Ptol.), d. i. Eberfluß, Zab Asfal, Adhem. IX, 519. 520. 521. 558.
Kapu (Kapi), s. Ak K., Ali K., Demir K., Jengi K., Karaulük K.
Kapüsi (Kapu), s. Beg-K.
Kapur, s. Maaden K.
Kapusi (Kapi), s. Iskele K.
Kapussi (Kapi), d. i. Thor. XI, 50. — s. Dagh K., Demir K., Iskele K., Khazane K., Mardin K., Meher K., Ogrun K., Ortah K., Orum K., Rum K., Tabriz K., Zendan-K.
Kapuziner, s. Capuziner.
Kâr, s. Schat el K., Schuter K.
Kar, d. i. Wohnung. VII, 413. 416.
Kara, s. Baschk., Bokara k., Haji K., Ismael K. Sassan, Khan K. Kapan, Schebb Khanah K. Hissar, Scheikh K.
Kara (die Schwarzen), Tribus in Khorasan. VIII, 285. — vgl. Kuru.
Kara, Ort in N.-Kurdestan. IX, 687. — s. Cara.
Kara, Bach zum Tigris. XI, 670.
Kara Aineh, s. Kara Ineh.
Kara Amid (türk.), d. h. die schwarze Amid (Diarbekr). XI, 20. 22. 45 ff.
Kara Baba, s. Göl Tagh.
Karabad (Garabied), s. Surp K.
Karabagh (Karrabagh, Calabaugh), Ort am obern Indus, Steinsalzkette das. VII, 19. 20. 95. VIII, 146.
Karabagh, Hauptstadt von Mokan. VIII, 126.
Karabagh (Karabaugh), russ. Provinz am Nordufer des Araxes. VIII, 681. X, 509.
Karabagh (Karabaugh), Distrikt im Norden Aderbidjans. IX, 914. 918.
Karabagh (d. h. schwarzer Garten), Ort am Urmia-See. IX, 958.
Karabagh, Gebirge in Fars. VIII, 758.
Karabaghtsche, Ort in Kurdestan. X, 875.
Kara Bambudsch (Bambug), schwarze Berge am Euphrat. X, 1064.
Karabana (Daschbasch), Zufluß zum Arpa tschai. X, 429.
Kara Basch (Schwarzköpfe), d. i. Yeziden-Scheikhs. IX, 751.
Karabaugh, s. Karabagh.
Kara-Beiat, Ilat-Zweig in Persien. VIII, 403. — s. Beiat.
Kara Bel, Taurus-Berge, Höhe. X, 901. 916.
Karablah (Karabla), Euphrat-Insel bei Anah. XI, 711. 712. 726.
Kara Bokra, in Süd-Kurdestan. IX, 581. 583.
Kara Bolak (d. h. schwarze Quelle), Ruinen bei Holwan. IX, 474.
Karabulag, Ebene in Farsistan. VIII, 765.
Karabulak, Yeziden-Dorf am Ararat. IX, 917.
Karabul Khan, Zweig der Goklan. VIII, 408.
Kara Bunar, Ort am Kizil Irmak. X, 843.
Kara Butta, Affschara-Dorf. VIII, 620.
Kara buttik, i. e. Anas nigra. XI, 509.
Kara chäber, d. h. schwarzes Zelt. VIII, 385.
Karachan, pers. Statthalter von Diarbekr. XI, 37. 39. 40.
Kara Chemen (d. h. Schwarzwiese), armen. Dorf. VIII, 630.
Karachi, s. Kara-schi.
Kara Choran (Karaciolan, Karac'olan), d. i. Karatscholan. IX, 567. 590. 630.
Kara-Dag (d. h. Schwarzenberg), Berg östl. von Harunabad in Kermanschah. IX, 391.
Kara Dag, Sandsteinkette in S.

Kurdestan. IX, 449. 450. 462. 525. 530. 536. 606.
Kara Dag, nördl. Gränzgebiet Aderbidjans, am Südufer des Arares. IX, 797.
Kara Dagh, Uferhöhe bei Kars. X, 417.
Kara Dagh, bei Diarbekr. XI, 51. — vgl. Karadscha D.
Kara Dara, s. Dara. XI, 405.
Kara Daria, s. Karatasch.
Kara-Dasch, Affschar-Dorf am Kisil Osen. VIII, 618. — vergl. Karatasch.
Karadasch Dereh, Regenbach zum Tigris. XI, 662. 663.
Karadasni, Sandschakat von Mosul. XI, 185.
Kara derbend, d. i. das schwarze Thor, Engpaß nach Pasin. X, 658.
Kara Deré (Karadereh), d. h. Schwarzthal. XI, 277. 410. — auch als Bezeichnung des Masius-Berges. XI, 408. — s. Dara.
Kara Derre, s. Dara. XI, 404.
Karadja Dagh, s. Karadscha Dagh.
Karadja Daghleri, s. Karadscha D.
Karadje-Berge, s. Karadscha Daghlar. XI, 18.
Karadjören, s. Karajuran.
Karadjy Dag, i. e. Masius mons. IX, 705.
Karadsch, s. Charadsch.
Karadscha Dagh (Karadja D., K. tagh), d. h. schwarzer Berg, Masius-Gebirge, südl. Längengebirge des obern Tigris bei Diarbekr. IX. 705. X, 76. 872. XI, 27. 277. 363. 368. — s. d. f.
Karadscha Daghlar, Masius-Kette. X, 875. 879. XI, 18. — s. d. f.
Karadscha Daghleri (Karadja D.), Masius-Kette. X, 905. XI, 19. 51. — s. d. f.
Karadscha Daghli (Schwarzberg), Taurus-Kette. X, 912. — s. d. f.
Karadscha Doughleri, Plural von Karadscha Dagh. X, 76.
Karadschatagh, s. Karadscha Dagh.
Kara Dsjolan (nicht Dsjobla), s. Karatscholan. IX, 567.
Karä, Flecken bei Susa, jetzt Iwani Kerkh. IX, 330.
Karaeklissé, s. Kara Kilissa. X, 644.
Karaftu, s. Kerefto. IX, 1038.
Karagalla, Dorf in Aderbidjan. VIII, 620.
Karagassanlu, Dorf am Akhurean. X, 511.
Kara Geuzlu, s. Karaguzlu.
Karaghan, Distrikt von Hamadan. IX, 123.
Karagoran, s. Kara Oran.
Kara Gul, d. i. Fasan. VIII, 356. 432.
Karagul, Ort in Musch. X, 665.
Karaguzlu (Kara Geuzlu), Ilat-Stamm. VIII, 404. — bei Hamadan. IX, 78.
Kara Hamzelu, Ilat-Tribus. VIII, 405.
Kara Hassan, Berge in S. Kurdestan, Gränzdistrikt von Bagdad u. Kurdestan. IX, 452. 543. 548. 550. 606.
Karahemit, d. i. Diarbekr. X, 1147. XI, 22.
Karahissar, Sandschakat von Erzerum. X, 754.
Karaï, arab. Ilats. VIII, 392.
Kara Ineh (K. Aineh), in Aderbidjan. X, 355.
Karaj, s. Karedje. VIII, 556.
Karajuran (Karadjören), Kurdendorf. X, 886.
Kara Jusuf, Turkomannenfürst. X, 770. XI, 37.
Karak, s. Kharak, Beni K.
Karaka (sanskr.), d. i. Granatbaum. XI, 558.
Karakaik (Kara kapik), Berggipfel. X, 848. – Lagerplatz am Euphrat. 894. 933. — s. Kar.
Karakala (d. h. Schwarzburg), Festung am Arares. X, 382. (Armavir?) 466. 468. 473.
Karakalpaken, Nomaden am Sihun. VII, 771.

Karakasch, s. Karakhasch.
Kara Katai, Stadt in Ferghana. VII, 485. — s. Kara Kitai.
Kara kaya, d.h. Schwarzfels, in Armenien. X, 667. 820.
Kara kapik, s. Karakaik.
Kara Khaff, in Khorasan. VIII, 387. — s. Khaff.
Karakhan, in Diarbekr. XI, 91.
Kara khasch, Fluß des schwarzen Ju in Khotan. VII, 349. 350. 377. 383.
Karakhasch (Karakasch), Hauptstadt von Khotan. VII, 349. 350. 352. 353. 415.
Karakhodjo (Kharakhodjo, Halahodschu), Ort u. Distrikt von Turfan. VII, 432. 435.
Karakiah, Dorf in Aderbidjan. IX, 801.
Kara Kilissa (K. Kilisse, K. Kilisa), d. h. Schwarzkirche, am obern Murad. X, 419. 644. 650. 653. 1150.
Kara Kilisseh (türk.), d. i. Schwarzkloster, bei Mardin. XI, 389.
Kara Killesia, am obern Euphrat. IX, 759.
Kara Kischlak, Ort im Norden des Urmia-Sees. IX, 961.
Kara Kitai, die schwarze Wüste der Kataier. VII, 449. — s. Kara Katai.
Karaklis-Kette, Soghanlu-Ausläufer in Georgien. X, 371. 375.
Karakojah, Ebene bei Mosul. XI, 667.
Kara-Kojunli, Dynastie. X, 770.
Kara Kom, der Karasu bei Kom. IX, 77.
Kara kopri, s. Tscharikli̇̈.
Karakorum-Paß, Quellberg des Indus. VII, 13. 453. 473.
Kara Kosch, Chaldäer-Dorf in N. Kurdestan. IX, 699. — s. El Kosch.
Kara Kotul (d. h. schwarzer Paß), im Hindu Kusch. VII, 255. 259. 268.
Karakul, d. i. Drachensee, im Belur-Tagh. VII, 327. 418. 488. 492. — s. Lungtschi.
Kara Kul, d. i. Schwarz-See, am Ararat. IX, 921.
Karakulak (Caracoulac), armen. Dorf am Frat. X, 731. 735. 736. 751. 830.
Karakuldschasch, Zollposten. VII, 396.
Karakusch, Dorf am mittl. Tigris. XI, 235. 671.
Kara Kuttul, richtiger Kara Kotul. VII, 268.
Karamanien, s. Kerman.
Karamanier, Volk. VIII, 81.
Karamathier. VIII, 580. — s. Karmathen.
Kara Moscok (Déemi), Dorf in Mesopotamien. XI, 359.
Karana, s. Karauna.
Karana (Strabo), Stadt in Armenien. X, 81.
Kara-Naphta, d. i. schwarzes Erdöl. IX, 557.
Karangoui Kasch. VII, 383. — s. Karangui Tak.
Karangu (Garangoo), linker Zufluß zum Kisil Osen. VIII, 617. 622. IX, 772. 803. 832. — s. Haschtrud.
Karangui Tak (K. Tag, Kharanggui Tak), d. i. Finsterberg, Nebelgebirge, Bolor-Kette. VII, 349. 350. 380.
Karani, s. Kala K.
Καρανῖτις (Strab.), s. Garin.
Karanlük Kapu, d. i. das Thor der Finsterniß, in Bagdad. XI, 795. 796.
Karanow, Dorf in Kurdestan. IX, 815.
Karantschikum, Station in Ferghana. VII, 486.
Kara Oglan, Ruinen bei Kifri. IX, 542.
Kara Oglan Bey, Fürst. X, 408.
Karaolog Kapi, irrig st. Karanlük Kapu. XI, 796.
Kara Oran (K. Oeman, Karagoran), armen. Dorf am SW. Fuße des Soghanlu Dagh. X, 407. 420. 1150.
Kara Papas (Papaks), türk. Mi-

litärtribus in Solduz (keine Kurden). IX, 939. 1018. 1032.
Karapet, Archimandrit am Ararat. X, 482.
Karaplase, Dorf in Aderbidjan. IX, 929.
Karapoli, Dorf am Syr-Daria in Khokand. VII, 761. VIII, 699.
Karapul (Kharapul), d. h. schwarzes Geld. VII, 451. — Münze in Khokand. 784.
Kara randuk, Gottesacker bei Urmia. IX, 944.*
Karas, Dorf. X, 1150.
Karasai (d. h. Schwarzwasser), Fluß in Khokand. VII, 779. — s. Karasu, Karatschai.
Kara Sakiz (türk.), d. i. schwarzer Mastic. XI, 756.
Kara Sarai, das schwarze Schloß bei Mosul. XI, 197.
Karaschar, s. Kharaschar.
Kara-schi (Karachi, Karatchi), d. h. schwarze Raçe, Zigeuner-Tribus am Urmia-See. VIII, 379. IX, 845.
Karaschmar, Tribus in Khorasan. VIII, 379.
Kara serah (Kara dereh), d. i. Dara. XI, 408.
Kara Sidi, am Tigris. XI, 278.
Kara Sis, in Cilicien. X, 916. — s. Sis.
Karasi Tipari, Bergkette in Kurdestan. XI, 606. 652.
Karasoon, s. Khanaga.
Kara Su, allgem. türkische Bezeichn. für Bergwasser. X, 406. — s. Karasai, Kara tschai, Arsanias, Korma.
Karasu, Fluß in Irak Adschem, östl. von Hamadan. IX, 31. 77.
Karasu (d. h. Schwarzwasser), Zufluß zum Kerkha, auch Name für den obern Kerkha. IX, 323. 325. 348. 368. 387.
Karasu, Fluß von Ardebil zum untern Araxes. IX, 790. 793. 796.
Karasu (Khantschai, Murts), Zufluß zum obern Araxes. X, 396. 406. 421.
Kara Su (Sew tschur), d. h. Schwarzbach, Fluß vom Ararat zum Araxes. X, 457. 464. 476. 478.
Kara su, Seitenfluß des Karpi tschai. X, 399.
Kara Su (Teleboas), linker Zufluß zum Murad, bei Musch. X, 99. 646. 648. 664. 675. 683. 901. XI, 104. — s. Megradek.
Karasu (Fluß v. Erzerum), Quellfluß des Frat. X, 727. 728. 729. 738. 800. 814.
Karasu, d. i. Tokma su. X, 838.
Karasu (Singas?), rechter Zufluß des Euphrat, nordöstl. von Rumkalah. X, 897. 941.
Kara su, Zufluß zum Orontes. X, 1028.
Karasu bekir, Thal am südl. Taurus. X, 897. 917.
Karasun Kaschen. XI, 643. — s. Khanaga.
Karat, Gewicht. XI, 820.
Kara tach, s. Kara tasch. VII, 349.
Kara Taghlik, d. h. schwarze Bergbewohner. VII, 529.
Kara Tak, Usbeken-Abtheilung. VII, 467. 529.
Karatappe, kleine Stadt an der Ostseite des Urmia-Sees. IX, 845. — s. Karatepe.
Kara tasch (Kara Daria), d. h. schwarzer Stein, Fluß in Khotan. VII, 349. — s. Karakhasch.
Karatasch, d. h. Schwarzfels, am Van-See. X, 318. — vgl. Kara-Dasch.
Karatchi, s. Kara-schi.
Karateghberek, i. e. Rhamnus paliurus. VII, 455.
Karategin, Wiese bei Hamadan. IX, 119. — vgl. Karatigin.
Kara Tepe, s. Karatappe, Karatope.
Kara Tepe, Dorf der Hamrin-Berge. IX, 493. 513. 515.
Kara Tepeh (Schwarzhügel), Ort in Masenderan. VIII, 525.
Kara Teppeh, Hügel bei Orfa. XI, 367.
Karatigin (Kariategin, Cair Tekin), Gebirgsland am Pamer-

Paß. VII, 722. 741. 762. 778. 780. 801. — s. Goltschi, Karategin.
Karatope, Hafen Masenderans. VIII, 519.. — vgl. Kara Tepe.
Karatsch (Karadsch), s. Charadsch, Kharaj.
Karatschai (Schwarzwasser), Fluß von Orfa. XI, 324. — s. Karasu.
Karatscham Dagh, Taurus-Verzweigung. XI, 428.
Kara Tscharlu, Ilat-Stamm. VIII, 404.
Karatschly Dagh, s. Deveh Boyunu. X, 740.
Kara tschoban (d. h. schwarzer Schäfer), Ort in Armenien. X, 661.
Karatscholan (Kara Dsjolan, Karaciolan, Karac'olan), Paschalik in Kurdestan. IX, 459.
Karatscholan, ehem. Residenz in Kurdestan. IX, 566. 575. 630. — s. Sulimaniyah.
Karatscholan, Zufluß zum Tahite od. Zab Asfal. IX, 560. 562. 567. 586. 590. 592. — s. Tenguschi.
Karatschuk, in den Khyberbergen. IX, 638.
Karatschuk Dagh, kurdestan. Gränzkette gegen den Tigris. IX, 525. 529 ff. 694. 697.
Karatu, Angesiedelte im Kabulgebiet. VII, 231.
Karaul, s. Konah K.
Karauna (Karana, Kerauna), im Sanskrit u. Persischen = Mischling, Küste, auch als Bezeichn. für Räuber, Beludschen. VIII, 726. 728. 732.
Kara Uyak, d. i. Schwarzberg, am Euphrat. X, 886.
Karawanen, in Yarkand. VII, 391. — in der arab. Wüste. X, 1099. — in Mesopotamien. XI, 287. — Tagslänge. X, 354. — s. Kameel-K.
Karawanen-Straßen, ihre Bedeutung für die Geographie des Orientes. IX, 29. — in Central-Asien. IX, 122. — aus dem Murad- zum Frat-Thale. X, 654 ff. — Palu—Erzerum. 707. 716. 717. — Erzerum—Constantinopel. 751. — Ephesus—Indien. 857. — Orfa—Mardin. XI, 356 ff. — Hit—Damaskus. 739 ff. — s. Route.
Karawanserai's, selbst von Raubstämmen respectirt. VIII, 845. — sehr gutes, in Erzerum. X, 761. 766. — in Orfa. XI, 326. — in Fels gehauenes, bei Mardin. 388.
Karawara (kurd.), d. i. Wachtel. IX, 611.
Karaway Pillay (tamul.), d. i. Bergera Königii. VIII, 252. 307.
Karayemusch, Baum? VII, 226.
Karayin, s. Kalat el Gerah.
Karayun, s. El K.
Kara Zendjiri, Ilat-Stamm in Kerman. VIII, 389.
Kara Ziazin, Dorf im pers. Armenien. IX, 918.
Karazin, s. Kersin.
Kar-Begar, d. i. Notharbeit. VII, 131.
Kar Berai (Kehr Berai), Kastell im untern Mesopotamien. XI, 990.
Karbu (Karnud), Bergland um Ghazna. VII, 304. 311.
Καρχαρωμάν (Theoph. Sim.), im ob. Mesopotamien. XI, 41. 151. 152. 400. — s. Carcha.
Karchen (Karchi), d. i. Karduchen, Kurden. IX, 131. 209.
Karchi, Stadt in Nakhscheb. VII, 657. — Fluß von. 653.
Kardahi, s. Khamis bar K.
Kardaken (altpers.), d. i. Kurden. VIII, 90. IX, 630.
Kardasch, s. Yedi K.
Kardebil, s. Nimrus K.
Kardous, Berg in Kurdestan. XI, 154.
Kardu, d. i. Karduche, Kurde. IX, 630. 722. — s. Cardoa insula, Dschebel K., Gordy.
Karduche, als Ehrenname. IX, 572.
Karduchen, alte Völkerschaft in Loristan u. Kurdestan. VIII, 90.

IX, 129. 370. 433. 630. — s. Gordyäer, Kurden.
Karduchen-Gebirge. IX, 1003. XI, 153. — s. Gordyäische Gebirge, Buhtan, Zakhu &c.
Karduchenland (Xenoph.). XI, 140.
Kare (Tempr K.), Ellenmaß. VII, 784.
Karedje (Karaj), Fluß bei Tehran. VIII, 556. 587. IX, 30.
Kareked, s. Kars tschai. X, 397.
Karen(?), König in Sari. VIII, 530.
Karen, Gränzgebirge Masenderans. VIII, 561.
Καρηνῖτις (Ptol.), s. Garin.
Kargarlik, Stadt. VII, 415.
Kargassanlu, Dorf am Araxes. X, 510.
Karghan, Ort am Frat. X, 735. 769. 770.
Karghandede, Ort im oberen Mesopotamien. XI, 42.
Karghin, Dorf am Van-See. X, 318.
Karghiz, s. Kirghisen. VII, 779.
Karhae, s. Kerkh, Carrhae.
Karhni, alte Prachtstadt in Armenien. X, 400.
Karhni tschai (Garnatschai, Azad?), linker Zufluß zum Araxes. X, 399.
Kâri, s. Khari, Aineh-k.
Karia, s. Kiria. VII, 351.
Karianggar, s. Lokho-k.
Kariategin, s. Karatigin. VII, 778.
Karichi, am obern Frat. X, 728. — vgl. Kharik.
Kariet themanin, d. h. das Dorf der Achtzig. XI, 154. — s. Themanin.
Karikjam, in West-Kurdestan. X, 888.
Karimpearin, s. Kamperam.
Karin, s. El K., Garin.
Karina (Carina), Gränzstation Mediens. IX, 359. — s. Kerend.
Karini (Karinj, Khorenj), angebl. versteinerte Stadt im südl. Aderbidjan. IX, 604. 1034.
Karissa, Hügel am Tigris. XI, 664.
Karize (Kahrise), Dorf am Urmia-See. IX, 956. — vgl. Kahrize.
Karjat, d. i. Dorf. XI, 156.
Karjat Tschamanin, d. i. Dorf der Achtzig. XI, 156. — s. Themanin.
Karkal, s. Mar Ghiorgio K.
Karkan, Provinz. VII, 390. — s. Yarkand.
Karkareh, eine Art Rohrdommel, am Baran. VII, 313.
Karkathiokerta (Kharput), Capitale von Sophene. X, 78. 811. 864. (verschieden von Martyropolis) XI, 74. 107.
Karkeh, Berg in Armenien. X, 556.
Karkemisch (Karkisa, Karkisia, Karkissa, Cercusium), Stadt am Einfluß des Khabur zum Euphrat. X, 15. XI, 267. 694. — s. Circesium, Kerkisia.
Karkh, s. Al Korch.
Karkusch Khan, Dorf am Bitlis Tschai. XI, 98. 100.
Karlik, d. i. Schnee, Schneemänner. VIII, 215. — s. d. f.
Karlouk, die (?). VII, 582. — s. d. v.
Karmalas (Ptol.), Stadt am Melas. X, 839.
Karmalus (Strabo), Fluß in Cilicien. X, 839.
Karmathen, zu Basra. X, 178. — s. Karamathier.
Karmelas, Fluß in Cataonien. X, 839.
Karmelis, s. Kermalis.
Karmir vank, d. i. rothes Kloster, am Araxes. IX, 915. — s. Garmir v.
Karmisin (Carmasin), d. i. Kermanschah. IX, 374.
Karnein, s. Dhul-, Dulkarnein.
Karneole, s. Carneole.
Karnud, s. Kardu. VII, 311.
Karnu Kalhakh, d. i. Stadt Karins, armen. Bezeichnung für Erzerum. X, 759.
Karnu Vankh (Garrnu Wankh),

d. i. Garnus-Kloster, in Armenien. X, 776.
Karoe, s. Karou.
Karoon, s. Kuran. IX, 162.
Karoopa, d. i. Leser, Gemeindeglied d. nestor. Kirche. IX, 676.
Karou (Karoe), Station in Masenderan. VIII, 500. 501.
Karoudj, Stadt bei Herat. VIII, 242.
Karpfen, in Ghilan. VIII, 659. — im Euphrat. X, 1018. — im Göldschik. XI, 15. — in Mesopotamien. 509. — zahme, in S. Kurdestan. IX, 575. — heilige, in Orfa. XI, 325. 331.
Karpi (Garpi), armen. Stadt. X, 399. 535.
Karpitschai, linker Zufluß zum Araxes. X, 398. — s. Abaran.
Karpos, s. Zabfluß. IX, 521.
Karra (Tang i Kerm), Dorf in Farsistan. VIII, 759.
Karra, Fluß in Assyrien. XI, 293.
Karrabagh, s. Calabaugh.
Karrak (Kharak, Kharedsji, Charedsch), Insel des Persergolfs. VIII, 724. XI, 1038. 1061.
Karran, Dorf in Farsistan. VIII, 759.
Karran, Ortschaft Ispahans. IX, 43.
Karree, Plateau in Süd-Afrika, Höhe. VII, 340.
Karrha, s. Dschebel K.
Karrhä, s. Charrhae, Karrhae, Karhae.
Karrnuk, in Armenien. X, 776.
Karroo, in Süd-Afrika, Höhe. VII, 340.
Kars (Karß), Stadt u. Paschalik im türk. Armenien. X, 81. 403. 417. 423 ff. 587. 590. 619. (Armenier das.) 643. (Höhe) 1150. (Kurden das.) XI, 145. — Dist. X, 355. 416. 434. 444.
Kars, s. Araxes. X, 402.
Karsann Dagh (Kharsann, Kharzan), Niphates-Kette, Quellgebirge der nördl. Tigris-Zuflüsse. X, 67. 91. 94. 99. 681. 743. (Höhe) 903. XI, 5. 106. 132.
Karscha, s. Sabit ben K.
Karschuni, arabische Sprache mit griech. Buchstaben. XI, 211.
Karsi-Thal. X, 915. — vergl. Kersin.
Kars tschai (Akhurean, Akhura, Ahuran, Kareked), d. i. Fluß von Kars, linker Zufluß zum Araxes. X, 397 ff. 412. 416. — Quellen. 428. — unterer Lauf. 433 ff.
Karß, s. Kars. X, 423.
Karta, d. h. Stadt. VIII, 531. — s. Kerta.
Kartchou, s. Kartschu.
Karte, s. Landkarte.
Kartheli, d. i. das eigentl. Georgien. X, 587.
Kartoffeln, am Urmia-See. IX, 823.
Kartschalu, Dorf am Araxes. X, 510.
Kartschu (Kartchou, Khartchu, Kartschuk, Hatchoute), Stadt u. Gebiet. VII, 402. 503. 520. 708.
Kartschuk-Gebirge. VII, 709.
Kartschu-Route. VII, 503.
Karughli, d. h. Krieger u. Pferd. VIII, 411.
Karul, s. Lungtschi.
Karun, s. Kuran.
Karund, s. Kerend. IX, 391.
Karun el Amah, d. i. blinder, verschlammter Karun, altes Flußbette des Kuran. IX, 159. 166. — s. d. f.
Karun el Amarah, d. i. blinder Karun. XI, 1028. 1030. — s. d. v.
Karvari (d. h. Eselslast), schlechte Seide. VIII. 687.
Karyen, Volk in Birma. IX, 262.
Karye Tsemanin (d. h. die vierundzwanzig), Moschee im Dschebel Dschudi. IX, 721.
Karzin, s. Kersin.
Karzu (wol Kursat?), Dorf am Van-See. IX, 994.
Kas, Etymol. VII, 413.
Kas, Längenmaß. X, 518. — vgl. Casch.
Kas, s. Keisch.
Kasab, s. Wadi el K.
Kasabah (Kassaba), d. i. festummauerter Marktort, Flecken. VIII, 126. IX, 726. X, 322. 394.

Kasach, Provinz in Grusien. X, 426.
Kasachen, in Transkaukasien. X, 610. — vgl. Kosacken, Kirghis K.
Kasaël (Khasaël, Chasaël, Khezail, Khezil), arab. Tribus am untern Euphrat. XI, 807. 888. 950. 956. 969. 971. 977. 997. 1002.
Kasaken, s. Kasachen.
Kasan, Stadt u. Distrikt v. Khokand (Ferghana). VII, 736. 748. (astr. L.) 749. 753. 755.
Kasawer, s. Kuzawur.
Kasbin, s. Kazwin.
Kasch, Khasch (türk., mongkol., uigur.), d. i. Ju, oriental. Jaspis. VII, 328. 344. 349. 380. 383. 386. — s. Jurung k., Kara k., Karangoui k.
Kasch, d. i. Wohnung, Ort. VII, 413. 416.
Kascha (Kaschischa), Priestergrad bei den Nestorianern. IX, 676.
Kaschagban (Kaschagan, Kazhgi, Rumis kun), linker Zufluß zum Kerkha. IX, 326. 336. 339. 408.
Kaschan, Stadt in Irak Adschem. VIII, 9. 455. 681. IX, 28. 34. 62. X, 229. XI, 555.
Kaschcar, d. i. Kaschghar. VII, 409.
Kaschef, d. i. Erstlinge. VIII, 386.
Kaschen, s. Karasun K., Khanaga.
Kaschgar (Khaushkhaur), Zufluß zum Indus. VII, 16. 490.
Kaschgar, kl. Distrikt bei Peschawer. VII, 17.
Kaschghar, das Turkland, nach alten und neuen Berichten. VII, 409 ff. — Sprache. 410. — weitester Umfang. 416. — Städte rc. 417. 487. 514. VIII, 698.
Kaschghar, Hauptstadt in Turkestan. VII, 367. 410. 417. 432. 490. 516. — Dist. 396. 400.
Kaschghar Daria, Fluß von Kaschghar. VII, 328.
Kaschghar Dawan, Gebirge. VII, 483. 768. 771.
Kaschghar Dschintsching, die Chinesenstadt. VII, 417.
Kaschgharen, als Name für die Städter Ost-Turkestans. VII, 752. — vgl. Turk-Tübeter.
Kaschghar Hoeitsching, die Türkenstadt. VII, 417.
Kaschghar-Strom, d. i. Koksu. VII, 328. 413. 497.
Kaschi, d. i. Kaschghar. VII, 423.
Kaschi, s. Al K.
Kaschina, d. i. Forelle. IX, 611.
Kaschischa, s. Kascha.
Kaschiya, d. i. Priester. XI, 592.
Kaschkar, einheim. Aussprache für Kaschghar. VII, 412.
Kaschkar, kurdest. Gränzkette gegen den Tigris. IX, 525. 531. 534. — s. Tenguschi.
Kaschkar Divan (Kaschghar Dawan?), Gebirge. VII, 768.
Kaschkar-Haschar, d. i. Kaschghar. VII, 416.
Kaschkarien, d. i. Kaschghar. VII, 414.
Kaschkarier. VII, 416.
Kaschmer, s. Kischmer.
Kaschmir, Stadt u. Alpenland des indischen Kaukasus. VII, 13. 70 ff. — Klima, Flora. 73. 75. — Fauna. 77. — Einwohner, Sprache. 78. 79. — Hügel, Pässe. VII, 88 ff. 143. 370. 469. VIII, 699. IX, 253. 894. XI, 512. 568. — Dist. VII, 216. 470. 798. — s. Kulu K. Himalaya, Subah K.
Kaschmirer, in Yarkand. VII, 397. 403.
Kaschmir-Gebirge. VII, 74. 81.
Kaschmir-See. VII, 74.
Kaschmir-Strom. VII, 70.
Kaschmirwolle, in Erzerum. X, 767.
Kascholong (kalmückisch), d. i. Achate mit Opalfarben. VII, 387.
Kaschrud, Fluß in Afghanistan. VIII, 159.
Kasch-tschilagun (mongkol.), d. i. Ju-Stein. VII, 386.
Kasem (Kasim), s. Abul K. Mohammed.
Kasemlu, Zweig der Afschar. VIII, 401.

Kasi Burhaneddin, Schriftgelehrter (1392). X, 811.
Kasikly su, Zufluß zum Tokma su. X, 803. 846.
Kasim, Imam. XI, 793. — s. Kasem, Kazem, Kazim, Cassim, Imam Musa Ali K., Melik K. Mirza, Mohammed ben K.
Kasim Agha, Prinz der Zelanli-Kurden. X, 336.
Kasim Beg, Chef in Kara kala. X, 474.
Kasim Beg Merdisi, erobert Egil. XI, 39.
Kasim Jan Khaja, Patriarch in Talikan. VII, 806.
Kasinli, Ort. XI, 645.
Kasion (Casius mons), in Syrien. X, 110.
Kask, Schuhe. VIII, 256.
Kaskar, Westtheil von Wasit. X, 191.
Kasker Mahalle, Station in Masenderan. VIII, 544.
Kasley Gul, Station u. See im nördl. Kurdestan. IX, 642.
Kasmin (Kadhimeïn), Thor und Moschee von Bagdad. X, 213. XI, 777.
Kasoar, Kameelvogel. VII, 571.
Kaspier, s. Caspii.
Kaspische Alpen. VIII, 575. — s. Caspiae pylae.
Kaspisches Meer, durch Chinesen entdeckt. VII, 554. — Seespiegel, Tiefe, Süßwasser. VIII, 9. 514. 526. 655. 658.
Kaspische Wüste. VIII, 365.
Kasr (Kassr, Kaßr, Kazr), s. Al K., El K.
Kasr, d. i. Pallast, bei Ahwaz. IX, 222.
Kasr, d. i. Muhamedanerschloß bei Mosul. XI, 197. — s. Es K.
Kasr, der Königspallast in Babel. XI, 674. 875. 913 ff.
Kasra, s. Matha K.
Kasr-afis, Schloß von Hamadan. IX, 117.
Kasr Anuschirwan (Schahri A.), Ruinen bei Sirwan. IX, 401.
Kasr Berj (Kasr el Berodsch, wol Kasr el Berädsch), Kastell in Mesopotamien. XI, 406.
Kasr Chaider, Ruine der euphrat.-arab. Wüste. XI, 956. 1041. 1042.
Kasr ebn Hobeira, s. Kasr el Hobeira.
Kasr el Berädsch, s. Kasr Berj.
Kasr el Berodsch, s. Kasr Berj.
Kasr el Hobeïra (Kasr ebn H., Kasr Ibn H.), Kastell, Stadt am untern Euphrat. X, 63. 177. 187. 202. 205.
Kasr el Obrädsch, in Mesopotamien. XI, 406.
Kasr Ibn Hobeïra, s. Kasr el H.
Kasri-Schirin, Felsschloß bei Seimarrah in Luristan. IX, 406.
Kasri Schirin (Kasr Sch., Kassar), Dorf am Holwanfluß (Artemita in Apolloniatis?). VIII, 115. 116. IX, 467. 483 ff. 509. X, 232.
Kasr Kankiwar, s. Kongaver. IX, 345.
Kasr Marbaba (Mara baein), Jakobitendorf im Dschebel Tur. XI, 440.
Kasr Nimrud, d. i. Pallast Nimrods. XI, 847. — vgl. Birs N.
Kasroki, Dorf am Zab Ala. XI, 655.
Kasr ol Losusi, d. h. Räuberburg, s. Kongaver. IX, 345.
Kasr Sadi, am Euphrat. XI, 738.
Kasr Schirin, s. Kasri Sch.
Kasr Zerzaua, Kastell bei Mardin. XI, 389.
Kassaba, s. Kasabah.
Kassar, ob Artemita in Apolloniatis? VIII, 115. 116. — s. Kasri Schirin.
Kas Scherridsch, Hügelgebäu in Mesopotamien. XI, 424.
Kassi köpri (Kask., Kassi kupri), Dorf bei Mosul. XI, 160. 422. 424. 432. 433. 436.
Kassr, s. Kasr.
Kassr ebn Bare'i, in Mesopotamien. XI, 275.

Kastanie, im Elburs. VIII, 498. — in Ghilan. 676. — bei Kohrud. IX, 37. — Jspahan. 55. — (C. vesca) im Taurus. X, 919. — berühmte von Ütsch Dschewis. XI, 103. — (Fagus castanea) in Mesopotamien. XI, 501.
Kasten, angebl. von Dschemschid eingeführt. VIII, 25.
Kasuar, s. Kasoar.
Kaswin, s. Kazwin.
Kasykli su, s. Kasikly su.
Kaßr, ob = Artemita? VIII, 115. — vgl. Kasr.
Kaßr Suji, Seitenarm des Dijalah. VIII, 115.
Katabothren, Land der. VIII, 99.
Katai, s. Kathai, Kara K.
Καταία, s. Keisch. IX, 285.
Katakomben, in Schirwan. IX, 401. — Orfa. XI, 322. 358. — Dara. 411. — vgl. Feldkammer, Grabhöhle, Grotte, Höhle 2c.
Katami, s. Esch Scharki Ben el K.
Katar, s. Kuttore. VII, 307.
Katarakte, s. Euphrat-, Tigris-Katarakte.
Katarakten-Kette, des Taurus. X, 912.
Kataur, s. Kuttaur. VII, 207.
Kathandijeh, Dorf in Kurdestan. XI, 586.
Katharina II., siedelt Armenier am untern Don an. X, 604.
Kathii, s. Ebu Jusuf 2c.
Kathmandu, in Nepal, Zuckerrohr das. IX, 252. — s. Katmandu.
Katholiken, römische (Chaldäer), in El Kosch. IX, 726. — Diarbekr. XI, 61. — Mosul. 205. — Basra. 1055. — s. Christen 2c.
Katholikos (Katolika), chald. u. armen. Patriarchentitel. IX, 662. 677. X, 518. — in Cilicien. X, 622.
Katholische Armenier. X, 637. 639. — in Musch. 677. — Mardin. XI, 390. 394.
Katholische Kirche, ihre Umtriebe gegen Armenier. X, 613 ff. XI, 593.
Katholisches Kirchenregiment, in Mosul. XI, 214.
Katiba, d. h. Berg. VII, 83. — s. Mondobri K.
Katif (Kathif), s. El K.
Katir, d. i. Maulthier, auch als Bez. für Geldsumme, Steuer. IX, 211. 215.
Katirjis, d. i. Maulthiertreiber. VIII, 860.
Katmandu (Kaimandu), Stadt in Kerman. VIII, 726. — s. Kathmandu.
Kat Nahna, Berg bei Kongaver. IX, 347.
Katolika, s. Katholikos.
K^{a}tp^{a}t^{c}uk, Kappadokien. VIII, 79. 92.
Katr, s. El K.
Katschar, s. Kadjar.
Katta, eine Art Feldhuhn. IX, 693.
Katta Tepessi (d. h. Rebhuhnberg), Ruinen in Kurdestan. IX, 488.
Kattea, s. Berhan K.
Kattehwaz, Fluß in Afghanistan. VIII, 144.
Kattia (Cathaei?), Wandertribus am Ravi. VII, 48, 49. — im Richna. 62.
Kattor, s. Kuttore. VII, 307.
Kattundruckerei, in Diarbekr. XI, 59. — Bagdad. 813.
Katul, s. El Catul, Kotul.
Katzen, zu Ehren Ansaris gepflegt. VIII, 254. — berühmte, v. Van. IX, 979. — 3 Arten in Mesopotamien. XI, 503. 504. — s. Tigerkatze.
Katzis, d. i. die zweite jakobitische Priesterkaste. XI, 397.
Kau, in Khorasan. VIII, 242.
Kauk, s. Kawuk.
Kaukab, s. Kokab, Tell K.
Kaukasan, s. Kohe K., Kuhi K.
Kaukasien, Armenier das. X, 604 ff.
Kaukasische Mauer, bei Derbent. X, 20.
Kaukasus, indischer. VII, 4. 196. 198. 199. VIII, 44. 50. — s. Hindu Khu, Paropamisus.

Kaukasus-System, in Vorder-Asien. X, 368.
Kaul e Hussanabad, in Khorasan. VIII, 278.
Kauli, Zigeuner. VIII, 667. — vgl. Kaoli.
Kaus (Kaous, Caus, Cavus, Cabus, Kawus), sein Grab in Sari. VIII, 530. — s. Gumbuz e K., Kai K.
Kausch, s. Kunkud K.
Kauschan, s. Gauzanitis.
Kauseya (sanskr.), d. h. aus Cocons gefertigt, indisches Seidengewebe. VII, 373. VIII, 691.
Kauz, s. Käuzchen.
Kava, Kavi (sanskr.), d. h. Sonne, Sonnenraçe. VIII, 77.
Kava Huçrava (Zend). VIII, 77.
Kavak, Ort. X, 751.
Kavalkar, Flecken in Ost-Turkestan. VII, 516.
Kavanlu (Kavallu), Ilat-Familie. VIII, 401.
Kavasch (Khavasch), Thal im Süden des Van-Sees. IX, 999. 1000.
Kavi, s. Kava.
Kavsah, Ort. X, 751.
Kavuli, Christendorf in Dschulamerk. XI, 599.
Kawad I., s. Kobad. X, 759.
Kawak (kurd.), d. i. Pappel. IX, 610.
Kawakir, bei Herat. VIII, 242.
Kawaschi, d. i. Kaffeekocher. IX, 720. — vgl. Al K.
Kawass, d. i. Polizeidiener. XI, 456.
Kawatil, s. Kutha. X, 204.
Kawchani, pers. Gebiet. IX, 23.
Kawe, s. Kahwe.
Kawn, s. Il K.
Kawuk (Kauk), Land in Kaferistan. VII, 207.
Kawus, s. Kaus, Sikawa.
Kaya, s. Kara k., Sari k.
Kayat (Kayatt), Tribus, ob = Beiat? IX, 516. 544.
Kayder, s. Ula K.
Kayemi, s. Amir ul M.
Kayhak, s. Ani K.
Kayik, s. Kara k.
Kayim, s. El K.
Kayn (Kaen, Kaein, Caneïn, Ghayn, Hasain Kaini), Ort der Khorasan-Wüste. VIII, 262. 263. 582.
Kayun, Bach in Luristan. IX, 204.
Kayyarah, s. Al K.
Kaz, s. Boglan K.
Kazanadzagkh, d. h. Höhle der wilden Bestien, in Armenien. X, 556.
Kazar Gah (d. h. Schlachtfeld), bei Herat. VIII, 256.
Kazavur, Zufluß des Kerkha. IX, 325.
Kazaz (Kiezzas, Kizzai, Kezzas), Distrikt und Stadt in Irak Adschem. IX, 66. 67.
Kazbin, s. Kazwin.
Kazem (Kasim), s. Schah Abdul Kazem.
Kazerun, Stadt u. Stufenthal im südl. Fars. VIII, 8. 825 ff. IX, 144. 898.
Kazerun, Fluß. VIII, 817.
Kazeruni, s. Abu Saad K.
Kazhad, s. Kurri-K.
Kazhdem (pers.), d. i. Skorpion. VIII, 855. — s. Cazhdun.
Kazhgi, s. Kaschaghan. IX, 326.
Kaz Hormus, Architekt in Mosul. XI, 199.
Kazi, s. Musa K.
Kazian, Dorf in Ghilan. VIII, 652.
Kazim (Kasim), s. Ali Ebn Musa el K., Chaschmi K.
Kaziun, s. Ghazian.
Kazr (Kasr, Khazr, Cassr), d. i. Feste. VIII, 825. — s. Al Hadhr.
Kazwin (Kazbin, Kasbin, Kaswin), nördl. Gränzstadt v. Irak Adschem. VIII, 126. 574. 588. IX, 569. XI, 565. — Dist. VIII, 587. 643. 645.
Kazwin-Alpen, Elburs-Kette. VIII, 574. 575.
Kazwini, s. Hamdalla Almostavfy K., Kadjar K., Zakaria K.
Kazzar Ellias (Kazzer E.), Elias Grab am Tak i Bostan bei Kermanschah. IX, 386. 426. — vgl. Khidder E.

Keba, Ort Ferghanas. VII, 743. — s. Kena. 749.
Kebban Dagh (Kepan Dagh, russ.), Taurus-Kette. X, 743. 785.
Kebban Maden, s. Kjeban Maaden.
Kebesse, s. Kubessa.
Kebhur, s. Gol Veran, Gurula. X, 745. 825.
Kebir, s. Dsjami el k.
Kebir-Kuh, Zagros-Kette in Luristan. IX, 327. 404. 405. 406. 411.
Kebla. XI, 197.
Kebud Gumbed (Kebut Gumbuz, Kebul Gumbuz; d. h. Thurm, Dom), Station bei Tehran. VIII, 447. 448. — vgl. Gumbuz.
Kebudy, d. i. Schmerle. XI, 509.
Kebul Gumbuz, s. Kebud Gumbed.
Kebut Gumbuz, s. Kebud Gumbed.
Kecava, d. h. der Lockige, Beiname des Kris'na. X, 557.
Kech, Hauptstadt in Soghdiana. VIII, 245.
Kechnimi, Dorf am Buhtan. XI, 127.
Kedak, s. Aske k.
Kedge Kescht, schlechteste Seidenart. VIII, 687.
Kedjan Khan, am obern Tigris. XI, 15.
Kedkhoda, s. Khetkoda.
Kedlik Schamachè, s. Selmanije.
Kedük, s. Tschatal K.
Kefa, s. Hesn K.
Kefala, Captain, in Mosul, Ninive. XI, 194. 231.
Kefender Sarki, Fluß in Kurdestan. X, 93.
Kefer Beg, s. Kaffre Beg.
Kefes-Berge, in Kerman. VIII, 722.
Kefil (Nebbi K.), Ezechiels Grab am Euphrat. X, 263. 264. XI, 888. 955.
Kefr seman, Station am obern Tigris. XI, 153. 277.
Keftarlon, Armenier das. X, 644.
Kegelartige Berge, im Nimrud Dagh. X, 813.
Kegelberg, in Aderbidjan. IX, 808. — bei Orfa. XI, 316.
Kegelform des Ararat. X, 381.
Kegelgipfel, im Karadscha Dagh. XI, 368.
Kegelhügel, künstliche, im östl. Mesopotamien. XI, 464. — s. Tel.
Kegelmützen, ihr Vorkommen im Westen des Hindu Khu. VII, 270.
Kegh, s. Basch-, Zritsu-kegh.
Kegham-See, s. Göktschai. X, 399.
Keghark'huni, Ufergau am Göktschai. X, 399.
Kehr, s. Schat el Kar.
Kehr Verai, s. Kar Verai.
Kei, Ort in Ferghana. VII, 484.
Keïät, s Simmak k.
Keichkah, Dorf der Sindschar-Berge. XI, 459.
Keif, s. Aiwan i K., Hößn K., Tel K.
Keifa, s. Hößn Keif. X, 86.
Keifi, Sandschakat von Erzerum. X, 754.
Keifmaker, d. i. genußsüchtige Schwelger. IX, 736.
Keighan, Franken-Heldin. IX, 614. — s. Budakh K.
Keik, Gebirge. VIII, 554. — vgl. Kaik.
Keikawus, s. Kai Kaus.
Keil-Alphabet, eigenthümliches, am Van-See. IX, 988.
Keilinschriften, in Persepolis. VIII, 50 ff. 70 ff. 79. 920. — Faza. 729. — Pasargadä (Murghab). 875. 944. 945. — Nakschi Rustan. 931. — auf dem Elwend. IX, 85. 88. — zu Gilgird. 169. — Susa. 168. 297. 299. 301. 303. 308. — Bisutun. 353. 354. — Scheïkhan. 464. — Van. IX, 787. 983. 986. 988. X, 299. 303 ff. — in Aderbidjan. IX, 828. — am Jlan Dagh 2c. 989. — am Tasch Tepe. 1014. — bei Rewandoz. 1020. — am Keli Schin. 1024. — auf Akhtamar.

X, 291. — bei Dahar. 657. — Kümürhan. 827. 858. 867. — in Ninive. XI, 231. 232. 233. 242. — am untern Euphrat. 991. — auf Backsteinen in Nimrud. XI, 663. Babylon ꝛc. 873. 884. 890. 893. 910. Mogeïyer am Euphrat. 991. 992.
Keilun, Dorf bei Tehran. VIII, 455. 480.
Keïlun, s. Kaïlun, Schahri K.
Keimukschah, Theetrank mit Fett u. Salz. VII, 809.
Keisaney, s. Kisane. X, 557.
Keisch (Kas, Käs, Kem, Kisi, Kataia), Insel des pers. Golfs. VIII, 774. 776. X, 276.
Kej. VII, 150.
Kejfa, s. Hößn Keif.
Kejra (Mimosa?), Buschwerk, im Pendschab. VII, 62. — in Sind. 159.
Keketsch, Ort. X, 752.
Ke Khosro, s. Kai Khosru.
Kekiatsch, Dorf in Armenien. X, 420.
Keklik, Rebhuhn. VII, 767.
Kela, d. i. Wohnung. VIII, 494.
Kela, s. Kellah, Bun i k., Mian i k., Ser i K.
Kelaat, s. Kelat. VIII, 281.
Kelab, s. Chellaub.
Kela Bin (d. h. tausendfach), Dorf bei Mardin. XI, 392.
Kelanter, d. i. Stadtschulze. VIII, 331.
Kelat, vgl. Khelat.
Kelat (Kelaat, d. h. Feste), Stadt in Attock (Khorasan), Geburtsort Nadir Schahs. VIII, 260. 281. 700.
Kelat (Kelaut, Kilati), Felsschloß in Beludschistan. VII, 155. (Höhe) 186. 340. 791. VIII, 700. 714. 730.
Kelat-Plateau. VIII, 7. 131. 132. 715.
Kelatá, Araber-Dorf in N. Kurdestan. IX, 739.
Kelatan, Dorf von Solduz am Südende des Urmia-Sees. IX, 1019.
Kelateh, am Elburs. VIII, 507. 510. — vgl. Killatau.
Kelat e Nussir. VIII, 168.
Kel'at Khan, Dorf in Kurdestan. IX, 535.
Kelaut, s. Kelat. VII, 186. VIII, 132.
Kelb (Kalb), s. Nahr el k.
Kelb Ali Khan, Lurenchef. IX, 218. 219. 436.
Kelbi, s. Hesham Ben Mohammed el K.
Kelbsu, s. Kolb Su. X, 903.
Keldia, s. Kiria. VII, 326.
Keldiagol, s. Kiria. VII, 354.
Keldir, Landschaft am obern Frat. X, 739.
Keldja, s. Kiria. VII, 351.
Kelebi, arab. Ilats. VIII, 392.
Kelekowa, im Schahn. IX, 580.
Kelektschi, d. i. Ruderer. X, 832. — vgl. Kellek.
Keler, s. Hodge K.
Keledpe, s. Keredpe.
Kelhore (Kelhoran), Wandertribus in Kurdestan. VIII, 402. IX, 438. 439. 612.
Kelhurabad, s. Kulverawah.
Keli, Dorf in N. Kurdestan. IX, 727.
Kelisa, s. Kenisah, Kilissa, Kirkkelisa.
Keli Schin (d. h. blauer Felsen), zwei Inschriftenfelsen in Kurdestan. IX, 1023.
Keli Schin Dagh, Gränzkette zw. Kurdestan und Aderbidjan. XI, 646.
Keliseh (Klessia, i. e. ecclesia), pers. Gränzdorf. IX, 914. 917. — s. Kilissa.
Keli Sipan (d. h. weißer Pfeiler), Bergkette in Aderbidjan. IX, 1034.
Kella, d. h. Frosch. VIII, 494.
Kella (Kela), s. Ser i K.
Kellabath, Ort in Irak adschem. VIII, 640.
Kellah, s. Kela, Killah, Kulla, Bans K., Chummum e Bansch K., Pul i k.
Kellehbalim (K. Balin, Kellibalin, Kelliba), Zagros-Paß. IX, 461. 581. 582. 584.

Kelleh Minar, d. i. die zwei Schädelsäulen, bei Khoi. IX, 911.
Kellek (Kalak), d. i. Schlauchfloß aus Ziegenhäuten ꝛc., Bauart, Vorzüge auf wilden Flüssen ꝛc. IX, 633. 488. 695. 714. X, 712. 720. XI, 64 ff. 194. 661. — vgl. Kelektschi, Kelluk.
Kellek, Alt- u. Neu-, zwei Yeziden-Dörfer am Zab Ala. IX, 690. 697. — s. Eski K.
Kelliba, s. Kellehbalim.
Kellibalin, s. Kellehbalim.
Kelli Khan, Berg in Kurdestan. IX, 584.
Kellori, i. e. Muraena anguilla. XI, 509.
Kelluk, Schilffloß mit Schläuchen. XI, 511. — s. Kellek.
Kelo Gawani, Kurdenstamm. IX, 612.
Kelonae (jetzt Sirwan), böotische Kolonie am Kerendfluß. VIII, 116. IX, 317. 331. — ob = Gilan? IX, 482.
Kelonen, Nachkommen der Böoter. IX, 330. — in Sirwan. 401.
Kelowspi (pers.), d. h. Weißmützen, Bezeichnung für die Gurans in Kurdestan. IX, 619.
Kelwad (Kelwada, Kaluada), Ort bei Bagdad. X, 201. 232.
Kem, s. Keisch.
Kemakh (Kemkh, Gamach), s. Ani, Kiamach, Kiemakh.
Kemal, s. Aka K. bala.
Kemaleddin (Hamalkendi), am Tigris bei Mosul. XI, 278.
Kemallia, Indusfelsen. VII, 20.
Kembr, i. e. Alauda cristata. XI, 508.
Kemeh, s. Tere k.
Kemeri (Cummeree), d. h. die gewölbten Gruben, bei Nischapur. VIII, 328. — vgl. Kemri.
Kemin, Ort und Thal in Fars. VIII, 874. 876.
Kemin, Pallast-Säle in Samarra. X, 227.
Kemkh (Kamekh), am Euphrat. X, 723. 728. — s. Ani.
Kemri, s. Kemeri, Bourdj i K.
Ken, Beludschen-Tribus. VII, 149.
Kena (Keba?), Stadt Ferghanas. VII, 743. 747. 749.
Kena, Stadt am obern Sihun. VII, 748.
Kena, s. Dor k.
Kena, d. i. Henna. VIII, 753.
Kenao, Guebern-Dorf bei Yezd. IX, 26.
Kenar, s. Kered K.
Kenaru, Dorf am Siwellfluß in S. Kurdestan. IX, 578. 589.
Kend (Kand), d. i. Feste. VIII, 178. — s. Kadi K.
Kenda-Thor, in Mosul. XI, 182.
Kenday, s. Sied K.
Kende (Kenda), Fürstenfamilie der Bekr in Mesopotamien ꝛc. XI, 34.
Kende, s. Kurkhan K.
Kendi (Kindi), Autor. XI, 309. 310.
Kendil, Dorf am Zab Ala. XI, 655.
Kendj, s. Gendsch. XI, 43.
Kendy, s. Malik-k.
Kenguerlu, Ilat-Stamm. VIII, 404.
Kenisah, d. i. Kirche, bei Tekrit. X, 223. — vgl. Kelisa.
Kenk, Ort. VII, 412.
Kenkewar (Kenkobar, Kenkowar), s. Kongaver.
Kentarah, s. Kentereh.
Kente corte, s. Khendore.
Kentereh Saiheh, merkwürdige Brücke. X, 942. 1052. — vergl. Kantarah.
Kenthunier, kananitisch-armenischer Stamm. X, 585.
Kentschaghlak, Posten in Turkestan. VII, 479.
Kenunier, ihr Ursprung. X, 586.
Keora, Dorf. VII, 96.
Keoumitho, Quell-Land des Orus. VII, 711.
Kepan Dagh, s. Kebban Dagh.
Keppel, G., engl. Major. IX, 9. — in Tabriz. 880. — Bagdad — Hilleh. XI, 788. 829. 871. — am Tak i Kesra. 860. — auf dem Tigris. 928. 936. — am untern Euphrat. 949. — in Basra. XI, 1052.

Kera (Kerah), s. Kerkha. IX, 292. 323. XI, 1024.
Keradsch, Distrikt Ispahans. VIII, 125.
Kerah-Kanal, zum Kuran. IX, 166.
Kerani, afghan. Stamm. VIII, 144. — s. Kerauna.
Kerasakat, Fluß in Syrien. X, 1034.
Kerasun (Cerasus), am Pontus. XI, 528.
Kerauna, s. Kerani, Karauna.
Kerba ku (K. kuh), Kurdendorf am Murad. X, 663. 671.
Kerbas, grobes Baumwollenzeug in Kazwin. VIII, 589.
Kerbela, schiitischer Pilgerort am arabischen Euphrat. IX, 748. X, 44. 205. 281. XI, 839. 842. 955. — s. Meschhed Hössein.
Kerbelai, d. i. Kerbela-Pilger. XI, 816.
Kerbolah-e Syuds. VIII, 166.
Kerch, Kurdenort in Diarbekr. XI, 41. — s. Carcha.
Kerd, s. Kerta, Khaneh Kerd.
Kerdabad, Dorf bei Hamadan. IX, 121.
Kerdu (Kurde), s. Gozarta di K.
Kerdur. IX, 1027.
Kereçaspa. VIII, 59.
Kered Kenar, Station in Masenderan. VIII, 544.
Kerefto (Karaftu), Grottenwerke in Aderbidjan. IX, 813. 816 ff. 1038.
Kerek, s. Haousch K.
Kerek esch Schobek (Carcaria), in Idumäa. XI, 532.
Kerelis, s. Cap Koralla.
Kerend (Kerent, Krent, Kirind, Kirrind, Kerrund, Karund, Kurund, Carina), Ort am Zagros-Paß in Kermanschah. VIII, 116. IX, 359. 365. 391.
Kerend, rechter Zufluß zum Kerkha. IX, 326. 392.
Kerend-Paß. IX, 393.
Kerennai Khaneh, d. i. Trompeterhaus. VIII, 935.
Kerent, s. Kerend.
Kerentscharab, Beamter. VII, 517.
Keres, Höhe. X, 1150.
Kerespeh (Kelespe), Ort in Kurdestan. IX, 417. 449. 455.
Kereverreante (Zend), d. h. Niederlage der Waaren, Emporium. VII, 238.
Kerganrud (Kergonrud, Kirganarud), Fluß in Ghilan. VIII, 658. 669. 670.
Kerghana-rud (Kergonrud), Ort in Ghilan. VIII, 656. 669.
Kergonrud, s. d. v.
Keria, s. Kiria.
Keriet al Melehh, Salzdorf. VIII, 471.
Kerim, s. Kerym.
Kerimabad, Dorf zw. Jezd u. Ispahan. IX, 26.
Kerimeddin Khatun, Tochter Aseddins. X, 409.
Kerim Khan (Kherim Kh., Kurrim Kh.), pers. Schah (st. 1779). VIII, 441. 458. 605. 820. 824. 849. IX, 47. 68. 613. XI, 803. 1038.
Kerim Khani, Tabacksmaschinen. VIII, 852.
Kerin, Gränzort von Mawar al Nahar. VII, 744.
Kerises (Kerizes), d. i. künstliche Wasserstollen. VIII, 159. — in Khorasan. 465. 466. — Kerman. 734. — bei Schiraz. 847. — in Persien. IX, 16. — Kerend. 392. — Tabriz. 856. — s. Largebur K., Canat, Kanat.
Keriwei Ermenan (monghol., d. h. blaue Berge), Westende des Savellan. IX, 798.
Keriya, s. Kiria. VII, 326.
Keriya davan, Paß von Tübet. VII, 327.
Keriyela, Paß von Tübet. VII, 327.
Kerizes, s. Kerises.
Kerkan, s. Dehi K.
Kerkech Khu. VIII, 261.
Kerkehrend, Dorf u. Distrikt bei Hamadan. IX, 121.
Kerkend, Dornbusch in Kabulestan. VII, 312.

Kerkesia (Kerkesium), s. Kerkisia.
Kerkh, s. Jwani K.
Kerkh (Kerkhi-Ladan, Karhae), Sassanidenstadt in Chusistan. IX, 317.
Kerkhah (Kherkah, Kera, Kerah, Choaspes), l. Zufluß zum Schat el Arab. IX, 292. 323 ff. — oberer Lauf. 338 ff. (Quelle) 340. — mittler Lauf. IX, 397 ff. X, 231. XI, 943. 1024.
Kerkha-Land, Heerstraßen. IX, 329 ff.
Kerkhi-Ladan, s. Kerkh.
Kerkhi-Misan (Uschtun-abad), das alte Charax. IX, 328.
Kerkid, s. Kilkit.
Kerkisia (Kerkisium, Kerkissa, Kerkesium, Kirkesia, Karkisa, Charchemis, Cercusium), Stadt am Einfluß des Khabur zum Euphrat. X, 139. 937. 989. 1054. 1126. XI, 266. 379. 382. 695. — Dist. X, 237. 255. XI, 271. 272. 274. 446. 698. — s. Circesium, Karkemisch.
Kerku Dagh, Paßhöhe des Nimrud Dagh. X, 288. 684.
Kerkujah, Dorf am Euphrat. X, 945.
Kerkuk, Stadt in S. Kurdestan. IX, 452. 552 ff. 569. 732. — Dist. IX, 519. X, 224.
Kerkuk-Berge. IX, 539.
Kerkuk-Fluß, s. Kissch Su.
Kerkunah (Kerkun Bozuk; wol Körkenek?), Kurdendorf. X, 886.
Kerkur (?), Berg in Armenien. X, 663.
Kerkura (Ptol.), in Kurdestan. IX, 554.
Kerm, s. Teng i K.
Kermalis (Karmelis, Kermelis), Chaldäer-Dorf in N. Kurdestan. IX, 698. 733. XI, 229. — vgl. Germlis.
Kerman (Caramania), pers. Provinz. VIII, 114. 123. 124. 127. 681. 711. 722 ff. X, 762. XI, 540. — Paß zum Meere. VIII, 725 ff. — die Sandwüste. VIII, 150. 727 ff.
Kerman (Chirdjan, Sirjan, Sirgan), Stadt. VIII, 726. — Dist. 153. 725.
Kermani, arab. Jlats. VIII, 392.
Kermanj (Germani, spr. Germanidsch), urspr. Bezeichnung des kurdischen Adels, dann des Kurdenvolkes überhaupt. IX, 571. 572. 621. 742. 827. XI, 142.
Kermanschah (Kirman Schahan), Hauptstadt v. Kurdestan. IX, 79. 345. 367 ff. — Denkmale. 376 ff. — Dist. 206. 348. 390. 425. 460.
Kermanschah, südl. Kurdendialekt. IX, 632.
Kermasir, s. Germasir.
Kerme, Ort in Central-Kurdestan. XI, 627.
Kermelis, s. Kermalis. XI, 229.
Kermel su, Fluß in Cilicien. X, 839.
Kermes, im Bagdad-Paschalik. XI, 800.
Kermi, chaldäisches Christendorf in Dschulamerk. XI, 599.
Kermisin, s. Kermanschah. IX, 345.
Kermo, Ebene, Jakobiten-Dorf am obern Tigris. XI, 8. 117.
Kerni, in Kurdestan. XI, 103.
Keron (Kairun), Herrschaft des Ozates. IX, 722.
Kéros mana, Dorf in Mesopotamien. XI, 359.
Ker Porter, Reisender in Persien. VIII, 422. IX, 12. — Kurdestan. IX, 455. 559. 589. — Kerefto. 816 ff. — Tabriz. 859. — am Urmia-See. 925 ff. 943. 956 ff. — in Ani. X, 439. — Etschmiadzin. 521. — am obern Frat. 738. — Bagdad—Hilleh. XI, 823. 870. — Aker Kuf. 850. — Birs Nimrud. 877.
Kerrous, Jlat-Tribus. VIII, 390.
Kerrund, s. Kerend. VIII, 116.
Kersin (Kesrin, Karazin, Karzin, Kirsun tschai, Nahr el Kaharin), Zufluß von Nisib zum Euphrat. X, 945. 1005. 1012. 1032. — s. Karsi-Thal.
Kerta (Kert, Kerd, Karta, Gerd), d. i. Stadt. VIII, 531. XI, 106. — s. Tigranocerta, Jard K. rc.

Kerwanserai, Waarenhaus in Etschmiadzin. X, 518.
Kerwei, Kurdenstamm. IX, 613.
Kerya, s. Kiria.
Kerym (Kerim, Cherim, Kurrim), s. Abdul K.
Kesane, s. Kisane.
Kesch, s. Bauri K., Kheschi.
Kesch, s. Ju. VII, 328.
Kesch, Königreich, Timurs Geburtsort. VII, 572. 656. XI, 558. — s. Tschechi.
Keschaff (Keschaf, Keshaff), Kastell am Einfluß des Zab Ala zum Tigris. IX, 690. 697. XI, 664. 668. 681.
Keschekchis, d. i. Quartiere der Soldaten. VIII, 609.
Kescht, s. Kedge, Khescht.
Keschwars, Erdgürtel in der pers. Kosmogonie. VIII, 43.
Keseh, d. i. Beutel, 500 Piaster. XI, 207.
Kesemabad, Dorf bei Hamadan. IX, 121.
Kesen, s. Kris'na. X, 557.
Keshaff, s. Keschaff.
Keshmeh, s. Abu K.
Kesimur, d. i. Kaschmir. VII, 788.
Keskar (Geskar), in Ghilan (Talisch). VIII, 662. 663. 664.
Kesra (d. i. Khosru Parviz oder Nuschirvan), angebl. Erbauer aller Ruinen am untern Tigris. IX, 486. XI, 940. — s. Kesri, Khosroes rc., Aiuan K., Taki K.
Kesra Schirene, s. Kasri Schirin. IX, 484.
Kesri (Kesra), s. Aiwan K.
Kesrin, in Syrien. XI, 497. — s. Kersin.
Kesro, s. Kesra.
Kesruan, Provinz in Palästina. XI, 194.
Kessal (kurd.), d. i. Schildkröte. IX, 611.
Kesselschmiede, in Erzerum. X, 758.
Kessere Tschai (Kessereh), Zufluß zum Bitlis Tschai. XI, 11. 96.
KessirDagh, ob = KussehDagh? X, 662.
Kesur el akhawain, Kastell in Syrien. X, 1104.
Ketchcaleh, Kegelfels in Aderbidjan. IX, 909.
Kethkoda, s. Kethkoda.
Kethuri, südl. Kurdendialekt. IX, 632.
Ketiri, s. Muhamed ben K.
Ketiven-Paß. X, 387.
Ketiven Su, Zufluß zum Araxes. X, 387.
Ketkodepesend, d. i. gemeine bürgerl. Seide. VIII, 687.
Ketscharusse, in Armenien. X, 508.
Ketschè, Filzteppiche in Bagdad. XI, 822.
Ketscheli, Kurdenstamm. IX, 612.
Ketschik Juldus, d. k. Klein-Dschuldus. VII, 441.
Ketschiwan, s. Ghetschewan.
Kettenbrücken, eiserne, in Khotan. VII, 377. — s. Brücke.
Keuchkhina, Dorf Ispahans. IX, 28.
Keuch Vedavend, d. i. Kirche der 40 Stufen, in Musch. X, 677.
Keui, s. Keuy.
Keule, Kurdenwaffe. IX, 624. — bei Beduinen. XI, 947.
Keumar su (Kymyr su), westl. Zufluß des Euphrat. X, 772. 795. — s. Kurrma.
Keuroghlu-dagh (KurdOugly), Ararat-Berg. X, 383. 384. 476.
Keuschheit, geringe, der Hazara-Weiber. VII, 263.
Keuy, s. Koi, Adana K., Hass-k.
Keuylis, s. Köjlü's.
Keuy Sanjak, s. Koi Sandschak.
Keuz Kalessi, Schloß am Kisil Osen. VIII, 627.
Kevisch, Zweig der Goklan. VIII, 408.
Kewatschemala, Distrikt Kurdestans. IX, 606.
Kewriss, am kasp. See. VIII, 343.
Keykoi, Bedeutung. VIII, 607.
Key-umursch, Idol zu Bamiyan. VII, 282. — vergl. Kajomorts.

Kezir (armen.), d. i. Djezireh ibn Omar. IX, 712. XI, 147.
Kezker, s. Kiskar.
Kezoureh, Skorpion. IX, 147.
Kezzas, s. Kazaz.
Kgache, Berg am Arares. X, 398. 451.
Khabata, Wirbelstelle im Tigris. XI, 671.
Khaber, s. Gird Kh.
Khabiss, Wüste. VIII, 728.
K'habodan (armen.), d. i. der Blaue, Urmia-See. IX, 783.
Khabuca (Khaluca, Calluca, Habuca), Stadt am Euphrat. X, 237. XI, 266. 271. 687.
Khabur (Chabur, Kurnib), der hsasemitische, linker Zufluß der Zakho-Kette zum Tigris. IX, 654. 691. 695. 704. 705. 707. 713. (Insel) 714. 716. 724. 730. 1030. X, 88. 245. 246. 905. XI, 101. 103. 168. 590.
Khabur, s. Kisil Osen. X, 244. 246.
Khabur (El Kh., Khaboras, Khabura, Chebar, Abora, Aborras, Arares 2c.), linker Zufluß aus Mygdonien (Singara) zum Euphrat. X, 13. 120. 139. 244. 247. 248. 253 ff. 277. 1148. XI, 143. 349. 379. 690. 693.
Khabur (fons scabore). XI, 273.
Khabur (Chabur), westl. Zufluß zum Murad. X, 674.
Khabur (Chaboras, Circesium), Stadt am Euphrat. X, 236. — Distrikt von Orfa. XI, 320. — s. Chabura, Chaburas.
Khabury, am Euphrat. XI, 782.
K'hadchyeruni (armen.), Gau im Norden des Van-Sees. IX, 785.
Khader, s. Djeziret Kh.
Khadhr, s. Al Hadhr.
Khadr, Khadhr (sprich Khazr). X, 132. XI, 466. 467. — s. Al Hadhr.
Khadums, Diener des Mausoleums zu Meschhed. VIII, 301.
Khaehada, Bach u. Bergschlucht in Kurdestan. IX, 425. 426.
Khafaja (?), Ort in Mesopotamien. X, 278.
Khaff, Ort in Khorasan. VIII, 249. 266. 286. — s. Kara Kh.
K'haghak'h, s. Ardimet Kh., Nor Kh.
K'haghavaz, s. K'baravaz.
Khaghia, Dorf von Selmas. IX, 964.
Khaghizman, s. Khagisman.
Khagic, d. i. Statthalter. X, 939.
Khagisman (Khaghizman, Khagizman, Kaghisman, Kaguisgan, Kagseman), türk. Gränzfestung am Arares, Sandschakat von Erzerum. X, 355. 396. 401. 403. 424. 430. 1150.
Khaidu, s. Kaidu gol.
Khaifa, in Galiläa. X, 263.
Khail, d. i. Horde. VIII, 157. 193. — s. Kail, Kheil, Esau-Kh., Isa Kh., Othman Kh., Suleiman Kh.
Khail Naikpik, Afghanen-Stamm. VIII, 201.
Khail Schadizye, in Afghanistan. VIII, 165. 166.
Khair, s. El Kh., Tel el Kh.
Khair, Buschwerk, im Richna. VII, 62. — s. Capparis. 159.
Khairan, s. Soad-Kh.
Khaï-Si-yu (chines.), d. i. Abendländer. VII, 546.
Khai tu ho, s. Kai tu ho.
Khaja, s. Kaja, Kasim Jan Kh.
Khajahi Baschi, pers. Eunuchenchef. IX, 382.
Khajeh (Khaujah), Dorf in Aderbidjan. IX, 798.
Khaju Khizr, sein Grab. VII, 154.
Khak, s. Bandi Kh.
Khakan-Jhou (Jhou kho kan), Turkfürst. VII, 579.
Khakban, Titel der Mongholenfürsten. VII, 410.
Khaki-Deho, Station des Bolan-Passes. VIII, 172.
Khalaat, d. i. Ehrenkleid. VII, 765.
Khalack, Dorf in Aderbidjan. VIII, 635.
Khalaki, s. Akal-kh.

Khalawi, s. Ibn Kh.

Khalcal, s. Chalchal.

Khaldier, d. i. Chaldäer. X, 595.

Khaled (Khalid), s. Chaled, Scheikh Kh., Tell Kh.

Khaledj, Ilat-Stamm. VIII, 405.

Khaletti, Abtheilung der Sindscharli. XI, 451.

Khalfa, s. Kalfa, Khalifen, Kalipha, Hadschi Kh.

Khalich, s. Mir Kh. Ali Khan.

Khalid, s. Khaled.

Khalifen, Mäcene der Wissenschaften. IX, 287. — von Bagdad, Ahnherrn kurd. Fürstengeschlechter. IX, 656. — Stellung, Leben rc. X, 257 ff. — vgl. Kalipha.

Khalifenpallast, in Bagdad. X, 233.

Khalik, Sindschar-Dorf. XI, 462.

Khalil, Sohn Miran Schahs (1407). VII, 509. — s. Chalil.

Khalil Sel'aheddin, s. Malekh al Aschraf.

Khalis (Nahr Kh.), Distrikt und Kanal zw. Diyalah und Tigris. IX, 493. X, 209. 229.

Khalisah, d. i. Kronland. IX, 341.

Khalkala, s. Khalkhalan.

Khalkan, s. Ebn Kh.

Khalkhal, d. i. Silber-Bracelet. XI, 223.

Khalkhal, s. Chalcal, Abu Kh.

Khalkhalan (Khalkala), Gebirgskette in S. Kurdestan. IX, 450. 525. 534. 635.

Khalkhalan, s. Tscherrim Abu Kh.

Khalsa, einheim. Name f. Seikhs. VII, 124. 133. — s. Surbut Kh.

Khalsaji ka futtih, d. h. möge die Seikh-Religion gedeihen. VII, 59.

Khalsi Ji. VII, 138.

Khaluca, s. Khabuca.

Khalwet Schahi, d. i. Privatwohnung des Königs. VIII, 609.

Kham (Djem), pers. Küstenberg bei Siraf. VIII, 774. 775.

Khanis bar Kardahi (d. h. Sohn des Schmidts), chald. Ascetiker. XI, 214.

Khamoor, in Kurdestan. X, 661.

Khamsch, wol irrig st. Khamseh. IX, 1044.

Khamschukah, s. Kamschukah.

Khamseh (Khamse, Khamsi, i. e. Pentapolis), südöstl. Gränzdistrikt von Aderbidjan, am Kisil Osen. VIII, 401. 624. IX, 1038. 1044.

Khamsi, Sardellenart. IX, 997.

Khan, d. i. Prinz, Lord. VII, 270. IX, 372. 625. — s. Chan.

Khan, Gebäude in Bitlis. X, 684. — s. Khana.

Khan, s. Aba il-, Abbas Khuli-, Abdalla-, Abul Hassan-, Abu Said Bahadur-, Achmed-, Aga-, Aga Mohammed-, Ahmed-, Alemani-, Alexander-, Ali-, Alim-, Alla Khuli-, Ally-, Aloat-, Alyverdi-, Aman ullah-, Amir-, Askar-, Assad-, Auk-, Azad-, Azim-, Bahran-, Balla-, Basch-, Batu-, Bauker-, Beder Kh. Beg, Begler-, Bahadur-, Beiram-, Bhawul-, Bonda-, Choki Schumschu-, Cohun Dil-, Daud-, Dera Ghazi-, Dera Ismael-, Dhat-, Djafar Kuli-, Dost Mohammed-, Fazil-, Feth Ali-, Futeh Ali-, Futteh-, Gaur-, Gazan-, Ghafur-, Ghischab-, Ghumer-, Hadji Mohammed Hussein-, Halim-, Hambrain-, Hasan-, Hasar-, Hassan Ali-, Hassan-, Hazir-, Hedayut-, Hulaku-, Hussein-, Huz e Muddat-, Jafer Kuli-, Ibrahim-, Ilek-, Imam Khuli-, Isa-, Iskenderiah-, Ismail-, Kalli-, Karabul-, Karkusch-, Kedjan-, Kel'at-, Kelb Ali-, Kelli-, Kerim-, Kha-, Khan Jehan-, Khodja Behadur-, Khosru-, Khuli-, Khwajeh Kh. Said, Kiahya-, Killah-, Killidge-, Kohundil-, Kublai-, Kueumur-, Kullah Ghundi Mansur-, Kuly-, Kur-, Kurrim-, Leili-, Mahavil-, Mahmud-, Mahmusch-, Mahommed-, Mammusch-, Mangu-, Medi-, Mehrab-, Mir

Daud-, Mir Gunah-, Mir Khalich Ali-, Mir Mohammed Ruhim-, Mir Murad Ali-, Mir Mussir-, Mir Scheikh-, Mir Thara-, Mirza Abul Hassan-, Mizrakdji Oglu-, Mohammed Ali-, Mohammed Ali Khuli-, Mohammed Baukher-, Mohammed-, Mohammed Kh. Asalumeh, Mohammed Murad-, Mohammed Rahim-, Mohammed Reza-, Mohammed Taki-, Mufti-, Murad-, Mustapha-, Mut-, Narbutta-, Nassariyeh-, Nejib Ullah-, Nujjuf Ali-, Nur Ulla-, Nussir-, Ogus-, Oktai-, Omar-, Pind Dadun-, Pul i-, Rahmed Ali-, Reza Kuli-, Ruhmut Ulla-, Sadi Kh. Kalah-dji, Schah Abda-, Sartach-, Schah Mihrab-, Schah Thamas Kuli-, Schair Mohammed-, Scheh-, Scheibani-, Scheikh-, Scherbet-, Schir Mohammed-, Seid-, Semed-, Serdscheh-, Seyud Mohammed-, Simschit-, Sirejh-, Suleiman-, Tuarikh e Kh. Jehane, Um el-, Uzuz-, Var-, Xerre-, Yarkha-, Yunis-, Zal-, Zulfakar Khan.
Khana, s. Khanah, Nakarah Kh., Suffer Kh.
Khan Abdal, Kurdenprinz. X, 292.
Khanadan, Dorf am Urmia-See. IX, 962.
Khan Adile, Dorf bei Erbil. IX, 637.
Khan Aga, Dorf bei Ardebil. VIII, 661.
Khanaga (Khanaka, Karasun, Kaschen), Armenier-Dorf an den Quellen des Zab Ala. IX, 643. 914. XI, 643.
Khan Aghpur, in Kurdestan. XI, 19.
Khan Agios, bei Ninive. XI, 234.
Khanah, s. Khaneh, Diwan kh., Harem kh., Schebb Kh. Kara Hissar.
Khanaka, s. Khanaga.
Khanakin (Khanikin), Station am Diyalah. IX, 418. 483. 489.
Khanakin-Berge. IX, 490.
Khan al Kaima, bei Babylon. XI, 875.
Khan Allum, Fabelkönig. VIII, 163.
Khana Sur. IX, 460.
Khana Zund, Karawanserai in Mesopotamien. XI, 873.
Khan Babschin, bei Bitlis. X, 813.
Khan Birnus (Bir-un-nus), Karawanserai im südl. Mesopotamien. XI, 782. 787. 869. 870. 872.
Khan Chobanlu, Ilat-Stamm. VIII, 405.
Khanda (sanskr.), d. h. Theil, Stück. IX, 281. — s. K'anda.
Khan Dagh (Kan Tagh), Taurus-Berg. X, 804. 821.
Khandjar (Kanjar, Khanjiar), d. i. Dolch. VIII, 183. 267. IX, 624. — s. Handschar.
Khan Djedid (der neue), in Mesopotamien. XI, 869.
Khandosch Dagh (Khandusch D.), Taurus-Kette an der SW. Seite des Van-Sees. X, 94. 693. XI, 5.
Khan Dulbeh, am Euphrat. XI, 888.
Khandusch Dagh, s. Khandosch Dagh.
Khaneh, d. i. Haus, Residenz. VIII, 382. 389. 508. — vergl. Kaneh, Khan, Khana, Khanah, Khani.
Khaneh, s. Bala-, But-, Chopper-, Defter-, Derb i-, Diwan-, Ezber-, Gouch-, Il-, Kerennai-, Kusch-, Mehman-, Puschte Kh. Alli, Radhar-, Rud Kh. Sewund, Sanduk-, Scheraff-, Sefer-, Succa-, Yerna Kh. Yezid.
Khaneh i Dara, d. h. Pallast des Darius. VIII, 889.
Khaneh i Div i Sefid, Fels des Elburs. VIII, 488.
Khaneh i Gabran, d. h. Guebern-Ort. in Farsistan. VIII, 761.
Khaneh Kerd, in Farsistan. VIII, 767.

Khaneh Khorreh, Station in Fars. VIII, 873.
Khaneh Mianeh, s. Mianeh rud.
Khaneh-nischin, d. i. Haus-, Dorfbewohner. IX, 1000.
Khanehzad, d. i. Haussklave. VIII, 162.
Khanek, Dorf im obern Mesopotamien. XI, 118.
Khang (Kang), d. i. eigentl. nur die Stadt Samarkand, seltener das dazu gehörige Reich. VII, 425. 563. 573. 610. 622. 648. 650. 658. 660. — s. Khangkiu.
Khan Gennis, am obern Frat. X, 739.
Khanghi (Kanghi), chines. Kaiser (1696). VII, 347. 507.
Khangi, s. Ibrahim Kh.
Khangkiu (Kangkiü), das Königreich Khang (Sogdiana, Samarkand, Ferghana, Taschkend). VII, 420. 549. 552. 560. 573. 609. 614. 615. 622. 626. 632. 634. 650. 657 ff.
Khani, s. Khan, Aga Kh., Bazir Kh., Husein Kh. Buzurk, Kerim Kh., Khellascha Kh., Tura Kh. Sar.
Khanikin, s. Khanakin.
Khanis, s. Khinis. X, 666.
Khan i Seyd, Station am Diyalah. IX, 497.
Khan Ishr, bei Kerkuk im Karatschuk Dagh. IX, 530. 574.
Khan i Tschapal, in Schehrezur. IX, 459.
Khan Izza, im südl. Mesopotamien. XI, 771.
Khanjaik, armen. Kloster am Van-See. X, 291.
Khanjak-Bäume, in Afghanistan. VIII, 157. 164.
Khanjar, s. Khandjar.
Khan Jehan Khan, zu Jelalabad. VIII, 177.
Khanjiar, Dolch der Kurden. IX, 624. — s. Khandjar.
Khan Kadjurin, in Kurdestan. XI, 19.
Khan Kara Kapan, Höhe. X, 1150.
Khan Khernina, am Tigris. XI, 679. 680.
Khan Khodja (Khodjidjan), Fürst in Kaschghar. VII, 510. 530.
Khankie, Hauptstadt v. Schasch (Taschkend). VII, 570.
Khanli, s. Kanly, Baghi Kh. Dagh, Scheikh Khan.
Khan Mahmud, s. Mahmud Kh.
Khan Mizrakji, am Tigris. X, 217. — s. Mizrakdji &c.
Khan M'sabbah (M'sabbach), in Bagdad. IX, 513. 540.
Khanoos, s. Khinis. X, 669.
Khanpur, Fort im Pendschab. VII, 99.
Khan Sultaniyah, am Tigris. XI, 679.
Khan Suweidiyah, am Tigris. X, 214.
Khan Teneh, im obern Mesopotamien. X, 1118.
Khan Tholiyah, Ort am Adhem. X, 229.
Khantschai (russ.), s. Kara Su. X, 397. 406. 421.
Khan Tscharmelek, s. Tscharmelyk. X, 957.
Khanuabad, Dorf bei Kunduz. VII, 809.
Khanuka eddy, Stromschnelle im Tigris. XI, 676.
Khanukah, s. Dschebel Kh.
Khanun, Titel vornehmer Kurdinnen. IX, 625.
Khanus, d. i. Khinis. X, 637. 669.
Khanuzza eddy, Stromschnelle im Tigris. XI, 676.
Khanzir (kurd.), d. h. Eber. X, 695. — s. Abu Kh.
Khapan, Provinz. X, 400.
Khar, s. Kar, Khawar, Gorehkh., Mutschi Kh., Serdari Kh.
Khar, d. h. Schnee. VII, 591. — s. Karlik.
Kharab, s. Najir Kh.
Kharaba, s. Kizzel Kh.
Kharachan Abad, Ort bei Herat. VIII, 242.
Kharaj, d. i. Kopfsteuer der Nicht-Moslemen. IX, 747. X, 678. 755. XI, 820. — s. Charadsch.

Kharak, s. Karrak.
Kharakhodjo, s. Karakhodjo.
Kharam (pers. = verboten), Heuschreckenart. VIII, 814.
Kharanggui Tak, s. Karangui Tak.
Kharapulen, s. Karapul.
Kharaschar (Karaschar), alte Hauptstadt der Uiguren, Königreich in Turkestan. VII, 329. 392. 422. 431. (astr. L.) 432. 436 ff. 442. 445. — Dist. 418. 444.
Kharaschar-See. VII, 434.
Kharatal, Station am Tarim. VII, 328.
K'haravaz (K'haghavaz, Arasbar), d. i. Wasserfälle des Arares. X, 400.
Kharbuzeh (Khurbuza), d. i. Melone. VIII, 244. 587.
Kharbuzehabad, Dorf bei Tehran. VIII, 587.
Kharedsji, s. Karrak. VIII, 724.
Kharesmien. VII, 572. — s. Chuaresm.
Khari, d. h. salzig. VII, 172. — vgl. Kâri.
Khariab (Kokscha?), Zufluß zum Gihon. VII, 788.
Kharik, Kurdendorf. X, 886. — vgl. Karichi.
Khari Schuter Zar, in Persien. IX, 176.
Kharizm, s. Choraśmien. VIII, 100.
Kharkar, s. Gerger.
Kharkin, am Diyalah. X, 232.
Kharkura, s. Khorkura.
Kharnabat, Ort im Diyalah-Gebiet. IX, 500.
Kharneïnah, Ort in Mesopotamien. XI, 476.
Kharni. X, 530. — s. Karhni.
Kharpert, d. i. Kharput. X, 811.
Kharput (Karkathiokerta), im nordwestl. Mesopotamien. X, 101. 104. 106. (Militärstraße das.) 702. 715. 808. 811. 864. 902. 931. XI, 43. 74. — Dist. X, 708. 716.
Kharsakh (Karpi tschai), Zufluß zum Arares. X, 398. 463. — s. Abaran.
Kharsann-Dagh, s. Karsann Dagh.
Khartabert, d. i. Kharput. X, 811.
Khartchu, s. Kartschu.
Kharuck, Berg am Furrah. VIII, 157.
Kharume, Berg der pers. Salzwüste. VIII, 270.
Kharwar, Getraidemaß. VII, 217. IX, 835. 849.
Kharzan Dagh, s. Karsann D.
Kharzanli-Kurden. X, 681.
Khasaël, s. Kasaël.
Khasagh, Khasal (armen.), Fluß von Etschmiadzin. X, 399. 515. — s. Abaran.
Khasandjin, Dorf bei Hamadan. IX, 117.
Khasch, s. Kasch.
Khascha, d. i. Kaschghar. VII, 497.
Khasch Chai, s. Kissh Su. IX, 552.
Khaschen, s. Kaschen.
Khaschum, s. Schapur Kh.
Khaser, Fluß im Zagros (Kermanschah). IX, 389.
Khaser sui, s. Ghazir su. IX, 697.
Khasigar, d. i. Kaschghar. VII, 420.
Khasir su, s. Ghazir Su.
Khaskelies, Sklaven in Sind. VII, 157.
Khasnedar, d. i. Schatzmeister. XI, 814.
Khassab (Kussib, arab.), d. i. Rohr. IX, 237.
Khassab-mass (arab.), d. i. Zuckerrohr. IX, 237.
Khassab sukkar (arab.), d. i. Zuckerrohr. IX, 237.
Khassem, s. Abul Kh.
Khassem Padischa Tekieh, in Mardin. XI, 386.
Khaskoi (Hass keui), Dorf bei Musch. X, 680. 816.
Khastor, Dorf, Armenier das. X, 637.
Khata, ob = Khatai? VII, 216.
Khatab (Chattab), s. Omar Ben Al Kh.

Khatai, d. i. Nord-China. VII, 243. 352. — s. Khata.
Khatif, s. El Katif.
Khatof, Karte von Armenien. X, 476.
Khatonia, s. Khatuniyah.
Khatoniyah, Sultan v. Iran (?) X, 766.
K'hatsakh (armen.), s. Kharsakh. X, 399.
Khatun (Khotun, Caton), d. h. Königin. VII, 573. 574. 656. — monghol. Prinzessin. XI, 259. — s. Daghus Kh., Kerimeddin Kh., Zara Kh., Zobeida Kh.
Khatun Arabah-si (d. h. Frauen-Karre), Ruinen bei Mosul. XI, 433.
Khatuniyah (Chatonia, Khatonia), See der Sindschar-Berge. XI, 259. 261. 271. 450. 462.
Khaujah, s. Khajeh.
Khaujek, s. Zahreh-See. VIII, 153.
Khaur, s. Khawar.
Khaur suffeed, s. Ghari sefid.
Khauschkaur (Khaushkhaur), d. i. Kaschghar. VII, 16. 490.
Khausser (Khosar), Bach zum Tigris bei Mosul. IX, 732. 739. XI, 217. 498. — vgl. Kiausser.
Khavar, s. Khawar.
Khavasch, s. Kavasch.
Khavasur, Thal von Van. IX, 998.
Khawah, Plateau- u. Weideland in Luristan. IX, 339. 340. 360. 365.
Khawâl, d. i. Höhle. VIII, 138.
Khawalkoti. VIII, 138.
Khawar (Khavar, Khaur, Khuar, Khar, Choara, Choarene), östl. Gränzdistrikt von Irak Adschem, Ort am Sirdara-Paß. VIII, 118. 451. 454. 471. — vgl. Gurduni Sirdara.
Khawarnak, s. Chawernak.
Khayaliyin (d. h. Betrüger), arab. Tribus im östl. Mesopotamien. XI, 482.
Khayhak, s. Van Kh.
Khazakiyin, Christendorf in Dschulamerk. XI, 599.
Khazane Kapussi (Kh. Kapussi), d. i. Schatzthor, in Van Kalesi. IX, 991. X, 313.
Khazaren, Volk. VIII, 79. — s. Chazaren.
Khazero, s. Hasru.
Khazinadar, d. i. Schatzmeister. X, 296.
Khazir, s. Ghazir Su, Hazer Su.
Khazr, s. Al Hadhr.
Khebar, d. i. Khabur. X, 249.
Khebis, s. Khubis.
Khedher, s. Il Kh.
Khedri, s. Khwojeh Kh.
Kheflenak, Dorf bei Jezd. IX, 26.
Khehrki, s. Cherki.
Kheiber, s. Khyber. VII, 224.
Kheil, d. i. Zelt der Jafs, auch Name eines Stammes. IX, 440. — s. Khail.
Kheileki, Stamm der Jaf-Kurden. IX, 440.
Kheir (Kheil, Kheireh), Dorf in Farsistan. VIII, 766. 767. — s. Kheiri.
Kheirabad, See in Kabul. VII, 243.
Kheiri, berühmt durch Oel. X, 185. — s. Kheir.
Khel (Khail), s. Esa-Kh.
Khelal (pers., d. h. erlaubt), Heuschreckenart. VIII, 814. — s. Melekh kh.
Khelat, Land in Armenien. X, 102. — s. Akhlat, Kelat.
Khelaty, s. Fakhr eddin Kh.
Khellascha Khani, in Kurdestan. IX, 426.
Khemartegin. VIII, 471.
Khems, s. Kherun.
Khen (Khan), s. Bhuli Kh. e Allum.
Khendore (Kente korte), in Irak Adschem. IX, 71.
Khenes (Khenus), s. Khinis.
Kherati, Festung Afghanistans. VIII, 146.
Kherbenuz, Dorf in N. Kurdestan. IX, 701. 715. 725.
Kherbet Tabuk, Ort am Arnon. XI, 544.
Kherim Khan, s. Kerim Kh.

Kherkah, s. Kerkha.
Kherkan, s. Dehi Kh.
Khernina, s. Dschebel Kh., Khan Kh.
Kherthogh, d. i. Grammatiker, Poet, Titel Moses v. Khorene. X, 546.
Kherun (Khems), Kurdendorf. X, 693. 697.
Kherwar, Dorf bei Hamadan. IX, 77.
Kherzan, Taurus-Berge. X, 76. — s. Karsann Dagh.
Kherzau, Strom von, Zufluß zum Schahrud. VIII, 592.
Kheschi, d. i. jeder Ort. VII, 416. — vgl. Kesch.
Kheschi ho ölh, d. i. Kaschghar. VII, 416.
Khescht, s. Kescht, Khischt.
Kheskeit, Station. VII, 745.
Khesri (Kesri), s. Tauki Kh.
Khetan, d. i. Chinese. VII, 351.
Khetan, d. i. Kothian, Khotan. VII, 351.
Khethkoda (Khetkoda, Kethkoda, Kedkhoda), d. i. Dorfschulze. IX, 66. 213. 912. 913. 974.
Kheunneus, d. i. Khinis. X, 668.
Khevey, Fluß in Ghilan. VIII, 660.
Khewak, Paß von Kohestan. VII, 252.
Kheyaban, d. h. Hohl-, Pflasterweg. VIII, 493. 520. 523.
Kheysy, Paß der Sinai-Halbinsel. XI, 544.
Khezaï, arab. Ilats. VIII, 392.
Khezail, Khezil, s. Kasaël.
Khiaban, Distrikt Herats. VIII, 254.
Khiang, d. h. das Weite. VII, 401. — vgl. Kiang.
Khiang, d. i. Tübet. VII, 551. — Tübeter. 605.
Khiantu, s. Hiantu. VII, 712.
Khidder, Kurdenname (Elias). IX, 614. — s. Khizr.
Khidder Elias (Kidder E.), d. h. immergrüner, ewiglebender Elias. IX, 551. — von Yeziden verehrt. IX, 757. — s. Kazzer Elias.
Khidder Elias, am Tigris. XI, 662. — s. Khidr Ilias.
Khidder Elias (Chidhr E.), armen. Kirche in Orfa. XI, 327.
Khidderan, Thal in Pizhder. IX, 615.
Khidr, d. i. Dom. XI, 312. — s. Al Khudhr.
Khidr Iliyas (d. i. Prophet Elias u. St. Georg), Tigris-Kanal. X, 219.
Khidr Ilyas, d. i. Kloster Mar Elias, im östl. Mesopotamien. XI, 200. 483. — s. Khidder Elias.
Khiei, ob = Kietscha? VII, 687.
Khien long, chinesischer Kaiser (1756). VII, 346. 407. 507. 513.
Khien-long-Toung-Pao, d. h. Khienlongs Kupfermünze. VII, 519.
Khiftschak, s. Kiptschak.
Khig, d. i. lederne Weinflasche. VII, 213.
Khiir, s. Tel el Kh.
Khiji, Sandschak von Erzerum. X, 707.
Khilan, s. Kilan, Bana-Kh.
Khilich Ali Beg, Usbeken-Häuptling. VII, 813. — vgl. Mir Khalich ꝛc.
Khilji, Beg der. X, 707.
Khiljies, s. Chaldschi.
Khilks, Stamm. VII, 702. — vgl. Kilikis.
Khilout (Killcot), Dorf in Aderbidjan. IX, 826.
Khincha, s. Schule. VII, 623.
Khingan Tabahan, Höhe. VII, 338. — vgl. Khinjan.
Khini, s. Hineh.
Khinis (Khnis, Khniss, Khanis, Khanus, Khanoos, Khenus, Khenes, Khunus, Ghunus, Khnous, Khnoun), Stadt am Kalehtschai (Murad). IX, 995. X, 303. 333. 385. 386. 637. (Fluß von) 663. 667 ff. 819. (Höhe) 901. — Distr. X, 659. 666. 676. — s. Kygi.
Khinjan, in Kohestan. VII, 252. — vgl. Khingan T.
Khioutchi. VII, 369.
Khipi, Fürst in Ferghana (Ta Wan). VII, 575. 645.

Khireabad, Stadtruinen in Khorasan. VIII, 286. 287. 337. — vgl. Khyrabad.
Khirgahs, kegelförmige Filzhütten der Turkmanen ꝛc. VIII, 226. 235. 279.
Khirilchi, Afghanen-Tribus. VII, 308.
Khirkhir, Stamm. VII, 702. — vgl. Kilikis.
Khischt (Khescht), Ebene in Fars. VIII, 820. 821. 823.
Khischt, s. Schir e K.
Khita, d. i. Khatai. VII, 738.
Khitanen, Horde in Turkestan. VII, 352. 411.
Khitarizum, s. Kitharizum.
Khitat, Ort bei Yezd. IX, 27.
Khiuanyumo, d. i. Badakhschan. VII, 711.
Khiucha, chines. Gouvernement, früher Sse. VII, 654.
Khiulanna, kl. Königreich. VII, 582.
Khiuscha (Kiuscha), d. i. Kaschghar. VII, 420. 421. 497.
Khiutan, Hindu-Name für Khotan. VII, 364.
Khiu weï (Changmi), Stadt. VII, 582.
Khiwa. VIII, 234.
Khipan, s. Al Kh.
Khipat el Suk (auch Ischaki), Dorf am Tigris. X, 214. — Ischaki-Kanal. X, 221.
Khipo, Melik in Tipari. XI, 616. — vgl. Kipau.
Khizil, s. Kizil.
Khizil, Kurdenstamm. IX, 398.
Khizildjis, Stamm. VII, 702.
Khizr (kurd.), d. i. Elias. IX, 398. — s. Khidder, Khaju Kh.
Khneanté (Zend), d. h. Wohnung der Wölfe, neunter von Ormuzd erschaffener Segendort (Kandahar?). VIII, 31. 60. — s. Vëhrkâna.
Khnentem (Zend), d. h. Wohnung, Schutzort. VIII, 60.
Khnis (Khniss), s. Khinis. X, 666. 667.
Khnoun (Khnous), s. Khinis. X, 668.
Kho, s. Kuh, Sufaid Kho.
Khoajall, Ort in Kurdestan. IX, 442.
Khobar (Churbar). VIII, 716.
Khoda (monghol.), d. h. Mauerstadt, Festung. VII, 352. 364.
Khoda-abad, Arm des Sasun. VIII, 829.
Khodabende Aldjaitou, Sultan. VIII, 622. — erbaut Sultanieh. X, 282.
Khoda-bendehlu (Diener Gottes), Ilat-Stamm. VIII, 403.
Khoda birdi, Commandant in Aksu. VII, 513.
Khodai, s. Merdi Kh.
Khodem. VIII, 643.
Khodja (Khodjo), d. i. Fürst, Fürstenhaus. VII, 401. 408. 435. 527. — ihre Rebellionen gegen chines. Herrschaft in Ost-Turkestan. VII, 506. — d. i. Meister. IX, 838. — s. Khoja, Kodja, Al Kh., Djagan Kh., Ediger Kh., Khan Kh., Mahmud Kh., Mahsun Kh., Sarymsak Kh., Junis Kh.
Khodja Behadur Khan, Bericht über Khokand. VII, 778.
Khodja Djihangir. VII, 413. 530.
Khodja Hafiz Aboulala Hamadani, sein Grab in Hamadan. IX, 121.
Khodja-Ili, Etym. VIII, 375.
Khodja Iming, s. Khodja Yming.
Khodja Mohammed Abulvelid, sein Grab zu Herat. VIII, 244.
Khodja Pulatün. VII, 792.
Khodja Yming (Kh. Iming), Fürst von Pidschan. VII, 433. 435.
Khodjend (Khojend, Chojandah), Stadt u. Distrikt von Ferghana. VII, 491. 574. 735. 747. 749. 753. 755. 760. 773. 776. 778. VIII, 326. XI, 558.
Khodjend-Fluß, d. i. Sihun. VII, 731. 740.
Khodjidjan, s. Khan Khodja.
Khodjo, s. Khodja. VII, 527.

Khodzidjan. VII, 530.
Khoedusd (d. h. Diebsberg), in Afghanistan. VIII, 159.
Khogiloea (richt. wol Kuh Kilouieh), Gebirgsdistrikt. IX, 136
Khoi, Stadt in N. Aderbidjan IX, 675. 826. 835. 855. 910 912. 914. 923.
Khoi (Koi), s. Mian Kh., Nirood Kh., Osman Kh.
Khoi Kotur, s. Kotur.
Khoja, s. Khodja.
Khoja Abdallah Ansarri, s Abdallah Ansari.
Khoja Ali Moamiad, Fürst v Nischapur. VIII, 322.
Khojahvend, Zweig der Lak VIII, 402.
Khoja Rabbi, sein Grab be Meschhed. VIII, 292.
Khoje Amran, s. Khojeh Amran
Khojeh, d. i. Meister. VIII, 156 — s. Khodja, Ziarut e Kh Ourch.
Khojeh Abdulkurrim, s. Abdu Kerym.
Khojeh Amran, Bergkette Afghanistans. VIII, 162. 163. 164
Khojend, Khodjend.
Khojest (Chejest), d. i. Urmia See. IX, 1014.
Khokand (Kokand, Chokand, Khokan, Haohan), das obere Stufenland am Sihun, das alte Ferghana. VII, 476. 484. 543. 643 645. 729. 741. 745. 750. 752 753. 754. — Produkte. 767. — Klima. 776. — Regentenreih ꝛc. VII, 772 ff. 795. VIII, 69 — s. Ta Wan. VII, 406. 63 644.
Khokhassan. VIII, 645.
Kholar, Ort in Fars. IX, 142.
Khomein, s. Komeïn.
Khondemir, Mirkhonds Soh Historiker (c. 1498). VIII, 24 246. 580. — Verfasser des Zefe nameh. IX, 794. X, 183.
Khonia, Dorf am Zab Ala. IX 643. — s. d. f.
Khoniyeh, in Kurdestan. XI, 64 — s. d. v.
Khonsar, Gränzort von Ispahan. IX, 62. 63.
Khonsarrud, Fluß in der pers. Salzwüste. IX, 30. 65.
Khopantho, s. Kophanto.
Khoph Jakub, errichtet Ozeirs Grab (1790). XI, 946.
Khopothi, Fürst in Hose. VII, 575.
Khor (Parsi), d. h. Sonne. VIII, 77. 214.
Khor (Khur), s. Adem-khor.
Khor, s. Chor.
Khor, s. Ho. VII, 652.
Khorasan (Chorasan, Chorassan), das Schwert von Persien, nordpers. Provinz. VIII, 113. 123. 124. 127. 214 ff. 258 ff. 322. 681. IX, 629. 873. — Platane, Granate, Cypresse das. XI, 513. 558. 568.
Khorasan, Dorf am Araxes. X, 402. 405. 420. 438. 637. 659.
Khorasan Abad, Vorstadt von Herat. VIII, 240.
Khorasan-Wüste. VIII, 260 ff.
Khorassan, s. Fulad e Kh.
Khor Bakmeschir, s. Bahamschir. XI, 1082.
Khoren (Khorni, Choruni), armen. Stadt bei Musch, am Murad. X, 546. 649. 666. — s. Moses von Kh.
Khorenj, s. Karini.
Khorgun, Dorf in Fars. VIII, 874. — s. Koh Kh.
Khor Hälte, Mündung des Schat el Arab. XI, 1028.
Khoris (Kurrhos), in Syrien. X, 1062. — s. Cyrrhus.
Khorkhor, Kalksteinfelsen bei Van. IX, 991. X, 304.
Khorkhor mugaralari, bei Van. X, 305.
Khorki, Abtheilung des Sindschar-Gebietes. XI, 464.
Khorkura (Kharkura), Zufluß zum Kisil Osen. IX, 581. 583. — vgl. Korkura.
Khorni, s. Khoren.
Khoroian, s. Gregor Kh.
Khorramabad (Khorrum-, Korum-, Churemabad), Stadt in Luristan. VIII, 127. IX, 68. 156.

205. 365. — Dist. IX, 335. 339. — s. Currimabad.
Khorramabad, linker Zufluß zum Kaschaghan. IX, 206. 338.
Khorreh, s. Khaneh Kh.
Khorremiten, Sekte im Dschebal. IX, 207.
Khorromäer-Berge, im Dschebal. IX, 207.
Khorrumabad, s. Khorramabad.
Khorsabad (Khortabad, Khorstabad), Dorf bei Ninive. XI, 241 ff.
Khor Sable, Kanal in Chusistan. XI, 1038.
Khor Schah, der letzte Affassine. VIII, 584.
Khorstabad, s. Khorsabad.
Khortabad, s. Khorsabad.
Khorud, s. Kohrud. VIII, 9.
Khorumabad, s. Korumabad.
Khorvirah, d. h. trockner Brunnen, in der Araxes-Ebene. X, 527.
Khosar, s. Khauffer.
Khoschab, vergl. Khusch-ab, Kuschab.
Khosch-ab, in Fars. VIII, 818.
Khoschab, in Syrien. X, 1077.
Khoschk Serai, in Aderbidjan. IX, 909.
Khose (Hose, Osch?), Hauptstadt von Hieousiun (Ferghana). VII, 575. 645. 646.
Khosnav, Tribus im Zab-Gebiet. IX, 583. 617. 634. 688.
Khosrew Pascha, seine Moschee in Diarbekr. XI, 55.
Khosri, s. Taki Kesra.
Khosro, s. Khosroes, Khosrov, Khosru.
Khosro-Antiochia, die Prachtstadt Khosroes. X, 980. — s. Chosro-A.
Khosroes, s. Chosroes, Kesra, Kesri, Khusrau, Kosreh ꝛc., Kusruesch, Osrhoes, Osroes.
Khosroes Anuschirvan (Khosru Nuschirvan, Chosru I. Nuschirvan), Sohn Covads (reg. 532—579), gründet Kena. VII, 747. — sein Todesort ꝛc. IX, 71. 173. — in Kermanschah. 375. — sein Grab in Sirwan. IX, 401. 402. — vertilgt die Zendik ꝛc. IX, 419. 579. X, 61. 160. — erbaut Rumia. X, 170. — in Mesopotam., Syrien. 979 ff. 1001. 1050. 1082. — erobert Kallinikum. 1128. — in Hira. XI, 34. — wird bei Melitene besiegt. 79. — erobert Batne, Edessa, Dara. 288. 353. 402. 403. 407. — verpflanzt Skorpione nach Nisibis. 419. — in Singara. 444.
Khosroes-Brücke, s. Puli Khusrau.
Khosroes Parviz (Khosru II. P., Khusrau P., Kou sa ho), Sassanide, Sohn Anuschirvans (reg. 590—628). VII, 779. — in Kermanschah ꝛc. IX, 342. 375. 378. — erbaut Seimarrah. 406. — von Heraklius besiegt. 445. — seine Kanalbauten bei Kasri Schirin. 484. — von Bahram besiegt ꝛc. IX, 497. 1022. X, 161. 172. XI, 72. 177. 403.
Khosrov I. (Khosro), Arsacide (reg. 214—259). IX, 777. 779. X, 525. 593.
Khosrov II., Sohn Tiridats. X, 559.
Khosrova, Chaldäerdorf am Urmia-See. IX, 673. 674. 675. 963. (astr. L.) XI, 660.
Khosrovi tukht (Kh. tucht, Chasrovi-ducht), Tiridates Schwester. X, 525. 780. 788.
Khosrov Mirza, s. Khosru M.
Khosru (Chosru), s. Khosroes, Kai Kh., Modain Kh., Tak Ch.
Khosru, als Kurdenname. IX, 440.
Khosruabad, Garten bei Senna. IX, 431.
Khosru Aberwiz, Gemahl der Schirin. IX, 487. 488.
Khosru Khan, Fürst in Senna. IX, 432.
Khosru Khan, Berg-Kette in Süd-Kurdestan. IX, 581. 583.
Khosru Mirza (Khosrov M.), persischer Prinz, Gouverneur in Meschhed. VIII, 300. IX, 874. 883.

Khosru Schah, Dorf im Urmia-Gebiet. IX, 851.
Khost, Ort in Kaferistan? VII, 310.
Khostú, Fähre am Frat. X, 783.
Khotan, jetzt nur Name der Provinz, nicht der Stadt. VII, 353. — Namen. 364. — das alte Königreich u. die heutige Provinz an der chines. Westgränze. 343 ff. — nach dem Dschihannuma. VII, 349. — nach chines. Berichten. 350 ff. — nach neuesten Berichten. 352. — in älterer Zeit. 354. — nach den ältesten einheim. Berichten. 358. — Bewohner. 368. — in chines. Abhängigkeit. 374. — s. Yarkand. 284.
Khotan (jetzt Ilitsi), Hauptstadt. VII, 343. (astr. Lage) 347. 415. 514. — Dist. VII, 400. 448. VIII, 698.
Khotan Daria, Zufluß des Tarim. VII, 328. 350.
Khoten (Khotian), d. i. Khotan. VII, 343. 349.
Khotun, s. Khatun. VII, 573.
Khoudabachef, armen. Gelehrter. X, 631.
Khoueitsu, s. Koueitsou.
Khougué, s. Koughé.
Khounak, Schloß in Hira. X, 62.
Khoute, s. Houte.
Khowariki, Sindschar-Gebiet. XI, 464.
Khoy. IX, 675. s. Khoi.
Khozan (Χόζαν), armen. Gau am Murad. X, 713. 793.
Khozar, Meer von, d. i. kasp. See. VIII, 617.
Khozar, s. Chosar.
Khozdar, Kelat-Ebene. VIII, 714. 715.
Khreirud (Pehlw.), d. i. Zendehrud. IX, 41.
Khri-Egi, s. Chriiki.
Khschah (Keilschr.), d. i. König. VIII, 74.
Khschearscha, d. i. Xerxes. IX, 988.
Khu (Kho, Kuh), s. Hindu-, Kerkech-, Sebs-, Siah-, Sufid-, Zerd-K.
Khuajeh, s. Saffer Kh.
Khuaji, in Kurdestan. IX, 460.
Khuakend, ob = Khokand? VII, 741. 745. 773.
Khuar, s. Khawar. VIII, 118. 471.
Khubatu, Zagros-Paß u. Ebene in Aderbidjan. IX, 807. 815.
Khubazi, eine Art Sonnenwende. VIII, 783.
Khubdan, Stadt. VIII, 697.
Khubis (Khubeis, Khebis), Kerman-Oase. VIII, 728.
Khuda (pers.), d. h. Gott. VII, 820. — s. Puli Kh.
Khuda'da'd, Gueber. VIII, 271.
Khudd, s. Sedd el Kh.
Khuddr (Khudhr, Khudr), s. Al Kh.
Khudsche, s. Kutsche. VII, 445.
Khugiani, Afghanen-Tribus. VII, 308.
Khu Juggetai, s. Dschaggetai-Berge.
Khujur, s. Ser e Kh.
Khujur e pauin, Dattelpalme. VIII, 171.
Khulambar (Kulambar, Ghulambar), kurd. Distrikt u. Hauptstadt von Schehrezur. IX, 442. 443. 456. 459. 606. 633.
Khuli, s. Kuli.
Khull, s. Khyra Kh.
Khulum (Khulm, Hulm), Marktstadt v. Kunduz, östl. v. Balkh. VII, 261. 269. 271. 488. 786. 787. (Höhe) VIII, 11. 218. — Dist. VII, 255. 786. 805. 810.
Khulum, südl. Zufluß des Oxus. VII, 269.
Khum, s. Calci kh.
Khumeisia, s. Tel Kh.
Khumir, s. Kiamir.
Khuné, Distrikt im pers. Irak. IX, 25.
Khunnerets, der mittl. Erdgürtel der pers. Kosmogonie. VIII, 43.
Khunus, s. Khinis. X, 385.
Khur, d. i. wilder Esel. XI, 437. — s. Gur, Gour Kh., Kussai Kh.
Khur (Khor), s. Adum khur,
Khurbet Lubghi-Uah, Dorf am Tigris. XI, 453.

Khurbuza, s. Kharbuzeh.
Khurdeh, s. Ismael Kh. Ymak.
Khureh, s. Ardeschir Kh.
Khuril, d. i. Kapernstrauch. VII, 38.
Khurimabad, s. Korumabad. VIII, 557.
Khurkhun Dagh, Kegelberg des Taurus. X, 843. 895.
Khurmati (Churmatu), s. Tuz Kh., Aksu.
Khurooch, s. Churudsch.
Khurrum, Zufluß zum Orus. VII, 269. 811.
Khurrum, Stadt am Khulumfluß. VII, 269.
Khurschid, s. Emaret i Kh.
Khurschid Bey, in Musch. X, 678.
Khurschiden-Dynastie (1155 — 1600). IX, 207.
Khurt, s. Muche Kh.
Khúrwá, i. e. Rizinus communis. XI, 501.
Khurwar, s. Kurwar.
Khusch-ab (d. h. Süßwasser), Hauptort in Mehmudiyah. IX, 998. — vgl. Koschab.
Khusch Begi, d. h. erster Vizier. VII, 778.
Khuschuck, s. Kuschuk, Sar Kh.
Khushnakhud, in Afghanistan. VIII, 160.
Khuskizurd (Kuschki, richtiger Kiuschi Zard, d. h. gelbes Kiosk, Villa), Station in Fars. VIII, 9. 873.
Khusrai (Khusrau), s. Puli Kh.
Khusrau (Khosroes), s. Schahri Kh., Takhti Kh.
Khusru (Khosru), s. Kai Kh.
Khusujeh, Ort in Farsistan. VIII, 761.
Khutbet, d. i. Rede. XI, 313.
Khutel, Taurus-Berge. X, 902. 909. — vgl. Kotul, Kutel.
Khutlan, Gebirgsland. VII, 722.
Khutwasera, Fluß in Ghilan. VIII, 660.
Khuzin, Dorf am Tokma su. X, 843.
Khwajeh Khan Said, in Kohestan. VII, 248.
Khwajeh-reg-rewan (d. h. beweglicher Sand), Sandstrich in Kohestan. VII, 248.
Khwajeh-seh-yaran (Kwajeh), d. h. Quelle der drei Freunde, bei Istalif. VII, 250.
Khwojeh Khedri. VII, 229.
Khyber-Berge (Kheiber), südl. Vorketten des Hindu Khu. VII, 223. 224. VIII, 143.
Khyber Dag, Kerkuk-Plateau. IX, 557. 638.
Khyberis, Stamm in Kaferistan. VII, 214.
Khyrabad, Distrikt im Westen des Indus. VII, 146. — vergl. Khireabad.
Khyra Khull, Dorf bei Attock. VII, 21.
Khyrpur, Capitale. VII, 155. 185. 188.
Khyviser, Dorf in Ardelan. IX, 815.
Kia, d. i. König. VII, 594. — Lieutnant des Gouverneurs. XI, 113. — s. Kirli Kia.
Kia Büsürgomid, Assassine. VIII, 584.
Kiachta, Gränzstadt von Sibirien. VII, 338. 339.
Kiachta, s. Kakhtah, Kiakhta.
Kiadi, Kloster bei Harran. XI, 312. 315.
Kiahya, d. i. erster Minister. IX, 720. — s. Kiaja, Ahmed K.
Kiahya Khan, in Mesopotamien. XI, 870. 871.
Kiaja, d. i. Minister. XI, 814. — s. Kiahya.
Kiaja Achmet, Minister in Bagdad. XI, 808. — s. Ahmed Kiahya.
Kiakalbul-Thor, in Yarkand. VII, 393.
Kiakhta, Kurden das. XI, 144. — vgl. Kakhtah.
Kiàl, d. i. Austheiler von Lebensmitteln. XI, 387. — vgl. Meagha K.
Kialan, d. i. Tempelkloster, Klostertempel. VII, 289. 366. 368. 438.
Kiam (Kam), s. El Kam.
Kiamach, früher Sandschakat v. Erzerum. X, 754. — vgl. Kiemakh, Ani.

Kiamir (Khumir), in Laristan. VIII, 747.
Kiamusch, s. Scheri K.
Kian (d. h. salziges Wasser), Wüste. VII, 376.
Kian, Stadt. VII, 582.
Kiang, wildes Pferd. VII, 643. — vgl. Khiang.
Kiangmatchhu (d. i. die den Todesgott besiegen), Amulette. VII, 378.
Kiang si, die Gegenden im Westen des Kiang. VII, 403. IX, 265.
Kiang tung, die Gegenden im Osten des Kiang. IX, 265.
Kian Khoi (Kian köi), Kurdendorf am obern Tigris. XI, 83. 86.
Kian kuen, s. Hakas. VII, 625.
Kiantali, Fluß. VII, 367.
Kian tho ko, d. i. Kandahar. VII, 114.
Kian tho lo, d. i. Kandahar. VII, 579.
Kian tho wei (chines.), d. i. Kandahar. VII, 549. 678.
Kiao chang mi, Reich. VII, 333. — vgl. Changmi.
Kiaotschin, Hauptstadt der Uiguren. VII, 597.
Kiara, Wirbelstelle im Euphrat. X, 945.
Kia-rud, Fluß in Ghilan. VIII, 548.
Kiasa, Ort bei Haran. XI, 313.
Kiasan, Bergstrom. VII, 787.
Kiasi, s. Ali K.
Kiatchu (jetzt Thocha), Stadt. VII, 369.
Kiatibi, Dichter aus Nischapur. VIII, 322.
Kia ti tchin, Hauptstadt des mittleren Tsao. VII, 650.
Kiausser. VIII, 469. vgl. Khausser.
Kibber, d. i. Capparis spinosa. XI, 501.
Kibitke, d. i. Familie. VII, 614.
Kibitz, bei Mosul. XI, 217.
Kibla (Kibleh), das Balkasch-Gebirge. IX, 807. 1037.
Kibli (d. h. Südost), Sindschar-Gebiet. XI, 465.
Kich, Hauptstadt in Mekran. VIII, 123.
Kicha, s. Hou chi kian. VII, 569.
Ki chiang tian, König von Khotan (940). VII, 376.
Kidar, Mori-Gipfel. VII, 83.
Kidder Elias, s. Khidder E.
Kidjan, s. Kizin.
Kiebban Maaden, s. Kjeban M.
Kiechit, s. Deve K.
Kieghart, armen. Kloster am Erivan-See. X, 400. 483. 521.
Kieï pou tsiouna, Theil von Tsao. VII, 648.
Kie li fa chi Khiou eul, Fürst von Kandahar. VII, 579.
Kielle, s. Mioni K.
Kiemakh. X, 723. 724. — s. Ani, Kiamach.
Kiemerrè, s. Kanarah.
Kiemonter Dere (?), Zufluß zum Gamasch-Ab. IX, 348.
Kien, Volk in Birma. IX, 262.
Kienfackeln, in Armenien. X, 772.
Kienghwar, d. i. Kongaver. IX, 348.
Kienholz, in Bayazed. X, 346.
Kieoutseu, s. Koueitseu. VII, 423.
Kieou poueï te kian, Landschaft. VII, 569.
Kie pan tho, s. Kophanto.
Kiepert, H., Karte von Kl. Asien. XI, 63.
Kiephanto, s. Kophanto.
Kierman, d. i. Kerman. VIII, 727.
Kierwan Maaden, s. Kjeban Maaden. X, 721.
Kies, s. Keseh.
Kies, am Euphrat. X, 1067. — Geröll in Persien. IX, 19. — Lager in der Chaldäer-Ebene. IX, 731. — Schichten am Euphrat. XI, 731.
Kiescha, d. i. Kaschghar. VII, 409. 420. 497.
Kiesel, runde, in Laristan. VIII, 752. — in den Hamrin-Bergen. IX, 495. — im Kl. Zab. 638. — am Euphrat. X, 1067. — s. Feuerstein-, Lava-, Quarz-, Roll.

Kieselablagerungen, in Irak Arabi. XI, 957. 1026.
Kieselblöcke, im Ali Dag. IX, 529.
Kieselbreccie, am Turk Schah. IX, 730.
Kieselconglomerate, in Kurdestan. IX, 535.
Kieselfragmente, in der arab. Wüste. XI, 746.
Kieselgeröll, im südl. Mesopotamien. XI, 774.
Kieseliger Grus, am Euphrat. X, 1069.
Kieselmassen, in Irak Adschem. IX, 39.
Kieselschutt, in der arab. Wüste. XI, 747. — bei Hit. 761.
Kieselschutt-Insel, an der Mündung des Zab Ala. XI, 664.
Kiesme, Dorf in Armenien. X, 798.
Kiessi, Volk. VII, 701.
Kietchha (Kietscha), buddhist. Königreich u. Stadt in Kl. Tübet. VII, 356. 369. 687. 810.
Kieu (Kieui, Kieuy), s. Koi, Bini K., Giaur Kiouri, Hadji Veli K., Kupre k.
Kiew, Armenier das. X, 598. 599.
Kiezengguioui, d. i. geschütteltes Manna. XI, 385.
Kiezzaz, s. Kazaz.
Kifri, Berge, Thal und Ort der Hamrin-Kette. IX, 452. 457. 512. 516. 527. 541 ff. 544. 549. — s. Eski K.
Kifri Su, Zufluß zum Adhem. IX, 489. 541.
Kihrani, d. i. Gemeiner der Daudputra's. VII, 45.
Kiki, Kurdentribus. XI, 143.
Kiko, Rauschtrank aus Pferdemilch. VII, 436. — vgl. Kumisch.
Kil (Kir), s. Bend i K.
Kila, s. Killah Khan.
Kila Beiza. VII, 253.
Kilai Akheri, Bergland in Kohestan. VII, 245.
Kilan, s. Khilan, Bagh-e-k., Dana k.
Kilan, s. Ghilan. VIII, 571. 640.
Kilan, Bergtribus in Tokharestan. VII, 571.
Kilar, s. Chasime we K.
Kilastan. VII, 474.
Kilati, s. Kelat. VIII, 132.
Kilef, am Gihon. VIII, 227.
Kilghet, Marktplatz in Ladakh. VII, 118.
Kili (tamul.), d. i. Heuschrecke. VIII, 792.
Kilian-Schan, Gebirgskette. VII, 650.
Kilidge Arslan, Sultan. X, 862.
Kilikis (Kirkis), Mischvolk der Turk. VII, 425. 625. — vergl. Khilks, Khirkhir.
Kilisa kal'ahsi, Berggipfel. X, 848.
Kilisasi, s. Kilissa, Surp Bogos K.
Kilisa su, Fluß zum Murad. X, 667.
Kilissa (Kilisa, Kiliseh, Kilisasi), s. Kelisa, Keliseh, Killesia, Kanda K., Kara K., Kisil K., Tschangly K., Utsch K., Uzun k., Yedi-k., Warrak-K.
Kilissar, s. Turkman K.
Kilkit (Kerkid), früher Sandschakat von Erzerum. X, 754.
Kilki Tschiftlik. X, 751. — s. Tschiftlik.
Killaat Iy Jerme (Killaat e Naderi, d. i. Schah Nadirs Feste), in Khorasan. VIII, 282.
Killah, s. Kellah, Kullah, Saisun K.
Killahe Aga, in Kerman. VIII, 734. — vgl. Killati Aga.
Killah Khan (Kila), Fort im Attreck-Thale. VIII, 344. 349.
Killah Kushk e Jamburan, Fort in Afghanistan. VIII, 156.
Killakei (Kaihbeij?), Dorf in Ardelan. IX, 815.
Killatau, Ort im Elburs, an der N. Gränze Khorasans. VIII, 470. 475. — vgl. Kelateh.
Killati-Aga, pers. Stadt. VIII, 121. — vgl. Killahe Aga.
Killausir, Gränzort Masenderans. VIII, 470. 477.

Killcot, s. Khilout.
Killesia, s. Kilissa, Kara K.
Killidge Khan, Chef der Timuri. VIII, 388.
Killis (Killies), Stadt in Syrien. X, 880. 917. 1034.
Kimaki, Stamm. VII, 702.
Kimber Dagh, armen. Berg. X, 345.
Kimbis (arab.), d. i. Hanf. XI, 501.
Kimcob (?), Handelsartikel. VIII, 307.
Kimfud, d. i. Stachelschwein. XI, 505.
Kimia, d. i. Chymie. VIII, 303.
Kimmaï, i. e. Lycoperdon tuberosum. XI, 502.
Kimmiz, s. Kumisch.
Kin, d. i. Pfund. VII, 401. 445.
Kin, Land. VII, 422.
Kin, s. Kala K.
Kinak, Dorf in Armenien. X, 429.
Kinamossi (?), Zufluß zum Karasu. IX, 391.
Kinare, Distrikt von Fars. VIII, 127.
Kind, s. Azim K.
Kindererziehung, der Kurden. IX, 434. 622.
Kinderverkauf, bei Kurden. IX, 751.
Kindi, s. Kendi.
Kinhoa, d. h. respectvolle Bekehrung. VII, 573. 575.
Kiniagirid, irrig st. Kunar i gird. IX, 29.
Kinnamom, in Arabien. X, 37.
Kinneir, J. Mcd., brit. Resident und Reisender in Persien (stirbt 1831). VIII, 421. IX, 10. 137. — Sian Kala — Senna. IX, 814 ff. — in Aderbidjan. 833. 835. — Tabriz 2c. 855. 880. — Bitlis. IX, 1004. XI, 95. — sein Grab in Etschmiadzin. X, 532. — Trapezunt-Erzerum. X, 741. — in Kl. Asien. 838. — am obern Tigris. XI, 7. 84. — Sert — Mardin. 101. 140 ff. — in Djezireh ibn Omar. 149. 158. — Ninive. 222. — Mardin. 391. — Dara. XI, 410. — Nisibis. 429. — auf dem Tigris. 661. — in Bagdad. 823. — über den Aker Kuf. 850. — in Basra. 1051.
Kinnesryn, syrische Provinz. X, 1056.
Kin Schan (Goldberg), d. i. Altaï. VII, 586.
Kinthse tian, Pallast in Khotan. VII, 376.
Kiodschapun Dagh, armen. Gebirgspaß. X, 745.
Kior Achmed (wol Nachmed), Berg bei Persepolis. VIII, 892.
Kiosk, d. i. Landsitz des Pascha. XI, 18.
Kiouri, s. Giaur K.
Kipan, Stadt Yarkands. VII, 402.
Kipchak, Paß von Kohestan. VII, 253. 328. — vgl. Kiptschak.
Kip-Ghioll, d. i. Kip-Quelle, Alpe des Ararat. X, 491.
Κίφας (Procop.), d. i. Höhn Keif. XI, 81. 381.
Kipin, das alte Kophene, Königreich. VII, 549. 568. 576. 682 ff. — s. Kabulestan.
Kipin, Volk. VII, 675.
Kiptschak (Khiftschak), Turk-Stamm. VII, 484. 702. — s. Kirchak, Descht K.
Kir (Kil), s. Bandi K.
Kir Ab (d. h. Bitumenfluß), Zufluß zum Baladrud, Ebene bei Dizful. IX, 199.
Kirah, Tribus der Bäldi. VII, 216.
Kir Alexius, griech. Kaiser. X, 597.
Kira Raschid, Berg im Norden des Van-Sees. X, 321.
Kirasan, Dorf bei Herat. VIII, 241.
Kirath, d. i. Quartier. X, 194.
Kirawi, armen. Dorf am Murad. X, 672. 674. 818.
Kirchen, (nestorianische) in Turkestan. VII, 438. — El Kosch. IX, 726. — Rabban Hormuz. 743. — von Yeziden verehrt. 757. 761. — (armenische) in Urmia. 950. — Van. 992. —

auf Akhtamar im Van-See. IX, 996. — in Bedrowas. X, 406. — große, in Ani. 445. — am Ararat. 481. — in Etschmiadzin. 518. — zahlreich in Armenien. 528. — Bitlis. 687. 1005. — Erzerum. 757. 761. — Gamach. 785. — Romkalah. 936. — in Diarbekr (Amida), von Kobad zerstört. XI, 30. 32. 55. — in Miafarekin. 72. — bei u. in Mosul. 187. 188. 199. 202. — Edessa (Orfa). 320. 324. 342. 351. — Mardin. 387. — Dara. 400. 408. — Ruinen, bei Tauk. IX, 549. in Telkeif. 747. Tekrit. X, 224. am Karstschai. 438. am Arares. 455. in Resapha. 1109. — s. Antilopen-, Apostel-, Römische Kirche, Kapelle, Kloster.
Kirchenarchitectur, in Etschmiadzin. X, 523. 529.
Kirchenbücher der Nestorianer, in syrischer Sprache abgefaßt. IX, 682.
Kirchendienst, bei Nestorianern in Hekkari. XI, 603. — in Tiyari. 610.
Kirdan, s. Rebat K.
Kirdkuh (Girdkuh), Feste in Rudbar. VIII, 582.
Kirdschimen, s. Kirschme.
Kireipa, Ebene in N.Kurdestan. IX, 730.
Kires, d. i. Kirsche. XI, 501.
Kirganarud, s. Kerganrud.
Kirghawel, Fasanen. VII, 732.
Kirghisen (Karghiz), schwarze, bei Khokand ꝛc. VII, 775. 779.
Kirghisen, Wander-, in Turkestan. VII, 474. 481.
Kirghisen, Zelt-, in Turkestan. VII, 482.
Kirgis Kasaken. VII, 782.
Kirgos, Fluß von Malatia. X, 851.
Kiria (Karia, Keldia, Keldja, Keria, Kerya, Keriya, Keriyela), Stadt in Khotan. VII, 326. 351 ff. 415.
Kiria (Keria, Keldiagol), Fluß in Khotan. VII, 354.
Kirind, s. Kerend. IX, 391.
Kirk, d. h. vierzig. VIII, 401.
Kirkesia (Kirkesium). s. Kerkisia.
Kirk genz (d. h. vierzig Augen), Brücke des Tokma su. X, 828. 863.
Kirkgetschid (die 40 Furthen), d. i. Tokma su. X, 827.
Kirkgös (türk.), d. i. die 41 Quellen, s. Kuru tschai. X, 804.
Kirkguetschid, d. i. Wasser der 40 Pässe. X, 827.
Kirki-Berge, Zagros-Vorkette in Luristan. IX, 204. 411.
Kirkis, s. Kilikis.
Kirkkelisa (d. h. 40 Kirchen), Ort am Frat. X, 789.
Kirklu, Zweig der Affschar. VIII, 401.
Kirkor, s. Sourb-k.
Kirli Kia, s. Ali Kiasi.
Kirman Schahan, d. i. Kermanschah. IX, 374.
Kirpi, s. Ak Kirpi.
Kirrasi, d. i. Kornelkirsche. XI, 501.
Kirrind, s. Kerent. IX, 359.
Kirschen, in Kabul. VII, 240. — (saure) 305. — am Hindu Kusch. 261. — in Gurkan. VIII, 353. — Aderbidjan. 666. — Ghilan. 676. — Kerman. 735. — bei Kohrud. IX, 37. — in Ispahan. 55. — in den Bakhtiyari-Bergen. 212. — Senna. 432. — am Ararat. X, 480. — in Musch. 679. — Bitlis. 687. — im pont. Taurus. 921. — (Prunus cerasus) in Mesopotamien. XI, 495. 501. — wilde, sehr reichlich bei Mardin. 388. am mittl. Euphrat? 709. — s. Kornelkirsche.
Kirschibi, d. i. Fischer. VIII, 655.
Kirschlorbeer, am Van-See. IX, 995.
Kirschme (Kirdschimen), Seegelkähne der Turkmanen. VIII, 367.
Kirsi, Dorf in Sindschar. XI, 460.
Kirsin, d. i. Karpfe, Barbe. XI, 331. 509.
Kirsun tschai, s. Kersin.
Kirta, am Bolan-Paß. VIII, 171. 172.

Kirtipur Dehra, Ort am Ravi. VII, 133.
Kirtschu, Ebene am Frat. X, 901. 914.
Kis (armen.), d. h. Haupthaar. X, 557.
Kis'an, d. i. Kris'na. X, 557.
Kisane (Kesane), indische Gottheit, Fürst. X, 528. 553. 556. 557.
Kisch (türk.), d. h. Winter. VII, 736.
Kischakjis (türk.), d. i. Nachtwache. IX, 438.
Kischem, Insel des Perser-Golfs. XI, 1059.
Kischen Ganga, Zufluß zum Behut. VII, 7. 13.
Kischla, s. Kischliak.
Kischlach, Juden- und Christensteuer. X, 952.
Kischlak, d. i. Winterstation, Dorf. VII, 396. 736. VIII, 382. 386. IX, 201. — Taxe. X, 323. — Winter-Einquartirung. 672. 815.
Kischlak, Ort am Sirdarah-Paß. VIII, 451. 455.
Kischlak (Gooshlav), Ort am Ahar-Fluß in Aderbidjan. IX, 800. — vgl. Kara K.
Kischlak parahs, d. i. Taxe für Winterquartiere. X, 678.
Kischliak (Kischla), Station am Pambakfluß in Georgien. X, 371. 375.
Kischmer (Kaschmer), Dorf in Khorasan. VIII, 242. XI, 569. 570.
Kischmisch, kernlose Traube, in Khorasan. VIII, 243. — in Ispahan. IX, 55.
Kischna, d. i. Vicia nissoliana. XI, 501.
Kischtewar, im Pendschab. VII, 32. 84.
Kischtibend, am Kuran. IX, 163.
Kisi, s. Keisch.
Kisil, s. Kizil.
Kisil, Ort von Van. X, 355.
Kisil aghadj Moghan. VIII, 440.
Kisil Alan, d. i. Alanenfluß. VIII, 359.
Kisil-ghedjich, Berg des Tschildyr. X, 427.
Kisil heuzé, s. Kisil Osen. VIII, 615.
Kisilinn, am Euphrat. X, 934.
Kisil Kaja, am obern Murad. X, 418.
Kisil Kilissa, s. Kizil Kilissa.
Kisil Osen (Kisilusen, Kizziluzan, d. h. rother Fluß), Gränzstrom zw. Irak Adschem u. Aderbidjan zum kasp. Meer. VIII, 15. 430. 613 ff. — mittler Lauf. 633 ff. — unterer Lauf ꝛc. 639 ff. IX, 8. 766. 803. 814. 815. X, 246. XI, 524. — s. Amardus, Gosan.
Kisil tepe, d. i. rother Hügel, in Mesopotamien. XI, 277.
Kisil Tschibuk Tschai, Fluß. XI, 110.
Kisilusen, s. Kisil Osen.
Kisitala, d. i. Lachsforelle. VIII, 431.
Kiska Kapi, Thor von Erzerum. X, 763.
Kiskar (Kezker), am kasp. See. VIII, 520.
Kiskim, Provinz, Armenier das. X, 643.
Kislar, am Kuran. IX, 166.
Kism, d. i. Abtheilung. VIII, 402.
Kisra, d. i. Khosroes. X, 162.
Kissch Su (Khasch Chai, Sircossar, Sircosa, Kerkuk), Quellfluß des Adhem. IX, 539. 552.
Kisseh Nimrud, Legendenbuch. XI, 663.
Kissia, Land am Choaspes (Chusistan). IX, 228. 309.
Kissier, s. Kossäer. IX, 200.
Kissr-dagh, Zweig des Tschildyr. X, 427.
Kisyluli, Ort in Turkestan. VII, 479.
Kitab, s. Samaani K. al Aunab.
Kitab Suret-e. VIII, 839.
Kitai, s. Kara K.
Kitaja (sanskr.), d. h. von Insekten erzeugt. VIII, 691.
Kitas, Ochsenart. VII, 739.

Kitchan, Dorf in Kurdestan. IX, 458.
Kitharizum, byzant. Festung, ob = Palu? X, 97. 713.
Kitolo, König der Yueti. VII, 676. 677.
Kitschik Andedschan, am Kaschgharfluß. VII, 478.
Kittäer, phöniz. Ansiedler auf Kypros. XI, 551.
Kittim, d. i. Kypros. XI, 551. 577.
Kitu. VII, 620.
Kiu(?). VII, 688.
Kiuantu, Gebirgsvolk. VII, 615.
Kiün Wang, d. h. Vasallen-König. VII, 433.
Kiugh, d. i. Dorf. X, 776. — s. Koi.
Kiule, Provinz von Khotan. VII, 367.
Kiumati, Buddhatempel in Khotan. VII, 354.
Kiumi, kl. Gebirgsstaat in Turkestan. VII, 564. 569. 571. — vgl. Kanmi.
Kiun, d. i. Territorium. VII, 553. — chines. Militärlager. 567.
Kiun fou jin, d. h. Dame der Residenz. VII, 573. 574.
Kiung(?). VII, 551.
Kiunte, König von Khotan. VII, 362.
Kiupressi, s. Tschemen K.
Kiupri, s. Kupri, Altun K.
Kiupri Su, d. i. Zab Asfal. IX, 563. 638. — vgl. Koprisu.
Kiu sa tan na (chin.), d. i. Khotan. VII, 343. 352. 364. VIII, 698.
Kiuscha, s. Khiuscha.
Kiuschenmi, s. Kanmi. VII, 367.
Kiusch i Zard, s. Khuskizurd.
Kiuschk i Zenghi, Ruinen am Diyalah-Thal. IX, 489. — vgl. Kuschk.
Kiuszu, s. Kouszu.
Kiutahieh, in Anadoli, armen. Schule das. X, 633.
Kiu tschilingkia (d. h. die zwei Ochsenhörner), Berg u. Kloster in Khotan. VII, 368.
Kiutu, Usun-Fürst. VII, 620.
Kiverzo, s. Kafristi.
Kivi, Afghanen-Stamm. VIII, 144.
Kivir, s. Kuvir.
Kiwar, Distelart in Sulimanipah. IX, 611.
Kiyau, Thal in Tiyari. XI, 620.
Kiyou, Chaldäer-Distrikt am ob. Tigris. XI, 126. — s. Khiyo.
Kiz, s. Deh K.
Kizelbulak (Kizil b., Guzelbuluk, Guzolbulauk), Dorf in Aderbidjan. IX, 807. 815.
Kizil, s. Khizil, Kizzil.
Kizil, d. i. Fluß. VIII, 591. — s. Kisil.
Kizil Aghaj, Taurus-Kette. X, 76.
Kizil Aghaj (d. i. rother Baum), armen. Dorf bei Musch. X, 691.
Kizilbasch, d. i. rothe Mützen. Symbol der Aliden. XI, 41.
Kizilbasch (türk.), d. h. Rothköpfe, Bezeichnung für Tscheragh Sonderans. X, 694.
Kizilbaschi, Turkstamm in Afghanistan. VIII, 186.
Kizil bulak, s. Kizelbulak.
Kizil heuzen, d. h. goldner Fluß, s. Kisil Osen. VIII, 615.
Kizil Irmak (Halys), Fluß zum Pontus. IX, 786. X, 802. 838.
Kizil Kilissa (Kisil K.), d. h. rothe Kirche, in Armenien. X, 420. 739. — s. Kisil Kilissa.
Kiziltasch, d. i. rother Fels, am Van-See. X, 294.
Kizil tschai (d. h. rother Fluß), Zufluß zum Murad. X, 674. 819.
Kizil Viran, Kurdenlager. X, 843.
Kizil Yabun, Taurus-Kette. X, 872.
Kizin (Kidjan), Kurdendorf. X, 104. 105. 702.
Kiz Kalassi (Kiz Kalaasi, d. h. Tochterschloß), Sassaniden-Burg in Süd-Kurdestan (Schehrezur). IX, 443. 459. 577.
Kiz Kopri, d. h. Mädchenbrücke, am Dschaghatu. IX, 1037. 1039.
Kizl-alch, Fischart. VIII, 559.
Kizlar. VIII, 797.
Kizzai, s. Kazaz.

Kizzelji (Siwell), Distrikt und Dorf in Kurdestan. IX, 460. 577. 606.
Kizzelji (Siwell), Zufluß zum Tahite od. Zab Asfal. IX, 427. 532. 560. 577. 578.
Kizzel Kharaba, s. Kizzilabad.
Kizzelrebat, am Diyalah. IX, 418. 489.
Kizzil (d. h. golden), Name für Salmen. VIII, 658. — vergl. Kizil.
Kizzilabad (Kharaba, Kizzel Kh.), Ruinen in Kurdestan. IX, 544.
Kizzil-uzan, s. Kisil Osen. VIII, 613.
Kjangarli, im russ. Kaukasien. X, 610.
Kjatib Tschelebi, s. Kyatib Tsch.
Kjebban, s. Kakischur Kj.
Kjeban Maaden (Kiebban M., Kebban M., Kierwan M., Gaben M., Maaden Gomüsch), Silberbergwerk am obern Euphrat. X, 75. 721. 727. 772. 800. 807. (Höhe) 902. 909. (Gebirgsarten) 913. 914.
Kjur-ogly, Berg Armeniens. X, 396.
Klag, armen. Abt. X, 553.
Klag Vank, armen. Kloster. X, 552. 553. 591. 594. 704. — s. Changeri, Surp Garabied.
Klai (Clay), Alluvium der babylon. Kanäle. XI, 933.
Klatschrosen (Papaver), bei Kifri. IX, 541.
Klee, in China eingeführt. VII, 637. — vgl. Wasserklee.
Kleeart, Schutzmittel geg. Scorbut in der arab. Wüste. XI, 747.
Kleiderhändler, in Jspahan. IX, 49.
Kleidung, in Ost-Turkestan. VII, 461. — Khokand. 777. 783. — Herat. VIII, 256. — der Kurden in Kermanschah 2c. IX, 369. 623. — der Yeziden. 672. — verschieden gefärbte, der Araber u. Perser. X, 1146. — in Orfa. XI, 328.
Kleopatra, in Seleucia hingerichtet. X, 878.
Kleopatra Selene, ägyptische Prinzessin. X, 927.
Klessia, s. Kelisch.
Klima, in Multan. VII, 65. — Kaschmir. 75. — im Jndus-Delta. 174. — Uebergang vom warmen zum kalten, im Hindu-Khu. 219. — in Kabulestan. VII, 239. 304. 306. — Turfan. 433. — Ost-Turkestan. 453. 466. — Khokand. 767. 776. 779. — Kwettah. VIII, 168. — Balkh. 225. — Herat. 251. — Yezd. 270. — Nischapur. 308. — Ghilan. 429. 672. — Astrabad. 522. — Sari. 532. — am Demawend. 560. — in Teheran. 610. — Kelat. 715. — ungesundes, in Laristan. 738. — Jspahan. IX, 52. — Shuster. 192. — Zohab. 466. — Sulimaniyah. 565. — Kurdestan. 606. — Tabriz. 859. — Van. IX, 978. X, 302. — Bitlis. IX, 1005. X, 687. — Sert. IX, 1007. — Bayazed. X, 347. — Kars. 429. — Etschmiadzin. 521. — Musch. 664. — Erzerum. 749. — Egin. 790. — Arabgir. 798. — Malatia. 854. — im Taurus. 917. — in Diarbekr. XI, 59. — Mosul. 216. — Mesopotamien. 494. 498. — Bagdad. 802. 809. — Basra. 811. — s. Terrassenklima, Germasir, Hitze, Thermometer, Witterung 2c.
Klimata der Erde, nach pers. System. IX, 52.
Klinge, s. Schwert.
Klinikum, in Jondi Schapur. IX, 174.
Klippenhuhn (Felix petrosa), im östl. Mesopotamien. XI, 479. — vgl. Stein-, Steppenhuhn.
Kloster, in El Kosch. IX, 676. — in Jelu. 677. — auf dem Dschebel Tschudi. 723. — in Salibe, Hira 2c. X, 59. — Mosul. 199. 255. XI, 186. 200. — am Van-See. X, 320. — zahlreich in Armenien. X, 528. — in Garpi.

X, 535. — Musch. 665. — bei Palu. 707. — in Erzerum. 761. — uralte, in Euphrat-Höhlen. 830. — in Sergiopolis. 1089. — bei Colut. XI, 32. — in Mesopotamien. 177. 178. 293. — in Edessa (Orfa). 324. 355. — bei Kodsch Hissar. 366. — zahlreich bei Mardin. 382. — (jakobitisches) im Dschebel Tur. 440. — in den Sindschar-Bergen. 459. — s. Mönch, Nonnen-Kl., Kapelle, Kirche rc.
Kloster, moslemisches, s. Tekieh.
Kloster, rothes, in Armenien. X, 729. 739.
Kloster der sieben Kirchen, zu Van. IX, 993.
Kloster des Thaddäus, bei Maku. VIII, 16. IX, 920.
Klosterherrschaften, in Armenien. X, 627.
Klosterleben, der Buddhisten. VII, 289. — in Etschmiadzin. X, 520.
v. Klostermann, A., Reisender. VII, 414. — über die Maße in Khokand. 784.
Klosterstiftungen, Zeit der, in Mesopotamien. XI, 177.
Kludd, s. Sedd el Kl.
Klytsche Dagh, armen. Gebirge von Bayazed. X, 345.
Knez, Flußarm des Dschakdschakdschah. XI, 427.
Knoblauch, Speise in Astrabad. VIII, 523. — Schutzmittel gegen Gluthwinde. IX, 725.
Knochenbreccie, rothkalkige, am Euphrat. XI, 704.
Knochenkalksteinbreschen, am mittl. Euphrat. XI, 705.
Knochenreste, in Breccien am Euphrat. XI, 697.
Knollenwurzel, eigenthümliche, bei Kifri. IX, 543.
Knossus, auf Creta. XI, 581.
Ko, Namen des Zuckerrohrs auf den Sandwich-Inseln. IX, 240.
Koali, s. Schah K.
Koas (Ptolem.), d. i. Kameh. VII, 17. 198.
Koasheh, Kurden-Dorf. XI, 167.
Koba, Ort in Hedschas. XI, 554.
Kobad, Distrikt von Fars. VIII, 127.
Kobad, als Kurdenname. IX, 440.
Kobad (Kavades, Kawad), Sassanide, Sohn des Firuz, Vater Khosroes (reg. 491—532), erbaut Kazerun. VIII, 825. — in Kermanschah. IX, 375. — verfolgt die Könige von Hira. X, 61. — erobert Erzerum rc. 759. 1082. 1083. — Diarbekr rc. XI, 29. 353. 443. — erbaut Miafarekin. 68. — Feldzug gegen die Römer. 76. — s. Cavades, Kai Kobad.
Kobäse (Kobässe), s. Kubessa.
Kobaleth, Gebiet am Schwarzen Meer. X, 415.
Kobb, s. El K. es Scharki.
Kobbin, s. Tell K.
Kobinam, d. i. Kubis. VIII, 728.
Kobodschegkoft (Pehlvi), d. h. das Gebirge in Menge gespalten (Luristan). IX, 130. 205.
Kobribath, in Yarkand. VII, 396.
Koch, Köche, in Ispahan. IX, 49.
Koch, K., in Ani. X, 1149. — am Pontus. XI, 528.
Koch (Kol), armen. Distrikt. X, 589.
Kochanli, s. Kotschanlu.
Kocha Pangur, am Arimsu. X, 1150.
Kochbanz, Dorf bei Van. IX, 992. X, 318.
Koch Hannes, s. Kotsch Hannes.
Kochsalz, in Bayazed. X, 347.
Kocianis, s. Kotsch Hannes. IX, 645. 657.
Kodi, Station in Georgien. X, 371.
Kodja, s. Khodja.
Kodja Abdul Kurrim, Gelehrter aus Kaschmir. IX, 376. — s. Abdul Kerym.
Kodja Bunar (alten Mannes Quell), Dorf in Armenien. X, 824. 825.
Kodschah Bullach, Ort in Armenien. X, 356.
Kodsch Hissar (Kotschhissar, früher Gunässer, Dunässer, Dunei-

fir; auch Cousasar, Codj iasar), Stadt in Mesopotamien. XI, 42. 255. 366. 373. 374. 384. — vgl. Kohrasar.
Kodsje Hissar, s. Kodsch Hissar. XI, 373.
Köi, d. i. Dorf. XI, 86. — s. Koi, Kadi K., Madenk., Mar k. akos.
Köjlü's, Keuylis (türk.), d. i. Dörfler, Bezeichn. für die Gurans in Kurdestan. IX, 571.
Kökdschek (türk.), d. i. Göldschik. X, 812.
Kökyar, d. h. blaues Land. VII, 708.
Kölb Dagh, s. Kolb Dagh.
Koeleria, bei Mosul. XI, 219.
Königsbuch, s. Schah Nameh. VIII, 25.
Königsgarten, in Kabul. VII, 240.
Königsgräber, zu Tatta. VII, 181. — in Fars. VIII, 880. — s. Parthische K.
Königskanal, s. Nahr Malcha.
Königsstein, verglichen mit dem Kala Sefid. IX, 139.
Königsstraße, von Indien nach Kabul u. Iran. VII, 93. — Khotan — Indien etc. VII, 380. VIII, 135. 177. — Susa — Ekbatana. IX, 329. 343. — s. Parthische K.
Köpri, s. Kupri, Alak k., Batman k., Tschöban k.
Koeranus, Quästor v. Berrhöa. X, 978.
Körkenek, s. Kerkunah.
Köstoppe, Gebetsort der Mohammedaner am Kl. Zab. IX, 637.
Kofan, Jeziden-Dorf in N.-Kurdestan. IX, 734.
Ko fen tiao, Adler. VII, 457.
Koflan Koh (Koplan Koh, d. i. Scheideberg; richtiger wol Kafilan Koh, d. i. Karawanenberg), Scheideberg zw. Irak Adjem u. Aderbidjan. VIII, 614. 617. 620. 626. 635. IX, 803. 807. 813. 815. — vgl. Copan Daghi.
Koghten, alte Provinz am Araxes. IX, 915.
Κογχοβάρ (Isid.), s. Kongaver. IX, 345.
Koh, s. Kuh, Ballah K., Bara K., Damin e K., Koflan K., Kum K.
Koh (d. i. Berg), Kastell von Mardin. XI, 386.
Koha, Euphrat-Insel. XI, 716.
Kohan, d. i. erster Priester. X, 762.
Kohanan, Bergspitze bei Erzerum. X, 762. — s. Kuhanan.
Kohat. VIII, 143.
Koh Aureng Rudbar, Berg des Elburs. VIII, 587.
Koh Busgusch, s. Buschgusch-Berge.
Kohdanum, Alpen. VII, 200.
Kohe, Hauptstadt von Kipin. VII, 568.
Kohe Ginow, Berg in Laristan. VIII, 748.
Kohe-Gubr, Berg im Buschkurd. VIII, 730.
Kohe Gwanka, Schoberg in Mekran. VIII, 730.
Kohe Kaukasan, d. i. Berg Kaukasus. VIII, 260. — s. Kuhi K.
Kohendek. VIII, 471.
Kohendiz (Kuhundus), d. i. Citadelle. VII, 743. VIII, 239. 240.
Kohe Nuschader, d. i. Berg des Ammoniak, in Beludschistan. VIII, 732.
Kohen Wat, Paß in Beludschistan. VIII, 132. 714.
Kohestan, s. Kuhestan.
Koh Ghilan, ob = Dujik-Kette? X, 717.
Koh Hissar, s. Kohrasar.
Koh-i-Baba, Hochgipfel des Hindu-Khu. VII, 197. 200. 233. 248. (Höhe) 249. 254. 257. 262. 266.
Kohiei tchi, König von Kipin. VII, 687.
Kohinur (d. h. Lichtberg), großer Diamant. VII, 56.
Koh i Schah (Nachmed), d. h. Königsberg, Marmorberg bei Persepolis. VIII, 860. 892. 899. 929.
Kohistan, s. Kuhestan.
Kohitun, Gebirgskette. VII, 819.

Kohi Zerd, s. Kuh i Zerd.
Koh Kak, Furth des Kokfu. VII, 479.
Koh Khorgun, Berg in Fars. VIII, 874.
Koh Kosreh Jacub, Jakobs Bergschloß in Fars. VIII, 874.
Kohl, in Bitlis. IX, 1005. — Bagdad. XI, 813. — Basra. 1052.
Kohle, s. Holz-, Steinkohle.
Kohlenbrennerei, in Kurdestan. IX, 610.
Kohlenhaltiger Mergel, am obern Tigris. XI, 19.
Kohlenlager, im östl. Aderbidjan. IX, 829. — im Taurus. X, 805. — am obern Tigris. XI, 125.
Kohlenstreifen, im Demawend. VIII, 570.
Kohlmeise (Parus major), in Mesopotamien. XI, 508.
Koh Maschuk, im Norden des Urmia-Sees. IX, 913.
Koh Nischam, in Aderbidjan. IX, 914.
Koh Namgerd, Berg in Fars. VIII, 864.
Kohrasar (Koh Hissar), Ruinenstadt in Mesopotamien. XI, 368. 371. 389. — vgl. Kodsch Hissar.
Kohrud (Khorud, Korud), Dorf, Thal und Paß in Irak Adschem. VIII, 9. IX, 28. 35. 36. 87. 121.
Koh Saadi, Berg bei Schiraz. VIII, 852.
Koh Schisch Pir, Schneepik der Zagros-Kette. VIII, 860. 864.
Kohundil Khan, in Kandahar. IX, 906.
Kohutah, im Belar-Thale. VII, 79.
Koi, Koï, s. Keuy, Khoi, Kieu, Kiugh, Köi, Koij, Ala-, Basch-, Byram-, Indjir-, Injeh su-, Iskele-, Kafir-, Khass-, Kian-, Kopri-, Mellik-, Molla-, Orta-, Rumala-Koi.
Koi (Koismuir), am Murad. X, 712. 716.
Koi Chai, s. Koi Su, Tapiat. IX, 561.
Koij (Dorf), s. Koi, Dsiaur K.
Koij Sandsjak, s. Koi Sandschak.
Koïli (Kulli), Kurdendorf am ob. Araxes. X, 385. 386. 661. 667.
Koimuk, Hauptort in Daghistan. VIII, 126.
Koindsjug, s. Kojundschuk. XI, 222.
Koïou, s. Nest k.
Koi Sandschak (Sandjak, Sanjak, Koij Sandsjak, Koj Sandschak, Keuy Sanjak, Sanjiak), Hochebene und Kurdenstadt am Zab Asfal. IX, 451. 531. 534. 567. 621. 630. 633. 636. 688. XI, 649. — Dist. IX, 535. 620. 693.
Koi Sandschak, d. i. Zab Asfal. IX, 450. — Zufluß zum Tapiat. 561.
Koismuir, s. Koi. X, 716.
Koi Su, s. Koi Chai, Zab Asfal. IX, 595.
Kojah Basch, Haupt der armen. Gemeinde in Van. X, 299.
Kojanis, s. Kotsch Hannes. IX, 645.
Kojedje, Dorf in Baz. XI, 600.
Koj Sandschak, s. Koi Sandschak. IX, 633.
Kojun, d. h. Schaf. XI, 222.
Kojundschuk (Kojunjuk, Koyunjuk, Koyundjuk, d. h. Schäfchen), Dorf u. Trümmerberg bei Ninive. IX, 734. XI, 222. 223. 226. 230. 231. 674.
Kojunli, s. Kouïounli, Kara K.
Kokab (Kaukab, d. h. Stern; Nahr Dara, Wadi Dara, Kordes), Zufluß zum mesopot. Khabur. XI, 258. 261. 265. 368.
Kokand, s. Khokand.
Kokeh, Thier in Kabulestan (?). VII, 311.
Koko-Nor, See. IX, 787.
Kokscha (Kokfu, Kuscha), d. i. Orus. VII, 199. — Fluß von Feizabad od. Badakhschan zum Orus. VII, 489. 788. 793. 801.
Kokfu, der Kaschghar-Strom. VII, 328. 413. 419. 478. (Quellen) 480. — s. Kuk Su.

Kol, s. Kul.
Kol (Koch), armen. Distrikt. X, 589.
Kolab, kurd. Sandschakat von Diarbekr. XI, 43.
Koläf-spi, s. Kelowspi.
Kolan, Ort in Fars. IX, 142.
Kolb-Dagh (Kölb D.), Niphates-Kette. X, 94. XI, 5.
Kolb Su (Kelb su), oberer Arm des Batman su. X, 91. 93. 693. 695. 903.
Kolchis, Königreich im Norden Armeniens. X, 117. 796. — s. Colchis.
Kolgha, Dorf v. Sindschar. XI, 460. 462.
Kolingkia, Fürst der Ansi. VII, 656.
Kolkas, i. e. Arum colocasia. XI, 502.
Kolkraben (Corvus corax), in Mesopotamien. XI, 507.
Kolopoulo, König von Tsao. VII, 649.
Κολόουρα (Ptolem.), Kastell am Euphrat. XI, 730.
Κόλσα (Ptolem.), ob = Kars? X, 423.
Kolsum-Meer, d. i. kaspisches Meer. VII, 755.
Kolthen (Koltban), Distrikt am Arares. X, 547.
Koloub, s. Nozbat al k.
Kom (Kum), Gräberstadt der Sefiden in Irak Adschem. VIII, 9. 88. 855. IX, 28. 31. 792. XI, 565.
Kom, s. Ain al Kum, Kara Kom.
Komagene, s. Kommagene.
Komaischah, s. Kumeschah.
Komana, s. Comana.
Komani, chald. Gemeinde bei Amadia. XI, 592. 594.
Komaredje, s. Kumaredsch, Kotel e K.
Komeden, Volk. X, 1058.
Komeïn (Kumi, Khomein), Ort in Irak Adschem. IX, 65.
Komesch, s. Kumis.
Komeschah, s. Kumeschah.
Komis, s. Kumis.
Komisene, jetzt Komesch. VIII, 118. 341. — s. Kumis.
Kommagene (Comagene), syr. Landschaft am Euphrat. X, 73. 113. 774. 789. 878. 882. 911. 926. 929. 1048. — vgl. Euphratesia.
Kommagenen, Volk. X, 71.
Kommor, d. i. Priester der Harranier. XI, 312.
Komoran (Komron), portug. Fort in Laristan. VIII, 740. — vgl. Gombron.
Kona, s. Dair k.
Konabi Schehri. VIII, 469.
Konah Karaul, Stadt, Zollamt von Kaschghar. VII, 413. 478.
Konak, d. i. Rastort. IX, 1001. — Wohnung. X, 853. — s. Kur K.
Konakti, Kastell am ob. Tigris. XI, 123.
Konar-Baum (Rhamnus jujuba od. Lotus), in Khescht. VIII, 821. — bei Susa. IX, 303.
Konar Takhtah, Station in Khescht. VIII, 821.
Konar Tokht, in Persien. VIII, 8.
Kondar Baluch t, Berggipfel in Kerman. VIII, 738.
Kondil Dag, s. Kandil Dag. IX, 636.
Koneh Turfan. VII, 451.
Kongaver (Kenkewar, Kenkobar, Concobar), Stadt in Medien, Gränzstadt von Luristan u. Kurdestan gegen Irak Adschem. VIII, 117. IX, 70. 79. 325. 344 ff.
Kongkobar (Isid.), s. Kongaver. IX, 348.
Kongun (Kongo), s. Bender K.
Konguri, Distrikt in Fars. VIII, 874.
Konia, Stadt. X, 1010.
Koniatman, Hügelzug in Kurdestan. XI, 655.
Konkobar, d. i. Kongaver. VIII, 117. IX, 347.
Konkun, s. Bender K.
Konon, pers. Admiral. X, 1016.
Konstantin, s. Constantin.
Koobas, s. Mumanaki K.
Koom, s. Ain il K.

Kooner, s. Cooner.
Koorkoor, s. Kurkur.
Koosa, Kurdenstamm. IX, 612.
Koourba, in Irak Adschem. IX, 431.
Kop, Station in Armenien. X, 742.
Kopaja, Distrikt von Hamadan. IX, 123.
Kopanto, s. Kophanto. VII, 498.
Kopatres (Diod.), d. i. Dizfulfluß. IX, 322.
Kop Dagh (Paryadres, Skydises), Taurus-Kette. X, 741 ff. 825. (Höhe) 900. 1150.
Kopek Biran (d. h. Hundswüste), Dorf. X, 843.
Kopfanbeter, relig. Sekte. XI, 307.
Kopfschmuck, königlicher, in Khotan. VII, 362. — thurmartiger, der Kurdinnen. IX, 623.
Kopfsteuer, s. Charadsch.
Kophanto (Kiephanto, Kie pan tho, Kabandha), Königreich. VII, 497. 498. 500. 712.
Kophen (Strab.), der Kabulstrom. VII, 197.
Kophene, d. i. Kabulestan. VII, 272. 549. 568. 682 ff. — s. Kipin.
Kopher, s. Gopher. XI, 577.
Kophetes (Plin.), Fluß. VIII, 63.
Koplan Koh, s. Koflan Koh.
Kopper-Chall, in Ghilan. VIII, 657.
Koprates, Fluß in Susiana. IX, 322. — s. Dizful.
Kopri, s. Kupri, Kara k., Kiz K.
Koprikoi, s. Kupre kieu.
Koprisu, s. Kiupri Su, Takhtab Koprisu.
Kor (Kur), Salzfluß, Gränzstrom von Laristan. VIII, 750. 755.
Kora, Vater Sinan ben Thabits. XI, 307. — s. Thabit ben K.
Kora, Ort in Arabien. XI, 554.
Korah, Paß in Kohestan. VII, 246.
Koralla, s. Cap K.
Korallen, in Bagdad. XI, 800.
Korallenbildung, am mittl. Euphrat. XI, 705.
Korallensand, in Laristan. VIII, 748.
Koralliten, bei Anah. XI, 726.
Koran, colossaler Codex in Samarkand. VIII, 314. — Sentenzen, von den Hezareh sehr geachtet. VIII, 139.
Korankh, Dorf u. Fluß in Kurdestan. IX, 426.
Koraskowa, Ort am kasp. See. VIII, 343. 344.
Korba. IX, 75.
Korbflechter, in Kurdestan. XI, 629.
Korbiane (Corbiene), Statthalterschaft von Elymais. VIII, 96. 155. 157. 205.
Korbrenen (Korbienen), Volk. IX, 131. 208.
Korch, s. Al Korch.
Kordes (Procop.), Zufluß zum Khabur. XI, 258. 399. 410. — s. Dara-Fluß, Kokab.
Κορδιαῖοι, d. i. Kurden. IX, 630.
Korduenen, s. Gordyäer. IX, 129.
Korea, Granaten das. XI, 560.
Koremoz (Koremos), s. Kureh maz.
Korfab, Paß der Hamrin-Kette. IX, 539. 540.
Kori, Ostmündung des Indus. VII, 157. 165. 171. — Etymol. 172.
Korjun, s. Koh K.
Κορκούρα (Ptol.), in Central-Kurdestan. XI, 623. — vergl. Khorkura.
Korkut Baba (türk.), d. h. Vater des Kochens, s. Baba Gurgur. IX, 556.
Korma (Corma), Fluß in Kurdestan (Karasu?). IX, 374.
Kormas, Kastell in Kurdestan. X, 86. XI, 103.
Kormorane (Halieus carbo), in Ghilan. VIII, 431. — Masenderan. 546. — am Van-See. X, 302. — bei Mosul. XI, 217. — in Mesopotamien. 509.
Korn (Roggen), bei Doch. VII, 44. — im Pendschab. 116. — reich-

lich bei Sehwun. VII,161. — dgl. in Kaschghar. 417. — Turfan. 435. — Kutsche. 445. — Ghilan. VIII, 676. — Zohab. IX, 466. — spärlich in Banna. 581. — in Kurdestan. 597. 657. 609. — Aderbidjan. 806. 911. 928. — Babylonien. X, 18. — am Tigris. 231. — bei Mardin. XI, 366. — ergiebig im Araxes-Thal. X, 393. 404. — in N.Armenien. 434. — am Murad. 682. 719. — in Kharput. 810. — im Taurus. 910. — am mittl. Euphrat. XI, 713.
Korn, indisches (Dari), am Diyalah. IX, 493. 541. — am Bitlisfluß. 1007.
Korna (Kornah, Korne, Kurna), Festung am Zusammenfluß des Euphrat u. Tigris. IX, 327. X, 44. 56. 189. 268. XI, 1018. 1021. — Dist. X, 884. XI, 928. 948. 1012.
Kornelkirsche (Cornus mas), in Mesopotamien. XI, 501.
Korok, Stadt in Drangiana. VIII, 120.
Koromandel, Handelsartikel. IX, 893.
Korom Dagh, Höhe. X, 1150.
Koron, Dorf. X, 1150.
Korones (Ptol.), Berg in Kommisene, VIII, 561.
Koros, s. Cyrrhus, Khoris.
Korou, s. Kohrud. IX, 36.
Korra, s. Thabet Ebn K. ꝛc.
Korsekian, Dorf bei Jspahan. IX, 28.
Korsut, s. Kursat.
Kort, s. Hussein K.
Kortaik'h aschkarh, d. h. Land der Kurden. IX, 644.
Kortpert (syr.), d. i. Kharput. X, 811.
Kortschai, Zubach des Murad. X, 653. — vgl. Kurd su.
Korud, s. Kohrud. IX, 121.
Koru Dagh, Berg in Jrak Adschem IX, 62.
Korumabad (Khorumabad, Khurimabad, Kumabad), Ort in Masenderan. VIII, 543. 544. 546. 557. — vgl. Currimabad, Khorramabad.
Korus, s. Cyrrhus.
Kosak, d. i. Kirgis Kasak. VII, 517. — vgl. Kasachen.
Kosacken von Lori. VIII, 126.
Kosär (Kuzra), Station in Jrak Arabi. XI, 1039. — vgl. Koseïr.
Kosch, Taurus-Gebirge. X, 902. XI, 14.
Kosch, s. El K., Kara K.
Koscharis, ob = Kotsch Hannes? IX, 667.
Koschawjänk, Dorf in Armenien. X, 429.
Koscheik, s. Scheikh Kuchuk. IX, 761.
Koschi, Land. VII, 421.
Koschkiffandi, Dorf am Urmia-See. IX, 962.
Koschm Tagh (Dagh), Taurus-Kette. X, 76. (Höhe) 693. 903.
Koschnav (Khosnav), Ort in N. Kurdestan. IX, 688.
Koschti, heilige Parsenschnur gegen Dämone. XI, 570.
Koseh Tagh, s. Kussadagh. X, 330. 655.
Koseïr, Dorf in Mesopotamien. XI, 464. — vgl. Kosär.
Kosierita, s. Sabikoddin Sjabar K.
Kosmidjan, in Jrak Adschem. IX, 71.
Kosmogonie der Parsen. VIII, 27. 42.
Kosmopolitische Gewächse, Grundsätze zur Bestimmung ihrer Heimath. IX, 248.
Kosreh, s. Koh K. Jacub.
Kosroes, s. Khosroes, Madain Kosroes.
Kosru, s. Thak K.
Kosrujerd. VIII, 331.
Kossa Dagh, Paß in Armenien. X, 355. — vgl. Kussa Dagh.
Kossäer (Kussäer, Kissier), Bergvolk an der Nordgränze von Susiana. VIII, 60. 95. IX, 70. 108. 129. 139. 200. 208. 329. XI, 575. — s. Urier.
Kossäer-Route. IX, 333 ff.
Kossim, s. Malek K. Mirza.

Kossim Agha, Pascha von Mosul. XI, 836.
Kossimlu, Afscharen-Stamm in Urmia. IX, 949.
Kostbarkeiten, die sieben, der Buddhisten. VII, 300. 355.
Koß (Coß), Wegmaß. VII, 250. VIII, 131. 138. — s. Kros.
Kota, d. i. Cuthaea, Land am Ararat (Dschebel Dschudi). X, 261. — s. Cuthäer, Kutha.
Ko ta lo tchi, s. Ko tha lo tchi.
Kotana, Gränzstadt Aderbidjans. IX, 642. 910. — s. Kotur.
Kotanly, armen. Dorf am Akhurean. X, 420.
Kotba, Feldherr Walids. VII, 425.
Kotch-pai, unbekanntes Thier in Kabulestan. VII, 311.
Kote (sanskr.), d. h. Festung. VII, 27. 364. — s. Kullan K., Mittun K., Sri K., Subzul K., Ududa K.
Kote, Station am Chinab. VII, 60.
Kote-Kangra, Pendschab-Festung am Beas. VII, 83. 128.
Koteli, im Belar-Thale. VII, 79.
Kotel i Komaredje, in Fars. VIII, 823.
Kotel i Dokhter, s. Kotul i D.
Kotel Pir a zan (d. h. das alte Weib), Paß in Farsistan. VIII, 842 ff.
Kotgerh, Himalayastaat. VII, 6.
Ko tha lo tchi (Ko tha lo tschi), Könizreich in Ost-Persien. VII, 568. 576. 579. 688. — s. Tiaotchi, Sieiju.
Kothbeddin, s. Cothbeddin.
Kothian, s. Khotan. VII, 350.
Kot-hon, s. Ot-hon.
Koti, s. Beg K.
Kotni, Kurdendorf. X, 815.
Kotnun, Flecken in Ghilan. VIII, 126.
Kotoor, s. Kotur.
Kotourah, s. Kotur. IX, 924.
Kotranie su, Sindscharfluß. XI, 257.
Kotranis, Christendorf in Dschulamerk. XI, 599.
Kotrobbol, s. Ca'trabbol. X, 207.
Kotschanlu (Kochanli), kurd. Ilats. VIII, 393. X, 896.
Kotsch Hannes (Kodsch H., Kochannes, Kojanis, Kocianis), nestor. Bischofssitz in Central-Kurdestan (Dschulamerk). IX, 629. 645. 657. 662. 667. 673. 678. XI, 599. 639. 640.
Kotschiran, armen. Kloster am Akhurean. X, 448.
Kotschhissar, s. Kodsch Hissar.
Kotsoneath, s. Al K.
Kotta (sanskr.), d. h. Festung. VII, 364. — s. Kote.
Kottnu, d. i. Kattun, in Diarbekr fabricirt. XI, 57.
Kotul (afghan.), d. i. Bergpaß, Engpaß. VII, 231. 804. VIII, 131. 157. — s. Kotel, Khutul, Kutel, Kara K., Kozhak K., Zirin-K.
Kotul e Mallu (Kutel e M.), Paß in Fars. VIII, 817. 820 ff.
Kotul i Dokhter (Kotel i D.), Paß in Fars. VIII, 820. 827. 842.
Kotul i Sucreab, gefährl. Paß in Fars. IX, 142.
Kotur (Kotoor, Kotourah, Cotourah), westl. Gränzdorf Aderbidjans. IX, 791. 858. 910. 924. 974. — s. Kotana.
Kotur Chai (Kotoor Ch.), Zufluß zum Araxes. IX, 642. 910. 914. 974.
v. Kotzebue, M., in Persien. VIII, 422.
Kouanneï. VII, 688.
Kouboulak, Dorf in Aderbidjan. VIII, 635.
Kouch, Volk. VII, 681.
Koudjir (Soda?), in Turkestan. VII, 455.
Koue, s. San K.
Kouei chouang, d. i. Ho. VII, 572.
Koueichouang, König der Ta Yueti. VII, 675.
Koueischan (Kueischan), Hauptstadt der Ta Wan. VII, 633. 644.
Koueï sie Wang, d. h. treuergebener König. VII, 581.

Koueïsiu, d. h. Wiederkehr der Pietät. VII, 578.
Koueit, s. Grane.
Koueitseu (Kieoutseu), d. i. Bischbalik. VII, 423. 554. 594.
Kouei-thsu (Koueitsou, Khoueitsu), d. i. Kutche. VII, 421. 431. 445. 567.
Koueiwangschan, d. h. Berg des edlen Königs. VII, 644.
Kouen-Gebirge. VII, 377. — vgl. Kuenlun.
Kouenhiou, s. Tolekian. VII, 569.
Kouenming, Volk. VII, 552.
Koughé (Khougué), Station bei Khonsar. IX, 64.
Kouh, s. Kuh, Derwazeh K.
Kouïounli, Ilat-Stamm. VIII, 405. — s. Kojunli.
Koui-tuz, Elburs-Kette. VIII, 452.
Kouje, d. i. Kusch. VIII, 722.
Koukkonah, Fluß in Irak Adschem. IX, 65.
Koul, s. Baba K.
Koula. X, 407.
Koulabore (Khulambar?), Fluß in Kurdestan. IX, 456.
Kouli, s. Kuli.
Koumdjen, Dorf bei Hamadan. IX, 121.
Koume, s. Tamou. VII, 569.
Koundi Schabouh (armen.), d. i. Jondisapur. IX, 285.
Koungsoun, König der Oui. VII, 594. — s. Kungsung.
Kountschu. VII, 519.
Koureh, s. Kureh.
Kou sa ho (chines.), d. i. Khosroes. VII, 539. 779.
Kouschk-bey, Dorf bei Hamadan. IX, 121. — vgl. Kuschk.
Kouszu (Kuszu, Kiuszu, Gouz, G'us, Guz), d. i. Uiguren. VII, 593. 601. 602. 618.
Kout, s. Grane.
Kout, in Neu-Caledonien Name für Zuckerrohr. IX, 260.
Koutai, s. Kutni.
Kou tou chi yao cha, Hauptstadt von Kabul. VII, 568.
Kowäbde, Dorf bei Basra. XI, 1047.
Koweïk (Chalus), Fluß v. Aleppo. X, 10. 1029. XI, 497.
Koyunjuk (Koyundjuk), s. Kojundschuk.
Kozhak Kotul, Paßhöhe der Soliman-Kette. VIII, 164.
Kozli, Station in Aderbidjan. IX, 814.
Krabben, in Mesopotamien. XI, 359.
Krähe, Feind der Heuschrecke. VIII, 796. — im südl. Chusistan. XI, 1029. — s. Mandel-, Nebel-, Rabenkrähe.
Kran (arrakan.), d. i. Zuckerrohr. IX, 238. 262.
Kraniche, am Ravi. VII, 49. — Baran. 313. — Araxes. X, 382. — Kara su. 818.
Krankheiten, in Asterabad. VIII, 361. 522. — Ghilan. 672. — Laristan. 739. — Georgien, Kars. X, 430. — Diarbekr. XI, 59. — Mosul. 210. — der Montefiks. 1007. — s. Leber-, Milz-, Seekrankheit 2c.
Krapp, bei Ispahan. IX, 54. — Erzerum. X, 758. — am südl. Tigris. XI, 812.
Kraut, Kräuter, aromatische, im Hindu Kusch. VII, 260. — reichl. im pont. Taurus. X, 918. — in Mesopotamien. XI, 501. — s. Alpenkraut, Flora 2c.
Kreide, (petrefactenreiche) der kurdest. Gebirge. IX, 536. — bei Kifri. 547. — (verhärtete) im Taurus. X, 916. — am Euphrat. 921. 1064. — im Abd al Aziz. XI, 478.
Kreideablagerungen, in Mesopotamien. XI, 316.
Kreidebänke, im Taurus. X, 917. — am Euphrat. 921. — in Kurdestan. XI, 19.
Kreidebildung, in den Avroman-Bergen. IX, 532. — am Euphrat. X, 877. — am obern Tigris. XI, 124. — in Mesopotamien. 317.

Kreideboden, in Kurdestan. X, 698. — am Euphrat. XI, 1021. — in Syrien. X, 1107.
Kreidefelsen, am Euphrat. X, 830. 944. 1063. 1066. XI, 701.
Kreidegebirge, am Kisil Osen. VIII, 626.
Kreidelager, am Euphrat. X, 879. — (gelbe) am obern Tigris. XI, 19. — bei Hit. 761.
Kreidemergel, am mittl. Euphrat. XI, 710.
Kreiselschnecken, am unt. Euphrat. XI, 987.
Kreisler-Derwische, in Bagdad. XI, 843. — s. Dreher-D.
Krent, s. Kerend. IX, 391.
Kresse, im Sertschinar. IX, 448. — s. Wasserkr.
Kreta, s. Candia.
Kreuz, heiliges, seine angebl. Schicksale. IX, 778.
Kreuze, auf den Gräbern in Kohrasar. XI, 369.
Kreuzförmige Kirchen, häufig in Armenien. X, 532.
Kreuzpfennige, in Orfa. XI, 329.
Kreuzschlagen, große Wichtigkeit bei Nestorianern. IX, 678.
Kreuzzüge, Sagen davon unter den Kurden. IX, 616.
Kriechpflanzen, am Tigris. XI, 929.
Kriegertribus, kurdische. IX, 571.
Kriegsführung, kostspielige, in Kurdestan. XI, 131.
Kriegsschauplatz, russisch-türkischer, in Armenien (1828 und 1829). X, 414 ff.
Krikenten, bei Mosul. XI, 217.
Krimm, armen. Ansiedler daselbst ꝛc. VIII, 797. X, 441. 597. — Oliven. XI, 529.
Kris'na (Kis'an, Kesen), indische Gottheit. X, 557.
Kriwoserskoi. VIII, 796.
Krkeneborisb, der Doppelwall von Erzerum. X, 761.
Krösus, lydischer König. IX, 98. 777. XI, 548.
Kröten, in Ghilan. VIII, 677.
Krokodil, s. Crocodil.
Kropfbildung, unbekannt im Hindu Kusch. VII, 263. — in Yarkand. 390. 393. — häufig in Egin. X, 791.
Kropfgänse, in Ghilan. VIII, 678. — am Araxes. X, 382. — (Pelecanus onocrotalus), in Mesopotamien. XI, 509.
Kros, Wegmaß. VII, 104. — s. Koß.
Krüppeleiche, am Van-See. IX, 1001.
Krüppelweide, aus Noahs Arche, am Ararat. X, 483.
Krummholz, in Bayazed. X, 346.
Krystall, s. Crystall.
Ksâh (Zend), d. i. walten. VIII, 78.
Ks'athra (sanskr.), d. i. König. VIII, 78.
Kscharas (assyr.), d. i. Ahasverus, Xerxes. VIII, 78. IX, 305.
Kschauma (sanskr.), d. i. Seide. VII, 373. VIII, 691.
K's'hârsâ, d. i. Xerxes. VIII, 78.
Ktesiphon, s. Ctesiphon.
Ktpdhuk (Keilschr.), d. i. Kappadokier. VIII, 79. 92.
Ku, edle Pferderaçe. VII, 643. 699.
Ku, s. Kuh, Kerba ku.
Kualem (Kulam), schiitische Araber am unt. Euphrat. XI, 972.
Kuangte, König von Khotan. VII, 359. 360.
Kuang Wang, Usun-Fürst. VII, 619. 620.
Kuang yu ki (Kuan yü ki), chines. Produktengeographie, Produktenkunde. VIII, 709. IX, 265.
Kuan ling thung dschi, d. i. Ober-Zolleinnehmer. VII, 433.
Kuan yü ki, s. Kuang yu ki.
Kuars, s. Guarbs. X, 555.
Kua tscheou. VII, 325. 330. 711.
Kubbet, d. i. Gebethaus, Gebetort. XI, 786. — Bezeichnung für Höhen. 888. — mohammed. Gräber, bei Eski Mosul. 160.
Kubbet el Marmora, Stadt am Euphrat. XI, 744.

Kubbetol-islam, d. h. Kuppel des Islam, Bezeichn. für Basra. X, 179.
Kubeidan, mesopot. Trümmerhügel. XI, 989.
Kubessa (Cubessa, Kebesse, El Kobäse, Cabassa), Dorf am arab. Euphrat. XI, 743. 744. 1040. 1041.
Kublaï Khan, Großkhan der Monghholen (reg. 1260). IX, 283. 838. 862.
Kubt, d. i. Rebhuhn. VIII, 348.
Kubuk, Arm des Heratflusses. VIII, 241.
Kucheh, d. i. 40,000 Häuser. VIII, 603.
Kuchuk, s. Kutschuk.
Kuckuck (Cuculus canorus), in Gurkan. VIII, 360. — bei Mosul. XI, 218. — Mesopotamien. 508.
Kud, s. Kut. XI, 976.
Kudak, s. Didjlahi-K., Mihrgan K.
Kuddumgan, Dorf bei Nischapur. VIII, 317.
Kudghum, s. Kuttaghun.
Kudi Derbar, Erdhaufe bei Babylon. X, 188.
Kudi Tereik, Erdhaufe bei Babylon. X, 188.
Kudraha, Volk. VIII, 90.
Kudreh, s. Bin K.
Kudunny, Fluß in Afghanistan. VIII, 163.
Kü, s. Ku. VII, 643.
Kueischan, s. Koueischan.
Kueizökue, s. Kutsche. VII, 445.
Külpi, s. Kulpi. X, 461. 462.
Kümürhan (Keumur Khan), am Euphrat. X, 827. 858. — Keilinschriften das. 867.
Kümüz, s. Kumisch.
Kuen-lun (Kuenlün), Hochgebirge von Tübet. VII, 561. — Paradiesland d. Chinesen. VIII, 38. 40. 50. — vgl. Kouen-Gebirge.
Kuen lun tsche, d. h. Zuckerrohr vom Kuen lun. IX, 255. 266.
Kuenmi, die großen und kleinen. VII, 612. 614.
Kuenmo (Kunmo, Kunmi), König der Usun. VII, 612. 614. 619.
Künstler, griechische, bei Sassaniden. IX, 381.
Kürasse, von Samarkand. VII, 668.
Kürbisse, in Masenderan. VIII, 436. — Ghilan. 675. — am Arares. X, 522. — sehr große, bei Malatia. 854. — Arten in Mesopotamien. XI, 501.
Kürkli, westlichstes Kurdendorf. XI, 145.
Kueter, s. Kuttore. VII, 307.
Kütschük Hasan, erster Pascha von Bagdad. XI, 797.
Kuf, s. Aker K.
Kufa (Cufa), Khalifen-Residenz am Euphrat. X, 44. 57. 62. 183 ff. 266. 281. XI, 177. — Dist. 175. 192. 235. — s. Bataih K., Nahr K.
Kufani, s. Al K.
Kuffe, Bote auf dem Schat el Arab. XI, 1037.
Kufische Inschriften, in Rai. VIII, 598. — Persepolis. 921. — am obern Frat. X, 732. — in Erzerum. 766. — bei Taibe. 1106. — zahlreich an den Mauern Diarbekrs. XI, 48. — bei Eski Mosul. 160. — Mosul. 197. — Alt-Basra. 1053.
Kufische Münzen, bei Schiraz. VIII, 854. — goldene, bei Ahwaz. IX, 222.
Kufische Schrift, bei Khorramabad. IX, 207. — Name. X, 184.
Kufra, Kurdenstadt. XI, 96. 102.
Kugel, Symbol sassanidischer Herrscher. IX, 381. 383. — auf Sculpturen von Selmas. 959. — Ornament in Al Hadhr. XI, 489. — s. Kupferkugel.
Kugeli, am Bolan-Paß. VIII, 172.
Kuh, s. Kho, Khu, Koh, Kouh, Ku.
Kuh, d. i. Burg. XI, 41.
Kuh Alburz, s. Elburs, Kuholburs. VIII, 513. 554.
Kuh Alwend, d. i. Elwend. IX, 91.

Kuhanan, d. h. hervorragender Gipfel, Bezeichnung für Sepuh. X, 782. — s. Kohanan.
Kuh Arwend, s. Elwend. IX, 92.
Kuh Bawalin, Bergkette in Luristan. IX, 340.
Kuh Dascht, Lurensitz am obern Kerkha. IX, 216. 337.
Kuhek, Bergthor von Rai. VIII, 601.
Kuh e nemek, Salzberg in Farsistan. VIII, 764.
Kuh e Nokreh, d. h. Silberberg, in Farsistan. VIII, 761.
Kuh e Sofah (Sophissar), Berg bei Ispahan. IX, 54.
Kuhestan (Kuhistan, Kohestan), d. h. Berg-, Alpenland. VII, 200. VIII, 98. 341. 418.
Kuhestan (Kohestan), das Alpenland des Hindu Khu. VII, 200 ff. — nach Sultan Baber. 244 ff. — Pässe. 251. VIII, 98.
Kuhestan, Bergland zw. Irak u. Khorasan. VIII, 123. 124. 127. 262. 310. 341. 418.
Kuhestan, das medische Bergland, Irak Adschem. IX, 42. 58. 97. — s. Dschebal.
Kuhi Amari, Vorberge des Zagros. IX, 177.
Kuhi-Anarah-rud, Zagros-Berg. IX, 202. 410.
Kuhi Asmari, Vorkette des Zagros. IX, 157. 177.
Kuhi Benna, d. i. Berg der Pistacien. XI, 566.
Kuh i Dokhter, d. h. Berg der Tochter, in Fars. VIII, 843.
Kuhi Gird (d. h. runder Berg), Vorkette des Zagros. IX, 203. 204.
Kuhi Haftad Pehlu (d. h. siebzigseitige Berge), Zagros-Kette. IX, 205.
Kuhi Harsin, s. Harsin.
Kuhi Kaukasan, Elburs-Kette. VIII, 513. — s. Kohe K.
Kuhi Mangerrah, Zagros-Kette. IX, 202.
Kuhi Nuh, d. h. Berg Noahs, pers. Bezeichnung für Ararat. X, 362.
Kuh Istakhar, Berg in Fars. VIII, 863.
Kuhistan, s. Kuhestan.
Kuhi Tschihil Na Balighan (d. h. die 40 Infanten od. Martyre), Fortsetzung des Uschturan Kuh (Elwend-Kette). IX, 209. 325. 339.
Kuh i Zerd (Kohi Zerd, Kuhi Zardah, Kuh Zerd, Kuh Zardé, Serdekuh), Gränzkette von Luristan u. Ispahan. VIII, 870. IX, 23. 24. 194. 211. — s. Zerd-Khu.
Kuh-Kilouieh (Khogiloea), Gränzgebiet zw. Schiraz u. Lor. IX, 136. 142.
Kuh Lagzi, der westl. Kaukasus. VIII, 554.
Kuhmilch, zu Rauschtränken verbraucht. VII, 436. — in China zur Läuterung des Zuckers. IX, 266. — vgl. Kumisch.
Kuhmist, in Erdöl getauchter, als Brennmaterial. IX, 546. — in Kars. X, 431. — in Erzerum. 749. — s. Dünger.
Kuh Mumiay (Mumia-Berg), in Farsistan. VIII, 762.
Kuhnah, s. Kal'ahi K.
Kuhnak, Dorf der Serdascht-Ebene. IX, 164. 170. 174.
Kuh-olburs, d. i. Elburs-Kette. VIII, 513. — s. Kuh Alburz.
Kuhpocken-Impfung, bei Kurden eingeführt. IX, 626.
Kuh Seim, Berg in Khorasan. VIII, 241.
Kuh Telisma, Talisman-Berg, bei Kom. IX, 31.
Kuhundus, s. Kohendiz.
Kuh Zerd, s. Kuhi Zerd.
Kuihama. VII, 87.
Kujjuri, große Fischart im Indus. VII, 175.
Kukan, Ort in Khokand. VII, 763.
Kukark, armen. Provinz. X, 630.
Ku kindse wan lui, chines. Encyclopädie. IX, 274.
Kukjar, Ort. VII, 708.
Kukla, Ort auf Cypern. XI, 551.
Kuk Su (d. h. blauer Fluß, Irtysch?), Gränzfluß von Khokand u. Rußland. VII, 782. s. Kokſu.

Kuktscheh Daria, s. Göktschai.
Kuktscheh Tengis, s. Göktschai.
Kukumern, s. Cucumerinae.
Kukyar, Stadt Yarkands. VII, 402.
Kul, d. h. Sklav. VIII, 414.
Kul (Gul, Kol), d. h. Quelle, Fluß. VII, 481. — in Inner-Asien häufig als Bezeichnung kleiner Bergseen. X, 103. — s. Issi-, Kara-, Riang-, Sari-, Ser-, Siri-, Suri-, Surik-, Yeschilkul, Göl.
Kulab, Provinz von Karatigin. VII, 804. — Gebirgsstaat am Oxus. 813. 819.
Kulahi Frengi (d. h. fränkische Mütze), Lusthaus in Tehran. VIII, 610.
Kuhla-Sahra, in Kurdestan. IX, 426.
Kulak, s. Karak.
Kulam, s. Kualem.
Kulambar, s. Khulambar.
Kulan uli. VII, 382.
Kulaß, Baumkähne der Turkmannen. VIII, 367. 533.
Kulb altaïr, Pflaumenart in Mesopotamien. XI, 501.
Kulé Bogbaz, cilicischer Paß. X, 916.
Kuli (Kuly, Khuli, Kouli), s. Abbas Kh. Khan, Alla Kh. Khan, Band K. Khan, Djafar K. Khan, Hassan K., Jafer K. Khan, Imam K. Khan, Mohammed Ali Kh. Khan, Mohammed K. Mirza, Nejeff K. Khan, Reza K. Khan, Schah K., Schah Thamas K. Khan, Thamas K.
Kuli Khan (Khuli Kh.), zerstört Herat. VIII, 245. — vgl. Kuly Khan.
Kulir, in Ost-Turkestan. VII, 330.
Kulkendy, s. Gulbundi.
Kulla, s. Kala, Kellah, Basch K., Giaur K., Gour K.
Kulla Chic, s. Kala Zohak.
Kulla Duschak, Station in Afghanistan. VIII, 159.
Kullagum (Kullugan), Ort in Beludschistan. VIII, 721. 730.
Kullab (Killah), d. i. kleines Fort mit Erdwällen. VIII, 157. — Erdummauerung (Dorf, Weiler?). VIII, 324.
Kullah Futallah, Erdfort in Afghanistan. VIII. 162.
Kullah Ghundi Mansur Khan, bei Kandahar. VIII, 160.
Kullah i Huzara (d. h. Huzara-Mütze), Nadelholz. VII, 260.
Kullah Lausch (Kulla L.), am Furrah. VIII, 156. 157.
Kullah Suffeid, Fort Afghanistans. VIII, 159.
Kullah Syud-Muhims, Fort bei Kandahar. VIII, 161. 162.
Kulla Lausch, s. Kullah L.
Kullan-Kote, Ruinenstadt in Sinde. VII, 182.
Kullaserai (Kulleserai, Kalaserai), Dorf in Ghilan (Talisch). VIII, 658. 669.
Kullat, Dorf am Kisil Osen. VIII, 638.
Kulla Zohak, s. Kalaa Z.
Kulleserai, s. Kullaserai.
Kulleyuk, Paß im obern Mesopotamien. X, 1119. XI, 281.
Kulli, s. Koïli.
Kullibah, Berge am Euphrat. XI, 730.
Kulliga (Caloongeh), Dorf in Aderbidjan. VIII, 620.
Kullooa (bengal.), helles Zuckerrohr. IX, 236. 244.
Kullugan, s. Kullagum.
Kulluk (russ. Kul Tapa?), in Armenien. X, 384.
Kulnarwah Mallick, Kaschmir-Fürst. VII, 89.
Kulnarwah Panjabl. VII, 85.
Kulp, Stadt am obern Murad. X, 665.
Kulphurs, Tribus in den Gandari-Bergen. VII, 150.
Kulpi (Külpi, Kulpe, armen. Gogbp), Ort am Araxes, Steinsalz das. X, 356. 382. 451. 461. 462. 470.
Kul Tapa, s. Kulluk.
Kultup, Dorf in Aderbidjan. IX, 815.
Kultus, religiöser, fehlt bei Yeziden. IX, 752.

Kulub, s. Koloub.
Kulu-Kaschmir-Himalaya, Gebirge. VII, 7. 81. — unter Seikhs. 128.
Kulu Su, Araxes-Kanäle. X, 476.
Kulvar, s. Kurbal. VIII, 767.
Kulverawah (Kelhurabad), Dorf in Ardelan. IX, 814. 815.
Kulwan, s. Ahmed K.
Kuly Khan, Dorf im südl. Kurdestan. IX, 636. — vgl. Kuli Khan.
Kum, s. Kom, Ain al K.
Kum, d. i. Schäferei. X, 711.
Kumabad, s. Korumabad. VIII, 543. 544.
Kumach, s. Ani.
Kumaredsch, in Iran. VIII, 8. — vgl. Komaredje.
Kumberrak, Distrikt Herats. VIII, 254.
Kumbet, Grabmal am Tschekmah Dagh. X, 820.
Kumeschah (Komeschah, Komaischah), Stadt im pers. Irak. VIII, 9. IX, 14. 21. 898.
Kumi, s. Komeïn.
Kumis (Komis, Comesch, Komisene), Landschaft und Stadt in Taberistan. VIII, 118. 123. 124. 126. 341.
Kumisch (Kümüz, Kimmiz), d. i. Rauschtrank aus Pferdemilch. VII, 397. 777. VIII, 413. — vgl. Kiko, Aladschen.
Kumisch Tepe, d. h. Silberhügel. VIII, 343. — s. Gumisch T.
Kum Koh, im nördl. Aderbidjan. IX, 767.
Kumla, Festung im Pendschab. VII, 128.
Kumoni, Usun-Häuptling. VII, 622.
Kumri Kalah, Pik bei Amadia. XI, 597.
Kum Tippa (d. i. Sandberge), Dorf in Aderbidjan. IX, 809.
Kumtsch-teghin, Turkmannenfürst in Malatia. X, 862.
Kumuken, Volk. VIII, 126.
Kumursi, Tribus der Chaher Leng. IX, 211.
Kunamassy, Dorf in Kurdestan. IX, 592.
Kunarigird, Paß bei Tehran. IX, 29.
Kunawur, Hochterrasse. XI, 568.
Kundaylan, s. Kandalan.
Kundez, s. Kunduz. VII, 304.
Kundi, s. Imam Seyd Mokdad al K.
Kundschut, Kraut in Armenien. X, 522.
Kunduz (Kunduk?), armen. Dorf am Ala Dagh. X, 334.
Kunduz (Kundez), Stadt u. Gebirgsland am nördl. Hindu Khu, Quellgebiet der Oxus-Zuflüsse. VII, 14. 253. 304. 743. 805. 809 ff.
Kuner, s. Cooner.
Kun e Zeniun, s. Kan i Zenian. VIII, 845.
Kung, d. i. König. VII, 435. — Prinz der fünften Klasse. VII, 524.
Kungsung (german. König), Fürst von Schen schen. VII, 357. — s. Koungsoun.
Kunhabad, Hauptstadt in Mekran. VIII, 128.
Kuni, s. Dair k.
Kunjut, d. i. Sesamöl. XI, 527.
Kunk (Kanak?), Distrikt von Fars. VIII, 127.
Kunkud Kausch (wol Kaous), Feuertempel bei Schahpur. VIII, 838.
Kunmo (Kunmi), s. Kuenmo.
Kunstberg, s. Tepe.
Kunststraßen, zu Kabul. VII, 232. — von Khotan nach Indien. 380. — Schah Abbas, in Masenderan. VIII, 490. 494. 496. 498. 520. 670. — in Aderbidjan. 626. — der Semiramis, bei Ekbatana. IX, 110. — von Shuster nach Ispahan. 154. — in Elymais. 169. — in Fels gehauene, im Zagros. 394. — bei Sura. X, 1113. — am Buhtan. XI, 127. — bei Mardin. XI, 393. — vgl. Route.
Kunur, in Kafirestan. VII, 213.
Kunursen, Stamm. IX, 212.

Kuom, kurd. Distrikt. IX, 606.
Kupa, Dorf v. Ispahan. IX, 28.
Kuperdeg, in Ferghana. VII, 484.
Kupfer, Kupfererze, bei Bamiyan. VII, 259. — Werth in Yarkand. 394. — in Kutsche, Bukur. 445. — Ost-Turkestan. 518. — Badakhschan. 789. — im Demawend. VIII, 565. — gelbe Färbung dess. IX, 93. — in Erzerum. 124. 568. — im südl. Kurdestan. 589. — in Aderbidjan. 800. 866. — im westl. Armenien. X, 804. — am Euphrat. 866. — in Maaden Kapur. 913. — Arghana. XI, 59. — Basra. XI, 1052. 1055. — s. Schwefelkupfer.
Kupferfarbige Anhöhen, bei Tabriz. IX, 857.
Kupfergeschirre, in Khotan. VII, 361. — Kaschan. IX, 35. — Bagdad. XI, 813.
Kupfergruben, bei Ferghana. VII, 745. — Abbasabad. VIII, 335. — in Aderbidjan. 620. — Hekkari. IX, 665. — bei Tabriz. 858. — Baiburt. X, 272. — Erzerum. 757. — Maaden Kapur. XI, 17.
Kupferkugeln, vergoldete, am Sarkophage Esra's. XI, 946.
Kupferschmiede, in Ispahan. IX, 49. — zahlreich in Erzerum. X, 767.
Kupre kieu (Kopri koi), d. h. Brückendorf. X, 393.
Kupri (Kupru), s. Kiupri, Köpri, Kopri, Altun K., Jeni K., Kaffi k., Kuttur k.
Kupts, d. i. koptische Christen. XI, 117.
Kur, s. Kor. VIII, 755.
Kur (Abi Kur, Bendemir, Kyros, Arares), Zufluß zum Bakhtegan-See in Farsistan. VIII, 768. 859. 877. 878.
Kur, westl. Zufluß zum kasp. Meer. IX, 766. 791. 871. X, 368. 370. — Ebene dess. 372.
Kurab (Abkurren), das obere Stromgebiet des Murghab. VIII, 868. 875.
Kura Chai (Subliga), Zufluß zum Dschagatu. IX, 773. 828. — vgl. Kuri Chai.
Kuran (Karun, Karoon), Zufluß aus Chusistan zum untern Schat el Arab. IX, 46. — Uebersicht. 162. — oberer Lauf. 167. — mittler Lauf. 177 ff. 189. — unterer Lauf ꝛc. 291 ff. 319. 322. X, 26. XI, 1024. — s. Eulänus, Karun el Amah, Pasitigris.
Kuran, s. Bend K.
Kuraschun-mankfit, d. i. Flintenschußweite. X, 354.
Kurbal (Kurvar, Kulvar), d. h. Land, Distrikt des Kur, in Farsistan. VIII, 767. 769. 860. 865. 868.
Kurban, d. i. Opfer. IX, 476. X, 887.
Kurban Aït, Fest. VII, 465.
Kurbayah, Dorf am Buhtanfluß. XI, 127.
Kurdagly, südpers. Tribus. IX, 816.
Kurd (Gurd), d. h. tapfer, kriegerisch. IX, 572.
Kurd, Ilats der Turk-Zeban. VIII, 393. — s. Ilats Kurd-Zeban.
Kurdagly, Tribus in Aderbidjan. IX, 816.
Kurd-Bacheh (d. h. Kurden-Söhne), Ilat-Tribus. VIII, 393.
Kurdelan (Cardelan), Fort bei Basra. XI, 1050.
Kurden, Kurdenstämme. VIII, 90. — in Luristan. VIII, 127. IX, 140. 198. — Afghanistan. VIII, 188. — Kutschan. 314. — Medien ꝛc. IX, 97. 214. — Kermanschah. 69. 369. — Kerend. 392. — Charakteristik. 433. — Wanderstämme. 438. — besetzen Schehrezur. 445. — in Kerkuk. 553. — Eintheilung. 570 ff. — in S. Kurdestan (Sulimaniyah). 612 ff. 617 ff. — Volkszahl, Kasten ꝛc. 621. — plündern Mar

Mattei. IX, 738. — in Aderbidjan. 885. — am Van-See. 977. 980. X, 290. 298. — in Mosul. X, 274. 276. — Sindschar. 283. XI, 448. — ihr Leben. X, 333. — in Bayazed. 339. 353. — Mischvolk am Ararat. 383. 478. — in Armenien. 401. 418. — verehren Mesrop. 545. — nomadisirende, wandern aus Transkaukasien nach Persien. X, 610. — in Erzerum. 641. 755. — westlichste Verbreitung. 657. — in Musch. 664. 677. 678. — Bitlis. 688. — im Dujik-Gebirge. 734. 769. — bei Siwas. 847. — Gerger. 871. — Diarbekr. XI, 35. — Tschelek. 114. — Bändigung durch die Osmanli (Reschid Pascha, Hafiz Pascha). IX, 690. X, 1008. XI, 128 ff. 134. — in Buhtan. XI, 129. — Karsau Dagh. 132. — westliche, Charakteristik. 137 ff. — bei Mosul. 203. — im westl. Mesopotamien. 283. — in Orfa. 323. 327. 367. — Mardin. 393. 394. — Dschulamerk. 600. — s. Jezidi-K., Zelt-K., Kardu, Karduche, Kyrtier &c.

Kurden-Emir, im Buhtan. IX, 709.

Kurdenhistorie. IX, 616.

Kurden-Jailaks, am Khandusch Dagh. X, 693.

Kurden-Kolonie, am Nordrande Khorasans. VIII, 377.

Kurden-Lieder. IX, 622.

Kurden-Namen. IX, 440.

Kurden-Romanze. IX, 613.

Kurden-Weiber, ihr Leben u. Charakter. IX, 625. — häßliche. X, 865.

Kurdestan (Kurdistan), Gränzland zw. Persien u. der Türkei. VIII, 123. 124. 310. IX, 150. 412 ff. — südliches. 916 ff. geognost. Beschaffenheit. 526 ff. Distrikte. 605. Klima, Winde. 606. Agricultur. 608. Flora, Fauna. 609. — nördliches. 639 ff. — türk. Sandschake. X, 658. — Unterwerfung an die Pforte. XI, 38 ff. — Ausdehnung. 140. — Oliven das. XI, 526. — centrales (nestorianisches). 584. 585.

Kurdestan, an der Nordgränze Khorasans (Hyrkanien). VIII, 309. 341. 377.

Kurdestanische Gränzketten gegen den Tigris. IX, 524.

Kurdestan-Jeziden, s. Jezidi-Kurden.

Kurdi, s. El Salih el Wali el Abid Abdalla el K., Eyd K.

Kurdische Sprache. VIII, 589. IX, 213. 622. 627 ff. 630 ff. X, 658. — Gränze. XI, 141. — zw. Mosul u. Orfa. 327. — bei Jeziden. IX, 753. 759.

Kurdische Truppen, ihre Tracht. IX, 353.

Kurdkhan, Dorf am Van-See. X, 289.

Kurdmahalleh, Dorf in Masenderan. VIII, 523.

Kurdmano (Kurdmanschi), d. i. Kurden-Männer, Kurden. IX, 572.

Kurd O'ba, d. i. kurdisches Zeltlager, am Tigris. IX, 713.

Kurd Ougly, s. Keurogblu Dagh.

Kurd Petche, Tribus. VIII, 402.

Kurdschr (Courtches), Wanderstamm. VIII, 376.

Kurd Su, Zufluß zum Araxes. X, 387. — vgl. Kortschai.

Kurd Jusuf Dagh, Tauruskette. X, 850. 890.

Kurd-Zeban, d. h. kurdische Zunge. VIII, 381.

Kure, Distrikt von Derbend. VIII, 126.

Kureh (Koureh), d. i. Distrikt. VIII, 288. IX, 226. — s. Ardeschir K.

Kureh Iftakbar, Distrikt von Persepolis. VIII, 767.

Kurehmaz (Koremoz, Koremos), d. i. Melas, Tokma su. X, 839. 863.

Kurgan, Gränzstadt von Khotan. VII, 771. — vgl. Kurghan.

Kurgaschim, Kurgaschkan, s. Kurghaschim.

Kurghan, s. Tasch K.

Kurghaschim, d. h. Blei, Blei-

gruben. VII, 479. 482. 487. — s. Schorbulak K.
Kuri Chai (K. Tschai), Quellfluß des Adhem. IX, 528. 540.
Kuriki, s. Tura K.
Kuri tscha, linker Zufluß zum Frat. X, 728. — vergl. Kuru tschai.
Kuritscha, türk. Distrikt von Gamach. X, 789.
Kuri Tschai, s. Kuri Chai.
Kurkah, Christendorf in Tiyari. XI, 599.
Kurkan, s. Gurkan, Hyrkanien. VIII, 113. 123.
Kurkan, s. Tora K.
Kurkendsch, Capitale in Chuaresm. VIII, 128.
Kurkh, Grafschaft v. Herat. VIII, 254.
Kur Khan, der Khitanen. VII, 411.
Kurkhan Kende (Khur kh. k.), Zufluß zum Jerahi. IX, 145. 147.
Kurklekhi-Berge, in Beludschistan. VIII, 170.
Kur Konak, Dorf am Gök su. X, 896.
Kurkuor, Wasserfall des Murad. X, 663.
Kurkur (Koorkoor), Bergkette im südlichen Kurdestan. IX, 588.
Kurle (Kurli), Stadt in Ost-Turkestan. VII, 330. 432. 444.
Kurmah, s. Gormab, Tazeh K.
Kurm Ali, Herrscher in Hydrabad. VII, 185.
Kurmanj (Kurmengi), Collectivname für Kurden. IX, 572.
Kurmtschai, früher Sandschakat von Erzerum. X, 754.
Kurmulu, unbek. Fluß in Turkmanien. VIII, 409.
Kurna, s. Korna. XI, 1018.
Kurnak, Kurdenschloß. X, 849. XI, 144.
Kurnib, s. Khabur. IX, 716.
Kuro, s. Djara.
Kuror, Wegmaß. VII, 104.
Kurrah, Kürbisart. XI, 501.
Kurrameh, Distrikt Khokands. VII, 776.
Kurrhos, s. Khoris.
Kurri-Kazhav-Berge, in Süd-Kurdestan. IX, 576. 588.
Kurrim, vgl. Kerim, Kerym.
Kurrim Khan, Fürst von Tschinnaram. VIII, 311. 396. — vgl. Kerim Khan.
Kurrma (ob Keumar?), Zufluß zum Frat. X, 728.
Kursat (Korsut), Dorf am Ban-See. IX, 923. 994.
Kurtak, Zagros-Kette in Kurdestan. IX, 562. 582. 600. 766.
Kurten, d. i. Kurden. XI, 185.
Kurtim (arab.), d. i. Saflor. XI, 501.
Kuru (Kara?), Berge von, in Persien. VIII, 452.
Kurua, d. h. Loos. VIII, 733.
Kuru Bistan, Sitte der Hezareh. VIII, 140.
Kuru Dagh (d. h. trockner Berg), Berggruppe des Taurus. X, 890.
Kurujuk, in Armenien. X, 388.
Kuruk, d. i. Verbot. VIII, 384.
Kurund, s. Kerend. IX, 391.
Kurungle (Kurungli, Kurli), Stadt in Ost-Turkestan. VII, 330. 444.
Kurungle Tagh. VII, 329.
Kurusch (Tech Kurusch), Silbermünze. X, 353. 755.
Kuruster, Ruinen im Diyalah-Gebiet. IX, 499. 503.
Kuru-sufi, am kasp. See. VIII, 344.
Kuru tschai (Kirkgös, Soglu su), d. h. trockner Fluß, zum Euphrat. X, 724. 804. 826. 836. — vgl. Kuritscha.
Kuruzunger, Kurdenfürst. IX, 370.
Kurvar (Kurwal), s. Kurbal.
Kurwar (Khurwar), Maß, Gewicht. VII, 176. VIII, 169. 254. 324.
Kurzibaschi, Ort in Irak adschem. VIII, 640.
Kus, Land. VII, 804.
Kusa, Gemäß. VII, 784.
Kusan (Kusavi), s. Tirpul K.
Kusafar, in Mesopotamien. XI, 410.

Kusasifr, Kürbisart. XI, 501.
Kusch (Kouje). VIII, 722.
Kusch, s. Chiragh K., Hindu K.
Kuscha, s. Kokscha. VII, 801.
Kusch-ab (Anjil), östl. Zufluß zum Van-See. IX, 999. — vgl. Anjel Tschai, Khoschab.
Kuschan, in Attok. VIII, 260.
Kuschan, s. Charagh K.
Kuschi, s. Al K., Kala k., Tut k.
Kuschiar, d. i. Zuckerrohr. IX, 236.
Kusch-jukutschi, d. h. Vogelnachtlager, in Ost-Turkestan. VII, 487.
Kuschk, s. Kiuschk, Kouschk, Der i K., Killah K. e Zamburan.
Kusch Khaneh, Falkenschloß bei Ispahan. IX, 40.
Kuschki, s. Khuskizurd. VIII, 9.
Kuschlak, Gränzort von Schaul. VIII, 169.
Kuschlar Kalaasi (d. h. Vogelschloß), Vorstadt von Bagdad. XI, 795.
Kuschtanah, Dorf der Sindschar-Berge. XI, 459.
Kuschti, s. Sar K.
Kuschuk-Route, nach Schahruk. VIII, 474.
Kus Dag, s. Kusseh Dagh. X, 655.
Kushk, s. Kuschk.
Kusruesch (Keilschr.), ob Cyrus? VIII, 77. — vgl. Khosroes.
Kussa Dagh, s. Kusseh Dagh.
Kussäer, s. Kossäer.
Kussai Khur, Soliman-Kette. VIII, 130.
Kusseh Dagh (Kussa D., Koseh Tag, Kus Dag, Djedek), d. h. Berg ohne Bart, waldloser Kegel; Taurus-Gipfel des Aghri Dagh, Wasserscheide des Murad und Arares. X, 330. 345. 355. 401. 655. 662. 900.
Kussib, s. Khassab.
Ku-stana (sanskr.), d. h. Brust der Erde, Khotan. VII, 343. 352. 364.
Kusy, Dorf bei Urmia. IX, 947.
Kuszu, s. Kouszou.
Kut, s. Idukhu.
Kut, s. Grane. XI, 1062.
Kut, d. i. Kanal. X, 203. — Fort. XI, 934.
Kut, Dorf am untern Tigris. XI, 931. 936.
Kut (Kud, Al Kut), Dorf am Euphrat. XI, 973. (astr. L.) 976. 1000. — s. Kut Scheyukh.
Kuta, s. Kutha. X, 41. 204.
Kutah, s. Chah k.
Kutail, s. El Catul.
Kutais, Kirche zu. X, 542. — Armenier das. 638.
Kutal (Kutali), s. Kutha.
Kut al Amara, s. Kut el A.
Kutch. VIII, 794.
Kutch Gundava (früher Swestan), Blachfeld am mittl. Indus. VII, 29. 150.
Kutch-Rajputen. VII, 180.
Kutel, s. Kotul.
Kut el Amara (Kut al A., Kut el Imarah), Festung am Tigris. X, 32. 189. 209. 233. XI, 934. 935. 998. 1019.
Kutel e Mallu, s. Kotul e M.
Kut el Feili, zerfallner Freibeuterthurm am untern Tigris. XI, 938.
Kut el Imarah, s. Kut el Amara.
Kutel Urtschini, Bergpaß im pers. Irak. IX, 21.
Kutem, s. Ghilan K.
Kuth, s. Kutta.
Kutha (Kuta, Kutal, plur. Kutali od. Kawatil), d. h. Durchschnitt, Graben, Dammeinschnitt, Bezeichnung mehrerer Kanäle und Orte am Euphrat u. Tigris. X, 41. 203. 204. — s. Nahr K., Cutha, Kota.
Kutha al Tarik (Kutharia, Kutha Itarik), Ruinen in Babylonien. X, 204. XI, 772. 781.
Kut Hai, s. Kut Hijeh.
Kutha Itarik, s. Kutha al Tarik.
Kutharia, s. Kutha al Tarik.
Kut Hie, s. Kut Hijeh.
Kut Hijeh (Hye, Hai), Kanal zw. Tigris u. Euphrat. X, 189. XI, 925. — s. Schat el H.
Kutn, i. e. Gossypium herbaceum. XI, 501.

Kutni (Koutni), indische Seidenstoffe. XI, 822.
Kutschan (Cochoon, Kabuschan, Kabutschan), Kurden-Kolonie zw. Khorasan u. Turkestan. VIII, 12. 310 ff. 344. 392. 395 ff.
Kutschan-Thal. VIII, 346.
Kutsche, Stadt in Turkestan. VII, 329. 431. (astr. L.) 432. 445. 446. 511. 512.
Kut Scheyukh, Residenz der Montefik-Scheikhs am untern Euphrat. XI, 1000 ff. — s. Kut.
Kutschik, s. Feringi k.
Kutschuk (Kuchuk), d. i. klein. X, 1037. — s. Luri K., Masjidi Suleiman K., Scheikh K.
Kutschuk Agri Dagh, d. i. kleiner Ararat. IX, 915.
Kutschuk Dagh, d. i. kleiner Ararat. X, 378.
Kutschukkhu, Sandschak von Kars. X, 424.
Kutschuk Suliman, Pascha von Bagdad. IX, 452.
Kutta (Kuth), d. i. Hauskatze. XI, 504.
Kutta adschemi, d. i. persische Katze. XI, 504.
Kuttaghun (Kudghum), Usbeken-Tribus. VII, 806. 812. 814.
Kuttàir (sanskr.), Provinz des Moghul-Reichs. VII, 215.
Kuttaur, Kafernstamm. VII, 207.
Kuttgau, d. h. Schlachtfeld. VIII, 172.
Kuttore (Kucter, Kataur, Kattor), Gebirgssitz der Siaposch. VII, 206. 207. 307. — s. Schah K.
Kuttul (Kotul), s. Kara K.
Kuttur kupri, Euphrat-Brücke. X, 733.
Kuulu tun ta tu, König von Tokharestan. VII, 701.
Kuvir (Kivir), d. i. Salzwüste, stehende Regen- u. Schneewasser in der Salzwüste. VIII, 262. 556. IX, 30.
Kuwarro, Dorf am obern Tigris. XI, 124.
Kuzarour (Kasawer), Zufluß zum Kar su od. Kerkha. IX, 425. 426.
Kuzra, s. Kosär.
Kuzukji Mustaf Pascha, Ingenieur in Mosul. XI, 188.
Kuzzet, s. Kaddi al k.
Kuzzil-baschis, Bezeichnung für Perser. VIII, 407. — vergl. Kizilbaschi.
Kwajeh, s. Khwajeh.
Kwettah, Stadt Beludschistans. VIII, 130. 168.
Kyahya (türk.), d. i. Dorfschulz. IX, 974. — vgl. Kiahya.
Kyan (birman.), d. i. Zuckerrohr. IX, 238. 262.
Kyaneane (Strab.), d. i. meerblau, Bezeichnung für Van-See. IX, 784.
Kyara (Ghayara), s. Tel K.
Kyatib Tschelebi (Kiatib Tschelebi), über den Murad. X, 652. 724.
Kyaxares, Sohn Phraortes. IX, 106.
Kybele, phrygische Göttin. XI, 551.
Kyche, s. Psyche.
Kygi (wol Khinis), Sandschakat von Erzerum. X, 754.
Kyk-hurunli (Arkukli), Turkstamm. VIII, 408.
Kymyrdik, Kurdendorf. X, 887.
Kymyr su, s. Keumar su.
Kyndyr Tau, Gebirge. VII, 758.
Kyomab, s. Mar K.
Kyouptsing, d. i. birmanischer Jade. VII, 388.
Kypros, s. Cypern.
Kyriakos, s. Cyriakus.
Kyros, s. Cyrus.
Kyros, d. i. Araxes. VII, 714.
Kyros (Bendemir), Fluß zum Bakhtegan-See in Fars. VIII, 766. 865. 866.
Kyros, Fluß in Mesopotamien (?) XI, 292.
Kyrrhestica, s. Cyrrhestica.
Kyrrhus, s. Cyrrhus.
Κύρτιοι, d. i. Kurden. VIII, 90. IX, 630.
Kysar, rechter Seitenarm des Murghab. VIII, 229.
Ky Schy, s. Ju. VII, 328.

Ky Schy Schoui, d. i. Tarimfluß. VII, 328.
Kysil uli (Kysyl), d. h. rothes Gebäude, bei Kaschghar. VII, 487.

L.

L, fehlt im Zend u. Armenischen, wird im letzteren mit G vertauscht. X, 470. 580.
La (tübet.), d. h. Paß. VII, 327.
Laal, d. i. Rubin. VII, 786.
La'an, s. Nahr L.
Labata, in Mesopotamien. XI, 776. 778.
Labbana (Ptol.), Stadt im ob. Mesopotamien. XI, 172. 428.
Labiaten, in der Chaldäer-Ebene. IX, 731. — im Taurus. X, 911. — in Mesopotamien. XI, 500.
Labranda, in Karien, heiliger Platanenwald das. XI, 512.
Laburnum, im syr. Taurus. X, 918.
Labuta (Polyb.), Bergjoch Masenderans. VIII, 476. 478. 513. 561.
Labynetus, s. Nebunit.
Labyrinth-Grotten, zu Kerefto. IX, 816.
Lacerten, s. Eidechsen.
Lachsa, in Arabien. XI, 1048.
Lachsarten, in Ghilan. VIII, 431. 657. — (Salmo sylvaticus) in Masenderan. VIII, 525. 538.
Lachsforelle (Salmo fario), in Ghilan. VIII, 431. — im Göktschai. X, 485.
Lachtak, Kraut im Elwend. IX, 93.
Lachtaube (Columba risoria), in Mesopotamien. XI, 508.
Lacotena, Landschaft am Euphrat. X, 851. 889. 929.
de La Croix, P., über Armenier X, 634. — Sabier. XI, 301.
Lactuca, in Mesopotamien. XI, 502. 1052.
Lacus Basaro, am Euphrat. X, 822.
Lacus Beberaci (Tab. Peut.), Landsee in Mesopotamien. XI, 259. (Khatuniyah) XI, 271. 450. 462.
Ladakh. VII, 216. 470. 473. XI, 568.
Ladan, s. Kerkhi-L.
Lärchen, in Masenderan. VIII, 513.
Laga, s. Nahr L.
Laghman (Lughman, Lamghan, Lamghanat), Gebirgsgau in Kohestan, am Kabulstrom. VII, 211. 228. 229. 245. 306. 310. (Zucker das.) IX, 254.
Laghmani (Lamghani), Sprache der Deggauns. VII, 227. — in Kabul. 307.
Lagipa, Christendorf in Tiyari. XI, 599.
Lagopus, d. i. Schneehuhn. XI, 508.
Lagunen, häufig in Ghilan. VIII, 542. — am Euphrat. XI, 763. — s. Salzlagune.
Lagzi, s. Kuh L.
Laha, s. Dschebel L., Para-L.
Lahidjan (Lahdschan, Lahgan), Distrikt und Stadt in Ghilan. VIII, 126. 544. 548. 572. 644 ff.
Lahidsch, Distrikt Schirwans. VIII, 126.
Lahijan (Larijan, Lajan), Gränzgebiet von Aderbidjan u. Kurdestan, im Süden des Urmia-Sees. IX, 563. 805. 940. 1021. 1031. 1033. 1034.
Lahijan, Quellfluß des Zab Asfal. IX, 563. 1032.
Lahore, Residenz am Ravi im Pendschab. VII, 47. 52 ff. unter den Seikhs (1764). 137. 141. 192. (Höhe) 220. (Zucker das.) IX, 254.
Lahore-Strom, s. Ravi.
Lahory, Stadt im Indus-Delta. VII, 178.
Lai, Ort. VIII, 469.

Laigen(?), Stadt in Mesopotamien. XI, 779.
Laï weï koue (d. h. Königreich der zunehmenden Majestät), chinesischer Titel für Kesch od. Sse. VII, 573. 654.
Lajan, s. Lahijan.
Lajawerd, d. i. Lapis Lazuli. VII, 786.
Lak (Lakh), Rechnungsmünze in Ost-Indien ꝛc. VII, 64. 118. 216.
Lak (Lek), Ilat-Tribus. VIII, 389. 393. 402. — Sprache. 589. — vgl. Lek, Leki.
Lakh, s. Lak.
Lakhmi, Fürstenhaus. X, 60.
Lakhuf-keh(?). VII, 400.
Lak-Ilat, Stamm in Persien. VIII, 389. — s. Lak.
Lal, s. Lal Schah Baz, Mohun L.
Lala, Kurdendorf. IX, 1036.
Lalande, Astronom. X, 1099.
Laldjin, Dorf bei Hamadan. IX, 121.
Laleh-gul-bui, d. h. roseduftende Tulpe, in Kohestan. VII, 248.
Laleh-sed-berg, d. h. hundertblättrige Tulpe. VII, 248.
Lalla Ruckh. VII, 79.
Lal Schah Baz, Khorasan-Heiliger. VII, 160.
Lam, Imam. VIII, 460. — s. Beni L., Metur L.
Lamb, Engländer, in Tabriz. IX, 880.
Lambana, s. Labbana.
Lambertsnüsse, in Bitlis. X, 687.
Lamech, Noahs Vater, sein Grabmal. VII, 245. — vgl. Lam.
Lamek (Lamekan), d. i. Lam. VII, 229.
Lamghan, s. Laghman.
Lamghanat, s. Lamghan.
Lamghani, s. Laghmani.
Lamlun, s. Lemlun.
Lamm, gebratenes, Lieblingsspeise der Kurden. IX, 626. — vergl. Schaf.
Lammfelle, in Bagdad. XI, 822.
Lampen-Erleuchtung, im Buddha-Cultus. VII, 294. — in Moscheen. XI, 319.
Lampenlöscher, s. Lichtauslöscher.
Lampenopfer, auf dem Elwend. IX, 86.
Lamsir, in Rudbar. VIII, 582.
Lamud, Schammar-Tribus. XI, 480.
Lan, Buschwerk im Richna. VII, 62.
Lanchi, Hauptstadt der Ta Yueti. VII, 675. — s. Lantchi-tching.
Landkarte, früheste chinesische, über die Westländer. VII, 560. — über Iran. VIII, 423.
Landschildkröten (Chelonii), zwei Arten in Mesopotamien. XI, 510.
Landschnecke, neue, bei Orfa. XI, 328.
Langar, Ort u. Fluß in Turkestan. VII, 486.
Langarrud, kl. Bergstrom bei Kom. IX, 33.
Langarud (Lankarud), s. Lengherrud.
Lankarum (Lankerum, Lenkoran), d. h. Landungsort, ruff. Hafen am kasp. See. VIII, 656. 660. IX, 870. X, 509.
Lantchi-tching, Hauptstadt der Tahia. VII, 669. — s. Lanchi.
Lanze, heilige, in Etschmiadzin pestwehrend. X, 521.
Lanzen, häufig in der Merdascht-Ebene gefunden. VIII, 927. — Beduinenwaffe. XI, 947. — s. Speerträger.
Laodicea, Mithridates Tochter. X, 963.
Laodicea, Hellenenstadt bei Rai. VIII, 599.
Laodicea, an der syr. Küste. X, 1027. XI, 322.
Laotseu, chines. Philosoph. VII, 546.
Lapetha, s. Beth L.
Lapis lazuli, in Gurbund. VII, 247. — im Hindu Kusch. 259. — im Puschtikhur. 492. — in Badakhschan. 789. 794. 797. 801. 803. 818. — bei Erzerum. X, 757.

Lar (d. h. Süd), Name des Indus unter Sehwun. VII, 171.
Lar, Hauptstadt in Laristan. VIII, 735. 753.
Lar, Münze. VIII, 754.
Lar, s. Larijân.
Lar, s. Lur, Pischkuh L.
Lara (Ara, Aracia b. Ptol.), d. i. Buscheab. VIII, 778.
Laren, s. Luren.
Largebur Kerize, Ort in Afghanistan. VIII, 157. 158.
Lari, Stadt in Persien. XI, 56.
Larijân (Lar, Laridan), Distrikt am Demawend. VIII, 500. 501. 503. — vgl. Lahijan. IX, 1021.
Laris, Landesmünze in Laristan. VIII, 754.
Larissa (Xenoph.), alte assyrische Stadt am Tigris. IX, 703. 732. (Nimrud) XI, 174. 222. 240. 662. — vgl. Athur.
Larissa, syr. Stadt. X, 1047.
Laristan, südpers. Küstenland. VIII, 124. 722 ff. 735. XI, 566.
Larkhanu (Larkhana), Hauptstadt von Chandkoh, am Sinde-Kanal. VII, 149. 155. 188.
Larven der Weiber in Orfa. XI, 328.
Laschkar (Laschkur, Leschkur, Schehri L.), Stadt in Chusistan. IX, 164. 182. 192. — Dist. 153. 226. — vgl. Asker Mokarram, Darwazahi L.
Laschkar-e Arabo Adschem (Laschkaro A. A.), d. i. Araber-Perser. VIII, 340. — arab. Tribus in Bostam ꝛc. 263. 340. 391.
Laschkur, s. Laschkar.
Laschtenascha, Distrikt in Ghilan. VIII, 647.
Laserpitium. IX, 364.
Lasgerd (Laskiert), Gränzdorf von Irak. VIII, 458.
Lassen, Chr., über Keilschrift ꝛc. VII, 10. VIII, 51.
Lassiti, auf Creta. XI, 581.
Lasurstein, s. Lazurstein.
Lat, Götze. VII, 281.
Lateinische Inschriften, im Pendschab. VII, 104. 105 ff. — in Diarbekr. XI, 46. — Mesopotamien. XI, 364. — Nisibis. 430. — vgl. Römisch.
Lateinische Sprache, in Carrhae. X, 1137.
Lathyrus sativus, in Mesopotamien. XI, 501.
Latitun, in Laristan. VIII, 750.
La-tsche (chines.), d. i. Wachszuckerrohr. IX, 266.
Latuken, s. Lactuca.
Laubfrösche, in Kurdestan. IX, 611.
Lauch, wilder (Allium roseum), in Mesopotamien. XI, 478.
Laudia, Laudias, s. Claudia.
Laue, preuß. Hauptmann in türk. Diensten. X, 933. 1010.
Laufvögel (Cursores), im Taurus. XI, 509.
Laum, Oase Sedschestans. VIII, 151.
Laurentius, s. Mar L.
Lausch, s. Kullah L.
Lava, in Kerman. VIII, 738. — Aderbidjan. IX, 858. — am Van-See. X, 289. — im Sipan Tagh. 331. — zellige, am Soghanlu dagh. 410. 411. — am Araxes. 455. 467. 472. — im Alaghez. 463. — schlackenartige, mit Eisenoxyd, am Ararat. X, 477. 496. — bei Erzerum. 748. — schwarze u. rothe, bei Nurschin. 814. — schwarze, bei Bitlis. X, 813. XI, 93. — in Mesopotamien. XI, 365. — s. Menniger-, Porphyr-L.
Lavaartiges Gestein, am Ararat. X, 377. — rothes od. braunes, als Baumaterial in Bitlis. XI, 93.
Lavablöcke, graue, im Sipan Dag. IX, 976. — am Van-See. X, 322. — am Ararat. 343.
Lava-Brücken, natürliche, im Norden Aderbidjans. IX, 921.
Lavageröll, zersetztes, bei Etschmiadzin. X, 378.
Lavakiesel, in der Araxes-Ebene. X, 406.
Lavamassen, am Ararat. X, 496. — bei Süverek am Euphrat. XI, 284.

Lavana (sanskr.). VII, 172.
Lavassan, Dorf am Demawend. VIII, 10.
Lavastrecken, in Laristan. VIII, 739. — am Ararat. IX, 921.
Lavastrom, im Sinai. X, 383. — zerfallener, am Ararat. 502.
Lavastücke, am Demawend. VIII, 567. — bei Yezd. IX, 27. — am Ararat. X, 459. — angeblich in den Mauern Diarbekrs. XI, 46. — s. Vulkan.
Laviasene (Laviniauesine. Laviniasene), kappadokische Präfectur am Euphrat. X, 851. 889.
Lawine, s. Schneelawine.
Lawsonia inermis, in Mesopotamien. XI, 502.
Lawud, Gränzgebirge Masenderans. VIII, 561.
Layard, Ainsworth's Begleiter. XI, 476. 488.
Lazar von Pharb, armen. Geschichtschreiber u. Abt. X, 528. 574.
Lazareth, in Jondi Schapur. IX, 174. — in Edessa. XI, 351.
Lazarew, Obrist, leitet die Uebersiedlung der Armenier nach Rußland. X, 607.
Lazarew, armenische Familie in Moskau. X, 634.
Lazari, s. Sanct L.
Lazaro, s. San L.
Lazian, Dorf in Kurdestan. IX, 454. 456.
Lazica. XI, 402.
Lazurd, s. Al L.
Lazurstein, im Hindu Khu. VII, 788. — in Badakhschan. 803.
Leander, s. Hero.
Learhu, s. Dzaghats l., Liarn.
Lebäschin. VIII, 796.
Leberkrankheiten, in Mosul. XI, 210.
Lebnan, d. i. Libanon. VIII, 554.
Le Brün, C., sammelt Keilinschriften. VIII, 70.
Lecidea, Flechte im östl. Mesopotamien. XI, 483.
Ledar, Dorf am Euphrat. X, 877.
Leder, s. Gerberei.
Lediff, Dorf in Syrien. X, 1041.
Leech, Engländer, in Kandahar. IX, 906.
Leelabad, Ort in Irak Adschem. IX, 66.
Leeke, s. Lisch.
Legatta, Dorf am untern Euphrat. XI, 1045.
Leghbadder, s. Al Aghadir.
Leghian, schlechte Seide. VIII, 687.
Legio fulminatrix. X, 860.
Leg Leg, Hügel am Tigris. XI, 680.
Leguane (Iguana), in Mesopotamien. XI, 510.
Leguminosen (Schotengewächse), in der Chaldäer-Ebene. IX, 731. — im östl. Mesopotamien. XI, 484.
Legwin, Dorf in Aderbidjan. IX, 1034.
Leh, Stadt am Indus. VII, 12. 13.
Lehana, Nanaes Nachfolger. VII, 133.
Lehastan (Polen), Armenier das. X, 597.
Lehawer, alter Name für Lahore. VII, 52.
Lehm, in Bayazed. X. 346. — bei Sivan Maaden. 710. — am untern Euphrat. XI, 987.
Lehmboden, in Babylonien. XI, 933.
Lehmige Erde, am Ararat. X, 459.
Lehmlagen, in Khagisman. X, 430.
Lehmsteine (Backsteine), an der Sonne gebackene, in Babylon. XI, 882.
Leichenbestattung, s. Todtenbestattung.
Leihun (Leïhun), Hochland und Dorf in Central-Kurdestan. XI, 619. 622.
Leihun, Flußarm des Zab Ala. XI, 621.
Leihun, Kurdentribus. XI, 622.
Leila, s. Suleiman Abu L.
Leilan, Quellarm des Kerkukflusses. IX, 539. 550. 551.
Leilan, Ebene im südl. Kurdestan. IX, 550.

Leilan (Lylan, Lylau), Dorf und Ruinen in Aderbidjan. IX, 772. 805. 826. 827. 1017.
Leilek Dagh, Taurus-Kette. X, 802.
Leilidschan, s. Liilijan.
Leili Khan, Ort in Irak Adschem. IX, 66.
Lein, im nördlichen Kurdestan. IX, 657. — in Van. X, 301.
Leinwand, Leinenzeuge, grobe, in Kaschgar. VII, 17. 417. — in Khotan. 349. — Yarkand. 402. — Khorasan. VIII, 332. — Savonat. 765. — berühmte, von Kazerun. 825. — Ispahan. IX, 42. — Mardin. X, 275. XI, 387. — Gamach. X, 789. — Miafarekin. XI, 69.
Leinwand-Verbrauch, als Maßstab der Sterblichkeit in Bagdad. XI, 806.
Leipzig, armen. Druckerei das. X, 633.
Leith, s. Amru ben L., Jakub ben L.
Lek, türk. Hirtentribus in Dilman. IX, 963. — vgl. Lak, Leki.
Lekadahr, s. Al Aghadir.
Lekam, Gebirge. VIII, 554.
Leki, südl. Kurdendialekt. IX, 632. — vgl. Lak.
Lem, s. Du Lem.
Lemberg, armen. Druckerei und Collegium das. X, 598. 632. 633.
Lemlün (Lamlun, Suk L.), Alt- u. Neu-, Stadt am untern Euphrat. X, 44. XI, 951. 970. (astr. L.) 976. 977. 978. 980. — Dist. XI, 956. 995. — s. Nahr L.
Lemlun-Marschen (Seen), am Euphrat. X, 32. XI, 971. 980. 1043.
Lemnos, Insel. VIII, 802.
Leng, d. i. Fuß, Abtheilung. VIII, 390. — s. Chaher L., Haft L.
Lenger Mir Ghias (?), in Afghanistan. VIII, 137.
Lenghe-rud, Fluß in Ghilan. VIII, 430.
Lengherrud (Langarud, Lankarud), d. h. Fluß der Landung, Ort in Ghilan. VIII, 645. 646.
Lenkoran, s. Lankarum.
Lenquioun, s. Linjan.
Lentiscus mastichifera, s. Pistacia lentiscus. XI, 566.
Lenu Sing, Sirdar der Seikhs. VII, 69.
Leo II. (Thrax), restaurirt Leontopolis (466 n. Chr.). X, 1027. XI, 351.
Leo V., der Armenier, byzant. Kaiser (reg. 813—820). X, 586. — erobert Ani. 789.
Leo III., König v. Cilicien (1269). X, 596.
Leo VI., letzter König von Armenia Cilicia (1375). X, 596. 600.
Leont, armen. Geschichtschreiber (10. Jahrh.). X, 561. 588.
Leontius, Bischof von Cäsarea. X, 528.
Leontopolis, s. Kallinikum. X, 1125. 1127.
Leoparden, in Farsistan. VIII, 766. — Irak Adschem. IX, 68. — Kurdestan. 454. — in armen. Architekturen? X, 443. 444.
Leopol, d. i. Lemberg. X, 598.
Lepidoptera, in Mesopotamien. XI, 510.
Lerche, s. Lärche.
Lerchen (Alauda), zahlreich in Mesopotamien. XI, 508. — s. Feld-, Hauben-, Schneelerche.
Lerubnas (Cherubnas), Geschichtschreiber. X, 565.
Leschkur, s. Laschkar.
Lesen, ist den Yeziden verboten. IX, 752.
Lesghier, in Afghanistan ꝛc. VIII, 188. 664.
Lesotver, s. Zagrospaß. IX, 388.
Lethe-Schloß, Schloß der Vergessenheit, in Hösn Keif. XI, 83.
Letikhu, Distrikt in Masenderan. VIII, 500.
Leucaon, Alpen von, auf Creta. XI, 581.
Leuchtkäfer (Cantharis phosphorea), in Ghilan. VIII, 433.
Leuchtthürme, bei Obolla. X, 53.
Leukerbad, in der Schweiz. IX, 660.

Leukos (Ptolem.), d. i. Zab Ala. IX, 521. — s. Lycus.
Leulan, Land am Lop-See. VII, 331. 332. 335.
Leviathan, Seeungeheuer. XI, 627.
Lewan, Bergdorf in Aderbidjan. IX, 831.
Le'wends, d. i. Reiter. XI, 207.
Lha, d. h. göttl. Wesen, König, Herr. VII, 326.
Lha-sa, s. H'lassa.
Li, d. i. Ochsenschweif. VII, 375.
Li, Längenmaß. VII, 322. 328. 333. 334. 350. 351. 401. 420. 750.
Liang, in der nördl. Tatarei. VII, 626.
Liang, d. i. Unze. VII, 416.
Lianpao, chines. Generalinspektor. VII, 622.
Liba (Polyb.), Stadt im obern Mesopotamien, = Labbana? X, 71. XI, 172. 428. — s. Libanae.
Liban, d. i. Alan. VII, 655.
Libanae (Steph. Byz.), Stadt in Syrien (Mesopotamien). X, 125. XI, 173. 428. — s. Liba.
Libanon, syr. Gebirge. VIII, 554. — armen. Klöster das. IX, 747. X, 633. — Oliven. XI, 530. — Cypressen. 578.
Lichenen, im östl. Mesopotamien. XI, 483. — auf Babylons Ruinen. 885.
Lichtauslöscher, s. Tscheragh Sonderans, Ali Illahi, Yeziden. IX, 218. 493. 545. 753. 758.
Lichtauslöscherfeste, ob bei Yeziden? XI, 587.
Lichtland, d. i. Süden. VIII, 32.
Lichtmoschee, in Mosul. XI, 190.
Licinius Mucianus, Statthalter in Syrien (69 n. Chr.). X, 80.
Lidsjisch, s. Bab L.
Lied, turkmanisches. VIII, 411. — der Kurden. IX, 623. — der Yeziden. 740. — s. Gesang.
Lienwha, d. i. Lotus. VIII, 674.
Lieou Scha, d. h. Flugsandwüste. VII, 324.
Lieou-sie, chines. Gelehrter. VII, 595.
Lieuli, bunt glasirte Ziegelsteine. VII, 401.
Lignit, im Ali Dag 2c. IX, 529. XI, 692.
Lilijan (Leilidschan, d. i. Leila-Seele), Kurdengesang. IX, 623.
Likan. VII, 636.
Lilchi, s. Bu L.
Liliaceen, am Euphrat. X, 1031. — in Mesopotamien. XI, 499. 500. — Tiyari. 617.
Lilien, in Gurkan. VIII, 353.
Lilyoaks, Eichenart? VII, 230.
Lima, chines. Gemälde das. IX, 272.
Limn, Insel des Van-Sees. IX, 1000. X, 621.
Λιμνῖται (Cedren.). VIII, 572.
Limonen, bei Kote. VII, 60. — Tehran. VIII, 611. — in Kerman. 735. — gedeihen nicht in Sulimaniyah. IX, 611. — in Mosul. XI, 208. — am Euphrat. 691. — zu Anah. 719. — Bagdad. 812. — Basra. 1054.
Limonite, bei Hit. XI, 755. — s. Eisensteinknollen.
Limtsin, s. Lukuzin.
Limu, d. i. Polizei-Inspector. VII, 433.
Linaria halepensis, bei Mosul. XI, 218.
Lincob, d. i. Brocate. VII, 119.
Linden, in N.Armenien. X, 434.
Linder, Afghanen-Tribus. VII, 308.
Lindsay, H. B., engl. Offizier in pers. Diensten. IX, 799. 864. 877. 903.
Ling-Schan. VII, 423.
Lingyang (chines.), eine Art wilde Schafe. VII, 457.
Linitka, s. Tura L.
Linjan (Linjanat, Lenquioun), pers. Distrikt. IX, 24. 54.
Link, H. F., über den Oelbaum. XI, 518.
Linsen, in Kurdestan. IX, 608. — Diarbekr. XI, 56. — Mosul. 208. — Mesopotamien. 501.
Linum usitatissimum. IX, 608.

Liparid, Geschlechtsname unter Orpeliern. X, 592.
Lippenschildkröten (Trionyx), in Mesopotamien. XI, 510.
Lipta, Landungsort am Mull. VII, 170.
Liqueur aus Trauben, in Diarbekr. XI, 56. — s. Aniset-L., Branntwein, Rauschtrank.
Lisch (Liza, Lysa, Leese), Stadt am obern Murad. X, 665.
Lischitschin, chines. Naturhistoriker. IX, 239. 266.
Lisene. X, 73. — s. Acilisene.
Lissa, Schuttberg im Diyalah-Gebiet. IX, 499.
Lissar, Waldschloß in Ghilan. VIII, 659.
Litthauen, Armenier das. X, 598.
Liturgie der Nestorianer u. Chaldäer. IX, 682.
Liule (Soule), d. i. Kaschghar. VII, 563.
Livaneh, Sandschakat. XI, 528.
Livorno, armen. Druckerei das. X, 632.
Liweeni, Stamm der Nestorianer. IX, 663.
Liz, s. Deh L.
Liza, s. Lisch.
Lizan (Lizin), Dorf in Tiyari. XI, 599. 606. 607. 608. 609. (astr. L.) 612. 660.
Ljarn, s. Learhn, Airaratjan lj., Massis ljarn.
Lobab, s. Al L.
Lobana, s. Seik L.
Lobelia, in Tiyari. XI, 615.
Locket, Capt., in Persien. VIII, 855. — in Babylon. XI, 914.
Locktöne, der kurd. Hirten. IX, 623.
Locusta, s. Heuschrecke. VIII, 813. XI, 510.
Löffelente (Anas clypeata), in Mesopotamien. XI, 509.
Löffelgans, selten in Ghilan. VIII, 678.
Löwen, als Geschenk nach China. VII, 426. — in Persien. 716. — Farsistan. VIII, 766. 845. — bei Abuschähr. 787. — in der pers. Salzwüste? IX, 30. — am Kuran. IX, 160. — in Chusistan. 296. — in den Hamrin-Bergen. 491. — am untern Tigris. IX, 518. XI, 856. 929. 940. 941. — in Mesopotamien. X, 140. 223. XI, 285. 503. 699. — fehlen bei Mosul. XI, 202. — in Babylonien. 888. — am unt. Euphrat. 1043. 1075.
Löwengras (?), am Tigris. XI, 929.
Löwen-Orden, persischer. IX, 372.
Löwenornamente (Sculpturen), bei Deris. VIII, 828. — Schahpur. 834. — in Fars. 845. — Persepolis. 900. — als Symbol königl. Macht. 908. — bezeichnen angeblich Gräber alter Pehlvihelden. IX, 21. — colossale, zu Hamadan. 117. — Susa. 303. — häufig in armen. Architecturen. X, 444. — am Euphrat. 1039. — im obern Mesopotamien. 1119. — in Sarudsch. XI, 280. — in Babels Ruinen. 914.
Lohani, afghan. Handelsvolk. VIII, 144.
Lohger, Fluß von Ghazna. VIII, 142.
Lohrasp, Kajanier, König der pers. Heldensage. VIII, 26. 781.
Lokheh, Vogel in Nijrow. VII, 247.
Lokho-kariangar. VII, 400.
Lokkha, s. Al L.
Lolan, Hauptstadt von Bamiyan (Tchhi tching, Fanyanna). VII, 568. 572. 688.
Loliski Maaden, s. Seliski.
Lombardei, persische, d. i. Masenderan. VIII, 539.
Lona, d. h. Salz. VII, 172.
London, armen. Druckerei das. X, 633.
Longeau, Jesuit, in Persien. X, 616.
Longis, s. Lungis.
Λωνιβάρε (Ptolem.), Indusarm. VII, 171.
Loniceren, in Ghilan. VIII, 428. — Masenderan. 538. —

(L. alpigena) in Kurdestan. XI, 650. 658. — (L. pereclimenium) im Taurus. X, 919.
Looni, s. Luni.
Lop, Wüste. VII, 322.
Lop-Nor, d. i. Lop-See. VII, 322 ff. 327. 328. 434. 435. 496. IX, 787.
Lor, das alte Elymais. IX, 156. — s. Luren, Luristan.
Lora (d. h. laufendes Wasser), Name verschiedener Flüsse in Afghanistan. VIII, 164. 165. 168. 170. 181.
Lorbeerbäume, in Sindschar? XI, 460. 461. 465. — in Taurien. 557.
Lor Buzurk, s. Luri Buzurg.
Loren, s. Luren.
Lorentius, s. Mar L.
Lori, Stadt und Ebene in Georgien. VIII, 126. X, 374.
Lori, in Armenien. X, 731. 830.
Lori, südl. Kurdendialekt. IX, 632. — vgl. Luri.
Loristan, s. Luristan.
Lor kutschuk, s. Luri K.
Lorne (Lurnes, Amm. Marc.), Festung im obern Mesopotamien. XI, 82. 151. 379. 381.
Loron, Armenier das. X, 644.
Lort (Luren), s. Sahrai-L.
Losch, Brotsorte am Ararat. X, 485.
Losusi, s. Kasr ol L.
Loth, Sohn Charans. XI, 295. — s. Lut.
Loths-Söhne, Schimpfwort. IX, 757.
Loths-Stadt, angebl. in Luristan. IX, 408.
Lotos (Nymphaea nelumbo), in Ghilan. VIII, 674. 675. — im Zeribar-See. IX, 428.
Lotosblume, Anwendung in der Architektur. VIII, 919. IX, 101. 102. 346. — bei Schiraz. VIII, 857. — auf persepol. Monumenten. 915. 924.
Lotus, s. Konar-Baum.
Loubar, der Sündfluthberg zwischen Armenien und Kurdestan. IX, 723.
Louche, Kloster in Khotan. VII, 374.
Louis XIV., französ. König, seine Gesandtschaft n. Persien. X, 616.
Loukh, s. Zareh-See. VIII, 153.
Louly, Tribus in Aderbidjan. VIII, 378.
Loungdzan, König in Tübet. VIII, 699.
Loungyeou, chinesische Provinz. VII, 566.
Lourly, Tribus in Beludschistan. VIII, 379.
Λούρνη (Procop.), s. Lorne.
Louschan, am Schahrud. VIII, 592.
Loyang, chines. Gränzstadt. VII, 428.
Lo youeï ni (? Lo yue ny), Winterlager. VII, 658.
Lubbad, Euphrat-Insel bei Anah. XI, 725.
Lubghi, s. Khurbet Lubghi-Uah.
Lub iab, Seide. VIII, 699. 702.
Lubie Endigi, d. i. indische Phaseolen. XI, 713.
Lucas, P., Reisender, von Palu nach Erzerum (1700). X, 713. 717 ff. 758. — am Frat. 802. — in Orfa. XI, 329. — in Afrika. XI, 521.
Luchs (Felis lynx), in Bukur. VII, 445. — Schayar. 447. — Hamadan. IX, 123. — am Ararat? X, 484. — in Mesopotamien. XI, 504.
Lucilianus, Commandant von Nisibis. XI, 416.
Lucina, bei Ninive. XI, 238.
Lucius Quintus, in Mesopotamien. XI, 288.
Lucknoti, Stadt. VII, 206.
Luckput, am Gunni. VII, 166.
Lucullus, röm. Feldherr, in Armenien. X, 98. 113. 750. 1135. XI, 106. — erobert Tomisa. X, 857. — besiegt Tigranes. XI, 108. — in Nisibis. 415.
Lucus Basaro, am Euphrat. X, 822.
Ludiana, brit. Gränzposten am Ssetledsch. VII, 6. 32. 35. — Shawls das. 92.

Luft, kühlende, am Chinab. VII, 41. — in Amadia. IX, 718. — vgl. Wind.
Luftspiegelung (Fata Morgana, Mirage), in der Tigrisplänе. IX, 498. — häufig in Babylonien ꝛc. XI, 924. 989. — s. Serab.
Lughman, s. Laghman.
Lukh (Lukhy), s. Lus.
Lukh, Lukki (beludsch.), d. h. Paß, Engpaß. VII, 162. VIII, 131. 712. — s. Baran L.
Lukhi-Berge (Lukki), am untern Indus. VII, 157. 161. VIII, 7. 711.
Lukki, Dorf am Indus. VII, 161.
Lukseb, in Marokko Name für Zuckerrohr. IX, 238.
Lukuzin (Limtsin), Distrikt von Turfan. VII, 432.
Lulu Bedreddin, König von Mosul (reg. 1222 – 59). XI, 183. 197. 198.
Lumsden, Th. VIII, 840.
Luna, ihr Tempel in Carrhä. XI, 288. 292. — s. Atargatis, Lunus.
Lundi, Zufluß zum Kabulstrom. VII, 15.
Lungis (Longis), feine Weberei. VII, 42. 67. 187.
Lungtschi, d. i. Drachensee, in Turkestan. VII, 327. 488. 495. — s. Karakul.
Luni (Looni, d. h. Salzfluß), Name für Kori. VII. 171. XI, 559.
Lunju, das Buch des kindl. Gehorsams. VII, 595.
Lun thaï hian, Stadt in Turkestan. VII, 445.
Luntheou, Stadt in Turkestan. VII, 445.
Lunus, Gottheit der Harranier. XI, 292. 312. — s. Luna.
Lur, s. Luren. IX, 129.
Lur, die Luren-Sprache. VIII, 589.
Lur, Fort in Afghanistan. VIII, 159.
Lur, Berg zw. Tuster u. Ispahan. IX, 198.
Lur (Bilad el Lur), Ort in Chusistan. IX, 197.
Lurdagan, in Chusistan. IX, 211.
Luren (Lur, Lor, Lar), die Bewohner von Luristan. VIII, 380. 389. IX, 39. 209 ff. — in Kermanschah. IX, 369. — Wanderstamm in Kurdestan. 613. — s. El L., Papa L., Pischkuh L., Puschtikuh L., Raki L., Sabraï L.
Luri, Volk in Mekran. VIII, 733.
Luri Buzurg (Lor buzurk), d. i. Groß- oder Ost-Luristan. IX, 210.
Luri Buzurk, die großen od. östl. Luren, Bakhtiyari. IX, 148. 176. 210 ff.
Luri Kuchuk (Lor kutschuk), d. i. Klein- oder West-Luristan. IX, 210.
Luri Kutschuk, d. i. die kleinen oder westl. Luren. IX, 148. 207. 215 ff. 323.
Lurische Grabsteine. IX, 404.
Luristan (Loristan), südwestliche Landschaft von Persien. VIII, 127. IX, 128 ff. 156. 323 ff. XI, 566.
Luristan, Wali von. IX, 436.
Luristan-Ketten. XI, 939.
Lurnes, s. Lorne.
Lur-Zeban (Zekan?), d. h. lurische Zunge. VIII, 381. 388. IX, 213.
Lus (Lussa, Lukh, Lukhy), iran. Küstenland. VIII, 132. 714.
Lusarovitsch (armen.), d. h. Erleuchter, Illuminator. X, 528.
Lusavoritsch-Kloster. X, 781.
Lusbach, Fluß zum pers. Golf. IX, 159. 162.
Lussa, s. Lus.
Lut (d. i. Loth), Land am babylon. Tigris. XI, 894. — s. Abu Mothnif L. Ben Jahya, Schabri L.
Lutabund, Paß. VII, 238.
Luti Beg, Kurdenchef. IX, 1022.
Lutrans, verächtl. Bezeichnung für die nordamerik. Mission. IX, 679.
Lutscheou, Provinz von Khotan. VII, 377.
Luz (arab.), d. i. gemeine Mandel. XI, 501.
Luzmunies, d. i. Freundinnen,

Freudenmädchen in Senna. IX, 435.
Luzula, Binsen im südl. Chusistan. XI, 1029.
Lwow, d. i. Lemberg. X, 598.
Lychnis oriental. max., am Ararat. X, 490.
Lychnites (Ptolem.), d. i. Eriwan-See. IX, 786.
Lycien. VIII, 408. — Granaten das. XI, 556.
Lycinen-Gebüsch, in Bagdad. XI, 813.
Lycium, s. Bocksdorn.
Lycoperdon tuberosum, in Mesopotamien. XI, 502.
Lycus (Leukos, Lykos, Wolfsfluß), d. i. Zab Ala. IX, 519. 521. 694. XI, 172. 178.
Lycus, s. Kail. X, 769.
Lycus (Iris, Yeschil Irmak), Fluß zum Pontus. X, 778. XI, 528.
Lydier, verehren die Platane. XI, 512.
Lydischer Stein, am Zab. IX, 535. — in der Chaldäer-Ebene. 731.
Lygeum, am mittlern Euphrat. XI, 702.
Lykos, s. Lycus.
Lylan (Lylau), s. Leilan.
Lyli Mujnun, Fels bei Kandahar. VIII, 162.
Lynch, L. H. Blosse, engl. Captain, seine Tigrisschiffahrt 2c. IX, 7. 503. 687. 727. X, 1028. XI, 64. 927. — im westl. Mesopotamien. XI, 279. — in Al Hadhr. 476. — auf dem untern Euphrat. 981.
Lysa, s. Lisch.

M.

M im Syrischen wird oft mit dem pers. P verwechselt. X, 1056.
Maadak, s. Beth M.
Ma'add, das alte Arabien. XI, 35.
Maadem, irrig st. Aasem. XI, 795.
Maaden (Maden), s. Arghana M., Kjeban M., Loliski M., Sivan M.
Maaden (d. h. Fundgrube), zwei Dörfer bei Nischapur. VIII, 328.
Maaden Gomüsch, s. Kjeban Maaden. X, 909. 914.
Maadeni, s. Madân. X, 1141.
Maaden i mahi, d. h. Mine der Fische. VIII, 484. 534.
Maadeni Siah (Madan e Siah), d. h. die schwarze Mine, bei Nischapur. VIII, 328.
Maaden Kapur, Kupfergruben am obern Tigris. X, 904. — Gebirgsarten. 913. — Betrieb 2c. XI, 4. 16.
Maajem al Baldan (Mu'jamul B.), Werk. VIII, 602. IX, 423.
Maajen, s. Tarikh M.
Ma'akel, s. Maquel.
Maalem, s. Piruzan M.
Maân, Ort in Arabien. XI, 544.
Maani, Gemahlin Della Valle's. XI, 385.
Maanu, s. Manu.
Maanu bar Ajazeth, osrhoënischer König. XI, 340. 343.
Ma'aquel, s. Maquel.
Maaradh, Distrikt Schirwans. VIII, 126.
Maaraton-noman (Maareten-numan), syr. Stadt mit berühmter Quelle. XI, 54. 449.
Maarin, Dorf im Dschebel Tur. XI, 440.
Maarra, s. Al M., Mabara.
Maarsares, s. Naarsares. X, 45.
Maasch (arab.), i e. Phaseolus maximus. IX, 588. XI, 501.
Maaschuk (Maschuk, d. h. der Geliebte), Trümmerhügel am Tigris. X, 221. — vgl. Koh M., Madschuk.
Maaschuka (d. h. die Geliebte), Cypresse bei Schiraz. XI, 573. — vgl. Aschik wa M.
Mabadra (chald.), s. Sert. XI, 101.

Mabbog, d. i. Mambedsch. X, 1057.
Mabersap, Statthalter von Adenystrae. XI, 442.
Mabog, d. i. Mambedsch. X, 1057. — s. Magog.
Mabrak, s. El M.
Mabuda (chald.), s. Sert. XI, 101.
Mabuga (Heliopolis), in Mesopotamien. XI, 293.
Mabuza (nestor.), s. Mahuza Malcha. XI, 771.
Macae, Volk. X, 40. — vergl. Maci.
Macartney, Reisender. VII, 16. 198.
Macdam, Ort in Babylonien. XI, 767. 780. 1020.
Mac Donald, brit. Lieutnant. IX, 137.
Macedonier, ihre angeblichen Nachkommen im Hindu Khu, Yarkend ꝛc. VII, 18. — zu Bamiyan. 278. — gründen Seleucia, Ctesiphon. X, 124. 164. — Kolonie in Haran. X, 243. XI, 292 — in Mesopotamien, Syrien. X, 1130. — s. Griechen.
Macepracta (Amm. Marc.), Ort am Euphrat. X, 19. 144. XI, 74. 766.
Maceta (Arrian.), Vorgebirge Arabiens (Cap Mussendom). X, 39. 40.
Macharta, Ort in Mesopotamien. XI, 376.
Machedraba (Rahabeh), Station am Euphrat. XI, 697. 698.
Machelonen, Volk in Colchis. X, 116.
Machesinum, d. i. Makhsin. XI, 274.
Machlukat, s. Makhlukat.
Machouf, Corsarenboot. XI, 972.
Maci, Volk. VIII, 87. 104. — vgl. Macae, Mak.
Macis, d. i. Ararat. IX, 721. X, 77.
Macklub, s. Makluba.
Macrinus, s. Opelius M.
Macrizi, Autor. XI, 520.
Mad, Madai (Keilschr.), d. i. Meder, Medien. VIII, 79. 88. IX, 126. 768.
Madaïn (El M., Modaina, Medinata, i. e. binae urbes; Sabath), Doppelstadt am Tigris (Ctesiphon u. Seleucia). X, 61. 123. 135. 166. 197. XI, 771. — Distanz. X, 192. 198. 209. — s. Rumija el M., Sabat el M. u. d. f.
Madain Kosroes (Modain Khosru), die Sassanidenstadt am Tigris. X, 153. 172. XI, 856. — s. d. f.
Madain Sabath (Minas Sabatha), Kastell im östl. Mesopotamien. X, 153. XI, 858. — s. Madaïn, Sabat el Madain.
Madali, Ebene. X, 914.
Madân-Araber (Maadeni, Maddani), im babylon. Mesopotamien. X, 1141. XI, 930. 964. 966. 989. 996.
Madan e Siah, s. Maadeni S.
Madar, s. El M.
Madaristan, Pallast Bahram Gurs. IX, 390.
Madavan, Ort in Farsistan. VIII, 737. 764.
Maddani, s. Madân. XI, 930.
Maddis, Christendorf in Dschulamerk (Dez). XI, 599. 600.
Maden, s. Maaden.
Maden Emini, d. i. Generaldirector von Bergwerken. XI, 17.
Maden Göl, See. X, 895.
Madenköi, Dorf. XI, 103.
Mader, s. Meschdschid M. i Suleiman, Meschhed i'M. i Suleiman.
Madi, Dorf in Turkestan. VII, 486.
Madian, in Hedschas. X, 1141.
Madjaren (Ungarn), hypothet. Etymologie. XI, 84.
Madnevankh, Fluß in Musch. X, 666.
Madonnenverehrung, fehlt d. Armeniern. X, 534. s. Maria.
Madras, Armenier das. X, 602. — Druckerei. 633.
Madré i Suleiman, Grabmal, Karawanserai in Fars.

VIII, 77. 874. — s. Meschhed i Mader ꝛc.
Madreporen, bei Takht i Soliman. IX, 811. — am Euphrat. X, 873.
Madreporenkalkstein, in Tiyari. XI, 615.
Madschmur (d. h. der Rasende), Bezeichnung des Zab Ala. IX, 640.
Madschuk, Trümmer am Tigris. X, 226. — s. Maaschuk.
Madsjahed eddin, Erbauer einer Moschee in Mosul. XI, 197.
Madura, s. Dschebel M.
Mädchen, s. Frauen.
Mädchenbrücke, s. Pul i Dukhtar.
Mädchenschulen, selten in Persien. IX, 886.
Mädderrassin, d. i. Lehrer. XI, 386.
Mälki, s. Där Mar M.
Mäotischer See, Eis das. XI, 557.
Mäs, s. Mony M.
Maës (Ptolem.), macedon. Reisender. VIII, 692.
Mafariyan, s. Nahri Mahpariyan.
Maffamet Can, ob Mohammed Khan? VII, 391.
Mafi, Kurdenstamm in Khorasan. IX, 631. — s. Turk-M.
Magadha, Königsgeschlecht. VII, 302.
Magah, Station in Ardelan. IX, 814.
Magdal, s. Ol M.
Magdalathum, mesopot. Festung. XI, 377.
Magdolon, an der Gränze Aegyptens. X, 1053.
Magenstein der Alten. VII, 389.
Magetelli, Dorf am Urmia-See. IX, 957.
Maghabert(?), Ort in Schuraghel. X, 431.
Maghallat, Trümmerhügel im untern Mesopotamien. XI, 989.
Magharat (d. h. Höhlenberg), Grubenberg bei Maaden Kapur. X, 913. XI, 17.
Magheira, Dorf in Kurdestan. XI, 586.
Magie, Bücher über, in Kipin. VII, 687. — in Bagdad. X, 277.
Magier, Sekte. VII, 428. VIII, 599. IX, 444. — Widerstand gegen das Christenthum. X, 167. — Einfluß auf die armen. Literatur. 572.
Magier-Stadt, im Diyalah-Gebiet. IX, 490.
Magnesia, am Sipylus, Schlacht das. (190 v. Chr.). X, 83.
Magneteisenstein, bei Divrig. X, 797. 798. — im Karsi-Thal. 915.
Magnetische Felsen, am Ararat. X, 504.
Magnetischer Eisensand, im Tigrisschlamme. XI, 20.
Magnopolis, Stadt im Pontus. X, 778.
Magog (bei Plin., wol Schreibfehler st. Mabog?), d. i. Hierapolis, Mambedsch. X, 1044. 1045. 1057.
Magog, s. El M.
Magol, d. i. Quartier. X, 426. — vgl. Mahalle.
Magu, s. Maku. IX, 920.
Maguïer, s. Mogeïyer. XI, 991.
Mah, d. i. Land. IX, 330.
Mah, Kurdensitz. IX, 97.
Maha Bharata, indisches Epos. X, 356.
Mahadescht, s. Mahidescht.
Mahadi (Mahdi), s. Al M.
Mahagonifarbe der Kurdinnen. IX, 369.
Mahal, s. Angur M.
Mah al Basra, Kurdenland. IX, 97.
Mah al Cufa, Kurdenland. IX, 97.
Mahaleh (Mahall), s. Mehalle.
Mahalla bagh (Mehalla b.), jetzt Khawar. VIII, 452. 455. 471. 481.
Mahalle (Mahaleh, Mahall, Mehalle), d. i. Quartier, Distrikt. VIII, 295. 319. 536. IX, 437. XI, 1036. — s. Magol, Fulad M., Kasker M., Pischuk M.

Mahalleni, Kurdentribus am obern Tigris. XI, 92.
Mahara. X, 808. — vgl. Maarra, Muharrah.
Maha Raja, d. h. König der Könige. VII, 7.
Maha Rajathum Runjit Singhs. VII, 121. 140 ff.
Mahargiafendee, Stadt in Luristan. IX, 407.
Mahasif, Insel des Schat el Arab. XI, 1028.
Maha-Singh, Vater Runjit Singhs. VII, 140.
Mahassa, Dichterin. IX, 477.
Mahavamsi (Mahavansi), singhales. Annalen. VII, 299. 384.
Mahawal, s. Nahr Muhawil.
Mahawil Khan (Mahavil Kh., Mahawul Kh., Mohawil Kh.), in Mesopotamien. XI, 783. 865. 871. 873. 903. 964. — s. Nahr Muhawil.
Mah Bastam, d. i. Land von Bastam. IX, 330.
Mahdi (Mahadi, Mehdi), s. Al M., Askar ol M.
Mahdi, Sohn Mansurs, erweitert Rai. VIII, 599.
Mahdiji, s. Hein M.
Mahel, s. Chabar M.
Maher Dil, Prinz in Kandahar. VII, 317.
Mahersi, s. Mohärzi.
Mahhmalli, s. Mir M.
Mahi (Mohey), s. Avi M., Bendi M. Su, Maaden i m., Schah m.
Mahideschi (Mahadescht, Maïdest), Ebene am obern Kerkha. IX, 365. 387. 390.
Mahigbir, Kanal in Kohestan. VII, 250.
Mahi Sefid, d. i. Weißfisch. VIII, 533.
Mahlu, Ort bei Schiraz. VIII, 758.
Mahlujah (Mahluiah), Salzsee bei Schiraz. VIII, 758. 847.
Mahmerd, s. Merdi M.
Mahmud, s. Muhammed, Khan M., Nureddin M., Nuwaub M. Pascha, Schah M., Sultan M. Kalesi.
Mahmud, Sultan der Ghaznaviden. VII, 702. — in Rai ꝛc. VIII, 600. IX, 44.
Mahmud, Seldschukiden-Sultan, sein Grab zu Ispahan. IX, 44.
Mahmud, türk. Sultan (1836). X, 1006.
Mahmudabad, s. Mahommedabad.
Mahmudabad, Distrikt Schirwans. VIII, 126.
Mahmud-abad, Stadt der Hazara's. VIII, 286. 287.
Mahmudabad (Mehemed-abad), Ort bei Jezd. IX, 27.
Mahmud Ali Mirza, Gouverneur in Hamadan. IX, 127. — vgl. Mohammed A. M.
Mahmud Beg, Chef in Beytusch. IX, 596. — vergl. Mohammed Beg.
Mahmudeah, s. Mahmudieh.
Mahmud el Ansari, mohamm. Heiliger. X, 885.
Mahmudie, Kurdenstamm. IX, 988.
Mahmudieh (Mahmudiyeh, Mahmudeah), Gränzdistrikt des pers. und türk. Reichs zw. dem Van- u. Urmia-See, Kastell in Albach. IX, 674. 923. 924. 929. 989. X, 292.
Mahmudieh-Felsen. IX, 910.
Mahmud Khan, Kurdenfürst am Van-See. IX, 974. 980. 998. 1001. X, 290. 292. 343. — s. Mahommed Khan, Mohammed Khan.
Mahmud Khodja (Hotschan), Prinz in Ost-Turkestan. VII, 509.
Mahmud Pascha, Wali von Sulimaniyah. IX, 452. 566. 569. — Kurdenchef in Bayazed (1805). X, 340. — vgl. Mehmed P.
Mahmud Saleh, Tribus der Chaber Leng. IX, 211.
Mahmud Schah, Herrscher von Afghanistan. VII, 232. — vgl. Mohammed Schah.
Mahmud Zenghi, Sultan (st. 1145 n. Chr.). X, 999. 1063.

Mahmun, s. Al Mamun.
Mahmusch Khan, s. Mammusch Kh.
Mahmusuni, s. Memessani. IX, 137.
Mah Nehawend, d. i. Land von Nehawend. IX, 330.
Mahommed, s. Muhamed, Hadji M. Hussein.
Mahommedabad, Dorf bei Meschhed. VIII, 311. — vergl. Mahmudabad.
Mahommed Hussein. VIII, 820. 843.
Mahommed Khan, Chef der Afschar. IX, 808. — vgl. Mahmud Kh.
Mahommed Schah, s. Mohammed Sch.
Mahommed Wulli Mirza, Gouverneur v. Meschhed, Jezd. VIII, 269.
Mahon, in Kerman. VIII, 734.
Mahott, s. Mawutt.
Mahoues, d. i. Flooß. IX, 988.
Mahpariyan, s. Nahri M.
Mahrad ben Cahlad, Ahnherr der Maroniten. XI, 382.
Mahran. VII, 172.
Mahraniten, Kurdenstamm. IX, 97.
Mahruchan, s. Mehruschan.
Mah Sabadan (Masabadhan), Distrikt am südl. Zagros. IX, 155. 332. — Bezeichn. für Seimarrah. 330. 407.
Mahsous, Heuschrecken-Speise. VIII, 809.
Mahsun Khodja, Bericht über Khokand. VII, 772.
Mahul, s. El Mohawwul.
Mahuza Malcha (Maoga Malcha, Mabuza), Ort im südl. Mesopotamien. X, 152. XI, 771. 858.
Mai (arab.), d. i. Wasser. XI, 380.
Maia, Maio (syr.), d. i. Wasser. XI, 380.
Μαιακαρίρι (Theoph. Simoc.), d. i. Mejacarire. XI, 151.
Maidan, d. i. Marktplatz. IX, 854. — Exercierplatz für Reiterei in Diarbekr. XI, 51. — s. Meidan.
Maidescht, s. Mahidescht.
Maig (pers.), d. i. Heuschrecke. VIII, 814.
Maikäfer, in Mesopotamien. XI, 510.
Mailand, armen. Druckerei das. X, 632.
Mailla, Jesuit. VII, 346.
Maimonides, s. Moses M.
Maimundi's Feste. VIII, 585.
Maïn, s. Mayen.
Maio, s. Maia.
Maipheracta (Maiphercat, Maipherchin, Maipherkin), s. Miafarekin. XI, 67.
Maipuz, Pik des Hindu-Kusch. VII, 257.
Mairegen, in Kabul, fehlt im östl. Asien. VII, 236.
Mais, bei Khanakin. IX, 490. — spärlich in Banna. 581. — in Kurdestan. IX. 608. X, 701. — bei Malatia. X, 854. — im Taurus. 911. — bei Taibe. 1106. — am Tigris. XI, 121. 680. — in Mesopotamien. 658. — bei Basra. 1054. — s. Hirse.
Maisan (Maissan), d. i. Mesene. X, 121. 181.
Maiszucker. IX, 272.
Majarbarakin (Majapharekin), s. Miafarakin.
Majeb, s. Damla m.
Majindu, Ort am Indus. VII, 161. 163.
Majousean (Magier), kurd. Name für Feueranbeter. IX, 444.
Maius (Magier), s. Tarikh i M.
Mak (Keilschr.), Volk. VIII, 104. — vgl. Macae.
Makâm Ibrahim, Moschee in Orfa. XI, 319.
Makan, s. Scheikh M.
Makesin, s. Maksin.
Makhat Gobi. VII, 326.
Makhlukat (Machlukat), s. Abschaibol M. Ahmed, Ajaï ab al M., Apayilu-l-M.
Makhsin, s. Maksin.
Makhu (Maku), s. Alsas.
Makhul (Makhut?), Ort im östl.

Mesopotamien. XI, 472. 475. — s. Dschebel M., Kalat M.
Makhut, wol irrig st. Makhul? XI, 472.
Maki, Fort in Aderbidjan. IX, 929.
Makil, s. Megill.
Makin (arab.), d. i. Heuschrecke. XI, 747.
Makkhyala, Guckerstadt im Pendschab. VII, 104.
Maklub, s. Deir M.
Makluba (Jebel Maklab, Jebel Macklub), Gebirgskette in N. Kurdestan. IX, 525. 694. 697. (Höhe) 727. 732. 734. XI, 165. 526. 586.
Maklube, ob Bezeichnung für den babylon. Mudjelliba? XI, 903.
Makou, s. Maku.
Makouieh (pers.), s. Maku.
Makronen, Volk. X, 742.
Maksin (Makhsin, Makesin, Mukhesen, Mukhsen), Ort am mesopot. Khabur. XI, 270. 273. 274. 446.
Maksudbegi, s. Murud Beggi.
Maksum, s. Al M.
Maksurah, s. El M.
Maktuab, s. Nahr el M.
Maku (Makou, Makhu, Magu, Makouieh), Felskastell in Aderbidjan. IX, 918 ff. X, 355. 510.
Maku-Fluß, s. Alsas.
Makyar, s. Mogeiyer.
Malabar, Nestorianer das. IX, 676. — Handelsartikel. 893.
Malachite, im Ali Dag. IX, 529.
Malagliou, in Armenien. X, 383.
Mal Agob, Ort. X, 923.
Mal Ahmedi, Tribus der Haft Leng. IX, 211.
Malaï hi, König von Klein-Pourut. VII, 577.
Malak, s. Abu m.
Malaktab, Christendorf in Berrawi. XI, 598.
Mal-akulasch, Kurdendorf. X, 670.
Mal Amir, Bergebene von Mungascht. IX, 154. 157. 167. 315.
Malan, s. Pul M.
Mala punica, s. Feige. IX, 476.
Mala-rud, Fluß in Ghilan. VIII, 657.
Malasena, Dorf in Kurdestan. XI, 167.
Malaskerti (Melazgherd), s. Tschar M.
Malathija, d. i. Malatia. X, 861.
Malatia (Malatiyah, Malathija), Stadt am Tokma su, westl. vom Euphrat. X, 853 ff. (Höhe) 902. 989. 1009. XI, 527. — Dist. X, 714. 716. 884. 930. 1052. 1053. — s. Melitene.
Malatschay, s. Schorbulak M.
Malawiyah, Moschee in Samarra. X, 227.
Malayen der Sundagruppe. IX, 241.
Malazgherd, s. Melazgherd.
Malbek, d. i. Balbek. X, 1057.
Malcha, s. Melik, Mahuza M., Nahar M., Parar m.
Malcolm, J., brit. General u. Gesandter in Persien rc. VII, 8. VIII, 421. IX, 878.
Malecs, Sunniten-Sekte in Bagdad. XI, 842.
Malec Taoos, s. Melik Taous.
Malek, s. Melik, Abdalmalek, Abdelmalek, Abdul M., Al M. al Modhaffer, Beni M., Juwal M., Nahr el M., Nahabah M. ben Tawk, Nehabeh M. ben Daud.
Malek, Titel des nestor. Patriarchen in Dschulamerk. IX, 662. 674. — s. Melik.
Malek, König in Irak Arabi. X, 59.
Malekh al Aschraf (genannt Khalil Selaheddin), ägypt. Mamelucken-Sultan (1292). X, 938.
Malek Azzedin (Melek Azeddin), Atabeke (1386). IX, 156. — Fürst von Djezireh ibn Omar. IX, 709. XI, 156.
Malek Chalil (Melek Chelil), in Höfen Keif. XI, 39. 41. 42.

Malek el Aubad Ayub, Kurden-Prinz. X, 327.
Maleki, s. Meleki, Daskari el M.
Malek Kossim Mirza, s. Melik Kasim M.
Malek Schah, Seldschukide (reg. 1073—93). X, 282. 1078. XI, 179.
Maleyat, d. i. reguläre Taxen, Abgaben. IX, 900.
Malhamlu, Kurdendorf. IX, 923.
Malhasan (Malhassan), am Euphrat. X, 827. 837.
Mali, s. Elmali.
Malich, s. Sjafar Ibn M.
Mal i Darab, d. h. Obst von Darab. VIII, 766.
Malier, Zeltaraber in Mesopotamien. XI, 287.
Mal i gabran, d. h. Ort der Feueranbetung. VIII, 764.
Mali Jahrun, gute Dattelart. VIII, 761.
Malik, s. Melik, Baghi M., El M. el Mansur, Jowal M.
Malik, Fürstentitel in Badakhschan. VII, 816.
Malik-kendy (Mateck Kanly), in Aderbidjan. IX, 827.
Mali Schamiram, d. i. Schatz der Semiramis, am Van-See. X, 295.
Maljim, s. Ibn M.
Malka (Malcha), s. Nahr M.
Mallah, arab. Schiffzieher am Schat el Arab. XI, 819. 1024.
Malli, ihre Capitale, ob Multan? VII, 65. 67.
Mallick, d. i. erblicher Bergfürst. VII, 88. — s. Melik, Dellawer M., Kulnarwah M., Maredwaderan M., Naubuck Rai M., Nosful M., Schahabadka M., Schupianka M.
Mallithan, Mallitharun, s. Multan. VII, 65.
Mallu, s. Kotul e M.
Malotah, Kurdendorf. XI, 618. 629.
Maltha, Insel im Mittelmeer. X, 1025.
Maltha (Plin.), Teich, brennender Schlamm zu Samosat. X, 926. — Malthastein. X, 935.
Malus Armeniaca, s. Aprikose. IX, 94.
Malus Persica, s. Pfirsich. IX, 94.
Malus Punica, s. Granate. XI, 550.
Malva rotundifolia, in Mesopotamien. XI, 484. 501.
Malwa, Landstrich am Sfetledsch. VII, 36.
Malyar (Mullayer, Melyer), District in Irak Adschem. IX, 68.
Mam, d. i. Zweig, Tribus. IX, 1027.
Mamachathun (Mamahkhotun), s. Mamakhotun.
Mamajuk, Dorf in Aderbidjan. IX, 806.
Mamakar, Zufluß zum Araxes. X, 396.
Mamakhotun (Mamahkhotun, Mamachathun), Ort am obern Euphrat, Zufluß zum Karasu. X, 727. 729. 732. 734. 769.
Mamanelis, Armenier das. X, 643.
Mamau, Dorf am Kisil Osen. VIII, 634.
Mambedji (Mambedsch, Mambegi, Mambegj), s. Mambidsch.
Mambidsch (Mambedsch, Manbedsch, Mambedji, Mambeji, Mambegj, Mambog, Manbedj, Manbedschi, Manbeg, Manbesjum, Manbigz, Manbug, Munbedj, Menba, Manba, Bambidsch, Bambyr, Bambyce, Vetus Ninum, Hierapolis rc.), Passageort am syr. Euphrat. X, 942. 989. 997 ff. 1041 ff. 1052. 1056. 1057. 1062. XI, 269. 275.
Mambog, d. i. Hierapolis. X, 1045.
Mambre, armen. Priester. X, 561.
Mambri, Kastell am Euphrat. XI. 686.
Mambu, s. Sacar M.
Mambyce, s. Mambidsch. X, 1041.
Mamelouin, irrig st. Lemlun. XI, 970.

Mameluken, s. Baharitische M.
Mamian, Dorf in Aderbidjan. IX, 824.
Mamigonier, Königsgeschlecht. X, 525. — ihr Abfall vom Christenthum. 573. — in Armenien. 590ff. — Daron ꝛc. X, 649. XI, 414.
Mamisch, s. Mammisch.
Mamkon, Stammvater der Mamigonier. X, 590.
Mammisch (Mamisch), Abtheilung der Bilbos-Kurden. IX, 939. 1019. 1036.
Mammusch Khan (Mahmusch Kh.), Häuptling in Tschinnaram. VIII, 311. 396.
Mamooi, s. Mamui.
Mamrewan, Sandschakat von Erzerum. X, 754.
Mamschan, s. Mawaschanrud.
Mamui (Mamooi), Fürstenfamilie in Senna. IX, 436.
Mamun, s. Al M.
Mamur, s. Rasm el M.
Man, Nadelholzart. VII, 614.
Man, s. Manna. IX, 212.
Mana, s. Kéros m.
Manadhir, Distrikt von Al Ahwaz. IX, 228.
Manai, s. El m.
Mananaghi, Gau in Hoch-Armenien. X, 774.
Manas, Troglodytendorf in Aderbidjan. IX, 830.
Manasarowara (Manasarovara, Mansarowara), See. VII, 12. 340. VIII, 795. IX, 787.
Manasse, Judenstamm, in Assyrien. IX, 424.
Manat, Götze. VII, 281.
Manativa, Dorf am Diyalah. IX, 489.
Manavaz, armen. Prinzengeschlecht. IX, 994. X, 665.
Manavazean, armen. Land. X, 361.
Manavazgherd, s. Melazgherd. X, 665.
Manawiyah, Euphrat-Insel. XI, 952.
Manazgherd, s. Melazgherd. IX, 994.
Manba (Manbe), d. i. Mambidsch. X, 1041. — s. Menba.
Manbedj (Manbedsch, Manbedschi), d. i. Mambidsch (Hierapolis). X, 942. 989. 1057.
Manbeg, s. El Meftah.
Manbesjun (Manbigz, Manbug), d. i. Mambidsch. X, 1041. 1052. 1057.
Mandal-Berge. VII, 338.
Mandalych, Bergstrom zum Murad. X, 349.
Mandane, Cyrus Mutter. VIII, 949.
Mandeln, bei Kotc. VII, 60. — Charaktergewächs in Afghanistan. VII, 235. VIII, 151. — bittere, in Kabul. VII, 305. 312. — in Ferghana. 734. 735. — Khokand. 777. — bei Kazwin. VIII, 588.' — in Kerman. 735. — Khescht. 821. — bei Kohrud. IX, 37. — Ispahan. 44. 55. — im Kerendthal. 391. — am Araxes. X, 430. — im syr. Taurus. 918. 920. — bei Arghana. XI, 16. — Mosul. 218. 667. — Mardin. 388. — in Mesopotamien. 495. 501. — Bagdad. XI, 801. — s. Zwergmandel.
Mandelbaum, wilder, in Guristan. VIII, 135. — im Elburs. 506. — in Fars. 844. — am mittl. Euphrat. XI, 713.
Mandelbaum, heiliger, in Khotan. VII, 361.
Mandelkrähe (Coracias garrula), in Mesopotamien. XI, 507.
v. Mandelslo, A., in Laristan (1638). VIII, 736.
Mandil, i. e. Sudarium. XI, 356.
Mandilsir, Sahend-Berg in Aderbidjan. IX, 826.
Mandjelik (Mandjulik), s. Manjulik.
Mandjur, s. Mendjar.
Mandragore (Atropa Mandr.), in Ferghana. VII, 736.
Mandu, nestor. Priester in Amadia. XI, 592. 596. 636.
Mane, s. Sancta M.

Manein, in Farsistan. VIII, 761.
Manekzier, Kurdengeschlecht. X, 594.
Manes (Moni), Cultus in Turkestan. VII, 596.
Manes, s. Mani.
Manes, Dorf in Hekkari. XI, 600.
Manganik, s. Manjanik.
Mangerrah, Berge in Luristan. IX, 196. — s. Kubi M.
Mango, gedeiht nicht in Daudputra. VII, 44. — bei Kote. 60. — vorzügliche, in Multan. 65.
Mangteppeh, Ort in Ferghana. VII, 484.
Mangu Khan, Bruder Hulaku Khans (stirbt 1259). VII, 263. IX, 838.
Mangusti, bei Abuschähr. VIII, 787.
Mani (Maniya), d. h. Herr, König. VII, 113.
Mani, Manes, Stifter der Manichäer (Ende des 3. Jahrh. n. Chr.). VII, 277. — in Ahwaz. IX, 229. X, 168. — armen. Uebersetzung. X, 571.
Mania airkh, d. i. Höhle der Mane, in Armenien. X, 775.
Manichäer, in Divrig rc. X, 168. 798. — unter Yeziden. IX, 751.
Manikyala, Dorf im nördlichen Pendschab. VII. 9. 94. — Tope das. 98 ff. — Etymol. 111.
Manikya-alaya (sanskr.), d. h. Stadt der Rubine. VII, 111.
Maniola, in Mesopotamien. XI, 510.
Manisares, Fürst in Mesopotamien. X, 118.
Manischt, Zagros-Berg. IX, 420.
Maniya, s. Mani.
Manizen, Fürst v. Atra. X, 132.
Manja, höchster Landstrich der Pendschab-Ebene. VII. 37.
Manjanik (Manganik), d. h. Feuermaschine, Feuerofen, Ruinen am Abi Zard. IX, 147. 149. 150. 315.
Manjonel, s. Manjanik. IX, 150.
Manjulik (Mandjelik, Mandjulik), Stadt in Kl. Asien, Zufluß zum Tokma su. X, 841. 846. 847. XI, 144.
Mankali, Fluß im obern Mesopotamien. X, 1118.
Mankhischt, s. Mungascht.
Mankkit, d. i. Pistolenschußweite. X, 354. — s. Top-M.
Mankusch (Munkusch), s. Deir el M.
Manlan, s. Ag-M.
Manli, s. Al manli.
Manli, Land. VII, 421.
Manna, s. Hassn m.
Manna (Manna-Eiche), als Purgativum in Herat. VIII, 252. — in Luristan. IX. 212. — Kurdestan. IX, 553. 610. X, 696. — bei Musch. X, 679. — in Armenien. 706. 707. — Mosul. XI, 208. — im Masius. 384. 385. — bei Mardin. 388. — in Persien. 822.
Mannert, über das Zeugma. X, 967.
Mannurrhoa Avireth (Mannuorrha Avirer, *Μαννούοῤῥα Αὔιρεθ*), Festung u. Quelle im obern Mesopotamien. X, 1119. XI, 328.
Mannus, König im euphrat. Arabien. X, 118. 1120. — vergl. Manu.
Manrique, Pater, in Sind. VII, 153.
Mansarowara, s. Manasarowara.
Mansbedja, s. Mambidsch.
Man Sing, Rajputen-Held. VII, 22.
Mansoris, s. Mansuriyeh.
Manssur, s. Scheich M. Haladsch.
Mansur, s. Abusaid M., Al M., Bey M., El Malik el M., Hasan M., Hysn M., Kullah Ghundi M. Khan.
Mansur I., Samanide (10. Jahrhundert). IX, 794.
Mansureh, s. Al M.
Mansuri, arab. Ilats. VIII, 391.
Mansuria, Bezeichn. mehrerer von Al Mansur erbauter Städte, z. B. Bagdad. IX, 286. X, 199.

Mansuria, Dorf am Tigris. X, 230.
Mansurie, am Euphrat, astr. Lage. XI, 976.
Mansuri Kalhur, Stamm am Zagros. IX, 398. — in Iwan ꝛc. 422. 482.
Mansuriyeh (Mansoris), Dorf u. Kloster am obern Tigris. XI, 120. 170. 177.
Mantiane (Mantiana, Strab.), d. i. Van-See. IX, 783. 784. 786.
Mantis (hyalina und religiosa), in Ghilan. VIII, 433.
Μαντζικιερτ (Cedren.), d. i. Melazgherd. IX, 994.
Manu, d. i. 7¼ Pfund. VIII, 841.
Manu (Manus), indische Gottheit. X, 357. — in Edessa Name für Merkur. XI, 339. — s. Maanu, Abgar bar M.
Manu Alobo, i. e. Manus deus, König von Osrhoëne. XI, 339.
Manud (Maund?), = 2 Toman. VIII, 324.
Manuscha, d. i. Menschen. X, 357.
Manuscripte, in Telkeif. IX, 747. — s. Bibliothek, Hebräische Mscr.
Manutsché, Emir. X, 441.
Manzar, Kurdentribus. IX, 619.
Manzil, s. Menzil.
Mao, Mondgottheit. VII, 109.
Maoga Malcha, s. Mahuza M.
Maphri, Bischofstitel in Tekrit. X, 222.
Maquel (Maqel, Ma'aquel, Ma'akel, Meägal, Nahr Abi M.), Kanal in Mesopotamien. X, 54. 182. 192. 194. XI, 1025.
Maquel Ben Iesar, Baumeister in Mesopotamien. X, 194.
Mar, d. i. Schlange. VIII, 484. — s. Pir M.
Mar, d. i. Herr, geistl. Titel aller nestorianischen Bischöfe. IX, 657. XI, 309. — s. Där M. Mälki.
Már, s. Marga már.
Marab, chines. Beamter. VII, 517.
Marabaein, s. Kasr Marbaba.
Mar Abas (Mar Ibas, i. e. dominus Ibas; nicht Maribas), syr. Geschichtschreiber aus Catina (140 v. Chr.). IX, 984. X, 303. 536. 563.
Mar Abraham, Kloster in N. Kurdestan. IX, 747. — s. Mar Urabam.
Marabut, s. Tel M.
Maracanda, d. i. Samarkand. VII, 627.
Mara'chan (Marghilan?), Gebiet Ferghanas. VII, 746.
Maraditae, d. i. Maroniten. XI, 381.
Maradjitra (d. h. Besieger des Todesgottes), Name Buddhas. VII, 378.
Mar Agathos, Bischof v. Mardin. XI, 215.
Maragha (Meragha), Stadt an der Ostseite des Urmia-Sees. VIII, 126. IX, 50. 651. 675. 772. 783. 826. 833 ff. 956. — Dist. IX, 814. 844. — s. Fakhr eddin M.
Maragha-Fluß, s. Sofie Chai.
Maragha-See (Deria M.), d. i. Urmia-See, Höhe. VIII, 617. IX, 951.
Maraghdah, s. Tell M.
Marah, s. Nahar M.
Maraka, s. Faukani M.
Maraka Sufli, Kastell in Mesopotamien. XI, 432.
Mar Akchah, Dorf am obern Tigris. XI, 120.
Maral (pers.), große Antilopen-Art. IX, 797.
Maral, Insel im Urmia-See. IX, 1014.
Maram, s. Kani M.
Marand, Land der Ebene. IX, 908.
Marand (Marant, Merand, Merend), Stadt am Norduser des Urmia-Sees. VIII, 126. IX, 767. 782. 791. 826. (astr. Lage) 836. 907 ff. X, 363.
Marandaschi, s. Schah M.
Marannan (Mar Annan, Mar Hannan), Gebirge u. Gebirgsstrom in Kurdestan. XI, 106. 621. 640. 648. 659.

Marant, s. Marand.
Maraphtan, s. Dar al M.
Maras, Bischof von Diarbekr. XI, 32.
Marasch, am Amanus. X, 939. XI, 504. — vgl. Meraasch.
Maraschedieh-Araber, in Irak Arabi. XI, 961. 965.
Maras-See, am Euphrat. XI, 765.
Marateb, s. Bab el M.
Marati, s. Nahr el M.
Marbaba, s. Kasr M.
Mar Basilius (M. Basileis), chald. Bischof in Diarbekr. IX, 964. XI, 215.
Mar Behnan, Sohn Sennacheribs, wird zum Christenthum bekehrt. IX, 738.
Marbin, Quartier, Thal von Ispahan. IX, 44. 53.
Marcala, in Cilicien. X, 839.
Marciane-See, s. Margiana. IX, 833.
Marco Polo, s. Polo.
Marcus, Mönch (16. Jahrh.). IX, 742. 745.
Mar Cyrus, Bischof in Edessa. XI, 352.
Mard (pers.), d. i. Tapfere. VIII, 615. — s. Marden.
Mard, s. Juvan m.
Marda, d. i. Mardin. XI, 290.
Mardachai, sein Grab in Hamadan. IX, 124.
Mardaiten (Theophanes), s. Maroniten. XI, 381.
Mardan, s. Ali M. Khan.
Mardaner (Plin.), Volk in Mygdonia. XI, 335. 413.
Mar Daniel, Kirche bei Mosul. IX, 734.
Marde (Ptol.), Stadt im Osten des Tigris. XI, 380. — vergl. Mardin.
Marder (Marden), d. h. Männliche, Kurden- od. Urier-Stamm. VIII, 90. 95. 96. 228. 615. IX, 129. 139. 753. X, 865. XI, 381. — vgl. Amarder.
Marder (Mustella mardes), in Erzerum. X, 758. — im Taurus. XI, 504. — s. Feld-, Steinmarder.
Μάρδες (Procop.), d. i. Mardin. XI, 151.
Mardi, s. Marder.
Mardin (Mardyn, Maredin, Merdin), Stadt auf dem südl. Vorberge des Masius im nördl. Mesopotamien. VIII, 16. IX, 705. 711. (Name) 753. X, 275. 284. 905. XI, 37. 40. 41. 59. 151. 379 ff. — Dist. XI, 9. 62. 68. 86. 261. 269. 374. 408. 420. — s. Bab el M., Merdisi.
Mardin Daghlari (M. Dagh, Dschebel M., Dschebel Tur, Jibel Tur, Tur Dagh), der östl. Masius, Centralstock des mesopotamischen Kurdistan. X, 905. 912. XI, 150. 151. 157. 256. 257. 363. 368. 383. 389. 391. 439 ff.
Mardin Kapussi, Südthor von Diarbekr. XI, 48. 50.
Mardin-Schloß. XI, 41.
Mardin-Thor, s. Mardin Kapussi.
Mar Diogenes, Bischof in Edessa. XI, 351.
Μάρδιος φρουρά (Procop.), d. i. Mardin. XI, 151.
Mardonier (Xenoph.), Volk im N. des Tigris. XI, 337.
Mardrud, s. Murdie Chai.
Mardus, d. i. Kisil-Osen. VIII, 615. 628.
Mardyn (syr.), d. i. Mardin. XI, 379. 384.
Maredin, s. Mardin. X, 275.
Maredwaderan Mallick, Bergfürst in Kaschmir. VII, 88.
Mar Elias (Elia, Eli), Titel des nestor. Patriarchen in El Kosch. IX, 657. 671. 675. 678. 746. 944. 945. XI, 845.
Mar Elias, erbaut das Kloster zu Said. XI, 177.
Mar Elias (Elia), nestor. Kloster in Mosul. X, 199. XI, 199 ff.
Mares, Nestorianer. X, 167.
Mar Eulogius, in Edessa. XI, 288. 351.
Marg, Ort. X, 1142.

Mar Gabriel, Bischof. IX, 944.
Mar Gabriel, Klippen u. Kirche bei Mosul. XI, 191. 198.
Margalang (chines.), d. i. Marghinan. VII, 484.
Marga már, d. i. schwarzer Bär. XI, 504.
Margasi (Ptolem.), Bewohner von Maragha. IX, 833.
Margh-ab, s. Murghab. VIII, 53.
Marghalan, s. Marghinan. VII, 753.
Marghilan, s. Marghinan.
Marghinan (Marghilan, Marghalan, Margalang, Marholan rc.), Stadt u. Distrikt von Ferghana. VII, 484. 486. 543. 725. 733. 745. 746. 750. 752. 753. 755. 766. 769. 778. 784. XI, 558.
Mar Ghiorghio Karkal, Georgs-Kirche in Central-Kurdestan. XI, 623.
Margi, Christendorf in Tiyari. XI, 599.
Margiana, Landschaft zw. dem Orus u. Herat, der nördl. Theil von Khorasan. VIII, 53. 120. 227. 332. — vgl. Merv.
Margiana, Gränzlandschaft Kurdestans gegen Assyrien. IX, 833.
Margiane (Marciane, Martiane?), d. i. Urmia-See. IX, 783. 833.
Marglant, d. i. Marghinan. VII, 486.
Margulla, Berg-Defilée im Pendschab. VII, 98.
Margus, Fluß in Margiana, zum Orus. VIII, 53. 140. 227. — s. Murghab.
Mar Hannan, s. Marannan, Matran Hanna.
Marholan, s. Marghinan. VII, 543.
Mari, s. Bathnas M.
Maria, Heilige, rettet Mosul. XI, 198. — ihr Tempel in Edessa. 352. — s. Madonne.
Mariam, s. Maryam, Nana Mariam.
Marian el Abr, zwei Kirchen in Mosul. XI, 199.
Marianne, Noahs Frau, ihr Grab in Marand. IX, 908.
Maribas Catina, s. Mar Abas.
Mari Canum (Anubis), in Haran. XI, 309.
Marice, s. Bell m.
Maride (Amm. Marc.), d. i. Mardin. XI, 151. 249. 379. 381.
Maridjan, Station. VIII, 557.
Marienglas, am Frat. X, 789. — in Arsoff. 1109.
Mar Ignatius, chald. Bischof zu Mardin. IX, 964.
Marinus legatus, s. Ananias. XI, 342.
Marinus Tyrius. X, 1058.
Mariscus-Arten (elatus Vahl., elongatus), im südl. Chusistan u. Mesopotamien, ihre Wichtigkeit an Gestaden. XI, 1026 ff.
Marjabus, Bischof in Bezabde. X, 169.
Marji, Bach in Mesopotamien. XI, 281.
Mar Johanna, chald. Bischof in Khosrova. IX, 963.
Mar Joseph, Bischof von Rabban Hormuz. IX, 746.
Mar Jurgis (Dschürdschis), d. i. St. Georgs-Kloster bei Mosul. XI, 213.
Mark, Grafschaft, Etymol. X, 580.
Mar köï akos, Christendorf in Dez. XI, 600.
Mar Kyomah, Kirche in Hekkari. XI, 602.
Mar Laurentius, Bischof von Kerkuk. XI, 215.
Mar Lorentius, chald. Bischof zu Ainkawa. IX, 964.
Mar Mattei, Matthäus-Kloster am Ghazir Su bei Mosul. IX, 698. 727. 733. XI, 165. 527.
Marmehan, Dorf bei Hamadan. IX, 121.
Mar Michael, chald. Bischof zu Sert. IX, 964. XI, 215.
Marmor, grüner, bei Yezd. VIII, 269. — weißer, in Fars. 877. 878. — schwarzer, bei Perſepo-

lis. VIII, 895. 897. — weißer, in den Ruinen von Pasargadä. 943. 946. 950. — im Zagros. IX, 389. — bei Mosul. IX, 530. 732. XI, 13. 205. (in Ninive) XI, 234. 236. — im Daru. IX, 595. — weißer, bei Keresto. 817. — schwarzer, bei Tabriz. 845. 856. — in Aderbidjan. 969. — auf der Araxes-Ebene. X, 470. — bei Musch. 665. — durchsichtiger, am Frat. 789. 1025. — bei Aintab. 1036. — Palmyra. 1093. — weißer, hellgelber, in Orfa. XI, 332. 333. — weißer, am Tak i Kesra. 855. — schwarzer, in Babels Ruinen. XI, 893. — s. Takht i M.
Marmora, s. Kubbet el M.
Marmorfragmente, am Birs Nimrud. XI, 890. — in Babylon. 909.
Marmorquellen, von Dehkargan. IX, 1011.
Marmorsäulen, bei Rewandoz. IX, 936. — in Resapha. X, 1109. — weiße, mit hebr. Inschrift in Diarbekr. XI, 55. — bei Ras al ain. 379. — bunte, bei Seleucia. 858.
Marmorstatue, zu Worka. XI, 985.
Marmortraube, in Herat. VIII, 252.
Marnik, armen. Dorf. X, 682. 814. 815.
Marnun, s. Pul i M.
Maro, s. Sanct M.
Marojuck(?), Dorf bei Kars. X, 424.
Marokin, s. Saffian.
Maroniten (Mardaiten), in Mosul. XI, 186. — im Libanon. 381.
Maronius, Bischof in Resapha. X, 1110.
Maronius, Bischof in Diarbekr (5. Jahrh.). X, 1110.
Marouthа, s. Marutha.
Mar Petros, Bischof von Djezireh u. Zakho. XI, 215.
Mar Putiün, Klosterruinen bei Kodsch Hissar in Mesopotamien. XI, 374.
Marra, s. Kalla el M.
Marras, s. El M.
Marrat, s. Masat.
Marri, s. Abu M.
Mar Said, Mobed aus Kazrun. VIII, 921.
Marschen, s. Morast, Sumpf.
Marseille, armen. Druckerei das. X, 632.
Mar Sergius, s. Sergius.
Mar Shimon, s. Mar Simon.
Marsifan (Barzeman, Marzeban, Marsyas), Zufluß zum Euphrat bei Romkalah. X, 883. 898. 934. 935. 938.
Mar Simon (M. Shimon), beständiger Titel des nestor. Patriarchen in Kotsch Hannes, Dschulamerk. IX, 645. 657. 662. 665. 673. 675. 678. 685. 964. XI, 625. 635. 845. — s. Simeon.
Mar Simon, Bischof von Amadia. IX, 664.
Mar Slewa, nestor. Bischof. IX, 678.
Marso, Taurusberg. X, 890. 891.
Marsowah, mohammed. Dorf am Tscha Spi. XI, 169.
Marsulli, altes Flußbett zum kasp. See. VIII, 365.
Marsyas (Plin.), Zufluß zum Euphrat. X, 882. 935. 941.
Martiane (Margiane?), d. i. Urmia-See. IX, 782. 783.
Martin, s. Saint-Martin.
Martini (Martin), P., in China (1640). IX, 267.
Martinique, Zuckerrohr das. IX, 261.
Mar Toma, s. Thomaskirche.
Martyn, evangel. Missionar in Persien (st. 1822). VIII, 855. — in Tabriz. IX, 876. — sein Grab in Tokat. X, 534.
Martyre, die vierzig, s. Chihil Na-Balighan.
Martyrer-Reliquien, von Maruthas gesammelt. XI, 73.
Martyropolis (Procop.), Stadt in Sophanene (Armenien). X, 78. 90. 1087. XI, 67 ff. — s. Miafarekin.

Maru (indisch), d. i. Sandwüste ohne Wasser. VIII, 53. — s. Meru, Möuru.
Marudschack, s. Merutschak.
Maruf, s. Scheikh M.
Marunda (Ptol.), d. i. Marand. X, 364.
Marundae (Ptol.), Volk in Aderbidjan. IX, 782. 833.
Mar Uraham (d. i. Abraham), nestor. Bischof bei Urmia. IX, 974. — s. Mar Abraham.
Marusthan. VIII, 53.
Marut, verzauberter Engel. XI, 793. 910.
Maruthas (Marutha), Bischof von Tekrit, Martyropolis. X, 79. 168. XI, 71 ff.
Marutschak, s. Merutschak.
Marv, s. Marw.
Marvar. VIII, 53.
Marv dascht, s. Merdascht.
Marvoun-Kiem, s. Band i Merwan.
Marw (indisch), d. i. Sandwüste ohne Wasser. VIII, 53.
Marw (Möuru, Mourum, Möru, Maru, Meru, Merw, Margiana), der dritte von Ormuzd geschaffene Segensort. VIII, 52 ff.
Marwa'r rudzi, d. i. Meru rud. VIII, 230.
Marwa'sch Schahgan, s. Merv Schahi Jehan.
Mar Yacub, Dorf in Kurdestan. XI, 167. — vgl. Jakobs-Kirche.
Maryam (Marri), s. Mariam, Abu M.
Mar Yohanna, Chaldäer-Bischof. IX, 673. XI, 120.
Mar Yuhannah, Dorf am obern Tigris. XI, 120.
Mar Yusuf, chald. Bischof zu El Kosch. IX, 964. — in Amadia. XI, 215.
Marz (pers.), d. i. Gränze, Mark. VIII, 491.
Mar Zahar, Bischof von Mosul. XI, 215.
Marzaya, Christendorf in Djellu. XI, 600.
Marzeban (Marz-ban, pers.), d. i. Herr der Pässe, Markgraf. VIII, 443. 490. IX, 780. X, 559. 580.
Marzeban (arab.), Zufluß zum Euphrat. X, 882. 938. — s. Marsisan.
Mar Zoara, Thor von Diarbekr. XI, 31.
Mas, d. i. Fisch. IX, 325. — s. Masi.
Mas, Sohn Arams. IX, 132. X, 150. XI, 256. — s. Masius.
Masa, s. Masius. XI, 418.
Masabadan, s. Mah Sabadan.
Masanäer, Nachkommen des Mas. X, 150.
Masar (Mothar), Sohn Nesars. X, 1142. — s. Dawan m., Diar M.
Masar ol himar, d. h. Masar der Esel. X, 1142.
Masat (Massat, Marrat), Dorf am Tschoruk. X, 744. 825.
Masaudi, s. Masudi, Sultan M. Hazaras.
Masca (Xenoph.), Zufluß od. Kanal des Euphrat. X, 15. 237. XI, 254. 706.
Mascate, Stadt in Oman. VIII, 747. XI, 554. 1060. — Sklavenhandel das. XI, 1071.
Masch. IX, 132.
Mascha, s. Tachti M., Tschem m.
Mascha, Münze. VII, 755.
Maschak, d. i. Cäsarea. X, 528.
Masch Allah, d. h. wunderbar ist Gott. XI, 326. — s. Musallah.
Maschannak, in Irak Arabi. XI, 1027.
Maschoug, Ruinen in Syrien. X, 1107. — s. d. f.
Maschuk (Maaschuk), s. Koh M.
Maschuka (Maaschuka), s. Aschik wa M.
Maschur (Maschoor), Ort an der Jerahi-Mündung. IX, 158. 162.
Masenderan (Mazenderan, Mazanderan), kaspisches Küstenland. VIII, 61. 123. 124. 126. 433 ff. 574. 681. 688. XI, 539. 556. — Etymol. VIII, 418. 487.
Mases, s. Yerrim-M.
Mashoor, s. Maschur.

Masi, s. Mas, Mahi, Avi M.
Masibi, Gelehrter. IX, 287.
Masikha, Berggau. VII, 740.
Masion (Strab.), s. Masius. X, 76.
Masis (Massis), d. i. der armenische Ararat. X, 77. 273. 339. 359. 360. 362. 782.
Masius (Masion, Karadja Dagh, Karadja Dougleri, Karadjy Dagh, Karadscha Dagh, Mardin Dagh, Dschebel Dschudi rc.), Taurus- oder Zagros-Kette, Gränzgebirge des nördl. Mesopotamien u. Kurdestan. IX, 132. 705. 711. 754. X, 76. 690. 912. XI, 5. (Izala) 150. 359. 361. 368. 400. — vergl. Moschische Berge.
Masius-Fluß (Mas), bei Nisibis. XI, 256.
Masiusroute, nach Hösns Keif. XI, 87.
Masjidi Suleiman Kuchuk, (d. h. kleine Moschee Salomons), Ruinen in der Baitawand-Ebene. IX, 176.
Masjidi Suleïmani Buzurk (Buzurg), Prachtruine am Euläus (Kuran). IX, 169. 176. 314.
Maske, s. Larve.
Maslema, Sohn Abdalmeliks. XI, 273.
Maslema (Moslemah), Fort in Mesopotamien. XI, 273.
Masmaeus(?). IX, 156.
Masr el atik (Alt-Kahira), Begräbnißort des heil. Georg. XI, 192.
Masrita, s. Telmasrita.
Masro, Dorf am Euphrat. X, 874. 985.
Masrukan, s. Muschircan, Dujeili M., Nabri M.
Mass, s. Khassab-M.
Massabatana (Massabatice), s. Messabatike.
Massaca (Plin.), Ort der Aspagani. VIII, 206.
Massageten, Volk. VII, 626. 670. 691. X, 559.
Massagetische Fürsten. VII, 651.
Massat, s. Masat.
Massaula (Massula), Ort in Ghilan. VIII, 615. 662. 663. 664. 667.
Massaula-Paß, in den Talisch-Alpen, von Ghilan nach Aderbidjan. VIII, 665. (Höhe) IX, 766.
Massauwa. XI, 545.
Massice (Plin.), Ort am babyl. Euphrat. X, 148.
Massis, s. Masis. X, 360.
Massis ljarn, d. i. Massisberg, Ararat. X, 360.
Masson, Ch., engl. Reisender. VII, 9. 244. — in Bamiyan. 275. — Untersuchung der Tope's von Kabul. 286. 289. 295.
Massula, s. Massaula.
Mastix (Mastik), in Herat. VIII, 252. — von Pistacien gewonnen. XI, 561. — s. Gummi M.
Mastix-Bäume, in Nijrow. VII, 246. — Kabul. 310. 312. — am Euphrat. X, 854.
Mastovfi, s. Ahmed el M., Hamdallah Kazwini.
Masu, d. h. Eichenwald. IX, 754.
Masu-Bäume (Manna-Eichen), im Masius. XI, 384.
Masud, s. Azeddin M.
Masudi, s. Masaudi.
Masudi (El Masudi), arab. Historiker (Mitte des 10. Jahrh.), über den Euphrat. X, 63. 723. — Madain. 162. — Tigris. 207. — kennt den Murad nicht. 647. — über Mambidsch. 1053. — Saffaïn. 1077. — Sert rc. XI, 100. 163. 179. — Ninive. 223.
Masudi-Kanal, zum Tigris. XI, 852.
Ma Sultaniyah, bittere Brunnen am Tigris. XI, 679.
Masurin, ob Mansuriyeh? XI, 155.
Maße in Khokand. VII, 784. — Bayazed. X, 353. — Bagdad. XI, 820. — s. Wegmaß, Gewicht rc.
Mata, Thor von Rai. VIII, 601.
Mata, s. Guru M.

Matara=Berge, westliche Fortsetzung der Hamrin-Kette. IX, 526. 533. 549.
Mateck-Kanly, s. Malik-kendy.
Matha Kasra, Christendorf in Tiyari. XI, 599.
Matha M'chasia, d. i. Sura. X, 267.
Mathia ibn Ayas, Dichter. IX, 477.
Mathiola varia, im östl. Mesopotamien. XI, 484.
Mathra, Schloß der Matscharen, im Norden Mesopotamiens. XI, 84. 86.
Matscha, Ort im Norden des Sihun. VII, 795.
Matschla, Stadt Khokands. VII, 753.
Mathusala, armen. Bischof (7. Jahrh.). X, 632.
Mati, s. Junes ebn M.
Matiana Media (Isid. Char.), das östl. Medien. VIII, 116. 117. IX, 113. — s. Rhagiane.
Matianen (Matienen, Matiener, Herod.), Volk in Armenien, Kurdestan rc. VIII, 91. 92. IX, 786.
Matiene, d. i. Hochmedien. IX, 420. 517. XI, 524.
Matineh (Tura M.), südöstliche Fortsetzung des Dschebel Dschudi. XI, 590. 596. 598. 601. 649.
Matineh-Paß. X, 905.
Matra, ungarischer Wappen-Name. XI, 84.
Matran, d. i. nestor. Metropolitan, armen. Bischof. IX, 677. 735. XI, 389.
Matran Antoun, syrisch-kathol. Metropolitan in Mardin. XI, 394.
Matran Hanna (Mar Hanna), chald. Erzbischof zu Mosul. IX, 663. 742. 745. 746.
Matran Hanna, Kirche in Mosul. XI, 199.
Matran Isai, chald. Metropolitan in Mosul. XI, 213. 394.
Matran Musa, Bischof in Mar Mattei. IX, 735.
Matricaria chamomilla, im östl. Mesopotamien. XI, 484.
Matscharen-Schloß, s. Mathra. XI, 84. — s. Madjaren.
Matta, d. i. Matthäus. XI, 163.
Mattei (Matthäus), s. Mar M., Scheikh M.
Matten, aus Rohrgeflecht, in Achek. IX, 177.
Matthäus, s. Sanct M.
Matuanlin (nicht Matualin), chines. Historiker (1325). VII, 562. 613. 628. 644. 672 rc.
Matur, s. Nahr el M.
Ματζάρων φρούριον (Theophil. Simoc.), im obern Mesopotamien. XI, 84.
Maudjmel Altawarikh, persisches Mscr. IX, 116.
Maudud, s. Mes'ud Ibn M. Ibn Tamanki.
Mauerklumpen, verglaste, in Babylon. XI, 885.
Mauern, große, als Schutzwehren für Länder rc. IX, 105. X, 20. — s. Indische, Kaukasische, Medische Mauer.
Mauerquadrant, astronomischer, in Maragha. IX, 842.
Maul, Mäuler, chines. Bezeichnung für Einwohner. VII, 403. 406. 420.
Maulan, s. Pulli M.
Maulbeerbaum, geogr. Verbreitung in Asien. VIII, 679 ff. — bei Sehwun. VII, 161. — berühmte, von Kabul. 240. — am Hindu Kusch. 261. — in Khotan eingeführt. 363. 374. 375. VIII, 698. — in Yarkand. VII, 397. — sehr zahlreich in Khokand (Ferghana). VII, 767. 777. VIII, 696. — in Afghanistan. VIII, 151. — Khorasan. 332. — Gurkan. 354. — Ghilan. 427. 429. 548. 673. 675. 685 ff. — Masenderan. 546. — bei Rai. 602. — in Kerman. 735. — bei Jezd. IX, 26. — Ispahan. 54. — Tauk. 549. — in Kurdestan. 551. 610. — Aderbidjan. 910. — am Bitlisfluß. IX, 1007. X, 687. — am Urmia-See. IX, 1012. — bei Etschmiadzin. X, 522. — drei Sorten in Erzingan. 771. 772. —

(Morus albus) am Euphrat. X, 791. 886. 1111. XI, 702. — weiße, bei Arabgir. X, 798. — bei Asbusu. 853. — im Taurus. 911. 920. — bei Mambidsch. 1055. — Rakka. 1148. — am Masius. XI, 87. — sehr sparsam bei Mosul. 202. 208. 667. — bei Orfa. 326. 330. 332. — in den Sindschar-Bergen. 451. — bei Tel Afar. 454. — schwarze und weiße (M. nigra et alba) in Mesopotamien. XI, 495. 501. 683. — bei Bagdad. 812. — Basra. 1054.
Maulbeer-Wein (Branntwein) in Ost-Turkestan. VII, 462. — (Tuta) bei Armeniern. X, 350.
Mauli Giaur, Fort im Zagros. IX, 393.
Maulthiere, starke, im Pendschab. VII, 117. — in Khotan. 363. — sparsam zu Meschhed. VIII, 307. — in Ghilan. 433. 677. — bedeutende Zucht der Luri kutschuk. IX, 216. — in Erzerum. IX, 568. X, 756. 758. — ihre Schnelligkeit. XI, 455. — in den Schahpur-Sculpturen. VIII, 833.
Mauludjah, Dorf in Attock. VIII, 282.
Maund, Gewicht (= 100 Pfund). VII, 23. 93. 97. 394. 803. VIII, 254. 256. 324. X, 914.
Maundrell, H., in Bir. X. 947. — am Euphrat. 1032. 1038. — in Aintab. 1035. — Mambidsch. 1041.
Mauni, der gute Gott, in Caumdaisch. VII, 209.
Maun Schahi (M. Tabriz), Gewicht. VIII, 651.
Maurek, Dorf am Kars tschai. X, 438.
Mauri, s. Castra Maurorum.
Maurice, s. Abul M.
Mauricius, byzant. Kaiser (reg. 582—602), sein Feldzug gegen die Sassaniden 2c. X, 1129. XI, 71. 150. 403. 444.
Maurophori (Theophan.), Bezeichnung für Perser. X, 1146.
Maus, zahlreich in Mesopotamien. XI, 505. — s. Alpen-, Spitz-, Springmaus.
Mausel (Ol M.), d. i. Mosul. X, 253. XI, 175. 176.
Mausil, König und angebl. Erbauer von Mosul. XI, 178.
Mausili (Mosul), s. Haditza M.
Mausula, d. i. Mosul. XI, 665.
Mauwi, Dorf am obern Tigris. XI, 123.
Mauzar, s. Tela M.
Mauzil, d. i. Mosul. XI, 176. 177.
Mawar al Nahar, s. Mawerain-nehr.
Mawaschan (Mawschanrud, Mamschan), Ort u. Distrikt bei Hamadan. IX, 93. 121. 853.
Mawerain-nehr (Mawar al Nahar), d. h. das zwischen zwei Flüssen gelegene Land, Transoriana, früher Turan. VII, 604. VIII, 128.
Mawutt (Mahot, Mahott?), kurd. Distrikt u. Ort am Siwell. IX, 573. 578. 590. 594. 606.
Mawz, Gebirge. VIII, 554.
Mawz-enderun, d. i. Masenderan. VIII, 554.
Maximinian, armen. Patriarch, unterwirft sich dem Papst (1054). X, 613.
Maximinianus, Galerius, Kaiser, am Urmia-See. IX, 960. — von Narses besiegt. X, 1123. 1128. — befestigt Nisibis. XI, 416.
Maya, d. i. Täuschung. VII, 135.
Mayabeïb, Insel des Schat el Arab. XI, 1028.
Mayab, Christendorf in Berrawi. XI, 598.
Mayar, Ort in Persien. IX, 898.
Maydan, Pascha von. X, 419. — vgl. Meidan.
Mayen (Maïn, Mayn), Dorf in Farsistan. VIII, 869. 870. IX, 898. — Thal bei Persepolis. XI, 555.
Mayerthein, s. Miyadin.
Mayfarquin, s. Miafarekein. X, 95. XI, 39.

Mayferketh (syr.), s. Miafarekein. X, 79.
Mayn, s. Mayen.
Mayog, s. El Magog.
Mayum, s. Ergh m.
Maz, d. i. Gränze. VIII, 487.
Maz, s. Kureh m.
Mazaca (Cäsarea), Capitale von Kappadocien. X, 837. 857.
Mazaeus, pers. Feldherr. IX, 702. X, 977.
Mazanderan, s. Masenderan.
Mazar, s. El M.
Mazara (Ptol.), s. Mezireh. X, 808. 864.
Mazaragh Dagh, in Kurdestan. IX, 533.
Mazarah (Tab. Peut.), s. Mezirah. X, 808.
Mazares (Polyaen.), medischer Name. X, 1142.
Mazda, s. Ahura mazda.
Mazdak, Sektirer. IX, 419.
Mazdak-Sekte, in Rai. VIII, 599.
Mazdeï esnan, d. i. Anbeter des Aramazd. X, 573.
Mazdezants. X, 573.
Mazen, s. Ave M., Scheikh M., Tell M.
Mazenderan, s. Masenderan.
Mazengutt (wol Medschingert?), Raubburg im Soghanlu dagh. X, 412.
Mazerowitch, ruff. Colonel, in Tabriz. IX, 880.
Maziniaman, unbek. Stadt in Medien. VIII, 117.
Maziad, Stamm in Babylonien. X, 187.
Mazour, osrhoënischer Fürst. XI, 340.
Mazzur, Fluß in Masenderan. VIII, 546.
M'chasia, s. Matha M.
Meägal, s. Maquel. XI, 1025.
Meagha Kial, Zufluß zum Murad? X, 704. — s. d. v.
Meah, s. Fakir M. Hadji Ullah.
Meanabad, Kurden-Kolonie. VIII, 396.
Mean-aub (Mean-Dow, Miyan-duab, d. h. Neu-Meando), Uferlandschaft in Aderbidjan. IX, 825. 1013. 1014. 1039. — vgl. Mianeh, Nahri Dariyan.
Mebarsapes, König von Adiabene. X, 118.
Mechdehs, in Armenien. X, 556.
Mechitar, armen. Gelehrter (geb. 1676, st. 1749). X, 540 ff.
Mechitaristen, armen. Congregation (1700). X, 541. — in San Lazaro. 633.
Meder, auch Arier genannt. VIII, 18. 80. — am kasp. Meer. X, 568. — Kolonien in Armenien. 588. — in Tigranes Heer. XI, 108.
Media Atropatene (Atropatia). IX, 763. 1045. — s. Atropatene.
Mediad, Stadt im obern Mesopotamien. XI, 8. 117.
Mediae pylae. IX, 131.
Media magna. VIII, 614. IX, 112.
Media occidentalis. IX, 112.
Media orientalis. IX, 112.
Media parva. VIII, 614. IX, 112. 803.
Media superior. IX, 115.
Medica herba, s. Musu.
Medicago sativa, in Mesopotamien. XI, 501.
Medien (Ober-, Unter- ꝛc.), pers. Landschaft. VIII, 88. 116. 117. IX, 97. 112. 763. 766. X, 22. XI, 141. 524.
Medi Khan, Chef in Nakhodeh. IX, 1019.
Medinah, d. i. die Stadt. X, 148. — s. Tell M.
Medinah, Stadttheil Ispahans. IX, 42.
Medinata (syr.), s. Madain. X, 135. 166.
Medinat Sohdé (syr.), i. e. urbs martyrum, Miafarekin. XI, 67. 71.
Medinet al Rustac, d. i. Dorak. IX, 160.
Medinet el Bewareh, am Tigris. X, 237.
Medinet el Mutawekkilija, am Tigris. X, 210.

Medinet el Salam, d. i. Friedensstadt. X, 199.
Medische Bergketten. IX, 58.
Medische Mauer (Chalu oder Sidd Nimrud), in Mesopotamien. IX, 538. X, 19. 144. 213. 219. XI, 670.
Medischer Isthmus. VIII, 6.
Medisches Alphabet. IX, 1015.
Medische Sprache, alte. X, 579.
Medisch-persische Sprache. VIII, 81. 82.
Mediyad, Stadt am obern Tigris. XI, 8. 117.
Mediziner, s. Arzt.
Medjenkerd, s. Medschingert. X, 420.
Medjillah, Euphrat-Kanal. XI, 994.
Medorum fluvius, s. Dschulab. X, 1125. XI, 251.
Medressen, in Meschhed. VIII, 299. — Mosul. XI, 184. — Mardin. 386. — vgl. Akademie, Collegium etc.
Medschingert (Medschingerd, Medschnekerd, Mejengerd, Medjenkerd), Kastellruinen in Armenien, Sandschakat von Erzerum. X, 386. 407. 412. 420. (Armenier das.). X, 637. 754.
Medus, Fluß in Fars. VIII, 866. — vgl. Murghab, Polwar.
Medz, s. Mest, Dertad M.
Medzamor (Azad), d. h. Morast, Sumpf oder See in Armenien (Karhni tschai?). X, 400. 465.
Medzpin (armen.), d. i. Nisibis. XI, 413. 414.
Meer, s. Abyssinisches, Mittel-, Nord-, Syrisches, West-Meer.
Meer, blaues, süßes, s. Göktschai. X, 399.
Meergrundeln (Gobius), ihre Wichtigkeit für Gestade. XI, 1027.
Meerniederschläge, im südl. Mesopotamien. XI, 959.
Meer, schwarzes, s. Pontus.
Meer von Abadan. X, 182.
Meer von Basra, d. i. pers. Meerbusen. X, 180.
Meeven, s. Möven.
Meftah, s. El M.
Mega, Erzbischof von Beroea. X, 1049.
Megakom (Mitchakom), Dorf am Murad. X, 663.
Megasthenes. VII, 279.
Meghos (armen.), d. i. Melas, Tokma su. X, 863.
Megia, Ort in Mesopotamien. X, 143.
Megiddo, syr. Kolonie im Thale Jezreel (Palästina). X, 1054. XI, 552.
Megill (Makil), Ort bei Basra. XI, 1054.
Megradek (Mezraket? Kara Su?), Zufluß zum Murad. X, 663. 664.
Megrdumenz-iki, Weinsorte in Etschmiadzin. X, 519.
Megri (Migri), Gränzberg zw. Aderbidjan u. Rußland. IX, 870. 914. X, 368.
Megri, Zufluß zum Araxes. X, 400.
Meguïer, s. Mogeïyer.
Mehadji, s. Tin el M.
Mehalla bagh, s. Mahalla Bagh.
Mehalle, s. Mahalle, Muhaleh.
Mehdi (Mahdi), s. Imam M.
Meheïh, s. Wadi el M.
Meheji, s. Tel el M.
Mehemed, s. Mehmed, Muhammed.
Mehemedabad, s. Mahmudabad.
Mehemed Tschelebi, Gouverneur v. Basra. XI, 1056. 1065.
Mehemet Pascha, s. Mehmed Pascha.
Meherdates, Parther-Prinz. IX, 356. X, 993.
Meher-kapussi (Mihr-K.), d. i. Mithras- oder Sonnenthor bei Van. IX, 991. X, 316.
Mehibout, Dorf bei Yezd. IX, 27.
Mehir, s. Mihr. VIII, 331.
Mehjar, s. Tel el Meheji.
Mehlkäfer, in Mesopotamien. XI, 510.
Mehlzucker. IX, 276.

Mehman, d. i. Gast. IX, 867.
Mehmandar, d. i. königl. Gastbegleiter. IX, 16.
Mehmandari, d. i. Einquartirung. IX, 941.
Mehmandost (Meymand aus), Ort in Khorasan. VIII, 467. 470.
Mehmankhaneh, d. i. Gastzimmer. IX, 939.
Mehmed (Mehemmed), pers. Aussprache für Mohammed, Muhammed. VIII, 589.
Mehmed Ali, sein Kampf gegen die Türkei. X, 1004 ff.
Mehmed Pascha (Mehemet P., Mohammed P.), in Mosul, bändigt die Kurden. XI, 8. 9. 128 ff. 596. — vgl. Mahmud P.
Mehmend Afghan, Afghanen-Tribus. VII, 309.
Mehmet Pascha, s. Mehmed P.
Mehmudiyah, s. Mahmudieh.
Mehmudjik Chai (d. i. der kleine Mahmudeah), Fluß zum Ardschek-See. IX, 974.
Mehr, s. Mihr.
Mehrabad, Ort von Ispahan. IX, 28.
Mehrab Dagh, Taurus-Kette. X, 912.
Mehrab Khan, Chef der Brahooes. VII, 186. — vgl. Schah Mihrab Kh.
Mehran (Mihran, im Zend), d. i. Indus. VII, 29. 171. 172.
Mehran al Sind (Abulf.), d. i. Indus. VII, 29.
Mehris, kleiner Fluß bei Jezd. VIII, 268. IX, 26.
Mehrujan, Küstendistrikt von Fars. VIII, 127.
Mehruschan (Mehrujan, Mahruchan, Mahruschan, Mehrussan), Feldherr der Sassaniden, Christenfeind (381). X, 464. 537. 545. 573. 788.
Mei, s. Mi. VII, 574.
Meiacarire, s. Mejacarire.
Meïa Farekin, s. Miafarekin.
Meiandoav, s. Mianeh. VIII, 616.
Meidan, s. Maidan, Maydan, Meydan.
Meidan Diwisefid (d. h. Platz der weißen Divs), Ebene in Khorasan. VIII, 331.
Meidan Hosein, Pallast in Nischapur. VIII, 320.
Meidan Schahi, der große Königsplatz in Ispahan. IX, 49.
Meil, s. Kilai Akheri.
Meilan, s. Beni M.
Meïlawa, Christendorf in Dschulamerk. XI, 599. 641.
Meimarg, s. Mi. VII, 652.
Meimend, s. Meiomid.
Meimorg, s. Mi. VII, 573.
Meimouna (Meymuna), bei Balkh. VIII, 218. 227. 229.
Meimun, Dorf in Farsistan. VIII, 766.
Meiomid (Meyomed, Meimend) Ort in Khorasan. VIII, 316. 336. 520.
Meischan, ehem. Name für Demawend. VIII, 566.
Meischmest, arab. Ilats. VIII, 392.
Meise, s. Alpen-, Kohl-, Tannenmeise.
Meitiai (Meithsai, Mozai), Fürst der Ta Wan. VII, 640.
Meïtscheou, Provinz von Khotan. VII, 377.
Mejacarire (Meiacarire, d. h. Kaltwasser), Festung im Masius. XI, 40. 74. 150. 380.
Meja Farkin, s. Miafarekein. X, 93.
Mejengerd (armen.), s. Medschingert. X, 420.
Mekam, d. i. Pilgerort. IX, 551.
Mekam Saheb Zeman, Kapelle bei Babylon. XI, 879.
Mekes, Stadt am Khabur. X, 816.
Mekkabalsam, in Kabulestan. VII, 686.
Mekkapilger, kurdische, tragen weiße Mützen. IX, 625.
Mekkin, s. Gergis el M.
Μέκοι (Herod.), Volk. VIII, 104.
Mekran (Gedrosia), südpersische Küstenprovinz. VII, 150. VIII, 113. 123. 128. 713 ff.

Mekrawan, Fluß zum Kisil Osen. VIII, 620.
Mekri, s. Mickri.
Mekuk, s. Tel M.
Mekul, s. Tin M.
Mela, P., über den Araxes. X, 452.
Melaik, pers. Koloniedorf in Armenien. X, 384.
Melalek, d. i. Königreich, Landschaft. VIII, 125.
Melania Bebutovii Dub., am Araxes. X, 469.
Melanthaceen, in Mesopotamien. X, 1031. XI, 500.
Melaphyrfelsen, am Ararat. X, 484.
Melas (d. h. Schwarzwasser), Bezeichn. verschiedener Flüsse. X, 837. s. Tokma su.
Melas, Fluß zum Pontus. X, 838.
Melas (Plin.), Fluß aus Cilicien zum Mittelmeer. X, 838.
Melazgherd (Malazgherd, Melaskerd, Menasgerd, Manazgherd, Melesgird, Melezgherd, Monas-ghird, Manavazgherd), Stadt am Murad, Sandschakat von Erzerum. IX, 989. 994. X, 527. 647. 649. 660. 665. 754. — Dist. X, 326. 355. 328. 659. 666.
Melazgherd, Fluß von. X, 647.
Melea, Nestorianer, geht zum Islam über. XI, 189.
Melech, s. Melik, Adra M.
Melehh (Milh), s. Keriet el M.
Melek, s. Melik.
Melek Ahmed Pascha, seine Moschee in Diarbekr. XI, 55.
Melek Azeddin, s. Malek Azzedin.
Melek Chelil (Chalil), s. Malek Chalil.
Melekh (pers.), d. i. Heuschrecke. VIII, 814.
Melekh deryai (pers.), d. i. Seeheuschrecke. VIII, 815.
Melekh khelal (pers.), Heuschreckenart. VIII, 815.
Meleki, s. Maleki, Abdul M.
Melentenis (Tab. Peut.), d. i. Melitene, Malatia. X, 860. 884.
Melesgird, s. Melazgherd.
Melezgherd, s. Melazgherd.
Melia azadarachta, in Sind. VII, 159.
Melican, s. Melikan.
Melik (Melyk, d. i. König), Häuptling der Afghanen. VIII, 198. — Dorf-Oberhaupt in Armenien, Kurdestan. X, 349. XI, 607. — s. Malcha, Malek, Malik, Mallick, Melech, Melek, Mellek, Mellik, Mulik, Mulk, Abdal-, Abdol-, Abdul-, Daskerat el M., Rahaba M. ben Tauk, Stephan Aga M., Taja m.
Melikan (Melikent), Dorf in Armenien. X, 716. 718.
Melik Kasim Mirza (Malek Kossim M.), pers. Prinz in Aderbidjan. IX, 926. 1011.
Melik Taous (Malec T., Mellek T.), d. h. mächtiger Engel (Teufel), ein von den Yeziden verehrtes Vogelbild, Hahn. IX, 758. 759. 761. XI, 587.
Melissi, Traubenart. VIII, 602.
Melita (Plin.), Stadt Kappadociens (Malatia). X, 858. — s. d. f.
Melitene (d. i. Malatia, Malatiyah), kappadokische Provinz u. Stadt am Euphrat. X, 71. 100. 849. 857. 882. 889. 1054. XI, 144.
Melitene (Ptol.), am Tigris, in Susiana. X, 858.
Melitina (Amm. Marc.), d. i. Melitene. X, 860.
Mella (Mollah), Dolmetsch in Kurdestan. IX, 658.
Mellek Taous, s. Melik T.
Mellih, Insekt. VIII, 621.
Mellik Hindi (d. h. Sitz der indischen Könige), Dorf u. Jagdschloß in S. Kurdestan. IX, 567.
Mellikkoi, Ort in Armenien. X, 666. — vgl. Mollakoi.
Melluha, Zollstätte in Syrien. X, 1097.
Melonen, geschmacklose, bei Sehwun. VII, 161. — in Khotan. 351. — Yarkand. 396. — Kaschghar. 418. — Turfan. 435. —

Kurli. 444. — Turkestan. 454. — Ferghana (Khokand). 732. — reichlich in Ghazna. VIII, 142. — bei Kandahar. 147. — Yezd. 268. — in Khorasan. 279. — am kasp. See. 371. — in Masenderan. 436. — bei Tehran. 587. 611. — Kazwin. 588. — in Ghilan. 675. — Ispahan. IX, 40. 44. 54. — Süd-Kurdestan. 576. — fehlen bei Ardebil. 790. — am Urmia-See. 823. — gute, in Tabriz. 856. — in Bitlis. IX, 1005. X, 687. — am Arares. X, 382. 522. — bei Musch. 679. — fehlen am Kolb su. 696. — gute, in Erzingan. 771. — bei Malatia. 854. — Diarbekr. XI, 52. — am ob. Tigris. 117. 121. — in Mosul rc. 220. 237. 658. — Bagdad. 813. — s. Wasser-M.
Melonen, indianische, am Euphrat. XI, 718.
Melophoren, pers. Leibwächter. XI, 555.
Melos (armen.), d. i. Melas. X, 863.
Melrut, Diyalah-Kanal. IX, 500.
Melper, s. Malpar.
Melpk, s. Melik.
Memaceni (Curt.), Stamm um Samarkand u. Cyropolis. VIII, 391.
Memacenni, Tribus in Fars. VIII, 824. — s. Memessani.
Memalek, s. Mesalek we'l M.
Memaroujan, Distrikt von Ferghana. VII, 745.
Memessani (Mahmusani), Ilat-Stamm in Fars. VIII, 390. 824. 870. IX, 137.
Memi, Kurdenstamm. IX, 717.
Memiwand, Tribus der Chaher Leng. IX, 211.
Memleket Rum (pers.), i. e. Imperium Romanum, ottomanisches Reich. X, 757.
Memnon, Heros. IX, 114. 312.
Memnonium, die persische Susa. IX, 312.
Men, Gewicht. XI, 820.
Menander, Autor. XI, 71.
Menasgerd, s. Melazghberd.
Menauwi, Dorf, Kastell bei Basra. XI, 1036.
Menba (Manba), Persertempel. X, 1056.
Menba (Menbaj, Menbedj), d. i. Mambidsch. X, 1041. 1053. 1054.
Menda, d. i. Wissenschaft XI, 302.
Mendaïten, Sekte am Persergolf. XI, 302.
Mendelia, s. El M.
Mendelli (Mendalli), Ort am Gangir-Fluß. IX, 420. 498. 573. — s. Gangir.
Mendini, s. Merdemeh.
Mendjar (Mandjur), bittere Brunnen im östl. Mesopotamien. XI, 472. 473. 679.
Mendjile (Mendjil, Mendschil, Menjile), d. h. Brückenstadt, am Kisil Usen in Dilem. VIII, 15. 574. 576. 591 ff. 638. 643. XI, 524.
Mendraur, s. Mundrur.
Mendschil, s. Menjile.
Mengki, Königreich (?). VII, 555.
Mengkieli, buddhist. Königsstadt am Kabulstrom, in Utschang. VII, 284. 289. 499.
Mengur, s. Menkur.
Menilithen (Opalvarietät), am Euphrat. X, 1067.
Menje, Stadt u. Wüste am Euphrat. X, 942. — verstümmelte Schreibart für Mambidsch. X, 1052. — s. Jasir M.
Menjile (Menjil), s. Mendjile.
Menkubah, Dorf am Tigris. X, 453.
Menkur (Mengur), Abtheilung der Bilbos-Kurden. IX, 940. 1036.
Men kuzba benaz, Kurdenlied. IX, 623.
Mennigerstein (Menniger-Lava). XI, 45.
Mennis (Curt.), Stadt in Assyrien. IX, 554.
Menschenblut, von Eimaks getrunken. VIII, 140.
Menschenbüsten, als Ornamente in Al Hadhr. XI, 488.

Menschengebeine (Skelet), in Babels Ruinen. XI, 915. 921.
Menschenraub, im Hindu Kbu. VII, 267. 268.
Mentha, s. Münze.
Menuschah, arab. Dichter. X, 549.
Menzil (Manzil), d. i. Tagereise. VII, 744. VIII, 471. — vergl. Merhile.
Menzil, eine Art Wasserpost auf dem untern Euphrat. XI, 975.
Menzil Sayah, Dattelpflanzung am untern Tigris. XI, 938.
Menziven, jüdische Bezeichnung für Nisibis. XI, 426.
Menzur, Gau Hoch-Armeniens. X, 774.
Meou, s. Mu.
Mephitische Grotten. IX, 830.
Mer, Höhenpunkt der Tübet-Kette. VII, 86.
Meraasch. XI, 56. — vgl. Marasch.
Meragha, s. Maragha.
Meraghy (Maragha), s. Fakhr eddin M.
Meram, zu Konia. XI, 56.
Merand, s. Marand. IX, 767.
Merap, Ort an den Tigris-Quellen. XI, 15.
Meraw, s. Merv. VIII, 243.
Merbad, d. i. jeder Ort, wo Kameele halten. X, 177.
Mercan, s. Herthan.
Mercur, s. Merkur.
Mercuri, chald. u. armen. Kirche in Diarbekr. XI, 113.
Merdascht (Merodascht, Marvdascht, Sahbra M.), Ebene und Dorf bei Persepolis, am Bendemir. VIII, 36. 766. 768. 769. 860 ff. 871. 883. IX, 898.
Merdava, Dorf bei Jezd. IX, 26.
Merdavidj, Fürst (931). IX, 117.
Merdemeh (Mendini), Kurdenstamm. IX, 438. 439. 612.
Merdi Khodai, d. h. der Mann Gottes. IX, 876.
Merdi Mahmerd, Ejubide, restaurirt Hösn Keif. XI, 83.
Merdin, s. Mardin.
Merdisi, s. Mardin. XI, 40. — Dschemschid Beg M., Kasim Beg M.
Merdj (Merdsch), s. El M.
Merek, Dorf am Van-See. X, 320.
Merend, s. Marand.
Merendera Caucasica, am Ararat. X, 483.
Mergapa, Dorf am Gudrun-Berge. IX, 574.
Mergarwer, Gau im Westen Aderbidjans. IX, 648. 864. 929. 932. — s. d. f.
Mergaver, kurd. Gebirgsdistrikt. IX, 674. 964. — s. d. v.
Mergeh, Gau u. Ort in Kurdestan. IX, 573. 588. 615.
Mergel, in S. Kurdestan. IX, 528 ff. — grober, im Dschebel Dschudi. 731. — rother, blauer, am Araxes. X, 469. — am Binghöl Dagh. 819. — in Armenien. 848. — chloritischer, oxydirter, gelber, bituminöser, schwarzer, am Euphrat. X, 921. 1079. XI, 705. 710. 731. — bei Arghana. XI, 16. — kohlenhaltiger, in dem Mardin-Gebirge. XI, 19. — im Dschebel Buschir. XI, 689. — s. Kalk-, Kreidemergel.
Mergelhügel, am Euphrat. XI, 683.
Mergellager, im Sirdara-Paß. VIII, 452. — in Fars. 821. — kohlenhaltige, in Kurdestan. IX, 533. — am Murad. X, 818. — am Euphrat. X, 1066. 1067. XI, 755. 1021.
Mergen, s. Nasar M.
Merghenkan (Marghilan?), Stadt in Ferghana. VII, 745.
Mergiane, s. Margiane.
Mergus merganser, d. i. Taucher. XI, 509.
Merhad ot tamri, d. i. Ort, wo Datteln getrocknet werden. X, 177.
Merhan, Station am mittlern Euphrat. XI, 715.
Merhemed abad (Rahmed abad), Distrikt, Station in Aderbidjan. IX, 823. 1015. 1017.
Merhile, d. i. Tagereise. VII,

744. X, 175. XI, 269. — vergl. Menzil.
Meriadjab, Dorf der pers. Wüste. VIII, 455.
Merida (?), in Kurdestan. IX, 594.
Meridiangrad, erster, am Khaburas in Sinjar vermessener. X, 1145. XI, 447.
Merin, Distrikt Ispahans. VIII, 125.
Meris tek (Meristik), chald. Gemeinde bei Amadia. XI, 592. 594.
Merivan (Meriwan), Kastell, Provinz von Senna. IX, 428. 430. 437.
Merjsur, Dorf in N. Kurdestan. IX, 713. 715.
Merken, s. Herthan.
Merkur. XI, 308. — s. Hermes.
Mermer, Marmorquadern in Ninive. XI, 236.
Merodascht, s. Merdascht.
Merovri, Kurdenstamm. IX, 720.
Merops apiaster, s. Bienenfresser.
Merops caeruleocephalus, in Mesopotamien. XI, 508.
Meros, Hochgebirge, s. Meru. XI, 523.
Merre, Tigrisarm. X, 194.
Merrick, Mr., amerik. Missionar in Urmia. IX, 927.
Meru, der indische Götterberg. VIII, 44. 45. XI, 523.
Meru (Merv, Merw, Marv, Môuru, Margiana), alte Stadt auf der Gränze von Khorasan und Turkestan. VII, 657. VIII, 53. 120. 227. 228. 230. 231. 243. — s. Mu.
Meru-al-rud (Merv al rud, M. el rud, Meru rud, contrah. Merud), d. h. Fluß in Meru, auch Bezeichnung der Stadt. VIII, 53. 140. 229. 230. 232. X, 228. XI, 179.
Meru chak, s. Merutschak.
Merud (Murghab, Margus), Fluß in Margiana. VIII, 140.
Meru rud (Merv rud), s. Meru-al rud, Merutschak.
Meru Schahjan (Merv Schahjehan, Schahi Jehan), Stadt am untern Murghab. VIII, 53. 230. 231. 279. 702.
Merutschak (Meru chak, Marudschak, Balai rud), Fluß u. Thal an der Nordgränze Khorasans. VIII, 53. 227. 234. — s. Murghab.
Merv, s. Meru.
Merv al rud (M. el rud), s. Meru-al-rud.
Merv-Fluß (Meru rud), s. Murghab. VIII, 53. 227.
Mervi, s. Hassan M.
Merv i mukan, Ruinen Antiochia's? VIII, 231.
Merv Schahdschan, s. Meru Schahjan.
Merw, s. Meru.
Merwa, Dorf in Kurdestan. IX, 587. 588.
Merwan, s. Abu M., Band i M., Thabet Ebn Korra Ebu M.
Merwan, der letzte Ommajade, erbaut Maragha (744 n. Chr.). IX, 838. — Hasan Mansur rc. X, 885. XI, 155. 273.
Merwaniden, Kurdengeschlecht. X, 326. — in Diarbekr, Miafarekin, Hösn Keif (1001—1085), XI, 35. 70. 88.
Merwer Rud, s. Meru-al-rud. X, 228.
Meryeh, Distrikt in Kurdestan. IX, 606.
Merz, s. Scham al Moluk Fara M., Tschar M.
Merzin, Christendorf bei Dschulamerk. XI, 599. 625.
Merzink, Kurdenstamm. IX, 612.
Mesabatane, s. Messabatike.
Mesalek Alabsar, arab. Werk. IX, 140. 214.
Mesalek we'l Memalek, Werk Ahmed ben Jakub's. X, 179.
Mesari, s. Turk m.
Meschdschid Mader i Suleiman, d. h. Moschee der Mutter Salomo's, bei Schiraz. VIII, 856.
Meschech (Moscher), Volk. VIII, 93. X, 358.
Mesched, s. Meschhed.
Mesched i sar (Meschhed i sar),

Hafen am kasp. See. VIII, 535. 537. — vgl. Sari.
Mesched-Omun (M. Onum?), Dorf in Fars. VIII, 876. 942.
Mesched Rehabeh. XI, 739.
Meschedsir. VIII, 479.
Meschhed (Mesched), d. i. Grabmal. X, 185.
Meschhed (Mesched), Stadt und Gebiet in Khorasan. VIII, 11. 127. 260. 283 ff. 292 ff. 310. IX, 874. 904. — Dist. VIII, 277. 282. 337.
Meschhed (Al M.), Dorf am Euphrat. XI, 698. 765.
Meschhed Ali (d. h. Ali's Grabmal), schiitische Pilgerstadt am Westufer des arab. Euphrat. X, 43. 64. 278. 1101. XI, 824. 955. — Dist. X, 57. XI, 888. 1040.
Meschhed Hössein (M. Hossein, Kerbela), Pilgerstadt am arab. Euphrat. X, 43. 186. XI, 782. 821. 955.
Meschhed i Mader i Suleiman, Grabstätte der Mutter Salomos, bei Murghab. VIII, 856. 875. 949 ff. — vgl. Madré i S.
Meschhed-Thal. VIII, 310.
Meschko, in Armenien. X, 416. — vgl. Mesko.
Meschrikan, s. Muschirkan. IX, 185.
Mesdjid, s. Mesjed.
Mesdjid Ali-Thor, in Hilla. XI, 877.
Mesdjid Sandabiyah, Moschee am Euphrat. XI, 763. 765.
Mese (Steph. Byz.), mesopotamische Landschaft. X, 150. — vgl. Mesene.
Mesem, Thor von Rai. VIII, 601.
Mesembria, Halbinsel von Abuschähr. VIII, 779.
Mesembryanthemen, im südl. Mesopotamien. XI, 959.
Mesene (Messene, Maisan, Maissan), Delta-Insel am untern Tigris. X, 55. 121. 150. 181.
Mesesousar, irrige Schreibart st. Massissu S'ar. X, 362.
Mesetelec, Ort in Turkestan. VII, 449.
Mesih (Messias), s. Abdel M., Deir M.
Mesillah (hebr.), i. e. agger, via militaris. XI, 235.
Mesinun (Mesinum, Muzinun, Muzzinum), Dorf in Khorasan. VIII, 11. 316. 332.
Mesireh, s. Meziráh. X, 104.
Mesitheus, Gordians Schwiegervater. XI, 25.
Mesjed, s. Mesdjid.
Mesjed Dschama (Mesjid Jamah), d. i. große Moschee. VIII, 781. — in Hamadan. IX, 124. — vgl. Dschami.
Mesjed i Schah, d. h. Königs-Moschee. IX, 46.
Mesjid Jamah, s. Mesjed Dschama.
Meskannah, Gebirge in Kurdestan. XI, 621.
Mesko, Dorf in Mesopotamien. XI, 372. — vgl. Meschko.
Mesnewi. X, 770.
Mesopotamien, die Euphrat- u. Tigrislandschaft, Höhe. VIII, 16. — histor. Uebersicht, älteste Nachrichten. X, 6 ff. — von der Zeit der Seleuciden bis zu den Sassaniden. 66 ff. — zur Zeit des Khalifats. 175 ff. — Volkszustände vom 12—14. Jahrh. 239 ff. 586. — unter Römern. XI, 24. — wird von Arabern erobert. 34. — das obere. 247 ff. — das westliche. 279 ff. — die mittlere nördliche Landschaft. 315 ff. 356 ff. — die östliche Landschaft. 398 ff. — physikal. u. climatische Verhältnisse, Pflanzen- und Thierreich. 493 ff. 658.
Mespila (Mespyla, Xenoph.), assyr. Stadt am Tigris. IX, 703. 732. XI, 174 ff. 235. 238. 239.
Mespylus pyracantha, am Taurus. X, 919.
Mesrop (Mesrob, Miesrob), armen. Patriarch, Erfinder der armen. Schrift ꝛc. (406 n. Chr.). X, 471. 544 ff. 561. 715. — s. Sanct M.

Messabatike (Massabatice, Mesabatane, MahSabadan), Statthalterschaft v. Elymais. IX, 155. 157. 330. 332.
Messaor ibn Mohalhal. IX, 446.
Messena (Tschirmiktah?), Ort am Euphrat. X, 889.
Messene, s. Mesene.
Messias, wird von den Juden in Hamadan erwartet. IX, 126. — s. Mesih.
Messied, s. Musseiyib. XI, 869.
Messre, s. Mezirah.
Mest, d. i. Rausch, Brunstzeit. VIII, 386. — vgl. Medz.
Mestufi, s. Mastovfy.
Mes'ud Ibn Maudud Ibn Tamanki, König in Al Hadhr (1190 n. Chr.). XI, 489.
Mesulae, d. i. Mosul. XI, 175.
Meßrie, Ort am Khabur. XI, 270.
Meta Deryah, d. h. Süßwasser-Meer. VII, 172.
Metallarbeiter, in Kaschghar. VII, 429. — Erzerum. X, 757.
Metallbilder, am Tak i Kesra. XI, 864.
Metallornamente, in den Architekturen zu Persepolis. VIII, 896. — im Tackt i Soliman. 943. — in Ekbatana. IX, 101. 109. — im Tak i Kesra. XI, 864.
Metchoue, König der Mi. VII, 668.
Meteor, feuriges, am Einfluß des Kabulstroms in den Indus. VII, 22.
Methusalem, s. Mathusala.
Metita (Μέτειτα, Isoglu?), am Euphrat. X, 831. 864. 884.
Metl, Honig der Agave. IX, 272.
Metropolitan der Nestorianer. IX, 677.
Metrum, von den Armeniern aus dem Arabischen entlehnt. X, 549.
Metur Lam, Noahs Vater, sein Grab in Laghman. VII, 228. 229. — s. Lamech.
Meuchlerorden der Assassinen. VIII, 576.
Meudeme, s. Il M.
Meul, heiße Badequelle in Aderbidjan. IX, 803.
Meussui, s. El M.
Mevletna, s. Hazrel i M.
Mevlevis, d. i. Dreher-Derwische. XI, 843. — ihr Kloster in Erzingan. X, 770.
Mewla, d. i. Sanctus. IX, 436.
Mewlewi, s. Mevlevis.
Mexiko, Plateauhöhe. VII, 340. — Zucker das. IX, 252. 272.
Mey, d. i. Nebel. VIII, 483.
Meyafarekyn, s. Miafarekein.
Meydan, s. Meidan, Sultan M.
v. Meyendorff, Nachrichten üb. Khokand. VII, 774. — Badakhschan. 793 ff.
Meyer, s. Mihr. VIII, 331.
Meymandous, Mehmandost.
Meymouna, s. Meimouna.
Meyomed, s. Meiomid.
Meyraun, s. Mehran. VII, 171.
Mezar, d. i. Grabmal. XI, 459.
Mezar, am Euphrat. X, 948.
Mezari, s. Scheitler m.
Mezeïni, s. Salah el M.
Mezid's Söhne, erbauen Hilleh. XI, 784. — s. Halla ben M.
Mezirah (Mezira, Mazara, Messireh, Messreh), Ort an den westl. Tigris-Quellen. X, 104. 808. 864.
Mezirah, armen. Dorf am rechten Murad-Ufer. X, 75. 707. 902.
Mezkeher, d. i. Nahri Masrukan (Muchircan). IX, 188. 226.
Mezora, s. Tell M.
Mezra, s. Beni M.
Mezraket, s. Megradek.
M'ballemie, Kurdenfamilie im Dschebel Tur. XI, 439.
M'havie, Station in Mesopotamien. XI, 787. 865.
Mi (Mei, Mei marg, Meimorg), das Land der Mimo, Tschaowu-Herrschaft. VII, 573. 574. 652. 653.
Mi, d. i. Reis. IX, 273.
Mia (cochinch.), d. i. Zuckerrohr. IX, 238.
Mià boi (cochinch.), i. e. Saccharum elephantinum. IX, 238. 263.

Miaden, Stadt am Euphrat. X, 236.
Miafarekin (Miafarekein, Meja Farkin, Meyafarekyn, Monphargin, Mayfarquin, Mayferketh rc.), Stadt, Sandschakat von Diarbekr. X, 79. 92. 93. 95. 571. 1054. 1143. XI, 35. 39. 43. 67 ff. 100.
Miá leu (cochinch.), i. e. Saccharum officinale album. IX, 238.
Miá mung (cochinch.), i. e. Saccharum officinale rubrum. IX, 238.
Mian, d. i. in der Mitte. VIII, 494.
Miana, s. Mianeh.
Mianadjila, s. Al Kadhi Abul Hassan rc.
Mianeh, d. h. die Mitte. VIII, 614. — s. Miyanah.
Mianeh (Mianeje, Mianedje, Meiandoad), Stadt u. Hochebene in Aderbidjan. VIII, 15. 614. 616. 617. 621. 622. IX, 766. 803. — vgl. Mean-aub.
Mianeh rud (Khaneh Mianeh), linker Zufluß zum Kisil-Osen. VIII, 617. 629.
Miani, s. Amir Bali m.
Mian i kela (Mioni Kielle?), Paß Masenderans. VIII, 490. 494.
Mian puscht, pers. Stadt. VIII, 120.
Mian Puschta, Insel des kasp. Sees. VIII, 655.
Mianserai, Karawanserai in Aderbidjan. VIII, 637.
Miatzmin (armen.), d. i. Nisibis. XI, 414.
Michael, s. Mar M.
Michael, Prophet, sein Grab in Kerkuk. IX, 553.
Michael, Priester in Mardin. IX, 746.
Michael, armen. Bischof in Kappadokien. X, 641.
Michael von Antiochia, Jakobiten-Patriarch (11. Jahrh.). X, 571.
Michaelis Magnus, Jakobiten-Patriarch (1207). XI, 383.
Michaux, A., Botaniker (1785). IX, 83.
Mickri (Mikri, Mekri), Kurdentribus in Aderbidjan rc. IX, 597. 603. 631. 807. 822. 944. 1019. 1022. 1033. — s. Mukri.
Midan, d. h. Felsplatten. VIII, 141.
Midan Dag (d. h. leichter Aufgang), Berg in Aderbidjan. VIII, 668.
Midiad, d. i. Dschebel Tur. XI, 439.
Midiád, Jakobiten-Kloster im Dschebel Tur. XI, 440.
Midschdol, Dorf am Khabur. XI, 270.
Midschoz arschchardi, d. i. Weltmitte, Bezeichnung für Armenien. X, 359.
Mieou, Schutzheiliger von Khotan. VII, 371.
Μιεφερκείμ, d. i. Miafarekin. XI, 71.
Miesrob, s. Miesrop.
Mignan, R., engl. Lieutnant. IX, 220.
Migri, s. Megri.
Mihir, s. Beh M. Nerseh.
Mihr (Mehr, Mehir, Meyer), Dorf in Khorasan. VIII, 11. 316. 331. — vgl. Mir.
Mihr, s. Mithras. IX, 991. X, 528.
Mihrab (Mirab), d. i. Kanzel, Altar. X, 797. XI, 197. 312.
Mihrab, s. Schah M. Khan.
Mihran, s. Mehran. VII, 171. 172.
Mihrani, Sandschakat v. Diarbekr. XI, 43.
Mihrdschan (d. i. Mithrasfest), Ort Khorasans. VIII, 331.
Mihrgan Kudak, Ort in Luristan. IX, 407.
Mihr-Kapussi, s. Meher-K.
Mihr Narsi, Vezier Bahrams. VIII, 257. — vgl. Bihr N.
Mik, Kurdendorf am Kellch Balin-Paß. IX, 584. — vgl. Miks.
Mikealos, Zeitgenosse Alexanders. X, 37.
Mikhad, d. i. Häupter. XI, 313.

Mikr-abad, Station. IX, 70.
Mikrar-Thor, in Yarkand. VII, 393.
Mikri, s. Mickri.
Miks, s. Mik, Mukusch.
Mil (Milh), s. Bahr el M., Surkhab M., Tangi M.
Miladdjerd Waset, Dorf bei Hamadan. IX, 121.
Mila-gawan, Vorkette des Zagros. IX, 400. — Berg in Luristan. 406.
Milan, Chaldäerdorf am obern Tigris. XI, 126.
Milch, als Pferdenahrung. IX, 486. — saure (Yoghurt), bei Kurden. X, 693. — s. Kuh-, Pferde-, Schafmilch.
Mile-Phousa, Götze. VII, 285. 286. 297.
Milesier, durch Darius nach Babylonien verpflanzt. X, 57. — in Taurien. XI, 557.
Milford (Mitford?), Ainsworths Begleiter. XI, 476. 674.
Milh, s. Mil, Melehh, El M.
Milita, s. Mylitta.
Militär, europäisch disciplinirtes, in Persien. IX, 862. 892. 901. — s. Nizam.
Militärausheburg, sehr drükkende, unter Türken. XI, 135.
Militärstraße, von Samsun nach Kharput ꝛc. X, 106. 702. 750. 800.
Milite, s. Mylitta.
Milithaithapan, d. i. Mirdschai Dabahn. VII, 453.
Milkijan, Kurdenlied. IX, 623.
Mill, s. Milli-Kurden.
Milles, s. Sanct M.
Milli-Kurden, in Mesopotamien. XI, 18. 143. 287. 368. 405.
Milly Düfs, Dorf in Armenien. X, 420.
Milzkrankheiten, in Ghilan. VIII, 672.
Mimo, Volk. VII, 653.
Mimosa agrestis, in Kurdestan. XI, 167. — Mesopotamien. 499. 500. — am mittl. Euphrat. 702.
Mimosa arabica (Babul), im Pendschab. VII, 38. — am Indus. 159. 180.
Mimosa arborea, in Ghilan. VIII, 676.
Mimosen, im Indus-Delta. VII, 180. — bei Candye. VIII, 173. — Kelat. 715. — in Mesopotamien. XI, 495. 499. 773. — am untern Tigris. 864. — bei Basra. 1056. — Kejra. VII, 159.
Min, Stadt Sakastenes. VIII, 121.
Mina, s. El M.
Mina von Kosrujerd, Thurm in Khorasan. VIII, 331.
Minab, s. Harmozia.
Minagara (Peripl.), ob = Tatta? VII, 180.
Minam, Ort in Kerman. VIII, 734.
Minao, d. i. Minab. VIII, 747.
Minar, s. Kelleh M., Tschil M.
Minarabine, Station in Ghilan. VIII, 658.
Minareh (Minaret), kolossales, zu Erbil. IX, 693. — ältestes, in Kodsch Hissar. XI, 373. — s. Tschifteh M.
Minar en Nimrud, s. Aker Kuf. XI, 847. 851.
Minaret, s. Minareh.
Minas, P., Mechitarist. X, 597.
Minas Sabatha, s. Madain Sabath. X, 153.
Minbek, d. i. Kriegsgouverneur. VII, 517.
Minchoui, chines. General. VII, 526.
Min-Denar, Münze VIII, 689.
Mineralien, im Pendschab. VII, 115. 119. — in Peschawer. 223. — Bamiyan. 259. — Badakhschan. 801. — Bayazed. X, 346. — Kars. 431.
Mineralogische Beschaffenheit, am Euphrat. X, 1067 ff.
Mineralquelle, in Aderbidjan. IX, 447. 807. — häufig in Bayazed. X, 347. — zu Palmyra u. a. O. 1096. — Mosul. XI, 191. 200. — am Euphrat. 744. — im euphrat. Arabien. 1041. — bei Taibe. 1105.

Minerva, s. Athene.
Ming Baschis, d. i. Commandeur über tausend Reiter. VII, 779.
Ming Bulak (d. h. tausend Quellen), Bergkette Ferghana's, Zweig des Ala Tag. VII, 598. 738. 741. 750.
Ming-Dynastie (reg. 1341—1628). VII, 379. 544.
Mingol, s. Binghöl. X, 402.
Mingti, chines. Kaiser (reg. 58—73 n. Chr.). VII, 359.
Minijah, Fabelheldin im Schah Nameh. IX, 475. — s. Baghi M.
Miniyani, Dorf in Tiyari. XI, 614. — s. d. f.
Miniyanisch (Minyanisch), Christendorf in Tiyari. IX, 686. XI, 599. — s. d. v.
Minkoube, Dorf in N. Kurdestan. IX, 697.
Minni, armen. Königreich. X, 358. 361. — s. Ararat M.
Mino, Frucht in Masenderan. VIII, 436.
Minschar, Ort am Tigris. XI, 669.
Minteun, Station in Ferghana. VII, 486.
Minutscher (Minudscher, d. h. Paradieses-Antlitz), Iredschs Enkel. VIII, 26. — König von Turan. 542. — in Rai. 603.
Minyak, s. Bua M.
Minyanisch, s. Miniyanisch.
Minyas, armenisches Land. X, 359.
Mioni Kielle, s. Mian i kela.
Mir, s. Lenger M. Ghias.
Mir, chines. Unterbeamte. VII, 395. — Fürstentitel. 813.
Mir, Dorf am Schahrud. VIII, 594. — vgl. Mihr.
Mirab, s. Mihrab.
Mirab, s. Luftspiegelung.
Mirabad, Plateauebene am Dipalah. IX, 416.
Mir Abdul Sulif, Gelehrter aus Schuster. IX, 225. 226.
Mirafarekin, ob Miafarekin? X, 1054.
Mirage, s. Luftspiegelung.
Mir Ali, d. i. Regimentscommandeur. XI, 131.
Mir Ali Schir, Schriftsteller. VII, 732.
Miran, Fluß des Elburs. VIII, 557.
Miran Schah, Sohn Timurs. XI, 185. — s. Mirza M.
Mirawa, s. Siraou M.
Mir Buzorg, sein Grab in Amol. VIII, 540. — vgl. Mirza B.
Mird, s. Hazard M.
Mir Daud Khan, Karawanserai bei Herat. VIII, 155.
Mirdschai, Berg mit Ju-Steinen. VII, 382.
Mirdschai Dabahn, Gipfel des Thian Schan. VII, 453.
Mir Gunah Khan, in Talisch. VIII, 664.
Miri, d. i. Grundsteuer. XI, 817. 820.
Mirik, Dorf in N. Kurdestan. IX, 735.
Mirimiran von Baban, Name der Wali's in Sulimaniyah. IX, 437.
Mir Isset Ullah (Mir J'sset U., Mir Izzet U.), Reisender (1812). VII, 6. 346. — seine Berichte über Yarkand. VII, 392. 395. — Kaschghar—Kokand. 412. 478. 754.
Mirka, Dorf der Sindschar-Berge. XI, 457. 465.
Mir Kamar eddin, Bucharen-Fürst. VII, 800.
Mir Khalich Ali Khan, in Balkh. VIII, 220. — vgl. Khilich 2c.
Mirkhasgun (Mirkhuasgan), Dorf in Farsistan. VIII, 769.
Mirkhond, Historiker. VII, 274. 277. VIII, 562. 577. IX, 374. 794. XI, 68.
Mirkhuasgan, s. Mirkhasgun.
Mir Mahhmalli, Kurdenstamm. IX, 618.
Mir Mahmud, Beg von Pizhder. IX, 617.
Mir Mohammed Ruhim Khan, Chef von Wakhan. VII, 820.
Mir Mohammed Schah, in

Badakhschan. VII, 530. — vgl. Mohammed Schah.
Mir Murad Ali Khan, Amir von Hydrabad. VII, 185.
Mir Mussir Khan, Prinz in Hydrabad. VII, 189.
Mirobalanen, in Indien. XI, 822.
Mirpur, im Indus-Delta. VII, 79. 169. 185. 188. 189.
Mirrhada, s. Thillada M.
Mir Rustum Khan (M. Rustan Kh.), Amir von Khyrpur. VII, 155. 185. 189.
Mirsa, s. Mirza, Sultan Ahmed M.
Mir Scheikh Khan (Khanli), Titel des Yeziden-Papstes. IX, 740. 749. 757. 760.
Mir Sohrab, Talpuri-Familie. VII, 185.
Mir Taimuri, vorzügliche Melonenart. VII, 736.
Mir Thara Khan, Talpuri-Familie. VII, 185.
Mir Ullah, in Afghanistan. VIII, 156.
Mirwah, Indus-Kanal. VII, 155.
Mir Wuzir Ahmed, Freund Moorcrofts. VII, 806.
Mir Yusufi, Kurdenstamm. IX, 618.
Mirza, vorgesetzt ist es nur Ehrentitel, nachgesetzt bezeichnet es Prinzen von Geblüt. VII, 270. VIII, 397. — s. Abbas M., Ahmed M., Ali M., Boi Sanghar M., Hasan M., Hassan Ali M., Jehangir M., Kosru M., Mahmud Ali M., Mahommed Wulli M., Melik Kasim M., Mohammed Ali M., Mohammed Hussein M., Mohammed Kuli M., Mohammed M., Omer Scheikh M., Scheikh Ali M., Sultan Ahmed M., Tukka M., Ulug Beg M.
Mirza Abdul Jowaut, Priester. VIII, 302.
Mirza Abdul Wahab, pers. Minister. IX, 887.
Mirza Abubekr, restaurirt Yarkand. VII, 399. — Kaschghar. 412.
Mirza Abul Cassim, pers. Minister. IX, 883. 887.
Mirza Abul Hussein Khan (Hassan), pers. Gesandter. VIII, 612. IX, 869.
Mirza Buzurg, pers. Minister. IX, 877.
Mirza Buzurk, Lurenchef. IX, 215. 405. — vgl. Mir B.
Mirza Heidur, in Kaschmir. VIII, 699.
Mirza Miranschah, in Hamadan. IX, 122. — s. Miran Schah.
Mirza Muhammed Saleh, Gelehrter in Ispahan. IX, 24.
Mirza Pascha, türk. Feldherr. X, 1007. XI, 9.
Mirzapore Culna, in Bengalen. IX, 270.
Mirza Reza, Minister. VIII, 397.
Mirza Saleh, Manuscript. VIII, 603.
Mirza Scheffy, pers. Minister. IX, 891.
Mirza Yusuf, Minister in Khokand. VII, 755.
Misakah, Christendorf in Berrawi. XI, 598.
Misan, s. Campania M., Dost M., Kerkhi-M.
Misan Abu Musa Alaschar, gründet Basra. X, 175. — s. Abu M. A.
Misar, s. Mizar.
Mischara, s. Miskar.
Mischgo, s. Scheich M.
Mischk, s. Bedi m.
Mischkin, Tribus und Stadt in Aderbidjan. IX, 800. 801.
Mischmisch, i. e. Prunus armeniaca. XI, 501.
Misera, Dorf bei Bir. X, 1037.
Misermanen, d. i. Muselmanen. VII, 443.
Misgrog, Gebirgszug des Klytsche Dagh. X, 345.
Misibim, Fährte am Euphrat. X, 875.
Miskar (Mischara), Dorf von Van. IX, 923.
Miskeal, Dorf in Aderbidjan. VIII, 636.
Mispeln, in Masenderan. VIII, 538. — im syr. Taurus. X, 918.
Missionen, in Urmia. IX, 670.

948. — römisch-katholische, in Orfa. XI, 327. — s. Baseler, Nordamerikanische M.
Missisippi, Wasserfülle. VII, 191.
Mist, s. Dünger, Kuh-, Taubenmist.
Misteri, Dorf. IX, 870.
Misul, d. i. Heerfahrt, Republik. VII, 137. 138. — s. Sukur Chukea M.
Misuldar, Bedeutung. VII, 139.
Misur Dewan Chund, General Runjit Singhs. VII, 143.
Mita Muran, d. i. Süßwasser-Strom, süßes Meer. VII, 172.
Mi-tang (chines.), d. i. Reiszukker. IX, 273.
Mitch, Distrikt in Kohestan. VII, 248.
Michakom, s. Megakom.
Mitford, s. Milford.
Mithkal, s. Mitkal.
Mithras (Mithra, Mithro, Mihr, Sol), Gottheit, Haupt- und Schutzwächter der Fervers, auf Münzen 2c. VII, 108. 278. VIII, 45. 46. — Orgien dess. IX, 218. — in griech. Inschrift zu Bisutun. 351. — d. i. Sol. 481. 991.
Mithras-Altar, bei Tak i Bostan. IX, 378. — s. Feuer-Altar.
Mithras-Cultus, in Ost-Turkestan? VII, 428. — im westl. Persien. IX, 1038. — in Armenien. X, 528.
Mithras-Kopf, in Al Hadhr. XI, 490.
Mithras-Thor, bei Van. IX, 991. X, 316.
Mithrates. IX, 356. — s. Meherdates.
Mithridates d. Gr., Partherkönig. IX, 155. 315. X, 113. 796.
Mithridates-Thron, zu Karhni. X, 400.
Mithro, s. Mithras.
Mitkal (Mithkal, Mitzkal), Gewicht. VII, 394. IX, 507. XI, 820.
Mitra, d. i. Kori. VII, 172.
Mittelberg, s. Miyaneh Kuh.
Mittelmeer. X, 1071.
Mittun Kote (Mittenda Kote), Stadt am Indus. VII, 26. 147. 193.
Mitzkal, s. Mitkal.
Miveh, d. i. Fruchtbäume. XI, 554.
Miyadin (Mayerthein), Ort am Euphrat. XI, 262. 696. 703.
Miyah Izani, Bergstrom zum Zab Ala. XI, 607.
Miyanah Kuh, d. h. Mittelberg, in Luristan. IX, 194. — s. Mianeh.
Miyan-dar, d. h. Mittelthal, im Zagros. IX, 422.
Miyan-duab (Miyandeb), s. Mean Dow, Nahri Dariyan. IX, 190.
Miyaneh, s. Dezi m. Dezu.
Mizan, d. h. Herbstanfang. VIII, 386.
Mizan, s. Bandi M.
Mizar (Misar), Stadt, südöstlich von Yarkend. VII, 382.
Mizar, s. El Mazar.
Mizir, Groß- und Klein-, zwei Dörfer am Euphrat. X, 1037. XI, 527.
Mizisithah, Trümmerhügel im untern Mesopotamien. XI, 960. 989.
Mizraim. X, 198.
Mizrakdji Oghlu Khan, in Mesopotamien. XI, 871. — s. d. f.
Mizrakji, s. Khan M.
Mleka, d. i. Barbarenstamm. VIII, 106.
Mletscha (Mletsch'ha), d. i. Barbarenstamm. VIII, 106. — Beludschen. VII, 680.
M'licha, s. Dar M.
Moakil (Maquel), s. Nehr M.
Moalla, Fluß bei Bagdad. X, 196.
Moallak, die hängende Moschee in Diarbekr. XI, 55.
Moalligué, s. Ain M.
Moamiad, s. Khoja Ali M.
Mo'ammerah, s. Mohammera.
Moawiah (Moavijah), erster Ommajade (stirbt 679). IX, 748. 757. X, 163. 1077.

Moazin (Muzzin), d. i. Rufer zum Gebet. IX, 153.
Moazzen, d. h. groß. IX, 751.
Mobarek, s. Abdullah ben el M.
Mobareken, in Irak Adschem. IX, 76.
Mobed, parsischer Lehrer. VIII, 71. — Oberpriester. 838.
Moca, d. i. Musch. X, 817.
Modaffer, s. Modhaffer.
Modaina, s. Madaïn. X, 166.
Modain Khosru, s. Madain Kosroes. X, 172.
Modanlu, s. Far M.
Modhaffer (Modaffer), s. Mozaffer, Al Malek al M., Jussuf Abul M., Muncsi al M.
Modhaffer Eddin Afrasiab, s. Afrasiab.
Modhar (Dejar M., Modzar, Masar), das nordwestl. Mesopotamien. X, 238. — s. Diar M.
Modhareth el Hegiarat, s. Amu.
Modhasser (Modhaffer?), s. Al Malek al M.
Modjiad, Stadt bei Mardin. XI, 382.
Modon, Stadt in Morea, armen. Kloster und Collegium das. X, 541. 633.
Modschenkiän, Usun-Fürst. VII, 622.
Modpoothwa (burmes.), birmanischer Jade. VII, 388.
Moedi, d. i. arab. Viehhirten. XI, 720.
Mönche, vom St. Antonius-Orden. IX, 743.
Möncheleben, bei Nestorianern. IX, 677. — frühzeitig in Diarbekr. XI, 32.
Mörtel, in den Ruinen Babylons. XI, 882. 916.
Möven, in Ghilan. VIII, 678. — am Van-See. X, 302. — in Mesopotamien. XI, 509. — s. Seemöve.
Mog (Mogk'h), kurd. Landschaft am Van-See. X, 816. XI, 621.
Mogan, s. Moghan.
Mogasberd, Gränzschloß am Akhurean. X, 450.
Mogeïyer (Maguïer, Makyar, Meguïer, Mugeijer), d. h. Ort mit Bitumen aufgemauert, Ruine am untern Euphrat. XI, 973. 991 ff. 1044.
Moghan (Mogan, Mojan, Mokan), Steppe am Araxes u. kasp. See. VIII, 126. IX, 793. 796. 870. — s. Kisil aghadj M.
Moghar, Euphrat-Vorgebirge. X, 946.
Moghara, Yeziden-Dorf in N. Kurdestan. IX, 739.
Moghestan (Moghistan, d. h. Dattelland), südpers. Landschaft. VIII, 124. 724. 740.
Moghkedeh, s. Derwazeh M.
Moghrebi, am Pinyari. VII, 167.
Mogi-punk, Dorf, Residenz des Pascha von Musch. X, 678. 816.
Mogk'h, s. Mog.
Mogleh, d. i. Vorstadt. X, 763.
Mogu-Bai, im pers. Meerbusen. VIII, 773.
Moguï, Tribus der Chaher Leng. IX, 211.
Mogulistan. VII, 472.
Moguls, Landbewohner v. Yarkand. VII, 472.
Mohärzi (Maherfi), Deltaland des Schat el Arab. XI, 1026. 1028.
Mohaila, Klippe am Euphrat. XI, 684.
Mohalhal, s. Messaor ibn M.
Mohamera, s. Mohammerah.
Mohammed, s. Muhammed, Abdallah M., Abu Abdalla M. ibn Ayas, Abu Abdalla M. Ibn Ahmed al Ammi, Abu Abd M., Abul Kasem M., Abu M., Aga M. Khan, Agyl Ibn M., Albu M., Ali ebn M., Bickli M. Pascha, Bijiklü M. P., Dost M. Khan, Emir M. Mozaffer, Gajassedin M. Sam, Hadji M. Hussein Khan, Haii M., Hesham Ben M. el Kelbi, Khodja M. Abulvelid, Mir M. Ruhim Khan, Mir M. Schah, Mollah M., Reschid M. Pascha, Sayid M. Alak, Schair M. Khan, Schir M. Kh., Seyud M. Kh., Syed M. Hassan.

Mohammed, sein Barthaar in Sukkur. VII, 155. — sein Seidengewand, angebl. in Badakhschan. 797. — seine Fußtapfe am Urmia-See. IX, 958. — angebl. in Mosul. XI, 190.
Mohammed Abu Hasah, sein Grabmal am untern Tigris. XI, 943.
Mohammed Ali Beg, Uzbeken-Fürst. VII, 267.
Mohammed Ali Hazin, über Sabier (st. 1779). XI, 301. — s. Muhammed A. H.
Mohammed Ali Khan, Fürst von Khokand. VII, 774.
Mohammed Ali Khuli Khan, in Talisch. VIII, 663.
Mohammed Ali Mirza, Gouverneur v. Kermanschah (1824). IX, 180. 206. 341. 370. (sein Tod) 498. 872. — vgl. Mahmud A. M.
Mohammedaner (Moslemen), in Khotan. VII, 345. Gränze das. 351. — in Kaschghar. 410. 443. — ihre bigotte Grausamkeit. IX, 219. — in Maragha. 835. — Van. X, 297. — Bayazed. 339. 348. — im russ. Armenien. 609. — in Musch. 676. — Bitlis. 687. XI, 94. — Ilijeh. X, 698. — Piran. 701. — Palu. 713. — Arabgir. 799. — Adiaman. 884. — Behesni. 895. — Diarbekr. XI, 61. — Mosul. 205. — Mardin. 386. 394. — Dara. 405. — Amadia. 592. — Bagdad. 815.
Mohammedanismus (Islam), sein Druck in Multan. VII, 68. — in Kaschghar. 427. — unter Uiguren. 600. 602. — in Transoxiana, Balkh, Kabulestan. 565 ff. — nachtheiliger Einfluß auf die geistige Völkerentwickelung. IX, 626. 899. — Ausbreitung in Irak Arabi. X, 61.
Mohammed Baukher Khan. IX, 903. — s. Bauker Khan.
Mohammed Beg, von Ssamu. XI, 39. — vgl. Mahmud Beg.
Mohammed Ben Alcassan Okail, erbaut Schiraz. VIII, 848. — s. d. f.
Mohammed Ben Kasim, verpflanzt die Dattelpalme nach dem Pendschab. VII, 64. — erbaut die ersten Moscheen in Multan (8. Jahrh.). 65. — s. d. v.
Mohammed bi Atalek. VII, 786.
Mohammed Dour, Imam. X, 225.
Mohammed el Faris, Scheich der Schammar. XI, 473. 475.
Mohammed Haafis, sein Grab in Mesopotamien. X, 194.
Mohammed Hakim Beg, Oberbeamter in Yarkand. VII, 394.
Mohammed-Hügel, in Mesopotamien. XI, 780.
Mohammed Hussein Mirza, Statthalter von Kermanschah (1824). IX, 371.
Mohammediah, Quartier von Rai. VIII, 599. — vgl. Mohammediyah.
Mohammed Ibn el Hanifija, sein Martyrium in Mesopotamien. X, 193.
Mohammed Indja Bairaktar, Pascha in Mosul. XI, 189. 192. 207.
Mohammedjik, Stadt in Aderbidjan. IX, 1037.
Mohammed Khan, s. Mahmud Khan.
Mohammed Khan, Sultan von Peschawer. VII, 222.
Mohammed Khan (Maffamet Kh.), König von Kaschghar. VII, 391.
Mohammed Khan, Fürst in Turbut. VIII, 285.
Mohammed Khan, Fürst von Massaul. VIII, 663.
Mohammed Khan Asalumeh, in Talisch. VIII, 663.
Mohammed Kuli Mirza, Gouverneur von Masenderan. VIII, 442. 531. 536.
Mohammed Mirza (später Mohammed Schah, Mahommed Schah), Sohn Abbas Mirza's,

König von Persien (reg. 1833 ff.). IX, 372. 862. 874. 882. 902.
Mohammed Murad Khan, Fürst von Kunduz. VII, 268.
Mohammed Pascha, s. Mehmed P.
Mohammed Rahim Khan, in Khiwa. VIII, 349.
Mohammed Reza Khan, in Talisch. VIII, 663.
Mohammed Schah, s. Mohammed Mirza.
Mohammed Schah, Fürstentitel in Badakhschan. VII, 796. — vgl. Mahmud Sch., Mir M. Sch.
Mohammed Schah, Dorf in Aderbidjan. IX, 1031.
Mohammed Taki Khan, Häuptling der Janniki. IX, 212.
Mohammed Takki, der neunte Imam. XI, 793. 795.
Mohammediyah, Euphrat-Insel. XI, 780. — vgl. Mohammediah.
Mohammedy (Ardil Mohamedy), im euphrat. Arabien. XI, 1041.
Mohammera (Mohamera, Mohamra, Mo'ammerah), Kastell am Schat el Arab. IX, 166. XI, 1024. 1028. 1039. 1061. 1063. 1064.
Mohan Singh, Gouverneur in Kaschmir. VII, 92.
Moharrem, arab. Neujahrsfest VIII, 298.
Mohawil Khan, s. Mahawil Kh.
Mohawwul, s. El M.
Mohdi, s. Hysn M.
Mohelhel, s. Mosa'er Ibn M.
Mohey, s. Mahi.
Mohi, Stadt. VII, 276.
Mohn, zu Shuster. IX, 192. — weißer, in Mesopotamien. XI, 361. — gelber, in Kurdestan. 641.
Mohram, s. Wadi M.
Mohsan, Autor des Dabistan. VIII, 604.
Mohsin, s. Akascha Ibn M. El Sahabi.
Mohtesib. VII, 780.
Mohumabad, Dorf in Aderbidjan. IX, 827.
Mohun Lal, seine Berichte über Herat. VIII, 240. 255.
Mohurana, Stempelgeld. VII, 146.
Moï, s. Risched el moï.
Moiyeneddin, s. Mollana M.
Mojan, s. Moghan.
Mokadphyses, König. VII, 102. 107.
Mokadphyses-Münze, goldene, bei Kabul. VII, 293. 295.
Mokan, s. Moghan.
Mokana, s. Al M.
Mokarram (Mukram), s. Asker Mokarram.
Mokdad, s. Imam Seyd M. al Kundi.
Mokeddem, türk. Tribus am Urmia-See. IX, 1013. 1019.
Mokhnif, s. Abu M. Lut Ben Yahya.
Mo ki to (chines.), d. i. Magada. IX, 274.
Moko, Capitale von Ou la ko. VII, 569.
Mokrem, s. Asker M.
Moktaded, Khalif, erobert Diarbekr (898). XI, 35.
Moktader (Moktadir), s. El M.
Molassa, Tränke in der arab. Wüste. XI, 743.
Moldau, Armenier das. X, 597.
Molhath, unbek. Ort in Luristan. IX, 403. 424.
Moliavil, s. Mohawil-Khan. XI, 874.
Molla Edris, Zeitgenosse Selims. XI, 38. 44.
Mollah, s. Mella, Mullah, Deh Mollah.
Mollah Mohammed, Kurde. IX, 945.
Mollah Soleiman (Mulla Suleiman), armen. Dorf. X, 351. 636. 654.
Mollakaleh, Station in Masenderan. VIII, 544.
Mollakoï, Kurdendorf. X, 105. — vgl. Mellikkoi.
Molla Moßliheddin Lari, pers. Geschichtschreiber. XI, 56.

Mollana Moiyeneddin, Geschichtschreiber Khorasans. VIII, 151.

Molla Suleiman, s. Mollah S.

Molon, der Rebelle. IX, 390. 513.

v. Moltke, preuß. Offizier in türk. Dienste, auf dem Euphrat. X, 721. 828. 887. — in Egin. 790. — Kümürhan. 867. — Samosat ꝛc. 878. 1010. — Tigrisfahrt von Diarbekr nach Mosul. XI, 8 ff. 46. — in Miafarekin. 67 ff. — üb. Kurdenzustände. 128. — in Djezireh ibn Omar. 149. — am obern Tigris. 163. — in Mosul. 191. — Ninive. 233. — Orfa. 316.

Moltus, s. Mussur dabahn. VII, 511.

Molucken, Zuckerrohr das. IX, 260.

Moluk, s. Melik, Scham al M. Fara Merz.

Moluk al Thawayef (Thaouaif, i. e. reges regionum), orientalische Bezeichnung für Parther, Arsaciden, Alexanders Nachfolger. IX, 98. X, 59.

Moluteni, d. i. Malatia. X, 861.

Moly (ungar.), d. i. Heuschrecke. VIII, 799.

Momund, Stamm in Kaferistan. VII, 214. — Paß der. 225.

Monadherah, s. Al M.

Monah, Thal in Attock. VIII, 344.

Monarites (Strabo), Wein von Melitene. X, 857.

Monas-ghird, s. Melazgherd. X, 665.

Mondar (Mondhar, Mundar, Mundhir, Munser, Mondari), Fürstentitel in Hira. X, 60. — s. Al Mondari, Almundar, Nooman Ben el M.

Mondcultus, in Carrhä. XI, 296. — s. Luna.

Mondhar, s. Mondar.

Mondobri Katiba, Mori-Gipfel. VII, 83.

Moneses, Parther. X, 1047.

Mongholen, in Dschuldus. VII, 438. — Afghanistan. VIII, 188. — Rai. 600. — erobern Kars. X, 423. — Ani. 442. — Erzerum. X, 760. — s. Sunnit-M.

Mongholen-Schrift. VII, 589.

Mongholische Sprache, in Kabulestan. VII, 307.

Moni, s. Manes. VII, 596.

Monier, Pater, in Kurdistan. X, 619. — über Armenier. 635.

Monobazes, König von Adiabene. IX, 721. X, 252.

Monocarton, Ort im nördl. Mesopotamien. XI, 150.

Monocotyledonen, Abdrücke in kurdest. Gebirgen. IX, 535.

Monogramme, antike. IX, 191.

Monophysiten-Sekte. IX, 723.

Mo no tou, König der West-Turk. VII, 575.

Monphargin (armen.), s. Miafarekein. X, 79.

Monschi, s. Munschi.

Monsoon-Wolken, s. Monsun.

Mons regalis, in Idumäa. XI, 532.

Monsune, in Kabul. VII, 235. — Gränze in Ost-Iran. VIII, 172.

Montasser, Sohn Motawakkels. X, 210.

Montathar, s. Muhammed ol M.

Montefik (spr. Montefij, d. h. die Vereinten), arab. Tribus am untern Euphrat ꝛc. XI, 807. 944. (Tigris) 948. 973. 976. 1000 ff. 1039. 1044. 1066. — s. Djesapir M.

Monteith, W., brit. Colonel, in Persien. VIII, 12. 587. IX, 12. — Bericht über die Nestorianer. IX, 664 ff. — in Ardebil. 794. — Aderbidjan. 804. 829. — Tabriz. 877. — auf dem Urmia-See. 950 ff.

Montserrat, Begleiter Akbars (1581). VII, 12.

Monumente der Merdascht-Ebene. VIII, 883.

Mony Mäs, Mori-Gipfel. VII, 83.

Monze, s. Cap M.

Moor-Berge, im nördl. Kurdestan. VIII, 16. IX, 647.

Moorcroft, Reisender in Leh, Badakhschan ꝛc. VII, 5. 8. 286. 799. 804. — sein Bild (Signalement) an Yarkands Stadtmauern. VII, 218. 397. — Grab zu Balkh. VIII, 226.
Mòore, s. Mòuru.
Moore, engl. Schiffer, auf dem Tigris. XI, 943.
Mor (armen.), d. i. Moor, Sumpfgegend. X, 580.
Morabittan, s. Dar al M.
Morad, Dorf am Murad. X, 665.
Moräste, am Aral u. kasp. See. VII, 560. — am Jerahi. IX, 158. — Euphrat. XI, 690. 952. 966. — s. Sumpf, Ueberschwemmung.
Morainen, am Ararat. X, 502.
Moran, s. Schah M.
Morand (Μορούνδα), Stadt in Aderbidjan. IX, 774.
Morato (Murad), als Bezeichn. für Tigris. X, 95.
Mord, in Luristan mit Geldstrafen abgebüßt. IX, 216. — häufig bei Khosnav-Kurden. 618.
Mordam, s. Dschebel M.
Mordeh, s. Desteh M.
Morgh, s. Schuter m.
Morgland (Marghilan?), in Khokand. VII, 784.
Mori, westl. Zufluß zum Karasu. IX, 390.
Mori-Alpen. VII, 83.
Morier, J., Reisender in Persien. VIII, 421. — Route von Tehran nach Asterabad. 504 ff. — in Ardebil. IX, 793. — Aderbidjan. 833. — Tabriz. 855. — Marand — Khoi. 909. — Entdecker des Murad. X, 24. 648. 657. — üb. Ani. 439. — Etschmiadzin. 521. — am obern Frat. 731 ff.
Μορούνδα (Ptol.), s. Morand.
Morra, s. El M.
Morrison, engl. Resident in Abuschir. XI, 1060.
Mòru, s. Mòuru.
Morus alba, nigra, s. Maulbeere.
Mosade, Kanal zum Tigris. XI, 768.
Mosa'er Ibn Mohelhel, arab. Reisender (825 n. Chr.). IX, 1047.
Mosaik, in Ani. X, 443. — Orfa. XI, 321.
Mosaische Urkunden, über den Ararat. X, 358.
Mosalla, s. Musalla.
Mosch. IX, 132. — vgl. Musch.
Moscheen, zahlreich in Yarkand. VII, 397. — schöne, in Herat. VIII, 240. 241. — in Sari. 530. — als Gastzimmer, Herbergen. IX, 939. — verschiedene Bauart bei Sunniten u. Schiiten. 1005. — in Erzerum. X, 761. 765. — Diarbekr. XI, 55. — Mosul. 190. 196. — große, in Orfa. 319. — s. Lichtmoschee, Masjidi, Meschdschid, Mesdjid-Ali, Mesjed, Mosjedjamea, Dschami ꝛc.
Moscher, s. Mescheh.
Moschische Berge (Moschici montes, Mossian, Masius, Nebad, Niphates), Tauruskette in Armenien. IX, 132. X, 75. 424. 436. 690. 816.
Moschont, Kastell am Murad tschai. X, 812.
Moschus. VII, 749.
Moschusratte, in Nijrow. VII, 247.
Moscok, s. Kara M.
Mosczia (Tab. Peut.), ob Musch? X, 817.
Moseab, s. Musseipib. XI, 781.
Moseley, Dr. IX, 271.
Moses, s. Musa.
Moses, Jakobiten-Patriarch bei Mardin (1555). XI, 383.
Moses III., armenischer Patriarch (1629). X, 516.
Moses von Khorene (Choruni), armen. Annalist (geb. c. 370, gest. 489). IX, 775. 984. X, 303. 546. 562 ff. 726.
Moses Maimonides. XI, 300. 374.
Mosjedjamaa, d. i. Hauptmoschee. VIII, 530. — s. Dschami.
Moskau, mit Ispahan verglichen. IX, 40. — armen. Hochschule das. X, 633.

Moskrem, s. Asker M.
Moslem, s. Abu M.
Moslem, Gelehrter aus Nischapur. VIII, 322.
Moslemah, s. Maslema.
Moslemen, s. Mohammedaner.
Moso (Musu), Kleeart. VII, 637.
Mosque, d. i. Moschee. XI, 222.
Moss, am Kara su. X, 733.
Mossian-Berge, s. Moschische Berge. X, 424. 436.
Mossoul (Mossul), s. Mosul.
Mossulini, ob Kaufleute aus Mosul? X, 274.
Mostaasem, letzter Abbasside. IX, 283.
Mostanser, s. Al M.
Mostar Dagh, Gebirge im nordwestl. Kurdestan. X, 106. 713. 721. — vgl. Muscher Dagh.
Mostarsched, d. h. Gott um Gnade bittend. X, 257.
Mostasem Billah (Mostassem), letzter Abbasside (st. 1258). IX, 840. X, 277.
Mosul (Mossul, Mussul, Ol Mausel), Stadt am obern Tigris (Höhe). VIII, 16. IX, 711. X, 905. (chaldäische Diözese das.) IX, 434. (Ausfuhr) 569. 704. 732. (Gränze) 741. X, 211. 253. 273. 283. (von Arabern besetzt rc.) X, 1142. XI, 13. 164. (Entstehung u. Geschichte) XI, 171 ff. 585. — Nova Ninive. 201. — Dist. IX, 690. 699. 700. 714. 717. 718. 727. 729. 733. 1030. X, 212. 238. 688. XI, 47. 69. 100. 156. 159. 160. 161. 175. 269. 272. 278. 401. 420. 424. 446. 454. 467. 662. 672. 681. — s. Diyar M., Eski-Mosul.
Mosul Aschirat, arab. Stamm am obern Tigris. XI, 164. 166. 203. 432.
Mosulmarmor, s. Marmor.
Mosul-Paschalik. XI, 203. 206.
Moßlihcddin, s. Molla M. Lari.
Metachep, d. i. Aufseher von Schulen u. Tempeln. VII, 517.
Motagal, s. Motazal.
Motanabbi, Dichter (st. 965). X, 232. XI, 69.
Motassem, s. Ol M.
Motawakkel (Motawakel), Khalif (867), restaurirt Tabriz rc. IX, 853. X, 208. — der Christen- u. Judenfeind. X, 227. XI, 387. — fällt die heilige Cypresse in Kischmer. XI, 571.
Motazal (Motazeliten, Motagal?), Schismatiker in Hamadan, Shuster rc. IX, 121. 181. 217.
Motazzem, s. Motassem.
Motbakh, Bezeichnung der medischen Mauer. X, 219.
Motene (Ptol.), Ort am Cyrus. X, 816.
Motenebbi, Motanabbi.
Moti, Dorf am Buhtanfluß. XI, 127.
Motkab, unbek. Distrikt in Kurdestan. XI, 104.
Motla alsaadein (alsaadin?), pers. Manuscript. IX, 91. 119.
Mou, s. Mu.
Moudjmel al Tawarik, s. Mudjmel al Tuarikh.
Mougni, Kloster zu Garpi. X, 535.
Moukinmang, König v. Klein-Pourut. VII, 577.
Moulan, Tschaowu-Provinz. VII, 656. — s. Mulan.
Moulou, d. i. Khodjend. VII, 569. 574.
Mouphargin (armen.), d. i. Miafarekin. XI, 74.
Môuru (Môore, Môru, Maru, verkürzt aus Mourum), dritter von Ormuzd erschaffener Segensort. VIII, 30. 35. 52 ff. 120. 227. — s. Meru.
Mouru-ab, s. Murghab. IX, 90.
Mourum, s. Môuru.
Mousa, s. Musa.
Mousou, s. Musu.
Mout, s. Mout, Alamut.
Mowarek (Mowari), s. Cap Monze.
Moxoëne (Amm. Marc.), Landschaft im Süden des Van-Sees. X, 90. 158. (verschieden von Musch) X, 816. XI, 169. 621. — s. Mukusch.

Moyen, Dorf in Diarbekr. XI, 115.
Mozaffer (Modhaffer), s. Emir Mohammed M.
Mozai, s. Meitiai.
Mozal, d. i. Mosul. XI, 178.
Moznavi, Dorf in Kurdestan. IX, 595.
Mozufferabad, Ort am Kischen Ganga. VII, 13.
M'sabbah (M'sabbach), s. Khan M's.
Mskal, s. Jan M.
Mtchhoue, König von Mi. VII, 573.
Mu (Mou, Meou, Muhu), Tschaowu-Herrschaft. VII, 563. 652. 657. — s. Meru.
Muäddem, d. i. Gebetrufer. XI, 386.
Muana, emigrirte Pendschabs im Indus-Delta. VII, 179.
Mu-balig (d. h. die traurige Stadt), späterer Name für Bamiyan. VII, 274.
Mucheh Khurt (Mutschi Khar), Station in Irak Adschem. VIII, 470. IX, 38. 60.
Muchircan, s. Muschirkan.
Muchni, am Kabulstrom. VII, 225. 227.
Mucianus, s. Licinius M.
Muck sureyeh (El Maksura), Dorf in Syrien. XI, 748.
Muddat, s. Huz e M. Khan.
Muddük el Hudjandje, am untern Tigris. XI, 939.
Muderris. XI, 56.
Mudik, s. Kalat el M.
Mudjelliba (Mudschelliba, Mukelibi, d. h. umgekehrt), der Thurm oder die Burg von Babylon, Trümmermassen u. Dorf am Euphrat. X, 262. XI, 674. 875. 903 ff. 910.
Mudjmel al Tuarikh (Moudjmel al Tawarik), d. i. Compendium der Chronik, pers. Manuscript (12. Jahrh.). VIII, 839. IX, 119. — s. Mujamul.
Mudleg, Emir in Syrien. X, 1104.
Mudschelliba, s. Mudjelliba.
Mudschtebidi, s. Imam M.
Mücken (Muskitos), Plage in Schayar. VII, 447. — in Masenderan. VIII, 484. — am Arares. IX, 798. — am Van-See. X, 321. — in Mesopotamien. X, 190. 209. XI, 220. 699. 931. 935. 940.
v. Mühlbach, preuß. Offizier in türk. Dienste, am obern Tigris. X, 104. — in Sivan Maaden. 709. — bei Malatia. 855. — in Kümürhan ꝛc. 867. 1010. — Tigrisfahrt oberhalb Mosul. XI, 8 ff. — in Ninive. 224. — Mardin. 395. — Dara. 408. — in der mesop. Wüste. 433 ff.
Mühlen, selten in Mesopotamien. XI, 454. — am mittlern Euphrat. 710. — in Anah. 724. — s. Windmühle.
Mühlsteine, bei Herat. VIII, 240. — zahllose, zum Zuckerpressen in Ahwaz. IX, 225. — in Bayazed. X, 346. — in den Mauern Diarbekrs. XI, 47.
Mühsellim, d. i. Steuerbeamter. XI, 135.
Mülk, s. Mulk, Nisamul M.
Münze (Mentha), in der arab. Wüste. XI, 744.
Münzen, im Tope Manikyala ꝛc. VII, 10. 101. — häufig in Beghram. 229. 296. — in Yarkand. 394. — fremde, in China. 429. — in Ost-Turkestan. 519. — der Ansi. 655. — der Yueti. 677. — in Kabulestan. VII, 683. — der Tadjik. 716. — in Khokand. 783. 784. — Balkh. VII, 815. VIII, 226. — Rai. VIII, 602. — antike, in Schiraz. 853. — Ekbatana. IX, 104. — Kurufter. 500. — Kara Oglan. 542. — alte, in Tabriz. 877. — in Bayazed. X, 353. — Diarbekr. XI, 22. — alte, in Orfa. 328. — desgl. zu Mardin. 391. — in Bagdad. 821. — Ctesiphon. 854. — alte, am untern Tigris. 931. — zahlreich bei Mumliheh. XI. 932. — s. Gold-, Silber-, Reiter-, Griechische, Indo-skythische, Kufische, Römische M., Geld ꝛc.

Münzstätte, in Erzerum. X, 761. — Miafarekin. XI, 70.
Müschgin, Distrikt Aderbidjans. VIII, 126.
Müssepib, s. Musseipib.
Mützenmacher, in Ispahan. IX, 49. — s. Kegelmütze.
Mufti, d. i. der oberste mohamm. Geistliche. XI, 387.
MuftiKhan, in Mosul. XI, 209.
Muganli, im russ. Kaukasien. X, 610.
Mugaralari, s. Khorkhor m.
Mugarun, s. Um Grän.
Mugeijer, s. Mogeïyer.
Mughanlu, Ilat-Tribus. VIII, 405.
Mughyer, s. Mogeïyer. XI, 992.
Mugizil, d. h. der Waschort, am südl. Tigris. XI, 937.
Muhadiyah-Fels, am Euphrat. XI, 711.
Muhaleh, d. i. Lager. VIII, 354. — s. Mahalle.
Muhammed (Muhamed, Mohammed), türk. Aussprache für Mehemmed od. Mehmed der Perser. VIII, 589. — s. Mahmud, Mahommed, Mehemed, Mehmed, Mohammed, Abu Fazl M., Abu M. Ahmed, Imam M., Mirza M. Saleh.
Muhammed, Mameluken-Sultan (1341). X, 1079.
Muhammed, Sohn Musa's, Astronom. XI, 447.
Muhammed Ali Hazin, Gelehrter aus Ispahan. VIII, 274. — s. Mohammed A. H.
Muhammed ben Ketiri (genannt Al Ferganus), Astronom aus Ferghana (st. 833). X, 1141. 1145.
Muhammed ben Sabbah Himyari, Heiliger. VIII, 581.
Muhammed ebn Jarir, s. Al Tabri.
Muhammed ol Montathar (868). X, 211.
Muharrah (Muharah), Berg u. Insel im Euphrat. XI, 729. 730. — vgl. Mahara.
Muhassils, d. i. Pachtgelder der Domänen. XI, 820.
Muhawil (Mahawil), s. Nahr M.
Muhims, s. Kullah Syud-M.
Muhin, s. Syud M. Schah.
Muhrries, Stamm in Kugeli. VIII, 172. — s. d. f.
Muhrs, Aboriginer-Stamm am Indus. VII, 149. — s. d. v.
Muhu (Magier?). VII, 428.
Muhu, s. Mu.
Muhufu, d. i. die Perserreligion. VII, 427. 428.
Mu'jamul Baldan, s. Maasem al B., Mudjmel.
Mujellibe, s. Mudjelliba.
Mujim, Stadt Khorasans. VIII, 340.
Mujnun, s. Lyli M.
Muk, s. Haman M.
Mukadden, Ilat-Stamm. VIII, 404.
Mukaffa, s. Ibn M.
Mukan, s. Merv i m.
Mukelibe, s. Mudjelliba.
Mukhesen, s. Maksin.
Mukhli, s. Iwola M.
Mukhychs, Seidenstoffe. VIII, 269.
Mukhsen, s. Maksin.
Mukram (Mukran, Mokarram), s. Askar M.
Mukri, kurd. Ilats. VIII, 393. — s. Mickri.
Muku, s. Boumou.
Mukudum, türk. Tribus in Maragha. IX, 834.
Mukusch (Mukusi, Miks, Moroëne), kurd. Distrikt und Ort im Süden des Van-Sees. IX, 999. X, 87. 292. 817. XI, 103. 169.
Mukusch Daghi, in Kurdestan. XI, 169.
Mukusi, s. Mukusch. IX, 999.
Mulah Schaladin (M. Chaladin), Ort in Armenien. X, 355.
Mulan, s. Moulan, Pul e M.
Mulateni, d. i. Malatia. X, 861.
Mulbinni, Waldinsel des Tigris. XI, 934.
Muledani, Fluß in Mekran. VIII, 181.

Mulehet, d. h. Sitz der Häretiker. VIII, 577.
Mulehetites, d. i. Häretiker, Ketzer. VIII, 577.
Mulick (Malek), Titel des Beherrschers der nestor. Christen in Hekkari. IX, 646.
Mulik, s. Melik, Moluk, Mülk, Mulk, Muluk, Jowal M.
Mu li thu szö, Gipfel des Thian Schan. VII, 453.
Mulk, s. Mulik, Nizam ol M., Ziaul M.
Mulkesuahal, d. h. Königreich des Gestades. VIII, 782.
Mull, Indusmündung. VII, 169.
Mulla (Mullah, Molla), d. i. Oberrichter, Gesetzeskundige, zahlreich in Yarkand. VII, 405. — s. Deh M., Hadji M. Baba.
Mulla akhmet, Dorf der Araxes-Ebene. X, 384.
Mulla Chai, Vicekönig in Marghinan. VII, 769.
Mulla Dschami. VIII, 265. — s. Ahmed Dsch.
Mulla Firoze, gelehrter Parse in Bombay. IX, 383.
Mullah Abul Cassim, Sektirer? VIII, 360.
Mullah Ali, Häuptling der Zobeid. XI, 958. 964. 967.
Mulla Hasan (M. Hussein), Dorf zw. dem Van-See u. Aderbidjan. IX, 642. 924. 974.
Mullah Baschi, d. i. Oberpriester. VIII, 509.
Mullah Hassan, Vezier in Meschhed. VIII, 303.
Mullah Jaffer, aus Sedschestan. VIII, 153. 181.
Mullah kamar, Dorf in Armenien. X, 384.
Mullah Nujeeb (Najeeb), Emissar Elphinstone's, seine Berichte über die Kafern ꝛc. (1810). VII, 203. 208. 800.
Mulla Hussein, s. Mulla Hasan.
Mullai (Mullau), Ort am Indus. VII, 15. 19.
Mullamir, Burg Khokands. VII, 759.
Mulla Seraj (Mullaserai), Ort in Mesopotamien. XI, 284. 286. 318.
Mulla Suleiman, s. Molla S.
Mullau, s. Mullai.
Mulla Jakub, am Holwanfluß. IX, 478.
Mullayer, s. Malyar.
Multan, Stadt und Distrikt am Chinab. VII, 60. 63. 64 ff. — von Runjit Singh erobert. 143. — Zuckerrohr das. IX, 256.
Multan-Sandwüste. VII, 63.
Multan-Strom, d. i. Chinab. VII, 33.
Multari. VII, 188.
Muluk, s. Mulik, Schah Schuja al M.
Mululauri (poln.), d. i. Heuschrecke. VIII, 799.
Mumanaki Koobas, Naphtabalsam. VIII, 756. — s. Mumiay.
Mumdjummil (?), Station am untern Tigris. XI, 945.
Mumenin, s. Amir ul M. ꝛc., Darol-m., Emir al M.
Mumia-Berg, s. Kuh Mumiay.
Mumiay (Muminahi), Erdöl. VIII, 737. 762. — s. Mumanaki.
Mumie, kostbare, in Farsistan. VIII, 762.
Muminabad, s. Meiomid. VIII, 336.
Muminahi, s. Mumiay.
Mumliheh, Ruinen am untern Tigris. XI, 860. 932.
Mum Sojindüren, d. h. Lichtauslöscher, Jeziden am Bosporus. IX, 758.
Munajem, d. i. Stadt-Astronom. VIII, 786.
Munbedj, s. Mambidsch. X, 1041.
Munchur, Indus-See. VII, 158.
Mundar (Mundbir), s. Mondar.
Mundi, Steinsalzlager das. VII, 80. 115.
Mundrur (Mendraur), Distrikt in Kohestan. VII, 245.
Munesi al Mobhaffer. IX, 345.
Mung, d. i. Bohnen. VII, 174. 394.

Mungascht (Mankhischt), Burg der Bakhtiyari. IX, 147. 148.
Mungascht, Zufluß zum Jerrahi. IX, 147.
Mungascht-Gebirge, Zagros-Kette. IX, 147. 404.
Mungsin, chines. Naturhistoriker (7. Jahrh.). IX, 255. 266.
Mungubah, Plaine, südlich von Mosul. XI, 200.
Muni, s. Mani.
Munjut, Farbholz. VII, 30.
Munkatsch, Madjarenfeste. IX, 149.
Munkbar, s. Dschebel M.
Munkush (Mankusch), s. Deir el M.
Munschi, d. i. Dolmetsch. VIII, 240. 255.
Munser, s. Moydar.
Munsur Dagh, westl. Ausläufer der Dujik-Kette. X, 794.
Mur, d. i. Murad. X, 652.
Murad (Murad Chai, Muradtschai, Murad su, Morad, Mur, Tscharmur, Omiras), der südl. Quellarm des Euphrat. IX, 917. 994. X, 23. 75. 83. 97. 98. 105. 346. 352. — Quelle. 335. 662. — oberer Lauf. 646 ff. — Beschiffung unterhalb Palu. 708 ff. — seine Länge. 882. — Höhenmessungen. 901. — verschieden vom Centrites. 389. 812. — als Bezeichnung für Frat, Euphrat. 727. 800. 807. — desgl. für den obern Tigris. XI, 115. — Etymol. X, 725.
Murad, s. Ali M., Mir M. Ali Khan, Mohammed M. Khan, Schah M., Syud M.
Murad III, Sultan, erbaut die Festung Kars (1579). X, 416. 425.
Murad IV. (Amurad), zerstört Tabriz (1635). IX, 853. — in Armenien ꝛc. IX, 994. X, 623. 1021. — sein Kriegszug in Mesopotamien. XI, 37. 153. 276 ff. 389. 410. 791. 793. 1034.
Murad Beg (Murad Ali Beg, auch Schah, Mir, Khan), Usbekenfürst, seine Herrschaft. VII, 780. 804. 810 ff. — vgl. Schah Murad.
Murad Chai, s. Muradtschai.
Murad Khan, von Basman. VIII, 732.
Murad Pascha, syr. Ort. X, 1029.
Muradtschai (Murad Chai, Murad su), s. Murad. IX, 917. 994. X, 352. 800.
Muräne (Muraena anguilla), in Mesopotamien. XI, 509.
Muran, s. Mita M., Tel M.
Muras, s. Kai-muras.
Murasidu-l-ittila, Werk Jakuti's. IX, 423. 470.
v. Muraview, N., russ. Reisender. VIII, 366.
Murd-ab, d. h. Todtenwasser, Lagune. VIII, 443. 542.
Murdadischo, Christendorf in Dschulamerk. XI, 599.
Murdersung, Mineral. VII, 259.
Murdesli, Kurdentribus. X, 871.
Murdi, Dorf in Aderbidjan. IX, 844.
Murdie Chai (Murdi Ch., Mardrud), Zufluß zum Dschagatu. IX, 826. 827. 828. 844.
Mureba, Trümmerhügel im untern Mesopotamien. XI, 989.
Murejjefah, Berge am Euphrat. XI, 736.
Murena, röm. Feldherr, in Armenien. XI, 107.
Murex, bei Ninive. XI, 238.
Murg-ab, s. Murghab.
Murgh, s. Gummi M.
Murghab (Merutschak?), Fort des Bunyadbeg. VIII, 234.
Murghab (Murg-ab, Margh-ab, Merv-rud, Margus; Epardus?), Fluß von Meru, auf der Gränze von Khorasan u. Turkestan. VIII, 53. 128. 135. 140. 213. 227 ff. — Etymol. IX, 89. — s. Balai M.
Murghab, Ebene u. Stadtruinen in Fars, nördl. von Persepolis. VIII, 75. 76. 865. 873. 874. 942 ff.
Murghab (Kur, Kur ab, Abkur-

ren, Medus), Fluß in Fars. VIII, 875.
Murghainan, ehem. Hauptstadt in Mawar al Nahar. VIII, 128. — vgl. Marghinan.
Murgh-descht, Wüstenvogel. VII, 735.
Murgsar Raigan, Ebene bei Meschhed. VIII, 289.
Murice, s. Abul M.
Murid Al Jezidi, i. e. discipulus Yezidaeus, geistl. Oberhaupt der Jeziden. IX, 752.
Murmelthier, unbekannte Art in Kaschmir. VII, 77. — (Arctomys marmotta), in Mesopotamien. XI, 505.
Murphy, Lieutnant, Nivellement des Euphrat u. Tigris. X, 932. 955. XI, 1020. 1027.
Murray, brit. Captän. VII, 8.
Mursched, in Khorasan. VIII, 388.
Murschu, s. Gurschu.
Mursius, s. Murts.
Murt (pers.), d. i. Myrthe. IX, 482.
Murtesa Pascha (1654). X, 213.
Murt Oripi, Christendorf in Djellu. XI, 600.
Murts (Mursius), linker Zufluß zum Araxes. X, 396. — s. Karasu.
Murza, Ort in Aderbidjan. VIII, 636.
Murza, Dorf am obern Tigris. XI, 86.
Mus, s. Musch. X, 275.
Musa (Mousa, Moses), s. Abu M. Alaschaari, Ali ben M. el Redha, Ali Ebn M. el Kazim, Imam M. Ali Kasim, Matran M., Misan Abu M. Alaschar, Wadi M.
Musa, Sohn Schakir's. XI, 447.
Musa Bey, Kurdenchef von Kotur. IX, 924.
Musaffer (Musaffir, Musafir), d. i. Reisender, Kaufmann. VII, 394. — Gast. IX, 719. X, 809.
Musahay, Fort von Lemlun. XI, 980.
Musahhadj (d. h. zertrümmert), Berghöhe am Tigris. X, 677.
Musailaugh, Bergreihe in Afghanistan. VIII, 168.
Musa Kazi, Imam. X, 280.
Mus alpinus, s. Alpenmaus.
Musalla (Mosalla), d. i. Gebetsort. IX, 118.
Musalla (d. h. Gebetplatz), Vorstadt von Schiraz. VIII, 850. XI, 573.
Musallah (Masch allah, d. h. Ort der Anbetung), Ruinen bei Herat. VIII, 253.
Musalma, Vater Habibs. X, 1139.
Musar, in Farsistan. VIII, 755.
Musch (Mosch, Mus), Stadt an der Südseite des obern Murad. IX, 995. X, 76. 100. 275. 419. (Armenier das.) 637. 643. 664. 676 ff. 816. 817. XI, 133. — Ebene von. X, 679. 901. — Dist. X, 326. 355. 554. 703. XI, 103.
Musch, Paschalik. X, 658. 662 ff.
Musch, s. Dschebel M., Tell M.
Muschabbihs (Muschebbi), Sekte. IX, 121. 217.
Muschabet, s. Omu el M.
Muschakschir, Dorf von Bitlis. X, 683.
Muschar Dagh, s. Muscher D.
Muschebbi, s. Muschabbihs.
Muscheikh, s. Scheikh el M.
Muschel, s. Auster-, Kamm-, See-, Süßwassermuschel.
Muschelkalk, im Baladrud. IX, 196. — im Ali Dag. 528. 532. — in Armenien. X, 848.
Muschelkalkstein, am Euphrat. X, 873. — in Mespila. XI, 175. — bei Ninive. 238.
Muschellager, im untern Irak Arabi. XI, 1028.
Muschelpetrefacten, in der pers. Kaffa. IX, 30.
Muschelreicher Kalkstein. IX, 732.
Muschelreicher Sandstein, bei Abuschähr. VIII, 780.
Muschelreicher Schieferthon, am Araxes. X, 469.
Muschelschalen, in der Araxes-Ebene. X, 406.

Muscheltrümmer, in Kars. X, 438.
Muscher Dagh (Muschar D.), Tauruskette am linken Euphratufer. X, 817. 826. — vgl. Mostar Dagh.
Muschtsched, d. i. Resident, spiritueller Legat der Schiiten in Bagdad. XI, 842.
Muschir (afghan.), d. h. Gebieter. VIII, 198.
Muschirkan (Muchircan, Didschlei M., Mehr al M., Meschrikan, Masrukan, Mezkeher), Kuran-Kanal bei Shuster. IX, 164. 182. 185. 188. 226.
Muschirkan, Landschaft Chusistans. IX, 165. — Stadt am Kuran. 183.
Muschsarai, d. i. Wüstenmaus. IX, 37.
Mus decumanus, d. i. Wanderratte. XI, 505.
Musderan, Fort Khorasans. VIII, 280. 283.
Museib, s. Musseipib. XI, 781.
Musellah, in dem Kastelle Ekbatana's. IX, 102.
Musellim, s. Mutesellim.
Muselman, s. Nimschu-M., Mohammedaner.
Musessan, Yeziden-Stamm. IX, 757. XI, 144.
Musik, beliebt bei Kurden. IX, 602. 623.
Musikalische Instrumente, in Ost-Turkestan. VII, 463.
Musikanus, Zeitgenosse Alexanders M. VII, 154.
Musikfels Dschemschids, in Farsistan. VIII, 769.
Musimon. VII, 457.
Musis (Plin.), Zufluß zum Araxes. X, 397.
Musiü, s. Musu.
Muskitos, s. Mücken.
Muslema, s. Hößn M.
Muslim (Moslemen), d. i. Rechtgläubiger. IX, 756. — s. Mohammedaner.
Mussa, s. Musa, Dely M. Purun, Ebu M. Elaschari.
Mussart, Gebirge. VII, 448.
Musseipib (Müssepib, Museib, Moseab, Messied), Ort am Euphrat. X, 1025. XI, 771. 781. 869. 874. — s. Nahr M.
Musseline, früher Fabrikat von Mosul. X, 274. XI, 209. — in Bagdad. XI, 822.
Mussendom, s. Cap M.
Mussir, s. Mir M. Khan.
Musson, Ort in Armenien. X, 356.
Mussul, s. Mosul. X, 253.
Mussundar, s. Zemin M.
Mussur Dabahn (Moltus), Gipfel des Thian Schan. VII, 431. 438. 454. 511.
Mussur Dola, Schneegebirge. VII, 448.
Mussur Tag, Gebirge. VII, 419.
Mustaf, s. Kuzukji M. Pascha.
Mustavefey, s. Schejret M.
Mustapha III., Großsultan, der Juden- u. Christenfeind (stirbt 1773). XI, 303.
Mustapha Beg (Bey), Kurdenchef. IX, 688. 820. — s. d. f.
Mustapha Khan, Hekkari-Fürst. IX, 644. 646. 662. 688. 931. 934 ff. 1027. — s. d. v.
Mustapha Khan, in Talisch. VIII, 663.
Mustapha Pascha, in Bagdad. IX, 689. 728.
Mustapha Pascha, Commandant von Kars. X, 425.
Mustella mardes, s. Marder. XI, 504.
Mustung, am Bolan-Paß. VIII, 173.
Musu (Mousou, Musiü, Herba medica), Kleeart in Kabulestan ꝛc. VII, 637. 683. — Persien. IX, 364.
Musuluthapan, d. i. Mussur Dabahn. VII, 453.
Musuri-Sibari, Kurdenstamm. IX, 717.
Mut, s. Mout.
Mut, i. e. Phaseolus. VII, 37.
Mut, d. i. Verwünschung. VII, 130.
Mut, Kurdentribus. XI, 106.

Mutadhed, Khalif, erobert Mardin (892). XI, 383.
Mutawakkil, s. Motawakkel. XI, 378.
Mutawalli, d. i. Priester. VIII, 220.
Mutawekkilija, s. Medinet el M.
Mutesellim (Mutsellim, Musellim), d. i. Gouverneur. IX, 749. X, 322. XI, 1073.
Mutjetcheid, d. i. Priester. VIII, 302.
Mut Khan, Taurusgipfel. XI, 106.
Mutschi Khar, s. Mucheh Khurt.
Mutsellim, s. Mutesellim.
Mutsir, s. Hud M.
Mutsuddirs, d. i. Schreiber, Geschäftsführer. VII, 129.
Muttari, Ort am Indus. VII, 163.
Mutti, Häuptling von Kirsi. XI, 460.
Mutukoli, chines. Beamter. VII, 517.
Muvessins, s. Musessans.
Mu Woyyad al Arodhy, Astronom von Damaskus, in Maragha. IX, 840. 842.
Muxud Beggi (Maksudbegi), in Persien. VIII, 9. IX, 14. 904.
Muzar (d. h. Grabmal), Ort bei Balkh. VII, 810. VIII, 218. 220. 221.
Muzaris, Stamm am Indus. VII, 150. 187.
Muzarka, Beludschen-Tribus. VII, 149.
Muzen, Kastell bei Mosul. XI, 177.
Muzinun, s. Mesinun.
Muzkur, Gebirgsgau. IX, 824.
Muzra, Christendorf in Tobi. XI, 600.
Muzrun, s. Abu M.
Muz Tag, Gebirge. VII, 431.
Muzukakh, s. Geli M.
Muzuri, Kurdenstamm. IX, 741.
Muzzin, d. i. kurd. Stammhäupter. IX, 619. — vgl. Moazin.
Muzzinum, s. Mesinun.
Myorad, d. i. Euphrat. X, 725.
Mybut, Ort bei Yezd. VIII, 268.
Mygdonia, in Macedonien. X, 1131.
Mygdonia, Landschaft im obern Mesopotamien. X, 247. 1131. XI, 43. 247 ff.
Mygdonier (Mygdonen), Volk in Mesopotamien. X, 961. 1132. XI, 336. 414.
Mygdonius, d. i. Fluß von Nisibis, Nebenfluß des Khabur. X, 247. XI, 152. 248. 255. 256. 417. 429. 464. — vgl. Dschakdschakdschah.
Myker, Volk. VIII, 98. 104.
Mylitta (Milite, Myleta), assyr. Aphrodite. X, 858. 868. 1048.
Mylitta-Tanais, d. i. Semiramis. X, 859.
Myoghil, Berg in Ferghana. VII, 735.
Myriandrus (Xenoph.), syrische Stadt. X, 10.
Myrrhe, in Arabien. X, 37.
Myrrhon, heiliges Oel der Armenier. X, 350.
Myrsa (armen.), d. i. Gelehrter. X, 349.
Myrthe, bei Kazerun. VIII, 826. — der Venus geweiht. IX, 482. — am Van-See. 995. (Myrtus communis) im Taurus. X, 919. — in Taurien. XI, 557. — zu Anah. 719. — Basra. 1054.
Mysore, in Dekan. VII, 340. — Zucker das. IX, 253.
Mysterien des Nordens, in Harran. XI, 312.
Mystische Versammlungen, der Luren. IX, 218.
Mytilus (M. polyphormus), am kasp. See. VIII, 517. — in der Arares-Ebene. X, 406. — am untern Euphrat. XI, 987.
Mytsqual, s. Mitkal. XI, 820.

N.

Na'aim (d. h. die Wohlwollenden), arab. Stamm im östl. Mesopotamien. XI, 483.
Náalat Scheitan (arab.), i. e. maledictus sit diabolus. IX, 751.
Naamanie, s. En Romania.
Na'amey, d. i. Strauß. XI, 509.
Naarda, s. Neharda.
Νααρσάρης (Ptol.), s. Nahr Sarijet.
Nabagath, Marktort, Kastell am Euphrat. XI, 267. 694. 699.
Nabatäer, am Euphrat. X, 59. — in Hira. 65.
Nâbhânêdichta, Sohn Manu's. VIII, 110.
Nabbi (Nebbi), s. Motanebbi.
Nabi (sanskr.), d. i. Nabel. VIII, 47.
Nabik(?), d. i. Merkur. XI, 309.
Nabi Tschai, s. Kaleh Su.
Nablus, Ort in Syrien. XI, 530.
Nabob, Gouverneur-Titel in Schikarpur. VII, 151. — s. Nawob, Nuwaub.
Nabochodonassar, s. Nebukadnezar. X, 147.
Nabonidas (Nabonidus, Nabonnid), s. Nebunit.
Nabuchodonosor, s. Nebukadnezar.
Naçer, s. Imam en N.
Nachaborisb, Wall von Erzerum. X, 761.
Nachdschiwan, s. Nachitschewan.
Nachel, s. Bender Nakhilu.
Na che pho, s. Na se pho.
Nachidjevan (Nachidschevan), s. Nachitschewan.
Nachitoung, chines. General. VII, 526.
Nachitschewan (Nachdschiwan, Nachidjevan, Nachidschevan, Nakhitschevan rc.), armen. Stadt u. Provinz im russ. Armenien. VIII, 126. IX, 791. 919. X, 364. 400. (Erdbeben) 510. (Juden das.) X, 588. 609. 610. — Fluß von. 400.
Nachitschewan (Nachtschewan), Neu-, armen. Kolonie am unt. Don. X, 604. 633.
Nachjowan (Nachitschevan?), Stadt in Aderbidjan. IX, 836.
Nachl, s. Bender Nakhilu.
Nacht der Wiedergeburt, Mirakel in Meschhed Ali. X, 278.
Nachtigallen, in Kabul. VII, 241. — Ghilan. VIII, 427. — bei Schiraz. 852. — im südl. Kurdestan. IX, 551. — im Taurus. X, 896. — europäische (Sylvia luscinia), in Mesopotamien. XI, 508. — vgl. Bulbul.
Nachtreisen, in Wüsten. X, 1099.
Nachtschewan, s. Nachitschewan.
Nachtvisiten der Kurden. IX, 626.
Nachum Haelkoshi, s. Nahum. X, 254.
Nadaun, Ort am Beas. VII, 83.
Nadavend, Lak-Familie. VIII, 402.
Nadelholz (Pinus), im Sufaid Kho. VII, 232. — in Nijrow. 246. — im Elburs. VIII, 506. — im Soghanlu Dagh. X, 408. — am Euphrat. 933.
Nadelholzstrauch, krüppliger, im Hindu Kusch. VII, 260.
Naderi (Nadir), s. Killaat e N.
Nadir Schah (Schah Nadir), pers. Fürst (reg. 1736—1747), seine Kriege und Eroberungen. VII, 26. 207. 224. VIII, 193. 215. 217. 236. (Geburtsort) 281. 294. (Grab) 299. 394. 470. 779. — Sieg b. Mucheh Khurt rc. IX, 38. 47. — in Kermanschah rc. 349. 481. — zerstört Kermalis. 698. — Krönung in Ardebil rc. 793. 845. 873. — Abstammung. 949. — vor Kars rc. X, 417. 519. — bedrückt die Armenier. 602. — belagert Mosul. XI, 187. —

Bagdad. XI, 803. 828. — verschönert Meschhed Ali. 956. — zerstört die Sunniten-Heiligthümer in Alt-Basra. 1046.
Nadjar, Dorf in Aderbidjan. IX, 822.
Nadjera (Badjera), in Mesopotamien. XI, 275. 1116.
Nad-mez (ungar.), d. i. Zucker. IX, 237.
Nadun, Bergfort in Fars. VIII, 827.
Nährende Gewächse, ihre geringe Zahl in Australien. IX, 249.
Näogi, Felskegel. VII, 227.
Nafahat el Ins, Schrift Jami's. X, 279.
Nafata, s. Nefata.
Nafedhrô (Zend), d. i. Nabel. VIII, 47.
Naffer, Dorf in N.-Kurdestan. IX, 718.
Na fo po, altes Königreich am Lop-See. VII, 331. 335.
Naft (arab.), d. i. Naphta. IX, 546. — s. Neft.
Nafti (türk.), d. i. Naphta. XI, 756.
Nagahu, Quelle am Bolan-Paß. VIII, 172.
Nagara, s. Rama n.
Nagara Tatta, Stadt in Sinde. VII, 182.
Nagareths (?). VIII, 248.
Nagari, Sanskritschrift, auf Münzen des Tope Manikyala. VII, 101. 102. — in Khotan. 368. — Kaschghar. 423.
Nagatu, Zufluß zum Dschagatu. IX, 805. 833.
Nagelflue, in Laristan. VIII, 752. — am Arares? X, 451.
Nagethiere, in Mesopotamien. XI, 502. 504.
Naghr, s. Naghz.
Naghura, in Syrien. X, 1077.
Naghz (Naghr). VII, 304. 307.
Nagiaf, s. Najaf. X, 64.
Nagim (Nedjm), s. Kalat N.
Nagrakakin, s. Nakaratschalan.
Nagri, Dorf in Sindschar. XI, 464.
Nagschbandi, Sekte. VII, 531.
Nahapiet (Nahabiet), Patriarch von Edessa. X, 463. 617.
Nahar, s. Nahr, Nehr, Mawar el N.
Naharäer. XI, 296.
Naharaim, s. Nahareïn, Aram-Naharaim.
Naharawan, s. Nahrawan.
Naharda, s. Neharda.
Nahar dair, bei Basra. X, 181.
Nahareïn, s. Naharaim, El N.
Nahar malcha (Nahr Malcha, Nahr Malka, Nahar Malek, Nahr el Malek, Armalchar, Ἀρμαχάλη), der Königskanal zw. dem Euphrat u. Tigris. X, 8. 19. 49. 129. 145. 154. 202. 204. XI, 771. 858. 859. 870. 871.
Nahar Marah, Landstrich bei Basra. X, 181.
Naharowan, s. Nahrawan.
Nahawend, s. Nehawend.
Naher, s. Nahr.
Naher al Naferia, Kanal in Mesopotamien. XI, 874.
Naher Jhaife, Bergstrom in Ardelan. IX, 815.
Nahia (Naja), Distrikt von Bayazed. X, 345.
Nahna, s. Nana, Kat N.
Nahor, Sohn Tharahs, in Mesopotamien. X, 1140. XI, 283. 295.
Nahr, s. Nahar, Naher, Nehr, Nuhr.
Nahraban, am Tigris. X, 192. — s. Nahrawan.
Nahr Abil Asad, Kanal in Mesopotamien. X, 192. XI, 952.
Nahr Abi Ma'akel, s. Maquel. X, 192.
Nahr Ailah (Rud i Ailah), d. i. Wasser oder Fluß Ailah, in Babylonien. X, 176. 182. — s. Obolla-Fluß.
Nahr Antar, Euphrat-Kanal. XI, 994. 1000. 1017.
Nahr Aras, s. Arares.
Nahras (Nahr Sar, Nahr Schir?), Kanal zum Tigris. X, 191.
Nahravan, s. Vanath.
Nahrawan (Naharawan, Nahrowan, En N.), linker Tigris-

Kanal, auch Bezeichnung für den unteren Diyalah. IX, 418. 497. 505. 538. X, 192. 201. 207. 209. 221. 224. 226. 229. 231. XI, 678. 1017. — vgl. Arba, Nahr Wan.
Nahrawan (Nahraban, Narban, Narba), Stadt am gleichnamigen Kanal. IX, 418. X, 157. 192. 226. 231.
Nahrawan (Nahrwan), Dorf in N.Kurdestan. IX, 721. XI, 169.
Nahrawan Safra, älteres Bett des Schat el Hijeh. XI, 938.
Nahr-Belek (N. Belikh), d. i. Belik. X, 1120. XI, 250.
Nahr Bull, Diyalah-Kanal. X, 230.
Nahr Chabur, s. Khabur. XI, 253.
Nahr Dara, s. Kokab. XI, 261.
Nahr Dawadhiyah, Euphrat-Kanal. XI, 771.
Nahr Deir, Kanal des Schat el Arab. XI, 1025.
Nahr Dhiyab, Euphrat-Kanal. XI, 771.
Nahr Dschakdschaka (Khabur), in Mesopotamien. XI, 143. — s. Dschakdschakdschah.
Nahr el Aballah (N. Oboleh, N. Obolla, El Obolla), Kanal im südl. Mesopotamien. X, 52. 53. 194. 195. 280. XI, 1025.
Nahr el Bok, Euphrat-Kanal. XI, 951.
Nahr el Djelab, s. Dschulab.
Nahr el Kaharin, s. Kersin.
Nahr el kelb, bei Beyrut. VIII, 84.
Nahr el Maktuah (Nahr el Matur), Kerkha-Kanal zum Kuran. IX, 166. 292.
Nahr el Malek, Stadt Babyloniens. X, 202. — vgl. Nahar malcha.
Nahr el Matur, s. Nahr el Maktuah.
Nahr Hafu, Tigris-Kanal. XI, 678.
Nahr Handiyah, Euphrat-Kanal. XI, 783.
Nahr Hawiza, d. i. Wasser Hawiza, unterster Lauf des Kerkha. IX, 327.
Nahr Hesawi (Hewasi), s. Hassawi.
Nahr Hussein, Kanal zum Schat el Arab. XI, 1025.
Nahri Dariyan (Abi Miyandab, contrah. aus Miyan-du-ab, d. h. Fluß zw. zwei Wassern), Kanal od. Tunnel bei Shuster. IX, 186. 190. — vgl. Mean-aub.
Nahri Diz, s. Abi Diz.
Nahri-Hormasin (Plur. von Hormuz), Kerkha-Kanal. IX, 300.
Nahr Jini, Distrikt von El Ahwaz. IX, 228.
Nahri Mahpariyan (corrumpirt Mafariyan), am Kuran. IX, 190.
Nahri Masrukan, s. Muschirkan.
Nahrin, s. Bath N.
Nahr-Josah, Kerkha-Kanal. IX, 327.
Nahr Josem, Kerkha-Kanal zum Tigris. XI, 1017.
Nahr Isa (Saklawea, Sagglawea, Saklawiya, Saklawija, Sugglavyga), Euphrat-Kanal zum Tigris. X, 17. 145. 202. XI, 766. 767. 770.
Nahr Ischaki, Tigris-Kanal. X, 212. 217. 221.
Nahri Tuster (Didschlej Tuster, Dujeïli Tuster, Chahar Dangah), d. i. Fluß von Shuster, Kuran. IX, 162. 189.
Nahr Khalis, s. Khalis.
Nahr Khozar, s. Chosar.
Nahr-Kufa, als Bezeichnung für Euphrat. X, 184.
Nahr Kutha, Euphrat-Kanal. XI, 771.
Nahr La'an, in Mesopotamien. X, 192.
Nahr Laga, am Euphrat. X, 877.
Nahr Lamlun, Euphrat-Kanal. XI, 978. — s. Lemlun.
Nahr Ma'akel (wol Maquel), Kanal in Mesopotamien. X, 192.
Nahr Mahawul, s. Nahr Muhawil.
Nahr Malcha (N. Malka), s. Nahar malcha.

Nahr Muhawil (Mahawal, Mahawul), Euphrat-Kanal. XI, 771. 783.
Nahr Musseiyib, Euphrat-Kanal. XI, 781.
Nahr Nil, zwei Kanäle bei Babylon. XI, 771. 783. 911. — vgl. En Nil.
Nahr Obolla, s. Nahr el Aballah.
Nahr ol Marati, d. h. Fluß des Weibes, bei Basra. X, 181.
Nahr Omar, Kanal des Schat el Arab. XI, 1025.
Nahrowan, s. Nahrawan.
Nahr Sadschur (Sajur), syr. Zufluß zum Euphrat. X, 1033 ff. 1063.
Nahr Sagglawea (Saklawea, Saklawiya), s. Nahr Isa.
Nahr Saleh, Euphrat-Kanal. XI, 1017.
Nahr Santah, Euphrat-Kanal. XI, 1017.
Nahr Sar, s. d. f.
Nahr Sares, Euphrat-Kanal. X, 191. 197. — s. Narsares u. d. f.
Nahr Sarijet (Naarsares), Euphrat-Kanal. X, 45. 46. 57. — s. d. v.
Nahr Sarsar, Euphrat-Kanal. X, 20. 59. 202. 204. XI, 770. 871.
Nahr Schamli, Beduinenort in Babylonien. XI, 967.
Nahr Schir (Nahras?), Euphrat-Kanal und Stadt. X, 172. 191. 199.
Nahr Sebiyah, Euphrat-Kanal. XI, 1017.
Nahr Senn, Zufluß zum Tigris. XI, 665.
Nahr Sirra (El Sirra), Euphrat-Kanal. X, 202.
Nahr Sobra, Euphrat-Kanal. XI, 771.
Nahr Sugglavyga, s. Nahr Isa. XI, 770.
Nahr ul Ersas, Tigris-Kanal. X, 228.
Nahr Wan (Nahrwan), Euphrat-Kanal zum Tigris. X, 191. XI, 954. — s. Nahrawan.
Nahrwan, Chaldäerdorf. XI, 169. — s. Nahrawan.
Nahrwara, Name für Indus? VII, 787.
Nahr Zimberaniyah, Euphrat-Kanal. XI, 771.
Nahum (Nachum Haelkoshi), Prophet, sein Geburts- u. Begräbnißort in El Kosch. IX, 726. 742. — in Ain Jophata. X, 266. — seine Synagoge in Mosul. X, 254.
Nai, d. i. Schilfwald. VIII, 321.
Nai, s. Naubuck N. Mallick.
Naikpik, s. Khail N.
Naiman, Usbeken-Stamm. VII, 602.
Naiman, s. Namghan.
Nain, s. Dhai-n.
Nai Sapur, d. i. Nischapur. VIII, 320.
Naisawar, d. i. Nisapur. VIII, 321.
Naja, s. Nahia.
Najaf (Nagiaf). X, 64. — s. En N., Nejef Aschref.
Najeeb (Nujeeb), s. Mullah N.
Najin, s. Bandi N.
Nakarah Khang (Musikhaus), am mittl. Diyalah. IX, 486.
Nakarah Khaneh (Nakareh Kh.), d. h. Trommlerhaus, Fels am Bendemir. VIII, 769. 860. 935.
Na kara tscha lan (Nokareh Schaldi, Nagra kakin), Station in Kaschghar, am Kok su. VII, 479. 487.
Nakavend, Familie der Lak. VIII, 402.
Nakes, Ort in Mesopotamien. XI, 270.
Nakhidjevan (Nakhidschevan), s. Nachitschevan.
Nakhilan (Nakhilo, Nakhilu), s. Bender N.
Nakhitschewan, s. Nachitschevan.
Nakhl, s. Bender N.
Nakhodeh (Nakuddah), Hauptort von Sulduz in Aderbidjan. IX, 1019.
Nakhscheb, s. Na se pho.
Naki, s. Ali en N.

Nakschi Redscheb (Naksch i Nejeb, Nakschi Radsjab), d. h. Portrait Redschebs (Schahpurs), Felssculpturen der Merdascht-Ebene. VIII, 837. 883.
Nakschi Rustam (Rustan), d. h. Bild Rustams, Felsruinen in Fars. VIII, 23. 829. 857. 874. 877. 880 ff. 928 ff.
Nakuddah, s. Nakhodeh.
Nakur, s. Naokor.
Nal (arab.), Bedeutung. IX, 751.
Nalim, s. Az de N.
Nalla Sankra, d. i. Kori. VII, 172.
Nalli, Bergzweig in Irak Adschem. IX, 65.
Nal Topa, in Armenien. X, 508.
Namania, Stadt am Tigris. X, 232. — s. En Nomania.
Naman Pascha, in Mosul (1808). XI, 189.
Namash, Kurdentribus. IX, 619.
Namaz, Nemaz (türk.), d. h. Gebet. VII, 462. 464. XI, 75.
Namazga, Namuz (pers.), d. i. Gebet. IX, 586.
Namazkelan Tepe, d. i. Berg des Gebetes. IX, 493.
Nameh, s. Hamadan-n., Juaher N., Schah N., Scherif N., Sekander N., Zefer n.
Namenghan (Namengan, Namgan, Namghan, Namkan, Naiman), Distrikt u. Stadt von Ferghana (Khokand). VII, 483. 543. 742. 750. 752. 770. 778.
Namin, Dorf in Aderbidjan. IX, 796.
Namiyan, d. i. Bamiyan. VII, 788.
Namkan, s. Namenghan.
Namli, Fas el N.
Namru, s. Rud Nimrud.
Namuz, s. Namazga.
Namy-Fluß. VII, 653. 656.
Namzad, Dorf in Afghanistan. VIII, 159.
Nana, s. Nanaia, Nane, Nani, Nahna.
Nanac, s. Baba N.
Nanac Putrah, d. i. Nanacs Söhne. VII, 131. 133.
Nanac Schah, Gründer der Seikh-Sekte (geb. 1469 n. Ch.). VII, 131. 133 ff.
Nanaia (d. i. Anaitis), auf Münzen. VII, 108. 109. — s. Nane.
Nana Mariam, alte Moschee in Urmia. IX, 944.
Nandu, s. Nanteou.
Nane (Nané, Nanea), armen. Gottheit. IX, 314. X, 528. 778. — s. Nani.
Nanga Parvat (tübet.), d. i. Diamol. VII, 87.
Nangenhar (d. h. 9 Ströme), Thalsenkung des Hindu Kusch. VII, 230.
Nani, d. i. Anaitis. VII, 109. — s. Nana.
Nanking, in Hamadan fabricirt. IX, 123.
Nanlu, der Südweg nach Indien. VII, 360. 453. 507.
Nanna, s. Anaitis. IX, 314.
Nanni, König in Klein-Pourut. VII, 577.
Nantchhing. VII, 711.
Nanteou (Nantu, Nandu), Königreich, Gau in Tokharestan. VII, 683. 707. 708. 711. 712.
Naocha, s. Naoscha.
Naokor (Naoukor, Nakur, d. h. das Thal zw. zwei Bergen), Gebirgsgau von Amadia. IX, 659. 695. 721. 736. 737.
Naoran, Zufluß zum Khausser. IX, 739.
Naoscha (Naocha, Nuschader), d. i. Ammoniaksalz. VII, 661. 747. VIII, 732.
Naoukhuan, Zagros-Paß. IX, 461.
Naoukor, s. Naokor.
Naoura (Naura), s. Rees ul N.
Napacha, Ort am Euphrat. X, 263. — s. Zitschak N.
Napat, s. Niphates. VIII, 47.
Napeca (Rhamnus napeca), in Bagdad. XI, 812.
Napheus, Grab des, am Euphrat. X, 263.
Naphta, Einfuhr in Masenderan. VIII, 538. — in Baku. 654. — Dalaki. 819. — Arderikka. IX,

200. — Dillo. IX, 458. — Gebrauch. 546. — asphaltartige, Vertheidigungsmittel bei Belagerungen. X, 131. — in Mesopotamien. XI, 285. — bei Hit. 756. — schwarze. 757. — s. Kara-N., Petroleum ꝛc.
Naphta Abiat, d. i. weiße Naphta. IX, 557.
Naphtabalsam, zu Jahrun. VIII, 756.
Naphtha-Insel, im kasp. See. VIII, 366.
Naphta-Quellen (Brunnen), in Peschawer. VII, 223. — Ferghana. 745. — Masenderan. VIII, 547. — Fars. 820. — im Jerahi-Thal. IX, 147. — in Chusistan. 177. — bei Kerkuk. 519. 555. — im Ali Dag. 528. 529. — bei Kifri. 542. 547. — Tuz Khurmati. 545. — Tekrit. X, 222. — Van. 309. — im Tigris. XI, 678.
Napoleoniden, bei Ali Mirza. IX, 371.
Nar (Feuer), s. Bab el N.
Nár (pers.), d. i. Granatbaum. XI, 554.
Nara, Westarm des Indus. VII, 147. 157.
Naramsir, Hindu-Pilgerort am Kori-Golf. VII, 167.
Nararan, Fluß in Ghilan. VIII, 658.
Narawan, s. Nahrawan.
Narba (Narban), s. Nahrawan.
Narbuta Bys (Narubotu Beg, Narbuta Khan), Fürst von Khokand. VII, 751. 754. 773.
Narbutta Khan, s. d. v.
Narcisssen, bei Mosul. XI, 218. — in Mesopotamien. 410. — Bagdad. 800.
Narde, in Arabien. X, 37.
Nareg, in Armenien. X, 629.
Narendschabad (pers., d. i. Orangenstadt), Bezeichnung für Tekrit. X, 222.
Narguil, d. i. pers. Tabackspfeife. IX, 56.
Narim, s. Naryn.
Narin, westl. Zufluß zum Diyalah. IX, 491 ff. 512. 515.
Naringas (? Narnigas?), Dorf im Süden des Van-Sees. IX, 1001. X, 291.
Naringe Kallah, Fort v. Yezd. VIII, 268.
Narnigas, s. Naringas.
Narraga (Plin.), Euphrat-Kanal u. Stadt. X, 145. 146. XI, 766.
Narrara (Tab. Peut.), ob = Arghana? XI, 75.
Narsares (Baarsares), Kanal bei Kufa. X, 59. — s. Nahr Sares.
Narses, s. Nerses.
Narses, Sassaniden-König. IX, 960. X, 1128. — s. Osroes.
Narses, Nestorianer. X, 170.
Narses d. Gr., armen. Sanctus (301). X, 350.
Narsi, s. Mihr N., Bihr N.
Narsi, s. Sares.
Nar-Sis, Armenier-Ort am Euphrat. X, 922.
Narsite, s. Dar N.
Narubotu, s. Narbuta Bys.
Narün, s. Naryn.
Narwar. VII, 682.
Narwend, Ulmen-Art. IX, 79.
Naryn (Narin, Narün, Narim), nördl. Zufluß des Sihun. VII, 750. 751.
Narynkaleh, Citadelle v. Kars. X, 417.
Nasamonen. VIII, 807.
Nasaräer (Nazaräer), d. i. Christen, Christenvölker. XI, 302. 730. — s. Nasrani.
Nasariya, Wüste der, am mesopotamischen Euphrat. XI, 730.
Nasariyah, Dorf am Euphrat. XI, 783.
Nasar Mergen, Turk-Fürst. VIII, 368.
Nasaroff, s. Nazarov.
Naschawer, d. i. Nisapur. VIII, 321.
Naschpatis, Melonen. VII, 732.
Nasenringe, bisweilen in Aderbidjan. IX, 971. — in Bitlis. 1006. — bei Kurdinnen. X, 806.

865. — in Mesopotamien. XI, 328. — am Euphrat. 708. — der Beduinenweiber in Anah. 723. 871. — in Bagdad. 816.
Nasepho (Nachepho, Nesepho, Nakhscheb, Nassef), Tschaowu-Reich. VII, 652. 656.
Naseri (Nasri), Sekte der Ilats. VIII, 402. 584.
Naseria, s. Naber al N.
Nasibin, d. i. Nisibis. XI, 419.
Nasik göl (Nazook gol), d. i. Nazuk-See in Armenien. X, 90. 330.
Nasir, s. Abu N.
Naslu, Fluß zum Urmia-See. IX, 789. 943.
Nasr, s. Abunasr, Bukhtu-n-Nasr.
Nasrabad, Ort zw. Teheran u. Kasbin. VIII, 587.
Nasrabad, Ort in Aderbidjan. IX, 800.
Nasrani (d. i. Nazaräer, Nazarener), in Persien als Bezeichn. für Nestorianer, Chaldäer, in Mesopotamien für alle Christen. IX, 681. XI, 845. — s. Nasaräer, Nasserani, Surjani.
Nasr eddin, s. Nassir Eddin.
Nasri, s. Naseri.
Nassaripeh Khan, in Mesopotamien. XI, 865.
Nassef (arab.), s. Nasepho.
Nasserani, d. i. Christen. IX, 950. — s. Nasrani.
Nassir, s. Nussir.
Nassir Eddin (Nassyr Eddyn Tusi, Nasr-ed-din, i. e. defensor fidei), berühmter Astronom u. Philosoph aus Tus (geb. 17. Febr. 1201, gest. 25. Juni 1274). VII, 343. 410. 749. VIII, 289. 585. IX, 228. — seine Sternwarte in Maragha. 835. 839 ff. — seine Schriften. 843.
Nassyr Eddyn Tusi, s. Nassir Eddin. IX, 839.
Nassyry, s. Akhlak al N.
Naßireddin, s. Nassir Eddin.
Natira, s. Tela Navrua.
Nattar, Revier Ispahans. VIII, 125.
Nattern, in Mesopot. XI, 510.
Naturwissenschaften, ihre Blüthe unter Arabern. IX, 288.
Nau-bandhana (sanskr.), d. h. Schiffsbindung. VIII, 263. — Bezeichnung für Ararat. X, 357.
Naubendjan (Neh), Ort der Khorasan-Wüste. VIII, 263. 340. 391.
Naubendjan, Stadt in Fars. VIII, 825.
Naubindjan, Stadt in Schoulistan. IX, 141.
Naubuck Nai Mallick, Bergfürst in Kaschmir. VII, 89.
Naubuck Panjahl, Kaschmir-Paß. VII, 87. 89.
Naudeh, s. Noadeh.
Naukhan, Paß im Schahu. IX, 1039.
Nauma, s. Nameh, Gunj N.
Naura, s. Rees ul N.
Nausa, s. Nawsia.
Navar, Dorf bei Hamadan. IX, 121.
Nav-daschti, s. Zozan N.
Navkur, Ebene in Kurdestan. XI, 165.
Navor, Quellgebiet des Aracand-ab. VIII, 122.
Navroua (Navrua), s. Tela N.
Nawob, Regenten-Titel der Daudputras. VII, 45. — s. Nabob.
Nawsia (Nausa), Stadt einer Euphrat-Insel. X, 236. 237.
Nawwain, s. Sayyid N.
Naxuan, Naxuana (Ptol.), d. i. Nachitschewan. X, 363. 364.
Nazaräer, Nazarener, s. Nasrani, Christen.
Nazarow, Ph. (Nasaroff), russ. Reisender. VII, 483. 756.
Nazik, Ort in Aderbidjan. IX, 914.
Nazir. VII, 809.
Nazir, Ort in Ardelan. IX, 814.
Nazirabad (Nuzirabad), Ort zw. Kaschan u. Koom. IX, 34.
Nazook gol, s. Nasik göl.
Nazuk-See, s. Nasik göl.
Nbad (Nbadagan, Nebad), d. i. Niphates. X, 77. 527. 649. — s. Moschische Berge.

Neal Singh, Raubchef. VII, 79. 80.
Neamet-ulla, pers. Schriftsteller. VIII, 195.
Neapolis (Isid. Char.), Stadt am Euphrat. XI, 731. 782. — s. Hadithah.
Near, s. Nere.
Nearch, Admiral. VIII, 716. IX, 134. 229. 320. X, 27.
Nearda, s. Neharda.
Nebad, s. Nbad.
Nebbi Dscherdschis, Moschee in Mosul. XI, 192.
Nebbi Kefil, s. Kefil.
Nebbi Suleiman, Tigris-Kanal. X, 226.
Nebbi-Yunus, Jonas Grabmal, Trümmerhügel, Dorf bei Ninive. IX, 699. X, 254. XI, 229. 230. 232.
Nebel, eigenthümlicher, im Elburs. VIII, 483. — anhaltender, in Musch. X, 668.
Nebelkrähe (Corvus cornix), in Mesopotamien. XI, 507.
Nebo, chald. Götze. XI, 906.
Nebredje, Distrikt von Orfa. XI, 320.
Nebuchodonosor, s. d. f.
Nebukadnezar (Nebuchodonosor, Nabochodonassar), assyr. König (reg. 604 — 561), erbaut Herat. VIII, 239. — zerstört die Mauern Ekbatanas rc. IX, 105. 471. — erbaut Teredon. X, 48. 49. — gräbt den Nahar malcha. 147. — führt die Juden ins Exil. IX, 42. X, 249. — sein Tempel bei Bagdad. XI, 801. — Schatzhaus u. Bauten in Babel. 880. 898. 899. — s. Bakhtnasser.
Nebukadrazzar, pers. Statthalter. IX, 357.
Nebunit (Nabonidas, Labynetus), letzter babylon. König. IX, 357. X, 8. — s. Belsazar.
Necho, s. Pharao N.
Nedim, s. Ibn N.
Nedjed, s. Nedschd.
Nedjem, s. Kalaat on nedschem.
Nedjm (Nagim), s. Kâlat N., Tel N.
Nedjis, s. Neschiff.
Nedschd (Nedsched, Nedjed), das innere Arabien, Urheimath der mesopot. Araber. XI, 1001. 1004. — Holzwaaren das. XI, 1011. — Pferde-Ausfuhr. 1070.
Nedschdyat, s. Djerad-N.
Nedsched, s. Nedschd.
Nedschef, s. Nedsjef.
Nedschm, s. Nejm, Kalaat on N.
Nedsjef (Nedschef), s. Bahhr N., En Najaf.
Neemuch, Zuckermühlen das. IX, 251.
Neer, s. Nere.
Nefata (Nafata), Ort am Euphrat. XI, 756. 758. 763.
Neft koïou, d. i. Naphtabrunnen. X, 310. — s. Naft.
Negerkopf, auf persepol. Monumenten. VIII, 925.
Neger-Vermischung mit Beduinen im unt. Mesopotamien. XI, 1010.
Neh, s. Raubendjan.
Neharda (Naharda, Νεαρδά, Ναάρδα), jüdisch-babylonischer Raubstaat, Sitz der Hipparener. X, 124. 146. 250. 268. XI, 766.
Nehawend (Nahawand), Noah-Stadt am Elwend bei Hamadan. VIII, 117. IX, 35. 95. 325. 341. — s. Mah N.
Nehawend-Kette, Wasserscheide. IX, 324.
Nehemia, Prophet, kehrt nach Jerusalem zurück. X, 250.
Nehkalahsa, Christendorf in Tiyari. XI, 599.
Nehr (Nahar), s. Mawerain-n.
Nehr al Muschirkan, s. Muschirkan.
Nehr Emin, d. i. Seherfluß, bei Basra. X, 195.
Nehr Jehud, d. i. Judenfluß, in Mesopotamien. X, 195.
Nehr Kandil, d. i. Lampenfluß, bei Basra. X, 195.
Nehr Moakil, d. i. Maquel. X, 195.
Nehrol-chatib, d. i. Rednerfluß, bei Basra. X, 195.
Nehr Sarijet. X, 197.

Nehrwala, d.i. Narwar. VII, 682.
Neill, Mc., Dr., Leibarzt Abbas Mirza's. IX, 880. 905.
Nei-Shusteri, gute Schreibrohre aus Shuster. IX, 56.
Nejef Asbreff (Najaf A.), Landstrich bei Kufa am unt. Euphrat. X, 64. — s. Nedschef.
Nejeff Kuli Khan, Oberhaupt der Afschar in Urmia. IX, 931.
Nejib Ullah Khan, Gouverneur von Balkh. VIII, 220. — vgl. Nujjuf Ali Kh.
Nejm (Nedschm), Schammar-Häuptling. XI, 473.
Neka, s. Nika.
Nekeb, chines. Beamter. VII, 517.
Nekropolis, s. Gräberstadt.
Nelumbium Caspicum, in Ghilan. VIII, 675.
Nemah, s. Jehan N.
Nemaz, s. Namaz, Bein N., Deh i-n., Derya i N., Kuh e n.
Nemre, s. Bar-N.
Nemrud (Nimrud), s. Bir N.
Nenat Geduk, armen. Bergpaß. X, 345.
Nenuphar, s. Nymphaea lotus. VII, 74.
Neocaesarea (j. Niksar), Stadt am Euphrat. X, 778. 940. 988. 1084.
Nepal. IX, 251.
Nepat, s. Niphates? X, 350.
Nephrit. VII, 388.
Nerdschiki (Nersiki), Kurdendorf am Kelbsu. X, 91. 695. 903.
Nerdschti, in Kurdestan. XI, 39.
Nere (Neer, Near), Ort am Savellan-Gebirge in Aderbidjan. IX, 795.
Neriman (d. i. der Tapfere), erbaut Herat. VIII, 244.
Neriosengh, Sanskrit-Uebersetzer. VIII, 48. 73.
Nerium oleander, s. Oleander. X, 919.
Nersiki, s. Nerdschiki.
Nero, röm. Kaiser. X, 115.
Nerooi, Stamm der Nestorianer. IX, 663. 720.
Nerseh, s. Beh Mihir N.
Nerses, s. Narses.
Nerses d. Gr., Katholikos der Armenier (364—384). IX, 779.
Nerses I., armen. Patriarch. X, 627. 628. 779.
Nerses II., arm. Patriarch (524). X, 528.
Nerses III., armen. Patriarch. X, 529. 561.
Nerses IV. Klaietsi, armen. Patriarch (12. Jahrh.), seine Grabstätte in Romkalah. X, 549. 938.
Nerses von Mog, armen. Dichter (1622). X, 621.
Nertuka, Schloß bei Herat. VIII, 247.
Nesae, s. Nisaim.
Nesai, s. Wadi en N.
Nesaia, s. Nisaea. VIII, 56.
Nesar, Vater Nebias u. Masars. X, 1142.
Nesbis, s. Nisibis. XI, 410.
Neschar, Distrikt von Hamadan. IX, 123.
Neschiff (Nedjis), Dorf am Urmia-See. IX, 958.
Nesebin (vulgär-armen.), d. i. Nisibis. XI, 413. 414.
Nesepho, s. Na se pho.
Neser Becharlu, Ilat-Stamm in Farsistan. VIII, 402.
Nesibe (vulgär-armen.), d. i. Nisibis. XI, 413. 414.
Nesibin, s. Nisib.
Nesjm, s. Kalaat on Nedschm.
Neskukan, Arm des Heratflusses. VIII, 241.
Nesr, Idol. VII, 281.
Nestorianer, in Kaschghar. VII, 410. — Turkestan. 438. 596. — Persien. IX, 173. — Chusistan. 316. — Senna ꝛc. 432. 553. — Sauk Bulak. IX, 603. 1033. — Dschulamerk. 656 ff. 1029. — Stämme in Kurdestan. 663. — in Hekkari. 664 ff. — nach N. Walsh. 666 ff. — Auswandrung nach Indien. 668. — in Cypern, Malabar. 672. — Amadia ꝛc. IX, 719. XI, 592. 595. — Teppa Turkoman. IX, 929. — Urmia. 944. 946. — Jamalawa, ihr kirchlicher Zustand. 969. — in

Uschnej. IX, 1021. — Tekrit. X, 222. — Mosul. X, 273. XI, 185. 186. 199. 211. — ihre nicht armenische, sondern syrische Abkunft. X, 607. — in Diarbekr (Amida). XI, 57. 59. — Edessa. 351. — Mesopotamien. 363. — Kodsch Hissar. 373. — Mardin. 382. — Nisibis. 419. — Bagdad (nennen sich Chaldäer). 845. — Basra. 1035. — ihr Uebertritt zur römisch-kathol. Kirche. IX, 672. — papistische. 680. — von den Katholiken verketzert. 681. — ihr Patriarchat zu Kotsch Hannes. 629. Seleucia. X, 166. 170. — ihre Namen. IX, 678. — Sprache. 681. 971. — Literatur. 669.
Nestorianer-Dörfer, bei Kharaschar. VII, 439. — im Buhtan-Gebirge. IX, 712.
Nestorius, seine Verdammung (431 n. Chr.). IX, 668. X, 169.
Nesybyn (arab.), d. i. Nisibis. XI, 413. 414.
Netsybyn (syr.), d. i. Nisibis. XI, 413. 414.
Neuhoff, J., holländ. Gesandter (1657). IX, 267. 278.
Neu-iranische Sprachen. VIII, 108. — vgl. Alt-iranisch, Persisch.
Neujahr, in Turkestan. VII, 464. — vgl. Nuruz.
Neumann, C. F., üb. Armenien. X, 366.
Neu-Seeland, Vegetation das. IX, 260.
Neveis, s. Wakaa N.
Nevitta, röm. Feldherr. X, 140.
Newbery (Newberrie), J., engl. Reisender (1581). VIII, 742. X, 1021.
Newdi, Dorf in Hekkari. XI, 600.
Newischt, s. Dar N.
Newrus (Newruz), s. Nuruz.
Nezam, s. Nizam.
Nezeb, d. i. Nisib. X, 1012.
Ngaiti, chines. Kaiser. VII, 622.
Ngan, s. An, Asi, Siao-, Ta-, Tung-Ngan.
Ngan, s. Bokhara. VII, 563.
Ngansi, d. h. beruhigter Westen. VII, 325. 330. 433.
Niaïesch, Gebetbuch der Guebern. VIII, 272.
Niao feï, s. Hou mi to. VII, 569.
Niaschta, Dorf in Tenkabun. VIII, 549.
Niazi, Afghanen-Stamm. VIII, 144.
Niaz Kaoli, der Prophet von Kaschghar. VIII, 415.
Nibaros (Imbaros), Taurus-Kette. X, 78. 82. 360.
Nica, s. Nika.
Niçaia (Niçaim), s. Nisaea.
Nicander, Arzt aus Kolophon (150 v. Chr.). XI, 562.
Nicanor, Statthalter in Mesopotamien. XI, 413.
Niçapa, s. Nisaea.
Nicephorium (Nikephorium, Callinikum, jetzt Rakka), Stadt am Euphrat, durch Alexander gegründet. X, 14. 236. 238. 241. 1001 ff. 1081. 1082. 1117. 1121. 1125. 1136. 1139 ff. XI, 285. 294. 687. — s. Kallinikum.
Nicephorium (Constantia, Constantina, Antoninupolis, Tela), die Nordstadt zw. Carrhae u. Nisibis. X, 1127.
Nicephorius, Nebenfluß des Tigris bei Tigranocerta. X, 88. XI, 109.
Nichate bagh, Lustgarten in Kaschmir. VII, 75.
Nicolas, s. Sanct N.
Nicolas Torosczewicz, armen. Erzbischof (1624). X, 615.
Nicolaus Damascenus, Schriftsteller. X, 359.
Nicopolis, s. Nikopolis.
Nicotiana tabacum, s. Taback. XI, 501.
Nidanas, d. i. geistige Lebensstufen. VII, 301.
Nidjaz (arab.), d. i. Birne. XI, 501.
Nidjirib, s. Nijirib.
Nidschim Kalah, Saracenenfeste. X, 1063. — s. Kalaat on Nedschm.
Niebuhr, C., über Erbil. IX,

691. — Kurdestan. IX, 717. — Yeziden. 755. — in Süvereh. X, 876. — Bir. 951. — Diarbekr. XI, 48. — Eski Mosul. 160. 420 ff. — Mosul. 190. — Ninive. 221. — Mesopotamien. IX, 539. XI, 255 ff. 282. — über die Schemsieh in Mardin. XI, 300. — in Orfa. 315. — Mardin. 385. — Nisibis. 420 ff. — im Dschebel Tur. XI, 439. — in Sindschar. 449. — Hilleh. 784. — Bagdad. 802 ff. — Basra — Hilla. 948 ff. 975. 1035 ff.
Nieïmo, Land. VII, 335.
Nieïto, Residenz von Klein-Pourut. VII, 577.
Nie nie fs, König von Samarkand. VII, 573.
Nieoumi, Stadt. VII, 654.
Nierenstein. VII, 388. 389.
Nigaristan, d. i. Bildergallerie. VIII, 610.
Nigella damascena, bei Mosul. XI, 219. — in Mesopotamien. 658.
Nihungs, fanatische Sekte der Seikhs. VII, 59.
Nijang, Ruinenstadt in Ost-Turkestan. VII, 334.
Nijirib (Nidjirib), Schammar-Häuptling. XI, 473.
Nijrow, Distrikt von Kohestan. VII, 213. 229. 245. 246. 310.
Nika (Neka), Fluß in Masenderan. VIII, 527. — s. Pul i N.
Nikanun, Dorf bei Schahrud. VIII, 475.
Nikatorion (Siegesberg), vordere Kette der Hamrin-Berge. IX, 520.
Nikephorium, s. Nicephorium.
Nikopolis, ob = Divrig? X, 795.
Nikopolis, in Palästina (d. i. Emmaus). XI, 348.
Niksar, s. Neocäsarea.
Nil, s. En N., Nahr N.
Nilab, Passage-Ort am Indus. VII, 25.
Nilab, d. i. Nilstrom, großes Wasser, Indus. VII, 25.
Nilgau, in Kabulestan. VII, 311.
Nilgherry. XI, 568.
Nillota, Mineral. VII, 259.
Nilschlüsselähnliches Pferdezeichen, im Tak i Bostan. IX, 381.
Nilufar (pers.), d. i. Lotos. IX, 428.
Nil-Wolken, in Mesopotamien. XI, 499.
Nimalah, Ruinen in Mesopotamien. XI, 960.
Nimbaghan (Nimbeghan), s. Namghan. VII, 483. 755.
Nimbaum, s. Melia azadarachta. VII, 159.
Nimer, Katzenart des Libanon. XI, 504.
Nimi, Usun-Prinz. VII, 618. 619.
Nimiah, Fort bei Basra. XI, 1026.
Nimla, Berggarten bei Gundamuk. VII, 232.
Nimmuck, s. Deh N.
Nimrod, Abrahams Feind. IX, 150. — erbaut Calach. 464. — seine u. seiner Kinder Versteinerung. 987. — sein Pallast in Orfa. XI, 321. — Reich in Babel u. Sinear. XI, 662. — als Dammerbauer am Tigris. 662. — s. Accad N., Akar en N., Birs N., Chalu N., Kasr N., Kisseh N., Minar en N., Rud N., Sidd Nimrod.
Nimrods-Sekte, Schimpfwort. IX, 757.
Nimrods-Thurm, in Babylon. XI, 799. — s. Aker Kuf.
Nimrud (Nimrod), Name für viele Ruinen in der Tigrislandschaft. XI, 662.
Nimrud, assyr. Ruinenstadt am Ostufer des Tigris, südl. von Mosul. IX, 732. XI, 173 ff. 222. 656. 662. 668. — vgl. Athur.
Nimrud, Berg und Ruinen bei Orfa in Mesopotamien. XI, 282. 319.
Nimrud Dagh, vulkan. Bergkette an der N.W.-Seite des Van-Sees. IX, 987. 1001 ff. X, 76. 288. 683. 743. 813. (Höhe) 901. XI, 93.

Nimrud Tepessi (türk.), s. Aker Kuf. XI, 851.
Nimrus, fabelhafter Ort der Rustam-Sage. VIII, 121.
Nimrus Kardebil, Bedeutung. IX, 790.
Nimruz (Zend), d. i. Süden. VIII, 32.
Nimscheid, Dorf am Euphrat. XI, 765.
Nimschu-Muselman, d. h. Halb-Mohammedaner. VII, 211.
Ninawa, d. i. Ninive. XI, 181.
Ninevi, die Ruinen von Eski-Mosul. XI, 160.
Ningmaruk Tera, Kaschmir-Paß. VII, 89.
Ningmi, Stadt der. VII, 367.
Ningyouan (Ningyuan), d. h. ferner Friede. VII, 575. 646.
Ninieïsse, Phirouz Sohn. VII, 580.
Niniouah, d. i. Ninive. XI, 240.
Ninive (Niniveh, Ninus etc.), assyr. Capitale am Tigris. IX, 8. 106. 520. 699. 732. (606 v. Chr. durch Cyaxares zerstört) X, 7. 108. 254. (Arsaces Residenz) X, 564. — ihre Kenntniß bei den Alten. XI, 171 ff. — Ruinen. 221 ff. 394. 594. — s. Eski N.
Ninive nova, d. i. Mosul. XI, 201.
Ninum vetus, d. i. Mambidsch. X, 1041.
Ninus, assyr. König, seine Vernichtung alter Bücher u. Bibliotheken. X, 537. — seine Residenz (Ninive). XI, 172. 221.
Ninus (Νῖνος), s. Ninive. IX, 520. X, 7. 108. XI, 594.
Ninus, Alt- (Ammian.), d. i. Mambidsch am Euphrat. X, 1041. 1061.
Ninus-Berge, bei Akhlat. IX, 987.
Nios, Stadt in Anabon. VIII, 120.
Niphat, d. i. der centrale Ararat. IX, 917.
Niphates (Napat, Nepat, Assikur, Chun-, Kolb-, Khandosch-, Kharsann-, Ali-Dagh), Tauruskette in Armenien. VIII, 47. 90. IX, 917. X, 76. 94. 101. 354. 690. 813. 903. 911. 912. XI, 5. 95. 106. — s. Moschische Berge.
Niriz, s. Deria i N.
Nirood Khoi, irrige Bezeichn. für Nimrud. XI, 664.
Nirvana, Bedeutung. VII, 285. 297. 301.
Nisa, Stadt in Indien. VII, 279. — vgl. Nissa.
Nisa, s. Nisaea. IX, 363.
Nisabur, s. Nischapur. VIII, 243.
Nisaea (Nizaya, Nizaim, Nisaim, Nisa, Nesae, Νισαία, Νησαία, Nisapur etc.), der fünfte von Ormuzd geschaffene Segensort, Stadt u. Gränzgegend von Hyrkanien und Margiana. VIII, 30. 35. 54. 56. 119. 320. IX, 363. — s. Nischapur.
Nisäische Weiden u. Pferde (Nysaei campi), in Medien, das Weideland v. Khawah u. Alischtar. IX, 130. 341. 359. 363 ff.
Nisaim, s. Nisaea. VIII, 320.
Nisamije, Akademie in Bagdad. XI, 797.
Nisamolmükk, Großvezier zu Meschhed. VIII, 289. — s. d. f.
Nisamul Mülk, Großvezier in Bagdad. XI, 797. — s. Nizam ol Mulk u. d. v.
Nisapur, s. Nischapur. VIII, 243.
Nisbara, östl. vom Tigris. X, 157.
Nisbitt, Mr., im pers. Dienste. IX, 903.
Nischabur, s. Nischapur.
Nischam, s. Koh N.
Nischanabe, östl. vom Tigris. X, 157.
Nischapur (Nischabur, Nisabur, Nisapur), Stadt und Gebiet in Khorasan, die Pforte von Irak. VIII, 11. 56. 127. 239. 243. 260. 308. 315 ff. IX, 363. 904. XI, 179. — s. Nisaea.
Nischim, Nischin, s. Chader N., Deh-N., Giaur N., Khaneh-n., Sahra-n., Schabr-n., Sehra N.
Nisib (Nizib, Nesibin), Stadt am

Westufer des Euphrat, Schlacht das. (1839). X, 1005 ff. 1032.
Nisibin (Nisibis, Medzpin, Nesybyn, Antiochia Mygdoniae ꝛc.), mesopot. Binnenstadt am obern Dschakdschakdschah (Khabur). VIII, 16. IX, 750. X, 78. 119. (durch Römer zerstört) 125. 128. 136. 158. 169. 170. 244. 252. 283. (Residenz des Valarsaces) X, 564. 905. 1008. 1131. 1135. (Capitale von Diar Rebia) 1143. (römische Kolonie) XI, 23. 25. (Sandschakat von Diarbekr) 43. (Kloster das.) 178. 183. 249. 255. 335. 382. 384. 402. (Namen) 413 ff. 434. 464. — Dist. X, 238. 930. XI, 9. 81. 162. 181. 260. 272. 275. 277. 371. 374. 376. 398. 401. 404. 406. 408. 410. 445.
Nisibin-Strom (Dschakdschakdschah, Mygdonius, Saocoras, Hermas), Zufluß zum Khabur. XI, 260. 265. 464.
Nissa, in Attock. VIII, 260. — vgl. Nisa, Wadi u n.
Nissabin, Nissibin, d. i. Nisibis. XI, 272. 277. 413.
Nistan, in Kurdestan. IX, 941.
Nistra, ob Nysä, Nisibin? X, 552.
Nisus (Tab. Anton.), ob Behesni? X, 896.
Nißibin, d. i. Nisibis. XI, 418.
Nitang, d. i. Löwenzucker. IX, 282.
Nitokris, ihre Dämme im Euphrat. X, 7. — Euphrat-Brücke bei Babylon. XI, 923.
Nitrum, im südl. Mesopotamien. XI, 959.
Nitrum-Thal, s. Schor Dereh. IX, 699.
Niza (?). IX, 738.
Nizam, Euphratfelsen bei Anah. XI, 725.
Nizam (Nezam), d. i. Disciplin des neuen Exercitiums, europäisch-organisirtes Militär. IX, 864. XI, 207. 838. — s. Nizam Dschedid, Militär.
Nizamabad, bei Kazwin. VIII, 593.
Nizam al Mulk, Vezier der Seldschuken. VIII, 581. — s. Nisamul Mülk.
Nizam Dschedid, d. i. reguläre Truppen. X, 1006. — s. Nizam.
Nizami, Dichter (12. Jahrh.). VIII, 274. 604. IX, 33.
Nizib, s. Nisib. X, 1005. 1032.
Nizza, mit Ispahan verglichen. IX, 53.
Noadeh, s. Nodeh.
Noah, angebl. Erbauer von Nahawend. IX, 95. 340. — als Stammvater der Kurden. 433. — Jeziden-Sage. 754. — Grab seiner Mutter in Marand. 908. — in Kufa. X, 185. — gewinnt Steinsalz in Kulpi. 471. — am Ararat. 480. — als Sternanbeter. XI, 299. 793. — seine Sprache. X, 578. — seine Enkel angeblich als Erbauer von Hamadan. IX, 95.
Noahs Arche (Apobatärium), auf dem Hindu-Khu. VII, 226. — Sar Kuschti. IX, 340. — Dschebel Dschudi. 721 ff. — Sipan Dag. 976. — Ararat. X, 253. 272. 356 ff. — in Sinjar. 284. — aus Cypressenholz. XI, 577.
Nobat, Zucker, Sand. VIII, 821.
Nodeh, Station in Masenderan. VIII, 546. — s. Noh Deh.
Nodeh (Nohadee, Noadeh, Naudeh), Dorf in Aderbidjan. IX, 795. 796.
Noe Dei, s. Nodeh. IX, 795.
Noemzara, Noahs Weib, ihr Grab in Marand. IX, 783.
Nogai-Tataren, fehlen in Yarkand. VII, 398. — in Khokand. 779.
Nogri, Dorf der Sindschar-Berge. XI, 459.
Noh, Paß der Talisch-Alpen. VIII, 669.
Noh, s. Nu, Nucandan.
Nohadee, s. Nodeh. IX, 795.
Nohcundan, s. Nucandan.
Noh deh, d. i. Dorf Noh. VIII, 669. — vgl. Nodeh, Nokanda, Dehi Nu.
Nohodares, pers. Feldherr (353 n. Chr.). XI, 286.

Noh Quen, d. i. Nehawend. IX, 348.
Nohundeh, s. Nokanda.
Nojm, s. Kalat ol Nedschm. X, 1054.
Nokanda (Nokundeh, Nohundeh), Dorf in Masenderan. VIII, 433. 521. 523. — vgl. Noh Deh, Nucandan.
Nokareh Schaldi, s. Na kara tscha lan.
Nokh, Dorf. X, 682. 815.
Nokhoud, Gewicht. VII, 394.
Nokreh, s. Kuh e N.
Nokundeh, s. Nokanda.
Nomaden, s. Hirten.
Noman, s. Nooman.
Noman (Numan), s. Maaraton-n.
Nomania (Nomanian), s. Namania, En N.
Nonnen, chaldäische, in N. Kurdestan. IX, 747.
Nonnenklöster, fehlen, außer im Libanon, im Orient. IX, 747.
Nonnus, Bischof in Edessa. XI, 351.
Nooman (Noman, Numan), Statthalter in Syrien (c. 657 n. Chr.). X, 1078. XI, 177.
Nooman Ben el Mondar (En N. Ibn Mondhar od. Munser), Fürst in Hira, wird zum Christenthum bekehrt. X, 60. 278.
Noorda, Ort am Euphrat. X, 157.
Noorschine, s. Nurschin.
Nor (d. i. See), s. Bosteng N., Gasch N., Hopu-N., Koko N., Lop-N., Temurtu N., Tengri N.
Norachem, Armenier das. X, 643.
Nordachan, Dorf, Armenier das. X, 643.
Nordamerikanische Mission, in Urmia. IX, 11. 948.
Norden, Mysterien des. XI, 312.
Nordmeer der Chinesen, d. i. kasp. See. VII, 625.
Nordwind, s. Wind.
Norevanch, armen. Kirche. X, 403.
Nor K'haghak'h (d. i. Neue Stadt), Bezeichnung für Vagharschabad. X, 515. 527.
Norkukh (Nurkuh), Dorf am Van-See. IX, 1000. X, 291.
Nor Saisan, s. Saisan-See.
Norschin, s. Nurschin.
Norschunjuk, Dorf am Van-See. X, 328. 331.
Nortean, Dorf in Armenien. X, 663.
No-rud, Fluß in Ghilan. VIII, 548. — vgl. Nucanda.
Nosairis, materialistische Sekte. VIII, 580. XI, 302.
Noschem (Noshem), Kurdendorf (ob = Nurschin?). X, 683. 684. 814.
Nosocomium, s. Lazareth.
Notunili, König der Tokharen. VII, 700.
Nouchehe (Nou Scheher), d. h. Neue Stadt. VII, 582.
Nouh-Awend, s. Nehawend. IX, 95.
Nouï, Ilat-Stamm. VIII, 390.
Nour, Distrikt von Amol. VIII, 540. — vgl. Nur.
Nou Scheher, s. Nouchehe.
Nowaniyah, in Mesopotamien. X, 191.
Nowchais, Kurden-Tribus. IX, 940.
Nowsud, in Kurdestan. IX, 460.
Nozhat alkoloub (Nuzhat al Colub, Nuschetal-Kolub), pers. Geographie. VIII, 243. XI, 69. — s. Hamdallah Kazwini.
Nu, s. Dehi Nu, Noh.
Nubehar-Thor, in Balkh. VIII, 223.
Nubi, s. Bab en N.
Nucandan (Nohcundan, Noh), Fluß in Ghilan. VIII, 658. 669. — vgl. Nokanda, No-rud.
Nuchar, s. Nuschar.
Nudi, d. i. Küstenfluß, Wadi. VIII, 716.
Nudief (Nedschef), s. Baher al N.
Nümtschack, Gewicht. VII, 784.
Nuezh (kurd.), d. i. Gebet. IX, 586.
Nufai Baschi, irrig st. Tukaibaschi. VII, 480.
Nugodar, Sohn Hulaku Khans. VII, 788. VIII, 733.

Nugui. IX, 268.
Nuh (Noah), s. Kuhi N.
Nuhadra, Bischofssitz. XI, 201.
Nuhavend, Schlacht bei. IX, 35. — s. Nehawend.
Nuhr, großer Kanal zu Umritsir. VII, 58. — vgl. Nahr.
Nuischta, Fluß in Masenderan. VIII, 543. 546.
Nujeeb (Najeeb), s. Mullah N.
Nujjuf Ali Khan, Kurdenchef. VIII, 348. — vergl. Nejib Ali Khan.
Nuka, Gemäß. X, 354.
Nukan, Stadt bei Meschhed. VIII, 289.
Nukderi (Nukderies), Tribus(?). VII, 304. — sprechen mongholisch. 307.
Nukki, Dorf der Sindschar-Berge. XI, 459.
Numa, s. Nemah, Dschibannuma, Jeban N.
Numan (Noman), s. Maarelen-n.
Numendan, Meierhöfe in Ghilan. VIII, 659.
Numingan, s. Namghan. VII, 753.
Nummud, s. Numud.
Nummuliten. IX, 39. XI, 16.
Nummulitenkalk, am Tokma su. X, 845.
Numris, Land der. VII, 183.
Numud (Nummud), d. i. Teppich, Filzteppich. VIII, 263. 267. 269. 354. IX, 127.
Nun, d. i. Brotkuchen. X, 693.
Nunia (Ninive), Dorf bei Mosul. XI, 221. 222. — s. Kalla N.
Nunia (Nania), s. Sancta N.
Nunnenwara-Berge. VII, 87.
Nur, s. Nour, Dereh N., Dschami N.
Nura, District Kurdestans. IX, 606.
Nur Biby, Frau in Herat. VIII, 258.
Nureddin (Nureddini), Kurdenstamm in Pizhder ꝛc. IX, 612. 621.
Nureddin, Fürst der Atabeken (1154). X, 254. XI, 181.
Nureddin Mahmud, Zenghi's Sohn. XI. 152. 429.
Nureddin Zenghi, Herr v. Damaskus (1171). IX, 738. XI, 152.
Nurgil (d. h. Lichtberg), bei Jellalabad (= Kooner?). VII, 226. 230. — Gebiet von Kabul. 308.
Nur Hakr Dagh, Taurus-Berg. X, 890.
Nuri, türk. Geschichtschreiber. XI, 794.
Nurkuh, s. Norkukh.
Nurmanschir, Landschaft in Kerman. VIII, 733.
Nurpur, Stadt. VII, 83. — Shawls das. 92.
Nurschin (Norschin, Noorschine; Noschem), Kurdendorf. IX, 989. X, 332. 637. 683. 684. 814.
Nurullah Bey (Nurulah Bey, Nur Ulla Khan, Nuru-Ueb Kh.), Hekkari-Chef. IX, 931. 1029. XI, 631. 634.
Nuruz (Nu Ruz, Nuruß, Newrus), d. i. Frühlingsäquinoctium, Neujahrsfest in Turkestan, Persien. VII, 466. VIII, 313. 383. 386. 785. 916. IX, 67.
Nurwar, Distrikt in Kurdestan. XI, 593.
Nurzye, Afghanenstamm. VIII, 157. 158. 161.
Nuschader, s. Naoscha, Kobe N.
Nuschar (Nuchar), Wasserfall, Euphratpassage bei Malatia. X, 720. 827.
Nuschayet Wasit, in Mesopotamien. X, 189.
Nuschera, am Sinde-Kanal. VII, 149.
Nuschetal-Kolub, s. Nozhat alkoloub.
Nuschirvan, s. Khosroes N.
Nuschirvan (Emchirvan), Stadt in Persien. IX, 59.
Nuschky (Nuschki), Stadt in Afghanistan. VIII, 152. 182. 714. 730.
Nussir, s. Nassir, Kelat e N.
Nussir Khan, Beludsche. VIII, 718.
Nussret Kuh, d. i. Victoria-Berg. VII, 791.

Nuß, Nußbaum, Ausfuhr aus Afghanistan. VIII, 175. — in Masenderan. 516. 538. — Ghilan. 548. — Ispahan. IX, 55. — Egin. X, 791. — Malatia. 854. — Bagdad. XI, 813. — s. Hasel-, Lambertsnuß.
Nuwaub Mahmud Pascha, in Sulimaniyah (reg. 1813 ff.). IX, 617. — vgl. Nabob.
Nuzhat al Culub, s. Nozhatalkolub.
Nuzirabad, s. Nazirabad.
Nweizhgeh (d. h. Ort der Gebete), Dorf in Kurdestan. IX, 586.
Nycteris, in Mesopotamien. XI, 503.
Nymphaceen, im untern Mesopotamien. XI, 979.
Nymphaea lotus, in Kaschmir. VII, 74.
Nymphaea nelumbo, s. Lotos. VIII, 674. IX, 428.
Nymphaeen, Schnee-, in Turkestan. VII, 456.
Nymphäeen-Zone, in Ghilan. VIII, 675.
Nymphaeum, armen. Ort am Tigris. X, 85. 101.
Nymphäus (Nymphius), Zufluß zum obern Tigris, Gränzstrom des Römer- u. Parther-Reichs. X, 79. 90. 92. 904. XI, 27. 44. (Quelle) 69. 75. 76. — s. Batman su, Sebbeneh su.
Nyſä, in Kappadocien. X, 552.
Nysaei campi, s. Nisäische Weiden.

O.

Oasen, in Khotan. VII, 367. — der Kerman-Wüste. VIII, 728.
Oba, d. i. Turkmannenlager, Zelt. VIII, 230. 235. IX, 399. — s. Kurd O., Terkba O.
Obadiah (Obadja), Prophet, seine Synagoge in Mosul. X, 254. — in Atur. XI, 202.
Obaida, s. Om O.
Obbane, Euphratpassage. X, 980. 1001.
Obeid, s. Abul Haidia O. Allah.
Obeidallah, s. Telha ibn O.
Obeidolla, stirbt 639 n. Chr. X, 1052.
Obelisk, am Navi. VII, 100. — aus Backsteinen, in Luristan. IX, 400.
Obolla (Obollah, El O., Oboleh, Obolegh, Apologus), Stadt am Euphrat. IX, 167. X, 52. 181. 182. — s. Ableh.
Obolla-Fluß. X, 195. — s. Nahr el Aballah.
Obrädsch, s. Kasr el O.
Observatorium, berühmtes, zu Maragha. IX, 838 ff.
Obsidian, bei Mesinun in Khorasan. VIII, 333. — am Sipan Dag. IX, 994. — Van-See. IX, 1003. X, 289. 331. — Soghanlu dagh. X, 410. — (Trümmer) am Ararat. 377. 496. 502. — (Blöcke) am Murad. 705.
Obsidianähnliches Glas, in der Araxes-Ebene. X, 406.
Obsidianporphyr, am Ararat. X, 496.
Obst, Obstarten, bei Kote. VII, 60. — (gebackenes) in Kaschmir. 74. 78. — im Pendschab. 116. — Indus-Delta. 175. — in Kaferistan. 203. 204. — Peschawer. 220. — Kabul. 240. 305. — fehlt in Bedrow. 245. — in Nijrow. VII, 246. — reichlich in Gurbund. 248. — im Hindu Kusch. 261. — reichlich in Kaschghar. 417. 418. — in Kurli. 444. — Aksu. 450. — reichlich in Ferghana (Khokand). 746. 777. — Taschkend. 757. — Kandahar. VIII, 147. — Ausfuhr aus Afghanistan. 175. — in Herat. 252. — im Meschhed-Thale. 313. — in Ghilan. 427. — Tehran. 611. (wilde) in Ghilan. 659. — in Kerman. 728. — Schuhri Ba-

babeg. VIII, 734. — Laristan. 743. — Schiraz. 848. — Kaschan. IX, 35. — Ispahan. 44. 55. — Senna. 432. — Tuz Khurmati. 545. — Tauk. 549. — Kurdestan. 597. 610. 696. — Ardebil. 790. — am Urmia-See. 823. — in Maragha. 835. — Tabriz. 856. — Bitlis. IX, 1005. X, 687. — Mesopotamien. X, 150. XI, 501. — Bagdad. X, 214. XI, 812. — am Tigris. X, 231. — in Van. X, 301. — Musch. 679. — Erzerum. 756. — Arabgir. 798. — Malatia. 853. — im Taurus. 910. 921. — in Diarbekr. XI, 56. — Mosul. 208. — Orfa. 326. — Mardin. 388. — Basra. 1052. 1054. — s. Backobst.
Ochererze, in Ghilan. VIII, 667.
Ochsen, wilde, in Turkestan. VII, 457. — als Lastthiere in Kurdestan. IX, 975. — desgl. in Iran u. Indostan. X, 394. — in Kars. X, 431. — Bagdad. XI, 812. — s. Berg-, Bison-, Buckelochsen, Heerdenthiere, Rinder rc.
Ochsenschweife, chines. Tribut. VII, 375.
Ochterlony, britischer General. VII, 8.
Ochus. VIII, 77.
Oda, Odachoü, Fürst der Siapusch. VII, 207.
Oda Amaduni, General. X, 788.
Od Dahli (wol Didjeil), Tigris-Kanal. X, 212.
Oddin, s. Eddin, Giath O. el Ghauri.
Odenatus, König von Palmyra, besiegt die Sassaniden (261 n. Chr.). VIII, 835. X, 133. 135. — erobert Nisibis. XI, 416.
Oderich v. Portenau, ital. Reisender (1330). IX, 269.
Odi Granth, das heilige erste Buch der Seikhs. VII, 134.
Odoan (Odoine, Odorneh), ob Adhem? IX, 522. 537.
Odoui, Hakim Beg von Kutsche. VII, 511. 512. 514. 526.
Öbeida, Ort am Khabur. XI, 271. — s. Om Obaida.
Oeemauk, s. Chahaur O.
Oei (Uhu, Beh), d. i. Orus. VII, 657.
Oel, zu Bukur. VII, 445. — aus Oliven, in Mendjile. VIII, 638. — berühmtes, von Kufa, Kheiri, Schiraz. X, 185. — in Kharput. 810. — s. Berg-, Erd-, Sesamöl rc.
Oelbaum, äthiopischer. XI, 520.
Oelberge, in Canaan. XI, 517.
Oelblatt, als Zeichen des Friedens, der Ruhe. X, 480. XI, 517.
Ölh, s. Ho ölh.
Oelöth, Volksstamm. VII, 353.
Oerak, s. Irak. XI, 742.
Öser, s. Ozeir. X, 32.
Oghamalenz-iki, Weinsorte in Etschmiadzin. X, 519.
Oghlu, s. Oglu.
Oghunk (Oghounk), Dorf in Armenien. X, 637. 643.
Oglan, s. Kara O.
Oglet Harun, Station am Euphrat. XI, 734.
Ogli, s. Ogly, Eu O.
Oglu (Oghlu, Ogluh), s. Aras O., Dschallal O., Isoglu, Mizrakdji O. Khan, Paswa O., Ramadan O., Saghr O., Tschopan O., Ugurula O.
Ogly, s. Ogli, Kjur-o.
Ogrun Kapussi, Kastellthor von Diarbekr. XI, 50.
Ogus Khan, monghol. Fabelheld. VIII, 215.
Ogus Khan, Enkel Dschingiskhans. VIII, 401.
Ohannes (Johannes), s. Surp O.
Ohr, s. Gehörgang.
Ohrenbeichte, von den Nestorianern verworfen. IX, 678.
Oichardi, Volk in Serica. VIII, 22. 80.
Oimak, s. Eimak. VIII, 135.
Oitograch Gazo, Ort in Turkestan. VII, 449.
Ojan, Sommerlager Feth Ali Schahs bei Tabriz. VIII, 401. 558. — vgl. Oujan.
Oka, s. Jezira O.

Oka (Oke, Okka), Gewicht. X, 688. 914. 1023. XI, 757. 817. 820.
Okail, s. Mohammed Ben Alcassan O.
Okailiten, in Mosul. XI, 181. — Edessa. 355.
Okbara, kl. Stadt am Tigris. X, 208. 237. 256.
Oke, s. Oka.
Okhudhr, s. Al Khudr.
Okka, s. Oka.
Okro, auf Münzen. VII, 108.
Okschalu, Station in Turkestan. VII, 479.
Oktai Khan, Monghole-Fürst, restaurirt Herat. VIII, 245. — plündert Malatia. X, 862.
Okuhther, s. Al Khudr. XI, 961.
Okul, Dorf in Khorasan. VIII, 154.
Ola, d. h. Berge. VII, 326.
Olabus, Euphrat-Insel. XI, 727. 731. 736. 750. — s. Haditha.
Olathuschi, Stadt in Kaschghar. VII, 418.
Ol Beidao (Beidhao), d. i. die Weiße, Bezeichnung für Rakka. X, 238. 1146.
Ol Bellaur, Edelstein. VII, 791.
Olburs (Elburs), s. Kuh-o.
Oldisch, Dorf am Euphrat. X, 871. 985.
Oldschatiu, monghol. Kaiser. IX, 358.
Olea europaea, s. Olivenbaum. XI, 516.
Oleander, am Holwan. IX, 484. — zwergige, in Kurdestan. IX, 735. XI, 586. — (Nerium oleander) am Taurus. X, 919. — in Orfa. XI, 332. — Mesopotamien. 658.
Olearius, Ad., in Persien (1637). IX, 789. XI, 514.
Oleaster (Elaeagnus), am Araxes. X, 522. XI, 524. — vgl. Olive. XI, 516.
Olea sylvestris, wilder Oelbaum. XI, 516 ff.
Ol Hadhr, s. Al Hadhr. X, 134.
Ol Hadidscha (Neapolis), s. Haditha. XI, 664. 732.
Ol Harmas, Berg bei Nisibis. XI, 419.
Olive, Oelbaum (Olea europaea), asiatische Heimath u. Verbreitung, Verehrung, Symbolik ꝛc. XI, 516—537. — in Kabulestan. VII, 310. — Ghilan. VIII, 427. 676. — am Kisil Osen. 637. 639. 640. — Tuz Khurmati. IX, 545. — Tauk. 549. — Kerkuk. 552. — Sulimaniyah. 575. — selten in Kurdestan. 611. — häufig bei Mosul. IX, 733. XI, 202. — fehlt am Van-See. IX, 978. — in Melitene. X, 857. — im Taurus. 911. 920. — am mittl. Euphrat. X, 1037. XI, 703. — bei Djezireh ibn Omar. XI, 11. 149. — am obern Tigris. 123. — in Mesopotamien. 317. 360. 495. 501. — bei Mardin. 375. — Terik (Derrik). 390. — Anah. IX, 135. XI, 719. — Basra. XI, 1052. — Verehrung bei Parsen und Mohammedanern. VIII, 275. — zu Seife verbraucht. IX, 733.
Olivenblatt, s. Oelblatt.
Olivier, am mittl. Euphrat. X, 1037. XI, 709. 713. — in Syrien. X, 1105. — Mosul. XI, 189. — Orfa — Mardin. 315. 316. 357 ff. 390. — Dara. 410. — über die Naturverhältnisse Mesopotamiens. 493. — Route von Mesched Rehabeh bis Taiyibeh. 697 ff. — Hit — Anah. 722. 740 ff. 751. — Bagdad — Feludja — Hit. 773 ff. 809. — üb. den Aker Kuf. XI, 849. — Tak i Kesra 854.
Olivincrystalle, im Taurus. X, 897.
Ol Magdal, Distrikt und Stadt am Khabur. XI, 270.
Ol Mahdi, Ol Mahdie, s. Al Mahdi.
Ol Mausel, s. Mosul. X, 253.
Ol Motassem (Al Motazzem), abbassid. Khalif (835). IX, 230. X, 208. 210.
Ologurd, s. Beroudjird.

Olti. X, 751.
Oluc Yulduz (Oluk Y.), d. i. Groß-Dschuldus. VII, 437. 440.
Olympiodor, armenische Uebersetzung. X, 568.
Olypius, heidn. Priester zu Ani. X, 546. 565. 787.
Om, s. Omm, Um, Umm.
Omalo, Berg auf Creta. XI, 581.
Oman, arab. Hafenstadt. X, 180.
Oman, s. Il O.
Omaniyah, s. Jezireh O.
Omar, s. Djezireh ibn O., Hadschi O., Jezid Ben O. Ben Hobeïra, Nahr O., Pir O. Gudrun, Takht e O.
Omar, Khalif, erobert Farsistan (643 n. Chr.). VIII, 842. — in Aderbidjan. IX, 800. — erobert Oboleh (635 n. Chr.). X, 53. — zerstört Hira (638 n. Chr.). 61. — gründet Basra. X, 174. XI, 1032. — vertr. die Sassaniden aus Madaïn (633). X, 1139. — erbaut Dämme am Tigris. XI, 155. — sein Martyrort in Beled. 163. — erobert Haran. 299. — Rahaba Malek. 696.
Omar Aga, kurd. Begleiter J. Richs. IX, 441. 447. 605. 688.
Omar al Djezireh, s. Djezireh ibn Omar.
Omar Ben Abdolasis, der achte Ommiade. IX, 709.
Omar Ben el Chattab (Khatab), Khalif. X, 194. 253.
Omar Chiam, Dichter aus Nischapur. VIII, 322. 323.
Omar Khan, s. Amir Khan.
Omar Pascha, in Bagdad (1764). XI, 804.
Om Barra, d. i. Aubar. X, 148. — vgl. Omm el Baran.
Omercuntuk, in Dekan. VIII, 135.
Omerkote. VII, 157.
Omer Scheik Mirza, Sultan Babers Vater (reg. 1486—1494). VII, 736. 737.
Omiras (Plin.), d. i. Murad. XI, 994. X, 83. 100. 646.
Omm, s. Om.
Ommaiyeh, s. Beni O.
Ommajaden (Ommiaden), Khalifen. IX, 757. X, 1089. XI, 35. 273. 725.
Omm el Baran, Land am unt. Tigris. XI, 938. — vgl. Om Barra.
Omm el Tobul, d. i. Mutter der Pauken, des Getöses, Ort am Tigris. XI, 932.
Om Obaida, Dorf Mesopotamiens. X, 279. — s. Obeida.
Omra, s. Emir al O., Jesireh al O.
Omu el Bak (Umm el Bak), d. h. Mutter der Muskitos, Sumpflandschaft am Euphrat. X, 190. XI, 1017.
Omu el Bak, Sumpflandschaft am Tigris. XI, 935. 1015.
Omu el Muschabet, Ort am untern Euphrat. XI, 987.
Omun, s. Mesched O.
Onager, d. i. wilder Esel. VIII, 432.
Onar, Ort in Aderbidjan. IX, 800.
Oniki Imaum, im südl. Kurdestan. IX, 542.
Oniscus-Arten, bei Mosul. XI, 218.
Ononis (Hauchechel), bei Mosul. XI, 433. — am Schat el Arab. 1025. — im südl. Chusistan. XI, 1029.
Onore, in Canara, Zucker das. IX, 253.
Onrheoulao, s. Utolao.
Onthoyanna, König. VII, 333.
Onum, s. Mesched O.
Ooch, Marktort in Daudputra, Hauptstadt des Bhawul-Khan. VII, 30. 40. 43.
Oölhku (chines.), d. i. Aragau. VII, 419.
Oogda, s. Agda.
Ook, s. Uk.
Oola, s. Mussur O.
Ooroomia, d. i. Urmia. IX, 942.
Ooshnoo, d. i. Uschnu. IX, 931.
Ooshu, Kastell in Kurdestan. XI, 112.
Opal, am Ararat. X, 502. — s. Glasopal, Menilithen.

Opelius Macrinus, röm. Kaiser (217 n. Chr.). XI, 24.
Opfer, blutige, der Tsao. VII, 649. — der Ese. 654. — fehlen bei den Yeziden. IX, 752. — der Nestorianer. 971. — s. Kameel-, Lampen-, Pferde-, Thier-, Todtenopfer.
Ophidien, in Mesopotamien. XI, 510.
Ophidium masbacambelus, in Mesopotamien. XI, 509.
Ophiolith, im Khurkhun Dagh. X, 895.
Opil, Stadt in Ost-Turkestan? VII, 516.
Opis (Ὦπις), Stadt am Tigris od. Athem. IX, 318. 503. 518. 522. 538. 703. X, 7. 19. 20. 33. 216. 220. 229.
Opium, aus Malwa, Handelsartikel in Sinde. VII, 177. 187. — in Kandahar. VIII, 175. — Shuster. IX, 192.
Opium-Buden, in Tabriz. IX, 854.
Opiumschlucker, in Rescht. VIII, 650.
Opopanax, Gummi-Art. XI, 822. — s. Pastinaken.
Opotchi, Fürst. VII, 645.
Orakel, bei Yeziden. IX, 761. — in Karrhä. XI, 296. — s. Baumorakel.
Oramari, Gegirgsgau in Hekkari. XI, 598.
Oran, s. Kara O.
Orangen, bei Kote. VII, 60. — sparsam in Peschawer. 220. — in Kunêr. 226. — Kabul. 305. — Tubbus. VIII, 261. — Masenderan. 427. 496. (wilde) 545. — Asterabad. 513. — Tenkabun. 549. — Kazwin. 588. — Tehran. 611. — selten in Ghilan. 676. — in Kerman. 735. — Fasa. 760. — Kazerun. 826. — fehlen in Ispahan rc. IX, 55. — gute, in Baitawand. 176. — in Susa. 316. — Holwan. 477. — Abana Keuy. 515. — Tuz Khurmati. 545. — gedeihen nicht in Sulimaniyah. 611. — in Van. IX, 978. — Bagdad. X, 215. XI, 812. — Tekrit. X, 222. — Mesopotamien. XI, 495.
Orangenstadt, s. Tekrit. X, 222.
Oranjerivier, in Afrika, Plateauhöhe. VII, 340.
Orcastum, d. i. Ur-Casdim, als Bezeichnung für Edessa. XI, 295.
Orchenier, Chaldäer-Sekte. X, 30. 146.
Orchis-Arten, im Arares-Thal. X, 405. — in Mesopotamien. XI, 500.
Orchis mascula, am Euphrat. X, 849.
Orchoë (Ptol.), Chaldäersitz am untern Euphrat. XI, 334. 990. 991.
Ordehan Dagh, Taurus-Kette. X, 805. 826.
Ordek, Dorf und Bach im westl. Mesopotamien. XI, 280.
Orden, s. Löwenorden.
Orderlic, d. i. Diener. VII, 51.
Ordooz, s. Ardos.
Ordu, d. i. Horde, Lager. VIII, 140. IX, 192. — s. Husa-O.
Ordubad (Orduabad), russ. Provinz. VIII, 126. X, 609. 610.
Ordubah, Stadt in Armenien. X, 510.
Ordu Bazar, d. i. Marktort für die Armee. IX, 797.
Oreer (Plin.), arab. Volk in Mygdonia. XI, 335. 413.
Oreiz-Dörfer, am Tigris. XI, 667.
Oreon (Plin.), Gegend im mesopotamischen Arabien. XI, 335.
Orest, Insel im kasp. See. VIII, 514.
Orestes, gründet einen Diana-Tempel in Comana. X, 774.
Oreti (georg.), s. Rowandiz. IX, 1027.
Orfa, Urfa (türk.), d. i. Edessa. X, 117. 243. 692. 932. XI, 315. 333. 335.
Organum, d. i. Dschulfus. VII, 434. 437.
Orghon, s. Orkhon.
Orgien, bei Luren. IX, 218. — mitternächtliche, bei Kurden. 392.

Orha, s. Edessa. XI, 315.
Oriatta, Christendorf in Tiyari. XI, 599.
Oricum (Polyb.), Hamrin-Berge. IX, 513.
Oricum, Stadt. X, 71.
Origanum, im südl. Kurdestan. IX, 549. — in der Chaldäer-Ebene. IX, 731. — in Mesopotamien. XI, 500.
Origiach, Origiathe. VII, 440.
Or-Ilkham, Fürstentitel. VIII, 394.
Oriolus galbula, d. i. Pirol. XI, 507.
Oriten (Strab.), d. i. Hor. VIII, 717.
Oriyi, s. Murt O.
'Ορίζα (Ptol.), in Syrien. X, 1092. 1096.
Orka, s. Worka. XI, 985.
Orkane, merkwürdig limitirte, bei Mosul. XI, 219. — s. Wind.
Orkhon (Orghon), Zufluß zur Selenka. VII, 437.
Ormes (Hormuz), s. Naban O.
Ormi, Ormia, d. i. Urmia. IX, 942. 943.
Ormiani (d. i. von Urmia), armen. Ansiedlung in Polen. X, 598.
Ormiyah, s. Urmia. IX, 836.
Ormsby, engl. Lieutnant, Euphrataufnahme. X, 1014. — Hit — Damaskus. XI, 748. 754.
Ormuz (Ormus, Formoza, Jarun), Insel des pers. Golfs. VIII, 72. 127. 726. 739. 772. 777. — vgl. Hormus.
Ormuzd (Aramazd), das Prinzip des Guten, seine Schöpfungen rc. VIII, 27 ff. 43. 76. 80. — Verehrung in Armenien, Ani rc. X, 528. 550. 573. 787.
Ornament, s. Löwenornamente, Sculptur rc.
Ornithogalen, in Mesopotamien. XI, 499. — Tiyari. XI, 617.
Ornithogalum umbellatum, im östl. Mesopotamien. XI, 484.
Ornus europaea, d. i. Ulme. X, 919.
Oroatis (Arosis, Tab), pers. Küstenfluß. IX, 134.
Orodes, parth. König. X, 1097. 1137.
Orodn, Zufluß zum Araxes. X, 400.
Orographische Uebersicht von Groß-Armenien. X, 743. — s. Gebirge.
Orontes, Berg bei Hamadan in Medien. VIII, 48. 617. IX, 58. 71. 82. — s. Elwend.
Orontes, Fluß in Coelesyrien. VIII, 48. X, 1027.
Orontes (Plin.), Volk, ob die Rowandiz? IX, 1027.
Orontes, letzter Perserkönig in Armenien. IX, 90.
Oroschan (Uruschen, Gaolachan?), Lage. VII, 543.
Orosius, Schriftsteller. X, 124.
Orovantiz, Kurdendorf in Baz. XI, 600.
Orpelier (Orpethier), Fürstengeschlecht in Armenien. X, 442. 592.
Orpeth, Erbfürst der Orpelier. X, 592.
Orra, in Mesopotamien. X, 1120. — s. Orrhoe.
Or Rafeka, s. Rafika.
Or Rahabah, s. Rahabah. X, 255.
Orrhoë (Orrhoa, Urhoi), Etymologie. XI, 334. 336. — s. Osrhoëne.
Orrhoës, d. i. Osrhoës.
Orrhoï bar Chevjo, d. i. Osrhoës der Sohn Hevias. XI, 339.
Orroëne, richtiger Osrhoëne. XI, 340.
Orta Chan, in Kurdestan. X, 716. XI, 74.
Ortah Kapussi, Mittelthor bei Van. X, 305.
Ortah Koï, Dorf am Tokma su. X, 844.
Ortakapi, Vorstadt von Kars. X, 417.
Ortal, s. Ourtab.
Orthokorybanten, Volk. VIII, 88. 96.

Orthor(?), Stadt in Mesopotamien. XI, 779.
Ortokiden, türkisches Herrschergeschlecht in Diarbekr, Miafarekin (1084—1408). XI, 35. 70.
Ortolan (Emberiza hortulana), in Mesopotamien. XI, 508. — am untern Tigris. 941.
Ortopore, s. Ottopore.
Ortung, s. Aurtang.
Oruan, achter von Ormuzd erschaffener Segensort. VIII, 30.
Oruape, s. Var O.
Oruba, Ort in Syrien. X, 1086. 1091. 1096.
Orum Kapussi, Thor von Diarbekr. XI, 50.
Oruri, Volk. XI, 336.
Oruros (Plin.), am mesopotamischen Euphrat. X, 961. 1118.
Orxantes (Arrian.), d. i. Jaxartes. VII, 628.
Osch, s. Usch.
Oschakon, armen. Dorf bei Etschmiadzin. X, 520.
Oschi, s. Usch.
Oschnoh, s. Uschnei. IX, 1025.
Oschur, Todtenopfer. VII, 466.
Osdroëne, spätere Schreibart für Osrhoëne. XI, 340.
Osen, s. Kisil O.
Osgan, armen. Bischof. X, 632.
Oskar (Askar), d. i. Lager, Lagerstadt. X, 200. 228.
Osman, s. Abu O. Chairi, Kara O., Hadji O. Bey.
Osman, Zubach zum oberen Indus. VII, 98.
Osman, Ort im Pendschab. VII, 99.
Osman, Gründer der Osmanen-Dynastie in Vorder-Asien. X, 1079.
Osmanen, s. Türken.
Osman Khoi, Dorf am Tigris. X, 95. XI, 84. 85. 114.
Osmanlis, als Bezeichnung für Turks. X, 755.
Osna, s. Uschnei. IX, 1020. 1025.
Osni, s. Husny.
Osp Polur (d. h. Linsenberg), Kegelberg am Murad bei Musch. X, 672. 675. 818.
Osrhoëne (Orrhoëne, Orrhoa, Ur-rhoa, Urhoï, Roha, Urfa, Orfa, Edessa), Königreich in Mesopotamien. X, 113. 114. 1119. 1120. (Etymol.) XI, 334. 336. 340 ff. 349.
Osrhoëne urbs, d. i. Edessa. X, 129. XI, 345.
Osrhoënische Fürsten, in Orfa. XI, 323.
Osrhoës Heviada (Orrhoï bar Chevja), osrhoënischer Fürst (136 v. Chr.). XI, 339. 349.
Osroëne, richtiger Osrhoëne. XI, 340.
Osroes, Chosroes (d. i. Narses I.), parth. König (reg. 108 bis 120). X, 115. — vgl. Khosroes, Narses.
Osruschnah, verstümmelte Form für Sutruschnah. VII, 563. 570. 645. 648. 740.
Os Senn, s. Senn. XI, 666.
Osseno, s. Assena. VII, 700.
Osseten, Volk. VII, 628.
Ossipus, Paß in Fars. IX, 15.
Osterinsel, Zuckerrohr das. IX, 240.
Ostikanen, in Armenien. X, 70. 600.
Ostindienfahrer, in Basra. XI, 1051.
Ostraciten (Ostraceen), im Haman Muk. IX, 534. — bei Arghana. XI, 16. — am obern Tigris. 124. — bei Al Hadhr. 487.
Ostraciten-Sandstein, im Haman Muk. IX, 534.
Ostrya vulgaris, im Taurus. X, 919.
O Tahiti, Zuckerrohr das. IX, 240. 260.
Otba Ben Gazwan, gründet Basra. X, 175.
Otene (Plin.), am Araxes. X, 816.
Othman, Sohn Odoui's, Prinz von Kutsche. VII, 511. 513. 526.
Othman, Khalif (st. 655 n. Chr.). X, 280.
Othman, s. Beni O.
Ot-hon (Hot-hon, Kot-hon), d. i. Baumwolle. X, 1061.

Othonium sericum, d. i. Baumwolle. X, 1061.
Otis tarda, d. i. Trappe. VIII, 432. XI, 509.
Otis tetrax. XI, 509.
Otmankhail, Stamm in Kaferistan. VII, 214.
Otrar, s. Yangi.
Otter, über den Euphrat u. dessen Quellen ꝛc. IX, 376. X, 647. 724. — in Egin. X, 795. — Bir. 948. — Diarbekr. XI, 50. — Mosul (1735). 190. — Mardin. 385. — Orfa. 320.
Otter, s. Fisch-, Seeotter.
Ottopore (Ortopore), Bedeutung. VIII, 140.
Ottorocorrae, s. Attacori.
Otto von Freisingen. X, 613.
Ouahan, s. Wakhan. VII, 543.
Οὐαζ, s. Ahwaz. IX, 228.
Oubeh, Grafschaft von Herat. VIII, 254.
Ouchnieh, s. Uschnie. IX, 824.
Oudie, s. Utia.
Ouehdjek, See. X, 90.
Ouei (Ouhou, Veh, Wei, Vehrud), d. i. Oxus. VII, 632. 654. 655. 669.
Ouen (Wen, Wan), Herrscherfamilie in Khangkiu ꝛc. VII, 608. 610. 660.
Ouen, s. Roh Ouen.
Ouent, s. Dely O.
Ouentustan, d. i. Hindostan. VII, 518.
Οὐέρα (Strab.), d. i. Vera. VIII, 591. IX, 770.
Ougly, s. Kurd-O.
Ouhiu, d. i. Oxus. VII, 704.
Ouholi, s. Oui.
Ouhou, d. i. Uigur. VII, 356. 357.
Ouhou, d. i. Oxus. VII, 654.
Oui (Ouike, Hoeihe, Hoeihou, Wei ou eul, Kaotsche), verstümmelter Name für Uiguren. VII, 357. 553. 595. 599.
Oui (Ouholi), Königreich. VII, 332. 594. 595.
Oui gou el, d. i. Uigur. VII, 595.
Ouike, s. Oui. VII, 599.
Oujan (Aujan, Udschan), alte Ruinenstadt in Aderbidjan. VIII, 631. 632. 633. IX, 770. 798. (astr. L.) 836. — vgl. Chemen e O., Ojan, Aigi.
Oujon, Thal in Fars. IX, 15.
Ou-Ju, Ju-Art. VII, 377.
Ou la ko, Königreich. VII, 569.
Ou le kia, König von Samarkand. VII, 573.
Ouliou, s. Houliou.
Oulou, große Pfirsichart in Persien. IX, 55.
Ounao, Volk, Tschaowu-Reich. VII, 652. 657.
Ounguey, in Neu-Caledonien Name für Zuckerrohr. IX, 260.
Ourch, s. Ziarut e Khoseh O.
Ouri, Bergfeste. VII, 79.
Ouriard, Ort in Aderbidjan. VIII, 619.
Ourtab (Ortal), Dorf am Van-See. X, 289.
Ourudgerd, s. Beroudjird. IX, 68. 156.
Ouschni, s. Uschnu. IX, 651. 931.
Ouseley, G., engl. Gesandter in Persien. VIII, 421. 757. IX, 867.
Ouseley, W., Reisender in Persien. VIII, 421. — Route von Rai nach Sari ꝛc. 479 ff. 757. — in Tabriz. IX, 855. — Aderbidjan. 877. — Etschmiadzin. X, 520. — am obern Frat. 736. — über Sabier. XI, 300.
Ousiun, s. Usun. VII, 575. 604.
Οὔξιοι, d. i. Uxier. VIII, 95.
Ova, Ovah, s. Owa, Hasan O.
Ovah-si, s. Arabah O.
Ovanes, s. Sip O.
Ovassi, s. Bazardschik o.
Ovis ammon, s. Argali.
Ovis aries, das gemeine Hausschaf. XI, 506.
Ovis musimon, wildes Schaf, am Ararat. X, 484.
Ovis orientalis, wildes Schaf, in Ghilan. VIII, 677.
Owa (d. h. die Ebene), Sandschakat von Erzerum. X, 739. 754. — s. Ova.
Owan, s. Achouan.
Owkhars, s. Tadjik. VIII, 186.
Oxuartes (Arrian.), d. i. Jaxartes. VII, 628.

Orus (Ouei, Penj, Amu, Hamu, Harat, Derwazeh-Fluß ꝛc.), Fluß zum Aral-See. VII, 199. 490. 495. 632. 654. 655. 657. 669. 801. VIII, 46. 77.
Orus-Route. VII, 487 ff.
Orydraken, Land der. VII, 30.
Oxytropis caudata, pilosa, in Mesopotamien. XI, 499.
Ozates, Fürst von Adiabene. IX, 722.
Ozeir, Mosis Neffe. XI, 946.
Ozeir (Oser, Uzzir), Esras Grab, jüdischer Pilgerort am unt. Tigris. X, 32. XI, 946.
Ozogardana (Zaragardia), Stadt in Mesopotamien, am Euphrat. X, 142. 144. XI, 750.

P.

P im Persischen wird im Syrischen oft mit M verwechselt. X, 1056.
Pa, s. Soliman Pa.
Pabendy. VIII, 469.
Pachtzins, sehr hoher, in Persien. IX, 40.
Packtuchsäcke. IX, 216.
Pacorus, Parther-König. X, 59. 116. 164. 927. 992. 1097. — vgl. Pakor.
Pad, d. i. Oberhaupt. X, 594.
Padachiz, s. Badghis. VIII, 247. XI, 565.
Padegan, s. Atun p.
Pader, Land. VII, 87.
Padischah, d. i. König. VII, 135. — s. Ag gojun P., Khassem P. Tekieh.
Padischah Iskander, d. i. Alexander d. Gr. VII, 485.
Padschahan beni Sassan. VIII, 839.
Padua, armen. Druckerei das. X, 633.
Padzagis, Winde. VIII, 247.
Paeonien, in Kurdestan. X, 692. XI, 619.
Paganorum civitas, d. i. Carrhä, Haran. XI, 293. 297.
Paghesch, ehemaliger Name für Bitlis. IX, 1003. 1004.
Pagi, armen. Kirchdorf bei Dschulamerk. XI, 626. 639.
Pagratiden. X, 448. — s. Bangratiden.
Pagur, s. Arpag P.
Paha ertouche, Stadt in Ost-Turkestan. VII, 516.
Pahan, s. Ta Wan. VII, 633. 644.
Pahanna, d. i. Ferghana. VII, 425. 609.
Pahlavuni, armen. Geschlecht. X, 621.
Pahlawan, s. Jehan P.
Paiin, s. Aka Kemal p.
Paï K'al'ah, d. h. Fuß des Kastelles, Ruinen in Kurdestan. IX, 462.
Paipert, s. Baiburt. X, 272.
Paï Pul, d. h. Grundbau, Fuß der Brücke, am Kerkha. IX, 302.
Paipurt, s. Baiburt.
Païrahmet, Ilat-Stamm. VIII, 390.
Pairika (Zend), d. i. Fee. VIII, 58. 59.
Pairikanier, s. Parikanier.
Paisupath (Paitsching?). VII, 519.
Pai Takht, d. h. Schemel des Thrones. VIII, 608.
Paitschänd, Zollhaus von Yarkand. VII, 396.
Paitsching (Bai), kl. Gebiet in Turkestan. VII, 449. 511. 512. 519.
Pak, Gewicht (6 Pfund). X, 347.
Pakaran, s. Pakovan.
Pakaran (Bagaran), alte armen. Residenz am Akhurean. X, 439. 449. 454. — vgl. Pakran.
Pakavan, d. i. Pantheon, Götterburg. X, 449.
Pakengog, Ober- (Yokareh), am Murad. X, 705. 902.
Pakengog, Unter-, armen. Dorf. X, 706.
Pakmaïtar, Inspektor der Gärten u. Weinberge. VII, 517.

Pakor, osrhoënischer Fürst. XI, 340.
Pakorus, s. Pacorus.
Πακούριος (Procop.), d. i. Himmelssohn. X, 591.
Pakovan (Pakaran), altarmen. Sklavenstadt. X, 339. 454.
Pakran, Dorf in Armenien. X, 398. 429. — vgl. Pakaran.
Pakrevant (Pakrevan), altarm. Provinz. X, 339. 361. 527. 561. 588. 649. 654.
Paktyike (Herod.). VIII, 91.
Pakul, d. i. Einweihung. VII, 136.
Palästina, Heuschrecken daselbst. VIII, 805. — Oliven. XI, 516. 530. — Feigen. 546. — Granaten. 553. — Cypressen. 579.
Palagatsis, s. Tschildyr Göl.
Palakenti, Stadt in Sakastene. VIII, 121.
Palaluk, am Hirmend. VIII, 152.
Palamut, d. i. Valonia- oder Gallapfel-Eiche. XI, 10. 138.
Palantu ken, Gipfel des Kebban Dagh, bei Erzerum. X, 743. 764.
Pa la phing, Pflanze. VII, 456.
Palast, s. Pallast.
Palepunschen, Rauschtrank. VIII, 743.
Palessan, Station in Ferghana. VII, 486.
Pali(?), Schloß in Kurdestan. X, 102.
Palis, d. i. Palu. X, 715.
Paliurus, in Mesopotamien. XI, 358. 359.
Pallacopas (richtiger Pallacottas?), Euphrat-Kanal. X, 41. 44. 45. XI, 787. 991. 1026. — s. Dschärri Zaade.
Pallasien, in Mesopotamien. XI, 495.
Pallastbau, erster, nach pers. Sage. VIII, 37.
Pallastruinen, in Al Hadhr. XI, 485.
Pallu, s. Palu. X, 714.
Palme, s. Dattelpalme.
Palmwein, Palmzucker. IX, 241.
Palmyra (Tadmor), Stadt der arabisch-syrischen Wüste. X, 133. 1073. 1086. 1092. XI, 287.
Palmyra-Route zum Euphrat. X, 1090 ff.
Palo (Palö, Paloo), d. i. Palu. X, 708. 717.
Palookorby, in Armenien. X, 717.
Palouche, d. i. Beludschen. VII, 680.
Palu (Palo, Palö, Palude), Stadt am Murad. X, 97. 100. 106. 107. 553. 648. 708 ff. 713 ff. (Höhe) 902. XI, 39. (Hukumet v. Diarbekr) 43. 74.
Palude, s. Palu. X, 708.
Palugarpud, d. i. Palu-Kharput. X, 715.
Paluktey Gul, s. Ballik Göl. X, 339.
Palunier, in Armenien. X, 553. 556.
Pambak (Bambaki), Thal u. Paß in Georgien. X, 370 ff. 375. 436.
Pambak (Tabedah), Zufluß zum Kur. X, 371. 436.
Pambe (pers.), d. i. Seide. X, 1060.
Pambuc, Bambug (türk.), d. i. Baumwolle. X, 1057.
Pambuk Kalessi (Hierapolis), d. i. Baumwollenschloß, in Großphrygien. IX, 811. X, 1057.
Pa meng. VII, 499.
Pamer (Pamir), Station im Belur-Gebirge. VII, 501.
Pamer-Ebene, Hochthal. VII, 327. 409. 418. 488. 493. 494. 502. VIII, 38.
Pamer-Kette. VII, 16. 198. 490. — s. Belur Tagh.
Pamer-Route. VII, 487 ff.
Pamer See. VII, 492.
Pa-mi, d. i. Vasallenländer. VII, 567.
Pa mi lo, die Pamer-Ebene. VII, 327. 493. 494.
Pamir, s. Pamer.
Pampur, Stadt in Kaschmir. VII, 92.
Panbe, Penbe (i. e. bombyx), Persertempel. X, 1057.

Panchabara, Telinga-Name für Zuckerrohr. IX, 238.
Panchanada (sanskr.), d. i. Pendschab. VII, 31.
Pandavas (Pandu). VIII, 102.
Pandschabaschi, Offizier über funfzig Mann. VIII, 383.
Pandu, s. Pandavas.
Panduiden. VII, 282.
Panduri, Dorf am Euphrat. X, 873.
Pangur, s. Kocha P.
Panicum spicatum, s. Bajeri.
Paniput, Schlacht bei (1761). VII, 137. VIII, 192. 193.
Panjahl (kaschmir.), d. h. Paß. VII, 85. — Paßweg. 88. — s. Banderpur P., Banhall P., Kandribal P., Kulnarwah P., Naubuck P., Pir P., Ratan P., Sagam P., Tübet P.
Panjanguscht (pers.), d. h. Fünf-Fingerberg. VIII, 617. — s. Penjanguscht.
Pankratief, russischer General (1828). X, 355.
Pansahl, s. Panjahl.
Panther, neue Art in Kaschmir. VII, 77. — in Bamiyan. 688. — Kurdestan. IX, 454. — Mesopotamien. XI, 504.
Panti, chines. General. VII, 510.
Pantikapäon (Theophr.), das heutige Kertsch u. Jenikale. XI, 557.
Pantimathi (Herod.). VIII, 100.
Pan tschao (Phan-tschao), chines. General. VII, 359. 405. — Entdecker des kasp. Sees. 554.
Pantschayet, eine Art Jury in Yarkand. VII, 394.
Panyang, chines. Provinz. VIII, 707.
Panzerhemden der Kurden. IX, 604.
Paotha, d. i. Bagdad. VII, 581.
Papageien, in Kabulestan. VII, 311.
Papak (Papa), s. Kara P.
Papa Lurs, Stamm. IX, 201.
Papas, Bischof zu Seleucia. IX, 171.
Papas, s. Kara P.
Papaver, bei Derendah. X, 846. — in Mesopotamien. XI, 361. — s. Klatschrose.
Papaver dubium, im östl. Mesopotamien. XI, 484.
Papert (alt-armen.), s. Baiburt. X, 272.
Paphos, auf Cypern, Granaten das. XI, 551.
Papier aus Arum colocasia. XI, 502.
Papiergeld, bei Chinesen, Mongolen, Hindu's. IX, 893.
Papilio chrysippus, in Ghilan. VIII, 433.
Papilionaceen, in Mesopotamien. XI, 500.
Papismus, seine Verbreitung unter Nestorianern. IX, 672.
Papistisch, s. Katholisch.
Papoeuf, russ. Unterhändler in Aderbidjan. IX, 877.
Pappeln, in Khokand. VII, 777. — bei Kandahar. VIII, 149. — in Masenderan. 513. — am Demawend. 559. — Lieblingsbaum der Perser IX, 77. — in Kurdestan. IX, 550. 575. 610. 611. X, 698. XI, 139. — als Zimmerholz auf dem Dschebel Dschudi. IX, 724. — in Aderbidjan. 910. — am Van-See. 995. — am Tigris. X, 216. XI, 937. 941. 943. — bei Etschmiadzin. X, 522. — Egin. 791. — Malatia. 854. — Rakka. 1148. — (Populus euphratica) am Euphrat. 1112. XI, 690. 691. 702. 713. 778. 988. — in Sindschar. XI, 461. — im Taurus. 515. — in Bagdad. 813. — s. Silberpappel.
Pappeln, italiänische, in Kaschmir. VII, 73. — am Ararat. X, 500.
Pappus, Geograph aus Alexandria (4. Jahrh. n. Chr.), armen. Bearbeitung. X, 565.
Papst, wird von den Nestorianern nicht anerkannt. IX, 679.
Papst der Yeziden. IX, 740.
Papur, Kurden-Dorf im Karsan Dagh. X, 92. XI, 133.
Papyrus. XI, 1026.

Para, Silbermünze. X, 353. XI, 816. 821. — vgl. Kischlak parahs.
Para (Amm. Marc.), s. Bab.
Para Aschin, Gebirgskette in Central-Kurdestan. XI, 624.
Parabeste (Plin.), Stadt in Arachosien. VIII, 63. 64.
Paraça (Zend), d. i. Perser. VIII, 87.
Parachis, Tribus in Kabul, ihre Sprache. VII, 307. VIII, 134.
Para-cho-atras (Ptol., Strab.), d. h. Feuergebirge, südl. Tauruskette. VIII, 47. IX, 23. 130. XI, 621. 624.
Parada (sanskr.), d. i. Parther, Perser. VII, 606. 680. VIII, 99. 106.
Paradascht, osrhoënischer Fürst. XI, 340.
Paradeisos, Parkanlage bei Pakaran. X, 450.
Paradies (Eden). VIII, 41. 52.
Paradieslandschaften, im westl. Asien. X, 855.
Paradies-Quelle, auf dem Savellan. IX, 801.
Paradik, die sieben Brüder, in Caumdaisch. VII, 209.
Parahs, s. Para, Kischlak p.
Paraitaken (Paraitakenen, Paraitakener), d. i. Bergbewohner, Volk in Persien. VIII, 60. 96. 866. IX, 70.
Para-Laha, Paß. VII, 32.
Paralasa-Kette. VII, 83.
Paralych, s. Jutsch-kuruschbesch-p.
Paras, Dorf am Kisil Osen. VIII, 634.
Parasange, Wegmaß. IX, 518. X, 1117.
Παρασιοι (Strab.), Volk. VIII, 438.
Para Vami (sanskr.), d. h. die reine, glänzende Capitale, Bamiyan. VII, 273.
Parax malcha, Ort am Euphrat. X, 142. XI, 733. 736.
Parcham, s. Aghpiur p.
Parcham tschur, d. h. Quellen des schmackhaften Wassers. X, 776. 781. — vgl. Parschiam su.
Paresch der Parsen, s. Parachoatras. IX, 130.
Parestan, Land. VII, 87.
Parguetae (Παργυῆται, Ptol.), Volk. VIII, 98.
Parietae (Παροιῆται, Παρυῆται), Stamm der Paropamisaden. VII, 200. VIII, 98.
Παρικάνη (Hecat.), pers. Stadt. VIII, 60.
Parikanier (Pairikanier, Παρικάνοι), Volk. VIII, 59. 88.
Parin, Pharin (syr.), d. i. Pelvereh. X, 894.
Parinek, Salzquelle in Bayazed. X, 347.
Paris, Stadt in Drangiane. VIII, 120.
Paris, in Frankreich, armenische Druckerei und Institut das. X, 632. 633.
Parisatis, s. Perizad.
Pariser des Orients (Ispahaner). IX, 52.
Pariyat-Berge. VII, 33.
Parmak siz (d. h. fingerlos), Dorf in Musch. X, 667.
Parnataspates, osrhoënischer Fürst. XI, 340.
Parni (Strab.), d. i. Daai. VII, 670.
Parnopius, s. Apollo Parnopius.
Παροιῆται (Ptol.), s. Parietae.
Paropamisaden. VII, 200. 311. VIII, 20. 63. 101. — s. Hazara.
Paropamisus, das Bergland der Hazara. VII, 199. (Name) 279. VIII, 133 ff. 284. — s. Hindu Khu, Indischer Kaukasus.
Paros, Insel, Feigen das. XI, 549.
Parow, s. Tak i Bostan. IX, 368.
Paro upa Nisa (sanskr.), d. h. das Gebirge oberhalb Nisa. VII, 279.
Paro Vami (sanskr.), d. h. Bergstadt, Bamiyan. VII, 273.
Parrah, s. Furrah. VIII, 135.
Parrot, Dr. Fr., Reisender in Armenien, Ersteigung des Ararat (1829). X, 366. 486 ff.

Parry, pers. Dorf. IX, 68.
Parscham, s. Barschamin. X, 777.
Parschi, Dorf in Aderbidjan. IX, 914.
Parschiam su (Parschian su), Wildbach zum Euphrat. X, 828. 867. 868. — vgl. Parcham tschur.
Parsen, Volk. VII, 716. — ihre Kosmogonie. VIII, 42. — Leichenbestattung. 784.
Parsencultus, in Khangkiu. VII, 663.
Parsenthum, Einfluß auf den Mohammedanismus in Iran. VIII, 275.
Parsis, d. i. Ispahan. IX, 365.
Παρσυῆται (Ptolem.). VIII, 98.
Parßadan su, Zufluß zum Kars tschai. X, 428.
Parthamasiris, König v. Groß-Armenien (115 n. Chr.). X, 101. 116. 829.
Parthamaspates, parth. König. X, 121.
Parthaunisa, s. Sauloe P.
Parther (Πάρθοι), Volk. VII, 609. VIII, 98. 99. — ihre ersten Einfälle in Mygdonien. X, 1133 ff. — s. Asi.
Parther-Reich, Eintheilung. VIII, 113.
Parther-Rüstung, noch jetzt gebräuchlich. IX, 555.
Parthia (Parthyene), das Parther-Land im engern u. weitern Sinne. VIII, 118. 119. 341. 418. 438.
Parthische Baureste, am mittl. Euphrat. XI, 711.
Parthische Königsgräber, in Erbil. IX, 693.
Parthische Königsstraße, in Persien. VIII, 114 ff. 447. 504. — Stationen in Mesopotamien. X, 1118 ff. XI, 715. 727. — s. Isidorus Charac.
Parthyäa, Theil Hyrkaniens. VIII, 119. 456.
Παρθυαῖοι (Arrian.), Volk. VIII, 99.
Parthyene, s. Parthia.
Partsr-Haik, d. i. das hohe Haikland (Hoch-Armenien). X, 770. — antike Sanctuarien das. 774 ff.
Paru, in Dilem. VIII, 576.
Paru, s. Teng P.
Paruab, d. i. Polwar. VIII, 863.
Parus, Station in Masenderan. VIII, 501.
Parus alpinus, s. Alpenmeise.
Parus ater, s. Tannenmeise.
Parus major, s. Kohlmeise.
Parutah (Keilschr.), d. h. Berg. VIII, 97.
Parvab, d. i. Polwar. VIII, 863.
Parvat, s. Ranga P.
Parvata, Ruinen im Pendschab. VII, 104.
Parvatah (sanskr.), d. h. Berg. VIII, 97.
Parverah, s. Pelvereh. X, 893.
Parveti-Gebirge. VII, 198.
Parviz, als Kurdenname. IX, 440. — vgl. Khosroes P.
Parwar, s. Rayat p.
Paryadres (Strab.), Seitenzweig des Kaukasus, auf der Gränze von Armenien u. Kappadokien. X, 75. 690. 703. 742. 796. 825. 900. — vgl. Binghöl-, Dujik-, Kop-Dagh.
Παρυῆται (Ptol.), s. Parietae.
Parzawa (Keilschr.), s. Parther. VIII, 99.
Pasa, s. Fasa.
Pasargadä (Pasargada), alte Capitale von Persis, Cyrus' Begräbnißort. VIII, 729. 760. 763. 867. 875. 942 ff.
Pascatir, d. i. Baschkiren-Land. VII, 437.
Pascha, s. Abdulla-, Abdurrahman-, Ahmed-, Ajud-, Demir-, Emin-, Es'ad-, Ferik-, Hadji Ali-, Hafiz-, Haki-, Halyb-, Hassan-, Hussein-, Ibrahim-, Ischak-, Iskender-, Izzet-, Khosrew-, Kossim Agha-, Kuzukji Mustaf-, Mahmud-, Mehmed-, Melek Ahmed-, Mirza-, Murad-, Murtesa-, Mustapha-, Naman-, Nuwaub Mahmud-, Omar-, Reschid Mohammed-, Selim-, Soleiman-, Soliman-, Suliman-, Zebir-Pascha.

Paschais (Paschis), Tribus in Kabul ꝛc. VII, 307. VIII, 134.
Pascha-Scheika, Thal in Kurdestan. XI, 97.
Paschehs, s. Muskitos. VIII, 484.
Paschghan, Passageort in Kohestan. VII, 246.
Paschis, s. Paschais.
Pascht-Kuh (Paschti-Kuh), d. i. Rückseite der Berge, Land hinter den Bergen, ein Theil von Luristan. VIII, 389. IX, 210. — vgl. Puschti-Kuh.
Paschvansk Kaleh, s. Pasvakh.
Pasen, s. Pasin.
Pasengan, pers. Karawanserai. IX, 34.
Pasianen, Volk. VII, 696.
Pasin (Passin, Pasen, Pasyn, Phasiane), arm. Landschaft am obern Araxes. X, 344. 386. 389. 396. 586. 590. (Armenier das.) 637. (Gränze) 655. (Sandschakat von Erzerum) 754. (Höhe) 900.
Pasinus, s. Spasinus.
Pasin Su, d. i. Araxes. X, 393.
Pasinu, s. Charax P.
Pasitigris, d. i. die zum Kuran (Karun) vereinten Bergwasser (Eulăus). IX, 229. 309. 320. 321. X, 26. 28.
Paskewitsch, Feldzug gegen die Türkei (1828. 29). X, 416 ff.
Passageland zwischen Indien u. Persien. VIII, 176.
Passin, s. Pasin, Badgis.
Pastai (Puschtu?), Sprache in Kabul. VII, 307.
Pasteken, in Mesopot. X, 854. XI, 193. 813. — s. Wassermelone.
Pastel, s. Waid.
Pastinaca opoanax, in Persien. XI, 822.
Pastona (Plin.), am Euphrat. X, 823. 858.
Pasuran, Provinz von Java, Zucker das. IX, 258.
Pasvakh (Paschvansk-Kaleh), Residenz Mahmud Khans im Süden des Van-Sees. IX, 999. 1000. 1001. X, 292.
Paswa Oglu, d. h. Sohn des Wächters. IX, 895.
Pasyn (türk.), s. Pasin. X, 389.
Paß, der hängende (Hiantu). VII, 709. — der Hamrin-Kette. IX, 528.
Paßhöhe, in Kaschmir. VII, 91. — des Demawend. VIII, 503.
Pata, s. Atr pata kan.
Pataa, s. Borhani P.
Patachab, d. i. Polizeiinspektor. VII, 517.
Patära, s. Juda ben P.
Patahechang, d. i. Badakhschan. VII, 379.
Patak, Patakah, s. Badaka.
Patakhischan (chines.), d. i. Badakhschan. VII, 707. 785. 792.
Παταλήνη (Ptol.), d. i. Pattala. VII, 178.
Patan, s. Ba-P.
Patanen (Patan, Pitan), d. i. Afghanen. VII, 88. 194. 196. 214. VIII, 205.
Patavia, Frucht in Masenderan. VIII, 436.
Patavor, Dorf von Selmas. IX, 963.
Patellaria, s. Verrucaria.
Paternoster, s. Rosenkränze.
Pathien, s. Badakhschan.
Pathma, Getraidemaß. VII, 517. 518. — s. Patman.
Patiyan (d. h. königl. Wohnung), Stadt der Yetha. VII, 704.
Patman, Getraidemaß. VII, 466. — s. Batman, Pathma.
Patra, Name im ungar. Wappen. XI, 84.
Patriarchat, Erbfolge bei Nestorianern. IX, 657. 673.
Patriarchat der Armenier, in Ani. X, 441. — Etschmiadzin. 516. — Constantinopel. 622.
Patriarch der Chaldäer, in Diarbekr. IX, 434. — seine Stellung im kurdischen Kriegsheer. IX, 662.
Patriarchen, in Haran. XI, 295.
Patriarchenwürde, armen., ist an die Hand Gregor Illuminators gebunden. X, 519.
Patriarch im Orient, d. i. der Nestorianer in Kotsch Hannes. IX, 673.

Patriarka, geistliche Würde bei Nestorianern. IX, 677.
Patricius, röm. Feldherr, wird von Kobad besiegt. XI, 31.
Patroklos, Seleucus' Feldherr. VII, 714.
Patronatsverhältniß in Kurdestan. IX, 658.
Pa tscha tschung, achtbeiniges Insekt. VII, 458.
Pattala (Pattalene), Stadt und Distrikt an der Indus-Mündung (Tatta?). VII, 178. 181. VIII, 22.
Pattapulti, Zuckerrohrart in Mysore. IX, 253.
Paturp, Ort im Van-Distrikt. X, 355.
Patwar, Plateau am obern Indus. VII, 104.
Pauin, s. Khujur e p.
Pauken, s. Afrasiabs P.
Paula, s. Julia P.
Paulicier, religiöse Sekte, in Divrig. X, 798.
Paulus, in Inschriften zu Etschmiadzin. X, 531. — s. St. Paulskirche.
Paulus Samosatenus, Bischof von Antiochia. X, 571. 572. 931.
Pausicae (Herod.). VIII, 100.
Pavan, d. i. Luft. VII, 134.
Pavischmu, Paß der Zakho-Kette. IX, 716.
Pawah, in Kurdestan. IX, 460.
Payan Dâbân, d. h. unterer Paß. VIII, 138.
Payin, s. Terek lak P.
Paysa, s. Birr P.
Pazegui, kurd. Ilats. VIII, 393.
Pa zung, d. i. Lieutenant. VII, 433.
Pdschnoï-dschur, d. i. Wasser von Pdschni. X, 399.
Peachan, Zagros-Paß. IX, 461.
Pech, babylonisches, XI, 779. — s. Asphalt 2c.
Pechsteinporphyr, am Ararat. X, 496.
Pechtoch, chines. Flüchtling in Armenien. X, 590.
Pecten, in den Bazian-Bergen. IX, 536. — am Euphrat. X, 873. XI, 987. — bei Ninive. XI, 238.
Pecunia, Ursprung der Bedeutung. XI, 211.
Peera, s. Pereh.
Peetiaré, d. h. Quell des Uebels. VIII, 30.
Pe fu tseu, Pflanze? VII, 686.
Peghman, Bergland. VII, 249.
Pegoletti, B., Florentiner (1335). VIII, 682.
Pegumber, s. Peïgamber.
Pe Hian thou (Pe Hiantou), d. i. Nord-Hindostan. VII, 285. 297. 551. 712. — s. Hiantu.
Pehlevani du Djihan (d. h. Heros der beiden Welten), erbaut Herat. VIII, 244. — vgl. Jehan Pahlawan.
Pehlu, s. Kuhi Haftad P.
Pehlvan, pers. Heroen. VIII, 79.
Pehlvi, alte Sprache im westl. Persien. VIII, 71. 273. 590. 624. IX, 217.
Pehlvi-Helden, ihre Gräber. IX, 21.
Pehlvi-Inschriften, in Farsistan. VIII. 759. 878. 879. — Nakschi Redscheb. 884. 886. — Persepolis. 921. — Nakschi Rustan. 937. 938. 940. — Tak i Bostam. IX, 377. 383. — Holwan. IX, 474.
Pehlvi-Schrift, auf Münzen des Tope Manikyala. VII, 101. — bei Inderkusch. IX, 1017.
Peïgamber (Peighamber), d. i. Prophet. XI, 303. — s. Peyghember, Pueghumbur, Junus P.
Peig su, Zufluß zum Murad. X, 667.
Peikiu, chines. Mandarin u. Feldherr, Verf. der ersten Landkarte über Inner-Asien. VII, 424. 561.
Peischbermak (Beschparmak, d. h. Fünffingerberg), in Kurdestan. VIII, 617.
Peischcusch, s. Peschcusch.
Pe-Ju, d. i. weißer Ju. VII, 377.
Pejuuk (nicht Pendjuk), Gliederwurm in Laristan. VIII, 739.
Peka, s. Pir P.
Pekerik (Pekeridge), s. Pekesidge.
Pekeschkh, d. i. Markgraf. X, 586.

Pekesidge (Pekerik, Pekeridge), am Euphrat. X, 733.
Pekmez, s. Petmez.
Pelekane, am Revi. VII, 49. — in Ghilan. VIII, 431. — am Tigris. XI, 11. 217. 856. 941. — am Euphrat. 685. 952. 971. — am Schat el Arab. 1062.
Pelecanus onocrotalus, s. Kropfgans.
Peleu, am Van-See. X, 291.
Pelingan, in Kurdestan. IX, 460.
Pella, Distrikt am Tigris. X, 55.
Pella, d. i. der erste Regen in Mosul. XI, 220.
Pe-lu, d. i. Nordstraße. VII, 453. 507.
Pelvereh (Pelvere, Pelveren, richtiger Parverah, Perre der Alten), Dorf am Gök su. X, 888. 890. 891. 893. — vgl. Belveren.
Pelze, im Sommer als Schutzmittel gegen Temperaturwechsel. X, 854.
Pelzhandel, in Erzerum. X, 758.
Pembek, im russ. Transkaukasien. IX, 870.
Pemghan, s. Peghman.
Penbe, s. Panbe.
Pendelversuche, am Ararat. X, 503.
Pendjeh (Pundjeh), Stadt am Merufluß. VIII, 228. 229.
Pendjuk, s. Pejunk.
Pendschab (Pendjab), das Fünfstromland. VII, 7. 31 ff. — Areal, Einwohner. 35. — Produkte. 115. IX, 254. — Industrie. VII, 117. — Handel und Schifffahrt. 119. — das Maha Rajathum. 121.
Pengan, Dorf am Frat. X, 728.
Penj, s. Orus. VII, 801.
Penjab, s. Pendschab.
Penjahl, s. Panjahl.
Penjanguscht (d. h. Fünffinger), Orangenart. IX, 316. — s. Panjan guscht.
Penjhir, Berggau und Paß am Kabulstrom in Kohestan. VII, 213. 245. 247. 252. 701. 787.
Penjhir (jetzt Pungschir), Fluß. VII, 229. 233. 245.
Penjwin, Kurdenort am Kizzelji. IX, 427. 577.
Pentacomium, in Syrien. X, 1084.
Pentapotamia, d. i. Pendschab. VII, 31.
Pentapyrgion, byzant. Pallast. X, 235.
Pentsao kang mu, chines. Naturgeschichte (1596). IX, 239. 265.
Peperit, auf Kalkmergel. X, 388. — schwarzer, bei Gümri. 437. — Kars. 438.
Pephigour, Armenier das. X, 643.
Pera, chald. Bischof das. IX, 666. — Genuesenthurm. X, 391. — s. Tell Tschar P.
Pera-mi-gudry (Pera mi giodri), s. Pir Omar Gudrun. IX, 456. 592.
Perath, s. Frat. X, 725.
Perat Maissan, bei Basra. X, 181.
Percri, armen. Festung. X, 773.
Perdix cinerea (rufa, graeca), im Taurus. XI, 508.
Perdix francolinus, s. Frankolin.
Perdix petrosa (saxatilis?), d. h. Steinhuhn. IX, 508.
Pereh (Peera), Dorf in Aderbidjan. IX, 916. — Chai P.
Perest, s. Atesch-, Jezdanperest.
Perez Su, Zufluß zum Murad. X, 707.
Pergunnah, d. i. Distrikt, Provinz. VII, 92. 307. VIII, 254.
Perhawar, Distrikt Ispahans. VIII, 125.
Peri, s. Herbo P.
Peri, lichtgestaltete Wesen. VIII, 60. 167.
Peri Balghabsi, d. i. Honigplatz der Feen, Fels in Kurdestan. XI, 596.
Peri Bazar (Piri Bazar), Dorf bei Rescht. VIII, 653.
Periodeuta, s. Georgius P.
Perisbe, Station. IX, 70.
Periscow, d. i. Firuzkuh. VIII, 485.

Perischabur, Chaldäerdorf. XI, 169. — vgl. Pirisabora.
Perischabur Su, linker Zufluß zum Tigris. XI, 168.
Perizad (Parisatis), Kurdenname. IX, 440.
Perkins J., nordamerik. Missionär in Urmia rc. IX, 11. 678. 679. 759. 880. X, 343.
Perknick, Dorf, Armenier das. X, 641.
Perlen, in Basra. XI, 1052. — Bahrein. 1070.
Perlhandel, in Bagdad. X, 276.
Perlmutter, in Babels Ruinen. XI, 910.
Perre (Tab. Peut.), Ort am Gök su im Taurus. X, 884. 889. 893.
Persarmenien, d. i. Ost-Armenien (auch eine kleine armen. Provinz). IX, 920. X, 574. — s. Armenia Persica.
Perschawer, jetzt Peschawer. VII, 307.
Perscheli, chines. Provinz. VIII, 706.
Persepolis, alte pers. Hauptstadt. VIII, 25. 37. 865. 889 ff. — Denkmale rc. 907 ff. — Dist. 729. 875. — s. Jstakbar.
Persepolitanische Inschriften, in Tabrie. VIII, 778.
Persepolitanische Sprache. VIII, 82.
Perser, in Kabul. VII, 242. — im östl. Gebirgslande. 761 764. — in Aderbidjan, Charakteristik. IX, 885 ff. - ihr Widerwille vor dem Meer rc. 893. 894. — Colonisten am Arpa tschai. X, 437. — in Nisibis. XI, 417. — Einfälle in Edessa. 353. — in Mesopotamien. 787. — Herrscher von Bagdad. 791. 794. 808. — in Basra. 1055.
Perserguen, Dorf in Ost-Turkestan. VII, 516.
Persicum castellum, d. i. Ur. XI, 467.
Persien, Plateauhöhe. VII, 340. — als chines. Landschaft. 569. — alte Satrapien. VIII, 112. — Provinzen der Gegenwart. VIII, 124. — Eintheil. nach Ibrahims türk. Karte (1728). 125. — Agriculturfähigkeit. IX, 34. — Waldmangel. 800. — Zustände im J. 1806 (Einwohner, Einkünfte, Militär, Handel rc.). 889 ff. — Zustände im J. 1821 (Boden, Volk, Religion, Gouvernement rc.). 896 ff. — letzter Thronwechsel und Kriegsunruhen im Osten gegen Herat (1838). 901. — Oelbaum das. XI, 524. — Feigen. 539. — Granaten 554. — Pistacien. 564. — Exporten. 822. 1071. — s. Iran. Posse.
Persien, das hohle. VIII, 865. 868. 875.
Persis (d. i. Fars, Farsistan), die alte Landschaft. VIII, 114. 771. 858 ff. 865.
Persisch, s. Alt-, Indo-persisch, Iranisch.
Persische Inschriften, zu Persepolis. VIII, 921. 922. — Bir. X, 957. — Diarbekr. XI, 46.
Persische Pylen (Pforten). VIII, 871. IX, 139. 142.
Persischer Golf, von Alexander M. erforscht. X, 39. 1032.
Persische Schrift, früher in Armenien. X, 544.
Persische Schulen, in Edessa. XI, 351.
Persisches Dorf, am Euphrat. X, 266.
Persische Sprache, in Kabulestan. VII, 307. — Dialekt in Khokand 779. — ihre westliche und östl. Gränze rc. VIII, 589. 631. 731. IX, 449. 885. 894. — in Mosul. XI, 190. — Bagdad. 845.
Pertabghur, Zuckermühlen das. IX, 251.
Pertek (Perteck Kalcisi), Bergschloß am Murad. X, 721. 793. — kurd. Sandschakat von Diarbekr. XI, 43.
Perthes, Ort. X, 752.
Peruz, s. Firuz.
Peruz Sciabbur (hebr.), s. Firuz Sabor.

Perwan (Purwan), Stadt u. Paß von Kohestan. VII, 248. 252. — s. Bade-P.
Perwari, Kurdenstamm. IX, 717. — vgl. Berwari.
Perykend (Purkendy), Dorf in Aderbidjan. IX, 916.
Pescennius Niger. X. 130.
Peschabur, s. Perischabur.
Pe Schan, d. h. weißer Berg. VII, 431.
Peschawer, Vorstufe von, Stadt u. Stufenland am obern Indus. VII, 144. 219 ff. — Produkte rc. 240. 254. — Tope's rc. 288. 700. 799. — Zucker das. IX, 254.
Peschawurun, Ruinen. VIII, 152.
Peschcusch (Peischcusch, Peschgesch), d. i. Trinkgeld, Geschenk. VIII, 264. 533. IX, 662.
Peschgesch, s. d. v.
Peschwa, Stadt in Aderbidjan. IX, 1035. 1036.
Pesct, s. Tallara pesct.
Pesmer, Yeziden-Familie. IX, 757.
Pest, in Asterabad. VIII, 518. — Sari. 528. — Balfrusch. 537. — Schutzmittel. 560. — angebliche Begleiterin der Heuschrecken. 808. — in Schuster. IX, 192. — Kerkuk. 553. — Kurdestan (1838). 617. 1020. — unbekannt in Hekkari. 666. — in Ardebil. 800. — Uschnu. 933. — Rewandoz. 939. — Urmia. 945. — Bayazed (1805). X, 340. 347. 351. — im russ. Heere bei Kars. 417. 430. — am Ararat. 482. — angebl. periodenweise in Mosul. XI, 204. — in Mesopotamien (705 n. Chr.). 290. — in Basra, Persien rc. (im J. 1691. 1773. 1830 ff.). 806. 831 ff. 1050. 1055.
Petachia, s. Pethachia.
Petche, s. Kurd P.
Petermann, J. H., über Armenien. X, 367.
Petersburg, armen. Druckerei das. X, 633. — Verdienst der dortigen Akademie der Wissenschaften um die Erdkunde Armeniens. X, 366.
Pethachia (Petachia), Rabbi (1180). X, 255. 268.
Pe-thing, d. i. Bischbalig. VII, 445.
Pethor, Ort in Moab. X, 241.
Pethsao, weißes Kraut. VII, 626.
Petmez (richt. Pekmez, d. i. verdichteter Traubensaft), eine Art Syrup aus Maulbeeren. X, 791.
Petrefaktenreiche Kreide, in den kurdest. Gebirgen. IX, 536. — Kalkstein zu Ninive. XI, 238.
Petrifikation, durch tuffhaltiges Wasser. IX, 810.
Petroleum, bei Kerkuk. IX, 555. — in der warmen Quelle bei Mosul. XI, 191. — bei Hit. XI, 760. — s. Erdöl, Naphta rc.
Petrus, s. Pedros, Mar P.
Petrus, Patriarch (889). X, 1072.
Petschafte, aus Ju-Stein. VII, 378.
Petscheli. VIII. 795.
Petunculus, bei Ninive. XI, 238.
Peucestes, pers. Satrap. VIII, 894.
Peukela (Plin.), Ort der Aspagani. VIII, 206.
Πευκελιῶτις (Arrian.). VII, 201.
Πευκολαῖτις (Strab.). VII, 201.
Peyghember (d. i. Prophet), Bez. für Savellan. IX, 801. — s. Peïgamber.
Peyks, d. i. Axtträger. XI, 815.
Peyku, s. Peikiu. VII, 561.
Peym (Pe-yn), Gränzlandschaft von Khotan. VII, 345. 382. 383.
Peznuni, alter Gau bei Bitlis am Van-See. IX, 1004. X, 326.
Pfauen, in Kabulestan rc. VII, 311. 684.
Pfeffer, als Präservativ in Tabrestan. VIII, 542.
Pfeifenfabriken, in Diarbekr. XI, 59.
Pfeifenköpfe, steinerne (Kalkconcretionen, korallenartige Pe-

trefacten?), in der arab. Wüste. XI, 742. 746.
Pfeifenröhre, in Luristan. IX, 212.
Pfeiler, alter, in Erzerum. X, 823.
Pfeilspitzen, häufig bei Abuschähr. VIII, 782. — bei Merdascht. 927.
Pferde, im Indus-Delta. VII, 175. — in Khotan. VII, 363. 379. — der Ta Wan. 633. 634. 642. — in China. 637. — Badakhschan. 789. — Ausfuhr aus Afghanistan. VIII, 168. — aus Herat. 252. — selt. zu Meschhed. 307. — der Turkmanen. 411. 416. — in Ghilan. 433. 677. — Schiraz. 852. — der Luri Kutschuk. IX, 216. — in Nysäa. 359. 363. — fehlen den alten Arabern. 366. — in Ardelan. 433. Kermanschah. 479. — Kurdestan. 624. 806. — sparsam in Kars. X, 431. — zahlreich in Musch. 662. 679. — in Armenien. 670. Erzerum. 756. — arabische und turkomanische, in Mesopotamien. XI, 506. — in Bagdad. 822. — am untern Euphrat. 1044. — in Abuschir. 1072. — s. Himmels-, Tigerpferde, Reiter.
Pferde, wilde, in Turfan. VII, 435. — Turkestan. 457. 474. — der Usun. 614.
Pferde-Bastarde mit Rindern, in China. VII, 413.
Pferdefleisch, allgem. Nahrung in Yarkand. VII, 397. — Lieblingsspeise in Khokand. 780. — der Eimaks. VIII, 140. — Speise der Turkmanen? 413.
Pferdegeschirr, in Luristan. IX, 216.
Pferdehaar-Schleier, in Kurdestan. IX, 625.
Pferdehandel, bedeutender, in Yarkand. VII, 394. — Kaschghar. 413. — der Afghanen nach Hindostan. VIII, 174. — in Kutschan. 314. — Kazerun. 827. — Bagdad. XI, 801. — Basra. 1035. 1052. 1055. — am Persergolf. 1069. 1072.
Pferde-Insel, im Urmia-See. IX, 952.
Pferdemilch, wird in Yarkand nicht getrunken. VII, 397. — als Rauschtrank. 436. — s. Kumisch.
Pferdeopfer, bei Parthern. X, 1137.
Pferdepreise, bei Turkmanen. VIII, 414. 416. — in Bombay, Arabien ꝛc. XI, 1069.
Pferdereichthum der Sassaniden. IX, 507.
Pferderennen, in Iskardo. VII, 822. — in Basra. XI, 1052.
Pferdestadt, s. Ispahan. IX, 41.
Pferde-Weiden, in Medien. IX, 359. 363 ff.
Pferdezucht, im Pendschab. VII, 38. 117. — vorzügliche, im Meschhed-Thale. VIII, 312. — bei Maragha. IX, 835. — der Montefiks. XI, 1006. 1008.
Pfirsiche (Malus persica), bei Kote. VII, 60. — in Peschawer. 220. — Kabul. 240. 305. — am Hindu Kusch. 261. — in Ghilan. VIII, 427. 676. — Kohrud. IX, 37. — Ispahan ꝛc. 44. 55. 94. — Senna. 432. — Sulimaniyah. 575. — Kurdestan. 610. — Aderbidjan. 849. 909. — Tabriz. 856. — am Araxes. X, 430. — am Ararat. 480. — in Erzingan. 772. — im Taurus. 920. — bei Arghana. XI, 16. — am Masius. 87. — am obern Tigris. 121. — in Mosul. 208. — Sarug. 291. — Mesopotamien. 495. — Basra. 1054.
Pflanzenabdrücke, im Sandstein am Araxes. X, 451.
Pflanzenleben, auf Gebirgen. X, 497.
Pflanzenwanderung mit Religions-Sekten. VIII, 675.
Pflasterstraße, in Ghilan. VIII, 548. — am Baladrud. IX, 199. — s. Kunststraße.
Pflaumen, in Peschawer. VII, 220. — Ghizni. 240. 676. —

(Damascener) in Kabul. VII, 306. — gute, in Turfchiz. VIII, 268. — Masenderan. 545. — Kazwin. 588. — Aderbidjan. 666. — Kohrud. IX, 37. — Ispahan. 55. — Tauk. 549. — Sulimanijah. 575. — Kurdestan. 610. XI, 658. — Bitlis. IX, 1005. — N. Armenien. X, 434. — am Ararat. 480. — bei Malatia. 854. am obern Tigris. XI, 121. — in Mosul. 208. — Sadir. 385. — Mardin. 385. 388. — armenische (Prunus armeniaca), in Mesopotamien. 501. — in Bagdad. 812. — Basra. 1054.

Pflug, s. Räderpflug.

Phacar od. Phacroddin, s. Al Rhazi.

P'hadlun, erobert Ani (1126). X, 442.

Phaetacarania (Phaitakaran), armen. Gau am Araxes. IX, 769. X, 556. 589.

Phalaena Bombyx Mori, der gemeine Seidenwurm. VIII, 700. 704.

Phalaris, im südl. Chusistan. XI, 1030.

Phalath, s. Tschildyr Göl.

Phalga (Phaliga), die Mittelstadt zw. Antiochia in Pierien u. Seleucia am Euphrat. X, 965. XI, 267. 294.

Phallusähnliche Altarsteine, bei Maragha. IX, 836.

Phanaröa, am Pontus. XI, 528.

Phan tschao, s. Pan tschao.

Pharagius, s. Abul Ph.

Pharao Necho, besiegt Josia (611 v. Chr.). X, 1053.

Pharao's Race, Schimpfwort. IX, 757.

Pharazana (Ptol.), Stadt in Drangiana. VIII, 120.

Pharb. X, 528. 574. — s. Lazar von Ph.

Pharchi, Verkürzung für Miafarekin. XI, 69.

Pharin, s. Parin.

Pharmakopöen, ihr erstes Vorbild. IX, 230.

Pharnaces, kappadok. König. X, 115.

Pharnacotis (Plin.), in Indien. VIII, 120.

Pharnakia, in Armenien. X, 742.

Pharraun, d. i. Kori. VII, 171.

Pharsaga, Stadt in Arachosien. VIII, 121.

Phaseolen, indianische (Mut), in Malwa. VII, 37. — im Indus-Delta. 174. — am Euphrat. XI, 713. — bei Bagdad. 813.

Phaseolus maximus, in Mesopotamien. XI, 501.

Phasiane, s. Pasin. X, 389.

Phasianen (Xenoph.), Volk in Armenien. X, 387. 389. 657. 670.

Phasianus colchicus, in Mesopotamien. XI, 508. — s. Fasan.

Phasis (Xenoph.), d. i. Araxes. X, 369. 389. 398.

Phatachon, Kastell im Izala. XI, 153.

Phathusa (Zosim.), d. i. Anatha am Euphrat. X, 141. XI, 716.

Φαζάβα, Φαζάκα (Ptol.), ob Tabriz? IX, 787.

Pherat Mesene, in Babylonien. X, 181.

Pheruz Sapor (syr.), s. Firuz Sabor.

Phidschin, s. Pidschan. VII, 432.

Phila, Haus des, bei Mambidsch. X, 1045.

Philas, mesopot. Festung. XI, 377.

Philippinen, Zuckerrohr das. IX, 241.

Philippos, armen. Katholikos. X, 623.

Philippus, Feldherr, im obern Mesopotamien. XI, 25. 151.

Philiscum, Partherstadt am Euphrat. X, 1082. 1125 ff. — s. Kallinikum.

Phillyraea latifolia, angustifolia, im pontischen Taurus. X, 920.

Philo aus Alexandrien, über den Euphrat und Tigris. X, 725. — armen. Uebersetzung. 568.

Philoromäer. XI, 292.
Philoreni, Cisterne in Constantinopel. XI, 409.
Phinek, s. Finik. XI, 122.
Phingwang, Fürst der Tcheou-Dynastie (reg. 770—720 v. Chr.). VII, 285.
Phipha, Produkt (?). VII, 661.
Phirouz, Sohn Jezdedjerds. VII, 580. — s. Firuz.
Phischan, Provinz von Khotan. VII, 367. — Gau in Tokharestan. VII, 707.
Phison, Kastell in Sophanene. X, 96. XI, 78.
Φισσηνία, s. Fissenia.
Phi szö pa wan, Stadt in Kaschghar? VII, 418.
Phlosker, d. i. Krystall. X, 777.
Phoenice, d. i. Finik. XI, 121. 170. — vgl. Phönik.
Phoenicopterus, s. Flamingo.
Phönik (Anka?). XI, 710. — vgl. Phoenice.
Phönixe, die sieben, Pavillon in Khotan. VII, 376.
Phönizien, Feigen, Granaten, Cypressen das. X, 37. XI, 543. 553. 577.
Phönizier, am pers. u. arab. Golf. X, 40. 50. — ihr Tauschhandel mit Oel. XI, 521. — auf Kypros. 551. — Flottenbauer für Perser rc. 578.
Phoey, königl. Familie in Kaschghar. VII, 423.
Phohan, s. Ta Wan. VII, 633. 644.
Pholo, d. i. Balkh. VII, 677.
Pholo, s. Ta Wan. VII, 644.
Pholokouo, ob = Balkh? VII, 649.
Pholomen, s. Polomen.
Pho mi lo, s. Pa mi lo.
Phor (armen.), d. i. Höhlung. X, 577.
Phosphorit, im Ali Dag. IX, 529.
Phostac, d. i. Pistacie. XI, 565. — s. Fistac.
Phousa, s. Mile-Ph.
Phou thao, d. i. Traube. VII, 637.
Phoyi, Brücke am Soi. VII, 578.
Phra, Stadt in Anabon. VIII, 120. — s. Furrah. 157.
Phraata (Appian.), Stadt in Atropatene. IX, 771. — s. Vera.
Phraates I. (Arsaces V. c. 175 v. Chr.), Partherkönig. X, 1134. — verpflanzt die Marder nach Medien. XI, 381. — sein Schatzhaus auf den Euphrat-Inseln. XI, 716.
Phraortes, des Dejokes Sohn, Mederkönig (st. 625 v. Chr.). IX, 104. 105. — seine Stadt in Atropatene. 771.
Phrat (Genes.), der Paradiesfluß. X, 6. — s. Frat. 725.
Phruri, Scythen-Volk. VII, 695.
Phrygier, ob Stammväter der Armenier? X, 578.
Phrynen, Volk (?). VIII, 22.
Phu, König. VII, 688.
Phui pa szö, Sandzwiebel. VII, 456.
Phu kia i, Stadt in Khotan. VII, 370.
Phulyk, s. Borhan al Ph.
Phurat Suji, d. i. Forat-Fluß. X, 727.
Phusa, d. i. Schüler, Verbreiter der Doctrin. VII, 355.
Phusik, an Sapors Hofe. X, 168.
Phu-tschang, Ph. Hai (chines.), d. i. Lop-See. VII, 328.
Phylarch, d. i. Scheikh, Emir. XI, 339.
Physcon (Xenoph.), d. i. Adhem, Zufluß zum Tigris. IX, 518. 520. 526. 537. X, 33.
Physeter macrocephalus, in Arabien. XI, 822.
Physik, Studium in Bagdad. X, 277.
Physiognomie (Philosophie?), Studium in Bagdad. X, 277.
Pian i tian, chines. Werk. VII, 367. 405. 423.
Pias, Sandzwiebel in Turkestan. VII, 456.
Piaster, Münze. XI, 821.
Picha, d. i. Khotan. VII, 567.
Pichistan, Lager. IX, 175.
Pichuandschi, Usun-Prinz. VII, 622. 623.

Pidana, Schloß im Pendschab. VII, 38.
Pidschan (Pidjan, Phidschin, Bidjin, Provinz von Turfan. VII, 325. 430. 432. 442. 444.
Pieria (Ptol.), Quellberg des Singas im Taurus. X, 941.
Pie schi ki li mu, d. i. Beschikerem. VII, 419.
Pieteani, Indusmündung. VII, 169.
Piks, isolirte, fehlen im westl. Himalaya. VII, 52. 61.
Pileser, s. Tiglat P.
Pilger, indische, ihre weiten Reisen. IX, 797.
Pilger-Berichte, über Yarkand. VII, 396. — Kaschghar. 413. — Khokand. 778 ff.
Pilgerhaus, in Etschmiadzin. X, 518.
Pilgerkarawanen, bigotte, häufig in Irak Adschem. IX, 70.
Pilgermuschel, s. Jakobs P.
Pilgerorte, heilige, am Kori-Golf. VII, 167. — jüdische. IX, 726.
Pilgerstraße, von Nisapur nach Holwan IX, 362.
Pillau (Pillaw), d. i. Reis mit Lamm- oder Schaffleisch. VIII, 413. — aus Waizen, in Kurdestan. IX, 740.
Pillay, s. Karaway P.
Pimelariae, in Mesopotamien. XI, 510.
Pimeliae, vier Arten in Mesopotamien. XI, 510.
Pilu, i. e. Salvadora persica. VII, 64.
Pi lu tschen, buddhist. Bettelmönch in Khotan. VII, 361.
Pima, unbek. Stadt in Ost-Turkestan. VII, 333.
Pimpinelle (Pimprenelle), am obern Frat. X, 730. — in Mesopotamien. XI, 410.
Pinaka (Strab.), in Gordyene. XI, 170. — s. Finik.
Pind Dadun Khan. VII, 63. 93 ff.
P ndi, s. Nawil P.
Pingman, Berg. VII, 633.
Ping Schan (d. h. Eisberg), der Karakorum-Paß. VII, 453.
Ping-tang, d. i. Eiszucker. IX, 282.
Pinguicula alpina, in Central-Kurdestan. XI, 624.
Piniyaniski, Gebirgsgau in Hekkari. XI, 598.
Pinus, in Kabulestan. VII, 310. — im Belur Tagh. 481. — in Khokand. 777. — im Elburz. VIII, 349. — in Armenien. X, 404. 410. — im Taurus. 919. — in China. XI, 567. — s. Berg-P., Nadelholz.
Pinus cembra, d. i. Zirbelnuß. XI, 501.
Pinus Deodara, in Nijrow rc. VII, 246. 305.
Pinusfadeln, im Cultus der Harranier. XI, 313.
Pinus haleppensis, im Taurus. X, 919.
Pinus pinea, im Kara bel. X, 919.
Pinyari (auch Sir), Indusarm. VII, 165. 167.
Piquet, Fr., Bischof von Cäsaropolis. X, 616.
Pir, Pyr (pers.), d. i. Heiliger. VII, 133. — Senior. VIII, 402. — Yeziden-Heiliger. IX, 734. 752. – frommer Greis, Priester, häufiger Name für Bäume. XI, 574. — s. Koh Schisch P., Kotel Pir a zan.
Piraben, d. i. kurzes Oberkleid. VIII, 839.
Piran, s. Piraun.
Piran, Kurdendorf am Khan su. X, 97. 700. 904.
Pir Aßini, Kurden-Tribus. XI, 650.
Piraun (Piran), Abtheilung der Bilbos-Kurden. IX, 619. 940. 1036.
Pir a zan, s. Kotel P.
Pir Bodak, Bebanide. IX, 1021.
Pirepenjal (Pirepenchal), s. Pir Panjahl.
Piresui, Kurdenstamm. IX, 1027.
Pir Ghaib, Kurden-Heiliger. IX, 434.

Pir Hasan, Bergstrom zum Zab Ala. XI, 655.
Pir Heri, d. h. Heiliger von Herat. VIII, 244.
Piri, s. Herdo Peri.
Pir i Bazar, s. Peri Bazar.
Pirisabora (Bersabora, Firuz Sabor), assyr. Stadt am Euphrat. X, 145. 147. XI, 766. — vgl. Perischabur.
Pirjani, d. i. Häuptlinge der Daudputra'l. VII, 45.
Pirkanu-Berge. VIII, 144.
Pir Mar, d. h. Schlangenheiliger. IX, 203.
Pirnaer Quadersandstein. IX, 511.
Pirol (Oriolus galbula), in Mesopotamien. XI, 507.
Pir Omar Gudrun (Pera-migudry), Kegel der Azmir-Berge in Kurdestan. IX, 448. 450. 451. 454. 456. 531. 532. (Höhe) 566. 575. 592.
Pir Panjahl (P. Penjahl, Pirepenchal), Kaschmirpaß u. Alpenstock. VII, 80. 85. 89. 91. 142.
Pir Peka, Kurdendorf. XI, 618.
Pir Penjahl, s. Pir Panjahl.
Pir Putta, am Buggaur. VII, 169.
Pir Tira, Berg in Kurdestan. XI, 98.
Piruzan Maalem, Gelehrter. VIII, 274.
Piruzeh (pers.), d. i. orientalischer Türkis. VIII, 325.
Pirzada, d. i. Patriarch der Kuttaghun-Usbeken. VII, 806. 812.
Pir Zadeh, Pilger. VII, 349. VIII, 730.
Pisa, Christendorf in Dschulamerk. XI, 599.
Pischabur, d. i. der vereinte Khabur u. Heisel. IX, 716. 721. 724.
Pischapur, alte pers. Stadt. IX, 35.
Pischburra, s. Postiu-p.
Pischdadier, pers. Dynastie. VIII, 110. IX, 35.
Pischin, Pisching, Thal in Afghanistan. VIII, 60. 164. 165.
Pischket, Festung in Khokand. VII, 758. 759. 760.
Pisch-Kuh (d. h. Land vor den Bergen), Südabfall des Zagros, Gebirgslandschaft am obern Kerkha. IX, 210. 215. 327.
Pischkuh Lurs (Pischkuh-Luren), Tribus. VIII, 402. IX, 216.
Pischuk Mahalleh, Dorf in Gurkan. VIII, 360.
Pisi, Fürst von Khodjend. VII, 574.
Pisseruk, Dorf am Gurkan. VIII, 12. 345. 357. 360.
Pissurer, Zweig der Daai. VII, 670.
Pistacia atlantica, in Mauretanien. XI, 561.
Pistacia hortensis, in Syrien. XI, 566.
Pistacia lentiscus, in Herat? VIII, 252. — auf den Inseln des Archipelagus. XI, 561.
Pistacia officinarum, in Mesopotamien. XI, 501. 658.
Pistacia oleosa Lour., in Cochinchina. XI, 566.
Pistacia sylvestris, in Persien. XI, 566.
Pistacia terebinthus, d. i. Terebinthe, im Zagros. IX, 391. — im Taurus 2c. X, 919. XI, 561.
Pistacie (Pistacia vera), asiatische Heimath und Verbreitung. XI. 561 ff. — in Khokand. VII, 777. — Ausfuhr aus Afghanistan. VIII, 175. — Haine bei Herat. 247. 252. — Kazwin. 588. — Ispahan. IX, 55. — im Taurus. X, 919. — in Mosul. XI, 208. — Orfa. 326. — Mardin. 388. — Syrien. 544.
Pistacienkerne, in Turkestan. VII, 456.
Pistäi (Pistacie), s. Bergjes P.
Pitan, s. Patanen. VIII, 205.
Pitschi-fo (Pitschi-Foe), d. i. Gott Foe, Buddha. VII, 361. 363. 365.

Pithian, s. Pitian.
Pithieschi, d. i. Sekretär. VII, 433.
Pitian (Pithian), Stadt in Khangkiu. VII, 634. 658.
Pitschaku, Gau im Elburs. VIII, 594.
Pitschamen, Gottheit in Khotan. VII, 364. 368.
Pitschi-Foe, s. Pitchi-fo.
Pitschipilian, Königstitel in Khotan. VII, 365.
Pitschue, Prinzentitel. VII, 653.
Pitti, Indusmündung. VII, 169.
Piurel, d. i. Elfenbein. X, 777.
Pizhder, Gau im südl. Kurdestan. IX, 571. 573. 588. 606. 614.
Pizhderris, Kurdenstamm. IX, 583. 618.
Planetencultus, s. Sabäismus, Stern rc.
Plantains, bei Basra. XI, 1054.
Platana, Hafen. XI, 528.
Platane (Platanus orientalis), asiatische Heimath u. Verbreitung rc. XI, 511 ff. — in Kaschmir. VII, 73. — Kandahar. VIII, 149. — Afghanistan. 151. — äußerstes Vorkommen bei Attock. 208. — in Puschenk. 242. — Ghilan. 427. 428. 548. 665. 667. — Masenderan. 524. — Tehran. 606. — am Kisil Osen. 638. — in Farsistan. 759. — Schiraz. 859. — Isvahan. IX, 49. — Kurdestan 429. 441. 609. X, 696. 886. — Sulimaniyab. IX, 575. — Urmia. 949. — Pasin. X, 658. — Egin. 791. — am Taurus. 919. — sehr große, in Mesopotamien. XI, 500. 658. — in Bagdad. 813.
Platane des Armenac. X, 467. — des Xerres. 235.
Platanen-Insel, s. Tschar.
Plateau-Ebene, am Arares. X, 378. — bei Diarbekr. XI, 19.
Plateauketten, aufgesetzte, in Persien. IX, 17.
Plato, armen. Uebersetzung. X, 568.
Plethrum, Maß. X, 16.
Pleurotoma, bei Ninive. XI, 238.
Plinius, über den Taurus. VIII, 551. — die Tigrisquellen. X, 84. — das Euphrat-Zeugma. 960.
Plünderungssystem, in Persien. IX, 17.
Plutonische Beschaffenheit des Ararat. X, 496.
Plutonische Gebirgsarten, am Euphrat. X, 921. 945. XI, 690. — im Dschebel Buschir. XI, 689.
Plutonische Gebirgszone des Taurus. X, 910. 922.
Plutonischer Felsboden, bei Orfa. XI, 316.
Po, Familienname des pers. Königs. VII, 716.
Poa, im östl. Mesopotamien. XI, 219. 484.
Poa cynosuroïdes, in Mesopotamien. XI, 849.
Pochkamisch, Ort in Aderbidjan. IX, 823.
Pockenimpfung, in Ghilan. VIII, 645. — s. Kuhpocken.
Pockenpest, in Ost-Turkestan. VII, 529.
Pococke, engl. Reisender, in Bir. X, 878. 949. — Romkalah. 936. — Aintab. 1036. — Jerabolos. 1039. — Mambidsch. 1043. — Orfa. XI, 319.
Podagrus, Fluß im Daschtistan. IX, 134.
Po ho, Königreich. VII, 500.
Poïnke, Stadt in Ost-Turkestan. VII, 516.
Poim (Poin), s. Peyn.
Poinou, s. Deveh Boynunu. X, 762.
Poi son pat hot chil (Poi sou pat hot chel), Stadt in Turkestan. VII, 516.
Ποχλαΐς (Ptol.). VII, 201.
Pokreh, Zufluß zum Tigris. X, 697.
Pol, s. Abaran P.
Polen (Lehastan), armen. Ansiedler das. X, 441.
Polen, als Garnison in Gümri. X, 437.

Poli (Polu? Bolor-Gebirge), Höhlenberg in Tokharestan. VII, 643. 700. — s. Belur Tagh.
Poliu (Pulu, Pourout), Groß- u. Klein-, d. i. Baltistan u. Ladakh. VII, 576. 579.
Pollington, Visc., Musch-Route. X, 666. 690.
Pollio, s. Trebellius P.
Polo, d. i. Balkh. VII, 676. VIII, 222.
Polo, Marco, venetianischer Reisender, in der Lop-Wüste. VII, 323. — über Ost-Turkestan. 327. — Khotan (c. 1280). 345. — Karkan. 390. — Kaschghar. 409. Kharaschar. 439. — Pamer-Route. 500 ff. — Badakhschan. 788. Mesopotamien (1300). X, 240. 269 ff. — Khorasan. XI, 513.
Po lo eulh, d. i. Bolor. VII, 522. 543.
Polomen (Polonen, Pholonen), d. i. Brahmanen, Indier. VII, 375. 407. 609.
Polonkir, s. Bulunghir.
Polu, s. Poli.
Polulo (chines.), d. i. Belur Tagh. VII, 497. 501.
Polulo-Kue, Reich. VII, 501.
Polur, s. Osp P.
Polwar (Pulwar, Farwar, Paru ab, Parv ab), Fluß in Fars. VIII, 863. 866. 867. 872.
Polyandrie, in Tokharestan. VII, 608. 699. — bei den Yetha. VII, 704. 705.
Polybius, armen. Uebersetzung. X, 568.
Polygamie, in Kaferistan. VII, 210. — bei den Ali Illahi. 263. — in Taschkend 758. — bei den Yeziden nicht gebräuchlich. IX, 762.
Polygonium hydropiper, in Masenderan. VIII. 547.
Polygonoides orient. Tournef., s. Calligonum.
Polyklitus, Autor. X, 111.
Polypodium filix masc., s. Farrenkraut.
Polytelia, Stadt Mesopotamiens. XI, 285.
Polytrichum septentrionale, in Kurdestan. XI, 647. 658.
Pombeditha (Pumbeditha), Stadt in Nehardea am Euphrat. X, 250. 267. — s. Juba.
Po meng, Stadt. VII, 498.
Pommeranzen, fehl. bei Ardebil. IX, 790. — in Anah. XI, 719.
Pommgranaten, s. Granaten.
Pompejus d. Gr., in Armenien. X, 113. — erbaut Nicopolis. 796. — in Mesopotamien. 1134. — erobert Gordyene. 1131.
Pompejus, Fl., verpflanzt die Pistacie nach Spanien. XI, 567.
Poncet, Reisender in Afrika. XI, 521.
Pon szö ta tschin, d. i. General-Inspector. VII, 433.
Pontische Kette des Taurus. X, 369. 742.
Pontus, Armenier das. X, 597. -- Oliven. XI, 528.
Poonch, s. Prunch.
Poondra (sanskr.), rothes Zuckerrohr. IX, 236.
Poori (bengal.), helles Zuckerrohr. IX, 236. 244.
Populus euphratica, am Euphrat. XI, 702. 741. 762. 953. — s. Pappel.
Populzye, Afghanenstamm. VIII, 202.
Porewalla, Stadt am Swanfluß. VII, 98.
Poringue, d. i. Heuschrecke. VIII, 792.
Porphyr, im Indus-Delta. VII, 182. — in Khorasan. VIII, 337. — im Elburs. 426. — in Bayazed. X, 346. — am Alawerdi. 373. — bei Aintab. 1036. — s. Feldspath-, Obsidian-, Pechstein-, Thon-, Trapp-Porphyr.
Porphyrgestein, basaltartiges, im Sipan-Tagh. X, 332.
Porphyritisches Trappgestein, in Armenien. X, 407.
Porphyr-Lava, schwärzliche, des Ararat. X, 496. 504.
Porphyrmasse, bei Nischapur. VIII, 328. 329.

Porphyrtafeln, in Orfa. XI, 333.
Porsika (Ptol.), Stadt am Euphrat. X, 923. 987. 1000.
Portenau, s. Oderich von P.
Portugiesen, verlieren Ormuz. VIII, 740. — als Erbauer von Korna? XI, 1022. — in Basra. 1034.
Portugiesische Sprache, in Bender Abassi. VIII, 745.
Portulaca oleracea, in Masenderan. VIII, 547.
Port William, Dampfschiff-Station bei Bir am Euphrat. X, 944. 953. 1005. 1028. 1029. 1032.
Porus, Reste seiner Herrschaft. VII, 98.
Porus, der moderne. VII, 7.
Porzellan, in Turkestan. VII, 469. — Hilleh. XI, 784.
Porzellanfließe, als Mauerornamentirung. IX, 63.
Poschi, s. Sia-P.
Posi, Berg. VII, 648.
Posidonius aus Apamea (51 v. Chr.). XI, 562.
Posite, Capitale von Mi. VII, 574.
Posse, d. i. Persien, Perser. VII, 429. 563. 716. — s. Poßu.
Posteinrichtung, im türk. Asien 2c. X, 825. XI, 816. 936. — s. Tatar.
Postiu-pischburra, d. h. Mantel der Lämmerfelle. VII, 736.
Postroute, von Erzerum nach Constantinopel. X, 735.
Poststation, in Amuda. XI, 405.
Poßu (Po-ßü, Posse), d. i. Parsen. VII, 716. 721.
Po Tangri, d. i. Gott der Erde. VII, 585.
Potao, d. i. Trauben. VII, 633. 637.
Potassium, im südl. Mesopotamien. XI, 959.
Potchbouang, d. i. Badakhschan. VII, 707. 711.
Potemkins-Halbinsel, im kasp. See. VIII, 514.
Potentilla, am Ararat. X, 499.
Potentilla grandiflora, im Kaukasus. X, 499.
Poterium spinosum, im Taurus. X, 919.
Poti, Festung am Phasis. X, 415. 418.
Potier, Jesuit, in Persien. X, 616.
Potschang (?). VII, 563.
Pottinger, H., in Hydrabad. VII, 11. — Route aus Beludschistan nach Fars. VIII, 729 ff.
Pougah, Kurdendorf am Van-See. X, 290.
Poubo (Bokhara), Stadt in Sogdiana. VII, 654. — s. An.
Pou loung, d. i. Bolor. VII, 522.
Pou loung kol, ob Bolor-See? VII, 521.
Pourut (Purut), s. Burut, Poliu.
Pourutô (Zend), d. h. Berg. VIII, 97.
Pouschi, seidene Turbane für Männer, in Bagdad. XI, 822.
Po vang heou, i. e. Prince très-pénétrant. VII, 634.
Poyang-See, Zuckerrohr das. IX, 265.
Praaspa (Praasva), Stadt in Atropatene (Gaza?). IX, 771. 777.
Prachtresidenzen, uralte, in Persien. IX, 51.
Prädestinations-Glaube, bei Persern. IX, 895.
Predigten, bei Nestorianern. IX, 676.
Prehnit, Stein. VII, 388.
Preußen, Bezeichnung für Schaben. VII, 461.
Preußische Offiziere, in türk. Dienste. X, 1010.
Priester der Nestorianer. IX, 676.
Priesterehe, bei Nestorianern. IX, 677.
Priesterhierarchie, in Verbindung mit Völkerverkehr. XI, 287.
Primeln, in Gurkan. VIII, 353. — im Elwend. IX, 83.
Primula auricula (Pr. auriculata), in Kurdestan. XI, 624. 658.

Prinsep, H. T., Kriegsbericht über Kaschmir. VII, 71.
Prinsep, J., in Calcutta. X, 1012.
Prinz der Gefangenschaft. X, 260.
Prinzen, königliche, ihre Anzahl in Persien. VIII, 442. 609. IX, 68.
Priscus, röm. Feldherr. X, 131.
Procellarius, d. i. Sturmvogel. XI, 509.
Proclus, Philosoph. X, 570.
Procopius, byzant. Feldherr (641). X, 138. 160. (Euphratquellen) 722. (Khabur-Mündung) XI, 268. 290.
Προμαχεῶνες, in Ekbatana. IX, 101.
Produkte (Natur-, auch Kunst-), im Pendschab. VII, 115. — in Khotan. 345. 349. 363. — Kaschghar. 417. — Turfan. 435. — Kurli. 444. — Kutsche. 446. — Aksu. 450. — Ost-Turkestan. 455 ff. — Khangkiu. 661. — Kabulestan. 683. 686. — Ferghana (Khokand). 733. 735. 752. 767. — Ghilan. VIII. 431. 672 ff. — Van. X, 301. — Mosul. XI, 208. — Bagdad. 812. 822. — s. Fauna, Flora, Mineralien, Fabrikate, Handel rc.
Prometheus-Höhle. VII, 278. 279.
Prophet, s. Rose des Pr.
Prophetengräber, auf dem Savellan rc. IX, 801. XI, 793.
Prophthasia (Plin.), Stadt der Drangen. VIII, 66.
Proselytenmacherei, katholische, unt. Nestorianern. IX, 679.
Proteas, Grammatiker. X, 990.
Prozessionen, buddhistische, in Khotan. VII, 355.
Prunch (Poonch), s. Col de P.
Prunus, am mittl. Euphrat. XI, 702.
Prunus armeniaca, d. i. armenische Pflaume. XI, 501.
Prunus cerasus, s. Kirsche.
Prunus laurocerasus, am Taurus. X, 919.
Pruskie Taraskani, d. i. Schaben. VII, 461.
Prussaki (d. h. Preuße), Schaben. VII, 461.
Pselaphus, in Mesopotamien. XI, 510.
Pshat (armen.), d. i. Eläagnus-Baum, Oleaster. X, 480. 522.
Psiloriti, Berg auf Creta. XI, 581.
Pterocles arenarius, d. i. Steppenhuhn. XI, 508. 1025.
Ptolemäus, üb. den Hindu Khu. VII, 198 ff. — Urmia-See. IX, 782. — die Tigris-Quellen. X, 101. — Armenien. 576. — Distanzangaben am Euphrat. 974. — üb. die Khabur-Mündung. XI, 267.
Ptolemäus III. (Euergetes), in Babylonien. X, 1126. 1133.
Ptolemäus Lagi. X, 25.
Pu, s. Hoei pu, San Pu.
Puanto (?). VII, 563.
Puaschisch, Hauptstadt von Feridun. IX, 64.
Pu-che, d. i. Ju. VII, 387.
Puchtane, d. i. Afghanen. VIII, 196.
Puchtun (Puchtaneh), d. i. Afghanen. VIII, 205.
Pucian, d. i. Pidjan. VII, 442.
Puddingstein, bei Altun Kiupri. IX, 637. — im Sahend. 829.
Puddingsteinfelsen, im Takht Soliman. VIII, 131.
Pueghumbur, s. Peïgamber, Gul i p.
Pugai Baschi, Station in Ost-Turkestan. VII, 487.
Pughman, in Kabul. VII, 241. — Schneeberge von. 305.
Puhantai, Gegend in Turfan. VII, 433.
Puhra, Städtenamen in Mekran. VIII, 717.
Puhra, Stadt in Beludschistan. VIII, 728. 731.
Puirthel, Geschlechtsname unter Orpeliern. X, 592.
Pukheli, Indus-Distrikt. VII, 99. 201.

Pukhi thapan, Gipfel des Thian Schan. VII, 453.
Pul, Puli (arab.), Kupfermünze. VII, 393. 394. 416. 451. 755. — s. Paï P.
Pul ab guine (Pul i g.), in Fars. VIII, 843. 844.
Pulatün, s. Khodja P.
Pul-Dallak, d. h. Barbierbrücke, in Ghilan. VIII, 660. — s. Pul i Delac.
Pul e Mulan, Brücke des Herirud. VIII, 155. — s. Pul Malan.
Pul Hul, am Dizful. IX, 194.
Puli, s. Pul.
Puli, Gau in Tokharestan. VII, 707.
Pul i Cheher Bagh, Brücke des Zendehrud. IX, 25.
Puli Delac, d. i. Barbierbrücke, am Khonsarrud. IX, 30. 65. — s. Pul-Dallak.
Pul i Dukhter, die Jungfernbrücke, am Kisil Osen. VIII, 626. — s. Puli Schapur.
Puli Fassa, d. h. Fassa-Brücke. VIII, 758.
Puli Gamaschan, Brücke am Kerkha. IX, 326. 407.
Pul i Gawakun, Brücke am Kur. VIII, 767.
Puli guine, s. Pul ab g.
Puli Kaisar, Caesars-Brücke am Kuran. IX, 190.
Puli kelleh, Brücke am Zendehrud. IX, 24.
Pul i Khan, Brücke am Bendemir. VIII, 860.
Puli Khuda, d. i. Gottesbrücke, am Holwanfluß. IX, 478.
Puli Khusrau (P. Khusrai), d. i. Khosroes-Brücke, am obern Kerkha. IX, 326. 343. 407.
Puli Marnun, Brücke am Zendehrud. IX, 24.
Pulineu, Araxes-Brücke. VIII, 872.
Puli Nica (Nika), in Masenderan. VIII, 435. 527.
Puli rud, Gränzfluß zw. Masenderan u. Ghilan. VIII, 433. 543. 547.
Pul i Saadi, Brücke bei Schiraz. VIII, 847.
Pul i Scharistan, Brücke des Zendehrud. IX, 25.
Puli Schapur (Puli Dukhtar), die Schapur- od. Mädchenbrücke, am Kaschaghan. IX, 337.
Puli sefid, d. i. weiße Brücke, in Masenderan. VIII, 490. 498.
Puli-Tang, d. i. Brücke des Spaltes, am Kerkha. IX, 335. 409.
Puli Taskan, Brücke am Kaschaghan. IX, 339.
Puli Vargan, Brücke des Zendehrud. IX, 24.
Puli Zohab, s. Sar Puli Zohab.
Pulki, in Sedschestan. VIII, 152.
Pulla, Jahreszeit. VII, 159.
Pulla, Karpfenart im Indus. VII, 158. 175.
Pulli Maulan, s. Tedschend. VIII, 276.
Pul Malan, Brücke bei Herat. VIII, 258. — s. Pul e Mulan.
Pulsatilla albana, am Ararat. X, 499.
Pulu, s. Poliu.
Pului, d. i. Lop-See. VII, 563.
Pulverfabrik, in Laristan. VIII, 753. — Schiraz. 852.
Pulwar, s. Polwar.
Pumbeditha, s. Pombeditha.
Pumbu, s. Sung i p.
Pumpenwerke, in Babel. XI, 916.
Pumpkin, Melonenart in Mosul. XI, 220.
Punal, Dorf in Talisch. VIII, 663.
Punch, s. Prunch. VII, 93.
Pundjeh, s. Pendjeh.
Pungar, s. Ak p.
Punica granatum, s. Granatbaum.
Punica nana. XI, 560.
Punjcora, Seitenfluß zum Lundye. VII, 201. 204.
Punjschir, s. Penjhir.
Punjund (d. h. 5 Ströme), Zufluß des Indus. VII, 26.
Punsch, Etymologie. IX, 244.
Pura, d. i. Aecker, Dörfer. VII, 132.

Pura (Arrian.), Capitale Gedrosiens. VIII, 717.
Puralli, Fluß in Lus. VIII, 714. 717.
Purang, Kurdendorf am Tigris. XI, 52.
Purasi (d. i. Zehntausend), Beiname Zohaks. VII, 280.
Purbis, d. i. Eingeborne in den Ganges-Provinzen. VII, 142.
Purinda (d. i. Vogel), schnellrudernde Kaschmirboot. VII, 51.
Purkendy, s. Perykend.
Purpurwürmer, am Araxes. X, 458.
Purun, s. Dely Mussa P.
Puruqâthra, Gebirgskette des nördl. Taurus. VIII, 47.
Purut, s. Burut, Poliu.
Purut Ertchipen (Antchiien), in Ost-Turkestan. VII, 516.
Purwan, s. Perwan.
Pusad, Dorf in Afghanistan. VIII, 159.
Pusaeus, Commandant von Anatha. X, 141.
Puschang, s. d. f.
Puscheng (Puschenk, Fuscheng, Buscheng), Landschaft am Herirud. VIII, 240. XI, 569. — s. Busih.
Puscht (Puschta), s. Mian p.
Puschtan, s. Gurivan o P.
Puschtaneh (Plur. von Puschtun), einheim. Name der Afghanen. VIII, 196. 205.
Puschte Khaneh Alli, Stadttheil von Yezd. VIII, 269.
Puschtikhur, Gebirge. VII, 491. 492.
Puschti-Kuh (d. i. Land hinter den Bergen), Zagros-Landschaft am mittl. Kerkha. IX, 210. 327. 333. 463. XI, 931.
Puschtikuh-Luren, Abtheilung der Faïli. IX, 216.
Puschtu, d. i. Afghanensprache. VII, 21. 214. 242. 307. VIII, 195. 205.
Puschtun (Plur. Puschtaneh), d. i. Afghanen. VIII, 205.
Pusteh, d. i. Pistacie. XI, 562.
Pustins, d. i. Schafpelze. VIII, 314.
Putallah (Futallah), Fort in Afghanistan. VIII, 162.
Putchiker, d. i. Zollinspektor. VII, 517.
Putidari, Bedeutung. VII, 139.
Putih, der pers. Golf. VIII, 44.
Putjün, s. Mar P.
Putlam, d. i. Regiment. VII, 55.
Putrah, s. Nanac P.
Putschan, s. Kalaat P.
Putta, s. Pir-P.
Puttapulti, Zuckerrohrart. IX, 253.
Putti, Stadt im Pendschab. VII, 38. — Etymol. 138.
Puttun, s. Hurri-ka-p.
Pyladpuri, Hindu-Tempel in Multan. VII, 67.
Pylae (Xenoph.), an der Gränze des babylon. Mesopotamiens, am Euphrat. X, 16. XI, 755. 763. 765.
Pylae Mediae. IX, 131.
Πύλαι Περσίδες. IX, 139.
Pyle, d. h. Pforte. VIII, 639.
Pyle Rudbar, d. i. Pforte des Flußthales, Paß. VIII, 574. 616. 617. 639. ff. XI, 524.
Pyr, s. Pir.
Pyräum, s. Feueraltar.
Pyramidalbau, in Mesopotamien und Assyrien. XI, 890.
Pyramidale Trümmerberge, in Babylonien. XI, 967.
Pyramide, am Chatunie-See. XI, 450. — zu Nimrud. 663.
Pyramus (Jaïhun, Dschihun), Fluß in Cilicien. X, 839. 848. 891.
Pyramus (u. Thisbe), Sage in Babylon, Ninive. XI, 236.
Pyrethrum alpinum, in den Pyrenäen. X, 499.
Pyrethrum caucasicum, im Ararat. X, 499.
Pyrrhicha, militär. Tanz. XI, 323.
Pyrus communis, s. Birne. XI, 500. 501.
Pyrus cydonia, s. Quitte. XI, 501.
Pyrus malus, s. Apfelbaum. XI, 501.
Pythios, aus Sardes. XI, 512.

Python, Alexander's Feldherr. IX, 365.
Pyrirates (Plin.), oberer Quellarm des Euphrat. X, 80. 83. 823.

Q.

Qarazmiah, s. Quarazmiah.
Qirat, ob Kirath? X, 194.
Quacksalber, aus Wardjanak. IX, 95.
Quaderbau, ohne Mörtel, in Mesopotamien. XI, 359.
Quadersteine, in Bayazed. X, 346. — Ninive. XI, 231. — Iskurriah. 966.
Quadrant, colossaler, auf der Sternwarte zu Maragha. IX, 842.
Quairizäm (Zend), d. h. Fruchtland. VIII, 100.
Quantong, Zuckerrohr das. IX, 270.
Quarazmiah (Keilschr.), d. i. Chorasmien. VIII, 80. 100. 128.
Quarz, im Hindu Kusch. VII, 258. — in Persien. VIII, 38. — in den Hamrin-Bergen. IX, 495. — in der Chaldäer-Ebene. 731. — am Euphrat. X, 1068. — im Dschebel Buschir. XI, 689.
Quarzfelsen, in Tiyari. XI, 607. 615. — Kurdestan. 647.
Quarzgänge, bei Muchni. VII, 227.
Quarzkiesel, am Zab. IX, 535. — Euphrat. XI, 697.
Quarzknoten, in Kalkstein, in Fars. IX, 19.
Quarzstein, bei Arghana. XI, 16.
Quebda, Dorf am untern Euphrat. XI, 1045.
Quecksilber, in Ferghana. VII, 748.
Quelle, Verehrung bei Parsen u. Mohammedanern. VIII, 276. — heilige, der Yeziden, bei Mosul. IX, 734.
Quelle der Seramum-Hügel, bei Mosul. XI, 200.
Quellen, bei Kherwar 2c. IX, 77. 378. — im Urmia-See. 953. — Bildung am syr. Euphrat. XI, 683. — zahlreich im Elwend. IX, 78. — bei Ras el ain. XI, 270. 378. — Orfa (Edessa). XI, 320. 347. — Mosul. 432. — fehlen im Ararat und Alaghez. X, 477. 488. — Temperatur in Kurdestan. IX, 608. XI, 657. — s. Asphalt-, Mineral-, Naphta-, Salz-, Schwefelquellen, Brunnen, Wasser 2c.
Quellen, duftende, bei Ras al ain. XI, 379.
Quellen, eisenhaltige, im Hindu Kusch. VII, 259. — bei Maragha. IX, 831. 834.
Quellen, heiße, am Jilum. VII, 95. — zu Lukki, Curachi. 161. — Abigerm. VIII, 544. 547. — im Demawend. 567. 568. — in Kerman. 738. — Hamadan. IX, 121. — im Savellan 2c. 802. 834. — bei Erzerum. X, 271. — Bayazed. 347. — Hassan kaleh. 390. — Bedrowas. 406. — in N. Armenien. 449. — bei Aintab. 1035. Soukney. 1095. — in Syrien. 1098. — in der syr. Wüste. 1106. 1107. — (mastixhaltige) bei Mosul. XI, 190. — Hamam Ali. 668. — s. Bad.
Quellen, mineralische, bei Schehrezur. IX, 447. — am Van- u. Urmia-See. 858. — bei Takht i Soliman. 1044.
Quelle, süße, bei Hinglaj. VII, 183. — im kasp. See. VIII, 659.
Quellen, tuffbildende, in Aderbidjan. IX, 809.
Quellen, versteinernde, bei Takht i Soliman. IX, 811. — zw. Tabriz u. Maragha. 834. 846 ff. — im Westen des Urmia-Sees. 858. 969.
Quercus aegilops? bellote? in Armenien 2c. IX, 422. X, 718. — s. Valonia-Eiche.
Quercus castaneae, in Ghilan. VIII, 427.
Quercus cerris (pedunculata, sessiflora, infectoria), im Taurus. X, 919. XI, 591.

Quercus coccifera, in Masenderan. VIII, 516.
Quercus valonia, infectoria (aegilops Oliv.?), in Kurdestan. XI, 590. 658. — s. Valonia-Eiche.
Quincallerienwaaren, aus Ispahan. IX, 56.
Quinsai (Quisai). IX, 267.
Quitten, in Kote. VII, 60. — Kabul. 240. 305. 306. — am Hindu Kusch. 262. — Ausfuhr aus Afghanistan. VIII, 175. — in Ghilan. 676. — Ispahan. IX, 44. 55. — Tabriz. 856. — Aderbidjan. 909. — Bitlis. X, 687. — Sarug. XI, 291. — Orfa. 326. — (Pyrus cydonia) in Mesopotamien. 501. — Basra. 1054.
Quotan, s. Khotan. VII, 345.
Quoutchni, Soldtruppen in Yarkand. VII, 400.
Qwan (Keilschr.), Landschaft in Medien. VIII, 68. 88. IX, 357. — s. Choana.

R.

R, fehlt im Anfang armen. Wörter. X, 581.
Raa (Ra), s. Sermen raa.
Raaban, Festung am Euphrat. X, 1052.
Raat, Anwohner des Ssetledsch. VII, 36.
Rabahi, Kastell in Kurdestan. XI, 170.
Raban Ormes, s. Rabban Hormuz. IX, 657.
Rabat, Armenier das. X, 643.
Rabaul, d. i. Karawanserai. VII, 99.
Rabban Dabischu, Dorf in Dez. XI, 600.
Rabban Hormuz (Raban Ormes, Rabba Ormuz), Chaldäer-Kloster in N. Kurdestan. IX, 657. 726. 729. 742 ff. X, 921. XI, 165. 212. — s. Sanct H.
Rabban-Hormuz, Bergkette. XI, 166.
Rabban Sulaka (Siud), nestorianischer Mönch (1552). IX, 669. 673.
Rabba Ormuz. X, 921. — s. Rabban Hormuz.
Rabbat Ammon, Stadt. XI, 544.
Rabbi, s. Khoja R.
Rabbi Jehudah Hallevy (bl. 1140 n. Chr.). X, 548.
Rabenarten, in Mesopotamien. XI, 507. — s. Kolkrabe.
Rabenkrähe (Corvus corone), in Mesopotamien. XI, 507.
Rabia (Rebia), s. Diar R.
Rabulas, Bischof in Edessa. XI, 351.
Racca alba et nigra, in Mesopotamien. X, 1124. — s. Rakka.
Rachame, Geierart. X, 1018.
Rachba (Rahaba), Festung am syr. Euphrat. X, 1103. XI, 697.
Rachim Beg, Fürst von Khokand. VII, 773. — vgl. Rahim.
Rachmân, s. Rahman, Chalil errachmân.
Rachmed, s. Koh i Schah, Rahmed.
Rackdestillationen, in Bitlis. X, 688. — s. Arrak.
Radad, d. i. Winterstrom. XI, 938.
Radcan, Stadt im Meschhed-Thal. VIII, 310. 312.
Radhar Khaneh, Zollhaus im Norden des Urmia-Sees. IX, 961.
Radhi (Redha), s. Ali ben Musa R.
Radinake (pers.), d. i. Naphta. X, 201.
Radjaouri (Radjouri), Bergstaat des Pendschab. VII, 80. 128.
Radjastan, in Dekan. XI, 559.
Radkani, Kurdenstamm. IX, 717.
Radsch, s. Kaleh-r.
Radsjab, s. Nakschi Redscheb.
Räderkarren, in Ferghana. VII, 482. — Aderbidjan. IX, 972.

Räderpflug, in Aderbidjan. IX, 972.
Räscht, s. Rescht. VIII, 648.
Räs Dun, Prachtthal am Tricota-Gebirge. VII, 85.
Rafeht (arab.), d. i. Schildkröte. XI, 723.
Raffinerie des Zuckers, ihre Geschichte. IX, 246. 275 ff.
Rafika (Raphika, Or Rafeka), Schwesterstadt Rakka's, am Euphrat. X, 238. 1145. 1146.
Rafiza-Sekte, Schiiten in Meschhed Ali. X, 278.
Raga, d. i. Rai. VIII, 118. 119.
Ragaea (Zend), der zwölfte von Ormuzd erschaffene Segensort. VIII, 67. — s. Raghan u. d. f.
Ragau (Ῥαγαῦ, Ragaea), unbekannte Stadt in Apavarktikena (Rujan?). VIII, 119. — s. d. v.
Raggat il Wacet, s. Rakka Wasit.
Raghan, der zwölfte von Ormuzd erschaffene Segensort. VIII, 31. 35. 67. 119. 595. — s. Rai.
Raghan, d. i. Butter. VIII, 382. 384.
Rahaba (Rahabah, Rebabeh ꝛc.), Name verschiedener Orte. XI, 694.
Rahaba (Rachba, Rechaboth, Rehoboth, Ruchbah, Er Rahabeh, Or R., Errachaby, Machedrabah ꝛc.), Stadt, Kastell am Euphrat. X, 255. 1103. XI, 266. 662. 675. 693. 694. 696. 698. 1040. 1105.
Rahaba alchamra, d. i. die rothe Rahaba. XI, 696.
Rahaba Malek ben Daud, Stadt. XI, 716.
Rahaba Maleck ben Tauk (R. Melik ibn Tawk), Stadt am Euphrat. X, 236. 255. XI, 274. 694. 696. 705. 706.
Rahabe, Distrikt von Orfa. XI, 320.
Rahabed, s. Rahaba. XI, 698.
Rah-abi, d. i. Wasserweg. VIII, 493.
Rahâme, Rahamie, s. Rumahie. XI, 952. 1039.
Rahan (Arhan), buddhist. Bettelmönch. VII, 333. 361. 366.
Rahban, Kanal bei Kazerun. VIII, 825.
Rahdari, Zollhaus am Kisil Osen. VIII, 642.
Rahdars, d. i. Zolleinnehmer. VIII, 859.
Rah-gili, d. i. Morastweg. VIII, 493.
Rahh, Tränke in der arab. Wüste. XI, 743.
Rahim, s. Rachim, Mohammed R. Khan.
Rahimabad, Distrikt von Kaswin. VIII, 126.
Rahim Dil, Prinz in Kandahar. VII, 317.
Rah-jangali, d. h. Waldweg. VIII, 493.
Rahman, s. Rachman, Abdalrahman, Abdurrahman.
Rahmed, s. Rachmed.
Rahmed abad, s. Merhemed abad.
Rahmed Ali Khan, pers. Gouverneur. IX, 823.
Rahmed Ullah Aga, Tatar, seine Route von Amadia zum Van-See. IX, 641. 659 ff.
Rahun, im Pendschab. VII, 117.
Rai, s. Sermen R.
Rai, d. i. Freundschaft. XI, 130.
Rai (Rhä, Rhei, Raga, Raghan, Rhagae), alte Hauptstadt in Medien. VIII, 31. 35. 67. 118. 119. 127. 447. 450. 471. 574. 595 ff. X, 201. XI, 381. — s. Kalaa i R., Tehran-Rai.
Raigan, s. Murgsar R.
Raisena (Ptol.), d. i. Ras al ain. XI, 375.
Raj, d. i. Weiler. VII, 178. 179.
Raja, s. Dherma R., Maha R., Rajput R.
Rajah, Rajet, d. i. Unterthanen. VIII, 382. — s. Rayahs.
Rajaputen, s. Rajputen.
Raj-ghur (Rajgul), d. i. Königsberg. VII, 230. — s. Sufaid Kho.

Rajik (Eragiza, Eraciza), syr. Ort, Zufluß zum Euphrat. X, 10. 1000.
Rajir Kharab, in Kurdestan. XI, 92.
Rajputen (Rajaputen), in Kandahar. VIII, 148. — s. Kutch-R.
Rajput Raja's. VII, 187.
Rakam (Rakm), d. i. geschriebener Befehl. VIII, 757. — vom Gouvernement ausgestellter Firman. IX, 913.
Rakha, gemeinschaftlicher Raubzug der Seikhs. VII, 138.
Rakhsi (georg.), d. i. Araxes. X, 389. 581.
Raki Lurs, Tribus. IX, 201.
Rakka (Arraca, Nicephorium, Kallinikum), Stadt am Euphrat. X, 13. (astr. L.) 14. 238. 241. 1024. 1115. 1116. 1139 ff. (Distrikt von Orfa) XI, 320. 382. 682. — Dist. X, 236. 1020. 1072. 1091. XI, 269. 272. 275. 687.
Rakka, die schwarze, d. i. Rafika. X, 1124. 1146.
Rakka es Schemasiyah, am Tigris. X, 207.
Rakka Wasit (R. Waset, Raggat il Wacet), d. i. die Mittelstadt am Euphrat. X, 1114. 1146.
Rakm, s. Rakam.
Rakwaba, in Persien. IX, 118.
Rallus, zwei Arten in Mesopotamien. XI, 509.
Rama, s. Ramma.
Rama, in Palästina, Begräbnißort St. Georgs. XI, 192.
Ramadan Oghlu, Berg des cilicischen Taurus. X, 916.
Ramadi, Stadt am Euphrat. XI, 763. 765.
Rama nagara, d. h. heilige Rama. VII, 84.
Rambagh, Lieblingsresidenz Runjit Singhs. VII, 58.
Ramchunder, Halbgott der Hindus. VII, 183.
Ramelah, zwei Anhöhen am Euphrat. X, 20. 219. — vgl. Ramla.
Ramgerd, s. Koh R.
Ramgurh, Festungswerke bei Umritsir. VII, 137.
Ramhan, Brunnen der Sinai-Halbinsel. XI, 544.
Ram Hormuz, Dorf in Chab Scheikh. IX, 146. 152. 226. 228.
Ramin, s. Veramin. VIII, 450.
Ramla, in Syrien. XI, 531. — vgl. Ramelah, Ruml.
Ramma (Sita Rama?), Ruinenstadt im Pendschab. VII, 84. 104.
Ramnagar (Ramnagur, d. h. Stadt Gottes), Stadt am Chinab. VII, 60. 61. — Zuckerrohr das. IX, 254.
Rampur, Hauptstadt der Rohilla. VII, 214.
Ram Runi, Festungswerke bei Umritsir. VII, 137.
Ramuz, d. i. Ram Hormuz. IX, 226.
Rana cachinnans, in Masenderan. VIII, 538. — s. Frosch.
Ranadjitsimha (Runjit Singh), d. h. Sieger-Löwe. VII, 140.
Ranasch, Vorstadt von Andamisch. IX, 195.
Randan, heiße Badequelle in Aderbidjan. IX, 803.
Randuk, s. Kara r.
Rani, s. Basi R.
Rankengewächse, im Hindu Khu. VII, 269. — häufig in Masenderan. VIII, 436. 542. — in Ghilan. 673.
Ranpur, Himalayastaat. VII, 6.
Ranunculaceen, bei Derendah. X, 864. — Mosul. XI, 218. — in Mesopotamien. 483. 979.
Ranunculus asiaticus, im östl. Mesopotamien. XI, 218. 484.
Rao, d. i. Radja, König. VII, 108.
Raoka, Fels am Jilum. VII, 94.
Rao Kanoje, am Kori-Golf. VII, 167.
Raphika, s. Rafika.
Rapitam, Schutzgenius des Südlandes. VIII, 32.
Rara, s. Abul R.
Râs (Kopf), s. Asschab er râs.
Ras (arab. u. türk.), d. i. Araxes. X, 389.

Rasa (Dasa, Basa), am Euphrat. X, 236. 237.
Rasad, s. Rassal.
Rasain, Dorf im westl. Mesopotamien. XI, 281. — s. Ras al Ain. X, 1119.
Ras al Aien, unbek. Stadt bei Babylon. X, 262.
Ras al Ain (Ras el A., R. ol Ain, Rhaesaena, Raisena, Rhesina, Raso'laina, Raseina, Resaina, Raselma, Theodosiopolis, Callirrhoë), d. i. Haupt der Quelle, Stadt am Khabur in Mesopotamien. X, 244. 247. 1054. XI, 249. 254. 255. 261. 263. 270. 271. 281. 351. 372. 375 ff. 399. 450. — Dist. X, 238. 1116. XI, 269. 275.
Ras al Ain, Stadt auf der Ostseite des Euphrat, südl. von Sarudsch. X, 1119. — s. Rasain, Rhisina.
Ras al Ain, Stadt auf der Westseite des Euphrat. XI, 1040.
Rasas, s. Hadjar R.
Ras Berdistan (Verdistan), Vorgebirge am pers. Golf. VIII, 778.
Raschid, s. Harun al R., Kais Abdulr., Kira R.
Raschid-eddin, Verf. der Dschami el tewarikh. VII, 592. IX, 794.
Rasch Kaim, Gebirge in Kurdestan. XI, 649.
Raschwak, Ebene am Van-See. X, 288.
Raseina (arab.), d. i. Ras al Ain. XI, 375.
Raseka, irrig st. Rafika. X, 238.
Ras el ain al Arab, Fluß im westl. Mesopotamien. XI, 281.
Ras el Djerd, s. Cap Sertes.
Ras el Had, arab. Vorgebirge. X, 41.
Ras el Kalb, d. i. Hundskopf. VIII, 471.
Ras el Kora, Dorf in Arabien. XI, 544.
Raselma (caput aquae), s. Ras al Ain. XI, 375. 378.
Ras el Ziljah, Erdwall am Tigris. XI, 932.
Rasgul, d. i. Dämonenhaupt, arab. Name für Pösön Keif. XI, 81. 83.
Rasi, d. i. Einwohner aus Rai. VIII, 604. — s. Razi.
Rasin (contr. aus Ras ul ain), d. i. Kopf des Wassers, Felsthal in N. Kurdestan. IX, 737.
Rasiphta, s. Rosapha. X, 1089.
Rasiti, i. e. incolae Raseini. XI, 378.
Raskam (Araskim), Dorf in Aderbidjan. IX, 928.
Raslain, s. Ras al Ain. X, 1054.
Rasm el Mamur, Schriftsteller. X, 102. 192.
Rasm Rudbar, in Irak. VIII, 464.
Raso Aining, s. d. f.
Ras ol Ain (Raso'laina), i. e. caput fontis, Ras al Ain. X, 244. XI, 375. 378.
Rassal (wol Rasad?), Bergkette bei Maragha. IX, 836. 844.
Rassam, Mr., engl. Consul, Ainsworths Begleiter. X, 845. 214. 394. 476. 585. 636.
Rassus, s. Hadjar Rasas.
Ras ul Ain, s. Ras al Ain, Rasin.
Raß, seltsames Thier mit Hörnern, auf der Pamer-Ebene. VII, 489.
Raßmy, Gemäß in Khokand. VII, 784.
Ratan Panjahl, Alpenstock. VII, 85.
Rathan, Diyalah-Kanal. X, 230.
Rattah, Tigris-Kanal. XI, 947.
Ratte, in Khotan. VII, 367. — s. Moschus-, Spring-, Wanderratte.
Rattengrab u. Tempel, in Khotan. VII, 371.
Raub, in Luristan durch Geldstrafen gebüßt. IX, 216. — Handwerk der Kurdenchefs. 619.
Raubthiere, in Mesopotamien. XI, 503. — s. Fauna.
Raubvögel, zahlreich in Mesopotamien. XI, 507. 701.
Raubvölker, in Iran. VIII 95.

Rauschtrank, s. Getränke, Arrak, Branntwein, Kumisch 2c.
Raute, starkduftende, in Nord-Persien. IX, 20.
Rauwolff, Dr. L., Nürnberger Reisender, auf dem Euphrat (Bir-Rakka). X, 1002. 1018 ff. 1146. XI, 685. 692. 707. — in Mosul (1574). XI, 185. — Orfa. 330. — (aus Augsburg) in Anah. 712. 717. — Haditha. 732. — Feludja—Bagdad. 779. 799.
Rauzah Aschur, d. i. Garten Aschur, Dorfruine der Sindschar-Berge. XI, 462. — vgl. Rozeh.
Ravenna, Geograph von. XI, 275. 289.
Ravennea, Dorf am Euphrat. XI, 780.
Ravey, s. d. f.
Ravi (Hydraotes), linker Zufluß zum Chinab. VII, 33. 47. 194.
Ravid Sestein. IX, 23.
Rawad, Kurden-Tribus. IX, 616.
Rawah, Stadt am Euphrat. XI, 711. 726.
Rawala, Christendorf in Tiyari. XI, 599.
Rawandan, Ort in Euphraten-sien. X, 931.
Rawandus, s. Rewandoz. IX, 618.
Rawans, Kurden-Tribus. IX, 940.
Rawasch, d. i. Rhabarber. VII, 305.
Rawend, s. Arwend (Elwend). IX, 92.
Rawendier, relig. Schwärmer-sekte. VII, 667. VIII, 580. X, 196.
Rawil Pindi, Stadt im obern Pendschab. VII, 98. 99.
Rawlinson, H. C., engl. Major, IX, 10. — Route von Masabadhan nach Susiana. 397 ff. — über Aderbidjan. 1009 ff.
Ray, s. Rai.
Rayahs (arab., d. i. Unterthanen), Bez. für die Gurans in Kurdestan. IX, 571. — s. Rajah, Rayats.
Rayat, Hauptort der Baliki-Kurden. IX, 1028.
Rayatparwar, d. i. Protektor der Landleute. IX, 78.
Rayats (Riayyats), d. i. Nicht-Moslemen. IX, 466. — s. Rayahs, Riayyah.
Raz, s. Baad R.
Raz, erbaut Rai. VIII, 602. 603.
Razi, d. i. Einwohner von Rai. VIII, 602. — s. Rasi, Rhazes, Amin Ahmed R., Imam Fakhr Eddin R.
Reach, Dr., engl. Arzt in Persien. IX, 799. 927.
Real, Münze (=35 Centimes). IX, 127. 678.
Rebat, s. Robat, Kizzelrebat.
Rebat Kirdan (Robat Karwan?), bei Herat. VIII, 241.
Rebekka, Bethuels Tochter. XI, 283.
Rebhühner, am mittl. Indus. VII, 149. — in Khokand. 767. — bei Kohrud. IX, 37. — am Elburs. VIII, 590. — Jagd in Persien. 623. — bei Abuschähr. 787. — (Attagen od. Bagrakala), bei Erzerum. X, 749. — (Perdix) verschiedene Arten in Mesopotamien. XI, 164. 358. 434. 479. 508. — bei Mosul. 202. — s. Wüstenrebhuhn.
Rebhühner, graue u. braunrothe (Tetrao caspius), in Masenderan. VIII, 516. — Kurdestan. IX, 611. — am unt. Euphrat. XI, 980.
Rebhühner, rothfüßige, in Irak. VIII, 559. — Fars. 845. — Kurdestan. IX, 611. — bei Amadia. 719.
Rebhühner, schwarzbrüstige (Bokara kara), am Demawend. VIII, 560. — in Aderbidjan. IX, 850.
Rebhühner, schwarze, in Aderbidjan. IX, 799. — am untern Tigris. XI, 937. 945. 980.
Rebhuhngefechte, in Kurdestan. IX, 627.
Rebia (Rabia), s. Diar R.

Rebia, Sohn Nesars. X, 1142.
Rebiat ol Fars, d. i. Rebia der Pferde. X, 1142.
Rechaboth, s. Rehaba. XI, 266.
Rechanah (Rihanah), Berge am Euphrat. XI, 729.
Rechewend, kurdische Ilats. VIII, 993. — vgl. Rischwan.
Rechoboth, s. Rahaba. X, 255.
Rechtspflege, in Yarkand. VII, 394. — in Khokand. 768. — bei Kurden. IX, 935. 937.
Redha (Radhi), s. Ali ben Musa el R.
Redif (Rediff), d. i. Landwehr. X, 809. — neuorganisirtes Regiment. XI, 131.
Redscheb, pers. Heros. VIII, 887. — s. Rejeb, Nakschi R.
Redwan, Kastell am Buhtanfluß. X, 92. XI, 127. — Dist. X, 91. XI, 88. 92. 112.
Rees ol-ain, d. i. Ras al ain. XI, 378.
Rees ul Naoura (Naura), d. i. Quelle des Schöpfrades, mit blauem Schlamme, bei Mosul. XI, 190.
Refiks, d. i. Laien. VIII, 580.
Regal der Pferdezucht, in Persien. IX, 367.
Regan, im Süden der Kerman-Wüste. VIII, 728. 733.
Regen, selten im Indus-Delta. VII, 174. — Yarkand. 397. — Kutsche. 446. — Turkestan. 467. — in Kars. X, 429. — erster, am Euphrat. 1023. — selten in Bagdad. XI, 810. — s. Mai-, Sand-, Stein-, Tropen-R.
Regenlachen, in der arabischen Wüste. XI, 745.
Regenpfeifer, bei Mosul. XI, 217.
Regenzeit, fehlt in Kabul. VII, 239. — im Belur Tagh. 501. — in Ghilan. VIII, 429. — Mosul. XI, 220. — Mesopotamien. 499.
Regh, s. Bender Rigk.
Regulus, d. i. Zaunkönig. XI, 580.
Rehabeh, s. Rahaba, Mesched R.
Rehe, in Ghilan. VIII, 677. — häufig im Taurus. XI, 505.
Rehimena (Ῥημήνων), unbek. Provinz. X, 158.
Rehimlu, Ilat-Tribus. VIII, 404.
Rehmaun, afghan. Dichter. VIII, 163. 169.
Rehoboth, s. Rahaba. XI, 662. 694.
Rehunabad, Dorf bei Tehran. VIII, 449.
Rei, Distrikt von Fars. VIII, 127. — vgl. Rai. 118.
Reichard, über das Euphrat-Zeugma. X, 972 ff.
Reichsarchiv, altpersisches, in Ekbatana. IX, 105.
Reiha, in Syrien. X, 924.
Reiher, am Araxes. X, 382. — sieben Arten in Mesopotamien. XI, 509. — am Euphrat. 685. — Tigris. 856.
Reim, bei den Armeniern von den Arabern entlehnt. X, 549.
Reineggs, Reisender im Ararat, Kaukasus (1783). X, 486. 507.
Reis, bei Doch. VII, 44. — bei Sehwun. 123. — Hauptprodukt im Indus-Delta. 159. 174. — am Kabulstrom. 261. — in Yarkand. 394. 396. — Kaschghar. 418. — Khokand. 633. — bei den Ansi. 655. — bei den Tadjiks. 715. — am Oxus. 810. 815. — in Afghanistan. VIII, 151. — Ghilan. 426. 429. 431. 675. — Masenderan. 436. 490. 498. — fehlt bei Kelat. 715. — in Yezd. IX, 26. — Ispahan. 54. — Chab. 159. — Muchircan. 183. — als Streifling in N. Australien. 249. — in Zohab. 396. 466. — Kurdestan. 448. 454. 657. 728. 1030. — Khanakin. 490. — am Diyalah. 493. 514. — fehlt bei Sulimaniyah. 608. — in Hekkari. 660. — Van. 978. — Aderbidjan. 800. 911. — in der Araxes-Ebene. X, 458. 522. — am Bitlis Tschai. XI, 98. — am obern Tigris. 117. 123. — in Mesopotamien. X, 67. 911. XI,

283. 285. 658. 964. 1016. — Orfa. XI, 326. — Nisibis. 425. — Tiyari. 607. 610. 614. — Bagdad. 812. 816. 822. — am unt. Tigris. 942.— am Euphrat. 969. 972. 983. — im südl. Chuſiſtan. 1030.— bei Basra. 1051.
Reiſeproviant, in Meſopotamien. X, 1018. — ſ. Nacht-, Wüſtenreiſe.
Reisſtein. IX, 197.
Reiterfiguren, fehlen in den altperſ. Sculpturen. IX, 366.— ſ. Pferd.
Reitermünzen, in Kabuleſtan. VII, 683.
Rejeb, ſ. Redſcheb, Nakſchi R.
Rejeb, Mulla in Tekrit. X, 224.
Rejeb Beg, in Hazero. X, 699.
Rek, Wieſe in Hamadan. IX, 119.
Religion, in Oſt-Turkeſtan. VII, 427.— der Luren. IX, 213. 217. 340. — der Yeziden. 696. 751. — in Perſien. 899. — der Kurden. XI, 139.
Religion der Zweige, in Harran. XI, 311. 313.
Religionsamalgamationen. IX, 472.
Religionscoder, fehlt den Yeziden. IX, 696.
Reman, Römerburg im obern Meſopotamien. XI, 28. 150.
Ῥημήνων, (Zosim.), ſ. Rehimena.
Rendwames, Stadt Ferghana's. VII, 745.
Rene, Ort in Meſopotamien. XI, 376.
Rengheiao, ſechszehnter von Ormuzd erſchaffener Segensort. VIII, 31. 35.
Rennell, J., über Xenophons Feldzug. X, 972 ff. 1091. 1100.
Reobarle, d. i. Rudbar, Engpaß in Kerman. VIII, 726. 727.
Rephaa, ſ. El R.
Reptilien, in Meſopotamien. XI, 510.
Republikaniſcher Bundesſtaat, Beiſp. davon im Orient. IX, 216.
Reſa, Ort. X, 1142.
Reſafeh, ſ. Reſapha, Babal Tauk R.
Reſaina (Rheſaina), d. i. Ras al ain. X, 244. XI, 23. 249. 268. 375.
Reſapha, Name vieler Orte. X, 1090. — ſ. Reſafeh, Reſſafa, Ruſſafa.
Reſapha (Riſapha, Roſapha, Raſiphta, Arſoff), Ruinenſtadt am ſyr. Euphrat (Sergiopolis). X, 1086. 1089. 1108 ff. 1112. XI, 296. — vgl. Rheſcipha.
Reſchedieh, ſ. Kala R.
Reſchideh, Dorf bei Ninive. XI, 226. 241.
Reſchidiyah, Dorf am Tigris. XI, 453.
Reſchid Paſcha (R. Mohammed P.), ſeine Militärſtraße in Armenien. X, 750.— in Kurdeſtan. IX, 689. 690. X, 702. — erobert Djezireh (1836). IX, 709. 714. 728.— bändigt die Kurden. X, 672. 698. 1007. XI, 128 ff. — erobert Mardin. XI, 392.
Reſchki, Kurden-Dorf bei Erbil. IX, 694.
Reſcht (Räſcht, Rjätſchtſche), Hauptſtadt von Ghilan. VIII, 15. 123. 126. 648 ff. — Armenier daſ. IX, 50. — Diſt. VIII, 544. 643.
Reſcht-abad, Dorf in Ghilan. VIII, 647.
Reſen, ſ. Reſſen, Gibiagin.
Reſetſchai, Diſtrikt von Hamadan. IX, 123.
Reſina (Rheſina), d. i. Ras al Ain. XI, 376.
Resmat, Kloſter in Taiſapha. XI, 294.
Reſſafa, ſ. Reſapha, El R.
Reſſaina (Tab. Peut.), d. i. Ras al ain. XI, 376.
Reſſen (Reſſin), aſſyr. Stadt zw. Ninive u. Calach. XI, 379. 663. — ſ. Gibiagin.
Reſtab, Diſtrikt von Schirwan. VIII, 126.
Reſtali, Zuckerrohrart. IX, 253.
Retavi-Araber, in Meſopotamien. XI, 442.

Reutt, General (1812). X, 355.
Revan, d. i. Eriwan. X, 342.
Revan-Kurden, d. i. Eriwan-Kurden. X, 333.
Revendiz, s. Rowandiz.
Rewak, Thronsaal in Samarra. X, 227.
Rewan, s. Khwajeh-reg-rewan.
Rewandiz (Rewandoz), s. Rowandiz.
Rewasch, d. i. Rhabarber. VII, 305. IX, 582. — s. Riwaz.
Rewaß, Pflanze mit süßem Syrup. VIII, 324.
Rewendek, Kurdenstamm. IX, 1027. — vgl. Rowandiz.
Reza, s. Riza, Mirza R., Mohammed R. Khan.
Reza-abad, Arm des Sasun. VIII, 829.
Reza Kuli Khan, Kurdenfürst. VIII, 315. 346. 397.
Rezeph, d. i. Steinpflaster, Pflasterweg. X, 1113. 1114. XI, 296. — s. Resapha.
Rezhau, in Kurdestan. IX, 460.
Rha, Festung der Dilem-Alpen. VIII, 576. — vgl. Rhah.
Rhabad (Robad?), Ort in Irak Adschem. IX, 66.
Rhabarber (Rheum), als Gemüse in Kabul. VII, 305. — in Kutsche? 446. — Kurdestan. IX, 582. 609. 692. — Erzerum. X, 758. — Tiyari. XI, 618.
Rhabdium (Procop.), Bergfestung am Masius. XI, 152. 400. 401. 428. — s. Tschil Agha. 249.
Rhä, s. Rai. VIII, 67.
Rhaesaena (Ptol.), d. i. Ras al ain. XI, 281. 375.
Rhaga (Rhagae, Rhagan, Rhagis, Rai), zwölfter von Ormuzd erschaffener Segensort, Stadt in Medien. VIII, 67. 88. 447. 456. 595. 598. IX, 76. XI, 381. — vgl. Raga.
Rhaganis (Nearch), am pers. Golf. VIII, 780. — vgl. Rhoganis.
Rhagas (Rhages), Stadt in Medien. VIII, 67. 68. — s. Rhaga.
Rhagiane, als parth. Provinz. VIII, 67. 117.
Rhagis, d. i. Rai. VIII, 35. — s. Rhaga.
Rhah, Abfluß des Palagatsis-Sees zum Arpa tschai. X, 397. 440. 581. — vgl. Rha.
Rhamnus alaternus, im Taurus. X, 919.
Rhamnus catharcticus, im Taurus. X, 921. XI, 617.
Rhamnus infectorius, bei Van. X, 301.
Rhamnus jujuba, s. Konar-Baum.
Rhamnus lotus. IX, 303.
Rhamnus napeca, s. Napeka.
Rhamnus paliurus. VII, 455. X, 919.
Rhamnus saxatilis, in Kurdestan. XI, 617. 658.
Rhamnus ziziphus, in Mesopotamien. XI, 501. — s. Jujube.
Rhasis (Rhisina), Festung im obern Mesopotamien. XI, 82. 381.
Rhazates, pers. Feldherr. IX, 503.
Rhazdan (armen.), s. Hraztan. X, 399.
Rhazes (Rhazi), s. Razi, Al Rh.
Rheg, s. Rig.
Rhei, s. Rai. VIII, 67.
Rhein, Wassererguß bei Basel. VII, 191. — als Appellativum. IX, 517.
Rhesaine (Ptol.), d. i. Ras al Ain. XI, 254. 351.
Rheschduni, armen. Prinzengeschlecht. IX, 996.
Rheschdunik, armen. Distrikt. IX, 785. X, 629.
Rhescipha (Ptol.), Stadt am Euphrat. XI, 728. — vgl. Resapha.
Rhesina (Steph. Byz.), d. i. Ras al ain. XI, 375. 383. — vgl. Rhisina.
Rheum, d. i. Rhabarber. IX, 582. 609.
Rheumatismen, in Diarbekr. XI, 59.
Rhicinus, s. Ricinus.

Rhinoceroten, in Sawati. VII, 201. — Persien. 716.
Rhinocolura (El Arisch), Gränzstadt von Aegypten u. Syrien. X, 110.
Rhinolophus, in Mesopotamien. XI, 503.
Rhisina (Ptol.), Stadt in Mesopotamien. XI, 281. 376. — vgl. Rhesina, Rhasis.
Rhiwaz, s. Riwaz.
Rhoa, s. Roha. XI, 349.
Rhoaler (Plin.), Volk am Euphrat. X, 961. 1119. XI, 336.
de Rhodes, Alex., Jesuit in Cochinchina (1624—44). IX, 263.
Rhododendron, im Elburs. VIII, 498. — in Fars. 823. — bei Schahpur. 828.
Rhododendron ponticum, maximum, im pontischen Taurus. X, 920.
Rhodus, Insel. X, 171. — Feigen das. XI, 549.
Rhoganis, Fluß in Daschtistan. IX, 134. — vgl. Rhaganis, Roghani.
Rhossus, Berge von. X, 919.
Rhumia, d. i. Urmia. IX, 942.
Rhusa (Ῥουσᾶ), Jagdschloß der Sassaniden. IX, 487. 503.
Rhus coriaria, d. i. Sumach. XI, 500.
Rhus cotinus, s. Gerberbaum.
Rhuwasch, s. Rewasch. VII, 305.
Riangkul, Pamer-See. VII, 492. 496.
Riayyah (türk.), d. i. tributär. VIII, 382. — s. Rayats.
Ricard, Pater, in Persien. X, 618.
Rich, J. Cl., engl. Resident in Bagdad, sein Tod. VIII, 855. IX, 8. 74. — Routen in Schehrezur. 459 ff. — in Kurdestan. 559. XI, 164. — über Dschulamerk. IX, 661 ff. — in Erbil. 692. — im Kloster Mar Mattei. 732 ff. — in El Kosch, Rabban Hormuz. 739. — seine oriental. Manuscriptensammlung. 745. — in Amid, Sert. XI, 92. — Mosul. 193. — entdeckt Ninive's Ruinen. XI, 222. — Tigrisfahrt von Mosul bis zur Einmündung des Zab Ala. 660 ff. — zwischen dem Großen u. Kleinen Zab. 669 ff. — von der Einmündung des Kl. Zab bis Bagdad. 677 ff. — in Bagdad. 824. — über den Tak i Kesra. 856. — Bagdad—Hilla. 869. — entdeckt den Birs Nimrud. 877. — auf dem untern Tigris. 928.
Richewan, s. Rischwan.
Richna Duab, Flußlandschaft im Pendschab. VII, 47. 62.
v. Richter, O., in Syrien. XI, 516.
Ricinus, selten zu Banna. IX, 581. — in Kurdestan. 609. — am Arares. X, 522. — s. Sesam. IX, 852.
Ricinus communis, Nahrung des indischen Seidenwurms. VIII, 704. — (Khúrwá) in Mesopotamien. XI, 501.
Ricinus Palmachristi, bei Schahpur. VIII, 828.
Ridahr, s. Rischähr.
Ridjab, s. Rijab.
Ridjao, Name für den Zagros-Paß. IX, 394. — s. Rijab.
Ridschel el Abbâs, in Mesopotamien. XI, 423. 424.
Riedgras, in Mesopotamien. XI, 499. 768. 960. — am Tigris. 941. — am Schat el Arab. 1026. — im südl. Chusistan. 1029.
Riesen-Grab, bei Harapa. VII, 50.
Rig (Rheg), Hafen des persischen Golfs. VIII, 580. IX, 134. — s. Rigk.
Rigani, s. Radkani.
Rigk, s. Rig, Bender R.
Rigschähr, s. Rischähr.
Rihanah, s. Rechanah.
Rihan baghi, Basilikon-Gärten bei Diarbekr. XI, 52.
Rijab (Ridjab), Zagrospaß und Dorf am Holwanfluß. IX, 389. 394. 469. — vgl. Ridjao.
Rijab-Feigen. XI, 540.

Rikistan, d. i. Sandland. VII, 411.
Rimmon (hebr.), d. i. Granatbaum. XI, 550. — als Göttername. 551. — Bez. vieler Orte in Palästina. 553. — s. Gath R., Hadad-R.
Rimruk, irrig statt Nimrud. XI, 173. 662.
Rin (Run), als Flußname. VII, 171. 489.
Rinder, Heerden im Pendschab. VII, 117. — vorzügliche, in Ardelan. IX, 433. — in Kars. X, 431. — Musch. 679. — Erzerum. 756. — Hauptreichthum in Mesopotamien. XI, 506. 507. — werden mit Datteln und Fischen gefüttert. 1033. — am untern Euphrat. 1044. — mit Doppelbuckeln, in Ghilan. VIII, 677. — s. Ochsen, Buckelochsen, Heerdenthiere rc.
Rinder-Bastarde mit Pferden, in China. VII, 413.
Rindfleisch, von Beduinen seltner gegessen. XI, 1007.
Ringeltanz der Kurdinnen. IX, 623.
Ring-Symbol, häufig in pers. Monumenten. VIII, 832. 834. 885. — in Nakschi Rustan. 936. 939.
Rion, Fluß zum Pontus. X, 369.
Ripalthas (Ripaltas), Festung im obern Mesopotamien. XI, 82. 381.
Riphat, Nachkomme Gomers. X, 358.
Ripidium ravennae, in Masenderan, Ghilan. VIII, 437. 516. 676.
Ris, d. h. fliehend. IX, 853.
Risa, s. Reza, Riza, Imam R.
Risaa, Seid Ibn R.
Risafa, s. Risapha.
Risaki, s. Abder Risaki.
Risalet, d. i. Tractat. IX, 840.
Risapha (Ptol.), d. i. Sergiopolis. X, 1086. 1089. 1110. — s. Resapha.
Risch, s. Baya R.
Rischähr (Rischehr, Rischer, Rizahr, Ridahr), Küstenfort bei Abuschähr. VIII, 779. 781. 782.
Rischahri, Leinwand aus Rischähr. IX, 781.
Rischedel moï, i. e. Sisimbrium nasturtium. XI, 502.
Rischehr (Rischer), s. Rischähr.
Rischevan, s. Rischwan.
Rischis, d. i. Heilige. VIII, 263.
Rischkipha (syr.), d. i. Felsschlucht, Stadt am Euphrat. XI, 728.
Risch-sefids (d. h. Weißbärte), Gemeindeälteste der Luren rc. VIII, 383. IX, 216. 835.
Rischwan (Rischevan, Richevan), Ort am Zusammenfluß des Murad und Frat. X, 648. 724. 799.
Rischwan, Kurdenstamm. IX, 438. X, 800. — vgl. Rechewend.
Risk, s. Abu-risk.
Riski, s. Seid Ahmed Beg R.
Rissafa, s. Resapha, Schaeib il R.
Rissafi, s. Kantarah el R.
Risuri, Kurdenstamm. IX, 1027.
Riswant, in Kerman. VIII, 747.
Riwaz (Rhiwaz), Rhabarber-Art in Kurdestan. IX, 582. 609. — s. Rewasch.
Riza, s. Reza, Risa, Ali R., Ka'l'ahi R., Schah R.
Rizahr, s. Rischähr. VIII, 781.
Rizak, s. Abdur-rizak.
Rjäschtsche, d. i. Rescht. VIII, 648.
Roais, Roase, s. Roha. XI, 349. 350.
Robad, s. Rhabad, Robat.
Robad-bar, Stadt im Kerkhathal. IX, 402. 403.
Robar Elmeï, Bergstrom in Hekkari. XI, 602.
Robat (Robad), d. i. Karawanserai, Herberge. VIII, 318. 448. IX, 66. — s. Robad, Abiyun R., Deir R., Kala R., Turki R.
Robat, Ort an der Westgränze Kermans. VIII, 728. 735.
Robat, Bergdorf in Luristan. IX, 339.
Robat Dan, Dorf im südl. Irak Arabi. XI, 1025.

Robat e Aischk, Karawanserai in Khorasan. VIII, 345. 351.
Robad i Gaduk, Karawanserai im Demawend. VIII, 488. 489.
Robat Tarwan, Dorf am Heratfluß. VIII, 238. — s. Rebat Kirdan.
Robat Zafferuni (Saffranherberge), Karawanserai bei Nischapur. VIII, 318. 330.
Robertson, schottländischer Bergwerks-Ingenieur in Ahar, Sivan Maaden. IX, 799. X, 710.
Robinia (fructescens), in Mesopotamien. XI, 499. 658.
Robinson, Dr. E., Reisender in Palästina. IX, 11. 685. XI, 531.
Robohrah, Christendorf in Berrawi. XI, 598.
Rocafa, s. Er R.
Roche, Pater, in Erzerum. X, 619.
Rochha, d. i. Roha (Orfa). XI, 315. 320. 327. 356.
Rockh, s. Rokh, Ruckh, Schah R. Beg.
Rocneddin, s. Rokn-eddin.
Rodcan, Stadt. VIII, 120.
Rodowan-Fluß. IX, 724.
Römerfeld, bei Dara in Mesopotamien. XI, 400.
Römisch, s. Rom, Lateinisch, Katholisch.
Römische Adler, in Rumkalah. X, 935. — Orfa. XI, 321.
Römische Ansiedelungen, Festungen, am Euphrat. X, 1129. — in Mesopotamien. XI, 23.
Römische Baureste, in Hassan kalah? X, 392. — (Brücke und Säulen) am Kiachtafluß. 884. — angeblich in Eski Mosul. XI, 161. — in Sindschar. 262. — Mardin. 392. — Nisibis. 430. — am mittl. Euphrat. 711. —
Römische Künstler, in Al Hadhr. XI, 490.
Römische Mauern, in Orfa. XI, 332.
Römische Militärstraße, am Euphrat. X, 933. — nach Carrhae. 1063. — s. Route.
Römische Marmorsäulen, in Orfa. XI, 332.
Römische Münzen, in Jellallabad. VII, 556.
Roggen, s. Korn.
Roghan (?), aus Butter bereitet. VIII, 509.
Roghani, Paß in Afghanistan. VIII, 164. — vgl. Rhoganis.
Roh (afghan.), d. i. Berg. VII, 214.
Roha, Tochter Bolaid's. X, 284.
Roha (arab.), d. i. Strombette, trockner Wadi. XI, 349.
Roha (Rohha, Er R., Rhoa, Orrhoa, Orfa, Urfa, Kallirrhoë rc.), d. i. Edessa. X, 284. 939. 961. XI, 315. 349. — Dist. XI, 269. 275. 276.
Roha (Aborrhoa, Erroha), d. i. Chaboras (Khabur). X, 961.
Rohais (armen.), s. Roha. XI, 349.
Roham, Stamm im Zagros. IX, 472.
Rohas, Rohasia, s. Roha. XI, 350.
Rohba, s. Rahaba Malek. XI, 695.
Rohha, s. Roha.
Rohilcund. VIII, 793.
Rohilkend (Rohilcund), Bergland. VII, 214. VIII, 793.
Rohilla (d. i. Bergvolk), Stamm. VII, 213. 214.
Rohilla-See. IX, 23.
Rohr, an den Euphrat-Quellen. X, 726. — Dickicht, am untern Euphrat. XI, 971.
Rohrdommeln, am Tigris. XI, 856. 862. — am untern Euphrat. 971.
Rokh, s. Rockh, Schah R.
Roknabad (Ruknabad, Runi), Bergwasser bei Schiraz. VIII, 847. 859.
Rokn ad Dowlah Hassan (Ruknad Doulah), ummauert Ispahan (st. 976 n. Chr.). VIII, 776. IX, 43.
Rokn-eddin, der letzte Assassine (1256). VIII, 578. 584.
Rolandt, s. Johann R.

Rollkiesel, im Baladrud. IX, 196. — in den Hamrin-Bergen. IX, 495. — s. Geröll-Ebene.
Rom, armen. Druckerei u. Hochschule das. X, 632. 633. — s. Römisch.
Romans (portug.), d. i. Granatäpfel. XI, 550. — s. Român.
Romäla, s. Rumala.
Romaika, Tanz. IX, 623.
Román (arab. u. syr.), d. i. Granate, Granatbaum. XI, 501. 550. — s. Romaas.
Romanus Diogenes, byzant. Kaiser, erobert Malatia (1068). X, 861. 1054.
Romanze, kurdische. IX, 613 ff.
Romeria hybrida, im östl. Mesopotamien. XI, 484.
Romieux, franz. General in Armenien. X, 340.
Romkalah (Rumkaleh, Romkla, Romklah, Hromcla, Hrhomgla), Stadt u. Passage am Euphrat. X, 549. 931 ff. 988. XI, 144. 564. — armen. Patriarchensitz. X, 529. 624. — Synode das. (1179). 613. — Dist. X, 971. 1034.
Rommäla, s. Rumala.
Rori, Stadt am Indus. VII, 154. 188.
Rosa berberifolia. IX, 70. 77.
Rosanuck (Rosanuk), Ort in Khorasan. VIII, 278. 284. 286.
Rosapha (syr.), d. i. Resapha. X, 1089. 1112. — vgl. Er R., Russafa.
Rose des Propheten, d. i. Veilchen. VII, 221.
Rosen, in Kaschmir. VII, 73. — Lieblingsblume in Tehran. VIII, 610. — vorzügliche, in Kerman. 735. — in Schiraz. 848. 852. — im südl. Kurdestan. IX, 550. 609. — in Amasiah. X, 918. — Mesopotamien. XI, 658. — in Basra. 1052. — s. Heckenrose.
Rosen, gelbe (R. berberifolia), in Irak Adschem. IX, 70. — bei Hamadan. 77.
Rosen, weiße, in Nisibis. XI, 419.
Rosen-Amsel, s. Rosendrossel.
Rosenbäume, in Tehran. VIII, 610.
Rosenbüsche, gigantische, in Kurdestan. IX, 584. 609. — in Sindschar. XI, 461. — wilde, in Kurdestan. IX, 429. 430. 582.
Rosendrossel (Turdus roseus, Heuschreckentödter), am Euphrat rc. VIII, 796. X, 923.
Rosengärten, bei Kom. IX, 33.
Rosenkränze (Paternoster), aus Petrefacten, in Tatta. VII, 183. — aus Krystallen, in Mesopotamien. XI, 708. — s. Gebetschnüren.
Rosenwasser, Ausfuhr aus Bender Abassi. VIII, 745. — berühmtes, von Nisibin. X, 283. — in Basra. XI, 1071.
Rosinen, in Kaschghar. VII, 518. — Ausfuhr aus Afghanistan. VIII, 175. — beste, in Maragha. IX, 835. — in Mardin. XI, 388.
Rosinenwasser, statt Abendmahlswein, in Hekkari. XI, 603.
Rossan, s. Sorvan.
Rossul Mallick (Rossoul M.), Bergfürst in Kaschmir. VII, 76. 88.
Rostak, Gränzort von Laristan. VIII, 738. — vgl. Rustac.
Roß, Dr. J., brit. Arzt in Bagdad. IX, 935. X, 18. — entdeckt Al Hadhr. X, 125. XI, 264. 468 ff. — in Kurdestan rc. 652. 679. — über den Aker Kuf rc. 851. 864.
Roszafat Hescham, d. i. Sergiopolis. X, 1090. — Ar R.
Rotas, Festung bei Jilum. VII, 94. 99.
Rotge, Station im euphrat. Arabien. XI. 1040.
Rothhirsch (Cervus elephas), selten im Taurus. XI, 505. — s. Rothwild.
Rothl (Rutl), Gewicht. X, 179. XI, 820.
Rothwild, in Kabulestan. VII, 312. — in Kurdestan. IX, 454. 584. — s. Rothhirsch, Weißwild.
Roudecht, s. Rudascht.
Rouha, d. i. Belikhfluß. X, 1125.

Rouha, d. i. Roha (Orfa). XI, 320.

Roumili, s. Rumala.

Rousseau, J. B. L. J., franz. Generalconsul in Bagdad. IX, 368. 386. 750. XI, 808. — seine Karte von Syrien. X, 943. 1033. 1111. — Begleiter Beauchamps. XI, 948.

Rousset es sufa, s. Rouzat al Sefa.

Route, über den Hindu Kusch. VII, 261 ff. — (Königsstraße) Peschawer—Kabul. 286 ff. — (hindostanische) von Yarkand nach dem Süden. 473 ff. — Ost-Turkestan—Bokhara. 475 ff. — von China nach dem Westen. 563. — Khulum—Kunduz. 808 ff. — Derabend—Ghazna. VIII, 144 ff. — im obern Quellland des Helmund. 153 ff. — Herat — Kandahar. 155 ff. — Kandahar—Pischin. 162 ff. — Pischin — Schikarpur. 167 ff. — durch Kohestan. 308 ff. — Meschhed—Kutschan. 309 ff. — Nischapur—Schahrud. VIII, 330 ff. — im obern Attreck-Thale, von Kutschan zu den Quellen des Gurgan-Stromes. 346 ff. — Astrabad—Khiwa. 362 ff. — Tehran—Schahrud. 445 ff. — im Elburs, von Khorasan u. Irak Adschem nach Asterabad u. Masenderan. 471 ff. — Asterabad—Schahrud. 473 ff. — Tauck—Sari. 475 ff. — Rai —Firuzkuh u. Sari. 479 ff. — Amol—Demawend. 499 ff. — Demawend—Sawer u. Asterabad. 510 ff. — Rescht — Balfurusch. 544. — Amol—Lahidjan. VIII, 545 ff. —im Gebiet des Kisil Osen. 618 ff. 630 ff. — in Ghilan. 656 ff. — aus Beludschistan durch Kerman nach Fars. 729 ff. — Schiras—Bender Abassi. 735 ff. 749 ff. — Schiras—Fasa, Merdascht. 757 ff. — Abuschähr — Dalaki. 817 ff. — Dalaki — Kazerun. 819 ff. — Kazerun — Schiras. VIII, 842 ff. — Schiraz—Ispahan. IX, 14 ff.—Yezd—Ispahan. 25 ff. — Tehran — Ispahan. 28 ff. — Ispahan — Hamadan. 57 ff. — durch die Kerkha-Landschaften. 329 ff. — durch das Koffäer-Land. 333 ff. — Khorramabad — Bisutun. IX, 338 ff. — Hamadan — Bisutun. 343 ff. — Kermanschah — Sar Pul. 387 ff. —Bagdad—Sulimaniyah. 455. Kifri — Sulimaniyah. 457. — in Schehrezur. 459 ff. — Semiram — Zohab. 463. — auf dem Ostufer des untern Diyalah. 497 ff. — auf dem Westufer dess. 511 ff. — Tuz Khurmati — Leilan. 547 ff. — Sulimaniyah — Senna. 573 ff. — Sulimaniyah — Banna. 581 ff. — Sulimaniyah — Urmia-See. 589 ff. — Sulimaniyah — Koi Sandschak. 635 ff. — Amadia — Van-See. 659 ff. — Arbela — Mosul. 694 ff. — Zakho (Kherbenuz) — Zab. IX, 725 ff. — Hazar — Senna. 813 ff. — Maragha — Tabriz. 844. — um den Van-See. 993 ff. — Bitlis — Sert. 1006. — von Bagdad. X, 236. — Bitlis — Van. 286 ff. — Van-See — Bayazed. 331 ff. — verschiedene, von Bayazed. 354. — Teheran — Konstantinopel. 354. — im Araxes-Thal. 401. — Musch — Bayazed. 666. — Musch — Palu. 689 ff. 703 ff. — am Südufer des obern Frat. 731 ff. — Erzerum — Konstantinopel. 735 ff. 751. — Trapezunt — Erzerum. 741. — Arabgir — Kjeban Maaden. 799 ff. — Bitlis — Erzerum. 812 ff. — Palmyra — Edessa, Babylonien — Syrien. 1092. — Palmyra — Haleb. 1093 ff. — Trapezunt — Erzerum — Ani—Diadin. 1150. — im östl. Diarbekr: Amida — Bitlis. XI, 90 ff. — Sert—Bitlis. 95 ff. — Sert—Mardin. 110 ff. — Sert— Djezireh ibn Omar. 114 ff. 119 ff.— Djezireh ibn Omar—Mosul. XI, 159 ff. 164 ff. — im mygdonischen Mesopotamien. 265 ff. — Orfa — Mardin. 356 ff. — Mosul — Sindschar. 452 ff. — Mosul — Amadia. 585 ff. — Amadia — Duri. 596 ff. — Duri — Djulamerk. 605 ff. — Djulamerk — Urmia. 639 ff. — Urmia — Zab Ala. 644 ff. — Mosul — Sultan Abdallah am Tigris. 667. — Mesched Rehabeh — Taiyibeh. 699 ff. — Hit — Anah. X, 740 ff. — Damaskus — Hit. XI, 742 ff. — Bagdad — Feludja — Hit. 773. — Feludja — Bagdad. 779. — Bagdad — Hilla. 868. — Hilla — Korna. 948 ff. — in der mesopotamischen Wüste. 960 ff. — Basra — Haleb. 1039. — Hit — Basra. 1041 ff. — s. Parthische R., Ziarut-R., Karawanen-, Königs-, Kunst-, Militär-, Römische Militär-, Pflaster-, Pilgerstraße rc.

Rour, Jesuit in Ispahan. X, 617.

Rouzat al Sefa (Rousset es Sufa), d. i. Garten der Reinheit, Universalhistorie von Mirkhond. VIII, 577. IX, 794.

Rouzeh, Bazar in Rai. VIII, 601.

Rowandiz (Rowendi, Rewan Diz, Rewandoz, Rewanduz, Rawandus, Revendiz, Erwandi rc.), Gebirgs- u. Völkergruppe in N. Kurdestan. IX, 453. 583. 597. 618. 687 ff. 715. 718. 727. 934 ff. 1024. 1026. (Höhe) X, 906. XI, 203. 598. — vgl. Rewendek.

Rowandiz, Festung, Stadt. IX, 654. 688. 931. XI, 651 ff. 660.

Rowandiz-Paß. IX, 934.

Rowandiz-Pik (Scheikh-iwa). XI, 647.

Rowarri, Christendorf in Tiyari. XI, 599.

Rowendi, s. Rowandiz.

Royle, F., Botaniker. IX, 244.

Rozan, Hauptstadt der Muzaris. VII, 150.

Rozeh (d. h. Garten), Vorstadt Ghazna's. VIII, 142. — s. Rauzah.

Rozhbian (Rozhbian), Kurdenstamm. IX, 739.

Rtischeff, ruff. General. IX, 798. 869.

Ruaad, Distrikt in Masenderan. VIII, 126.

Ruak, s. Dschebel R.

Rubah, d. i. Fuchs. VIII, 483.

Rubah Tak, in N. Kurdestan. IX, 729.

Rubai. VII, 741.

Rubar, s. Rudbar. VIII, 641.

Ruben, Judenstamm, in Assyrien. IX, 424.

Ruben, armen. Anführer. X, 596.

Rubenier, armen. Königsgeschlecht in Cicilien (reg. 1080—1375). X, 600.

Rubinbalais, in Turkestan. IX, 894. — s. Balais-Rubin.

Rubine, im Hindu Khu. VII, 788. — Minen, in Badakhschan. VII, 492. 801. 803. 817.

Rubruquis (de Rubruk, Ruysbruck), W., Minoritenmönch, in Turkestan, Armenien rc. (1254). VII, 434. 437. X, 362.

Rubus, am Euphrat. XI, 500. 702.

Ruchbah, Kastell am Euphrat. XI, 1039. 1040. — s. Rahaba.

Ruckh, s. Rockh, Rukh, Lalla R.

Rud (Zend), d. i. laufen, Fluß. VIII, 49. IX, 90. — s. Ab, Su, Tschai rc., Arg-, Balad-, Balai-, Bala-, Chapacur-, El-, Furrah-, Germ-, Hableh-, Hamadan-, Haschte-, Heras-, Zaje-, Itomand-, Kam-, Kasch-, Kergan-, Khonsar-, Khrei-, Kia-, Koh-, Langa-, Langar-, Lenghe-, Mala-, Mard-, Mawaschan-, Meru-al-, Merwer-, Mianeh-, Ro-, Pul i-, Schah-, Schemiram-, Scheri-, Schiah-, Schief-, Schora-, Schuffi-, Schur-, Sefid-, Send-, Serd-, Siah-, Surkh-, Uja-, Veh-, Zaiandeh-, Zarin-, Zea-, Zendeh-, Zerineh-, Zimh-, Zinjan-rud.

Rudascht (Roudecht), im pers. Irak. IX, 25.

Rud Bal, Fluß in Kerman. VIII, 738.
Rudbar, s. Koh Aureng R., Pyle R., Rasm R., Schahri R., Taleh R.
Rudbar, Distrikt in Irak Adschem (von Kaswin). VIII, 126. 262.
Rudbar (d. i. Flußland), Festung in Dilem (Ghilan), Distrikt am Kisil Osen. VIII, 126. 571. 574. 576 ff. 581. 585. 592. 643.
Rudbar (d. i. Pforte des Flußthales), Ebene am Kerkhafluß in Luristan. VIII, 582. IX, 23. 393. 403.
Rud e Adrascund, Fluß in Afghanistan. VIII, 156.
Rud e Guz, Bach in Afghanistan. VIII, 156.
Rudehan, Dorf bei Demawend. VIII, 503.
Rud-e-Schah, d. i. Königsbach, in Khorasan. VIII, 338.
Rud e sir (Rudser, Rudissar), Dorf in Ghilan. VIII, 544. 547. 646.
Rud i Ailah, s. Nahr Ailah. X, 176.
Rudi Amol, d. i. Murghab. VIII, 231.
Rud i Aras, s. Arares.
Rudi Haas (Dehas), Fluß von Balkh. VIII, 219. 223.
Rudissar, s. Rud e sir.
Rudkhaneh gorgân. VIII, 61.
Rud Khaneh Sewund. VIII, 877. — s. Sivend.
Rudmalan, Fluß von Herat. VIII, 247.
Rud Nimrud (Namru), Fluß in Irak. VIII, 507.
Rudok, Marktort in Ladakh. VII, 218.
Rudrowar, bei Hamadan. IX, 93.
Rudschur, Salzfluß in Laristan. VIII, 750.
Rudser, s. Rudesir.
Rud Yarkhoui, Arm des Heratflusses. VIII, 241.
Rudzabar (Rudzrawar), Stadt und Distrikt bei Hamadan. IX, 93.
Rudzebar, Hauptstadt von Dilem. VIII, 572.
Rudzi, s. Marwa'r rudzi.
Rudzrawar, s. Rudzabar.
Rüben, in Bagdad. XI, 813.
Ruebia, Ruine am Tigris. XI, 930.
Rüppell, E., über afrikanische Plateaus. VII, 340.
Rüschkeh, Pferdefutter (?). VII, 394.
Rüsselkäfer (Curculionidae), in Mesopotamien. XI, 510.
Rüstkammer, s. Waffensammlung.
Rüstung, kurdische. IX, 604.
Rufah, s. Scheikh R.
Ruhim, s. Mir Mohammed R. Khan.
Ruhmut Ulla Khan, Häuptling im Hindu Kusch. VII, 268.
Ruhr, im Armenien. X, 430.
Ruinen, zahlreich am Hirmend. VIII, 152. — bei Ispahan. IX, 44. — Harsin. 341. — am obern Tigris. XI, 12. — s. Tempel-R.
Ruinen-Gruppen, in Mesopotamien. XI, 846 ff.
Ruinenhügel, mächtiger, bei Kara Tepe. IX, 515. — s. Tepe.
Ruinenstadt, in Aderbidjan. IX, 773.
Rujan, Stadt. VIII, 120.
Rukaungha, Stadt. VIII, 120.
Rukh, s. Ruckh, Schah Rukh Beg.
Rukki Allum, Enkel Bhawulhugs. VII, 67.
Ruknabad, s. Roknabad.
Ruknad Doulah, s. Rokn ad Dowlah Hassan.
Rukum, d. h. Schutz. IX, 345. — vgl. Rakam.
Rukwaba, Saffran von. IX, 118.
Rulabad Bogazl. X, 1150.
Rum, s. Arta-r., Arzen er R., Bab er R., Kalai R., Kalat ol R., Memleket R.
Rum, d. i. Rumilien. VII, 243. 244.
Rum, d. i. Römerland. VIII, 42. 389. — Land der Romanen. X, 757.

Rumäla, s. Rumala.

Rumahie (Rumiya, Rahamie, El Batajeh), See im Westen des Euphrat. X, 43. XI, 888. 952.

Rumahie (Rahâme), Ort am untern Euphrat. X, 43. 44. 58. XI, 951. 956. 977. 1039.

Rumala (Rumäla, Rumili, Roumili), Ort im östl. Mesopotamien. XI, 258. 401. 423. 424. 428. 436. 440. — s. d. f.

Rumala-Koi (R. köi), in Mesopotamien. XI, 258. 400. — s. d. f.

Rumeli tepe (Rumala Tepe, Tel Rumäla), im östl. Mesopotamien. XI, 400. 431. 434. — s. Rumala.

Rumex acetosa, d. i. Sauerampfer. XI, 501.

Rumex crispus, in Masenderan. VIII, 547.

Rumi, s. Scheich R., Dschelaleddin R.

Rumia (Rumlah), d. i. Römerstadt, am Tigris. X, 171. XI, 931. — s. d. f.

Rumija el Madaïn, Pallast zu Madain. X, 199. — s. d. v.

Rum-Ili, Name. VIII, 375.

Rumili, s. Rumala. XI, 440.

Rumiskun, s. Kaschaghan. IX, 326.

Rumitha, s. Kala R.

Rumiya, s. Rumahie. X, 43.

Rumkala (Rumkaleh), s. Romkalah.

Rum Kapussi, d. i. Römerthor, in Diarbekr. XI, 50.

Ruml, d. i. Sand. VIII, 733.

Rummock, Kurdentribus. IX, 619.

Rumnuggur, s. Baldewa.

Rumphius, G. E., Botaniker. IX, 245.

Rumtha, Christendorf in Tiyari. XI, 599.

Run. VII, 157. 171.

Runi, s. Ram R., Roknabad.

Runjit Singh, Herrscher der Seikhs (geb. 2. Nov. 1782), Abstammung, Herrschaft. VII, 7. 122 ff. 138 ff.

Runna, Festung. VII, 161.

Runnám, d. i. Beduinenschaf. XI, 506.

Rupie (pers.), Münze. VII, 64. 146. 309. 394. (Werth in Cutcha) VIII, 169. 652.

Rupur, am Ssetledsch, Congreß das. (1831). VII, 8.

Rusa, s. Rhusa.

Rusafa, d. i. Sergiopolis. X, 1089. 1143. — vgl. Russafa.

Rusâfa Basrae. X, 1113.

Rusâfa Cordubae. X, 1113.

Rusafa Haschemiah, d. i. Sergiopolis. X, 1089.

Rusajah, s. Dschebel Kaïfel R.

Rusala (sanskr.), helles Zuckerrohr. IX, 236.

Rusmust, d. h. so ist der Brauch. VIII, 251.

Russafa (Er Rocafa), bei Bagdad. X, 201. — vgl. Resapha, Rusafa, Er Rosapha.

Russel, P., in Aleppo. X, 1100.

Russen, Bezeichnung für Schaben. VII, 461.

Russen, in Rescht. VIII, 650. — in pers. Kriegsdienst. VIII, 325. IX, 437. 643.

Russische Berichte, über Badakhschan. VII, 793. — Erzerum. X, 762.

Russische Eroberungen, am Aras, Einfluß auf Persien. IX, 870.

Russischer Handel (Handelsartikel), in Turkestan. VII, 469. — Masenderan. VIII, 535. — Importen, Exporten. IX, 894.

Russisches Consulat, in Erzerum. X, 767.

Russul (Stadt des Propheten), d. i. Ramnagar. VII, 61.

Rußland, Krieg gegen die Türkei (1828. 29). X, 414 ff. — Armenier das. 597. 604 ff.

Rustac, s. Rostak, Medinet al R.

Rustam (Rustan, Rustum), s. Bend e R., Mir R. Khan, Nakhschi R., Takht i R.

Rustam (Rustan), pers. Mythen-König. VIII, 26. (seine Wasserleitung am Hirmend) 151. —

in Sedschestan ꝛc. VIII, 180 ff. 438. 443. 490.
Rustam, Gueber in Yezd. VIII, 274.
Rustam (gen. Ferokhzad), pers. Feldherr. X, 172.
Rustamabad, Karawanserai am Kisil Osen. VIII, 641. 643.
Rustambar, s. Rustembar.
Rustami, Bergvolk, Abtheilung der Memessani. VIII, 391. 824. 827.
Rustan, s. Rustam.
Rustan, Gebiet u. Stadt in Ferghana. VII, 746. 748.
Rustan-Tepe, bei Bistan. IX, 580.
Rustembar (Rusthembar, Rustambar), Rustams Gau u. Burg in Masenderan. VIII, 184. 438. 574. 602. — s. Amal R.
Rustem Sazico, s. Rustam. VIII, 183.
Rusthembar, s. Rustembar.
Rustum, s. Rustam.
Ruteila, d. i. Tarantel. VIII, 855.
Rutl, s. Rothl.
Rutnabad, Dorf bei Yezd. IX, 27.
Ruwaiahh, Damm im Tigris. X, 225.
Ruwanwelle, colossaler Bau auf Ceylon. VII, 300.
Ruysbruck, s. Rubruquis.
Ruz, s. Rim ruz, Ru R.
Ruzvan. VII, 241.
Rychly, s. Tscha R.

S.

Sa, d. i. Erde, Grund, Boden. VII, 326.
Sa, Vater Jonas'. XI, 180.
Saaba, s. Saba, Wadi S.
Saabul (Zabul), das dritte Klima. VIII, 142. — s. Sabul.
Saad, s. Abu S. Kazeruni.
Saad Abad (Sied Abad), Station in Aderbidjan. IX, 830. — vgl. Sadabad, Saidabad, Seidabad.
Saad Abad, Zufluß zum Aigi (Oujan). IX, 830.
Saad Ben Abu Wakkas (Ben Ali Vacas), Omars Feldherr. IX, 96. X, 61. 173.
Saades, Bischof in Edessa (324). XI, 350.
Saadi, s. Sadi, Koh S., Pul i S.
Saadi, Dichter in Schiraz (st. 1282 n. Chr.). VIII, 776. 848. — sein Grab das. 851.
Saadia, Rabbi. X, 267.
Saadia, Dorf am Tigris. X, 230.
Saadiah, Quelle bei Schiraz. VIII, 851.
Saadun, Scheikh der Montefik. XI, 1001.
Saa duraut, d. i. irreguläre Geschenke, Confiscationen, Geldstrafen. IX, 900.
Saadut, Fort in Afghanistan. VIII, 159.
Saalebi, Philolog aus Nischapur. VIII, 322.
Saas, s. Senigar S.
Saaveki (Schighr, Chigr), Kanal des Heri-rud. VIII, 238. 241.
Sab, Sohn Edris (d. i. Enochs), letzter Prophet der Sabier. XI, 301.
Saba, in Arabien. IX, 53. XI, 298.
Saba, s. Saaba, Sancta S.
Saba Ardebil, Bedeutung. IX, 790.
Sababerwi, Kurdenstamm. IX, 717.
Sabadan, s. Mah S., Sambana, Seïmarrah.
Sabäer, d. i. Sonnendiener. IX, 753. — (Johanneschristen) in Hit. XI, 754. — in Basra. 1037. — vgl. Sabier.
Sabäischer Haupttempel, in Babel. XI, 880.
Sabäismus, d. i. Planeten-

cultus, in Carrhä ꝛc. X, 1132. XI, 297. 298.
Sabakeddin Jaber (Sabikoddin Sjabar Kosjerita, Sjafar Ibn Malich, Sabek eddin Dgiaber), arab. Häuptling (1087). X, 241. 1078.
Sabani, Sabaniat, schwarze leinene Schleier aus Miafarekin. XI, 69.
Sabata (Plin.), ob das heutige Seïmarrah? IX, 330.
Sabat el Madaïn, Stadt am Westufer des Tigris. X, 153. 199. — s. Madain Sabath.
Sabath der Nestorianer. — s. Madain, Sabat el M. XI, 771. 858.
Sabbah, s. Muhammed ben S. Himyari.
Sabbath, früher von den Nestorianern in Tiyari gefeiert. XI, 611.
Sabbathstempel, s. Templum Sabati.
Sabek eddin Dgiaber, Sabekeddin Jaber, s. Sabakeddin Jaber.
Sabiae, Ort in Mesopotamien. XI, 382.
Sabier (verschieden von Sabäer), d. i. Sternanbeter, in Haran, Bassora, Susiana ꝛc. X, 243. XI, 297. 298—307.
Sabikoddin Sjabar Kosjerita, s. Sabakeddin Jaber.
Sabina (Plin.), s. Cypresse. XI, 580.
Sabinianus, röm. Feldherr, in Orfa. XI, 323.
Sabir, Paß bei Hösön Keif. XI, 83.
Sabismus, s. Sabäismus.
Sabit, Sohn Ahosa's, Oberhaupt der Harranier. XI, 314.
Sabit ben Karscha, Oberhaupt der Harranier. XI, 314.
Sabkh, s. Il S.
Sabla (Zabla), Fort am Kuran in Chusistan. IX, 158. 160. 161. 166. 292. 323. X, 56. XI, 1024.
Sable, s. Khor S.
Sablestan, d. i. Karawanenstraße, Land der Passage, zw. Kabul u. Herat. VII, 238. — das alte Zuastena. VIII, 128. — s. Sabulestan.
Sabor, s. Schahpur, Firuz S.
Sabul (Zabul), alter Name für Kabul. VII, 238. — s. Saabul.
Sabulestan (Sabulistan, Zabulestan), Landschaft in Ost-Persien. VII, 238. VIII, 123. 127. 142. — s. Sablestan, Arachosien.
Sabunat, s. Savonat.
Sabur, s. Saber.
Sabur Sahel, berühmter Arzt in Jondisapur (868). IX, 230.
Sabz, s. Scheher S.
Sacades, d. i. alles nach Gewicht Genommene. XI, 819.
Sacarum regio, d. i. Tahia. VII, 629.
Sacar Mambu, Produkt des Bambusrohrs. IX, 234.
Saccharum, s. Zuckerrohr. IX, 230.
Saccharum-Arten (S. fulvum, irritans, jaculatorium, Sinense, spicatum, spontaneum). IX, 244. 249. 270.
Saccharum elephantinum. IX, 263.
Sach Aghz, Zufluß zum Tokma su. X, 844.
Sachkali, s. Ach S.
Sachney, s. Sukney.
Sacho, s. Zakho. IX, 718.
Sachtissar, s. Sakhtaser.
Sachu, s. Zakho. IX, 699. 717. X, 905.
Sacramente, s. Sakramente.
Sacrithma, Berg. VII, 391. 505.
Sadabad, Ort bei Tehran. VIII, 447. — vgl. Saad Abad.
Sadak, Thal. X, 733.
Sadak Isfahani, s. Sadek J.
Sadawar (Saderwat), am Elwend. IX, 79.
Saddar (pers.), d. i. erster Minister. IX, 891.
Sade, s. Hafis-S.
Sadek (Sadik), s. Ismael ben Dschiafar al S.

Sadek Isfahani (Sadak I., Sadik I.), pers. Autor. VIII, 566. IX, 294. X, 61.
Sader, Christendorf in Tiyari. XI, 599. — s. Sadir.
Saderwat, s. Sadawar.
Sadi, s. Saadi, Kasr S.
Sadik (Sadek), s. Jaafer S.
Sadik, Steinbau in Mesopotamien. XI, 406.
Sadi Khan Kalah-Dji, Fort am Schat el Arab. XI, 1024.
Sadik Isfahani, s. Sadek I.
Sadir, d. i. Tribut. IX, 64.
Sadir, Flecken in Mesopotamien. XI, 385. — s. Sader.
Sadis, d. i. Heuler-Derwische. XI, 843.
Sadj, Sadje, d. i. indisches Platanen-, Teakholz. VIII, 775. IX, 842.
Sadjeli, Kurdentribus. XI, 144. — s. Satschli.
Sadmarrah, s. Abi Seimarrah.
Sadrakai, Darius' Schloß. IX, 520.
Sadschur (Sajoor, Sajur, Sajuera), Zufluß zum Euphrat. X, 931. 945. 1029. 1033. 1037. 1063. XI, 434.
Sadschur, syr. Dorf. X, 1034. XI, 497.
Säad-eddin, s. Scheikh S.
Säbel, s. Schwert.
Saed, s. Abu S., Deir S.
Säuerling, s. Sauerquelle.
Säugethiere, in Mesopotamien. XI, 502. — s. Fauna.
Säulen, Styl in Persepolis. VIII, 918. — Ekbatana. IX, 102. — cannelirte, bei Susa. 298. 303. — desgl. in Kongaver. 346. — desgl. im Tak i Bostam. 380. — Reste, in Diarbekr. XI, 53. — s. Marmorsäule, Bauart 2c.
Säulenbasaltkuppen, im Soghanlu dagh. X, 408.
Säulenheilige, in Mesopotamien. XI, 32. 351.
Säulenterrasse, in Persepolis. VIII, 769.
Safar, s. Takht S.
Safatus, Dorf am Tigris. XI, 483. 668.
Saffaïn (Szaffaïn, Ssefin, Siffin), Schlachtfeld bei. X, 1077. 1078. 1111.
Saffer Khuajeh, bei Tehran. VIII, 587.
Saffian (Maroquin, Marokin), bester rother, in Diarbekr. XI, 54. 57. — gelber, in Orfa. 326. — bunter, in Bagdad. 813.
Saffrän, s. Dschamia S.
Saffran, Ausfuhr aus Herat. VIII, 168. 175. 252. — in Kerman. 737. — Ispahan. IX, 42. — Beroudjird. 69. — (Crocus) in Rudzabar. 93. — Hamadan. 96. — Mesopotamien. XI, 358. — Bagdad. 800. — vgl. Zafaran, Zafferuni 2c.
Safi, s. Subzie. IX, 833.
Saflor (Carthamus tinctorius), in Mesopotamien. XI, 501.
Safra, s. Ain S., Ain u. S., Nahrawan S.
Safrah, s. Ain el S.
Sagam Panjahl, Kaschmir-Paß. VII, 89.
Saganluk (Saganlugh), s. Saghanlu.
Sagartii (Herod.), Volk in Medien, am kasp. See. VIII, 98. 99.
Sage, von Davids Schmiedestätte. IX, 475. — von einer versteinerten Stadt in Kurdestan. 604.
Saggarmaw, s. Saogirmah.
Sagglawea, s. Nahr Isa.
Saghamas (Saghamasd), d. i. Selmas. IX, 966. X, 574.
Saghanlu (Saganluk, Saganlugh), falsche Schreibart st. Soghanlu. X, 400. 407.
Saghmos-Kloster, zu Garpi. X, 535.
Saghr-Oghlu, Stamm. X, 784. — s. Sakr.
Saghs, d. i. alles nach der Elle Genommene. XI, 819.
Sagian, Schloß in Armenien. X, 421.
Saglehaukeng. VII, 252.

Saguezi, Dorf von Ispahan. IX, 28.
Sagur, unter Seikhs. VII, 146.
Sahabad (wol Schahabad?), Ruinen in Chusistan. IX, 164.
Sahabi, s. Akascha Ibn Mohsin El S.
Sahadabad (Seïdabad, Asadabad, Asdabad), Dorf am Elwend. IX, 79. 81. 344.
Sahak (Sahag), d. i. Isaak. X, 488. 528. 561.
Sahal, Ort in Mesopotamien. XI, 376.
Sahanah (Sana), Dorf bei Kongawer. IX, 348.
Sahara, d. i. Wüste ohne Salzboden. VIII, 556. — (Sandebenen) fehlen im südl. Mesopotamien. XI, 958. — vgl. Sahhra, Sahraï.
Sahara, die pers. Salzwüste. VIII, 448.
Sahara, Wüstenfläche in Aderbidjan, Wüste Mozan. IX, 789. 870.
Saharab, s. Serab.
Saharawan (Sahrawan), Landstrich zw. Kandahar und Kelat. VIII, 149 721.
Saharhunier, armen. Geschlecht. X, 595.
Sahariten (?), in Edessa. XI, 347.
Sahat, Sahat el Arab, d. i. der Tigris bei Djezireh ibn Omar. XI, 89.
Sahat Dun, richtiger Sahund. VIII, 629.
Saheb, s. Suab, Mekam S. Zeman.
Sahebkeran, Münze in Tabriz (= 1 Schilling). IX, 856.
Sahel Ebn Sabur (genannt Al Causaj), Arzt in Ahwaz. IX, 230.
Sahend (Sahund), Gebirge in Aderbidjan, östl. vom Urmia-See. VIII, 15. 616. 629. IX, 230. 764. 788. 826. 828 ff.
Sahheb's, die früheren mohammedanischen Fürsten von Diarbekr ꝛc. XI, 51. 449.
Sahhra, d. i. Sandwüste. IX, 30. — s. Sahara.
Sahhra-i-Darab, Ebene in Farsistan. VIII, 762.
Sahhra Merdascht, d. i. Merdascht-Ebene. VIII, 769.
Sahib, s. Granth S.
Sahib Sing, geistl. Oberhaupt der Seikhs. VII, 124.
Sahid, d. i. Einsiedler. XI, 843.
Sahifa Sajjadea, d. i. Buch der Anbeter. VIII, 302.
Sahloum, armen. Dichter. X, 549. — vgl. Salem.
Sahmmar, irrig st. Schammar. X, 222.
Sahn, d. i. Hof, Quartier der heiligen Bauwerke in Meschhed. VIII, 296.
Sahoor, s. Schar. IX, 930.
Sahra, s. Kulah-S.
Sahraï, d. i. Ebene. IX, 404. — vgl. Sahara.
Sahrai-Asmanabad, Plaine am Zagros. IX, 398.
Sahraï Deïra, d. i. Deïra-Ebene. IX, 479.
Sahra i Gaduk, Paßhöhe des Elburs. VIII, 483.
Sahraï-Lort (S. Lur), d. i. Ebene Lur. IX, 197. 404.
Sahraï Seimarrah, Ebene in Luristan. IX, 405.
Sahrai Sirwan, Ebene in Luristan. IX, 400.
Sahra-nischim, d. i. Feldbebewohner. VIII, 380. 382. — s. Sehra N.
Sahra Takht i Soliman, Ebene in Ardelan. IX, 1040.
Sahrawan, s. Saharawan.
Sahru, osrhoënischer Fürst. XI. 340.
Sahrum, s. Sarum. VIII, 480.
Sahund, s. Sahend.
Sai, chines. Bezeichnung für Saken. VII, 548. 551. 587. 604. 615. 630. 653. 671. 674. — s. Se.
Sai, s. Alah-sai.
Said (Saïd), s. Sayd, Seid, Seyd, Zaid ꝛc., Abu S., Beni S., Ebl S. Weheb Ben Ibrahim, Ebu

S., Ibn S., Khwajeh Khan S., Mar S.
Said, Kloster in Mosul. XI, 177.
Said, Fluß in Mesopotamien. XI, 272.
Saidabad, Ort in Aderbidjan. VIII, 631. 633. — vgl. Saad Abad, Saied abad.
Saidna Ben Daoud (d. i. edler Sproß Davids), Titel des ersten Rabbi in Bagdad. X, 260.
Saied abad, Dorf in Fars. VIII, 877. — vgl. Saidabad.
Saienderud, s. Sendrud.
Saifkan-bagh, Platanenwald in Kaschmir. VII, 75.
Saiga. VII, 457.
Seiheh (Saihah), Zufluß zum Euphrat. X, 942. — s. Kentereh S.
Saijun killah, s. Sian Kala. IX, 814. 827.
Sailim, Sailimu (Sairim), Stadt in Turkestan. VII, 432. 448. — vgl. Sairam.
Sâilumu, s. Sailim..
Saimara, s. Seïmarrah.
Saindavas, Indus-Anwohner. VIII, 103.
Sain kaleh (Sain Kala), s. Sian Kala. VIII, 401. IX, 1036.
Saint-Martin, J., über Armenien. X, 366.
Sairam, Dorf in Ost-Turkestan. VII, 516. — s. d. f.
Sairim, s. Sailim.
Sairt, d. i. Sert. X, 87. XI, 89. 99. 100.
Saisan-See (Nor Saisan). VII, 338. VIII, 797.
Sait (hebr.), d. i. Oelbaum. XI, 516. — s. Zeitun.
Sajjadea, s. Sahifa S.
Sajo, s. Tura S.
Sajoor (Sajuera, Sajur), s. Sadschur.
Sajus mons, d. i. Masiusberg. XI, 294.
Saka, s. Eschkaf S.
Σάκαι, s. Saken.
Sakalli Aghalar, d. i. vornehme Offiziere. XI, 207.
Sakal Toutan (d. h. Bartfänger, Räuber), Paß der Hamrin-Kette. IX, 490. 492.
Sakandereh, s. Iskandereh. VII, 280.
Sakar, Turk-Tribus. VIII, 407.
Sakaratku, s. Tika S.
Sakaraulen. VII, 696.
Sakas, s. Saken.
Sakasene, Sakastene, das südöstl. Sedschestan. VIII, 94. 120.
Sake, s. Eschkaf S.
Saken, bei Persern als Bezeichnung für alle scythischen Völker. VII, 272. 494. 548. 551. 587. 605. 606. 644. 670. 671. 674. 679. 696. VIII, 104. 222. — vgl. Sai, Se, Szu, Tahia, Ta Wan.
Saker, Mahratten-Name für Zuckerrohr. IX, 235.
Sakestan, s. Sakastene, Sedschestan. VIII, 120. 180.
Sakhai, Rabbi in Mosul. X, 254.
Sakhtaser (Sachtiffar, Abigerm), Dorf in Masenderan (Tenkabun). VIII, 544. 546. 549.
Sakik, s. Tellu-l S.
Sakiniyah, Dorf in Sindschar, Zufluß zum Khabur. XI, 262. 265. 462.
Sakische Einwandrer, im Hindu Khu. VII, 272. — s. Saken.
Sakiz (Sekiz, Sakuz, Sukkus), Stadt u. Gebiet von Senna. IX, 436. 437. 583. 585. 1039.
Sakiz (Mastix), s. Kara S.
Sakkara (Prakrit), d. i. Zuckerrohr. IX, 235.
Sakkopoden (Strab.), Stamm in Adiabene. IX, 705. 716.
Saklawea (Saklawiyah), s. Nahr Isa.
Sakolo, Gränzstadt von Badakhschan. VII, 402.
Sakopoden, s. Sakkopoden.
Sakr, s. Saghr, Beni S.
Sakramente der Nestorianer. IX, 678. XI, 604.
Saksin. VIII, 541.
Saku, Fluß in Kurdestan. X, 93. — vgl. Zakho.

Sakuro (japan.), d. i. Granatbaum. XI, 560.
Sakuz, s. Sakiz.
Sakya Sinha, Buddha's Ahnen. IX, 236.
Sal, s. Diz el S.
Salabagala, d. i. Lotus. VIII, 675.
Salache, Ort. X, 1142.
Saladin (Salaheddin, Esalaheddin), Sultan (1180), sein kurdischer Ursprung. IX, 433. 616. 750. — seine Eroberungen in Mesopotamien ꝛc. X, 1034. XI, 42. 70. 182. 270. 446. 704.
Salah el Mezeïni, Führer Roß's. XI, 469.
Salahiyah (Es Salihiyeh), Ruinen am Euphrat. XI, 703. — vgl. Salihiyeh.
Salairi, Volk am Ssetledsch. VII, 36.
Salak, Bisthum in Kurdestan. XI, 621.
Salak (syr.), s. Silici montani, Sallaki.
Salam, s. Salem, Selam, Dar el S., Medinet el S.
Salam alaikum (d. i. Friede sei mit euch), mohammed. Gruß. VII, 23. — s. Selamun Aleïkum.
Salamander, feuerfeste Kleider. VII, 422.
Salamast, d. i. Selmas. XI, 644.
Salambo, syr. Göttin. X, 1048.
Salamijah, Zufluß zum Tigris. XI, 780.
Salar, Sitz der Tungani. VII, 398.
Salar (Salera, Solore, Sullur Ghazun), Turkstamm in Khorasan. VIII, 234. 277. 279. 407. 408.
Salat, in Bitlis. IX, 1005. — Arten in Mesopotamien. XI, 502.
Salbei, im südl. Kurdestan. IX, 551.
Salben mit Oel, ist bei der Ordination eines nestor. Patriarchen gebräuchlich. IX, 677.
Salchin, bei Antiochia. XI, 325.
Salech, s. Hadschi S.
Saleh, s. Salih, Hadgi S., Mahmud S., Mirza Muhamed S., Mirza S., Nahr S.
Saleh Bey, Jeziden-Papst. IX, 757.
Salem, s. Sahloum, Salam, Gümbesi S. e Tur.
Salem, s. Selen. VIII, 438.
Salep, von Orchis masc. gewonnen. X, 849.
Salera, s. Salar.
Salgutester, in Eriwan. VIII, 126.
Sali, s. Altah S.
Salia, s. Saliya.
Salian, s. Saliyan.
Saliane, Distrikt von Schirwan. VIII, 126.
Salibe (?), am Euphrat. X, 59.
Salicornia herbacea, in Masenderan. VIII, 547.
Salicornien, in Masenderan. VIII, 517. — Mesopotamien. XI, 495. 959. — im südl. Chusistan. 1029.
Salih, s. Saleh, El Malik el S., El S. el Wali el Abid Abdalla el Kurdi.
Salih-abad, Dorf im Dizful-Gebiet. IX, 197.
Salix, am Euphrat. XI, 500.
Salix alba, s. Weide. X, 500.
Salix arenaria. VII, 659.
Salix babylonica, d. i. Trauerweide. XI, 988.
Saliya (Salia), Euphrat-Insel. XI, 738.
Saliyan (Saliyanah, Saliyaneh, Salian), d. i. jährliche Abgabentaxe, Steuer an den Pascha. X, 392. 669. 677. 755. XI, 132.
Salihiyeh, in Syrien. XI, 324. — vgl. Salahiyah.
Sallaki (Zallaki), Tribus der Haft Leng. IX, 211. vgl. Salak.
Salman, Ali's Führer. IX, 169. — s. Schikafti-S.
Salmanassar, assyr. König (reg. 730 — 720), führt die Juden in die Gefangenschaft. IX, 471. X, 242. 248.
Salmas, s. Selmas.
Salmo, s. Forellen.

Salmo fario, s. Lachsforelle.
Salmo sylvaticus, s. Lachs.
Salomo, König, seine Verehrung bei Yeziden. IX, 761. — sein angebl. Kanal am Tigris rc. X, 226. 1103. — Moschee seiner Mutter, bei Schiraz. VIII. 856. — Grabmal seines Sohnes, im Elwend. IX, 86. — vgl. Soleiman, Suliman.
Salomons Berge, s. Soliman-Kette.
Salomons Pallast, s. Takht i Soliman. IX, 810.
Salomons Thron, s. Osch. VII, 482.
Salpeter, im Pendschab. VII, 116. — reichlich im Indus-Delta. 174. — in Kutsche. 446. — Bayazed. X, 346. — Schuraghel. 431. — im Alaghez. 463. — in Bagdad. XI, 822.
Salpeterefflореszenzen, bei Hilla am Euphrat. XI, 877.
Salsala, Idol zu Bamiyan. VII, 282. 286.
Salsolen, im südl. Mesopotamien. XI, 959. — im südl. Chusistan. 1029.
Saluk, Fluß der Sindschar-Berge zum Khabur. XI, 261. 265. 458. 465.
Salur, wird zum Islam bekehrt. VII, 702.
Salv, Ort bei Yezd. IX, 27.
Salvadora persica, am Chinab. VII, 64.
Salz, rothes, in Khotan. VII, 375. — Markt in Kutsche. 431. — weißes, schwarzes, gelbes, grünes, bei Darab. VIII, 764. — zu Arderikka. IX, 200. — im Dillo. 458. — bei Kifri. 541. — am Urmia-See. 824. — in Erzerum. X, 756. — Bagdad. XI, 822. — Ausfuhr aus Basra. 1072. — s. Steinsalz.
Salzart, am Ararat. X, 497.
Salzasche, in Sinjar. IX, 760.
Salzbach, s. Salzfluß.
Salzberge, bei Calabaugh. VII, 19. — in der pers. Wüste. VIII, 454. — bei Darab. 764.
Salzboden (Salzebene), feuchter, um Tehran. VIII, 610. — am Urmia-See. IX, 851. — in der Araxes-Ebene. X, 478. — im südl. Chusistan. 1029.
Salzbrunnen, s. Salzquelle.
Salzdattel. IX, 549.
Salzkrusten (Efflorescenzen), in der pers. Wüste. IX, 30. — auf der Araxes-Ebene. X, 461. — am Tigris. XI, 125. 948. — im südl. Mesopotamien. 959.
Salzfluß, bei Abbasbabad. VIII, 333. — am Sirdara-Paß. 453. — in der pers. Wüste. 481. — zum Kisil Osen. 620. — zum Urmia-See. IX, 850. — s. Schurisch.
Salzgürtel, um den Urmia-See. IX, 844.
Salzlagune, zu Nefata in Mesopotamien. XI, 756. — am Euphrat. 763.
Salzminen (Gruben), zu Mundi. VII, 80. — in Fars. VIII, 821. — bei Tabriz. IX, 858. — am Tuzlafluß. X, 660.
Salzpflanzen, am untern Euphrat. XI, 988. — am Schat el Arab. 1025. — im südl. Chusistan. XI, 1029.
Salzquelle (Salzbrunnen), bei Tuz Khurmati. IX, 545. — im Taran aghi. X, 784. — in Armenien. 821. — bei Kufra. XI, 96. — Mosul. 433. — Hit. 751. — im südl. Mesopotamien. 774.
Salzsee, d. i. Lop-See. VII, 324. — bei Schiraz. VIII, 758. — der große, in Farsistan. 766. — am obern Tigris. X, 102. — in Syrien. 1107. — im östl. Mesopotamien. XI, 473. — bei Labaka in Mesopotamien. 776.
Salzsumpfige Niederungen, bei Ardebil. IX, 794.
Salzwasser, in Turkestan. VII, 455. — im Urmia-See. IX, 953.
Salzwasserfabrikation, Erwerb in Hit. XI, 753. 758.
Salzwerke, bei Kulpi. X, 382.
Salzwüste, die große, in Iran. VIII, 261.

Sam, s. Gajaffedin Mohammed S.
Sam, s. Samum. VIII, 788.
Sama, s. Beni Ma el S.
Samaani Kitab al Aunab, Autor. IX, 227.
Samach'h, s. Sumuch.
Samaeulhhan, d. i. Samarkand. VII, 508.
Samaiyah. IX, 166.
Samaj, s. Sumuch.
Samaki, Sindscharfluß. XI, 257.
Samanäer, d. i. Buddha-Diener. VII, 285. 289. — am westl. Indus. 297. 679. 706.
Samanäer-Cultus, im Westen des Indus. VII, 272.
Samaniah, Dorf am Kuran. IX, 166. 292.
Samaniden, Herrscher von Balkh (bis 1004 n. Chr.). VIII, 222. 573. — in Rai ꝛc. 600. IX, 44.
Samanie, Matten von. X, 186.
Samanien, Dorf in Chab. IX, 160.
Samanlu, Nordzweig des Savellan in Aderbidjan. IX, 800.
Saman sui, ob = Sardschamu dschur? X, 727.
Samaonat, irrig st. Semawah. XI, 951.
Samara (pers.), Gemäß. X, 253. 430.
Samargha, Marschland am unt. Tigris. XI, 943. 1016.
Samaria, in Palästina. X, 248. XI, 314.
Samaria, Schlucht auf Creta. XI, 582.
Samariane (Ptolem.). VIII, 531.
Samarin, in Aderbidjan. IX, 800.
Samaritaner (Samarier), ihre Verpflanzung durch Tiglat Pilesar. IX, 471. — Kolonie in Armenien. X, 587.
Samarkah. IX, 328.
Samarkand (Semerkand, Sama eulh han), Königreich und Hauptstadt von Mawar al Nahar (Turan, Transoriana). VII, 508. 573. 652. 657 ff. VIII, 128. — Dist. VII, 441. 648. — s. Khang, Khangkiu.
Samarmar (Semermar), s. d. f.
Samarmog (Samarmar), d. i. Heuschreckentödter (Turdus roseus). VIII, 804. 805. XI, 192. 508.
Samarra (Tamarra), Name für den untern Diyalah. IX, 418.
Samarra (Samarrah, eigentl. Sarramarra, Sorra men Ra, Sarmenraa, Sermen Rai, contrah. Samerra; Sumere, Souma, Charcha), Stadt, Kastell am Tigris. IX, 419. X, 17. 157. 208. 209. 217. 221. 227. 283. XI, 573. 681. 859.
Samarri, s. Schami.
Samawat (wol Semaweh), Station am Euphrat. XI, 819.
Sambad, s. Schambad.
Sambana (Sabadan), ob Seïmarrah? IX, 330. 401. 406.
Sambucus ebulus, s. Eibisch.
Sambucus nigra, s. Hollunder.
Sambuk (Senbuki, türk.), schmales Boot. X, 280.
Sambulos, Zagros-Paß. IX, 374.
Sambur-See. VII, 97.
Samera, Samerra, s. Samarra. X, 209. XI, 859.
Sameyn (Samun), Hafen am Schwarzen Meer. X, 751.
Samezk, Station in Georgien. X, 372. 373.
Samha, früh. Name für Khorramabad. IX, 208.
Samidah, im Kerkha-Gebiet. IX, 328.
Samin (Semes), s. Baal S.
Samirra, s. Samarra. X, 208.
Samisat, s. Samosata.
Sammet, in Meschhed. VIII, 304. — Kazwin. 589. — Kaschan. IX, 35. — Ispahan. 56. — Bagdad. X, 276. XI, 813.
Samonat, irrig st. Semawat, Semaue. XI, 972.
Samosat (Samosata, Samosate, Samisat, Samosdia, Schamschad, Schamischat, Schamschath, Sumeisat, Simisat, Samsat),

Capitale von Kommagene, Uebergangsort am Euphrat. VIII, 554. X, 73. 116. 877. 883. (Höhe) 903. 925 ff. 986. XI, 527. — Dist. X, 861. 889. 961. 967. 970. 971. 1052. 1053. XI, 274.
Samosdia (armen.), d. i. Samosata. X, 925.
Samowat, s. Semawa. XI, 985.
Samowatsu, Zufluß zum Kars tschai. X, 428.
Samsat, d. i. Samosat. X, 877.
Samsat-Jengi, Nordthor von Orfa. XI, 318.
Samsun, Stadt am Pontus, Militärstraße das. X, 702. 751. — von Kurden besucht. XI, 144. — Oliven das. 528.
Samud Khan, s. Semed Khan.
Samudra (sanskr.), d. i. Ocean. VIII, 64.
Samuel, s. Sch'muel.
Samuel, Chronist von Ani. X, 562.
Samuel, armen. Abt in Samardsch (934). X, 629.
Samuel, Schriftsteller (12. Jahrhundert). X, 788.
Samukhah, Dorf der Sindjar-Berge. XI, 260. 262. 462.
Samum (Sam), gefährl. Wind in Central-Asien. VII, 807. — Abuschähr. VIII, 788. — s. Simum.
Samun, s. Sameyn.
Samusak, s. Berd-s.
Sana, s. Sahanah.
Sanabadz, s. Sinabad.
Sanadjou, s. Sandschu.
Sanadju Tak, Vorgebirge des Karakorum. VII, 401.
Sanadrug, armen. König (79 n. Chr.). IX, 644. X, 453. 788. XI, 415.
Sanahin, Kloster bei Tiflis. X, 629.
Sanam, s. El S.
Sanamis, Gebirge. VIII, 647.
San-asar, s. Sar-Ezer.
Sanatruk, s. Sanadrug.
Sanazur, Vorkette des Zagros. IX, 422.
Sanchee, in Inner-Indien. VII, 295.
Sancherib, s. Sanherib.
St. Abel, mesopot. Kloster. XI, 294.
St. Andreas, seine Gebeine am Ararat. X, 482.
St. Angelus-Kloster, zu Garpi. X, 535.
St. Antonius-Orden, in Rabban Hormuz. IX, 743.
St. Aruthion-Kloster, am Ararat. X, 381.
St. Barbara-Kirche, in Kermalis. IX, 698.
St. Domitius, Märtyrer. X, 1049.
St. Elija, Dorf im östl. Mesotamien. XI, 411. — vgl. Ilidscha.
St. Ephraim (Ephrem), s. Ephraem Syrus.
St. Epiphanius. IX, 722.
St. Garabied (Sanctus Praecursor), Kloster bei Musch, Bez. für Utsch Kilisa. X, 351. 553. 650. 677.
St. Georg, von Mohammedanern sehr verehrt. X, 219. — sein Martyrium u. Grabmal in Mosul. XI, 184. 191. 192. — s. Mar Jurgis 2c.
St. Georgs-Kloster, bei Dschulamerk. IX, 663.
St. Georgs-Kloster, bei Mosul (Ninive). IX, 663. 747. XI, 234.
St. Gregoriusberg, armen. Kloster. X, 630.
St. Gregors Eremus, in Armenien. X, 781.
St. Gregors Kloster, am Ararat. X, 485.
St. Gregors Kloster, bei Erzerum. X, 729.
St. Hormuz (Rabban H.), Heiliger der Chaldäer u. Nestorianer (374 n. Chr.). IX, 744. 745. — sein Kloster in N. Kurdestan. IX, 743.
St. Hripsime, armen. Heilige. IX, 975. X, 519. 527. 781. — — Kirche u. Kloster zu Etschmiadzin. 471. 516. 519. 532.
St. Huscon (Huskan), armen.

Heiliger, sein Grab in Thortan. X, 552. 780.
Sancti-Spiritus-Kloster, in Van. X, 780.
St. Jakobs-Kloster, am Ararat. X, 379. 460. 479. 482. — durch Erdbeben zerstört. 508. 782.
St. Jakobus von Nisibe, armenische Uebersetzung. X, 571.
St. Jakobus, aus Sarug. X, 1140.
St. Johanneskirche, bei Van. IX, 991.
St. Johannes-Kloster, zu Garpi. X, 535.
St. Jonah, Nestorianer-Kloster bei Ninive. IX, 738.
St. Lazarus-Kloster, in Mesopotamien. XI, 294.
St. Mane, armen. Heilige. X, 775. 781. — Höhle der, armen. Kloster. X, 630.
St. Maro, Jakobiten-Mönch (13. Jahrh.). X, 1110.
St. Maro-Kloster, am Orontes. X, 1110.
St. Matthäus, seine Gebeine am Ararat. X, 482.
St. Matthäus, Zeitgenosse des Georgius, gründet Mar Mattei, sein Grab das. (334 n. Chr.). IX, 735. 737 ff.
St. Mesrob-Kapelle, in Etschmiadzin. X, 520.
St. Milles, Bischof von Susa (stirbt 330). IX, 316.
St. Milles-Kloster, in Mesopotamien. XI, 294.
St. Nicolas, russ. Festung am Schwarzen Meer. X, 415.
St. Nunia, armen. Heilige. X, 781.
St. Paulskirche, in Van. IX, 993. — in Mosul. XI, 196.
St. Saba, in der Thebais. IX, 743.
St. Simeon-Berg, in Syrien. X, 924.
St. Thaddäus, armen. Kloster. IX, 758. X, 630.
St. Theodorus, griechische Kirche in Erzerum. X, 761.
St. Thoros, alte armen. Kirche in Manjulik. X, 847.
Sanctus Praecursor, d. i. Johannes der Täufer. X, 703.
St. Vartapes, (Vartabed?) sein Grab zu Thortan. X, 552.
St. Zoara, Kirche in Diarbekr. XI, 32.
Sand, (gelber) in Kars. X, 438. — am Binghöl Dagh. 819. — am Euphrat. XI, 696. — (kalkiger) bei Hit. 759. — im südl. Mesopotamien. 774. — s. Vulkanischer S.
Sandabiyah, s. Mesdjid S.
Sandablagerungen, am untern Euphrat. XI, 987.
Sandanis, Zeitgenosse des Krösus. XI, 548.
Sand-Bambus, in Turkestan. VII, 456.
Sandbank, bei Gambron. VIII, 742.
Sandberge (Hügel, Dünen), niedrige, zw. Fazilschach u. Multan. VII, 63. — bewegl., östl. von Khotan. 334. — bei Turfan. 433. — im Elburs. VIII, 481. — am kasp. See. 545. — im Araxes-Thal. X, 405. — fehlen in der arab. Wüste. XI, 747. — bewegliche, im südl. Mesopotamien. 958. 966. — am Schat el Arab. 1025.
Sandboden, am Euphrat. XI,
Sandebenen, am untern Zab 764. — welliger, am Tigris. 679. Ala. XI, 656. — eigentliche, fehlen im südl. Mesopotamien u. euphratensischen Arabien. XI, 958. 1031.
Sandelholz, in Kabulestan? VII, 683.
Sandelholz-Gitter, im Mausoleum zu Meschhed. VIII, 297.
Sandhöhlungen, am Urmia-See. IX, 953.
Sandhühner, am Schat el Arab. XI, 1025.
Sandjak (Sandschak, Sanjiak), s. Hoda S., Koi S.
Sandjar (Sandschar, Sanjar, Sunjur), Sohn Melekschahs,

Seldschukiden-Sultan (sein Grab in Merv). VIII, 233. 322. XI, 449.
Sandju, s. Sandschu.
Sandlager, in Fars. VIII, 821. rothe, in der Chaldäer-Ebene. IX, 731.
Sandregen, verschüttet Ho lao lo kia. VII, 334.
Sandschak, d. i. Distrikt. VIII, 126. — Fahne mit einem Roßschweif. XI, 43. — s. Sandjak, Koi S.
Sandschar, s. Sandjar.
Sandschu (Sandju), Stadt in Yarkand. VII, 400. 402.
Sandschurren, dröhnende, in Kohestan. VII, 248. — in Ost-Turkestan? 334.
Sandstein, in den Salzketten am Jilum. VII, 95. — bei Muchni. 227. — Schahrud. VIII, 337. — vorherrschend im Demawend-Gebirge. 509. — verschiedene Arten in kurdest. Gebirgen. IX, 526 ff. — im Karatschuk Dagh. 530. — rhomboëdrischer, mit Monocotyledonen-Abdrücken. 532. 534. 535. — am Turk Schah. 730.
Sandstein, im Dschebel Dschudi. IX, 731. — bei Mosul. 734. — Sivan Maaden. X, 710. — in Armenien. 744. 824. — am Murad. 818. — im Dschebel Buschir. XI, 689. — am Euphrat. 696. 731. — bunter, am Arares. X, 451. — eisenschüssiger, im Sahend. IX, 829. — glimmerreicher, in Tiyari. XI, 607. — kieseliger, am Euphrat. X, 921. — rothbrauner, am Tigris. XI, 673. — rother, grüner u. bläulicher, in den Hamrin-Bergen. IX, 495. — rother, im Sirdara-Paß. VIII, 452. Kifri-Berge. IX, 527. im Ali-Dag. 528. in den Duleib-Bergen. 729. am Tigris. X, 221. XI, 670. 672. am Euphrat. X, 873. (salzreicher) am obern Tigris. XI, 125. (unter Kalkfels) am Buhtanfluß. 127. bei Rabban Hormuz. 165. — in Mesopotamien. 481. — salzreicher, im Ali Dag. IX, 529. (rother) am Binghöl Dagh. X, 819. — schiefriger, am Euphrat. 1069. — tertiärer, im Hamrin-Berge. XI, 478. — s. Kalk-, Ostraciten-Sandstein.
Sandsteinbänke, rothe, bei Elkosch. IX, 729. — horizontale, am Tigris. XI, 677.
Sandstein-Berge, rothe und braune, in Armenien. X, 848. — im Deredj Tasul (Taurus). XI, 97.
Sandstein-Conglomerat, in den Duleib-Bergen. IX, 729. — am Euphrat. X, 873.
Sandsteinketten, im obern Indus. VII, 104. — am Hindu Kusch. 259. — am obern Tigris. XI, 10.
Sandsteinklippen, im Kuran. IX, 165.
Sandsteinlager (Schichten), im Demawend. VIII, 570. — in den Hamrin-Bergen. IX, 491. — horizontale, in der Chiaspi-Kette. 731. — im Taurus. X, 917.
Sandsteinmassen, in den Hamrin-Bergen. IX, 418. — purpurfarbige, zw. Sert u. Bitlis. XI, 96.
Sanduk, d. i. Stamm. VIII, 513.
Sanduk Khaneh, d. i. Garderobe. VIII, 609.
Sandu-Kuh, Kette des Elburs. VIII, 513.
Sandus (Plin.), d. i. Indus. VIII, 69.
Sandwich-Inseln, Zuckerrohr das. IX, 260.
Sandwüste, von Multan. VII, 63. — von Beludschistan. VIII, 721.
Sandzwiebel, in Turkestan. VII, 456.
Sang, s. Tarik s.
Sangainch, d. i. Steinspiegel. VII, 734.
Sangala, ob Lahore? VII, 52.
Sangara, Wüste in Mesopotamien. X, 218.

Sangers, d. i. verschanzte Orte. VIII, 144.
Sanghar, s. Boi S. Mirza.
Sang i Ateschkaddah, d. i. Stein des Feuertempels. VIII, 759.
Sangi-Birinj, d. i. Reisstein. IX, 197.
Sangrick, Turk-Stamm. VIII, 408.
Sangur, in Kurdestan. IX, 415.
Sangwan, s. Schekwan. VIII, 865.
Sanherib (Sancherib), assyr. König. X, 585. XI, 296. — s. Sennacherib.
Sanigar, Sohn Dschelaleddin Dowlahs (st. 1092). IX, 306.
Sanjak, s. Sandjak, Koi S.
Sanjar, s. Sandjar.
Sanjiak (Sandschak), s. Koij S.
San kiän fang (d. i. drei Wohnungen), verrufene Gegend in Turfan. VII, 433.
San Koue, d. i. die drei Königreiche (221—277 n. Chr.). VII, 421. 557.
Sankra (d. h. enge, klein), Bez. für Kori. VII, 172.
San Lazaro, armen. Kloster in Daron. X, 630.
San Lazaro, venezianische Insel, armen. Congregation und Druckerei das. X, 540. 541. 633.
Sanmar, s. Sanamar.
Sanner, Volk. X, 742.
Sanuen, s. Yabrujus-s.
San Pu, d. i. der große Strom, Indus. VII, 5. 13.
Sanskrit-Schrift, in Khotan. VII, 364. — vgl. Dewanagari.
Sanskrit-Sprache, in Kamni, Khotan. VII, 367. 368. — ihr Verhältniß zum Zend ꝛc. VIII, 73. 83.
Sanskrta, d. i. geschmückt, vollendet, vollkommen. VIII, 82.
Sansowat, Berg des Tschildyr. X, 427.
Santah, s. Nahr S.
Santch-Berg. VII, 84.
Sanzi, Pflanze (?). VII, 456.
Saocoras (Ptol.), Fluß von Nisibis, Zufluß zum Khabur. X, 247. 989. XI, 254. 255. 265. 728. — s. Khabur, Nisibin-Strom.
Saogirmah (Saggarmaw), Zufluß zum Pul i Zohab. IX, 417. 449. 456. — vgl. Seghirmah.
Saone, in Frankreich, Quellhöhe. IX, 565.
Saoora (Soora), Dorf von Selmas. IX, 967.
Saoulawa, in Kurdestan. IX, 460.
Sap, armen. Dorf im Ali Dagh. XI, 98.
Sapandomad, himmlischer Geist der Zend-Avesta. VIII, 32.
Sapan Tagh, s. Sipan Dagh. X, 304.
Sapao, Fluß in Khangkiu. VII, 652. 660.
Sapchae, Zugang zu den Clissurae. XI, 78.
Σάπειρες, s. Sapirer.
Sapha (Saphe), ob Bezabde, Djezireh ibn Omar? XI, 148. 161.
Saphet, Ort in Syrien. XI, 530. 536.
Sapirer (Herod.), Volk. VIII, 80. 91. 92.
Saponaria, im östl. Mesopotamien. XI, 484.
Sapor, s. Sabor, Schabur, Schahpur, Gondi S., Pheruz S.
Sapor, Name u. Titel dess. in Keilschriften. VIII, 23.
Sapta Heando (Zend.), Septenae regiones Indicae. VII, 31. — s. Hapta Hendu.
Sapur, d. i. Schahpur. VIII, 320. — s. Nai S.
Sar (pers.), d. i. Berg. XI, 652.
Sar, s. Eski S., Massissu S'ar, Meschhed i sar, Nahr S., Tura Khani S.
Sara, s. Es S.
Sarabun, Taurus-Kette. X, 872.
Saracenen, die Sahara-Bewohner. VIII, 378. — in Turkestan. VII, 438. — arab. Horden in Mesopotamien. X, 161. — in Kurdestan. 276. — im röm. Heere. XI, 402.

Saracenische Bogen, im Takht i Soliman. IX, 811.
Sarachs, s. Scharakhs. VIII, 238. 241.
Saradsches, d. i. Führer. X, 804.
Sarägot, Station am Karakorum-Passe. VII, 403.
Saraf, s. Sarraf.
Saragana (Theophyl. Simoc.), Ort in Kurdestan. IX, 1022. XI, 646.
Saragol, s. Surikul.
Sarah, Dorf am Van-See. X, 289.
Sarai, s. Serai, Churram S., Muschsarai.
Sarai Dschik, Kurdendorf am Euphrat. X, 806.
Saraj, s. Sarai, Kara S.
Sarakamysch, Dorf in Armenien. X, 420.
Saralan, Dorf in Aderbidjan. IX, 929.
Sarangen (Σαράγγαι), Scythenvolk. VIII, 64. 65. 98. 100. 103. — s. Zarangen.
Saranis, Christendorf in Dez. XI, 600.
Saras, d. i. See. VIII, 58.
Saraschk (Tharschak), Feuertempel bei Herat. VIII, 243.
Sarasu, Zufluß zum Attreck. VIII, 344.
Sarasvati (sanskr.), d. i. einen See od. Wasser habend. VIII, 58. 61. 62. 106.
Sarawan. VIII, 730.
Sarayu, s. Saroyu.
Sarbaba, Berg in Armenien. X, 396.
Sarbagh, am Hindu Kusch, Khulumfluß. VII, 258. 269.
Sarbane (Tab. Peut.), in Mesopotamien. XI, 401.
Sarbaz (Serbazes), d. i. disciplinirte Truppen, Infanterie. VIII, 390. 512. IX, 437. 864.
Sarcil. VII, 402. 504. 708. — s. Surikul.
Sarda. VIII, 645.
Sardanapal, sein Schatzhaus in Ninive. XI, 171.
Sardarabad, in Armenien. X, 354.
Sardarak, in Armenien. X, 511.
Sardar Hussein Chan, am Ararat. X, 477. 481.
Sardary, s. Serdrud. IX, 851.
Sardascht, s. Serdascht.
Sardasir, s. Serdsir, Janniki S.
Sardellenart, im Van-See. IX, 997. X, 302.
Sardes, Platane das. XI, 512.
Sardju, s. Saroyu.
Sardschamu Dschur (Sartscheme su, Sertscheme su, Saman sui), Quellfluß des Euphrat. X, 727. 728. 745. 769. 824.
Sardsir, s. Serdsir.
Saregabedal, Ort in Turkestan. VII, 449.
Sarendsch, Hauptstadt von Sedschestan. VIII, 123.
Sares, s. Nahr S.
Saresok, der pers. Wunderstier. VIII, 44.
Sarewan (Zarovand), armen. Distrikt. X, 574.
Sare-wat, d. i. Seidenzeug. VIII, 707.
Sar-Ezer (San-asar), Sohn Sancheribs, flieht nach Armenien. X, 585.
Sarg, Särge, aus Stein, mit alten Assyrer- u. Perser-Leichen. IX, 540. — in Babels Ruinen. XI, 909. 915. — s. Todtenurne.
Sar. Geduk, Paß in Armenien. X, 355. — s. Sor G.
Sarghi, Dorf. X, 890.
Sari, Hauptstadt von Tabarestan, Masenderan. VII, 581. VIII, 119. 436. 442. 476. 478. 479. 496. 527 ff. 702. XI, 556. — Dist. VIII, 469. 517. — vgl. Mesched i sar.
Sari, s. Bab S.
Sari Bulak, s. Ain u Safra.
Sar i Burd, Wald-, Schieferberg in Kurdestan. XI, 649. 651.
Sarichi chak, Berggipfel. X, 848.
Saridjelu, Ilat-Stamm. VIII, 405.

Sarifah, Kastell am Euphrat. XI, 730.
Sarijet, s. Nehr S.
Sari kaya, d. i. der gelbe Fels, am Tokma su. X, 844.
Sarikol, s. Surikul.
Sarim cham, Felswand am Euphrat. X, 827.
Sariphi montes. VIII, 48.
Sarisat, Dorf und Klippen am Euphrat. X, 946. 1040.
Sarischad, Sandschak von Kars. X, 424.
Sarit, d. i. Sert. X, 87. XI, 99.
Sarit (Sert), Zufluß zum obern Tigris, auch Bez. für den Tigris unterhalb Sert. XI, 100. — s. Sert su.
Sari Tschitschek, s. Tschitschek Dagh.
Sariwan, im Attreck-Thale. VIII, 349.
'Sarkarâ (sanskr.), d. i. Zuckerrohr, Zucker. IX, 235. 237.
Sarkhes, s. Scharakhs. VIII, 241. 276. XI, 569.
Sar Khuschuk, d. i. trockener Pik, Festungsberg im Zagros. IX, 462. 463.
Sarki, s. Kefender S.
Sarkis, armen. Prinz u. Statth. in Ani. X, 442.
Sarkis, armen. Bischof in Erzerum. X, 760. 775. — s. Surb S.
Sar Kuschti, Zagros-Kette. IX, 340.
Sarmatia asiatica, Königreich im Norden Armeniens. X, 117.
Sarmenraa (contrah. Samarra, Samirra), d. i. Freudensitz. X, 210.
Sarnuca (Ptol.), am Euphrat. X, 1001.
Saroudj, s. Sarudsch.
Saropu, Sarapu (sanskr.), d. i. Haropu, Sardju. VIII, 58.
Sarpil (Sarpul, Serpul), Dorf am Zagros-Paß, am Holwanfluß. IX, 365. 387. 389. 395. 449. — s. Zagri pylae u. d. f.
Sar Puli Zohab (Sar Pul), d. i. das alte Holwan. IX, 395. IX, 470. 476. 478. — s. Pul i Zohab u. d. v.
Sarradji, Wasserarm des Schat el Arab. XI, 1026.
Sarraf (Saraf, Serraf), d. i. Geldwechsler, Banquier. IX, 978. X, 301. 708. 792.
Sarramarra, s. Samarra. IX, 419. X, 208.
Sares su (Sarus der Alten), Fluß in Kleinasien. X, 842.
Sarsaous (?). VII, 764.
Sarsar (Çarçar), Stadt in Babylonien. X, 202. 204. — s. d. f.
Sarsara, Fluß in Babylonien. X, 59. — s. Nahr S. u. d. v.
Sartach Khan, Dschingiskhanide. VIII, 440.
Sartagol, d. i. Khara Khatai. VII, 590.
Sar Tak, d. i. Inselberg, im Zagros. IX, 462.
Sarten (Sarter, Sarty), Handelsvolk in Marghinan, Asferah, Ferghana rc. VII, 724. 733. 734. 740. VIII, 695. — vgl. Tadjik.
Sartohl (monghol.), das Sartenland. VII, 725.
Sartschamu (Sartschem, Sartscheme su), s. Sardschamu Dschur. X, 745. 824.
Sarty, s. Sarten. VII, 724.
Saru, d. i. gelb. VIII, 496.
Sarudsch (Sarudje, Sarug, Saraj, Serug, Seruj, Souroudje rc.), Ebene im westl. Mesopotamien, Euphratfestung, Dorf. X, 917. 931. 939. 945. 948. 1038. (Anthemusias) 1054. 1118. 1119. (Batna) 1140. XI, 175. 275. 279 ff. 289. 291. 320. — vgl. Sadschur, Serug.
Sarugi (Sarudsch), s. Batna S.
Saruieh, Gründer Sari's. VIII, 530.
Saruj, Fluß von Anthemusias. X, 1063. — s. Sarudsch.
Saruk, Turk-Tribus. VIII, 407.
Saruk, s. Surokh.
Sarukdschi, Tempeldiener. XI, 387.
Sarum (Sahrum), Ort im Elburs. VIII, 455. 480.

Sarum Su (Semch Sarun), Zufluß zum Batman su od. Tigris. X, 93. 696. 697. 903.
Sarun, s. Sarum Su.
Sarus, s. Sarres su.
Sarv (Sarvei), s. Serv, Jui S.
Sarymsak Khodja. VII, 529.
Sasch (Chaje), d. i. Zibun. VII, 743.
Saschen, d. i. Klafter. X, 346. 392.
Sasend, s. Abu S.
Sasian (?), Dorf bei Bisutun. IX, 362.
Saspiren, Volk. VIII, 92. — s. Sapirer.
Sassan, s. Ismael Kara S., Padschahan beni S.
Sassaniden, Dauer ihrer Herrschaft. VIII, 24. 700. IX, 115. — erbauen Kermanschah. 374. — stürzen die parthischen Könige. X, 134. — ihr Sturz. 160 ff. — in Armenien. 559. — ihr Einfluß auf die armen. Literatur. 572. — in Mesopotamien rc. 1128. XI, 24. — erobern Diarbekr. 28. — in Amadia. 593.
Sassaniden-Bauten, in Luristan. IX, 337. 339. — Bisutun rc. 352. 361. 381. — Sirwan. 400. — Kurdestan. 469. — Holwan. 473. — am Tigris. X, 228.
Sassaniden-Gräber, in Fars. VIII, 880. — Nakschi Rustan. 936.
Sassanidische Jagdschlösser, in Kurdestan. IX, 482.
Sassanidische Münzen, im Tope Manikyala. VII, 101. 105 rc.
Sassun (Sasun, Saßnu, Sasnu?), Gebirgs-Distrikt im Ali Dagh, Schloß von Musch. X, 662. 665. XI, 39. 40. 112.
Sassunier, ihr Ursprung. X, 585. XI, 414.
Sasun, Gebirgsstrecke bei Schahpur. VIII, 829.
Sasun, s. Sassun.
Saßnu, s. Sasun.
Sata, westl. Indusarm. VII, 168. 169. 171.
Satabiv, Stadt bei Bender Abassi. VII, 183.
Satabru, s. Ssatabru.
Satak, Dorf bei Hamadan. IX, 117.
Satala, Stadt in Kappadocien (Kl.-Armenien). X, 116. 737. 830.
Satan, als executive Gewalt Gottes. IX, 752. — s. Teufel.
Satanici, Bez. für Jeziden. IX, 752.
Satans-Grab, in Daron. X, 585.
Satelmisch, Dorf am Dschagatu in Aderbidjan. IX, 822. 826. 827. 1014.
Sathena, Ort in Mesopotamien. XI, 358.
Sathinik, Gemahlin Ardaschés II. X, 590.
Sati, Gebirgsgau in Hekkari. XI, 598.
Satid, Zufluß zum obern Tigris. XI, 100. — vgl. Schatite.
Satlel, Armenier das. X, 643.
Sato dake (japan.), d. i. Zuckerrohr. IX, 239.
Satrapenresidenz (Plin.), im westl. Mesopotamien. XI, 280.
Satrapie, Etym. VIII, 87.
Satruk, s. Seturik.
Satschli (Satschlü), d. i. die Behaarten, Kurdenstamm. IX, 754. — in Sindschar. XI, 448. — vgl. Sadjeli.
Satschli Tagh, Berg in Sindschar. IX, 754.
Satschlü, s. Satschli.
Sattagyden (Zatagadus, Herod.), Volk. VIII, 80. 101.
Sattler, in Ispahan. IX, 49.
Satun, georgischer Prinz und Statthalter in Ani. X, 442.
Saturei (Satureja hortensis), in Mesopotamien. XI, 500. 502.
Saturn der Harranier. XI, 312.
Saturnia Cynthia Latrob., indischer Seidenwurm. VIII, 703.
Sauerampfer (Rumex acetosa), in Mesopotamien. XI, 501.
Sauerquelle (Säuerling), mit gelbem Wasser, im Dillo. IX, 458. — bei Mosul. 734. — Takht

i Soliman. IX, 1044. — Bayazed. X, 347. — Kischliak. 375.
Sauk Bulak (Soak B., Soudj Boulak, Souj B., Souje Boulagh), Kurdengau u. Stadt im südl. Aderbidjan. IX, 602. 766. 805. 825. 827. 940. 1014. 1032. XI, 650.
Sauk Bulak, Bergkette von. IX, 453. 559. 562. 582.
Sauk Bulak, Fluß von (auch Tatawa, Surokh?), zum Urmia-See. IX, 562. 603. 1014. 1018. 1032.
Saukend, Fels in Aderbidjan. IX, 1016.
Saul, König, angebl. Ahn der Afghanen. VIII, 204. — seine angebl. Abstammung aus Schehrezur. IX, 446. — König der Edomiter. X, 255.
Sauloe Parthaunisa, Hauptstadt in Parthyene. VIII, 118.
Saumar, in Luristan. IX, 422.
Saura, ob Süvereh? X, 876.
Sauras, Festung in Diarbekr. XI, 82. 381.
Sauromates II., König am kimmerischen Bosporus. X, 117.
Sauz, s. Tschia S.
Sava, in Persien. IX, 30. 75.
Savai, indische Zeuge. XI, 822.
Savalan, s. d. f.
Savellan (Savalan, Sevelian, Sebilan, Sevillan, Seilan), Gebirgskette in Aderbidjan. VIII, 15. 630. 661. 671. IX, 764. 788. 790. 798. 800. (von den Eingebornen hoch verehrt) 801. 802. 1048.
Savonât (Sabunat), Gränzdorf von Fars u. Kerman. VIII, 737. 765. XI, 515.
Savorich, s. Surp S.
Sawachi, Jagdrevier im Elburs. VIII, 485 ff.
Sawad, d. i. Länderstrecken von arab. Zeltbewohnern besetzt, am Tigris. X, 213.
Sawari, Name des untern Euphratlaufes. XI, 995.
Sawati, d. i. Sewad. VII, 201.
Sawe, s. Baheiret S.
Sawer, das Königslager im Elburs. VIII, 511.
Sawitha, s. Zawithah.
Saxifraga aizoides, in Masenderan. VIII, 547.
Saxifraga hirculus, muscoides, auf dem Ararat. X, 498. 499.
Saxifragen, in Kurdestan. XI, 624. 647. 658.
Sayah, s. Menzil S.
Sayd, s. Said, Zayd, Ibn S.
Sayd Bey, Kurdenfürst. XI, 130.
Sayd Bey Kalessi, Kurdenschloß. X, 1008. XI, 8. 65. 129. 169.
Sayed Hindi, Roß' Begleiter. XI, 652.
Sayid Mohammed Alak, Chef der Al Habat. XI, 938.
Sayyed Ibrahim, sein Grabmal am Tigris. X, 214.
Sayyid, d. i. Mohammeds Nachkomme. IX, 300. — vgl. Seyid, Syud, Amir S.
Sayyid, Iliyat-Häuptling. IX, 205.
Sayyid Nawwain, Euphrat-Kanal. XI, 995.
Saziko (Sazki), Beiname Rustams. VIII, 183.
Sazlech, Sazlik (türk.), d. i. Schilfwald, Schilfsee, am obern Euphrat. X, 726. 727. 728. 749. 822. 887.
Sbahi, s. Spahi.
Sbantarad, Götze. X, 528.
Sbarabied, Sbarayed, d. i. Kronfeldherr, Generalissimus, Kriegsherzog. X, 454. 573. 594.
Sber, s. Sper.
Scabina (Ptol.), ob Kazwin? VIII, 588.
Scabore fons, d. i. Khabur-Quelle. XI, 253. 265. 268. 272. 273.
Scafi, M., kathol.-armen. Missionär, Boré's Begleiter. X, 352. 639.
Scanderie, Ort in Mesopotamien. IX, 787.
Scanderum-Golf, im Mittel-

meer, Sundirungen. X, 1025. 1027.
Scarabäen, Käfer, in Mesopotamien. XI, 510.
Scenae, s. Skenai.
Sceniten, s. Skeniten.
Scha, s. Lieou Scha.
Schaab, s. Chab, Schaaib, Schaib, Scheich Sch.
Schaab Bewan, Thal am Kalai Sefid. X, 176.
Schaabe, s. Ebu Zaid.
Schaabedin, s. Scheikh Sch.
Schaafi, s. Schafei.
Schaaib, s. Schaib, Schech Sch.
Schabagh, d. i. Königsgarten. IX, 979. — vgl. Bagh Schahi.
Schabah, s. Kala Sch.
Schabanah, s. Scheich Dakheil ibn Sch.
Schaben, ihre Verbreitung in Turkestan rc. VII. 459. — in Mianeh. VIII, 621.
Schabernack, s. Chawernak. X, 62.
Schabouh, s. Koundi Sch.
Schabuk, Dorf am Tokma su. X, 846. 848.
Schabur, s. Schahpur.
Schabur, Distrikt von Schirwan. VIII, 126.
Schabur, Stadt in Chusistan. VIII, 127. — s. Schahpur, Jondi Schapur.
Schabur Dhulaktaf, d. i. Schahpur II (der Schulternbrecher). IX, 172. X, 227.
Schachara (armen.), d. i. Zucker. IX, 237.
Schach Arman Sokman, s. Sokman el Cothbi.
Schachdervan, s. Schadrewan. IX, 180.
Schach Djehanghir, s. Schah Jehangir.
Schad, s. Goher Sch.
Schad (armen.), d. i. Stadt. X, 576.
Schadarwan, d. h. Pflasterteppich. IX, 190. — s. Schadrewan.
Schadi, Feldherr Selims I. XI, 41.
Schadi Beglerbeg, Pascha von Amasia. XI, 40.
Schadilu, Tribus. VIII, 392.
Schadirwan, s. Schadrewan.
Schadizye, Ort in Pischin. VIII, 164. — s. Khail Sch.
Schadizye-Syuds. VIII, 166.
Schadjah, Stadt bei Nischapur. VIII, 321.
Schadrewan (Schadirwan, Schafrevan, Schahdewan, Schachdervan, Schadarwan, d. h. Pflasterteppich), Damm bei Schuster. IX, 180. 185. 190.
Schadsao, d. i. Sand-Zizyphus, in Turkestan. VII, 455.
Scha-dschu, d. i. Sand-Bambus. VII, 456.
Schädelpyramiden, von Timuriden errichtet. IX, 45. X, 223. — aus Antilopen-Knochen, bei Khoi. IX, 911.
Schäferflöte, kurdische. IX, 623.
Schäferhund, s. Hirtenhund.
Schaeib il Nissafa. X, 1113. — vgl. Schaib.
Schaeïr, d. i. Gerste. XI, 501.
Schähhressul, d. i. Schehrezur. IX, 442.
Schähr (Schehr, d. i. Stadt), s. Viran Sch.
Schäkra, Station in Irak Arabi. XI, 1039. — vgl. Schagra.
Schafe, fehlen im Pendschab. VII, 117. — starke Zucht bei Turbut Hydere. VIII, 285. — als Maßstab des Besitzes. 386. — in Kurdestan. IX, 611. 623. — Kars. X, 431. — Musch. 679. — Erzerum. 756. — berühmte, von Erzingan. 789. — Hauptreichthum in Mesopotamien. XI, 506. — am untern Euphrat. 970. — s. Beduinen-Schaf, Lamm, Heerdenthier rc.
Schafe, wilde Art, in Turkestan. VII, 457. 502. — in den Bergen bei Nischapur. VIII, 330. — (Ovis orient.) in Ghilan. 677. — (Ovis musimon) am Ararat. X, 484.
Schafe mit Fettschwänzen, in Yarkand. VII, 397. — Armenien, Kurdestan. X, 652. — Mesopotamien. XI, 506.

Schafei (Schaafi), Doktor des Koran. IX, 756. X, 282.
Schafei (Schafi), Sunniten-Sekte, in Rai. VIII, 602. — Senna IX, 434. — ihr Lehrstuhl in Mosul. XI, 184. 211. — Bagdad. XI, 842.
Schaffban, Grafschaft von Herat. VIII, 254.
Schaffelle, zu Bukur. VII, 445.
Schafmilch, in Mesopotamien. XI, 776.
Schafpelze, vorzügliche, von Kutschan. VIII, 314.
Schafft, Dorf in Ghilan. VIII, 662. 687.
Schafi, s. Schafei.
Schaf-Insel, im Urmia-See. IX, 952.
Schafiusum, berühmte Trauben von Sert. XI, 89.
Schafjataib, Schafjathib, Stadt in Mesopot. X, 257. 267.
Schagale, s. Schakale. IX, 579.
Schagan (russ.), s. Schughani dsur. X, 822.
Schagha Kamkh, Gau in Hoch-Armenien. X, 774.
Schagra, in Irak Arabi. XI, 1002. — vgl. Schäkra.
Schah (Schach), s. Schahi, Achmed-, Ahmed-, Ali-, Ark Ali-, Arslan-, Assyabi-, Bagh-, Dumi-, Feth Ali-, Firuz-, Hyder-, Ibrahim Schah Zada, Khor-, Khosru-, Kohi-, Lal Schah Baz, Mahmud-, Malek-, Mesjed i-, Miran-, Mir Mohammed-, Mohammed-, Nadir-, Nanac-, Rude-, Schahan-, Schahin-, Schaweh-, Soleiman-, Suleiman-, Syud Muhin-, Toghluk-, Turk-Schah.
Schah, Fürstentitel in Badakhschan. VII, 816.
Schahabad, Ort in Chusistan, bei Schuster. IX, 164. 170.
Schahabadka Mallik, Bergfürst in Kaschmir. VII, 89.
Schah Abbas d. Gr., Herrscher von Persien (reg. 1587—1628). VIII, 192. 294. 376. 394. 441. 489. — seine Bauten in Masenderan (s. Kunststraße). VIII, 525. — in Ispahan. IX, 45. — Kanal zw. dem Kuran u. Tigris. 163. — angebl. Ahnherr der Paschas von Amadia. 717. — befestigt Tabriz. 854. — erobert Van. 980. — in Etschmiadzin. X, 516. 520. — verpflanzt Armenier nach Persien. 601. — seine Gartenanlagen. XI, 556. 573.
Schah Abbas, Berg in Kerman. VIII, 738. — vgl. Schahbas.
Schah Abdul Kazem, Dorf bei Tehran. VIII, 447.
Schah Abda Khan, Karawanserai am Zagros. IX, 393.
Schahama, Idol zu Bamiyan. VII, 282. 286.
Schahan, s. Kirman Sch., Tulli Sch.
Schahanschah, Kurdenfürst (1239). X, 442. — vgl. Schahinschah.
Schahardje (Chahardjé), d. i. Christen von Kafar Ara (?). XI, 180.
Schaharguscht (d. h. vierohrig), Pferd mit zerschlitzten Ohren. VIII, 162.
Schahasdan, s. Kandsag Sch.
Schahastan, s. Ganzak Sch.
Schahbas, Dorf in Gurkan (Khorasan). VIII, 345. 352. — vgl. Schah Abbas.
Schah-bazis, Kurdenstamm. IX, 482. — vgl. Schebazi.
Schah Beg, Karawanserai in Afghanistan. VIII, 156.
Schah Behram's Sculpturen. VIII. 835. — vgl. Bahram.
Schah Bunder, Hafenstadt am Indus. VII, 170. 178.
Schah Dag, s. Schah Tagh.
Schahdewan, s. Schadrewan.
Schahdschan (d. i. Schahi Jehan), s. Merv Sch.
Schah Dullu, Ilat-Stamm. VIII, 404.
Schah Dura, Mausoleum in Lahore. VII, 54.
Schah Duri Durán. VIII, 202.
Schahey, s. Schahi. IX, 850. 951.

Schahgan, s. Marwa'sch Sch.
Schah Husein, Kurdentribus. X, 769.
Schahi, s. Schah, Anderun-, Emaret-, Kal'ah-, Khalwet-, Maun-, Meidan-Sch., Merv Sch. Jehan.
Schahi (Schahey), Insel od. Halbinsel des Urmia-Sees (auch = Urmia-See). IX, 850. 951. 953.
Schahi, s. Schahies.
Schahid, d. i. Zeuge des Islam. IX, 499.
Schahies (Schahi), Münze. IX, 687. 803.
Schahin, alter Name für Zinjan. VIII, 624.
Schahin, i. e. Falco gentilis. XI, 507.
Schahin, s. Schah, Schahi, Kal'ah Sch.
Schahin Schah (pers.), d. h. König der Könige. VIII, 608. — Titel Ardeschir Babegans. IX, 146. 151. — Schapurs II. XI, 28. — vgl. Schahanschah.
Schahi-See, d. i. Urmia-See. IX, 850. 951.
Schahisevend, s. Schah Sewend. IX, 804.
Schah Ismael, Gründer der Sofiden-Dynastie (1508). VIII, 247. — sein Grab in Ardebil. IX, 792. — wird von Sultan Selim besiegt rc. (1514). IX, 908. 911. XI, 37. 39.
Schah Jehan, erbaut die Festung Multans (1640). VII, 66. 241.
Schahjehan abad, Stadt in Khorasan. VIII, 282.
Schah Jehangir (Schach Djehangir), verpflanzt die Platane nach Kaschmir. XI, 512. — s. Jehangir.
Schah Kabul, d. i. Kheirabad-See. VII, 243.
Schah Koali (Kouli), Zufluß zum Tigris in Kurdestan. IX, 699. XI, 229.
Schah Kuh, d. h. Königsberg, in der Merdascht-Ebene. VIII, 860. — vgl. Schah Tagh, Schakuh.
Schah-kuh, contrah. Schahu. IX, 462.
Schah Kuttore, Fürst von Kunduz. VII, 15.
Schahlimar, Lustgarten in Kaschmir. VII, 74.
Schah mahi, d. i. Königsfisch, Häring. VIII, 659.
Schah Mahmud, Herrscher von Afghanistan. VII, 314. — sein Tod. 315. — zerstört Ispahan. IX, 46.
Schahmama (d. h. Königsmutter?), Idol zu Bamiyan. VII, 282.
Schah Marandaschi, Felswand am Murad. X, 711.
Schah Mihrab Khan, in Beludschistan. VIII, 731. — vgl. Mehrab Khan.
Schahmirzabad, Dorf Khorasans. VIII, 460.
Schamizad, Dorf Khorasans. VIII, 460. 508.
Schah Moran, in Cilicien. X, 916.
Schah Murad, Fürst von Bokhara (1787). VIII, 230. 233. — vgl. Murad Beg.
Schahna, s. Ibn Sch.
Schah Nadir, s. Nadir Schah.
Schah Nameh, d. h. Königsbuch, Werk Firdusi's. VII, 280. VIII, 25. 27.
Schah nameh Koun, iranische Rhapsoden. IX, 138.
Schaho, d. i. Sandfluß.. VII, 331.
Schaholan (ob Ali Schah?), Dorf in Aderbidjan. IX, 912.
Schahpu, Chaldäer. X, 549.
Schahpur (Schapur, Schabur), s. Bena i Sch., Jondi Sch., Puli Sch.
Schahpur I. (Schapur, Schabur, Sapor), Sassanidenkönig, Sohn Ardeschir Babegans (reg. 240—271). VII, 277. VIII, 23. — restaurirt Nischapur. 321. — desgl. Kazerun. 825. — besiegt den Valerianus. 834. — in den Sculpturen zu Nakschi Redscheb.

VIII, 837. 886. — gründet Raubindjan. IX, 141. — ob Erbauer von Jondi Schapur? 171. — zerstört Atra. X, 132. 135. — erbaut das Schloß von Tekrit rc. 222. 590. — sein Einfall in Syrien. XI, 25.

Schahpur II. (Schahpuri, Schabur Dhulaktaf), Sassanide (reg. 309—381), auf Münzen. VII, 105. — erbaut Kazwin. VIII, 588. — in Jondi Schapur. IX, 172. — Vater Bahrams. 374. 738. 745. — zerstört Van. 981. — erbaut Madaïn. X, 165. — desgl. Samarra. 227. — der Christenfeind. 253. — zerstört Erovantaschad. 455. — desgl. Vagharschabad. 515. 526. — desgl. armen. Bibliotheken. 537. — verpflanzt Juden aus Armenien nach Persien. 587. — erobert Ani. 788. — desgl. Diarbekr. XI, 28. — desgl. Bezabde. 148. — belagert Nisibis. 416. — erobert Singara. 443.

Schahpur III., Sassanide (reg. 385—389). IX, 384.

Schahpur, Sohn Azermahans, pers. Prinz. IX, 307.

Schahpur (Sapor, Schapur, Schabur, Schapuri), Distrikt in Chusistan, Ruinenstadt in Fars. VIII, 127. 827 ff. IX, 171.

Schahpur (Schapor, Schawur, Shawer, Abi Schapur, Bellaru), Fluß von Susa zum Kuran. IX, 164. 166. 292. 293. 298. 321. X, 29.

Schahpuri (Schapuri), d. i. Sapor II. VII, 105. IX, 383.

Schahpuri, Fluß in Fars. VIII, 827.

Schahpurs Füllenschloß, in Kurdestan. IX, 486.

Schahr, s. Schehr, Darah Sch.

Schahr ag, s. Schahr eck.

Schahrazar, s. Schehrezur. IX, 445.

Schahrazuri, Kurdenstamm. IX, 97.

Schahr banu, s. Harem khanah.

Schahr eck (Schahr ag), Kastell in Persien. VIII, 864.

Schar e Ban, s. Schehraban. IX, 500. 510.

Schahrezur, s. Schehrezur.

Schahri Anuschirwan, s. Kasr A.

Schahriari, s. Schehriar, Bad i Sch.

Schahri Fadak, kurd. Name für Ruinen in Hurin. IX, 463.

Schahri Holwan, s. Holwan. IX, 476.

Schahri Kaïlun (Keïlun), d. i. Kelonä. IX, 331. — Ruinen von Sirwan. 401.

Schahri Khusrau (d. h. Stadt Khosroes), Bez. für Seimarrah. IX, 406.

Schahri-Lut, d. h. Loths Stadt. IX, 408.

Schahri Rudbar, Stadt im Kerkhathal. IX, 403.

Schah Rizah's Grab. IX, 21.

Schahr-nischim, d. h. Städtebewohner. VIII, 380.

Schah Rokh Beg (Sch. Rockh B., Schah Ruch beg), reg. 1415—1446. VII, 442. 745. 772. VIII, 245. 293. 294. 600.

Schah Rokh Beg II., Fürst von Khokand. VII, 773.

Schahrokhi, Münze. VII, 309.

Schahrokia, Stadt, später Finakat. VII, 731. 739.

Schahrozur (d. h. Stadt des Zur), s. Schehrezur. IX, 444.

Schah Ruch beg, s. Schah Rokh Beg.

Schah Rukh Beg, s. Schah Rokh Beg.

Schahrud, Stadt in Khorasan. VIII, 11. 337. 470. 473. 475. 574.

Schahrud, Name dreier Zuflüsse zum Kisilusen. VIII, 581. 587. 590. 592. 618. 628. 636. 637. 668.

Schahrúr, i. e. Turdus merula. XI, 507.

Schah Schuja al Muluk, Fürst von Kabul, Afghanistan (1810). VII, 20. 56. 142. 232. 314.

Schah Sefidi, falscher Titel für Scheikh Sefi. IX, 792.
Schah-seven (d. h. Königs-Liebe), türk. Ilat-Stamm. VIII, 403. 620. IX, 122.
Schah Sewend (Schahisevend, Schasserani, nicht Schassivani), d. h. Schafdiebe, Stamm in Aderbidjan. IX, 796. 804. 812. 1044.
Schah Sultan Hussein, reg. 1694—1722. IX, 46.
Schah-Tagh, d. h. Königsberg, Berg u. Stadt im Van-Gebiet. IX, 999. X, 296. — vgl. Schah Kuh.
Schah Tamasp I., pers. König (1523). VIII, 293. XI, 792.
Schah Tamasp, Fürst (1727). VIII, 470. IX, 47.
Schah-Tepe, bei Bistan. IX, 580.
Schah Thamas Kuli Khan, ummauert Kermanschah. IX, 38. 369.
Schahu (Shahoo, contrah. aus Schah-kuh, d. h. Königsberg), kurdische Bez. des Zagros. IX, 415. 427. 443. 459. 462. — Plateau dess. 560. 580. 766.
Schahud, s. Gauher Sch.
Schah-verdi Khan, Lurenfürst. IX, 218.
Schah zadah Ahmed, Berge in Luristan. IX, 196. 202.
Schah-zadeh (Schazadeh), d. h. Königssohn, Prinz-Gouverneur. VIII, 401. IX, 569. — s. Bandi Sch.
Schah zadeh, Station in Masenderan. VIII, 500.
Schah Zadeh Abbas Mirza, s. Abbas M. IX, 854.
Schahzadu, Fürstentitel. VII, 816.
Schah Zemaun, seine Entthronung (1810). VII, 142. 241. — s. Schah Zuman.
Schah Zindé, Berg in Irak Adschem. IX, 71.
Schah Zuman, Afghanen-Fürst. VII, 140. — s. Scheh Zemaun.
Schaib, s. Schaab, Schaaib, Schaeib, Abu Sch.
Schaik, Schaikh, s. Turbut e Sch. Dscham.
Schair Mohammed Khan, Vezier in Herat. VIII, 256. — s. Schir M. Kh.
Schaitan Deresi, s. Scheitan D.
Schaïvek, Gebirge in Aderbidjan. IX, 800.
Schaka, d. i. Saken. VII, 494. — s. Se. 615.
Schakak, Schakakis, kurdische Raubhorden am Van-See. IX, 631. 924.
Schakale, in Turkestan. VII, 457. — häufig am Attreck. VIII, 372. — (Scheghal) im Elburs. 483. — in Masenderan. 523. — Ghilan. 677. — Laristan. 743. — Schiraz. 855. — Chusistan. IX, 222. — Hamrin-Bergen. 491. — sparsam in Kurdestan, ihre angebl. Einwanderung in Iran. 579. 611. — am Euphrat. X, 1075. — am obern Tigris. XI, 164. — bei Mosul. 202. 218. — (Canis aureus) häufig in Mesopotamien. 504. 859. 999. — bei Basra. 1054.
Schakar (spr. Scheker, pers.), d. i. Zucker. IX, 237.
Schakara (tübet.), d. i. Zucker. IX, 237.
Schakar Ab, d. h. Zuckerstrom, in Baitawand. IX, 157. 170. 176.
Schakh, Zufluß zum Khabur. IX, 716.
Schakh (kurd.), d. h. Bergkette, Stadt in Kurdestan. IX, 724.
Schakir, Vater Musa's. XI, 447.
Schakkabad (?), Sitz der Soran-Herrscher. IX, 1027.
Schakmasu, Zufluß des Tokmasu. X, 851.
Schakuh, Ort in Masenderan. VIII, 469. — vgl. Schah-Kuh.
Schakyamuni, d. i. Buddha. VII, 285. 422. — s. Buddha Sch.
Schaladin (Chaladin), s. Mulah Sch.
Schaldi, s. Nokareh Sch.

Schali-bagh, in Kaschmir. VII, 75.
Schalil, Euphrat-Kanal. XI, 989.
Schalimah, Dorf in Ghilan. VIII, 665. 667.
Schalimar, berühmter Garten in Lahore. VII, 55.
Schallach, Tigriszufluß. X, 663.
Schalli, s. Bairan Sch.
Schallu (Challoo), Dorf Masenderans. VIII, 477.
Schalub, Tribus der Dinaruni. IX, 211.
Scham, s. Badi Sch., Bar el Sch.
Schamachè, s. Selmanije.
Schamachie, Hauptstadt von Schirwan. VIII, 124. 126. XI, 566.
Schama Dasch, Berg des Elburs. VIII, 593.
Schamali (d. h. Nordwest), Abtheilung des Sindschar-Gebietes. XI, 465.
Schamal Moluk Fara Merz. VIII, 274.
Schamar, am Zagros. IX, 389.
Schamascha, Christendorf in Dschulamerk. XI, 599.
Schambad (Sambad), Stammvater der Bazradunier. X, 586.
Schambala, fabelhaftes Land. VII, 493.
Schambayati, Ilat-Familie. VIII, 401.
Schambi (sanskr.), i. e. felix regio. VII, 493. 582.
Schambo, s. Sciambo.
Schambulak, Dorf am Gök su. X, 896.
Schamen (chines.), d. i. Samanäer. VII, 285. 331.
Schamer, arab. Chef, Jeziden-Heiliger. IX, 755.
Schami (Samarri), Tigris-Kanal. X, 191.
Schami, s. Hassan Sch.
Schamian-Route, von Sulimaniyah nach Kermanschah. IX, 429. 430. 460.
Schâmieh, d. i. Westufer des Euphrat. XI, 1006.
Schamil, Bedeutung. VII, 138.
Schamiram (Semiramis), s. Schemiram, Mali Sch.
Schamirama arhu, d. i. Schemiramrud. IX, 996.
Schamirama-kert (armen.), d. i. Wan. XI, 984.
Schamiram-su, s. Schemiram Su.
Schamisada (nicht Schammeerzadeh), Dorf in Irak. VIII, 460.
Schamischat, d. i. Samosata. X, 925.
Schamiyan, Ebene in Kurdestan. IX, 531.
Schamkheh, Gebirge in Luristan. IX, 24.
Schamkor. X, 765.
Schamli, s. Nahr Sch.
Schamlu, Zweig der Affschar. VIII, 401.
Schammar (d. h. die Freien), Beduinentribus in Mesopotamien. X, 131. 222. XI, 203. 468. 470. 480. 497. 725. 732.
Schammeerzadeh, s. Schamisade.
Schamo, d. i. Sandmeer, Wüste. VII, 331. 338.
Schams Abdin Div. VIII, 491.
Schamschab, s. Bandi Sch.
Schamschad, Schamschath (syr.), d. i. Samosata. X, 925.
Schamy, s. Tút Sch.
Schan (Berg), s. Hojan-, Ho-, Kilian-, Kin-, Ling-, Pe-, Ping-, Scha-, Siue, Thian-, Tie-, Tsischy-Schan.
Schang mi, s. Changmi, Kiao chang mi.
Schangwan, s. Schekwan. VIII, 865.
Schanschan, s. Schenschen. VII, 332.
Schansi, chines. Provinz. VII, 403.
Schaosu, Usun-Prinzessin. VII, 618.
Schao tsche, ob Yarkand? VII, 405.
Schapat, Dorf in Hekkari. XI, 600.
Schapur, Schapuri, s. Schahpur.
Schapur Khaschum. IX, 208.

Schapurkh-Ast, früh. Name für Khorramabad. IX, 208.
Schar, s. Derya Sch., Gardj al schar.
Schar, s. Tschar. VIII, 136.
Schar (Schehar, Scheheir, Sahoor), westl. Zufluß zum Urmia-See. IX, 789. 930. 943.
Schara, s. El Aschar.
Scharaf Bayinis, Tribus in Kurdestan. IX, 414.
Scharaf Nameh, s. Scherif Nameh.
Scharagnoz, d. h. Hymnensammlung, armen. Gesangbuch. X, 548. 563.
Schara kamysch, d. h. gelbes Schilf, in Kaschghar. VII, 487.
Scharakhs (Sarkhes, Sarachs, Serachs, Serrukhs ꝛc.), Oase u. Stadt am Nordrande Khorasans. VIII, 228. 237. 238. 241. 260. 276. 416. XI, 569.
Scharazur, s. Schehrezur. IX, 442.
Scharbaffe (Scherbaff), beste Seidenart. VIII, 687.
Scharestan, Stadttheil Ispahans. IX, 42.
Schari Seba (d. h. Capitale Saba), Kurdengau. IX, 1022.
Scharistan, Distrikt Masenderans. VIII, 126.
Scharistan, die Citadelle Nischapurs. VIII, 321.
Scharistan, s. Scheristan, Pul i Sch.
Schari Beran, d. i. Capitale Beran. IX, 1017.
Scharizul (Zur), Zagros-Kette, Zweig der Avroman-Gebirge in Kermanschah. IX, 444. 456.
Scharki, s. Scherki, Schurki, El Kobb es Sch., Esch Sch. Ben el Katami.
Scharki-Araber, am untern Tigris. XI, 938.
Scharlachfärberei, in Persien. X, 458.
Scharok, Thier in Kabulestan? VII, 311.
Scharoki Su, Zufluß zum obern Tigris. XI, 19.
Scharur, Dorf von Eriwan. IX, 964. — Distrikt am Araxes. X, 509. 510. 512.
Schasch, s. Tawan. VII, 549.
Schasch (Chaje, Tscheschi), d. i. Taschkend. VII, 559. 570. 598. 645. 731. — vgl. Tasch.
Schaschan, d. i. Sandberge. VII, 433.
Schaschin, d. i. Sandtiefe, verschieden von Hanhai. VII, 323.
Schasrewan, s. Schadrewan.
Schasserani, s. Schah Sewend. IX, 1044.
Schassivanni, irrig st. Schasserani. IX, 812. 1044.
Schat (Schatt, Set), d. i. Fluß, Bezeichnung für den ganzen od. theilweisen Tigris (wird von den Jeziden nicht ausgesprochen). IX, 751. X, 94. 103. XI, 4. 88. 89. — s. Gidr-ach-Sch., Tschildyr Sch., Satid.
Schat Aïdha, altes Tigris-Bett. X, 212. 214.
Scha-tang (chines.), d. i. Sandzucker. IX, 237. 265. 266. 273.
Schat el Alek, im südl. Mesopotamien. XI, 767.
Schat el Amah (d. h. der Wanderer), Tigriskanal. X, 189.
Schat el Arab, d. i. der Araber-Fluß, der vereinte Euphrat und Tigris. IX, 159. X, 27. (Name) 1141. — das Deltaland ꝛc. XI, 1018 ff. — Land u. Volk in der Gegenwart. 1057 ff. — Barren, Mündungen. 1061.
Schat el Degleh, Tigriskanal. X, 189.
Schat el Dudjile, d. i. Tigris. XI, 929.
Schat el Hijeh (Hie, Hye, Schatol Hai), Tigris-Kanal zum Euphrat (Waset-Kanal). X, 31. 189. XI, 935. 960. 973. 989. (Mündung) 995. 996. 998 ff. — vgl. Kut Hijeh.
Schat el Hud, s. Sedd el Khudd.
Schat el Kâr (Schat el Kehr), Kanal im südl. Mesopotamien. XI, 963. 964. 989. 990. 995. 996.

Schat Haman, Zufluß zum Euphrat. XI, 1016.
Schatho, Turkstamm. VII, 331.
Schatirs Grab. VIII, 458.
Schatite, Kuran-Kanal. IX, 164. — vgl. Satide.
Schatol Hai, s. Schat el Hie. X, 189.
Schatrah, s. Bu Sch.
Scha-tscheou, die Sandstadt. VII, 321. 330. 375. 433. 564. 711.
Schat Schitiyaban, Zufluß zum Schat el Arab. XI, 1025.
Schatt, s. Schat.
Schatti Baghin, Tigris Quelle. X, 102.
Schatti Diar Bekir, d. i. der Tigris bei Djezireh ibn Omar. XI, 89.
Schatti Sulkarnein (d. i. Fluß des Zweihörnigen), Tigris-Quelle. X, 102.
Schatti Terdschil, Tigris-Quelle. X, 103.
Schat ul Atschan, Fluß im euphratensischen Arabien. XI, 1043.
Schatzhaus der Parther, auf Olabus. XI, 732.
Schaul (Shawl), Landschaft Afghanistans. VIII, 165. 168. 169.
Schaumar, s. Um Sch.
Schave, der östlichste Keschvar od. Erdgürtel der pers. Kosmogonie. VII, 650. VIII, 43.
Scha Vilasch. VIII, 469.
Schawaly, Ort in Aderbidjan. IX, 913.
Schaweh Schah, ob = Tschao wou? VII, 650.
Schawur, s. Schahpur.
Schayar, s. Chayar.
Schayuk, Hauptarm des Indus. VII, 6. 13.
Schazadeh, s. Schah-zadeh.
Scheah Hezareh, Schiiten im Paropamisus. VIII, 286.
Scheb, s. Jak.
Schebangareh (d. i. Hirtenland), Kurdenkolonie in Farsistan. VIII, 760. 762. 765. 825.
Schebankareh, Kurdenstamm. IX, 140. 214.
Schebavek, in Kerman. VIII, 326.
Schebazi, arab. Ilats. VIII, 392. — vgl. Schah-bazis.
Schebb Khanah Kara Hissar, Ort. X, 751.
Schebdis (Schebdiz), Roß des Khosru Parviz. IX, 382. 488. — s. Sofa Sch.
Schebester, Distrikt in Aderbidjan. IX, 848.
Schebib-Araber, in Irak Arabi. XI, 1003.
Schebon care, s. Schebangareh.
Schebrek, s. Scheherek. IX, 798.
Schech Ade, s. Scheikh Adi. IX, 718. 755.
Schechanîe, Sindjarli-Stamm. XI, 450.
Schechchan, Dorf der Amadia-Fürsten. IX, 718. — s. Scheh Khan, Scheïkhan.
Schech Schaaib (Abu Schaib), s. Buscheab.
Schedscha Bujeh, Stammvater der Bujiden. VIII, 572.
Scheffa, s. Dar al Sch.
Scheffy, s. Mirza Sch.
Scheghal, d. i. Schakal. VIII, 483.
Scheghanian. VII, 741.
Schegnan. VII, 490.
Schehar, Scheheir, s. Schar. IX, 789. 930.
Scheher, s. Schehr, Nou Sch.
Scheherbazar, s. Schehribazar.
Scheher Cheyi, Zufluß zum Kisil Osen. VIII, 629.
Scheherek, Paß der Savellan-Kette. IX, 798.
Scheherek (Schebrek), Dorf in Aderbidjan. IX, 798.
Schehernu, alter Ort bei Bisutun. IX, 349.
Scheher Sabz, angebl. Frankenstadt in Aderbidjan. IX, 827.
Scheheruk, Thal von Gurkan. VIII, 345.
Schehir (d. h. Kapitale), Stadt von Selmas. IX, 966.
Scheh Khan, Dorf bei Mardin. XI, 388. — s. Schechchan.
Schehr (d. i. Stadt), s. Schahr, Scheher, Hormuz Sch., Viran Sch., Yengi Sch.

Schehraban (Schehreban, Schahr e Ban, Schehrban), Stadt am Dijalah bei Eski Bagdad. IX, 491. 498. 500. 501. 509. 510. XI, 554. 796.
Schehran, Stadt in Apolloniatis. VIII, 116.
Scherban, s. Schehraban.
Schehr binari, Ort in Mesopotamien. XI, 276.
Schehreban, s. Schehraban.
Schehrestaneh, Dorf bei Hamadan. IX, 121.
Schehrezur (Scherezur, Schazur, Schähhr essul), Provinz u. Stadt in Kurdestan. IX, 416. 442 ff. (astr. L.) 447. 505. 553. XI, 141.
Schehrezur-Kette. IX, 592.— s. Azmir Dagh.
Schehri, s. Schahri, Schehr, Iran Sch., Konabi Sch., Van Sch.
Schehriar, s. Schahriari, Baad Sch.
Schehribazar (Scheribazar, Scheherbazar), Ebene in Kurdestan. IX, 532. 575. 606. (Obstreichthum) 610.
Schehr Leschkur, d. i. Stadt Laschkar. IX, 182.
Schehu Wute, d. h. tapferer u. trefflicher Schah. VII, 700.
Scheibani Khan, Usbekenfürst (1504). VII, 735. 737. 793. VIII, 233.
Scheibar Tag, d. i. Schibertu. VII, 279.
Scheibenschießen, in Khangkiu. VII, 662.
Scheibigah, Kastell am Euphrat. XI, 728.
Scheich, s. Scheikh.
Scheich Abdal Aazem, Dorf bei Rai. VIII, 596.
Scheich Abdul Aasem, Heiliger. VIII, 597. — sein Grab in Rai. 600.
Scheich Abdul Kadir Gilani, Stifter des Derwischordens der Kadri, sein Grab in Bagdad. XI, 798.
Scheich al belad, d. h. Matrone der Städte, Rai. VIII, 600.
Scheich Ali, Jeziden-Priester. XI, 453. 463. — vgl. Scheikh Ali.
Scheich Binnaya, Held der Schammar. XI, 470.
Scheich Dakheil ibn Schabanah, arab. Häuptling. XI, 472.
Scheich Dschemeid, sein Grab in Bagdad. XI, 798.
Scheich el Schuyukh, s. Scheikh el Sch.
Scheich Feriedbin Attar, mystischer Dichter aus Nischapur. VIII, 322. 323.
Scheich Hassan, Ort am Euphrat. X, 827.
Scheich Hedid, Grabmal am Thartarfluß. XI, 476.
Scheich Ismaëlan, Ort am Euphrat. X, 710. — vgl. Scheikh Ismaëli.
Scheich Israyil, arab. Stammfürst. XI, 944.
Scheich Manssur Halladsch, Grab in Bagdad. XI, 798.
Scheich Mischgo, Araber-Dorf am untern Tigris. XI, 942.
Scheich ol belad, s. Scheich al b.
Scheich Rumi, Jeziden-Heiliger. XI, 457. 460.
Scheich Schaab, arab. Fürst am Schat el Arab. XI, 807. — s. Chab Scheikh.
Scheich Schubli, sein Grab in Bagdad. XI, 798.
Scheich Sehrwerdi, sein Grab in Bagdad (st. 1191). XI, 798.
Scheich soli, Ort in Mesopotamien. XI, 277.
Scheich Tajut, Grab am Tigris. XI, 931.
Scheich Terabad, in Aderbidjan. VIII, 620.
Scheich Tyobeid, arab. Fürst am Tigris. XI, 933.
Scheich Zebaid. XI, 470.
Scheich Zobeid-Araber, s. Zobeid-Araber.
Scheich Zummeir, arab. Fürst in Mesopotamien. XI, 934.

Scheie, d. h. Schlange. XI, 973.
Scheika, s. Pascha Sch.
Scheikh, d. i. Doktor, Oberhaupt. IX, 752. — s. Schech, Scheich, Al Sch. ben Abdallah ben Sina, Bagh Sch. Ali Khan, Chaab Sch., Deik Sch., Descht e Sch., Emir Sch. Abu Ischak, Mir Sch. Khan, Omer Sch. Mirza, Tell Sch.
Scheikh Adi (Hadi, Schech Ade), Stifter, Papst der Yeziden-Sekte. IX, 718. 752. 755. XI, 314. — s. Scheikh Hadi.
Scheikh Adi, Kurdendorf, heiliges Grab, Wallfahrtsort für Yeziden. IX, 756. 758. 760. XI, 167. 312. 586. 587.
Scheikh Ahmed, sein Grabmal bei Niniveh. IX, 747. XI, 234.
Scheikh Ahmed, sein Grabmal bei Hit. XI, 753.
Scheikh Ahmed von Nephaa, sein Grab bei Wasit. X, 279.
Scheikh Ain Alkodat, sein Grab in Hamadan. IX, 121.
Scheikh al Dschebal, d. h. der Alte, das Oberhaupt im Gebirge, Libanon. VIII, 577. — s. der Alte vom Berge.
Scheikh Ali, sein Pallast zu Orfa. XI, 320. — vgl. Scheich Ali.
Scheikh Ali Mirza, in Chumin. IX, 71.
Scheïkhan, Dorf u. Distrikt in Kurdestan. IX, 464. 606. — vgl. Schechchan.
Scheikh Anchi, Dorf in Mesopotamien. XI, 281.
Scheikhanli's, Yeziden-Race. IX, 757.
Scheikh Arret, Ziyaret am Euphrat. XI, 703.
Scheikh Arudi, s. Scheikh Harudi.
Scheikh Baraket, in Syrien. X, 924.
Scheikh Bunder, Montefik-Häuptling. XI, 1000.
Scheikh Delhi, Gouverneur von Haditha. XI, 732.
Scheikh el Muscheikh, d. i. Scheikh der Scheikhs. XI, 1002.
Scheikh el Schupuk (Scheich el Sch.), Ort am Euphrat. X, 189. 190. XI, 819. 944. 974. (astr. L.) 978. X, 32.
Scheikh Hadi, Merwan-Kaliph, Yezide. IX, 751. 754. — s. Scheikh Adi.
Scheikh Hafa, Berge am Euphrat. XI, 753.
Scheikh Hannes, sein Grab am Euphrat. XI, 696.
Scheikh Harudi (Arudi), Berg am Euphrat. X, 1064.
Scheikh Jami, Dorf im Ali Dagh. XI, 98.
Scheich Ibrahim, größter Kurdenheiliger. IX, 627.
Scheikh Ismaëli, Kurdenstamm. IX, 438. 439. 612. — vgl. Scheich Ismaëlan.
Scheikh Issaw, Chef der Montefiks. XI, 1000.
Scheikhiw, Gipfel der Dschellu-Kette. XI, 648.
Scheikh-iwa (d. h. der kleinere Scheikhiw), kurd. Bezeichnung des Rowandiz-Piks. XI, 647. 648. 659.
Scheikh Kara, Dorf im obern Mesopotamien. XI, 164.
Scheikh Khaled, Fakir aus Delhi. IX, 440.
Scheikh Khan (Khanli), s. Mir Sch. Kh.
Scheikh Kothbeddin Haidar, Sektirer (1340). VIII, 285. — vgl. Scheikh Sefi Hayder.
Scheikh Kuchuk, d. i. kleiner Scheikh, Chef d. Yeziden. IX, 761.
Scheikh Makan, Berg in Luristan. IX, 406.
Scheikh Maruf, bei Bagdad. XI, 773.
Scheikh Mattei, Kloster auf Dschebel Maklub. XI, 668. — — vgl. Mar Mattei.
Scheikh Mazen (d. i. großes Haupt), Bez. der Yeziden für Teufel. IX, 751.
Scheikho, Dorf am Buhtanfluß. XI, 127.
Scheikh Rufah, Berge am Euphrat. XI, 738.
Scheikh Säad-eddin. VII, 410.

Scheikh Schaabeddin, sein Grab in Ahar. IX, 799.
Scheikh Schemamik, s. Schemamik.
Scheikh Schubar, Ruinen am Tigris. XI, 870.
Scheikh Sefi Hayder, Heiliger, sein Grab in Ardebil (st. 1334). IX, 791. 792. 793. 799. — vgl. Scheikh Kothbeddin Haidar.
Scheikh Soliman, Stifter der Chab-Dynastie. IX, 161. XI, 1038.
Scheikhtawi, Berge in Kurdestan. XI, 650.
Scheikh Yahia (Johannes), sabischer Priester. XI, 301.
Scheikh Yezid, geistliches Oberhaupt der Yeziden. IX, 752.
Scheikh Zouli, Ort in Mesopotamien. XI, 385.
Scheisch, Dorf in Kurdestan. XI, 167.
Scheitan (d. i. Teufel), ob von den Yeziden verehrt? IX, 751. XI, 587. — s. Satan, Tscheitan, Náalat Sch.
Scheitanabad (Schitan abad, d. i. Teufelswohnung), Fels, Dorf in Aderbidjan. IX, 928. 1015.
Scheitan-Bazar (d. h. Teufelsmarkt), Ruinen in Kurdestan. IX, 454.
Scheitan Deresi (Schaitan D.), d. i. Satans Ort od. Thal, am Frat. X, 736 ff. 825.
Scheitani, i. e. Satanici, Diabolici, Bez. für Yeziden. IX, 748. 752.
Scheitler mezari, drei Gräber am Frat. X, 786.
Scheiukh, s. Scheyukh.
Scheiwan, s. Uleh Sch.
Schejer, Anhöhen, Ruinen am Tigris. XI, 860. 932.
Schejerat el-Asl (Honigbäume), Baumgruppe am Tigris. X, 216.
Schejret Mustafevey, Manuscript. X, 736.
Schekagi, Ilat-Stamm. VIII, 403. 621. 629. 668.
Schekaka, Kurdendialekt. IX, 632.
Scheker (türk. u. monghol.), d. i. Zucker. IX, 237. — s. Schakar.
Schekerdu, s. Iskardo. VII, 216.
Schekesch (Schekesteh), Kastell in Fars. VIII, 865.
Schekherân (Chugh chiran), Stadt in Afghanistan. VIII, 137.
Schekh Jama, s. Scheikh Jami.
Scheki, Distrikt von Schirwan. VIII, 126.
Schekier kamisch (arab.), d. i. Zuckerrohr. IX, 237.
Schekiran, armen. Dorf. X, 703.
Schekwan (Schangwan, Sangwan), d. i. Citadelle, Kastell in Fars. VIII, 865. 880. 888.
Schelab eddin, Fürst von Ormuz (1311). VIII, 777.
Schelk, Chelk (slaw.), d. i. Seide. VIII, 709.
Schem ad'din, Autor (11. Jahrhundert). VIII, 274. 327.
Schemaia, s. Bar sch.
Schemál, das Nordland von Basra am Schat el Arab. XI, 1025.
Schemamik, Provinz am Zab Asfal. IX, 638.
Schemamik (Scheikh Sch.), Abtheilung der Tai-Araber. XI, 671.
Scheman (?), Fluß in Bayazed. X, 346.
Schemasiyah, s. Rakka es Sch.
Sche ma tho na, altes Königreich. VII, 335.
Schembat, Berg bei Dschulamerk. XI, 625.
Schembker su (Schembkr su), Zufluß zum Gök su oder Euphrat. X, 888. 894.
Schemiram, s. Schamiram, Van Schehri. X, 298.
Schemiram, Elburs-Thal, Etymol. VIII, 451.
Schemiram, Distrikt in Kurdestan. IX, 606.
Schemiramagerd (armen.), d. i. Semiramisstadt, Van. IX, 787. 982. 983.
Schemirama-kert, auch als Bez. für Artamit bei Van. IX, 991.

Schemirami, Schemiran, Schloß bei Herat. VIII, 239. 244.
Schemiram-Pfeiler, bei Dumdum (Rewandoz). IX, 936. 1024.
Schemiram-rud (Schemiram-, Schamiram-su, Schamirama arhu), d. i. Semiramis-Fluß, im Van-Gebiet. IX, 987. 991. 996. X, 294.
Schemisat, Furth am unt. Zab Ala. IX, 697. XI, 269.
Schemkur, in Eriwan. VIII, 126.
Schemmascha, d. i. Diakon der Nestorianer. IX, 676.
Schemrun, Schloß bei Tehran. VIII, 451. 557.
Schems, s. Berd el Sch.
Schemschat, d. i. Samosata. VIII, 554.
Schemsche, s. Bar sch.
Schemschir, s. Tang Sch. Bur.
Schemseddin, Dorf in Hekkari. XI, 600.
Schemseddinlu, Tribus in Solduz. IX, 1032.
Schems Effendi, seine Moschee in Diarbekr. XI, 55.
Schemsie (Schemsieh, Schemsfis), Sonnenanbeter, in Diarbekr, Mardin ꝛc. IX, 753. XI, 59. 61. 299 ff. (ihre Sprache) 303. 382. 390.
Schemsiki, Christendorf in Djellu. XI, 600.
Schemssis, s. Schemsie.
Schemuta, Dorf am Tigris. XI, 664.
Schenschen (Chin Chintalas?), Königreich in Leulan. VII, 324. 331. 332. 356. 440. 563.
Schensi, chines. Provinz. VII, 403. VIII, 795.
Scherab Acran, Jezidendorf in N. Kurdestan. IX, 739.
Scherabi, Jezidendorf in N. Kurdestan. IX, 741. 746.
Scherabia, s. Tschelebian. IX, 795.
Scheraff Khaneh, Dorf am Urmia-See. IX, 955.
Scherafi, s. Geli Sch.
Scherahin, Distrikt von Hamadan. IX, 121.
Scherak, Distrikt von Schirwan. VIII, 126.
Scheram, Cheram (armen.), d. i. Seidenwurm. VIII, 708. 709.
Scheramin, Distrikt Hamadans. VIII, 125.
Scheraschal, kurd. Schäferflöte. IX, 623.
Scherazur, s. Schehrezur.
Scherbaff, s. Scharbaffe.
Scherbend, Stadtwall von Herat. VIII, 247.
Scherbet, aus Süßholz. XI, 1052.
Scherbet Khan (Scherbettin Kh.), in Diarbekr. X, 716. XI, 19.
Scherby, in Syrien. X, 1073.
Scheref Beg, s. Scherif Beg.
Scheref eddin Bedlisen, s. Scherif Eddin.
Schereff, Turkstamm. VIII, 411.
Scheref nameh, s. Scherif N.
Schere Schingh, Adoptivsohn Rungit Singhs. VII, 128.
Scherezur, s. Schehrezur.
Schergi, s. Ali Schurki.
Scherian, s. Scherrian. X, 346.
Scheriat el Ghazel, kl. Fluß zum Tigris. X, 217.
Scheribazar, s. Schehribazar.
Scherif, d. i. Abkömmling des Propheten. XI, 364.
Scherifabad, Ort in Khorasan. VIII, 284. 287.
Scherif Beg (Scheref B.), Gouverneur von Bitlis. IX, 1004. XI, 39.
Scherif Eddin (Chereffeddin, Xeriffeddin, Scheref eddin Bedlisen), Geschichtschreiber, Lobredner Timur Becs. VII, 250. 791. IX, 138. 794. XI, 36. 41. — s. Scherif Nameh.
Scheriff Imhammed. XI, 521.
Scherif Nameh (Scheref N., Scharaf N.), Werk Scherif Eddins. IX, 207. 794. 1021.
Scherik, s. Effame Ben Sch.
Scheri Kiamusch, d. h. Silberstadt. VIII, 466.
Scherin, s. Scheveran.

Scherir, Ebene im russ. Armenien. IX, 919.
Scherirud, Fluß. VIII, 546.
Scheristan, ob = Schirwan? VIII, 346. — vgl. Scharistan.
Scheriwan Su, s. Scherrian.
Scheriwan Tagh, in Armenien. X, 655. 659.
Scherkat (Schirgath), s. Kala Sch.
Scherki, s. Scharki, Imam Sch.
Scherki (d. h. östlich), gefährlicher Ost- u. Nordost-Wind. IX, 607. XI, 217. — s. Schurgi.
Scherra, s. Bi Sch.
Scherrian (Scherian, Scheriwan Su), Zufluß zum Murad. X, 346. 655. 663.
Scherridsch, s. Kas Sch.
Scheveran (Scherin), Armenierdorf bei Hamadan. IX, 78.
Schevris, s. Gabriel Sch.
Schewuk, s. Schuwukh, Kut Sch., Suk el Sch.
Schi, s. Kara-Schi.
Schi, Münze? VII, 447.
Schiadiad, s. Job Sch.
Schiah-rud (d. h. schwarzer Fluß), in Masenderan. VIII, 484. 496.
Schiahs, d. i. Ali-Verehrer. VII, 398.
Schiak-Thal, in Kurdestan. XI, 97.
Schiawa, hartes Bitumen. VIII, 549.
Schibeli-Berg, in Aderbidjan. IX, 830.
Schiberghan, bei Balkh. VIII, 218. 227.
Schibertu (Chiberto), Paß von Kohestan. VII, 253. 279.
Schibr, s. Schibertu.
Schibúbuk, i. e. Upupa epops. XI, 508.
Schicarah, Ort am untern Euphrat. XI, 1044.
Schiebi, Stamm in Kurdestan. IX, 621.
Schiefer, blauer, im Hindu Kusch. VII, 258. — in Armenien. X, 744. — weißer, bei Maaden Kapur. XI, 16. — blaugrauer, rother, brauner, in Kurdestan. XI, 647. 650. — bituminöser, bei Hit. 755. — s. Chlorit-, Talk-, Thonschiefer.
Schieferfelsen, blaue, mit Quarzadern. IX, 80. — weiße (Kreidebänke?), in N. Aderbidjan. 914. — im Taurus. X, 892. — in Tiyari. XI, 615.
Schiefergebirge, in Irak Adschem. IX, 64. — in Kurdestan. 799.
Schiefertafeln, als Thüren in pers. Dörfern. IX, 61.
Schieferthon, muschelreicher, am Araxes. X, 468. 474.
Schief-rud (Schuffi rud), Fluß in Ghilan. VIII, 657.
Schiemann, K. (Schliemann?), Begleiter Parrot's in Armenien. X, 366. 382. 488.
Schier, Usun-Prinz. VII, 622.
Schießpulver, in Hamadan. IX, 123. — unter die Augen gerieben, als Schutz gegen Schneeblenden. X, 794.
Schiff, s. Seeschiff, Boot, Johruk, Ostindienfahrer ꝛc.
Schiffahrt, im Pendschab. VII, 119. — auf dem Indus. 194. — fehlt auf dem Van-See. IX, 997. — auf dem Urmia-See. 1012.
Schiffbau (Schiffwerfte), am mittlern Indus. VII, 148. — zu Rescht. VIII, 656. — arabischer. 748. — am Euphrat. XI, 788. — in Bagdad. 818.
Schiffbrücke, bei Attock. VII, 23. — über den Euphrat. X, 990. 991. 1038. XI, 766. — bei Kallinikum. X, 1144. — über den Tigris bei Ninive, Mosul. XI, 173. 176. 185. 192. — über den Khabur. 267. — bei Hit am Euphrat. 753. — bei Hilleh. 787. — Bagdad. 803. — s. Euphrat-, Tigris-Brücke.
Schifferlied, in Sinde. VII, 164.
Schifileh, quadratisches Fort am Tigris. XI, 933.
Schifkat Chani (Schopf chani,

auch Besch tepe, d. h. fünf Hügel), in Mesopotamien. XI, 276.
Schighindara Su, Zufluß zum Araxes. X, 396.
Schighr (Chigr), s. Saaveki.
Schignan, Bergvolk. VII, 796. — vgl. Siknan.
Schiiten, in Iran. VIII, 136. — zelotische, in Herat. 250. — desgl. in Meschhed &c. 300. IX, 173. — ihr Haß gegen die Jeziden. 756. — in Bagdad. XI, 816. 842. — in Basra. 1037.
Schiitische Araber, am unt. Euphrat. XI, 983.
Schikafti Salman, Grotte im Gilgird. IX, 169.
Schikakûl, i. e. Tordylium syriacum. XI, 502.
Schikan, s. Dundan Sch.
Schikar Gah, d. i. Jagdgebiet, im Elburs &c. VII, 175. VIII, 590.
Schikarpur, Stadt am mittlern Indus. VII, 27. 39. 151 ff. 188. VIII, 174.
Schikarpur, Hindu-Dialekt. VII, 152.
Schiking, Buch. VII, 595.
Schikrak, i.e. Coracias garrula. XI, 507.
Schildkröten, große, im Ravi. VII, 49. — im Lungtschi. 495. — in Ghilan. VIII, 431. — (Emys caspia) in Masenderan. 538. — in der pers. Salzwüste. IX, 30. — in Kurdestan. 611. — im Süngüt tschai. X, 875. — im Euphrat, Tigris. 1031. XI, 164. 510. 723. — s. Fluß-, Land-, Lippenschildkröte.
Schilf, zuckerrohrartiges, am Chinab. VII, 41. — am Kara Su. X, 458. — sehr großes, in Mesopotamien. XI, 456. 499. — am untern Tigris. 941.
Schilfflöte, der Kurden. IX, 622.
Schilflager (Schilfrohrschichten), in Sassaniden-Bauten. IX, 501. — im Aker Kuf. XI, 847. 849. 851.
Schilfwälder, reichlich in Mesopotam. X, 163. 190. XI, 1015. — an den Euphrat-Quellen. X, 726. 727. — bei Erzerum. 749. — im südl. Chusistan. XI, 1029.
Schilgur, bei Kandahar. VIII, 149.
Schiliao pen tsao, chines. Naturgeschichte. IX, 255. 266.
Schillu, Sindschar-Dorf. XI, 465. 541.
Schiltat, s. Schittat.
Schiltperger (Schiltberger), bairischer Reisender, in Herat. VIII, 246. — am Tigris. XI, 89.
Schimi, Zuckerart. IX, 274. 282.
Schimon (Simon), s. Mar Sch.
Schimper, W., auf der Sinai-Halbinsel. XI, 522.
Schin, Gebirgsthal in Kurdestan. X, 693. 694.
Schin, s. Kandi-, Keli-, Schaschin.
Schina, s. Tura Sch.
Schina (Sching), s. Sing, Churut Sch., Schere Sch.
Schinas, s. Thinars.
Schindan, Gränzberg, Bergfeste zw. Ghilan u. Aderbidjan. VIII, 15. 660. IX, 796.
Schinear, s. Sinear. XI, 877.
Schinek, Ort, Distrikt in Kurdestan. IX, 560. 586. 568. 606.
Schinek, Zufluß zum Siwell. IX, 588.
Sching, s. Schingh.
Schingar, Dorf in Karabagh. X, 509.
Schingar (hebr.), s. Sinear. X, 15.
Schingh (Sching), s. Sing, Churut Sch., Schère Sch.
Sching tschang, chines. General. VII, 620.
Schinhar (hebr.), s. Sinear. X, 15.
Schinkis, Kurdenstamm. IX, 573. 612.
Schino, d. i. Uschnei. XI, 652.
Schin tsung, chines. Kaiser (1023 —1063). IX, 266.
Schinz, Kleeart. VIII, 715.
Schir, s. Mir Ali Sch., Nahr Sch.
Schir, Berg. VIII, 581.
Schir, d. i. saure Milch. X, 693. — s. Joghurt.

Schiragh, Schiraghel, s. Schuraghel.
Schirah, Tigris-Kanal. XI, 1016. — s. Schireh.
Schirak, Dorf im obern Mesopotamien. XI, 158. 430.
Schiramin, Dorf am Urmia-See. IX, 846.
Schiras, s. Schiraz.
Schirauni, Volk in Afghanistan. VIII, 130.
Schiraz (Schiras), d. h. Löwenbauch, Hauptstadt von Fars. VIII, 8. 127. 847 ff. IX, 898. XI, 525. 566. 573. 1072. — Dist. VIII, 727. 729. 736. 846. IX, 136. 142.
Schiraz (Schiras), Distrikt in Aderbidjan, Dorf am Urmia-See. IX, 74. 845. 848. 888.
Schirazi, s. Abdallach Sch.
Schireh (Sirej Khan), Dorf am Tigris. XI, 453.
Schireh, Dorf im südl. Irak Arabi. XI, 1025. — s. Schirah, Sirej Khan.
Schir e Khischt, Manna. VIII, 307.
Schirene (Schirin), s. Kesra Sch.
Schirgah, in Masenderan. VIII, 493. 499.
Schirgath, s. Kala Scherkat.
Schir Hadgi, Festungsgraben. VIII, 268.
Schiri Kaneh, Schneeberge im pers. Armenien. IX, 918.
Schirin (Chirin), Gemahlin des Khosru Parviz. IX, 382. 488. XI, 940. — s. Schirin Sira, Daria-, Kasri-, Sibk-, Sofa-, Takhti-Sch.
Schirin-Pallast, am Diyalah. IX, 511.
Schirin-Quelle, im Tak i Bostan. IX, 378.
Schirin Sira, Khosroes' Gemahlin. IX, 406.
Schirley, s. Shirley.
Schir Mohammed Khan, Hezareh-Chef. VIII, 229. — s. Schair M. Kh.
Schiro, Stadt am Euphrat. X, 829.
Schirouieh, Sassanide. VII, 580.
Schir Tak, Traubenart. VII, 638.
Schirtu, s. Schibertu.
Schirwan (Sheerwan), Ort im Meschhed- od. Attreckthale, an der Nordgränze Khorasans. VIII, 12. 310. 344. 346.
Schirwan, Landschaft am Westufer des kasp. Sees. VIII, 124. — Distrikte. 126. — Seidenzucht das. 681. 688. — Pistazien. XI, 566. — s. Albanien.
Schirwan (Schirwanshally, Schiwanschely, Schischawan), Dorf an der Südwestseite des Urmia-Sees. IX, 825. 926.
Schirwan, Kurdenschloß im Norden des Sert su. IX, 1007. X, 698. XI, 96. 103. 111.
Schirwan, das Süddorf bei Sert am Bitlis Tschai. XI, 115.
Schirwan (Abi Sch.), d. i. der obere Lauf des Diyalah. IX, 414. 416. 418. 425. 442. (Quelle) 580.
Schirwan, Thal im Gebiete des Zab Ala. XI, 589.
Schirwanah, Schirwaney, künstlicher Berg am Diyalah. IX, 417. 440.
Schirwani, d. i. Schirwan-Kurden. IX, 1027. XI, 96. 169.
Schirwani-Seide, schlechteste Sorte. VIII, 687.
Schirwanshally, s. Schirwan. IX, 825. 926.
Schirzad, Statthalter von Kaschan u. Kom. IX, 35.
Schi san kiäng fang (d. h. 13 Wohnungen), verrufene Gegend bei Turfan. VII, 433.
Schisch, s. Koh Sch. Pir.
Schischara, s. Bursa Sch.
Schischewan, neuer Ort am Ostufer des Urmia-Sees. IX, 1011.
Schisrah, s. Tangi Sch.
Schistat, als Bez. der medischen Mauer. X, 219.
Schitanabad, s. Scheitanabad.
Schitiyaban, s. Schat Sch.
Schittat (Schiltat?), Dorf im euphrat. Arabien. XI, 1042.

Schittubur, d. i. Ssetledsch. VII, 31.
Schiun, s. Deriah-Sch.
Schiwan-schely, s. Schirwans-hally.
Schi yung yen tsao, chines. Naturgeschichte. IX, 282.
Schiz, Capitale in Aderbidjan. IX, 1046.
Schizogi, Tribus in Ardelan. IX, 813.
Sch'kedim (hebr.), d. i. Mandeln. XI, 563.
Schlacken, metallhaltige, im Demawend. VIII, 563. 570. — häufig in Aderbidjan. IX, 858. — im Sipan Tagh. X, 331.
Schlackenhügel, im östl. Mesopotamien. XI, 473. 475.
Schlackenreste, bei Etschmiadzin. X, 378.
Schlamm, blaufärbender, bei Mosul. XI, 190. — s. Asphaltartiger Schlamm.
Schlammboden (Alluvium), am Euphrat. XI, 764. — an den babyl. Kanälen ꝛc. XI, 774. 933.
Schlammströme, am Ararat. X, 511.
Schlammwasser, im Euphrat. X, 749. 1023.
Schlangen, in Kunduz. VII, 270. — Wasser-, in Masenderan. VIII, 484. 517. — häufig bei Schiraz. 855. — in Sulimaniyah. IX, 567. — Abbildung bei Yeziden. 754. 755. — in Aderbidjan. 910. — giftige, auf den Inseln des Urmia-Sees. 952. — am Van-See. X, 318. — zahlreich in Eski Mosul. XI, 160. — in den Häusern Mosuls. 219. — giftige, bei Mardin. 383. — in Kurdestan. 586. 596. — im südl. Chusistan. 1029.
Schlangenberg, s. Ilan Daghi. IX, 914.
Schlangen-Cultus, in Mesopotamien. X, 279.
Schlangenfels, am Van-See. X, 318.
Schlangen-Heiliger, in Luristan. IX, 203.
Schlauchschiffahrt, auf dem Euphrat. XI, 723. — s. Kellek.
Schlausch, Scheikh der Djerboah. XI, 838.
Schleier, fehlen bei den Huzaras. VII, 263. — desgl. im Westen des Hindu Khu. 271. — desgl. in Yarkand. 393. — der Khalifen u. Amadia-Fürsten. IX, 720. — ungebräuchlich in El Kosch. 726. — aus Pferdehaar, in Kurdestan. IX, 625. — schwarzeleinene, in Miafarekin. XI, 69.
Schleiereule (Strix flammea), in Mesopotamien. XI, 507.
Schleusenbau, bei Dara. XI, 400. — s. Damm, Kanal.
Schliemann, wol Schiemann? X, 366.
Schlinge, als Waffe der Ali Ilahi. IX, 753.
Schlösser, in Samarkand fabricirt. VII, 668.
Schloß der Vergessenheit, s. Hösn Keif. XI, 82.
Schmelzhütten, in Kurdestan. IX, 610. — Sivan Maaden. X, 710. — Tipari. XI, 615.
Schmerle, gemeine (Cobitis barbatula), in Mesopotamien. XI, 509.
Schmetterlinge, gestreifte, in Mesopotamien. XI, 510.
Schmiedeeisen, in Sivan Maaden. X, 711.
Schmiedewerkstätten, in Armenien. X, 718. — in Erzerum. 758. 768. — Diarbekr. XI, 59.
Sch'muel Ben Eli, Rabbi in Bagdad. X, 260. — s. Samuel.
Schnauzbärte, der Tatschli-Kurden. IX, 754.
Schnecken, in altpersischen Säulenkapitälen. IX, 102.
Schneckenarten, am unt. Euphrat. XI, 987. — s. Kreisel-, Landschnecke.
Schnee, ewiger, im Hindu-Khu. VII, 202. — desgl. auf dem Koh i Baba. 248. — desgl. in Kabulestan. 305. — desgl. im Kyndyr Tau? VII, 759. — in Khorasan. VIII, 249. — Tehran. 611. —

Kerman. 733. — Fasa. 760. — als Leckerei in Persien. IX, 67. 87. — im Elwend. 79. 84. — in den Avroman-Bergen. 448. — im Kandil Dag. 454. — auf dem Gudrun. 454. — im Zagros. 514. — ewiger, im Schahu. 561. — auf dem Buhtan-Gebirge. 712. — auf dem Dschebel Dschudi. 724. — am nördl. Van-See. X, 323. — ewiger, am Alaghez. 376. — im Soghanlu. 421. — hoher, in Armenien. 423. — in Kars. 429. ewiger, auf dem Ararat. 486. — am obern Murad. 657. — im Tek Dagh. 661. — bei Bitlis. 686. — ewiger, des Binghöl Dagh. 820. — auf den Garabergen. XI, 217. — bei Orfa. 328. — in Mesopotamien. 359. 367. — in der syrischen Vorstufe Mesopotamiens. 494. — s. Eis, Kälte rc.

Schneeberge, werden von Nomaden beobachtet. VIII, 386. — in N. Kurdestan. IX, 737.

Schneeblenden, Schutzmittel dagegen. X, 794.

Schneefelder, am Sipan Tagh. X, 329. — am obern Murad. 651.

Schneefinken (Fringilla nivalis), in Ghilan. VIII, 432.

Schneegebirge, bei Jellallabad. VII, 230. — in Armenien. X, 413.

Schneegipfel, der Kurtak-Kette. IX, 600. — in Armenien. X, 747.

Schneegränze, im Hindu-Khu. VII, 226. — im Koh-i-Baba. 257. — im nordwestl. Iran. VIII, 10. — im Demawend. 568. — im Zagros. IX, 404. — im Sipan Tagh. X, 331. — am Ararat. 492. 500 ff. — in Kurdestan. XI, 597. 658. — in Tiyari. 615.

Schneehühner, in Kaschghar. VII, 419. — Turkestan. 456. — (? Lagopus) in Mesopotamien. XI, 508.

Schneelawinen, am Demawend. VIII, 566. — in Tiyari. XI, 612.

Schneelerche (Alauda alpestris), in Ghilan. VIII, 432.

Schneemassen, gefährliche, in Aderbidjan. IX, 859. 1023.

Schneetreiben, in Kurdestan. XI, 659.

Schneewurm, im Hindu Kusch. VII, 258. — im Sipan Tagh. X, 330. — in Armenien. 423.

Schneider, Missionar in Persien. IX, 948.

Schnepfen, häufig am kasp. See. VIII, 371. — in Masenderan. 525. — sehr zahlreich in Ghilan. 678. — am Araxes. X, 382. — am Murad. 714. — vier Arten in Mesopotamien. XI, 509. — am untern Tigris. 941. 945.

Schnitterlieder, kurdische. IX, 578. 623.

Schnurrbärte, der Satschli-Kurden. IX, 754.

Schoagnaun, s. Cheghanien.

Schoavah, Dorf in Baz. XI, 600.

Schobanley, s. Yowschanly.

Schobek, s. Kerek esch Sch.

Schoeib, s. Wadi Sch.

Schoenus, Längenmaß. X, 118. 1117.

Schoghagath (d. h. Strahlenwurf der Mutter), Kirche in Etschmiadzin. X, 518.

Schoghakalhi wank (d. i. Ausguß des Lichts), Kloster im Etschmiadzin. X, 520.

Schomiram, d. i. Semiramis. X, 359.

Schopfchani, s. Schiftat chani.

Schopkos. VIII, 676.

Schor, s. Schar, Derya Sch.

Schorachbill, Sohn Elhareths, Fürst der Bekr Wail. XI, 34.

Schora rud, Distrikt in Afghanistan. VIII, 165.

Schorawuck, Ebene in Afghanistan. VIII, 60. 164. 165.

Schorbulak Kurghaschim, Station in Turkestan. VII, 479.

Schorbulak Malatschay, Station in Turkestan. VII, 479.

Schorbulak Yessa Kantschak, Station in Turkestan. VII, 479.

Schor Dereh, d. i. Nitrum-Thal, in N. Kurdestan. IX, 699. 733.
Schorhoth, s. Schorsoth.
Schorji, Dorf in N. Kurdestan. IX, 739.
Schorsoth (? Schorhoth?), Stadt im russ. Armenien, armen. Collegium das. X, 583. 633.
Schoschtar, s. Schuster. IX, 178.
Schosik, in Kurdestan. X, 661.
Schoten, in Orfa. XI, 326.
Schotengewächse, s. Leguminosen.
Schottische Bergwerkskolonie, in Aderbidjan. IX, 799.
Schoui, s. Ky Schy Schoui.
Schoulistan, Gränzland zwischen Fars u. Chusistan. IX, 140. 142.
Schouls, Tribus in Persien. IX, 140. 214.
Schouschanz, s. Schuschanz.
Schreiben, ist den Yeziden verboten. IX, 752. — vgl. Kalligraphie.
Schreibpinsel, hölzerne, in Khotan. VII, 361.
Schreibrohre, beste, von Schuster. IX, 56.
Schreibzeuge, aus blauem Eisen, in Khotan fabrizirt. VII, 378.
Schrift, unbek., im Pendschab. VII, 104. — neue, durch Sultan Baber in Kabul eingeführt. 310. — in Yarkand. 407. — medische u. assyrische, am Elwend. VIII, 75. — der Kurden. IX, 632. — hebräisch-syrische, der Mendaïten. XI, 302.
Schriftcharaktere, in den Bausteinen zu Al Hadhr. XI, 487.
Schriftsteine, gelten als Talismane. IX, 343.
Schringa (sanskr.), d. h. Horn. VII, 368.
Sch'rira, Rabbi. X, 267.
Schroffs, in Sinde. VII, 188.
Schu, d. i. das westl. Szü tschüan. IX, 266. — Sse tschuan. 273. — vgl. Tschu.
Schuan (Tschuan), Distrikt in N. Kurdestan. IX, 455. 606. 694.
Schubah, s. Kala Sch.
Schubar, s. Scheikh Sch.
Schubli, s. Scheich Sch.
Schütang, d. i. Milchzucker. IX, 266.
Schüttgelb, in Van. X, 301.
Schützenfest, in Khangkiu. VII, 662.
Schufella, Scheikh der Zobeid. XI, 930. 931.
Schuffi rud, s. Schief-rud.
Schugeschug, s. Chugeshug.
Schughani dsur (Schughni dsor, Chougni, Giogan-deresi, Schagan), d. i. Thal Schughan, Thal der Euphratquellen in Armenien. X, 724. 727. 739. 822.
Schughnan, Schughnaun, s. Cheghanian.
Schughni dsor, s. Schughani dsur.
Schuhe, s. Gelbe Schuhe.
Schuhre Babik, Ort in Kerman. VIII, 728. XI, 540.
Schuhri Bababeg, Stadt in Kerman. VIII, 734.
Schuhud binari, d. i. Zeugenbrunnen, in Mesopotamien. XI, 277.
Schuischui, Bewohner der Gr. u. Kl. Bucharei. VII, 720.
Schuja, Schah Sch.
Schujaeddin, Khurschidenfürst. IX, 207.
Schujurabad (Schujuabad), Gränzstadt von Multan. VII, 64. 68.
Schukurana, d. i. Dankgeld. VII, 130.
Schulawer (Schulaweri), Station in Georgien. X, 372. 373.
Schule (Volk), s. Sule.
Schulen, in Kurdestan. IX, 632. — Persien. 886. — fehlen den chald. Christen. 965. — s. Mädchenschule, Akademie, Collegien, Medressen.
Schulghestan. IX, 14.
Schulu, Kurdenstamm. IX, 980.
Schulz, Fr. Ed., Prof. aus Gie-

sen, Reisender in Kurdestan ꝛc. (1829). IX, 11. 646. 649. 803. — in Tabriz. 880. — Uschnu. 934. — Van. 982. 1029. X, 286. — Van Kaleesi. X, 303 ff. — Dahar ꝛc. 657. 659. XI, 633.
Schumladier, Berg. VII, 218.
Schummu, Jeziden-Häuptling. XI, 462. 463.
Schumschu, s. Choki Sch. Khan.
Schumuschky (syr.), d. i. Tschimischgesek. X, 793.
Schunizia, Quartier von Bagdad. X, 282.
Schupianka Mallick, Kaschmirfürst. VII, 89.
Schur, irrige Benennung des Indus. VII, 29. — s. Tschu.
Schurab, Karawanserai in Irak Adschem. IX, 34.
Schurab, s. Schurah.
Schuraghel (Schuragil, Ghuraighel, Schiragh, Schiraghel), Ort, Sandschakat am Kars- und Arpa-tschai. IX, 870. X, 424. 433. 435. 438. 643. — s. Basch Sch.
Schurah (Schurab), d. i. Sura. X, 1050. 1085.
Schurah, Gesang Firdusi's. X, 1085.
Schuran, s. Zarrah Sch.
Schurgi (Churgi), eine Art Scirocco. IX, 486. — Südostwind. XI, 1061. — s. Scherki.
Schurisch, d. i. Salzstrom, in Baitawand ꝛc. IX, 170. 176. — s. Schur-Rud.
Schurki, s. Scharki., Ali Sch.
Schurmu, d. h. die Bescheidene. VII, 44.
Schur-Rud, Salzfluß in Laristan. VIII, 750. — s. Schurisch.
Schus (Schusch), Kastell bei Mosul, berühmt durch Granatäpfel. IX, 717. XI, 190.
Schusan, d. i. Susa. IX, 305.
Schusch (pers.), d. i. Susa, nicht Schuster. IX, 184. 185. 294. — s. Kala i Sch.
Schusch, s. Schus.
Schuscha, Festung in Karabagh. X, 509.
Schuschan (hebr.), s. Susa. IX, 294.
Schuschanz (Schouschanz), Dorf bei Van. IX, 992. X, 318.
Schuschink Dagh, Berg des Allah Dagh. X, 345.
Schuschter, s. Schuster.
Schusistan, s. Chusistan.
Schuster (Chuster, Schuschter, Sustra, Sostra, Sciofter, Schoschtar, Duster, Toster, Tuster), Hauptstadt von Chusistan. VIII, 123. 127. IX, 178 ff. X, 180. (Sabier das.) XI, 301. — Dist. IX, 123. 171. 220. — s. Suli, Ab i Sch., Dijel i Sch.
Schusteri, s. Rei-Sch.
Schusteriyah, s. Tazkarati Sch.
Schußfestigkeit durch Davids u. Salomos Gebete. IX, 446.
Schut (Schat), s. Sedra Sch.
Schut, Christendorf in Tiyari. XI, 599.
Schuter, s. Khari Sch. Zar.
Schuter Kar, s. Kameeldorn. XI, 967.
Schuter morgh, d. h. Kameelvogel, Strauß. VIII, 590.
Schutur Kuh, bei Beroudjird. IX, 193.
Schuyukh, s. Scheyukh, Scheikh el Sch.
Schwaben, Plateau von. VII, 340.
Schwalben, bei Mosul. XI, 218. — zwei Arten in Mesopotamien. XI, 508. — s. Haus-, Seeschwalbe.
Schwan, in Ghilan. VIII, 678. — auf dem Urmia-See. IX, 955. — am untern Tigris. XI, 941.
Schwarz, Farbe der geistl. Oberhäupter der Jeziden. IX, 756. — der Abbassiden und Perser. X, 1146.
Schwarzadler, im Hindu Khu. VII, 269.
Schwarzamsel, in den Kaschmir-Gebirgen. VII, 91.
Schwarzdorn, in Masenderan. VIII, 545.
Schwarzdrossel, bei Kazerun. VIII, 826. — (Turdus merula) in Mesopotamien. XI, 507.

Schwarze Gegend, Bedeutung. VII, 424.
Schwarzer Schleier, als Zeichen der Demuth. IX, 720. X, 259.
Schwefel, in Steinsalzketten. VII, 95. — im obern Pendschab. 98. — bei Bamiyan. 259. — in Kutsche. 446. — am Demawend. VIII, 502. 564. 567. — im Dillo. IX, 458. — im Ali Dag. 529. — bei Kifri. 541. 547. — in Süd-Kurdestan. 589. — am Tigris. X, 222. XI, 678. — in Bayazed. X, 346. — im Alaghez. 463. — krystallinischer, in Central-Kurdestan. XI, 641. — s. Sulphate.
Schwefelarsenik, s. Auripigment.
Schwefelbäche, in Laristan. VIII, 739.
Schwefelbad, in Armenien. X, 406. — im Soghanlu Dagh. 412. — s. Abigarm.
Schwefelberge, im Ali Dag. IX, 552. — bei Tabriz. 857.
Schwefeldampf (Schwefeldunst), im Demawend. VIII, 566. — aus Erdölquellen? IX, 555. — am Urmia-See. 847. — (Schwefelstoffgas) in Hamam Ali. XI, 668.
Schwefeleisen, bei Kerkuk. IX, 556.
Schwefelhöhle, im Demawend. VIII, 569.
Schwefelkupfer, bei Bamiyan. VII, 259.
Schwefellager, im Hindu Kusch. VII, 259. — im östl. Mesopotamien. XI, 482.
Schwefelminen, in Kiamir. VIII, 747. — Aderbidjan. IX, 809. — Tabriz. 858. — Mosul. XI, 191. — Central-Kurdestan. 641.
Schwefelquellen (Brunnen), heiße, im Elburs. VIII, 501. — in Masenderan. 547. — heiße, in Basman. VIII, 732. — bei Holwan. IX, 474. 477. — in S. Kurdestan. 544. — Aderbidjan. 803. — heiße, in Bayazed. X, 347. — bei Elija. 737. — am Euphrat. 829. — in der syrischen Wüste. 1106. 1107. — heiße, bei Mosul. XI, 13. 191. (ohne Bitumen) 200.
Schwefelsaure Quelle, in Kurdestan. XI, 641.
Schwefelsee, brennender, am Euphrat. IX, 858.
Schwein, s. Stachelschwein.
Schweine, wilde, am Indus. VII, 149. 180. — im Hindu Khu. 269. — am Attreck. VIII, 372. — in Ghilan. 432. 677. — am Demawend. 560. — bei Abuschähr. 787. — am Kuran. IX, 160. — Feinde der Zuckerpflanz. 251. — in Saffaniden-Schlössern gehalten. 381. 504. — in Kurdestan. 611. — Aderbidjan. 797. 910. — am Tigris. X, 216. XI, 670. 941. — zahlreich am Ararat. X, 484. — am Murad. 663. — bei Mosul. XI, 164. — häufig in Mesopotamien. 359. 428. 434. 505. — in Sindschar. 465. — Bagdad. 812. — am Euphrat. 1012. 1019. 1031. 1075.
Schweinefleisch, wird von Jeziden verabscheut. IX, 762.
Schwertklingen, vorzügliche, in Herat. VIII, 253. — in Ispahan. IX, 49. 56. — gerade, durch Darius Codomannus in Persien eingeführt. VIII, 886. 912.
Schwertspathgang, in Tiyari. XI, 615.
Schwindsucht, durch Zucker geheilt. IX, 290.
Schwur (Eid), der Jeziden. IX, 762.
Schy, s. Ky Schy.
Schybia, Kastell am Euphrat. XI, 728.
Sceniten, s. Skeniten.
Sciambo (Schambo), d. i. Kurden od. Befehlshaber von Dschulamerk. IX, 630. 656.
Scilla, in Mesopotamien. XI, 502.
Scio, Insel des Archipelagus. XI, 561.

Sciofter, s. Schuster. IX, 178.
Scirocco-Wind, in Ghilan. VIII, 674. — Kurdestan. IX, 607.
Scirtus (Skirtus), d. i. Daisan, Zufluß zum Dschulab. XI, 251. 280. 322. 324. 346 ff.
Scodra, s. Skutari.
Scorbut, in der arab. Wüste. XI, 747.
Scorpio crassicauda. IX, 36.
Scorpion, Zeichen des, als Talisman gegen Erdbeben. IX, 853.
Scorpion, in Kunduz. VII, 270. — Masenderan. VIII, 484. — (pers. Kazhdem) bei Schiraz. 855. — in Kaschan. IX, 36. — Asker Mokarram. 183. — sehr gefährliche, in Schehrezur. 446. — in Bagdad. 497. — giftige, in Sulimaniyah. 567. — Aderbidjan. 910. — in Tschelek am obern Tigris. XI, 125. — bei Mosul. 218. — schwarze, in Mesopotamien. 361. 1007. — in Nisibis. 418. 419.
Scorzonera, in Mesopotamien. XI, 502.
Scorzonera coronopifolia, am Ararat. X, 499.
Sculpturen, im Tak i Bostan. IX, 380. — rohe, bei Selmas. 959. 968. — in Armenien. X, 551. — bei Ninive. XI, 234. 241 ff. — in Al Hadhr. 488. — s. Fels-, Kameel-, Löwensculptur.
Sculpturfels, bei Darab. VIII, 763. — bei Bisutun. 350 ff.
Scutari, s. Skutari.
Scylar, aus Karyanda. X, 38.
Scythen, Volk. VII, 627. 651. VIII, 92. — in Vorder-Asien (624—596 v. Chr.). IX, 106. — s. Indo-Scythen, Griechisch-scythisch.
Scythia, Land. VIII, 55.
Scythia extra et intra Imaum, d. i. Ost- u. West-Turkestan. VII, 559.
Scythinen (Xenoph.), Volk. X, 398.
Se (Che, Schaka rc.), chines. Bezeichnung für Saken. VII, 615. 630. 671. 674. 683. — vgl. Sai, Sse, Szu, Tabia.
Sea, s. Sir Abe S.
Seai, s. Almas Seai.
Seam, d. i. Silberfisch. VIII, 659.
Seapoys (engl.), d. i. Soldaten, Etymol. VIII, 78. — s. Spahi.
Seayer, s. Hakib es s.
Seba (Saba), s. Schari S., Wad'il S.
Seban, s. Wadi Seyid S.
Sebaste (d. i. Siwas), die spät. Metropole von Armenia prima. X, 529. 540. 552. (Armenier das.) 641. 796.
Sebastian, röm. Feldherr. X, 138.
Sebbeneh Su (Ambar, Nymphius), Zufluß zum Tigris. X, 98. 904. XI, 4. 5.
Sebekthegin, Begründer der Ghaznaviden. VII, 274.
Sebelahn, d. i. Savellan. IX, 790.
Sebenbaum (Juniperus sabina), auf dem Libanon. XI, 580.
Sebeti, Dorf bei Harran. XI, 312.
Sebilan, s. Savellan. IX, 1048.
Sebiyah, s. Nahr S.
Sebkal-Araber, am Euphrat. XI, 684.
Sebouh, s. Sepuh. X, 777.
Sebsewar (Subzawar), Stadt Khorasans. VIII, 255. 331. IX, 904.
Sebs-Khu, d. i. Grüneberg. VIII, 389.
Sebzewar, s. Sebsewar.
Secundärgebirge, fehlen im Amanus, Taurus, Kurdestan. X, 910.
Secunder, s. Iskender, Sekander, Zulcarnein S.
Sedak Beg. IX, 125.
Sedd el Khudd (Schat el Hud oder Hhud), Tigris-Kanal. XI, 942. 1016. — vgl. Set, Sidd.
Sedd el Kludd, irrig st. Sedd el Khudd. XI, 942.
Sedeni, Kurdenstamm. IX, 613.
Sedir, Schloß in Hira. X, 62.

Sedra Schut, Euphrat-Kanal. XI, 952.
Sedschestan (Sejistan, Sakestan, Segkestan, Sigziestan, Sigestan, Siestan, Sistan, Esystan), pers. Sandwüste, westl. Gränzprovinz von Afghanistan. VIII, 72. 113. 120. 123. 127. 149. 180. 183. 187. — s. Drangiana.
See, Seen, in Kaschmir. VII, 74. — Ost-Asien. IX, 787. — am Aksu im Taurus. X, 894. — an den Euphrat-Quellen. 726. — im untern Mesopotamien. XI, 1015. — bittre, im Norden des Aral- u. kasp. Sees. VII, 560. — süßer, früher in der Araxes-Ebene. X, 406. — versteinernder, im Takht i Soliman. IX, 1041. — künstlicher, im Kohrud. 37. — s. Alpen-, Asphalt-, Binnen-, Salz-, Schwefelsee.
See der Chaldäer, am untern Euphrat. XI, 980.
See von Basra. X, 192.
Seeadler, in Masenderan. VIII, 546. — am Euphrat. XI, 685.
Seehunde, in Masenderan. VIII, 546.
Seekrankheit der Pferde. XI, 1070.
Seelenwanderungsglaube, bei Jeziden. IX, 757.
Seemöwen, in Masenderan. VIII, 546. — s. Möwen.
Seemuschelschalen, im östl. Mesopotamien. XI, 477. 482. — im Kalk bei Hit. 762. — am unt. Euphrat. 987. 1044.
Seen, s. Abba Seen (Abu Sin).
Seeottern, in Masenderan. VIII, 546. — Ghilan. 677.
Seeräuber, s. Corsaren.
Seered, Jakobiten-Name für Sert. XI, 100.
Seert (b. Abulfeda), d. i. Sert. XI, 100.
Seeschiffe, indische. VII, 176.
Seeschwalbe, fehlt in Ghilan. VIII, 678.
Seeverkehr, von den Persern vermieden. IX, 893.
Sef, s. Abu S.
Sefa, s. Abdul Abbas S., Rouzat at S.
Sefer Khaneh, in Aderbidjan. IX, 1039.
Seffin, s. Saffaïn.
Sefi, s. Sefiden, Ismael S., Scheikh S. Hayder.
Sefi-abad, s. Suffiabad.
Sefid, s. Suffeed, Div i S., Diz i s., Ghari s., Gour S., Kala S., Khaneh i Div i S., Mahi S., Pul i S., Risch-s.
Sefiden (Sefidi, Sofi, Sophi, Ssafi), pers. Dynastie. VIII, 123. 125. IX, 392. 791. 792. X, 601. XI, 37. 791. 792. — vgl. Sufiten.
Sefidi, s. Schah S.
Sefid rud (weißer Fluß), d. i. der untere Lauf des Kisil Osen. VIII, 617. 639. 647.
Sefit, s. Sefid, Hormus s. dun.
Segdid (d. h. er hat den Hund gesehen), pers. Todtenceremonie. IX, 754.
Segerka, in Mesopotamien. XI, 430.
Seghim, s. Sekengmu.
Seghirmeh (Sejh irmeh, d. i. Leiter), Bergpaß zw. Assyrien u. Kurdestan. IX, 449 ff. 459. 536. 636. — s. Saogirmah.
Seghunier (Silghunier), Herrscherfamilie in Süd-Armenien. X, 526. 594. 649.
Segkestan, s. Sedschestan.
Se-guiez, d. h. die 3 Wallnußbäume, in Kurdestan. XI, 102.
Sehaff, irrige Schreibart st. Keschaf. XI, 664.
Seham addin, wol irrig statt Schem addin? VIII, 274.
Sehau, s. Johab. IX, 465.
Sehend, d. i. Sahend. IX, 832.
Seheranpur, Stadt. VII, 72. 73. 192.
Sehert, s. Sert. XI, 101.
Sehra, Distrikt von Kaswin. VIII, 126.
Sehrab, s. Serab.
Sehra Nischin, Bedeutung. VII, 681. — s. Sahra N.
Sehrwerdi, s. Scheich S.

Seh-Top, d. h. die drei Tope's, bei Kabul. VII, 291. 294.
Sehwun (Sehwan), Stadt am mittl. Indus. VII, 27. 157. 159. 161. 189.
Seiabbur (Sabor, Sapor), s. Peruz S.
Seiban Dagh (türk.), s. Sipan Dagh.
Seïd (Seid), s. Said, Syud, Emir S.
Seida, Ort in Syrien. XI, 530.
Seidabad (Syedabad), in Aderbidjan. IX, 795. — vgl. Saad Abad, Sahadabad.
Seidabad, Dorf in Armenien. X, 464.
Seid Ahmed Beg Riski, in Kurdestan. XI, 39.
Seid al Battal, s. Sid al Battal.
Seid Ali, in Mardin. XI, 41.
Seid Beg, Befehlshaber von Suran. XI, 39.
Seide, Abkömmlinge des Propheten. IX, 32. — s. Syud, Imam Zade.
Seide, in Khotan. VII, 349. — Turkestan. 470. — Einfuhr in Kokand (Fergbana). 477. 642. — rohe, in Mawar al Nahar. 746. — in Tübet. 749. — am Oxus. 815. — in Herat. VIII, 252. — Ghilan. 426. — Sari. 529. — Dilem. 572. — geringere Sorte, in Talisch. 658. — verschiedene Arten, Preise, Namen. 687. 688. 707. — wird mit Dragant-Gummi appretirt. IX, 20. — in Rescht. 124. — rohe, in Tabriz. 568. — persische, in Erzerum. X, 758. 767. — in Bagdad. XI, 816. 822. — rohe, in Basra. 1052. — in Abuschir. 1072. — s. Berg-, Feuer-Seide.
Seidenhandel, in Ghilan. VIII, 680 ff. — Kom. IX, 32. — Ispahan. 50. — Palmyra. X, 136.
Seidensammet, s. Sammet.
Seidenstoffe (Seidenzeuge), in Kabulestan. VII, 683. — Ispahan. IX, 42. 56. — Schuster. 183. — mit Gold, in Bagdad. X, 276. XI, 800. 813. — in Edessa. XI, 344. — Hilleh. 784.
Seidenweberei, vorzügliche, in Multan. VII, 67. 117. 118. — in Yezd. VIII, 267. 269. — Rescht. 651. — Kaschghar. 698.
Seidenwürmer, wilde, in Khotan. VII, 351. — in Khokand. 761. — geograph. Verbreitung in Asien. VIII, 679 ff. — Verpflanzung aus China durch das mittl. Hoch-Asien. 689 ff. — Arten. 704.
Seidenzucht, in Peschawer. VII, 223. — Khotan. 351. 372. VIII, 698. — Yarkand. VII, 397. VIII, 698. — Ost-Turkestan. VII, 597. — starke, in Khokand. 767. 777. VIII, 696. — in Andedjan. VII, 770. — fehlt im Pendschab? — in Merv. VIII, 232. — Khorasan. 332. — Masenderan. 543. 546. — Tenkabun. 549. — Lahidjan. 644. — Ghilan. 685 ff. — in Samarkand, Bochara, Tübet, Kaschmir. 699. — in Kelat, Kl. Tübet, Peschawer. 700. — in Iran, Sogdiana, Baktriana. 701. — in Adana Keuy. IX, 493. — am Urmia-See. 1012. — bei Manbedsch. X, 1055. 1057. 1061.
Seïd Hassani, sein Grab zu Herat. VIII, 244.
Seid Ibn Risaa, stiftet eine Akademie zu Basra. X, 178.
Seidkhan, in N. Kurdestan. IX, 739.
Seidlu, Ilat-Stamm. VIII, 405.
Seidoun, Ort in Fars. VIII, 874.
Seifabad, Ort in Kohestan. VII, 252.
Seifatala, Dorf im Kharkura-Thal. IX, 584.
Seife, in Mendjile. VIII, 638. — Sulimaniyah. IX, 569. — aus Oliven, in Mosul. 733. — in Sinjar. 760. — Kars. X, 426. — Aleppo. XI, 708. — Bagdad. 822. — s. Togurak-S.
Seifenlauge, aus einer Anabasis spec. IX, 70.

Seiffeddaulah, sein Bericht über Diarbekr (1139). XI, 46.
Seiffeddaulet (Seiffeddewlet), Hamdanide (reg. 934—967 n. Chr.). XI, 69. 181.
Seiffeddin, Atabekenfürst in Damask (1154). X, 254. 283. XI, 181. — seine Medresse in Mosul. XI, 184. 190.
Seikal, s. Ard es S.
Seikh Dereh, Schlucht, Zufluß zum Tigris. XI, 662. 663.
Seikhs (sanskr. Sicscha, d. h. Schüler), religiös-politische Sekte, im Pendschab, Multan ꝛc. VII, 7. 29. 34. 50. 52. 67. 68. (Charakteristik) 123. 129. (Entstehung d. Sekte u. ihres Reichs) 133 ff.
Seikkhani, gutes Backobst. VII, 733.
Seik Lobana, Einwohner im Indus-Delta. VII, 179.
Seilab, Kanal von Schiraz. VIII, 847.
Seilan, s. Savellan. IX, 801.
Seïm, d. i. Steuer-Anticipation. XI, 135.
Seim, s. Kuh S.
Seïmarrah (Saimara, Sadmarrah, Sambana, Sabadan, Mah Sabadan), Lurenstadt am mittl. Kerkha. IX, 216. 326. 330. 401. 402. 406. — s. Abi S., Sahraï S.
Sein el Abdin, s. Zun el A.
Seir al belad, Werk Zacarya Kazwini's. VIII, 601. IX, 42.
Seiram, Ort der Tungani. VII, 398.
Seirschian, Dorf am Heratfluß. VIII, 241.
Sejestan (Sejistan), s. Sedschestan.
Sejhirmeh, s. Segirmeh.
Sejour, d. i. Sadschur. X, 1038.
Seka, Strom von Nischapur. VIII, 320.
Sekalarut, Dorf in Masenderan. VIII, 547. 646.
Sekander, s. Secunder, Zindan i S.
Sekander Beg. VII, 412.
Sekander Dulkarnein (Alexander M.?), sein Grab zu Marghinan. VII, 484. — s. Zulcarnein Secunder.
Sekander Filkus, d. i. Alexander, Sohn Philipps. VII, 792.
Sekander Nameh, Epos. VIII, 604.
Sekelkend, Ort Bedakhschans. VII, 786.
Sekengmu, Distrikt von Turfan. VII, 432.
Sekht, Distrikt Khokands. VII, 776.
Sekifbijiklü, s. Sekisbiikli.
Sekimet, Ort Badakhschans. VII, 787.
Sekineh (Sekinah), Stamm, Stadt. VII, 789. 794. — s. Siknan.
Sekisbiikli (? Sekifbijiklü? d. h. mit acht Schnurrbärten), Bez. für Satschli-Kurden. IX, 754. — Stamm in Sindschar. XI, 448.
Sekiz, s. Sakiz. IX, 1039.
Sekkir (Sekker), Kurdenstamm in Vizhder ꝛc. IX, 573. 612.
Sektenwesen, mohammedanisches. VII, 666. IX, 217.
Sela, Sele (Ptolem.), d. i. Fels, Stadt in Susiana. IX, 191.
Sela, d. i. Petra in Arabien. X, 241.
Selab, Stadt in Ferghana. VII, 745.
Selaheddin, s. Saladin, Khalil S.
Selam (Salam), s. Darus-s.
Selamia, Dorf am Tigris. XI, 671.
Selamlik, d. i. Empfangzimmer. X, 957.
Selamun Aleïkum, mohammedanischer Gruß. IX, 1006. — s. Salam Alaikum.
Selasil, Kastell von Schuster. IX, 191.
Seldjin, in Mesopotamien. X, 236.
Seldschukiden (Seldjuken), in Rai. VIII, 600. — Hamadan. IX, 118. — Maragha. 838. — Van. 981. — Akhlat ꝛc. X, 257.

X, 326. — erobern Kars. 423. — desgl. Malatia. 861. — ihr Reich. XI, 179.
Sele, s. Sela.
Seleby, s. Zelebi, Subian S.
Seleïni (Selimi), Ort, Kanal im untern Mesopotamien. XI, 979. 989.
Selekoueulh. VII, 402. 505. — s. Surikul.
Selen, s. Salem. VIII, 438.
Selen, Sohn Feriduns. VIII, 25. 26. 438.
Selene, s. Kleopatra S.
Selenit, im Ali Dag. IX, 529. — in Mesopotamien. XI, 495.
Seleucia (Ctesiphon, El Madaïn), Residenz am Tigris. IX, 115. 675. 703. X, 21. 35. 60. 69. — wird von Römern zerstört rc. 121. 122. 153. 165. 965. XI, 852 ff. — Dist. IX, 508. X, 969. XI, 287.
Seleucia (Strab.), Brückenkopf, Kastell von Samosata am Euphrat. X, 878. 925. 962 ff. 1082. 1126.
Seleucia, am Hedyphon. IX, 315.
Seleucia (Selukie), Hafenstadt von Antiochia in Pierien, am Orontes. X, 69. 965. 966.
Seleuciden, Herrscherfamilie. VIII, 598. — in Syrien. X, 66. — Samosat. 927. — erbauen Nisibis. XI, 413.
Seleuciden-Aera. IX, 737.
Seleuciden - Grabmal, in Orfa. XI, 322.
Seleuciden-Münzen, in Orfa. XI, 328.
Seleucobelos, i. e. Seleucus ad Belum (j. Famié). X, 964.
Seleucos (Steph. Byz.), Stadt in Syrien, d. i. Hama u. Famié. X, 964.
Seleucos, Philosoph aus Seleucia. X, 122.
Seleucus, Statthalter in Babylonien. X, 67.
Seleucus II. Kallinikus, erbaut od. verschönert Kallinikum (st. 227 v. Chr.). X, 138. 1126.
Seleucus Nicator, erbaut Rai rc. VIII, 599. X, 12. 69. — erbaut Zeugma u. Apamia. 961. — überbrückt den Euphrat rc. 990. 1047. — gründet Thapsakus? 1115. — desgl. Nicephorium. 1117. — desgl. Edessa (Orfa) rc. XI, 334. 335. 338. 413.
Selhi, s. Fam es S.
Selikend, Stadt in Ferghana. VII, 745.
Selim (Selym), s. Ibn S. el Affuany.
Selim I., Sultan, seine Eroberungen in Kurdestan, Mesopotamien (reg. 1512 ff.). X, 789. 863. XI, 37. 38.
Selim Beg, restaurirt das Dijeil-Bett. X, 213.
Selimi, s. Seleini.
Selim Pascha, in Musch. X, 678.
Selini, d. i. Mond. XI, 309.
Seliski (Loliski, Maaden), Dorf am Divrigi-Fluß. X, 915.
Seliski-Paß, im Taurus. X, 909.
Selkhir, in Afghanistan. VIII, 146.
Selm (Salem), s. Gebuz e S. e Tur.
Selman, s. Albu S.
Selmanise (Kedlik Schamachè), am obern Mygdonius in Mesopotamien. XI, 277.
Selmas (Salmas, Saghamasd), Stadt u. Distrikt am Nordufer des Urmia-Sees. IX, 114. 673. 674. (astr. L.) 835. 956. 961. 966. X, 574. (Armenier das.) 635. XI, 69. — Dist. IX, 925. 942.
Selmas, Fluß von, zum Urmia-See. IX, 789.
Selmas-Ebene. IX, 958. 962 ff.
Selmechin, Dorf bei Harran. XI, 308.
Selukie, d. i. Seleucia. X, 966.
Selva (Koran), Vogel. X, 784.
Selw (türk.), d. i. Cypresse. VIII, 758. XI, 574.
Selwistan, s. Serwistan.

Selyem (ungar.), d. i. Seide. VIII, 709.
Selym, s. Selim.
Selzi, s. Kalai S.
Sem, Imam. VIII, 460.
Semakli, Berg in Kurdestan. IX, 620.
Seman, s. Kefr S.
Semaue (Semawat, Semawah, Samowat rc.), Stadt am untern Euphrat. X, 43. 44. XI, 819. 951. 976. 985. 1043.
Semawa, s. d. v.
Semch Sarun (Sarumsu?), Zufluß zum Tigris. X, 697.
Seme, s. Beth S.
Semed Khan (Samud, Sumud Kh.), Kurdenchef in Uschnej. IX, 932. 1020. 1022.
Semerkand, s. Samarkand.
Semermar, s. Samarmar.
Semes (Samin), s. Baal S.
Semijarskoi. VIII, 796.
Semin (Zemin), s. Bachtersemin.
Semipalatinsk. VII, 416.
Semiram-Ebene, in Kurdestan. IX, 414. 461. 465.
Semiram-Fluß, s. Schemiramsu. X, 294.
Semiramidis fossa, in Mesopotamien. XI, 266. 272. 687.
Semiramis (Schemiram, Schomiram), Name zweier verschiedener asiat. Königinnen, in Medien. VIII, 68. — ihr Schloß bei Herat rc. 239. 451. — ihre Bauten in Ekbatana. IX, 110. — ihre Preisgebung. 218. — ihre Monumente zu Bisutun. 357. 359. 462. — am Van-See. 982. — (Herrscherin von Babylon) ihre Dammbauten am Euphrat. X, 7. — Erbauerin der medischen Mauer rc. 19. 359. — gründet Melita. 858. 859. — als Göttin. 1048.
Semiramis-Route, von Babylon nach Ekbatana. IX, 347.
Semiramocerta, s. Schemiramagerd. IX, 983.
Semitisches Sprachsystem. VIII, 80.
Semnan (spr. Semnun), Stadt in Khorasan. VII, 733. VIII, 11. 118. 337. 459. 471. XI, 558.
Sempad, Bagratide, Erzieher Ardaschès. X, 453.
Sempad II., in Armenien. X, 441.
Sempad IV. (Johann, Hovhannes), armen. König (1020). X, 598.
Semschir, s. Teng S. Bur.
Semulghan (Simalkan), Thal zum Attreck, in Khorasan. VIII, 336. 344. 348. 355.
Sen, Ort am Indus. VII, 163.
Sen, Dorf bei Kerkuk. IX, 552. — vgl. Senn.
Sena, im Kesch-Gebiete. VII, 666.
Sena, Stadt in Mesopotamien. X, 181. XI, 675. — vgl. Senn, Senna.
Senâm, Berg bei Alt-Basra. X, 181. XI, 1047.
Sanamar (Sanmar), griech. Baumeister in Hira. X, 62.
Senan, s. Tel Beni S.
Send-gour, Thurm von Hamadan. IX, 117.
Senbuki, s. Sambuk.
Sendan, Pferd des Khosroes. IX, 362.
Sendia, s. Es S.
Sendrud (Saienderud), d. h. Lebensfluß. IX, 22.
Sendschan, Distrikt von Kaswin. VIII, 126.
Sendseu (Yn tsi), Usun-Prinz. VII, 616. 618.
Senek' harim, König von Basburagan. IX, 662. X, 790.
Senf (Sinapis orientalis), in Mesopotamien. XI, 502.
Seng, s. Hoei s., Zeng S.
Sengar, d. i. Sindschar. XI, 446.
Seng chao, chines. Reisender. VII, 686.
Sengfang, d. i. Kloster. VII, 354.
Sengi (Sengbi), s. Zengbi.
Sengia, s. Sendja.
Sengibar-Fluß, s. Süngüt tschai. X, 876.

Sengkialan, buddhist. Klostertempel. VII, 354. 679.
Senigar Saas, König von Persien. IX, 306.
Senin, Kloster in Mesopotamien. XI, 294.
Senj (pers.), Baum in Kurdestan. IX, 430.
Senjed, in Kohestan. VII, 253.
Senkan, s. Zinjan.
Senkhera (Senkerah, Sunkherah), Trümmerhöhen im untern Mesopotamien. XI, 963. 964. 990.
Senn, s. Sen, Nahr S.
Senn (verschieden von Cänä), Stadt am Tigris. X, 210. 237. XI, 664. 665. 675. — vgl. Sena.
Senna, persisch-kurdisches Gränzgebiet. IX, 431 ff. — Distrikte. 437. 574.
Senna (Sinna), Hauptstadt von Ardelan. VIII, 616. IX, 387. 413. 424. 431. 433. 566. 568. 578. 600. 814. XI, 141. — Dist. IX, 427. 577. 581. 816.
Senna, Imam von, in Arabien. XI, 1060.
Sennaar, s. Sindschar. IX, 696. 723.
Senna Ardelan, Sitz der kurd. Guran. XI, 141. — s. Senna u. Ardelan.
Sennacherib, König von Niniveh. IX, 738. — s. Sanherib.
Sensitiva spec., bei Doch. VII, 44.
Sensja (Sengia), Zufluß zum Euphrat. X, 942.
Seolc (angelf.), d. i. Seide. VIII, 709.
Sepahan (Pehlvi), s. Ispahan. IX, 41.
Sepan Dagh, s. Sipan Dagh.
Sephet, s. Saphet.
Sepid Asenk, Distrikt bei Herat. VIII, 241.
Sepra, armen. Dorf im Ali Dagh. XI, 98.
Septimius, s. Severus.
Sepuh (Sebouh, Kuhanan), armenisches Kloster und Berg. X, 630. 775. 777. 782.
Sepulcralgrotten (Kammern), bei Zinik. XI, 122. — Orfa. 323. — s. Todtenurnen 2c.
Sequester, s. Bibius S.
Ser, s. Aïn-ser.
Ser, d. i. Syr. VII, 489.
Ser, Gipfel der Tübet-Kette. VII, 86.
Ser, Gewicht. VII, 394.
Ser, d. h. oben. VIII, 494.
Ser (chines.), d. i. Seidenwurm, Seide. VIII, 694.
Ser-Ab (Seraub, Sirab), Stadt in Aderbidjan. IX, 795. 801.
Serab (Sehrab, Saharab), d. i. Fata Morgana. VIII, 714. — häufig im Bagdad-Gebiet. IX, 498. — am Urmia-See 2c. 851. XI, 924. — s. Luftspiegelung.
Serachs, s. Scharakhs.
Serafino, armen. Mönch. X, 520.
Seragoh (d. i. Kuhkopf), Mauerwerk bei Schahpur. VIII, 838.
Serah, Distrikt von Aderbidjan. VIII, 126.
Serah, s. Kara s.
Serai (Seraj), d. i. Pallast, in Diarbekr. XI, 50. — in Eski Mosul. 161. — s. Sarai, Abu S., Cheghan s., Kala s., Kerwan s., Khoschk S., Mian S., Mulla S.
Serai Behram, bei Schiraz. VIII, 858.
Seraj (d. i. Schloß), als Bez. der medischen Mauer. X, 219. — s. Serai.
Seramum, s. El S.
Seran, Himalayastaat. VII, 6.
Seran, s. Ghurrum S., Tschehel Dochteran.
Sera Sub-li, s. Djerra Supli.
Seraub, s. Ser-Ab. IX, 795.
Seravorag (armen.), d. i. Süverek. XI, 284.
Seray, in Syrien. X, 1073.
Serbaz (Serbazes), s. Sarbaz.
Serbendan, Distrikt im Elburs. VIII, 507.
Serbet, d. i. Bitlis Tschai. XI, 100.

Serchas (Sunkhas), Bergort in Khorasan. VIII, 335.
Serd, s. Sert. XI, 105.
Serdab (Serdap, Serdaub, Sirdaub), d. i. Erdgeschoß, Keller, Höhlung. IX, 693. XI, 219. 802. 882. 909. — s. Surdab.
Serdar, d. i. Gouverneur. X, 352. — s. Sirdar.
Serdaret, Distrikt von Hamadan. IX, 123.
Serdari Khâr, s. Gurduni Sirdara.
Serdascht (Sardascht), Gränzebene zw. Chusistan u. Luristan, am obern Kuran. IX, 164. 170. 211.
Serdascht, Gränzdistrikt u. Fort des südl. Aderbidjan gegen Kurdestan. IX, 598. 599. 606. 941. 1035.
Serdaub, s. Serdab.
Serdebe, in Aderbidjan, mit warmen Bädern. IX, 803.
Serdekuh, s. Kuhi Zerd.
Serderei Chawar, Serdere Khar (Khuar), s. Gurduni Sirdara.
Serdrud (Serdurud, Zimhrud), Distrikt von Hamadan. VIII, 125. IX, 121.
Serdrud (Sardary, Sirdarud), Dorf am östl. Urmia-See, Luftort von Tabriz. IX, 851. 1011.
Serds, Bez. der Usbeken für Tadjiks. VIII, 186.
Serdschan, s. Serdsche Khan.
Serdscheh Khan (Terre Khan, Serdschan), alter Bau, Fort in Mesopotamien. XI, 405.
Serdsir (Sardsir), d. i. kaltes Klima, kalte Gegend. VII, 230. 268. (in Farsistan) VIII, 765. 874. IX, 15.
Serdurud, s. Serdrud.
Serduscht, d. i. Zoroaster. VIII, 27.
Sere, s. Abu Serai.
Serebrenoi Bagur, s. Gumisch Tepe. VIII, 367.
Sereir, s. Abu S.
Serek, s. Serpanil.
Sere Khujur, im Bolan-Paß. VIII, 171.
Serekul, s. Surikul.
Seren, eigentl. das Volk der Seidenhändler. VII, 373. 405. 406. (ihre Asbest-Gewänder) 422. 557. VIII, 22. 692 ff. (in Batnae) XI, 286. — s. Serica.
Serendib, d. i. Ceylon. VIII, 279.
Serferan, d. i. die pers. Ceremonie des Kopfbückens. IX, 868.
Serge, d. i. Seidenzeug. VIII, 707.
Sergescht, Manna. XI, 822.
Sergiopolis, Stadt am syr. Euphrat. X, 980. 1083. 1087 ff. 1093. 1109.
Sergis, General in Uschl. X, 520.
Sergius (Mar S.), armen. Heiliger, sein Grab in Toprah kaleh. X, 350. — seine Verehrung in Miafarekin. XI, 72.
Sergius, Bischof in Resapha. X, 1109.
Sergius-Kirche, zu Edessa. XI, 353.
Sergius-Kloster, in Uschnej. IX, 1021. — Mardin. X, 1110.
Sergius Martyr. X, 1087.
Serguna, nestor. Patriarch in Mardin. XI, 382.
Ser-hadd, d. i. die Gränze der kalten u. heißen Region, Frühlingsweide. VIII, 386. — s. d. f.
Serhed, d. i. gemäßigtes Klima. VIII, 744. — s. d. f.
Serhud, d. i. kaltes Klima. VIII, 816. — s. Sirhud u. d. v.
Seria, s. Siriâ.
Seriane (Itin. Anton.), ob = Siriâ? X, 1098.
Serica, d. i. Ost-Turkestan. VII, 559. 785. — s. Seren.
Sericot, höchste Spitze der Santch-Berge. VII, 84.
Sericum, d. i. Seide. VIII, 694. 707.
Serifschan, Quellenarm des Dschagatu od. Surokh. IX, 806. 808.

Ser i Kela (Kella), Berghöhe des Elburs. VIII, 493.
Serinda, d. i. das Hochland Nord-Indiens. VIII, 701.
Seringa, s. Kala d' S.
Seringheli, s. Estranghelo. IX, 737.
Serir Allan (Alanen), in Daghistan. VIII, 126.
Serkalaa, in Schehrezur. IX, 459.
Ser Kamüsch, Station in Turkestan. VII, 479.
Serkul, s. Surikul.
Serlik (Serlyk). VII, 406. 708. — s. Surikul.
Sermah-Fluß, in Kurdestan. IX, 425.
Sermaj, Dorf der Harsin-Berge. IX, 343.
Serdjmenan, Ort in Badakhschan. VII, 786.
Sermen raa (Sermen Rai), s. Samarra. X, 209. 237.
Sernidsch, Hauptstadt von Sedschistan. VIII, 127.
Serotschik (Serojik), Distrikt in Kurdestan. IX, 606.
Seroudje, Distrikt von Orfa. XI, 320. — s. Sarudsch.
Servanil (Serek?), Gegend in Ost-Turkestan. VII, 505.
Serpent, syr. Ort bei Aintab. X, 1036.
Serpentin (Serpentinstein), in Fars. IX, 19. — in den Avroman-Bergen. 531. 565. — Conglomerate am Zabfluß. 535. — in N. Kurdestan. 730. — in der Chaldäer-Ebene. 731. — im Taurus. X, 913. — Name. 1036. — am Euphrat. 1067. 1068. — im Deredj Tasul. XI, 97. — im Dschebel Buschir. 689.
Serpentinfelsen, in Armenien. X, 825.
Serperdeh, eine Art Zelt für Prinzen. IX, 868.
Serpul, s. Sarpil, Zagri pylae.
Serpuliten, im Haman Muk. IX, 534. — am obern Tigris. XI, 124.
Serraf, s. Sarraf.
Serrâr, Quelle bei Ras al ain. XI, 378.
Serrhae, s. Gerrhae.
Serrukhs, s. Scharakhs. VIII, 260. 276.
Sersir (Serseer), Gipfel der Azmir-Kette. IX, 531. 575. 588.
Serspittin, Christendorf in Tiyari. XI, 599.
Sert (Ise'rd, Söört, Sört, Sarit, Soraith, Sairt), Stadt in N. Kurdestan. IX, 669. 673. 945. 1008. X, 87. XI, 39. (Sandschakat von Diarbekr) 43. 90. 91. 95. 99 ff. 106. 107. 114. 119. 127. 136. — Dist. IX, 715. 716. 724. 1006. XI, 89. 92. 95. 96. 112.
Sertalij, s. Tel S.
Se'rt Dagh, Gebirge in Kurdestan. IX, 533.
Sertes, s. Cap S.
Sertscheme Su, s. Sardschamu Dschur. X, 728.
Sertschinar (Sirchinar), Distrikt u. Fluß in Kurdestan. IX, 416. 417. 447. 565. 566. 606.
Sert-su (Soraith, Sört-su, Sert-tschai), d. i. Buhtan Tschai, Zufluß zum Tigris. IX, 1007. X, 23. 88. 89. 96. 664. XI, 5. 95. 96. 103. 168. — vgl. Sarit.
Serud, s. Tuarikh u serud ꝛc.
Serug, Urenkel Sems, Tharahs Ahne. X, 1140. XI, 289. 294.
Serudsch (Seruj), s. Sarudsch.
Seruji, Kurdenstamm. XI, 646.
Seruj Kairaat, Dorf in Mesopotamien. XI, 281.
Seruk, d. i. Tapiat (Zab Asfal). IX, 561. 595. 635.
Serut, Erdschloß am untern Tigris. XI, 940.
Serv (Sarv, Sarvei, pers.), d. i. Cypresse. VIII, 758. XI, 569. 574. — s. Jui S.
Servistan (Selwistan), d. h. Land der Cypressen, Dorf in Farsistan. VIII, 758. XI, 574. — vgl. Emaret i S.
Serwer, Dorf bei Hamadan. IX, 121.

Serzan, Wüsten-Oelpflanze. IX, 514.
Sesam, in Turfan. VII, 435. — (Sesamum orientale) in Badakhschan. 790. — bei Ispahan. XI, 40. 54. — Hamadan. 80. — Kermanschah. 369. — in Ardelan. 433. — Kurdestan. 448. 454. 657. — Aderbidjan. 806. 808. 928. — am Urmia-See. 823. — (Rhicinus) bei Tabriz. 852. — in Babylonien. X, 67. — im Taurus. 911. — bei Taibe. 1106. Diarbekr. XI, 56. — Mosul. 208. 527. — (Sesamum orientale) in Mesopotamien. 501. — am mittl. Euphrat. 713. — bei Hit. 762. — am südl. Tigris. 812.
Seschkurah, d. i. Raststelle der Heere. VIII, 320.
Sesepan, Dorf im obern Mesopotamien. XI, 118.
Seska, d. i. rothfüßiges Rebhuhn. IX, 611.
Sesostris. IX, 218.
Sestein, s. Ravid S.
Sestini, Abbé, Reisender in Kurdestan. IX, 705.
Set, Bezeichnung für Tigris. X, 94. XI, 88. — s. Schat, Sedd.
Setar, Saiteninstrument der Beludschen. VIII, 720.
Setelmasch, ob = Selmas? IX, 114.
Seth, erbaut Rai. VIII, 603.
Setibardi, Hakim Beg von Aksu. VII, 527.
Setihen, Hauptstadt von Tsao. VII, 570. 649.
Setrek, Dorf. X, 848.
Setruschtch, d. i. Sutruschnah. VII, 648.
Setumat (Zend), d. h. mit Brükken, Wegstrecken versehen. VIII, 64.
Seturik (Satruk), Stadt in Aderbidjan. IX, 1048.
Sevahil, s. Sofala.
Sevelian, Sevellan, s. Savellan. VIII, 661. IX, 801.
Seven, s. Schah-seven.
Severeh, Dorf in Kurdestan. IX, 391.
Severianus, armen. Uebersezzung. X, 568.
Severianus, wird durch Parther besiegt. X, 737.
Severina, Stadt bei Mardin. XI, 382.
Severus, Alexander, Kaiser (reg. 222—235). XI, 23. 24.
Severus, Septimius, röm. Kaiser, in Mesopotamien (201 n. Chr.). X, 122. 128 ff. XI, 23. 415.
Severus' Mauer, in Britannien. X, 20.
Sevillan, s. Savellan. VIII, 15.
Sevlan (türk.), d. i. Sefid rud. VIII, 617.
Sevorag (armen.), d. i. Süverek. XI, 284.
Sewad, Distrikt von Kabul, am Hindu Khu. VII, 201. 307.
Sewad Kuh, Distrikt am Elburs. VIII, 485. 489.
Sewal, s. Siwell. IX, 590. 592.
Sewan, s. Göktschai. X, 399.
Sewan, s. Siwend. VIII, 874.
Sewan, armen. Kloster. X, 630.
Sewan-Bela, in Fars. VIII, 877.
Sewan peine, s. Siwend. VIII, 877.
Sewend, s. Schah S.
Sewin (Zewin, Zebeen), Fluß u. Schloß in Armenien. X, 412. 420. 421. — s. Zervin Kalé.
Sewistan, Kastell von Sehwun. VII, 159.
Sewka, s. Kalaa S.
Sewlearn, s. Sgewrha.
Sewtschur (armen.), s. Kara Su. X, 457. 464. 476.
Sewund, s. Siwend.
Sextilius, röm. Feldherr, in Mesopotamien. XI, 107.
Sexualorgane, ihre Adoration. IX, 218.
Sey, Ort. X, 176.
Seyaran, d. h. die drei Freunde. VII, 250.
Seyd, s. Said, Imam S. Mokdad al Kundi, Kabr y S., Khan i S.

Seyd, Richs Begleiter in Ninive. XI, 233.
Seyed Ibrahim, Taylors Diener. XI, 835.
Seyid, s. Sayyid, Wadi S. Seban.
Seyud, s. Sayyid, Syud.
Seyud Ahmed, Reformator der Sufofzyes. VII, 144.
Seyud Mohammed Khan, im Kelaat-Thal. VIII, 282.
Sfirgle, d. i. Quitte. XI, 501.
Sgayer Elkhar, Euphrat-Kanal. XI, 769.
Sgewrha (Sewlearn), d. i. Schwarzenberg, Kloster in Cilicien. X, 630.
Shahoo, s. Schahu. IX, 427.
Sharp, engl. Capitän, auf dem Schat el Arab. XI, 1066.
Shauk a booz, pers. Pflanze. VIII, 828.
Shawer, s. Schahpur. IX, 164. 298.
Shawl, s. Schaul.
Shawl-Weberei, in Nurpur, Ludiana. VII, 92. — Kaschmir. 117. -- Bagdad. XI, 822.
Shee, engl. Capitain, in Aderbidjan. IX, 801.
Sheewanshely, s. Schirwanshally.
Shelkomeesh, s. Chalkonmisch.
Shiel, J., engl. Reisender. IX, 12. 552. 590. — über N. Kurdestan. 690. — Route vom Tigris nach Kherdenuz. 708 ff. — Zakho—Zab. 725 ff. — Urmia—Van-See. 973 ff. — in Aderbidjan. 999. — Erzerum. X, 821. — am obern Tigris. XI, 8. — in Bitlis. 95. — Sert. 102. — Sert—Djezireh ibn Omar. 114 ff. 165.
Shirley, A., engl. Reisender, auf dem Euphrat. X, 1021.
Shirley's, d. i. Europäer, europäisch disciplinirte Truppen? IX, 879.
Shugeshug, Stadt. X, 1025.
Shuster, s. Schuster.
Siab, Fürst von Basra. XI, 1034. — s. Efra-siab.
Siadetabad, d. h. Glückseligkeitsquartier, in Ispahan. IX, 52.
Siah, s. Siyah, Maadeni S.
Siahgird, am Balkhfluß. VIII, 223.
Siah Khu, s. Siakuh.
Siah-kuh (Siyah Kuh), s. Sian Kala. IX, 805. 836.
Siahrud (d. h. Schwarzwasser), Fluß Masenderans. VIII, 534.
Siakuh (d. h. schwarze Berge), in der pers. Salzwüste. VIII, 261. 452. 454. 455.
Siam, Zuckerrohr das. IX, 262.
Siamek, gründet Demawend. VIII, 560.
Sian, s. Tschangngan. VII, 633.
Sian (chines.), d. h. barfuß. VII, 364.
Sian Kala (Sain kaleh, Saijun killah, Siah-kuh), Distrikt und Fort im südl. Aderbidjan. VIII, 401. IX, 766. 772. 805. 814. 827. 836. 1036.
Sianpi, Volk. VII, 613. 625.
Siao Ngan, d. h. Klein-Ngan. VII, 654. 656.
Siao wang dschi, chines. Minister. VII, 619.
Sia-Poschi, d. h. Schwarzgekleidete. VII, 210.
Siapusch (Siaputh, Siaput), Alpenvolk in Kaferistan. VII, 198. 206 ff. 279. 794. 798. 803.
Siaputh, s. Siapusch.
Siaret tschai, Zufluß zum Euphrat. X, 884. 888.
Siarsura, d. i. Schehrezur. IX 445.
Siarut, Ort am untern Tigris. XI, 940. — vgl. Ziarut.
Siaveschan, Dorf bei Herat. VIII, 241.
Siazur (Siazuros), s. Schehrezur. IX, 444. 445. 505.
Sib, s. Es S., Zarjaraya es S.
Sibabareh, ob Süvereh? X, 876.
Siban Dagh, s. Sipan Dagh.
Sibari (Musuri-S.), Kurdenstamm. IX, 717.
Sibas (Strab.), Bergvolk. VII, 279.
Sibeneh, s. Zibeneh. X, 700.
Sibh, in Beludschistan. VIII, 731.

Sibki, Kurdenstamm. X, 340.
Sibk Schirin, Tigrisarm. X, 194.
Sibus, s. Sibas.
Sibyah, s. Ibn S.
Siccah, Ort bei Herat. VIII, 240.
Sichem, in Kanaan. XI, 295.
Sicligully, am Ganges. VII, 190.
Sicscha (sanskr.), d. h. Schüler. VII, 133. — s. Seikh.
Sida, Gränzdistrikt der Böoter und Athenienser. XI, 550.
Sida, Tochter der Danaë. XI, 550.
Sidaka, s. Sidek.
Sid od. Seid al Battal, d. i. der Held, Kämpe, der erste arabische Cid, in Malatia. X, 861.
Sidd, d. h. Mauer, Damm. X, 219. — vgl. Sedd, Sud.
Siddi, Abessynier in Iran u. Indien. VIII, 189.
Sidd Nimrud, s. Medische Mauer. X, 213.
Side, d. i. Granatbaum. XI, 550.
Sidek (Sidaka), Distrikt u. Stadt in Kurdestan. IX, 1024. 1027. XI, 646. 649 ff.
Sidekan (Dekan), Fluß in Laristan. VIII, 752.
Sidene, kappadok. Landschaft. XI, 550.
Sideritis, in Mesopotamien. XI, 500.
Sidi, s. Kara S.
Sidodona, s. Cap Bostana.
Sidreh, Zufluß zum Kuran. IX, 182.
Sie, Volk, Gau in Tokharestan. VII, 420. 707. 708.
Siebenschläfer, Sage im Orient. IX, 174.
Sied Abad, s. Saad Abad.
Sied Kenday, Dorf in Aderbidjan. VIII, 618.
Sie foung (Sieifung), Königreich. VII, 568. 688.
Sieïin, Prinz von Ferghana. VII, 575.
Sieï kou, Prinz von Siusiun. VII, 646.
Sie ju (Sieiju), Theil Ost-Persiens. VII, 579. 787.
Sienkulla, s. Sian Kala.
Sieousian (Siunsian, Sünsün), alte Hauptstadt von Kipin (Kabulestan). VII, 568. 576. 682. — vgl. Siusiun.
Sier, d. i. Sir. VII, 167.
Siestan, s. Sedschestan.
Sie Vang mu? VII, 715.
Sifan, Sifanki, d. i. Barbaren des Westen. VII, 656. 661.
Sifanki, Buch. VII, 707.
Siffin, s. Ain S., Saffaïn.
Sifr, s. Tell Siphr.
Sigal, Capitale der Saken. VIII, 121.
Siganfu, chines. Gränzstadt. VII, 428.
Sigara (syr.), d. i. Singara. XI, 443.
Sigar-Berge, ob Singara? XI, 30.
Sigestan, s. Sedschestan.
Σίγγαρα (Steph. Byz.), s. Singara. XI, 442.
Sigoron (Sozom.), ob Singara? XI, 30. 443.
Siggi, Beiname Rustans. VIII, 183.
Sigziestan, s. Sedschestan.
Si Hai, d. i. West- oder kasp. Meer. VII, 585. 610. 715.
Sih bezar, Fluß des Elburs. VIII, 557.
Sihun (Sihon), d. i. Jaxartes. VII, 480. 669. 731. 751. — s. Syr.
Si Intu, die Westseite des Indus. VII, 712.
Sikan, s. Syghan, Tangi S.
Sikawa (Kawus), armen. Dorf am Murad. X, 671. 672. 818.
Sikbia (?). X, 261.
Sikeneh, Sikeneh-Akko, Zagros-Kette zwischen Persien und Kurdestan. IX, 453. 562. 571. 582. 766.
Sikhing, Berg in Kansu. VII, 560. 562.
Sikian, Hauptstadt der Ta Wan (Ferghana). VII, 644. 645.

Sikinan, ob = Siknan (Cheghanian)? VII, 789.
Sikinan, Volksstamm. VII, 794.
Sikke, Dorf u. Kirche bei Van. IX, 992. X, 318.
Sikket el Abbas, d. i. Königsweg des Abbas, am Khabur. XI, 273. 446.
Siklein, s. Bilad os s.
Siknan (Cheghanian, Chekonan), Stadt am Westgehänge des Bolor Tagh. VII, 543. 796. — s. Sikinan.
Siknan, Bez. für die Siapusch. VII, 794. 796.
Sikrikim (phöniz.), d. i. Zucker. IX, 237.
Silae Coenobium, in Sarug. XI, 290.
Silakhur (d. h. volle Krippe), Pferdeweide in Luristan. IX, 211. 365.
Silasila, Tribus der Luri kutschuk. IX, 216.
Silber, Silber-Minen, in Gurbund. VII, 247. — Kaschghar. 416. — Turkestan. 469. — im Puschtikhur. 492. — in Ferghana. 745. — im Hindu Khu. 787. — in Badakhschan. 789. — Khorasan. VIII, 241. — Armenien. X, 272. — bei Erzerum. 757. — Kjeban Maaden. 800. 914.
Silberarbeiter, in Erzerum. X, 762. — Bagdad. XI, 813.
Silberberg, bei Bamiyan. VII, 276. — in Farsistan. VIII, 761.
Silberbüchse, bei Kabul gefunden. VII, 292. 293.
Silberdiscus, in dem Tope Manikyala. VII, 102.
Silberhaltiges Blei, in Kjeban Maaden. X, 801.
Silbermünzen, am kasp. See. VIII, 370.
Silberpappeln, in Van. X, 298.
Silberplatten, auf altpers. Pallästen. IX, 109.
Silberringe, Arm- und Beinschmuck der Beduinenweiber. XI, 871.
Silberstoffe, in Marghinan. VII, 485. — Blumen daraus, in Kaschan. IX, 35.
Silene, im östl. Mesopotamien. XI, 484.
Silghunier, s. Seghunier.
Silh, s. Fum el s.
Silici montani (Plin., Salak der Syrer), Volk in Kurdestan. IX, 1027.
Siling, Gemahlin Hoantis, erfindet die Seidencultur. VIII, 706.
Silliyahi, Gebirgsgau in Hekkari. XI, 598.
Silke (scandin.), d. i. Seide. VIII, 709.
Silla, Sillas (Isid. Char.), d. i. Diyalah. VIII, 115. IX, 418. 508.
Sillugh (?), bei Musch. X, 704.
Silphium, ob = Assa foetida? VII, 260. IX, 364.
Silsal, Idol zu Bamiyan. VII, 282.
Silurus, s. Wels. XI, 509.
de Silva Figueroa, G., spanischer Gesandter in Persien (1617). VIII, 736.
Silviani, armen. Priester in Erzerum. X, 643.
Simalkan, s. Semulghan.
Simara (Tab. Peut.), s. Zimara. X, 822.
Simavye, in Armenien. X, 717.
Simeon, s. Simon, Symeon, Sanct S.
Simeon, erster Bischof von Amida (325). XI, 32.
Simeon, Bischof von Amida (451). XI, 32.
Simeon, armenischer Patriarch (1763). X, 518.
Simeren, Zufluß zum Euphrat. X, 941.
Simia Inuus sylvestris, fehlt in Mesopotamien. XI, 502.
Simir Dschatun, Station in Turkestan. VII, 479.
Simisat (türk.), s. Samosata. X, 925.
Simmak, s. Kalka S.

Simmak, d. i. Aleppo-Aal. XI, 509.
Simmak el Aswad, d. i. Blackfisch. XI, 510.
Simmak keïät, i. e. Muraena anguilla. XI, 509.
Simon, armen. Erzbischof (1834). X, 533. — s. Simeon, Mar S.
Simschit Khan. VIII, 667.
Simsim, d. i. Sesam. XI, 501.
Simum, erstarrender Wind in Descht. VII, 227. — Wüstenwind. XI, 748. — s. Samum.
Simyra, Stadt am obern Frat. X, 81. 823. — s. Zimara.
Sin, s. Abu S.
Sina, s. Al Scheikh Ben Abdallah Ben S., Ibn S.
Sina, s. China. X, 590. 592.
Sina (Cina), Stadt am Tigris. X, 233.
Sinabad (Sanabadz), Dorf bei Meschhed. VIII, 288. 289.
Sinaber (Sinabea), Kalksteinwand in Central-Kurdestan. XI, 622.
Sinae (Σῖναι), d. i. Chinesen. VII, 537.
Sinagari, in Kurdestan. XI, 92.
Sinah, s. Senna. IX, 578.
Sinai-Halbinsel, Oliven u. Feigen das. XI, 521. 544.
Sinak, westl. Verzweigungen des Ararat. X, 379. 383. 476.
Sinakh, Ort in Kacheti. XI, 542.
Sinan ben Thabit, Sohn Kora's. XI, 307.
Sinapis, bei Derendah. X, 846. — am mittl. Euphrat. XI, 701.
Sinapis orientalis, s. Senf.
Sinas (Suma?), Festung in Mesopotamien. XI, 82. 381.
Sincar (Ptol.), Stadt in Media. IX, 1022.
Sind, einheimischer Name für Indus. VII, 25. 26. — als appellativer Flußname. 489. — s. Mehran al S.
Sindar, s. Zindar.
Sinde, Indus-Kanal. VII, 149. 489. — s. Kameh.
Sinde (Sind), das obere u. untere Indusland. VII, 27. 29. 128. 159. 184 ff. (Jat, Jut) 549. — vgl. Siuntu.
Sinder, ihre Charakteristik. VII, 29. 163. 188.
Sindhus, d. i. Indus. VII, 170. VIII, 68.
Sindi, Kurdenstamm. IX, 717.
Sindia, s. Sindiyah.
Sindian, Landschaft in N. Kurdestan. IX, 717.
Sindiyah (Sindia), Dorf am Tigris. X, 230. XI, 681.
Sindja, Stadt, Brücke am Euphrat. X, 942. 1053.
Sindjar, s Sindschar.
Sindjarli, s. Sindscharli.
Sindsch, d. i. Alaun. VIII, 329.
Sindschan. VIII, 574.
Sindschar (Sindjar, Sinjár, Sindsjar, Sinsjara, Singali, Singara, Dschebel Sindjar, Sindschar Dagh, Sennaar rc.), Gebirgsinsel, Stadt im östl. Mesopotamien. IX, 630. 696. 718. 723. (Asyl der Yeziden) 749. 750. 759. X, 118. 158. 247. 283. 897. 1008. (römische Kolonie) XI, 21. 23. 25. (Kurdenschloß) 42. (Sandschakat von Diarbekr) 43. (Kurden das.) 143. 161. (Kloster das.) 178. 183. 262. 295. 390. 427. 433. 442 ff. 458. (Feigen das.) 541. 682. — Dist. XI, 162. 270. 272. 273. 455. 463.
Sindschar-Fluß, zum Khabur. XI, 261. 265.
Sindscharli (Sindjarli, Singarli, Zingbari), die Einwohner von Sindschar, Yeziden. IX, 749. 757. 758. 760. XI, 422. 442 ff. (Volkszahl) 466.
Sindscharli-Lied. IX, 740.
Sindsjär (arab.), d. i. Sinear. X, 15.
Sindsjar, s. Sindschar, Bab S.
Sind'us, d. i. Indus. VIII, 103.
Sinear (Schinhar, Schingar, Sindsjär), das Land Nimrods in Babylonien. X, 15. 242. XI, 442. 662. 877. 1018.
Sinecli, am Euphrat. X, 826.
Sineïrah, Ort in N. Kurdestan. IX, 687.

Sinendrif, d. i. Senna. IX, 434.
Sing (tübet.), d. i. Seide. VIII, 709.
Sing (Singh), einheimischer Name für Seikhs. VII, 124. 133. — s. Schingh, Churut S., Gulab S., Guru Govind S., Lenu S., Maha S., Man S., Mohan S., Neal S., Runjit S., Sahib S.
Singa (Tab. Peut.). X, 845. — s. Singas.
Singali, Fischart im Indus. VII, 175.
Singali, d. i. Sindschar. XI, 458.
Singanfu. VII, 704. 711.
Sing'ar, s. Sindschar. IX, 630.
Singara (Σίγγαρα), s. Sindschar.
Singarli, s. Sindscharli. IX, 758.
Singas (Ptol.), Nebenfluß des Euphrat in Kommagene. X, 897. 940. — s. Kara su.
Singas (Singa), Stadt am gleichnamigen Fluß. X, 845. 942.
Singdrossel (Turdus musicus), in Mesopotamien. XI, 507.
Singh, s. Sing.
Singfu-Hai, s. Sungfu-Hai. VII, 447.
Singvögel, bei Kazerun. VIII, 826.
Sinha, Gebirgspaß Kurdestans. IX, 805. — s. Sakya S.
Sini, Yezidenstamm. IX, 754.
Sinim (b. Jesaias), d. i. China. VII, 558.
Sinimini, Kurden-Stamm. X, 891.
Sinis Colonia, am Euphrat. X, 831.
Sinjabi, Tribus in Kurdestan. IX, 467.
Sinjar, Sohn Maliks. X, 284.
Sinjár, Sinsjara, s. Sindschar. IX, 750. 759. XI, 458.
Sinjaran, Vorstadt von Tabriz. IX, 853.
Sinjar-Lied, der Yeziden. IX, 740.
Sinjarli-Yeziden, s. Sindscharli.
Sinjid (d. i. Silberweide), in Aderbidjan. IX, 908.
Sinjov (kurd.), s. Senj.
Sinkar, s. Sirgan.
Sinmar, griech. Baumeister in Hira. X, 62.
Sinn, Kurdentribus. IX, 619.
Sinna, s. Senna.
Sinna, Christenstadt in Mesopotamien. XI, 370. — s. Suma.
Sinnaka (Strab.), Stadt im obern Mesopotamien. X, 1123. 1131.
Sinnuber, i. e. Pinus cembra. XI, 501.
Sinope, am Pontus. X, 564. — Kurden das. XI, 144. — Oliven. 528.
Sinsili (russ.), s. Enzelli. VIII, 652.
Sinsin, Karawanserai bei Kaschan. IX, 34.
Sinsjara, s. Sindschar. IX, 750.
Sinter, s. Kalksinter.
Sin the ou, d. i. Sind, Kameh. VII, 284. 489.
Sin wu sian, chines. General. VII, 620.
Siourman, Dorf am Van-See. X, 318.
Sipah (d. h. Soldat), Kriegerkaste der Kurden. IX, 571.
Sipa-hed (pers.), d. i. Kronfeldherr. X, 454.
Sipahi (pers.), d. i. Soldat. VIII, 78. — s. Spahi, Bu S.
Sipan, s. Keli S.
Sipan Dagh (Sepan-, Sapan-, Seiban-, Siban-Dagh), Tauruskette im Norden des Van-Sees. VIII, 16. IX, 764. 767. 858. 923. 974. 976. 994. X, 76. 289. 304. 328 ff. 386. 653. 743. 901.
Sipeghi (Sipki), Kurdenstamm. IX, 980. 988. — s. Sppoki.
Siphr, s. Tell S.
Siphrin (Siphris), Festung in Diarbekr. XI, 31. 82. 381.
Sipki, s. Sipeghi.
Sip Ovanes, armen. Kloster. X, 272.
Sir, s. Syr, Rud e sir, Sucht-sir, Tang a sir.

Sir, Mündung des Pinyari. VII, 165. 167. — vgl. Syr.
Sir, Gewicht. VII, 217. VIII, 256.
Sir (chines. u. korean.), d. i. Seide. VII, 373. VIII, 709.
Sira (d. h. Nord), Name des Indus über Sehwun. VII, 171.
Sira, s. Schirin S.
Sirab, s. Ser-Ab. IX, 795.
Sir Abe Sea, im Zabthal. IX, 143.
Siraf (Bender S.), alte pers. Hafenstadt, Distrikt von Fars. VIII, 127. 692. 752. 772 ff. IX, 285. X, 180.
Sir Akhur, s. Silakhur. IX, 365.
Siral Baug, oberstes Thal des Zab Ala. IX, 644.
Siraou Mirawa, Distrikt in Kurdestan. IX, 606.
Sirasa (Strab.), Stadt in Gordyene. XI, 170.
Sirawan, s. Al S. (Sirwan).
Sirchinar, s. Sertschinar. IX, 416. 448.
Sirchuschma (d. h. Thal der Quelle), Hauptquelle des Kabulstromes. VII, 197. 233. 238. 255. 261.
Sircossar (Sircosa), s. Kissch Su. IX, 539. 552.
Sirdar, d. i. Pendschab-, Seikhs-Chef. VII, 38. 123. 126. 130. — s. Serdár.
Sirdara Khawar, s. Gurduni Sirdara.
Sir Daria, s. Syr.
Sirdarud, s. Serdrud.
Sirdaub, s. Serdab.
Sirdeh, Wasserbecken bei Ghazna. VIII, 144. 145.
Sirdschan, Hauptstadt von Kerman. VIII, 123. — s. Kerman.
Sirezh Khan (Schireh), Jezidendorf in N. Kurdestan. IX, 739. XI, 453.
Sirej Khan, Zufluß zum Tigris. IX, 747.
Sirenen, in Sculpturen bei Mambidsch. X, 1042. 1043.
Sirepul, bei Balkh. VIII, 227.
Sirgan (Sinkar), Dorf in Aderbidjan. IX, 1021. 1022. XI, 646.
Sirgan, s. Sirdschan, Kerman. VIII, 726.
Sirghach (Isterghach), am Hindu Kusch. VII, 249.
Sir-ghe (mandsch.), d. i. Seide. VIII, 708.
Sir Hasan Beg, Berg in Kurdestan. XI, 654.
Sirhind, von Seikhs zerstört. VII, 137.
Sirhud, d. h. heißes Land. VIII, 285. — Land des kalten Klimas. 723. — s. Ser-hadd.
Sirià, Seria (viell. Seriana im Itin. Anton.), Ort in Syrien. X, 1098.
Siriab, Ort Afghanistans. VIII, 165. 168. 170. — vgl. Zirab.
Sirikol (Sirikul), s. Surikul.
Sirin, s. Bethc S.
Sirini, Kastell in Central-Kurdestan. XI, 629.
Sir i Sudah, kurdest. Gebirge. XI, 589.
Sirius, sein kurd. Name. IX, 609.
Sirjan, s. Kerman. VIII, 726.
Sirkars, d. i. Distrikte. VII, 201.
Sir-kek (mongh.), d. i. Seide. VIII, 708.
Sirkul, s. Surikul.
Sirmore, im Himalaya. VII, 6.
Siroccoartiger Wind, in Kurdestan. IX, 486. — s. Scirocco.
Sirope, armen. Kloster. X, 781.
Sirpil, Christendorf in Djellu. XI, 600.
Sirra, s. Nahr S.
Sirschinar, s. Sertschinar. IX, 448.
Sir-Sira-Berg, in Kurdestan. XI, 97.
Sirsya, Sesam im Pendschab. VII, 116.
Sirt, s. Sert. XI, 101.
Sirto, griech. Tanz. IX, 623.
Sirufza, in Afghanistan. VIII, 144.
Sirwan (Sirawan), Hauptstadt in Masabadhan (Luristan). IX, 330. 400. 402. — vgl. Kelonä.
Sirwan, d. i. Schirwan (Diya-

laß). IX, 442. — vgl. Abi S., Sahrai S.
Sis, cilicische Capitale. X, 597. 621. 622. 916. — s. Kara S., Kar-S.
Sisa, s. Abu S.
Sisara. XI, 150.
Sisarbanum, ob = Sisauranum? XI, 401.
Sisaurana, Sisauranum (Procop), Festung in Mesopotamien. XI, 401. 418. 430.
Si schung, ob Indien? IX, 273. 274.
Sistan, s. Sedschestan.
Sistan, Dorf bei Hamadan. IX, 119.
Sistani, arab. Ilats. VIII, 392.
Sistom, d. i. Lichtland, Süden. VIII, 32.
Sitace (Σιττάκη bei Xenoph.), Stadt am Tigris. IX, 518. X, 16. 19. 20. 33. XI, 767. 769. 850.
Sitacene (Strab.), pers. Provinz. IX, 330. — s. Apolloniatis.
Sitacus, s. Sitiogagus.
Sitaganga, d. i. Kaschgharstrom. VII, 496.
Sitah, s. Sata. VII, 171.
Sitalka (Strab.), Stadt in Gordyene. XI, 170.
Sita Rama, s. Ramma.
Sitaregan, s. Sitiogagus.
Sitchinar, s. Sertschinar. IX, 416.
Sit el rúm, i. e. Columba risoria. XI, 508.
Siten feu, Usun-Prinz. VII, 620.
Sitha (Zosim.), Ort in Mesopotamien. X, 143. — ob = Hit? XI, 749.
Sitha, Sithauurm (althochdeutsch), d. i. Seidenwurm. VIII, 708.
Sitiogagus (Sitacus, Sitaregan), Fluß in Farsistan. VIII, 763.
Sito, d. i. Tarim-, Kaschgharfluß. VII, 328. 496.
Si Tsao, d. i. West-Tsao. VII, 647.
Si-tsche, d. h. westliches Zuckerrohr. IX, 266.
Sitta (Diod.), Hauptstadt von Sitacene. IX, 330.
Σιττάκη (Xenoph.), s. Sitace. X, 19. XI, 850.
Sitteihh, s. Tel S.
Sitten u. Gebräuche, in Turkestan. VII, 461 ff. — der Kurden. IX, 621. — der Jeziden. 762.
Sitti, d. i. Dame. XI, 459.
Situhn (arab.), d. i. Oelbaum. XI, 516. 530. — s. Zeitun.
Situn, d. i. Säule. IX, 362. — s. Hezar s.
Siuanti, chines. Kaiser (reg. 73—49 v. Chr.). VII, 406. 618. 659.
Siud, s. Rabban Sulaka.
Siueki, d. i. Schneehühner. VII, 456.
Siue liän hoa, d. i. Schnee-Nymphäa. VII, 456.
Siue Schan, d. i. das Schneegebirge. VII, 416. 452 ff.
Siüsiun, Volk. VII, 615. — vgl. Siusiun.
Siumi, Usun-Fürst. VII, 621.
Siunier. X, 555.
Siunikh, Provinz. X, 400.
Siunsian, s. Sieousian.
Siuntu, d. i. Sind. VII, 421. 683.
Siurmeli, s. Surmali. X, 467.
Siusiun, d. i. das westl. Usun. VII, 420. 606. 645. — s. Hieousiun, Sieousian, Siüsiun.
Siva, Geburtsort Nasr eddins. IX, 839.
Sivan Maaden, Eisenhüttenwerk in Kurdestan, am Südufer des Murad. X, 97. 98. 700. 701. 709.
Sivell, s. Siwell.
Sivend (Sewund, Sewan), Ort in Fars. VIII, 874. 876. 877. — s. Rud Khaneh Sewund.
Siverig (vulgär-armen.), d. i. Süverek. XI, 284.
Siwah, in Afrika, Oliven das. XI, 521.
Siwai Juma, d. i. Extrataren. VII, 131.
Siwan, Distrikt. VII, 688.

Si wan tscheou, d. i. Fauchi. VII, 572.
Siwas (Sebaste), Stadt am Kisil Irmak in Pontus. X, 540. 552. 641. 796.— Dist. 751. 795. 802. 895.
Siwell, Kurdenstamm. IX, 612. — s. Kizzelji.
Siwell, Quellfluß des Zab Asfall. IX, 532. 590. 592.
Siwend, s. Sivend.
Sixtus V., Papst. X, 617. 622.
Siyah (schwarz), s. Siah, Diz S.
Siyah Kuh, s. Siah-kuh.
Siyahvokhscham, Familie der Lak. VIII, 402.
Siye, Land. VII, 421.
Siyu, d. i. Westländer. VII, 359. 507. 508. (Eintheilung) 629. 656. — s. Khaï-S.
Si yu Thian tchu tchi thou, d. h. Karte der Ostländer u. der fünf Indien. VII, 569.
Si yu wen kian lu, d. i. die chines. Geographie der Westländer (1777). VII, 330. 348. 350. 401. — über Kaschghar. 416. — Ost-Turkestan. 452 ff.
Si Zang, d. i. West-Tübet. VII, 448.
Sjabar (Dgiaber, Jaber), s. Kalat Jaber, Sabikoddin Sj. Kosjcrita.
Sjafar Ibn Malich, s. Sabakeddin Jaber.
Sjedid (Dsjedid), s. Bab ed sj.
Sjubasar, Dorf bei Schiraz. VIII, 856.
Sjüsser (Dsjusser), s. Bab ed sj.
Sjulhfa, d. i. Dschulfa. X, 597.
Skefta (kurd.), d. i. Grotte. IX, 822.
Skelet, s. Menschenskelet.
Skenai (Scenae, Strab.), babylonische Gränzstadt. X, 1046. XI, 287.
Skeniten, in Mesopotamien. X, 1046. — s. Arabes Scenitae.
Skirtus, s. Scirtus.
Sklaven, in Yarkand. VII, 405. 469. — im Tempel zu Pakaran. X, 454.
Sklavenhandel (Markt), in Indien. VII, 749. — Badakhschan. 797. 807. — Erzerum. X, 718. — bedeutender, in Basra. XI, 1071.
Sklaverei, freiwillige, in Kharaschar. VII, 436.
Skropheln, in Kars. X, 430.
Skutari (Scodra), Festung in Albanien. X, 809. XI, 582. 795.
Skydises (Σκοιδίσης b. Strab.), d. i. Kop Dagh. X, 471. 742. 795. 825. 900.
Skythen, s. Scythen.
Skythianus, Alexanders Nachfolger in Sogdiana. VII, 277. 824.
Slachus (Slucus), Ahnherr der Silghunier. X, 649.
Slewa, s. Mar Sl.
Slucus, s. Slachus.
Smaragde (Hyacinthen), in Badakhschan. VII, 803. — durch Sprudel ausgeworfene, in Aderbidjan. IX, 807. — in Bagdad. XI, 800.
Smargdis, Smardis (Procop.), d. i. Mardin. XI, 82. 151. 380.
Smilax, am Euphrat. X, 1075.
Smilax excelsa, in Masenderan. VIII, 538. — Ghilan. 428.
Smith, E., nordamerikanischer Missionar. IX, 11. — in Kurdestan. 651. — über die Nestorianer u. Chaldäer. 670 ff. — in Tabriz. 880. — über die Bewohner Aderbidjans. 885 ff. — in Urmia. 945. — über die Christengemeinden am Urmia-See. 962 ff. — in Armenien. X, 337. — über dessen Einwohner. 635. — in Utsch Kilisa. 650.
Smúrmur, i. e. Turdus roseus. XI, 508.
Smyrna, Stadt in Kl. Asien. VIII, 802. — armen. Druckerei das. X, 633. — Cypressen. XI, 582.
Snodgrass, engl. Reisender. IX, 852. — in Tabriz. 877.
Soad-Khairan, Oberhaupt der Harranier. XI, 314.
Soaid, Distrikt Schirwans. VIII, 126.

Soak Bulak, s. Sauk Bulak. IX, 562. 602.
Soba, s. Zoba.
Sobal, s. Syria S.
Sobiesky, Joh., König. X, 618.
Sobeide Khatun, s. Zobeida Kh.
Sobra, s. Nahr S.
Socho, Thal in Judäa. XI, 531.
Soda, Sodapflanze, im hohen Medien. IX, 70. — am Van-See. X, 323. — in der syrischen Wüste. 1106. — am mittl. Euphrat. XI, 709. — in Bagdad. 822. — im südl. Mesopotamien. 961. — vgl. Koudsir.
Sodar, heilige Schrift der Seikhs. VII, 134.
Sodium, hydrochlorates, im südl. Mesopotamien. XI, 959.
Sodom u. Gomorrha, ähnliche Sage in Kurdestan. IX, 428.
Sodomiterei, in Yarkand. VII, 404.
Sodschah, Gebirgszug des armenischen Klytsche Dagh. X, 345.
So dsiü, d. i. Yarkand. VII, 405.
Söchtauie, d. i. Studenten. XI, 387.
Sögüdlu su, Zufluß zum Euphrat. X, 826.
Söört, Sört, d. i. Sert. X, 87. XI, 91.
Söverek, s. Süvereh.
Sofa, d. i. Estrade, Terrasse, Vorsprung. IX, 375.
Sofah, s. Kuh e S.
Sofala (Sevahil), Exporten. IX, 893.
Sofa Schebdiz (S. Schirin), bei Kermanschah. IX, 375. 376.
Sofi, s. Sefiden.
Sofiadvend, wandernder Kurdenstamm. IX, 612.
Sofian (Suffian), Dorf in Aderbidjan. IX, 908. 919.
Sogdager, Sudagr, d. h. Handelsleute. VII, 725.
Sogd-Fluß. VII, 653. 656. VIII, 51.
Sogdiana (Soghdo, Çughdha, Al Soghd), Land zw. dem Oxus u. Jaxartes, Provinz von Ormuzd's Reich. VII, 617. 657 ff. VIII, 30. 35. 39. 46. 51. 800. — vgl. Khangkiu, Hueti.
Sogdianische Gebirge. IX, 701.
Sogdii, Volk. VIII, 52.
Sogdisch-baktrische Sprache. VIII, 81.
Soghanlu Dagh (Soghanli D., nicht Saghanlu, Saganluk, Saganlugh, Suvanli D.), Gebirgskette im nördl. Armenien, westl. von Kars. X, 379. 397. 400 ff. 407 ff. 421. 427. 430. 824. 1150.
Soghdo, s. Sogdiana.
Sogheir, Ort. X, 922.
Soglu su, s. Kurutschai. X, 826.
Sohaujna, Obstart bei Kote. VII, 61.
Sohdé, s. Medinat S.
Soheil, d. i. Canopus-Stern. VII, 253.
Soherab, Kelat-Ebene. VIII, 715.
Sohrab, s. Mir S.
Soi, Fluß in Klein-Pourut. VII, 577. 578.
Soimonow, russ. Reisender. VIII, 679.
Sojindüren, s. Mum S.
Sokbo, Nomaden. VII, 326.
Soker, Distrikt. IX, 915.
Sokhiu, Gränzreich von Khotan. VII, 359.
Sokhmanabad, Distrikt im pers. Armenien. IX, 923.
Sokhne, s. Soukney. X, 1095.
Sokin, Dorf in Mesopotamien. XI, 270.
So-kiü (Sokiu), d. i. Yarkand. VII, 405. 711.
Sokman el Cothbi (Schach Arman Sokman), König von Armenien (reg. 1099—1112). X, 325. 326.
Sokrates, Kirchenhistoriker, armen. Uebersetzung. X, 568.
Sokuan, Usun-Prinzessin. VII, 618.
Sol, s. Sonne.
Solaneen, in der arab. Wüste. XI, 744.

Solanum melongena, s. Beydendjan. XI, 501.
Soldini, Leop., Dominikaner-Pater in Kurdestan (stirbt 1779). IX, 658.
Solduz, s. Sulduz.
Soleiman, s. Soliman, Suleiman.
Soli, s. Scheich s.
Soli, Stadt in Cilicien. XI, 556.
Soliman, Sultan, erobert Bagdad (1534). XI, 791. — s. Suleiman.
Soliman Beg, s. Suleiman Bi.
Soliman Bey, s. Suliman Bey.
Solimani (arab.), d. i. feiner Zucker. IX, 274.
Solimań-Kette (Salomons-Berge), auf der Gränze von Sinde u. Afghanistan. VII, 43. VIII, 129 ff.
Soliman Pa (d. i. des Reinen), Mohammeds Barbier, seine Kapelle am untern Tigris. XI, 852.
Soliman Pascha (Suleiman P.), in Bagdad (1749). XI, 805.
Soliman Pascha, in Bagdad (reg. 1777—1802). IX, 566. XI, 390. 803. 808.
Soliman Pascha (Suleyman P.), in Bagdad (1808). XI, 814. — vgl. Suliman P.
Solon, Prophet der Harranier. XI, 310.
Solonen, Volk. VII, 513.
Solopia, in N. Kurdestan. IX, 716.
Solore, s. Salar.
Soma (Zoma), d. i. Sommerstation. XI, 597. — vgl. Suma.
Somai, s. Sumai.
Somaid, s. El S.
Somaisat (Sumaisat), d. i. Samosata. X, 723.
Soma jo, Tempel in Khotan. VII, 370.
Somal, armen. Erzbischof von Sunik. X, 562.
Somar, Maß. X, 656.
Soma Suwarri (Suarra), d. i. die Sommerstation Suwarri, in Tiyari. XI, 612. 615.
Sommerfrische (tyrol.), Bedeutung. IX, 574.
Somnath, Idol. VII, 238.
Somosate, s. Samosata. X, 925.
Sonchus, als Sallat in Mesopotamien. XI, 502.
Sonderan, s. Tscheragh S.
Song yun tse, buddhistischer Pilger. VII, 498.
Sonne, als Bild der Gottheit bei den Yeziden. IX, 751.
Sonnenaltar, im Elwend. IX, 86.
Sonnenanbeter, in Mardin. XI, 299. — Anah. 720.
Sonnenblumen, in Mesopotamien. XI, 366.
Sonnengebackene Steine, als Trümmerreste ältester Städte. IX, 100. — s. Backsteine.
Sonnengott (Sol), sein Tempel in Atra (Al Hadhr). X, 131. XI, 466. 491. — Verehrung in Harran. 312. — vgl. Mithra.
Sonnenjahr, angeblich von Dschemschid entdeckt. VIII, 25.
Sonnenraçe der indischen Prinzen. IX, 236.
Sonnenschirm, Zeichen königl. Würde. VIII, 920. 923. — vgl. Chattah.
Sonnenstich, häufig in Bagdad. XI, 816.
Sonnenthor, in Hilleh. XI, 789.
Sonnisa, in Pontus. XI, 528.
Soörd, s. Sert. XI, 99.
Soora, s. Saoora.
Sophanene, s. d. f.
Sophene (Sophanene, Tzophanene), armen. Provinz. X, 73. 74. 78. 113. 571. 576. XI, 72. 76. — s. Dsopkh.
Sophikent, in Armenien. X, 418.
Sophis, s. Sosiden.
Sophissar, s. Kuh e Sofar.
Sor, d. h. Gewaltthat. X, 345.
Soraith, s. Sert. X, 87. 96.
Soran (Sur, Suran), Kurdenstamm. IX, 571. 620. 631. 1026. XI, 39.
Sorat, Ort in Mesopotamien. X, 196.

Sor Dagh, s. Sor Gedük.
Sorex pusillus, in Mesopotamien. XI, 503.
Sor Gedük (Sar Geduk?), Gebirgszug des Aghri Dagh. X, 345. 355.
Sorit, s. Sert. XI, 99. 100.
Sorkha (Sorkhadeh), Dorf in Irak. VIII, 459. 469.
Sorra men Ra, s. Samarra. X, 209.
Sorvan (Rossan), Abtheilung der Sindscharli. XI, 451.
S'os, Enkel Araï's. X, 467.
Sos (armen.), d. i. Platane. XI, 571.
Sosan, s. Zozan.
Sosie Chai (Subzi, Subzie, Safi), der Fluß von Maragha zum Urmia-See. IX, 559. 805. 826. 828. 832. 833.
Sosirate, ob Susan? IX, 315.
Sostra, d. i. Schuster. IX, 178.
Soti-Kette, in N. Kurdestan. IX, 725. 726.
Sotschhe, Land. VII, 421.
Souad, s. Zohad.
Souc el Arbea, s. Sus el Ahwaz. IX, 227.
Soucet, Dorf in Ghilan. VIII, 652.
Sou chi li, König von Pourut. VII, 578.
Soudj Boulak, s. Sauk Bulak.
Soufis, Afghanen-Stamm in Tugow. VII, 251.
Sou fou che li tchi li mi, König von Pourut (reg. 696—713). VII, 577.
Soufy, Dorf bei Hamadan. IX, 344.
Soug Choug, s. Souq-Chouq.
Sou hiaï, s. Suhiai.
Soui-Dynastie, in China (reg. 581—619). VII, 424. 552. 559. 560. 579.
Soui youan kiun, d. h. Trostlager für ferne Regionen. VII, 577.
Souj Boulak, s. Sauk Bulak.
Sou ki li fa wo lan, kleines Königreich. VII, 582.
Soukney, s. Sukney.
Souk su (d. i. Kaltwasser), rechter Zufluß zum Tigris. XI, 116.
Soule, s. Sule.
Sou lin tho i tchi, König von Pourut. VII, 577.
Sou li si tan, kleines Königreich. VII, 582.
Souma, s. Suma, Sumere, Samarra.
Souman, Hauptstadt von Hosou. VII, 568.
Soumie, s. Sumie.
Souq-Chouq (Soug Choug), d. i. Suk el Schеyukh. XI, 973. 1008.
Σοῦρα, Σοῦρον, s. Sura.
Sourb-kirkor. X, 315. — vgl. Surb Grigor.
Souri (?), Pallast von Hamadan. IX, 117.
Sourié, s. Sura. X, 1080. 1081.
Σούρων πόλισμα (Procop.), s. Sura. X, 1080.
Souroudje, s. Sarudsch.
Soute, d. i Alanen. VII, 559. 560.
Sou theou yhu, s. Su theou phu.
Southgate, H., amerikanischer Missionar (1837). IX, 683. — über den Van-See. X, 286. — den Dschebel Tur. 440. — Musch —Bitlis. 666. 680. — am obern Frat. 732. — in Diarbekr. XI, 48. — Mosul &c. 166. 199. 212. — über die Schemsieh in Mardin. 300. 303. — Mardin. 389. 392. — Mosul—Nisibis. 436. — in Bagdad. 834.
Sou tou chi na, Sou toui cha na, s. Sutuichana.
Sow, kl. Stadt in Irak Adschem. IX, 38.
Spah, Spay (neupers. Sipah), d. i. Krieger. X, 594. — s. Sipah, Spahi.
Spahan (Pehlw.), d. i. Ispahan. IX, 40. 41.
Spahi (Sbahi), d. i. Soldat, Etymol. X, 454. — s. Spah, Sipah.
Spalax typhlus, s. Blindmaus.
Spanien, Plateauhöhe. VII, 340.

Spanira, d. i. Ctesiphon. X, 166.
Spargel (Asparagus officin.), in Mesopotamien. XI, 502.
Spartaner, in Mesopotamien. XI, 414.
Spasini vallum, am Euphrat. X, 1118.
Spasinu, s. Charar Sp.
Spasinus (Pasines), arab. Emir. X, 55. 1118.
Spaspeti (georg.), d. i. Kronfeldherr. X, 454.
Spauta (Strab.), d. i. Urmia-See. IX, 782.
Spay, s. Spah.
Spechte, in Kurdestan. IX, 611. — zwei Arten in Mesopotamien. XI, 508.
Spechte, indische, am untern Euphrat. XI, 980.
Speerträger, auf persepolit. Monumenten. VIII, 912. 915. — s. Lanze.
Speisen, in Ost-Turkestan. VII, 462. — s. Beduinen-Sp.
Speisestäbchen, aus Zikizao verfertigt. VII, 444. 456.
Spelt, im Taurus. X, 920. — wild am mittl. Euphrat. XI, 713.
Sper (Sber, Hispiratis), Gau in Hocharmenien. X, 586. 627. 727. 774. — s. Ispir.
Sperber, in Badakhschan. VII, 790.
Sperlinge, leiden an Augenkrankheiten in Ferghana. VII, 735. — am Euphrat. X, 874. XI, 702. — (Fringilla domestica) in Mesopotamien. 508.
Spermophilus citillus, s. Ziesel. XI, 505.
Sphaera armillaris, in der Sternwarte zu Maragha. IX, 842.
Sphragiden (Eratosth.), Erdabschnitte. VIII, 21.
Spi, s. Tscha Spi.
Spielsucht, in Hamadan. IX, 119.
Spihn Zehra, s. Spin-Zhera.
Spilite, am Euphrat. X, 922. — bei Orfa. XI, 316.
Spilitesfelsen, im Taurus. X, 914.
Spinat, in Tehran. VIII, 611. — wilder, am mittl. Euphrat. XI, 713.
Spin-ghur (Puschtu), d. i. weißer Berg, Sufaïd Kho. VII, 230. VIII, 130.
Spin Kafirs, d. h. weiße Kafern. VII, 206. 279.
Spinnerei, in Hineh. X, 700. — s. Garnspinnerei.
Spin Taizhe, Bergkette in Afghanistan. VIII, 165.
Spin-Zhera (Spihn Zehra), d. i. Weißbart, afghanischer Häuptling. VIII, 194. 198. 200.
Spirsund, Fortsetzung der Zinjir-Berge. VIII, 170.
Spitzbogen, in Sassaniden-Bauten. IX, 502. — im Takht i Soliman. 812.
Spitzmaus, in Mesopotamien. XI, 503.
Sporaden, Volk? VIII, 80.
Sporakes, Phylarch von Anthemusia. X, 118. XI, 285.
Sprache, in Kaschmir. VII, 79. — Kabulestan. 307. — barbarische, im Westen des Lop-Sees. 331. — in Kaschghar. 410. — Masenderan. VIII, 438. — Dilem. 576. — eigenthümliche, in Schuster. IX, 181. — der Luri Buzurk. 213. — der Luri Kutschuk. 217. — der Nestorianer u. Chaldäer. 681. — in Mosul. XI, 190.
Sprachgränze, der Beludschen u. Afghanen. VIII, 731. — türkisch-persische. IX, 418. 449. 493. — persisch-kurdische. 604. — türkisch-arabische. 493. (in Syrien) X, 1036. (in Diarbekr) XI, 61.
Springfluth, im Tigris. XI, 943. — s. Ebbe.
Springmäuse, Springratten, bei Kohrud. IX, 37. — in Mesopotamien. XI, 505. — s. Jerboas.
Sprungfertigkeit der Gebirgsbewohner. IX, 409.

Sprüchwörter, orientalische (persische, kurdische, türkische rc.). VII, 242. 810. 817. VIII, 166. 229. 233. 244. 251. 348. 432. 608. 673. IX, 21. 571. 604. 790. 839. 894. X, 759. 789. XI, 540. 558.
Squasch, Kürbisart. XI, 501.
Sramana (sanskr.), Bezeichnung für Contemplative, Asceten. VII, 285.
Srangson Gambo, König (698). VII, 424.
Sri (sanskr.), d. h. gehen, laufen. VIII, 58.
Sri Kote, d. h. heiliger Fels. VII, 84.
Ssachar (russ.), d. i. Zucker. IX, 237.
Ssadr, Ehrensitz im Thronsaal zu Samarra. X, 227.
Ssafi, s. Sefiden.
Ssafwans suji, d. i. Fluß Ssafevan, in Mesopotamien. XI, 277.
Ssaghar, s. Zaghar.
Ssaghmen, kurdisches Sandschakat von Diarbekr. XI, 43.
Ssagri, d. i. Sacchar, Palmwein. IX, 241.
Ssalaheddin, s. Saladin.
Ssaman, Ssamanische Alpen, westl. Fortsetzung des Elburs. VIII, 571 ff. 574. 594. 642. 661.
Ssanu (wol Saffun?), in Kurdestan. XI, 39.
Ssarii, Gazelle? VII, 457.
Ssatadru, Satadru (sanskr.), d. h. Hundertquell (Ssetledsch). VII, 6. 31.
Sschuschan, s. Susa. IX, 294.
Sse (Ssu, Ssö), chines. Name für Seide, wildes Seidengespinnst. VIII, 691. 709.
Sse, pers. Königsname. VII, 716.
Sse (Szu, Szü, Sai), Tschaowou-Herrschaft. VII, 652. 653. — s. Se, Kesch, Suhiai.
Ssefin, s. Saffaïn.
Ssekipo lan. VII, 649.
Sse ma tsien, chinesischer Geschichtschreiber (100 J. v. Chr.). VII, 628. 633 ff. 673. — über die Tadjik. 715.
Ssemou, Stamm. VII, 571.
Ssepimupun, Gebirge(?). VII, 688.
Ssetledsch (Ssutludsch, Satadru, Garra, Hesudrus), südl. Gränzfluß des Pendschab zum Indus. VII, 6. 31. 35 ff.
Ssetschuan, s. Schu.
Ssfewi, d. i. Safi, Sefi. VIII, 125.
Ssirbogan, Dorf am Ararat. X, 509.
Ssitteibh, s. Tel Sitteibh.
Ssö (Ssu), s. Sse. VIII, 709.
Ssu (Su), s. Isti Ssu Sachtissar, Tschuntschur Ssu.
Ssurmali, s. Surmali.
Ssutludsch, s. Ssetledsch. VII, 31.
Ssystan, s. Sedschistan. VIII, 120.
Staare, schwarze, Feinde der Heuschrecken. VIII, 797. — in Diarbekr. XI, 52. — Mosul. 218. — (Sturnus vulgaris) in Mesopotamien. 507.
Staatengränze, s. Völkergränze.
Stachelbeeren, am Bitlisfluß. IX, 1007.
Stachelflosser (Acanthopterygii). XI, 1027.
Stachelschwein (Hystrix crystata), in Ghilan. VIII, 677. — bei Abuschähr. 787. — in Chusistan. IX, 222. — häufig in Mesopotamien. XI, 505.
Stachys, in Mesopotamien. XI, 500.
Stachys alpina, in Tiyari. XI, 615.
Stadium, Wegmaß von verschiedener Länge. IX, 703. X, 27. 28. 1117.
Stadt, versteinerte, bei Sauk Bulak. IX, 604.
Stadt, von Gott zerstörte, am Sipan Dag. IX, 976.
Städte, orientalische. IX, 179.
Städtebau, erster, nach der pers. Sage. IX, 37.

Städte der Meder, in Armenien. X, 588.
Stahl, vorzüglicher, von Meschhed. VIII, 304.
Stahlspiegel, in Khubis. VIII, 728.
Stalactiten(Kalkschotten?), zu Kandahar. VIII, 149.
Stallwohnungen, in Armenien. X, 682.
Stambul, Name. VII, 541.
Stambul, Goldmünze. X, 353.
Stamm, Stämme, die zehn jüdischen, ihre angeblichen Abkömmlinge in Bagdad. XI, 844.
Stammeinrichtungen, bei Kurden. IX, 657.
Stan (pers.), d. h. Land. VIII, 113. XI, 574.
Staphylinen (Brachelytra), in Mesopotamien. XI, 510.
Statice echinus, am Ararat. X, 499.
Statice limonum, in Masenderan. VIII, 547.
Statuen, in Ninive. XI, 223.— Fragment am Tak i Kesra. 859. 862. — s. Marmorstatue.
Staub, in Multan. VII, 65.
Staubsturm, bei Buttekote. VII, 228. — s. Wirbelwind.
Staunton, Dr. X, 1028.
Steatit, wird bei Hungersnoth in Mosul unter Mehl gemischt. XI, 204.
Stein aus Indien, Idol in Ispahan. IX, 44.
Steinblöcke, am Euphrat. X, 1067. — lose, in Mesopotamien. XI, 368.
Steinbock (Capra ibex), im Taurus. XI, 506. — in Kurdestan. 590.
Steinbrücke, natürliche, über den obern Euphrat. X, 347. — über den Murad. 671. 674. 675. — am Euphrat. 881. 1038. — (Damm) am Tigris bei Mosul. XI, 193.
Steincylinder, s. Steinplatten.
Stein der Weisen, im Elwend. IX, 85.
Steindrossel (Turdus saxatilis), in Mesopotamien. XI, 507.
Steine, alte geschnittene, bei Kodsch Hissar. XI, 374. — am Tak i Kesra. 864.
Steinhonig (?), in Kabulestan. VII, 686. — s. Jokin.
Steinhuhn (Perdix petrosa, saxatilis?), in Mesopotamien. XI, 508.
Steinkohlen-Bergwerk, bei Mundi. VII, 115.
Steinkohlen-Lager, in den Cohat-Bergen. VII, 194. — in Peschawer. 223. — Ferghana. 746. — bei Erzerum. X, 749.— Arghana. XI, 16. — am Buhtanfluß. 127. — s. Kohlenlager.
Steinkugeln, Petrificate am Urmia-See. IX, 847.
Steinmarder, in Ghilan. VIII, 677.
Steinplatten (Cylinder), kreisrunde, zum Zuckerpressen bei Ahwaz. IX, 222. 224. 291.
Steinplatten, als Unterlage der hängenden Gärten in Babylon. XI, 917.
Steinregen, schwarzer, in Mesopotamien. XI, 290.
Steinsäule, als Wegmarke zw. Constantinopel u. Bagdad. X, 864.
Steinsalz, in den Gebirgen am obern Jilum. VII, 63. — Hauptprodukt im Pendschab. 115. — in Iskardo. 218. — Peschawer. 223. — Hissar. 819. — Afghanistan. VIII, 175. — Jezd. 270. — Nischapur. 324. 330. — im Sirdara-Paß. 452. — in Aderbidjan. IX, 955. — Kaghisman. X, 431. — Tuzla. 669. — im armen. Taranaghi. 784. — in Mesopotamien. XI, 481.
Steinsalzkette, am Jilum (Behut). VII, 95. — Felsen, bei Karabagh. 95. — am Urmia-See. IX, 908. — Berge, bei Kulpi. X, 382. 451. 462. 470.
Steinspiegel, Felswand der Asferah-Kette. VII, 734.

Steinthüren, häufig in perf. Dörfern. IX, 61.
Steinverwandlung aus Menschen. IX, 69.
Stenhouse, Mr. X, 1027.
Stephan, Bischof von Siunik (8. Jahrh.). X, 508.
Stephan, Erzbischof von Siunik (13. Jahrh.). X, 592.
Stephan IV., armen. Patriarch in Romkala (1293). X, 938.
Stephan Aga Melik, Dorfältester von Arghuri. X, 490.
Stephans-Tempel, in Edessa. XI, 351.
Steppenhuhn (Pterocles arenarius), in Mesopotamien. XI, 508. — am Schat el Arab. 1025. — vgl. Wüstenrebhuhn.
Steppenpflanzen, in Mesopotamien. XI, 499.
Steppenthiere, fehlen in Ghilan. VIII, 677.
Sterblichkeit, große, in Bender Abassi. VIII, 743.
Stern, s. Canopus, Sirius rc.
Sternbergia lutea, bei Mosul. XI, 218.
Sterndienst, in Carrhä. XI, 297. — s. Planetencultus.
Sternenhelle, in Bagdad. XI, 810.
Sternenlauf, von Nomaden beachtet. VIII, 386.
Sternnamen, kurdische. IX, 609.
Sternwarte, zu Maragha. IX, 835. 839 ff. — französische, in Bagdad. XI, 797. 810. — in Babylon. 880.
Steuern, in Aderbidjan. IX, 912. — sehr drückende, unt. türk. Herrschaft. XI, 134. — vgl. Abgaben, Zoll, Charadsch, Kharaj.
Stewart, Col., in Persien. VIII, 557. 587. — in Aleppo. IX, 89.
Stiboetes (Diod.), Steppenfluß in Parthien. VIII, 468.
Stickgasquellen, in mephitischen Grotten. IX, 830.
Stier, Symbol der zeugenden Kraft in perf. Monumenten. VIII, 908.
Stiere, in Mesopotamien. XI, 507. — s. Ochsen, Heerdenthiere rc.
Stiergefechte, in Armenien. X, 517.
Stil (perf.), Gemäß. X, 353.
Stirling, Capt., Reisender. VIII, 227.
Stocqueler, J. H., im untern Mesopotamien. XI, 999. — in Bagdad. 829. — Basra. 1054.
Störche, am Ravi. VII, 49. — in Ghilan. VIII, 431. — sind den Mohammedanern heilig. 678. — Heuschreckentödter. 802. — bei Tehran. IX, 30. — am Araxes. X, 382. — bei Mosul. XI, 217. — Dara. 413.
Störe (Hausen), im kasp. See. VIII, 431. 533. — im Murad. X, 675.
Strabo, über Masenderan. VIII, 439. — den Van- u. Urmia-See. IX, 782. 784. — das Quellgebiet des Euphrat u. Tigris. X, 71 ff. — Kanalland des Euphrat, Anschwellungen. 107 ff. — Armenien. 576. 796. — Distanzangaben in Mesopot. 968 ff.
Strachon, G., Leibarzt des Emirs von Anah. XI, 720.
Strahlstein, in den Avroman-Bergen. IX, 531.
Straße, s. Route.
Stratonicee, Stadt in Mesopotamien. XI, 285.
Strauße (Struthio camelus), in Sassaniden-Schlössern. IX, 504. — in Mesopotamien. X, 15. XI, 495. 509. — in der arab. Wüste. 700. 747. — s. Kameelvogel.
Straußeier, Tribut nach China. VII, 636. 668. — in Moscheen. XI, 319.
Strix bubo, d. i. Uhu. XI, 507.
Strix flammea, s. Schleiereule.
Strix passerina, s. Käuzchen.
Stroh, als Pferdefutter in Yarkand. VII, 394.
Strohkrüge, zum Wasserschöpfen in Hit. XI, 752.
Strom, Berg, Namen dafür. VII, 489.

Strom, im A. T. katerogen für Euphrat. X, 725.
Stromschnelle, s. Katarakte.
Struthio camelus, s. Strauß.
Struthophagen. VIII, 808.
Stucco, im Takht i Soliman. IX, 811. — bei Mosul. XI, 197.
Stufenlandschaften, vorherrschende Eigenthümlichkeit des Taurussystems. X, 907. — vgl. Terrasse.
Stupa (sanskr.), d. i. Tumulus, Thurm, kleiner Altar. VII, 114. 354. — s. Tope.
Sturm, s. Wind.
Sturmvogel (Procellarius), in Mesopotamien. XI, 509.
Sturnus vulgaris, s. Staar. XI, 507.
Stutereien, in Kermanschah. IX, 479. — s. Pferd.
Su, s. Sui, Suji, Tschai, Adschi-, Agi-, Ak-, Altun-, Anbar-, Arpa-, Aruz-, Bajan-, Baliklu-, Ballik-, Bal yklawa-, Bardes-, Batman-, Bendi Mahi-, Bölem-, Chadschaly-, Char Bukur-, Chaser-, Chorma-, Dagora-, Degerman-, Dschera-, Gama- (Gamasch-Ab), Ghazir-, Gök-, Gomar-, Gunluk-, Hassan kaleh-, Hazer-, Högne-, Ilidsche-, Injeh-, Inscha-, Inschu-, Kaleh-, Kara-, Kasikly-, Kelb-, Kermel-, Ketiven-, Keumar-, Khasir-, Kifri-, Kilisa-, Kissch-, Kiupri-, Koi-, Kolb-, Kotranie-, Kuk-, Kulu-, Kurd-, Murad-, Parschiam-, Parßadan-, Pasin-, Peig-, Perez-, Perischabur-, Samowat-, Sara-, Sarres-, Sarum-, Schakma-, Scharoki-, Schembker-, Schemiram-, Scheripam-, Schighindara-, Sebbeneh-, Sertscheme-, Sert-, Sögüdlu-, Soglu-, Souk-, Sultan-, Tatu-, Tokma-, Tschamurlu-, Varga-, Yak-, Zoplak su.
Su, d. i. Kaschghar. VII, 423. — vgl. Szu.
Su, d. i. Zuckerrohr. IX, 262.
Sua, Christendorf in Dez. XI, 600.
Suab (Saheb), der untere Kerkhafluß, Ort das. IX, 328. XI, 1024. 1025.
Suahal, s. Mulk e s.
Suan, s. Wadi S.
Suarra, s. Soma Suwarri. XI, 615.
Suestene (Zuastena), Landschaft in Indien. VII, 200. 201. VIII, 128.
Subah, d. i. Statthalter. VII, 234.
Subah Kabul. VII, 241.
Subah Kaschmir, von Runjit Singh erobert. VII, 70.
Subandy, Radja von Benares. IX, 236.
Su-Baschi, Beamter des Pascha. X, 320. 323.
Sub Bil, Tigris-Kanal. X, 189.
Subbukhur, Distrikt von Herat. VIII, 254.
Subha, arab. Stamm am Euphrat. X, 1070. — Zigeuner in Irak Arabi. XI, 1007.
Subhan Allah, d. i. Dank sei Gott. IX, 976.
Subian Seleby (Halibi), d. i. die untere Seleby, Festung am Euphrat. XI, 685. 688. — s. Zelebi.
Subli, s. Sufli, Djerra S.
Subliga, s. Kura Chai.
Suburgut, s. Sübürgüsch.
Subz, Cheri Subz, d. i. grüne Stadt, früher Kesch.
Subzaur (Sub Zawar, Isfezaur), d. h. die Grüne, nordöstl. Gränzebene u. Stadt von Afghanistan. VIII, 135. 156. 157.
Subzawar, s. Sebsewar.
Subzi, s. Sofie Chai. IX, 826.
Subzul-Kote, Stadt in Khyrpur am Indus. VII, 39. 149. 188.
Suc, s. Suk, Bab Suc et Tamr.
Succa Khaneh, Wasserhaus in Meschhed. VIII, 297.
Suchtelen, russ. General in Ardebil. IX, 794.
Sucht-sir (d. i. Hartkopf), Vorgebirge des Elburs am kasp. See. VIII, 433. 547.

Sucreab, s. Kotul i S.
Sud, d. i. Damm. XI, 1000. 1006. — s. Sidd, Aijun S.
Suda-birt, d. i. Almosenkasten. VII, 132.
Sudagr, s. Sogdager.
Sudah, s. Sir i S.
Suddozye, Königsgeschlecht der Durani. VII, 318. — in Afghanistan. VIII, 202.
Sudj Bulak, s. Sauk Bulak. IX, 827.
Sudkhur, Ort Khorasans. VIII, 332.
Sübürgüsch (Sügürbüsch? Suburgut), Dorf am Euphrat. X, 897. 934. 987.
Suedia, Hafen von Antiochia. X, 954.
Südsee-Inseln, Zuckerrohr das. IX, 245.
Sündfluth, ihr Ausbruch in Kufa. X, 184. — vgl. Noah.
Süngüt Tschai (Sengibar tschai, Zengibar, d. i. Negerfluß), östl. Zufluß zum Euphrat. X, 875.
Sünhedüs, Buch kanonischen Inhalts. IX, 948.
Sünny, ob Sunniten? X, 555.
Sünsün, s. Sieousian.
Suen tsong, chines. Kaiser (reg. 846—859). VII, 428.
Sürghü, Kurdendorf am Gök-su. X, 850. 888. 889. 902.
Süßholz, s. Glycyrrhiza.
Süßwassermuschel, im Haman Muk. IX, 535. — am Euphrat. X, 1066. 1067. — im östl. Mesopotamien. XI, 482.
Süverek (Süwerek, Süvereh, Söverek, Suverek), Stadt an der Ostseite des Euphrat. X, 872. 876. (Sandschakat von Diarbekr) XI, 43. 284. 318.
Suez, in Aegypten. X, 1026.
Suf, Thal in Khorasan. VII, 311.
Sufa, s. Rousset es s.
Sufaid Kho (Suffaid Kho, Sufeed Koh, Sufid Khu rc.), d. h. weißer Berg, Gipfel der Khyber-Berge im Norden Kabulistans. VII, 95. 219. 225. 230. VIII, 130.
Sufeed Koh, s. Sufaid Kho.
Suffeed (Sefid), s. Khaur s.
Suffeid, s. Kullah S.
Suffer Khana, in Aderbidjan. IX, 807.
Suffiabad (richtiger Sefi-abad), in Masenderan. VIII, 437. 526. — vgl. Sufiabad.
Suffian, s. Sofian.
Suffuk (Suffüd?), s. Sufuk.
Sufi, s. Kuru-s.
Sufiabad, Ort in Khorasan. VIII, 396. — vgl. Suffiabad.
Sufid Khu, s. Sufaid Kho.
Sufiten. IX, 751. — vgl. Sefiden.
Sufli, s. Subli, Maraka S.
Sufued Kho, s. Suffaid Kho.
Sufuk (Sufugh, Suffuk, Suffud?), arab. Scheikh der Schammar, Djerboah. X, 224. 460. 471. 480. 836. 838.
Sugglavyga, s. Nahr Isa.
Sughuit, d. i. Weidenbaum. IX, 610.
Suhiai (Sou hiaï), alte Hauptstadt von Sse. VII, 653. 658. 659.
Suhoto, d. i. Kabul. VII, 114.
Suhr-ab (Sur-ab), d. h. Wüstenwasser. VIII, 714. 722.
Suhuni, Tribus der Chaher-Leng. IX, 211.
Sui, s. Su, Arabgir-, Bitlis-, Khaser-, Saman-, Zarb-, Zengy-Sui.
Suischu. VII 704.
Suj, s. Su, Doghan suj.
Suja, Station in Aderbidjan. IX, 909.
Suji, s. Su, Dscherral-, Kaßr-, Phurat-, Ssafwans-Suji.
Suk, s. Khiyat el S.
Sukakia, d. i. Goldfink. XI, 508.
Suk al Ahwaz, d. i. Marktort Ahwaz. IX, 227. — s. Sus el Ahwaz.
Sukana, s. Sukney. X, 1095.
Sukarya (sanskr.), s. Hukairya. VIII, 67.
Suk el Ahad (Markt des Sonntags), Stadt am obern Tigris. XI, 180.

Suk el Scheyukh (Scheinkh, Soug Choug, Souq - Chouq), d. i. Marktort des Scheikh, Hauptstadt der Montefik am untern Euphrat. XI, 962. 973. 974. 1001. 1008 ff. 1044.
Suk el Thalatha, Marktort bei Bagdad. X, 196.
Sukèry, Musseline in Bagdad. XI, 822.
Suk esch Scheyukh, s. Suk el Sch. XI, 974.
Sukh, Gebiet in Ferghana. VII, 734. 741.
Sukhir, s. Sukkar.
Sukkar (spr. Sukhir, arab.), d. i. Zucker. IX, 236. — s. Khassab s.
Sukkur, Stadt am Indus. VII, 154. — vgl. Sukur.
Sukkus (Sukkuz), s. Sakiz. IX, 583.
Suk Lamlun, d. i. Markt Lemlun. XI, 978.
Sukney (Soukney, Sachney, Sokhne, Sukana), Ort in Syrien. X, 1091. 1093. 1095. XI, 683.
Sukoschuk, Ort bei Basra. XI, 303.
Sukung, chines. Naturhistoriker. IX, 273. — vgl. Susung.
Sukur Chukea Misul, Republik der Seikhs. VII, 138. — vgl. Sukkur.
Sukur Chut. VII, 138.
Sukus Chin, Schlucht in Aderbidjan. VIII, 636.
Sulaca, J. XI, 255. — s. Abgar S., Joannes S., Rabban S.
Sulaf Tschai, Gebirgsfluß bei Amadia. XI, 596.
Sulaman (Soliman), Fürst von Turfan. VII, 435.
Sulduz (Solduz), Kurdengau im Süden des Urmia-Sees. IX, 939. 1018. 1031.
Sule (Soule, Chule), d. i. Kaschghar. VII, 359. 367. 419. 563. 567. 645.
Sule (Schule, Chou, Choule, Khincha), germanisches Volk. VII, 420. 623.
Suleiman, s. Salomo, Soliman, Sulaman, Baba S., Bebbeh S., Hadji S., Hedhed Beni S., Kutschuk S., Madre i S., Masjidi S. Kuchuk, Meschdschid Mader i S., Meschhed i Mader i S., Mollah S., Nebbi S., Scheikh S., Sultan S. Kaleh, Takht i S., Tali S., Zindan i S.
Suleimanabad, in Armenien. X, 383. — vgl. Sulimanava.
Suleiman Abu Leila (d. i. Sohn der Nacht), Mameluke des Basra-Paschas. XI, 1001.
Suleiman Bi (Soliman Beg), Fürst von Khokand. VII, 773.
Suleimani, Kurdenstamm. IX, 717.
Suleiman Khail, Afghanenstamm. VIII, 130. 145.
Suleiman Khan (genannt Kuruzunger), Kurdenfürst. IX, 370.
Suleiman Khan, pers. Kommandant von Mardin. XI, 42.
Suleiman Pascha, s. Soliman P.
Suleiman Schah (Soleiman Sch.), Osmans Großvater. IX, 54. 812. — in Khorasan (st. 1231). IX, 1043. X, 1079.
Suleyman Pascha, s. Soliman P.
Suli (Suster), pers. Residenz. VII, 716. — vgl. Schuster.
Sulif, s. Mir Abdul S.
Sulimanava (d. i. Suliman Abad), Dorf im südl. Kurdestan. IX, 576.
Suliman Baba, Chef der Soran-Kurden. IX, 571.
Suliman Bey (Soliman Bey), Hekkari-Chef. XI, 627. 632.
Suliman Bey Ghazi, s. Baba Suliman. IX, 617.
Sulimanieh, Stadt, Schloß im Westen Teherans. VIII, 557. 587.
Sulimaniyah (Sulimania), Hauptstadt in Kurdestan. IX, 413. 532. 565 ff. XI, 141. 540. — Dist. IX, 443. 459. 462. 543. 592. 941.

Sulimanipah-Kurden, auf dem Banna-Plateau. IX, 582.
Suliman Pascha, zu Sulimanipah. X, 1010. — s. Soliman P.
Sulkarnein, s. Dhulkarnein, Dulkarnein, Zulkarnein, Schatti S.
Sullivan, J., Reisender in Kurdestan (1781). IX, 705. 721. X, 838.
Sullur Ghazun, s. Salar.
Sulphate, am Euphrat. X, 944. — s. Schwefel.
Sultan, s. Hawz i S., Schah S. Hussein, Zil e S.
Sultanabad, Hauptstadt in Turschiz, im nordöstl. Khorasan. VIII, 286.
Sultanabad, Dorf in Chusistan. IX, 146.
Sultan Abdallah-Berg, am Euphrat. XI, 711.
Sultan Abdullah (S. Abdallah), Ruinenort am Tigris. XI, 668. 669. 681.
Sultan Ablunmuhan. VII, 508.
Sultan Agha, Chef der Haiderauli. X, 323. 332.
Sultan Ahmed Mirsa, sein Kloster in Herat. VIII, 247. — vgl. Ahmed Mirza.
Sultan Baber (Babur), Mongholenfürst, in Hindostan rc. (geb. 1483). VII, 25. 200. 201. 211 ff. — in Peschawer. 220. — in den Khyber-Bergen. 224. — seine Anlagen am obern Indus. 230. — über Kabul. 234 ff. 303. — sein Grab das. 241. 243. — über Koheſtan. 244 ff. — Ferghana. 730 ff. 737. — Badakhschan. 791. — die Hazarehs. VIII, 137. — in Herat. 246. — verpflanzt das Zuckerrohr nach Kabulestan. IX, 254.
Sultan Dsjerad, d. i. Heuschreckenkönig. VIII, 800.
Sultan Hussein, in Herat (st. 1506). VIII, 246. — vgl. Hosain.
Sultani, s. Derb S.
Sultan Ibrahim (Abulfatah Ibrahim), Sohn Schahroks, Herrscher von Iran u. Turan (1422). VIII, 922.
Sultan Ibrahim, gen. Baba-Buzurg, Heiliger in Luristan. IX, 202.
Sultanieh (Sultanipeh), Stadt am Kisil Osen, im nördl. Irak Adschem. VIII, 384. 401. 558. 587. 622. X, 281.
Sultanieh, Dorf am Murad. X, 660.
Sultanipah, Stadt an der Westseite des Tigris, oberhalb Tekrit. XI, 472. — vgl. Khan S., Ma S.
Sultanje, s. Zydje S.
Sultan Mahmud Kalesi, Gipfelfeste des Osp-polur, bei Musch. X, 675.
Sultan Masaudi Hazaras, Stamm. VII, 309.
Sultan Meydan, Ort in Khorasan. VIII, 396.
Sultanpur, Stadt im Pendschab. VII, 32. 38.
Sultan Saladin, s. Saladin.
Sultan Sandschar, s. Sandjar.
Sultansu, Zufluß zum Tokmasu. X, 848. 849. 850. 852. (Quellhöhe) 902.
Sultan Suleimankaleh, Kastell von Bardes. X, 408.
Sultan von Akhlat (1099—1207). X, 327.
Sultan von Rum, d. i. der Großsultan. X, 757.
Sulub, Jezidendorf. XI, 166. 170.
Suluk, Dorf bei Musch. X, 675. 818.
Suma, Tribus in Indien. VII, 180.
Suma (Souma, Soma), d. i. Samarra. X, 211. — Stadt in Mesopotamien. XI, 358. 370. 381. s. Sumere.
Sumach, in Süd-Kurdestan. IX, 569. 577. — (Rhus coriaria) am Euphrat. XI, 500.

Sumai (Somai), kurdischer Gebirgsdistrikt. IX, 674. 1027.
Sumaili, Kurdentribus bei Urmia. IX, 944.
Sumaisat (arab.), d. i. Samosata. X, 925. — s. Somaisat.
Sumak, Berg in Syrien. IX, 140.
Sumata, in Syrien. X, 1043.
Sumatra, Zuckerrohr das. IX, 258.
Sumbeil, Gränzdistrikt zw. Chusistan u. Fars. IX, 147.
Sumbulah, s. Sunbulah.
Sumeichah, Dorf am Tigris. X, 214. 220.
Sumeisat, s. Samosat. X, 925.
Sumere (Zosim.), Kastell am Tigris (Samarra, Charcha). X, 157. 211. — s. Suma.
Sumiani, Stadt. VII, 183.
Sumie (Soumie), Dorf, Thal zum Urmia-See. IX, 647. 942.
Summij, Grotten. VII, 282. — vgl. Sumuch.
Sumpf, Sümpfe der Nabatäer. X, 192. XI, 1015. — in Chaldäa. X, 29. — bei Elija. 749. — bittere, in Mesopotamien. XI, 482. — s. Hores, Moräste, Ueberschwemmung, Versumpfung.
Sumpf-Fieber, ist im Indus-Delta unbekannt. VII, 174.
Sumpfgegenden, Sumpflandschaften, petrificirende, am Urmia-See. IX, 846. — am obern Frat. X, 736. — am Euphrat. XI, 684. 763. — am untern Tigris. XI, 941. — im untern Mesopotamien. 852. — zahlreiche Namen dafür bei Arabern 1017.
Sumuch (Samach'h), die Grotten von Bamiyan. VII, 265. 275. 276. — vgl. Summij.
Sumud Khan, s. Semed Khan.
Sumum Burj, Pallast in Lahore. VII, 55.
Sunavan, s. Zanguina.
Sunbulah (Sumbulah), Zagros-Kette. IX, 478. 480.
Sunden, am Indus-Delta. VII, 177.
Sundus, kostbare Seidenstoffe. VIII, 267.
Sunej, Gebirge. VIII, 555.
Sung, Dynastie Südchinas. VII, 373.
Sungbust, Ort in Khorasan. VIII, 287.
Sungerlu Dagh, Kalkkette. X, 843.
Sung i yumbu, d. i. Baumwollenstein, Asbest. VII, 259. 422.
Sungsu-Hai (Singsu-Hai), das Tausend-Stern-Meer. VII, 323. 447.
Sungur, am Indus. VII, 29.
Suniten, s. Sunniten.
Sunjur, s. Sandjar.
Sunkhas, s. Serchas.
Sunkherah, s. Senkerah.
Sunkian, chines. Generalinspektor. VII, 623.
Sunni Hezareh, Stamm in Khorasan. VIII, 286.
Sunniten, strenge, in Khokand. VII, 780. — in Iran. VIII, 136. — sind in Herat sehr gehaßt. 250. — zelotische, in Beludschistan. 718. — in Senna. IX, 434. — Kurdestan. 598. 1020 rc. — in Ali Baugh. 650. — ihr Haß gegen die Jeziden. 756. — Sekten in Bagdad. XI, 816. 841. — Basra. 1037.
Sunnit-Mongholen. VII, 338.
Sunoj, Distrikt von Al Ahwaz. IX, 228.
Supli (Subli), s. Djerra S.
Supyn, in Kaschmir. VII, 143.
Sur, s. Ser, Syr.
Sur, s. Ardoui-, Khana-, Wadi-Sur.
Sur, irrige Benennung für Indus. VII, 29.
Sur, Afghanenstamm. VIII, 144. — vgl. Soran.
Sur, Nachkomme Haiks, armen. Fürst. X, 585.
Sur, am Euphrat. X, 63.
Sur, Dorf am Mardin-Berge. XI, 366.
Sura, Abschnitt heiliger Bücher. XI, 301.

Sura (Soura), Stadt am untern Euphrat, oberhalb Lemluns. X, 205. 267.
Sura, Strom von, d. i. der wahre untere Euphrat. X, 205.
Sura, Stadt am Euphrat, nahe bei Bagdad. X, 267.
Sura (Sura castrum, Σοῦρα, Σοῦρον), Stadt am syr. Euphrat, oberhalb Balis. X, 1081.
Sura (Ura, Sure, Beled Surieh, Σούρων πόλισμα, Surorum oppidum, Schura, Suriyeh, Sourié), Stadt am Euphrat oberhalb Rakka's. X, 980. 1002. 1003. 1050. 1080 ff. 1092. 1112.
Sura (Ptol.), Stadt in Assyrien. X, 1081.
Sur-ab, s. Suhr-ab.
Sur al akalim, Werk. VIII, 554.
Sur al beldan (Sur el b.), Schrift Ebn Haukals. VIII, 273. 471. 555. 760.
Suran, s. Soran. IX, 571.
Sura Sura, Stadt in Mesopotamien. X, 267. 1081.
Surate. VIII, 71. IX, 893.
Surawa Dagh, Gebirgszug des Aghri Dagh. X, 345.
Surb, s. Surp.
Surbaß, in Syrien. X, 1041.
Surbchan Dagh, Taurus-Berg. X, 805.
Surbeni, Fluß von Rai. VIII, 601.
Surb Grigor Arhaparin, d. h. St. Gregor vom Fels, in Etschmiadzin verehrt. X, 520. — vgl. Sourb-kirkor.
Surb Sarkis, d. i. Sanct Sergius. X, 350.
Surch kala, das rothe Schloß, in Irak. VIII, 459. — s. Surkh.
Surchone (d. h. Haus der Stärke), Turnanstalten in Schiraz. VIII, 853.
Surdab, d. i. unterirdische Wasserleitung. IX, 180. — s. Serdab.
Surdar, Dorf in Persien. VIII, 592.
Sur dschur, Quellfluß des Euphrat. X, 727.
Surdi Thana, Paß. VII, 143.
Sure (Tab. Peut.), d. i. Sura. X, 1080. 1086.
Surel beldan, s. Sur al b.
Suremani, Kurdentribus in den Hamrin-Bergen. IX, 491.
Surena, Feldherr. X, 1121. 1137.
Surena, drei Zagros-Berge. IX, 428. 580.
Surena, armen. Kloster bei Etschmiadzin. X, 528. 574. 631.
Surene, Dorf im Zagros bei Banna. IX, 580. 584.
Sureneam, d. i. aus Surena. X, 631.
Suret-e, s. Kitab S.
Sureyeh, s. Muck s.
Surgh, s. Gharah S.
Surhut Khalia, Generalversammlung der Seikhs. VII, 138.
Suridage, s. Schah Abda Khan. IX, 393.
Surieh, s. Beled S. (Sura), Dasch i S.
Surikia (ob = Surikgol, Saragol?), im Osten oder Norden des Puschtikuhr. VII, 380. 403. 488. — s. d. f.
Surikul (Surikgol, Surikkol, Surkol, Saragol, Dsarikkul, Sarikol, Sirikol, Sirkul, Serkul, Serekul, Selekoueulb, Sarcil, Serlik rc.), Name verschiedener schwerzubestimmender Seen und Localitäten in Ost-Turkestan, z. B. am Terek-Paß, im Bolor-Gebirge, auf der Pamer-Ebene. VII, 18. 380. 402. 403. 406. 432. 481. 488. 489. 492. 504. 505. 521. 708.
Suriyani, s. Surjani.
Suriyeh, s. Sura. X, 1002. 1080 ff. 1112.
Surjani (Suriyani, Syriani, Nasrani), d. i. syrische Christen, Nestorianer, Jakobiten. IX, 681. XI, 117.
Surkab, Seitenarm des Loraflusses in Pischin. VIII, 165. — vgl. Surkhab.

Surkab (Aigi), Fluß von Tabriz zum Urmia-See. IX, 788.
Surkarabad, s. Surkhabad.
Surkeu (Surkeou, Surkeoul), Zagrospaß, Bergkette in Kurdestan. IX, 461. 580. 588.
Surkh (roth), s. Surch, Div i S., Gumbed i S., Kaleh S.
Surkhab (Gori), südl. Zufluß von Bamiyan zum Oxus. VII, 249. 253. — s. Surkh-rud.
Surkhabad (Surkarabad), Dorf bei Hamadan. IX, 77.
Surkhah Mil, d. h. rother Paß, in der Sunbula-Kette. IX, 480.
Surkh-But, d. h. rothes Idol. VII, 281.
Surkhrebat. VIII, 489. 498.
Surkh-rud (d. h. rothes Wasser), südl. Zufluß des Kabulstroms von dem Sufaid Kho. VII, 229. 230. — vgl. Surkab.
Surkol, s. Surikul.
Surkunda, d. i. Führer der Seikhs. VII, 138.
Surmali (Ssurmali, Siurmeli), Dorf am Araxes. X, 382. 467. 512.
Surmek, in Persien. VIII, 872. IX, 14.
Surmusi, in Süd-Kurdestan. IX, 581.
Surmy, Paßgipfel im Zagros. IX, 393.
Surojik (Surojuk, Surotschik), in Kurdestan. IX, 532. 575. — s. Schehribazar.
Surokh (Saruk), Zufluß zum Dschagatu. IX, 559. 562. 766. 806. 807. 813. 814. 1038. 1039. 1048.
Surorum oppidum, s. Sura. X, 1080.
Surothschik, s. Surojik.
Surp (Surb), d. i. Heiliger. IX, 668.
Surp, Dorf am Van-See. IX, 1001.
Surp Bogos Kilisasi, d. i. St. Pauls-Kirche, in Van. IX, 93.
Surp Garabied (S. Garabiet, Changeri, Tchangeurei, Klag Vank, Tschangly Kilisa), d. i. Sanct Johannes der Täufer, Kloster in Daron, am mittl. Murad bei Musch. X, 553. 571. 650. 665. 677. 703. — s. Surp Ohannes, Utsch Kilisa u. d. f.
Surp-Karabad (d. i. St. Johannes der Täufer), Kapelle bei Van. IX, 992.
Surp Karabiet, i. e. Johannes Baptista. IX, 668.
Surp Mar, i. e. Sancta Maria. IX, 668.
Surp Ohannes (d. i. Johannes der Täufer), Kloster am obern Murad (nicht Araxes). X, 350. 648. 703. — vgl. Utsch Kilisa.
Surp Ohannes, Kloster am mittl. Murad, bei Musch. X, 665. 703. — s. Surp Garabied.
Surp-Zavorich, d. i. Gregorius Illuminator. IX, 668.
Sursat, Gebirgszweig in Aderbidjan. IX, 807.
Sursaut, d. i. Gastbewirthung. IX, 16. — s. Susaut.
Surtannel, Dorf bei Mardin. XI, 389.
Surüdschi, d. i. Maulthiertreiber. XI, 455.
Surul, in Birbum. VIII, 793.
Surusch (türk.), d. i. Sarudsch. XI, 291.
Sús, i. e. Glycyrrhiza glabra. XI, 502.
Sus (altpers.), d. h. angenehm, lieblich. IX, 178.
Sus (arab.), d. i. Susa, Daniels Grab das. IX, 168. 294. — s. Kala i Sus.
Sus, Distrikt von Al Ahwaz. IX, 228. — s. Sus el Ahwaz.
Susa (Susan), Name vieler Städte. IX, 228. — Etymol. 312. — vgl. Suza.
Susa (Sus, Schusch, Schuschan), alte Hauptstadt in Susiana (Chusistan) zw. dem Dizful u. Kerkha. VIII, 89. IX, 150. 168. 294 ff. X, 26. — Dist. IX, 171. 200. 320. 335. X, 28.
Susa-arwat. IX, 315.

Susa-Berge, am Euphrat. XI, 730.
Sus al Ahwaz, s. Sus el Ahwaz.
Susan (Susa?), Ruinenstadt am obern Kuran. IX, 157. 167 ff. 310.
Susan, Ort in Kurdestan. XI, 112.
Susaut, d. i. Verproviantirung. IX, 941. — s. Sursaut.
Sus el Ahwaz (Souc el Arbea), Stadt in Chusistan. IX, 195. 227. — s. Ahwaz, Suk al Ahwaz.
Susia, Susiana, d. i. Chusistan. VIII, 114. IX, 172. 228. — Juden-Kolonie das. X, 588.
Susische Pylen (Felsen). VIII, 865. 870. IX, 131.
Sussan, Distrikt u. Schloß von Musch. X, 662. 665. — vgl. Sassun.
Suster, s. Suli.
Sustra, s. Schuster. IX, 178.
Susung, chines. Naturhistoriker. IX, 266. — vgl. Sukung.
Su suzan Dag (pers. d. h. wasserlose Berge), Gebirgskette im Osten des Van-Sees. IX, 998.
Suta, Dorf im Kharkura-Thal. IX, 584.
Suter, H., über Armenien. X, 640. — am obern Frat. 735.
Su theou phu (chines.), d. h. köstliche Erhöhung, Thurm, Tope. VII, 114. 298.
Sutruschnah (Sutuichana, Sou toui cha na'), Gebirgsgau zw. Khodjend u. Samarkand, Theil von Tsao. VII, 563. 570. 645 ff. 740.
Sutsching, chines. General. VII, 526.
Sutti, d. i. Wittwenverbrennung. VII, 184.
Sutudan, in Sedschestan. VIII, 184.
Sutuichana (Sou toui cha na, Sou tou chi na), d. i. Sutruschnah, Theil von Tsao. VII, 563. 570. 645. 647. 648.
Sutun, s. Be si sutun, Talari Tschehel-s.
Su tu po, d. i. Stupa, Thurm. VII, 289. 298. — s. Tope.
Suvanli Dagh, s. Soghanlu D. X, 407.
Suvar, armen. Ebene. IX, 988.
Suverek, s. Süvereh.
Suwarri, s. Soma S.
Suwaru-l-Buldan, Manuscript. IX, 294.
Suweidiyah, s. Khan S.
Suweïsah, s. Tel S.
Suye, Stadt am Tschuifluß. VII, 598.
Suza, Dorf bei Sulimaniyah. IX, 635. — vgl. Susa.
Suzan, s. Su s. Dag.
Suzcharabad (Surkarabad?), Villa im Elburs. VIII, 489.
Swan, Goldsand führendes Bergwasser zum Indus. VII, 23. 98.
Swaut, Distrikt und Stadt am Lundi, im Hindu-Kuh. VII, 15. 201.
Swearwa, Dorf im südl. Kurdestan. IX, 586.
Swestan, das heutige Kutch Gundava. VII, 29.
Syâr, Busch am mittlern Indus. VII, 159.
Sybaberak (syr.), d. i. Süverek. XI, 284.
Sycomore (Tschinar?), selten in Khokand. VII, 777. — bei Nischapur. VIII, 317. — Meiomid. 337. — in S. Kurdestan? IX, 577. — (Ficus sycomorus) in Abyssinien. XI, 545. — als Bezeichnung für Platanus orientalis. VIII, 522. 524. 548. XI, 514.
Sycomore, ägyptische, in Arabien. XI, 544.
Syed, s. Syud, Emir S. Ali.
Syedabad, s. Seidabad.
Syed Mohammed Hassan. VII, 490. 491.
Syenit, in Kurdestan. IX, 647.
Syghan (Sikan), Stamm, Station in Kohestan. VII, 253. 259. 266. 267. 794.
Συκέα, cilicische Stadt. XI, 549.
Sykiupan, Stadt. VII, 711.
Sylvia luscinia, d. i. europäische Nachtigall. XI, 508.

Symbake, Stadt in Atropatene. IX, 774.
Symbra, östlich vom Tigris. X, 157.
Symeon, Bischof von Seleucia. X, 168. — s. Simeon.
Synagogen, in El Kosch. IX, 726. — Selmas. 967. — Mosul. X, 254. — Bagdad. XI, 844.
Synca acceta, östl. vom Tigris. X, 157.
Syncellus, armen. Uebersetzung. X, 568.
Synode (Concil), in Amida. XI, 33.
Sypoki, kurd. Yeziden-Tribus. IX, 759. — s. Sivegbi.
Syr (Sir, Ser, Sur), als appellativer Flußname. VII, 489.
Syr, irrige Benennung des Indus. VII, 29. — vgl. Sir.
Syr (Syr Daria, Sir, Sihun), Fluß zum Aral-See. VII, 478. 480. 483. 669. 731. 742. 751. — s. Jaxartes, Tanais.
Syrbaghan, kurd. Dorf am Ararat. X, 479.
Syr Daria, s. Syr.
Syrer, weiter Begriff bei Griechen. X, 180. — in Armenien. 536. — in Orfa. XI, 327.
Syriani, s. Suriani.
Syrianus, Philosoph. X, 570.
Syria Sobal. XI, 532. 544.
Syrien (Xenoph.), als Bez. des Landstrichs am obern Euphrat. X, 21. — Ausdehnung nach griechischer Ansicht. 108. — auch als Bez. f. Assyrien. X, 7. XI, 293. — Armenier das. X, 622. — Heuschrecken. VIII, 804. — Oliven. XI, 530. — Feigen. 443. — Granaten. 553. — Pistacien. 561.
Σύριμα (Hierocl. synecd.), Stadt am Euphrat bei Europus, s. Sura. X, 1081.
Syringa argentea, in Mesopotamien. XI, 658.
Syringa persica, in Kerman. VIII, 737.
Syrini, Christendorf in Dschulamerk. XI, 599.
Syrinx (Polyb.), Hauptstadt von Hyrkanien. VIII, 476. 478. — ob Sari? 530.
Syrische Bevölkerung, auf dem Dschebel Tur in Mesopotamien. XI, 368.
Syrische Christen, Katholiken, in Malabar. IX, 665. — bei Urmia. 944. — ihre Sprache. 681. — in Mosul 2c. X, 168. 274. XI, 199. 205. — Bitlis. XI, 94. — Mardin. 394. — Bagdad. 815. 844.
Syrische Dörfer, am obern Tigris. XI, 124.
Syrische Göttin, s. Dea Syra. X, 1047.
Syrische Kolonie, in Khorasan. VIII, 460.
Syrische Manuscripte, in Rabban Hormuz. IX, 745.
Syrische Münzen. IX, 109.
Syrischer Bischof, in Hamadan. IX, 116.
Syrischer Dialekt der Mendaïten. XI, 302.
Syrischer Einfluß auf Armenien. X, 571 ff.
Syrisches Alphabet, in der Uiguren-Sprache. VII, 596.
Syrische Schrift, bei Jakobiten. IX, 683. — in Armenien. X, 544.
Syrische Schulen, in Edessa. XI, 351.
Syrisches Meer. X, 73.
Syrische Sprache, der Jakobiten in Kurdestan. IX, 658. XI, 117. — bei Nestorianern. IX, 681. — (Surjani) zu Kermalis in N. Kurdestan. 698. — in armen. Klöstern. X, 630. — ist in Mosul wenig gebräuchlich. XI, 211. — reinster Dialekt in Edessa (Orfa). 340. — im obern Mesopotamien. X, 1131.
Syrrhaptes Pallasii, d. i. Fausthuhn. XI, 508.
Syr-Straße nach Khokand. VII, 476.
Syrup, aus Maulbeeren. X, 791.
Syrus, s. Ephraim S.
Sysimbrium nasturtium, in Mesopotamien. XI, 502.

Syud, Oberhaupt der Deggauns. VII, 227.
Syudanies, Titel in Schikarpur. VII, 153.
Syud Daoud, Sunniten-Heiliger in Girischk. VIII, 160.
Syud Muhin Schah, Beschützer Conolly's. VIII, 160. 167.
Syud Murad, Gouverneur von Kerbela. XI, 788.
Syuds (Seyuds, Seids), d. i. heilig gehaltene Nachkommen des Propheten. VII, 164. 179. IX, 939. — berühmte, von Pischin. VIII, 155 ff. 166. — zahlreich in Meschhed, ihre Abzeichen. 296. — der Turkomannen. 414. — in Asterabad. 517. — Mir 594. — Kom. IX, 32. — s. Syed, Hyderzye-S., Kerbolah e S., Kullah S. Muhims, Schadizye S.
Szaffain, s. Saffaïn.
Szagath, s. Agatsch.
Szalt, s. Es Sz.
Szilkai (litth.), d. i. Seide. VIII, 709.
Szö kuan, oberste Magistratsperson. VII, 433.
Szu (Szü, Sai, Se), d. i. Saken. VII, 548. 604. 605. 653. 671. 674. — vgl. Sse, Su.
Szü tschüan, s. Schu.

T.

Ta, d. h. groß. VII, 647. — vgl. Tha.
Taabil, d. i. Christenzoll. X, 1130.
Taäs, Stadt in Jemen. XI, 318.
Taafah, Kurdentribus. IX, 619.
Táahd (arab.), d. i. Jagdtiger. XI, 503.
Taalabitae, arab. Horde in Mesopotamien. X, 1141.
Ta'aleb (arab.), d. i. Fuchs. XI, 504.
Tab (Jab), Fluß in Daschtistan. IX, 134. X, 27. — s. Arosis.
Tababad, Dorf bei Hamadan. IX, 121.
Taback, guter, in Doch. VII, 44. — Multan. 65. 116. — Rori. 159. — Sehwun. 162. — Ausfuhr aus Kandahar. VIII, 147. 175. — bester, in Tubbus. 264. — fehlt in Masenderan. 436. — vorz. in Kerman. 735. — Ispahan. IX, 54. — Janniki. 212.— Ardelan. 433. — Kurdestan. 448. 454. 588. 597. — am Diyalah. 488. — bei Khanakin. 490. — in der Deschte-Ebene. 491. — bei Sulimaniyah ꝛc. 569. 575. 588. — Djezireh ibn Omar. 710. — in den Sindschar-Bergen. 760. XI, 461. — Aderbidjan. IX, 806. 808. — Ausfuhr aus Bitlis. 1005. XI, 94.— am Araxes. X, 522.— bei Musch. 679.— Erzerum. 758. — im Taurus. 911. — (Nicotiana tabacum) in Mesopotamien. XI, 118. 501. — Rowandiz. 654. — am südl. Tigris. 812. — in Bagdad. 816. 822. — Schiraz. 1072.
Tabackspfeife, wird bei Besuchen von Beduinen gereicht. XI, 776.
Tababar, Bedeutung. VII, 139.
Tabae (Plin.), Stadt. IX, 314.
Tabahan, s. Khingan T.
Tabaiba, s. Tueba.
Tabakat, Werk. IX, 111.
Taban, mesopot. Ort am Khabur. XI, 270. 382.
Tabara, in Osrhoëne. XI, 347.
Tabarestan (Tabristan, Thabarestan, Trafestan ꝛc.), d. h. waldiges Gebirgsland, am Südgestade des kasp. Sees. VII, 581. VIII, 61. 112. 123. 124. 126. 341. 418. 540. 542. 702. — s. Tarikh i T.
Tabari, s. Al T.
Tabari Tarrikh, Chronik. IX, 41. — s. Tarik i Tabrestan.
Tabarrak, Berg bei Rai. VIII, 602.
Tabaschir, kieselart. Concretion in Bambusarten. IX, 233. 241.

Tabaseran, in Daghistan. VIII, 126.
Tabbespi, Thal in Kurdestan. IX, 533.
Tabedah (Debada, Bortscha), Zufluß zum Pambak u. Kur. X, 370. 436.
Tabeibah, Ruinen in Babylonien. XI, 772. 781.
Taberi, s. Al Tabari.
Taberistan, s. Tabarestan.
Tabita, Stadt bei Mardin. XI, 382.
Tabiyah, s. Basch T.
Tabor, Etymol. X, 650.
Tabr (Thabr), d. i. Art. VIII, 528. 542.
Tabrestan, s. Tabarestan.
Tabrez, s. Tabriz.
Tabri, s. Al Tabari.
Tabristan, s. Tabarestan.
Tabriz (Tabrez, Tauris, Tebris, Davresch, Thavrej, Kandsag Schahasdan, Ganzaka rc.), Hauptstadt von Aderbidjan. VIII, 14. 124. 126. IX, 50. 99. 568. 675. 769. 776. 829. (astr. L.) 836. 852 ff. X, 229. (Erdbeben) IX, 857. X, 510. (Platane das.) XI, 514. — Dist. IX, 789. 795. 799. 844. 908. 912. 925. 961. 1046. — s. Maun T.
Tabriz Kapussi, Thor bei Van. X, 305. — vgl. Tauris Kapi.
Tabriz-Marmor, s. Marmor.
Tabriz-Plateau. VIII, 15. IX, 764. 851.
Tabs, Hauptstadt von Kuhistan. VIII, 123.
Tabu, d. i. Zuckerrohr. IX, 240.
Tabuk, s. Kherbet T.
Tabula Peutingeriana, Stationen in Mesopotamien. XI, 268.
Tabulghu-Wald? VII, 736.
Tabuz, am Euphrat. XI, 684.
Tac Ayacqui, s. Dag Ajaghi.
Tach, s. Tasch.
Tachcoum, s. Taschkent.
Tache (Ta-che, Tachi, Tastan, Tazian), d. i. Schwarzröcke, Bezeichnung für Araber und arab. Khalifen (Abbassiden). VII, 426. 429. 540. 649. 663. 665. 713. 719.
Tache Galun, d. i. Kalif Harun al Raschid. VII, 427.
Tachekan, s. Taschkend. VII, 543.
Tachi, s. Tache.
Tacht, d. i. Thron. X, 428. — s. Takht.
Tacht Ali (Thron Alis), Ebene. X, 813.
Tachti Mascha, Berg. X, 103.
Tacht i Kadjar, d. h. Thron der Kadjaren, Lustschloß in Schiraz. VIII, 609. 849.
Tachtin, Sandschak von Kars. X, 424. 428.
Tacitus, über das Muradthal. X, 649.
Tackti Suliman, s. Takht i S.
Tacta (?), Station am Euphrat. XI, 819.
Tadj, Zohaks Ahn. VII, 718.
Tadji (?), als syr. Bezeichnung für Araber. VII, 718.
Tadjikans, s. Tadjiks. VII, 718.
Tadjiks (Tadschiks, Tadschecks), die persisch redenden Bewohner Afghanistans u. Turkestans. VII, 242. — in Tugow rc. 251. 268. 273. — am Kabulstrom. 304. 307. — nach chines. Berichten. 713 ff. — monghol. Bezeichnung für Mohammedaner. 718. — Name für die alten Dahae u. Barbaren. 721. 751. — in Khokand. 755. 779. — Badakhschan. 801. 813. 817. — Durwaz. 819. — (monghol. = Bauer) in Ost-Iran. VIII, 39. 185 ff. 695. IX, 890. — s. Dadjik, Tiaotchi, Sarten.
Tadmor, s. Palmyra.
Tadschek, Tadschik, s. Tadjik. VIII, 185.
Tadschiken, s. Tadjiks. VII, 713.
Tadvan (Tadwan, Tedavan, Tedevan, Tedvan, Tidiavan), Dorf am Van-See. IX, 988. 997. 1002. X, 288. 289. 326.
Taejelovès (?), durchsichtiger Kiesel. VII, 797.
Täkkie, s. Tekieh. XI, 803.
Täkme, d. i. kleines Kriegsfahrzeug. XI, 1036. — s. Tekne.

Taël, Münze. VII, 517.
Tänzerinnen, als chines. Tribut von Sse. VII, 654. — s. Tanz.
Tättowiren, bei Beduinen. XI, 871. 947.
Tafelberge, am Euphrat. X, 1067. — in der arab. Wüste. XI, 746.
Tafelland, am obern Murad. X, 653. — Charakterform im Taurus. 906.
Tafeln, schwarze, zu Jskhurriah. XI, 966.
Taffet, s. Taftehs.
Ta fou tan fa li, Prinz von Khodjend. VII, 574.
Tafrijan, Dorf bei Hamadan. IX, 72.
Taft, s. Baft.
Taftehs (Taffet), Seidenstoffe. VIII, 269. — in Bagdad. XI, 822.
Tafuf, s. Et T.
Tag, Dorf in Kurdestan. XI, 96. — vgl. Tagh.
Tagab el Dschamus, Station im euphratensischen Arabien. XI, 1040.
Tagae (Polyb.), d. i. Tauck. VIII, 476. 478.
Tagali-Sprache, auf den Philippinen. IX, 241.
Tagar (Taghar), Maß, Gewicht. VII, 466. XI, 820.
Tagh (Tag, Dagh, Dag, Daghi), d. i. Berg. IX, 360. XI, 652. — Gränze der verschiedenen Aussprache. X, 288. — s. Tak, Takht, Tasch, Tau, Abdheran D., Agdji D., Agha D., Agher D., Aghjah D., Aghri D., Agri D., Ajeli D., Ak D., Akjah D., Ala D., Ala T., Ali D., Alischehr D., Allah D., Almali D., Altün D., Altun D., Antogh D., Ardschisch D., Areb T., Argerosch D., Arslan T., Aschidi D., Aschur D., Ayeli D., Azarah D., Azmir D., Baarem D., Baba D., Baghli Khanli D., Bairak T., Barmaschiz D., Bazian D., Beg T., Belur T., Belut T., Bey D., Binghöl T., Bouly T., Buhtan D., Butma D., Chaldy D., Chandosch D., Chosfol D., Chun D., Darkusch T., Dassin D., Demir D., Dersek D., Dharkusch D., Djezireh D., Dschawur D., Dschidda D., Dümmli D., Duseh D., Dujik T., Dumbu D., Dumbugh T., Durdun D., Egri D., Eilung D., Erdosch T., Erlan D., Erumbet T., Garsavera D., Geduk D., Gemi D., Ghul D., Giaur D., Göl D., Göl T., Görün D., Goudscha D., Gul D., Gumisch D., Hadschi D., Haleb D., Hassan D., Herawel D., Jawur D., Jellu D., Jidda D., Jlan D., Kalat D., Kali kala D., Kandil D., Kandosch D., Kan T., Kara D., Karadja D., Karadjy D., Karadscha D., Karatscham D., Karatschly D., Karatschuk D., Karsann D., Kebban D., Keli Schin D., Kerku D., Kessir D., Keuroghlu D., Khan D., Khandosch D., Kharsann D., Kharzan D., Khurkhun D., Khyber D., Kimber D., Kiodschapun D., Kissr D., Klytsche D., Kölb D., Kolb D., Kondil D., Kop D., Korom D., Koru D., Koschm T., Koseh T., Kossa D., Kurd Jusuf D., Kuru D., Kurungle T., Kusseh D., Kutschuk D., Leilek D., Mardin D., Mazaragh D., Mehrab D., Midan D., Mostar D., Munsur D., Muscher D., Mussur T., Muz T., Nimrud D., Nur Hakr D., Ordehan D., Satschli T., Schah T., Scheibar T., Scheripan T., Schuschink D., Seiban D., Sepan D., Se'rt D., Siban D., Sindschar D., Sipan D., Soghanlu D., Sor D., Sungerlu D., Surawa D., Surbchan D., Su suzan D., Suvanli D., Tajik D., Takt T., Tek D., Tekieh D., Tojik D., Top D., Tschekmah D., Tschitschek D., Tur D., Uschipak T., Varak D., Warrak D., Ja-

mur T., Zemzem-D. — vergl. auch Khu in den Nachträgen.
Tagh (Tak), Stadt in Yarkand. VII, 402.
Taghanimt, Berbername für Zuckerrohr. IX, 238.
Taghar, s. Tagar.
Taghatu, s. Tattawa. IX, 1013.
Taghazghaz, Stamm. VII, 702.
Taghlab, arab. Stadt. X, 64.
Taghlar, s. Daghlar, Zakhu Bing t.
Taghlebiten, als Bez. für die arab. Christen in Hira. X, 64.
Taghlib, Tribus in Barcaïd. XI, 162.
Taghlik, s. Ak T., Kara T.
Taghow. VII, 229.
Taghtapu (d.h. Gegengift), heiliger Fels in Armenien. X, 780.
Tagh-terah, d. h. Bergwand. X, 843.
Tagjik, alter Name für Persien. VII, 718. — s. Tadjiks.
Tagrit, d. i. Tekrit. X, 169. 222. XI, 72. 201.
Tahan, Königreich. VII, 568.
Tahartan, Fürst in Erzingan. X, 770.
Taher, s. Baba T.
Taheran, s. Tehran. VIII, 605.
Taheriden, Herrscher in Nischapur (839 n. Chr.). VIII, 320. 321.
Tahhkik al aarab, Manuscript. IX, 294.
Tahia (Dahae, Δάοι, Δάαι, Daken, Saken, Sakas, Sai, Ta Wan), Volk u. Land der Saken (Balkh). VII, 549. 551. 615. 627. 629. 635. 668 ff. 700. VIII, 222.
Tahir, Dorf am untern Euphrat. XI, 1044.
Tahir Agha, Mutesellim in Amr. XI, 460.
Tahi'ruldi'n Beg, Usbekenchef von Kaschghar. VII, 414.
Tahite, Berg, Dorf in Kurdestan. IX, 595.
Tahite (Tapiat Chai), Quellarm des Zab Asfal. IX, 560. 561. 590. 594. 643. — vgl. Berozeh-Fluß.
Tahmasia, Vorstadt von Kerbela. XI, 876. — Dorf bei Hilla. 877. — vgl. Thamasia, Tomasie.
Tahmuras (Taimurath), altiranischer Fürst der Pischdadier-Dynastie, der Städtebauer (800 v. Chr.). VIII, 438. 825. 841. IX, 35. 43. XI, 20.
Taho, Fluß bei Uschi. VII, 451.
Tahopu, Stadt in Khotan. VII, 351.
Tahora (Tab. Peut.), Stadt. VIII, 605.
Tahram, Distrikt am Kisil Osen. XI, 525. — vgl. Tarom. VIII, 637.
Tahrie, Hafen des pers. Golfs. VIII, 778.
Tai (Tey), arab. Tribus in Sindschar ꝛc. IX, 750. XI, 422. 450. 671.
Taïb, s. d. f.
Taïba (Taibeh, Taibe, Taybeh, Tayibeh, Taiyibeh, Tiebe, Teibe, Teive, Tyba), Stadt der Palmyra-Wüste. X, 1090. 1093. 1096 ff. 1103 ff. XI, 683. 698. 739. 743. 1105.
Taïba-Araber. XI, 700.
Taier (Taji), arab. Tribus aus Nejd. X, 1139.
Taif, kurdisches Hordenleben. XI, 146.
Taifeh, Zigeuner-Tribus. VIII, 379.
Taikan, s. Talekan.
Tailesan, Mantelart aus Ziegenfellen. IX, 181.
Taimurath, s. Tahmuras.
Taimuri, s. Mir T.
Taïr, Scheikh der Tai. XI, 427. 450.
Taisafun, Pallast zu Madain. X, 199.
Taisapha, Gebiet in Mesopotamien. XI, 294.
Taitah, Yeziden-Dorf in N. Kurdestan. IX, 726.
Ta-i Takht, d. h. Fuß des Thrones. IX, 389. 394.
Taïtsoung, s. Thaitsong.
Taiyibeh, s. Taïba.
Taizhe, s. Spin T.

Taj, Ruinen am Tigris. XI, 930.
Tajamelik, d. i. Taschbalig. VII, 418. 488. 516.
Taje ad Douleh Jezdejerd, Sohn Schahrpurs (stirbt 1298). VIII, 541.
Tajfluß, Bucht am Tigris. XI, 856.
Taji, s. Taier.
Tajib, s. Ben T.
Tajik, s. Tadsik. VII, 719.
Tajik Dagh (Tojik D.?), Taurus-Berg. X, 892.
Tajin (chines.), d. i. Großer des Reichs. VII, 353. — Generallieutenant. 436.
Taj-rud, Zufluß zum Diyalah in Kurdestan. IX, 416. 428. 429. 442. 444.
Tajut, s. Scheich T.
Tajya-Kanal des Euphrat bei Hilla. XI, 877. 900.
Tak (arab., pers.), d. i. Dombau, Pallast, Residenz. VIII, 781. — Grotte. IX, 91. — Dach. 368. — vgl. Dagh, Takht, Ak T., Al T., Eschimetis T., Gakchal T., Karangui T., Kara T., Kharanggui T., Rubah T., Sanadju T., Sar T., Schir T., Terek T.
Tak (Tagh), Stadt Yarkands. VII, 402. — vgl. Ta ho pu. 351.
Tak, Takhan, Stadt in Sedschestan. VIII, 120.
Tak, d. i. Zagros. VIII, 116.
Tak Ajagui, s. Dag Ajaghi.
Tak-Bostan (Taki Bostan), d. h. Gartendach, Berg od. Gewölbe des Gartens. VIII, 117. IX, 360.
Tak Chosru, d. h. Dach des Khosru. VIII, 117. — s. Tak i Kesra u. d. v.
Takdis, d. i. Thron. IX, 507.
Takhal Tau, Bergkegel der Araxes-Ebene. X, 469.
Takhan, s. Tak. VIII, 120.
Takh haltu, Ararat-Berg. X, 383.
Takhobui, s. Ta ho pu. VII, 351.
Takhsa, Buch kanonischen Inhalts. IX, 948.
Takht, s. Tacht, Tagh, Pai T., Ta-i T.
Takhtah, s. Konar T.
Takhtah Koprisu, d. i. Fluß der Holzbrücke, zum Murad. X, 705.
Takht Ardeschir, d. i. Ardeschirs Thron, zu Ekbatana. IX, 103.
Takht Dschemschid, s. Takt i Dsch.
Takht e Omar, Felsvorsprung im Elburs. VIII, 474.
Takhti Gah, Zagrosberg. IX, 389.
Takhti Kaïsar, d. i. Cäsars Thron, bei Schuster. IX, 175.
Takht i Khusrau, Trümmerberg bei Seimarrah. IX, 406. — vgl. Tak i Kesra.
Takht i marmor, d. i. Marmorthron. VIII, 609.
Takht i Rustam, in Hyrkanien, Masenderan, bei Ispahan. VIII, 184. 527. IX, 53. — vgl. Tak i Bostan.
Takhti Schirin, Sassanidenbau am obern Kerkha. IX, 342.
Takhti Soleiman, d. i. Usch. VII, 482. 483. 753.
Takht i Soleiman (Tackt i Suliman), d. h. Salomons Thron, Ruinen im Murghab-Thale. VIII, 943. IX, 86.
Takht i Soliman, Ruinenstadt in Aderbidjan. IX, 804. 808 ff. 1022. 1040 ff. — vgl. Takht S., Sahra T. S.
Takht i Taous, s. Takht T.
Takht Safar, bei Herat. VIII, 257.
Takht Soliman (Tukt S.), Gipfel der Soliman-Kette. VII, 28. VIII, 130. — angebl. Vaterland des Oelbaums. XI, 522.
Takht Taous (Takht i T.), d. h. Pfauenthron, Ruinen in Fars. VIII, 609. 879.
Takht Terdat, Thron Tiridats zu Kharni. X, 530.
Taki, s. Takki, Gardanahi T. Girrah, Mohammed T. Khan.
Tak i Bostan (Tak-Bostan, Takt i B., Takt Rustan), d. h. Gartendom, Berg u. Denkmale bei

Kermanschah. VIII, 117. IX, 352. 360. 368. 376 ff. 460. — vergl. Takht i Rustam.
Taki Eiwan, s. Taki Kesra.
Taki Girrah (d. h. Weg-Schloß), im Zagrospaß. IX, 388. 389. 394.
Taki Kesra (Tak Kesro, Tauki Khesri, Tak Khosri, Thak Kesra, Th. Kosru, Aiwan Kesri, Aiuan Kesra, Aivan Khesri, Ivan Kh.), Khosroes Thron od. Pallast zu Ctesiphon am Tigris. X, 171. 197. 198. XI, 771. 772. 801. 852 ff. 870. — vergl. Tak Chosru, Takht i Khusrau.
Takiyan, Chaldäer-Dorf. XI, 169.
Tak Kesro od. Khosri, s. Tak i Kesra.
Takki, s. Taki, Mohammed T.
Takti Balkis (d. i. Thron der Balkis), in Aderbidjan. IX, 1043.
Takt i Bostan, falsche Schreibart für Tak i Bostan. IX, 368. 376.
Takt i Dschemschid, d. h. Thron Dschemschids, in Fars ꝛc. VIII, 25. 37. 769. 889. 893.
Takt i Gara, d. i. Thron des Berges. IX, 389. — s. Tak i Girrah.
Takt i Soleiman, s. Takht i S.
Takt Rustan, s. Takht i R., Tak i Bostan.
Takt Tagh (türk.), d. h. Thron-Berg. IX, 368.
Tal, Dorf in Hekkari. XI, 600.
Tala, s. Tela.
Talabroke (Ptolem.), Stadt in Hyrkanien. VIII, 531.
Talar, d. i. Halle, Audienzhalle. VIII, 609. 918. IX, 108. 434. 567.
Talar (Tilar, Talur), Fluß Masenderans. VIII, 479. 490. 493. 497. (Quellen im Elburs) 498. 534.
Talari Tschehel-sutun, d. h. Saal der 40 Säulen, in Ispahan. IX, 46.
Talas (monghol.), d. i. Ebene, Meer. VII, 437. 440. 580. 598. — s. Taras.
Talawan, Lava das. IX, 987.
Talebabad, bei Semnan. VIII, 508.
Talec, Ort in Turkestan. VII, 449.
Taleh, s. Chekin-t.
Taleh Rudbar, Elburs-Paß. VIII, 485. 486. 489.
Talekan (Talighan, Talikan, Talhan, Taikan, Thaikan), die Mittelstadt zw. Balkh und Badakhschan in Tokharestan. VII, 490. 504. 543. 569. 698. 701. 710. 712. 786. 787. 806. 811.
Talekan (Talikan), Stadt an d. Hyrkanischen Kette, westl. von Balkh. VII, 787. — am Merurud. VIII, 230.
Talekan (Thalkan), d. i. die Provinz Rudbar am kasp. See. VIII, 581. 585. 593.
Talermen, Dorf bei Mardin. XI, 390.
Talfa, s. Taruch T.
Talg, Ausfuhr aus Sulimaniyah. IX, 569. — in Sindschar. 760.
Talhab ben Abdallah, Heiliger. X, 177.
Talhan, d. i. Talekan. VII, 504. 710. 712.
Talich, s. Talisch.
Talighan (Talikan, Talikhan), s. Talekan.
Talim, d. i. neue europ. Taktik. XI, 9.
Talimu, s. Tarim. VII, 328.
Talisch (Talich), Ilat-Stamm. VIII, 404. 444. 662 ff.
Talisch, Bergwand am kasp. See. VIII. 658. 660 ff. IX, 795.
Talisman (Telisman), s. El T., Kuh T.
Talismane, von den Kurden werden alle Schriftsteine als solche betrachtet. IX, 342. 401. — s. Telsem.
Tali-Suleïman, Ruinen bei Susa. IX, 303.
Talk, Talkfelsen, in Aderbidjan. IX, 848. — Kurdestan. XI, 650. — s. Talkschiefer.

Talk, olivenähnlicher Baum. XI, 521.
Tal Kalu (Kaloo), Station in Mesopotamien. XI, 318. 360.
Talkin, Distrikt von Kaswin. VIII, 126.
Talkschiefer, im Khurkhun Dagh. X, 895. — im Taurus. 913.
Talk Tschai, d. h. bitterer Fluß, zum Urmia-See. IX, 908.
Tallara pesct, Ort in Masenderan. VIII, 495. 496.
Tallig. VII, 776.
Talo, s. Da lu.
Talpuri, Dynastie in Sinde. VII, 184. 680.
Taluk, d. i. Herrschaft. VII, 146.
Talur, s. Talar. VIII, 497.
Talymenus Ilakes, parth. Satrap. X, 1120.
Talysch, armen. Ort am Arpa tschai. X, 449. 450.
Talyschin, am kasp. See. X, 509.
Tama (japan.), d. i. Ju-Stein. VII, 386.
Tamâl, Station im euphrat. Arabien. XI, 1040.
Tamanki, s. Mes'ud Ibn Maudud Ibn T.
Tamar, Dorf der Selmas-Ebene am Urmia-See. IX, 959.
Tamarinden, am Van-See. IX, 995.
Tamarisken, im Richna. VII, 62. — am Indus. 159. 174. 180. — in Afghanistan. VIII, 164. — im Murghab-Thale. 237. — in Kelat. 715. — (T. hispida) in Masenderan. VIII, 517. — (Gez) fehlt in Nord-Persien. IX, 20. — am Tigris. X, 221. XI, 929. — Euphrat. X, 1020. 1031. 1075. 1111. 1112. XI, 684. 702. 730. 775. 778. 980. 988. — bei Rakka. X, 1148. — Hit. XI, 762. — im südl. Mesopotamien. 768. 961. — in Bagdad. 813. — am Schat el Arab. 1025.
Tamarix orientalis, bei Babel. XI, 919.
Tamarra (richt. Samarra), Bezeichnung für den unteren Lauf des Diyalah. IX, 418.
Tamasp, s. Schah I.
Tambraka (Polyb.), Stadt in Masenderan. VIII, 476. 478. 513. 531. — s. Asterabad.
Tamburin, in Laristan. VIII, 754.
Tameada, in Mesopotamien. XI, 274.
Tamerlan, seine Bauten am Arares. IX, 798. — erobert Malatia (1400). X, 863. — in Orfa. XI, 321. — s. Timur.
Tamial, Guckerstadt im Pendschab. VII, 104.
Tammuz, Thammus, Gott der Harranier. XI, 312.
Ταμωνίτης (Strab., Ταρωνίτης?). X, 817.
Tamora(?), Ort in Mesopotamien. XI, 954.
Tamou, Königreich. VII, 569.
Tamr, Tamri (Dattel), s. Bab Suc et T., Merhad ot t.
Tamur, s. Beni T.
Tamuza, Erzbischof von Ctesiphon (384—392). IX, 744.
Tan, s. Haft-tan.
Tanadaris (Ptol.), in Klein-Armenien. X, 844.
Tanais, als Bezeichn. für Jaxartes. VII, 627. 669.
Tanais, s. Mylitta-T.
Tanasr tschai, Bach zum Frat. X, 785.
Tancred, Prinz von Antiochia (1111). X, 1054. 1072.
Tandarum (Itin. Anton.). X, 845.
Tandi. VII, 84.
Tang, d. i. Pforte, Engspalt. VIII, 471. 482. 485. — s. Tengi, Tenk, Puli-T.
Tang, Tong (chines.), d. i. Zukker. IX, 239. 273.
Tanga (Tengha, Tunkha), Münze in Khokand 2c. VII, 393. 394. 412. 413. 517. 519. 755. 773. 783. 784. — s. Tangsieh, Tankeh.
Ta Rgan, d. h. Groß-Rgan. VII,

654. — auch als Bezeichn. für Dunao. 657.
Tangar, Zufluß zum Sihun. VII, 758.
Tang a sir, s. Tangestan.
Tangawan, s. Tengawan.
Tangeru, s. Tchemen T.
Tangestan (Tang a sir), d. h. Land der Pässe, in Farsistan. VIII, 789. 815 ff.
Tanghelar, Ort von Kaschghar. VII, 505.
Tanghy Dolon, Engpaß in Laristan. VIII, 751.
Tang i Allah Akbar, Paß zw. zwei Hügeln, bei Schiraz. VIII, 850.
Tangi-Baba-Girippa, Engpaß der Zagros-Kette. IX, 399.
Tang i Kerm, s. Karra.
Tangi Mil, Engpaß im Zagros. IX, 463.
Tang-Iretch, Engpaß in Farsistan. VIII, 765.
Tangi Schisrah, d. h. die Sechs-Pässe, im Zagros. IX, 480.
Tangi Sikan, Stadt bei Seimarrah. IX, 407.
Tang i Turkan, Paß in Fars. VIII, 824.
Tangi-Zardawar, Bergkluft in Luristan. IX, 201.
Tangotolan, Station in Laristan. VIII, 751.
Tang pen tsao, chines. Naturgeschichte. VII, 273.
Tangri, d. i. Himmel, Himmelsgott. VII, 585. 591. 598. — s. Po T., Thian.
Tangrikutu, d. i. Sohn des Himmels. VII, 585.
TangSchemschirBur, s. Teng-Sch. B.
Tang-schuang (chines.), d. i. Reifzucker. IX, 279. 282.
Tang schuong pu, d. i. Buch vom Zuckerreise. IX, 266. — s. Teng schuan pu.
Tang Ser enza, Felspaß im Elburs. VIII, 486.
Tangsieh, Münze. VII, 393. — vgl. Tanga.
Tanil, Dorf am Tokma su. X, 844.
Tanis, in Unter-Aegypten. XI, 850.
Tanit, d. i. Semiramis. X, 859.
Tanjeru, d. i. Tajrud. IX, 459.
Tank, d. i. Wasserbecken, bei Ghazna. VIII, 142.
Tankeh, Münze. VII, 451. 468. 519. — s. Tanga.
Tankieï, Sassanide. VII, 580.
Tann, Dattelart. IX, 183.
Tanna. VII, 80.
Tannen, in Kaschmir. VII, 74.
Tannenmeise (Parus ater), in Mesopotamien. XI, 508.
Tantschha chi lo, Königreich? VII, 365.
Tanz, der Afghanen. VIII, 169. — Leidenschaft der Kurden. IX, 623. — s. Todtentanz, Tänzerin.
Tao, To, Taw, Tonga-Name für Zuckerrohr. IX, 240.
Taochi (Xenoph.), Volk in Pontus. X, 670.
Tao hung king, chines. Autor. IX, 265.
Taok, s. Tauk. IX, 529.
Taoke (Taug, Tauag), Küstenstadt in Persis. VIII, 724. 780.
Taook, s. Tauk. IX, 548.
Taoos, s. Taous.
Taouk (Tauk), s. Rahabe Malek ben T.
Taous (Taoos), s. Melik T., Takht T.
Tapa, s. Dapah, Tapah, Tepe, Kabach-t.
Tapae, s. Tape.
Tapah, d. i. Tepe. IX, 481.
Tapahi Anuschiravan, Schutthügel bei Holwan. IX, 476.
Tapassy, s. Tepessi, Buga T.
Tape (Strab., Ptol.), Stadt in Hyrkanien oder Parthien. VIII, 478. 525. 531.
Tapeh, d. i. kleine Anhöhe. VIII, 527. — s. Gultape, Tepe.
Ta-pho (chines.), d. h. Erhöhung. VII, 114.

Taphsakk, d. i. Thapsacus. X, 980.
Taporis, Ort von Van. X, 355.
Tappe (Tappeh), s. Tepe, Ak-, Kara tappe.
Tapuri, Tapyrer, Volk am kasp. See. VIII, 90. 112. 418. — s. Tabarestan.
Tarag, armen. Sanctuarium des Sepuh. X, 776.
Tarakane, Insekt in Turkestan. VII, 459.
Taranaghi (Ταρανίσσα bei Ptol.), d. i. Salzgrube, Gau in Hocharmenien (Sepuh-Berg). X, 774. 777. 779. 784.
Taranali, Berg, armen. Kloster. X, 630.
Taranteln, in Masenderan. VIII, 432. — (Ruteila) häufig bei Schiraz. 855. — in Kurdestan. XI, 137.
Taras (Talas), Stadt. VII, 432. 437. 571.
Taraskani, s. Pruskie T.
Taraspino, Dorf in Tiyari. XI, 615.
Tarata, harranische Gottheit. XI, 309.
Tarchän kallasi, Kastell bei Mardin. XI, 386.
Tarik, s. Kutha al T.
Tarik al Akrad, kurd. Landeschronik. IX, 616. 794.
Tarikh, s. Teraa.
Tarikh-Aulum-A'rai, Chronik der Abbassiden. VIII, 520.
Tarikh i Aasim e Cufi. IX, 35.
Tarikhi Guzideh, pers. Werk. IX, 140.
Tarikh i Majus, d. i. Chronik der Magier. VIII, 274. — s. Tarikh Maajen.
Tarikh i Tabrestan (Tabaristan), d. i. Chronik von Tabrestan (13. Jahrh.). VIII, 541. IX, 330. — vgl. Tabari Tarrikh.
Tarikh Maajen, Manuscript. VIII, 840. — s. Tarikh i Majus.
Tarikh sang, d. h. Denkstein, in Masenderan. VIII, 490.
Tariler-Berge, in S. Kurdestan. IX, 588. — s. Surkeu.
Tarim, Fluß zum Lop-See in der hohen Tatarei. VII, 322. 327 ff. 496.
Tarim (Tarmin, Tarom, Tarum), Gau am Kisilusen. VIII, 574. 589. 592. — s. Tarom.
Tarime, Distrikt von Kaswin. VIII, 126.
Tarim göl, d. i. Tarimfluß. VII, 328.
Taring, s. Teraa.
Tarkabad, Dorf bei Yezd. IX, 27.
Tarku, am Ost- oder Nordfuße des Kaukasus. VIII, 75. 78.
Tarmin, s. Tarim. VIII, 574.
Tarmiyah, Wasserfleck am Tigris. X, 214. XI, 476.
Tarom (Tahram), Distrikt am Kisilusen. VIII, 637. — s. Tarim.
Tarom (Tarum), Zufluß zum Kisilusen. VIII, 643.
Ταρωνίτης, s. Ταμωνίτης.
Tarrikh, s. Tarikh, Tabari T.
Tarschitz, s. Turschiz.
Tarsia (Nearch.), s. Cap Sertes. VIII, 773.
Tarsus, Hauptstadt in Cilicien. X, 1062. — Begräbnißort Almamuns. 1145.
Tartaren, s. Tataren.
Tartasch Dabahn, s. Tha Thsung ling. VII, 320.
Tartessus, Stadt in Hispanien. XI, 530.
Tartib, s. El T.
Taruch Talfa, Goldmünze. X, 353.
Tarum, s. Tarim, Tarom.
Tarun, Stadt in Laristan. VIII, 738.
Tarwan, s. Robat T.
Tasch, Turkname für Stein. VII, 382. — vgl. Dasch, Dagh, Tagh, Delikly-, Ilan-, Jurung-, Kara-, Kizil-, Tigme-, Yazlu-Tasch.
Taschbalig, Tasch Balik, d. i. Stadt Tasch, in Kaschghar. VII, 418. 488. 497.
Taschburni, armen. Dorf am Araxes. X, 382.

Taschburun, Vorgebirge des Ararat. X, 383. 477.
Taschisch, Christendorf in Berrawi. XI, 598.
Taschkend (Tachekan), Stadt in Khokand, früher Schasch. VII, 543. 559. 570. 645. 701. 731. 738. 753. 757. 773. 778. VIII, 698. (Feigen, Granaten das.) XI, 539. 558.
Taschkent (Daschkend, Tachcoum), Ort im Norden des Van-Sees. IX, 989. 994. X, 660.
TaschKurghan, Ebene, Ort am Khulum. VII, 271. 780. — vgl. Kurgan.
Taschnia Firuz, s. Firuzan. IX, 153.
Tasch Tepe, Dorf mit Keilinschriften, in Aderbidjan. IX, 1015.
Taschter, Stern. VIII, 43.
Tasci, s. Tadjik. VII, 714.
Tasian, s. Tache. VII, 713.
Tasil, s. Deredsch T.
Tasini, s. Dasin.
Taskan, s. Puli T.
Taskend, s. Taskund.
Taokin, Dorf bei Demawend. VIII, 506.
Ταοχοί (Dionys. Perieg.), s. Tadjik. VII, 713.
Taskund (Taskend), Hüttendorf in Aderbidjan. IX, 807.
Tasluji-Berg, in Kurdestan. IX, 449.
Tasn (armen.), d. i. Zehn. X, 582.
Tasul (Tasil), s. Deref T.
Tasutsch, s. Tesouidj. IX, 912. 961.
Tat, Tatas, That, d. i. die Unterworfenen. VII, 713. 724. — zigeunerähnl. Bande in Persien. IX, 543. — vgl. Tadjiks.
Tat, Dorfruinen in Sindschar. XI, 458.
Tatar, d. i. Courier der Pforte. XI, 817. — vgl. Post.
Tatarei, Feigen, Granaten das. XI, 538. 558.
Tataren, in Kars. X, 426. — im russ. Kaukasien. 610. — s. Cawjuk T., Nogaï-T.
Tatar Hazara (T. Huzaras), Hezareh-Stamm. VII, 263. VIII, 139.
Tatarische Inschriften, auf dem Kl. Ararat. X, 506.
Tatarisches Ländergebiet, Benennung. VII, 266.
Tatarische Sprache. X, 579. — unter den polnischen Armeniern. X, 599.
Tatas, s. Tat.
Tatawa, s. Tattawa.
Tathagata, d. i. Julai, Buddha. VII, 366.
Ta-Thsungling, s. Tha Thsung ling.
Tathun, Stadt(?). VII, 375.
Ta thung si yu ki, chines. Werk. VII, 493.
Tatlar, in Kappadocien. XI, 369.
Tatmeman (Pehlv.), d. i. Schakal. IX, 579.
Tatra, Name im ungar. Wappen. XI, 84.
Ta Tsin, d. i. groß wie China, die großen Tsin, die Byzantiner, das römische Reich. VII, 426. 428. 429. 539. 555.
Tatta, Stadt in Sinde. VII, 165. 178. 181. 188. — Dist. VII, 168. 177. VIII, 131.
Tatta, s. Nagara T.
Tattan, Dorf am Bistanfluß. IX, 578.
Tattawa (Tattau, Tatawa, richt. Taghatu), Seitenfluß des Dschagatu zum Urmia-See, Ort in Aderbidjan. IX, 603. 805. 825. 1013. — vgl. Sauk Bulak.
Tatty, Grasart. VII, 179.
Tatu, Dorf am oberen Araxes. X, 388. 661.
Tatu su, s. Kaleh Su.
Tau, s. Tagh, Dschirgalan T., Kyndyr T., Takhal T.
Tauag, s. Taoke. VIII, 724.
Tauben, in Kabul. VII, 241. — Lieblingsthier in Persien. IX, 21. — 14 Arten in Mesopotamien. XI, 508. — in Bagdad. 812. — s. Lach-, Turteltaube.

Tauben, wilde, am Euphrat. X, 877. — am Tigris. XI, 164.
Taubenmist, in Diarbekr angewendet. XI, 56.
Taucher (Mergus merganser), in Ghilan. VIII, 678. — Mesopotamien. XI, 509.
Tauck, Stadt im nordwestl. Khorasan. VIII, 470. 475.
Taufe, bei den Yeziden. IX, 757. 758. 761. — Nestorianern. 946.
Taug, s. Taoke. VIII, 724.
Taugas, Chinesen. VIII, 697.
Tauk (Tawak, Tawk), s. Taouk, Abu T., Babal T. Resafeh, Ben T., Rahabah Malek ben T.
Tauk (Taok, Taook), Ort in S. Kurdestan. IX, 460. 529. 548. 552. — vgl. Tak i Bostan.
Tauk Chai (T. Su, Dakuk Su), Quellfluß des Adhem in S. Kurdestan. IX, 540. 548.
Taukh, rebenart. Ranke. VIII, 365.
Tauki Khesri, s. Taki Kesra.
Tauk Su, s. Tauk Chai.
Taulah, Station im Norden von Chusistan. IX, 147. 177.
Taullah, s. Inschallah T.
Taur, Bedeutung. X, 650.
Taurantium, Tauranitium (Tacit.), d. i. Daron. X, 649. 817.
Taurien, Halbinsel des Schwarzen Meeres. X, 650. — Feigen u. Granaten das. XI, 542. 557.
Tauris, s. Tabriz.
Tauris Kapi, Erzerum-Thor. X, 763. — s. Tabriz Kapussi.
Tauropolos, s. Artemis. X, 39.
Taurus-System, VIII, 5. 418. (Elburs) 467. 550 ff. (Zagros) IX, 132. X, 71. 368. 375. (Etymol.) 650. 772. 802. (Niphates) 813. 872. (Gebirgspassagen) 882 ff. (syrische Vorstufe gegen Mesopotamien) 898 ff. (Gebirgsarten) 909 ff. (Klima, Vegetation) 917 ff. 1003 ff. (Kurden das.) XI, 144. — s. Anti-, Cilicischer Taurus.
Tausendfüße, Plage in Sulimaniyah. IX, 567. — bei Mosul. XI, 218.
Taut, s. Gilla-Sprache.
Tavernier, J. B., Reisender (1655), in Kurdestan. IX, 446. — Aderbidjan rc. 829. X, 366. — am Araxes. 395. 401 ff. — in Armenien. 433. — Etschmiadzin. 517. — Bir. 946. — auf dem Euphrat. 1021. — in Diarbekr, Bitlis. XI, 46. 90 ff. — Mosul (1643). 186. — Ninive. 221. — Mesopotamien. 282. 359. — Orfa. 321. — Mardin. 385. — Dara. 408. — Nisibis. 420. — Anah. 721. — Bagdad 802. — Basra. 1033.
Tavrej, d. i. Tabriz. IX, 778.
Taw, s. Tao.
Tawah, armen. Dorf am Keffere Tschai. XI, 96.
Tawak, s. Tauk. XI, 696.
Ta Wan (Phohan, Pholo, Pahan, Fahanna, Ferghana, Khokand, Schasch), d. i. die großen Wan, Volk u. Land in Ost-Turkestan. VII, 406. 420. 549. 552. 570. 617. 629. 633 ff. 644. — vgl. Tahia, Saken rc.
Tawarik (Tuarikh), s. Tewarikh, Mudjmel al T.
Tawelah (Tewileh), s. Al T.
Tawk, s. Tauk.
Taxila, alte Stadt in Indien. VII, 94. 99.
Taxiles, Mithridates General. XI, 108.
Taybeh, s. Taïba.
Tayf, Ort in Arabien. XI, 554.
Tayiat Chai, s. Tahite.
Tayib, s. Ahmed ben et T.
Tayibeh, s. Taïba.
Tayin, Thalfläche in Persien. IX, 204.
Taylor, J., Colonel, Resident in Bagdad. X, 1014. XI, 829. 1041 ff.
Taylor, Bruder des Residenten, seine Ermordung in Sindschar. XI, 431. 461.
Taylor Thomson, W., ersteigt den Demawend (1837). VIII, 563. 568. — in Erzerum. X, 821. — über den Taurus rc. 910.
Ta Youeichi, Yue, Yuechi, s. Ta Yueti.

Tay thing hoei tien, chines. Reichsgeographie. VII, 390. 431.
Ta Yueti (Yueiti rc.), d. i. die großen Geten. VII, 548. 605. 609. 632. 673 ff. 704.
Taz, Taze, Kinder Fervaks. VII, 719. — s. Tazi.
Taza Khurmati, s. Tazi Kh.
Tazeh Kurmah, d. h. frische Dattel. IX, 549.
Tazi, Tazian (Zend), d. i. Araber. VII, 718. 719. — s. Tache, Gireh i T.
Tazik, d. i. Tadjik. VII, 718.
Tazikhurmati, s. Tuz Kurmati.
Tazkarati Schusteriyah, pers. Manuscript, IX, 188. 195.
Tchalpa, s. Cholvab Chai.
Tchangeurei, s. Changeri, Surp Garabied.
Tchang-khian-ye, chines. General (122. v. Chr.). VII, 377. — vgl. Tschangkian, Tschhang-khuang-ye.
Tchang sse, chines. Gesandter. VII, 638.
Tcharak, s. Tscharek.
Tchar Bag, Ort in Laristan. VIII, 753.
Tche, s. Tsche.
Tchechi (Keich?), chines. Titel für Khangkiu. VII, 660.
Tchehriar, s. Tscharikar. VII, 296.
Tchekeribala, s. Bourdj von Tch.
Tchekiei, s. To kiei.
Tchelebi, s. Zelebi. XI, 687.
Tcheling, chines. Gesandter. VII, 638.
Tchemen Tangeru, Gebiet in Kurdestan. IX, 416. 444. — vgl. Tschemen.
Tchere, s. Tsira.
Tchetchet-lagh-Dawan, s. Ciecialith. VII, 505.
Tcheullak, s. Tschil Agha. XI, 437.
Tchhang kian, s. Tschangkian.
Tchhi, Längenmaß. VII, 370. 385.
Tchhi tching, Königreich. VII, 568.
Tchhou ang kian kisse, chines. Titel von Sutiai. VII, 653.
Tchimtchemal, Ort bei Bisutun? IX, 376. — vgl. Tschemtschemal.
Tchina, d. i. China. VII, 537.
Tchipa, s. Kiumi. VII, 569.
Tchitchally, Gipfel des Aghri Dagh. X, 345.
Tchitura, indische Zeuge. XI, 822.
Tchokobaches, Tribus. VII, 517.
Tchorach, s. Tschorak.
Tchoros, s. Tokariz. X, 870. 903.
Tchoungtsi (d. h. gerecht u. treu), König. VII, 646.
Tchu cha chi lo, nordisches Königreich. VII, 114.
Tchytschi, Hiongnu-Fürst. VII, 659.
Teakholz (Sadje). IX, 842.
Tearay, Tearce, Teari, s. Tiyari. IX, 664. 675. 686.
Teb, d. h. Fieber. IX, 853.
Tebakan (Betakan), in Irak Adschem. IX, 22.
Tebarzed (arab.), d. i. feiner Zucker. IX, 274.
Tebbel, s. Wadi T.
Tebeshin, d. i. Kreide. IX, 547.
Tebris, s. Tabriz.
Tebu, Tebu rotan (javan.), d. i. Zuckerrohr. IX, 240.
Tech Kurusch, s. Kurusch.
Tec sia (chines.), Zuckerrohr auf Java. IX, 259. — s. Tek-sjä.
Tedaja, Station. X, 1063.
Tedavan, Tedevan, s. Tadvan.
Tedjen (Tejineh), Fluß von Sari in Masenderan, zum kasp. See. VIII, 484. 495. 528.
Tedschend (Tedjen, Tejend, Pulli Maulan), Fluß von Kohestan u. Meschhed in N. Khorasan. VIII, 182. 213. 276 ff. 283.
Tedvan, s. Tadvan.
Teenah (althebr.), d. i. Feige. XI, 543. 546. — vgl. Tin.
Teeri, d. i. Heuschrecken. VIII, 792.
Teggine rud, s. Tedjen. VIII, 528.

Tegh Behadur, Guru der Seikhs. VII, 135.
Tegheraw, Kloster zu Garpi. X, 535.
Tegherek, ob Togurak? VII, 455.
Teghin, s. Kumtsch-teghin.
Tegri, Geist von Dschingiskhans Urahn. VII, 457.
Teh-Chanes. VII, 221.
Tehenie, in Mesopotamien. X, 237.
Tehoma, in Kurdestan. XI, 628.
Tehran (Teheran, Thiran, d. h. die reine), Kadjaren-Residenz in Persien. VIII, 9. 11. 447. 556. 604 ff. IX, 28. — Platane das. XI, 514. — Dist. VIII, 500. 587. IX, 28.
Tehran-Rai, d. i. Rai. VIII, 601.
Teibe, Teive, s. Taiba.
Teixeira, s. Texeira.
Tejend, s. Tedschend. VIII, 182.
Tejineh, s. Tedjen. VIII, 528.
Tek Dagh (Terktob?), Berg bei Erzerum. X, 661. 668. 671. 740. 819.
Teke, s. Tuka. VIII, 408.
Tekelteh, Hochland in Aderbidjan. IX, 798.
Tekieh, Täkkie (türk.), d. i. moslemisches Kloster, geistl. Stiftung. IX, 995. X, 324. 740. 825. XI, 387. — in Bagdad. 803. — s. Tekke, Khassem Padischa T.
Tekieh Dagh, am Pontus. X, 825.
Tekin, s. Cair T.
Tekiyeh, d. d. f.
Tekke (Tekijes, Tekiyehs), d. i. Convente. X, 687. — Derwisch-Klöster. XI, 843. — s. Tekieh.
Tekke (Tekkah), s. Tuka. VIII, 407. 408.
Tekman, Sandschakat von Erzerum. X, 754.
Tekne, d. i. Euphratschiffe. XI, 818. — s. Täkme.
Tekrit (Tagrit), Stadt am Tigris. X, 60. 169. 210. 211. 222. 237. XI, 72. (Sandschakat von Mosul) 185. 201. — Dist. X, 132. 236. 238. XI, 269. 468. 666. 679. 681.
Tekrita, Tochter Wajels. X, 223.
Tek-sjä (chines.), Zuckerrohr. IX, 239. — s. Tec sia, Ti-tsche.
Tel, Tell, d. i. Trümmerhügel. X, 214. XI, 126. — s. Kegelhügel.
Tela (Tala), Fels- oder Halbinsel des Urmia-Sees, Schatzhaus Hulaku Khans (auch = Urmia-See). IX, 837. 841. 943. 957.
Tela (Nicephorium, Antoninupolis, Constantina), Stadt in Mesopotamien. X, 1125. 1127. XI, 21. 294. 370.
Tel Aafar, s. Tel Afâr.
Telacum, Teladecum, Ort am Euphrat. X, 997.
Tel Adjeri, am Tharthar fluß. XI, 476.
Tel 'Afad, s. d. f.
Tel 'Afâr (Til 'Afar, Tel Aafar, Tel Afad, wol Thilsaphata?), Stadt in Mesopotamien. X, 160. XI, 249. 423. 450. 453. 466. 467. 541.
Tel Agub, Dorf am Tigris. XI, 671.
Tel Akar, s. Tell Akar.
Tel Alek, Tumulus am Tigris. X, 226.
Tela Mauzelat (syr.), s. Tela. XI, 371.
Tela Navrua (Navroua, Naiira, Til, Tilleh), d. i. zwischen 2 Flüssen, am obern Tigris. IX, 708. 724. X, 87. 96. XI, 92.
Tel Bakin, Christendorf in Tiyari. XI, 599.
Tel Bakkah, am Tharthar fluß. XI, 476.
Tel Balkis, Kreidefels u. Dorf am Euphrat. X, 925. 944. 1005. 1068.
Tel Beni Senan, Hügel und Stadt in Mesopotamien. XI, 273.
Telbes (Tilbus), Euphrat-Insel. XI, 727. 729.
Telbesme, in Mesopotamien. XI, 371.

Tel Billa, Hügel bei Mosul. IX, 734.
Tel Char Pera, s. Tell Tschar P.
Tel Cobab, in Mesopotamien. XI, 382.
Tel Dhahab (türk. Altün Daghi), d. h. Goldberg, am Tigris. X, 216. XI, 677.
Tel Dschafer (Dschaffer, Jafer, Jaffer), Hügel in Mesopotamien. XI, 363. 367.
Teleboas (Xenoph.), d. i. Kara su. X, 682. 683. XI, 104.
Telegraphie durch Feuer, in China. VII, 473.
Telegraphen-Linie, in Persien. VIII, 450.
Telek, am Murad. X, 721.
Telek (Elegia), Dorf am Euphrat. X, 829.
Tel el Agger, am Tigris. XI, 671.
Tel el Gara, Hügel am Euphrat. X, 997.
Tel el Hamza, in Mesopotamien. XI, 424. — s. Hamzah.
Tel el Khair, im obern Mesopotamien. XI, 162. 273.
Tel el Khiir, in Mesopotamien. XI, 446.
Tel el Meheji (Mehjar), Trümmerhügel am Tigris. X, 221. 226.
Tel Eskof, s. Teliskof.
Tel esschair, Ort in Mesopotamien. XI, 423. 424.
Teleti, Station in Georgien. X, 371.
Tel Ferasa (Ferase), Station im obern Mesopotamien. XI, 162. 272.
Tel Gauran, d. i. Feueranbeterberg, in Mesopotamien. XI, 367.
Tel Gelus, am Tigris. XI, 671.
Tel Ghayara, s. Tel Kyara.
Tel Hadschi Ali, Grabmal am Tigris. XI, 670. 672.
Telba ibn Obeidallah, Grab in Alt-Basra. XI, 1046.
Tel Hamliyah, am Tigris. XI, 677.
Teliskof (Tel Eskof, d. h. Bischofsberg), Chaldäerdorf in N. Kurdestan. IX, 746. XI, 166.
Telisma (Talisman), s. Kuh T.
Teli Tendhiyah, in Mesopotamien. X, 189.
Tel Jaffer, s. Tel Dschafer.
Tel Kaukab, s. Tell K.
Tel Keif, Chaldäerdorf in N. Kurdestan, bei Mosul. IX, 747. XI, 165. — vgl. Hößn Keif.
Tel Khumeisia, am Tigris. X, 230.
Telkiuran, s. Constantina.
Tel Kyara (T. Ghayara), Ruinen am Tigris. XI, 669.
Tell, Stadt. X, 939. — s. Tel.
Tell aafar, s. Tel Afär. X, 160.
Tell Adrah, Kegelberg am Euphrat. X, 946.
Tell Afad, s. Tel Afär.
Tell Ajus, Kastell am obern Tigris. XI, 159.
Tell Akar, bei Anbar. X, 148. — vgl. El Akar.
Tell Amuda, s. Amuda.
Tell Balkis, s. Tel B.
Tell bascher (T. Basjarum), Berg an der Westseite des Euphrat. X, 931. 1033.
Tell Begger, Hügelzug im obern Mesopotamien. X, 1118.
Tellina, bei Ninive. XI, 238.
Tell Jisrein, d. i. Brückenhügel, am Euphrat. X, 945.
Tell Kaukab, d. i. Sternberg, in Mesopotamien. XI, 258. 368. 390. — vgl. Kokab.
Tellkhaled (Tell Khalid), Ort in Euphratensien. X, 931. 1036.
Tell Kobbin, Chaldäerdorf. XI, 169.
Tell Maraghdah, Trümmerhügel im untern Mesopotamien XI, 989.
Tell Mazen, Kastell bei Mosul. XI, 177.
Tell Medinah, im untern Mesopotamien. XI, 990. 1016.
Tell Mezora, Vorgebirge am Euphrat. X, 946.
Tell Musch (Telmus), in Mesopotamien. XI, 427. 428.

Tell Scheik, Fürstenberg bei Nimrud. XI, 663.
Tell Siphr (T. Sifr), Ruinenhügel im untern Mesopotamien. XI, 990.
Tell Suweïsah, im östl. Mesopotamien. XI, 475.
Tell Tschar Pera (Tel Char P.), in Mesopotamien. XI, 431.
Tellu-l Sakik, d. h. Siegerberg, am Tigris. XI, 668.
Tel Marabut, am Euphrat. X, 1001.
Telmasrita, Ort im obern Mesopotamien. XI, 155.
Tel Mekuk, am Tigris. XI, 669.
Tel Muran, Station in Mesopotamien. XI, 274.
Telmus, Tel Musch, s. Tell Musch.
Tel Nedjm, d. h. Sterngebirge, im östl. Mesopotamien. XI, 482.
Tel Rumala (Rumäla), s. Rumala.
Telsem, d. i. Talisman. X, 296.
Tel Sertalij, am Euphrat. XI, 730.
Tell Sitteihh (Ssitteihh), Hügel u. Dorf am Tigris od. Zab Ala. IX, 697. XI, 664.
Teltafi, armen. Dorf. X, 697.
Tel Tura'a, in Mesopotamien. XI, 275.
Tel Zibilli, Dorf in Mesopotamien. XI, 367.
Temen, s. Beni T.
Temen, Fluß in Kaschghar. VII, 412.
Temir Beg, von Khini. X, 699.
Temmink. XI, 504.
Tempel, Ruinen zu Kongaver. IX, 345. — heidnische, in Armenien. X, 550. — antiker, bei Kharput. 802. — in Al Haddr. XI, 486. — s. Feuer-, Ratten-Tempel.
Tempel-Archive (Chroniken), in Ani. X, 787.
Temperatur (Thermometerstand), am Ravi. VII, 50. — in Lahore. 57. — Multan. 65. — am Jilum. 96. — Indus. 161. 174. — in Kaferistan. 202. — Peschawer. VII, 221. — Kabul. 240. 261. — im Hindu Kusch. 261. — in Hajiguk. 264. — Khokand. 767. — Afghanistan. VIII, 146. — Balkh. 225. 226. — Herat. 251. — Meschhed, Nischapur. 308. 310. 313. — Schahrud. 339. — in der Turkomanen-Wüste. 365. — in Semnan. 461. — Dewletabad. 462. — Masenderan. 495. — Astrabad. 522. — Sari. 532. — Demawend. 560. Tehran. 594. 611. — Mianeh. 629. — am Kisil Osen. 639. — in Abuschähr. 788. — Daschtistan. 819. — Fars. 823. 846. IX, 15. — Kazerun. VIII, 843. — Kohrud. IX, 38. — Ispahan. 52. 61. — Kazaz. 67. — Hamadan. 128. — Ardelan. 433. — Kurdestan. 453. XI, 657. — Bagdad. IX, 497. XI, 748. 802. 810. 816. — Kifri. IX, 543. — Sulimanijah. 566. 575. 607. — Penjwin. 608. — Mar Mattei. 736. — Rabban Hormuz. 746. — auf dem Savellan. 802. — im Sahend. 832. — in Tabriz. 857. 859. — am Sipan Tagh. X, 331. — Soghanlu. 404. — in Kars. 429. — am Arares. 477. — Ararat. 501. — in Etschmiadzin. 521. — am Murad. 713. — in Malatia. 854. Aintab. 918. — Syrien. 1030. — Diarbekr. XI, 50. — im Karsan Dagh. 137. — (Extreme) in Mosul. 216. — in Orfa. 328. — Mardin. 388. — in den Sindschar-Bergen. 463. — Mesopotamien. 774. 498. — in der Palmyra-Wüste. 700.
Templum Sabati (Sabbaths-Tempel), in Edessa. XI, 351.
Temurtu Nor, s. Issikul.
Tempr Kare, Ellenmaß. VII, 784.
Tenah, s. Gök T.
Tendhiyah, s. Teli T.
Teneh, s. Khan T.
Tengawan (Tangawan), d. h. Defilé. IX, 194. — s. Kal'ahi T., Tang, Tengi.
Tengha, s. Tanga.

Tenghi Dalun, in Laristan. VIII, 751.
Tenghuzi, s. Tenguschi.
Tengi, d. i. enger Gebirgspaß. VII, 504. — s. Tang, Tengawan.
Tengi Badascia, Gebirgspaß nach Badakhschan. VII, 504.
Tengis, s. Kuktscheh T.
Teng Paru, Paß in Fars. VIII, 876.
Tengri Nor, See. IX, 787.
Tengschu, Edelstein. VII, 700.
Teng schuan pu, chines. Werk. IX, 274. — s. Tang schuong pu.
Teng Schemschir Bur (Tang Sch. B.), d. i. Paß vom Schwert geschnitten, im Elburs. VIII, 505. 510.
Tengsendschan, Felsen bei Schiras. VIII, 836.
Tengsiang, Futter für Lastthiere. VII, 324.
Tenguschi (Tenghuzi, Berozeh), Fluß von Banna, Quellfluß des Zab Asfal. IX, 427. 447. 532. 534. 560. 562. 575. — s. Karatscholan, Kaschkar.
Teninis, Ort am Khabur. XI, 270.
Tenk, d. i. Gebirgspaß. IX, 144. — s. Tang.
Tenkabun (Tunnakabun), Distrikt zw. Ghilan u. Masenderan. VIII, 543. 546. 549.
Tenke, s. Tanga. VII, 517.
Tenreiro, A., in Kurdestan. X, 95. — Miafarakin. XI, 68. — Hösn Keif. 89.
Teool, Lehngut für Militärdienste. VIII, 254.
Teou, Gemäß. VII, 517.
Teou, König von Siusiun. VII, 646.
Teoule, Königreich (?). VII, 555.
Tepe, d. i. festungsartiger Hügel rc. VIII, 587. — künstl. Berg am Schirwan. IX, 417. — ihr einstiger Zweck. 492. — als Grabstätten für Arsaciden. 693. — von Tamerlan aufgeführt. 798. — vgl. Dapah, Tapa, Tappe, Tippa, Tope, Tepessi, Teppe, Ak-, Aslan-, Baradan-, Besch-, Chorek-, Gieuk-, Gumisch-, Hiog-, Kara-, Kisil-, Kumisch-, Ramazkelan-, Rumeli-, Rustan-, Schah-, Tasch-, Tikan-, Tospen-, Yarin-, Yasin-, Yemtscher-Tepe.
Tepehhsi, s. Athlan T.
Teperesch, d. h. Schwarzberg, s. Kelespe. IX, 449.
Tepessi, s. Tapassy, Kalan T., Kattar T., Nimrud T., Yeïk T., Zembil T.
Tephrike, s. Divrig. X, 795.
Teppah (Teppa), Dorfruine bei Sindschar. XI, 114. 261. 458. 464.
Teppa Turkoman, kl. Stadt in Aderbidjan. IX, 929.
Teppe, s. Tappeh, Tepe, Gaur-, Kara-, Mangteppe.
Teppiche, berühmte, von Herat. VIII, 175. 252. — von Bast. 267. 269. — aus Ziegenhaaren. IX, 27. — in Hamadan. 127. — Luristan. 216. XI, 939. — Kermanschah. IX, 371. — Harunabad. 391. — mit dem Bilde des Paradieses, in Ctesiphon. X, 173. — in Diarbekr. XI, 36. — Bagdad. 813. 822.
Tera, s. Dereh, Ringmaruk T.
Teraa (Tharnag, Taring, Tarikh), Fischart im Van-See. IX, 997.
Terabad, s. Scheich T.
Terah, s. Tagh-t.
Teraride, s. Ulm el T.
Teraun, Dorf bei Harran. XI, 308.
Terbesak, Dorf am Akderehfluß. X, 896.
Terchan, Capitale Badakhschans. VIII, 128.
Terdat, d. i. Tiridates. IX, 779. X, 776. — s. Takht T.
Terdjan (Terdchan, Terdschan, Derrene, Xerrene), Gau in Hoch-Armenien, am obern Euphrat. X, 73. 82. 715. 724. 727. 734. (Sandschakat von Erzerum) 754. 769. 774.

Terdschek, Fluß von Balkh. VIII, 219.
Terdschil, kurd. Sandschakat v. Diarbekr. X, 103. XI, 43. — s. Schatti T.
Tere, Titel. VII, 576.
Terebinthe, s. Pistacia terebinthus.
Terebrateln, im Pir Omar Gudrun. IX, 532.
Teredon, Hafenstadt von Babylonien (Alt-Basra?), angebl. von Nebukadnezar erbaut. X, 49. 52. XI, 1033. — s. Diridotis.
Teregoran, Ort in Ghilan. VIII, 664.
Tereik, s. Kudi T.
Terek, in Ost-Turkestan. VII, 413. — s. Dawan T., Darwasa Dawan T.
Terek, Fluß im ruff. Kaukasus. IX, 37. XI, 556.
Terek Dawan, s. Dawan T.
Tere kemehs, armenische oder turkmanische Zigeunertribus, in Bayazed. X, 352. — am obern Murad. 652. 653. 655.
Tereklak Payin, Station. VII, 382.
Terek-Paß, s. Dawan Terek.
Terek Tak (Tagh). VII, 328. 419.
Tergaver, kurd. Bergdistrikt im W. des Urmia-Sees. IX, 674. 969.
Terins, s. Tor T.
Terjak diwan, d.i. Dawan Terek. VII, 486. 487.
Terk (perf.), d. h. Eisenhelm. VII, 586.
Terk, Stadt in Aderbidjan. VIII, 668.
Terkel diz Kuh, Gebirge. VIII, 554.
Terkha Oba, Ort in Afghanistan. VIII, 167.
Terik (Derrik), Berg bei Mardin. XI, 368. 390. 527.
Terit, s. Tekrit. X, 222.
Terk tob (verschieden von Tek Dagh), in Armenien. X, 671. 819.
Terkusch, Kurdendorf. IX, 1036.
Termed, am Gihon. VIII, 219. 227. 741.
Termiten, im südl. Chusistan. XI, 1030.
Termul. VII, 304. 307.
Ternate, Zuckerrohr das.. IX, 260.
Terpentinbaum, in Kurdestan. IX, 610. — bei Palmyra. X, 1094.
Terracotta, Fragmente in Ninive. XI, 231. — Mesopotamien. 431.
Terrassenklima, in Kabul. VII, 235.
Terratul, Distrikt in Kurdestan. IX, 606.
Terschis, Terschych, s. Turschiz.
Tersemer, armen. Dorf. X, 816.
Tesa, s. Dawan T.
Tesaïni, altes Fort in Mesopotamien. X, 189.
Tescharab, Dorf im obern Mesopotamien. XI, 158.
Teschellebi (d. h. Herr), Bez. der Yeziden für Teufel. IX, 696.
Tescher, s. Boban T.
Tesi, Gottheit in Tsao. VII, 649.
Tesouidj (Tesooch, Tosautch, Tesy, Tasutsch), Hauptstadt v. Günieh am Urmia-See. IX, 912. 913. 961. 962. 1014.
Tessaleh, in Yarkand. VII, 396.
Tesser (Tessur), wilde Seide. VIII, 691.
Testament, Neues, in Estrangelo-Schrift bei Nestorianern. IX, 947.
Testudo graeca, in Mesopotamien. XI, 510.
Testudo rafeht, in Mesopotamien. XI, 723.
Tesy, s. Tesouidj. IX, 913.
Tetaweh, s. Yeltomar.
Tetrao caspius, s. Rebhuhn. VIII, 516.
Tetrao caudatus, s. Waldhuhn. VIII, 678.
Tetrao francolinus, s. Frankolin.

Tetrao kakelik, Rebhuhn. VII, 767.
Tetscheschte, d. i. Urmia-See. IX, 1014.
Teufel, wird von Jeziden verehrt. IX, 696. — im Dienste des Deir Robât. XI, 389. — s. Satan, Scheitan.
Teufelsanbeter (Satanici), s. Jeziden, Scheitani. IX, 661. 751.
Teufelsdreck, s. Assa foetida. VII, 260.
Teufels-Tanz, auf dem Guebri Bena am Tigris. XI, 862.
Teufelsthal. IX, 454.
Tevileh, in Kurdestan. IX, 460.
Tewarikh, s. Tawarik, Dschami el t.
Tewilah (Tawelah), s. Al T.
Texeira (Teixeira), P., in Mesopotamien. XI, 717. 777.
Texier, Ch., französ. Architekt in Armenien. X, 1149. 1150.
Tey, s. Tai. IX, 750.
Teynar, s. Djerad-Nedschdyat.
Tha (chines.), d. i. Erhöhung, Altar, Thurm. VII, 114. 298. 354. 427. — vgl. Ta, Tope.
Thaalabia, in Nejd. X, 1141.
Thabarestan, s. Tabarestan.
Thaberan, Stadt bei Meschhed. VIII, 289.
Thabet, s. Zaid Ibn Th.
Thabet Ebn Korra Ebu Merwan (Thabit ben Kora), Sabier aus Harran. XI, 298. 306.
Thabit, s. Sinan ben Th.
Thabor, Etymol. X, 650.
Thabr, s. Tabr.
Thabrestan (Trafestan), d. h. waldiges Gebirgsland. VIII, 418. 542. — s. Tabarestan.
Thaddäus, Apostel, wird von Nestorianern verehrt. IX, 685. — sein Martyrthum in Maku. IX, 920. X, 167.
Thaddäus-Kloster. VIII, 16. — s. Sanct Th.
Thadmor, s. Palmyra.
Thai, Hauptstadt der Goei. VII, 711.
Thaibah, Pyräum bei Hamadan. IX, 95.
Thaikan, s. Talekan. VII, 806.
Thaimurat, s. Tahmuras.
Thaitsong (Taï tsoung), chines. Kaiser (reg. 627—640). VII, 567. 575. VIII, 699.
Thak Kesra (Th. Kosru), s. Taki Kesra. X, 197. XI, 772.
Thalaban, s. Thalban.
Thalame, Ort in Mesopotamien. XI, 358.
Tha'lan, Ort Badakhschans. VII, 786.
Thalassa, syr. Göttin. X, 1048.
Θαλάθα (Ptolem.), babylonische Stadt am Tigris. X, 196.
Thalban (Thalaban), Ort am Khabur. XI, 271.
Tha'leb, s. Ain el Th.
Tha liän yu (Rhabarber?), in Kutsche. VII, 446.
Θαλινα (Ptol.), s. Tiln. X, 778.
Thalkan, s. Talekan.
Thallaba (Tab. Peut.), in Mesopotamien. XI, 271.
Thamanäer. VIII, 98.
Thamanes, Kurdenstamm im Dschebel Dschudi. IX, 723.
Thamas, s. Schah Th. Kuli Khan.
Thamasia, Dorf, Euphrat-Kanal. XI, 900. 901. — vgl. Tahmasia.
Thamas Kuli, d. h. Königssclav. VIII, 470.
Thamasp, s. Schah Tamasp.
Thamian, s. Beni Th.
Thamir, s. Hamid el Th.
Thammus, s. Tammuz.
Thamrik, Fischart. X, 328.
Thamtha, georg. Prinzessin. X, 327.
Thana, s. Surdi Th.
Thangchou, chines. geogr. Werk. VII, 565.
Thang-Dynastie, in China (reg. 618—907 n. Chr.). VII, 272. 333. 358. 360. 364. 559. 565 ff.
Thang kian tsieou, d. i. Wein aus Zuckerteig. IX, 262.
Thanhoai, Baum. VII, 683.

Thannuris, Groß- und Klein-, zwei mesopotamische Festungen. XI, 377.
Thannurium, Groß-, mesopot. Festung. XI, 377.
Thaouaif (Thawayef), s. Moluk al Th.
Thaphsach, **Taphsakh**, d. h. Uebergang. X, 11. 1114. — s. d. f.
Thapsakus (Thaphsakh, Tiphsah, Amphipolis 2c.), Stadt am Euphrat. X, 10. 11. 25. 960. (astr. L.) 974. 980. 983. 1003. 1092. 1111 ff. 1116. — Dist. X, 968. 969. 971.
Thara, s. Mir Th. Khan.
Tharah, Abrahams Vater. X, 159. 243. 294. 1140.
Tharnag, s. Teraa.
Tharrana (Tab. Peut.), ob Carrhä? XI, 263. 268.
Tharschak, s. Saraschk.
Tharthar, Distrikt von Tekrit. X, 237.
Tharthar (El Th., Thirtar, Thiltar), Parallelfluß des Tigris in Mesopotamien, zum El Milh-See. X, 218. 222. XI, 262. 468. 470. 473. 481.
Thaschipelikhi (chines.), d. i. Taschbalig. VII, 418.
Thât, s. Tat, Tadjik. VII, 724. VIII, 185.
Thateli, Hauptort von Kanmi. VII, 367.
Tha Thsung ling (Ta Thsungling), d. i. das große Zwiebelgebirge. VII, 320. 495. 537. — vgl. Karakorum, Thsung-ling.
Thathul, Mesrops Schüler. X, 556.
Thau, ungesunder, im Indus-Delta. VII, 174. — fehlt in Ispahan. IX, 53. — desgl. in Bagdad. 453.
Thavrei (Davrēsch), d. i. Tabriz. IX, 777. 852.
Thawayef, s. Thaouaif.
Theatiner, in Armenien. X, 614.
Thebais, in Aegypten. XI, 322.
Thebarmai (Theophan.), Stadt in Aderbidjan (Urmia?). IX, 778. 942.
Thebeta (Tab. Peut.), Ort in Mesopotamien. XI, 445.
Theches, heiliger Berg in Armenien. X, 740.
Thee, in Turkestan, China. VII, 469. 477. — wird mit Salz u. Fett von den Usbeken getrunken. VII, 809. — s. Ziegelthee.
Θεῖναι, i. e. Sinae. VII, 537.
Thekla, in Inschriften zu Etschmiadzin. X, 531.
Thelbencane (Ptol.), Stadt am Euphrat. XI, 782.
Thelda (Ptolem.), Ort am mittl. Euphrat. XI, 715.
Themanin (Themanoun, Kariet Th.), Ort am Dschebel Dschudi. IX, 721. 723. XI, 154. 156.
Themeres, mesopotam. Festung. XI, 377.
Thene, Kastell am Murad tschai. X, 812.
Thengubis, s. Thergubis.
Thenguzi, s. Tenguschi.
Theodatus, Bischof von Diarbekr, Säulenheiliger. XI, 32.
Theodor, armen. Prinz (633 n. Chr.). IX, 996.
Theodor, Sohn des Demetrius, Herrscher in Gallizien (1060). X, 598.
Theodorus, s. Sanct Th.
Theodorus, byzantin. Feldherr (641). XI, 77. 290.
Theodorus von Mopsueste, armen. Uebersetzung. X, 571.
Theodosia, s. Kaffa.
Theodosia, Burg von Erzerum. X, 726.
Theodosiopolis, d. i. Erzerum (Hassan kalah). X, 80. 271. 391. 722. 759. XI, 78.
Theodosiopolis (Proc.), d. i. Resaina, Ras al Ain am Khabur. XI, 249. 268. 375. 399.
Theodosius, arab. Uebersetzung seiner Geographie. IX, 843.
Theodosius (Romanus medicus), Jakobiten-Patriarch in Diarbekr (c. 853). XI, 33.
Theodosius d. Gr., byzantin. Kaiser (reg. 379—395). X, 60. XI, 351. 376.

Theodosius II., Kaiser. X, 271.
Theophanes, Bericht über Heraclius Feldzug ꝛc. IX, 503. 777. X, 330.
Theophylactes Simocatta, über Mesopotamien (c. 620 n. Chr.). X, 1087. XI, 72. 150 ff.
Thergubis (Thengubis, Thigubis, Tigubis), Stadt in Mesopotamien. XI, 263. 268. 273.
Theriaki, d. h. ich bin ein Opiumschlinger. VIII, 650.
Thermometerstand, s. Temperatur.
Thesbani, Ruinen am Tigris. XI, 772. 860.
Thesu, s. Alanen. VII, 626.
Thevenot, Reisender, sein Tod (1667). VIII, 621.
Thian, d. i. Himmel, Gottheit der Chinesen. VII, 585. — s. Tangri, Tian.
Thian, s. Hiantu. VII, 552.
Thianma, s. Hosou. VII, 568.
Thian Schan, der Himmelsberg. VII, 452. VIII, 50.
Thiantou, Thiantu, das Hindulund. VII, 331. 550. 712. — s. Hiantu.
Thiar (Tab. Peut.), am Euphrat bei Bir. X, 965. 976. XI, 289. 376. — s. Deaera.
Thieftuila, Dorf in Ardelan. IX, 816.
Thie-lie, Buschwerk mit seidenartiger Frucht. VII, 597.
Thielie, wilder Seidenwurm. VIII, 697.
Thiergarten, in Mesopotamien. X, 152.
Thieropfer, in Thsao. VII, 649.
Thigubis, s. Thergubis.
Thil, s. Til.
Thilani, Christendorf in Djellu. XI, 600.
Thilaticomium, am Euphrat. X, 996. 997.
Thillacama, Ort am Euphrat. X, 997.
Thillada, Station am Euphrat. XI, 267. — vgl. Thiln.
Thillada Mirrhada, Königsresidenz am Euphrat. XI, 267. 687.
Thiln, Turkomanne. X, 862.
Thiln (Tiln, Θιλλαθα), Ort in Armenien. X, 778. 786.
Thiln-avan, kl. armen. Stadt. X, 779.
Thilsaphata (Tilsaphata), St. in Mesopotamien. X, 160. XI, 423. 453. 467. — s. Tel Afâr.
Thilthar, s. Tharthar. XI, 468.
Thilutha (Thulutha), Insel-Festung im Euphrat. X, 142. XI, 728. 729. 736.
Thinä (Θῖναι), d. i. China. VII, 537. X, 592.
Thinars (Schinas), Mauerwerk am Tigris. X, 221. 226.
Thinen, Volk. VIII, 694.
Thiolla, mesopot. Festung. XI, 377.
Thiphsach, d. i. Thapsakus. X, 1114.
Thiran, s. Tehran. VIII, 604.
Thirmah, Fieber. VII, 732.
Thirthar, s. Tharthar.
Thisbe-Brunnen, in Ninive. XI, 236. — s. Pyramus.
Thlaspi, am Tokma su. X, 846. — bei Mosul. XI, 218.
Tho, bepanzerte Fischart. VII, 495.
Thoantac, Ort in Turkestan. VII, 449.
Thocha, das frühere Kiatchu. VII, 369.
Thogari, d. i. Tokharen. VII, 697.
Thogarmah, armen. Königreich. X, 358.
Thogarmin, Turkstämme am Euphrat. X, 241.
Thokig, Bischof in Armenien (600). X, 571.
Tholivah, s. Khan Th.
Tholy (Darada?), buddhist. Gebirgsstaat im Hindu Khu (Baltistan). VII, 285. 289. 356. 369. 710.
Thomanum castrum (Theoph. Sim.), am Tigris. XI, 153. 154. — vgl. Themanin.

Thomas, Apostel, sein Sarg in Edessa. XI, 351.
Thomas, Bischof von Diarbekr. XI, 32. 398.
Thomas aus Cilicien, armen. Geschichtschreiber. X, 575.
Thomaschristen, in Dekan. X, 167. — Indien. XI, 58.
Thomas-Kirche (Mar Toma), in Mosul. XI, 199.
Thomas Telensis Stylita, in Sarug (706). XI, 32. 290.
Thomator, Christendorf am Urmia-See. XI, 645.
Thompson, Ingenieur, Chesney's Begleiter, am Euphrat rc. X, 932. 1027.
Thomson, s. Taylor Th.
Thon, rother; Anzeichen v. Steinsalz. VII, 95. — im Hindu Kusch. 259. — blendend weißer, eßbarer, in Kuhestan? VIII, 262. — in den Kifri-Bergen. IX, 527. — dunkelrother, am Araxes. X, 469. — im Ararat. 513. — rother, am Euphrat. X, 1068. XI, 690. 705. — s. Schieferthon.
Thonberge, im Elburs. VIII, 481.
Thonboden (Thonflächen), im Richn. VII, 62. — in Babylonien. XI, 933. — in Irak Arabi. 957.
Thonitis (Strab.), Tigris-See. IX, 784. X, 84. — vgl. Arsene, Arethusa.
Thonlager (Thonschichten), in Fars. VIII, 821. — braune, in den Hamrin-Bergen. IX, 495. — kohlenreiche, im Ali Dag. IX, 529. — in Kars. X, 430. — Külpi. 462. — salzige, am Euphrat. XI, 731.
Thonporphyr, am Ararat. X, 496.
Thonschiefer, in Irak Adschem. IX, 39. — Kurdestan. X, 698. — Sivan Maaden. 710. — im Binghöl Dagh. 819. — Taurus. 913. — Sindschar-Gebirge. XI, 457. — in Tiyari. 607.
Thonschiefergebirge, im östl. Aderbidjan. IX, 829.
Thonschlamm, am Ararat. X, 511.
Thorgamosianen, die nördl. Georgier u. Kaukasier. X, 358.
Thorgoma (nicht Thogarma), Vater Haiks. X, 358.
Thorkomatsi, Nachkommen von Thogarmah. X, 358.
Thoros, s. Sanct Th.
Thortan (Tortum), Sandschakat von Erzerum. X, 643. 754. 825.
Thortan (Turdan), armen. Kloster in Taranaghi, am Frat. X, 553. 776. 777. 780. 825.
Thortan-Berg, in Armenien. X, 780.
Thospia (Ptolem.), Stadt am Tigris. IX, 785. X, 101.
Thospitis (Plin.), Tigris-See. IX, 785. X, 85. 92. 101. 103. 902. XI, 105. — s. Göldschik.
Thouhoen, König von Samarkand. VII, 573.
Thoukhiou, d. i. Turk. VII, 645.
Thouko, König der Tsao. VII, 668.
Thounglieou, Baum in Khangkiu. VII, 659.
Thracier, im röm. Heere. XI. 403.
Thracische Sprache. X, 578.
Thränenweiden, bei Kote. VII, 61.
Thrizàntum (Zend), d. i. die drei Völker od. Städte. VIII, 67.
Thron, der Sassaniden. IX, 507. — vgl. Takht.
Thsai, s. An-, Yan-thsai.
Thsang, s. Hiuan Ths.
Thsanma, Buddha-Tempel bei Khotan. VII, 361.
Thsao, s. Tsao.
Thseusse, d. i. Kriminalrichter. VII, 572. 574.
Thsin (Schi Hoangti), chines. Dynastenstamm (249—206 v. Ch.). VII, 537. 558. X, 592. — s. Tsin.
Thsoungling, s. Thsung-ling.
Thsun, Längenmaß. VII, 385.
Thsung-ling (Thsoungling), das blaue oder Zwiebelgebirge. VII, 356. 380. 500. 563. 699.

751. — s. Tha-Thsungling, Belur Tagh.
Thubal, s. Tibarener.
Thubal Kain, der Meister in Erz- u. Eisenwerk. X, 768.
Thubida (Tab. Peut.), in Mesopotamien. XI, 271.
Thu ho lo (Thuhelo, Thuhulo, Tuholo), d. i. Tokharen, Tokharestan. VII, 334. 426. 494. 563. 694 ff. 698. 706.
Thuja, in China. XI, 567. — (Th. sphaeroïdea) auf dem Libanon. XI, 580.
Thukiu, Thukhiu (d. h. Helm), die Ost-Türk. VII, 423. 425. 585. 586. 610. 613. — s. Tukiuei.
Thulutha, s. Thilutha.
Thundwa, große Schildkröte. VII, 49.
Thung (chines.), i. e. Bignonia tomentosa. VII, 455.
Thungsung, Pilger. VII, 706.
Thu ölh fan (chines.), s. Turfan. VII, 432.
Thur-abdin (Tur Abdin, Turaamdim), Landschaft u. Stadt im nördl. Mesopotamien. X, 1115. 1139. XI, 382.
Thurm, zu Signalen, in Persien. VIII, 450. 459. — runder, bei Zardah. IX, 469. — quadratischer, zu Baradan. IX, 492. — schraubenähnlicher, bei Samarra. X, 227. — in Babel. 263. — schiefer, in Mosul, Sage darüber. XI, 190. — ohne Mörtel, in Orfa. 324. — viereckige, in Orfa. 332. — s. Leuchtthurm.
Thurmfalke (Falco tinnunculus), in Mesopotamien. XI, 507.
Thurr. VII, 62.
Thuz, s. Tus. VIII, 287.
Thye-tein, s. Aff Dien.
Thymian (Thymus), in S. Kurdestan. IX, 551. — auf der Chaldäer-Ebene. IX, 731. — in Mesopotamien. XI, 500. — in der arab. Wüste. 744.
Thyssagetae (Plin.), s. Tussageten.
Ti, Stamm. VII, 552.
Tian (chines.), d. i. Geist. VII, 544. — s. Thian.
Tiao, schwarzer Raubvogel. VII, 457.
Tiaotschi (Tiaodschi, Tiaotchi, Ko tha lo tschi), Volk, Königreich in Ost-Turkestan ꝛc. VII, 568. 579. 655. 713 ff. VIII, 39. 696. — s. Tadjik.
Tiarpagr (armen.), d. i. Diarbekr. XI, 20.
Tiary, s. Tivari.
Tib, s. Dib.
Tibarener (Tibarenen, Thubal), Volk am Pontus. VIII, 93. X, 358. 742.
Tiber Elkher, Euphrat-Kanal. XI, 769.
Tibu, s. Gula T.
Tichma, Berg des Tschildyr. X, 427.
Tichor, Zufluß zum Arpa tschai. X, 429.
Tidiawan, s. Tadvan. IX, 1002.
Tiebe, s. Taiba. X, 1096.
Tiele, Uigurenzweig. VII, 563.
Tie schan, d. h. eiserner Berg. VII, 406.
Tiflis, Stadt in Georgien. VIII, 124. 127. (Höhe) X, 367. 372. (Armenier das.) 638. 644. 761.
Tiger, am Ravi. VII, 49. — in Schapar. 447. — fehlen in Indo-Persien. VIII, 211. — (Babr) im Elburs. 483. — in Farsistan? 766. — am Ararat? X, 484. — in Mesopotamien. XI, 503. — s. Jagdtiger.
Tigerkatzen (?), am Ararat. X, 484.
Tigerpferde, in Khokand. VII, 763.
Tiglarios, arm. Bischof. X, 552.
Tiglat Pileser, führt die Juden ins Exil. IX, 471. X, 248.
Tigme Tasch, s. Tikme Dasch. VIII, 618.
Tigranes (Dikran), armen. König. X, 98. 113. 270. 453. — siedelt Juden in Armenien an. 515. 587. — erbaut griech. Göttertempel ꝛc. 786. 1135. — wird von Lucull besiegt. XI, 108. 126.

170. — seine Residenz in Nisibis. 414.
Tigranocerta (Tigrano-kerta), Stadt im südöstl. Armenien. IX, 383. X, 87. 473. 1131. XI, 33. 101. 106 ff. — Distanz. X, 817. XI, 81.
Tigris, engl. Dampfschiff, sein Untergang auf dem Euphrat. XI, 705.
Tigris (Didjel, Didschlei, Dischlat, Didschile, Diglit, Diglito, Dijeil, Dijlah, Dujeïl 2c.), medische Bezeichnung für Pfeil, reißender Fluß. VIII, 49. IX, 162. 517. X, 206. XI, 47. — Bezeichn. für Kerkha, Zab 2c. IX, 317. 330. 516. 517. — für den untern Euphrat. X, 54. — s. Pasitigris.
Tigris, der östl. Gränzfluß von Mesopotamien. VIII, 16. IX, 90. 712. 714. X, 3 ff. (früher mit eigener Mündung) 27. (tiefere Lage zum Euphrat) 31. 32. 66 ff. (hebr. Chiddekel) 206. (Höhenmessungen) 903. — oberer Lauf. XI, 3 ff. östl. Zuflüsse. 5. Buhtan-Durchbruch. 7. Diarbekr — Mosul. 9 ff. 47. wird auch Schat u. Sarit genannt. XI, 89. 100. Durchbruch bei Finik. 123. 146. — Mittellauf von Mosul bis Bagdad. 194. 203. 216. (Spiegel) 496. 656. 660 ff. — unterer Lauf, von Bagdad bis Korna. XI, 818. 927 ff. 1019 ff. — Breite, Schnelligkeit. XI, 45. 47. 52. 66. 115. 160. 193.
Tigris-Anschwellungen. XI, 219. 1014.
Tigrisarm, bei Diarbekr. IX, 714. XI, 54. — unter Wasit. X, 193.
Tigris-Barken. XI, 934.
Tigris-Brücke, bei Hössn Keif. X, 94. XI, 10. 85. 88. — Diezireh ibn Omar. XI, 11. — Diarbekr. 35. 48. — Mosul. 185. 192. — Djumbul. 934.
Tigris-Furth, bei Eski Mosul 2c. XI, 152. 429.
Tigris-Inseln, bei Mosul 2c. XI, 194. 680.
Tigris-Katarakten. XI, 661. 677. 678.
Tigris-Quellen, nach Strabo, Plinius 2c. IX, 724. 786. X, 71 ff. 84 ff. 101. 661. 904. XI, 14 ff.
Tigubis, s. Thergubis.
Tihn (syr.), d. i. Feige. XI, 543. 546. — s. Tin.
Tikan Tepe, Station in Ardelan. IX, 1039.
Tika Sakaratku, d. h. Ziegensprung. VII, 739.
Ti kia phan po na, Kloster in Khotan. VII, 369.
Tikme Dasch (Tigme Dasch), Dorf in Aderbidjan. VIII, 618. 630.
Tikmo, Quellberg des Kars tschai. X, 428.
Til, Tilleh (Thil, Tela, Tela Navrua), Dorf, Fort am Sert su u. Tigris. IX, 708. 724. X, 87. 88. 96. XI, 7. 92. 115. 126. — vgl. Tel.
Tila, s. Tilla.
Tilaberi, Dorf am Tigris. IX, 708. XI, 118.
Til 'Afar, s. Tel 'Afár. XI, 453.
Tilaknath. VII, 84.
Tilar, s. Talar. VIII, 497.
Tilbus, s. Telbes. X, 727.
Til-Eed (Ul-Eed), Ruinenfeld im südl. Mesopotamien. XI, 961. 963. 965. 990.
Tileko, Kurdenstamm. IX, 612.
Tili, Kurdenstamm. IX, 717.
Tilkeh, Dorf am Murad. X, 709.
Tilla (Tila), Münze in Khokand 2c. VII, 477. 755. 783. 784. 807. VIII, 409.
Tillaja, s. Tschil Agha.
Tille, s. Dely.
Tilleh, s. Til.
Tilmuz, Tilmin, Dorf in Diarbekr. XI, 113.
Tiln, s. Thiln.
Tilpak, turkm. Kopfschmuck. VIII, 235.
Tilsaphata, s. Thilsaphata.
Timar, d. i. Lehen. X, 753.
Timarli, Lehnsträger. XI, 436.
Timidschan (Zemujan), Dorf in Ghilan. VIII, 548.

Timkowski, Berichte über Badakhschan. VII, 793 ff.
Timochain, Timochaim, d. i. Damghan. VIII, 469. 577. X, 513.
Timur (Timur lenk), Mongholenfürst, seine Schiffbrücke über den Indus. VII, 24. — sein Alpenzug n. Kaferistan (1397, nicht 1408). VII, 206. 207. 731. — seine Bewässerungsanstalt. in Kohestan. 250. 254. — in Dschuldus. 440. — Samarkand. 508. — zerstört die Dammbauten in Sedschestan rc. VIII, 184. — Herat. 245. — Ispahan. IX, 44. — ersäuft ein pers. Troglodytenvolk. 71. — erobert Kala Sefid. 138. — gegen die Nestorianer in Hekkari. 665. 709. — erob. Mar Mattei. 735. — Van. 981. — Tekrit. X, 223. — am Euphrat. X, 939. — zerstört Rakka. 1147. — Diarbekr. XI, 36. — Djezireh ibn Omar, Mosul. 156. 184. — Mardin. 386. — Bagdad (1401). 790. — s. Tamerlan.
Timuri, Zweig der Eimak, in Turkestan, Khorasan. VIII, 234. 286. 388.
Timurtasch, Feldherr. X, 862.
Tin (hebr.), d. i. Feige. XI, 501. 541. — s. Asfur el T., Teenah, Tihn.
Tinaskeh, s. Dinaskey.
Tin el Mehadji, eßbare Erde. VIII, 321.
Ting, Herrscherfamilie der Kleinen An. VII, 656.
Tingling, indogermanisches Volk. VII, 587. 611. 624. 656.
Tin Mekul, eßbare Erde. VIII, 321.
Tipa (Tippa), s. Ura T.
Tipao na, Hauptstadt von Tolekian. VII, 569.
Tiphsa, s. Thapsakus. X, 11. 980.
Tipoh, d. i. Zuckerrohr. IX, 262.
Tippa (Tupa), s. Tepe, Gherak-, Kum-, Uratippa.
Tir, d. i. Bogen, Pfeil, Stammabtheilung. VIII, 391. 408. 411. XI, 47. — s. Tireh.
Tir, Christendorf in Djellu. XI, 600. — vgl. Abu el Tir.
Tira, s. Pir T.
Tiran (Tirani), Dorf der Sindschar-Berge. XI, 462.
Tireboli (Tripolis), Hafenstadt am Pontus. XI, 528.
Tireh, d. i. Zweig, Abtheilung. IX, 439. 1027. — s. Tir.
Tirer, s. Daniel T. Garikinis.
Tiridates d. Gr., Arsacide (Bahram der Orientalen, reg. 253—217 v. Chr.) XI, 407. 716.
Tiridates, Partherkönig (36 n. Chr.). X, 1138.
Tiridates II. (Terdat d. Gr., Derdat Medz), Arsacide, armen. König (reg. 259—314 od. 286—342). IX, 775. 779. X, 363. 519. 525. 526. 543. 559. 593. 776. XI, 126.
Tiriki, Sandschak in Kurdestan. X, 698.
Tirpul Kusan (Kusavi), Station in Khorasan. VIII, 278.
Tirs, s. Tir.
Tiskin, Dorf in Kurdestan. XI, 96.
Titaneisen, in Basalten bei Diarbekr. XI, 19.
Titang, Zuckerart in China. IX, 266.
Titel, kurdische. IX, 625.
Titicaca, Höhe. VII, 340.
Titsavan, d. i. Pantheon, Götterburg. X, 449.
Ti-tsche, Tek-sja (chines.), Zuckerrohrart. IX, 239. 266.
Tiyari (Tiary, Teari, Tearay), Gebirgsland, Stamm der Nestorianer in N. Kurdestan. IX, 648. 663. 675. 686. 727. 1030. XI, 595. 598. 599. 600 ff. — s. Karasi T.
Tiz. VIII, 716.
Tizan, s. Udwan o T.
Tkhubi (Tkhooby, Tkoob), Distrikt u. Stamm der Nestorianer. IX, 663. 675.
To, s. Tao.
Tob, s. Bab el t., Terk t.
Toba, d. h. ich habe gesündigt. VIII, 163.

Toba-Berge, in Afghanistan. VIII, 60. 149. 155. 163. 165.
Tobi, Gebirgsgau in Hekkari. XI, 598. 600. — s. Ghara T.
Tobias, seine Reiseroute von Ninive nach Rai. IX, 1045. XI, 600.
Tobiyah, ob Amadia? XI, 594.
Tobul, s. Omm el T.
Tocharen, s. Tokharen.
Tocharistan, s. Tokharestan.
Tod, J., Reisender. VII, 9.
Todd, s. D'Arcy Todd.
Todesstrafe, bei den Bulbaskurden nur auf Ehebruch u. Verführung gesetzt. IX, 619.
Todtenäcker, werden von Mohammedanern mit Cypressen geschmückt. XI, 575.
Todtenbestattung, seltsamer Glaube dabei in Kabulestan. VII, 308. — in Turkestan. 465. — der alten Perser. VIII, 784. — durch Geierfraß bei Guebern. XI, 392. — aus Persien nach Kerbela rc. 842. 872.
Todtenfest, in Harran. XI, 312.
Todtengebräuche, bei Yeziden. IX, 761.
Todtenkammern, bei Van. X, 311. — s. Sepulcralgrotten.
Todtenkisten, irdene, im babyl. Mesopotamien. XI, 966. — s. Grab, Sarg.
Todtenopfer der Luren. IX, 219.
Todtentanz der in den Schlachten gefallenen Söhne Israels, in Mesopotamien. XI, 958.
Todtenurnen, bei Schehrezur. IX, 443. — Kifri. 542. — am untern Euphrat. X, 49. — bei Kala Scherkat. XI, 674. — in Mesopotamien. 873. — in Babylon. 922. 966. — Mogeïyer. 993.
Töbu (Bugis), d. i. Zuckerrohr. IX, 240.
Tögk (Togk), d. i. Roßschweif. XI, 207. 450.
Töpfereien, berühmte, in Savonat. VIII, 765. — Kom. IX, 32.
Töppe, in Armenien. X, 716.
Toghiah-Araber, im babyl. Mesopotamien. XI, 963. 966.
Toghluk Schah (reg. 1325 n. Chr.). VII, 67.
Toghuskan, Stadt in Yarkand. VII, 402.
Togk, s. Tögk.
Togmisch, s. Arslan T.
Tograk, s. Togurak.
Togrulbek (Togrul Beck), Seldschukide (1054). VIII, 216. 572. 574. IX, 116.
Togurak-Baum (Tograk), in Yarkand. VII, 396. — Turkestan. 455.
Togurak-Seife, Baumsaft. VII, 456.
Togurak-Thränen, Harz. VII, 455.
Tohabi Baß, s. Tkoob. IX, 664.
Tohfat el Alem, pers. Werk. IX, 225.
Tojik Dagh, Taurus-Berg. X, 892. — s. Dujik Tagh.
Tojik Goziten, im Taurus. X, 890.
Tokariz (Tchoros, Tschoros; Barsalum), Kurdendorf, Distrikt am Euphrat. X, 870. 874. 903.
Tokat, Stadt in Kl. Asien. IX, 858. X, 623. (Armenier das.) 638. 640. 751. (Kurden) XI, 144.
Tokhanschalu, Dorf in Armenien. X, 477.
Tokharen (Tocharen, Τόχαροι), Volk in Bactriana u. Sogdiana. VII, 694. — s. Tuholo. 563.
Tokharestan (Tocharistan), der südl. Theil West-Turkestans. VII, 568. 571. 608. 648. 694. 701. 785. VIII, 123. 128.
Tokhari, s. Tokharen.
Tokhmah, s. Tokma.
Tokht, s. Takht, Tukht, Konar T.
Tokie (Tche kiei), d. h. tapfere Krieger, die Einwohner von Alanmi. VII, 575. 654.
Tokma (Tokhmah), Dorf am gleichnamigen Flusse. X, 837. 844.
Tokma su (Melas), westl. Zufluß zum Euphrat. X, 802. 807. 827.

837. 838. 841. (Kurden das.) XI, 144.
Tokousak, Dorf in Ost-Turkestan. VII, 516.
Toksun, Distrikt von Turfan. VII, 432.
Tokta, im südl. Aderbidjan. IX, 602. 805.
Tolan, Dorf in Kurdestan. XI, 96.
Tolekian, Königreich. VII, 569. — s. Talekan.
Tolumba, Stadt am Ravi. VII, 34. 48. 49.
Toma, s. Thomas.
Tomagon, Christendorf in Tobi. XI, 600.
Toman (Tuman), d. i. Provinz, Distrikt. VII, 229. 245. 307.
Toman, Münze (10—16 Shilling). VIII, 255. 306. 330. 383. 398. 399. 651. (alte u. neue) IX, 215. 372. 373. 466. 890. 965.
Tomarsa, Patriarch von Seleucia, angebl. Gründer von Rabban Hormuz. IX, 744. X, 169.
Tomasie (Tomasieh), Dorf bei Hilla, am Euphrat. XI, 876. 955. — vgl. Tahmasia.
Tomisa (Strab.), Festung in Melitene, Passageort am Euphrat. X, 857. 884. 984. — Dist. 878. 970.
Tondzout, Armenier das. X, 643.
Tong (Tang), d. i. Zucker. IX, 239. 273.
Tongtchuen, chines. Stadt. IX, 267.
Tonk, den Seikhs tributär. VII, 146.
Too, Sandwich-Name für Zuckerrohr. IX, 240.
Toon, s. Tun. VIII, 261.
Toos, s. Tus. VIII, 287.
Top, d. i. Thurm. VII, 291. — s. Seb-T. u. d. f.
Topa, s. Tope, Chadschi-t., Nal T.
Topabebi, Hügel der Araxes-Ebene. X, 465.
Topan, s. Chihanna. VII, 568.
Topas, d. i. Gruppen von Bäumen. XI, 1012.
Top Dagh, d. i. Kanonenberg, bei Erzerum. X, 760. — bei Orfa. XI, 324.
Tope (Su tu po, Stupa), d. i. Tumulus, Thurm, kleiner Altar, in Manikyala. VII, 9. 89 ff. — Belur. 114. — Jellallabad, Peschawer, Kabul, Khotan ꝛc. VII, 229. 286 ff. 354. 356. — s. Tepe, Karatope.
Tope, d. h. Kanone. VIII. 532.
Topechis, d. i. Artilleristen. VIII, 532.
Tope Kala, Artillerie-Baracken, am Urmia-See. IX, 823.
Topfstein, in Kabulestan. VII, 679. — grauer, zu Meschhed. VIII, 305. — vgl. Tuff.
Topfstein-Urne, bei Kabul. VII, 292.
Top-Mankfit, d. i. Kanonenschußweite. X, 354.
Topra Kaleh (Toprak Kalé), Fort an den Murad-Quellen im Paschalik Bayazed. IX, 873. X, 348. 349. 418. 654. (Höhe) 1150.
Toprak Kala (türk.), s. Kala Scherkat.
Toprak Viran (d. h. öder Boden), Kalksteinschlucht am Tokma su. X, 842.
Topschibaschi, d. i. Artillerie-Commandeur. IX, 823. X, 464.
Tör (Tur), d. i. Berg. X, 650. — s. Dsjäbbel T.
Tör, Jakobiten-Distrikt am Dschebel Tur in Mesopotam. XI, 439.
Torad Coros (Mons Cyri), d. i. Karadscha Dagh. XI, 27.
Tora Kurkan, Stadt in Khokand. VII, 753.
Torbela (Torbaila), am Indus. VII, 19. 203. 213.
Tor Caufers, s. Tor Kafirs.
Tordylium syriacum, in Mesopotamien. XI 502.
Torgut, d. i. Kalmückenstämme, in Kharaschar. VII, 436.
Tork, s. Al T.
Tor Kafirs (Tor Caufers), d. h.

schwarze Kafern. VII, 206. 210. 279.
Torna (Theophan.), d. i. Adhem. IX, 503. 522. 537.
Tornado, s. Wirbelsturm.
Tornadotus, d. i. Adhemfluß. IX, 522.
Tornedah, am Euphrat. X, 871.
Toroscewicz, s. Nicolas T.
Tor Terins, in Pischin. VIII, 166.
Tortum (Tortoum), s. Thortan.
Torzon, Ort in Armenien. X, 619.
Tosautch, s. Tesouidj. IX, 913.
Toschi, s. Al T.
Toschukkana, d. i. Juwelen-Büreau. VII, 66.
Tosohun, Flecken in Ost-Turkestan. VII, 516.
Tospen Tepeh, Dorf bei Diarbekr. XI, 19.
Tossemeidan, Kaschmir-Paß. VII, 89.
Toster, s. Schuster. IX, 178.
Touan, Distrikt Ferghanas. VII, 745.
Touandje, Ort bei Erzerum. X, 643.
Toueulh fan (chines.), d. i. Bewohner von Siyu. VII, 508.
Touho, König von Tsao. VII, 573.
Toukh, Ort am Van-See. IX, 988.
Toukoan, ob Tugean, Tungani? VII, 517.
Toukouan, d. i. Oberpostmeister. VII, 517.
Toul Antor, Berge bei Palmyra. X, 1094. XI, 683.
Tou lou fan (Tulufan), d. i. Bewohner von Siyu. VII, 432. 508. — s. Turfan.
Tou mu, d. i. Fluß von Karchi. VII, 653.
Tourébi, s. Turébi.
de Tournefort, Pitton, Naturforscher, in Armenien (1700). X, 24. 366. 403. 433. — am Ararat. 489. — in Etschmiadzin. 517. — über die Euphratquellen. 724. 728 ff.
Tou sou chana, das östl. Tsao. VII, 648.
Tou so pati, König von Samarkand. VII, 573.
Toutan, s. Sakal T.
Toutou, d. i. chines. Gouverneur, König. VII, 646.
Tou tou fou, d. h. Gouverneur. VII, 567.
Tou tou tseu sse, d. i. erbl. Vasallenkönig. VII, 567.
Tovin (Tuin), armen. Patriarchensitz. X, 400. 528. 552. 624.
Towar (Toweh), Ort in Masenderan. VIII, 510. 546.
Towelah (Tawelah), s. Al T.
Towkul, Bergfeste der Siapusch. VII, 207.
Townsend, Reisender. VIII, 800.
Towzad (Towzat), Fluß von Nisib zum Euphrat. X, 945. 1033.
Trachyt, Trachytgestein, vorherrschend am Ararat, Ala Tagh. X, 377. 381. 382. 461. 496. 502. 507. 513. — bei Erzerum. 748. — in Kurdestan. XI, 644.
Trac (kurd.), d. i. Weintrauben. IX, 611.
Tränkis, arab. Lastschiffe. XI, 1038.
Trafestan, s. Thabrestan.
Traganth, s. Gummi Tr.
Tragia, im südl. Mesopotamien. XI, 959.
Tragopogon (Bocksbart), mit eßbarer Wurzel, in Kurdestan. XI, 167. — (Tr. orientalis) bei Mosul. 218. — in Tiyari. 617. — (Tr. pusillum) am Ararat. X, 499.
Trajan, röm. Kaiser, sein Feldzug in Mesopotamien (115—117). X, 101. 112 ff. 928. 1016. 1037. 1038. XI, 23. 285. 288. 343. 415. — sein Kanal am Tigris. 858. 859.
Transoriana, das Land zw. dem Orus und Jaxartes, unter chines. Einfluß. VII, 545. 568. 604. 628. VIII, 128. — s. Mawerain nehr.

Transportmassen, am Euphrat. X, 1067.
Transportpreise, in Bagdad. XI, 817.
Trapezunt (Trebisond, Trebizond), Hafenstadt des Pontus. IX, 882. X, 419. 619. 741. 798. (Höhe) 1150. (Armenier das.) X, 597. 638. 643. (Kupferhütten) XI, 17. (Feigen) 543.
Trappe (Otis tarda), in Ghilan. VIII, 432. — am Elburs. 590. — bei Abuschähr. 787. — häufig in Aderbidjan. IX, 940. — in Mesopotamien. X, 15. XI, 434. 509. — bei Mosul. 202. — in der arab. Wüste. 746.
Trappfels, in Irak Adschem. IX, 39. — im Dschebel Dschudi. 731. — im Karadscha Dagh. XI, 368.
Trappformation, im westl. Himalaya. VII, 61. — verwittertes Conglomerat in Armenien. X, 407. — Gestein in Syrien. XI, 683.
Trapp-Porphyr, bei Kohrud. IX, 38. — s. Porphyritischer Tr.
Traßhügel, am Araxes. X, 468. 474. — am Ararat. 496.
Traubenzucker. IX, 255.
Trauerweide (Salix babylonica), fehlt im Euphratgebiete. XI, 988.
Traum, Träume, ihre häufige Einwirkung auf Tempelbauten im Orient. XI, 319.
Travertinbildung mit Kalkspath. IX, 529. 846.
Trart (Abu Gharib?), feste Stadt in Mesopotamien. XI, 779.
Trebeck, Mr., Reisegefährte Moorcrofts. VIII, 221. 286.
Trebellius Pollio. VIII, 834.
Trebisond (Trebizond), s. Trapezunt.
Treischa, Stromschnelle im Tigris. XI, 676.
Tremella difformis, in Masenderan. VIII, 547.
Treppengänge, verborgene, in Tekrit. X, 223. — Rumkala. 936. — Diarbekr. XI, 27.
Treulosigkeit der Perser. IX, 887.
Trezel, Colonel, in Persien. VIII, 421. — Route in Masenderan. 544.
Triccul, im Indus-Delta. VII, 180.
Trichosantes-Arten, am unt. Euphrat. XI, 980.
Tricota Devi, d. h. heiliger Drei-Gottesberg. VII, 84.
Triest, armen. Druckerei u. Collegium das. X, 633.
Trifolium alpestre, in Tipari. XI, 615. — trichocephalum, am Ararat. X, 499.
Trigonella foenum graecum, in Mesopotamien. XI, 501.
Trimo, Trimoa, Fähre am Chinab. VII, 33. 60. 62.
Tringa pugnax, s. Kampfhahn.
Trinität, eine Art, der Nasri. VIII, 584.
Trinkheilanstalt, auf dem Elwend. IX, 92.
Triodos der Baktrerstraße. VIII, 22.
Trionix Euphratica, im Süngüt tschai rc. X, 875. — im Euphrat. 1031. — Lippenschildkröte.
Tripolis, am Libanon. X, 1018. — vgl. Tireboli.
Triptolemos, in Antiochia magna am Orontes. XI, 337.
Trochus, am untern Euphrat. XI, 987.
Troglodytae Persae (Tab. Peut.), in Mesopotamien. XI, 445.
Troglodyten, bei Bamiyan. VII, 265. — in Irak Adschem, durch Timur ersäuft. IX, 71. 329.
Troglodyten-Dorfschaften, in Kafirestan. VII, 228.
Troglodytenhöhlen, bei Kabul. VII, 232. — vgl. Kerefto-Grotten.
Trollius asiaticus, im östl. Mesopotamien. XI, 218. 484.

Trommelgetön, auf Sandstrichen. VII, 248.
Tropatene (Ptolem.), s. Atropatene. IX, 768. 833.
Tropen-Regen, Gränze gegen Afghanistan. VIII, 172.
Tropenwelt, Vertheilung ihrer Naturgaben. IX, 249.
Trüffeln, am Tigris. XI, 677. — am mittl. Euphrat. 702. — Frühlingsspeise in der arabischen Wüste. 746. — in Basra. 1052.
Truilhier, Capitän, in Persien. VIII, 421. 445. IX, 26.
Truxales, in Mesopotamien. XI, 510.
Trybactra (Ptolem.), Stadt in Sogdiana. VIII, 67.
Tsagan Balgassu, d. h. weiße Stadt. VII, 338.
Tsakhar, Volk. VII, 513.
Tsao, s. Tang pen tsao.
Tsao (Thsao, Si Tsao, d. i. West-Tsao; Sutruschnah, Osruschnah, Sou toui cha na, Kiei pou tsiou na ꝛc.), Name dreier Landschaften, Tschaowu-Reich, Gebirgsgau zw. Khodjend u. Samarkand ꝛc. VII, 563. (Afghanistan?) 564. 570. 573. 647 ff. 652. (Kipin) 686. 699. 706.
Tsao kiu tschha, d. i. Siciju. VII, 688.
Tsaripa, s. Tura Zaripa.
Tscha, Cha (kurd.), d. i. Berg. XI, 652.
Tschabakdschur (Tschabaktschur, Tschabaghdschur, Jabakjur, Chibakchur, Tschaktschur), Ebene, Schloß am obern Murad, Sandschak von Diarbekr. X, 648. 663. 664. 706. XI, 39. 40. 43.
Tschadak, Stadt am obern Murad. X, 665.
Tschällekie, Jeziden-Familie. XI, 439.
Tschärmük (Dschermug), Khan in Mesopotamien. XI, 284.
Tscha Gharah (kurd.), s. Dschebel Gh.
Tschahar, s. Tschehel o Tsch.
Tschai (Tschaie, Tsai, Chai), d. i. Fluß, s. Ab, Dschur, Rud, Su ꝛc., Ach-, Ak-, Altun-, Anjel-, Arhp'ha-, Arpa-, Baluk-, Batman-, Berna-, Besgut-, Bitlis-, Buhtan-, Caleh-, Cham-, Cholpah-, Deli-, Ekma-, Erzen-, Eyet-, Garma-, Garpi-, Ghazan-, Gök-, Kaleh-, Kupanek-, Kara-, Karhni-, Kars-, Kessere-, Khan-, Khasch-, Kirsun-, Kisil Tschibuk-, Kizil-, Koi-, Kor-, Kotur-, Kura-, Kuri-, Kurm-, Kuru-, Mehmudjik-, Mulla-, Murad-, Murdie-, Nabi-, Sert-, Siaret-, Sosie-, Süngüt-, Sulak-, Talk-, Tanasr-, Tauk-, Tapiat-, Tscham-, Turkman-, Turkoman-, Verte marg-Tschai oder Chai.
Tschaiken, d. i. kleine Nachen. X, 729.
Tschairi, s. Ankud tsch., Dschamke sa tsch.
Tschaktschak, Seitenbach des Sertschinar. IX, 448.
Tschaktschur, s. Tschabaktschur. X, 648.
Tschal (Chal), Kurdenstamm. XI, 606. 607.
Tschalcan, Christendorf in Dez. XI, 600.
Tschaldiran (Chaldiran, Kaldiran), Ebene zw. dem Urmia-See u. Tabriz. IX, 908. XI, 38.
Tschaldiran, armen. Ebene am Araxes. X, 338. — s. d. f.
Tschaldyr, s. Tschildyr.
Tschalessie (Chalasea), Ort bei Ispahan. IX, 60.
Tschalkani (Tschelkan), Ort am obern Murad. X, 355. 666.
Tschallu, in Masenderan. VIII, 470.
Tschalman (Chalmon), Fluß in Ghilan. VIII, 548.
Tschamanin, s. Karjat Tsch.
Tschamlyk, s. Tscharmelyk. X, 957.
Tscham tschai (Chamchai, Fichtenfluß, Tschimtschai), Zufluß zum Euphrat. X, 875.
Tschamtschian, M., Mechitarist. X, 575.
Tschamurlu su (Chamurlu,

Tschamurlü su), d. i. schlammiges Wasser, Kuru tschai, Zufluß zum Euphrat. X, 826. 836. 864.
Tschang choi (Dschang choi), chines. General. VII, 618. 621.
Tschangeri, Tschangeuri, s. Changeri. X, 703.
Tschangfung, s. Tschenfong.
Tschangly Kilisa, s. Surp Garabiet. X, 665.
Tschangkian (Tchhang kian), chines. General, entdeckt Transoriana rc. VII, 547 ff. 613 ff. — Berichte über die Ta Wan. 632. — vgl. Tchang-khian-ye, Tschhang-khuang-ye.
Tschangngan (d. i. Sian), chines. Gränzstadt in Schensi. VII, 359. 614. 633. 704. 711.
Tschao hoei, Commandant von Ili. VII, 512 ff.
Tschaote, s. Dschaote.
Tschao wou (Chao wou), Herrschertitel, Dynastie. VII, 574. 608 ff. 629. 645. 647. 650 ff. 686.
Tschao wou, Gebirgsstadt im Kilian-Schan. VII, 650.
Tschao wu pi si, Fürst von Moulan, Khodiend. VII, 574. 656.
Tschaowoupota, Fürst von Ho. VII, 572.
Tschapal, s. Khani Tsch.
Tschapau (Tschurau, Churow, Chupao), d. i. Raubzug. VIII, 406. 409. 718.
Tscha pi, die weißen Berge in Kurdestan. XI, 589. — s. Dschebel Abiat.
Tschapkas, d. i. Hüte von Reisstroh. IX, 660.
Tschar (Tschinar), die Platanen-Insel, in Kaschmir. VII, 74. XI, 512.
Tschar (Char), s. Tell Tsch. Pera.
Tschar (Schars), s. Eimak. VIII, 136.
Tscharbuchur (Tschar Buhursu, Char Bukur Su), Zufluß zum Murad. X, 663. 671. 674. 818. 902.
Tschar Chnusa, Zufluß zum Murad. X, 663.
Tschardaken (Tschardaks), d. i. Laubhütten, Zelte. IX, 567. 719.
Tschardi. VIII, 469.
Tschar Eimak, d. h. die vier Horden. VIII, 136.
Tscharek (Tcharak), Gewicht. VII, 394. 517.
Tschar Geghu (Dschur G.), Zufluß zum Murad. X, 664.
Tscharikar (Tchehrkar), Stadt am Hindu Khu. VII, 296.
Tschariklü (Karakopri), schwarze Berge, in Mesopot. XI, 277.
Tscharleng, Abtheilung der Bakhtiyari. VIII, 389.
Tscharlu, s. Kara Tsch.
Tscharmaghann, Mongholen-General, erobert Ani (1239). X, 442.
Tschar Malaskerti, d. i. Fluß von Melazgherd. X, 663.
Tscharmelik (Tscharmelli, Tscharmely, Chamelik, Tschamlyk, Khan Tscharmelek), Dorf in Mesopotamien. X, 947. 957. XI, 281. 282.
Tschar Merz, Wasserbecken in Sarudsch. XI, 281.
Tscharmur (Chamur), d. i. Fluß Mur, Murad. X, 647. 652. 662. 726.
Tscharok, s. Tschorokh.
Tscharokhia, kurdischer Mantel. IX, 438.
Tscharrak (Gharek, Chareg), pers. Küstenberg. VIII, 773. 775.
Tscharychly, Silbermünze. X, 353.
Tschaschmeh, d. i. Zeugma. X, 947.
Tscha Spi (kurd.), s. Dschebel Abiat.
Tschatal Kedück, s. Tschetel Gedük.
Tscha Tscha, Bedeutung. VII, 113.
Tschatschbak, turkest. Kopfputz. VII, 463.
Tschauri, d. i. tübetischer Kuhschweif. VII, 68.
Tschausch, d. i. Sergeant. X, 833.

Tschawtschewadse (Tschetschewadse), ruff. General (1829). X, 355. 418.
Tschayina, f. Chayina.
Tscha Zirwar, Dorf in Kurdestan. XI, 588.
Tsche, Tche (chinef.), d. i. Zukkerrohr. IX, 239.
Tscheches (Xenoph.), Berg. X, 825.
Tscheftan, f. Tschowtan.
Tsche han na, f. Chi han na.
Tschehar Diwar (d. i. die vier Mauern), Kunststraße nach Harir. IX, 620.
Tschehel, f. Talari Tsch. futun.
Tschehel Dochteran od. Seran (vierzig Dörfer), Grabmal bei Damghan. VIII, 463.
Tschehel o Tschahar (d. h. vierundvierzig), Fluß bei Astrabad. VIII, 474.
Tscheher-Bagh, d. h. vier Gärten, Park in Ispahan. IX, 46. 49.
Tscheher Bagh, Garten bei Scheveran. IX, 78.
Tscheitan Kalessi, d. h. Teufelsschloß. VIII, 627.— f. Scheitan.
Tschekaet (Zend), Berg, Pforte der Unterwelt. VIII, 59.
Tscheki, Gewicht. XI, 820.
Tschekmah Dagh, in Armenien. X, 819. 820.
Tschekre, dreizehnte von Ormuzd erschaffene Weltgegend. VIII, 31.
Tschekunem, Thal bei Erbil. IX, 693.
Tschelebi, f. Zelebi, Hassan Tsch., Kyatib Tsch., Mehemed Tsch.
Tschelebian (wol Scherabia?), in Aderbidjan. IX, 795.
Tschelek (Chelek), Kurdendorf im obern Mesopot. XI, 116. 125.
Tscheleken, Naphta-Insel des kasp. Sees. VIII, 366.
Tschelhesar, Ort bei Meschhed. VIII, 289.
Tschelkan, f. Tschalkani.
Tscheloki (Cheloki), Quellarm des Bumadus. XI, 588.
Tschemen (Chemen), d. i. Weideanger, Wiesenland. VIII, 509. IX, 908. 974. — f. Kara Ch., Tchemen.
Tschemen, Schlammwasser im südl. Kurdestan. IX, 544.
Tschemen i Ujun (Chemen e Aujan, Oujan, Udschan), Bergpaß in Aderbidjan. VIII, 630. 631.
Tschemen Kiupressi (Kiuprissi), Brücke am Kisri-Fluß. IX, 513. 541.
Tschemeschgadzak (armen.), d. i. Tschimischgesek. X, 793.
Tschem mascha, Christendorf in Dez. XI, 600.
Tschemtschemal, künstl. Kegelberg u. Distrikt in Kurdestan. IX, 450. 453. 551. 606. — vgl. Tchimtchemal.
Tschenak, f. Gyk-tsch.
Tschenfong (Tschangfung), Prinz der Ta Wan. VII, 641.
Tschengedeh, Tschengelli, d. i. Changeri. X, 704.
Tschen-yu, d. i. Kaiser der Hiongnu. VII, 550. 585. 632.
Tscheou, d. i. Distrikt zweiter Klasse. VII, 566. — f. Ankiu-tsch.
Tscheragh Sonderans, d. i. Lampenlöscher, in Adana Keuy, Tuz Khurmati ꝛc. IX, 493. 545. 753. X, 694. — f. Ali Illahi, Chiragh Kusch, Lichtauslöscher.
Tscherehlu, Tribus. VIII, 392.
Tscherke, d. i. Wage. VII, 466.
Tschermala, Hügel in Kurdestan. IX, 450.
Tschermik, kurdisches Sandschakat von Diarbekr. XI, 43. 110.
Tschernik, am Euphrat. X, 826.
Tscherrim Abu Khalkhalan, Imam, Grab am Tigris. XI, 680.
Tschertschanis, früher Sandschakat von Erzerum. X, 754.
Tscheschi, d. i. Taschkend. VII, 598. — f. Schasch.
Tscheschmeh, f. Heft-Tsch.
Tscheschmeh Ali (Chesmeh A.), d. h. Ali's Weiden, Fluß der Elburskette nach Damghan.

VIII, 401. 464. 465. 466. 468. 558.
Tschesmeh Bad, d. h. Quelle des Sturms. VIII, 510.
Tschetel Gedük (Tschatal Kedük), Sindschar-Berg. XI, 259. 450.
Tschetrar, s. Chitral. VII, 794. 815.
Tschetsche wadse, s. Tschawtschewadse.
Tschhang-khuang-ye, chines. General-Inspektor (940 n. Chr.). VII, 375. 376. — vgl. Tschang-khian-ye.
Tschhinpu, s. Jambudwipa.
Tschi, alter Name Jspahans. VIII, 125.
Tschia Sauz (d. h. grüner Berg), Distrikt in Kurdestan. IX, 606.
Tschibuk, s. Kisil Tsch. Tschai.
Tschibuks, Pfeifenröhre in Luristan. IX, 212.
Tschifteh Minareh, d. h. das Paar der Minarets, die Doppelthürme, antikes Gebäude in Erzerum. X, 763. 765. 823.
Tschiftlik, früher Sandschakat von Erzerum. X, 754. — vgl. Chiflik, Kilki Tsch.
Tschigalasade, Pascha in Kerkuk. IX, 553.
Tschigeni, Kurdenstamm. IX, 612. XI, 96.
Tschiku, s. Tschy-ku-tsching.
Tschihil, s. Kuhi Tsch. Na Balighan.
Tschil Agha (Tschirla, Tillaja, Till Aga, Tscheullak), Dorf, Poststation im nördl. Mesopotamien. XI, 129. 158. 162. (Rhabdium?) 249. 430. 431. 434. 437.
Tschilagun, s. Kasch-tsch.
Tschilbogas. X, 894.
Tschildyr, nördl. Fortsetzung des Soghanlu Dagh. X, 397. — vgl. Tschaldiran.
Tschildyr Göl (Tschaldyr G., Phalath, Balagatsis, d. i. Nordsee), armen. Alpensee. X, 397. 427.
Tschildyr schat, Zufluß zum Kars tschai. X, 428.
Tschilingkia, s. Kiu tsch.
Tschiller Berge (?), in Armenien. X, 739.
Tschil Minar (d. h. vierzig Säulen), die alte Persepolis. VIII, 889. 692 ff. — Sculpturen, Inschriften. 904 ff.
Tschilohn, s. Chass-Tsch.
Tschilsutun (d. h. vierzig Säulen), Pallast in Aschraff. VIII, 524.
Tschiluk, Schnepfenart. VIII, 371.
Tschimischgesek, Stadt am obern Euphrat. X, 792. 793. XI, 40. 43.
Tschimlen, in Yarkand. VII, 396.
Tschimtschai, s. Tscham tschai.
Tschin (China), s. Chin, Batschin, Dschin.
Tschin, d. i. Militär-Gouvernement. VII, 360. 567.
Tschinar, Chinar (pers.), d. i. orientalische Platane. VIII, 522. 524. 548. IX, 49. 441. 609. XI, 511. — s. Sycomore, Tschar.
Tschinaram (Tschinnaram, Chinaram), Kurdenkolonie im nördl. Khorasan. VIII, 310. 311. 392. 395. 396. 520. XI, 514.
Tschinarli, Quellthal des Tigris. X, 103.
Tschinevad, d. i. Brücke. VIII, 46.
Tschinghäna, Zufluß zum Araxes. X, 396.
Tschingiskhan, am Indus. VII, 24. — s. Dschingiskhan.
Tschingti, chines. Kaiser (reg. 32—8 v. Chr.). VII, 659.
Tsching tscheu tu szö, d. i. Major. VII, 433.
Tschintschu, in Fukian. IX, 280. — s. Chincheu.
Tsching tschung, Land. VII, 421. — vgl. Dschingtsching.
Tschinla, d. i. Cambodja. VIII, 705.
Tschinnaram, s. Tschinaram.
Tschinschawat-Thal, in Armenien. X, 472.

Tschir Gebuk (ruff.), d. i. Ala Dagh. X, 345. 346. 647.
Tschiri, Christendorf in Dez. XI, 600.
Tschirichli, Dorf in Armenien. X, 420.
Tschirla, s. Tschil Agha. XI, 434.
Tschirmigly, Dorf am Sultan su. X, 852.
Tschirmiktah, Ort am Euphrat. X, 889.
Tschirpakleu, am obern Karsfluß. X, 1150.
Tschirtschik, rechter Zufluß zum Sihun. VII, 757. 758.
Tschischak, Gewicht. VII, 784.
Tschistuna, Thal in Laristan. VIII, 750.
Tschitschek Dagh (d. h. Blumenberg; Sari Tschitschek, d. h. höchster Pik), Tauruskette in Armenien. X, 795. 797. 802.
Tschitschiana, Bergstrom zum Pambak-Fluß. X, 436.
Tschitt, d. i. Zitz, in Diarbekr fabrizirt. XI, 57.
Tschoban, s. Kara tsch.
Tschobar, Dorf am Van-See. IX, 1003.
Tschochalan, Berge bei Erzerum. X, 762.
Tschöban köpri, d. h. Schäfer- od. Hirtenbrücke. X, 385. 387. 393. 402.
Tschöll (d. i. Wüste, Ebene), in Mesopotamien. XI, 12. 316. 434. 437.
Tschogur, s. At Tschogur.
Tscholhi, Münze. VII, 416.
Tschopan Oglu, d. h. Sohn des Läufers. IX, 896.
Tschopi, kurdischer Ringtanz. IX, 623.
Tschoppy, Volk in Kabulestan. VIII, 205.
Tschorak, s. Tschorokh.
Tschorkh (armen.), d. i. vier. X, 582.
Tschorokh (Tschorak, Djorok, Tschuruk, Tscharok, Tschorach), Fluß zum Pontus. X, 272. 369. 409. 742. 825.
Tschoros, s. Tokariz. X, 903.
Tschoruk, s. Tschorokh.
Tschoualak, wilder Nestorianer-Tribus. IX, 663.
Tschoftan (Tscheftan), Distrikt in Kurdestan. IX, 606.
Tschu (Chu?). VII, 551. 552. — vgl. Schu.
Tschu, d. i. oberer Indus. VII, 578. — s. Schur.
Tschuan, s. Schuan.
Tschubankerah, kurd. Hirtenstaat am Ararat. X, 479. — vgl. Schebangareh.
Tschubugli (?), Fluß in Armenien. X, 345.
Tschubuk, Dorf am Diyalah. IX, 514.
Tschubuk Kalaa, Distrikt Kurdestans. IX, 606.
Tschuhha, s. Altun Tsch.
Tschui, Fluß. VII, 782.
Tschukiu (?). VII, 563.
Tschukupo (?). VII, 498.
Tschukur (?), in Kurdestan. XI, 102.
Tschulupa, König von Hiantu. VII, 687.
Tschun, in Armenien. X, 716.
Tschungura, Zufluß zum Karatscholan. IX, 576.
Tschungyun, Land (?). VII, 375.
Tschuntschur Ssu (Quellen in Gruben), in Turkestan. VII, 487.
Tschupau, s. Tschapau.
Tschuprasli, Bedeutung. VIII, 411.
Tschur, s. Dschur, Parcham tsch., Sew tsch.
Tschurdast, Dorf in Ghilan. VIII, 646.
Tschuruk, Ort bei Yezd. IX, 27.
Tschuruk, s. Tschorokh.
Tschus (Tschusch), Stadt in Khokand. VII, 755. 772. — s. Tschust.
Tschuschmahe Gilaß, kleiner See bei Meschhed. VIII, 311. 312.
Tschust, Distrikt Khokands. VII, 776. — s. Tschus.
Tschu-tsche, s. Tu tsche.
Tschy ku tsching (Tschiku), Lager der Kuenmi. VII, 612. — Stadt der Usun. 614. 620. 621.

Tschy li mang kia lo, König der Tokharen. VII, 701.
Tsemach, s. El'asar Ben Ts.
Tsemanin, s. Themanin, Karye Ts.
Tseuho, buddhistischer Bergstaat. VII, 356. 498.
Tseu ho schang, d. i. der Bonze Tseu. IX, 279.
Tse vang Arabdan, Dsungaren-Herrscher. VII, 529.
Tsie-tsche, d. i. Purpurzuckerrohr in China. IX, 266.
Tsiling, Capitale in Tokharestan. VII, 569. 580.
Tsin, Baum. VII, 683.
Tsin, chines. Dynastie (265—420 n. Chr.). VII, 360. 372. 537. 558. — s. Thsin.
Tsin, d. i. China. VII, 537. 558. — vgl. Ta Tsin.
Tsin, Feudalreich in Schensi. X, 592.
Tsinä, d. i. China. X, 592.
Tsinar, Gränzfluß von Badakhschan. VII, 710.
Tsingmu, ob Aucuba japonica? VII, 686.
Tsingtai (?). VII, 686.
Tsinitza, Tsinistan, das südl. Sina. VII, 537. VIII, 694.
Tsira (Tsirla, Tchere), Stadt in Khotan. VII, 351.
Tsischy-Schan, d. h. die Berge von Felsblöcken. VII, 323.
Tsiuen tschu fu. IX, 269.
Tsjaask, s. Cap Jask.
Tso, Stamm. VII, 552.
Tsokui (Tsukui), Kaffernstamm. VII, 208. 209.
Tsonsja, s. Tu-tsche.
Tsouï feng, Pilger. VII, 706.
Tsoung, s. Jin ts.
Tsuan tscheu, Distrikt von Fukian. IX, 266.
Tsub, Ort. VII, 412.
Tsu ho phu li (?). VII, 711.
Tsukui, s. Tsokui.
Ttaibé, d. i. Taiba. X, 1103.
Tuarikh (Tawarik), s. Assah al T., Mudjmel al T.
Tuarikh e Khan Jehane. VIII, 166.
Tuarikh u ferud nameh Pahlavi, Pehlvi-Balladen. VIII, 274.
Tubbû, Tubu (malay.), d. i. Zuckerrohr. IX, 239.
Tubbus, Oase d. pers. Salzwüste. VIII, 152. 249. 261. 263. 340. 391.
Tubbye, Ort Afghanistans. VIII, 165.
Tubo (tagal.), d. i. Zuckerrohr. IX, 240.
Tubu, s. Tubbu.
Tuça, s. Kafr T.
Tucht, s. Tukht.
Tuckatu, s. Tukkatu.
Tucke, s. Tuka.
Tu Derwar, Elburs-Paß. VIII, 464. 509.
Tueba (Tuebo, Tabaibe, richtiger Tuweibeh), Ruinenmasse in Babylonien. XI, 875. 891. 892.
Tübet, Handel ꝛc. VII, 470. VIII, 38. 699.
Tübet, Klein- (Balti). VII, 6. 13.
Tübeter. VII, 376. 425. — s. Turk-T.
Tübet Panjahl (Cantal), die innere Hauptkette des Himalaya-Systems. VII, 82. 86. 87.
Tübet-Strom, d. i. der Strom von Leh. VII, 6.
Tuebo, s. Tueba.
Tüfenkdschi Baschi. XI, 423.
Tüffenktsche (Tufenkchi), d. i. Musketier. VIII, 383. 522. XI, 207.
Türkei, Krieg gegen Rußland. X, 414 ff. — gegen Mehmed Ali. 1004 ff. — Importen. IX, 894. — Exporten nach Bagdad. XI, 822.
Türken (Osmanen, Osmanli), erobern Hamadan. IX, 123. — in Kerkuk ꝛc. 553. 700. — Aderbidjan, Charakteristik. 885. — in Khoi. 911. — Van. 977. — Mosul. X, 274. — Bayazed. 348. 349. — erobern Kars. 423. 432. — ehrende Bezeichnung in Musch. 677. — in Erzerum. 757. 761. — Ani (Gamach). 755. 785. 789. — Egin. 791. — Kje-

ban Maaden. X, 801. — Kharput. 810. — Gurun. 842. — Manjulik. 847. — Malatia. 863. — Gerger. 871. — Aintab. 1036. — Arghana. XI, 15. — Maaden Kapur. 17. — Diarbekr. 59. 61. — Mardin. 390. 394. — Hilleh. 787. — erobern Bagdad (1534). 791. 808. — in Basra. 1056. — s. Turk.
Türkis, Türkis-Minen, bei Meschhed. VIII, 289. — in Khorasan. II. 304. — bei Nischapur. 316. 321. 324 ff. — zu Khodjend, Schebavek. 326 ff. — im Lande der Saken u. Tahae. VII, 671. — im Myoghil-Berge. 671. 735. — in Ferghana (Khokand). 737. 746. 760.
Türkis, occidentalischer. VIII, 325.
Türkische Berichte, über Wegrouten in Mesopotamien. XI, 276 ff.
Türkische Sprache, Gränze bei Kazwin. VIII, 589. — in Aderbidjan. 631. 885. — gegen die arab. Sprache. IX, 493. — im Norden Aderbidjans. 916. — in Musch. X, 677. — Bir. 957. — Syrien. 1036. — Mosul. XI, 190. — Orfa, Diarbekr. 62. 327. — Bagdad. 845. — s. Turki.
Türkische Wörter, in der kurd. Sprache. IX, 629.
Türpe, d. i. Gräber. X, 786.
Tütün, d. i. Taback. XI, 501.
Tu eulh (chines.), d. i. Turk. VII, 508.
Tufan, die. VII, 424.
Tufenkchi, s. Tüffenktsche.
Tuff, am Arares. X, 468. 474. — s. Kalktuff, Topfstein.
Tuffa (arab.), d. i. Apfelbaum. XI, 501.
Tuffartige Ablagerungen, bei Takht i Soliman. IX, 810.
Tuffbildende Quelle, am Zendan. IX, 809. 810.
Tugean, s. Tungani. VII, 471.
Tugow, Distrikt in Kohestan. VII, 245. 251.
Tugow-Pik. VII, 246.
Tuhoen, König von Kang. VII, 425.
Tuholo, s. Thu ho lo.
Tuin, s. Tovin.
Tuipate, d. i. Tübet. VII, 403.
Tujurud, s. Fidjerud.
Tuka (Teke, Tekke, Tuckeh, Tuke, Tekkah), Turk-Stamm. VIII, 234. 349. 350. 351. 407. 408.
Tukaibaschi, Station in Turkestan. VII, 480.
Tukht, Ort in China. VII, 477.
Tukht (Ducht), s. Khosrovi t.
Tukin, chines. General. VII, 685.
Tu king pen tsao, chines. Naturgeschichte. IX, 266.
Tukiuei, d. i. Turk. VII, 563. — s. Thukiu.
Tukka Mirza, pers. Prinz. IX, 69.
Tukkatu, Berg Afghanistans. VIII, 165. 169.
Tuktegane, s. El T.
Tukt Soliman, s. Takht S.
Tul, d. i. Bohnen. XI, 501.
Tul (pers., d. h. die Lange), Paß von Kohestan. VII, 252.
Tul, Residenz, Fort der Bakhtiyari. IX, 149. 150. 157. 211.
Tulab, Malvenart? VIII, 783.
Tulghar, s. Janniki.
Tulipanen, Arten in Kohestan. VII, 248. — im Elwend. IX, 83. — in Kurdestan. X, 692. — in Mesopotamien. XI, 410. 500.
Tulli Schaban, Trümmerhügel bei Kara Tepe. IX, 515.
Tulu-Bazar, Ort in Ghilan. VIII, 665.
Tulufan, s. Tou lou fan.
Tulum, Flecken in Ghilan. VIII, 126.
Tum, in Cilicien. X, 916.
Tuman, s. Toman.
Tummara, auf der Ostseite des Tigris. X, 157.
Tummin Aga, Station in Khorasan. VIII, 278.
Tun (Toon), Stadt der Khorasan Wüste. VIII, 261. 263.
Tunbeli, eine Art Taback für Nargilraucher. IX, 894.
Tung, d. i. Zucker. IX, 280.

Tungani (Tugean), Tribus der Westprovinzen d. chines. Tatarei, angebl. Nachkommen der Macedonier, in Jarkand. VII, 18. 398. 471. 517. 821.
Tung chuen. IX, 267.
Tunghu, d. h. östliche Barbaren. VII, 587.
Tung Ngan, d. h. Ost-Ngan. VII, 654. 656.
Tung sung, d. i. Zuckerkand. IX, 280.
Tunhoang, das spätere Schatscheou. VII, 564. 796.
Tuni, arab. Ilats in Khorasan. VIII, 392.
Tunkha, s. Tanga.
Tunnakabun, s. Tenkabun.
Tunnel, der Semiramis bei Ekbatana rc. IX, 111. 185. — angeblich unter dem Euphrat. X, 1063.
Tupa, s. Uretupa.
Tupgani. VII, 398.
Tur (Tor), d. i. Berg. X, 650. XI, 652. — s. Et T., s. Gümbesi Salem e T.
Tur, s. Dschebel Tur. XI, 90. — Masius. 395.
Tur, Sohn Feriduns. VIII, 25. 26. 438.
Tura, s. Tusani T.
Tura'a, s. Tel T.
Tur-aamdim, s. Thur-abdin.
Tur Abdin, s. Thur-abdin.
Tura Devehli, Bergkette in Kurdestan. XI, 597.
Tura Dschellu (Djellu, Jeloo), Bergkette in Central-Kurdestan. XI, 624. 640. 659. — s. Dschawur Dagh, Jellu Dagh.
Tura Gharab, s. Dschebel Gh.
Tura Khani Sar, Hügelgruppen in Kurdestan. XI, 644.
Tura Kuriki, Bergkette in Tipari. XI, 614. 616.
Tura Linitka, in Kurdestan. XI, 648.
Tura Matineh, s. Matineh.
Turan, als Gegensatz von Iran. VIII, 3. 24.
Turanda (syr.), s. Derendah. X, 798. 845.
Turanier, Bezeichn. für transoxianische Völker. X, 593.
Tura Sajo, i. e. mons aridus, bei Miafarekin. XI, 69.
Tura Schina, Bergkette in Kurdestan. XI, 597. 607. 616.
Tura Zariya (Tsariya), Gebirge in Kurdestan. XI, 607. 612.
Turbane, weiße, Zeichen der kurdischen Mekkapilger. IX, 625. — schwarze, der Jezidenpriester. 743. — in Bagdad. XI, 822.
Tur Bur-jullah, Berg in Kurdestan. XI, 639.
Turbut, Stadt in Khorasan. VIII, 249.
Turbut Dschami (Jami), im Hezareh-Lande. VIII, 264.
Turbut e Schaikh Dscham (Jam), Stadt. VIII, 265. 278. 286. 287.
Turbut Hyders, Ort in Khorasan. VIII, 264. 285.
Turbut-Kette, in Khorasan. VIII, 278. 285. 310.
Turcae (Plin.), Volk am Mäotischen See. VII, 696.
Tur Dagh, s. Mardin Daghlari, Djebel Tur.
Turdan, s. Thortan.
Turdus merula, d. i. Schwarzdrossel. XI, 507.
Turdus musicus, d. i. Singdrossel. XI, 507.
Turdus roseus, d. i. Rosen-Amsel, Rosen-Drossel, Heuschreckentödter. VIII, 796. 798. 804. X, 923. XI, 192. 219. 507.
Turdus rufus, d. i. Weindrossel. XI, 507.
Turdus saxatilis, d. i. Steindrossel. XI, 507.
Turébi (Tourébi), Ort am Araxes. X, 462. 468.
Tureh, d. h. Oberhaupt, Richter. VII, 755.
Turfan (monghol. = Residenz), chines. Stadt und Land in Ost-Turkestan. VII, 415. 430. 432 ff. VIII, 697. — Dist. VII, 431. 444. — s. Koneh T., Uschi T.
Turghabe, Dorf bei Nischapur. VIII, 318.

Turi (Euphorbie), im Pendschab. VII, 116.
Turian, Fluß. IX, 908.
Turk, Futterkraut in Afghanistan. VIII, 147.
Turk (Turkmanen, Turkomannen), in Kabul. VII, 242. 307. — Hirtenstamm in Kohestan. 248. — in Ferghana ꝛc. 423. 484. — die östlichen. 585 ff. 701. — Etymol. 703. — fehlen in Badakhschan. 817. — in Afghanistan. VIII, 188. — Merv. 234. — ihre Horden. 405 ff. — in Laristan. 738. — Verpflanzung nach Khorasan. IX, 544. — in Persien. 885. — Armenien. X, 596. — Musch. 664. — als Hirten in Erzerum (Schimpfwort). 755. — in Erzingan. 770. — Dörfer im nördl. Syrien. 1037. 1070. — in Vorder-Asien, Abkunft. 1079. — in Diarbekr. XI, 37. — im westl. Mesopotamien. 283. — bei Orfa ꝛc. 327. 364. — vgl. Türken, Gocklan, Thukiu, Tuka, Yamud ꝛc.
Turk-Alphabet. VII, 603.
Turkan, s. Tang i T.
Turkauni, s. Turkolaunis.
Turkechs, Stamm. VII, 702.
Turkestan, Ost-, das Hochland, als Uebergangsform von Ost- zu West-Asien. VII, 266. 320 ff. — Städte. 430. — Gebirgsgruppen. 452. — Klima. 453. — Boden. 454. — Produkte. 455. — Bewohner, Sitten, Gebräuche. 461. — Handel. 466. — Routen. 473. — Rebellion gegen China. 506. — Statistik. 515. — indo-germanische Völkergruppe das. 604 ff. — Exporten. IX, 893.
Turkestan, West-, d. i. Transoriana. VII, 628.
Turkestan, Distrikt u. Stadt von Khokand. VII, 753. 778.
Turkestan, chinesisches. VII, 320.
Turkestan, persisches, d. i. Khoi. IX, 911.
Turk-Hazaras, Stamm. VIII, 137.
Turki, d. i. Turksprache, in Kabulestan. VII, 307. — am Lop-See. 330. — Dialekt in Yarkand ꝛc. 467. 472. — Verhältniß zu der uigurischen. 589 ff. — Dialekt in Khokand. 780. — s. Türkische Sprache, Dschagatai T.
Turki Robat, Karawanserai der pers. Wüste. VIII, 455.
Turk-Mafi, Ilat-Tribus. VIII, 393.
Turkman, Distrikt von Hamadan. IX, 123.
Turkman Chai (Turkoman Chai), Dorf in Aderbidjan. VIII, 630. 668.
Turkmanind (pers.), d. h. Turk gleichend. VIII, 407.
Turkman Kilissar, Gebirgszug des Aghri Dagh. X, 345.
Turkmen, s. Djerid T., Kadim T.
Turkmesari, d. h. Türkengrab, am Euphrat. X, 1079.
Turk-mun, d. h. ich bin Turk. VIII, 407.
Turkolaunis (Turkauni), Stamm in Kaferistan. VII, 214.
Turkoman, s. Teppa T.
Turkoman Chai, s. Turkman Chai.
Turkomanien (b. Marco Polo), d. i. das östl. Klein-Asien. X, 269.
Turkomannen, s. Turk.
Turkomannen-Wüste. VIII, 406.
Turkomannisches Mesopotamien. VIII, 362 ff.
Turk Schab, Paß der Zakho-Kette. IX, 730.
Turk-Tübeter, s. Kaschgharen. VII, 748.
Turkue, die West-Turk. VII, 586.
Turkumà, d. i. Wandersleute. VIII, 407.
Turk-Zeban, d. h. türk. Zunge. VIII, 381.
Turmeda (syr.), d. i. Thapsakus. X, 1115.
Turnanstalten, in Schiraz. VIII, 853.

Turnips, in Tehran. VIII, 611.
Turnuk, Fluß Afghanistans. VIII, 161.
Turnul, Volk am obern Indus. VII, 6.
Turpan (Turphan), Turk-Name für Turfan. VII, 430. 432.
Turritellen, in Armenien. X, 848.
Turschiz (Tarschitz, Terschis, Terschych), Stadt u. Distrikt in Khorasan. VIII, 249. 261. 264. 286. XI, 570.
Turteltauben, in Kurdestan. IX, 611. — zahlreich am Tigris. XI, 860. — am untern Euphrat. 980.
Turuchka, Stamm. VII, 680.
Turukscha, Stamm. VII, 109.
Turukschars, Bergstamm in Ferghana. VII, 739.
Tus (Toos, Tuz, Thuz), alte Hauptstadt in Khorasan. VIII, 248. 287. IX, 839. XI, 568. 571.
Tusani Tura, Berg in Tiyari. XI, 618.
Tusce, entstellter Name für Tuchi. VII, 383.
Tuschmal, d. i. Landbesitzer, Vorstand der Luri buzurk. IX, 213.
Tus-churmati, d. h. Salzdattel. IX, 549. — s. Tuz Khurmati.
Tusi, s. Nassyr Eddin T.
Tuskul, Salzsee. VII, 521. 710.
Tusla (Tuzla), rechter Nebenfluß des Murad, armen. Distrikt. X, 660. 669. 784 — vgl. Tusle.
Tussageten (Thyssagetae), Volk am Palus Mäotis. VII, 695.
Tuster, s. Schuster, Dirschlej T., Dijelat T., Dujeili T., Nahri T.
Tút (arab.), d. i. weiße Maulbeere. VIII, 675. XI, 501.
Tut, Dorf am Euphrat. X, 884. 888. 894.
Tuta, d.i. Maulbeerbranntwein. X, 350. — s. Kafar t.
Tut e Gusserman, Ort in Afghanistan. VIII, 158.
Tutkuschi, Vogel in Armenien. X, 784.
Tutscha, s. Tuta.
Tút Schamy, d. i. schwarze Maulbeere. XI, 501.
Tutsche (Tschu-tsche), Bambus-Zuckerrohr. IX, 266.
Tu tscheu, Distrikt von Fukian. IX, 266.
Tuweibeh, s. Tueba.
Tuyeou, chines. Historiker (8. Jahrh.), über die Tadjiks. VII, 643. 698. 716.
Tuz, s. Tus, Koui-tuz.
Tuz Khurmati (T. khurmali, T. Khurmatti, Tuzkurmatu, Dus Churmatu), Ort in Kurdestan. IX, 452. 528. 539. 540. 544 ff. XI, 526. — Dist. IX, 458. 519. 548.
Tuzkhurmatti-Berge. IX, 452.
Tuzla, s. Tusla.
Tuz Oglu, s. Isoglu. X, 865.
Twiniki Gamurdsch, Frat-Brücke. X, 728.
Tyana (Strab.), Stadt Kappadociens. X, 858. — vgl. Dyana.
Tyba, s. Taiba. X, 1096.
Tylus, s. Tyrus.
Tymunuk, Ort Khorasans. VIII, 278.
Tyobeid, s. Scheich T.
Typhaceen, in Mesopotamien. XI, 960.
Tyrius, s. Marinus T.
Tyroan, pers. Station. VIII, 606. — s. Tehran.
Tyrus (Tylus), Insel des pers. Golfs. X, 39. 40.
Tyrus, Alt-, Stadt in Phönizien, von Nebuchadnezar zerstört. X, 50. 358. — Armenier das. 595. XI, 296.
Tyrus, Neu-. X, 51.
Tzana-See, in Afrika. VII, 340.
Tzenetsera, d.i. Bibliothek. IX, 794.
Tzimisces, s. Johann Tz.
Tzinar (pers.), i. e. Platanus orientalis. XI, 511. — s. Tschinar.
Τζινίτζα, d. i. China. VII, 537. VIII, 694.
Tzitelli, Ort in Persien. VIII, 640.

Tzophanene, s. Sophene. X, 78.
Tzoroi Bank, armen. Patriarchensitz. X, 529.
Tzukur (ungar.), d. i. Zucker. IX, 237.

U.

Uah, s. Khurbet Lubghi-Uah.
Ubsa, s. Hawil u.
Uchactara, i. e. orientalis. VIII, 69.
Uchama, Uchomo (syr.), d. i. schwarz, Bezeichnung für Perser. X, 1146. XI, 341. — s. Abgar U.
Udpati, d. i. Statthalter. IX, 357.
Udschan, s. Aigi, Oujan, Tschemen i Ujun.
Udschbinari, d. h. Endebrunn, in Mesopotamien. XI, 276.
Udsiutu, Usun-Fürst. VII, 620.
Ududa Kote, am mittl. Indus. VII, 27.
Udwan o Tizan, Distrikt Herats. VIII, 254.
Udyana (sanskr., d. i. Garten), Bez. für Jellallabad, Königreich am Indus. VII, 284. 289. 366.
U dzieu thu, König der Usun. VII, 612.
Uebergangsgebirge, fehlen im Amanus, Taurus, Kurdestan. X, 910.
Ueberschwemmung, zu Edessa. XI, 345. — Bagdad (1831). 832 ff. — im untern Mesopotamien. 939. 1013. — vgl. Morast, Sumpf rc.
Ütsch Dschewis, Ort in Kurdestan. XI, 102. 103.
Uetsch Gumbad, angebl. Grabgebäude Dschellalleddins in Urmia. IX, 944.
Ufadschlü, pers. Statthalter in Diarbekr. XI, 37.
Ufa Jaklay (Ufodschakly). X, 917.
Uffrin, Ruinen in Mesopotamien. XI, 960.
Ufodschakly, s. Ufa Jaklay.
Uga, auf Ternate Name für Zuckerrohr. IX, 236.
Ugan, Ort in Turkestan. VII, 449.
Ugaresca lingua. VII, 590.
Ugeschanli, s. Ughescanli.
Uggur, Kanaleinschnitt am Tigris. XI, 859.
Ughescanli, d. i. Ost-Persien. VII, 683. 707. 715.
Ugiu (monghol.), d. i. Ju-Stein. VII, 387.
Uguiu. IX, 268.
Ugurula Oglu, Vorkette des Taurus. X, 806.
Uhiu (Uhu, Veh, Vehrud, Weï), d. i. Orus. VII, 657. 688. 699.
Uhu (Strix bubo), in Mesopotamien. XI, 507.
Uiärziöh (Keilschr.), Volk. VIII, 22. 80.
Uigur, s. Kuszu.
Uiguren (Juguren), Turkvolk, ihre Abstammung, Sprache, Schrift rc. VII, 332. 357. 434. 436. 438. 439. 587 ff. 603. — s. Oui.
Uigurische Inschriften. VII, 590.
Uitia (Strab.), armen. Landschaft. X, 360.
Ujarud, Distrikt in Aderbidjan. IX, 796.
Ujun, s. Tschemen i U.
Uk, Ok (bengal.), d. i. Zuckerrohr. IX, 236.
Ukara, Indus-Distrikt. VII, 149.
Uk-gas (cingal.), d. i. Zuckerrohr. IX, 257.
Ukiat, U. Daria, d. i. Chayar Daria, Zufluß zum Tarim. VII, 329. 446. 448.
Uklet Hauran, Station im euphratensischen Arabien. XI, 734. 1040.
Ula, Dorf von Selmas. IX, 963.
Ulai (Eulaeus), Wasser in Elam. IX, 299. 310. 311. 314.
Ula Kayder, Ruinen in Irak Arabi. XI, 957.
Ulaki, Tribus der Haft Leng. IX, 211.

U'lasch. X, 847.
Ul Burdaun, s. Bredaun.
Ul-Eed, s. Til-Eed.
Uleh Scheivan, Ort. X, 751.
Ulei, Gau in Tokharestan (Kiusu). VII, 614. 707.
Ulek, zwei Dörfer, Thal bei Bitlis. XI, 99.
Ulema, d. i. Literat. VII, 779.
Ulemai Islam. VIII, 27.
Ulgar, Gebirge. X, 751.
Uli, s. Kulan-, Kysyl uli.
Ullah (Ulla), s. Aman U. Khan, Fakir Meah Hadji U., Feiz U., Mir J'sset U., Mir U., Neamet-u., Nejib U. Khan, Nur U. Khan, Rahmed U. Aga, Ruhmut U. Khan.
Uller-See, in Kaschmir. VII, 77. 91.
Ulmen, in Gurkan. VIII, 353. — Ghilan. 427. 548. — im Elburs. 498. — in Masenderan. 512. — N. Armenien. X, 434. — (Ornus europaea, rotundifolia) im Taurus. 919. — am obern Tigris. XI, 117.
Ultramarin, in Badakhschan. VII, 789.
Ulu Djami, die große Moschee in Diarbekr. XI, 55. — s. Ulz-dschamin.
Ulug Beigh, Ulugh Beg Mirza, Sultan von Samarkand, Astronom (st. 1450). VII, 249. 344. 749. IX, 228. 843.
Ulukn Jaïla, Taurus-Kette. X, 802.
Uluß, d. h. Stamm, Gemeinde. VII, 150. VIII, 193. 198.
Ul Uzzi, arab. Tribus am Diyalah. IX, 488.
Ulzdschamin (Ulu Dschami), Moschee in Erzerum. X, 761. 765.
Um, s. Om, Umm.
Um al Djammal (Ummel Djemel, d. h. Mutter des Kanals), Tigris-Kanal zum Euphrat. XI, 944. — s. Djemilah.
Umara, Plural von Amir, Emir. VII, 185. — vgl. Umera.
Umbala. VII, 8.
Umbar, Soliman-Kette. VIII, 169.
Umbelliferen, sparsam in Kurdestan. XI, 167. 586.
Um el auat, am untern Euphrat. XI, 951.
Um el chansir, Gegend am unt. Euphrat. XI, 977.
Um el hunta, Station am untern Euphrat. XI, 1043.
Um el Khan, am untern Euphrat. XI, 940.
Um el Teraride (d. i. Mutter der kleinen Boote), altes Euphratbette. XI, 969.
Umera, s. Umara, Emir ol u.
Umghyer, s. Mogeïyer. XI, 992.
Um Grän (Mugarun), Station in Irak Arabi. XI, 1039.
Umi, ob = Kanmi? VII, 367.
Umir, s. Afas U.
Umkeis, in der Decapolis. XI, 322.
Umltass, Obstart bei Kote. VII, 61.
Umm, s. Om, Um.
Umma, s. Imr-U.
Umm al Beyah, am untern Tigris. XI, 938.
Umm Djuleimin, Dorf am Schat el Arab. XI, 1024.
Umm el Bak, s. Omu el Bak.
Ummibilad Iran, d. i. Mutter persischer Landschaften, Rai. VIII, 600.
Ummut, Christendorf in Djellu. XI, 600.
Ummuttumim, Stelle am Tigris. XI, 935.
Umrah, Dorf in Tiyari. XI, 614. — vgl. Djubabarah.
Umritsir (Amritsar), die heilige Stadt der Seikhs. VII, 58. 120. 136. 142. 192.
Um Schaumar, Gebirge der Sinai-Halbinsel. XI, 544.
Umursch, s. Key-umursch.
Una-Desa. VII, 5. 340. 380. — s. Unna-Paß.
Ungarn, Armenier das. X, 599. — s. Madjaren.
Ungeziefer, zahlreich in Suli-

manipab. IX, 567. — Sage üb. seinen Ursprung. 754.
Ung kuei mi, König der Usun. VII, 612. — s. Unkuimi.
Ungrac. VII, 440.
Ungue (Unguem, Unguen, Ungueu, Unquen), Stadt in Fukian. IX, 268.
Ungut, Provinz. VII, 440.
Unguzeh (perf.), i. e. Assa foetida. VII, 260. VIII, 307.
Uniola bipinnata, in Mesopotamien. XI, 849.
Univalven, in der Araxes-Ebene. X, 406.
Universität, s. Akademie, Collegium, Medresse, Schule ꝛc.
Unjur (perf.), i. e. Ficus carica. XI, 538.
Unkuimi, Usun-Prinz. VII, 618. — s. Ung kuei mi.
Unna-Paß, im Hindu-Kuh. VII, 197. 255. 261. — s. Una Desa.
Untsching, chines. Prinzessin. VIII, 699.
Uo pa ölh, ob Wopar? VII, 419.
Upham, Uebersetzer des Mahavamsi. VII, 384.
Upian, s. Hupian. VII, 253.
Upupa epops, d. i. Wiedehopf. XI, 508.
Ur, chaldäische Bezeichn. für Feuer, Name verschiedener Orte. XI, 336. — s. Ur Casdim.
Ur, Perserfestung im östl. Mesopotamien. X, 159. 160. XI, 264. 294. 334. 423. 467.
Ura, s. Cark-U.
Ura (wol Sura?), Ort am Euphrat. X, 982. 1081.
Urà Baba, Taurus-Kegel. X, 872.
Uraham (Abraham), s. Mar U.
Urak, Tribus der Dinaruni. IX, 211.
Uranius, ob Verstümmelung für Bararanes? XI, 25.
Uranos, angebl. Gottheit der Araber. X, 37.
Uratippa (Ura Tiva, Uratupa, Altoubei), Gebirgsland, Stadt in Turkestan. VII, 543. 722. 740. 771. 773. 775. 778.
Urbabi, Beludschenstamm. VIII, 731.
Urban VIII., Papst. X, 615.
Urbu, Tribus in Mekran. VIII, 717.
Ur Casdim, d. i. Ur der Chaldäer (Urfa), Abrahams Geburtsort. X, 159. 243. XI, 294. 315. 333.
Ur castellum (Am. Marc.), im östl. Mesopotamien. XI, 482. — s. Ur.
Urchin, d. i. Provinz, Distrikt. VII, 307.
Urchoë, ob Mogeïper, Alt-Basra? XI, 1052.
Urdabad, am Araxes. X, 368. 513.
Urdu, Bedeutung. VII, 132.
Urema (Ptol.), Stadt am Euphrat. X, 940. — s. Urma Giganti.
Urfa (Orfa, Orrhoa), d. i. Ur Casdim, Stadt in Mesopotamien. X, 114. 243. 917. — das Paschalik. XI, 320. — Fluß von. 251. — Dist. X, 937. XI, 299. — s. Edessa.
Urgebirgs-Zone des Taurus. X, 910.
Urgendsch, Stadt. VIII, 128. 234.
Urghand-ab (Urghund-ab), Fluß von Kandahar, Oase Afghanistans. VIII, 151. 160.
Ur Ghavan, Blumen bei Herat. VIII, 257.
Urghund-ab, s. Urghand-ab.
Urgub, in Kappadocien. XI, 369.
Urha, d. i. Orfa. XI, 356.
Urhoi, s. Orrhoe. XI, 334.
Urhum (vulg. armen.), d. i. Schloß. X, 937. — s. Urma Giganti.
Urhum gala, d. i. Romkalah. X, 931.
Urkend (Uzkend), Stadt Ferghanas. VII, 742. 744. 748. (astr. L.) 749. — s. Aderkend.
Urla, Distrikt am Frat. X, 789.
Urma, s. Haorum.
Urma Giganti (Urema, Ur-

hum) Station in Euphratesia. X, 937. 940. 1070.
Urmia (Urumia, Ooroomia, Armi, Ormi, Thebarmai?) Hauptstadt am gleichnam. See. IX, 50. 598. 647. 674. 778. 836. 925. 930. 942 ff. 956. 1021. (astr. L.) XI, 660. — Dist. IX, 691. 741. 1025.
Urmia-Flüsse. IX, 788. 943.
Urmia-See, in Aderbidjan. VIII, 15. IX, 782 ff. — Ostufer. 828 ff. — Nordufer. 907 ff. — Westufer. 925 ff. — Ueberschiffung, Inseln, Beschaffenheit des Wasserbeckens. 950 ff. — Namen. 951. 1014. — Tiefe. IX, 764. 952. — Größe ꝛc. 961. 1011.
Urmuzan, Ort in Kurdestan. IX, 601.
Urnen mit Gebeinen, bei Baradan, in Babylon, Seleucia. IX, 493. XI, 921. — s. Gebein-, Todtenurnen.
Ur-rhoa, Urrohe, am Euphrat. X, 961. — s. Edessa.
Urri (armen.), d. h. Rebe. X, 481.
Ursicinus, röm. Feldherr. XI, 150.
Ursinjan, Gränzpaß von Kerman u. Fars. VIII, 727.
Urtschini, s. Kutel U.
Urtul, Dorf von Bayazed. X, 346.
Uruanda, s. Urvanda.
Urum (irrig Graum), am Euphrat. X, 1070.
Urumia, Urumiah, d. i. Urmia. IX, 942. 945.
Uruschen, s. Oroschan.
Uruß, d. i. Russe. VIII, 613.
Urvanda (Aruanda). VIII, 48.
Us, s. Uz, Abal Us.
Usbeken, in Ghotan. VII, 353. — Ost-Turkestan. 467. 477. 601. 727. — vorherrschend in Khokand ꝛc. 779. 801. 814. — fehlen in Badakhschan ꝛc. 817. VIII, 217. 407.
Uscangha, d. i. die Gesetzlosen, Urier. VIII, 60. 95. 206. IX, 139.
Usch, d. i. Residenz. VII, 431. — s. Uschi.
Uschaghi, s. Bekr U.
Uschi (U. Turfan, Usch, Osch, Ausch, Awesch), Stadt an den Quellen des Syr Daria in Khokand. VII, 431. 432. 451. 478. 481. 482. 486. 525 ff. 646. 702. 732. 744. 748. 749. 755. 775. 778. — vgl. Khose.
Uschi, am Alaghez. X, 520.
Uschiyak Tagh. VII, 329.
Uschk, Ort von Ispahan. IX, 28.
Uschnej (Uschneh, Uschnieh, Ouschni, Ouchnieh, Uschnu, Ooshnoo, Oschnoh, Osna), Gebirgsdistrikt, Ort an der SW. Seite des Urmia-Sees. IX, 637. 651. 824. 926. 931. 1018. 1019. 1020. 1025. 1028. 1031.
Uschtorkan, Ort in Persien. IX, 153.
Usch-Turpan, s. Uschi. VII, 431.
Uschtun-abad, s. Kerkhi-Misan.
Uschturan-Kuh, d. i. Kameelsberg, in Luristan. IX, 194. 206. 209. 325.
Usen, s. Kisil Osen.
Usiun, s. Usun.
Uskangha, s. Uscangha.
Uske-Bagdad, s. Eski B. IX, 501.
Uslam Debbé (wol Arslan Debe), mesopot. See bei Mardin. XI, 363.
Usvusi, s. Asbusu. X, 852.
Ussun, s. Usun. VII, 613.
Ustedjarlu, Ilat-Tribus. VIII, 405.
Usun (Usiun, Ousioun, Hieousoun), indogermanisches Volk. VII, 335. 359. 362. 406. 420. 548. 575. 604. 611 ff. 683.
Usunhasan, seine Moschee in Tabriz. IX, 854.
Utaki Ferhad, d. i. Kammer Ferhads, bei Gilan. IX, 480.
Utbal, s. Otba. X, 175.
Utchang, s. Utschang.
Uth (armen.), d. i. acht. X, 582.
Utia (Oudie), armen. Provinz. X, 360.
Utier, Volk. VIII, 98.
Utolao (On theou lao), König von Kipin. VII, 685.

Utscha, Utschha, d. i. Badakhschan. VII, 709. 711. 793.
Utschang (Utschhang, Utchang), chines. Bez. für Jellallabad, Königreich am Kabulstrom. VII, 284. 289. 366. 429. 549. 576.
Utsch Kilisa (Jütsch Kilissa), d. h. Dreikirchen, Kloster bei Etschmiadzin am obern Araxes. X, 350. 351. 514. 516. 703.
Utsch Kilisa, Kloster am obern Murad. X, 350. 351. 648. 650. 654. 665. 703. — s. Surp Ohannes.
Utsch Kilissa, Ruinen bei Bir am Euphrat. X, 924.
Utuan, chines. Naturhistoriker. IX, 282.
Ux, s. Ahwas. IX, 228.
Uxia (Uxiana), Gebirgsland. IX, 136.
Uxier, Volk in Loristan u. Kurdestan. VIII, 60. 95. 869. IX, 129. 138. 208. — vgl. Kossäer.
Uxier-Paß. IX, 136.
Uyak, s. Kara U.
Uz, s. Us, El Uz.
Uzan, s. Kisil Osen.
Uzbin, Alpenthal von Kohestan. VII, 245. 251.
Uzen (Ghozz), türk. Stamm. XI, 182.
Uziah-Thürme, in der Wüste. XI, 872.
Uzkend, s. Aderkend.
Uzkuh, d. i. Uzgebirge, in Aderbidjan. IX, 798. 848. 851.
Uzumdil (Uzundil), Gebirgsgau in Aderbidjan. IX, 798. 799.
Uzun kiliseh, pers. Dorf am Arpa tschai. X, 437.
Uzuz Khan, Hakim von Kazaz. IX, 67.
Uzzi, s. Ul U.
Uzzir, s. Ozeir.

V.

Vacas, s. Saad Ben Ali V.
Vachan, s. Wakhan. VII, 502.
Vadinesa, Landstrich bei Basra. X, 181.
Vaekërëtem (Zend), siebente von Ormuzd geschaffene Weltgegend. VIII, 30. 35. 58.
Vafa, s. Baghe V.
Vagharsch, d. i. Ummauerung. X, 515.
Vagharsch, d. i. Valarsaces. X, 515.
Vagharschabad (Akal-khalaki, Nor Khaghakh, Etschmiadzin), alte armenische Capitale. X, 514. 518. 527. (Judenkolonie das.) 587. 620.
Vagharschabad, Dorf am Karpitschai. X, 515.
Vagharschag, s. Valarsaces. IX, 981.
Vagharschagerd, zuweilen als Bez. für Toprakaleh. X, 654.
Vaghedscia, Stadt bei Mardin. XI, 382.
Vahach, Götze. X, 528.
Vahan, Mamigonier. X, 573. 594.
Vahram, armen. Geschichtschreiber (12. Jahrh.). X, 575.
Vahran Gur, s. Bahram Gour.
Vaiatsor, in Hoch-Armenien, durch Erdbeben zerstört. X, 508.
Vakchou. VII, 495.
Vakhé, Gewicht. XI, 820.
Vakil, d. i. Agent. XI, 456. — s. Wakil.
Vakuf, d. i. zur Moschee gehörige Stiftung. X, 671.
Valantia articulata Tournef., im Taurus. X, 921.
Valarsaces (Val Arsak, Vagharsch, Vagharschag, Wacharschag), Gründer der Arsaciden-Dynastie (reg. 149—127). IX, 981. 983. X, 514. 515. 556. 563. 589. XI, 415.
Valarsavan, Geburtsort Valarses, am Araxes. X, 397.
Valarses, Sohn Tigranes. X, 397.

Valdian, Dorf in Aderbidjan. IX, 910.
Valein, s. Warawalin.
Valens u. Valentinian (364—374), Wiederhersteller der Mauern von Diarbekr. XI, 48.
Valentia, s. Balentia.
Valerianus, röm. Kaiser, von Schahpur besiegt. VIII, 834. IX, 173.
Vali, s. Wali, Amir V. miani.
Valiankuh, Vorstadt von Tabriz. IX, 853.
Valid, s. Walid.
Valonia-Eiche (Palamut, Quercus Valonia), in Kurdestan rc. XI, 10. 138. 588. 590. 651. 658. — s. Balanos-, Gallapfel-Eiche, Quercus aegilops.
Vami (sanskr.), d. h. Capitale. VII, 273. — s. Para-, Paro V.
Vam Yen te, chines. Gesandter. VII, 597.
Van, s. Wan.
Van, König in Vorder-Asien. IX, 787.
Van (Wan), Stadt u. Festung am gleichnam. See. IX, 784. 924. 963. 977 ff. 995. (astr. L.) X, 287. 297 ff. 419. (Juden das.), 587. 588. (Armenier) 597. — s. Van Schehri.
Vana, Dorf bei Ninive. XI, 226. 241.
Vanagerd (armen.), d. i. Van. IX, 995.
Vanand, s. Wunt.
Vanapert (Vanagert?), d. i. Van. IX, 995.
Vanath (Nahravan), d. i. Sirwanfluß, Ort. IX, 403. 424.
Vand, s. Dime v.
Vang, s. Wang.
Vank, Vankh (Wank, Wankh), armen. Bezeichnung für Kloster. X, 520. 553. — s. Ahke-, Arhakhelots-, Avak-, Djordsor-, Eghiazaron-, Garmir-, Garrnu-, Ghazaron-, Innagnean-, Karmir-, Karnu-, Klag-, Schoghakalhi-, Izoroi-Vank.
Van Kaleesi (Kaleeh Van), Felsschloß von Van. X, 303 ff.
Vanlis, d. i. aus Van. X, 333.
Van Schehri (auch Van Khayhak, Ani Kayhak, auch Schemiram), d. i. die eigentliche Stadt Van. X, 298. — s. Van.
Van-See, auf der Gränze von Armenien und Kurdestan. VIII, 16. IX, 784 ff. 972 ff. 993 ff. X, 286 ff. 319 ff. (Niveau) IX, 764. X, 287. 331. 901.
Var, s. Ver.
Var, d. i. Wassersammlung. IX, 1014.
Varak Dag, s. Warrak Dagh.
Varamus, s. Bahram. XI, 71. 236.
Vararanes, s. Bahram. IX, 19. 374.
Varaz, Berg in Central-Armenien. X, 361.
Vardanes, angebl. Erbauer Ctesiphons. X, 164.
Vardsche, armen. König (600 J. v. Chr.). X, 515.
Var Dschemjid, in Ariyana. IX, 1045.
Vardsches-Avan, altarmen. Name für Vagharschabad. X, 515.
Vargan, s. Pul i V.
Vargasu, Dorf am Sultan su. X, 852.
Varkhan, kurd. Distrikt u. Dor[f] am Bitlisfluß. IX, 1007. XI, 97
Var Oruape, Fluß (Oxus?) VIII, 46.
Varta, s. Airpa V.
Vartabed (armen.), d. i. Dokto[r] X, 482. 541. — s. Sanct V.
Vartabed Pater Jean, arme[n.] Geistlicher. X, 632.
Vartabied Vartan, arme[n.] Geograph (st. 1271). IX, 77[...] 943. X, 527. 575. 715. 778.
Vartam, Vartan, s. d. v.
Vartan, s. Wastan. X, 293.
Vartan, General. X, 573.
Vartan Hounanian, arme[n.] Erzbischof von Lemberg. X, 61[...]
Vartapes (Vartabed), s. Sa[nct] Vartapes.

Varusch, Varuschan, Provinz. IX, 779.
Varutha (Ptol.), s. Bardes. X, 824.
Varzeneh, imperf. Irak. IX, 25.
Vasa, s. Rasa.
Vasantur, d. i. Feuer. VII, 134.
Vasburagan (Vaspuracania), Provinz (Aderbidjan?). IX, 662. 768. 1000. X, 573.
Vaschi, d. i. Seide aus Wakfch. VIII, 839.
Vasen, goldne, in den Tempeln zu Tsao. VII, 570. — irdene, bei Abuschähr. VIII, 783. — bei Tekrit. X, 224. — blau glasirte, in Babylons Ruinen. XI, 918.
Vaspuracania, s. Vasburagan.
Vastan, s. Wastan.
Vat, s. Wat, Arg-vat.
Vaughan, Reisender. X, 838.
Vedavend, s. Keuh V.
Vede-han Bey, sein Kastell in Kurdestan. XI, 130.
Veedjo, s. Veji, Eeriene V.
Veekereante (Zend), d. h. mit zahlreichen Dorfschaften. VIII, 30. 58. — s. Vackeretem.
Vegetationsmangel, in Mesopotamien. XI, 889.
Vegetationsverhältnisse, auf Gebirgen. X, 497. — im Taurus. 917 ff. — vgl. Flora rc.
Vegetationszonen, in Kurdestan. XI, 658.
Veh, Vehrud, d. i. Orus. VII, 632. 654. 655. 657. 669. VIII, 49. — s. Uhiu. VII, 688. 699.
Veh Mihir Nerseh, perf. Statthalter in Armenien. X, 573.
Vêhrkâna (Zend), neunte von Ormuzd geschaffene Weltgegend. VIII, 31. 61.
Vehrud, s. Veh.
Veilchen (Violet), die Rose des Propheten. VII, 221.
Veilchen, in Gurkan. VIII, 353. — Bagdad. XI, 800.
Veji, s. Veedjo, Iran V.
Velaits (Walli's?), d. i. Grafschaft. VIII, 254.
Veli, s. Hadji V. Kieui.
Velkhi, am Karasu in Aderbidjan. IX, 796.
Vellauk, s. Gebler V.
Velluti (d. i. Velvets), Fabrikat in Bagdad. X, 276.
Vena medinensis, s. Guinea-Wurm.
Vendidad (d. i. das Geoffenbarte), Abtheilung der Zend-Avesta. VIII, 29. 72.
Venedig, armen. Druckerei und Collegium das. X, 632. 633.
Ventidius, P., sein parthischer Feldzug. X, 927. 992. 1137.
Ventura, General in Runjit Singhs Dienst. VII, 8. 55. 101. 144.
Venus (Aphrodite), ihre Verehrung auf Keisch. VIII, 776. — in Astisat. X, 786. — assyrische. 858. — Ven. Amathusia. 1048. — in Harran. XI, 312. — pflanzt die Granate auf Kypros. 551. — s. Anahid, Baaltis.
Venus-Muschel, bei Ninive. XI, 238. — am untern Euphrat. 987.
Ver, d. i. Segensort, Persien. VIII, 33. 35. 36.
Ver, Var, perf. Stadt. IX, 1017. — vgl. Ainyeh Ver u. d. f.
Vera (Οὔερα b. Strab.), Stadt u. Festung in Aderbidjan. VIII, 591. IX, 770. 1017. 1045.
Veramin (Veram, Ramin), Ruinen in Persien. VIII, 118. 446. 450. 471.
Veran, s. Gol V., Schari V.
Verandah, d. i. Kiosk. VIII, 521.
Verbiest, Jesuit. VII, 338.
Verbrecher-Asyl. IX, 32.
Verbrennung der Wittwen bei Seikhs. VII, 132.
Verd el Schems (arab.), d. i. Sonnenblumen. XI, 366.
Verdi, s. Werdi, Schah-verdi Khan.
Verdistan, s. Ras Verdistan.
Ver-esschue, d. h. segensreiches Ver. VIII, 33. 34. 36.
Ver-ene, vierzehnte von Ormuzd erschaffene Weltgegend. VIII, 31. 33. 35. 36.

Verführung, s. Ehebruch.
Verin, Dorf am Heratfluß. VIII, 241.
Veronica aphylla, saxatilis, in Kurdestan. XI, 624. 658.
Veronica telephiifolia, am Ararat. X, 499.
Veronika-Sage vom Schweißtuch Christi. XI, 343.
Versegna, Dorf in Aderbidjan. VIII, 621.
Versmaß, s. Metrum.
Versteinernde Quelle, s. Quelle.
Versteinerte Austermuschel, s. Austermuschel.
Versteinerte Stadt, in Kurdestan. IX, 604.
Versumpfungen, in Mesopotamien. X, 163. 190. — s. Sumpf.
Verte marg tschai, Bach der Araxes-Ebene. X, 470.
Verthanes, armen. Patriarch. X, 779.
Verrucaria maura, epigea (Patellaria b. Endlicher), im östl. Mesopotamien. XI, 483.
Verus, L., zerstört Seleucia (162 n. Chr.). X, 122. — in Mesopotamien. XI, 23.
Verzoon, s. Werzan.
Vesaspe (Ptolem.), ob Kazwin? VIII, 588.
Veschtasb, Bedeutung. VIII, 26.
Veto, bei den Kurden. IX, 619.
Vezier, s. Vizier.
Veziri, s. Viziri.
Via mala, am Rhein. IX, 409.
Vibius Sequester. IX, 114.
Viburnum minus, im Taurus. X, 919.
Vicia (V. nissoliana), in Mesopotamien. XI, 484. 501.
Vicramaditya, indischer Herrscher (c. 56 v. Chr.). VII, 110.
Vidal, H., franz. Consul in Aleppo, Bagdad. IX, 89. XI, 877. 885.
Vide-davsche, Erdgürtel. VIII, 43.
Viehdünger, als Brennstoff im Pendschab. VII, 36.
Viehhandel, aus Armenien u. Kurdestan nach Constantinopel. X, 652. — in Suk el Scheiyukh. XI, 1011.
Viehzucht, in Turkestan. VII, 466. — der Ilats. VIII, 384.
Viesernik, am obern Tschoruk. X, 1150.
Vigne, Mr., über Iscardo. VII, 218.
Vigorour, franz. Consul in Bagdad. XI, 826.
Vihan, Berg am obern Tigris. XI, 124.
Vihr-Narsi, Vizier Khosru Parviz. XI, 525. — vgl. Mihr N.
Vikĕrĕta (Zend). VIII, 59.
Vikkur, Hafenort am Indus. VII, 169.
Vilasch, s. Scha V.
de Villardelle, Bischof des Libanon, in Mosul. XI, 215.
Vinca minor, am Euphrat. X, 849.
v. Vincke, preuß. Offizier im türk. Dienste. X, 1010.
Vipasa (sanskr.), d. i. Entfesselter, Beas. VII, 32.
Vipern, in Aderbidjan. IX, 910. — Mesopotamien. XI, 510.
Viran, s. Kizil V., Kopek V., Toprak V.
Viran Schähr (V. Schehr, Virum Sch.), d. i. zerstörte Stadt, am Sultan su, Taurus-Distrikt. X, 850. 889. 890. XI, 144. 372. 450.
Viraptsi, s. Ciracos V.
Virgil, Schilderung des Araxes. X, 452.
Virum Schehr, s. Viran Schähr.
Vischabadsor, d. h. Drachenthal, in Armenien. X, 556.
Visdelou, C. VII, 597.
Vis'tâçpahâ, d. h. der Pferde erwirbt (Hystaspis). VIII, 77.
Vitasta (sanskr.), d. i. pfeilgeschwind, Behut, Dschilum. VII, 31. 70. IX, 90.
Vitellius, L., bringt die Pistacie nach Italien. XI, 567.
Vitex agnus castus, in Kurdestan. X, 696. — im Taurus. XI, 515.

Vitriol, in Kaschgar. VII, 418.
Vitriolerde, bei Kifri. IX, 547.
Vitry, d. i. Schlauchschiffe. XI, 799.
Vivengham, Vater Dschemschids. VIII, 32.
Vizier Chumman (d. h. Minister-Wiese), Dorf bei Mendjil. VIII, 593. — s. Wezier.
Viziri (Veziri, Wuzeri), afghan. Gebirgstribus. VII, 30. VIII, 130. 145.
Vloches, wandernde Hirtenstämme in Farsistan. VIII, 756.
Vocan, s. Wakhan. VII, 492.
Vögel, in Kabul. VII, 241. — Ghilan. VIII, 678. — zahlreich am Araxes. X, 382. — bei Mosul. XI, 217. — in Mesopotamien. 507. — s. Fett-, Lauf-, Sing-, Raub-, Wad-, Wasser-, Wüsten-, Zugvögel, Federvieh rc.
Voěkěreta (Keilschr.), d. h. verunstaltetes Land. VIII, 59.
Völkergränze, der Armenier u. Kurden rc. X, 437. 682. — bei Balis am Euphrat. X, 1069. — arab.-türkische, in Diarbekr. XI, 61. — s. Ethnographisch.
Völker-Ursitze, in Ost-Turkestan. VII, 335.
Völkervertheilung, nach der mosaischen und persischen Sage. VIII, 26.
Völkerwandrung, der Brahmanen, Chinesen. VIII, 40.
Vogelbild, heiliges, der Yeziden. IX, 758. 761.
Vogeleier, angeblich durch Kälte ausgebrütet. VII, 458.
Vogelfänger, in Paschghan. VII, 246. — Kaste in Multan, am Baran. VII, 313.
Vogel-Ornament, in Babels Ruinen. XI, 915.
Vogelstrich, in Kohestan. VII, 246. — ergiebiger, am Baran. 251. 312. — in Tusla. X, 784.
Vokan, d. i. Wakhan. VII, 502.
Volksgesänge, kurdische. IX, 578. 623.
Volksklassen, in Persien. IX, 899.
Vologeses I., Partherkönig (reg. 52—90). X, 57. 115.
Vologeses III. (150 n. Chr.). X, 127.
Vologesia (Vologesocerta, Vologesias, Vologessia), Stadt in Babylonien. X, 57. 183. XI, 954.
Vorderkopf, dicker, der Kurden. IX, 622.
Voro-bereste, Erdgürtel. VIII, 43.
Vorod-jereste, Erdgürtel. VIII, 43.
Voumou (Muku), König der Ta Wan. VII, 640.
Vrĭhat (sanskr.), d. i. groß. VIII, 47.
Vulkan, angeblich bei Tabriz. IX, 857. — Bagarinz. X, 786. — in Mesopotamien. XI, 365.
Vulkanasche, am Araxes. X, 468.
Vulkanbreccie, in Armenien. X, 407.
Vulkanische Anzeichen (Boden, Kegel, Sand rc.), in Turkestan. VII, 467. — am Elburs. VIII, 508. — in Kerman. 737. — Irak Adschem. IX, 31. 64. — Zohab. 467. — Kerkuk. 556. — Aderbidjan. 802. — am nördl. Urmia-See. 909. — bei Menazgherd. 994. — im Sipan Tagh. X, 328. 331. — bei Kars. 435. — auf der Araxes-Ebene. 469. — am Ararat. 490. 496. 505. — in Armenien. 514. — im Kerku Dagh. 684. — bei Bitlis. 685. — am Murad. 705. — bei Djezireh ibn Omar. XI, 170. — im westl. Mesopotamien. 279. — bei Orfa. 316. — bei Nisibis. 430. 494.
Vulkanisches Glas, am Araxes. X, 406. — am Soghanlu Dagh. 410. — am kl. Ararat. 506.
Vuller, s. Uller-See.
Vultur fulvus, in Mesopotamien. XI, 507. — vgl. Geier.
Vultur percnopterus, s. Aasvogel.

Vurukachem, s. Zarayo v.
Vychtaspa (Keilschr.). VIII, 74.
Vyse, Dorf in Kurdestan. IX, 456.
Vytians, d. i. Brahmanen-Aerzte. IX, 246.

W.

Wacet (Waset), s. Raggat il W.
Wachan, Wachan, s. Wakhan.
Wacharschag, s. Valarsaces. X, 589.
Wachen, an den Gräbern altpers. Könige. IX, 112.
Wachholder, im Elburs. VIII, 498. — in Bayazed. X, 346. — (Juniperus phoenicea, macrocarpa) im Taurus. 919. — wilder, am Euphrat. 1076. XI, 709.
Wachs, in Kurdestan. XI, 208.
Wachsbäume (?), in Sogdiana. VII, 626.
Wachtelähnliche Vögel, in Turkestan. VII, 457.
Wachteln, in Kurdestan. IX, 611. — Uschnu. 933. — (Coturnix) in Mesopotamien. XI, 508.
Wachteln der Israeliten. X, 784.
Wada, Rebenart in Schehrezur. IX, 446.
Waddington, seine Karte zu Sultan Babers Memoiren. VII, 251.
Wade, Capt., in Ludiana. VII, 8. 215.
Wader a-Hami, Station im euphrat. Arabien. XI, 1042.
Wadi, d. i. Einsenkung zwischen Hügeln. VII, 489. XI, 742. 1018. — vgl. Ghadir, Nahr, Schat etc.
Wadi Abul m'ris (Abul Murice), Station in Irak Arabi. XI, 1039.
Wadi Dara, s. Kokab.
Wadi Djehennem, im östl. Mesopotamien. XI, 472.
Wadi el Ahmar (od. Hamra), d. h. rothes Thal, in Mesopotamien. XI, 482.
Wadi el Kasab, s. Wadi-l K.
Wadi el Meheïh, Bach im östl. Mesopotamien. XI, 469. 477.
Wadi en Nesai (Vallis mulierum), bei Basra. X, 181.
Wadi Eschta, in Syrien. XI, 544.
Wadi Hauran, zum Euphrat. XI, 734. 743.
Wadil, Gau von Khokand. VII, 741.
Wadi-l Kasab (Wadi el K.), das Schilfthal am Tigris. XI, 482. 668. 670.
Wadi'l Seba, d. i. Löwenthal. X, 237. — vgl. Wadi Saaba.
Wadi Mohram, in Arabien. XI, 544.
Wadi Musa, auf der Sinai-Halbinsel. XI, 532.
Wadi Saaba, zum Euphrat. XI, 254. — vgl. Wadi'l Seba.
Wadi Sajoor, s. Sadschur. X, 1037.
Wadi Schoeib, in Syrien. XI, 544.
Wadi Seyid Seban, bei Alt-Basra. XI, 1047.
Wadi Suan, zum Euphrat. XI, 743.
Wadi Sur, zum Euphrat. XI, 254. 728.
Wadi Tebbel, zum Euphrat. XI, 735. 743.
Wadi u nissa, d. i. Thal der Weiber, im untern Mesopotamien. XI, 1001.
Wadi Zaituni, Oliventhal bei Bir. X, 949. 1037. 1143.
Wadker, d. h. Gebirgsland. VIII, 438.
Wadvögel (Grallatores), im Taurus. XI, 509.
Wärmeabnahme, auf Höhen. X, 500. — s. Hitze.
Waffen, der Turk. VIII, 415. — berühmte, von Schiraz. 852. — der Kurden. IX, 604. 620. 624. X, 334. — der Rewandoz. IX, 689. — der Yeziden. 753. — der Beduinen. XI, 840.

Waffenhandel, in Kutschan. VIII, 314.
Waffensammlung, alte, in Bir. X, 948. 949.
Wagen, zweiräderige, auf den Sculpturen Ninives. XI, 245.
Wagner, Dr. M., Reisender in Kurdestan. XI, 637.
Waguruje ka futtih (d. h. mögen die Guru siegreich sein), Kriegsgeschrei der Seikhs. VII, 23. 59. 136.
Wahab, s. Wahhab, Weheb, Mirza Abdul W.
Wahabiten (Wechabiten), in Orfa. XI, 329. — in Mesopotamien. 362. — am Euphrat. 795. 821.
Wahagn, seine Geburt. X, 547.
Waharschag (Waharschak), s. Valarsaces. X, 556. 563.
Wahhab, s. Wahab, Abdul W.
Wahl, G. VII, 12.
Wahrhaftigkeit, altpersische Tugend. IX, 91.
Wahted, Kurdendorf am obern Tigris. XI, 126.
Wahti, Distrikt von Schirwan. VIII, 126.
Wahun, birkenähnliches Gebüsch am Chinab. VII, 41.
Waid (Pastel), am Euphrat. XI, 741.
Wai-Jan, d. i. auswärtige Barbaren, Ausländer, fremde Kaufleute. VII, 416. 417. 451.
Wail (Wajel), Vater Bekrs. X, 223. 1142. — s. Bekr W.
Wainowitsch, russ. Küstenschiffer des kasp. Sees (1782). VIII, 370.
Wais, s. Weis.
Waisch, d. i. Loos, Ackerverloosung der Afghanen. VII, 214. VIII, 201.
Waizen, in Daudputra. VII, 44. — im Pendschab. 116. — am mittl. u. unt. Indus. 159. 174. — bei Sehwun. 161. — in Yarkand. 394. 396. — Khokand. 633. — Badakhschan. 790. — im Orus-Thal. 810. — bei Kandahar. VIII, 147. — in Afghanistan. VIII, 151. — dreifache Ernte bei Merv. 233. — Ertrag in Herat. 254. — in Khorasan. 279. — Masenderan. 434. — Persien. 484. — Talisch. 670. — Ghilan. 676. — Yezd. IX, 26. — Chab. 159. — Kermanschah. 369. — Ardelan. 433. — Sulimaniyah. 608. — fehlt in Hekkari. 660. — Sindschar. 760. XI, 465. — Aderbidjan. IX, 800. — am Urmia-See. 823. — fehlt am Van-See. 1007. — am Araxes. X, 393. 476. — in Kars. 430. — am obern Frat. 734. — in Erzerum. 756. — Arabgir. 798. — Kharput. 810. — am Tokma su. 847. — im Taurus. 920. — in Taibe. 1106. — Diarbekr. XI, 56. 60. — am Zab. 180. — in Orfa. 326. — Mardin. 387. — Nisibis. 427. — Mesopotamien. 501. — Tiyari. 610. — (wilder) am mittl. Euphrat. 713. 741. — in Anah. 722. — Hit. 752. 761. 762. — Bagdad. 812. 822. — Basra. 1051.
Waizenpillaw, in Kurdestan. IX, 740.
Wajel, s. Wail.
Wakaa Neveis, d. h. Hof-Chronist. VIII, 440.
Wakedi, üb. Diarbekr ꝛc. XI, 34. 177. 696.
Wakhan (Wachan, Wachan, Wokhan, Ouahan, Wakhsh, Wukcha), Gebirgsland, Ort am Bolor in Turkestan. VII, 14. 409. 474. 492. 494. (Fluß von) 495. 502. 543. 698. 789. 801. 820.
Wakhanis, Tribus in Turkestan. VII, 474.
Wakhsh, s. Wakhan. VII, 502.
Wakil, d. i. Vicekönig. VIII, 820. — s. Vakil.
Wakkas, s. Saad Ben Abu W.
Walarschabad, s. Vagharschabad. X, 518.
Waldhuhn (Tetrao caudatus), in Ghilan. VIII, 678.
Waldungen, in Ghilan. VIII, 426. 427. — Masenderan. 512.

— Kurdestan. IX, 609. — auf dem Savellan. 800. — auf Schahi im Urmia-See. 850. — im Soghanlu Dagh. X, 407. 408. 430. — in N. Armenien. 434. — bei Chatakli. 772. — am Frat. 783. — Murad. 819. Taurus. 910. 918. — alte, am mesopot. Khabur. XI, 377. — bei Nisibis. 415. 500. — am Tigris. 672. 678. — Euphrat. 683. — s. Baum, Holz, Hochwald rc.
Wali, d. i. erblicher, dem Schah tributärer Prinz in Persien, Lurenchef. IX, 206. 217. 218. 435. 585. — s. Vali, Walli, El Salih el W. rc., El W. el Aarif.
Walian. VII, 252.
Walid (Valid, Welid), Khalif, Vater Chaleds (reg. 685—705). XI, 55. 373. — s. El W.
Wallachei, Armenier das. X, 597.
Wallfahrt der Jeziden. IX, 756.
Wallfahrtsort, in Ardebil. IX, 791. 793.
Walli, d. i. Statthalterschaft. VIII, 254. — s. Wali.
Wallich, Dr. VII, 269.
Wallnüsse, in Kabul. VII, 240. 305. — Khokand. 777. — Afghanistan. VIII, 151. — Ghilan. 427. 676. — am Demawend. 559. — am Kisil Osen. 638. — in Talisch. 670. — Kerman. 735. — Fasa. 760. — Kohrud. IX, 37. — fehlen in Chusistan. 181. — in Kurdestan. 575. 588. 611. (wild) 691. X, 693. 887. — Selmas. IX, 966. — am Van-See. X, 289. 325. — am Ararat. 480. 500. — bei Etschmiadzin. 522. — am Bitlisfluß. 687. 1007. — in Armenien. 705. — im Taurus. 920. — Masius. XI, 87. — Ali Dagh. 98. — Mesopotamien. 501.
Walsh, R., brit. Kaplan in Konstantinopel, über die Nestorianer. IX, 666 ff.
Waltu (Waltoo), kurd. Distrikt in Hekkari. IX, 674. XI, 600.
Wamur, Dorf bei Sert. XI, 101.
Wan, s. Wen, Ta Wan.
Wan, s. Nahr Wan.
Wan, s. Van. IX, 784.
Wanant, s. Wunt.
Wanderdörfer, am untern Tigris. XI, 945. — vgl. Hirtenstämme.
Wanderratte (Mus decumanus), in Mesopotamien. XI, 505.
Waneh, am Demawend. VIII, 501.
Wang (Vang), d. i. König, Titel in China, Kaschghar. VII, 395. 412. 414. 612. — s. Beg V., Chun-i-w., Fei w., Kiün V., Koueï fi W., Kuang W., Junis Wang.
Wang-thing, d. h. Königsresidenz. VII, 569.
Wang yan (Fanyan), d. i. Bamiyan. VII, 688.
Wank (Wankh), s. Vank.
Wan nian, Usun-Prinz. VII, 406. — Fürst von Yarkand. 618.
Wan scho, chines. Autor. IX, 279.
Wan-See, s. Van-See.
Warandun, Gebirgsrücken in Kurdestan. XI, 619.
Warawalin (Valein), Ort Badakhschans. VII, 786. 787.
Warda (d. h. die Rose), chald. Werk. XI, 214.
Wardalan, Bergkette des Zagros. IX, 326. 392.
Wardjanak, Ort bei Hamadan. IX, 95.
Warmawa, Distrikt in Kurdestan. IX, 442. 606.
Warrak Dagh (Varak Dag), Bergkette im Osten des Van-Sees. IX, 975. 992. 993. 998. X, 311. 317. 533.
Warrak-Kilissa (od. Jedi-Kilissa), Kirche bei Van. IX, 992. X, 317.
Wartoneth, Ort. X, 752.
Warukh, Gau von Khokand. VII, 741.
Warwaser, Ort Badakhschans. VII, 787.
Wasa, s. El W.

Waschir, Ort Afghanistans. VIII, 158.
Waset (Wasit), d. h. die Mitte. VIII, 614. X, 188. — s. Milad Djerd W., Nuschayet W., Nakka W.
Wasit (W. el Hijeh), Stadt am Schat el Hijeh in Mesopotamien. X, 188 ff. 197. 268. 279. XI, 938. 999. — Dist. X, 233. 236.
Wasit, Chaldäerdorf. XI, 169.
Wasit von Irak, Ostheil von Wasit. X, 191.
Wasser, als Idol von Harraniern verehrt. XI, 313.
Wasser, berühmtes, von Herat, Kaschmir. VIII, 251. — süßes, an der Küste des kasp. Sees. 526. — wird in irdenen Krügen abgekühlt. XI, 216. — s. Salz-, Süßwasser.
Wasserbecken, colossales, am Harsin-Berge. IX, 386. — s. Cisterne.
Wasserfall, des Zakho. IX, 730. — Murad. X, 663. — Euphrat. 718. 720. — Erkenek. 892.
Wasserflächen, große, in Ghilan. VIII, 428.
Wasserhuhn (Fulica), in Mesopotamien. XI, 509.
Wasserklee (?), in Kaschmir. VII, 74.
Wasserkresse, in Kurdestan. XI, 586.
Wasserleitungen, am Hirmend. VIII, 151. — unterirdische, bei Kazerun. 825. — uralte Kunst in Iran. 901. — bei Kaschan. rc. IX, 34. — der Semiramis, zu Ekbatana. 110. 111. — Schuster. 181. 186 ff. — Susa. 302. — der Sassaniden, in Luristan. 341. — bei Zohab. 466. — am Zagros. 484. — bei Tauk. 548. — am Van-See. X, 294. — bei Samosat. 877. 930. — Bab. 1041. — in Syrien. 1104. — bei Finik. XI, 122. — in Kurdestan. 139. — bei Dara. 400. — zahlreiche, am mittl. Euphrat. 711. — bei Anah. 713. — Hit. 752. — Taibe. XI, 1105. — s. Bewässerung, Kanal, Kerizes rc.
Wassermelonen, bei Abuschähr. VIII, 787. — am Van-See. X, 323. — in Kurdestan. 696. — berühmte, von Diarbekr. XI, 56. — auf den Tigrisinseln bei Mosul. 194. 220. — in Mesopotamien. 366. — s. Arbusen, Pastekeu.
Wasserräder zum Schöpfen, am Tigris. XI, 680. — am Euphrat. 714. 764. — bei Hit. 752.
Wasserscheide, zwischen Indus u. Orus. VII, 262. — Kerkha u. Diyalah. IX, 426. — Zab u. Diyalah. 428. — Altun Kupri u. Diyalah. 429. — Adhem, Diyalah, Kl. Zab. 536. 557. — Urmia-See u. Zab Asfal. 562. — Ghomel u. Khausser. 739. — Arares u. Urmia-See. 791. — Tigris u. Murad. X, 97. 709. 710. 904. — kasp. See u. pers. Meerbusen. 345. — Kur u. Arares. 370. — Murad u. Alfas. 380. — Arares u. Euphrat. 388. 646. — des Kara Su. 408. — zw. Frat u. Murad. 653. — Murad u. Arares. 655. — Pontus u. Euphrat. 743. 745. — Kizil Irmak (Halys) u. Euphrat. 802. — Schwarzen u. Mittel-Meer. 803. — Tigris u. Euphrat. 875. XI, 14. 395. 437. — pers. u. Mittelmeer. X, 891. — Khabur u. Zab Ala. XI, 590.
Wassersucht, in Ghilan. VIII, 672.
Wasservögel, am mittl. Indus. VII, 149. — zahlreich am Van-See. X, 302.
Wastan (Vastan, Vartan, früher Osdan, Usdan), Kastell am Van-See. IX, 987. 996. 998. 1000. X, 291. 293.
Waßa (?), Berg in Mesopotamien. XI, 418.
Wat, s. Vat, Koben W.
Wathec, s. El W.
Wathen, W. H., Sekretär des Bombay-Gouvernements. VII, 348.

Watte, bei Uiguren. VII, 597.
Webb, brit. Offizier, in Kurdestan. IX, 424.
Weberei, in Multan. VII, 67. — Agda. IX, 27. — Ardeku. 27. — Kaschan. 35. — Ilijeh. X, 698. — Hineh. 700. — Diarbekr. XI, 59. — Orfa. 332. — Sindschar. 461. — s. Baumwollen-, Teppich-, Wollenweberei.
Wechabiten, s. Wahabiten.
Wechselfieber, s. Fieber.
Weg, s. Route, Straße.
Wegmaße, in Khokand. VII, 784.
Weheb, s. Wahab, Ebi Said W. Ben Ibrahim.
Wei (Ouei), d. i. Orus. VII, 669. 699.
Wei, das östl. Tübet. VII, 351.
Wei, Dynastie in China (reg. 445 — 513, 398 — 534, 386 — 554, 386—558). VII, 361. 373. 422. 559. 610. 699. 716.
Weiber, s. Frauen, Wittwen, Mädchen ꝛc.
Wei choi, chines. General. VII, 620.
Weideland, vorzügliches, bei Susa. IX, 302. — in Iran. 340. — am obern Murad. X, 651. — am Sokma su. 847. — bei Süverek. 876. — im Taurus. 910. — am südl. Euphrat. 1112. — bei Mardin. XI, 388. — s. Alpenweide, Gras, Wiese ꝛc.
Weiden (Baum, Gebüsch), duftende, bei Och. VII, 44. — in Khokand. 777. — am Demawend. VIII, 559. — bei Schahpur. 828. — in Kurdestan. IX, 391. 430. 550. 575. 577. 610. — am Holwan. 484. — in Armenien. X, 334. — am Arares. 382. — (Salix alba) am Ararat. 500. — schmalblättrige, bei Etschmiadzin. 522. — in Pasin. 658. — am obern Murad. 672. — am Euphrat. 1076. XI, 953. — in Orfa. XI, 332. — Sindschar. 461. — neue Art am Euphrat. 691. — in Bagdad. 813. — am unt. Tigris. XI, 943. — s. Krüppel-, Trauerweiden.
Weigan, Tribus. VII, 512.
Weihen, in Ghilan. VIII, 431. — im südl. Chusistan. XI, 1029.
Weihend, Stadt. VIII, 121.
Weihrauch, in Arabien. X, 37.
Weihu, See in Turkestan. VII, 447.
Wei kan ho, Fluß bei Kutsche. VII, 446. 447.
Wein, wird von den Siapusch getrunken. VII, 208. 210. — in Kohestan. 247. — Kabul. 306. Khotan. 376. — vorzüglicher, in Turkestan. 462. — in Khokand. 633. — bei den Ansi. 655. — angebl. von Dschemschid erfunden. VIII, 25. — in Rai. 603. — vorzügl. in Siraf. 775. — desgl. in Schiras. 844. 849. 852. 769. IX, 21. XI, 1072. — in Kerkuk. IX, 553. — von Mosulanern u. Jeziden geliebt. 748. 756. — bester, in Dehkhargan. 850. — von Persern heimlich getrunken. 888. 927. — in Musch. X, 679. Armenien. 714. — Diarbekr. XI, 30. 56. — Harran. 312. — in Orfa, mit Fichtenharz versetzt. 326. — berühmter, von Anah. 717. — s. Maulbeer-W., Rauschtrank ꝛc.
Weinblätter, als Gebälkornament. IX, 380.
Weindrossel (Turdus rufus), in Mesopotamien. XI, 507.
Weinreben, Weintrauben, bei Kote. VII, 60. — gigantische, in Kaschmir. 73. — im Pendschab. 116. — in Kaferistan. 204. — wilde, in Peschawer. 220. — in Dereh-Nur. 226. — Bala Bagh. 230. — Kohestan. 245. — Nijrow. 246. — Gurbund. 248. — Kabul. 240. 305. 306. — Khokan. VII, 345. — Yarkand. 396. — in Turfan. 435. — Kurli. 444. — Schang mi 494. — als Abgaben. 518. — in China eingeführt. 637. — ausgez. Cultur in West-Turkestan. 638. — in Ferghana. 732. — Taschkend. 757.

Ghazna. VIII, 142. — Kandahar. 148. — Afghanistan. 175. — 17 Arten in Herat. 252. — in Yezd. 268. — am Elburs. 349. — in Gurkan. 354. — sehr kleine, in Ghilan. 427. 659. 673. 676. — in Masenderan. 538. — Kazwin. 588. — Rai. 602. — Kerman. 735. — Farsistan. 756. Kurbal. 769. — fehlen bei Kohrud. IX, 37. — in Jspahan. 54. — Kermanschah. 369. — Kurdestan. 454. 551. (wilde) 577. 588. 597. 611. 691. 715. XI, 92. 588. — Kerkuk. IX, 552. — Sulimanijah. 575. — Banna. 585. — Sindschar. 760. XI, 451. 457. 465. — fehlen bei Ardebil. IX, 790. — in Aderbidjan. 849. 909. 910. — Tabriz. 856. — Bitlis. 1005. 1007. X, 687. — Babylonien. X, 18. — Mesopotamien. 150. XI, 317. 495. — Bagdad. X, 215. XI, 812. — am Van-See. X, 301. 319. 323. — alte Kultur bei den Armeniern. 319. 434. — durch Noah am Ararat angepflanzt. 363. — in Georgien. 373. — Gaghzovan. 403. — am Araxes. 430. — Ararat. 480. 522. — Etschmiadzin. 519. — am Murad 554. 808. — in Musch. 664. 676. 679. 680. — fehlen am Kolb su. 696. — in Hineh. 699. — Palu. 713. — fehlen in Erzerum. 756. — vorzügliche, in Erzingan. 771. — am Kuru tschai. 806. — in Kharput. 810. — Pelvereh. 893. — im Taurus. 910. 920. — in Dibbin. 923. — Djezireh ibn Omar ꝛc. XI, 11. 15. — am Masius. 86. — vorzügliche, bei Höschn Keif, Sert ꝛc. 89. 100. — Diarbekr. 115. — am obern Tigris. 121. — bei Mosul. 202. — vorz., in Sarug. 290. — in Mardin. 388. — Kanaan. 517. — Tipari. 610. — (wilde) in Mesopotamien. 658. — in Basra. 1052.
Weioueul, d. i. Hoeihe, Uiguren. VII, 595. 599.
Weis (Wais?), Dorf am Karan. IX, 160. 165. 292. 293.
Weiß, Trauerfarbe in Turkestan. VII, 465. — Farbe der Araber. X, 1146.
Weißdorn, im Hindu Khu. VII, 269. — in N. Armenien. X, 434.
Weiße Berge, s. Tscha Spi. XI, 166.
Weißfische, im Baluk Chai. IX, 793. — Kars tschai. X, 428.
Weißmützen, s. Kelowspi.
Weiß-Thier, in Ferghana. VII, 733. 735.
Weißwild, fehlt in Kabulestan. VII, 312.
Weitsi, chines. Schriftsteller. VII, 661. 707.
Weïpouan, kleines Königreich. VII, 582.
Wekhe, s. Gou-w.
Weksch, ob Wakhan? VII, 789.
Wekschab, nördl. Oxus-Arm. VII, 701.
Wekhshab, s. Wakhan. VII, 502.
Weldah, arab. Tribus. X, 1113.
Welid, s. Walid.
Welidschan, pers. Dorf am Ararat. X, 506.
Wellsted, seine Route von Hit nach Damaskus. XI, 744 ff. — Bagdad—Hit. 777 ff. 833. — in Babylon. 904. — am untern Euphrat. 949. 982. — auf dem Schat el Hijeh. 998 ff. — in Basra. 1053.
Wels (Silurus), im kasp. See. VIII, 431. — in Masenderan. 538. — zwei Arten in Mesopotamien. XI, 509.
Welwaleh, Hauptstadt Tocharistans. VIII, 128.
Wen (Wan), als Name für die Tschaowou. VII, 650. — s. Ouen.
Wen (pers.), i. e. Pistacia sylvestris. XI, 566.
Wendehals (Yunx torquilla), in Mesopotamien. XI, 508.
Wen hian thoung khao, chines. Encyclopädie. VII, 613.
Wen Hoangti, s. Yangkien.
Wen na cha, s. Alanen. VII, 626.

Went, s. Wunt.
Wentschhingti, chines. Kaiser (reg. 452–466). VII, 422.
Wentschung, chines. Commandeur. VII, 685.
Werd, s. Ain werd.
Werdi, am Euphrat. XI, 704. 705. 706.
Werischop, Zufluß zum Kars tschai. X, 428.
Wermuth, bei Tauk. IX, 549. — im südl. Kurdestan. 551. — in der syr. Wüste. X, 1106. — im östl. Mesopotamien. XI, 484.
Werukh, Distrikt in Ferghana. VII, 734.
Werzan, s. Aien e werzan.
West-Meer, d. i. kasp. See. VII, 563. — indisch-arabisches Meer. 564. — Aral-See. 752.
Wettrennen, s. Pferderennen.
Wezir, s. Vizier, Djamah el W.
Weznèh, Gewicht. XI, 820.
Whormut, Station in Laristan. VIII, 751.
Wicken, im südl. Kurdestan. IX, 588.
Widder, Abbildung bei Jeziden. IX, 755.
Widderfiguren, auf armen. u. tartar. Grabsteinen. X, 474.
Wiedehopf (Upupa epops), häufig in Mesopotamien. XI, 360. 508.
Wien, armen. Collegium das. X, 633.
Wiesen, am Schat el Arab. XI, 1027. — s. Tschemen, Weideland.
Wilayet Beni Ismaël (Gebiet der Söhne Ismael), bewegliche Sandberge im südl. Mesopotamien. XI, 958.
Wilbraham, R., Capitain in Aderbidjan. IX, 799. 825. — Tabriz. 859. 880. — am Urmia-See. 926. — Van-See. 1001. — über Musch. X, 666. — in Armenien. 673.
Wild, häufig in Kabulestan. VII, 311. — Kars. X, 431. — selten von Moslemen gegessen. XI, 813. — s. Weiß-, Rothwild.
Wilde Jagd. IX, 480.
Wilford, F. Fr. VII, 273. 277.
Willermus Tyriensis. XI. 532.
Williamson, in Aderbidjan. IX, 866.
Willock, H., brit. Resident in Persien (Tabriz). IX, 649. 879. 880. 905.
Willock, G., brit. Major in Aderbidjan. IX, 877. 879. — über den Aker Kuf. XI, 851.
Wilson, R., am Birs Nimrud. XI, 877. — in Babylon. 885.
Wimah, irrige Schreibart für Dimeh. VIII, 567.
Winchester, Dr., Schiffsarzt der Euphrat-Expedition. XI, 754. 758. 768. 928. 949. 981. 1056.
Wind, pestilenzialischer, in Descht. VII, 227. — in Ghilan. VIII, 673. — Kurdestan. IX, 606. — Damaskus. 725. — heißer, in Mesopotamien. XI, 810. — in Bagdad. 811. — Basra. 1049. — Nord-, vorherrschend in Kabul. VII, 240. gefährlicher, im Elburs. VIII, 483. — Nordwest-, in Abuschähr. 789. — Ost-, verderblich in Mosul. XI, 217. — Südost-, heftiger, bei Erbil. IX, 693. — West-, in Kars. X, 430. erquickender, in Mosul. XI, 217. in Orfa. 328. — s. Luft, Orkan, Staubsturm, Wirbelwind.
Windebben, im kasp. See. VIII, 655.
Windfänge, in den Häusern zu Bagdad, zur Abkühlung. XI, 802.
Windmühlen, in Khorasan. VIII, 265.
Windstillen, heiße, am untern Tigris. XI, 944.
Winter, sein Anfang in Mosul. XI, 220. — s. Kälte ꝛc.
Wirbelwind (Tornado), am Ravi. VII, 50. — in Multan. 65. — in Turfan. 433. 435. — im Murghab-Thale. VIII, 236. — in Irak. 588. — Mesopotamien. X, 141. — am Euphrat. XI, 704.
Wischab (d. i. Drachenstadt), in Daron. X, 556.

Wischal, s. Al-W.
Witterungsverhältnisse, in Mosul. XI, 217. — Bagdad. 810. — s. Klima rc.
Wittwenverbrennung, bei Seikhs. VII, 132.
Wietz (armen.), d. i. sechs. X, 582.
Wladislaus IV., poln. König (1641). X, 598.
Woith, Stammoberst. X, 598.
Woiwode, d. i. Statthalter. XI, 387. 423.
Wokhan, s. Wakhan. VII, 492.
Wolf, Wölfe, zahlreich am Attreck. VIII, 372. — im Elburs. 483. 590. — selten in Ghilan. 677. — bei Abuschähr. 787. — in der persischen Salzwüste. IX, 30. — in den Hamrin-Bergen. 491. — am Ararat. X, 484. — Murad. 663. — Euphrat. 1031. 1075. — bei Mosul. XI, 202. — am Tigris. 670. — in Mesopotamien. 164. 859. — (Canis lupus) häufig im Taurus. 504.
Wolf, schwarzer (Canis Lycaon), in Mesopotamien. XI, 504.
Wolf, tatarischer, in Mesopotamien? XI, 504.
Wolfsmilch-Schwärmer, in Kurdestan. XI, 586.
Wolle, in Mawar al Nahar. VII, 746. — Gurun. X, 842. — Bitlis. XI, 94. — Bagdad. 822. — Sukel Scheyukh. 1011. — Abuschähr, Bender Abas. 1072.
Wollweberei, in Kaschmir. VII, 117. — Hit. XI, 754.
Womi, König von Khotan. VII, 362.
Wopar, Stadt in Kaschghar. VII, 419.
Worka (Workha, Orka), zwei verschiedene Orte in Mesopotamien. XI, 964. 985. 990.
Wortn, Würmer. X, 330.
Wortnug, gefrorne Schneeklumpen. X, 330.
Wostani, s. Bab W.
Woskoboinikow, russ. Berg-Ingenieur, am Ararat. X, 508.
Woppad, s. Mu W. al Arodhy.
Wudd, Ebene von Kelat. VIII, 715.
Wuddi, Distrikt von Khokand. VII, 776.
Wüste, verschiedene Bezeichnungen bei Arabern. XI, 1017. — s. Salz-, Sandwüste.
Wüstenhase, in Mesopotamien. XI, 505.
Wüstenrebhuhn, in der arab. Wüste. XI, 746. — vgl. Steppenhuhn.
Wüstenreisen, in Syrien. X, 1099.
Wüstenvogel (Murgh-descht; Geier?) in Ferghana. VII, 735. 736.
Wukcha, s. Wakhan. VII, 801.
Wuld, arab. Tribus. X, 1030.
Wulli, s. Mahommed W. Mirza.
Wunden, ihre Kur bei den Bulbas. IX, 619.
Wunderbrücke. IX, 155.
Wunderkraft der orient. Heiligengräber. IX, 549.
Wunt (Went, Wanand, Banant), armen. Distrikt (Chorzene). X, 423. 590.
Wurfspieße, aus Saccharum jaculatorium. IX, 249. — s. Lanze.
Wurmgeschwulst, in Lar. VIII, 755.
Wurwár, i. e. Merops apiaster. XI, 508.
Wúschak (arab.), i. e. Felix lynx. XI, 504.
Wuti, chines. Kaiser (reg. 140—87 v. Chr.). VII, 332. 358. 546. 685.
Wuyeou (d. h. der Trauerlose), König. VII, 365.
Wuzeri, s. Biziri.
Wuzir, s. Mir W. Ahmed.

X.

Xahari-prey, ob Teheran? VIII, 605.
Xanthier, Zweig der Daai. VII, 670.
Xartu, d. i. Djezireh ibn Omar.
Xathir, s. Ibn X.
Xenophon, sein Rückzug mit den zehntausend Griechen durch das Land der Karduchen. IX, 412. 597. 697. 702 ff. 1003. X, 9 ff. 387. 646. 657. XI, 103. 119. 128. 166. 170. 174.
Xeriffeddin, s. Scherif Eddin.
Xerre Khan, s. Serdscheh Khan.
Xerrene (Derrene), armen. Provinz (Terdschan). X, 81. 727. 769. 774.
Xerxes (Ahasverus), pers. König, sein Name in Keilinschriften 2c. VIII, 74. 78. 923. IX, 89. 305. 988. X, 309. XI, 880.
Xiphilinus, Autor. XI, 25.
Xisuthrus. X, 357.
Xousj castellum, s. Schus. XI, 190.

Y.

Yabrujus-sannuen (Mandragore, Atropa Mandr.?), in Ferghana. VII, 736.
Yabun, s. Kizil Y.
Yaçna (Jzeschné), d. h. Liturgie, Gebet, Abtheilung der Vendidad. VIII, 42. 73.
Yacub, s. Yakub.
Yadgar, s. Baba Y.
Yadscha, d. i. Badakhschan. VII, 683. 707.
Yäuk, Götze. VII, 281.
Yaftah-Kuh, Gebirgskette in Luristan. IX, 208. 339.
Yaghan, Dorf am Binghol Su. X, 393.
Yaghistan, d. h. Land der Rebellen, in den Khyber-Bergen. VII, 224.
Yaguth, Götze. VII, 281.
Yahia (Johannes), s. Abu Mokhaif Lut Ben Y., Costas ben Y., Hekim ben Y., Scheikh Y.
Yahudi, s. El Y., Yehudia.
Yahya, s. Yahia.
Yai (turk.), d. h. Sommer. VII, 736.
Yaiklung, alter Mauerpfeiler in Afghanistan. VIII, 159.
Yaila, Yailak (Yeilak), d. i. Sommerweide, Sommerstation. VII, 310. 763. VIII, 361. 382. 386. XI, 597.
Yailasch (Jallach), Ort am Euphrat. X, 923.
Ya'inu, Münze. VII, 394. 413.
Yaksu, Tigris-Quellarm. X, 93. 696.
Yakub (Jakob), s. Khoph Y., Koh Kosreh Y., Mar Y., Mulla Y.
Yakub Ansar, sein Grab im Balkasch-Gebirge. IX, 808.
Ya'kubi, d. i. Jakobiten. XI, 116.
Yakusch, s. Ak Y.
Yakut, arabischer Autor. IX, 470. — vgl. Jakuti.
Yakut Buttak, Sprudel in Aderbidjan. IX, 807.
Yalk-alim (Yelk-alan, Yalpan), Dorf bei Hamadan. IX, 72.
Yalootimoor, s. Yeltomar. IX, 600.
Yalpan, s. Yalk-alim.
Yaltemir, Ort in Kurdestan. IX, 941. — s. Yeltomar.
Yam, Gränzstadt von Khokand. VII, 771.
Yam, in Aderbidjan. IX, 908.
Yama, Gränzstadt von Khotan. VII, 771.
Yamaniar, Yamanyar, Zufluß zum Tarim. VII, 327. 418. 488. 492. 496.
Yamla, Manna-Art? VII, 598.
Yamud, Sohn Arsari's. VIII, 410

Yamud (Yamut, Yimut, Yimoot, Jimud, Jomud, Jemet), Turk-Tribus. VIII, 355. 358. 360. 368. 407. 410. — s. Asterabad Yamud.
Yamud Chuni, Turkstamm. VIII, 411.
Yamur Tagh. X, 797.
Yamut, s. Yamud.
Yanghin, Station in Turkestan. VII, 479. 487. — s. d. f.
Yangi (Otrar), in N. Turkestan. VII, 731. — s. Yanki.
Yangihissar, s. Yengi H.
Yangi-yuli (d. h. die neue Route), in Kohestan. VII, 252.
Yangkien, chines. Kaiser. VII, 562.
Yangkuan, Fort. VII, 711. 716.
Yanky Dunia (kurd.), d. i. die neue Welt. IX, 808.
Yangti, chines. Kaiser. VII, 561. 562.
Yanki (Yankhi), d. i. Yarkand, Kutsche, Kharaschar, Hauptstadt der Uiguren. VII, 407. 445. 563. 567. — s. Yanghin.
Yanthsai (Yen tsai, An Thsai, Alan, Alanna), indogermanisches Volk. VII, 560. 609. 611. 625. 635. 655.
Yantun, Südthal von Kaschghar. VII, 615.
Yao. VII, 428.
Yaoschan, d. i. Wermuth. IX, 549. — vgl. Yeohang.
Yar, s. Char Y.
Yar Ali, Fürst von Mosul. XI, 184.
Yaran, s. Khwajeh-seh-y.
Yarbassan, Dorf am Kara Bel. X, 901. 916.
Yard, d. i. Schritt. VII, 148. XI, 223.
Yareeca, s. Yarika.
Yaremdjeh (Yaremjeh), s. Jeremdscha.
Yarika (Yareeca), Ort in Syrien. X, 1092. 1093. 1095.
Yarimjeh, s. Jeremdscha. XI, 239.
Yarin Tepeh, s. Yasin T.
Yarkand (Yarkend, Yerkend, Yerkiang, Yerkim), Stadt u. Land an der chines. Westgränze. VII, 18. 284. 345. 350. 389 ff. 471 ff. 506. VIII, 698. — Dist. VII, 216. 353. 413. 415. 420. 447. 473.
Yarkend Daria, Fluß von Yarkand. VII, 13. 328. 399.
Yarkha-Khan, in Barkul. VII, 512.
Yarkhoul, s. Rud Y.
Yarkiang (Yarkigang), d. i. weite Landschaft, Yarkand. VII, 401. 567.
Yarma, d. i. zerquetschter Waizen. VIII, 413.
Yarmak, Münze. VII, 416.
Yarmazar, Gränzfort Khokands. VII, 768. 770.
Yascheb, s. Yescheb.
Yasdi, d. i. Seidenzeuge aus Yezd. VIII, 681. — s. Comasche Yasdi.
Yasinjah, Dorf am Euphrat. X, 923.
Yasin Tepe (Yarin Tepeh?), Ruinen in Schehrezur. IX, 444. 459.
Yavanas (Jonier). VII, 606. 680. VIII, 106.
Yaya (kurd.), d. i. Frau. IX, 625.
Yayan, d. i. Schiedsrichter. VII, 394.
Ya yeu niao, Fettvogel. VII, 458.
Yazata (Zend), d. i. Izeds. VIII, 78.
Yazato, d. i. Yezd. VIII, 106. 266.
Yazdi, s. Yasdi.
Yazlutasch (d. h. beschriebener Fels), Steinblock u. Dorf am Van-See. IX, 993. X, 319.
Ye, Königstitel bei Tokharen. VII, 700.
Yechilgol, s. Yeschilkul.
Yedeh, Stein. VII, 394. — s. Jade.
Yedibaluk, am Araxes. IX, 870.
Yedi Kardasch, d. h. die sieben Brüder, berühmte Schmiedefamilie in Erzerum. X, 768.
Yedi-Kilissa, s. Warrakh-K.
Yegni Dschulfa (Yengi Dsch?),

d. i. Neu = Dschulfa, bei Ispahan. X, 601.
Yehudia, Stadttheil Ispahans. IX, 42. X, 588. — s. Jehuda, Yahudi.
Yeiita, s. Yetha.
Yeïk Tepessi, vulkanischer Kegelberg bei Arghana. XI, 18.
Yeilak, s. Yailak.
Yeilat, Distrikt in Fars. VIII, 874.
Yeke Auleng, Ort. VIII, 138.
Yeklid (Eklid), Stadt in Fars. VIII, 872.
Yekmate, Dorf am Van = See. X, 318.
Yekmezar, s. Hazar ve y.
Yelali, Dorf in Aderbidjan. IX, 1015. — vgl. Jelali.
Yelk=alan, s. Yalk=alim.
Yeltomar (Yalootimur, Tetaweh), Dorf u. Fluß in Aderbidjan. IX, 600. 941.
Yemtscher Tepeh, am Diyalah. IX, 490.
Yengaga, Affschar=Dorf am Kisil Osen. VIII, 618. 619.
Yenghi hissar, s. Yengi H.
Yenghijeh, s. Yenkicheh.
Yengi, vgl. Yegni.
Yengi Daban, Engpaß von Yarkand. VII, 474.
Yengi Hissar (Y. Hiszar, Yenghi hissar, Yangi h., Ynggachar, Inggachar, Ingazar, Inkatsarhan), d. i. neue Festung, in Yarkand. VII, 396. 400. 415. 417. 420. 449. 451. 516.
Yengi Schehr, Ruinenstadt bei Harran in Mesopotamien. XI, 374.
Yenijah, Dorf. X, 848. — vgl. Yenkicheh.
Yenki, s. Yanki.
Yenkicheh (Yenghijeh), Dorf am Tigris. X, 230. — vgl. Yenijah.
Yeng siang che. VII, 519.
Yen tsay, s. Yan thsai.
Yen=tscheou, Provinz von Khotan. VII, 377. VIII, 706.
Ye ölh khiang (chines.), d. i. Yarkand. VII, 401.
Yeohang, unbekannte medicinische Substanz. VII, 494. — vgl. Yaoschan.
Yer (türk.), d. h. Land. VII, 401.
Yerekbagh=Thor, in Yarkand. VII, 393.
Yerkend (Yerkiang, Yerkim), d. i. Yarkand. VII, 391. 401.
Yerman, s. El Y.
Yerna Khaneh Yezid, Berg in Persien. VIII, 447.
Yerrim=Mases (d. h. sorglose Schurken), Räuberbande bei Kerbelah. XI, 839.
Yescheb, Yascheb (pers.), d. i. Ju=Stein. VII, 349. 386. 406.
Yeschi Derak (Issi Derik), Fluß u. Gau. VII, 709.
Yeschil Irmak (Lycus), Fluß zum Pontus. X, 528. 797.
Yeschilkul (Yechilgol), d. h. gelber See. VII, 354. 710. — vgl. Issikul.
Yeschm, d. i. Ju=Stein. VII, 386. 388. 389.
Yessa, s. Schorbulak Y. Kantschak.
Yetcha, Stadt. VII, 648.
Yetha (Yta, Yita, Yeiita), d. i. Geten, Gränzstamm der Tokharen. VII, 421. 568. 648. 675. 699. 700. 703 ff. — vgl. Yueti.
Yeuwulla, Dorf in Kurdestan. IX, 426.
Yezd (Yazato, Jesd), Oase und Stadt der pers. Salzwüste. VIII, 106. 265 ff. 681. 728. (berühmt durch Weiber) IX, 21. — Dist. VIII, 152. 249. IX, 25.
Yezdan, d. h. Licht. VIII, 265.
Yezdan Baschis (d. h. Gottgegebene), Tribus in Kurdestan. IX, 414.
Yezdan Bukhsh, Gebirgshäuptling. VII, 263.
Yezdanperest, d. h. Lichtanbeter. VIII, 265.
Yezdawah, Dörfergruppe bei Yezd. IX, 27.
Yezdedgerd I. (Yezdegerd, Jezdedjerd, Jesdedjerd, Isdedjert, Isdegert rc.), Sassanide (reg. 400). X, 62.
Yezdedgerd II., vernichtet ar=

menische Bibliotheken (439). X, 537. XI, 73.
Yezdedgert III., Sohn Schahriars, der letzte Sassanide (642). VII, 580. 645. — sein Tod in Merv. VIII, 232. — Schlacht bei Nahawend rc. IX, 35. 96. 467. X, 173. — vgl. Taje ad Douleh Y., Kalahi Y.
Yezdekhast, s. Yezidkhast. VIII, 9.
Yezdigird, s. Yezdedgerd.
Yezid (Jesid, Jezid), s. Yerna Khaneh Y.
Yezid, Khalif in Damaskus (stirbt 683 n. Chr.). IX, 748.
Yezid, Khalif, Christenfeind (725) XI, 290.
Yezid, Sanctus der Yeziden. IX, 760. — s. Scheikh Y.
Yeziden (Yezidier, Jesidier, Jesiden, Jeziden), Teufelsanbeter, ihre Religion u. Wohnsitze, in Kurdestan. IX, 630. 632. 696. X, 92. 684. 694. XI, 139. — im Buhtan-Gebirge. IX, 712. — bei Mosul rc. 733. 740. XI, 203. 211. 315. — Amadia. IX, 741. — als Bez. für Gottlose. 748. — Ursprung. 751 ff. 760. — am Ararat. 917. — in Taschkent. 995. — im russ. Armenien. X, 609. — im Khandusch Dagh. 693. — in Diarbekr. XI, 112. — in Sindschar, Mesopotamien. X, 283. XI, 149. 363. 382. 439. 440. 442 ff. 449. 587. 1007. — vgl. Zuziges.
Yezidendörfer, am Zab Ala. IX, 696. — im Buhtan-Gebirge. 712. — N. Kurdestan. 726.
Yeziden-Papst. IX, 740.
Yezidhane, s. Jesidhane.
Yezidi, s. Murid Al Y.
Yezidi-Kurden, im Sipan Dagh, Bayazed rc. IX, 750. 759. 976. X, 352.
Yezidkhast (Yezdekhast), Ort in Persien. VIII, 9. IX, 14. 17. 898.
Yimoot (Yimut), s. Yamud.
Yingkieou, Teppichart. VII, 656.
Ying tschon tseu, Pilger. VII, 706.
Yin mo fu, s. Jn mo fu.
Yintu, d. i. Nord-Hindostan. VII, 669. 676.
Yita, s. Yetha, Yta. VII, 706.
Yithian, Volk. VII, 707.
Yking. VII, 634.
Yklawa, s. Bal y. su.
Ylekhany, s. Zydje Y.
Ylm, s. Dar al y.
Ymak, s. Jsmael Khurdeh Y.
Yming, s. Khodja Y.
Yminghodschu, s. Khodja Yming.
Yngasaölh, s. d. f.
Ynggachar, s. Yengi Hissar. VII, 400. 417.
Yntsi, s. Sen dseu.
Yo, Yotching, Hauptstadt der Ta Wan. VII, 639.
Yoghurt (Yughurt), d. i. saure Milch. IX, 584. 693. X, 334. 657. — s. Schir.
Yohanna (Johannes), Nestorianer-Name. IX, 673. 686. — s. Mar Y.
Yokareh, s. Pakengog. X, 705.
Yokari Basch (Jokaru Bach), d. i. Oberkopf, Jlat-Familie. VIII, 400. 401.
Yokhah (Jökha), Trümmerhügel im untern Mesopotamien. XI, 989. 997.
Yo kin, eine Art Steinhonig, Parfüm od. Kraut? VII, 656. 688.
Yokin, s. Hohan.
Yol, Wegmaß. VII, 395.
Yongking. VII, 519.
Yoros, s. Cap Y.
Yotching, s. Yo.
Youan, König. VII, 700.
Youan yang, Vogelart. VII, 495.
Youechi (Youeïchi), s. Yueti, Ta Youeïchi. VII, 560. 568. 571.
Youeï chi fou, d. i. Ahouan. VII, 571.
Youeijuti, Stadt (?). VII, 649.
Yougur, s. Bukur. VII, 444.
Youlong-gacha, d. i. Jurungtasch. VII, 349.
Youngkuei, chines. General. VII, 526.

Yousef-zy, s. Eusofzyes. VII, 213.
Yowschanly (ob = Schobanley?), Ort im Norden des Urmia-Sees. IX, 961.
Ysop, selten in Ghilan. VIII, 677.
Ὑσπιράτις (Strab.), s. Hisperitis. X, 774.
Yta, Capitale. VII, 704. — vgl. Yetha, Yueti, Geten.
Ytghuch (Keilschr.), Volk. VIII, 22. 80.
Ythaguri, Volk. VIII, 80.
Ytou, chines. Provinz. VIII, 707.
Ytscheu, d.i. Ssetschuan. IX, 274.
Yu, s. Ju. VII, 328.
Yuan kui mi, Usun-Prinz. VII, 618. 619. 621.
Yuanti (Hiao yuan ti), chines. Kaiser. VII, 685.
Yue, Yuechi, Yuedschi, s. Yueti, Ta Y.
Yueichifu, Hauptstadt der Yta. VII, 700.
Yueitchi, Yuciti, s. Yueti, Ta Y.
Yümen. VII, 716.
Yuen, Dynastie (reg. 1280—1341). VII, 544.
Yüni, Hauptstadt von Schenschen. VII, 332.
Yü su nu ölh thu schi, Stadt von Kaschghar (?). VII, 419.
Yuete, Yuethe, s. d. f.
Yueti (Yueitchi, Youechi, Youeïchi, Yuedschi, Yuetschi), Groß- und Klein-, das Land der Geten (Sogdiana, Tokharestan). VII, 359. 362. 420. 548. 560. 568. 571. 604 ff. 615. 617. 627. 629. 672 ff. 676 ff. 691. — vgl. Yetha, Ta Youeïchi, Ta Yueta, Zeta, Geten.
Yueti, als Name für Chintu. VII, 712.
Yütiän, s. Khotan. VII, 343. 358.
Yuetschi, s. Yueti. VII, 359. 362. 420. 421. 548.
Yughurt, s. Yoghurt.
Yugor, s. Uiguren. VII, 445.
Yuhannah (Johannes), s. Yohanna, Mar Y.
Yulcul, Dorf in Ardelan. IX, 815.
Yuldus (Yulduz), d. i. Morgenstern. VII, 441. 591.
Yulduz (Dschuldus), Königreich, Alpenland von Kharaschar. VII, 329. 392. 431. 434. 436. 441. 442. — s. Cailac, Barun Y., Ketschik Y., Oluc Y.
Yulkhaneh, in Turkestan. VII, 484.
Yumuk, d. i. Eimak. VIII, 135.
Yun, Pilger. VII, 706.
Yunas-Beg, Hakim von Kaschghar. VII, 412. — s. Yunus Bey.
Yunedezu, s. Dezi mi y.
Yunes, s. Yunis, Jonas. XI, 184.
Yunes ebn Mati, d. i. Jonas der Prophet. XI, 187.
Yung Alley, Dorf in Aderbidjan. IX, 807.
Yungming, d. i. Uschi. VII, 431.
Yungningtsching, d. i. Aksu. VII, 452.
Junguk (Gurkus), Stamm der Goklan. VIII, 408.
Yunhoeï, duftendes Kraut in Khotan. VII, 376.
Yunis, s. Jonas, Yunus.
Yunis Khan, Mongholenfürst. VII, 737.
Yunis Khodja, erblicher Chef in Taschkend. VII, 779.
Yunis Wang, chines. Gouverneur. VII, 476.
Yunk, s. Mogi-y.
Yunus, s. Jonas, Yunes, Nebbi Yunus.
Yunus Bey. IX, 448. — s. Yunas-Beg.
Yunus Yegumber (türk.), d. i. der Prophet Jonas. XI, 229. 233.
Yunus Peighamber, s. d. v.
Yunx torquilla, d. i. Wendehals. XI, 508.
Yunyahli, Dorf am obern Murad. X, 653.
Yuruk, d. h. Wanderer. VIII, 378.
Yus, s. Yuz.
Yusch, das böse Princip, in Caumdaisch. VII, 209.
Yuse (pers.), Tigerart. XI, 503.

Yusofzies, s. Eusofzyes.
Yusse, Gesetzbücher der Polonen. VII, 609.
Yusuf (Joseph), s. Ebu Y. Ischa el Kathii, Hadji Y. Agatscheh, Kurd Y. Dagh, Mar Y., Mirza Y.
Yusuf, nestor. Bischof zu Ada. IX, 678.
Yusuf Aga, Gouverneur von Ceilan. IX, 551.
Yusufah, Dorf in Sindschar. IX, 459.
Yusufi, s. Mir Y.
Yusufie, s. Josephs-Kanal.
Yusuffend, Dorf in Aderbidjan. IX, 604. 1015.
Yuthi, s. Khokand. VII, 634.
Yuthian, d. i. Khotan, Tarimfluß. VII, 328. 343. 354. 358.
Yutien, d. i. Khotan. VII, 563.
Yuwar, Tigris-Kanal. XI, 1016. — vgl. Juwar.
Yuz, Yus (pers.), i. e. Felis jubata. XI, 503.
Yuz-kyeli, d. i. Obrist über Fünfhundert. VIII, 408.
Yuzveren, Dorf. X, 394.

Z.

Z u. D werden von Kurden oft verwechselt. IX, 421.
Zaade (Zade), s. Dschärri Z.
Zaaferania-Kette, in N. Kurdestan. IX, 695.
Zab, s. Dab, Tab, Zeï.
Zab, Stadt am Euphrat. X, 236.
Zab, Seitenfluß am untern Tigris. X, 233. 237.
Zab, verschiedene Zuflüsse zum Tigris, ihre Namen bei den Alten. IX, 519 ff.
Zab Ala, d. i. der große Zab, Zufluß zum Tigris. IX, 523. 598. — Uebersicht. 639 ff. — oberer Lauf. 641 ff. — mittlerer Lauf. 653 ff. — unterer Lauf rc. 690 ff. 728. 1030. XI, 583 ff. 621. (Quellen) 643. 655. 664.
Ζαβᾶν, s. Zab. IX, 522.
Zabar, s. Dab. IX, 654. 690.
Zab Asfal (Altun Su, Kapros), d. i. der kleine Zab, Fluß von Altun Kiupri, Zufluß zum Tigris. IX, 519. 521. 523. — Uebersicht. 558 ff. — Quellen, oberer Lauf. 563. 565 ff. — mittlerer u. unterer Lauf. 633 ff. 666. 1033. 1035. XI, 677.
Zabat (Zabatos b. Xenoph.), d. i. Zab, Seitenarm des großen Zab, Fluß von Hekkari. IX, 518. 645. 666. 703. XI, 174.
Zabda (Zabde), s. Beth Z.
Zabdaei (Sozom.), die Bewohner von Zabdicene, Djezireh ibn Omar. XI, 149.
Zabdaeum castrum, d. i. Bezabde. X, 253.
Zabdicene, römische Provinz am Tigris (Djezireh ibn Omar). IX, 712. X, 90. 158. XI, 149.
Zabdyta, s. Gozarta Z.
Zabit, d. i. Unteroffizier, Gouverneur. XI, 433. 454.
Zabla, s. Sabla. IX, 323.
Zab ol Asgar, d. i. der kleine Zab. XI, 666.
Zabre (arab.), i. e. Satureja hortensis. XI, 502.
Zabul, s. Saabul, Sabul.
Zabulestan, s. Sabulestan.
Zacaria Kazwini, s. Zakaria Kazwini.
v. Zach, Karte des Schwarzen Meeres. X, 746.
Zachäus, sein Grab in Mar Mattei. IX, 737.
Zacharias, Bischof von Melitene. XI, 30.
Zad, s. Arfah-, Harah-, Khanehzad.
Zada, s. Zade, Akhund Z., Ibrahim Schah Z., Schah z. Ahmed.
Zadadrus (Ptolem.), d. i. Setledsch. VII, 31.
Zadahi, s. Imam Z. Pir Mar.
Zade (Zadeh), s. Zaade, Zade, Beg Z., Imam Z., Pir Z., Schah Z.
Zadoc, Bruder des nestor. Patrichen. IX, 678. 686.

Zabracarta (Zabra karta), Stadt Hyrkaniens (Sari?) VIII, 119. 457. 531.
Zabriadis, armen. König. X, 83.
Zafaran (Zaferan), s. Zaffaruni, Deir ez Z.
Zafar Nameh, s. Zefer N.
Zaferan, s. Zafaran.
Zafferanlu (Zaferânlu), Tribus in Khorasan. VIII, 311. 393.
Zafferuni, s. Zafaran, Robat Z.
Zaga (Zagha), Dorf in Ardelan. IX, 814. 815.
Zaghar (Ssaghar), d. i. enger Paß zw. hohen Bergen an der Gränze von Feindesland. IX, 131.
Zagr, i. e. Corvus corone. XI, 507.
Zagri pylae (jetzt Sarpul, Serpul), Zagros-Paß. IX, 387. 394. — s. Zagros-Pässe.
Zagros (Zagrius), Tauruskette, das Scheidegebirge zw. Medien und Assyrien, Babylonien, die Hochkette bei Banna in Kurdestan ꝛc. VIII, 90. 116. IX, 9. 58. 110. 130. 203 ff. 326. 427. 429. 585. 694. 705. 706. 1008. X, 77. XI, 931. 939. — vgl. auch Puschti-Kuh.
Zagros-Pässe, von Medien nach Assyrien. IX, 388. 394. 460. — s. Zagri pylae.
Zagura (Tab. Peut.), Station in Mesopotamien. XI, 254.
Zahar, s. Mar Z.
Zahedan, Dorf in Farsistan. VIII, 761.
Zaheritidis (richt. Al Zariah, d. h. die blühende), Quelle des Khabur. XI, 263.
Zahire (fons floridus), Quelle Ras al ain. XI, 378.
Zahlensystem der Siapusch. VII, 208.
Zahlwörter, armen. X, 581.
Zahnärzte der alten Aegypter. IX, 275.
Zahon, Kastell am Euphrat. XI, 726.
Zahreh, s. Zareh.
Zahtân, Altvordern der Montefik. XI, 1001.
Zaiande (pers.), d. h. hervorsprudeln. IX, 22.
Zaiandeh-rud, s. Zendeh-rud.
Zaid, s. Zeid, Said, Sayd, Saysid, Seid, Seyd, Seyed.
Zaidain, s. El Z.
Zaid Ibn Arkam, Begleiter Mohammeds. IX, 135.
Zaid Ibn Thabet, Begleiter Mohammeds. IX, 135.
Zailang, d. i. Schakal. VII, 457.
Zaitem, s. Zaitun.
Zair, s. Ibn Z. Ansari.
Zaitha (*Zavθá* b. Zosim), d. i. Oelbaum, Ort am Euphrat. X, 140. 1143. XI, 376. 696. 703. — vgl. Zeitun.
Zaitun, chines. Hafen. IX, 136. 269. 270.
Zaituni, s. Wadi Z.
Zak (Scheb), d. i. Alaun. IX, 547.
Zakari, Distrikt in N. Kurdestan. IX, 689. — vgl. Hekkari.
Zakaria Kazwini (Zacarya K.), Schriftsteller (st. 1275), über Rai ꝛc. VIII, 566. 601. 776. — Hamadan ꝛc. IX, 119. 361. — Schehrezur. 446. — Schiz. 1047.
Zak'har, armen. Fürst. X, 442.
Zakho, irrig st. Zohab. IX, 395.
Zakho (Zakhu, Zaku, Sacho, Sachu), Stadt am Khabur in N. Kurdestan. IX, 658. 704. 705. 714. 715. 716. 717. 718. 730. (Yeziden das.) 760. X, 658. XI, 159. 165. 167. 169.
Zakho, linker Zufluß zum Tigris. IX, 730. XI, 12. 168. — vgl. Saku.
Zakho-Ebene. IX, 731.
Zakho-Kette (Zakho Dagh), in N. Kurdestan. VIII, 17. IX, 690. 695. 707. 710. 712. 714. 721. 725. 730. XI, 168. — Höhe. VIII, 17. IX, 711. X, 905.
Zakho-Paß. IX, 705.
Zakhu Bing tagh lar, d. h. die tausend Berge von Zakho. IX, 710.

Zako, Zaku, s. Zakho.
Zal (contrah. aus Zalal), s. Abi Z., Ab-Z.
Zalal, d. i. rein, klar. IX, 411.
Zali, Abtheilung der Memekkani. VIII, 391.
Zal Khan, Gouverneur von Khescht. VIII, 820.
Zallaki, s. Sallaki.
Zalm (auch Sertschinar), Zufluß zum Diyalah oder Tajrud. IX, 416. 417. 429. 447. 565. — vgl. Zelm.
Zalvir, Fluß von Marand. IX, 909.
Zamakan (Chami Z.), Zufluß zum Diyalah. IX, 415.
Zamarthas, mesopot. Festung. XI, 377.
Zamber Kidar, Ebene am Mori-Gebirge. VII, 83.
Zamestan, s. Zerbi-Z.
Zamïe, Festung. VII, 771.
Zamin (Zemin), s. Bakhtur Z.
Zammiak, Ruinen im Pendschab. VII, 104.
Zamo si tie ti, Gegend(?). VII, 496.
Zan, s. Kotel Pir a Zan.
Zananey, Dorf am obern Tigris. XI, 120.
Zang, s. Si Zang.
Zangawan, Ebene, rechter Seitenfluß des Kerend. IX, 393. 399.
Zangezor, Dorf im russ. Armenien. X, 418.
Zangi, arab. Zlats. VIII, 392.
Zanguina (Sunavan), Dorf in Irak Adschem. IX, 64. 69. — vgl. Zenguene.
Zangukeb, d. i. Fluß von Zenji. X, 399.
Zantiote. IX, 127.
Zanton, s. Zaitun. IX, 270.
Zaonia, Land in Mesopotamien. XI, 756.
Zapaortenon, Berg in Parthien. XI, 407.
Zapharense monasterium, bei Mardin. XI, 383.
Zar, s. Kari Schuter Z.
Zara, Ort. X, 751.
Zaraba, Station in Aderbidjan. IX, 916.
Zaraetis. X, 360.
Zaragardia, s. Ozogardana. X, 142.
Zarak, s. Zarangen. VIII, 100.
Zara Khatun, Dorf in N. Kurdestan. IX, 697.
Zarangen, Volk in Drangiana. VIII, 20. 59. 63. 100. — s. Sarangen.
Zaras-Berg, d. i. Zagros. IX, 445.
Zaraspus (Moses Chor.). IX, 85.
Zaratutscht, s. Zerduscht, Kabah Z.
Zaraunjau, Dorf in Kurdestan. IX, 426.
Zarayangh (Zend), d. i. See. VIII, 64.
Zarayo (Zend), d. i. See. VIII, 64.
Zarayo vourukachĕm, d. h. großes Wasser. VIII, 65.
Zarbe, d. i. Zab. IX, 521.
Zarb Sui, d. i. starker Fluß, IX, 521.
Zard, s. Zerd, Abi Z., Kiusch i Z.
Zardah, s. Van Z., Kuhi Z.
Zardah, Zagros-Berg. IX, 389.
Zardah, Dorf in Zohab. IX, 467. — vgl. Zarteh.
Zardawar, s. Tangi Z.
Zardeh Kuh, s. Kuhi Zerd.
Zard Karta (d. h. gelbe Stadt), ob Sari? VIII, 531. — s. Zadracarta.
Zaréh (Pehlvi), d. i. See, Wasser, die Meere der pers. Kosmogonie. VIII, 42 ff. 64. 65.
Zareh (Zahreh, Aria palus), See in Sedschestan. VIII, 7. 132. 153. IX, 787.
Zarehavan (Zaruana b. Ptol.), alte armenische Stadt. X, 336. (Juden das.) 588.
Zareng, s. Zareh-See. VIII, 153.
Zariah, s. Al Z.
Zariaspe, alte Capitale der Baktrer. VIII, 56. 66.

Zariaspen, Volk. VIII, 66.
Zarin-rud, d. i. Goldstrom. IX, 22. 59. 66. 68. — s. Zerineh-rud.
Zaris, s. Artemis, Anahid. X, 83.
Zariya, s. Tura Z.
Zarkäischer Berg (Mons Zarkaeus), d. i. Zagros, Berg bei Ekbatana ꝛc. IX, 110. 131. 357.
Zarkhan, s. Zergun. VIII, 8.
Zarnah, Ruinen am Gangirfluß, Zagros-Ebene. IX, 397. 421. 422.
Zarovand, s. Sarewan.
Zarrah (pers.), d. i. See. VIII, 64.
Zarrah Schuran (d. h. Goldwäschen), Bergkluft in Aderbidjan. IX, 1044.
Zarteh, Ort bei Yezd. IX, 26. — vgl. Zardah.
Zarten, Zartom, s. Zaitun.
Zaruana (Ptol.), s. Zarehavan. X, 336.
Zaruschan, Sandschak von Kars. X, 424.
Zatagadus (Keilschr.). VIII, 101. — s. Sattagyden.
Zatha, s. Abuzatha.
Zauberei, bei den Seikhs. VII, 130.
Zaubo, Bischofssitz (?). XI, 419.
Zaugie (Zengis, Zingar), nubische Sklaven. IX, 225.
Zaunkönig (Regulus), in Mesopotamien. XI, 508.
Zaura, d. h. die schiefe, mit den schiefen Thoren, Bagdad. X, 200.
Ζαυθά (Zosim.), s. Zaitha. X, 140.
Zava, alter Name für Turbut Hydere. VIII, 285.
Zavars, d. i. Pilger. IX, 61.
Zavia (Zaviah), Station in Aderbidjan. VIII, 558. IX, 923.
Zaweija, s. Zawiyah.
Záwi (d. i. Zab), s. Berdi-Z.
Zawithah (Zawitlah? Sawitha), Dorf in Tiyari. XI, 599. 614.
Zawiyah (Zaweiia), Dorf am obern Tigris. XI, 123. 933.
Zawr, s. Zl Z.
Zayd, s. Zaid, Hisn Z.
Zaza, d. h. Stotterer, Schimpfname für Kurden. X, 695.
Zearud, Bergstrom zum Kisil Osen. VIII, 640.
Zebaid, s. Scheich Z.
Zeban, d. i. Zunge. VIII, 381. — s. Zlats Areb-Z. ꝛc.
Zebar, Dorf in N. Kurdestan. IX, 718.
Zebari, Gebirgskette u. Distrikt in N. Kurdestan. IX, 654. 690. 691. 725. 728.
Zebedaei, Einwohner von Zabdicene. XI, 149.
Zebedaei castrum, d. i. Djezireh ibn Omar. XI, 149.
Zebedaei insula, d. i. Djezireh ibn Omar. XI, 148.
Zebedaeum castrum, d. i. Bezabde. X, 253.
Zebeen, s. Sewinn. X, 421.
Zebeki, Kurdentribus. X, 333.
Zebin, Fluß in Armenien. X, 406. — s. Sewin.
Zebir Pascha, in Amadia. IX, 659. 740.
Zebrakh, d. i. junger Stier. XI, 312.
Zebu, s. Buckelochse.
Zebur, d. i. Psalter Davids. XI, 301.
Zebur'-i-awel, d. i. erster Psalter, heil. Buch der Sabier. XI, 301.
Zedekia, jüdischer König. X, 249. sein Grab am Euphrat. 266.
Zedik, Dorf in Aderbidjan. VIII, 15. 666. 667.
Zeeb, d. i. Zab. IX, 521.
Zeech, bei Maragha. IX, 836.
Zefer nameh (Zafar Nameh), Werk Khondemirs. IX, 140. 794.
Zehai, Zehav, d. i. Zohab. IX, 396. 442. 450. 465.
Zeheb, s. Ain el Z.
Zeherch, Dorf am Euphrat. X, 946.
Zehra, s. Spin Z.
Zehrfieber, s. Schwindsucht.
Zeï, d. i. Zab, Labijanfluß, auch Fluß überhaupt. IX, 1032. 1035.

Zeid, s. Zaid, Abuzeid el Haçen, Hair Ben Z.
Zein, s. Ali Awsut Z. ul Aubidin, Ali Ebn Z. al Cateb.
Zeir, arab. Fürstenfamilie in Zobeir. XI, 1049. 1065.
Zeirin, s. Bestai Z.
Zeiten der Frauen (Menses), Menschenplage von Ahriman. VIII, 34.
Zeitrechnung, s. Armenische, Edessenische Z.
Zeitun (arab.), d. i. Olive, Oelbaum. IX, 135. XI, 501. 516. — s. Situhn, Zaitha.
Zeitun (richt. El Zaidain, d. i. die Stadt der zwei Zaids), Stadt am Tabfluß in Daschtistan. IX, 134. 135. XI, 526.
Zeïtun, Ort mit Eisengruben. X, 799.
Zeitun, Stadt in Afrika (Siwah). XI, 521.
Zekan (wol irrig statt Zeban?), s. Lur Z.
Zekia, Dorf am untern Tigris. XI, 948.
Zekria, s. Kakor Z.
Zekterij, Dorf am Euphrat. X, 880. 943.
Zelan-Dereh, Thal in Armenien. X, 335.
Zelanli, Kurdentribus bei Bayazed ꝛc. X, 336. 344.
Zelazal (hebr.), d. i. Heuschrecke. VIII, 812.
Zelibi (Zelebi, Seleby, Tchelibi, die alte Zenobia), Schloß am Euphrat. X, 133. 980. XI, 266. 685. 687. — vgl. Tschelebi, Subian Seleby.
Zelm, Berg in Schehrezur. IX, 446. — vgl. Zalm.
Zeltaraber, s. Arabes scenitae.
Zelte, der Ilats. VIII, 385. — der Kurden. IX, 713.
Zelt-Kurden, in Mesopotamien. XI, 143.
Zelzeleh, s. Zibzeleh.
Zem, d. i. Familie, Stamm. VIII, 376.
Zeman, s. Beddi al Z., Mekam Saheb Z.
Zemaun, s. Zuman, Schah Z.
Zembil Tepessi, Trümmerhügel bei Ninive. XI, 226.
Zemendar, Oase Afghanistans. VIII, 151.
Zemerud, s. Bagh Z.
Zemin (Semin, Zamin, Zumin), s. Balhterzemin.
Zemindawir, Stadt Afghanistans. VIII, 159.
Zemin Mussundar, d. i. Wegmesser. VIII, 717.
Zemrud, s. Bagh Z.
Zemujan, s. Timidschan.
Zemzem-Dagh, bei Van. IX, 991. X, 315.
Zend, Volk u. Sprache. VIII, 28. 29. 45 ff. 50 ff. 71 ff. 83. 268. — Kultus am Urmia-See. IX, 961. — Inschriften bei Bisutun. 361. bei Van. X, 308.
Zend, Ilat-Tribus. VIII, 389. 402. — Kurdenstamm. IX, 613. — vgl. Zun.
Zendan (d. i. Gefängniß), Ruinen im Bagdad-Gebiet. IX, 500. 501. 502. — vgl. Zindan.
Zendan Dschemschid, d. i. Gefängniß Dschemschids, in Fars. VIII, 878.
Zendan-Kapussi, d. i. Gefängnißthor, in Van Kalesi. X, 308.
Zend-Avesta. VIII, 27. 29 ff. 71.
Zende, d. h. sich verlieren. IX, 22.
Zendeh-rud (Zaiandeh-rud), Fluß bei Ispahan. IX, 22.
Zendek (Zendeh), d. i. Olive. XI, 525.
Zenderach, Gebiet Ferghanas. VII, 746.
Zendik, Abtrünnige der Ormuzdlehre. IX, 419.
Zendj, d. i. Zanguebar. IX, 226.
Zendjiri, s. Kara Z.
Zenensis regio, d. i. Dschenestan. X, 525.
Zengabad, am mittlern Diyalah. IX, 417. 459. 488. 489. 573.
Zengan (Zenghan), s. Zinjan.

Zenganeh (Zengheneh), Bergkette, Distrikt in Kurdestan. IX, 452. 536. 606.
Zengeneh, Kurdenstamm. IX, 573. 613.
Zenghan, s. Zinjan.
Zengeneh, s. Zenganeh.
Zenghi (Senghi), s. Amadeddin Z., Kiuschk i Z., Mahmud Z., Nureddin Z.
Zenghi, Vater Nureddin Mahmud's. XI, 152.
Zenghian, d. i. Zinjan. VIII, 643.
Zengi, armen. Stadt. X, 399.
Zengi (Zengy sui, Zeng Seng, Zanguked, d. i. Fluß von Zengi), Zufluß zum Arares. X, 399.
Zengibar, s. Süngüt Tschai.
Zengis, s. Zaugis.
Zeng Seng, s. Zengi.
Zenguene, Ilat-Tribus in Kermanschah. VIII, 389. — vgl. Zanguina.
Zengy sui (türk.), s. Zengi.
Zenian (Zeniun), fenchelartiges Doldengewächs. VIII, 845. — Kan i Z.
Zenjan, s. Zinjan.
Zenje, d. i. Zanguebar; auch Holz von dort. VIII, 775.
Zenjireh, Dorf in Aderbidjan. IX, 910.
Zeno, Kaiser (reg. 474—491). XI, 418.
Zenob, armen. Bischof u. Patriarch in Klag Bank. X, 571. 574. 593. 704.
Zenobia, s. Zelibi.
Zenobius, syr. Geschichtschreiber. X, 552.
Zenodotium (Zenodotia), Stadt in Mesopotamien. X, 1136.
Zer, Gränzfluß von Sulimanijah. IX, 635. — s. Tayiat Chai.
Zerabad, Kastell im Elburs. VIII, 455. 480.
Zeraffschan, s. Zeruffschan.
Zeragiyah, Seiten-Kanal des Schat el Arab. XI, 1025.
Zeraret, s. Ebi Z.
Zerb (Zerbis), d. i. der große od. kleine Zab. IX, 521. 620. 1026.
Zerbi-Zamestan. VIII, 215.
Zerboas, s. Jerboas. VIII, 787.
Zerd, s. Zard, Kuh i Z.
Zerdalu, Aprikose. VII, 733.
Zerdan-Felsen, am Euphrat. XI, 733.
Zer Dareh (d. i. hundert Wege), Gegend bei Ispahan. IX, 22.
Zerdava, s. Zardava.
Zerd-Khu, d. h. Gelbberg. VIII, 389. — s. Kuhi Zerd.
Zerduscht, d. i. Zoroaster. IX, 951. — vgl. Zaratuscht.
Zergun (Zerjun, Zarkhan, Zerkan), Ort in Fars. VIII, 8. 769. 859. IX, 898.
Zerhaft, Seidenstoff aus Ispahan. IX, 56.
Zeribar-See, in Kurdestan. IX, 416. 427. 577.
Zerib bar Eliah. IX, 472.
Zerineh-rud, d. i. Goldfluß, früh. Name für Dschagatu. IX, 805. — s. Zarin-rud.
Zerjun, Zerkan, s. Zergun.
Zermabuy, Münze in Mosul. XI, 207.
Zerni, Christendorf in Tipari. XI, 599.
Zerque, ob Sert? XI, 91. 100.
Zerubabel, führt die Juden aus dem Exil. X, 250.
Zeruffschan (Zeraffschan), Fluß. VII, 653. 656.
Zeruzem, s. Ab Z.
Zervin Kalé, Schloß. X, 1150. — s. Sewin.
Zerwa, Christendorf in Dschulamerk. XI, 599.
Zerzaua, s. Kasr Z.
Zerzav (Zerzaw, Zerzeh), Kurdenstamm in Uschnu, Urmia 2c. IX, 932. 949. 1019. 1020. 1028. XI, 646.
Zeudrakarta (Arrian.), Stadt in Hyrkanien. VIII, 531.
Zeuge, bunte, in Erzerum. X, 758.
Zeugma (Ζεῦγμα, d. i. Brücke), Name verschiedener Uebergangsorte am Euphrat, z. B. bei Thapsakus, Rumkala, Bir 2c. X, 12.

X, 878. 882. 926. 959—1003. 1113. — vgl. Euphrat-Brücke.
Zeugma latinae pacis iter, Euphrat-Brücke. X, 990.
Zeugma Pellaeum, Alexanders Euphrat-Brücke. X, 990.
Zeune, über Kl. Asien. X, 839.
Zeus, s. Jupiter.
Zewang, Zewanga (armen.), d. i. Eriwan - Fluß, Göktschai. X, 456.
Zewin, s. Sewin. X, 412. 421.
Zezidee, d. i. Jezide. XI, 112.
Zhera, s. Spin Zh.
Ziän (d. h. Erde-Blut), Pflanze. VII, 458.
Ziamet, d. i. Leben. X, 753.
Zian zung, d. i. Hauptmann. VII, 433.
Ziarat, Ort in Diarbekr. XI, 91.
Ziared, orientalische Sitte. VIII, 609.
Ziaret, s. Ziyaret, Siarut.
Ziarut, Station bei Astrabad. VIII, 474.
Ziarut e Khojeh Durch, Gebäude in Afghanistan. VIII, 156.
Ziarut-Route, nach Schahruk. VIII, 474.
Ziaul Mulk, in Nakhidschevan, überbrückt den Arares. IX, 909.
Ziazéri, Ort am Euphrat. X, 144.
Ziazin, s. Kara Z.
Zibeiri, Thal in Kurdestan. XI, 589.
Zibelli-Kurden. X, 652.
Ziheneh (Siheneh), Dorf u. Fluß zum Tigris. X, 97. 700.
Zibilli, s. Tel Z.
Zibliyeh, Thurmruine im babylon. Mesopotamien. XI, 958. 963. 968. 989.
Zibzeleh (Zibzileh, Zelzeleh), d. i. Convulsionen, Erderschütterungen. VIII, 611. IX, 857.
Ziege, mit Shawlwolle, in Yarkand. VII, 397. — wilde, bei Tehran. VIII, 611. — (Capra hircus) in Ghilan. 677. — in Kerman. 737. — Abuschähr. 787. — Kurdestan. IX, 454. 584. 611. — Amadia. IX, 719. — im Sahend. 844. — sehr zahlreich um Khoi. 911. — (Capra aegagrus Linn.) am Ararat. X, 484. — in Sindschar. XI, 461. — syrische, taurische, kurdestanische, in Mesopotamien. 506. — in Tipari. 618. — s. Berg-, Gebirgsziege.
Ziegelsteine, bunt glasirte, in Yarkand. VII, 401. — Meschhed. VIII, 296. — Tehran. 606. — Jspahan. IX, 51. — Persien. 101. — Kars. X, 426. — Babel. XI, 918. — s. Glasziegel.
Ziegelthee, in Ost - Turkestan. VII, 477.
Ziegenhaar - Teppiche. IX, 27.
Ziegenhaar-Zelte. IX, 217.
Ziegenmelker (Caprimulgus europaeus), in Mesopotamien. XI, 508.
Ziesel (Spermophilus citillus), in Mesopotamien. XI, 505.
Ziegeuner-Banden, in Persien. VIII, 378. — Ghilan. 667. — Kurdestan. IX, 543. — am Urmia-See. 845. — in Armenien. X, 410. — Kars rc. 432. 555. 557. — im russ. Kaukasien. 610. — als Eisenschmiede in Jrak Arabi. XI, 1007. — vgl. Tere kemeh. X, 352.
Zikizao, s. Ost ki zao.
Zikr, d. i. Damm, Steindamm, Wehre. X, 225. XI, 693. 710. 714.
Zikr el Howeizah, s. Zikr ul Aawaze.
Zikr Jsmaël, Tigris-Damm. XI, 663.
Zikr ul Aawaze (Zikr el Howeizah), Tigris-Damm. XI, 661.
Zilal, s. Hadji Z. Agha.
Zil Allah, d. i. Schatten des Allmächtigen, Königstitel. VIII, 609.
Zileh, in Klein-Asien. X, 751. XI, 144.
Zil e Sultan, in Tehran. IX, 903.
Ziliah, s. Ras el Z.
Zilkah, s. Ain el Z.

Zima, Ort am Euphrat. X, 951.
Zimara (Simara), zwei Städte in Groß- u. Klein-Armenien. X, 80. 81. 800. 801. 822. 823. 858.
Zimberaniyah, s. Nahr Z.
Zimhrud, s. Serdrud.
Zimi, d. i. Ungläubiger. VIII, 376.
Zimin, Gränzstadt von Khotan. VII, 771.
Zimkan, in Kurdestan. IX, 460.
Zimmerholz, fehlt in Bagdad. IX, 441. — am Van-See. X, 302.
Zimmermann, C., Karte von West-Persien u. Mesopotamien. XI, 927. 949.
Zin, in Aderbidjan. IX, 800.
Zindan, Berglandschaft in Khorasan. VII, 311.
Zindan i Sekander, Alexandershöhle bei Yezd. VIII, 272.
Zindan i Soleiman (Zendan), d. i. Salomos-Gefängniß, Kegelberg in Aderbidjan. IX, 808. 1043. — vgl. Zundan.
Zindan i Suleiman, d. i. Solimans Gefängniß, bei Murghab. VIII, 944.
Zindar (Sindar), Dorf in Kurdestan. XI, 589.
Zindé, s. Schah Z.
Zingar, s. Zaugis.
Zinghari, s. Sindscharli. IX, 758.
Zinghu, s. Weihu. VII, 447.
Zingir Kala, Pyramidal-Berg in Selmas. IX, 960.
Zinjan (Zenjan, Zengan, Zenghan, Zenghian, Senkan), Station in Aderbidjan. VIII, 401. 619. 623. 1047.
Zinjan rud (Dezi), rechter Zufluß zum Kisil Osen. VIII, 616. 620. 624. 643.
Zinji, Araberdorf in N. Kurdestan. IX, 728.
Zinjibil, ob Ingwer? VIII, 542.
Zinjir, s. Zunjera.
Zinn, bei Bamiyan. VII, 259.
Zinnober, in Ferghana. VII, 645. — Kabulestan. VII, 686. — bei Kerkuk. 556.
Zirab (d. i. unter Wasser), Station Masenderans. VIII, 489. 490. 493. 499. — vgl. Siriab.
Zirbelnuß (Pinus cembra), in Mesopotamien. XI, 501.
Zirin-Kotul, Paß. VIII, 138.
Zirinski, Christendorf in Djellu. XI, 600.
Ziro, Dorf am Murad. X, 653.
Zirwar, s. Tscha Z.
Zirzemines. VII, 221.
Ziterabad, Ort am Kisil Osen. VIII, 638. XI, 525.
Zitz, in Diarbekr fabrizirt. XI, 57.
Zivo, s. Hivel-Z.
Ziyaret, d. i. Grabmal mohammedanischer Heiliger, Pilgerort, z. B. am Murad, Euphrat rc. IX, 758. X, 225. 703. XI, 12. 703. — s. Ziaret.
Ziziphora media, am Ararat. X, 499.
Ziziphus, Sand-, in Turkestan. VII, 455.
Zoara, s. Mar Z., Sanct Z.
Zoba (Soba), Bischofssitz? XI, 419.
Zobah, Schammar-Tribus. XI, 473.
Zobeid (Scheich Z.), Araberstamm in Mesopotamien. XI, 839. 871. 894. 930. 931. 958. 960. 967.
Zobeida Khatun (Sobeide Kh.), Harun al Raschids Gemahlin, erbaut Kaschan. IX, 35. — Tabriz (791 n. Chr.) 852. — ihr Grabmal in Bagdad. XI, 797. 827.
Zobeir, d. i. Alt-Basra, Karawanen-Sammelplatz bei Basra. X, 44. XI, 1044 ff.
Zobeir-Araber. XI, 1024.
Zobeir ibn Alwan, Grab in Alt-Basra. XI, 1046.
Zochasa (Seleucia?), Stadt im östl. Mesopotamien. X, 153.
Zohab (Holwan), Zufluß zum Diyalah. IX, 395. 417.
Zohab (Zohaub, Sehau, Sehav), Stadt und Landschaft am obern Diyalah. IX, 372. 388. 395. 396.

442. 450. 465 ff. — Dist. IX, 459. 460. — s. Sar Pul i Z.
Zohad (wol Souad?), Tigrisarm bei Basra. X, 175. 177.
Zohak (Dohak, Dhohak, Dehak, Dejokes), Fürst der Meder. VII, 265. VIII, 25. 275. 560. IX, 753. 772.
Zohak Bamiyan, Distrikt. VII, 280.
Zohaks-Burg. VII, 265. 280. — s. Kalaa i Z., Kala Z.
Zohaks-Fest, im Demawend. VIII, 561.
Zohaub, s. Zohab. IX, 388.
Zohrab, armen. Agent in Erzerum. X, 642.
Zohruk, d. i. Flachboot. VII, 40. 64. 69. 93. 148.
Zola-Fluß. IX, 114.
Zoll, Zollstätten, in Yarkand. VII, 393. — Erzerum. X, 753. 762. 766. — Bir. 947. 952. — Diarbekr. XI, 91. — Mosul. 204. — Bagdad. 819. — Basra. 1073. — vgl. Abgabe.
Zoma, s. Soma.
Zoophyten, im Urmia-See. IX, 1013.
Zoplak su, Sindscharfluß. XI, 257.
Zor, d. i. Thal? X, 629.
Zor Abdallah, Ruinen am Tigris. XI, 930.
Zorawor (armen.), d. i. Oberhaupt. X, 594.
Zorischad, alte armen. Stadt in Duroperan. X, 669.
Zoroanda, im Taurus am obern Tigris. X, 85. 86. 101. — s. Hasu.
Zoroaster (Serduscht, Zerduscht), Lehre, Geburtsort rc. VIII, 27. 29 ff. 604. IX, 386. 822. 844. 951. — Einfluß seiner Lehre auf die armenische Literatur. X, 572. — pflanzt die Cypresse in Kischmer. XI, 569.
Zosimus, über Mesopotamien. X, 151.
Zouli, s. Scheikh Z.
Zoweipa, Ruinenort am Tigris. XI, 931. 934.
Zozan (Sosan), kurd. Bez. für Sommerstation. XI, 597.
Zozan Naw-Daschti, Sommerstation bei Amadia. XI, 597.
Zrk (Keilschr.), d. i. Zarangen. VIII, 79.
Zuastena, s. Suastene.
Zubeir Arab, Tigris-Halbinsel. XI, 932.
Zucker, Namen bei europ. Völkern. IX, 237.
Zuckerarten. IX, 276. 282. — s. Mehlzucker.
Zuckerbranntwein, auf den Antillen. IX, 259.
Zuckerhutform, kegelartige. IX, 271.
Zuckerkand. IX, 276. 280.
Zuckermühlen. IX, 271.
Zuckerplantagen, erste, im Westen des Indus. IX, 176.
Zuckerraffinerie, in Ahwaz. IX, 225. — Erfindung u. Verbreitung von Babylon bis China. 275 ff. — in Yezd. VIII, 267. 269.
Zuckerrohr (Saccharum), am Chinab. VII, 61. — in Multan. 63. — im Pendschab. 116. — bei Sehwun. 162. — im Indus-Delta. 174. — am Kabulstrom. 231. 305. — (rothes) in Kaschghar. 421. — äußerstes Vorkommen in Afghanistan. VIII, 147. — in Masenderan. 436. 538. — fehlt in Ghilan. 676. — in Goban. IX, 161. — Jondi Schapur. 176. — Muchircan. 183. — Schuster. 192. — Ahwaz. 225. — geograph. Verbreitung in Asien. 230 ff. — Heimath in Bengalen. 243 ff. — in Indien. 250 ff. — Nepal. 251. — in Australien. 249. — Kaschmir, Dekan. 253. — Ceylon. 257. — Java, Sumatra. 258. — Bali, Celebes, Borneo, Sandwich-Inseln, Isle de France, Cayenne rc. 260. — Philippinen, Arrakan, Birma, Jamaika, Cuba, Carracas. 261. — Siam, Cambodja. 262. — Cochinchina. 263. — China. 264 ff. — Chusistan. 284. 316. —

fehlt in Bagdad. XI, 812. 817. — Namen dess. im Sanskrit. IX, 235. in Ost-Asien. 238. bei Malayen ꝛc. 239.
Zuckerstrom (Schakar Ab), in Baitawand. IX, 170. 176.
Zuckersurrogat, in Bokhara. IX, 255.
Zucur, Zucurium, sicilischer Name für Zucker. IX, 237.
Zülimi, Usun-Fürst. VII, 622.
Zuffer Khan, Fürst (1638). VII, 14.
Zugvögel, europäische, in Mesopotamien. XI, 507.
Zuhr buta, d. h. Giftpflanze. VII, 269.
Zul, s. Schar i z.
Zulcarnein (Alexander d. Gr.), Fürstentitel in Badakhschan. VII, 789. — s. Sulcarnein.
Zulcarnein Secunder, d. i. Alexander M. VII, 821. — s. Sekander Dulkarnein.
Zulfakar Khan, Gouverneur von Semnan. VIII, 508.
Zuman, s. Zemaun, Schah Z.
Zumin (Zemin), s. Bakhthur Z.
Zummeir, s. Scheich Z.
Zun, Zend, Distrikt in Kurdestan. IX, 606.
Zund, s. Khana Z.
Zundan, s. Zendan, Dura i Z.
Zun el Abdin (Sein el Abdin), Heiligengrab bei Tauk. IX, 549.
Zunjera (Zinjir, Zinjir?), Soliman-Kette. VIII, 169. 170.
Zur, s. Cohi Z.
Zur, s. Zahreh-See. VIII, 153.
Zur, d. i. Schehrezur. IX, 446. 456.
Zur, Sohn Dhahaks (Zohaks?) IX, 444.
Zur Gumbadan, d. i. goldne Dom, Kirdkuh. VIII, 582.
Zurrah (pers.), d. i. See. VIII 64.
Zuruffchan, Fluß von Yarkand VII, 467.
Zúrzur, i. e. Sturnus vulgaris XI, 507.
Zuz, s. Dschudsch.
Zuzijes (ob Yeziden?), Völkerschaft in Armenien. X, 555.
Zweikampf entscheidet die Thronfolge bei den Rewandg. IX, 688.
Zwergacacie, am untern Euphrat. XI, 953.
Zwergbäume, am obern Murad. X, 672.
Zwergcypresse, auf dem Libanon. XI, 580.
Zwergeichen, bei Sulimaniyah. IX, 575. — in Kurdestan. 609. — bei Mar Mattei. 736. — in Armenien. X, 694. — bei Kharput. 866. — im Taurus. 921.
Zwergmandel (Amygdal. nana), in Tiyari. XI, 617.
Zwiebeln, in Sindschar. XI, 465. — Lieblingsessen in Mesopotamien. 502. — in Basra. 1052. — s. Sandzwiebel.
Zydje Ilekhany (Z. Ylekhâny), i. e. Tabulae Ilechanicae, astronomische Tafeln Nasr-eddins. IX, 839. 841. 843.
Zydje Sultanje, astron. Tafeln Ulug Beigs. IX, 843.
Zzang, d. i. West-Tübet. VII, 350.

Nachträge und Verbesserungen.

Die mit * bezeichneten Artikel stehen schon in dem Register selbst.

*Abu Sin. VII, 19.
*Abyssinien, vgl. Habessinier.
*Afghanen. VII, 21. 23.
*Aglydscha, vgl. Jag ly dscha.
*Aït, vgl. Eyd.
*Alexander d. Gr. VII, 24.
*Al Hadhr, vgl. El Chädder.
*Allard. VII, 8.
*Al Motazzem, vgl. Ol Motassem.
*Alu Bokhara. VII, 240.
*Ambarlu, vgl. Embarlu.
Amherst, engl. Gesandter. VII, 8.
*Amurad, vgl. Murad.
*Ani. X, 723.
Arochadsch, d. i. Arachosien. VIII, 61.
*Arrak. X, 688.
*Asferah-Gebirge. VII, 328.
*Asparagus. XI, 702.

*Bac, vgl. Bak.
*Bagh Schahi, vgl. Schabagh.
Balkhan-Golf, im kasp. See. VIII, 342.
*Baltistan. VII, 13. 76.
Baramgalla, Zufluß zum Jilum. VII, 85.
*Bazar, vgl. Edle B.
Beli, am obern Indus. VII, 13.
Bentink, Lord. VII, 8.
*Bernier. VII, 14.
Bhir, Volk am Indus. VII, 6.
Birbum, Westdistrikt von Bengalen. VIII, 793.
Bissahir, Himalayastaat. VII, 6.
*Böoter, in Persien. VIII, 116. IX, 330.

*Buddha, s. Foe.
*Burnes, A. VIII, 473.
*Buyuk, d. h. groß, nicht klein. X, 1037.

*Calabaugh. VII, 26.
*Caspiae Pylae. VIII, 446.
*Charadsch. X, 755.
*Charedsch, vgl. Karrak.
*Chasrowi-bucht. X, 525. 788.
Cucia, Stadt in Turkestan. VII, 449.
*Cuthäer, vgl. Kota.
*Cyrrhus. X, 1062.

*Dahabenia, vgl. Duhebanie.
*Daroudji. VIII, 55.
*Derbend. VIII, 126.
*Derrik, vgl. Terik.
*Docht, vgl. Tukht.

*El Hedjaj Ben Jusuf. X, 163.
*El Kasr. XI, 197.
*Emodus, Gebirge. VII, 32.
Enedkek, d. i. Indien. VII, 457.

Fervak, der pers. Noah. VII, 749.
*Flachs, vgl. Lein.

Gandaritis, Landschaft zwischen dem Hydraotes und Hyphasis. VII, 34.
Ghuriden. VII, 34.

*Handschar, vgl. Khandjar.
*Hassanabad, vgl. Hussanabad.
*Hass-keuy, vgl. Kaskoi.
Huri Singh, Sirdar. VII, 21.

Hyraotis, richtigste Schreibart für Hydraotes od. Ravi. VII, 33.

*Jehangir. XI, 512.
*Joannes Sulaca. XI, 255.
Jommu, Stadt im obern Pendschab. VII, 83. 84. 85. — vgl. Jummo.
Juvala Singh, Sirdar. VII, 38.

*Kailasa. VII, 5.
Karhni, s. Kharni.
Keumur Khan, s. Kümürhan.
Khiljy. VII, 34.
*Khu (Kho, Kuh, Kouh, Koh), d. i. Berg, Gebirge, vgl. Tagh rc., Balla=, Bama=, Bara=, Charmin=, Dala=, Damine=, Dara=, Derwazeh=, Firus=, Firuz=, Hindu=, Kafilan=, Kebir=, Kerba=, Kerkech=, Koflan=, Kum=, Miyanah=, Nuffret=, Pascht=, Pisch=, Puschti=, Sandu=, Schah=, Schutur=, Sebs=, Serde=, Sewad=, Siah=, Sia=, Siyah=, Sufaid=, Terkel diz=, Uschturan=, Uz=, Valian=, Yasta=Zarreh=, Zerd=Kuh.

Laochang. VII, 632.

Macran, Stadt. IX, 35.

Niaokian, Fürst von Tsao. VII 648.
*Nilgau, Thier im Pendschab VII, 38.

*Porus, sein Reich. VII, 34.
*Puschtikhur. VII, 17.

*Rakam, vgl. Rukm.
Rawil Pindi. VII, 21.

Sandaro-phagos, d. i. Alexanderfresser, Chinab. VII, 33.
*Schapuk. VII, 18.
*Schebangareh. X, 479.
Schi Hoangti, Dynastie. VII, 558. — vgl. Thsin.

Bei dem Aufsuchen zusammengesetzter orientalischer Namen verdienen außer den verschiedenen Formen des Artikels El (Al, Ed, En, Er, Es, Et, Il, Ol, Or rc.) eine besondere Berücksichtigung:

Abas, Abbas.
Abdallah, Abdullah.
Achmed, Ahmed.
Ali.
Eddin, Oddin.
Hasan, Hassan, Hussein rc.
Ibrahim.
Kasem, Kasim.
Khosroes, Khosru.
Mahmud, Mehmed, Mohammed.
Murad.
Musa (Moses).
Omar.
Saleh, Salih.
Soliman, Suleiman rc.
Abu, Ebu, d. i. Vater, Oberhaupt.
Baba, d. i. Vater.
Omm, Umm, d. i. Mutter.
Ben, Beni, d. i. Sohn, Kinder.
Ebn, Ibn, d. i. Sohn.
Abd, d. i. Knecht.
Kuli, d. i. Sklav.

Div, d. i. Riese, Dämon.
Aga, Agha, d. i. Dorfältester, Dorfschulz.
Amir, Emir, d. i. Befehlender, Häuptling.
Basch (Baschi), d. i. Kopf, Oberster.
Beg, Bey, d. i. Herr, türk. Beamter.
Khan (Chan), Tataren-Fürst.
Khodja (Kodja), d. i. Meister, Fürst.
Malek, Melik, d. i. König.
Mir, d. i. Fürst, König.
Mirza, d. i. Fürstensohn, Prinz.
Pascha, türk. Statthalter.
Said, Seid, Sejjid, d. i. Herr, Prinz.
Scheich, Scheikh, d. i. Greis, Stammhaupt.
Sultan, türk. Großherr, Kaiser.
Wang, Königstitel.
Hadji, Hadschi, d. i. Mekka-Pilger.
Imam, d. i. Vorsteher, Priester.
Mar, d. i. Herr, geistl. Titel.
Mollah, Mulla, d. i. Oberrichter, Gesetzeskundiger.
Pir, d. i. Heiliger.
Surb, Surp, d. i. Heiliger.
Abad, d. i. Stadt.
Schahr, Schehr, d. i. Stadt.
Bab, d. i. Thor.
Kapu (Kapussi), d. i. Thor.
Deir, d. i. Kloster.
Vank, d. i. Kloster.
Dschami, d. i. Moschee.
Beth, d. i. Haus.

Dar, d. i. Wohnung, Pallast.
Khan (Chan), d. i. Herberge.
Robat, d. i. Karawanserai.
Tak, Takht, d. i. Dom, Thron, Pallast.
Bagh, d. i. Garten.
Hesn, Hisn, Hösn, d. i. Schloß.
Kala, d. i. Schloß.
Kasr, d. i. Schloß.
Dschebel, d. i. Berg.
Khu (Kuh, Koh etc.), d. i. Berg; s. die Nachträge, S. 560.
Schan, d. i. Berg.
Tagh, Dagh etc., d. i. Berg.
Tel, Tell, d. i. Hügel.
Tepe, d. i. Hügel.
Dasch (Tasch), d. i. Stein.
Ras, d. i. Kopf, Vorgebirge.
Derbend, d. i. Paß.
Geduk, d. i. Paß, Gebirgsrücken.
Tang, Teng, d. i. Pforte, Paß.
Ain, d. i. Quelle.
Bir, d. i. Brunnen.
Ab (Abi), d. i. Fluß.
Daria, d. i. Fluß.
Rud, d. i. Fluß.
Su, d. i. Fluß.
Schat, d. i. Fluß, Kanal.
Tschai (Chai), d. i. Fluß.
Nahar, Nahr, Nehr, d. i. Kanal.
Wadi, d. i. Einsenkung, Thal.
Pul, d. i. Brücke.
Band, Bend, d. i. Damm.
Göl, Kul, d. i. See.
Bender, d. i. Hafen.
Kara, d. i. schwarz.

Als Andeutung der verschiedenen Gesichtspunkte, von welchen begriffsverwandte Artikel aufzusuchen sind, möge folgende aphoristische Zusammenstellung dienen.

Meteor. Luft. Wind ꝛc. Temperatur. Klima. Terrassenklima. Witterung. Hitze. Wärmeabnahme. Kälte. Winter. Eis. Schnee. Gletscher. — Feuchtigkeit. Hygrometerstand. Thau. Nebel. Regen. Wasser. Quelle. Fluß. Meer. Ebbe und Fluth. Katarakte. Ueberschwemmung. Sumpf. Versumpfung. Morast. Schlamm. Alluvium. Lagune. — Plutonisch. Feuerbildung. Vulkan. Kegelberg. Pik. Schlacken. — Urgebirge. Uebergangsgebirge. Alpe. Felsformation ꝛc. Echo-Berg. Tafelland. Plateau. Stufenlandschaft. Paßhöhe. Höhenmessung. Athmen. Orographisch. Geognostisch. Geröll-Ebene. Transportmassen. Höhlenbildung. Mineralien. Petrifikation. Versteinerung. Incrustate. Fossile Bildung. Knochen. Staub. Wüste. — Vegetation. Blattformation. Behaarung. Pflanze. Kosmopolitische Gewächse. Tropenwelt. Flora. Heerdenpflanzen. Steppenpflanzen. Waldung. Holz. Kohle. Buschwerk. Kräuter. Aromatische Pflanzen. Kriechpflanzen. Blume. — Fauna. Heerden-, Steppen-, Hausthiere. Ungeziefer ꝛc. ꝛc.

Mensch. Ethnographisch. Volk. Völkergränze. Gränze. Blondhaarige Völker. Hautfarbe. Gehörgang. Vorderkopf. Aboriginer. Riese. Heroen. Kaste. Adel. Fürst. Prinz. Satrap. Republik. Conföderativstaat. Gouvernement. Militär. Krieg. Erbfolge. Patronatsverhältniß. Pachtzins. Abgabe. Steuer ꝛc. ꝛc.

Naturwissenschaft. Physik. Pendelversuche. Stern. Observatorium. Quadrant. Gradmessung. Meridiangrad. Hofastronom. Zahlensystem. Zeitrechnung. Kalender. Physiognomik. — Universität. Akademie. Collegium. Schule. Alphabet. Schreiben. Inschriften. Hieroglyphen. Monogramm. Lied. Reim. Metrum. Chronik. Landkarte. Druckerei. Sprache. Dialekt. Künstler ꝛc. ꝛc.

Bauart. Bauten. Quaderbau. Mörtel. Cement. Ziegelstein. Zimmerholz. Ruine. Stadt. Prachtresidenz. Dorfschaft. Burg. Thurm. Leuchtthurm. Thron. Schatzhaus. Häuserbau. Fensterscheibe. Stallwohnung. Gemächer. Treppengänge. Dach. Windfang. Pyramide. Schädelpyramide. Obelisk. Säule. Pfeiler. Capitäle. Gewölbbogen. Mauer. Kirchenarchitektur. Holzarchitektur ꝛc.

Altertbümer. Anticaglien. Sculptur. Statue. Bild. Basrelief. Genius. Cherubim-Relief. Reiterfigur. Speerträger. Hunde-Ornament. Greif. Einhorn. Weinblatt. Ring. Hand. Kugel. Halbmond. Ei-Symbol. Terracotta. Urne. Vase. Cylinder. Silberbüchse. Crystallbüchse. Carneole. Petschaft. Gemmen. Bronze. Bracelet. Mosaik ꝛc.

Wasserleitung. Bewässerung. Kanal. Schleuse. Tunnel. Hydraulische Bauten. Fontäne. Pumpenwerk. Cisterne. Damm ꝛc.

Handel. Maße. Ellenmaß. Gewicht. Geld. Münzen. Papiergeld. Dukate. Beutel. — Route. Wegmaße. Kunststraße. Wüstenreise. Karawane. Karawanserai. Nachtreisen. Hügelstationen. Reiseproviant. Transportpreise. — Schiffahrt. Seeverkehr. Corsaren. Schlauchschiffahrt. Dampfschiffahrt. Seeschiff. Ostindienfahrer. Fähre. — Jahrmarkt rc. — Wagen. Räderkarren. Post rc. — Steuer. Zoll rc.

Produkte. Gewerbe. Fabrikate. Zeuge. Weberei. Garn. Leinwand. Byssus. Watte. Calico. Zitz. Musseline. Damast. Sammet. Seide. Teppich. Shawl. Schleier. Pelz. Filz. Hüte. Mütze. Kegelmütze. Färberei. Scharlachfärberei. Gerberei. Häute. Talg. Seife. Schmelzhütte. Metallarbeiter. Eisenschmidt rc. Goldbrokate. Sattler. Korbflechter. Emaille. Glas. Porzellan. Confitüren. Gewürzhändler. — Destillation. Liqueur. Essig. Caviar. — Instrumente. Flöte. Tamburin rc. — Drahtpapier rc.

Waffen. Wurfspieß. Keule. Eisenkeule. Lanze. Pfeilspitze. Schlinge. Dolch. Faustkämpfer. Schwert. Rüstung. Küraß. Gewehrfabrik. Kanone. Schießpulver rc.

Fischerei. Jagd rc. Hirtenstamm. Wanderdörfer. Zelte. Weideland. Viehzucht rc. Ackerbau. Fruchtbarkeit. Hungersnoth. Ernte. Getraide. Dreschen. Heu. Dünger. Mist. Garten. Troglodyten rc.

Speisen. Fleischspeisen. Käse. Getränk. Rauschtrank. Bier. Punsch. Essig. Confitüren. Gewürze. Reiseproviant rc.

Krankheiten. Arzneikunde. Quacksalber. Zahnarzt. Pharmakopöe. Droguerien. Klinikum. Hospital. Lazareth. Trinkheilanstalt. Bäder. Irrenanstalt. Hypochondrie. Fieber. Faulfieber. Sumpffieber. Schwindsucht. Wassersucht. Bleichsucht. Skrophel. Leberkrankheit. Milzkrankheit. Sonnenstich. Rheumatismus. Blindheit. Seekrankheit. Zeiten der Frauen (Menses). Blutflüsse. Geschwür. Geschwulst. Wurmgeschwulst. Beulenkrankheit. Kropf. Wunde. Cholera. Pocken. Pest. Sterblichkeit rc.

Todtenbestattung. Sarg. Grab. Gebein-Urnen. Sepulcralgrotte. Katakombe rc.

Sitten u. Gebräuche. Familienleben. Frauen. Mädchen. Kindererziehung. Kinderverkauf. Ehe. Polyandrie. Polygamie. Hochzeitsgebräuche. Wittwenverbrennung. Keuschheit. Entführung. Eifersucht. Eunuchen. Ehebruch. Sodomiterei. Gastfreundschaft. Tabackspfeife. Höflichkeit. Titel. Grußart. Nachtvisiten. Wahrhaftigkeit. Treulosigkeit. Diebstahl. Raub. Menschenraub. Sklaverei. Plünderungssystem. Mord. Dummheit. Rechtspflege. Todesstrafe. Verbrecher-Asyl. Blutfehde. Zweikampf. Invalidenhaus. Bettler. — Grün. Schwarz. Weiß rc.

Gesang. Lied. Romanze. Volkslied. Schnitterlied. Schifferlied. Sprüchwort. Tanz. Tänzerin. Ringeltanz. Tamburin. Turnanstalt. Sprungfertigkeit. Scheibenschießen. — Pfeife. Nasenring. Tättowiren. Cul de Paris. Kopfschmuck. Haare. Haarfrisur. Kamm. Schnauzbart. Turban. Sonnenschirm. Gelbe Schuhe. Kleidung rc.

Religion. Heidnisch. Kultus. Götter. Götze. Idolencultus. Vogelbild. Widder. Planetencultus. Mondcultus. Sonnenanbeter. Feuer-Altar. Lichtauslöscher. Kopfanbeter. Phallusähnliche Altarsteine. Erzeugungsprinzip. Sexualorgane. Bachanalien. Orgien. Mysterien. Orakel. Augurien. Opfer. Lampenopfer. Thieropfer. Aberglaube. Zauberei. Wunderkraft. Schußfestigkeit. Talisman. Sage. Traum. Geomantie. Dämon. Teufel. Satan rc.

Judenthum. Mohammedanismus rc. Christenthum. Katholisch. Papst. Papismus. Patriarchat. Bischof. Metropolitan. Diaconen.

Erblichkeit der Bischofswürde. — Concil. Synode. — Madonnenverehrung. Heilige. Säulenheilige. Martyr. Anachoret. Ascetisch. Pilger. Wallfahrt. — Trinität. Anthropomorphiten. Monophysiten. Incarnation. Seelenwanderung. Prädestination. Sektenwesen. Proselytenmacherei. Mission. Mönch. Nonne. Capuziner. Carmeliter. Dominikaner. Paulicier. Jesuiten. Mechitaristen. Priester. Predigt. Liturgie. Sakramente. Beschneidung. Taufe. Ohrenbeichte. Cölibat. — Bibel. Testament. — Kreuz. Glocke. — Ceremonien. Prozession. Fasten. Salben. Gebetschnüre. Rosenkranz. Feste. Frühlingsfest. Neujahr. Jahresanfang. Sabbath. Tempel. Altar. Synagoge. Kapelle. Kloster. Kirche. — Paradies. Siebenschläfer ꝛc. ꝛc.

Druckfehler.

Seite 60	Sp. 2	Z. 8 v. u.	l. XI, 91. st. XI, 95.
„ 74	„ 1	„ 13 v. u.	l. Baschkara st. Baschara.
„ 103	„ 1	„ 14 v. o.	l. Cazala st. Calala.
„ 129	„ 1	„ 5 v. o.	l. Ghazi st. Ahazi.
„ 220	„ 1	„ 15 v. u.	l. Jaconich st. Joconich.
„ 330	„ 1	„ 1 v. o.	l. alba st. albus.
„ 386	„ 1	„ 12 v. u.	l. opopanax st. opoanax.
„ 388	„ 2	„ 22 v. u.	l. XI, 508. st. IX, 508.
„ 392	„ 1	„ 3 v. o.	l. 286. st. 268.

Kolibri 360 GmbH
Ferdinand-Jühlke-Straße 7
99095 Erfurt, Deutschland
produktsicherheit@kolibri360.de